KB210879

디지털 논리와 컴퓨터 설계

서울大 工大 敎授 工博 黃 熙 隆 編著

東逸出版社

머 리 말

1971년 미국 인텔 회사에서 4비트 마이크로 프로세서를 개발한 이래 불과 10여 년밖에 지나지 않은 1982년에 이미 마이크로 컴퓨터는 제4 세대에 돌입할 정도로 반도체 기술의 극적인 진보를 이룩하였다. 또한 이것의 활용 면에서 혁신적인 발전을 거듭하여 매월 새로운 마이크로 컴퓨터, 미니 컴퓨터가 발표되고 있으며 이들의 응용이 우리들의 생활 구석구석에까지 급속히 스며들고 있다.

과거 범용 대형 컴퓨터들만 보급될 경우 대부분의 사람들에게는 컴퓨터의 구조는 몰라도 쓰는 법(컴퓨터 언어)만 배우면 충분하였다. 그러나, 오늘날 값이 싼 마이크로 프로세서가 하나의 부품과 같이 시판되고, 생활 모든 분야에의 응용이 일반화되고 있는 지금에는 우리가 그 구조와 원리를 깊이 이해하는 것이 무엇보다도 더욱 중요하게 되었다.

매월 새로운 컴퓨터가 시판되더라도 이것들의 불변하는 기초와 공통이 되는 원리를 배우는 것이 모든 컴퓨터를 활용하는 데 지름길이 될 것이다. 그러므로, 이 책은 전자 게이트 회로부터 시작하여 마이크로 컴퓨터의 복잡한 구조에 이르는 디지털 계통의 모든 분야까지 망라하여 체계적이고 조직적으로 다루었다.

제1장에서 6장까지는 디지털 논리부를 다루었고, 제7장에서 11장까지는 최근에 개발된 MSI, LSI를 써서 레지스터, 카운터와 메모리 설계, 제8장의 레지스터 전송 논리를 이용한 프로세서 논리, 제어 논리 설계를 거쳐 범용 컴퓨터 설계를 다루었다.
특히, 제어 장치 설계를 하아드 와이어적 설계, ROM에 의한 설계, PLA에 의한 설계와 마이크로 프로그램에 의한 설계법을 상술하였다. 그러므로 이 책은 컴퓨터를 전공하려는 사람이나 마이크로 컴퓨터를 배우려는 사람에게 튼튼한 기초와 충분한 계산기 개념을 부여할 것으로 본다. 제12장에서는 마이크로 컴퓨터 설계를 설명하였고 제13장은 기초적인 디지털 집적 회로를 알기 쉽고 간략하게 소개하려고 노력하였다.

디지털 논리만 취급한 서적은 최종 목적인 컴퓨터 설계에로의 연관이 되어 있지 않고 그 반대도 마찬가지이나, 이 책은 디지털 논리를 다루고 이것을 완전한 컴퓨터 설계에까지 연관시킨 점에서 컴퓨터를 철저히 이해할 수 있게 만든 책이다. 이 책은 다음 서적들을 참고하여 저술하였으며 특히, M. Morris Mano의 저서 *Digital Logic and Computer Design*에서 주로 인용하였다.

이 Mano 교수의 책에서는 다루지 않고 있는 多入力, 多出力組合의 설계를 보충하였고, PLA 내용을 보완하였으며 제 13 장의 디지털 집적 회로는 완전히 그 내용을 개편하였으며, 또한 60여 개 이상의 그림과 설명을 첨가하는 등 내용을 대폭 보강하여 디지털 논리와 컴퓨터 설계를 이해하기 쉽도록 편집에 노력을 기울였다.

수년간 강의한 경험에 비추어 보아 이 책은 대학 2학년생을 위해서 매주 3시간 한 학기 강좌에 11장까지 강의하기에 알맞으며, 주당 2시간의 논리 회로만을 강의하기 위해서는 7장까지 강의하면 좋을 것이다.

〈참고 서적〉

1. M. Morris Mano, *Digital Logic and Computer Design,* Prentice-Hall, 1979.
2. Fredrick J. Hill, Gerald R. Peterson, *Introduction to Switching Theory & Logical Design,* John Wiley & Sons, 3rd Edition, 1981.
3. Charles H. Roth. Jr., *Fundamentals of Logic Design,* 2nd Edition, Western Public Co., 1979.

특히 이 책에는, 제 3 장에 논리 함수의 최소화에 있어서 「**黃 · 趙의 單純表方法**」, 제 4 장 중 「**두 개의 NOT 삽입에 의한 NAND 게이트, NOR 게이트화 설계**」 및 제 5 장 중 「**EOR-AND-OR 의 3-level PLA 실현**」 등은 모두 우리 연구 티임에서 연구 개발하여 발표된 것을 삽입한 것이다.

이 책을 편집하는 데 있어서 번역 협조해 주신 분을 보면, 현재 전자계산기 공학과 4학년생들로서 1장 · 6장 · 12장을 김 경운 군이, 2장 · 3장 · 7장을 이 규철 군이, 4장 · 5장을 전 화숙 양이, 8장과 9장을 최 훈 군이, 10장을 정 병수 군이, 11장을 송 인식 군이 맡아 수고하였고, 13장은 전자 공학과 박사 과정 신 재호 군이 수고해 주었으며, 이 모든 원고의 정리 및 재기록을 담당한 서울 대학교 전자 계산소 김 상훈 군에게 치하를 드립니다.

또한 이 책을 펴내기 위해 모든 수고를 아끼지 아니한 東逸出版社 李雲熙 상무, 李源杰 편집 부장께 감사하는 바입니다.

1982년 12월

黃 熙 隆 識

차 례

1

2進 시스템
Binary System

1-1 計數型 컴퓨터와 計數 시스템 digital computers and digital systems

계수형 디지털 컴퓨터(digital computer)는, 컴퓨터 없이는 달성하기 어려웠을 놀라운 科學的, 產業的, 그리고 商業的 進步를 가능하게 만들고 있다. 우주 계획 역시 實時間(real time), 연속적인 계산기 감시(computer monitoring) 없이는 불가능한 것이며, 많은 회사와 기업들도 자동적 자료 처리의 도움 없이는 기능을 발휘할 수 없게 되었다. 오늘날 컴퓨터는 과학적 계산과, 상업적이고 사무적인 데이터 처리, 항공 관제, 우주 계획, 교육 분야 등 수 많은 분야에서 폭 넓게 사용되고 있다. 계수형 컴퓨터의 가장 두드러진 성질은 그의 汎用性이다. 컴퓨터는 주어진 데이터에 관해 작동하는, **프로그램**(program)이라는 연속적인 命令文(sequence of instruction)에 의해 작동한다. 사용자는 특정한 용도에 따라서 프로그램과 데이터를 지시할 수도 있고 변경시킬 수도 있다. 이 유연성과 범용성 때문에 범용 계수형 컴퓨터는 다양한 정보 처리 작업을 수행할 수 있다.

계수형 시스템 중에 가장 많이 알려진 예가 범용 계수형 컴퓨터이다. 계수형 시스템의 다른 예로는 전화 교환기, 계수형 전압계(digital voltmeter), 주파수 측정기, 탁상 계산기, 텔레타이프 등이 있다. 이 시스템의 특징은 情報를 **個別元素**(discrete element)로 취급한다는 점이다. 개별 원소는 전기적 임펄스, 10진수, 알파벳의 문자, 산술적 연산자, 문장 부호 또는 다른 부호들의 집합일 것이다. 정보의 개별 원소를 나란히 늘어놓으면 정보의 單位가 된다. 예를 들면, 문자 d, o, g는 dog이라는 단어를 형성하고, 숫자 237은 수를 만든다. 따라서 개별 원소의 순차적 나열은 언어(language)를 형성하는데, 이것이 정보를 전달하는 기본이다. 컴퓨터는 주로 수치 계산에 이용되었는데, 이 경우에 사용된 개별 원소는 숫자(digit)이며, 이 응용에서 계수형 컴퓨터(digital computer)라는 용어가 생겨났다. 계수형 컴퓨터의 좀더 적당한 명칭은 **離**

散型 情報處理 시스템(discrete information processing system)일 것이다.

계수형 시스템에서 정보의 처리 방식은 信號(signal)라 하는 물리적 양에 의해 나타내어진다. 전압과 전류 같은 전기적 신호는 가장 일반적인 것이다. 현대의 모든 전자 계수형 시스템의 신호는 2元數(binary)라 하는 오직 두 값만을 갖고 있다. 계수형 시스템 설계자는 다원 전자 회로에 대한 低信賴性 때문에 2元信號를 사용하고 있다. 다시 말해서 전압값이 다른 10단계의 상태를 갖는 회로를 설계할 수 있으나, 이 회로는 아주 낮은 신뢰도로 작동하게 될 것이다. 반면에 on이나 off가 되는 트랜지스터 회로는 확실한 2개의 신호값을 가질 수 있어 높은 신뢰도를 가지도록 제작할 수 있다. 트랜지스터 회로의 이러한 물리적인 특성과 인간의 思考가 2원화되는 경향 때문에 계수형 시스템은 2원값을 갖게 되었다.

離散的 情報量은 工程의 원래 특성에서 나타나거나, 연속 공정을 일부러 定量化하여서 얻게 된다. 예를 들면, 종업원 급료 지급표는 종업원 이름, 보험 번호, 週給 세금 등을 포함하는 고유의 離散工程(discrete process)인 것이다. 즉, 한 종업원의 봉급은 이름을 쓰기 위해 가, 나, 다, 혹은 A, B, C,…… 등과 같은 문자, 봉급액을 위해서는 숫자, ₩ 등의 특수 문자와 같은 이산형 데이터 값을 써서 처리된다. 반면에 과학자들은 連續的인 工程(continuous process)을 관찰하지만, 표에서는 특정치를 기입하게 된다. 그리하여 과학자는 그들의 연속적 데이터를 정량화하게 된다.

많은 물리적 시스템은 微分方程式에 의하여 수학적으로 기술할 수 있고 이 미분 방정식은 시간의 함수로 解를 가진다. **아날로그 컴퓨터**(analog computer)는 한 物理系統을, 미분 방정식을 써서 直接類似化(direct simulation)를 수행하는 계산기이다. 즉, 아날로그 계산기의 각 부분은 지금 처리하고 있는 공정의 특정 부분의 유사화(아날로그)인 것이다. 아날로그 컴퓨터에서의 변수는 시간에 따라 변하는 연속적인 전압 신호로 표시된다. 처리 과정의 변수를 알려면 아날로그 전압을 측정하면 된다. 때때로 아날로그 신호라는 용어는, 아날로그 컴퓨터가 연속적인 변수값을 처리하는 컴퓨터라는 뜻이기 때문에 連續的인 信號(continuous signal)라는 뜻으로 쓰인다.

계수형 컴퓨터에 물리적 공정을 시뮬레이트(simulate, 相似化)하기 위해서는 데이터量이 양자화되어야 한다. 처리 과정의 변수가 實時間 연속적인 신호로 표시될 때는 연속적인 신호를 analog-to-digital 변환 장치에 의해 양자화한다. 작동이 수식으로 표시되는 물리적 시스템은 계수형 컴퓨터에 數値的 方法(numerical method)으로 시뮬레이트한다. 처리될 문제가 商業的인 응용에서처럼 본질적으로 이산적인 것일 때, 계수형 컴퓨터는 변수를 그들의 본래 구성 형태로 처리한다.

계수형 컴퓨터의 블록도를 보면 **그림 1·1**과 같다. 기억 장치(memory unit)는 입력, 출력 데이터, 即値(immediate data)와 프로그램을 저장한다. 처리 장치(processor unit)는 프로그램에 의해 명시된 산술적 연산과 데이터 처리 작업을 수행한다. 제어 장치(control unit)는 메모리(memory)에 저장된 프로그램에서 하나씩 명령문(instruction)을

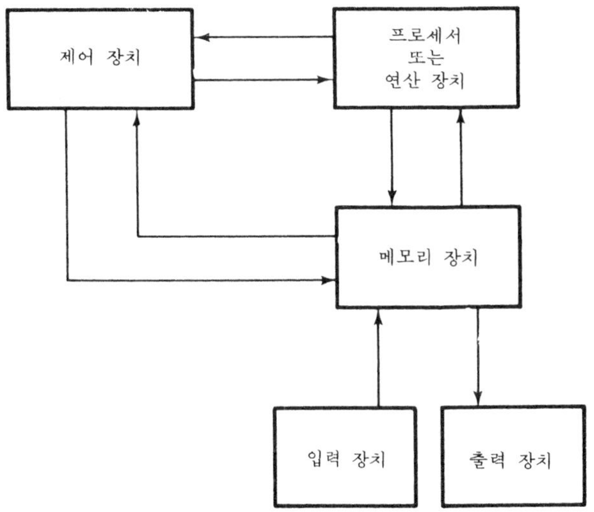

그림 1-1 계수 컴퓨터의 블록도

꺼내서 각 명령문에 대해 명령문이 명시한 작동을 수행하도록 처리 장치인 프로세서에게 알린다. 프로그램과 데이터는 메모리에 저장되어 있다. **제어 장치는 프로그램의 명령문을 관장하며, 프로세서는 프로그램이 명시한 대로 데이터를 처리한다.**

사용자가 준비한 프로그램과 데이터는 카아드 판독기(punch-card reader)와 텔레타이프라이터와 같은 입력 장치에 의해 메모리 속으로 전송된다. 프린터와 같은 출력 장치는 계산 결과를 받아서 인쇄한다. 입출력 장치는 전기 기계적인 부분에 의해 수행되고 전자 계수 회로에 의해 제어되는 특별한 계수 시스템으로 볼 수 있다.

탁상용 계산기는 키이 보오드(key board)를 입력 장치로, 수치 표시기(numerical display)를 출력 장치로 가진 계수형 시스템이다. 이 계산기에서 命令語는 덧셈, 뺄셈 같은 기능용 키이(key)에 의해 입력되며, 데이터는 숫자용 키이에 의해 입력된다. 결과는 숫자 형태로 바로 표시기에 나타난다. 일부 탁상용 계산기는 인쇄 능력과 프로그램 기능 설비를 가짐으로써 컴퓨터와 유사한 기능을 갖기도 한다. 그러나, 계수형 컴퓨터는 탁상용 계산기보다 훨씬 막강한 장치이다. 계수형 컴퓨터는 다른 많은 입출력 장치를 부착할 수 있으며, 산술 계산과 논리 연산도 수행할 수 있고 내부와 외부 조건에 따라서 어떤 결정을 내리도록 프로그램할 수도 있다.

계수형 컴퓨터는 계수형 모듀울(module)들의 상호 연결로 볼 수 있다. 각 모듀울의 작동을 이해하기 위해서 계수 시스템에 관한 기본 지식과 그것들의 일반적인 작용을 알 필요가 있다. 이 책의 전반부는 그것들의 설계에 필요한 지식을 제공하기 위해 일반적인 계수형 시스템을 다루게 되며, 후반부는 계수형 컴퓨터의 여러 모듀울의 작동과 설계에 관해 기술할 것이다. 메모리 장치의 작동상의 특성은 제 7 장에서 설명하며 프로세서 구조의 설계는 제 9 장에서 다룰 것이다. 제어 장치의 여러 설계 방법이 제 10 장에서 소개되며 小型 계수형 컴퓨터의 구조와 설계가 제 11 장에서 설명된다.

제어 장치와 결합된 프로세서를 **중앙 처리 장치**(central processor unit; CPU)라 부르며, 소형 직접 회로(integrated-circuit) 패키지에 내장된 CPU를 **마이크로 프로세서**(micro processor)라 한다. 마이크로 프로세서와 입출력 장치 사이의 접속기(interface)를 제어하는 부분뿐만 아니라 메모리 장치도 마이크로 프로세서 패키지에 내장될 수도 있고, 그렇지 않으면 다른 조그만 직접 회로 패키지를 이용할 수 있다. 소형 컴퓨터를 형성하기 위해 메모리와 접속기 제어 장치가 결합된 CPU를 **마이크로 컴퓨터**(micro computer)라 한다. 이 마이크로 컴퓨터라는 부품을 손쉽게 구할 수 있게 된 사실은, 시스템 설계자들에게 전에는 비경제적이어서 만들 수 없었던 장치를 쉽게 만들 수 있게 함으로써 디지털 계통 설계 기술의 일대 혁명을 가져온 것이다.

이 마이크로 컴퓨터 系統의 여러 가지 부품에 대한 설명은 제 12 장에서 행한다.

계수형 컴퓨터는 情報의 離散元素를 처리하며 이들 원소는 2 진수로 표시된다는 것은 이미 언급했다. 계산에 사용되는 피연산수(operand)는 2 진수(binary number) 시스템으로 표시될 수 있다. 10 진 숫자와 같은 다른 숫자들은 2 진 코우드(binary code)로 표시된다. 데이터 처리 작업은 2 진 신호를 사용하는 2 進 論理元素(binary logic element)에 의해서 수행된다. 모든 量은 2 진수로 기억 장치에 記憶된다. 이 章의 목적은 모든 章들의 이해를 돕기 위한 기본 구성으로서 각종 2 진 개념을 설명하는 데 있다.

1-2 2 進數(binary numbers)

10 진수 7392 는 7 천 더하기 3 백 더하기 9 십 더하기 2 와 같다. 천의 자리, 백의 자리 등은 계수의 위치에 의해 나타난 10 의 거듭제곱이다. 즉, 7392 는 다음과 같이 쓸 수 있다.

$$7392 = 7 \times 10^3 + 3 \times 10^2 + 9 \times 10^1 + 2 \times 10^0$$

그러나 편의상, 10 의 거듭제곱은 없애고 그들의 위치로부터 계수만을 쓴다. 일반적으로 소수점을 가진 수는 다음과 같이 계수의 나열로 표시된다.

$$a_5 a_4 a_3 a_2 a_1 a_0 \cdot a_{-1} a_{-2} a_{-3}$$

계수 a_j는 10 개의 수치(0, 1, 2,……, 9) 중의 하나를 나타내고, 첨자 j 는 위치의 값을 나타낸다. 계수에 곱해지는 10 의 거듭제곱은 다음과 같다.

$$10^5 a_5 + 10^4 a_4 + 10^3 a_3 + 10^2 a_2 + 10^1 a_1 + 10^0 a_0 + 10^{-1} a_{-1} + 10^{-2} a_{-2} + 10^{-3} a_{-3}$$

10 진수 체계는 10 개의 숫자를 사용하고, 계수가 10 의 거듭제곱으로 곱해지기 때문

에 밑수(또는 진수; base, radix)가 10이라고 말한다. 2進係數는 전혀 다른 數的系統이다. 2진수 체계의 계수는 0과 1 두 값만을 가지며, 각 계수 a_j에 2^j가 곱해진다. 예를 들면, 2진수 11010.11은 다음과 같이 계수와 2의 거듭제곱의 곱셈에 의해서 십진수로는 26.75가 된다.

$$
\begin{aligned}
&1\times 2^4+1\times 2^3+0\times 2^2+1\times 2^1+0\times 2^0+1\times 2^{-1}\\
&\qquad +1\times 2^{-2}=26.75
\end{aligned}
$$

일반적으로 밑수가 r인 수 체계는 다음과 같이 계수에 r의 거듭제곱이 곱해진 것들의 덧셈으로 표시된다.

$$
\begin{aligned}
&a_n\cdot r^n+a_{n-1}\cdot r^{n-1}+a_{n-2}\cdot r^{n-2}+\cdots+a_2\cdot r^2+a_1\cdot r^1+a_0\\
&\qquad +a_{-1}\cdot r^{-1}+a_{-2}\cdot r^{-2}+\cdots+a_{-m}\cdot r^{-m}\\
&=\text{整數部}+\text{小數部}\\
&=(a_n\cdot r^n+a_{n-1}\cdot r^{n-1}+\cdots+a_2\cdot r^2+a_1\cdot r^1+a_0\cdot r^0)\\
&\qquad +(a_{-1}\cdot r^{-1}+a_{-2}\cdot r^{-2}+\cdots+a_{-m}\cdot r^{-m})\\
&=((((\cdots((a_n\cdot r+a_{n-1})r+a_{n-2})r+\cdots)r+a_3)r+a_2)r+a_1)r+a_0\\
&\qquad +r^{-1}(a_{-1}+r^{-1}(a_{-2}+r^{-1}(a_{-3}+r^{-1}(a_{-4}+\cdots+r^{-1}(a_{-m+1}+r^{-1}a_{-m})\cdots))))
\end{aligned}
$$

여기서 계수 a_j는 0에서 $r-1$까지 수 중의 한 값이다. 그러므로, 常用 10진수를 r진수로 변환할 때 r진수의 整數部 계수는 10진수의 정수부를 r로 계속 나누어 갈 때 나머지들이 될 것이며, r진수의 小數部의 계수는 10진수의 소수부를 r곱으로 되풀이해 갈 때 r곱 할 때마다 생기는 整數들이 됨을 윗식에서 바로 알 수 있다. 수와 밑수를 구별하기 위해서 계수는 괄호로 묶고, 사용할 밑수는 첨자로 표시한다.

다음은 밑수가 5인 수의 예이다.

$$
\underbrace{(4021.2)}_{\text{계 수}}{}_{\underset{\searrow\ \text{밑수(base)}}{5}}=4\times 5^3+0\times 5^2+2\times 5^1+1\times 5^0+2\times 5^{-1}=(511.4)_{10}
$$

밑수 5인 수의 계수는 오직 0, 1, 2, 3, 4만을 사용하는 점에 주의해야 한다. 밑수가 10보다 클 경우에는 계수를 나타내는 데에 알파벳의 문자가 사용된다. 예를 들면 계산기에서 많이 쓰이는 16진수(밑수 16)에서 처음 10개의 숫자는 10진 체계의 숫자를 그대로 사용하고 10, 11, 12, 13, 14, 15를 위해서는 각각 A, B, C, D, E, F가 대신 사용된다.

다음은 16진수의 예이다.

$$
(\mathrm{B65F})_{16}=11\times 16^3+6\times 16^2+5\times 16+15=(46687)_{10}
$$

10진, 2진, 8진, 16진수 체계의 처음 16까지의 수가 표 1-1에 기록되어 있다.

밑수 r의 수의 산술 연산은 10진수에 관한 법칙을 따른다. 여기서 r개의 수만 쓰도록 허용됨을 주의해야 한다. 2진수의 가산, 감산, 곱셈의 예가 다음에 주어진다.

피가수 :	101101	피감수 :	101101	피승수 :	1011
가 수 :	+100111	감 수 :	−100111	승 수 :	×101
합 :	1010100	차 :	000110		1011
					0000
					1011
				곱 :	110111

두 2진수의 합은 모든 자리의 합의 결과 숫자가 0이거나 1이 된다는 것을 제외하고는 10진수와 똑같은 법칙에 의해 계산된다. 주어진 자리에서 얻은 자리올림수(carry)는 바로 윗자리에서 사용되며 감산은 약간 복잡하다. 주어진 자릿수에서의 빌림(borrow)은 피감수 숫자에 2를 더한다는 것을 제외하고는 10진수의 법칙과 같고, 곱셈은 아주 간단하다. 승수 숫자는 항상 1이나 0이기 때문에 부분곱(部分積)의 결과는 피승수와 같거나 0이다.

표 1-1 다른 밑수의 수

10진수 (밑수 10)	2진수 (밑수 2)	8진수 (밑수 8)	16진수 (밑수 16)
00	0000	00	0
01	0001	01	1
02	0010	02	2
03	0011	03	3
04	0100	04	4
05	0101	05	5
06	0110	06	6
07	0111	07	7
08	1000	10	8
09	1001	11	9
10	1010	12	A
11	1011	13	B
12	1100	14	C
13	1101	15	D
14	1110	16	E
15	1111	17	F

1-3 進數變換(number base conversions)

2진수는 1의 값을 가진 계수들의 2의 거듭제곱의 합에 의해 10진수로 변환할 수 있다. 예를 들면,

$$(1010.011)_2 = 2^3 + 2^1 + 2^{-2} + 2^{-3} = (10.375)_{10}$$

비슷한 방법으로 밑수 r인 수도 10진수로 변환될 수 있다. 다음 예는 8진수를 10진수로 바꾸는 것이다.

$$(630.4)_8 = 6 \times 8^2 + 3 \times 8 + 4 \times 8^{-1} = (408.5)_{10}$$

10진수에서 2진수나 다른 밑수 r인 수로의 변환은 수를 정수 부분과 소수 부분으로 분리해서 각각 따로 변환을 행하는 것이 좀더 편리하다. 정수의 10진수에서 2진수로의 변환은 다음 예에서 잘 설명되고 있다.

〔예제 1-1〕 10진수 41을 2진수로 변환하라.

먼저 41을 2로 나누어서 몫 20과 나머지 1을 얻는다. 이 몫을 다시 2로 나누어 새로운 몫과 나머지를 얻는다. 이 과정은 몫이 0이 될 때까지 계속된다. 원하는 2진수의 계수는 다음과 같이 나머지로부터 얻어진다.

정수 몫		나머지	계수
$\frac{41}{2} = 20$	+	1	$a_0 = 1$
$\frac{20}{2} = 10$	+	0	$a_1 = 0$
$\frac{10}{2} = 5$	+	0	$a_2 = 0$
$\frac{5}{2} = 2$	+	1	$a_3 = 1$
$\frac{2}{2} = 1$	+	0	$a_4 = 0$
$\frac{1}{2} = 0$	+	1	$a_5 = 1$

답 : $(41)_{10} = (a_5 a_4 a_3 a_2 a_1 a_0)_2 = (101001)_2$

계산 과정을 다음과 같이 좀더 편리하게 처리해도 된다.

정수	나머지
41	
20	1
10	0
5	0
2	1
1	0
0	1

↑ 101001 = 답

10진 정수를 다른 밑수 r의 수로 변환하는 것은 2 대신에 r로 나눈다는 것을 제외하고는 위의 예와 비슷하다.

〔예제 1-2〕 10진수 153을 8진수로 변환하라.

요구하는 밑수는 8이다. 먼저 153을 8로 나누어 몫 19와 나머지 1을 얻는다. 다시 19를 8로 나누어 다음 몫 2와 나머지 3을 얻는다. 마지막으로 2를 8로 나누어 몫 0과 나머지 2를 얻는다. 이 과정을 다음과 같이 편리하게 처리할 수 있다.

153	
19	1
2	3 ↑
0	2 └ = $(231)_8$

10진 소수의 變換도 정수와 같이 비슷한 방법으로 한다. 그러나, 나눗셈 대신에 곱셈을 사용하며 나머지 대신에 누적되는 정수를 사용한다. 이 방법은 다음 예에서 설명된다.

〔예제 1-3〕 $(0.6875)_{10}$을 2진수로 변환하라.

먼저 0.6875에 2를 곱해서 새로운 정수와 소수를 얻는다. 이 새로운 소수에 다시 2를 곱해서 또다시 새로운 정수와 소수를 얻는다. 이 과정은 소수가 0이 되거나 충분한 정밀도가 얻어질 때까지 계속된다. 2진수의 계수는 다음과 같이 정수에서 얻는다.

	정수		소수	계수
$0.6875 \times 2 =$	1	+	0.3750	$a_{-1} = 1$
$0.3750 \times 2 =$	0	+	0.7500	$a_{-2} = 0$
$0.7500 \times 2 =$	1	+	0.5000	$a_{-3} = 1$
$0.5000 \times 2 =$	1	+	0.0000	$a_{-4} = 1$

답 : $(0.6875)_{10} = (0.a_{-1}a_{-2}a_{-3}a_{-4})_2 = (0.1011)_2$

10진 소수를 밑수 r의 수로 변환할 때는 2 대신 r을 곱한다. 그리고 계수는 0에서 $r-1$의 범위를 갖는 정수에서 얻는다.

〔예제 1-4〕 $(0.513)_{10}$을 8진수로 변환하라.

$$0.513 \times 8 = 4.104$$
$$0.104 \times 8 = 0.832$$
$$0.832 \times 8 = 6.656$$
$$0.656 \times 8 = 5.248$$
$$0.248 \times 8 = 1.984$$
$$0.984 \times 8 = 7.872$$

여섯 번째 자리까지의 답을 얻으면 다음과 같다.

$(0.513)_{10} = (0.406517\cdots)_8$

정수와 소수를 가진 10 진수의 변환은 정수와 소수를 각각 따로 변환시켜서 두 답을 결합시킨다. 예제 1-1과 1-3에서 다음 결과를 얻는다.

$(41.6875)_{10} = (101001.1011)_2$

예제 1-2와 1-4에서 다음을 얻는다.

$(153.513)_{10} = (231.406517)_8$

1-4 8 進數와 16 進數

2 진, 8 진, 16 진수 사이의 변환은 계수형 컴퓨터에서는 아주 중요한 역할을 한다. $2^3 = 8$ 이고 $2^4 = 16$ 이기 때문에 각 8 진 숫자는 3 개의 2 진 숫자에 대응되고, 16 진 숫자는 4 개의 2 진 숫자에 대응된다. 2 진에서 8 진으로의 변환은 2 진 소숫점을 중심으로 왼쪽과 오른쪽으로 각각 세 숫자씩 묶으면 된다. 그리고 각 묶음에 대응된 8 진 숫자를 할당한다. 다음 예는 그 과정을 나타낸 것이다.

$$(\underbrace{10}_{2}\ \underbrace{110}_{6}\ \underbrace{001}_{1}\ \underbrace{101}_{5}\ \underbrace{011}_{3}\ \cdot\ \underbrace{111}_{7}\ \underbrace{100}_{4}\ \underbrace{000}_{0}\ \underbrace{110}_{6})_2 = (26153.7406)_8$$

2 진에서 16 진으로의 변환은 2 진수가 4 개의 숫자로 묶인다는 것을 제외하고는 위와 비슷하다.

$$(\underbrace{10}_{2}\ \underbrace{1100}_{C}\ \underbrace{0110}_{6}\ \underbrace{1011}_{B}\ \cdot\ \underbrace{1111}_{F}\ \underbrace{0010}_{2})_2 = (2C6B.F2)_{16}$$

2 진 숫자의 각 묶음에 대한 대응된 16 진(또는 8 진) 숫자는 표 1-1에 있는 값들을 공부한 후에는 쉽게 기억할 수 있을 것이다.

8 진 또는 16 진에서 2 진으로의 변환은 위의 절차와 반대이다. 각 8 진 숫자는 그와 동등한 세 2 진 숫자로 변환되고 16 진 숫자는 4 개의 2 진 숫자로 변환된다. 다음은 그 예이다.

$$(673.124)_8 = (\underbrace{110}_{6}\ \underbrace{111}_{7}\ \underbrace{011}_{3}\ \cdot\ \underbrace{001}_{1}\ \underbrace{010}_{2}\ \underbrace{100}_{4})_2$$

$$(306.D)_{16} = (\underbrace{0011}_{3}\ \underbrace{0000}_{0}\ \underbrace{0110}_{6}\ \cdot\ \underbrace{1101}_{D})_2$$

2 진수는 같은 값의 10 진수보다 3 배 또는 4 배나 되는 숫자가 필요하기 때문에 다루기가 어렵다. 예를 들면 2 진수 111111111111 은 10 진수로 4095 이다. 그러나, 계수형 컴퓨터는 2 진수를 쓰고 있으며 때때로 사용자는 2 진수에 의해서 기계와 직접

대화하는 것이 필요할 때가 있다. 컴퓨터에서는 2진 체계를 사용하지만 숫자의 갯수를 줄이기 위해서 인간은 2진 체계와 8진 또는 16진 체계 사이의 관계를 이용한다. 이 방법에 의해 인간은 8진 또는 16진수 관점에서 생각하며 기계와의 직접 대화가 필요할 때에는 변환을 수행한다. 예로서, 2진수 111111111111이 8진수로는 7777(숫자 4개), 16진수로는 FFF(숫자 3개)로 표현된다. 계산기의 2진수에 관하여 사람들 간에 통신할 때는 8진이나 16진 표기가 더 바람직하다. 그 이유는 값의 2진수를 나타내는 데에 $\frac{1}{3}$ 또는 $\frac{1}{4}$의 숫자밖에 들지 않기 때문이다. 사람들이 콘솔의 스위치나 表示燈, 機械語(machine language)로 씌어진 프로그램을 써서 기계와 대화할 때에는 이용자들이 주의깊게 8진이나 16진으로부터 2진으로 변환하든지 그 역으로 변환하거나 한다.

1-5 補數(complements)

계수형 컴퓨터에서 補數(complement)는 감산 작용을 간단히 하고, 논리적 처리를 쉽게 하기 위해서 사용된다. 밑수 r인 수에 대한 보수에는 (1) r의 **보수**와 (2) $(r-1)$의 **보수** 두 가지가 있다. 즉, 2진수에 대해서는 2의 보수(2's complement)와 1의 보수(1's complement)이며 10진수에 대해서는 10의 보수와 9의 보수가 그것이다.

r의 補數

정수 부분이 n 자릿수로 되어 있고 밑수가 r인 陽數 N을 생각하자. N의 r의 보수는 다음과 같이 정의된다.

$$N\text{의 補數} = \begin{cases} r^n - N, & N \neq 0 \\ 0, & N = 0 \end{cases}$$

다음은 정의에 대한 이해를 돕기 위한 예이다.

$(52520)_{10}$의 10의 보수 : $10^5 - 52520 = 47480$
이 수에 있는 숫자의 갯수 n은 5이다.

$(0.3267)_{10}$의 10의 보수 : $1 - 0.3267 = 0.6733$
정수 부분이 없기 때문에 $10^n = 10^0 = 1$이다.

$(25.639)_{10}$의 10의 보수 : $10^2 - 25.639 = 74.361$

$(101100)_2$의 2의 보수 : $(2^6)_2 - (101100)_2 = (1000000 - 101100)_2 = 010100$

定義와 例에서 10진수의 10의 보수는, 하위의 모든 0은 변화시키지 않고 하위의 처음 0이 아닌 숫자를 10에서 빼고, 나머지 상위의 모든 숫자를 9에서 빼서 만들어질 수 있다는 것이 명백하다. 2의 보수도 하위의 모든 0은 그대로 두고 처음으로 0이 아닌 숫자도 그대로 두고 나머지 상위의 모든 숫자는 1을 0으로, 0은 1로 만들어서 형성할 수 있다. 임의의 밑수 $r(r>1, r\neq1)$에 대해서도 r의 보수가 있을 수 있으며 위와 같은 정의에서 구할 수 있다.

그러나, 여기서 $r=10$(10진수)과 $r=2$(2진수)만을 예를 든 이유는 이 2가지 진법이 우리들에게 제일 관계가 깊기 때문이다. 특히 계산기에서는 2진법의 2의 보수가 주로 쓰인다.

$(r-1)$의 補數

整數 부분이 n자리이고 小數 부분이 m자리인 陽數 N을 생각하자. N의 $(r-1)$의 보수는 다음과 같이 정의된다. N의 $(r-1)$의 보수$=r^n-r^{-m}-N$. 다음은 $(r-1)$의 보수의 예들이다.

$(52520)_{10}$의 9의 보수 : $(10^5-1-52520)=99999-52520=47479$
소수 부분이 없으므로 $10^{-m}=10^0=1$이다.

$(0.3267)_{10}$의 9의 보수 : $(1-10^{-4}-0.3267)=0.9999-0.3267=0.6732$
정수 부분이 없으므로 $10^n=10^0=1$

$(25.639)_{10}$의 9의 보수 : $(10^2-10^{-3}-25.639)=99.999-25.639=74.360$

$(101100)_2$의 1의 보수 : $(2^6-1)-(101100)=(111111-101100)_2=010011$

$(0.0110)_2$의 1의 보수 : $(1-2^{-4})_2-(0.0110)_2=(0.1111-0.0110)_2=0.1001$

例에서 볼 수 있듯이 10진수의 9의 보수는 모든 숫자를 9에서 빼기만 하면 되고, 2진수의 1의 보수는 1을 0으로, 0을 1로 바꾸기만 하면 쉽게 형성된다. $(r-1)$의 보수는 아주 쉽게 얻어지기 때문에, r의 보수가 필요할 때 $(r-1)$의 보수를 사용하는 것이 편하다. 定義와 例에서 얻어진 결과를 비교해 보면, r의 보수는 $(r-1)$의 보수의 최하위 숫자에 r^{-m}을 더해서 얻을 수 있다. 例를 들면, 10110100의 2의 보수인 01001100은 1의 보수인 01001011에 1을 더해서 얻어진다. 보수의 보수를 취하면 원래 값이 나온다. N의 r의 보수는 r^n-N이고 r^n-N의 보수는 $r^n-(r^n-N)=N$이다.

r의 補數에 의한 減算

減算方法에서 우리는 피감수가 대응된 減數보다 작을 때는 윗자리에서 1을 빌어

오는 개념을 사용한다. 이 방법이 사람들에게는, 연필로 계산할 때는 가장 쉬운 방법처럼 보이나, 계수형 시스템에서는 이 방법이 보수를 취해서 더하는 아래의 방법보다 덜 효율적이다.

> 밑수 r 인 두 양수의 뺄셈 $(M-N)$은 다음 순서를 따른다.
>
> 1. 被減數(minuend) M에 減數(subtrahend) N의 r의 보수를 더한다.
> 2. 위에서 얻은 결과를 끝자리 올림수(end carry)에 관해 조사한다.
>   (a) 끝자리 올림수가 있으면 그것을 무시한다.
>   (b) 끝자리 올림수가 생기지 않았으면 1에서 얻은 결과를 r의 보수로 취하고 앞에 − 부호를 붙인다.

〔예제 1−5〕 10의 보수를 사용해서 72532−3250을 계산하라.

$M=72532$
$N=03250$
N의 10의 보수 $=96750$

```
                        72532
                      + 96750
끝자리 올림수 → 1 /    69282
```

답 : 69282

〔예제 1−6〕 $(3250-72532)_{10}$을 계산하라.

$M=03250$
$N=72532$
N의 10의 보수 $=27468$

```
                 03250
               + 27468
올림수 없음 /    30718
```

답 : −69282 = −(30718의 10의 보수)

〔예제 1−7〕 주어진 수에 대해 2의 보수를 사용해서 $M-N$을 계산하라.

(a) $M=1010100$
$N=1000100$
N의 2의 보수 $=0111100$

```
                        1010100
                      + 0111100
끝자리 올림수 → 1 /    0010000
```

답 : 10000

(b) $M=1000100$
$N=1010100$
N의 2의 보수 $=0101100$

```
                 1000100
               + 0101100
올림수 없음 /    1110000
```

답 : −10000 = −(1110000의 2의 보수)

감산의 증명 : M 에다 N 의 r 의 보수를 더하면 $(M+r^n-N)$ 이 된다. n 자릿수를 가진 정수 부분에 대해서 r^n 은 $(n+1)$ 자리에 1 을 갖는 것과 같다(끝자리 올림수라 부른다). M 과 N 모두 양수로 가정했기 때문에 다음과 같이 된다.

(a) $(M+r^n-N) \geqslant r^n$ if $M \geqslant N$

(b) $(M+r^n-N) < r^n$ if $M < N$

(a)의 답은 양수이므로 끝자리 올림수 r^n 을 무시함에 의해 바로 $M-N$ 을 얻는다. (b)에서 답은 $-(N-M)$ 에 해당하는 음수이다. 이때에는 끝자리 올림수가 없다. 답은 다음과 같이 두 번째 보수를 취해서 $-$ 부호를 붙여서 얻는다.

$$-[r^n-(M+r^n-N)]=-(N-M)$$

$(r-1)$ 의 補數에 의한 減算

$(r-1)$ 의 보수에 의한 감산은, 윤회식 자리올림수(end-around carry)를 제외하고는 r 의 보수를 사용한 감산의 순서와 같다.

> 밑수가 r 인 두 양수의 감산$(M-N)$은 다음 방법으로 계산된다.
>
> 1. 被減數 M 에 N 의 $(r-1)$의 보수를 더한다.
> 2. 위의 결과를 끝자리 올림수에 관해 조사한다.
>   (a) 끝자리 올림수가 있으면 최하위 숫자에 1 을 더한다(윤회식 자리올림수).
>   (b) 끝자리 올림수가 없을 경우에 1 의 결과를 $(r-1)$의 보수로 취하고 앞에 $-$ 부호를 붙인다.

위의 증명은 r 의 보수의 경우와 비슷하기 때문에 연습 문제로 남겨 둔다.

〔예제 1-8〕 9 의 보수를 사용해서 예제 1-5 와 1-6 의 문제를 계산하라.

(a)

$M=72532$
$N=03250$
N 의 9 의 보수 $=96749$

```
                      72532
                   +  96749
윤회식 자리올림수  1 / 69281
                   +      1
                   -------
                      69282
```

답 : 69282

(b)

$M=03250$
$N=72532$
N 의 9 의 보수 $=27467$

```
             03250
          +  27467
올림수 없음  / 30717
```

답 : $-69282=-$(30717 의 9 의 보수)

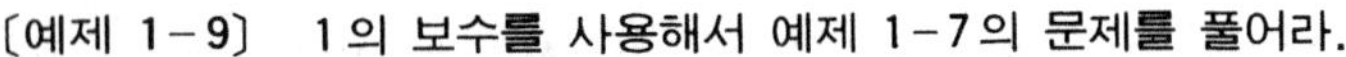

〔예제 1-9〕 1의 보수를 사용해서 예제 1-7의 문제를 풀어라.

(a)

```
              M = 1010100                    1010100
              N = 1000100
N의 1의 보수 = 0111011                 +   0111011
                     윤회식 자리올림수  1 / 0001111
                                                    +
                                      └──────────→  1
                                              ───────
                                              0010000
```

답 : 10000

(b)

```
              M = 1000100                    1000100
              N = 1010100              +
N의 1의 보수 = 0101011                       0101011
                        올림수 없음  ______/ 1101111
```

답 : −10000 = −(1101111 의 1의 보수)

1의 補數와 2의 補數의 比較

1의 보수는, 1은 0으로, 0은 1로 바꾸기만 하면 만들어지기 때문에 계수형 시스템에서는 이런 역할을 하는 回路를 쉽게 만들 수 있다는 장점을 갖추고 있다. 그러나 2의 보수는 다음의 두 가지 방법으로 만들 수 있다. (1) 1의 보수의 최하위 숫자에 1을 더하거나, (2) 하단 부위의 모든 0은 그대로 두고 역시 첫 번째 1도 그대로 두고 나머지 숫자는 0을 1로, 1은 0으로 바꾼다. 보수에 의한 두 수의 뺄셈에서, 2의 보수는 오직 한 번만의 연산 작용이 필요하지만, 1의 보수는 윤회식 자리올림수가 발생할 경우에는 두 번의 연산 작용이 필요하다. 또한 1의 보수는 산술 과정에서 모두 0 숫자로 이루어진 0(零)과 모두 1 숫자로 이루어진 0, 2개의 0이 나타나는 단점을 갖고 있다. 이 사실을 설명하기 위해서, 같은 2진수의 뺄셈 1100−1100 = 0을 생각해 보자.

1의 보수 사용 :

```
   1100
 + 0011
 ──────
 + 1111
```

보수를 취해서 −0000을 얻음.

2의 보수 사용 :

```
   1100
 + 0100
 ──────
 + 0000
```

2의 補數는 0에 대해 1개의 값을 가지고 있는 반면에 1의 보수는 0에 대해 2개의 값을 가지고 있기 때문에 더욱 복잡하게 만든다. 계수형 컴퓨터에서, 보수는 산술 계산에 매우 유용하다. 8장과 9장에서 자세한 것을 다룬다. 그러나 1의 보수는 1을 0으로 바꾸는 것과 0을 1로 바꾸는 것이 논리적인 逆演算(inversion operation)과 같기 때문에 論理的 處理에서 매우 유용하다. 2의 보수는 산술적 응용에 관련된 것에만 사용된다. 결론적으로 **보수형의 언급 없이 補數(complement)라는 단어가 비산술적 응용에 쓰일 때는 1의 보수로 가정한다.**

1-6 2進 코우드(binary codes)

전자 계수형 시스템은 2개의 구별되는 값을 갖는 신호와 두 안정 상태를 갖는 회로 소자들을 사용한다. 2진 신호, 2진 회로 소자, 2진 숫자 사이에는 직접적인 유사성이 있다. 例를 들면, n자릿수의 2진수는 각각 0 또는 1에 대응된 출력을 내는 n개의 2진 회로 소자에 의해 표시할 수 있다. 계수 시스템은 2진수뿐만 아니라 다른 많은 정보의 이산 원소를 표시하며, 또한 처리하기도 한다. 정보의 많은 양의 집단에서 개별적인 정보의 이산 원소는 2진 코우드로 나타낼 수 있다. 예를 들어, 赤色(red)은 스펙트럼의 한 개별적인 색깔이며, 문자 A는 알파벳의 한 개별적인 문자이다.

定義에 의해서, **비트**(bit)는 2진 숫자(binary digit)의 약자이다. 이것이 2진 코우드에서 사용될 때, 비트는 0이나 1을 나타내는 2進量으로 생각하는 것이 좋다. 2진 코우드에서 2^n개의 이산 원소의 집단을 나타내기 위해서는 최소한 n개의 비트가 필요하다. 예를 들면, 4개의 개별 원소를 두 비트 코우드로 표시할 수 있는데 각 원소에는 두 비트의 조합인 00, 01, 10, 11 중의 하나를 할당한다. 8개 원소의 표시는 3비트가 필요하며 각 원소에는 000, 001, 011, 100, 101, 110, 111 중의 하나가 할당된다. 이들 예는 n비트 코우드의 개별적 비트 조합은 0에서 원소의 갯수가 2의 거듭제곱의 배수가 아닐 때는 모든 비트 조합이 다 할당되지 않는다. 10개의 10진 숫자 0, 1, 2,……, 9가 그 예이다. 이들 숫자를 표시하는 데에 3비트는 모자라기 때문에 적어도 4비트가 필요하다. 4비트로는 16개의 조합을 얻을 수 있기 때문에 10개만 할당하고 6개는 쓰지 않는다.

2^n개의 별개의 코우드를 나타내는 데 필요한 최소한의 비트 수는 n이지만 최대수는 존재하지 않는다. 예를 들면, 10개의 10진 숫자는 각 숫자에 9개의 0과 1개의 1로 된 비트 조합을 할당하는 10개의 비트로 표시할 수 있다. 이 특별한 2진 코우드에서, 숫자 6은 비트 조합 0001000000을 할당할 수 있다.

표 1-2 10진 숫자에 관한 2진 코드

10진 숫자	(BCD) 8421	3增	84-2-1	2421	(이중 5) 5043210
0	0000	0011	0000	0000	0100001
1	0001	0100	0111	0001	0100010
2	0010	0101	0110	0010	0100100
3	0011	0110	0101	0011	0101000
4	0100	0111	0100	0100	0110000
5	0101	1000	1011	1011	1000001
6	0110	1001	1010	1100	1000010
7	0111	1010	1001	1101	1000100
8	1000	1011	1000	1110	1001000
9	1001	1100	1111	1111	1010000

10進 코우드

10진 숫자에 대한 2진 코우드는 적어도 4비트가 필요하다. 4개 혹은 그 이상의 비트들을 써서 10가지의 각기 다른 조합으로 배치함으로써 많은 여러 가지 코우드를 만들 수 있다. 몇 가지 구성 방법이 표 1-2에 주어져 있다.

2진 코우드화 10진수(binary-coded decimal, BCD)는 대응된 2진수 그대로 바로 할당한 것이다. 비트의 위치에 따라 가중치를 할당할 수도 있다. BCD 코우드에서 가중치는 8, 4, 2, 1이다. 예를 들면, 0110은 $0\times8+1\times4+1\times2+0\times1=6$이기 때문에 10진 숫자 6을 나타내는 것으로 가중치에 의해서 해석될 수 있다. 8, 4, −2, −1 코우드와 같이 陰數加重(negative weight)을 할당할 수도 있다. 이 경우의 비트 조합 0110은 $0\times8+1\times4+1\times(-2)+0\times(-1)=2$를 얻기 때문에 10진 숫자 2로 해석된다. 다른 두 값 지정 코우드(또는 가중 코우드, weighted code)가 표 1-2에 나타나 있다. 2421과 5043210이 그것이다. 3增 코우드(excess-3 code)는 일부 옛날 컴퓨터에서 쓰이던 코우드이다. 이 코우드는 각 비트에 가중치를 할당하지 않고, 10진 숫자에 대응된 BCD에 3을 더해서 얻어진다.

계수형 컴퓨터에서 수는 2진수나 2진 코우드화한 10진수로 표현된다. 데이터를 표시할 때, 이용자는 10진수 형태로 데이터를 주기를 좋아한다. 입력 10진수는 10진 코우드에 의해서 컴퓨터 내부에 저장된다. 각 10진 숫자는 적어도 4개의 2진 저장 원소를 필요로 한다. 10진수는 컴퓨터 내부에서 算術演算이 2진수로 표현된 수를 가지고 행해질 때 2진수로 변환된다. 모든 수가 코우드화된 10진수를 2진수로 변환하지 않고 그대로 연산할 수도 있다. 예를 들면, 10진수 395가 2진수로 변환되면 110001011로 9개의 2진 숫자로 구성되며, BCD 코우드로 표시될 때는 한 10진 숫자당 4개의 2신 숫기로 총 12개의 2진 숫자로 001110010101이 된다.

10진수의 2진수로의 **변환**(conversion)과 10진수의 **2진 코우드화**(binary coding)의 차이를 이해하는 것은 매우 중요하다. 두 경우 모두 마지막 결과는 비트들의 연속이다. 변환에서 얻어진 비트들은 2진 숫자들이다. 코우드화에서 얻어진 비트들은 사용된 코우드의 법칙에 따라 배열된 1과 0들의 조합이다. 그러므로, 계수 시스템에서 1과 0들의 연속이 때로는 2진수를 나타낼 수도 있고, 어떤 때는 주어진 2진 코우드에 의해 명시되는 정보의 개별적인 양을 나타내기도 한다. 예를 들면, 10진수가 0에서 9 사이에 있는 한, BCD 코우드는 2진 변환이나 코우드화에 모두 사용될 수 있다. 그러나, 10진수가 9보다 클 경우에는 변환과 코우드화는 완전히 달라진다. 다른 예를 하나 더 들어서 이 개념의 중요성을 강조하겠다. 10진수 13의 2진 변환은 1101이고, 10진수 13의 BCD 코우드에 의한 코우드화는 00010011이다.

표 1-2에 있는 다섯 2진 코우드에서 BCD 코우드가 사용하기에 가장 자연스럽게 보이며 또 실제로 가장 자주 만나게 된다. 다른 4비트 코우드들은 BCD에 없는 한 가지 특징을 갖고 있다. 3증 코우드, 2, 4, 2, 1 코우드, 8, 4, −2, −1 코우드는 모두 **자기 보수성 코우드**(self-complementary code)이다. 다시 말해서, 10진수의 9의 보수가 0은 1로, 1은 0으로 바꿈에 의해서 쉽게 얻어진다. 예를 들면, 10진수 395는 2421 코우드로 001111111011로 표시된다. 이것의 9의 보수 604는 110000000100으로서 1은 0으로, 0은 1로 대치함에 의해 쉽게 얻어진다. 이 성질은 算術演算이 10진수로 수행되어, 減算이 9의 보수를 취함에 의해 계산될 때 유용하게 쓰인다.

표 1-2에 있는 **이중 5**(biquinary) 코우드는 오류 검출 능력을 가진 7비트 코우드의 例이다. 이 코우드의 각 숫자는 5개의 0과 2개의 1로 구성되어 있다. 한 장소에서 다른 장소로 신호를 전송하는 도중에 오류가 발생할지도 모른다. 즉, 1개 또는 여러 개의 비트가 값이 바뀔지도 모르는 것이다. 수신측의 회로는 1의 갯수가 2개 이상(또는 이하) 존재하는 것을 탐지할 수 있다. 또, 수신한 비트의 조합이 허용할 수 있는 조합과 일치하지 않으면 오류가 검출된다.

오류 검출 코우드 (error detection code)

2진 정보는 전선이나 전파 같은 통신 매개체를 통해서 전달될 수 있다. 통신 매개체에서 외부 잡음(noise)이 생기면 이 때문에 0을 1로, 또는 그 반대로 비트를 바꾸어 놓는다. 오류 검출 코우드는 전송 동안에 생길지도 모르는 이런 오류를 검출하는 데 쓰인다. 검출된 오류는 그것이 수정되지는 않으나 오류가 존재함을 나타낸다. 오류가 가끔 가다 드물게 한 번씩 일어나고 전송된 전체 정보에 그리 중대한 영향을 끼치지 않으면, 수신측은 그 정보를 그대로 받아 들이거나 특정 오류 메시지를 보낸다. 수신된 정보의 뜻이 왜곡될 정도로 오류가 자주 발생하면, 전송 시스템의 誤動作 여부를 조사해야 된다.

패리티(parity) 비트는 메시지 내의 1의 총 수를 홀수로 만들거나 짝수로 만드는,

표 1-3 패리티 비트 발생

(a) 메시지	P(홀수)	(b) 메시지	P(짝수)
0000	1	0000	0
0001	0	0001	1
0010	0	0010	1
0011	1	0011	0
0100	0	0100	1
0101	1	0101	0
0110	1	0110	0
0111	0	0111	1
1000	0	1000	1
1001	1	1001	0
1010	1	1010	0
1011	0	1011	1
1100	1	1100	0
1101	0	1101	1
1110	0	1110	1
1111	1	1111	0

메시지 내에 포함된 1개의 특수 비트이다. 4비트의 메시지와 패리티 비트 *P*가 표 1-3에 있다. (a)에서 *P*는 1의 갯수가 홀수가 되도록 (모든 5비트에서) 선택되며, (b)에서는 모든 1의 갯수가 짝수가 되도록 선택된다. 한 장소에서 다른 곳으로 정보를 전송하는 동안에 패리티 비트는 다음과 같이 처리된다. 송신 마지막 단계에서, 메시지(이 경우에는 처음 4비트)는 패리티 비트를 발생시키기 위해서 패리티 발생 回路에 가해진다. 그리고 패리티 비트를 포함한 메시지가 도착점으로 전송된다. 수신측에서, 입력 비트(여기서는 5비트)는 적절한 패리티가 적용되었는지를 검사하기 위하여 패리티 조사 회로에 가해진다. 조사된 패리티가 채택된 패리티와 대응되지 않으면 오류가 검출된다. 패리티 발생과 조사의 자세한 내용은 4장 9절에서 다시 다룬다.

交番 2進 코우드(reflected code)

계수형 시스템은 오직 離散的인 형태로만 데이터를 처리하도록 설계되어 있다. 그러나 많은 물리적 시스템은 연속적인 출력 데이터를 제공한다. 이들 데이터는 계수형 시스템에 적용되기에 앞서 係數 또는 불연속적인 형태로 교환하여야 한다. 연속적인, 즉 아날로그 정보는 아날로그-디지털 변환기(analog-to-digital converter)에 의해서 係數 형태로 변환된다. 이런 경우에 표 1-4에 나타난 바와 같이 아날로그 데이터를 계수형 데이터로 나타내는 交番 코우드(reflected code)를 쓰는 것이 편리할 때가 있다. 2진수에 비해서 교번 코우드의 장점은 한 수에서 다음 수로 진행함에 따라 오직 한 비트만이 변한다는 점이다. 전형적인 교번 코우드는 아날로그 데이터가 전동기축 위치의 변화를 연속적으로 나타낼 때 흔히 적용한다. 축은 여러 분절(segment)로 放射

표 1-4 4비트 교번 코우드

교번 코우드	10진 숫자
0000	0
0001	1
0011	2
0010	3
0110	4
0111	5
0101	6
0100	7
1100	8
1101	9
1111	10
1110	11
1010	12
1011	13
1001	14
1000	15

狀으로 분할이 되고 각 분절에 번호가 할당한다. 인접한 분절에 인접한 교번 코우드가 할당되면, 두 분절을 구분짓는 선에서 탐지를 행하면 다른 코우드를 쓸 경우보다 훨씬 모호성이 감소된다.

표 1-4의 교번 코우드는 많은 이러한 코우드 중의 하나일 뿐이다. 교번 코우드를 얻기 위해서는 어느 비트 조합으로부터도 시작할 수 있다. 원하는 형태로 0을 1로, 또는 1을 0으로 오직 한 비트만을 바꾸어서 그 다음 비트 조합을 얻으면서 진행시켜 가면 된다. 이렇게 만든 코우드 중에 2개 이상의 같은 수가 있어서는 안 된다. 교번 코우드는 Gray 코우드라고도 알려져 있으며 진퇴 코우드라고 부르기도 한다.

英文·數字 코우드 (alphanumeric code)

계수형 컴퓨터의 많은 응용에서는 數로 이루어진 데이터뿐만 아니라 문자로 구성된 데이터의 처리가 요구된다. 例를 들면, 수백만 명의 가입자를 가진 보험 회사는 가입자의 파일(file)을 처리하기 위해서 계수형 컴퓨터를 사용할 것이다. 2진 형태로 가입자의 이름을 나타내기 위해서는 알파벳에 대한 2진 코우드를 가질 필요가 있다. 또한, 10진 숫자와 다른 특별 문자들도 2진 코우드로 나타내어야 한다. **영문 숫자 코우드**(alphanumeric code)는 10개의 십진 숫자, 알파벳의 26개 문자, 그리고 *, $ 등과 같은 특수 문자로 구성된 원소들에 대한 2진 코우드이다. 영문 숫자군에 포함된 원소의 총 수는 36개 이상이다. 따라서 이것들이 코우드화되기 위해서는 최소한 6비트가 필요하다($2^6=64$, 그러나 $2^5=32$는 불충분하다). 6비트 영문 숫자 코우드의 한

표 1-5 문자 숫자 코우드

문자	6 비트 내부 코우드	7 비트 ASCII 코우드	8 비트 EBCDIC 코우드	12 비트 카아드 코우드
A	010 001	100 0001	1100 0001	12,1
B	010 010	100 0010	1100 0010	12,2
C	010 011	100 0011	1100 0011	12,3
D	010 100	100 0100	1100 0100	12,4
E	010 101	100 0101	1100 0101	12,5
F	010 110	100 0110	1100 0110	12,6
G	010 111	100 0111	1100 0111	12,7
H	011 000	100 1000	1100 1000	12,8
I	011 001	100 1001	1100 1001	12,9
J	100 001	100 1010	1101 0001	11,1
K	100 010	100 1011	1101 0010	11,2
L	100 011	100 1100	1101 0011	11,3
M	100 100	100 1101	1101 0100	11,4
N	100 101	100 1110	1101 0101	11,5
O	100 110	100 1111	1101 0110	11,6
P	100 111	101 0000	1101 0111	11,7
Q	101 000	101 0001	1101 1000	11,8
R	101 001	101 0010	1101 1001	11,9
S	110 010	101 0011	1110 0010	0,2
T	110 011	101 0100	1110 0011	0,3
U	110 100	101 0101	1110 0100	0,4
V	110 101	101 0110	1110 0101	0,5
W	110 110	101 0111	1110 0110	0,6
X	110 111	101 1000	1110 0111	0,7
Y	111 000	101 1001	1110 1000	0,8
Z	111 001	101 1010	1110 1001	0,9
0	000 000	011 0000	1111 0000	0
1	000 001	011 0001	1111 0001	1
2	000 010	011 0010	1111 0010	2
3	000 011	011 0011	1111 0011	3
4	000 100	011 0100	1111 0100	4
5	000 101	011 0101	1111 0101	5
6	000 110	011 0110	1111 0110	6
7	000 111	011 0111	1111 0111	7
8	001 000	011 1000	1111 1000	8
9	001 001	011 1001	1111 1001	9
blank	110 000	010 0000	0100 0000	천공안함
.	011 011	010 1110	0100 1011	12,8,3
(	111 100	010 1000	0100 1101	12,8,5
+	010 000	010 0111	0100 1110	12,8,6
$	101 011	010 0100	0101 1011	11,8,3
*	101 100	010 1010	0101 1100	11,8,4
)	011 100	010 1001	0101 1101	11,8,5
−	100 000	010 1101	0110 0000	11,
/	110 001	010 1111	0110 0001	0,1
,	111 011	010 1100	0110 1011	0,8,3
=	001 011	011 1101	0111 1110	8,6

배열 방법이 표 1-5에서 내부 코우드(internal code)라는 명칭으로 주어져 있다. 약간 변형된 것들이 많은 컴퓨터에서 내부적으로 영문 숫자 문자를 나타내기 위해 쓰인다. 64문자보다 많은 문자(소문자와 係數 정보 전달을 위한 특별 제어 문자)가 필요하기 때문에 7비트, 8비트 영문 숫자 코우드가 만들어졌다(표 1-5 참조).

그 중 하나가 ASCII (American Standard Code for Information Interchange) 코우드이고, 다른 또 하나가 EBCDIC (Extended BCD Interchange Code) 코우드이다. 표 1-5에 있는 ASCII 코우드는 7비트로 구성되어 있으나, 실제 사용에서는 패리티 비트를 포함한 8비트가 쓰이고 있다. 정보를 천공 카아드를 써서 전달할 때 쓰이는 문자 코우드는 12비트 카아드 코우드를 사용한다. 천공 카아드는 12행과 80열로 이루어져 있다. 각 열에서, 문자가 적절한 행에 천공된 부분은 1로 감지되며 천공되지 않은 부분은 0으로 감지된다. 12열은 위에서부터 12, 11, 0, 1, 2,…, 9번 천공으로 표시되는데, 처음 3열은 지역 천공(zone punch)이라 부르며 나머지 9열은 수형 천공(numeric punch)이라 부른다. 표 1-5에 있는 12비트 카아드 코우드는 천공되는 열의 번호가 주어져 있다. 나머지 표시되지 않은 열은 모두 0으로 가정된다. 12비트 카아드 코우드는 쓰이는 비트 수가 많기 때문에 비효율적이다. 대부분의 컴퓨터는 입력 코우드를 내부 6비트 코우드로 바꾼다. 例로서, "John Doe"라는 이름을 내부 코우드로 표시해 보면 다음과 같다.

100001	100110	011000	100101	110000	010100	100110	010101
J	O	H	N	blank	D	O	E

1-7 2進 貯藏裝置와 레지스터(置數器) binary storage and registers

계수형 컴퓨터에서 情報의 離散的인 원소는 어떤 정보 저장 매개체에 물리적인 값을 가져야만 한다. 게다가, 정보의 이산적인 원소가 2진 형태로 표현될 때, 정보 저장 매개체는 각 비트를 저장하기 위한 2진 저장 장소를 가져야 한다. **2진 소자**(binary cell)는 두 안정된 상태를 가지며 정보의 1비트를 저장할 수 있는 장치이다. 소자에 저장된 정보는 소자가 한 안정된 상태에 있으면 1이고 다른 안정된 상태에 있으면 0이다. 2진 소자의 예로서는 전자 플립 플롭 회로, 메모리에 쓰이는 페라이트 코어(ferrite core), 그리고 카아드의 천공, 비천공의 위치를 들 수 있다.

레지스터(register)

레지스터는 2進 素子(binary cell)의 한 集合(group)이다. 한 소자는 정보의 한 비트를 저장하기 때문에 n비트를 가진 정보를 저장할 수 있다. 예로서, 다음 16소자 레

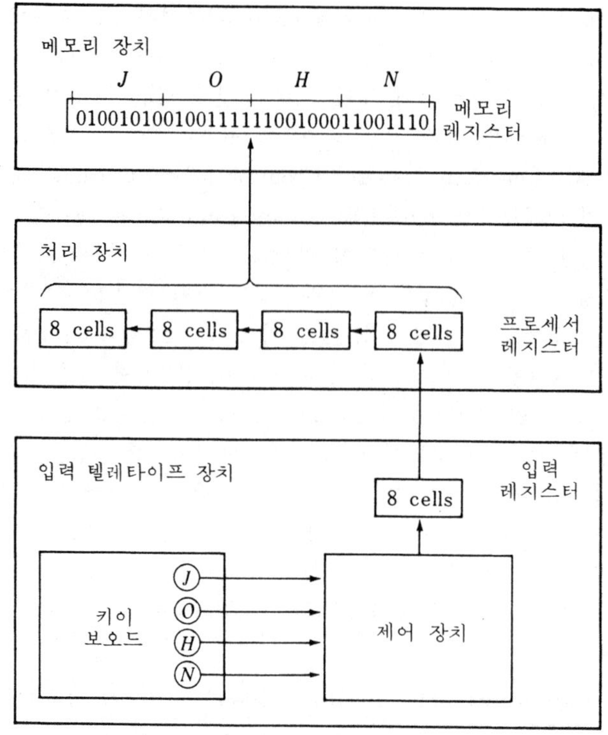

그림 1-2 레지스터에 의한 정보 전송

지스터를 置數器라고 부르기도 한다.

1	1	0	0	0	0	1	1	1	1	0	0	1	0	0	1
1	2	3	4	5	6	7	8	9	10	11	12	13	14	15	16

각 소자에 0이나 1이 저장된 16개의 2진 소자로 구성된 레지스터이다. 레지스터에 있는 비트 구성은 위의 그림과 같다고 생각하자.

이 레지스터의 내용이 2진 整數를 나타낸다고 가정하면 이 레지스터가 저장할 수 있는 범위의 수는 0에서 $2^{16}-1$까지이다. 이 예에서, 레지스터의 내용은 10진수 50121에 해당하는 2진수이다. 이 레지스터가 8비트 코우드의 영문 숫자 코우드를 저장하고 있다고 가정하면 이 레지스터의 내용은 어떤 두 문자일 것이다. EBCDIC 코우드로서는 C(왼쪽 8비트)와 I(오른쪽 8비트)를 나타낸다. 반면, 레지스터의 내용을 4비트 코우드에 의해 표시된 4개의 10진 숫자로 해석한다면 이 레지스터의 내용은 4자리 10진수가 될 것이며, 3중 코우드로 보면 10진수 9096이고, BCD로 해석할 경우는, 비트 조합 1100이 어느 숫자에도 할당되어 있지 않기 때문에 이 레지스터의 내용은 아무 의미가 없게 된다. 따라서 사용자는 레지스터에 의미 있는 정보를 저장해야 되며 컴퓨터는 저장된 정보의 유형에 따라 정보를 처리하도록 프로그램을 짜야 한다.

레지스터間 傳送(register transfer)

계수형 컴퓨터의 특징은 쓰이는 레지스터에 의해 좌우된다. 그림 1-1의 메모리 장치는 단지 계수 정보를 저장하기 위한 수천 개의 레지스터의 모임인 것이다. 처리 장치도 연산할 오퍼란드(operand)를 저장하는 많은 레지스터를 갖고 있다. 제어 장치 역시 여러 가지 컴퓨터 상태를 유지하기 위해서 레지스터를 사용하며, 각 입출력 장치도 전송된 정보를 저장하기 위해 적어도 1개의 레지스터를 가져야 한다.

계수형 시스템에서 기본적인 작동인 **레지스터 상호 전송** (inter-register transfer)은 한 레지스터에 저장된 정보를 다른 레지스터로 옮기는 것이다. 그림 1-2는 레지스터간의 정보 전송을 나타내는 것으로서 텔레타이프 키이 보오드로부터 메모리 장치의 레지스터로 2진 정보를 전송하는 그림이다. 입력 텔레타이프 장치가 키이 보오드, 制御回路와 입력 레지스터로 되었다고 하자. 키이를 누를 때마다 제어 회로는 해당된 8비트 영문 숫자 코우드를 입력 레지스터에 넣는다. 여기 사용된 코우드는 홀수 패리티를 가진 ASCII 코우드이다. 다시 정보는 입력 레지스터에서 프로세서 레지스터의 최하위 8소자로 전송된다. 전송된 후에는, 입력 레지스터는 키이를 다시 누를 때 제어 장치가 새로운 8비트 코우드를 넣을 수 있도록 하기 위해서 클리어(clear)된다. 처리 레지스터로 8비트 코우드가 전송될 때 앞서 전송된 코우드는 자기 왼쪽의 8소자로 된 레지스터에 이동한다. 처리 레지스터에 4개의 문자가 모두 전송되어 프로세서 레지스터가 채워지면 내용이 한꺼번에 메모리 레지스터로 전송된다. 그림 1-2에서 보듯이 JOHN이라는 문자를 4번 적당한 키이를 누른 후에 그에 대응된 코우드들이 메모리 레지스터에 저장되었다.

離散的인 情報量을 2진 형태로 처리하기 위해서는, 컴퓨터는 다음 2가지 사실을 제공해야 한다. (1) 처리될 데이터를 넣어 두는(hold) 장치와, (2) 정보의 각 비트를 조작하는 회로가 필요하다. 데이터를 넣어 두는 가장 일반적인 장치가 **레지스터**이고, 2진 변수들의 조작은 **計數論理回路**가 행한다.

그림 1-3은 두 10비트 2진수를 더하는 과정을 나타낸다. 그림에서는 일반적으로 수천 개의 레지스터로 구성된 메모리 장치를 여기서는 단지 3개의 레지스터만 표시하였다. 프로세서 장치 부분은 R1, R2, R3인 3개의 레지스터와 R1과 R2의 비트를 조작하여 그들의 합과 같은 연산 결과를 전송하는 **계수 논리 회로**로 구성되어 있다. 메모리 레지스터는 정보를 저장만 할 뿐이지 두 연산수를 처리할 능력은 없다. 그러나 메모리에 저장된 정보는 프로세서 레지스터로 전송할 수 있다. 프로세서 레지스터

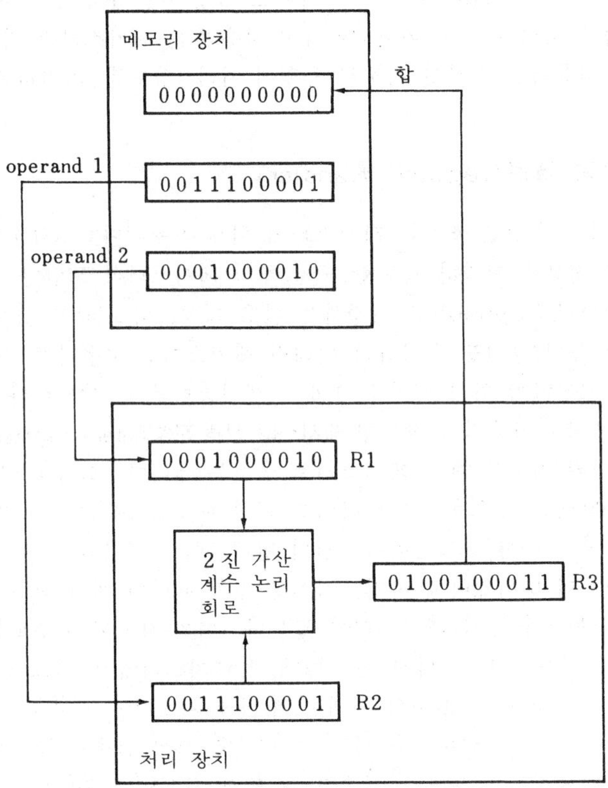

그림 1-3 2진 정보 처리의 예

에서 얻은 결과는 다시 쓰일 때까지 보관하기 위해서 메모리 레지스터로 다시 보낼 수 있다. **그림 1-3**은 두 오퍼란드(operand)의 내용이 두 메모리 레지스터로부터 두 프로세서 레지스터 R1 과 R2에 옮겨진 것을 보이고 있다. 계수형 논리 회로는 이 2개의 和를 계산하여 레지스터 R3에 옮긴 후, R3의 내용을 다시 한 메모리 레지스터로 전송할 수 있음을 보여 주고 있다.

위의 2가지 예는 계수형 시스템에서 情報傳送 可能性을 아주 간단한 방법으로 보여준다. 이리하여 시스템의 **레지스터**는 2진 정보를 임시 보관하거나, 저장하는 기본 소자가 되며, **計數型 論理回路**는 정보를 處理(process)한다. 계수형 논리 회로와 그것들의 연산 능력은 다음 절에서 소개하고, 레지스터와 레지스터간 전송 연산은 제8장에서 자세히 취급한다.

1-8 2進 論理(binary logic)

2進 論理는 두 별개의 값을 가진 變數들을 취급하며, 논리적 의미로서 작동한다. 변수를 갖는 이 2가지 값은 다른 명칭〔예를 들면 眞(true)과 僞(false), 예(yes)와 아 아니오(no) 등〕으로 부를 수 있으나, 여기서는 비트의 관점에서 생각하는 것이 편리하기 때문에 1과 0 값을 할당한다. 2진 논리는 수학적인 방법으로 2진 정보의 조작과 처리를 기술하는 데 사용되며, 특히 계수형 시스템의 解析과 設計에 적합하다. 예를 들면, 2진 연산을 수행하는 그림 1-3의 計數論理回路는 그 작동이 2진 변수와 論理演算子에 의해 가장 편리하게 표시할 수 있다. 이 절에서 소개되는 2진 논리는 부울 대수(Boolean algebra)라 부르는 대수학과 같은 것이다. 2진 부울 대수의 정식 표시법을 제2장에서 상술하고 여기서는 부울 대수를 스스로 알기 쉽게 소개하고, 부울 대수를 계수형 논리 회로와 2진 신호와의 관련성을 살펴 본다.

2進論理의 定義

2進論理는 2진 변수와 논리 연산(logic operation)으로 되어 있다. 變數는 A, B, C, x, y, z와 같은 문자로 나타내어지며 論理演算은 기본적으로 論理積(AND), 論理和(OR), 論理否(NOT) 3가지가 있다.

1. **AND**: 이 연산은 점(dot)으로 나타내지거나 演算子 없이 나타내어진다. 예를 들면, $x \cdot y = z$ 또는 $xy = z$는 "x AND y는 z이다"라고 읽는다. 논리 연산 AND는 $x = 1$이고, $y = 1$일 때만 $z = 1$이 되며 그렇지 않으면 $z = 0$으로 풀이된다(x, y, z는 2진 변수이며 1이나 0 외에는 어떤 값도 갖지 않는다는 것을 기억해야 한다).

2. **OR**: 이 연산은 덧셈 부호로 표시한다. 예를 들면, $x + y = z$는 "x OR y는 z이다"라고 읽으며 $x = 1$이거나 (or) $y = 1$이면, 또는 $x = 1$이고(and), $y = 1$이면 $z = 1$이며, x와 y가 모두 0이면 $z = 0$으로 됨을 의미한다.

3. **NOT**: 이 연산은 프라임(prime, "′")으로 표시하거나 바아(bar)로 나타내기도 한다. 예를 들면, $x' = z$(또는 $\bar{x} = z$)는 "x는 z가 아니다"라고 있으며, z는 x가 아닌 것을 뜻한다. 다시 말해서, $x = 1$이면 $z = 0$이고, $x = 0$이면 $z = 1$이다.

2진 논리는 2진 연산을 닮았으며, 때때로 AND는 곱셈과, OR는 덧셈과 유사하다. 실제로, AND와 OR를 나타내는 데 사용되는 부호는 곱셈과 덧셈을 나타내는 것과 똑같다. 그러나, 2진 논리를 2진 산술 계산과 혼동해서는 안 된다. 산술 변수는

표 1-6 논리 작용의 眞理表

AND			OR			NOT	
x	y	$x \cdot y$	x	y	$x+y$	x	x'
0	0	0	0	0	0	0	1
0	1	0	0	1	1	1	0
1	0	0	1	0	1		
1	1	1	1	1	1		

여러 숫자로 이루어진 수를 나타내지만 논리 변수는 항상 1이나 0 중 하나를 나타낸다. 예를 들면, 2진 계산 1+1=10("1 더하기 1은 2"로 읽음)이지만, 2진 논리에서는 1+1=1("1 OR 1은 1"로 읽음)이다.

x값과 y값의 각 조합에 대해서 논리 연산의 정의에 의해 하나의 z값이 명시된다. 이들 정의를 **眞理表(truth table)**로 나타낼 수 있다. 진리표는 변수들이 취할 수 있는 값과 이 변수들의 연산 결과와의 관계를 보여 주는 가능한 모든 조합으로 이루어진 표를 말한다.

예를 들면, 변수 x와 y에 대한 AND와 OR에 관한 진리표는, 변수들이 갖는 값의 모든 가능한 조합을 표로 만들어서 얻는다. AND와 OR, NOT에 관한 진리표가 표 1-6에 있다. 이 표들은 연산의 定義를 명확하게 설명해 주고 있다.

스위치 回路와 2進 信號

2진 변수의 사용과 2진 논리의 응용은 그림 1-4의 간단한 회로에 의해 설명된다. 그림에서 스위치 A와 B는, 스위치가 열려 있으면 0을, 닫혀 있으면 1을 나타내는 2진 변수이다. 마찬가지로 전구 L은 불이 켜지면 1을, 꺼지면 0을 나타내는 2진 변수라 하자. (a)에서 스위치가 직렬로 연결되어 있기 때문에 A와(and) B가 모두 닫혀야만 전구에 불이 들어온다. (b)에서는 스위치가 병렬로 연결됐기 때문에 A 또는 B가 닫히면 불이 켜진다. 이 두 회로를 각각 AND와 OR 논리로 표시할 수 있음은 자명하다.

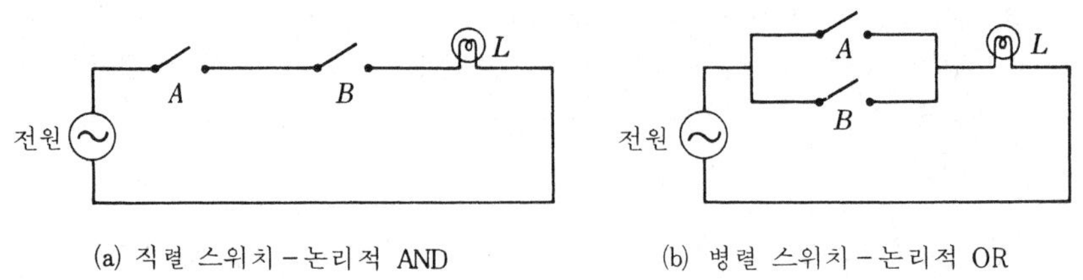

(a) 직렬 스위치-논리적 AND (b) 병렬 스위치-논리적 OR

그림 1-4 2진 논리를 설명하기 위한 스위칭 회로

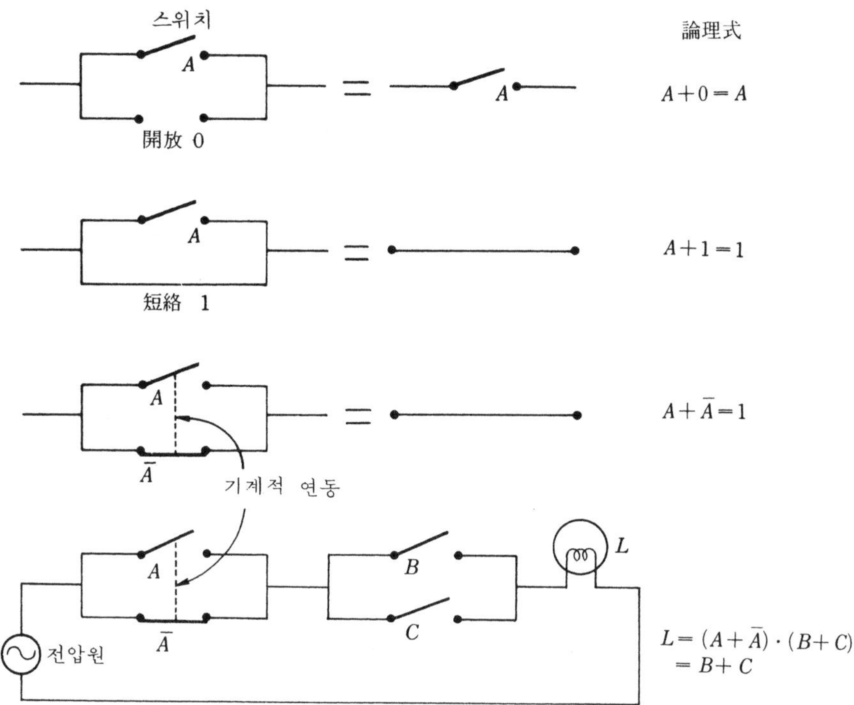

그림 1-4-1

$L=A\cdot B$ (그림 1-4(a)의 회로)

$L=A+B$ (그림 1-4(b)의 회로)

자주 쓰이는 스위치 회로와 논리식을 보이면 **그림 1-4-1**과 같다.

때때로 계수형 컴퓨터는 導通하거나 (스위치 닫힘) 不通되는(스위치 열림) 트랜지스터와 같은 能動素子로 되어 있기 때문에 **스위칭(開閉) 회로**라 부르기도 한다. 스위치를 손으로 작동하는 대신에 전자 스위칭 회로는 능동 소자의 導通과 不通을 제어하는 데에 2진 신호를 사용한다.

계수형 컴퓨터에서 전압이나 전류 같은 전기적 신호는 (過渡期를 제외한) 뚜렷한 두 값 중 한 상태로 존재한다. 예를 들면, 전압-동작 회로는 논리적-1 또는 논리적-0과 같은 2진 변수를 나타내는 별개의 전압 크기로 반응을 나타낸다. 예를 들면, 특별한 계수형 시스템은 3〔V〕를 논리적-1로, 그리고 0〔V〕를 논리적-0으로 정의할 수 있다. **그림 1-5**에서와 같이, 각 전위는 허용 오차를 갖고 있다. 계수 회로의 입력 단자는 허용 오차 내의 2진 신호를 받아들이며, 출력 단자에서는 규정된 허용 오차 내의 신호를 내보낸다.

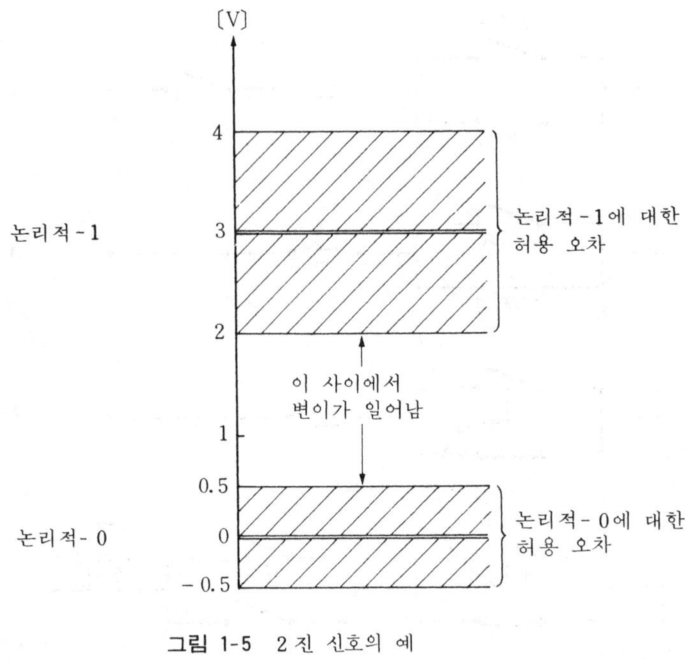

그림 1-5 2진 신호의 예

論理 게이트 (logic gates)

電子計數回路는 적절한 입력을 가지고 논리적 조작 통로를 구성하기 때문에 論理回路(logic circuit)라고도 한다. 계산이나 제어를 위한 임의의 원하는 정보는 다양한 논리 회로의 조합을 통해서 2진 신호를 통과시킴에 의해 만들어질 수 있다. 이 신호는 변수를 나타내며, 정보의 한 비트가 된다. AND, OR, NOT의 논리 작용을 수행하는 논리 회로의 기호는 **그림 1-6**과 같으며, 이 회로들을 게이트(gate)라 부른다. 이들 게이트는 입력 논리 요구 조건이 만족될 경우 입력 논리에 따라 논리적 − 1이나 논리적 − 0을 발생시키는 하아드웨어(hardware)의 블록이다. 같은 형의 회로에 대해서는 계수 회로(digital cuircuit), 스위칭 회로(switching circuit), 논리 회로, 게이트 등 4가지 명칭이 널리 사용되고 있지마는 이 책에서는 게이트를 쓰겠다. NOT 게이트는 2진 신호를 逆으로 만들기 때문에 인버어터(inverter) 회로라고도 한다.

그림 1-6의 두 입력 게이트에서 입력 신호 x와 y는 00, 01, 10, 11 중의 한 상태에 있을 것이다. 이들 입력 신호가 AND와 OR 게이트의 출력 신호와 함께 **그림 1-7**에 나타나 있다. **그림 1-7**의 타이밍도(timing diagram)는 4개의 2진 입력 조합에 대한 각 회로의 반응을 나타내고 있다. NOT 게이트를 인버어터라고 부르는 이유는 신호 x와 (NOT의 입력) x' (NOT의 출력)를 비교해 보면 명백해진다.

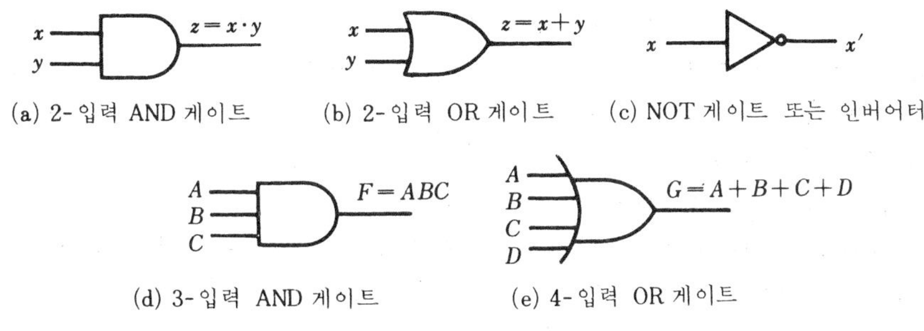

그림 1-6 계수 논리 회로의 기호

AND 와 OR 게이트는 2개 이상의 입력을 가질 수 있다. 그림 1-6에 세 입력을 가진 AND 게이트와 네 입력을 가진 OR 게이트가 나타나 있다. 3—입력 AND 게이트의 출력은 모든 입력이 논리적-1 일 때만 논리적-1을 나타낸다. 만약 어느 한 입력이라도 논리적-0 일 때에는 출력도 논리적 -0이 된다. 4—입력 OR 게이트의 출력은 어느 한 입력이라도 논리적-1이면 논리적-1을 발생시키고, 모든 입력 신호가 논리적-0 일 때만 출력도 논리적-0이 된다.

2진 논리의 수학적인 체계는 부울 代數로 더 잘 알려져 있다. 부울 대수는 복잡한 계수 회로망의 작동을 기술하는 데에 편리하게 사용된다. 계수형 시스템의 설계자는 회로도를 代數式으로, 그리고 그 逆으로 변형시키는 데에 부울 대수를 사용한다. 2章과 3章은 부울 대수의 성질과 연산 능력 등 부울 대수에 관한 연구에 할애하며, 4章에서는 부울 대수가 어떻게 게이트 망을 수학적으로 표시하는 데에 사용되는가를 보여 준다.

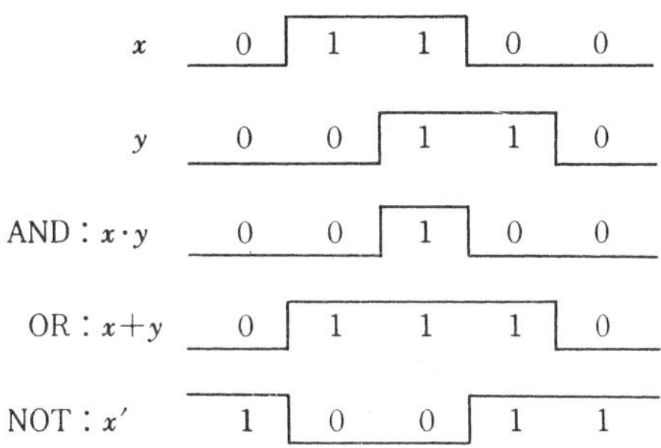

그림 1-7 그림 1-6 (a), (b), (c)의 게이트에 관한 입력—출력 신호

1-9 集積回路(integrated circuit)

計數回路는 集積回路(integrated circuit, IC)로 만들어진다. 집적 회로는 트랜지스터

다이오우드, 레지스터, 콘덴서와 같은 素子를 가진 조그마한 실리콘 半導體 結晶體로서 **칩**(chip)이라 불리운다. 여러 소자들이 전기 회로를 구성하기 위해 칩 내부에서 상호 연결되어 있다. 칩은 금속이나 플라스틱 위에 올려져 있으며 외부와의 연결은 IC의 핀을 통해서 한다.

집적 회로는 패키지(package)의 형에 따라 **그림 1-8**에 나타난 바와 같이 평판 패키지(flat package)와 dual-in-line(DIP) 패키지로 분류된다. DIP 패키지가 값이 싸고 基板에 쉽게 고정시킬 수 있기 때문에 가장 널리 쓰인다. IC 패키지의 포장은 플라스틱이나 세라믹으로 만들어진다. 대부분의 패키지는 표준 규격을 갖고 있으며, 핀의 수는 8에서 64에까지 이른다. 각 IC 패키지 표면에는 고유 번지가 인쇄되어 있다. IC 패키지의 크기는 매우 작다. 예를 들면, 4개의 AND 게이트가 20×8×3〔mm〕 용적의 14핀 DIP 패키지에 내장되어 있다. 완전한 마이크로 프로세서가 50×15×4〔mm〕 용적의 40핀 DIP 패키지에 내장된다. 크기가 줄어드는 외에, IC는 개별적인 소자로 구성한 회로에 비해서 다른 여러 가지 장점과 이익이 있다. IC의 가격은 매우 저렴하기 때문에 경제적이다. 전력 소모가 적을 뿐만 아니라 높은 신뢰도를 갖고 있기 때문에 계수형 시스템은 거의 수리가 불필요하다. 작동 속도가 빠르기 때문에 고속도 작동에 이용할 수 있으며, 또한 IC의 사용은 많은 연결이 패키지 내부에서 되어 있기 때문에 외부 선 연결 수가 줄어든다. 이들 장점 때문에, 계수형 시스템은 항상 집적 회로로 구성한다.

집적 회로는 線型(linear)과 計數型(digital) 두 종류로 분류된다. 線型 IC는 增幅器, 전압 비교기와 같은 전자적 기능을 제공하기 위해 연속적인 신호로 작동한다. 계수형 IC는 2진 신호로 작동하며 상호 연결된 계수형 게이트로 만들어진다. 이 책에서는 계수형 집적 회로만을 다룰 것이다.

IC 제작 기술의 진보에 따라, 한 실리콘 칩에 넣어질 수 있는 게이트의 수는 엄청나게 증가하고 있다. 한 패키지에 대여섯 개의 게이트를 가진 것을 小密度 集積回路(small-scale integration, SSI)라 한다. 10에서 100까지의 게이트를 가진 패키지를 中

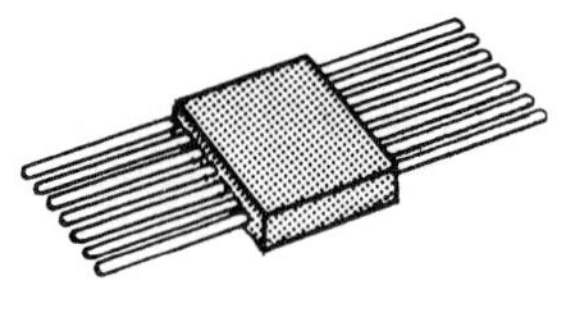

(a) 평판 패키지

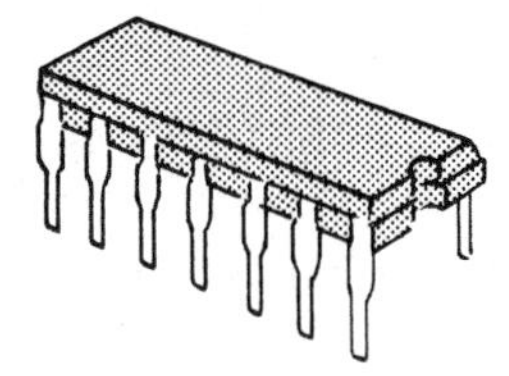

(b) dual-in-line 패키지

그림 1-8 집적 회로 패키지

密度 集積回路(medium scale integration, MSI)라 하며 100개 이상의 게이트를 가진 것을 高密度 集積回路(large scale integration, LSI)라 한다.

또한, 한 칩에 수 천 개의 게이트를 가진 超高密度 集積回路(very large scale integration, VLSI)도 있다. 이 책을 통해서 고찰할 많은 계수 회로도는 개개의 게이트와 그들의 상호 연결까지 상세하게 나타나 있다. 이러한 그림은 특정 기능의 논리적 구조를 설명하는 데에 유용하다. 그러나 실제적으로, 이 기능들은 MSI 나 LSI 패키지에서 얻어질 수 있으며, 사용자는 내부에 있는 게이트의 入出力이 아닌 외부 입출력 핀을 통해서만 이용한다는 사실을 알아야 한다. 예를 들면, 시스템에 레지스터를 만들어 넣기를 원하는 설계자는 그림에 나타난 것과 같은 개개의 계수 회로를 설계하는 대신에 이용할 수 있는 MSI 회로로부터 그러한 기능을 선택하는 것이 더 바람직하다.

참 고 문 헌

1. Richard, R. K., *Arithmetic Operations in Digital Computers*. New York: Van Nostrand Co., 1955.
2. Flores, I., *The Logic of Computer Arithmetic*. Englewood Cliffs, N. J.: Prentice-Hall, Inc., 1963.
3. Chu, Y., *Digital Computer Design Fundamentals*. New York: McGraw-Hill Book Co., 1962, Chaps. 1 and 2.
4. Kostopoulos, G. K., *Digital Engineering*. New York: John Wiley & Sons, Inc., 1975, Chap. 1.
5. Rhyne, V. T., *Fundamentals of Digital Systems Design*. Englewood Cliffs, N. J.: Prentice-Hall, Inc., 1973, Chap. 1.

연 습 문 제

1-1 3진수의 첫 20개를 0에서부터 시작하여 0, 1, 2를 써서 표현하라.

1-2 다음 수를 10진수로 교환하지 말고 덧셈과 곱셈을 하라.

(a) $(1230)_4$와 $(23)_4$

(b) $(135.4)_6$와 $(43.2)_6$

(c) $(367)_8$와 $(715)_8$

(d) $(296)_{12}$와 $(57)_{12}$

1-3 10진수 250.5를 3진수, 4진수, 7진수, 8진수, 16진수로 변환하라.

1-4 다음 10진수를 2진수로 변환하라.
12.0625, 10^4, 673.23, 1998

1-5 다음 2진수를 10진수로 변환하라.
10.10001, 101110.0101, 1110101.110, 1101101.111

1-6 다음 수를 주어진 進數에서 지시된 진수의 수로 변환하라.
(a) 10진수 225.225를 2진, 8진, 16진으로
(b) 2진수 11010111.110을 10진, 8진, 16진으로
(c) 8진수 623.77을 10진, 2진, 16진으로
(d) 16진수 2AC5.D를 10진, 8진, 2진으로

1-7 다음 수를 10진수로 변환하라.
(a) $(1001001.011)_2$
(b) $(12121)_3$
(c) $(1032.2)_4$
(d) $(4310)_5$
(e) $(0.342)_6$
(f) $(50)_7$
(g) $(8.3)_9$
(h) $(198)_{12}$

1-8 다음 2진수의 1의 보수와 2의 보수를 구하라.
1010101, 0111000, 0000001, 10000, 00000

1-9 다음 10진수의 9의 보수와 10의 보수를 구하라.
13579, 09900, 90090, 10000, 00000

1-10 $(935)_{11}$의 10의 보수를 찾아라.

1-11 다음 10진수를 (1) 10의 보수, (2) 9의 보수를 써서 감산을 수행하라.
(바로 감산을 해서 답을 검산하라)
(a) 5250−321
(b) 3570−2100
(c) 753−864
(d) 20−1000

1-12 다음 2진수의 감산을 (1) 2의 보수, (2) 1의 보수를 써서 수행하라.
(직접 감산하여 답을 검산하라)
(a) 11011−1101
(b) 11010−10000
(c) 10010−10011
(d) 100−110000

1-13 1-5절에서 서술된 $(r-1)$의 보수에 의한 두 수의 감산에 대한 절차를 증명하라.

1-14 10진수에 대해 가중 코우드 (a) 3, 3, 2, 1과 (b) 4, 4, 3, −2를 사용하여, 각 10진 숫자의 9의 보수가 1은 0으로, 0은 1로 바꾸기만 하면 얻어질 수 있도록 모든 가능한 표를 만들어라.

1-15 10진수 8620을 (a) BCD로, (b) 3증 코우드로, (c) 2, 4, 2, 1 코우드로, (d) 2진수로 나타내어라.

1-16 2진 코우드가 10개의 10진 숫자를 나타내는 데에 10비트를 사용한다. 각 숫자에 9개의 0과 1개의 1이 할당된다. 예를 들면, 숫자 6에 대한 코우드는 0001000000이다. 나머지 10진 숫자에 대한 2진 코우드를 만들어라.

1-17 加重數 5421을 사용해서 밑수 12의 숫자들에 대한 가중 2진 코우드를 만들어라.

1-18 메시지가 8, 4, −2, −1 코우드를 사용한 10개의 10진 숫자로 구성되어 있을 때 발생되는 기수 패리트 비트를 결정하라.

1-19 표 1-4에 있는 교번 코우드 외에 교번 코우드에 대한 다른 조합 2개를 결정하라.

1-20 코우드의 비트에서, 1은 0으로 0은 1로 바꿈에 의해 5의 보수를 얻을 수 있도록 모든 6진수에 대한 2진 코우드를 얻어라.

1-21 52장의 놀이 카아드에 어떤 순서적 방법으로 2진 코우드를 할당하라. 최소한의 비트 수를 사용하라.

1-22 표 1-5의 7비트 ASCII 코우드와 최상위에 우수 패리티 비트를 가진 8비트 코우드로 당신의 영문자 이름을 쓰시오. 각 이름 사이에는 공란을 넣는다.

1-23 24-소자 레지스터가 다음 내용을 나타낼 때 비트 구성을 보여라.
(a) 2진수로 $(295)_{10}$
(b) BCD로 십진수 295
(c) EBCDIC로 문자 $XY5$

1-24 12-소자 레지스터의 상태가 010110010111이다. 이것이 (a) BCD로 세 10진 숫자를, (b) 3증 코우드로 세 10진 숫자를, (c) 2, 4, 2, 1 코우드로 세 10진 숫자를, (d) 표 1-5의 내부 코우드로 두 문자를 나타낸다면 그의 내용은 무엇인가?

1-25 그림 1-3에서 더해지는 두 2진수가 257_{10}과 1050_{10}에 해당하는 수를 갖고 있다면 모든 레지스터의 내용을 보여라.

1-26 다음 스위칭 회로를 2진 논리 표기법으로 표현하라.

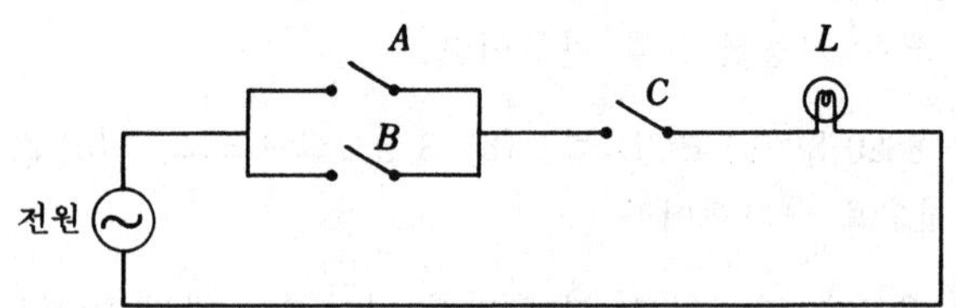

1-27 그림 1-7과 비슷한 그림에 의해서 그림 1-6의 F와 G의 출력 신호를 보여라. A, B, C, D에 대한 입력으로 임의의 2진 신호를 사용하라.

부울 代數와 論理 게이트
Boolean Algebra and Logic Gates

2-1 基本定義

부울 代數는 다른 演繹的 數學體系와 마찬가지로 원소들의 집합, 演算子의 집합, 또는 여러 公理와 假說로써 정의된다. 원소들의 집합이란 공통적인 성질을 지닌 대상물들을 모아 놓은 것을 말하며, 만일 S를 집합이라 하면, $x \in S$는 x가 S 중 하나의 원소임을, 뜻하고 $y \notin S$는 y가 S의 원소가 아님을 뜻한다.

또, A라는 집합이 여러 원소를 가질 경우는 $A=\{1, 2, 3, 4\}$와 같이 중괄호로 표시하며, 즉 1, 2, 3, 4가 집합 A의 원소임을 뜻한다. 집합 S상에서 정의된 2진 연산자란 S로부터 각 쌍의 요소들에 S의 한 특정 요소를 지정해 주는 규칙을 일컫는다. 예를 들어, $a*b=c$의 관계를 생각해 보자. 만일 이 연산이 (a, b)로 부터 c를 찾아 내는 규칙이며, 만일 $a, b, c \in S$라면 우리는 $*$가 2진 연산자라 말할 수 있을 것이다. 그러나 $a, b \in S$나 $c \notin S$라면, $*$는 2진 연산자가 될 수 없다.

수학적 체계의 가설(postulate)이란, 규칙, 정리, 성질들을 이끌어 낼 수 있는 기본 假定을 형성하는 것이다. 대부분의 많은 대수 체계에 적용되는 일반적인 가설들은 다음과 같다.

1. **닫힘**(closure) : 어떤 2진 연산자에 대해, 그 연산의 결과가 다시 그 집합에 속할 때, 그 집합은 연산에 대해 닫혀 있다고 한다. 예를 들면, 自然數 $N=\{1, 2, 3, 4, \cdots\}$는 산술적 덧셈 규칙에 따라 2진 연산자 ⊕에 대해 닫혀 있다. 왜냐하면 임의의 $a, b \in N$에 대해서, $a+b=c$의 연산에 의해 얻어진 유일한 값 c는 $c \in N$이기 때문이다. 자연수는 뺄셈에 대해 닫혀 있지 않는데, $2-3=-1$, 그리고 $2, 3 \in N$, $(-1) \notin N$이 성립함으로써 알 수 있다.

2. **結合法則**(associative law) : 2진 연산자 $*$은 집합 S에 대해 모든 $x; y, z \in S$에 관하여,

$(x*y)*z=x*(y*z)$

가 항상 성립할 때 결합 법칙이 성립한다고 한다.

3. 交換法則(commutative law) : 2진 연산자 $*$은 집합 S에 대해 항상 모든 $x, y \in S$에 관하여,

$x*y=y*x$

가 성립할 때 교환 법칙이 성립한다고 한다.

4. 恒等元(identity element) : S에서 정의된 2진 연산자 $*$에 대해 다음 성질을 만족하는 $e \in S$가 존재할 때, 집합 S는 항등원을 가지고 있다고 말한다.

$e*x=x*e=x$ …… 모든 $x \in S$에 대하여 성립한다.

〔例〕 整數의 집합에 대해 +연산은 원소 0인 항등원을 갖는다. 그것은 물론 $x \in I$에 대하여,

$x+0=0+x=x$

이기 때문이다.

$I=\{\cdots, -3, -2, -1, 0, 1, 2, 3, \cdots\}$

또 자연수의 집합 N은 0이 집합에서 제외되므로 집합 N에는 항등원이 없다.

5. 逆元(inverse) : 2진 연산자 $*$에 대해 항등원으로 e를 가지고 있는 집합 S는 모든 $x \in S$에 대해 다음 관계를 만족하는 $y \in S$가 존재할 때 逆元이 있다고 한다.

$x*y=e$

〔例〕 정수의 집합 I에 $e=0$인 항등원이 존재하는데, 이 때 a의 逆元은 $a+(-a)=0$이므로, $(-a)$이다.

6. 配分法則(distributive law) : 연산자 $*$와 $\cdot$가 S의 두 2진 연산자일 때, $*$가 $\cdot$에 관하여 다음 관계를 만족시킬 때 배분 법칙이 성립된다고 한다.

$x*(y \cdot z)=(x*y)\cdot(x*z)$

대수 체계의 한 예를 들면 피일드(field)가 있다. 이 피일드는 원소들과 2개의 2진 연산자로 되어 있는 집합이며 위의 1~5의 성질을 만족하며, 2개의 연산자는 성질 6을 만족한다. 實數의 집합은 2진 연산자 +, ·과 함께 실수의 집합을 구성하며, 이는 산술과 보통 대수의 기초가 된다. 연산자와 가설들은 다음과 같은 의미를 가진다.

연산자 +는 덧셈을 정의한다.

덧셈에 대한 항등원은 0 이다.

덧셈의 역으로 뺄셈을 정의한다.

연산자 ·은 곱셈을 정의한다.

곱셈에 대한 항등원은 1 이다.

a 의 곱셈의 역원으로 $\frac{1}{a}$은 나눗셈을 정의한다. 즉 $a\cdot(1/a)=1$

·가 +에 관하여 배분 법칙

$$a\cdot(b+c)=(a\cdot b)+(a\cdot c)$$

만이 성립한다(+는 ·에 관하여 배분 법칙이 성립하지 않는다).

2-2 부울 代數의 公理的 定義 axiomatic definition of Boolean algebra

1854 년 George Boole (1)이 논리를 적절히 다루기 위해 소개한 것이 지금의 부울 代數이다. 한편 1938 년 C. E. Shannon (2)은 전기적 스위치 회로가 이 代數에 의해 표시될 수 있음을 제창하여 소개한 2 가지 값을 가진 부울 대수를 스위칭 代數(switching algebra)라고 한다. 부울 대수의 정의에 대해서는 1904 년 E. V. Huntington (3)에 의해 공식화된 가설들을 적용할 수 있는데, 이 가설과 공리들이 부울 대수를 정의하는 데 있어서 유일한 것은 아니며, 다른 가설들도 쓸 수가 있다.* 부울 대수는 다음의 (Huntington) 가설이 만족한다는 가정하에 두 2 진 연산자 +, ·과 함께 B 의 원소들의 집합으로 정의한 대수 체계이다.

Huntington 의 부울 代數의 假說(postulates)

1. (a) 연산자 +에 대해 닫혀 있다.
   (b) 연산자 ·에 대해 닫혀 있다.

2. (a) +에 대한 항등원은 0 이다 : $x+0=0+x=x$
   (b) ·에 대한 항등원은 1 이다 : $x\cdot 1=1\cdot x=x$

3. (a) +에 대해 교환 법칙이 성립한다 : $x+y=y+x$
   (b) ·에 대해 교환 법칙이 성립한다 : $x\cdot y=y\cdot x$

4. (a) ·은 +에 관하여 배분 법칙이 성립한다 : $x\cdot(y+z)=(x\cdot y)+(x\cdot z)$
   (b) +는 ·에 관하여 배분 법칙이 성립한다 : $x+(y\cdot z)=(x+y)\cdot(x+z)$

*예로서, 5 장의 Birkoff와 Bartee (4)를 참조하라.

5. 모든 $x \in B$에 대해 한 元素 $x' \in B$가 존재하여 (단, x'는 x의 보수라 한다), (a) $x + x' = 1$과 (b) $x \cdot x' = 0$를 만족한다.

6. $x \neq y$를 만족하는 적어도 2개의 원소 x, $y \in B$가 존재한다.

우리는 부울 代數와 보통 算術과 常用代數(실수 체계)를 比較할 때, 다음과 같은 差異點들을 알 수 있다.

부울 代數와 常用代數와의 差異點

1. Huntington의 假說에는 결합 법칙이 포함되어 있지 않다. 그러나 이 법칙은 부울 代數에 대하여, 成立하며, 다른 가설들로부터 유도할 수 있다.

2. ·에 대한 +의 배분 법칙 즉, $x + (y \cdot z) = (x + y) \cdot (x + z)$는, 상용 대수에는 성립하지 않고, 부울 대수에만 유효한 배분 법칙이다.

3. 부울 대수는 덧셈이나 곱셈에 대한 逆元이 없기 때문에, 뺄셈이나 나눗셈과 같은 연산은 존재하지 않는다.

4. 가설 5에 정의한 보수의 연산은 상용 대수(ordinary algebra)에는 가능하지 않다.

5. 實數 체계와 같은 상용 대수는 무한한 원소의 집합으로 구성되어 있지만 아래에서 정의될 2가지 값을 지닌 二元値 부울 대수는 0과 1, 오직 2개의 원소만을 지닌 집합 B로 정의된다.

부울 대수는 어떤 면에서는 보통 대수와 유사하다. +와 ·의 기호를 선택한 것도 이미 일반 대수에 익숙한 이들에게 부울 대수가 쉽게 적용될 수 있도록 한 것이다. 비록 보통 대수의 지식을 부울 대수에 적용시킬 수 있다고는 하지만 처음 시작하는 이들은 적용할 수 없는 보통 대수의 법칙을 마음대로 쓰지 않도록 조심하여야 한다.

또, 대수 체계에서 집합의 원소와 변수를 구별하는 것은 매우 중요한데, 예를 들면 실수 체계의 원소들은 숫자 그 자체이며 반면 變數를 實數를 나타내는 기호로서의 a, b, c 등을 지칭하는 것이다. 마찬가지로 부울 대수에서도 집합 B의 원소를 정의하고, x, y, z와 같은 변수는 각각 원소를 표현하는 기호이다.

이런 관점에서 부울 대수를 쓰기 위해서는 다음과 같은 것을 보여 줄 필요가 있음을 인식하는 것이 중요하다고 본다.

1. 집합 B의 원소

2. 2개의 2진 연산자에 대한 연산 법칙

3. 2개의 2진 연산자와 6개의 헌팅톤의 가설을 만족시키는 B의 원소의 집합

B의 원소와 연산 법칙의 선택에 따라 우리는 많은 부울 대수를 만들어 낼 수 있는데, 아래에서는 오직 **二元値 부울 대수**(two valued Boolean algebra)에 대해서만 다루도록 한다. 二元値 부울 대수는 集合論이나 **命題論理**(propositional logic)에 응용되고 있으나, 여기서 우리의 관심은 부울 대수의 게이트형 회로에 대한 응용에 국한시키도록 한다.

二元値 부울 代數(two-valued Boolean algebra)

二元値 부울 대수는 두 원소의 집합 $B=\{0, 1\}$과 다음 2진 연산표에 있는 $+, \cdot$의 두 2진 연산 규칙에 의해 정의된다(단, 보수 연산자는 가설 5의 檢證(verification)에 따른 것이다).

x	y	$x \cdot y$
0	0	0
0	1	0
1	0	0
1	1	1

x	y	$x+y$
0	0	0
0	1	1
1	0	1
1	1	1

x	x'
0	1
1	0

이 규칙들은 각각 표 1·6에 정의된 AND, OR, NOT과 정확하게 일치한다. 이제 위에서 정의된 $B=\{0, 1\}$ 집합과 두 2진 연산자가 **헌팅톤**의 가설을 만족시킨다는 것을 보여야만 한다.

1. **닫힘**은 각 연산의 결과가 1 또는 0이고 1, $0 \in B$로서 표에서 명백히 성립함을 알 수 있다.

2. 2진 연산자 표로부터 가설 2에서 정의된 항등원을 생각해 보면 $+$에 대해서는 0, 연산자 $\cdot$에 대해서는 1인 두 **항등원**이 존재함을 알 수 있다.
   (a) $0+0=0, \quad 0+1=1+0=1$
   (b) $1 \cdot 1=1, \quad 1 \cdot 0=0 \cdot 1=0$

3. **교환 법칙**은 위 2진 연산표의 대칭성을 보면 명백히 성립한다.

4. (a) 배분 법칙 $x \cdot (y+z)=(x \cdot y)+(x \cdot z)$가 성립함은 x, y, z의 모든 가능한 값에 대하여 다음 페이지에서와 같이 진리표를 만들어 봄으로써 증명할 수가 있다. 즉, $x \cdot (y+z)$의 값이 $(x \cdot y)+(x \cdot z)$와 같다.
   (b) $\cdot$에 대해 $+$의 배분 법칙이 성립함은 위와 비슷한 진리표로서 보여질 수 있다.

5. 補數 연산표에 의해 볼 때 다음은 명백하다.
   (a) $x+x'=1 \,(\because\ 0+0'=0+1=1,\ 1+1'=1+0=1)$

x y z	$y+z$	$x\cdot(y+z)$	$x\cdot y$	$x\cdot z$	$(x\cdot y)+(x\cdot z)$
0 0 0	0	0	0	0	0
0 0 1	1	0	0	0	0
0 1 0	1	0	0	0	0
0 1 1	1	0	0	0	0
1 0 0	0	0	0	0	0
1 0 1	1	1	0	1	1
1 1 0	1	1	1	0	1
1 1 1	1	1	1	1	1

(b) $x\cdot x'=0$ ($\because$ $0\cdot 0'=0\cdot 1=0$, $1\cdot 1'=1\cdot 0=0$) 즉, 가설 5를 검증한다.

6. 二元値 부울 대수는 각기 상이한 1, 0($1\neq 0$)의 두 원소를 가지므로 가설 6을 만족한다.

우리는 2가지 원소(1, 0)와 2가지 연산자(AND와 OR)와 NOT에 해당하는 보수(complement) 연산자로서 이원치 부울 대수를 만들었다. 이것은 부울 대수를 게이트형의 회로에 적용시키는 데 매우 도움이 된다. 대수 체계의 정리나 성질을 설명하는 데는 공식적인 표현이 필요하다. 이 절에서 정의된 이원치 부울 대수는 공학자들에 의해 **스위칭 대수**라 불리기도 한다. 이원치 부울 대수와 다른 2진수 체계의 유사성을 강조하기 위해 1-8 절에서 "2進 論理"라 불렀으나 이제부터는 二元値란 용어는 떼어 내고 그대로 부울 대수라 부르기로 하겠다.

2-3 부울 代數의 基本定理와 性質

雙對性(duality)

헌팅톤 가설이 (a) 부분과 (b) 부분이 雙을 이루며 나열되어 있다. 한 부분의 2진 연산자와 항등원들을 서로 바꾸어 버리면 이것에서 다른 부분의 가설을 얻을 수 있다. 이러한 부울 대수의 중요한 성질을 **雙對性**(duality principle)이라 부른다. 모든 부울 대수 표현식은 부울 대수의 가설에 의하여 연산자와 항등원을 서로 맞바꾼다 하여도 성립한다. 이원치 부울 대수에서 항등원과 집합 B의 원소는 동일하다(즉 1과 0). 雙對性은 많이 응용될 수 있는데, 만일 대수 표현을 쌍대로 바꾸고 싶으면, OR와 AND를, 1과 0을 맞바꾸기만 하면 된다.

基本定理(basic theorems)

표 2-1에는 6개의 부울 대수 정리와 4개의 가설이 적혀 있다. 혼돈이 되지 않는다면 AND 기호 "·"를 생략하여 표현할 수도 있으며, 또한 이 정리와 가설들은 가장

표 2-1 부울 대수의 가설과 정리

가설 2	(a) $x+0=x$	(b) $x\cdot 1=x$
가설 5	(a) $x+x'=1$	(b) $x\cdot x'=0$
정리 1	(a) $x+x=x$	(b) $x\cdot x=x$
정리 2	(a) $x+1=1$	(b) $x\cdot 0=0$
정리 3, 누 승	$(x')'=x$	
가설 3, 교 환	(a) $x+y=y+x$	(b) $xy=yx$
정리 4, 결 합	(a) $x+(y+z)=(x+y)+z$	(b) $x(yz)=(xy)z$
가설 4, 배 분	(a) $x(y+z)=xy+xz$	(b) $x+yz=(x+y)(x+z)$
정리 5, 드·모르간	(a) $(x+y)'=x'y'$	(b) $(xy)'=x'+y'$
정리 6, 흡 수	(a) $x+xy=x$	(b) $x(x+y)=x$

기본이 되므로 독자들은 가능한 한 빨리 친숙해지기 바란다. 이들 정리와 가설들은 서로 쌍대성을 지닌 것끼리 짝지워져 있으며, 가설이란 대수 체계의 기본 공리이므로 증명이 필요없다. 정리들은 반드시 가설로서 증명되어야 하며, 한 변수에 대한 정리의 증명들이 아래에 기록되어 있다. 오른쪽의 숫자는 각 단계의 증명에 필요한 가설들의 번호를 나타내는 것이다.

정리 1(a) : $x+x=x$

$x+x=(x+x)\cdot 1$	가설 : 2(b)
$=(x+x)(x+x')$	5(a)
$=x+xx'$	4(b)
$=x+0$	5(b)
$=x$	2(a)에 의거

정리 1(b) : $x\cdot x=x$

$x\cdot x=xx+0$	가설 : 2(a)
$=xx+xx'$	5(b)
$=x(x+x')$	4(a)
$=x\cdot 1$	5(a)
$=x$	2(b)에 의거

정리 1(b)는 정리 1(a)의 雙對이므로 (b) 부분의 증명의 각 단계는 (a) 부분의 그것의 雙對가 된다. 어떤 雙對되는 것들의 정리라도 그에 해당하는 짝의 증명과 비슷하게 증명할 수 있다.

정리 2(a) : $x+1=1$

$x+1=1\cdot(x+1)$	가설 : 2(b)
$=(x+x')(x+1)$	5(a)
$=x+x'\cdot 1$	4(b)
$=x+x'$	2(b)
$=1$	5(a)에 의거

정리 2(b) : $x\cdot 0=0$ (∵ 정리 2(a)의 쌍대성에 의거)

정리 3 : $(x')'=x$. 가설 5로부터 x의 보수를 정의하는 $x+x'=1$과 $x\cdot x'=0$를 얻을 수 있다. x'의 보수는 x이며, 또 $(x')'$이다. 그러므로 보수는 유일하기 때문에 $(x')'=x$이다.

2개 또는 3개의 변수를 가진 정리의 증명은, 대수적으로 임의의 증명된 정리나 가설들을 써서 할 수 있다. 예로서, 흡수 법칙(absorption theorem)을 생각해 보자.

정리 6. (a) : $x+xy=x$

$x+xy=x\cdot 1+xy$	가설 : 2(b)
$=x(1+y)$	가설 : 4(a)
$=x(y+1)$	가설 : 3(a)
$=x\cdot 1$	정리 : 2(a)
$=x$	가설 : 2(b)에 의거

정리 6(b) : $x(x+y)=x$ (∵ 쌍대성에 의거)

부울 대수는 정리는 진리표를 써서도 옳다는 것을 보여 줄 수 있는데, 진리표에서 양쪽의 관계가 모든 변수의 조합에 대해 동일하다는 것을 보이면 된다. 다음 진리표는 첫 번째 吸收法則을 증명하고 있다.

x	y	xy	$x+xy$
0	0	0	0
0	1	0	0
1	0	0	1
1	1	1	1

(표 위: x 열과 $x+xy$ 열이 = 로 연결됨)

결합 법칙과 **드·모르간의 법칙**을 대수적으로 증명하려면 길어지게 되므로 여기서는 생략하기로 한다. 그러나 진리표로서는 정당성을 쉽게 볼 수 있다. 예로서는, 드·모르간의 법칙 $(x+y)'=x'y'$를 아래의 진리표에 나타낸다.

x	y	$x+y$	$(x+y)'$	x'	y'	$x'y'$
0	0	0	1	1	1	1
0	1	1	0	1	0	0
1	0	1	0	0	1	0
1	1	1	0	0	0	0

演算子 優先順位

부울 대수식들을 계산할 때 연산자를 취급하는 우선 순위는, **① 괄호 ② NOT ③ AND ④ OR 순이다.** 다시 말하면 다른 모든 연산 이전에 괄호 안의 식을 계산해야만 된다. 그 다음이 보수, 즉 NOT 다음이 AND 그리고 마지막에 OR가 된다. 예로서 드·모르간 법칙의 진리표를 보자. 식에서 왼편은 $(x+y)'$이다. 그러므로 괄호 안의 표현이 먼저 계산되고 그 다음에 보수가 취해진 것이며, 우변의 $x'y'$를 보면 먼저 x, y의 보수를 취한 다음에 AND한다. 곱셈과 덧셈을 각각 AND와 OR로 대치하면(보수에 대한 것을 제외하고) 일상 산술에서의 연산 순위와 마찬가지이다.

벤 다이어그램(Venn diagram)

부울 대수 표현에서 변수간의 관계를 눈으로 볼 수 있는 좋은 방법이 벤 다이어그램이다. 이 다이어그램은 그림 2-1에서와 같이 사각형과 각 변수마다 하나씩 그려진 원으로 구성된다(이들 원은 겹쳐질 수도 있다). 각 원은 變數名이 붙혀지며 안쪽의 모든 점은 그 변수에 속하고 바깥쪽의 모든 점은 그 변수에 속하지 않는다. 예로서 x라 이름 붙혀진 원을 보자. 안쪽은 $x=1$이 되며 바깥쪽은 $x=0$이 된다. 두 겹쳐진 원을 볼 때 4개의 분리된 구역이 생기는데, 즉 x나 y에 속하지 않는 구역($x'y'$), y 내에는 속하나 x 밖에 속하는 구역 ($x'y$), x 내에는 속하나 y 밖의 구역 (xy'), 그리고 두 원에 공통으로 속하는 구역(xy)이다.

벤 다이어그램은 부울 대수의 가설을 圖示하거나 또는 정리들의 정당성을 보이는데 사용한다. 그림 2-2에서 xy는 원 x의 안에 속하므로 $x+xy=x$가 성립한다. 그림 2-3은 $x(y+z)=xy+xz$의 配分法則을 圖示한 것이다. 여기서 3개의 원은 각각 x, y, z이며, 8개의 분리된 구역을 볼 수 있다. 이 특별한 예에서 x와 y, z의 공통부분은 xy 또는 xz에 속하는 구역과 같으므로 배분 법칙을 쉽게 볼 수 있다.

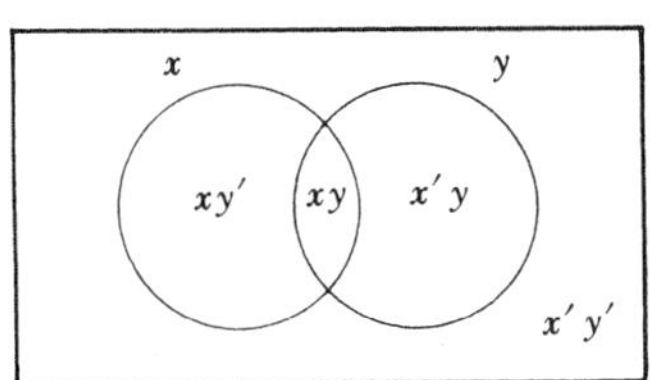

그림 2-1 2 변수에 의한 벤 다이어그램

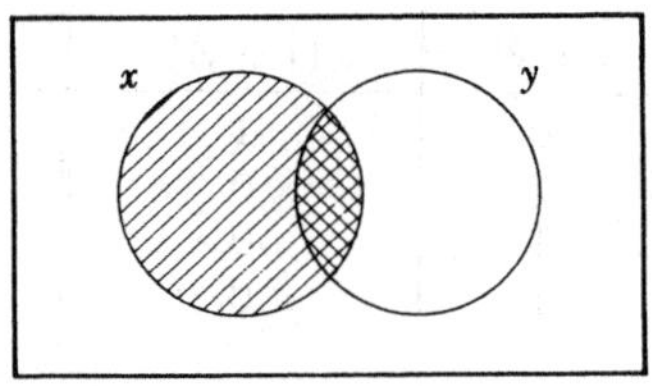

그림 2-2 $x = xy + x$ 를 보여 주는 벤 다이어그림

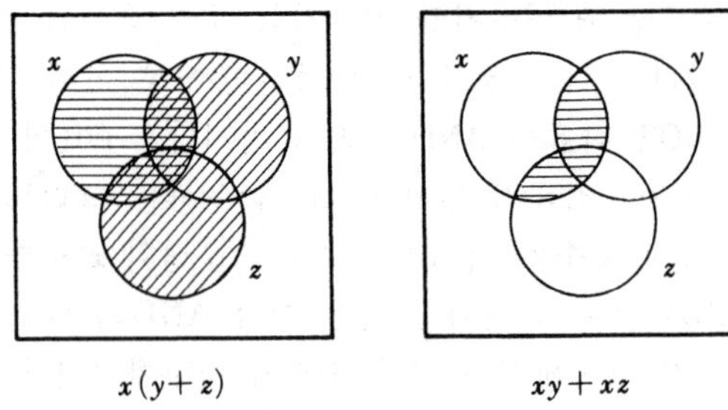

그림 2-3 배분 법칙을 보여 주는 벤 다이어그램

2-4 부울 함수(Boolean functions)

2진 변수는 0 또는 1의 값을 취하는데 부울 함수는 이와 같은 2진 변수, 두 2진 연산자 OR와 AND, NOT, 괄호, 등호로 구성된다. 예로서 다음 부울 함수를 생각해 보자 :

$$F_1 = xyz'$$

함수 F_1은 $x=1$, $y=1$과 $z'=1$일 때만 1의 값을 가지며 그렇지 않으면 $F_1=0$이다. 위의 부울 함수의 예는 대수적 표현을 나타내고 있다. 또한 부울 함수는 진리표로도 표현할 수 있는데, 진리표로 표현하려면 n개의 2진 변수는 1과 0의 2^n개의 組合이 필요하다. 표 2-2에서 보듯이 3개 변수에는 비트 지정의 8개의 다른 조합이 가능하며 F_1으로 표시된 列에는 각각 1 또는 0의 값을 적어야 한다. F_1은 여기서 $x=1$, $y=1$, $z=0$일 때 1의 값을 가지며 그렇지 않으면 0이다($z'=1$은 $z=0$와 등가이다). 이제 다음 함수를 보면 :

$$F_2 = x + y'z$$

$x=1$이거나, $y=0$이고 $z=1$일 때 $F_2=1$이 된다. 표 2-2에서 마지막 4개의 행은 $x=1$이며, 001와 101의 행에서는 $y'z=01$이다(101 행에서는 $x=1$도 물론 성립한다). 그러므로 $F_2=1$을 성립시키는 조합은 5가지가 된다. 세 번째 예로서 다음

표 2-2 $F_1 = xyz'$, $F_2 = x + y'z$, $F_3 = x'y'z + x'yz + xy'$, $F_4 = xy' + x'z$에 대한 진리표

x	y	z	F_1	F_2	F_3	F_4
0	0	0	0	0	0	0
0	0	1	0	1	1	1
0	1	0	0	0	0	0
0	1	1	0	0	1	1
1	0	0	0	1	1	1
1	0	1	0	1	1	1
1	1	0	1	1	0	0
1	1	1	0	1	0	0

함수를 생각하자 :

$$F_3 = x'y'z + x'yz + xy'$$

이는 표 2-2에서 4개의 1과 4개의 0으로 표시되며 F_4는 F_3와 같다.

임의의 부울 함수도 진리표로 표현할 수 있다. 이 함수의 2진 변수의 갯수가 n이면 진리표의 行의 수는 2^n 이다. 각 행의 1과 0들의 조합은 0부터 2^n-1까지 세어가는 2진수로서 쉽게 얻을 수 있다. 진리표의 각 행에 대해서 부울 함수의 값은 1이거나 0이 된다. 그런데 다음 질문을 생각해 보자. 주어진 부울 함수의 대수적 표현이라는 것이 유일한 것인가? 다른 말로 해서 같은 함수를 다른 두 가지 대수적 표현으로 나타내는 것이 가능한가? 이 질문의 대답은 긍정이다. **사실상 부울 代數를 처리한다는 것은 같은 函數에 대해 가장 간단한 표현을 찾아 내는 문제로 귀착된다.** 예로서 다음 함수를 생각해 보자 :

$$F_4 = xy' + x'z$$

표 2-2에서 보면 3개의 2진 변수 값이 각 조합에 대해서 F_4, F_3가 모두 동일한 1과 0의 조합을 나타내고 있으므로 이들 둘은 같다고 볼 수 있다. **일반적으로 n개의 2진 변수로 된 2개의 함수가 2^n의 가능한 모든 조합에 대하여 같은 값을 가진다면, 이 두 함수는 같다고 말한다.**

부울 함수는 그 대수적 표현에서 AND, OR, NOT 게이트로 구성된 論理回路로 변환할 수 있다. 위에 언급된 4개 함수의 論理 실현은 **그림 2-4**에 그려져 있다. 論理回路는 각 변수가 補數型으로 나타내어지면 인버어터가 필요하며, 직접 보수 입력이 가능하다면 인버어터는 제거할 수 있다. 각 항(term)을 표현하는 데는 1개의 AND 게이트가 필요하게 되며, 1개의 OR 게이트는 둘 또는 그 이상의 항들을 묶는 데 사용한다. **그림 2-4**로부터 우리는 쉽게 F_3보다 F_4가 더 작은 수의 게이트와 입력으로

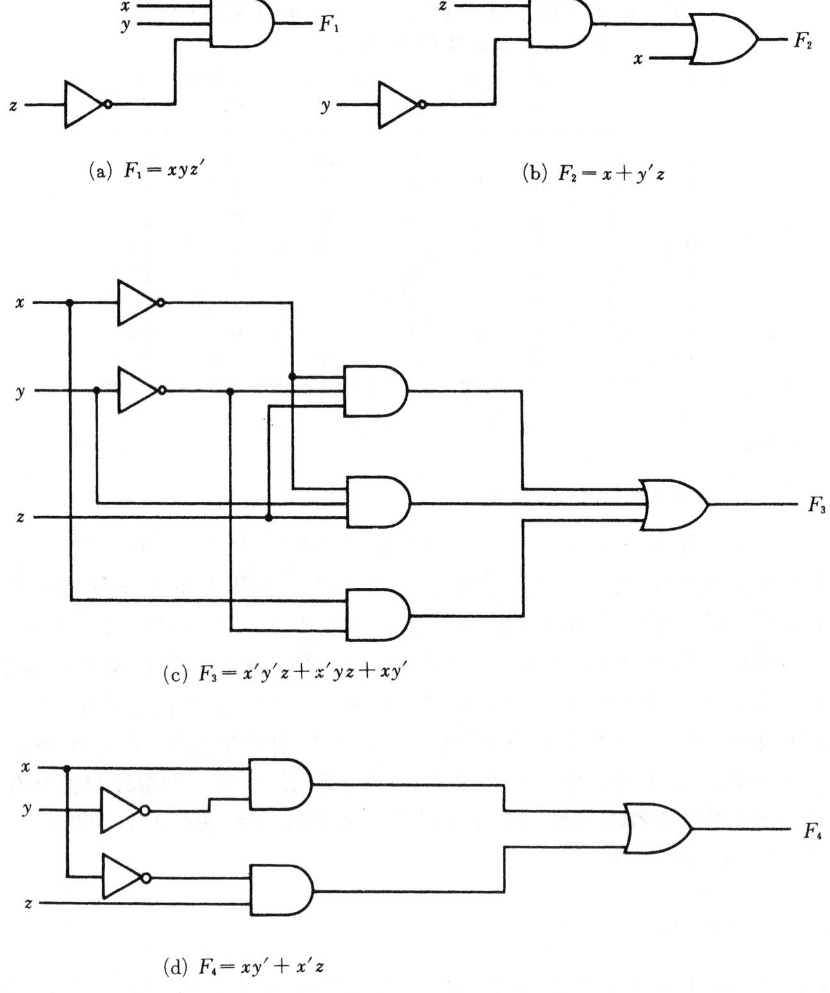

그림 2-4 게이트로 부울 함수를 실현한 보기

되어 있다는 것을 알 수 있다. F_3, F_4 가 같은 부울 함수이기 때문에 F_3 보다는 F_4 의 형으로 실현하는 것이 더 경제적이다. 더 간단한 회로를 얻으려면 같은 부울 함수의 더 간단한 표현을 얻는 簡素化方法을 알아야 한다. 이에 대하여는 3장에서 詳述할 것이나 수많은 학자들이 오랜 기간에 걸쳐 많은 論文을 발표하였고 연구해 왔었다. 이 책의 편저자 연구 티임 역시 개발한 간소화 방법과 다른 방법을 비교하여 3장에서 소개하였다.

代數的 處理에 의한 簡素化

문자는 옆에 점을 친 變數이거나 옆에 점을 안 친 變數(unprimed variable)이다. 논리 함수를 논리 게이트로서 실현할 경우 각 문자는 어떤 한 게이트의 입력이 되며 각 항은 하나의 게이트로 표시된다. 즉, 문자와 항들의 갯수를 줄이는 것이 회로를 간단히 하여 장치를 줄이는 결과가 된다. 문자와 항들을 동시에 줄인다는 것은 항상 가능한 것이 아니므로 여기서의 **간소화 평가 기준은 문자의 축소에만 국한하기로 하자.** 다른 기준은 제 5장에서 논의하자. **부울 함수의 문자 수는 대수적 조작에 의해 줄일 수 있는데 불행하게도 정확한 표현을 얻는 일정한 규칙이란 아직 존재하지 않는다.** 유일한 방법이란 가설과 기본 정리에 이미 익숙해져 있는 다른 조작법에 의해 消去하는 것이다. 다음 예제가 이 과정을 보여 준다.

〔예제 2－1〕 다음 부울 함수를 가장 적은 수의 문자로 간소화하라.

1. $x+x'y=x(y+y')+x'y+x(x+x')=xy+xy'+xx+xx'$
   $=(x+x')(x+y)=1\cdot(x+y)=x+y$
2. $x(x'+y)=xx'+xy=0+xy=xy$
3. $x'y'z+x'yz+xy'=x'z(y'+y)+xy'=x'z+xy'$
4. $xy+x'z+yz=xy+x'z+yz(x+x')=xy+x'z+xyz+x'yz$
   $=xy(1+z)+x'z(1+y)=xy+x'z$
5. $(x+y)(x'+z)(y+z)=(x+y)(x'+z)$ 함수 4로부터 雙對에 의해 바로 구할 수 있다.

함수 1과 2는 서로 雙對이며 단계마다 雙對關係式을 사용한다. 함수 3은 위에서 말한 것같이 함수 F_3와 F_4가 같다는 것을 볼 수 있다. 4번째 예는 문자들의 수를 늘림으로써 뜻한 대로 오히려 더 간단한 표현을 얻을 수 있다는 것을 보여 준다. 함수 5는 직접 줄이지 않고 함수 4를 유도했던 단계의 雙對로써 구할 수 있다.

函數의 補數(complement of a function)

함수 F의 補數는 F'이며, 이는 F의 1들의 값은 0으로, 0값들은 1로 서로 바꿈으로써 얻을 수 있다. 함수의 보수는 代數的으로 드·모르간 법칙을 적용해서 얻을 수 있으며 이 법칙의 한 雙은 표 2-1에 기록되어 있다. **두 변수에 대한 이 드·모르간의 법칙은 3개 및 그 이상의 변수에 대한 법칙으로 아래와 같이 확장할 수 있다.** 표 2-1에 그 가설들과 정리가 나타나 있다.

$(A+B+C)' = (A+X)'$	$B+C=X$ 로 놓으면
$= A'X'$	정리 5(a) (드·모르간)에 의하여
$= A' \cdot (B+C)'$	$B+C=X$ 로 바꾸어
$= A' \cdot (B'C')$	정리 5(a) (드·모르간)에 의하여
$= A'B'C'$	정리 4(b) (結合法則)에 의하여

2변수 이상의 드·모르간 법칙은 위에서 유도한 것과 비슷한 방법으로 계속적인 代入法에 의하여 얻을 수 있다. 이리하여 위의 정리는 다음과 같이 일반화할 수 있다.

一般化된 드·모르간 法則

$$(A+B+C+D+\cdots\cdots+F)' = A'B'C'D'\cdots\cdots F'$$
$$(A\,B\,C\,D\cdots\cdots F)' = A'+B'+C'+D'+\cdots\cdots+F'$$

함수의 보수는, AND는 OR로 OR는 AND로 서로 바꾸고, 각 문자의 보수를 취함으로써 얻을 수 있다는 사실을 위의 일반화된 드·모르간 법칙을 통해 알 수 있다.

〔예제 2－2〕 $F_1 = x'yz' + x'y'z$ 와 $F_2 = x(y'z' + yz)$의 보수를 구하라.

필요한 만큼 드·모르간 법칙을 계속 적용하면 다음과 같은 결과를 얻을 수 있다.

$$F_1' = (x'yz' + x'y'z)' = (x'yz')'(x'y'z)' = (x+y'+z)(x+y+z')$$
$$F_2' = [x(y'z'+yz)]' = x' + (y'z'+yz)' = x' + (y'z')' \cdot (yz)'$$
$$= x' + (y+z)(y'+z')$$

함수의 보수를 간단히 구하려면 연산자들의 雙對를 취한 뒤 각 문자의 보수를 취하면 된다. 이 방법은 일반화된 드·모르간 법칙을 따른 것이다. 함수의 雙對는 AND와 OR 연산자를 상호 교환하고 또 1과 0을 바꿈으로써 얻어질 수 있다는 것을 명심하자.

〔예제 2－3〕 예제 2-2의 F_1과 F_2를 연산자들의 雙對를 취하고 각 문자를 보수화함으로써 그들 함수의 보수를 구하라.

1. $F_1 = x'yz' + x'y'z$

   F_1의 雙對는 $(x'+y+z')(x'+y'+z)$이고 각 문자를 보수화하면

   $(x+y'+z)(x+y+z') = F_1'$ 이다.

2. $F_2 = x(y'z'+yz)$

   F_2의 雙對는 $x+(y'+z')(y+z)$이고, 각 문자를 보수화하면

   $x'+(y+z)(y'+z') = F_2'$ 이다.

2-5 正型과 標準型 (canonical and standard forms)

민터엄과 맥스터엄(또는 최소항과 최대항)

2진 변수는 그의 정상형인 (x) 또는 보수형인 (x')로 나타낸다. 이제 x와 y가 AND 연산으로 묶여진 경우를 생각해 보자. 각 변수는 두 가지 형으로 나타날 수 있으므로 네 가지의 組合, 즉 $x'y'$, $x'y$, xy', xy가 가능하다. 이들 네 가지의 AND 항들을 각각 **그림 2-1**의 벤 다이어그램에서 하나씩 구별된 구역으로 표시되며 이들을 **민터엄**(minterm) **또는 標準積**(standard product) 이라 한다. 비슷한 방법으로 n개의 변수는 2^n개의 민터엄을 형성하며 표 2-3의 3개 변수의 경우처럼 비슷한 방법에 의해 각각의 민터엄이 결정된다. 0부터 2^n-1까지의 2진 숫자가 n개의 변수 밑에 기록되며, **각 민터엄은 n개의 변수들을 AND 항으로 결합하여 얻어진다** (각 변수는 그 값이 0일 때 점을 변수 옆에 찍고, 1일 때 점을 찍지 않은 형태로 나타난다). 각 민터엄에 대한 기호가 m_j (여기서 j는 민터엄에 해당하는 2진수를 10진수로 바꾼 숫자) 형태로 표에 기록되어 있다.

표 2-3　3변수에 대한 민터엄과 맥스터엄

			민 터 엄		맥 스 터 엄	
x	y	z	항	표시	항	표시
0	0	0	$x'y'z'$	m_0	$x+y+z$	M_0
0	0	1	$x'y'z$	m_1	$x+y+z'$	M_1
0	1	0	$x'yz'$	m_2	$x+y'+z$	M_2
0	1	1	$x'yz$	m_3	$x+y'+z'$	M_3
1	0	0	$xy'z'$	m_4	$x'+y+z$	M_4
1	0	1	$xy'z$	m_5	$x'+y+z'$	M_5
1	1	0	xyz'	m_6	$x'+y'+z$	M_6
1	1	1	xyz	m_7	$x'+y'+z'$	M_7

비슷한 방법으로 n개의 변수는 각 변수에 점을 찍거나 점을 찍지 않은 것들을 써서 OR 항을 형성하면 2^n개의 가능한 組合을 만들 수 있다. 이를 **맥스터엄**(maxterm) 또는 **標準合**(standard sums)이라 한다. 3개의 변수에 대한 8개의 맥스터엄을 그의 기호 표현과 함께 표 2-3에 나타냈다. n개의 변수에 대한 2^n개의 맥스터엄도 같은 방법으로 구할 수 있다. **각 맥스터엄은 n개 변수들의 OR 항으로 구해지며 각 변수는 해당 비트 값이 1*일 때 변수에 점을 찍고**(prime), **0일 때 점을 찍지 않은**(unprime) **형태로 나타낸다.**

* 어떤 책은 n개의 변수들의 한 OR항을 맥스터엄 (maxterm)이라 정의하고 각 변수는 그 비트가 1일 때 점을 안 찍고 0일 때 점을 찍는 것도 있다. 이 책에서의 정의는 맥스터엄과 민터엄형 함수간의 보다 단순한 변환을 위해서 취해진 것이다.

각 맥스터엄은 그에 대응하는 민터엄의 보수임을 주의하자.

부울 함수는 주어진 진리표를 보고 대수적으로 표시할 수 있다. 이 함수 내에 1을 만드는 변수들의 각 組合에 대해서 민터엄을 형성하고 모든 이들 민터엄들은 OR 연산을 취함으로써 代數式이 된다. 예로 표 2-4의 함수 f_1은 001, 100, 111을 각각 $x'y'z$, $xy'z'$, xyz로 표현함으로써 얻을 수 있는데, 그 이유는 이들 민터엄들이 $f_1=1$을 만족하기 때문이다. 그러므로:

$$f_1 = x'y'z + xy'z' + xyz = m_1 + m_4 + m_7$$

비슷하게, f_2는 다음과 같이 쉽게 얻어질 수 있다.

$$f_2 = x'yz + xy'z + xyz' + xyz = m_3 + m_5 + m_6 + m_7$$

이 예들은 부울 代數의 중요한 성질을 말해 주고 있는데, **어떤 부울 함수든지 민터엄들의 合으로 표시할 수 있다(合이란 項들의 OR 를 뜻한다).**

이제 부울 함수의 보수를 생각해 보자. 그것은 진리표에서 함수를 0으로 하는 민터엄들을 얻은 다음 이들의 OR 연산을 취하면 부울 함수의 보수를 구할 수 있다. 그러므로 f_1의 보수는:

$$f_1' = x'y'z' + x'yz' + x'yz + xy'z + xyz' = m_0 + m_2 + m_3 + m_5 + m_6$$

이다. f_1'를 보수화하면 다시 f_1을 얻을 수 있는데:

$$\begin{aligned} f_1 &= (f_1')' = (x+y+z)(x+y'+z)(x+y'+z')(x'+y+z')(x'+y'+z) \\ &= M_0 \cdot M_2 \cdot M_3 \cdot M_5 \cdot M_6 \end{aligned}$$

비슷하게 표로부터 f_2를 구하면:

$$\begin{aligned} f_2 &= (x+y+z)(x+y+z')(x+y'+z)(x'+y+z) \\ &= M_0 M_1 M_2 M_4 \end{aligned}$$

이 예들은 부울 대수의 두 번째 중요한 성질을 보여 주고 있는데, **어떤 부울함수든지 맥스터엄의 곱으로 표현할 수 있다(곱이란 AND 를 뜻한다).** 진리표에서 맥스터엄의

표 2-4 3변수의 함수

x	y	z	함수 f_1	함수 f_2
0	0	0	0	0
0	0	1	1	0
0	1	0	0	0
0	1	1	0	1
1	0	0	1	0
1	0	1	0	1
1	1	0	0	1
1	1	1	1	1

(표 오른쪽 괄호 표시: f_2가 0인 행 → $(f_2)'$, f_2가 1인 행 → f_2)

곱을 얻어 내는 과정은 다음과 같다. 그 함수 내에 0을 이루는 변수들의 각 組合에 대한 맥스터엄을 구한 뒤 이들 모든 맥스터엄들의 AND를 만든다. 부울 함수를 표시할 때 민터엄들의 合이나 맥스터엄들의 곱으로 표시할 때 正型(canonical form)으로 표시되었다고 한다.

민터엄의 合 (sum of minterms)

이미 우리는, n개의 2진 변수는 2^n개의 다른 민터엄들을 만들며 어떤 부울 함수도 이 민터엄들의 合으로 표시 가능하다는 것을 언급하였다. 부울 함수를 표현하는데 쓰이는 민터엄은 진리표에서 함수를 1로 하는 것들이며, 또 함수를 1과 0으로 만드는 민터엄들이 2^n개이므로 n개의 변수로는 2^{2^n}가지 종류의 함수식들이 가능하다는 것을 계산할 수 있다. 때때로 부울 함수를 민터엄들의 合型으로 표현하는 것이 편리하다. 만일 이렇게 표현되지 않은 것은 먼저 AND항의 合으로 전개한다. 그 다음 각 항들이 모든 변수를 포함하고 있는지 살펴보아서 하나 또는 그 이상의 변수들이 빠져 있으면 x 변수가 빠져 있는 항에 $x + x'$와 같은 표현으로 AND시킨다. 다음 예제는 이 과정을 알기 쉽게 표현하고 있다.

正型(canonical form)으로 만드는 例

〔예제 2-4〕 부울 함수 $F = A + B'C$를 민터엄의 合型으로 표현하라.

이 함수는 A, B, C의 세 변수를 가지고 있는데, 첫 항 A에는 두 변수 B, C가 빠져 있다. 그러므로:

$$A = A(B + B') = AB + AB'$$

아직도 한 변수 C가 빠져 있으므로:

$$\begin{aligned} A &= AB(C + C') + AB'(C + C') \\ &= ABC + ABC' + AB'C + AB'C' \end{aligned}$$

두 번째 항 $B'C$에는 한 변수 A가 빠져 있으므로:

$$B'C = B'C(A + A') = AB'C + A'B'C$$

이제 모든 항을 연결하면:

$$\begin{aligned} F &= A + B'C \\ &= ABC + ABC' + AB'C + AB'C' + AB'C + A'B'C \end{aligned}$$

그러나 $AB'C$가 두 번 나와 있으므로 정리 1($x + x = x$)에 의해 하나를 제거할 수 있다. 민터엄들을 크기 순서대로 배열하면:

$$\begin{aligned} F &= A'B'C + AB'C' + AB'C + ABC' + ABC \\ &= m_1 + m_4 + m_5 + m_6 + m_7 \end{aligned}$$

부울 함수를 민터엄들의 合으로 표시할 때 다음의 간단한 표현을 사용하면 편리하다:

$$F(A, B, C) = \sum(1, 4, 5, 6, 7)$$

合의 기호 $\sum$(시그마)는 항들을 OR한 것을 나타내며, 그 다음에 나오는 숫자는 함수의 민터엄들이다. 좌변에 있는 F 다음의 괄호 속에 순서로 나열한 문자 A, B, C는 민터엄을 만들 때 AND 항의 표현으로 바꾼다는 것을 표시한다.

맥스터엄의 곱(product of maxterm)

n개의 변수로 되는 2^{2^n}가지의 函數들 각각은 맥스터엄의 곱으로 표현이 가능하다. 부울 함수의 표현을 맥스터엄의 곱으로 나타내기 위해서는 먼저 OR형의 함수를 만드는 일을 해야 한다. 이것은 配分法則 $x + yz = (x + y)(x + z)$을 이용하여 실현할 수 있다. 그리고 각 OR항에 변수 x가 빠져 있으면 xx'로 OR되어야 한다. 이런 방법으로 OR항에 n개의 모든 변수가 들어가게 하여 먼저 正型으로 만들어야 한다. 다음 예제에서 이 과정을 살펴보자.

〔예제 2-5〕 부울 함수 $F = xy + x'z$를 맥스터엄의 곱형으로 표현하라.

먼저 配分法則을 이용하여 OR의 항들로 바꾸어야 한다.

$$\begin{aligned} F &= xy + x'z = (xy + x')(xy + z) \\ &= (x + x')(y + x')(x + z)(y + z) \\ &= (x' + y)(x + z)(y + z) \end{aligned}$$

이 함수는 세 변수 x, y, z를 가지고 있는데 각 OR항은 한 변수씩 모자란다. 그러므로:

$$\begin{aligned} x' + y &= x' + y + zz' = (x' + y + z)(x' + y + z') \\ x + z &= x + z + yy' = (x + y + z)(x + y' + z) \\ y + z &= y + z + xx' = (x + y + z)(x' + y + z) \end{aligned}$$

모든 항을 묶고 한 번 이상 나온 것을 없애면 다음과 같이 된다:

$$\begin{aligned} F &= (x + y + z)(x + y' + z)(x' + y + z)(x' + y + z') \\ &= M_0 M_2 M_4 M_5 \end{aligned}$$

이 함수를 표시하는 데 편리한 방법은:

$$F(x, y, z) = \Pi(0, 2, 4, 5)$$

곱의 기호 Π(파이)는 맥스터엄의 AND 를 나타내며 숫자들은 함수의 맥스터엄들이다.

正型間의 變換(conversion between canonical forms)

민터엄의 合型으로 표시된 함수의 補數는 원래 함수에서 제외된 민터엄들의 合이다. 이것은 원래 함수를 표시하는 민터엄들은 함수를 1로 하는 데 반해, 그것의 보수는 원래 함수를 0으로 하는 민터엄들에 대해 1의 값을 취한다. 예로 다음 함수를 생각하자:

$$F(A, B, C)=\sum(1, 4, 5, 6, 7)$$

이것의 보수는 다음과 같이 표현할 수 있다:

$$F'(A, B, C)=\sum(0, 2, 3)=m_0+m_2+m_3$$

이제 F'를 드·모르간 법칙에 의해 보수를 취하면 우리는 다른 형태의 F를 얻을 수 있다. :

$$F=(m_0+m_2+m_3)'=m_0' \cdot m_2' \cdot m_3'=M_0 M_2 M_3=\Pi(0, 2, 3)$$
$$=\sum(1, 4, 5, 6, 7)$$

위의 마지막 변환은 표 2-3에서 보듯이 민터엄과 맥스터엄의 정의에서 나온다. 표로부터 다음 관계가 성립함을 알 수 있다:

$$m_j'=M_j$$

즉, 添字 j인 맥스터엄은 같은 첨자를 가진 민터엄의 補數이다.

이 마지막 예는 민터엄의 合으로 표시된 함수를 그와 대등한 맥스터엄의 곱으로 바꾸는 것을 보여 주고 있는데, 맥스터엄의 곱으로부터 민터엄의 합으로 변환시키는 것도 비슷한 절차를 밟는다. 이제 우리는 일반적인 변환 과정을 살펴보자. 한 正型으로부터 다른 正型으로 바꾸기 위해서는 $\sum$와 Π를 교환하고 원래 진리표상에서 빠진 숫자를 기입하면 된다. 다음 함수:

$$F(x, y, z)=\Pi(0, 2, 4, 5)$$는

맥스터엄의 곱형으로 표시되어 있는데, 이를 민터엄의 合型으로 바꾸면:

$$F(x, y, z)=\sum(1, 3, 6, 7)$$이다.

빠진 항들을 찾아 내기 위해서는 n이 함수에서 2진 변수의 수일 때 민터엄이나 맥스터엄의 갯수가 2^n임을 알아야 한다.

標準型(standard forms)

부울 代數의 두 正型은 진리표로부터 직접 얻을 수 있는 基本型이다. 그러나 각 민터엄이나 맥스터엄이 모든 변수를 가지고 나타내야 하는 그것들의 정의 때문에 최소한의 文數字를 요구하게 되는 대부분의 경우에서는 이 정형이 거의 쓰이지 않는다.

달리 부울 함수를 표현하는 방법이 標準型이다. 이 구성에서 함수의 각 항은 하나 또는 어떤 갯수의 문자로 구성되어도 되며, 여기에는 곱의 合型과 合의 곱型의 두 가지가 존재한다.

곱의 合型이란 곱항이라 불리는 AND항을 포함하는 부울 표현이며, 合이란 이들 項을 OR로 연결하는 것을 뜻한다. 곱의 合型으로 표현한 함수의 예는:

$$F_1 = y' + xy + x'yz' \text{ 이다.}$$

이 표현은 3개의 곱항(각각 1, 2, 3개의 문자로 된)을 지니며 그들의 合이란 실제로 OR 기능을 담당한다.

합의 곱이란 合項이라 부르는 OR항을 포함한 부울 표현이며, 각 항은 몇 개의 문자를 포함하든지 상관없다. 곱이란 이들 項들의 AND 역할을 나타내며, 그 예는 다음과 같다:

$$F_2 = x(y' + z)(x' + y + z' + w) \text{ (標準型)}$$

이 표현은 3개의 合項(각각 1, 2, 4개의 문자로 된)으로 되어 있으며 곱이란 AND 기능을 담당한다. 곱과 합의 語源은 AND 연산이 산술적 곱(곱셈)과 유사하며 OR 연산이 산술적 合(덧셈)과 유사한 것에 기인한다.

부울 함수는 非標準型으로도 표시할 수 있는데, 예로 다음 함수:

$$F_3 = (AB + CD)(A'B' + C'D') \text{ (非標準型)}$$

은 합의 곱이나 곱의 합이 아니다. 이것은 괄호를 없애는 配分法則에 의해 標準型으로 바꾸어질 수 있다:

$$F_3 = A'B'CD + ABC'D' \text{ (標準型)}$$

2-6 其他 論理演算(other logic operation)

두 변수 x, y 사이에 2진 연산자 AND, OR가 들어가면 두 부울 함수 $x \cdot y$와 $x + y$가 된다. 이미 n개의 2진 변수에 대해 2^{2^n}개의 함수가 존재한다는 것을 말하였는

표 2-5 2변수로 된 16개 함수에 대한 진리표

x	y	F_0	F_1	F_2	F_3	F_4	F_5	F_6	F_7	F_8	F_9	F_{10}	F_{11}	F_{12}	F_{13}	F_{14}	F_{15}
0	0	0	0	0	0	0	0	0	0	1	1	1	1	1	1	1	1
0	1	0	0	0	0	1	1	1	1	0	0	0	0	1	1	1	1
1	0	0	0	1	1	0	0	1	1	0	0	1	1	0	0	1	1
1	1	0	1	0	1	0	1	0	1	0	1	0	1	0	1	0	1
연산 기호			$\cdot$	/		/		$\oplus$	+	$\downarrow$	$\odot$	′	$\subset$	′	$\supset$	$\uparrow$	

표 2-6 2변수로 된 16개 함수에 대한 부울 표현

부울 函數들	연산자 記號	名 稱	說 明
$F_0 = 0$		Null	binary constant 0
$F_1 = xy$	$x \cdot y$	AND	x and y
$F_2 = xy'$	x / y	抑止 (inhibition)	x but not y
$F_3 = x$		전 송	x
$F_4 = x'y$	y / x	抑止 (inhibition)	y but not x
$F_5 = y$		전 송	y
$F_6 = xy' + x'y$	$x \oplus y$	exclusive-OR	x or y but not both
$F_7 = x + y$	$x + y$	OR	x or y
$F_8 = (x + y)'$	$x \downarrow y$	NOR	not-OR
$F_9 = xy + x'y'$	$x \odot y$	동 치*	x equals y
$F_{10} = y'$	y'	보수 (complement)	not y
$F_{11} = x + y'$	$x \subset y$	함의 (implication)	if y then x
$F_{12} = x'$	x'	보수 (complement)	not x
$F_{13} = x' + y$	$x \supset y$	함의 (implication)	if x then y
$F_{14} = (xy)'$	$x \uparrow y$	NAND	not-AND
$F_{15} = 1$		항 등	binary constant 1

* 동치 함수는 equality, coincidence, exclusive-NOR로도 불린다.

데, 두 개의 변수에는 (즉 $n = 2$) 16개의 부울 함수가 가능하다. 그러므로 AND 와 OR 함수는 이들 중의 2개에 불과하며 나머지 14개의 함수와 그들의 성질을 해석해 보는 것이 필요하리라 본다.

두 2진 변수 x와 y로 형성된 16개 함수에 대한 진리표가 표 2-5에 있다. 이 표에서 F_0부터 F_{15}까지의 16개의 열은 각각 2가지 변수 x와 y에 대해 가능한 하나의 함수들이다. 이 함수는 16개의 2진 組合으로 결정되었으며, 몇 개는 연산자 기호를 같이 써 놓았다. 예로 F_1은 AND에 대한, F_7은 OR에 대한 진리표를 나타낸 것이며, 또 각각의 연산자 기호는 (·)과 (+)이다. 진리표에 기록된 16개의 함수는 부울式을 빌어 대수적으로 표현이 가능한데, 표 2-6 의 첫째 열에 기록되어 있다 (이 부울 표현은 그들의 최소 문자 수로 간소화시킨 것이다).

각 함수는 AND, OR와 NOT의 항으로 표시할 수 있으나 다른 함수마다 특별한 연산 기호를 쓸 수 있는데, 이를 표 2-6의 두 번째 열에 나타냈다.

그러나 기호 〔⊕〕 EOR (exclusive-OR)를 제외한 모든 새로운 기호는 디지털 설계자에게 일반적으로 쓰여지지는 않는 기호들이다.

표 2-6의 각 함수에는 그 이름과 함수 기능을 설명하는 설명도 기록되어 있으며 이들 함수는 3가지 部類로 나눌 수 있다:

16개 함수의 분류

1. 상수 0 또는 1을 만들어 내는 두 함수

2. 보수와 전송을 위한 單項演算(unary operations) 4개의 함수
3. 8가지 다른 연산을 정의하는 2진 연산자, 즉 AND, OR, NAND, NOR, EOR, 同値(equivalence), 抑止(inhibition)과 含意(implication)의 함수

어떤 함수든지 상수와 같을 수 있다. 그러나 2진 함수는 오로지 1 또는 0이다. 보수 함수는 2진 변수의 보수를 만들며 변수의 값을 변화시키지 않고 출력하는 것을 전송(transfer)이라 한다. 8개 2진 연산자 중에 두 개의 抑止와 含意는 論理學에서 쓰이나 컴퓨터 論理에서는 거의 쓰이지 않는다. AND와 OR 연산자는 부울 代數에서 언급되었고 다른 4개 함수는 디지털 시스템의 設計에 광범위하게 사용된다.

NOR 함수는 OR 함수의 보수이며, 그 이름은 NOT-OR의 略字이다. 비슷하게 NAND는 AND의 보수이며, 그 이름은 NOT-AND의 略字이다. exclusive-OR(XOR 또는 EOR)는 x, y가 모두 1일 때를 제외하고는 OR와 유사하다. 또, 同値(equivalence)는 두 2진 변수가 같을 때 1이 된다(즉 x, y가 모두 1이거나 0일 때), EOR와 同値 함수는 서로 보수 관계에 있다. 이는 표 2-5를 관찰함으로써 쉽게 증명될 수 있는데, EOR는 F_6, 同値는 F_9이며, 서로서로의 補數가 된다. 이 이유로 해서 同値 함수는 자주 exclusive-NOR 즉, exclusive-OR-NOT이라 한다.

2-2절에서 부울 代數는 AND, OR의 두 2진 연산자와 NOT(보수)등 單項演算子를 써서 정의하였다. 여기서 이 정의들로부터 다른 모든 연산자들의 많은 성질을 推論하였고, 다른 2진 연산자를 이들로써 정의하였다. 이 과정에 대해서는 한 가지 唯一한 방법만 있는 것이 아니다. 예로 들어 우리는 처음에 NOR(↓) 연산자를 먼저 정의한 뒤 나중에 AND, OR, NOT들을 이 NOR 연산자를 써서 정의할 수도 있다. 그럼에도 불구하고 부울 代數를 소개된 방법으로 정의한 이유는 'and', 'or', 'not'이 일상적 논리 사고를 나타내는 데 있어서 인간들에게 친숙하기 때문이다. 더우기 Huntington 가설은 +와 ·가 서로간에 대칭적 관계를 강조하면서 代數의 雙對的 性質을 반영하고 있다.

2-7 디지털 論理 게이트(digital logic gate)

부울 함수는 AND, OR, NOT의 연산으로 표시되기 때문에 이들 型의 게이트로 부울 함수를 실현하는 것이 더 쉽다. 다른 論理演算들에 대한 게이트 구성 가능성은 실제적인 관심사가 된다. 다른 型의 논리 게이트 구성을 고려할 때 역점을 두어야 할 요소들은, ① 실질적인 부품으로서 게이트를 생산하는 데 필요한 가능성과 경제성, ② 게이트에 2개 및 그 이상의 입력 수를 더 확장시킬 수 있는 가능성, ③ 선택한 2진 연산자의 교환과 配分法則의 기본적 성질, ④ 단독으로 또는 다른 게이트와 함께 부울 함수를 실현할 수

명 칭	그림 기호	대수적 함수	진리표
AND	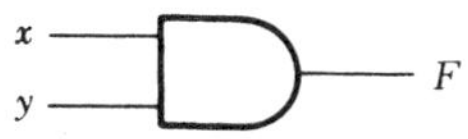 x, y — F	$F = xy$	x y | F 0 0 | 0 0 1 | 0 1 0 | 0 1 1 | 1
OR	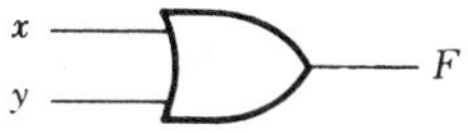 x, y — F	$F = x + y$	x y | F 0 0 | 0 0 1 | 1 1 0 | 1 1 1 | 1
인버어터	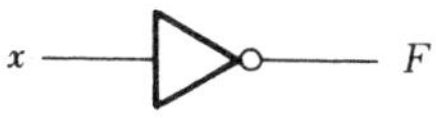 x — F'	$F = x'$	x | F 0 | 1 1 | 0
버 퍼	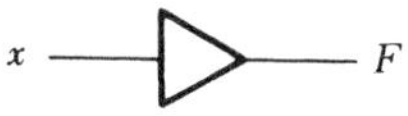 x — F	$F = x$	x | F 0 | 0 1 | 1
NAND (AND-NOT)	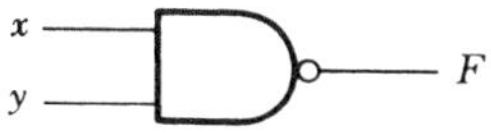 x, y — F	$F = (xy)'$	x y | F 0 0 | 1 0 1 | 1 1 0 | 1 1 1 | 0 (標準論理 게이트)
NOR (OR-NOT)	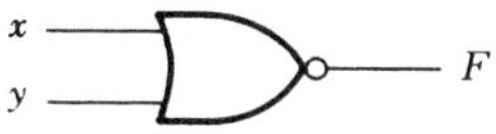 x, y — F	$F = (x + y)'$	x y | F 0 0 | 1 0 1 | 0 1 0 | 0 1 1 | 0 (標準論理 게이트)
Exclusive-OR (XOR)	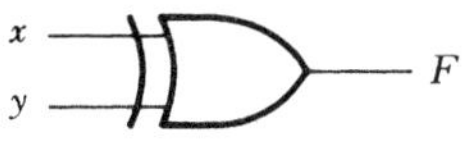 x, y — F	$F = xy' + x'y$ $= x \oplus y$	x y | F 0 0 | 0 0 1 | 1 1 0 | 1 1 1 | 0
Exclusive-NOR or 同 値	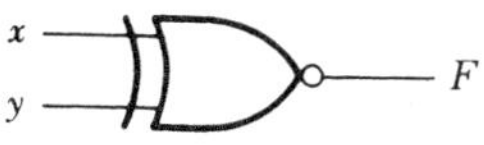 x, y — F	$F = xy + x'y'$ $= x \odot y$	x y | F 0 0 | 1 0 1 | 0 1 0 | 0 1 1 | 1

그림 2-5 디지털 논리 게이트

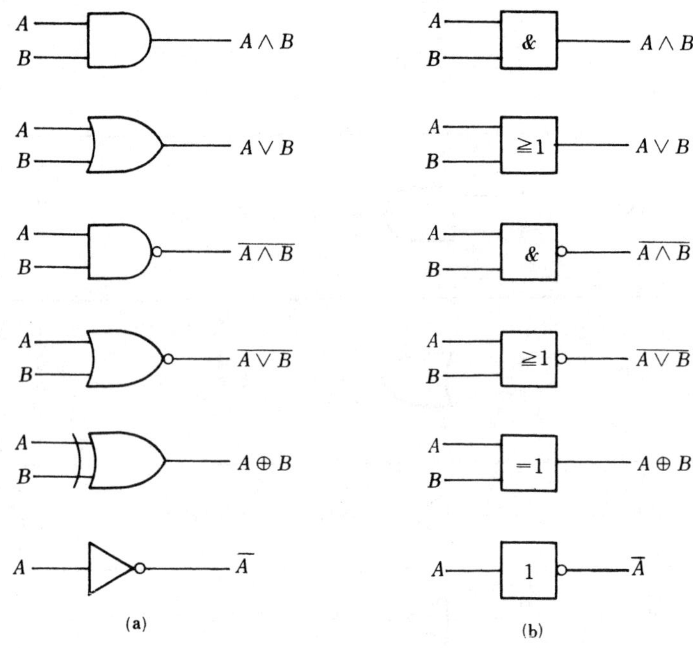

그림 2-5-1 IEEE 標準論理記號

있는 능력이다.

표 2-6에 정의한 16개의 함수 중 2개는 常數이며, 4개의 抑止, 含意, 補數와 傳送은 두 번씩 되풀이되어 있다. 그러므로 오직 나머지 10개의 함수만이 논리 게이트의 후보로 생각될 수 있는데 이 중 두 개(抑止, 含意)는 交換, 配分法則이 성립하지 않으므로 標準論理 게이트로는 적합하지 않다. 나머지 다른 8개 : 보수, 전송, AND, OR, NAND, NOR, EOR, 同値가 디지털 설계에 있어서 標準 게이트로 사용된다.

8개 게이트의 그림 기호와 진리표가 그림 2-5에 그려져 있다. 美國 電氣電子學會(IEEE)에서 제정한 標準論理記號를 그림 2-5-1에 참고로 보인다.

각 게이트는 x, y로 표시된 2가지 입력과 F로 표시된 2진 출력 변수를 가지고 있다. AND, OR, 인버어터는 그림 1-6에서 정의되었다. 인버어터 회로는 2진 변수의 값을 逆으로 바꾼다. 이것은 함수의 NOT 또는 보수이다. 인버어터의 그림 기호에서 출력측의 작은 동그라미는 論理補數(logic complement)를 나타내고 三角形자체는 버퍼 회로를 나타낸다. 버퍼는 입력된 2진 변수의 값을 바꾸지 않고 출력하는 전송기능만을 한다. 이 회로는 단지 신호의 전력 증폭에 사용되며 두 인버어터가 계속 연결되면 논리적으로는 원래의 같은 값을 내는 기능을 한다.

NAND함수는 AND 함수의 보수이며 그림 기호는 AND 그림 기호에 작은 동그라미를 붙여서 나타낸다. NAND와 NOR 게이트는 標準論理 게이트로 널리 사용되며 AND와 OR 게이트보다 더 많이 쓰인다. 그 이유는 NAND와 NOR 게이트가 트랜지스터로 쉽

게 만들어지며 모든 부울 함수가 NAND와 NOR 게이트로서 쉽게 설계가 가능하기 때문이다.

exclusive-OR 게이트는 그 그림 기호가 입력측에 곡선을 한 줄 더 덧붙인 것 외에는 OR의 기호와 유사하다. 同値(equivalence, exclusive-NOR)는 exclusive-OR의 보수이며, 그림 기호에는 작은 동그라미를 EOR에 더 그려 표시한다.

多重 入力으로의 擴張

AND와 OR 게이트

그림 2-5의 게이트들은 인버어터와 버퍼를 제외하고는 2개 이상의 입력으로 늘릴 수 있다. 게이트는 그 2진 연산이 交換, 結合法則이 성립하면 多重 입력으로 확장이 가능하다. 부울 代數에서 정의된 AND와 OR 연산은 이 두 성질을 가지고 있다. OR 함수에 대해서 보면 :

$$x + y = y + x \quad \text{交換法則과}$$
$$(x + y) + z = x + (y + z) = x + y + z \quad \text{結合法則}$$

이 성립되어 게이트 입력이 서로 바뀔 수 있으므로 OR 함수는 3개 또는 그 이상의 변수로 확장할 수 있다.

NAND와 NOR 게이트

NAND와 NOR 함수는 交換法則이 성립하는데, 연산의 정의를 약간 수정만 하면 2개 이상의 입력이 가능하다. 문제점은 NAND와 NOR 연산이 **結合法則이 성립하지 않기 때문인데**, 즉 $(x \downarrow y) \downarrow z \neq x \downarrow (y \downarrow z)$으로서 **그림 2-6**에 표시한 것과 같으며, 그 이유는 아래에 나타나 있다.

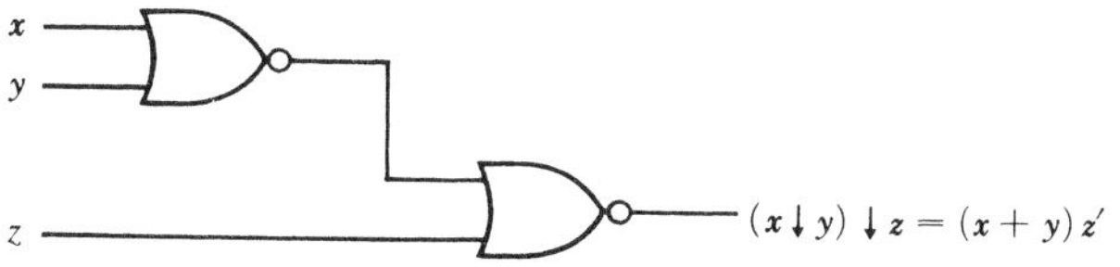

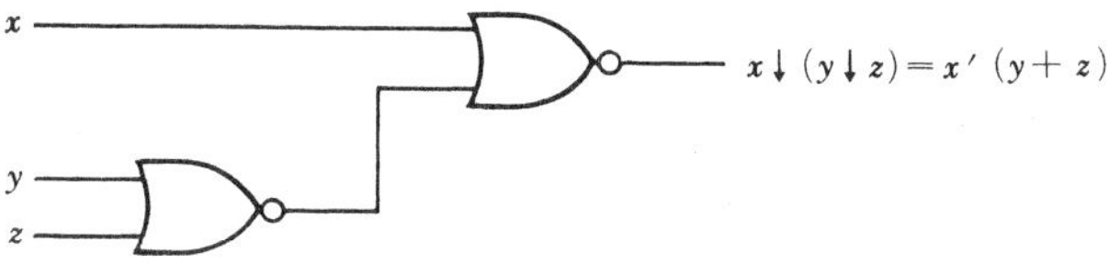

그림 2-6 $(x \downarrow y) \downarrow z \neq x(y \downarrow z)$, 즉, NOR의 결합 법칙이 성립하지 않음을 보여 주는 例

$(x+y+z)'$ $(xyz)'$

(a) 3-입력 NOR 게이트　　(b) 3-입력 NAND 게이트

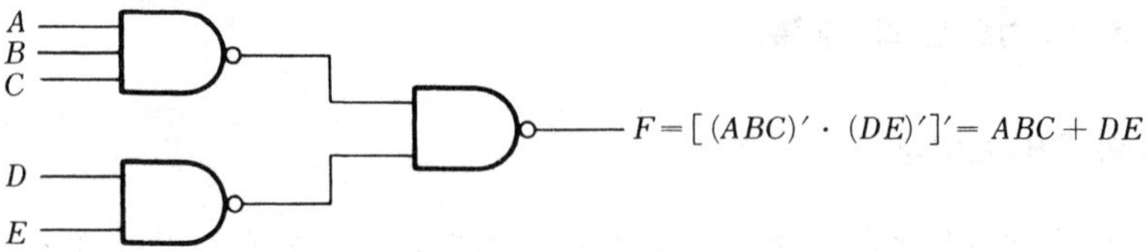

(c) 연결된 NAND 게이트

그림 2-7 여러 개의 입력과 연결된 NOR와 NAND 게이트

$$(x \downarrow y) \downarrow z = [(x+y)' + z]' = (x+y)z' = xz' + yz'$$
$$x \downarrow (y \downarrow z) = [x + (y+z)']' = x'(y+z) = x'y + x'z$$

이 난점을 극복하려면 多重 NOR (또는 NAND) 게이트를 OR (또는 AND) 게이트의 보수로 정의하면 된다. 이리하여 다음과 같이 정의한다 :

$$x \downarrow y \downarrow z = (x+y+z)'$$
$$x \uparrow y \uparrow z = (xyz)'$$

그림 2-7에 3개의 입력을 가진 게이트가 그려져 있다. 縱續接續된 NOR와 NAND 연산을 표현하는 데 있어 올바른 게이트의 순서를 표시하기 위해 괄호를 사용하여야 하는데, 그 예로서 그림 2-7(c)의 回路를 생각해 보자.

이 회로에 대한 부울 함수는 :

$$F = [(ABC)'(DE)']' = ABC + DE$$ 이다 :

두 번째 표현은 드·모르간 법칙으로 유도하였다. 또, 이 예는 곱의 合型의 부울 표현을 NAND 게이트로 설명할 수 있음을 보여 주고 있다. NAND, NOR 게이트에 대한 더 자세한 설명은 3-6, 4-7, 4-8 節에서 하기로 한다.

EOR 와 同値(equivalence) 게이트

exclusive-OR 나 equivalence (同値) 게이트는 交換, 結合法則이 모두 성립하므로 2개 이상의 입력으로 확장시킬 수 있으나 多入力 exclusive-OR 게이트는 하아드웨어의 입장에서 보면 일반적인 것이 아니다. 사실상 2-入力 함수도 대개 다른 형의 게이트를 써서 설계한다. 더우기 이 함수들의 정의는 변수가 2개 이상일 때는 수정되어야 하는데, 그 이유는 EOR는 홀수 函數(즉, 입력 변수가 홀수 개의 1을 가질 때 함수의 값이 1이 된다)이기 때문이다. 또 同値函數는 짝수 函數(즉, 입력 변수가 짝수

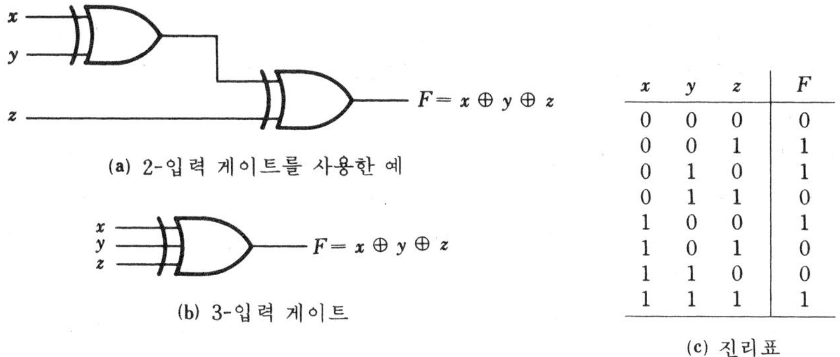

x	y	z	F
0	0	0	0
0	0	1	1
0	1	0	1
0	1	1	0
1	0	0	1
1	0	1	0
1	1	0	0
1	1	1	1

(c) 진리표

그림 2-8 3-입력 exclusive-OR 게이트

개의 0을 가질 때 함수의 값은 1이다)이다. 3-입력 exclusive-OR 함수는 그림 2-8과 같이 2개의 2-입력 게이트를 종속으로 연결함으로써 얻어진다.

그림 2-8의 (b)와 같이 간단히 3-입력 게이트로 표시한다. (c)의 진리표는 출력 F가 오직 하나의 입력이 1 또는 3개의 입력이 모두 1일 때, 즉 입력 변수에서 1의 총 갯수가 홀수일 때 1이 됨을 확인해 주고 있다. 더 자세한 exclusive-OR와 同値에 대한 설명은 4-9節에서 하기로 한다.

2-8 IC 디지털 論理群(IC digital logic families)

디지털 회로는 항상 IC에 의하여 구성한다고 1-9節에서 IC를 소개하면서 언급하였다. 이제까지 여러 디지털 논리 게이트에 대해서 언급하였으므로 이제는 IC 게이트와 그의 일반적인 성질을 설명할 단계가 된 것 같다.

디지털 IC 게이트는 그들의 논리 작동뿐만 아니라 그들이 속하는 특성한 論理回路群(family)으로 분류한다. 각 논리군은 더 복잡한 디지털 회로와 기능으로 개발할 수 있는 개개의 기본 電子回路를 지니고 있다. 각 군의 기본 電子回路는 NAND 또는 NOR게이트이다. 기본 회로의 구성에 있어서 적용되는 전자 부품이 論理群이라 불린다. 많은 여러 가지의 디지털 IC 論理群이 시판되고 있으며 이미 널리 쓰이고 있는 것은 다음과 같다.

TTL	transistor-transistor logic
ECL	emitter-coupled logic
MOS	metal-oxide semiconductor
CMOS	complementary metal-oxide semiconductor
I^2L	integrated-injection logic

TTL은 다양한 디지털 기능을 가진 여러 종류가 있으며 현재 가장 널리 쓰이는 論理群이다. ECL은 고속의 작동을 요구하는 시스템에서 사용된다. MOS와 I²L은 高素子密度를 요구하는 회로에서 사용되며 CMOS는 적은 전력 소모를 요구하는 시스템에서 사용된다.

각 論理群의 기본 전자 회로 분석은 13장에 소개되어 있다. 기본 전자 공학에 익숙해져 있는 독자들은 당장 13장을 참고하여 이들 전자 회로에 친숙해질 수 있다. 여기서 우리는 상업적으로 시판되는 다양한 IC 게이트의 일반 성질을 살펴보는 것으로 설명을 국한시킨다.

MOS와 I²L은 고밀도 집적이 가능하기 때문에 LSI 기능으로 사용된다. 다른 세 가지 TTL, ECL, CMOS도 LSI가 가능하며 많은 MSI, SSI로도 사용한다. SSI는 적은 수의 게이트나 플립플롭(6-2節)이 하나의 IC로 된 것이며 SSI의 제한은 각 패키지(package) 핀 數에 의한다. 예로서 14개 핀의 패키지는 오직 4개의 2-입력 게이트를 수용할 수 있다. 그 이유는 각 게이트가(입력으로 2개, 출력으로 하나씩) 3개의 외부 핀을 필요로 하기 때문이며 총 12개가 된다. 나머지 두 핀은 회로에 전력을 공급하는데 사용된다.

표준 SSI 회로가 그림 2-9에 있는데, 각 IC는 14 또는 16핀 패키지로 되어 있다. 패키지 양측면에 핀들이 있으며 이는 연결을 가능케 한다. IC 속에 그려진 게이트는 여러분에게 알려 주기 위한 것이지 실지 IC 패키지는 그림 1-8과 같으므로 안을 볼 수가 없다.

TTL IC는 대개 숫자가 5400과 7400 시리즈로 구분되어지며, 전자는 동작 온도 범위가 넓기 때문에 군사용에 적합하며 후자는 좁은 온도 범위 때문에 산업용에 적합하다. 7400 시리즈의 숫자 표현이란 7400, 7401, 7402 등의 숫자를 가진 IC 패키지를 뜻한다. 몇몇 회사는 TTL IC를 9000 또는 8000 시리즈로 시판하고도 있다.

그림 2-9(a)는 두 가지 TTL, SSI 회로를 보여 주고 있는데, 7404는 6개(hex)의 인버어터를, 7400은 4개(quadruple)의 2-입력을 가진 NAND 게이트를 포함하고 있다. V_{CC}와 GND로 표시된 단자는 정상 작동을 위한 5[V]의 전력 공급 핀을 표시한다.

대부분의 ECL 型은 10000 시리즈로 표시되며 그림 2-9(b)에 두 가지 ECL 회로가 있다. 10102는 4개의 2-입력 NOR 게이트를 공급한다. 주의할 점은 ECL 게이트가 하나는 NOR 함수, 또 하나는 OR 함수(10102 IC의 핀 9)의 출력인 두 단자를 지닐 수도 있다는 것이다. 10107 IC는 3개의 EOR 게이트를 포함하여 2개의 출력 즉 다른 하나는 exclusive-NOR 함수, 즉 同値 출력 단자로 사용된다. ECL 게이트는 전력 공급 단자로 3개의 단자가 있는데, V_{CC1}과 V_{CC2}는 대개 접지되며 V_{EE}에 -5.2[V]를 공급한다.

그림 2-9(c)의 CMOS 회로는 4000 시리이즈이다. 2개의 4-입력 NOR 게이트만이 핀 數의 제한 때문에 4002 안에 포함될 수 있다. 4050은 6개의 버퍼 게이트를 제공하며 위

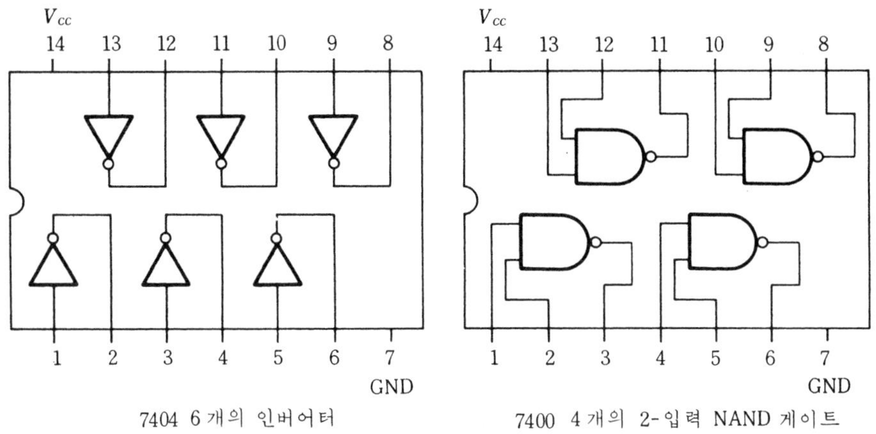

7404 6개의 인버어터

7400 4개의 2-입력 NAND 게이트

(a) TTL 게이트

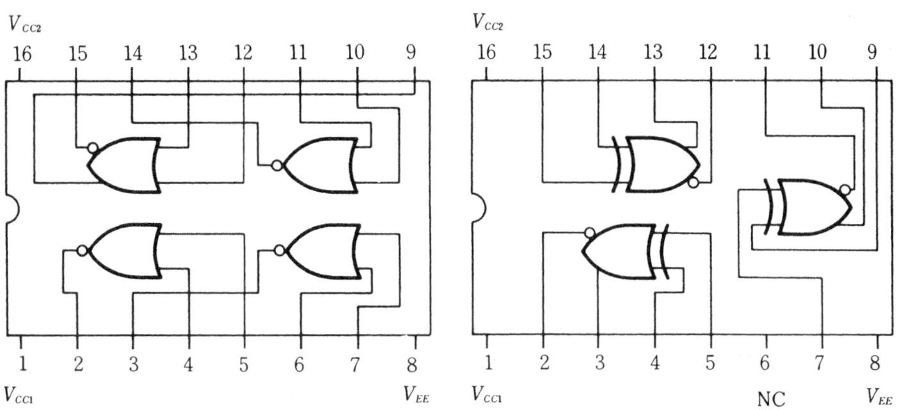

10102 4개의 2-입력 NOR 게이트

10107 3개의 exclusive-OR/NOR 게이트

(b) ECL 게이트

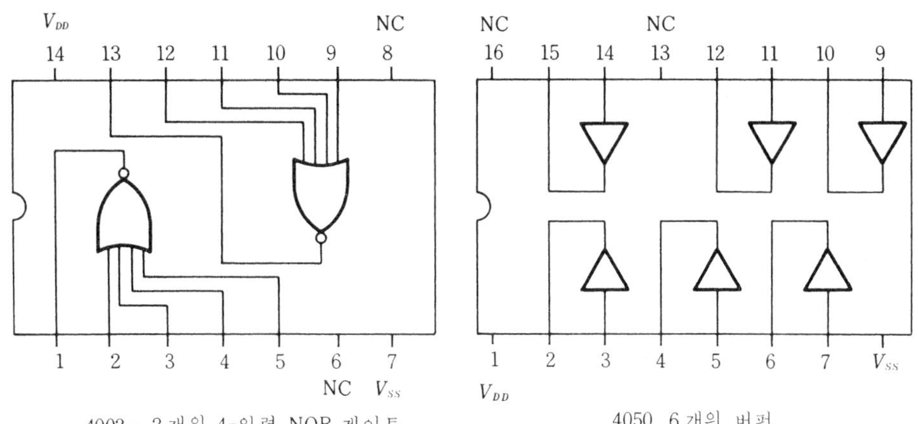

4002 - 2개의 4-입력 NOR 게이트

4050 6개의 버퍼

(c) CMOS 게이트

그림 2-9 몇 가지 표준 집적 회로 게이트

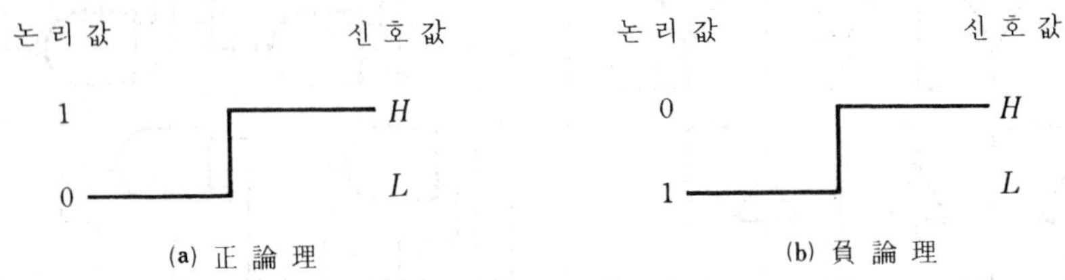

그림 2-10 신호 높이와 논리형

의 IC 둘 다 사용하지 않는 NC (no connection) 단자 2개를 가지고 있다. V_{DD} 단자는 3부터 15 볼트의 전력 공급을 필요로 하며 V_{SS}는 대개 접지된다.

正論理와 負論理

어떤 게이트의 입력 또는 출력에서 2진 신호는 변이 (transition)를 제외한 때는 둘 중의 하나 값을 지닐 수 있다(하나는 論理-1 또 하나는 論理-0). 두 신호값에 두 논리값이 부여되므로 논리에 신호의 배당은 두 가지가 존재할 수 있다. 부울 함수의 雙對性에 의해 신호값의 할당 교환은 雙對函數의 설계 결과가 된다.

그림 2-10에 2진 신호의 두 값을 생각해 보자. 두 값은 구분되어야 하므로 하나의 값은 다른 것보다 반드시 높아야 한다. 高電位를 H로 하고 低電位를 L로 표시한다면 논리값 할당 방법은 두 가지가 가능하다.

論理-1을 高電位 H로 선택하면(그림 2-10(a)) 이것을 正論理 체계라 정의한다. 또, 論理-1을 低電位 L로 정의하면(그림 2-10(b)) 이것을 負論理 체계라 정의한다. 正과 負란 용어는 두 신호값 모두 양 또는 음이 될 수 있으므로 논란을 가져올 수도 있다. 그러나 이는 논리형을 결정하는 신호의 극성이 아니라 신호의 高低에 따라서 논리값을 할당한 것뿐이다.

IC 설명서에는 論理-1 또는 論理-0의 용어보다는 H와 L의 용어로 디지털 함수를 정의한다. 正論理, 負論理 할당은 사용자가 결정할 문제이다. 3가지 IC디지털 論理

표 2-7 IC논리군에서의 H와 L의 값

IC군의 형	전력 공급〔V〕	고단계 전압〔V〕		저단계 전압〔V〕	
		범위	표준	범위	표준
TTL	$V_{CC}=5$	2.4～5	3.5	0～0.4	0.2
ECL	$V_{EE}=-5.2$	−0.95～−0.7	−0.8	−1.9～−1.6	−1.8
CMOS	$V_{DD}=3\sim10$	V_{DD}	V_{DD}	0～0.5	0
정논리 :			논리-1		논리-0
부논리 :			논리-0		논리-1

群에 대한 高電位와 低電位의 전압값이 표 2-7에 기록되어 있다. 각 군마다 그 회로에서 高 또는 低電位로 인정되는 전압값의 범위가 있는데, 표준값은 대부분의 경우에서 적합하다. 또 표에 각 군에 대한 전력 공급 요구를 참고로 적어 놓았다.

TTL은 $H=3.5$볼트와 $L=0.2$볼트의 표준값을 지니며 ECL은 $H=-0.8$ 볼트와 $L=-1.8$볼트의 두 음의 값을 지닌다. 비록 두 값이 모두 陰이라도 高電位는 -0.8임을 주의하라. CMOS 게이트는 3부터 15볼트까지의 어떤 전압을 V_{DD}에 공급해도 되며 표준값은 5 또는 10볼트가 사용된다. CMOS에서 신호값은 $H=V_{DD}$와 $L=0$볼트로 공급하는 함수이다. 正論理와 負論理에 대한 극성 할당도 표에 나타나 있다.

이런 견지에서 볼 때 IC에 대해 쓰는 논리 기호를 정의할 필요가 있는데, 그림 2-9에 있다. 예로 7400 IC의 게이트 중 하나를 택해 보자.

이 게이트는 그림 2-11(b)에 블록도형으로 표시되어 있다. 제작 회사에 의해 주어진 설명서 내의 진리표가 그림 2-11(a)에 있으며 이는 게이트의 논리적 동작을 규정하는데, H는 표준으로 3.5볼트, L은 0.2볼트로 한다. 이 물리적 게이트는 극성 할당에 따라 NAND 또는 NOR의 함수가 가능하다.

x	y	z
L	L	H
L	H	H
H	L	H
H	H	L

(a) H와 L로 나타낸 진리표

(b) 게이트 블록도

x	y	z
0	0	1
0	1	1
1	0	1
1	1	0

(c) 정논리의 진리표 $H=1$, $L=0$

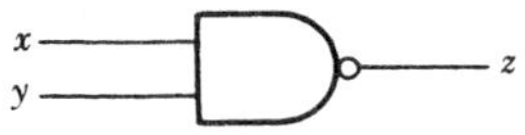

(d) 정논리 NAND 게이트의 그림 기호

x	y	z
1	1	0
1	0	0
0	1	0
0	0	1

(e) 부논리의 진리표 $L=1$, $H=0$

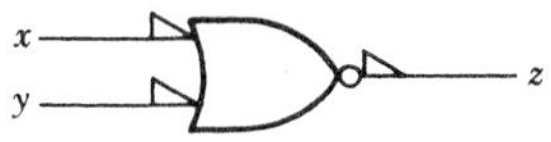

(f) 부논리 NOR 게이트의 그림 기호

그림 2-11 정논리와 부논리의 보기

그림 2-11(c)의 진리표는 $H=1$과 $L=0$으로 正論理 할당을 한 것이다. 이 진리표를 그림 2-5의 진리표와 비교해 보면 NAND 게이트임을 알 수 있다. 正論理 NAND 게이트에 대한 그림 기호가 그림 2-11(d)에 있으며 이미 사용하던 것과 비슷하다.

이제 $L=1$과 $H=0$으로 負論理 할당된 실제적 게이트를 생각해 보자. 그 결과는 그림 2-11(e)의 진리표와 같다. 이 표에서 배열 순서는 거꾸로 되어 있으나 NOR 게이트에 대한 그림 기호가 그림 2-11(f)에 있다. 입력과 출력선상의 작은 삼각형은 극성 지시자 (polarity indicator)를 나타낸다. 이 극성 지시자가 단자에 붙어 있으면 그 단자에 負論理가 할당됨을 나타낸다. 그러므로 동일한 실제적 게이트가 正論理 NAND 게이트나 負論理 NOR 게이트가 모두 될 수 있다.

그림 2-11에서 그려진 게이트는 완전히 설계자가 의도한 바에 따라 극성이 할당될 수 있다.

비슷한 방법으로 正論理 NOR 게이트가 負論理 NAND과 같은 실제적 게이트로 쓸 수 있으며, 동일한 관계가 AND와 OR 또 EOR와 同値 게이트에도 적용된다. 어떤 경우에서든지 負論理가 입력 또는 출력 단자에 표시되려면 극성 지시가 三角形을 단자상에 그려야 한다. 어떤 디지털 설계자는 NAND 또는 NOR 게이트만을 가지고 設計할 때 이 장점을 이용한다. 우리는 이 교재에서 이러한 기호를 사용하지 않고 NAND와 NOR 게이트를 구분하겠다. 즉, 그림 2-9의 IC들처럼 正論理 그림 기호를 사용한다. 만일 負論理 기호를 사용하려면 가능할 수도 있을 것이다.

正論理와 負論理 사이의 변환은 게이트의 입력과 출력 모두의 1들과 0들을 서로 바꿈으로써 가능하다. 이 조작은 함수의 雙對를 만들므로 모든 단자의 극성을 바꾸는 것은 함수의 雙對를 취하는 결과가 된다(모든 AND 동작은 OR 동작으로 바꾼 것과 같이). 덧붙여서 負論理를 사용할 때는 그림 기호의 극성 지시자를 표시하여야 함을 잊지 말아야 한다.

극성 지시자의 작은 三角形과 보수를 나타내는 작은 동그라미는 비슷한 효과를 지니나 전혀 다른 의미이다. 그러므로, 이들 둘을 서로 교환할 수는 있으나 그 해석은 다르다. 그림 2-11(f)에서와 같이 동그라미 다음의 삼각형은 보수화된 負論理 극성 지시자이다. 이들 둘은 서로 취소되어 제거될 수 있다. 그러나 이렇게 하면 게이트의 입력과 출력은 다른 극성을 나타낼 것이다.

特殊한 性質 (special characteristics)

각 IC 디지털 論理群의 특성은 그 기본 게이트 회로를 해석함으로써 대개 비교된다. 가장 중요한 비교·평가 요소는 팬아우트 (fan-out), 전력 소모 (power dissipation), 전파 지연 시간 그리고 잡음 허용치 (noise margin)이다. 먼저 이들 요소의 성질을 설명한 뒤 그들을 사용하여 각 논리군을 비교하자.

팬아우트(fan-out)

팬아우트는 그 정상 작동에 영향을 주지 않고 게이트 출력부에 걸 수 있는 표준 부하의 숫자이다. 표준 부하란 대개 동일 IC 군에서 다른 게이트의 입력에 의해 필요한 전류량으로 표시된다. 때때로 로우딩(loading)이 팬아우트 대신 사용되기도 한다. 이 용어는 정상적으로 작동하지 못하는, 즉 과부하된 상태를 넘어서 공급할 수 있는 전류량의 한계로부터 나왔다. 한 게이트의 출력은 대개 다른 유사한 게이트의 입력으로 연결되며 각 입력은 얼마간의 전력을 소비하며, 그래서 덧붙여 연결하는 것은 게이트의 부하를 증가시킨다. '부하 규정'은 표준 디지털 회로군에 대해 기록된다. 이 규정은 각 회로의 각 출력에 대해 허용되는 부하의 최대량을 나타낸다. 규정된 최대 부하를 초과하면 정상 전력 공급을 할 수 없으므로 기능을 제대로 수행하지 못한다. 팬아우트는 게이트의 출력에 연결될 수 있는 최대 입력 수로 나타내어진다.

어떤 게이트의 팬아우트 능력은 부울 함수를 단순화시킬 때 고려되어야만 한다(과부하 상태가 되지 않게 하기 위해). 때때로 과부하에 대한 능력을 주기 위해 인버어트(invert)하지 않는 증폭기나 버퍼를 달기도 한다.

전력 소모(power dissipation)

전력 소모는 게이트를 작동하기에 필요한 전력이다. 이 요소는 [mW](milliwatt)로 표현되며 게이트의 실제 전력 소모를 나타낸다. 이 숫자는 電力源으로부터 어떤 게이트로 전달될 때 적용되며 한 게이트에서 다른 게이트로의 전달시에는 적용되지 않는다. 4개의 게이트를 가진 IC는 그 전력 공급원으로부터 각 게이트의 4배의 전력을 요구한다. 주어진 시스템에서 총 전력 소모는 모든 IC의 전력 소모의 합이며 시스템 안에는 많은 IC가 있으므로 고려되어야 한다.

전파 지연 시간(propagation delay time)

전파 지연 시간은 2진 신호가 그 값을 바꿨을 때 입력에서 출력까지 신호가 전달되는 데 걸리는 평균 시간이다. 입력으로부터 출력까지 신호가 전파되는 데는 어느 정도의 시간이 소요되는데, 이를 그 게이트의 전파 지연 시간으로 정의한다. 또 그 단위는 [ns](nanoseconds)이며 [ns]는 10^{-9} 초이다.

여러 개의 게이트로 구성된 디지털 회로에서의 전파 지연 시간은 각 게이트마다 걸리는 시간의 총합이다. 동작 속도가 매우 중요할 때는 각 게이트가 적은 전파 소요 시간을 지녀야 하며, 직렬로 연결된 게이트 수가 되도록이면 적어야 한다.

대부분 디지털 회로에서 입력 신호는 하나 이상의 게이트에 동시에 공급되는데, 이러한 게이트를 1-논리 단계라 한다. 1-논리 단계로부터 적어도 하나의 입력을 받는 것이 2-논리 단계이며 비슷하게 3 또는 그 이상의 논리 단계가 정의된다. 어떤 회로의 총 전파 지연 시간은 각 게이트당 전파 지연 시간과 총 논리 단계 수를 곱한 값이다. 그러므로 논리 단계를 줄이는 것은 신호 전파 시간을 줄이는 결과가 되며 더 빠른 회로가 된다. 만일 동작 속도가 중요한 문제일 때는 총 게이트 수를 줄이는 것보다 전파 지연 시간을 줄이는 것이 더 중요하다.

잡음 허용치(noise margin)

잡음 허용치란 회로의 출력을 바꾸지 않으면서 입력에 첨가되는 최대 잡음 전압이다. 거기에는 두 가지 종류가 있는데, DC 잡음은 신호의 전압 단계의 이동에 의해 야기되며 AC 잡음은 다른 스위치 신호에 의해 발생하는 불규칙한 펄스(pulse)이다. 그러므로 잡음이란 정상 동작 신호를 방해하는 예기치 않은 신호를 뜻하는 용어이다. 잡음에서도 정상적으로 작동하는 회로의 신뢰성은 많은 응용에서 중요하다. 잡음 허용치는 볼트로 표현되며 게이트가 견딜 수 있는 최대 잡음 신호를 뜻한다.

IC 論理群의 特性(characteristics of IC logic families)

TTL 論理群의 기본 회로는 NAND 게이트이다. TTL에는 여러 형이 있는데, 이 중 3개가 표 2-8에 기록되어 있다. 이 표는 IC 論理群의 일반적 성질을 보여 주고 있는데, 그 값들은 비교의 기준이 된다. 어떤 群이나 종류에서는 그 값이 약간 변할 수도 있다.

표준 TTL 게이트는 TTL 群의 첫 번째 종류이다. 더 개선되고 기술이 덧붙여져 개발되어 쇼트키(schottky) TTL로 되었는데 이는 전파 지연 시간을 줄이고 대신 전력 소모량은 증가되었다. 低電力 쇼트키 TTL 종류는, 전력 소모를 줄이고 대신 속도는 늦어진다. 표준 TTL과 동일한 전파 지연 시간을 가지고 있지만 전력 소모는 현저하게 줄어든다. 표준 TTL의 팬아우트는 10이나 低電力 쇼트키 팬 아우트는 20이다. 또 표준 잡음 허용치는 1볼트이나 여기서는 0.4볼트로 계산되었다.

ECL群의 기본 회로는 NOR 게이트이다. ECL의 특별한 장점은 낮은 전파 지연

표 2-8 IC 논리군의 표준 특성

IC논리군	팬아우트	전력 소모량 〔mW〕	전 달 지연 시간〔ns〕	잡 음 허용치〔V〕
표준 TTL	10	10	10	0.4
쇼트키 TTL	10	22	3	0.4
저전력 쇼트키 TTL	20	2	10	0.4
ECL	25	25	2	0.2
CMOS	50	0.1	25	3

시간이다. 몇몇 ECL 종은 0.5[ns]보다 낮은 전파 지연 시간을 가지고 있다. ECL 게이트의 전력 소모는 상당히 높으며 잡음 허용치는 낮다. 이 두 결점 때문에 ECL이 다른 論理群보다 선택하기 어려우나 그것의 낮은 전파 지연 시간 때문에 매우 빠른 시스템을 요구할 때는 ECL을 사용한다.

CMOS의 기본 회로는 NAND와 NOR 게이트가 모두 설계될 수 있는 인버어터이다. CMOS의 특징은 극히 적은 전력 소모이다. 정상 상태에서 CMOS의 전력 소모는 무시될 정도로 작으며 평균 약 10[nW]이다. 게이트 신호가 변할 때 그 회로가 작동하는 주파수에 따라 전력 소모가 변동한다. 표의 숫자는 CMOS 게이트의 표준 전력 소모 값이다.

CMOS의 가장 중요한 단점은 전파 지연 시간이 크다는 것인데, 이는 고속의 동작을 요구하는 시스템에서는 사용이 부적합하다는 뜻이다. CMOS 게이트의 특성 요소는 전력 공급 전압 V_{DD}에 의한다. 전력 소모는 공급하는 전압 증가에 따라 늘어나며 전파 지연 시간을 감소시킨다. 그리고 잡음 허용치는 공급 전압치의 약 40[%]로 측정된다.

참 고 문 헌

1. Boole, G., *An Investigation of the Laws of Thought*. New York: Dover Pub., 1954.
2. Shannon, C. E., "A Symbolic Analysis of Relay and Switching Circuits." *Trans. of the AIEE*, Vol. 57 (1938), 713-23.
3. Huntington, E. V., "Sets of Independent Postulates for the Algebra of Logic." *Trans. Am. Math. Soc.*, Vol. 5 (1904), 288-309.
4. Birkhoff, G., and T. C. Bartee, *Modern Applied Algebra*. New York: McGraw-Hill Book Co., 1970.
5. Birkhoff, G., and S. Maclane, *A Survey of Modern Algebra*, 3rd ed. New York: The Macmillan Co., 1965.
6. Hohn, F. E., *Applied Boolean Algebra*, 2nd ed. New York: The Macmillan Co., 1966.
7. Whitesitt, J. E., *Boolean Algebra and its Applications*. Reading, Mass.: Addison-Wesley Pub. Co., 1961.
8. *The TTL Data Book for Design Engineers*. Dallas, Texas: Texas Instruments Inc., 1976.
9. *MECL Integrated Circuits Data Book*. Phoenix, Ariz.: Motorola Semiconductor Products, Inc., 1972.
10. *RCA Solid State Data Book Series*: *COS/MOS Digital Integrated Circuits*. Somerville, N. J.: RCA Solid State Div., 1974.

연습 문제

2-1 아래의 두 가지 2진 연산자에 대해 만족되는 법칙은 닫힘, 結合, 交換, 恒等元, 逆元, 配分 등 6개 기본 법칙 중 무엇인가?

+	0	1	2
0	0	0	0
1	0	1	1
2	0	1	2

	0	1	2
0	0	1	2
1	1	1	2
2	2	2	2

2-2 {0, 1, 2}의 세 원소의 집합과 위의 표에 정의된 두 2진 연산자 +, ·는 부울 대수가 아님을 보여라. 헌팅톤 가설 중 만족되지 않는 것들을 기술하라.

2-3 진리표를 사용하여 다음 부울 함수의 법칙들이 옳음을 증명하라.

(a) 結合法則

(b) 세 변수에 대한 드·모르간 법칙

(c) ·에 대한 +의 配分法則

2-4 문제 2-3을 벤 다이어그램으로 다시 증명하라.

2-5 다음 부울 함수들을 최소 문자를 포함한 표현으로 간단히 하라.

(a) $xy + xy'$

(b) $(x + y)(x + y')$

(c) $xyz + x'y + xyz'$

(d) $zx + zx'y$

(e) $(A + B)'(A' + B')'$

(f) $y(wz' + wz) + xy$

2-6 다음 부울 표현을 요구한 만큼의 문자로 간단히 하라.

(a) $ABC + A'B'C + A'BC + ABC' + A'B'C'$ (5개의 文字로)

(b) $BC + AC' + AB + BCD$ (4개의 文字로)

(c) $[(CD)' + A]' + A + CD + AB$ (3개의 文字로)

(d) $(A + C + D)(A + C + D')(A + C' + D)(A + B')$ (4개의 文字로)

2-7 다음 부울 함수의 보수를 구하고, 또 가장 적은 문자 표현으로 간단히 하라.

(a) $(BC'+A'D)(AB'+CD')$

(b) $B'D+A'BC'+ACD+A'BC$

(c) $[(AB)'A][(AB)'B]$

(d) $AB'+C'D'$

2-8 두 부울 함수 F_1과 F_2가 주어졌을 때 :

(a) 두 함수를 OR로 연결하여 얻어진 함수 $E=F_1+F_2$는 F_1과 F_2의 모든 민터엄의 합을 포함하고 있음을 보여라.

(b) 두 함수를 AND로 연결하여 얻어진 함수 $G=F_1F_2$는 F_1과 F_2에 모두 공통된 민터엄들을 포함하고 있음을 보여라.

2-9 다음 함수의 진리표를 작성하라 .

$F=xy+xy'+y'z$

2-10 문제 2-6에서 단순화된 부울 함수들을 논리 게이트로 설계하라.

2-11 다음 부울 함수를 주었을 때 :

$$F=xy+x'y'+y'z$$

(a) 위 함수를 AND, OR, NOT 게이트로 설계하라.

(b) 위 함수를 오직 OR, NOT 게이트로 설계하라.

(c) 위 함수를 오직 AND, NOT 게이트로 설계하라.

2-12 T_1과 T_2 함수를 최소 문자의 표현으로 간단히 하라.

A	B	C	T_1	T_2
0	0	0	1	0
0	0	1	1	0
0	1	0	1	0
0	1	1	0	1
1	0	0	0	1
1	0	1	0	1
1	1	0	0	1
1	1	1	0	1

2-13 다음 함수들을 민터엄의 합과 맥스터엄의 곱형으로 표현하라.

(a) $F(A, B, C, D)=D(A'+B)+B'D$

(b) $F(w, x, y, z)=y'z+wxy'+wxz'+w'x'z$

(c) $F(A, B, C, D) = (A + B' + C)(A + B')(A + C' + D')$
$(A' + B + C + D')(B + C' + D')$

(d) $F(A, B, C) = (A' + B)(B' + C)$

(e) $F(x, y, z) = 1$

(f) $F(x, y, z) = (xy + z)(y + xz)$

2-14 다음을 다른 正型 형태로 고쳐라.

(a) $F(x, y, z) = \sum(1, 3, 7)$

(b) $F(A, B, C, D) = \sum(0, 2, 6, 11, 13, 14)$

(c) $F(x, y, z) = \Pi(0, 3, 6, 7)$

(d) $F(A, B, C, D) = \Pi(0, 1, 2, 3, 4, 6, 12)$

2-15 正型과 標準型간의 차이점은 무엇인가? 부울 함수를 게이트로 설계할 때 어떤 형이 더 편리한가? 또, 진리표로부터 직접 함수를 읽을 때 얻을 수 있는 함수 표현형은?

2-16 n개의 변수로 된 부울 함수의 모든 민터엄의 합은 1이다.

(a) 위의 논술을 $n = 3$에 대해 증명하라.

(b) 일반적 증명에 대한 과정을 제시하라.

2-17 n개의 변수로 된 부울 함수의 모든 맥스터엄의 곱은 0이다.

(a) 위의 논술을 $n = 3$에 대해 증명하라.

(b) 일반적 증명에 대한 과정을 제시하라. 또 문제 2-16 (b)의 증명에 雙對性을 적용시키는 것이 가능한가?

2-18 exclusive-OR의 雙對는 그의 보수와 동일함을 보여라.

2-19 표 2-6에 정의된 2진 연산을 부울 함수에 적용할 때 다음이 성립함을 보여라.

(a) 抑止와 含意 연산자는 交換法則도 結合法則도 성립하지 않는다.

(b) exclusive-OR와 同値는 交換, 結合法則 적용이 가능하다.

(c) NAND 연산자는 結合法則이 성립하지 않는다.

(d) NOR와 NAND 연산자는 配分法則이 성립하지 않는다.

2-20 과반수(majority) 게이트는 대부분의 입력이 1일 때 출력이 1인 디지털 회로를 칭한다. 진리표를 사용하여 3가지 입력을 가진 우선 순위 게이트로 설계된 부울 함수를 찾고 이 함수를 간단히 하라.

2-21 그림 2-8(c)에 기록된 3가지 입력을 가진 exclusive-OR 게이트에 대한 진리표를 작성하라. 또 x, y, z의 8가지 모든 組合을 나열하라. $A = x \oplus y$를 계산

하고, 그 후 $F = A \oplus Z = x \oplus y \oplus z$ 를 계산하라.

2-22 TTL SSI는 주로 14핀의 패키지로 되어 있다. 2개의 핀은 전력 공급용이며 나머지는 입출력 단자에 사용된다. 다음과 같은 형들의 게이트는 한 패키지 안에 몇 개가 들어갈 수 있겠는가?

(a) 2-입력 exclusive-OR 게이트

(b) 3-입력 AND 게이트

(c) 4-입력 NAND 게이트

(d) 5-입력 NOR 게이트

(e) 8-입력 NAND 게이트

2-23 正論理 AND 게이트와 負論理 OR 게이트는 서로 동일함을 보여라.

2-24 어떤 IC 論理群은 팬아우트 5인 NAND게이트와 팬아우트 10인 버퍼 게이트로 구성되어 있다. 어떻게 하나의 NAND 게이트 출력이 50개의 다른 입력으로 연결될 수 있는가를 보여라.

부울 函數의 簡素化
Specification of Boolean Functions

3-1 맵 方法(map method)

부울 함수를 실현하는 디지털 논리 게이트의 복잡성은 실현할 함수의 代數的 표현의 복잡도에 직접 관계된다. 부울 함수는 단 하나의 진리표로 표현되지만 대수적으로는 다양한 형태로 표현할 수 있다. 이 부울 함수를 대수적 방법으로 간단히 하는 것은 2-4節에서 이미 논의하였다. 그러나 이는 처리 과정에 있어서, 계속되는 각 단계를 예측하는 일정한 규칙이 있는 것이 아니어서 最小化 절차가 서투르다. 그러나 맵 방법은 부울 함수를 최소화하는 데 간단하고 올바른 절차이다. 이 방법은 진리표를 그림 모양으로 나타낸 것이며 벤 다이어그램(Venn diagram)을 확장한 것으로 볼 수 있다. 이 맵 방법은 **Veitch**(1)에 의해 구상되었고 **Karnaugh**(2)에 의해 약간 수정되어서 **'Veitch diagram'** 또는 **'카르노 맵(Karnaugh map)'**이라 알려져 있다.

이 맵은 여러 개의 네모로 된 그림이다. 작은 네모들은 각기 하나의 민터엄을 나타낸다. 그러므로 어떤 부울 함수든지 민터엄들의 合(sum of minterm)의 형태로 표현할 수 있으므로 함수 내의 민터엄들이 차지하고 있는 네모들로 이루는 면적으로써 부울 함수를 맵 내에서 圖示的으로 알 수 있다. 사실 맵은 부울 함수를 **標準型(standard form)**으로 표현할 수 있는 모든 가능한 방법들 중의 한 視覺的 圖示라 볼 수 있나. 같은 함수의 맵이지만 이 맵의 다양한 형태를 인지하는 독자에 따라서 다른 대수적 표현을 유도할 수 있으며, 이들 중 가장 간단한 것을 선택할 수 있다. 다양한 형태의 함수형 중에서 **문자 수가 가장 적은 합의 곱형이나 곱의 합형으로 된 것을 가장 간소화된 대수적 표현이라 할 수 있다**(그러나, 이 표현이 단 한가지만은 아니라는 것을 유의하여야 한다).

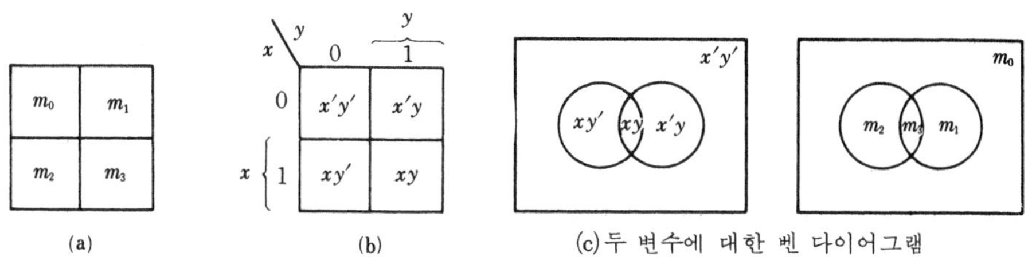

그림 3-1 2변수 맵

3-2 2개와 3개 變數의 맵

그림 3-1은 2개 변수의 맵을 나타내고 2개 변수에 대해 4개 민터엄이 있으며 각 민터엄당 하나씩. 즉 4개의 사각형으로 구성되어 있다. 또, (b)에서는 각 네모들과 두 변수들과의 관계를 보여 주고 있다. 벤 다이어그램을 다시 옆에 그려 서로의 관계를 쉽게 이해하도록 하였다.

그림 3-1(b)의 行과 列에서 0과 1로 표시한 것은 각각 변수 x와 y의 변수값이다. x는 그 값이 0인 行에서 대시(′)가 있고(x'), 1인 行에서는 대시가 없음(x)에 주의하자. 마찬가지로 y는 그의 값이 0인 列에서 y에 대시가 있고(y'), 1인 列에서는 없다(y).

만일 우리가 주어진 함수에 속하는 민터엄들을 해당하는 네모에 표시한다면 표 2-6에 있는 두 변수에 대한 16종류의 부울 대수를 모두 표현할 수 있다. 예를 들어, 함수 xy는 그림 3-2의 (a)와 같이 $xy = 11$은 m_3가 되므로 m_3인 네모에 1을 표시하면 된다. 마찬가지로 $x + y$는 그림 3-2의 (b)로 표현될 수 있는데, 이 四角形들은 다음 민터엄들로부터 이루어져 있다.

$$x + y = x'y + xy' + xy = m_1 + m_2 + m_3 = 01 + 10 + 11$$

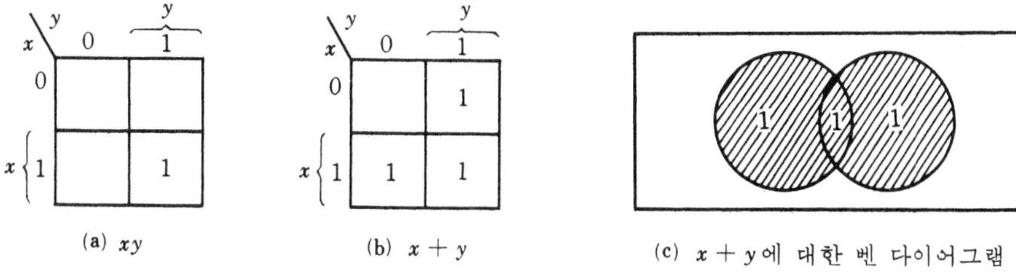

그림 3-2 맵(map)에서의 함수 표현

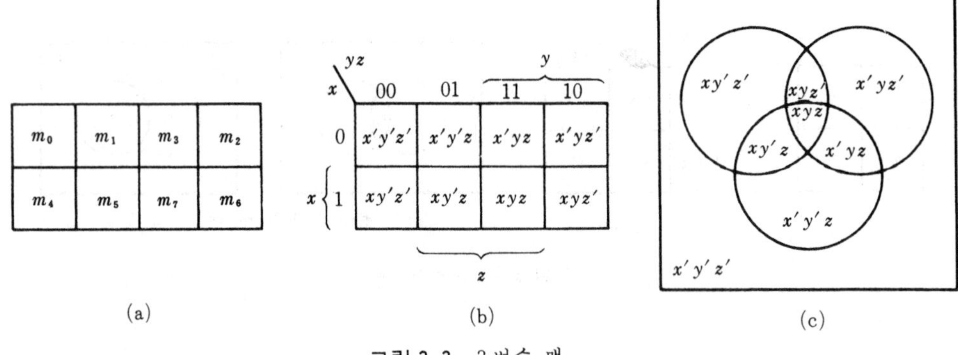

그림 3-3 3변수 맵

또, 이 3개의 네모는 변수 x의 두 번째 行과 변수 y의 두 번째 列에 의해 결정되고, 이것은 x나 y에 속한 면적으로 되어 있다. 벤 다이어그램에서도 줄이 쳐친 3개의 민터엄 부분의 合이지만 이것은 $x+y$의 면적과 같음을 쉽게 알 수 있다.

그림 3-3은 3개의 변수 맵을 나타내고, 3개 2진 변수에 대한 8개 민터엄이 있으며 8개의 민터엄, 즉 8개의 四角形으로 구성한다. 여기서 주의해야 할 것은 이 민터엄을 2진 순차(binary sequence)로 배치하지 않고 **표** 1-4의 **그레이 交番 코우드**와 같이 배치되어 있다는 점이다. 이 배치의 특정은 민터엄을 배열하는 순차에 있어 오직 한 비트만이 1에서 0 또는 0에서 1로 변한다는 것이다. (b)의 맵은 사각형과 세 변수와의 관계를 각 行과 列의 숫자로 표시하고 있다. 예를 들어 $m_5(=xy'z)$에 해당하는 사각형의 行에는 1, 列에는 01이 표시되어 있다. 이 두 수를 연결시키면 101이라는 2진수가 되는데, 이는 10진수로는 5에 해당한다. $m_5=xy'z$의 사각형을 찾는 다른 방법은 x로 표시된 行과 $y'z$(01)에 해당하는 列의 교차된 네모를 보는 것이다. 각 변수마다 대시가 없는 것(예로 x)은 1로 표시되는 4개의 사각형이 있으며 또 대시가 있는 것(예로 x')은 0으로 표시되고 4개의 사각형이 존재한다. 이해의 편의를 위하여 우리는 맵에 대시가 없는 4개의 네모 밑에 그 변수명을 적어 두도록 한다.

부울 함수를 간소화하는 데 맵이 유용하다는 사실은 인접한 사각형 사이에 지니고 있는 기본적인 성질이다. 이 맵 내의 임의의 두 인접한 사각형에는 한 변수만이 한 사각형에서는 대시가 있고 다른 사각형에서는 없다. 예를 들면, 인접한 사각형 m_5와 m_7을 보면 변수 y만이 다르고 y는 m_5에서는 대시가 있고 m_7에서는 없다(이때 다른 두 변수 x와 z는 양편이 같다). 인접한 사각형의 두 민터엄(3개의 문자로 된 민터엄)의 합은 부울 대수의 가설에 의하여 2개만의 문자가 AND된 하나의 항으로 간소화할 수 있다. 이를 명백하게 설명하기 위하여 보기로서 두 인접 사각형 m_5와 m_7의 합을 생각하여 보자 :

$$m_5+m_7=xy'z+xyz=xz(y'+y)=xz$$

2개의 인접한 사각형에서 오직 y만이 다르므로 두 민터엄의 합이 이루어질 때 y는 없어질 수 있다. 즉, 인접한 사각형의 어떤 2개의 민터엄도 OR로 연결되면 상이한 2변수는 제거될 수 있다는 것이다. 이 사실은 벤 다이어그램 (그림 3-3 (c))에서도 쉽게 알 수 있다. 다음 예가 맵으로 부울 함수를 간단히 하는 과정을 잘 나타내고 있다.

〔예제 3-1〕 다음 부울 함수를 간단히 하라.

$$F = x'yz + x'yz' + xy'z' + xy'z$$

먼저 그림 3-4와 같이 함수를 표현하기 위해서 필요한 각 사각형에 1을 써넣는다. 이 과정은 두 가지 방법으로 할 수 있는데 (1) 각 민터엄을 2진수로 바꾸어 해당 사각형에 1을 쓰거나, (2) 각 항의 변수로부터 직접 할 수 있다. 예를 들면, (1) $x'yz$의 항은 2진수 011로 바꿀 수 있으며 이는 m_3의 사각형에 해당한다. (2) x'는 첫 번째 行의 4개 사각형이며, y는 오른쪽 2개 行의 4개 사각형에 해당하고, z는 가운데 2개 行의 4개 사각형에 해당한다. 이 세 변수 모두에 속하는 면적은 1行 3列의 하나의 사각형이다. 같은 방법으로 우리는 F의 나머지 3개 항에 해당하는 사각형을 1로 맵에 표시할 수 있다.

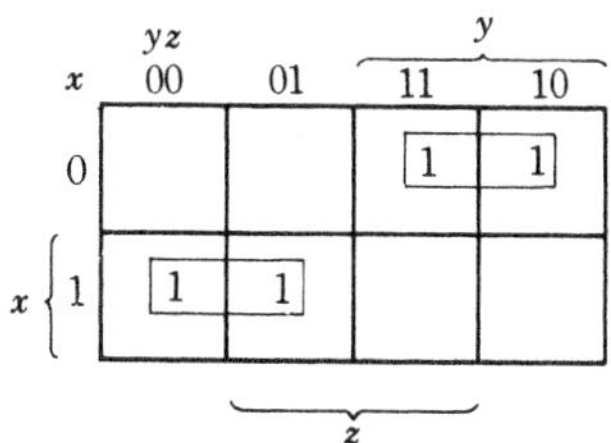

그림 3-4 예제 3-1의 맵 ; $x'yz + x'yz' + xy'z' + xy'z = x'y + xy'$

1로 표시된 4개의 사각형으로 된 함수를 그림 3-4에 나타내었는데, 다음 과정은 그것들을 인접한 사각형들로 나누는 일이다. 이들은 맵에서 2개의 1을 가지고 있는 2개 직사각형으로 나눈다. 오른편 위의 직사각형은 $x'y$로 표현 가능하며, 왼쪽 밑의 직사각형은 xy'로 나타내어진다. 이 2개 항의 합이 곧 답이 된다 :

$$F = x'y + xy'$$

다음에 그림 3-3 (a)의 m_0와 m_2, 또는 (b)의 $x'y'z'$와 $x'yz'$를 생각해 보자. 이 민터엄들도 역시 y 한 변수만이 다르므로 두 문자의 표현으로 간단히 할 수 있다 :

$$x'y'z' + x'yz' = x'z'$$

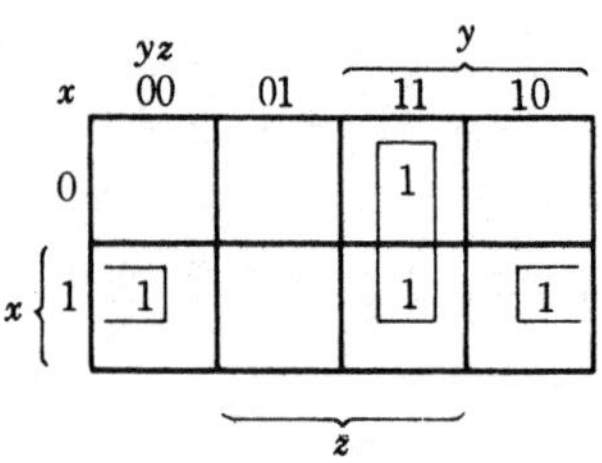

그림 3-5 예제 3-2의 맵 ; $x'yz+xy'z'+xyz+xyz'=yz+xz'$

마지막으로 우리는 인접 사각형의 정의를 다소 수정하여 이것과 다른 유사한 경우를 포함하게 할 필요가 있다. 이것은 맵의 좌우 모서리가 서로 아주 닿아 인접 사각형이 되도록 하는 표면상에 그리는 맵을 생각함으로써 할 수 있다. 맨 위와 아래도 마찬가지이다.

〔예제 3-2〕 다음 부울 함수를 간단히 하라.

$$F=x'yz+xy'z'+xyz+xyz'$$

이 함수의 맵은 그림 3-5에 있다. 함수의 각 민터엄마다 하나씩 1로 표시된 4개의 사각형이 있는데, 세째 列의 두 인접 사각형이 묶여져 두 문자의 항 yz가 되었다. 남은 2개의 1로 표시된 사각형들도 새로운 인접 사각형의 정의에 의해 반쪽씩 나타내어진 직사각형으로 묶을 수 있다. 이 2개의 남은 사각형들도 묶여져 역시 2개의 문자로 표시되는 항 xz'가 된다. 그러므로 간소화된 함수는 다음과 같다.

$$F=yz+xz'$$

이제는 세 변수 맵에서 **4개의 인접 사각형의 묶임을 생각해 보자.** 4개의 인접한 어떤 민터엄들도 OR로 연결되면 한 문자로 된 항으로 간단히 된다. 예를 들면 다음에서 처럼 인접한 4개의 민터엄 m_0, m_2, m_4, m_6의 합은 하나의 문자 z'로 주어진다:

$$\begin{aligned} x'y'z'+x'yz'+xy'z'+xyz' &= x'z'(y'+y)+xz'(y'+y) \\ &= x'z'+xz'=z'(x'+x)=z' \end{aligned}$$

〔예제 3-3〕 다음 부울 함수를 간단히 하라.

$$F=A'C+A'B+AB'C+BC$$

그림 3-6에 이 함수의 간단한 맵을 나타내고 있다.

이 함수 중에 몇 개의 항은 3개 이하의 문자로 구성되어 있어 맵에서는

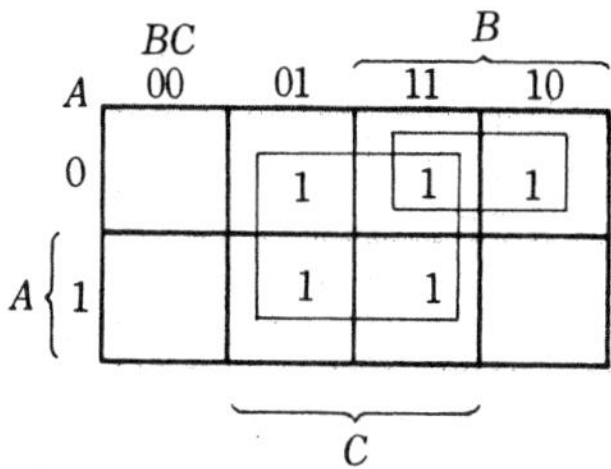

그림 3-6 예제 3-3의 맵 ; $A'C+A'B+AB'C+BC=C+A'B$

1개 이상의 사각형으로 표시된다. 예를 들면, $A'C$를 표현하려면 A'(첫째 行)와 C(2개의 중앙 列)에 맞는 사각형, 즉 001과 011에 1을 써 넣어야 한다. 또, 1은 사각형에 써 넣을 때 이미 다른 항에 의해 그 사각형이 벌써 표시되어 있을 수도 있는데, 그 예로는 $A'B$를들 수 있다. $A'B$는 011과 010으로 표시되는데 011 사각형은 첫 항 $A'C$와 공통이므로 1개의 1만 표시하면 된다. 이 함수는 그림에서 보는 바와 같이 5개의 민터엄으로 표시되는데, 가운데 4개의 사각형을 하나로 묶으면 문자 C로 간단히 된다 남은 하나의 사각형 (010)은 인접한 사각형 011과 묶어 $A'B$가 된다. 이때 011은 두 번 쓰여졌으므로 하나의 사각형으로 표시하면 3개의 변수 $A'BC'$로 표시되겠지만 2개의 사각형을 묶음으로써 $A'B$로 만드는 것은 바람직하며 또 할 수 있는 일이다. 그러므로, 간소화된 함수는 다음과 같다 :

$$F=C+A'B$$

〔예제 3-4〕 다음 부울 함수를 간소화하라.

$$F(x,\ y,\ z)=\sum(0,\ 2,\ 4,\ 5,\ 6)$$

여기서 민터엄들이 10진수로 주어져 있다. 해당하는 사각형에 그림 3-7과 같이 1을 표시하였다. 이 맵에서 다음과 같이 간소화된 함수를 구할 수 있다.

$$F=z'+xy'$$

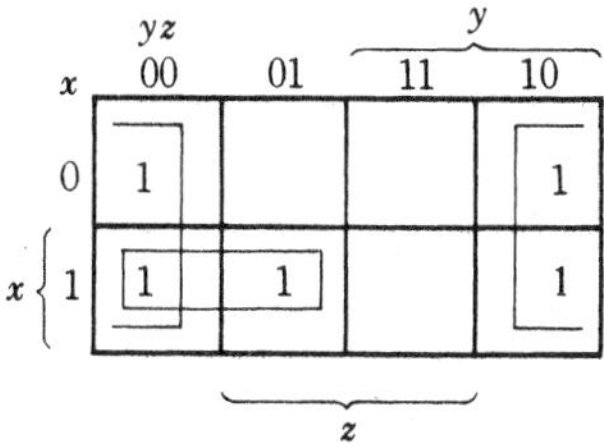

그림 3-7 $F(x,\ y,\ z)=\sum(0,\ 2,\ 4,\ 5,\ 6)=z'+xy'$

3-3 4개 變數의 맵

4개의 2진 변수로 표시되는 부울 함수의 맵이 그림 3-8에 있다. (a)는 각 사각형에 해당하는 16개의 민터엄을 표시한 것이고 (b)는 4개 변수 사이의 관계를 圖示한 것이다. 인접한 두 行이나 列의 자릿수가 오직 하나가 다른 **交番 코우드**(reflected code)로 숫자가 붙여진 것을 주의깊게 보아야 할 것이다. 또, 각 사각형에 적혀진 민터엄의 숫자는 각 행과 열의 숫자를 연결하여 나타나는 숫자와 일치한다. 예를 들면 3行(11)과 2列(01)을 연결시키면 2진수 1101이 되는데, 이는 10진수 13이 된다. 그러므로, 3行 2列의 사각형은 민터엄 m_{13}으로 표시한다.

4개 변수의 부울 함수를 간단히하는 것은 3개 변수의 경우와 방법이 매우 유사하다. 인접 사각형이란 서로 바로 옆에 위치한 사각형으로 정의되는데, 덧붙여서 맵의 맨 윗쪽과 맨 밑, 또 맨 좌측과 맨 우측이 공간에서 서로 맞붙어 인접 사각형을 형성한다. 예를 들면, m_3와 m_{11}, m_0와 m_2는 각기 인접 사각형을 형성한다는 뜻이다. 간소화 과정에서 이 인접 사각형의 조합은 매우 유용하며 4개 변수 맵을 잘 관찰함으로써 쉽게 구할 수 있다.

하나의 작은 사각형은 한 민터엄을 나타내며 4개의 문자로 표시되는 항이 된다.

2개의 인접 사각형은 한데 묶어서 3개 문자로 된 하나의 항이 된다.

4개의 인접 사각형은 한데 묶어서 2개 문자로 된 하나의 항이 된다.

8개의 인접 사각형은 한데 묶어서 1개의 문자로 된 항이 된다.

16개의 인접 사각형은 한데 묶어서 함수 1을 표시한다.

사각형들의 그 밖의 다른 조합은 함수를 간소화시키지 못한다. 다음 두 예제가 4개 변수 부울 함수를 간소화시키는 과정을 잘 표현하고 있다.

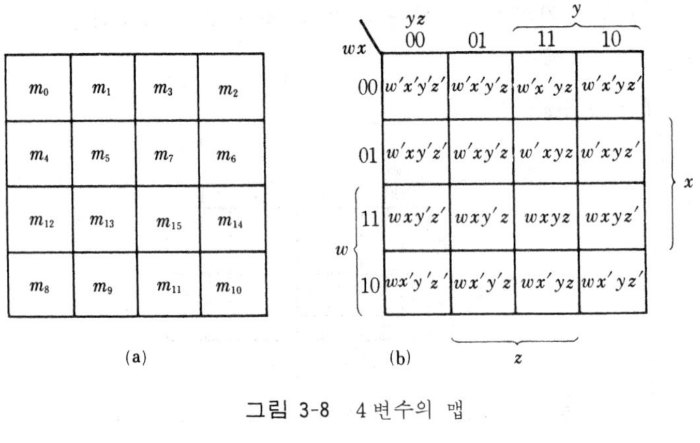

m_0	m_1	m_3	m_2
m_4	m_5	m_7	m_6
m_{12}	m_{13}	m_{15}	m_{14}
m_8	m_9	m_{11}	m_{10}

(a)

wx \ yz	00	01	11	10
00	$w'x'y'z'$	$w'x'y'z$	$w'x'yz$	$w'x'yz'$
01	$w'xy'z'$	$w'xy'z$	$w'xyz$	$w'xyz'$
11	$wxy'z'$	$wxy'z$	$wxyz$	$wxyz'$
10	$wx'y'z'$	$wx'y'z$	$wx'yz$	$wx'yz'$

(y: columns 11, 10; x: rows 01, 11; w: rows 11, 10; z: columns 01, 11)

(b)

그림 3-8 4변수의 맵

〔예제 3-5〕 다음 부울 함수를 간소화하라.

$$F(w, x, y, z) = \sum(0, 1, 2, 4, 5, 6, 8, 9, 12, 13, 14)$$

함수가 4개 변수를 갖고 있기 때문에 4개 변수의 맵이 사용되어야 한다. 그림 3-9의 4개 변수 맵에 위 함수의 민터엄에 해당하는 사각형을 1로 채워 놓았다. 왼쪽에 있는 1로 표시된 8개의 인접 사각형들은 한 문자항 y'로 간단히 할 수 있다. 오른쪽에 남은 3개의 1은 모두 묶여 간단히 되지는 못하므로 2개 또는 4개로 묶여야 하는데, 되도록이면 많은 인접 사각형의 조합을 찾아서 좀더 적은 문자로 된 항을 얻도록 노력해야 한다.

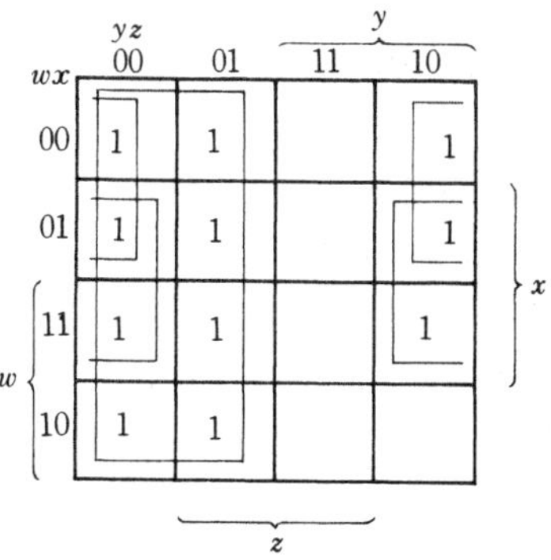

그림 3-9 예제 3-5의 맵 ; $F(w, x, y, z) = \sum(0, 1, 2, 4, 5, 6, 8, 9, 12, 13, 14)$
$= y' + w'z' + xz'$

이 보기에서 오른쪽 위에 2개의 1과 왼쪽 위에 2개의 1을 한데 묶어 $w'z'$로 간단히 할 수 있다. 또, 같은 사각형을 한 번 이상 사용하는 것이 가능하므로 3行 4列의 민터엄 (1110)을 다른 것과 묶지 않고 놓아 두는 대신에 (그대로 놓아 두면 4개의 문자를 포함한 항 $xyzw'$가 된다) 이미 사용된 사각형들과 같이 다시 4개를 묶어 xz'의 항으로 간단히 할 수 있다. 그러므로 간소화된 함수는 :

$$F = y' + w'z' + xz'$$

〔예제 3-6〕 다음 부울 함수를 간소화하라.

$$F = A'B'C' + B'CD' + A'BCD' + AB'C'$$

위의 함수를 나타내는 사각형들이 그림 3-10에 표시되어 있다.

이 함수는 4개 변수를 가지고 있으며 3개의 문자로 된 3개의 항과 4개의 문자로 된 한 항으로 되어 있다. 3개 문자로 된 각 항들은 2개의 사각

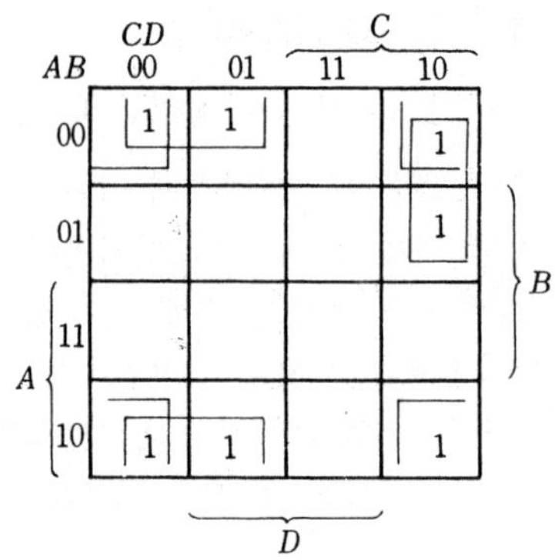

그림 3-10 예제 3-6의 맵 ; $A'B'C'+B'CD'+A'BCD'+AB'C'=B'D'+B'C'+A'CD'$

형으로 맵 위에 표시하였는데, 예를 들면 $A'B'C'$는 0000과 0001의 사각형들이고 $AB'C'$는 1000과 1001이 된다. 네 모서리에 있는 1들은 한데 묶을 수 있어서 $B'D'$의 항으로 간단히 된다. 그 이유는 이 맵이 위와 아래, 왼쪽과 오른쪽이 서로 맞닿는 표면에 그려졌을 때 4개의 인접 사각형이 되기 때문이다. 또, 왼쪽 위의 2개의 1과 아래 왼쪽의 2개의 1이 간단히 되어 $B'C'$가 되며, 남은 하나의 1은 바로 위의 인접 사각형과 묶여 $A'CD'$의 항이 된다. 그러므로 간소화된 함수는 다음과 같다.

$$F=B'D'+B'C'+A'CD'$$

3-4 5개와 6개 變數의 맵

4개 변수 이상의 맵은 사용하기에 그리 간단하지가 않다. 사각형들의 수는 매우 많아지며 인접 사각형들을 찾아 내는 것도 매우 어렵다. **사각형들의 수는 언제나 민터엄의 수와 일치하는데, 5개 변수의 맵이라면 32개의 사각형, 6개 변수의 맵이라면 64개의 사각형이 있게 된다.** 그 이상의 변수들의 맵은 너무 사각형의 수가 많아 실제 사용하기에는 매우 불편하다. 5개와 6개 변수의 맵이 **그림 3-11과 3-12에** 각각 그려져 있다. 각 行과 列은 交番 코우드(reflected code) 순서로 적혀 있는데, 각 사각형에 쓰여진 민터엄의 숫자는 이에 따른다. 예를 들면 3行(11) 2列(001)의 사각형의 숫자는 11001이 되며, 10진수로는 25가 된다. 그러므로 이 사각형의 민터엄은 m_{25}이다. 또, 각 변수의 문자들은 交番 코우드의 값이 1인 곳에 표시되어 있다. 예를 들어 5개 변수 맵에서 A는 마지막 2개의 行에, B는 가운데 2개의 行에 표

AB \ CDE	000	001	011	010	110	111	101	100
00	0	1	3	2	6	7	5	4
01	8	9	11	10	14	15	13	12
11	24	25	27	26	30	31	29	28
10	16	17	19	18	22	23	21	20

그림 3-11 5변수의 맵

시되어 있다. 각 列의 交番 숫자가 C에는 우측 4개의 列에, D에는 가운데 4개의 列에 1이 각각 표시되어 있으며 변수 E에 대한 1의 값은 실제로 두 부분으로 나뉘어져 있다. 이는 6개 변수 맵에서도 비슷하게 결정된다.

그림 3-11과 **3-12**에서는 인접 사각형의 정의가 약간 수정될 필요가 있는데, 그 이유는 몇 개의 변수가 두 부분으로 나뉘어져 있기 때문이다. 5개 변수 맵은 2개로 된 4개 변수 맵으로 나누어 생각하여야 하며 6개 변수 맵은 4개로 된 4개 변수 맵으

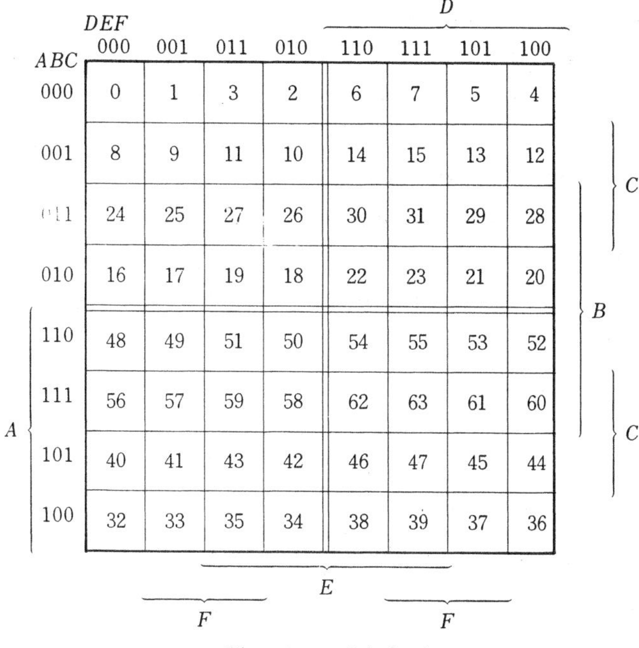

ABC \ DEF	000	001	011	010	110	111	101	100
000	0	1	3	2	6	7	5	4
001	8	9	11	10	14	15	13	12
011	24	25	27	26	30	31	29	28
010	16	17	19	18	22	23	21	20
110	48	49	51	50	54	55	53	52
111	56	57	59	58	62	63	61	60
101	40	41	43	42	46	47	45	44
100	32	33	35	34	38	39	37	36

그림 3-12 6변수의 맵

표 3-1 각 항의 문자 수와 인접 사각형 수의 관계

인 접 사각형의 갯 수		n변수 맵의 각 항마다의 문자 수					
k	2^k	$n=2$	$n=3$	$n=4$	$n=5$	$n=6$	$n=7$
0	1	2	3	4	5	6	7
1	2	1	2	3	4	5	6
2	4	0	1	2	3	4	5
3	8		0	1	2	3	4
4	16			0	1	2	3
5	32				0	1	2
6	64					0	1

로 나누어 생각해야 한다. 이 각각의 4개 변수 맵들은 각기 맵의 중앙에 두 줄로 그어져 구분되어 있는데, 각 4개 변수 맵마다 앞에서 정의한 인접 사각형의 규칙이 적용된다. 그런데 덧붙여 알아 둘 일은 가운데 두 줄을 책의 접는 부분으로 생각하여야 한다는 것이다. 즉, **책의 두 줄 있는 곳을 접었을 때 서로 맞닿는 두 사각형도 인접 사각형이 된다**. 다시 말하면 한 사각형(민터엄)의 인접 사각형들은 바로 주위의 4개 사각형뿐만 아니라 두 줄을 접을 때 맞닿는 반대편의 사각형들도 인접 사각형이 된다. 예를 들면, 5개 변수 맵에서 민터엄 31(m_{31})의 인접 사각형들은 30, 15, 29, 23과 27도 된다. 6개 변수 맵이라면 위의 인접 사각형들 외에 63도 포함된다.

인접 사각형에 대한 새로운 정의를 고려해 놓고 관찰해 보면 n개의 변수 맵에서 $k=0, 1, 2, \cdots\cdots, n$일 때 2^k개의 인접 사각형이 한데 묶이면 $n-k$개 문자로 된 항으로서 그 묶인 면적을 표시하는 것을 알 수 있다. n이 k보다 클 때 적용되며, $n=k$일 때에는 묶여져 **恒等函數**(identity function), 즉 1이 된다.

표 3-1에서 이 인접 사각형의 갯수와 각 항의 문자 수의 상관 관계가 나타나 있는데, 한 예로 5개 변수 맵에서 8개의 인접 사각형은 묶여져 간소화되면 두 개 문자의 항이 된다.

〔예제 3-7〕 다음 부울 함수를 간소화하라.

$$F(A, B, C, D, E)=\sum(0, 2, 4, 6, 9, 11, 13, 15, 17, 21, 25, 27, 29, 31)$$

이 함수의 5개 변수 맵이 그림 3-13에 나타나 있다. 각 민터엄들은 2진수로 바뀌어져 해당 사각형에 1로 표시되어 있다. 이제 가능한 한 최대 갯수의 인접 사각형을 묶어 간소화하여야 하는데, 우측 반쪽의 맵의 중앙 4개

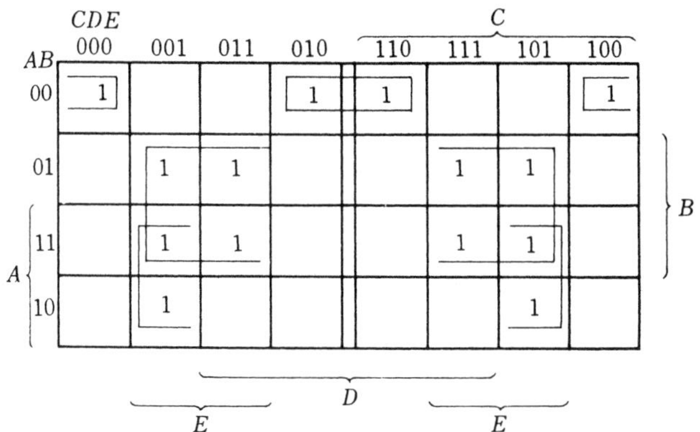

그림 3-13 예제 3-7의 맵 ; $F(A, B, C, D, E)$
$=\sum(0, 2, 4, 6, 9, 11, 13, 15, 17, 21, 25, 27, 29, 31)$
$=BE+AD'E+A'B'E'$

인접 사각형은 책을 접었을 때와 같이 반대편의 4개 사각형과 인접 사각형을 이루어 BE의 항으로 간단히 된다. 제일 밑의 두 개의 1도 각각 바로 위의 사각형과 서로 합쳐져 $AD'E$의 항이 된다. 제일 윗 行의 4개의 1도 묶여져서 $A'B'E'$로 된다. 이리하여 모든 1들이 포함되게 되었다. 간소화된 함수는 다음과 같다.

$$F=BE+AD'E+A'B'E'$$

3-5 合의 곱으로 된 부울 函數의 簡素化

위에서 언급된 맵으로 부울 함수를 간단히 하는 방법은 모두 곱의 合型으로 설명되었다. 그러나, 약간의 수정을 가하면 合의 곱형도 쉽게 얻을 수 있다.

합의 곱형으로서 단순화된 부울 함수를 얻는 과정은 부울 함수의 기본 성질을 따라 할 수 있다. 그 함수의 민터엄에 해당하는 사각형에는 1을 표시하며, 함수에 포함 안 된 민터엄들로서는 이 함수의 보수를 표시한다. 이런 관점에서 보면 위에서 1을 사각형 내에 표시하지 않는 부분으로 표시할 수 있음을 알게 된다. 만일 우리가 그 자리에 0을 쓴 뒤 0들로 이룬 면적을 간소화시키면 어떤 함수 F의 보수(F')를 얻을 수 있다. 다시 F'의 보수를 취하면 다시 원래 함수 F를 얻을 수 있다. 일반화된 드·모르간 법칙에 의하면 이 함수는 자동적으로 합의 곱형으로 나타낼 수 있는데, 다음 예제에서 이를 살펴보기로 하자.

〔예제 3-8〕 다음 부울 함수를 (a) 곱의 합형, (b) 합의 곱형으로 간단히 하라.

$$F(A, B, C, D)=\sum(0, 1, 2, 5, 8, 9, 10)$$

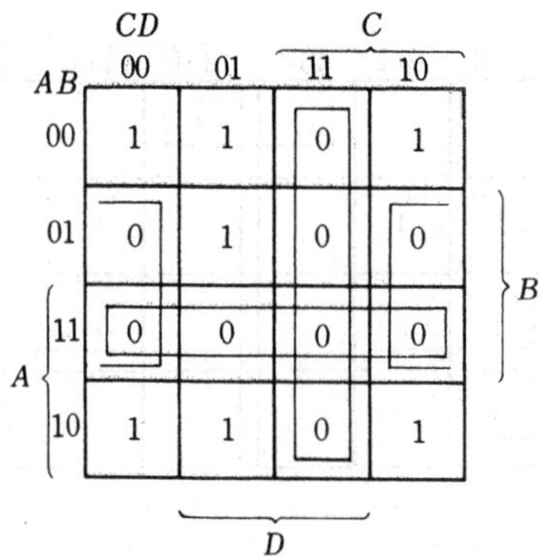

그림 3-14 예제 3-8의 맵 ; $F(A, B, C, D)$
$= \sum(0, 1, 2, 5, 8, 9, 10) = B'D' + B'C' + A'C'D$
$= (A' + B')(C' + D')(B' + D)$

그림 3-14의 맵에 표시된 1은 함수의 모든 민터엄을 나타내고 있다. 또, 0으로 표시된 사각형들은 F에 포함되지 않은 민터엄들을 나타내고 있는데, 즉 이는 함수 F의 보수이다. 1이 표시된 모든 사각형을 이용하여 함수를 간단히 하면 다음의 곱의 합형 함수를 얻을 수 있다.

(a) $F = B'D' + B'C' + A'C'D$

0으로 표시된 사각형들을 그림과 같이 묶으면 간단히 보수화된 함수를 얻을 수 있다.

$$F' = AB + CD + BD'$$

여기에 2-4節에서 언급된 드·모르간 법칙을 적용하면 합의 곱형의 간소화된 함수를 얻을 수 있다.

(b) $F = (A' + B')(C' + D')(B' + D)$

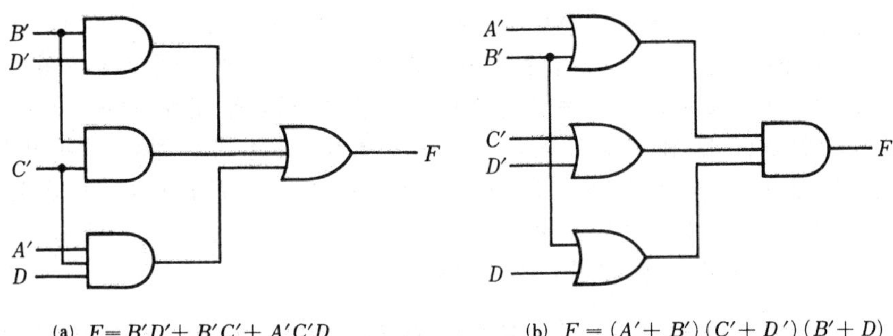

(a) $F = B'D' + B'C' + A'C'D$ (b) $F = (A' + B')(C' + D')(B' + D)$

그림 3-15 예제 3-8함수의 게이트 실현

표 3-2 함수 F의 진리표

x	y	z	F
0	0	0	0
0	0	1	1
0	1	0	0
0	1	1	1
1	0	0	1
1	0	1	0
1	1	0	1
1	1	1	0

예제 3-8에서 얻어진 함수를 게이트로 나타낸 것이 그림 3-15이다. **곱의 합형 함수** (a)는 각 항마다 하나씩의 AND 게이트와 이들의 모든 출력을 입력으로 받아들이는 단 하나의 OR 게이트로 나타낼 수 있다. 같은 함수가 **합의 곱형**으로 표시되려면 각 항마다 하나씩의 OR 게이트와 이들의 모든 출력을 입력으로 받아들이는 단 하나의 AND 게이트가 필요하다. 각 경우에서 보수 입력이 직접 입력될 수 있으면 따로 인버어터가 필요하지 않다. 그러므로, 그림 3-15와 같은 구성형은 부울 함수가 標準型의 한 가지로 표현될 경우 부울 함수를 실현하는 일반형이다. 즉, **곱의 합형일 때는 AND 게이트들이 하나의 OR 게이트에 연결되며, 합의 곱형일 때는 OR 게이트들이 하나의 AND 게이트에 연결된다.** 이러한 게이트 구성을 **2단계 실현**이라 한다.

예제 3-8에서 우리는 함수가 **민터엄의 합의 正型**(sum of minterm canonical form)으로 표시되었을 때 합의 곱형을 얻는 방법을 보였는데, 이제 맥스터엄의 곱 正型으로 표시된 함수일 때도 이 과정이 정당하게 적용되는 것을 살펴보자. 예를 들어 어떤 함수 F가 표 3-2의 진리표로 표시된다면 민터엄의 합으로는 :

$$F(x, y, z) = \sum(1, 3, 4, 6)$$

과 같으며, 맥스터엄의 곱으로는 :

$$F(x, y, z) = \Pi(0, 2, 5, 7)$$

즉, 바꾸어 말하면 **함수의 1은 민터엄을 나타내며 함수의 0은 맥스터엄(maxterm)을 나타낸다는 뜻이다.** 이 함수의 맵이 그림 3-16에 그려져 있다.

x \ yz	00	01	11	10
0	0	1	1	0
1	1	0	0	1

그림 3-16 표 3-2의 함수 맵

이 함수를 간단히 하려면 함수가 1인 각 민터엄에 대해서 먼저 1을 표시하고 나머지 사각형에는 0을 표시한다. 다른 방법으로는 맥스터엄의 곱이 최초로 주어졌을 때 함수에 나타난 이들 사각형에 0을 표시하고 나머지 사각형에 대해서는 1을 표시한다. 1 또는 0으로 표시되었을 때 함수를 標準型으로 간소화할 수 있다.

곱의 합형으로 간단히 하면(1을 묶어서);

$$F = x'z + xz'$$

이 되고, 합의 곱형으로 간단히 하면(0을 묶어서);

$$F' = xz + x'z'$$

이 된다. 2-6節에서 본 바와 같이 EOR 함수와 동치 함수 사이에는 서로 보수 관계를 나타내고 있다. F'를 보수화하면 합의 곱형의 간소화된 함수를 얻을 수 있는데 그것은;

$$F = (x' + z')(x + z)$$

맵에서 합의 곱형으로 표시된 함수로 시작할 때는 먼저 함수를 보수화하고, 그 함수에서 0으로 표시할 사각형을 찾는다. 예를 들어 함수;

$$F = (A' + B' + C)(B + D)$$

는 먼저 보수를 취해서,

$$F' = ABC' + B'D'$$

를 만든 다음 F'의 각 민터엄의 사각형을 찾아서 0을 표시하고 나머지 사각형에 1을 표시하여 간단히 할 수 있다.

3-6 NAND와 NOR로서의 設計實現

디지털 회로는 AND와 OR 게이트보다 NAND와 NOR 게이트로 자주 구성되는데, 그 이유는 NAND와 NOR 게이트가 실제로 제작하기가 더 쉬우며 모든 IC 디지털 論理群에 기본 게이트로 쓰이고 있기 때문이다. 이런 利點 때문에 디지털 회로 설계는 AND와 OR와 NOT를 이용한 부울 함수를 동등한 NAND나 NOR의 논리도로 변환하는 규칙과 과정이 관계되어 왔다. 2단계 실현 과정은 이 節에서 취급하고, 다단계 실현과정은 4-7節에서 언급하기로 하자.

NAND와 NOR 게이트 논리로 쉽게 바꾸려면 이들 게이트에 대한 각각의 圖的 記號를 정의하는 것이 편리하다. NAND 게이트에 대한 2개의 等價記號를 그림 3-17(a)에

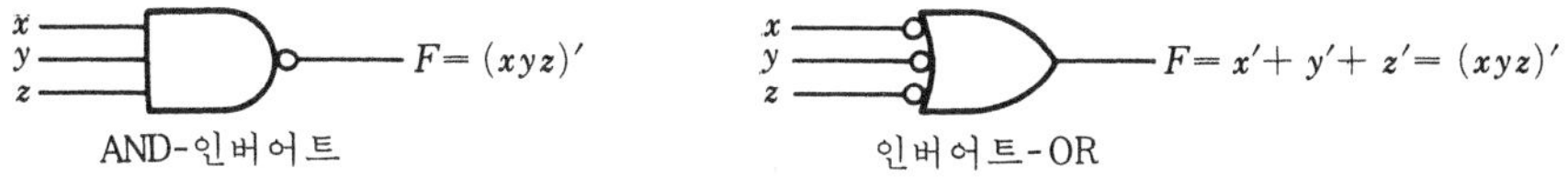

(a) NAND게이트에 대한 두 가지 그림 기호

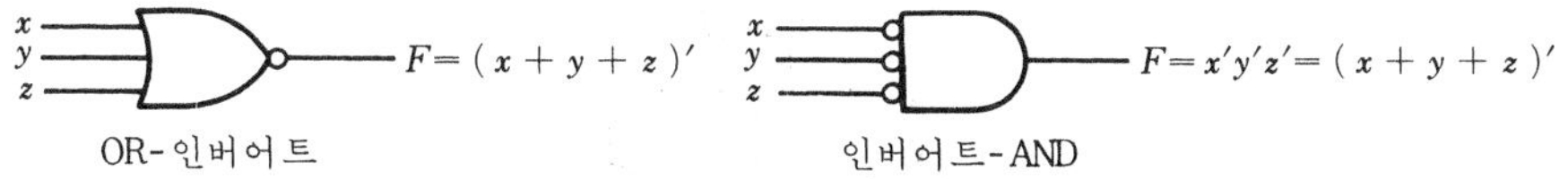

(b) NOR 게이트에 대한 두 가지 그림 기호

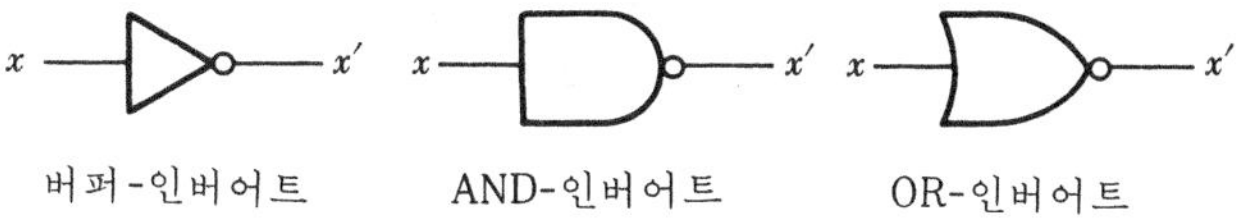

(c) 인버어트에 대한 세 가지 그림 기호

그림 3-17 NAND와 NOR 게이트에 대한 그림 기호

표시하였다. AND-인버어트 기호는 전에 정의했고, 이것은 AND 기호 다음에 작은 동그라미를 그려 표시한다. 또, 모든 입력에 작은 동그라미를 그려 인버어트시킨 것을 OR 圖的 記號에 연결한 것으로 NAND를 표시할 수 있다. 특히 NAND에 대한 인버어트-OR 기호법은 드·모르간 법칙에서 나온 것이며 여기에 작은 동그라미로써 보수를 나타낸다.

마찬가지로 NOR 게이트에도 두 가지 표현법이 있는데, 종래에는 흔히 OR-인버어터를 사용했으며, 드·모르간 법칙과 입력에서 작은 동그라미는 보수를 나타낸다는 규칙을 적용할 때는 인버어트-AND를 사용했다.

하나의 입력 단자만을 가진 NAND나 NOR 게이트는 인버어터와 같은 구실을 하므로 인버어터는 **그림 3-17**의 (c)와 같이 3가지 방법으로 나타낼 수 있다. 모든 인버어터 기호의 작은 동그라미는 모두 게이트의 논리에 변화를 주지 않고 입력 단자 쪽으로 옮길 수 있다.

여기서 한 가지 주의할 점은 NAND와 NOR 게이트를 표시하는 다른 기호로서 동그라미 대신에 모든 입력 단자의 작은 삼각형을 그려도 된다는 것이다. 이 작은 삼각형은 **負論理 극성 지시자**이다. (負論理 극성 지시자, 2-8節 **그림 2-11** 참조). 입력 단자에 작은 삼각형의 그림 기호는 입력에 대한 負論理 극성을 지시한다. 그러나 게이트의 출력은 正論理 지정을 가진다(삼각형을 갖지 않음). 이 책에서는 負論理를 사용하지 않고 보수시에는 작은 동그라미만을 사용하도록 하겠고, 正論理 기호만을 사용하기로 한다.

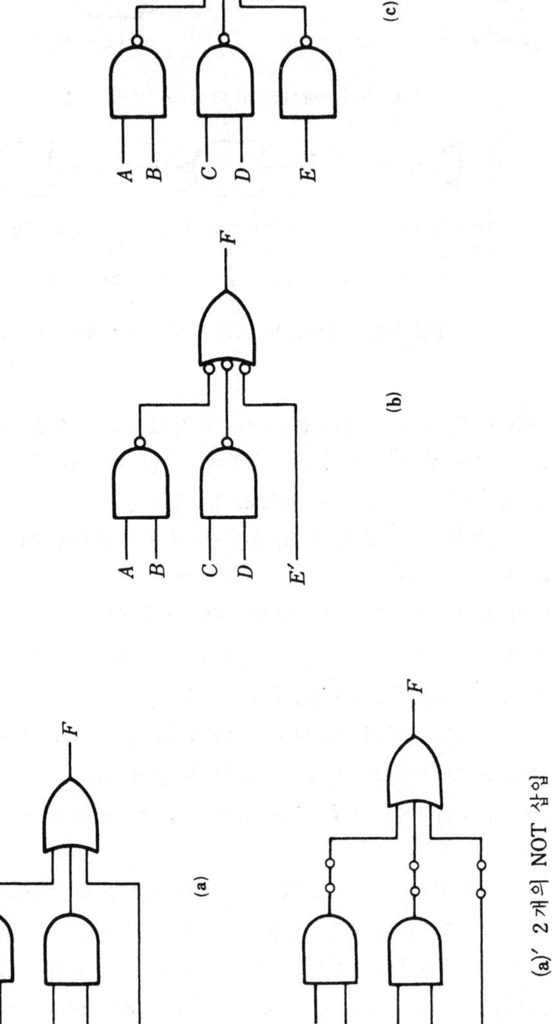

그림 3-18 $F = AB + CD + E$를 실현하는 세 가지 방법

NAND 게이트 回路實現

NAND 게이트로 부울 함수를 실현하려면 우선 함수를 곱의 합형으로 고칠 필요가 있다. 아래 부울 함수인 곱의 합형의 표현과 그에 등가인 NAND 게이트 실현의 상관관계가 **그림 3-18**에 나타나 있다. 3개 그림 모두가 동일하다. 이 함수는 :

$$F = AB + CD + E$$

함수가 AND와 OR 게이트를 써서 곱의 합형으로 **그림 3-18(a)**에 실현되어 있으며 **그림 3-18(b)**에서는 AND가 NAND로 OR가 NAND(인버어트-OR)로 대치되어 있다.

단독 변수 E는 보수로 되어 두 번째 단계의 인버어트-OR 게이트에 연결되었다. 작은 동그라미는 보수를 나타내므로 통로에서 2개의 동그라미가 존재하면 二重 보수화가 되어 제거할 수 있다. E 보수가 작은 동그라미를 지나면 정상적인 E가 다시 된다. **그림 3-18(b)**의 게이트를 보면 (a)의 그림에 작은 동그라미를 (a)′와 같이 2개 삽입한 것과 같으므로 이는 같은 함수를 실현한 동일한 그림이다. (c)에서는 출력 NAND 게이트가 흔히 사용되는 기호로 표시되어 있을 뿐이며 입력이 하나인 NAND 게이트는 변수 E를 보수화시킨다. 만일 E'를 직접 두 번째 단계에 입력시킬 수 있다면 이 인버어터는 제거할 수 있다. 즉, (c)는 (b)와 같으며 또 (a)와 같다. 특히 (a)와 (c)를 살펴볼 때 AND와 OR게이트가 모두 NAND 게이트로 바뀌어졌으며 단독 변수 E 때문에 또 하나의 NAND 게이트가 첨가되었다. NAND 논리로 실현할 때 (b)와 (c)가 전부 맞지만 (b)는 부울 표현을 좀더 직접적으로 나타낸 것이다.

그림 3-18(c)의 NAND 실현은 대수적으로 쉽게 증명할 수 있다. NAND 함수는 드·모르간 법칙을 사용하여 쉽게 곱의 합형으로 변환할 수 있다 :

$$F = [(AB)' \cdot (CD)'E']' = AB + CD + E$$

그림 3-18(c)에서 우리는 부울 함수가 2단계 NAND 게이트로 표현이 가능함을 알았다. 부울 함수로부터 NAND 論理圖를 얻는 규칙은 다음과 같다 :

NAND 게이트 論理化 規則

1. 함수를 간소화하여 곱의 합형으로 표현한다.
2. 적어도 2개의 문자를 가지고 있는 함수의 각각의 곱의 항에 대하여 하나씩의 NAND 게이트를 그리며 이것들의 각 NAND 게이트의 입력은 각 항의 문자가 된다. 이렇게 하여 첫 번째 단계 게이트를 형성한다.
3. 하나의 NAND 게이트(AND 인버어트 또는 인버어트-OR 기호)를 두 번째 단계에 그리며 이 NAND 게이트의 입력은 첫 번째 단계 출력으로서 이루어진다.
4. 하나의 문자로 된 항은 첫 단계의 인버어터를 쓰던지 또는 보수화하여 직접 두 번째 단계의 NAND 게이트에 입력시킨다.

NAND 게이트 論理化 두 번째 方法

정의된 예에 이 규칙을 적용하기 전에 NAND 게이트로 부울 함수를 실현하는 다른 방법이 있다는 것을 말해야겠다. 맵의 0으로 된 민터엄들을 묶으면 그 함수의 보수를 곱의 합형으로 쉽게 얻을 수 있다는 사실을 기억하자. 그러면 한 부울 함수의 보수도 위에서 기술한 규칙에 의하여 2단계 NAND 게이트 실현이 가능하다. 만일 우리가 정상 출력을 얻고 싶을 때, 출력값의 眞値를 얻기 위해서 1개의 입력을 가진 NAND나 인버어터를 집어넣어 얻을 수 있다. 때때로 설계자는 함수의 보수를 발생시키고 싶을 때가 있다. 이 경우에는 정상이나 보수 출력을 모두 얻을 수 있으므로 이 두 번째 방법이 더 유용하다.

〔예제 3－9〕 NAND 게이트를 써서 다음 함수를 실현하라.

$$F(x, y, z)=\sum(0, 6)$$

첫 번째 함수를 곱의 합형으로 간단히 해야 한다. 그림 3-19(a)에 이것이 나타나 있는데, 2개의 1은 서로 묶여질 수가 없다. 이 예를 곱의 합형으로 간소화한 함수는:

$$F=x'y'z'+xyz'$$

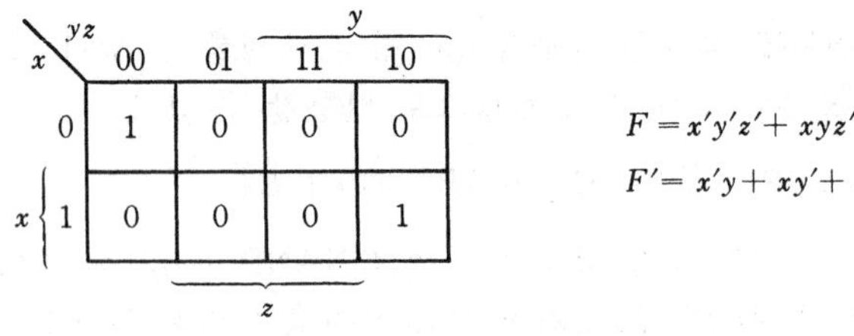

(a) 곱의 合型의 맵 단순화

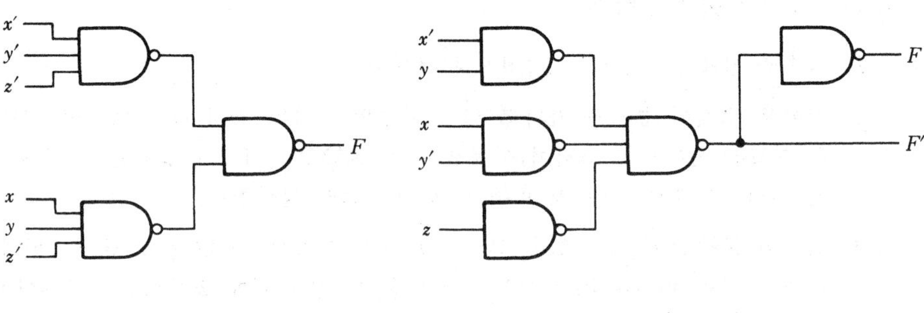

(b) $F=x'y'z'+xyz'$ (c) $F'=x'y+xy'+z$

그림 3-19 NAND 게이트를 사용하여 예제 3-9를 실현한 것

2 단계 NAND 실현이 **그림 3-19**(b)에 그려져 있다. 다음으로 우리는 함수의 보수를 곱의 합형으로 나타내어야 하는데, 이는 맵에서 0을 한데 묶음으로써 가능하다 :

$$F' = x'y + xy' + z$$

F'를 만들어 내는 2 단계 NAND 실현이 **그림 3-19**(c)에 그려져 있다. F 출력을 얻고 싶으면 하나의 입력을 가진 NAND 게이트를 인버어터로 첨가함으로써 가능하다. 이렇게 하면 3 단계 실현이 된다. 어떤 경우에서든지 정상이나 보수 입력이 모두 가능하다고 가정하자. 만일 그 중에 하나만이 허용된다면 인버어터를 집어넣어 원하는 출력을 얻을 수 있다. 예로서 변수 z의 NAND 게이트는 z'를 직접 집어넣음으로써 제거할 수 있다.

NOR 게이트 回路實現

NOR 함수는 NAND 함수의 雙對 관계이다. 이 이유로 NOR 논리의 규칙은 모두 NAND 논리의 雙對에 해당한다.

NOR 게이트로 부울 함수를 실현하려면 함수는 합의 곱형으로 게이트를 간소화할 필요가 있다. 합의 곱 표현은 OR 게이트로 합의 항을, AND 게이트로 곱을 표시한다. OR-AND를 NOR-NOR로 바꾸는 것은 **그림 3-20**에 나타나 있다. 여기서도 이 그림의 (a) 에서와 같이 2개의 인버어터를 삽입함과 드·모르간 법칙을 써서 (a), (b), (c)가

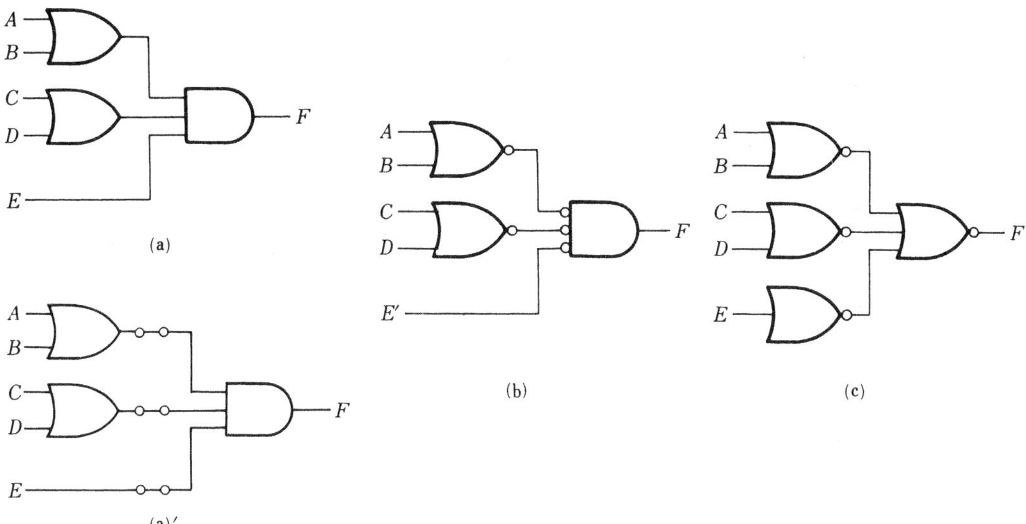

그림 3-20 $F = (A + B)(C + D)E$를 실현하는 세 가지 방법

等價인 것을 쉽게 알 수 있다. 그것은 곱의 합형이라는 것을 제외하고는 이미 논의된 NAND 변형과 매우 흡사하다.

$$F = (A+B)(C+D)E$$

NOR 게이트 論理化 規則

NOR 論理圖를 얻어 내는 규칙은 NAND 규칙의 3단계와 거의 같으며 다른 점은 간소화된 표현이 합의 곱형이어야 한다는 것과 1단계의 NOR 게이트가 합으로 된 항이라는 것이다. 단독 문자로 된 항은 하나의 입력을 가진 NOR이나 인버어터를 필요로 하거나 보수화되어 두 번째 단계의 NOR 게이트에 직접 연결할 수도 있다.

NOR 게이트로 함수를 실현하는 두 번째 방법은 함수의 보수 표현을 합의 곱형으로 나타내는 것이다. F'는 2단계 실현이 되며 정상 출력 F를 얻으려면 3단계 실현이 된다.

맵에서 합의 곱형으로 함수를 간단히 하려면 먼저 맵 내의 0을 한데 묶은 다음 보수를 취하면 된다. 함수의 보수를 간단히 합의 곱형으로 얻으려면 맵의 1을 묶은 다음 보수를 취하면 된다. 다음 예제는 NOR 실현을 잘 나타내고 있다.

〔예제 3-10〕 예제 3-9의 함수를 NOR 게이트로 실현하라.

함수의 맵은 그림 3-19(a)에 그려져 있다. 맵의 0을 묶어 간단히 하면:

$$F' = x'y + xy' + z$$

이것은 함수의 보수를 곱의 합형으로 표현한 것이다. NOR 게이트 실현을 위하여 합의 곱형으로 된 간단한 함수를 얻으려면 F'를 보수화하면 되는데;

$$F = (x+y')(x'+y)z'$$

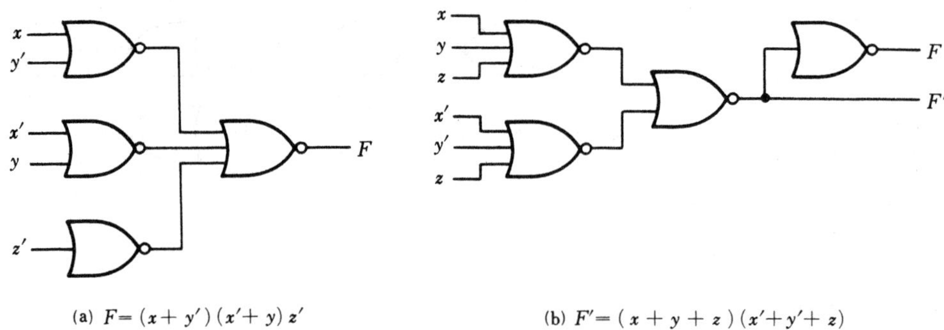

(a) $F = (x+y')(x'+y)z'$ (b) $F' = (x+y+z)(x'+y'+z)$

그림 3-21 NOR 게이트를 이용한 실현

표 3-3 NAND와 NOR 게이트 실현에 대한 규칙

경우	단순화된 함 수	사용될 표준형	사용하는 방법	실 현 게이트	F의 실현 단계
(a)	F	곱의 합	map에서 1을 묶는다.	NAND	2
(b)	F'	곱의 합	map에서 0을 묶는다.	NAND	3
(c)	F	합의 곱	(b)에서 F'를 보수화한다.	NOR	2
(d)	F'	합의 곱	(a)에서 F를 보수화한다.	NOR	3

NOR 게이트로서 2단계 실현이 그림 3-21(a)에 나타나 있다. 한 문자인 z' 항은 하나의 입력을 가진 NOR 또는 인버어터 게이트를 필요로 한다. 입력 z를 두 번째 단계 NOR 게이트의 입력에 직접 연결할 수 있다면 이들 게이트(NOR 또는 인버어터)는 제거할 수 있다.

NOR 게이트 論理化 두 번째 方法

두 번째 방법은 함수의 보수를 합의 곱형으로 고치면 가능하다. 이 경우에는 맵의 1을 한데 묶어 (그림 3-19의 (a) 맵) ;

$$F = x'y'z' + xyz'$$

를 얻고(곱의 합형), 이 함수를 보수화하여 NOR 실현에 필요한 합의 곱형인 다음을 얻는다.

$$F' = (x + y + z)(x' + y' + z)$$

F'를 표현한 2단계 실현이 그림 3-21(b)에 있으며 만일 F를 얻고 싶으면 세 번째 단계에 인버어터를 설치하면 된다.

표 3-3은 NAND와 NOR 실현 과정을 요약한 것이다. 여기서 주의할 것은 실현의 게이트 수를 줄이기 위해서 함수는 반드시 간소화하여야 한다. 맵 簡素化方法으로 얻어진 標準型은 NAND나 NOR 論理로 취급할 때 직접 적용할 수 있고 대단히 유용하다.

3-7 其他 2段階 論理實現 設計

대부분 IC에서 쓰이는 형의 게이트는 NAND나 NOR이다. 이 이유 때문에 NAND나 NOR 논리 실현이란 실질적인 점에서 볼 때 매우 중요하다. 모두는 아니지만 어떤

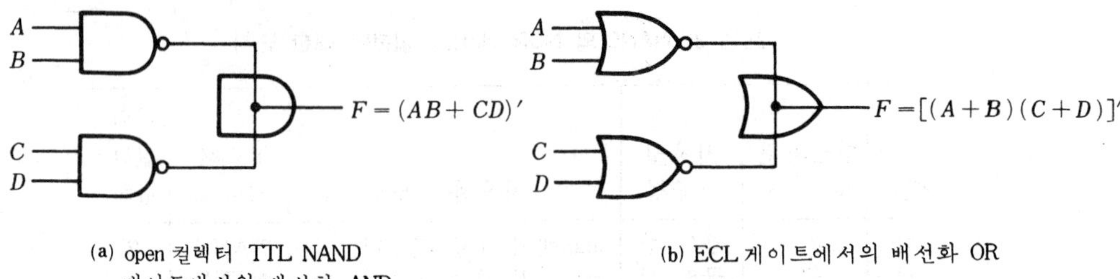

(a) open 컬렉터 TTL NAND 게이트에서의 배선화 AND

(AND-OR-INVERT)

(b) ECL 게이트에서의 배선화 OR

(OR-AND-INVERT)

그림 3-22 배선화 논리

NAND나 NOR 게이트는 특정한 논리 함수를 만들기 위해서 두 게이트의 출력을 서로 線으로 연결하는 것이 가능하다. 이런 종류의 논리를 **配線化論理(wired logic)** 라 한다. 예를 들어 open-collector TTL NAND 게이트가 서로 연결되면 配線化-AND 논리 기능을 수행한다. **그림 3-22(a)**에 두 NAND 게이트로 형성된 배선화-AND 논리가 그려져 있다. 게이트 중앙을 지나서 그린 線으로서 통상적인 게이트와 配線化-AND 게이트를 구별하고 있다. 配線化 AND 게이트는 실제적인 게이트가 아니라 線을 연결함으로써 얻어진 기능을 나타내는 기호이다. **그림 3-22(a)** 회로에 의해 실현된 논리 함수는 ;

$$F=(AB)'\cdot(CD)'=(AB+CD)'$$

이며 AND-OR-INVERT 함수라 부른다.

유사하게 ECL 게이트의 NOR 출력은 함께 연결되어 配線化 OR 기능을 수행한다. **그림 3-22(b)**의 회로에 의해 실현된 논리 함수는;

$$F=(A+B)'+(C+D)'=[(A+B)(C+D)]'$$

이며 OR-AND-INVERT 함수라 부른다.

配線化論理 게이트는 실지로 2단계 게이트를 만들지 않는데, 그 이유는 그것이 단순한 線의 연결이기 때문이다. 그럼에도 불구하고 議論 목적상 우리는 **그림 3-22**를 2단계 실현으로 간주한다. 즉, 첫 번째 단계는 NAND(또는 NOR) 게이트로, 두 번째 단계는 하나의 AND(또는 OR)로 본다. 線으로 연결된 配線化論理 기호는 앞으로 설명에서는 쓰지 않겠다.

非縮退型(nondegenerate forms)

이론적 관점에서 2단계 게이트 조합을 어느 정도로 할 수 있느냐를 살펴보는 것은 유익한 것이다. 우리는 지금까지 AND, OR, NAND, NOR 등 4가지 형의 게이트를 생각하였다. 첫 번째 단계와 두 번째 단계에 한 가지 형의 게이트를 쓴다면 2단계

형에서는 16종류의 조합이 가능할 것이다(NAND-NAND와 같이 같은 종류의 조합도 생각한다). 이들 조합들 중에 8개를 縮退(degenerate)型이라 하는데, 그 이유는,그것들이 단일 연산으로 줄어들기 때문이다. 예를 들어 AND-AND 組合을 보면 모든 입력에 대해 출력은 하나의 AND 연산을 하는 것과 같다. 이리하여 나머지 8개를 非縮退型이라 하는데, 각각 곱의 합 또는 합의 곱형의 표현이 가능하다. 8개의 非縮退型들은 ;

AND-OR	OR-AND
NAND-NAND	NOR-NOR
NOR-OR	NAND-AND
OR-NAND	AND-NOR

처음에 쓰여진 게이트는 논리 실현시에 있어서 첫 번째 단계의 게이트들을 나타내며, 두 번째 쓰여진 게이트는 두 번째 단계에 놓여진 하나의 게이트를 표시한다. 특히 같은 行에 쓰여진 것들은 서로 雙對의 관계에 있음을 주의하라(예 AND-OR와 OR-AND는 雙對關係).

AND-OR와 OR-AND는 이미 3-5節에서, NAND-NAND와 NOR-NOR는 3-6節에서 설명하였다. 나머지 4개의 조합을 이 절에서 살펴보기로 하자.

AND-OR-INVERT (AND-OR) 實現

NAND-AND와 AND-NOR는 等價인 型으로 한꺼번에 취급할 수 있다. 두 가지형 모두 그림 3-23에서처럼 AND-OR-INVERT 기능을 수행한다. AND-NOR형은 AND-OR형과 매우 흡사한데 차이점은 출력의 NOR 게이트에서 작은 동그라미로서 인버어트를 행한 점이다. 그림 3-23은 다음 함수를 실현한 것이다.

$$F = (AB + CD + E)'$$

NOR 게이트의 圖的記號는 달리 표현하면 그림 3-23(b)를 얻을 수 있는데, 주의할 점은 변수 E가 보수화되지 않았다는 것이다. 그림상의 변화는 단지 NOR 게이트만 일어났으므로 이제 **두 번째 단계의 입력부의 동그라미를 첫 번째 단계의 출력부로 옮기면되는데, 이때 문자 하나의 변수에는 인버어터가 필요하다** (E'를 얻을 수 있으면 인버어터는 필요하지 않다). 그림 3-23(c)의 NAND-AND형은 그림 3-22의 AND-OR-INVERT 함수를 나타낸 것이다.

AND-OR 실현은 곱의 합형의 표현을 필요로 하는데, AND-OR-INVERT 실현은 INVERT 이외에는 똑같다. 그러므로 함수의 보수가 곱의 합형으로 간소화되어 있다면(맵상의 0을 묶어서) F'를 함수의 AND-OR로 실현할 수 있다. F는 여기에 인버어트를 하여 얻어 낼 수 있다. AND-OR-INVERT 실현의 예제는 뒤에 보이기로 한다.

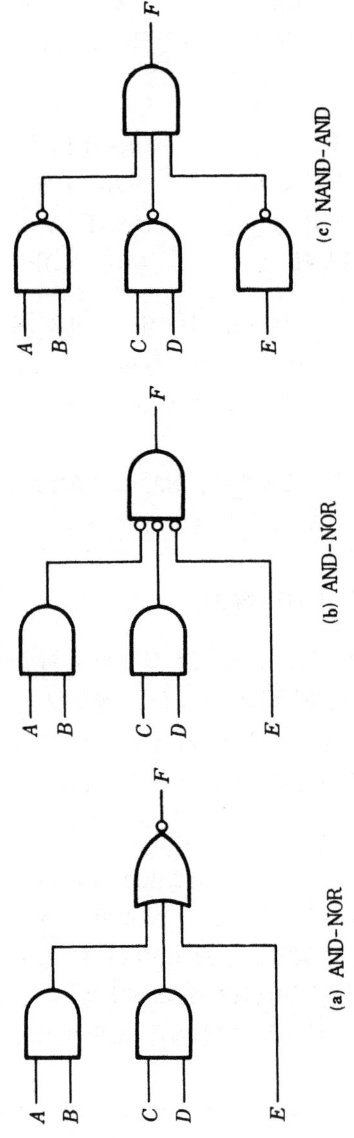

그림 3-23 AND-OR-INVERT 회로 ; $F = (AB + CD + E)'$

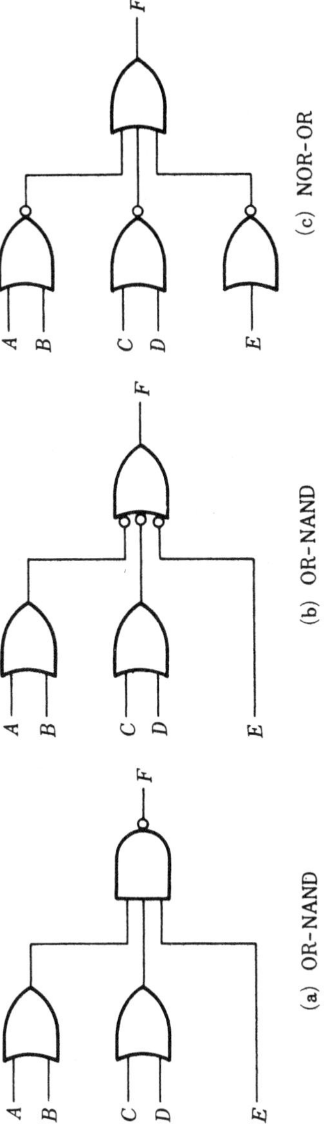

그림 3-24 OR-AND-INVERT 회로 ; $F=[(A+B)(C+D)E]'$

OR-AND-INVERT 實現

OR-NAND나 NOR-OR형은 OR-AND-INVERT 기능을 수행하는데, 그림 3-24에 그려져 있다. OR-NAND형은 NAND 부분에 동그라미를 제외하고는 OR-AND 형과 똑같다.

그림 3-24의 함수는 ;

$$F=[(A+B)(C+D)E]'$$

NAND 게이트의 다른 圖的 記號를 사용하면 그림 3-24(b)를 얻을 수 있다. (c)의 회로는 두 번째 단계의 입력에서 첫 번째 단계의 출력으로 동그라미를 옮김으로써 얻을 수 있다. 그림 3-24(c)의 NOR-OR형의 회로는 그림 3-22의 OR-AND-INVERT 기능을 실현한 것이다.

OR-AND-INVERT 실현은 합의 곱형 표현을 필요로 하는데, 함수의 보수가 합의 곱으로 단순화되어 있다면 F'를 OR-AND 형으로 실현할 수 있 다. F'가 INVERT를 지나면 F'의 보수, 즉 F를 출력으로 얻을 수 있다.

要約表와 例題(tabular summary and example)

표 3-4는 부울 함수를 네 가지의 2단계 형으로 실현하는 과정을 요약한 것이다. 각 경우에 있어서 인버어트 부분 때문에 함수의 보수를 간소화시킨 것을 사용하는 것이 편리하다. F'가 이들 型 중 한 가지로 실현될 경우 우리는 함수의 보수를 AND-OR 또는 OR-AND형으로 얻게 된다. 4개의 2단계 형들은 함수를 인버어트하여 F'를 보수화하여 정상 출력 F를 얻게 한다.

〔예제 3-11〕 그림 3-19(a)의 함수를 표 3-4에 나열된 4개의 2단계형으로 실현하라. 함수의 보수는 맵의 0을 한데 묶어서 곱의 합형으로 간단히 하라.

$$F'=x'y+xy'+z$$

표 3-4 다른 2단계형으로 실현

동일한 縮退型		함수의 실현	F'를 단순화 시키는 방법	출력으로 얻는 것
(a)	(b)*			
AND-NOR	NAND-AND	AND-OR-INVERT	맵상의 0을 묶어 곱의 합형으로 한다.	F
OR-NAND	NOR-OR	OR-AND-INVERT	맵상의 1을 묶어 합의 곱형으로 한 뒤 보수화한다.	F

* (b)에서 단 하나의 문자항은 하나의 입력 NAND나 NOR(inverter) 게이트를 사용한다.

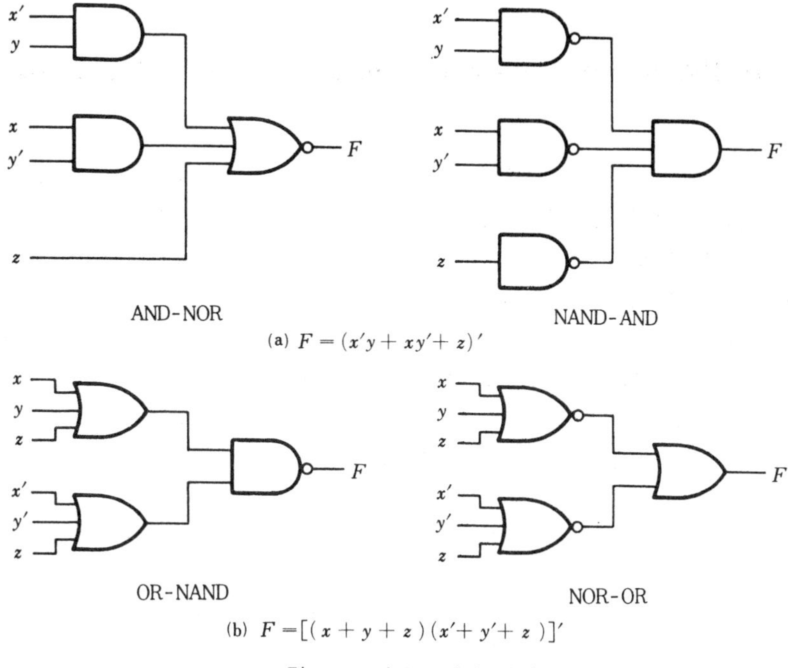

(a) $F = (x'y + xy' + z)'$

(b) $F = [(x + y + z)(x' + y' + z)]'$

그림 3-25 다른 2단계 실현

이 함수의 정상 출력은 다음과 같이 AND-OR-INVERT 형으로 표현된다.

$$F = (x'y + xy' + z)'$$

AND-NOR와 NAND-AND 실현은 **그림 3-25(a)**에 그려져 있다. 하나의 입력을 가진 NAND나 인버어터 게이트는 NAND-AND 실현에서 필요하지 AND-NOR에서는 필요하지 않다는 것을 주의하자. z 대신에 입력 변수 z'가 가능하다면 인버어터는 제거될 수 있다.

OR-AND-INVERT 형은 함수의 보수를 합의 곱형으로 단순화하는 것을 필요로 하는데, 이것을 얻으려면 맵에서 1을 묶으면 된다:

$$F = x'y'z' + xyz'$$

위 함수의 보수를 취하면;

$$F' = (x + y + z)(x' + y' + z)$$

정상 출력 F는 다음과 같이 표현할 수 있다.

$$F = [(x + y + z)(x' + y' + z)]' \quad \text{(OR-AND- INVERT 형)}$$

이 표현으로부터 우리는 **그림 3-25(b)**의 OR-NAND와 NOR-OR 형의 실현을 얻을 수 있다.

3-8 無關條件 〔don't care condition, 리던던시(redundancy)〕

맵에서 1들과 0들은 그 함수를 1이나 0으로 각각 만드는 변수들의 組合을 나타낸다. 이 組合은 보통 함수들이 1이 되는 조건을 나열한 진리표에서 구할 수 있다. 함수들은 그 밖의 모든 다른 입력 조건하에서는 0과 같다고 가정하였다. 그러나 어떤 입력 변수들의 組合은 결코 발생하지 않는 경우가 있어서 위 가정(나머지 모든 다른 조건하에 함수가 0이라는 조건)이 항상 성립하지는 않는다. 예를 들어 4비트 10진 코우드에서 6개의 組合(1111, 1110, 1101, 1100, 1011, 1010)이 사용되지 않는 것과 같다. 이 10진 코우드를 사용하는 어떤 디지털 회로라도 시스템이 정상적으로 가동하는 한 이 미사용 組合이 발생하지 않는다는 가정하에 작동한다. 결과적으로 그들 미사용 組合이 결코 발생하지 않도록 보증하였기 때문에 그들 입력 변수의 組合들에 대한 함수 출력이 무엇이든(1이든 0이든) 무관하다는 것이다. 이 無關條件들은 함수를 더 간소화하는 데 사용할 수 있다.

無關條件은 함수가 그런 입력 조합에 대해서 항상 1이라는 이유 때문에 맵에서 1로 표기할 수 없다는 것을 인식해야 한다. 또, 함수가 미사용 입력 조합에 대해서 0이 요구된다 하여 0으로 맵에 표기할 수는 없다. 그러므로, 無關條件을 1이나 0들과 구별하기 위해서 X라는 기호를 쓴다.

함수를 간소화하기 위해 인접 사각형의 조합을 선택할 때, 우리는 X를 가장 간단한 표현을 얻을 수 있도록 1이나 0으로 사용할 수도 있고 또는 단순화 과정에서 보다 큰 면적을 한데 묶는 데 기여하지 않으면 전혀 쓰지 않을 수도 있다.

〔예제 3－12〕 다음 부울 함수를 간단히 하라.

$$F(w, x, y, z)=\sum(1, 3, 7, 11, 15)$$

또 無關條件은 ;

$$d(w, x, y, z)=\sum(0, 2, 5)$$

이다. F의 민터엄은 함수 F를 1로 만드는 변수들의 組合이며, d의 민터엄은 결코 일어나지 않는 無關條件이다. 그림 3-26에 간소화 과정이 나타나 있다. F의 민터엄은 1로서, d의 민터엄들은 X로 표시되며, 나머지는 0으로 기입되었다. 그림 (a)에서 1과 X는 최대한의 인접 사각형들을 묶을 수 있도록 편리한 방법으로 짰다. 無關項 X를 모두 다 사용할 필요는 없으며 항을 간단히 하는 데 유용한 만큼만 쓰면 된다.

그림 (a)에서는 하나의 X를 썼고 나머지 2개의 X는 쓰지 않고 곱의 합

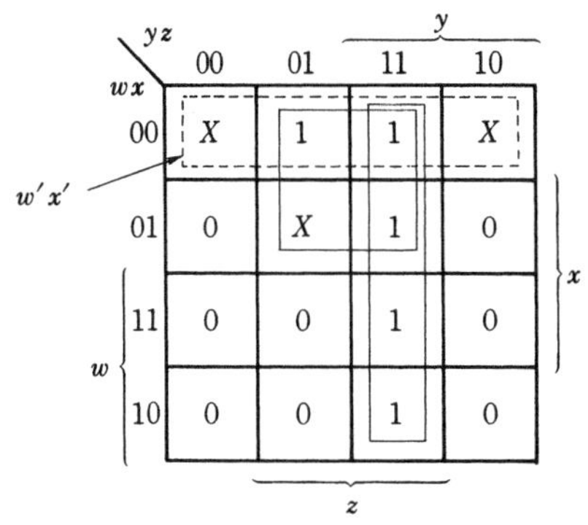

(a) 1과 X를 묶어서 $F=w'z+yz$

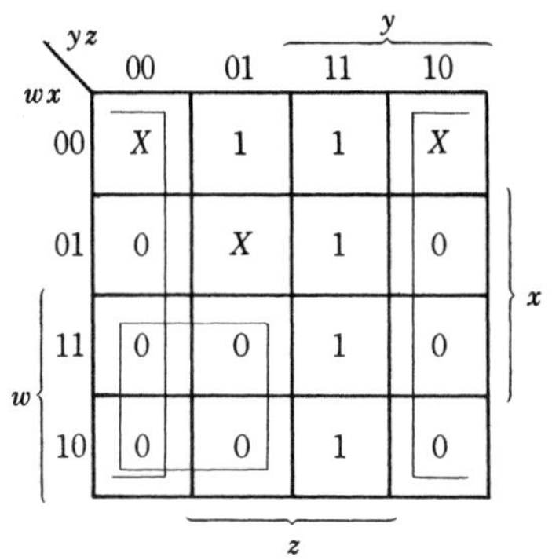

(b) 0과 X를 묶어서 $F=z(w'+y)$

그림 3-26 無關條件을 사용한 예

형으로 함수를 간소화하였다.

$$F=w'z+yz$$

그림 (b)에서는 함수의 보수를, 0과 X를 적당히 한데 묶어 간단히 하였다. 최선의 결과가 그림에 표시된 바와 같이 2개의 X를 포함시켜 얻어졌다. 이 보수화된 함수는 ;

$$F'=z'+wy'$$

다시 보수를 취하면 합의 곱형의 함수를 얻을 수 있는데 ;

$$F=z(w'+y)$$

예제 3-12에서 얻어진 두 함수는 代數的으로 같다. 그러나, 無關條件이 포함되었을 때는 이것이 항상 옳은 것은 아니다. 사실상 X가 1과 묶을 때 사용되고 또 0으로 묶을 때도 쓰여진다면 결과적으로 나온 두 함수는 대수적으로 같을 수가 없다. 예제 3-12에서 이를 본다면 X가 **그림 3-26**(a)에서는 1로서 사용되고 그림(b)에서는 0으로서 사용되었다. 만일 **그림 3-26**(a)에서 $w'z$ 대신에 $w'x'$를 선택했다면 F는 다음과 같이 된다 :

$$F=w'x'+yz$$

그러나 이는 합의 곱형으로 얻어진 수식과 대수적으로 일치하지가 않는데, 그 이유는 첫 번째 경우에는 X가 1로서 묶여지고, 두 번째 경우에는 0으로서 묶여졌기 때문이다.

또, 이 예에서는 최소수의 문자로 된 표현이 꼭 단 한 가지만은 아니라는 사실을 보여 주고 있다. 이런 경우는 때때로 設計者에게 같은 갯수의 문자로 된 2개 항 중에서 선택하는 어려움을 안겨 주기도 한다.

3-9 부울 函數 簡素化의 테이블 方法(Quine-McCluskey 方法)

맵을 사용한 간소화 방법은 변수가 5개 또는 6개를 넘지 않으면 매우 유용하지만 그 이상 변수가 증가하면 인접 사각형을 잘 고르는 데 매우 힘들다. 가장 두드러진 맵 방법의 단점은 이것이 근본적으로 시행 착오 절차이어서 그것이 어떤 형태인가를 認識하는데 이용자의 능력에 따라 좌우된다는 점이다. 6개 또는 그 이상의 함수에 대해서 최선의 선택이란 인간으로서는 매우 힘든 일이다.

그러나 테이블 방법은 이 난점을 극복하였다. 이것은 부울 함수에 대한 간소화된 標準型 표현을 생성하도록 보장된 특수한 단계적 절차이다. 그것은 매우 많은 수의 변수의 문제에 적용할 수 있고 기계적인 계산에 적합한 잇점을 지니고 있다. 그러나 그 과정이 매우 단조롭기 때문에 인간에게는 지루하고 실수를 야기시킬 수도 있다. 이 테이블 방법은 먼저 Quine(3)에 의해 공식화되었고 McCluskey(4)에 의해 개선되어 Quine-McCluskey 방법으로도 알려져 있다.

테이블 방법을 통한 간소화 절차는 크게 두 부분으로 구성되는데, 첫째는 간소화된 함수에 포함될 모든 후보 항들을 철저한 방법으로 찾아 내는 것이다 이 경우, 곱항으로 된 후보 항들을 보통 프라임 임플리컨트(prime implicant) 또는 略해서 PI 라고 한다. 그리고 첫째 절차를 PI 識別(PI identification)이라 한다. 두 번째는 가장 적은 수의 문자 표현을 얻을 수 있는 것을 그 중에서 선택하는 절차이며 이를 PI 選擇(PI selection)이라 한다.

3-10 PI(prime-implicant) 들의 識別

테이블 방법의 첫 단계로서는 함수를 구성하는 민터엄들의 목록을 작성하는 것이다. 첫 테이블 작업은 매칭 절차(matching process)를 써서 PI들을 찾아 내는 일이다. 이 절차는 각 민터엄을 모든 다른 민터엄들과 비교해 보는 것이다.

만일 2개의 민터엄이 1개의 변수만 차이가 난다면, 이는 바로 그 변수가 제거되어 문자 하나가 적은 1개의 항으로 줄어질 수 있다. 이 과정은 모든 민터엄에 대해서 철저하게 조사가 마칠 때까지 되풀이한다. 매칭 절차 순환 과정(matching process cycle)은 이제 찾은 새로운 항들에 대하여 또 되풀이한다. 한 순환 과정을 통과할 때 더 이상 문자의 제거가 생기지 않을 때까지 제 3차 및 그 이상의 순환 절차를 계속해야 한다. 이 과정을 수행하는 동안 남은 항들과 매치(match)되지 않은 모든 항들이 PI가 된다. 다음 예제를 보기로 하자.

Quine · McCluskey 의 테이블 方法 PI 識別例

〔예제 3－13〕 다음 부울 함수를 테이블 방법에 의해 간소화하라.

$$F(w, x, y, z)=\sum(0, 1, 2, 8, 10, 11, 14, 15)$$

제 1 단계 : 표 3-5(a) 列에 각 민터엄을 2진수로 표시하였을 때 포함된 1의 갯수가 같은 것끼리 群으로 분류한다. 여기서는 5개의 群으로 분류되고 직선으로 구분해 놓았다. 첫 번째 群에서는 1이 없는 것, 두 번째 群에서는 1의 갯수가 오직 1개만 포함한 민터엄들(즉 0001, 0010), 세 번째, 네 번째, 다섯 번째 群들은 각기 1의 갯수가 2, 3, 4개를 포함하는 민터엄들로 분류하였다. 각 민터엄들의 10진수 표현도 알기 쉽게 하기 위해 좌측에 기록하였다.

제 2 단계 : 임의의 두 민터엄간에 1개의 변수만 다르고 다른 변수는 모두 같을 때 그 매치되지 않는 변수는 없애 버리고 두 민터엄은 하나의 항으로 결합할 수 있다. 다시 말하면 두 민터엄이 한 자리 비트만 빼고 모든 비트가 같을 때, 이 2개의 민터엄들은 위의 범주 안에 속하는 것이다. 한 群에 속하는 민터엄들은 바로 밑에 있는 群중의 민터엄들과만 비교할 수 있다. 그 이유는 한 비트 이상 차이가 나는 2개의 항끼리는 매치 절차를 밟을 수 없기 때문이다. 첫 번째 群의 민터엄은 두 번째 群의 3개 민터엄과 비교하여 한 비트만 차이가 나는 것이 있으면 2개의 민터엄 오른쪽에 이들이 매치 과정에 사용되었다는 표시 (∨)를 하고 (b) 列에는 해당하는 결과를 10진수와 함께 기입한다. 매칭(matching)에 의해 제거된 변수는 원래 그 위치에 대시(dash) "－"를 기입한다. 이 경우에 민터엄 m_0(0000)는 민터엄 m_1(0001)과 결합되어 (000－)가 된다. 이 組合은 다음의 代數的 연산과 같다.

$$m_0+m_1=w'x'y'z'+w'x'y'z=w'x'y'$$

민터엄 m_0는 또 민터엄 m_2와 묶여져 (00－0)을 이루고 m_8과도 묶여져 (－000)이 된다. 이렇게 비교한 결과는 (b) 列의 첫 번째 群에 기록되며, (a) 列의 두 번째 群과 세 번째 群이 비교되어 그 결과가 (b) 列의 두 번째 群에 기록된다. 이런 식으로 (a)의 모든 群을 비교하여 (b) 列에 기입하여 결국 (b) 列에는 4개의 群을 형성하였다.

제 3 단계 : (b) 列의 모든 항들은 오직 3개의 변수를 지니고 있다. 여기서 변수 밑에 1은 대시("′")를 하지 않은 변수를, 0은 대시를 한 변수를, "－"는 그 변수가 項에 포함되지 않음을 표시한다. (b) 列의 모든 항들에 대하여

표 3-5 예제 3-13에 대한 PI(prime-implicant)의 결정

(a)			(b)			(c)	
	$w\ x\ y\ z$			$w\ x\ y\ z$			$w\ x\ y\ z$
0	0 0 0 0	∨	0, 1	0 0 0 −		0, 2, 8, 10	− 0 − 0
			0, 2	0 0 − 0	∨	0, 8, 2, 10	− 0 − 0
1	0 0 0 1	∨					
2	0 0 1 0	∨	0, 8	− 0 0 0	∨	10, 11, 14, 15	1 − 1 −
						10, 14, 11, 15	1 − 1 −
8	1 0 0 0	∨	2, 10	− 0 1 0	∨		
			8, 10	1 0 − 0	∨		
10	1 0 1 0	∨					
			10, 11	1 0 1 −	∨		
11	1 0 1 1	∨	10, 14	1 − 1 0	∨		
14	1 1 1 0	∨					
			11, 15	1 − 1 1	∨		
15	1 1 1 1	∨	14, 15	1 1 1 −	∨		

앞의 제 2단계에서 행한 것과 같이 찾고 비교하는 방법을 각 항에 되풀이 적용하여 2개의 변수항을 형성하여 (c)列에 기입한다. 이때 "−"가 항의 같은 자리에 있는 것끼리 비교할 수 있다. 여기서 (000−)는 어느 것과도 비교할 수 없으므로 (∨)가 없다. 그리고 (b)列 중의 00−0은 10−0과 결합하여 −0−0이 되었으며 (b)列에 표시(∨)한 뒤 (c)列에 識別하기 좋도록 (c)列의 좌측에 각 행에 민터엄들의 等價 10진수를 기입하였다. (c)列에서의 비교도 더 계속되어야 한다. 그런데 이 예제에서는 더 이상의 비교가 가능하지 않으며 3번째 列에서 끝난다.

제 4 단계: 표에서 표시되지 않은 항은 PI가 된다. 이 예제에서는 (b)列의 $w'x'y'$ (000−), (c)列의 $x'z'$ (−0−0), wy (1−1−)들이다. (c)列에서 두 번 같은 것이 나타난 것은 두 번 쓸 필요가 없다. PI들의 합이 단순화된 함수의 표현이 되는데 그 이유는 오른쪽에 표시(∨)된 항들은 이미 다른 것으로 간소화되었기 때문이다. 그러므로, 표시되지 않은 PI들의 합의 곱의 합형 함수를 만들어 낸다.

$$F = w'x'y' + x'z' + wy$$

맵 方法과 테이블 方法의 比較

이제 맵 방법에 의해 얻은 결과와 이를 한 번 비교해 볼 가치가 있다. 예제 3-13의

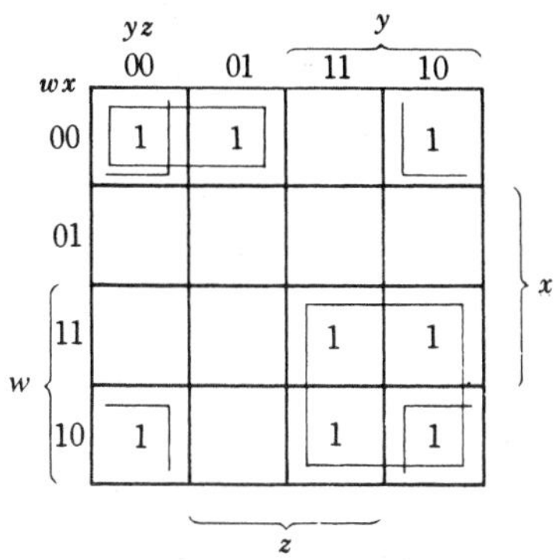

그림 3-27 예제 3-13 함수에 대한 맵 ; $F = w'x'y' + x'z' + wy$

함수에 대한 간소화 맵이 **그림 3-27**에 있다.

인접 사각형의 조합은 3개의 PI(prime-implicant)를 만들어 내며 이들의 합이 곱의 합형으로 간소화된 표현이 된다. 여기서 같은 결과를 얻었다.

예제 3-13은 간소화된 함수가 PI의 합으로 표시된다는 것을 보여 주기 위하여 일부러 선택하였다는 점을 밝혀 둔다. 대부분의 경우에는 PI들의 합이 가장 적은 수의 항의 표현을 형성한다고 할 수는 없다. 이런 예는 **예제 3-14**에서 보기로 하자.

테이블 방법에서 비교하는 지루한 작업은 10진수를 사용하면 줄일 수 있는데, 2진수를 비교하는 것 대신 10진수를 빼서 사용한다. 2진수에서 모든 1이란 2의 멱승이 곱해진 係數라는 사실을 생각할 때 2개의 민터엄이 한 비트를 제외한 모든 비트자리가 같다면 그들의 差는 2의 거듭제곱으로 표시된다. 그러므로, 이를 이용하여 項

표 3-6 10진수 표시를 이용한 예제 3-13의 PI 결정

(a)	(b)	(c)
0 ∨	0, 1 (1)	0, 2, 8, 10 (2, 8)
	0, 2 (2) ∨	0, 2, 8, 10 (2, 8)
1 ∨	0, 8 (8) ∨	
2 ∨		10, 11, 14, 15 (1, 4)
8 ∨	2, 10 (8) ∨	10, 11, 14, 15 (1, 4)
	8, 10 (2) ∨	
10 ∨		
	10, 11 (1) ∨	
11 ∨	10, 14 (4) ∨	
14 ∨		
	11, 15 (4) ∨	
15 ∨	14, 15 (1) ∨	

을 줄일 수 있다는 것을 예제 3-13을 써서 다시 설명하자.

표 3-6에서와 같이 (a)의 列은 민터엄에 해당하는 10진수만을 써 넣었다. 비교의 방법은 다음과 같다. 인접한 두 群의 10진수를 살펴보자. 아래 群의 수가 2의 거듭제곱만큼(즉, 1, 2, 4, 8, 16 등) 크다면 두 수의 오른쪽에 표시하고 (b) 열에 적는다. (b) 列에 쓰여진 숫자 중에서 괄호 안에 있는 것은 2의 거듭제곱만큼의 차이이다. 이 수는 우리에게 2진수로 표현하였을 때 "－"의 위치를 나타내어 준다. (b) 列의 비교 결과가 모두 (b) 列에 기입된다.

(b) 列에 인접한 群의 비교는 괄호 안의 숫자가 같은 것끼리 비교한다는 것을 제외하고는 앞에서 언급했던 것과 비슷하다. 한 群의 수의 雙은 다른 群의 수의 雙과 반드시 2의 거듭제곱만큼 차이가 나야 묶을 수 있다. 이때 밑의 群은 반드시 위의 群의 숫자 雙보다 커야 한다. (c) 列에서는 모든 4개의 10진수를 "－"의 위치를 표현하는 괄호 속의 2개 숫자와 함께 써야 한다. 표 3-5와 표 3-6을 비교하면 표 3-6을 이해하는 데 도움이 된다.

표에서 표시되지 않은 것이 PI인데, 이는 10진수로 표시되었다는 점 이외에는 전과 같다. 10진수에서 2진수로 바꾸려면 모든 10진수의 항을 2진수로 바꾸고 괄호 안에 쓰여진 숫자의 자리에 "－"를 집어넣으면 된다. 그러므로 0, 1(1)은 2진수를 0000, 0001로 바꾸며, 첫 번째 자리에 "－"가 들어가므로 (000－)가 된다. 비슷하게 0, 2, 8, 10 (2, 8)은 2진수 0000, 0010, 1000, 1010로 바뀌며 2와 8자리에 "－"가 들어가 (－0－0)이 된다.

〔예제 3－14〕 다음 함수의 PI를 결정하라.

$$F(w, x, y, z) = \sum (1, 4, 6, 7, 8, 9, 10, 11, 15)$$

표 3-7 예제 3-14의 PI 결정

(a)			(b)			(c)	
0 0 0 1	1	√	1, 9	(8)		8, 9, 10, 11	(1, 2)
0 1 0 0	4	√	4, 6	(2)		8, 9, 10, 11	(1, 2)
1 0 0 0	8	√	8, 9	(1)	√		
			8, 10	(2)	√		
0 1 1 0	6	√					
1 0 0 1	9	√	6, 7	(1)			
1 0 1 0	10	√	9, 11	(2)	√		
			10, 11	(1)	√		
0 1 1 1	7	√					
1 0 1 1	11	√	7, 15	(8)			
			11, 15	(4)			
1 1 1 1	15	√					

PI (pirme-implicants)

10진수	2진수 $w\ x\ y\ z$	항
1, 9 (8)	- 0 0 1	$x'y'z$
4, 6 (2)	0 1 - 0	$w'xz'$
6, 7 (1)	0 1 1 -	$w'xy$
7, 15 (8)	- 1 1 1	xyz
11, 15 (4)	1 - 1 1	wyz
8, 9, 10, 11 (1, 2)	1 0 - -	wx'

민터엄의 숫자를 群으로 나눈 것이 표 3-7(a)에 있다. 민터엄의 2진수 표현에서 1의 숫자를 세어 나눈 것이다. 즉, 첫 번째 群은 1개의 1을 두 번째 群은 2개의 1을 포함한 민터엄을 모아 놓았다. 10진수에 의해 민터엄을 비교하려면 아래 群의 숫자가 위의 群보다 커야 하는데, 만일 아래 群의 숫자가 위의 群보다 작으면 2의 거듭제곱의 차이가 나더라도 매치되어 합쳐질 수 없다. 그 이유는 이런 두 민터엄들 사이에는 두 비트 이상 차이가 나기 때문이다.

(a) 列의 모든 항에 대한 철저한 조사와 비교로서 (b)의 列을 기록하며 매치 절차를 밟은 (a) 列의 항들은 "∨" 表示를 한다. (b) 列에서의 매치 절차는 두 번의 항의 매치만이 존재한다. 이는 각기 (c) 列에 2개의 문자항으로 기록되었으나 이 2개의 모든 항이 PI가 되며 10진수를 2진수 표현으로 바꾸는 것은 표 밑에 나와 있다. 즉, 여기서의 PI들은 $x'y'z$, $w'xz'$, $w'xy$, xyz, wyz, wx' 등 모두 6개이다.

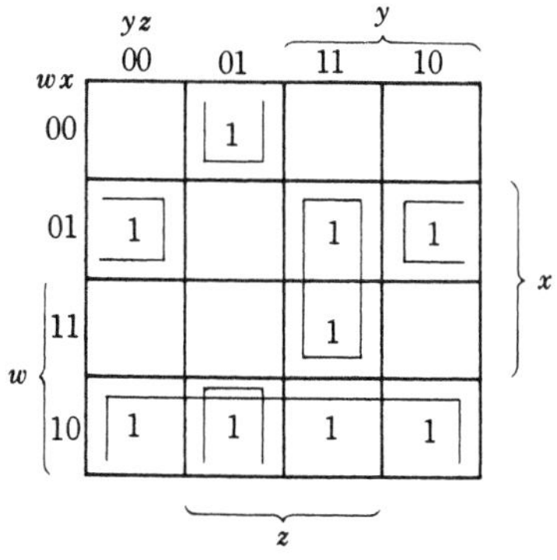

그림 3-28 예제 3-14의 함수 맵 ;
$F = x'y'z + w'xz' + xyz + wx'$

PI들의 합은 함수를 적절히 표현하는 정당한 대수적 표현은 되나, 꼭 그것이 가장 적은 항들로 된 표현은 되지 못한다. 이는 예제 3-14의 맵을 보면 알 수 있다.

그림 3-28에서 보여 주듯이 간소화된 함수는 ;

$$F = x'y'z + w'xz' + xyz + wx'$$

이는 예제 3-14의 6개 PI 중 4개의 合으로 구성되었다. 최소한의 단순화된 함수를 구성하는 PI를 찾는 방법은 다음 節에서 논의하기로 한다.

3-11 PI의 選擇(selection of prime implicants)

PI(prime implicant) 선택 절차는 부울 함수 간소화에 대한 테이블 방법의 두 번째 중요한 절차이며 여러 가지 방법이 있고 많은 연구가 되어 있다. PI의 선택은 PI들의 표에서 얻어질 수 있는데, 각 行에는 PI들, 각 列에는 민터엄을 써 넣는다. 각 行에 ×표시는 그 PI를 만드는 민터엄의 구성을 보여 준다. PI들의 최소 집합은 함수의 모든 민터엄을 포함해야만 한다. 이 과정은 예제 3-15에서 알아보자.

테이블 方法에 의한 부울 函數 簡素化 PI 선택 節次例

〔예제 3－15〕 예제 3-14의 함수를 간소화하라. 이 예제에 대한 PI 표는 표 3-8이다. 이 표는 각 PI마다 한 行씩, 모두 6行, 각 민터엄마다 1列씩, 모두 9列로 되어 있다. 각 行의 "×"표시는 그 列의 PI가 포함하고 있는 민터엄들을 표시한다. 예로서 첫 번째 列의 두 "×" 표시는 민터엄 1, 9가 PI $x'y'z$에 포함된다는 것을 나타내고 있다.

PI에 해당되는 10진수를 각 行에 써 놓으면 민터엄을 찾기에 편리하다. "×" 표시를 모두 한 다음에 우리는 다음 과정을 실행한다. 오직 하나의 "×" 표시가 있는 列을 고른다. 이 보기에서는 1, 4, 8, 10의 민터엄이 이에 해당

표 3-8 예제 3-15에 대한 PI 표

			1	4	6	7	8	9	10	11	15
∨	$x'y'z$	1, 9	×					×			
∨	$w'xz'$	4, 6		×	×						
	$w'xy$	6, 7			×	×					
	xyz	7, 15				×					×
	wyz	11, 15								×	×
∨	wx'	8, 9, 10, 11					×	×	×	×	
			∨	∨	∨		∨	∨	∨	∨	

한다. 민터엄 1은 PI $x'y'z$에 의해서 표현될 수 있으므로 이를 선택하면 함수에 포함된 민터엄 1은 나타낼 수 있다. 비슷하게 민터엄 4는 PI $w'xz'$에 의해, 또 민터엄 8과 10은 PI wx'에 의해 표현될 수 있다.

必須 PI(essential PI, EPI)

行에 하나의 "×" 표시가 있어 민터엄을 표현할 수 있는 PI를 필수 PI (essential PI)라 하며, 이를 간단히 EPI라고도 한다. 간소화된 함수의 표현은 이들을 반드시 포함하여야 하며 선택되었다는 뜻으로 맨 왼쪽에 "∨" 표시를 한다.

다음에 이 선택된 EPI에 의해 포함된 민터엄의 列 맨 밑줄에 "∨"표시를 한다. 예를 들면, EPI $x'y'z$는 민터엄 1과 9를 표현하므로 밑에 표시를 하고 비슷하게 EPI $w'xz'$는 민터엄 4와 6을 표시하고 wx'는 8, 9, 10, 11을 표시한다. 이제 민터엄 7과 15를 제외한 모든 민터엄들은 이미 선택된 必須 PI에 의해 표현될 수 있다. 이들 두 민터엄(7과 15)은 하나 또는 그 이상의 PI를 선택하여 표현해야 하는데, 이 예에서는 xyz가 2개 모두 만족하므로 하나만 선택해도 되게 되었다. 간소화된 함수를 표현하려면 이제 구한 PI들을 합하면 된다:

$$F = x'y'z + w'xz' + wx' + xyz$$

위 보기에서 유도한 간소화된 표현은 곱의 합형이었다. 테이블 방법으로 합의 곱형의 표현을 얻으려면 맵 방법에서 0으로 간단히 하는 것처럼 원래 함수에 포함되지 않은 민터엄들, 즉 함수의 맥스터엄을 사용하면 된다. 이렇게 하여 얻어진 표현은 함수의 보수이며, 다시 이의 보수를 취하면 합의 곱형의 간소화된 함수를 얻을 수 있다.

無關條件을 가진 함수도 테이블 방법에 의해 간소화될 수 있는데 PI를 결정할 때 無關條件을 민터엄의 나열에 포함시키면 된다. 이것으로 최소 문자의 PI를 얻을 수 있으며 PI표를 만들 때 無關條件은 민터엄의 나열에 쓰여지면 안 되는데, 그 이유는 선택된 PI가 無關條件을 모두 표현할 필요는 없기 때문이다.

3-12 黃·趙(Hwang·Cho)의 單純表 方法 (12)

부울 함수들의 간소화는 여러 방법이 많이 발표되어 왔지만 그 중에 대표적인 것이 카르노 맵 (Karnaugh map) 방법과 퀴인-맥클러스키 (Quine-McCluskey)의 테이블 방법이다. 이제까지 기술하였지만 카르노 맵 방법은, 변수가 6개 이상일 때는 사용하기가 어려워지고, 퀴인-맥클러스키 방법은 변수가 10개 이상 20여 개, 혹은 그 이상으로 이르면 각 민터엄의 1의 갯수를 세어서 갯수별로 그룹(group)을 지어 놓고 1

의 갯수 차이가 1개 있는 것끼리 비교하는 등 여러 단의 표를 만들어 제 1차로 PI를 識別(identification)하고, 제 2차로 게이트가 最小되게 PI의 選擇(selection)을 하게 되어 있어 노력이 많이 든다.

이에 따라 두 가지 방법들의 위와 같은 短點들을 보완하는 새로운 방법이 없을까 생각하게 되었다. 즉, 변수의 갯수에도 관계 없고 또 각 민터엄을 2진수로 변환하여 1의 갯수를 세어서 하는 복잡한 절차를 밟아 PI를 구하지 말고 10진수로 표시된 민터엄만을 써서 PI를 구할 수 있는 쉽고 새로운 방법을 모색하게 된 것이다. 이리하여 編著者의 연구진은, **첫째로 퀴인-맥클러스키 방법처럼 민터엄의 2진수를 전혀 취급하지 않고 민터엄의 10진수만을 써서 PI를 구하며, 카르노 맵 방법 같이 입력 변수의 갯수에 제한을 받지 않는 방법을 개발하였다.** 이제 그 원리를 증명하고 PI의 識別法, 單純表에 의한 PI의 選擇法을 설명하고 예를 들겠다.

PI의 識別(identification)에 必要한 基礎定理 (12)

[定 義]

두 민터엄의 1큐브 관계에 대한 定義 : 두 민터엄 $m1$과 $m2$가 2진 변수 A, B, C, D로 표시되며 다음과 같은 관계가 성립하면 ;

$$m1 = A\,B\,C\,\overline{D}, \qquad m2 = A\,B\,\overline{C}\,\overline{D}$$
$$m1 + m2 = A\,B\,C\,\overline{D} + A\,B\,\overline{C}\,\overline{D} = A\,B\,\overline{D}\,(C + \overline{C}) = A\,B\,\overline{D}$$

민터엄 $m1$과 $m2$는 C변수(비트)에 관하여 1큐브(cube) 관계가 있다고 定義한다.
위 定義는 제 3장의 맵 방법에서 정의했던 민터엄의 인접 사각형 관계와 같으며 두 민터엄의 한 비트만 다르고 나머지 모든 비트가 같은 것을 幾何學的 의미로 정의한 것이다.

[定 理] (黃·趙의 單一表方法에 관한 定理)

10진수로 표시한 어떤 2개의 민터엄 $m1$과 $m2$가 $m1 > m2$이고 진리표 내 2진수로 2^i자리에 해당하는 i번째 비트에 관하여 1큐브 관계가 되기 위한 필요 충분조건은 $m1 - m2 = 2^i$로서 $m2$를 두 민터엄차 2^i로 除했을 경우 몫의 整數部가 짝수이다.

[證 明]

$m1$과 $m2$가 2진 變數 a_0, a_1, a_2, ……, a_n의 函數로서 $m1 > m2$이고, 민터엄 $m1$과 $m2$가 i비트에 關하여 1큐브 關係가 있으면 ;

$$m1 = (a_n\ a_{n-1} \cdots a_{i+1}\ 1\ \ a_{i-1} \cdots a_1\ a_0)_2$$
$$m2 = (a_n\ a_{n-1} \cdots a_{i+1}\ 0\ \ a_{i-1} \cdots a_1\ a_0)_2$$
$$= a_n\,2^n + a_{n-1}\,2^{i-1} + \cdots\cdots + a_{i+1}\,2^{i+1} + 0\,a^i + a_{i-1}\,2^{i-1} + \cdots\cdots + a_0\,2^0$$

가 되고,

$$\frac{m2}{2^i}=\underbrace{a_n 2^{n-i}+a_{n-1}2^{n-i-1}+\cdots+a_{i+1}2}_{\text{整數部＝짝수}}+\underbrace{2_{i-1}2^{-1}+\cdots+a_0 2^{-i}}_{\text{小數部}}$$

로 되어 몫의 整數部는 짝수가 된다.

逆을 證明하기 위해서 민터엄 $m1$과 $m2$가 i 비트에 關하여 1큐브 關係가 아니면 $m1-m2\neq 2^i$이거나, $m1-m2=2^i$일지라도 $\frac{m2}{2^i}$의 整數部가 홀수가 됨을 보이면 된다. 여기서는 $m1-m2=2^i$이면서 $\frac{m2}{2^i}$의 整數部가 홀수가 되는 모든 경우의 대표적인 두 경우만 보이면 된다.

첫째 경우 $m1=(a_n\cdots a_{i+2}\ 1\ 0\ a_{i-1}\ a_{i-2}\cdots a_1\ a_0)_2$

$m2=(a_n\cdots a_{i+2}\ 0\ 1\ a_{i-1}\ a_{i-2}\cdots a_1\ a_0)_2$, $m1-m2=2^i$

$$\frac{m2}{2^i}=\frac{a_n 2^n+\cdots+a_{i+2}2^{i+2}+2^i}{2^i}+\frac{a_{i-1}2^{i-1}+\cdots+a_0 2^0}{2^i}$$

$$=\underbrace{a_n 2^{n-i}+\cdots+a_{i+2}2^2+1}_{\text{整數部＝홀수}}+\underbrace{a_{i-1}2^{-1}+\cdots+a_0 2^{-i}}_{\text{小數部}}$$

둘째 경우

$m1=(a_n\cdots a_{i+4}\ 1\ 0\ 0\ 0\ a_{i-1}\cdots a_1\ a_0)_2$

$m2=(a_n\cdots a_{i+4}\ 0\ 1\ 1\ 1\ a_{i-1}\cdots a_1\ a_0)_2$, $m1-m2=2^i$

이 경우에 $\frac{m2}{2^i}$의 整數部는 홀수가 된다.

〔定理의 예제 3－16〕 앞의 예제 3-14의 경우를 생각해 보자.

$F(x, y, z, w)=\sum(1, 4, 6, 7, 8, 9, 10, 11, 15)$

1. 函數 중의 민터엄 $m1=9$, $m2=1$의 1큐브 關係를 檢査해 보면;

   $m1-m2=8=2^3$, $\frac{m2}{2^i}=\frac{1}{2^3}=0.1\cdots$

   몫의 整數部가 짝수이어서 세 번째 비트에 關하여 1큐브 關係가 성립한다.

2. 이 函數의 민터엄 $m1=10$, $m2=9$의 1큐브 關係를 檢査해 보면;

   $m1-m2=1=2^0$, $\frac{m2}{2^i}=\frac{9}{2^0}=9$

   몫의 整數部가 홀수이므로 민터엄 10과 9는 1큐브 關係가 성립되지 않는다.

3. 민터엄 $m1=7$과 $m2=4$의 1큐브 關係를 檢査해 보면;

   $m1-m2=7-4=3\neq 2^i$

   이므로 1큐브 關係가 성립되지 않는다.

黃·趙의 單純表 作成法 (12)

PI들의 識別

한 表 내에서 쉽게 민터엄들간의 모든 1큐브 관계를 찾기 위하여 **그림 3-29**와 같이 2진 변수의 비트에 상응하는 두 민터엄간의 차이들을 옆으로 나열하고 10진수로 표시한 모든 민터엄들을 아래 列로 나열하고 위 定理를 생각하여 1큐브 관계에 있는 민터엄들을 0, 1 기호로 검사한다. 설명을 쉽게 하기 위하여 **예제 3-14**를 이 방법으로 간소화하면서 설명해 나가기로 한다.

주어진 모든 민터엄들간의 1큐브 관계는 철저히 하나도 빼지 않고 쉽게 구한다. 이를 구하기 위해서는 임의의 2개 민터엄들간에 위에서 기술한 정리를 적용하기 위하여 일일이 差를 구해서 差가 2^i, $i=0, 1, 2, \cdots, m$ ($m+1$이 부울 함수의 2진 변수의 갯수)가 되는가? 差가 2^i가 될 경우라도 적은 민터엄을 2^i로 나눈 몫의 整數部가 짝수인가를 시험해서 표를 완성하는 것이 원칙이다. 그러나 이 표에서 1큐브 관계에 있는 민터엄들간에 이루어지는 특성이나 정리를 조금만 자세히 살펴보면 일일이 정리에 따라서 조사할 필요가 없고 정리를 살펴서 쉬운 방법으로 이 표를 완성할 수 있다. 또 4개의 민터엄들이 모인 2개의 비트에 대하여 1개의 PI로 간소화되는 2큐브(two cube) 관계, 혹은 그 이상의 큐브 관계도 쉽게 이 표에서 알아 낼 수 있다. 이리하여 모든 PI들을 識別하게 된다.

이것들에 관해서는 다음에 설명한다. 먼저 黃·趙表에서 민터엄 1에 관련된 모든 1큐브 관계를 구해 보기로 하자. 例에서는 4개의 2진 변수(w, x, y, z)이므로 1큐브 관계는 모든 민터엄에 대해서 4개 이상 있을 수 없다. 또, 1큐브 관계가 존재한다면 민터엄 $m2=1$에다 $m2+2^i$, $i=0, 1, 2, 3$의 값으로 다른 민터엄 $m1=(m2+2^i)$을 만들어 볼 때 이것이 列로 나열한 문제의 민터엄 중에 있어야 하고, 없으면 다음 민터엄의 1큐브 조사로 넘어간다. 또, 이 $m2$값들이 존재할 경우는 정리에 따라서 $\frac{m2}{2^i}$의 整數部가 짝수로 되는 것만 골라서 $m2$란에 0, $m1$란에 1로 기호를 표시하고 0에서 1로 화살표로 연결하여 1큐브 관계를 명시한다. 우선 실제로 민터엄 $m2=1$에 대하여 이 관계를 찾아보면 $m1=m2+2^3=1+8=9$가 있고, $\frac{m2}{2^i}=\frac{1}{8}$의 整數部가 0으로 짝수이므로 민터엄 1과 9는 $i=3$ 비트 자리에 관해서 1큐브 관계가 있다. 그러므로 민터엄 1과 9의 2^3비트란에 각 0과 1을 화살표로 표시하였다. $m1$의 후보로서 $m2+2^2=1+4=5$, $m2+2^1=1+2=3$, $m2+2^0=1+1=2$는 민터엄들 중에 없다. 그러므로 이 예의 민터엄 1에 관련된 1큐브 관계는 하나뿐이며 이것이 전부이다.

다음에 민터엄 $m2=4$에 대해서도 위에서와 마찬가지로 1큐브 관계를 찾는다. 여

$F=(w,\ x,\ y,\ z)=\sum(1,\ 4,\ 6,\ 7,\ 8,\ 9,\ 10,\ 11,\ 15)$

민터엄 差 / 민터엄 (10진수)	w 2^3	x 2^2	y 2^1	z 2^0	1큐브 관계 갯수	필수 PI(essential PI's) 1 0 θ θ $w\bar{x}$	0 1 θ 0 $\bar{w}x\bar{z}$	θ 0 0 1 $\bar{x}\bar{y}z$	θ 1 1 1 xyz	커버된 민터엄 표시란
1	0				1			∨		∨
4			0		1		∨			∨
6			1	0	2		∨			∨
7	0			1	2				∨	∨
8			0	0	2	∨				∨
9	1		0	1	3	∨		∨		∨
10			1	0	2	∨				∨
11			1	1	2	∨				∨
15	1				1				∨	∨

∴ 간소화된 $F(w,\ x,\ y,\ z)=w\bar{x}+\bar{w}x\bar{z}+\bar{x}\bar{y}z+xyz$

그림 3-29 黃·趙의 單純表 (HWANG-CHO's simple table)

민터엄 차 / 민터엄	2^1	2^0
8	0	0
9	0	1
10	1	0
11	1	1

그림 3-29-1 單純表上의 2큐브 關係

기서는, $m1 = m2 + 2^3 = 4 + 8 = 12$는 없고, $m1 = m2 + 2^2 = 4 + 4 = 8$은 주어진 문제의 민터엄 중에 있으나 $\frac{m2}{2^i} = \frac{4}{2^2} = 1$로 홀수 整數가 되어 민터엄 4(0100)와 민터엄 8(1000)은 1큐브 관계가 성립되지 않는다. 그러나 민터엄 4와 민터엄 6은 1큐브 관계가 있다. 이와 같이 모든 민터엄들에 대해서 크기順으로 해나가면 쉽게 모든 1큐브 관계표를 구할 수 있다.

2큐브 관계(2cube relation)

單一表 중의 민터엄 8, 9, 10, 11을 보면 **그림 3-29-1**과 같다. 이런 그림 모양이 되면 민터엄 8, 9, 10, 11은 2^0, 2^1자리에 관계된 비트 0, 1비트(여기서 2진 변수로 y, z)가 제거되고, 즉 10~~00~~→$w\bar{x}$−−로 되어 한 PI로 줄어든다. 이 관계를 0, 1비트에 관하여 2큐브 관계가 있다고 한다(이것은 맵 방법에서 4개 인접 사각형이 묶이는 경우이다). 2큐브 관계가 있는 이유는 다음과 같다. 먼저 민터엄 8과 민터엄 9를 보면, 0비트에서 1큐브 관계가 있다는 것은, 이 비트를 빼놓고는 두 민터엄의 나머지 모든 비트는 동등하다는 의미이다. 그런데 민터엄 8과 9가 1비트에서 다시 똑같이 1큐브 관계들이 있다는 것은 1비트 자리에서 다르고 나머지 모든 비트가 같기 때문에 2개의 민터엄, 즉 10, 11이 존재하고 이들 사이에서도 반드시 민터엄 8, 9와 같이 0비트에서 1큐브 관계가 있어 2큐브 관계가 있는 것이 自明하다.

3큐브 關係(3cube relation) 및 其他

8個의 민터엄들이 3큐브 關係가 成立하여 3비트가 除去되고 한 PI로 簡素化될

민터엄 차 / 민터엄	2^k	2^j	2^i
$m\,1$	0	0	0
$m\,2$	0	0	1
$m\,3$	0	1	0
$m\,4$	0	1	1
$m\,5$	1	0	0
$m\,6$	1	0	1
$m\,7$	1	1	0
$m\,8$	1	1	1

그림 3-29-2 單純表상의 3큐브 관계

경우(맵 方法에서 8個의 隣接 四角形이 한데 묶이는 경우와 같다)도 마찬가지로 單一表상에서 곧바로 찾아 낼 수 있다. 민터엄 $m1$, $m2$, $m3$, $m4$, $m5$, $m6$, $m7$과 $m8$이 i, j, k 비트에 關하여 3큐브 관계가 있으면 單一表상에 **그림 3-29-2**와 같은 形態의 그림이 된다. 그 理由는 2큐브 관계에서 밝힌 것과 같다. 4큐브 관계 및 그 以上 관계도 비슷한 形態가 된다.

PI의 選擇(PI selection)

부울 함수 간소화를 위한 두 번째 절차인 PI(prime implicants)의 선택은 이미 3-11節에서 설명하였지만, 여기서 黃·趙의 單純表상에서 선택하는 절차를 설명하면 아래와 같다. **그림 3-29**의 보기를 보면서 설명한다.

1. PI의 선택 절차

(가) **그림 3-29**에서 보는 바와 같이 單純表상에 **必須 PI** (essential prime implicants)들을 포함하고 있는 민터엄들을 차례로 표시(∨)하고, 그에 해당하는 간소화된

PI를 위에 記入하고, 커버된 민터엄 표시란에 해당 민터엄들을 표시한다. 혹시 必須 PI들로만 모든 민터엄들이 커버될 때에는 이것으로 끝낸다. 이때는 必須 PI들의 合이 간소화된 최종 부울 함수가 된다. 그렇지 않은 경우는 다음 단계 (나)로 넘어간다.

(나) 커버되지 않은 민터엄들 중 1큐브 관계 갯수가 적은 것부터 샅샅이 조사하여 **次善必須 PI** (pseudo essential prime implicant, PEPI)를 찾아서 절차 (가)에서와 같이 單一表를 표시한다. 이 절차로서 모든 민터엄이 커버되면 끝내고 그렇지 않은 경우는 다음 절차 (다)를 밟는다(PEPI의 정의는 다음에 설명함).

(다) EPI와 PEPI로도 커버가 되지 않는 민터엄들은 같은 조건과 같은 기준의 여러 PI들 중 선택 가능 경우(option case)이거나 PI들의 **連鎖循環(a cycle chain of PI's)**인 경우 등이다. 그러므로, 선택 경우는 독자의 기호대로 선정할 것이며 순환 경우는 다른 법칙(petrick의 법칙)을 써서 처리하여 最終簡素化 函數를 구한다.

2. 次善必須 PI(PEPI)의 정의

EPI에 의하여 어떤 부울 함수의 민터엄들을 커버한 뒤, 아직 커버되지 않은 민터엄을 생각할 때, 바로 이 민터엄이 그 밖의 다른 민터엄과 1큐브 관계, 2큐브 관계 등을 가져서 이 민터엄에 관련된 PI들이 존재할 수 있다. 이 경우 관련된 PI들 중 어떤 한 특정한 PI를 택할 때, 이 관련된 모든 PI들이 커버가 되면 이 특정 PI는 최종 간소화된 函數의 PI가 반드시 되는데, 이것을 **次善必須 PI (pseudo essential prime implicant)**라 한다.

3. EPI의 확장

必須 PI에 대해서는 이미 3-11節에서 定義하였으나 좀더 EPI의 의미를 확장하면 아래와 같다.

n큐브 관계가 성립하는 민터엄들 중에 적어도 1개의 민터엄이 n개의 1큐브 관계만을 가지고 있으면, 이 n큐브 관계를 가지는 PI는 **必須 PI**가 된다(참고 문헌 11의 Biswas에 의해서 증명됨). 예를 들어 그림 3-29의 민터엄 10, 11은 1큐브 관계를 2개만 가졌는데, 이들이 2큐브 관계를 이루는 PI $w\bar{x}$에 포함되므로 이 PI $w\bar{x}$는 EPI가 된다.

〔예제 3-17〕 **變數가 9개인 부울 함수의 간소화 例; 다음 함수를 單純表方法으로 간소화하여라.**

$$F(A, B, C, D, E, F, G, H, I)$$
$$=\sum m(6, 7, 22, 23, 38, 70, 102, 134, 262)$$

풀이는 그림 3-30과 같으며 모두 EPI로 되어 있다. 이 결과를 보면, 다른 방법과 같이 민터엄의 1의 갯수를 세는 작업은 전혀 없이 함수의 간소화 작업이 이루어졌음을 알 수 있다.

〔예제 3-18〕 EPI, PEPI와 선택할 PI로 이루는 例 ; 다음 부울 함수를 단일표로 간소화하라.

$$F(A, B, C, D, E) = \sum m(1, 4, 5, 7, 8, 9, 11, 13, 14, 15, 18, 19, 20, 21, 23, 24, 25, 26, 27, 28, 29, 30)$$

그림 3-31과 같이 구해지며 모든 必須 PI(EPI)가 구해진 다음에 아직 커버되지 않은 민터엄 11과 관련된 PI는 $\bar{A}BE$와 $B\bar{C}E$가 있는데, $\bar{A}BE$를 택하면 PI $B\bar{C}E$가 커버하는 모든 민터엄들을 커버하기 때문에 $\bar{A}BE$가 次善 EPI(pseudo EPI)가 되고, 이를 택하였다. 마찬가지로 다른 PEPI도 고르게 되고 최후에 커버 안 된 민터엄 28과 29를 커버하는 PI $AC\bar{D}$나 $AB\bar{D}$를 선택하였다.

〔예제 3-19〕 無關 민터엄(don't care minterm)을 갖고 있는 부울 함수의 例 ; 다음 부울 함수를 단일표 방법으로 간소화하라.

$$F(A, B, C, D, E) = \sum m(1, 4, 7, 14, 17, 20, 21, 22, 23) + d(0, 3, 6, 19, 30)$$

이 경우는 無關項(don't care terms)들이 있는 경우이다. 그림 3-32와 같이 無關項들도 모두 같이 나열하고, 선택할 때만 無關項으로 취급, 처리하면 쉽게 간소화된다.

3-13 2段階 多出力回路의 設計

때때로 디지털 설계에 관한 문제의 답은 같은 변수를 사용한 몇몇의 공식을 실현할 것을 요구한다. 각각의 공식이 따로따로 구성될 수도 있지만 때때로 둘 이상의 공식을 만드는 데 게이트를 같이 사용함으로써 더 경제적으로 구성할 수 있다.

다음 공식을 구성하는 4개의 입력과 3개의 출력을 가진 회로를 그려 보자.

$$F_1(A, B, C, D) = \sum m(11, 12, 13, 14, 15)$$
$$F_2(A, B, C, D) = \sum m(3, 7, 11, 12, 13, 15)$$
$$F_3(A, B, C, D) = \sum m(3, 7, 12, 13, 14, 15)$$

먼저, 각 함수는 따로따로 구성될 것이다. 카르노 맵(karnaugh map) 방식과 그 결

$F(A, B, C, D, E, F, G, H, I)=\sum m(6, 7, 22, 23, 38, 70, 102, 134, 262)$

민터엄 差 / 민터엄		A	B	C	D	E	F	G	H	I	1큐브 관계의 갯수	EPI's				커버된 민터엄 표시란
		256	128	64	32	16	8	4	2	1		134(128) A C D E F G H I	262(256) B C D E F G H I	23(16, 1) A B C D F G H	102(64, 32) A B E F G H I	
민터엄들	6	0	0	0	0	0				0	6	>	>	>	>	>
	7					0				1	2			>		>
	22					1				0	2			>		>
	23					1				1	2			>		>
	38			0	1						2				>	>
	70			1	0						2				>	>
	102			1	1						2				>	>
	134		1								1	>				>
	262	1									1		>			>

$F(A, B, C, D, E, F, G, H, I)=A C D E F G H I + B C D E F G H I + A B C D F G H + A B E F G H I$

그림 3-30 입력 변수가 9개인 경우 단순표

민터엄 \ 민터엄 差	A	B	C	D	E	1큐브 관계의 갯 수	essential PI's				pseudo EPI's						option case		커버된 민터엄 표시란
민터엄	16	8	4	2	1		13(8, 4) $\overline{A}\,\overline{D}\,E$	21(16, 1) $\overline{B}\,C\,\overline{D}$	25(16, 1) $B\,\overline{C}\,\overline{D}$	27(8, 1) $A\,\overline{C}\,D$	15(4, 2) $\overline{A}\,B\,E$		23(16, 2) $\overline{B}\,C\,E$		30(16) $B\,C\,D\,\overline{E}$		29(4, 1) $A\,B\,\overline{D}$		
1		0	0			2	>												>
4	0				0	2		>											>
5	0	0	1	0	1	5	>	>					*	>					>
7	0	0		1		3							*	(>)					>
8	0				0	2			>										>
9	0	1	0	0	1	5	>		>		>	*							>
11	0		0	1		3					(>)	*							>
13	0	1	1	0		4	>				>		*						>
14	0				0	2									(>)	*			>
15		1	1	1	1	4					>		*			*			>
18		0			0	2				>									>
19		0	0		1	3				>									>
20	1	0			0	3		>									*		>
21	1	0		0	1	4		>						>			*		>
23	1		1	1		3								>					>
24	1		0	0	0	4			>									>	>
25	1		0	0	1	4			>			*						>	>
26		1	0	1	0	4				>									>
27	1	1		1	1	4				>		*							>
28		1	1	0	0	4											*	>	>
29	1	1	1		1	4											*	>	>
30	1		1	1		3									>				>

$$F(A, B, C, D, E) = \sum m(1, 4, 5, 7, 8, 9, 11, 13, 14, 15, 18, 19, 20, 21, 23, 24, 25, 26, 27, 28, 29, 30)$$
$$= \overline{A}\,\overline{D}\,E + \overline{B}\,C\,\overline{D} + B\,\overline{C}\,\overline{D} + A\,\overline{C}\,D + B\,C\,D\,\overline{E} + \overline{B}\,C\,E + \overline{A}\,B\,E + A\,B\,\overline{D}$$

그림 3-31 EPI, PEPI 및 선택 PI가 있는 경우의 단순표

$$F(A, B, C, D, E) = \sum m(1, 4, 7, 14, 17, 20, 21, 22, 23) + d(0, 3, 6, 19, 30)$$

민터엄 \ 민터엄 差	A	B	C	D	E	1큐브 관계의 갯수	EPI	PEPI				option PI		커버된 민터엄 표시란
민터엄	16	8	4	2	1		30(16, 8) X X 1 1 0 $C D \overline{E}$	19(16, 2) X 0 0 X 1 $\overline{B}\,\overline{C}\,E$	22(16, 2) X 0 1 X 0 $\overline{B}\,C\,\overline{E}$	23(16, 1) X 0 1 1 X $\overline{B}\,C\,D$		23(2, 1) 1 0 1 X X $A\,\overline{B}\,C$	23(4, 2) 1 0 X X 1 $A\,\overline{B}\,E$	
0			0		0									
1	0			0	1	3		(>)						>
3	0		0	1				>			*			
4	0		1	0		3			(>)					>
6	0	0		1	0		>		>	>				
7	0		1		1	3				(>)	*			>
14	0	1				2	>							>
17	1		0	0		3		>					>	>
19	1		0	1				>			*		>	
20	1			0	0	3			>			>		>
21			1	0	1	3						(>)	>	>
22	1	0		1	0	4	>		>	>		>		>
23	1		1	1	1	4				>	*	>	>	>
30	1	1				2	>							

$$\therefore F(A, B, C, D, E) = C D \overline{E} + \overline{B} C \overline{E} + \overline{B} C D + A \overline{B} C \text{ (혹은 } A \overline{B} E)$$

그림 3-32 無關項을 갖는 경우의 단일표

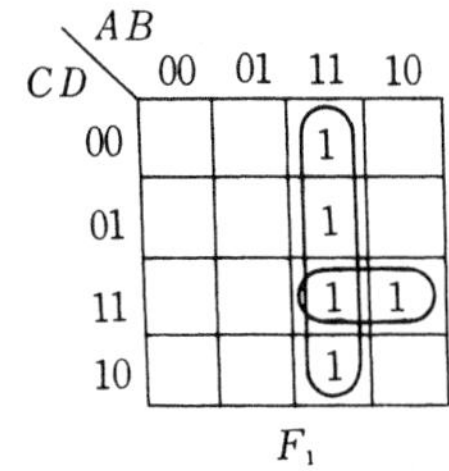

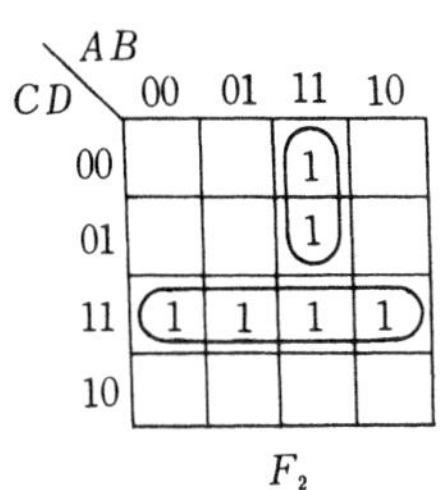

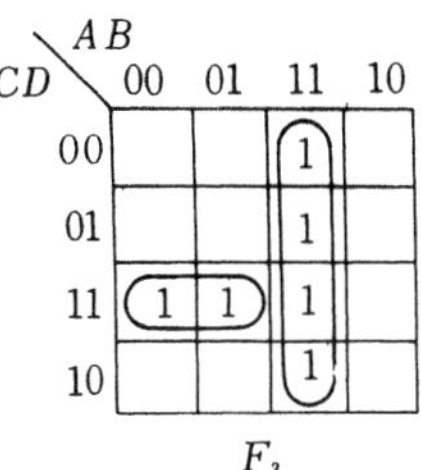

그림 3-33 식에 대한 카르노 맵

과로 나온 회로는 그림 3-33과 3-34이다. 이 회로의 값은 게이트가 9개이고 21개의 게이트 입력이 있다.

F_1과 F_3의 AB를, 같은 게이트를 사용함으로써 명백히 줄일 수 있다. 이것은 값을 8개의 게이트, 그리고 19개의 게이트 입력까지 줄일 수 있다. 더 나아가서 눈에 금방 띄지 않지만 간소화는 더 가능하다. ACD가 F_1을 구성하는 데 필요하고 F_3에는 $A'CD$가 필요하다고 볼 때, F_2의 CD를 $A'CD+ACD$로 바꾼다면 CD의 구성은 필요 없고, 한 게이트가 줄어들게 된다. 그림 3-35는 줄어든 회로를 보여 주는 데 7개의 게이트와 18개의 게이트 입력이 필요하다.

그림 3-35에서 F_2를 $ABC'+A'CD+ACD$로 구성했는데, 이것은 곱의 최소 합이 아니고 項(term) 중 둘은 F_2의 PI가 아님을 명심하라.

그러므로 多出力回路를 구성하는 데 있어서, 각 함수에 대한 PI의 최소 합의 사용은 일반적으로 회로를 구성하는 데 최소값을 가진 해답이 되지 않는다.

多出力回路를 구성할 때, 사용되는 게이트의 전체 숫자를 줄이는 데 노력해야 한다. 만약 게이트의 숫자가 같은 답에 여러 개가 나오면 가장 작은 게이트 입력을 가진 것을 택한다. 다음 예는 게이트를 줄이기 위해 공통 항을 사용하는 것을 보여 준

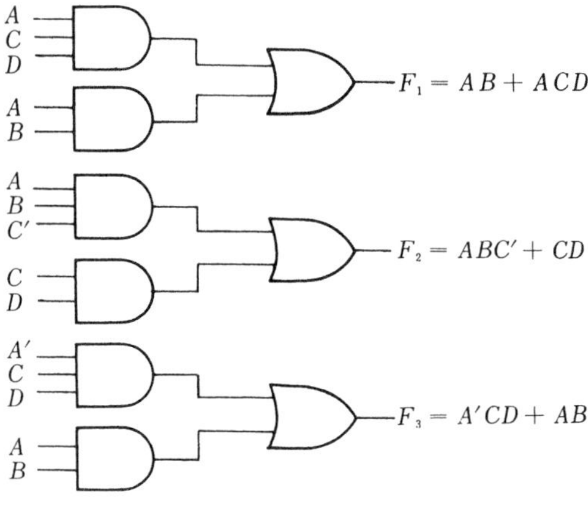

그림 3-34 식을 구성한 회로

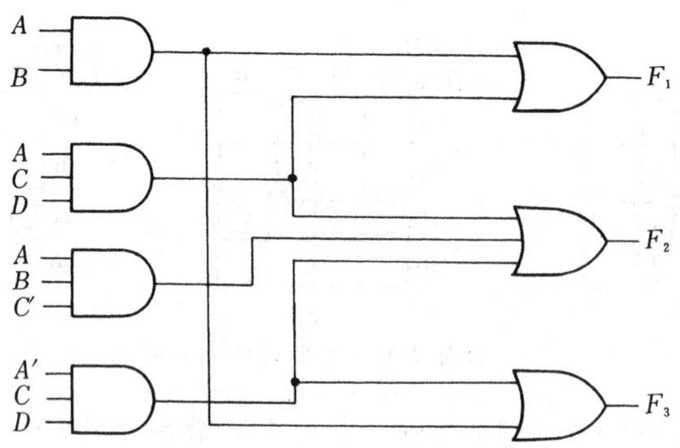

그림 3-35 식을 다출력으로 구성한 회로

다. 입력이 4개이고 출력이 3개인 회로는 다음 함수를 구성하도록 되어 있다.

$$f_1 = \sum m(2,\ 3,\ 5,\ 7,\ 8,\ 9,\ 10,\ 11,\ 13,\ 15)$$
$$f_2 = \sum m(2,\ 3,\ 5,\ 6,\ 7,\ 10,\ 11,\ 14,\ 15)$$
$$f_3 = \sum m(6,\ 7,\ 8,\ 9,\ 13,\ 14,\ 15)$$

먼저 f_1, f_2, f_3의 맵을 그린다(그림 3-36).
각 함수가 따로따로 줄어든다면 그 결과는,

$$f_1 = bd + b'c + ab' \qquad \text{10개의 게이트}$$
$$f_2 = c + a'bd$$
$$f_3 = bc + ab'c' + \left\{ \begin{matrix} abd \\ \text{or} \\ ac'd \end{matrix} \right\} \qquad \text{25개의 게이트 입력}$$

맵을 살펴보면 $a'bd$(f_2의)와 abd(f_3의)와 $ab'c'$(f_3의)는 f_1에 사용될 수 있다. 만약 bd가 $a'bd + abd$로 바뀌어진다면, bd를 구성하는 게이트는 줄어들 수 있다. f_1의 m_{10}

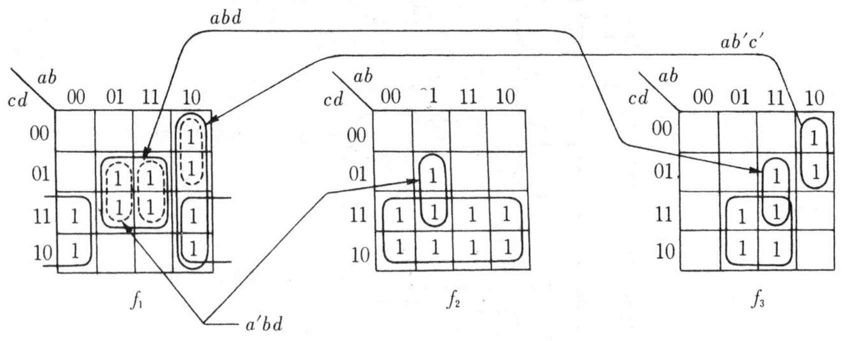

그림 3-36 f_1, f_2, f_3의 맵

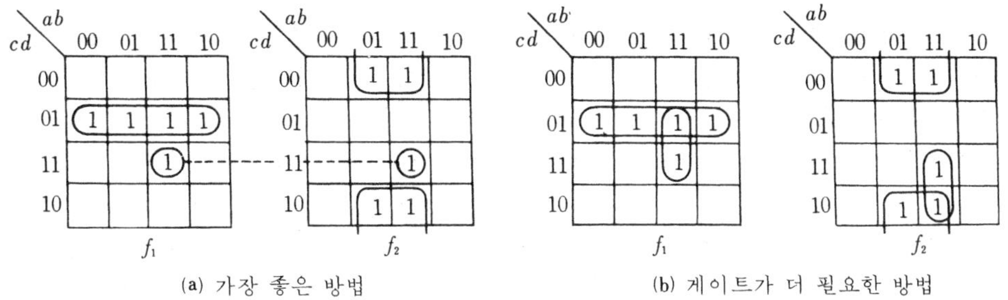

(a) 가장 좋은 방법 (b) 게이트가 더 필요한 방법

그림 3-37

과 m_{11}은 $b'c$에 의해서 구성되기 때문에 (f_3의) $ab'c'$는 m_8과 m_9를 구성하는 데 사용될 수 있다. 그리고 ab'를 구성하는 게이트는 줄어들 수 있다. 최소로 줄인 답은 ;

$$f_1 = \underline{a'bd} + \underline{abd} + \underline{ab'c'} + b'c \qquad 8\text{개의 게이트}$$
$$f_2 = c + \underline{a'bd}$$
$$f_3 = bc + \underline{ab'c'} + \underline{abd} \qquad 22\text{개의 게이트 입력}$$

(두 공식에서 공통으로 쓰인 항은 밑줄을 쳤음)

多出力回路를 구성할 때, 1과 인접한 1을 묶지 않는 것이 때로는 유익할 수 있다. 그 예는 그림 3-37과 같다.

다음 예에서 공통 항의 최대 숫자를 가진 해답이 항상 좋은 것이 아님을 보여 준다.

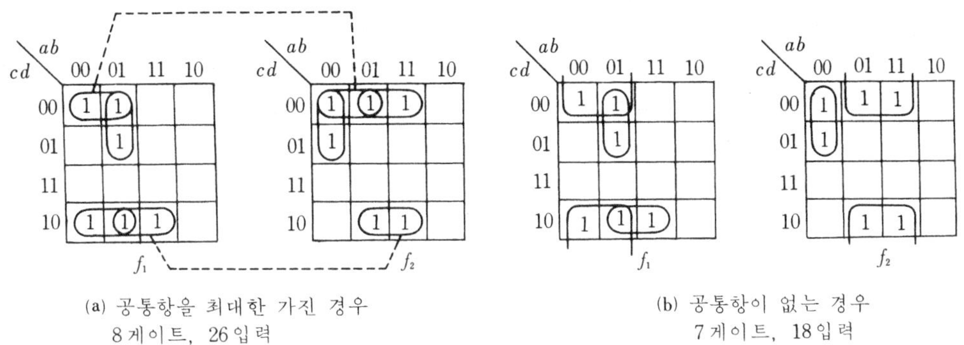

(a) 공통항을 최대한 가진 경우 8게이트, 26입력 (b) 공통항이 없는 경우 7게이트, 18입력

그림 3-38

多出力 構成에 필요한 必須 PI의 決定

2단계 多出力 最小回路를 구성하는 데 필요한 첫 단계는 必須 PI를 구하는 것이 때때로 바람직하다. 그렇지만 조심해야 할 것은 각각의 함수에는 중요한 PI이지만 多出力 구성에는 중요하지 않은 것들이 있기 때문이다. 예를 들어 그림 3-36에서, bd

는 f_1의 必須 PI이지만(m_5를 구성하는) 多出力 구성에는 중요하지 않다. bd가 중요하지 않는 이유는 m_5가 f_2 맵에도 나타나기 때문이며, f_1이나 f_2에 공유하여 사용될 수 있기 때문이다.

함수들을 구성하는 데 필요한 PI나 多出力 구성에 필요한 PI는 단출력을 사용시 구성하는 방법을 변화시켜 사용할 수 있다. 특별히 맵의 각 1을 단지 하나의 PI로 구성해야 하는가를 조사할 때, 다른 함수의 맵에 나타나지 않은 1들의 주변을 조사하면 된다. 그러므로, 그림 3-37에서 $c'd$가 多出力 구성을 위해 f_1에 필요하다는 것을 알 수 있다(m_1 때문에). 그러나 abd는 m_{15}가 f_2맵에 다시 나타났기 때문에 필요하지 않다. 그림 3-38에서, f_2맵에 나타나지 않은 f_1의 유일한 민터엄은 m_2와 m_5이다. m_2를 구성하는 유일한 PI는 $a'd'$이다. 그러므로 多出力 구성에서 $a'd'$는 f_1에 필수이다. 똑같이 m_5를 구성하는 단 하나의 PI는 $a'bc'$이고 $a'bc'$가 필수이다. f_2맵에서 bd'는 필요하다(왜?). f_1과 f_2를 위한 必須 PI를 묶으면 최소의 해답을 위한 나머지 항의 선택은 이 예에서 명백해진다.

위에서 설명한 必須 PI를 찾는 방법은 f_1의 모든 민터엄이 f_2와 f_3에 나타나는 그림 3-36과 같은 문제에는 적용되지 않는다. 더 복잡한 기술로 그와 같은 문제에서 기초 PI를 찾을 수 있지만 이와 같은 기술은 이 교과서의 범위를 넘는다.

코우드 變換回路의 構成

10진수를 한 코우드에서 다른 코우드로의 변환은 자주 필요하다. 다음 예는 8-4-2-1 *BCD* 코우드를 3增 코우드(excess-3 code)로 변환하는 회로를 구성하는 것을 나타낸다. 회로는 4개의 입력과 4개의 출력을 가진다. 입력 $abcd$는 *BCD* 코우드로 10개의 10진수 중 하나를 나타내고, 출력 $wxyz$는 3增 코우드로 10개의 10진수 중 하나를 나타낸다. 그림 3-39의 표는 회로에 의해 구성되는 4개의 함수를 표시한다. 10진수가 아닌 係數는 입력으로 나타날 수 없다고 한다면 w, x, y, z는 이런 입력에 대하여 무관하게 된다.

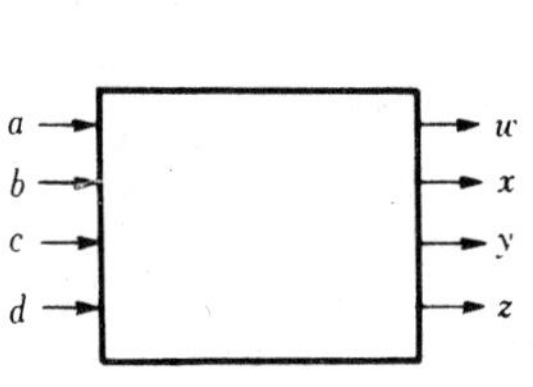

a b c d	w x y z
0 0 0 0	0 0 1 1
0 0 0 1	0 1 0 0
0 0 1 0	0 1 0 1
0 0 1 1	0 1 1 0
0 1 0 0	0 1 1 1
0 1 0 1	1 0 0 0
0 1 1 0	1 0 0 1
0 1 1 1	1 0 1 0
1 0 0 0	1 0 1 1
1 0 0 1	1 1 0 0

그림 3-39 코우드 변환 회로

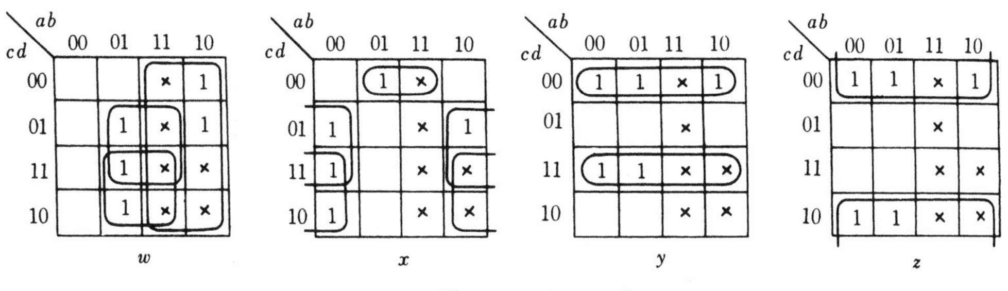

그림 3-40 카르노 맵

그림 3-40은 카르노 맵이다.

z에 대한 최소값은 d'이다. w, x, y의 맵 사이에서 공통항을 조사하면 공통항의 사용이 회로를 줄이는 데 도움이 되지 않는다는 것을 알 수 있다. 그러므로, 2단계 AND-OR 최소 해답(10개의 게이트)은 ;

$$w = a + bc + bd$$
$$x = bc'd' + b'd + b'c$$
$$y = c'd' + cd$$
$$z = d'$$

3단계 해답은 w와 x가 다음과 같이 $c + d$를 공통 항으로 가진 경우 9개의 게이트로 가능하다.

$$w = a + b\,(\underline{c + d})$$
$$x = bc'd' + b'\,(\underline{c + d})$$

3-14 맺 음 말

이 章에서 부울 함수를 간소화시키는 3가지 방법을 소개하였다. 간소화의 평가 기준은 곱의 합이나 합의 곱형의 표현에서 최소 문자의 갯수이다. 맵과 테이블 방법 둘 다 부울 함수가 標準型으로 표시되어 있을 때만 사용할 수 있다(이 점은 약점이지만 그리 대단하지 않다). 대부분의 응용에서 標準型이 더 많이 사용되며 그림 3-15에서처럼 標準型의 실현은 2단계를 넘지 않는다(非標準型의 표현은 2단계 이상이다). Humphrey(5)는 단순화된 다단계 표현을 만들도록 맵을 확장시켰다.

맵에 쓰여진 交番 코우드의 선택이 유일한 것이 아님을 생각할 때, 지금까지 쓴 것과 다르게 각 行과 列에 숫자를 배치할 수도 있다. 2진수가 인접 사각형간에 오직 1비트만 차이 난다면 그 맵은 유효한 것이다.

그림 3-41의 두 맵은 디지털 논리에서 자주 나오는 다른 표현들이다. 참고하기 위해

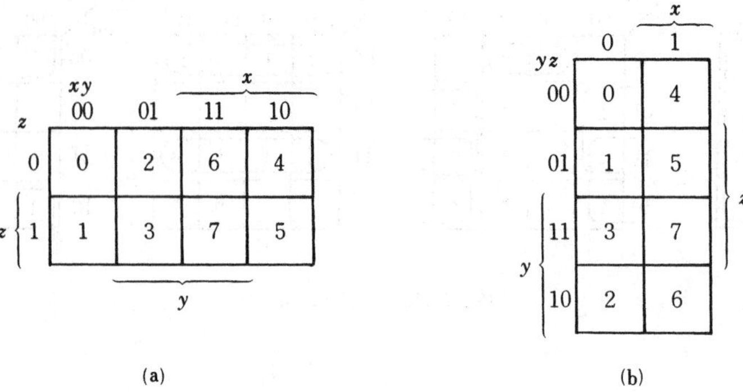

(a) (b)

그림 3-41 3변수 맵의 변형

각 사각형마다 민터엄의 숫자를 기입하였다.

그림 3-4(a)의 각 行과 列에 할당된 변수는 지금까지 이 책에서 사용한 것과는 다르며 (b)는 수직 방향으로 맵을 돌려 놓은 것이다. 모든 맵에 기록된 민터엄 숫자는 아직도 xyz 順이다. 예를 들어 민터엄 6의 사각형은 2진 변수 $xyz=110$이며, (a)에서는 $xy=11$의 列과 $z=0$의 行에서 발견된다. 또한 동일한 사각형이 (b)에서는 $x=1$인 列과 $yz=10$인 行에서 찾을 수 있다. 이 맵들에서 단순화 과정은 이 章에서 설명된 방법과 똑같으며 차이점은 민터엄과 변수 배열의 변화이다.

그림 3-42에는 4변수 맵의 두 가지 변형이 있는데, (a)가 매우 자주 사용된다. 여기서도 차이점은 각 行과 列 사이의 변수 할당의 변화이며, 이는 매우 미미하다. (b)는 (a)를 카르노(2)가 수정한 veitch 다이어그램(1)이다. 다시 이 책의 단순화 과정과 이들의 그것은 다르지 않다는 것을 말해 준다. 5개와 6개 변수의 맵에도 변형된 것들이 있으며 어떤 경우에 있어서든지 차이점이란 단지 각 사각형에 할당된 민터엄의 변화라는 점을 인식하여야 한다.

예제 3-13과 **3-14**에서 명백하듯이 테이블 방법에는 긴 표를 비교하여야 하기 때문에 발생하는 실수가 있다. 이를 더 개선한 방법이 黃·趙의 單純表 方法이다. 맵 방법이 더 좋은 것처럼 보이나 5개의 변수를 넘기면 최선의 단순화된 표현을 발견하기란 힘들다. 테이블 방법의 진정한 장점은 규정된 과정에 의해 답을 얻을 수 있다는 점이며 이는 컴퓨터 체계에 매우 적당하다.

3-9節에서 테이블 방법도 언제든지 함수의 민터엄을 나열해서 시작하였다. 만일 함수가 이 형이 아니면 이는 반드시 바꾸어져야 하며, 대부분의 응용에 있어서 함수는 즉시 민터엄을 알 수 있다는 진리표로부터 간소화시키는 경우가 많다.

그렇지 않으면 민터엄으로 바꾸는 작업이란 문제의 난이도를 가중시킨다. 그러나 임의의 곱의 합 표현에서 PI를 발견해 내는 방법이 있는데, 예로 (7) McCluskey를 보라.

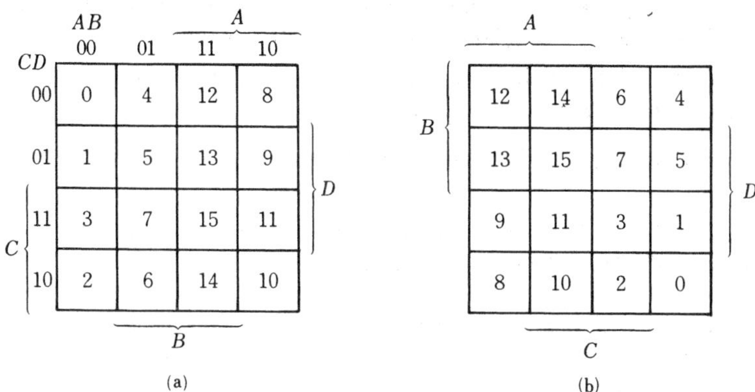

그림 3-42 4변수 맵의 변형

이 章에서 우리는 많은 입력 변수와 단 하나의 출력 변수로 된 함수의 단순화를 살펴보았고 2단계 다출력 함수를 간단히 취급하였다. 그러나, 모든 디지털 회로에는 하나 이상의 출력 변수가 있어 그것은 각각 부울 함수의 집합으로 표현해야 한다. 여러 출력을 가진 회로는 때때로 설계 도중에 여러 함수 중 공통인 항을 발견하여 게이트를 공통으로 쓸 수 있는 경우가 많이 생긴다. 각 함수가 각각 별도로 간소화되었을 경우라도 더 간소화시키는 이 과정을 고려하지 않으면 안 된다. 多出力回路 (6, 7)에 대한 확장된 테이블 방법 및 其他 방법들이 있으나 이는 매우 특수화되어 인간에게는 지루하다. 이 방법은 컴퓨터 프로그램을 하여 사용자가 실지로 사용한다. 여기서는 간단한 경우만 취급하였다.

참 고 문 헌

1. Veitch, E. W., "A Chart Method for Simplifying Truth Functions." *Proc. of the ACM* (*May* 1952), 127–33.

2. Karnaugh, M., "A Map Method for Synthesis of Combinational Logic Circuits." *Trans. AIEE, Comm. and Electronics*, Vol. 72, Part I (November 1953), 593–99.

3. Quine, W. V., "The Problem of Simplifying Truth Functions." *Am. Math. Monthly*, Vol. 59, No. 8 (October 1952), 521–31.

4. McCluskey, E. J., Jr., "Minimization of Boolean Functions." *Bell System Tech. J.*, Vol. 35, No. 6 (November 1956), 1417–44.

5. Humphrey, W. S., Jr., *Switching Circuits with Computer Applications*. New York: McGraw-Hill Book Co., 1958, Chap. 4.

6. Hill, F. J., and G. R. Peterson, *Introduction to Switching Theory and Logical Design*, 2nd ed. New York: John Wiley & Sons, Inc., 1974, Chaps. 6 and 7.

7. McCluskey, E. J., Jr., *Introduction to the Theory of Switching Circuits*. New York: McGraw-Hill Book Co., 1965, Chap. 4.

8. Kohavi, Z., *Switching and Finite Automata Theory*. New York: McGraw-Hill Book Co., 1970.

9. Nagle, H. T. Jr., B. D. Carrol, and J. D. Irwin, *An Introduction to Computer Logic*. Englewood Cliffs, N.J.: Prentice-Hall, Inc., 1975.

10. G. Karnaugh, "*The map method for synthesis of combinational logic circuits*," AIEE Trans. Commun. Electron., pt. 1, Vol. 72, pp. 593-599. Nov. 1953.

11. N. N. Biswas, "*Minimization of Boolean functions*," IEEE Trans. Comput. Vol. C-20, pp. 925-929, Aug. 1971.

12. Hee Yeung Hwang, "*A New Approach to the Minimization of Switching Functions by the Simple Table method*," KIEE, Vol. 28. No. 6. pp. 451-467. June 1979.

연습 문제

3-1 다음 부울 함수에서 곱의 합형으로 간소화된 표현을 구하라.

(a) $F(x, y, z) = \sum(2, 3, 6, 7)$
(b) $F(A, B, C, D) = \sum(7, 13, 14, 15)$
(c) $F(A, B, C, D) = \sum(4, 6, 7, 15)$
(d) $F(w, x, y, z) = \sum(2, 3, 12, 13, 14, 15)$

3-2 다음 부울 함수에서 곱의 합형으로 간소화된 표현을 구하라.

(a) $xy + x'y'z' + x'yz'$
(b) $A'B + BC' + B'C'$
(c) $a'b' + bc + a'bc'$
(d) $xy'z + xyz' + x'yz + xyz$

3-3 다음 부울 함수에서 곱의 합형으로 간소화된 표현을 구하라.

(a) $D(A' + B) + B'(C + AD)$
(b) $ABD + A'C'D' + A'B + A'CD' + AB'D'$
(c) $k'lm' + k'm'n + klm'n' + lmn'$

(d) $A'B'C'D' + AC'D' + B'CD' + A'BCD + BC'D$

(e) $x'z + w'xy' + w(x'y + xy')$

3-4 다음 부울 함수에서 곱의 합형으로 간소화된 표현을 구하라.

(a) $F(A, B, C, D, E) = \sum(0, 1, 4, 5, 16, 17, 21, 25, 29)$

(b) $BDE + B'C'D + CDE + A'B'CE + A'B'C + B'C'D'E'$

(c) $A'B'CE' + A'B'C'D' + B'D'E' + B'CD' + CDE' + BDE'$

3-5 다음 진리표를 주었을 때 ;

x	y	z	F_1	F_2
0	0	0	0	0
0	0	1	1	0
0	1	0	1	0
0	1	1	0	1
1	0	0	1	0
1	0	1	0	1
1	1	0	0	1
1	1	1	1	1

(a) F_1과 F_2를 맥스터엄의 곱으로 표시하라.

(b) 곱의 합형 표현으로 함수를 간소화하라.

(c) 합의 곱형 표현으로 함수를 간소화하라.

3-6 합의 곱형으로 간소화된 표현을 구하라.

(a) $F(x, y, z) = \Pi(0, 1, 4, 5)$

(b) $F(A, B, C, D) = \Pi(0, 1, 2, 3, 4, 10, 11)$

(c) $F(w, x, y, z) = \Pi(1, 3, 5, 7, 13, 15)$

3-7 (1) 곱의 합, (2) 합의 곱형으로 간소화된 표현을 구하라.

(a) $x'z' + y'z' + yz' + xyz$

(b) $(A + B' + D)(A' + B + D)(C + D)(C' + D')$

(c) $(A' + B' + D')(A + B' + C')(A' + B + D')(B + C' + D')$

(d) $(A' + B' + D)(A' + D')(A + B + D')(A + B' + C + D)$

(e) $w'yz' + vw'z' + vw'x + v'wz + v'w'y'z'$

3-8 AND와 OR 게이트를 사용하여 문제 3-7에서 구한 부울 함수를 실현하라.

3-9 다음 각 함수를 간단히 하고, NAND 게이트로서 그들을 실현하라. 두 가지 방법으로 구하라.

(a) $F_1 = AC' + ACE + ACE' + A'CD' + A'D'E'$
(b) $F_2 = (B' + D')(A' + C' + D)(A + B' + C' + D)(A' + B + C' + D')$

3-10 문제 3-9를 NOR 게이트로 실현하라.

3-11 다음 함수들을 NAND 게이트로 실현하라. 단, 정상과 보수 입력 모두 유용하다고 가정한다.

(a) $BD + BCD + AB'C'D' + A'B'CD'$ (세 입력을 가진 6개의 게이트로)
(b) $(AB + A'B')(CD' + C'D)$ (두 입력을 가진 게이트로)

3-12 다음 함수를 NOR 게이트로 실현하라. 단, 정상과 보수 입력 모두 유용하다고 가정한다.

(a) $AB' + C'D' + A'CD' + DC'(AB + A'B') + DB(AC' + A'C)$
(b) $AB'CD' + A'BCD' + AB'C'D + A'BC'D$

3-13 8개의 縮退(degenerate) 2단계형을 나열하고 이것들이 하나의 동작으로 간소화됨을 보여라. 또, 이것들이 어떻게 게이트의 팬인(fan-in)으로 확장될 수 있는지를 설명하라.

3-14 문제 3-9의 함수들을 다음 2단계형으로 구성하라.

NOR-OR, NAND-AND, OR-NAND, AND-NOR

3-15 d로 나타내진 리던던시 조건을 사용하여 부울 함수 F를 곱의 합형으로 간단히 하라.

(a) $F = y' + x'z'$
$d = yz + xy$
(b) $F = B'C'D' + BCD' + ABC'D$
$d = B'CD' + A'BC'D$

3-16 부울 함수 F를 리던던시 조건 d를 사용하여 (1) 곱의 합, (2) 합의 곱형으로 간단히 하라.

(a) $F = A'B'D' + A'CD + A'BC$
$d = A'BC'D + ACD + AB'D'$
(b) $F = w'(x'y + x'y' + xyz) + x'z'(y + w)$
$d = w'x(y'z + yz') + wyz$
(c) $F = ACE + A'CD'E' + A'C'DE$
$d = DE' + A'D'E + AD'E'$

(d) $F = B'DE' + A'BE + B'C'E' + A'BC'D'$
$d = BDE' + CD'E'$

3-17 리던던시 조건을 사용하여 다음 함수를 실현하라. 단, 정상과 보수 입력 모두 유용한 것으로 가정한다.

(a) $F = A'B'C' + AB'D + A'B'CD'$ (2개의 NOR 게이트로)
$d = ABC + AB'D'$
(b) $F = (A + D)(A' + B)(A' + C')$ (3개의 NAND 게이트로)
(c) $F = B'D + B'C + ABCD$ (NAND 게이트로)
$d = A'BD + AB'C'D'$

3-18 다음 함수를 NAND 또는 NOR 게이트로 실현하라. 단, 4개의 게이트만 쓸 수 있으며, 정상 입력만이 가능하다.

$F = w'xz + w'yz + x'yz' + wxy'z$
$d = wyz$

3-19 다음 부울 함수의 표현 ;

$BE + B'DE'$

이, 단순화된 표현 ;

$A'BE + BCDE + BC'D'E + A'B'DE' + B'C'DE'$

이라면, 어떤 리던던시 조건이며, 쓰여진 리던던시 조건은 무엇인가?

3-20 8개 이하의 문자로 다음 함수를 표현할 수 있는 세 가지 방법을 제시하라.

$F = A'B'D' + AB'CD' + A'BD + ABC'D$

3-21 맵을 사용하여 $F = fg$인 함수를 곱의 합형으로 간단히 하라.

단, $f = wxy' + y'z + w'yz' + x'yz'$
$g = (w + x + y' + z')(x' + y' + z)(w' + y + z')$

힌트 : 문제 2-8(b)를 참고하라.

3-22 그림 3-41(a)에 정의된 맵을 사용하여 문제 3-2(a)의 부울 함수를 간단히 하라. 또, 그림 3-41(b)로 반복하라.

3-23 그림 3-42(a)에 정의된 맵을 사용하여 문제 3-3(a)의 부울 함수를 간단히 하라. 또, 그림 3-42(b)로 반복하라.

3-24 테이블 방법으로 다음 부울 함수를 간단히 하라.

(a) $F(A, B, C, D, E, F, G) = \sum(20, 28, 52, 60)$
(b) $F(A, B, C, D, E, F, G) = \sum(20, 28, 38, 39, 52, 60, 102, 103, 127)$
(c) $F(A, B, C, D, E, F) = \sum(6, 9, 13, 18, 19, 25, 27, 29, 41, 45, 57, 61)$

3-25 테이블 방법으로 문제 3-6을 풀어라.

3-26 테이블 방법으로 문제 3-16 (c) 와 (d) 를 풀어라.

3-27 문제 3-24를 黃·趙의 單純表方法으로 간단히 하라.

4

組合論理
Combinational Logic

4-1 序 論

디지털 시스템(digital system)에 관한 論理回路에는 組合回路(combinational circuit)와 順次回路(sequential circuit)가 있다. 組合回路는 前의 入力組合에 관계 없이 현재의 입력 조합에 의하여 출력이 직접 결정되는 논리 게이트들로 구성되며, 부울 대수들의 집합에 의해서 완전히 논리적으로 명시되어지는 특별한 情報處理作動을 집행한다. 順次回路는 논리 게이트 외에 메모리 장치 요소들(2진 소자)도 사용한다. 순차 회로의 출력은 메모리 요소들의 상태와 입력들의 함수로서, 메모리 장치 요소들의 상태는 그 전 입력들에 좌우된다. 따라서 순차 회로의 출력은 현재의 입력뿐만 아니라 과거의 입력들에 의해서도 결정되어지며 회로의 작동은 내부 상태와 입력들의 時順次(time sequence)에 의해 명시되어야 한다. 순차 회로에 관해서는 6장에서 토의할 것이다.

1장에서 우리는 離散情報를 표현하고 있는 2진 코우드와 2진수를 배웠다. 이 2진 變數들은 전압 또는 다른 신호에 의해 표현된다. 신호들은 디지털 논리 게이트 내에서 교묘하게 처리되어 요구되는 기능들을 수행할 수 있다. 2장에서 우리는 代數的으로 論理函數들을 표현하기 위해 부울 代數(Boolean algebra)를 도입했다. 3장에서 우리는 게이트를 경제적으로 제작하기 위해 부울 함수들을 단순화시키는 방법을 배웠다. 이 장에서는 여러 가지 시스템 설계와 조합 회로의 해석 과정을 공식화하는 데 그 目的이 있다.

대표적인 몇몇 보기를 통해, 디지털 컴퓨터와 디지털 시스템을 이해하는 데 중요한 기본적인 함수들의 목록을 제공할 것이다.

組合回路는 入力變數, 논리 게이트, 그리고 出力變數들로 구성된다. 논리 게이트들은 入力에서 신호를 받아 신호를 생성해서 出力에 보낸다. 이 과정은 주어진 입력 데이터로부터 요구하는 출력 데이터로 2진 정보를 변환시킨다. 명백히 입력 데이터와 출력 데이터는 둘 다 2진 신호로 표현되어진다. 즉, 그것들은 論理－1과 論理－0에 대응되는 2가지 가능한 값으로 표현된다.

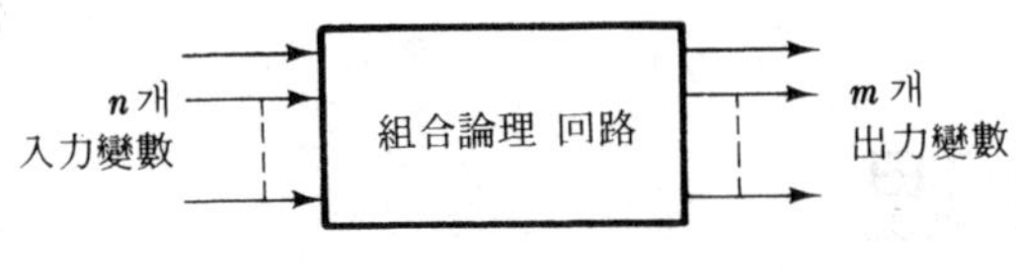

그림 4-1 組合回路의 블록圖

그림 4·1은 조합 회로의 블록圖이다. *n*個의 입력 2진 변수들이 외부 出發源으로부터 들어오고 *n*개의 출력 변수들이 외부 行先點으로 나간다. 출발점과 행선점은 조합 회로에 근접한 곳이나 멀리 떨어진 외부 장치에 위치한 貯藏 레지스터(storage register)이다. 定義에 의해 외부 레지스터는 조합 회로의 작동에 영향을 미치지 못하는데, 그 이유는 만일 영향을 미친다면 전체 시스템은 또 하나의 순차 회로가 되기 때문이다. *n*개의 입력 변수들의 경우 2^n개의 2진 입력 조합이 가능하다. 각 가능한 입력 조합에 대해 단 **한 개의 出力組合**이 가능하다. 조합 회로는 각 출력 변수에 대해 1개의 부울 함수가 기술되므로 *m*개의 부울 함수에 의해 기술할 수 있다. 각 출력 함수는 *n*개의 입력 변수들에 의해 표현된다.

각 입력 변수는 1개 또는 2개의 선을 가질 수 있다. 한 선만을 사용할 때 그 변수는 正常形態(unprimed)나 補數形態(primed)로 표현되어진다. 부울 함수로 표현될 때 각 변수는 補數形態나 正常形態로 나타나므로 입력 線에서 직접 이용할 수 없는 입력 변수에는 인버어터(inverter)를 첨가하는 것이 필요하다. 한편 입력 변수가 2개의 線을 가질 경우 한 線은 補數形態이고 다른 線은 正常形態이다. 따라서 입력에 인버어터를 첨가할 필요가 없다. 앞으로 우리는, 각 입력 변수는 2개의 선으로 표시된다고 가정할 것이다. 우리는 1개의 선만을 사용할 경우 인버어터가 입력 변수의 補數를 제공할 수 있다는 점을 인식해야만 한다.

4-2 設計過程(design procedure)

조합 회로의 설계는 문제에 대한 대략적인 구두 설명으로 시작해서 논리 회로도나 회로도를 쉽게 얻을 수 있는 부울 함수 조합을 구함으로써 끝난다. 그 과정은 다음과 같다.

組合回路의 設計過程

1. 문제를 記述한다.

2. 입력 변수들과 출력 변수들의 갯수를 결정한다.
3. 입력 변수들과 출력 변수들에게 문자 기호를 할당한다.
4. 입력 변수들과 출력 변수들의 관계를 정의하는 眞理表를 만든다.
5. 각 출력에 대해 단순화되어진 부울 함수를 얻는다.
6. 논리도를 그린다.

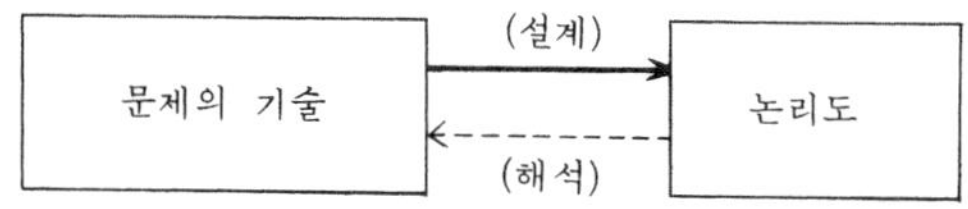

조합 회로에 대한 眞理表는 입력란과 출력란으로 구성된다. n개의 입력 변수에 대해 입력란에는 2^n개의 가능한 1과 0들의 2진 조합이 있게 된다. 출력에 대한 2진 값은 기술한 문제를 살펴봄으로써 결정한다. 각 출력은 모든 타당한 입력 조합에 따라 1 또는 0이 된다. 그러나 어떤 입력은, 조합에 대해서는 출력이 결코 일어날 수 없다고 규정될 수 있는데, 이때 이 조합들은 리던던시 條件 (혹은 無關條件 : don't care condition)이 된다.

眞理表에 열거한 출력 함수들은 조합 회로를 정확하게 정의한다. 구두 설명은 올바르게 眞理表로 解析되어져야 한다. 때때로 설계자는 直觀과 經驗을 살려 올바른 해석을 해야 한다. 단어 설명은 거의 완전하거나 정확하지 못하다. 잘못된 해석은 올바르지 못한 眞理表를 만들어 내고 따라서 記述한 요구 사항을 이행하지 못할 조합 회로를 만들게 된다.

眞理表로부터의 출력 부울 함수들은 算術處理, 맵 方法(map method), 테이블 方法들의 여러 방법들을 사용하여 단순화한다. 보통 단순화된 표현은 하나가 아니라 여러 개일 것이다. 따라서 어떤 기준이나 제한에 의해 여러 개의 단순화할 평가 기준들 중에서 하나를 선택할 필요가 있다. 실제의 설계 방법에서는, (1) 最小 게이트 數, (2) 最小 게이트 入力, (3) 回路를 통과하는 신호의 最小 傳播時間, (4) 相互 連結數의 最小化, (5) 각 게이트의 作動特性 한계 등과 같은 제한 요소들을 고려해야 한다. 이 모든 기준들이 동시에 만족될 수는 없고 또 특별한 응용에 따라 각 기준들의 중요성이 결정되므로 단순화 작업에 관한 일반적인 사항을 말하기는 어렵다. 대부분의 경우에서 단순화 작업은 표준형으로 부울 함수를 단순화시킴으로써 시작하여 임의의 다른 基準들을 만족시키는 쪽으로 진행된다.

실제에서 설계자들은 부울 함수들을 보고 標準論理 게이트들을 상호 연결하는 경향이 있다. 그 경우 설계 과정은 출력 부울 함수들을 단순화시키는 데서 끝나게 된다. 그러나 論理圖는 얻어진 표현을 게이트로 제작하는 데 도움을 준다.

4-3 加算器(adders)

디지털 컴퓨터들은 다양한 情報處理 작업을 집행한다. 그 때 여러 가지 算術演算을 만나게 되는데, 그 중 가장 **基本的인 算術演算**은 두 비트의 덧셈이다. 이 간단한 덧셈은 4가지 가능한 기본 연산들로 구성된다. 즉, 0+0=0, 0+1=1, 1+0=1, 1+1=10 처음 3개의 연산은 한 디지트로 된 合을 산출한다. 被加數와 加數가 둘 다 1일 때 그 合은 2개의 디지트로 구성된다. 이 때, 두 디지트 중 앞의 디지트를 캐리(carry: 자리 올림수)라 한다. 被加數와 加數가 여러 개의 디지트로 구성되어 있을 때 바로 前의 두 디지트의 合에 의해 생성된 캐리는 현재의 두 디지트에 덧붙여져 3개의 디지트가 더해지게 된다. 이와 같이 세 비트의 덧셈을 집행하는 조합 회로를 **全加算器**(full adder: FA)라 하고, 캐리를 생각하지 않고 다만 두 비트만을 더하는 조합 회로를 **半加算器**(half adder: HA)라 한다. 2개의 半加算器를 사용하여 全加算器를 제작할 수 있다. 우리는 제일 먼저 이 두 가산기를 설계할 것이다.

半加算器(half-adder)

半加算器의 구두 설명으로부터 우리는 이 회로가 2개의 2진 입력과 2개의 2진 출력들을 필요로 한다는 것을 알았다. 입력 변수들은 被加數와 加數를 나타내며 출력 변수들은 합과 캐리를 산출한다. 우리는 임의로 두 입력에 x와 y를, 출력에 S(sum, 合)와 C(캐리)라는 文字를 할당한다.

지금 우리는 입력과 출력의 이름과 갯수를 정했으므로 半加算器의 함수를 정확하게 나타낼 眞理表를 만들 준비가 되었다. 이 眞理表는 아래와 같다.

半加算器의 眞理表

입	력	출	력
x	y	C	S
0	0	0	0
0	1	0	1
1	0	0	1
1	1	1	0

C는 입력들이 둘 다 1일 때만 1이 된다. S는 合의 最下位 비트에 나타난다.

두 출력에 대한 단순화된 부울 함수들은 眞理表로부터 직접 얻을 수 있다. 곱셈의 단순화된 합은 다음과 같다.

$$S = x'y + xy'$$

$$C = xy$$

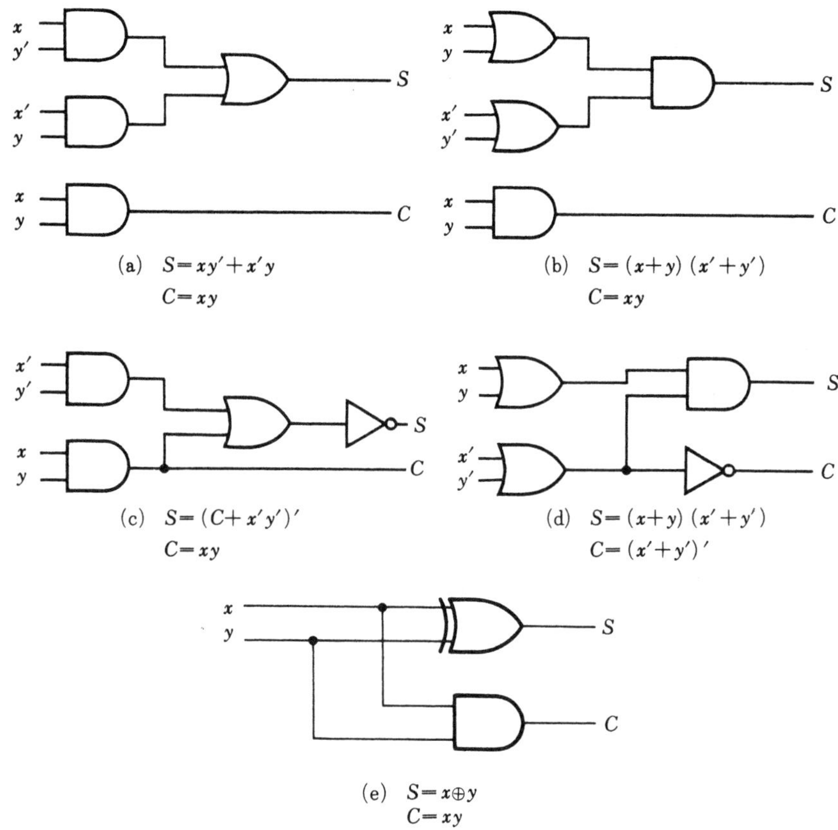

그림 4-2 半加算器의 여러 實現

이것을 論理圖로 표시한 것이 **그림 4-2**(a)이며 半加算器에 대한 다른 4가지 論理圖들도 **그림 4-2**에 있다. 이것들은 모두 입력과 출력의 작동에 관한 한 똑같은 결과를 산출한다. 이것을 볼 때 우리는 이와 같은 간단한 조합 논리 함수를 제작할 때 조차 여러 가지 다양한 선택이 있을 수 있음을 알 수 있다.

그림 4-2(a)는 半加算器를 積의 合으로 실현한 것이며, **그림 4-2**(b)는 合의 積으로 실현한 것이다.

$$S=(x+y)(x'+y')$$
$$C=xy$$

그림 4-2(c)는 S가 x와 y의 exclusive-OR 이라는 사실에서 얻어진다. S의 補數는 x와 y의 同値(equivalence)이다.

$$S'=xy+x'y'=x\odot y$$

그런데 $C=xy$이므로,

$$S=(C+x'y')'$$

그림 4-2(d)에서 C를 合의 積으로 표현하면 다음과 같다.

$$C=xy=(x'+y')'$$

半加算器는 그림 4-2(e)에서처럼 exclusive-OR 게이트와 AND 게이트로 실현할 수 있다. 이 형태를 사용하여 우리는 全加算器 회로를 구성하는 데 2개의 半加算器 회로가 필요하다는 것을 알 수 있을 것이다.

全加算器(full-adder)

全加算器는 3개의 입력 비트들의 合을 계산하는 組合回路이다. 全加算器는 3개의 입력과 2개의 출력으로 구성된다. x와 y로 표시된 두 입력 변수들은 더해질 현 위치의 두 비트이며, z로 표시된 세 번째 입력 변수는 바로 전 위치로부터의 캐리이다. 3개의 비트를 더할 때 合은 0부터 3까지 나올 수 있고, 2와 3을 2진수로 표시하는 데 2개의 디지트가 요구되므로 2개의 출력이 필요하다. 두 출력 중 合에 대해서는 S라는 기호로, 캐리에 대해서는 C라는 기호로 표시한다. 3개의 비트의 合을 계산하여 앞의 디지트는 출력 캐리 C가 되며, 뒤의 디지트가 S로 표시된다. 全加算器의 眞理表는 다음과 같다.

全加算器의 眞理表

입력			출력	
x	y	z	C	S
0	0	0	0	0
0	0	1	0	1
0	1	0	0	1
0	1	1	1	0
1	0	0	0	1
1	0	1	1	0
1	1	0	1	0
1	1	1	1	1

3개의 입력 변수들이 가질 수 있는 모든 가능한 1과 0들의 조합에 대해서 2개의 출력 변수는 1 또는 0의 값을 가진다. 모든 입력들이 0일 때 출력은 0이 된다. 출력 S는 1개 또는 3개의 입력이 1이 될 때만 1이 된다. 출력 C는 2개 또는 3개의 입력들이 1일 때 1이 된다.

조합 회로의 入出力 비트들은 문제의 여러 단계에서 다르게 해석할 수 있다. 입력선의 2진 신호는 산술적으로 더해져 2 디지트 合을 출력선에 산출하는 비트로 간주한다.

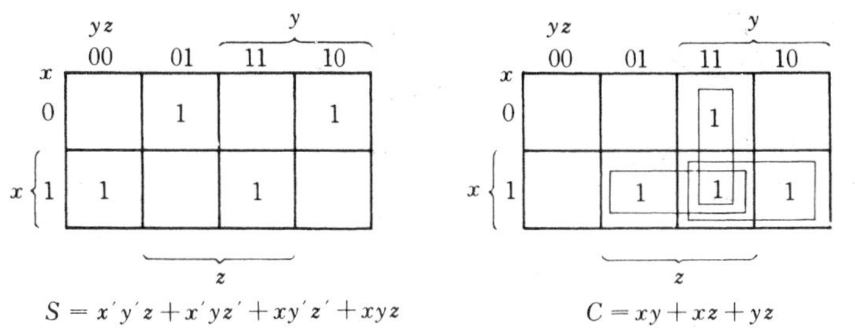

그림 4-3 全加算器에 대한 맵 (map)

반면에 眞理表로 표현될 때나 논리 게이트로 회로를 구성할 때에 앞 문장에서와 동일한 2진값을 부울 함수의 변수로 볼 수 있다. 이렇게 이 회로에서 쓰이는 비트들이 2가지의 다른 해석을 할 수 있다는 것을 인식하는 것은 중요한 일이다.

全加算器 회로의 入出力 논리 관계는 각 출력 변수에 대해 하나의 부울 함수가 대응되므로 2개의 부울 함수로 표현될 수 있다. 각 부울 함수를 단순화시키기 위해 맵(map)이 하나씩 필요하다. 각 맵은 출력이 세 입력 변수들의 함수이므로 8개의 사각형들로 구성된다. 그림 4-3에 있는 2개의 맵들은 두 출력 함수들을 각각 단순화하는데 사용한다. 각 맵의 사각형 내에 표시된 1은 眞理表로부터 직접 얻을 수 있다. 출력 S의 경우 1로 표시한 사각형들은 인접한 사각형과 결합할 수 없으므로 더 이상 단순화시킬 수 없다. 출력 C는 단순화되어져 6개의 문자로 된 표현을 얻는다. 積의 合으로 된 全加算器의 論理圖가 그림 4-4에 있다. 이것은 다음 부울 함수 표현을 사용한 것이다.

$$S = x'y'z + x'yz' + xy'z' + xyz$$

$$C = xy + xz + yz$$

全加算器에 대한 다른 구성을 개발할 수 있다. 合의 積으로 표현할 경우 그림 4-4와 같은 수의 게이트를 사용하지만 AND 게이트와 OR 게이트의 수가 서로 바뀐다.

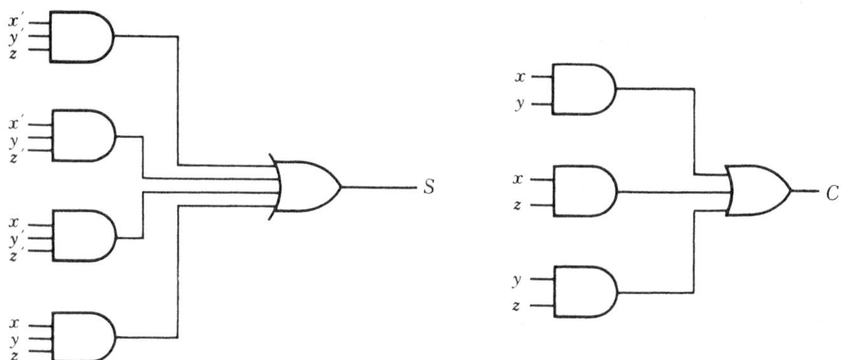

그림 4-4 積의 合으로 全加算器의 實現圖

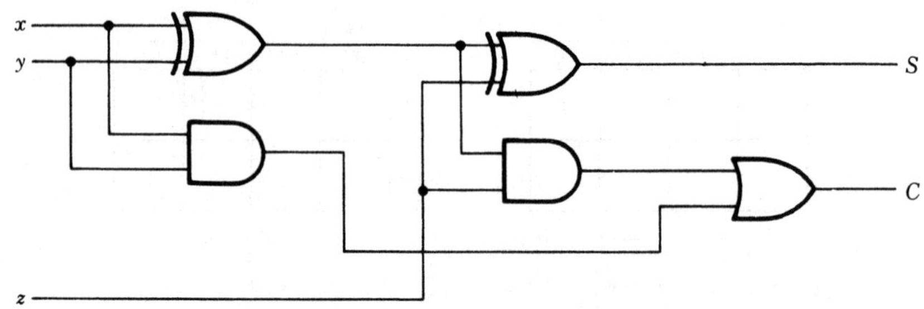

그림 4-5 2個의 半加算器와 하나의 OR 게이트에 의한 全加算器의 實現圖

全加算器는 그림 4-5에서처럼 2개의 半加算器와 하나의 OR 게이트로 實現 할 수 있다. 두 번째 半加算器의 出力 S는 첫 번째 半加算器의 출력과 z를 exclusive-OR한 것이다.

$$
\begin{aligned}
S &= z \oplus (x \oplus y) \\
&= z'(xy' + x'y) + z(xy' + x'y)' \\
&= z'(xy' + x'y) + z(xy + x'y') \\
&= xy'z' + x'yz' + xyz + x'y'z
\end{aligned}
$$

그리고 캐리 出力은 다음과 같다.

$$C = z(xy' + x'y) + xy = xy'z + x'yz + xy$$

4-4 減算器(subtractors)

두 2진수의 뺄셈은 減數의 補數를 구해 그것을 被減數에 더함으로써 실현된다. 이 방법에 의하면 뺄셈은 全加算器를 사용하는 덧셈이 된다. 뺄셈을 실현하는 (연필과 종이로써 하는 것처럼 直接的 方法으로) 논리 회로를 구성하여 뺄셈을 할 수도 있다. 이 방법에서는 각 減數의 비트를 대응되는 被減數의 비트에서 빼서 差 비트를 형성한다. 만일 被減數 비트가 減數 비트보다 작으면 바로 앞 비트로부터 1을 빌어 온다. 이 받아내림(borrow)이 생겼다는 사실은 현 計算段에서 출력되며 바로 다음 높은 段으로 입력되는 2진 신호를 써서 다음 높은 段의 한 쌍의 비트에 전달되어야만 한다. 반가산기와 전가산기가 있는 것처럼 半減算器와 全減算器가 있다.

半減算器(half-subtractor)

半減算器는 2개의 비트들을 빼서 그 差를 산출하는 組合 회로이다. 이 회로는 1이 빌어졌는지를 나타내는 또 하나의 출력을 가진다. x는 被減算 비트를 표시하는 데 그리고 y는 減算 비트를 표시하는 데 사용한다. $x-y$를 수행하기 위해 우리는 x와 y의 상대적인 크기를 살펴보아야 한다. $x \geq y$이면 다음 세 경우가 가능하다. $0-0=0$, $1-0=1$, 그리고 $1-1=0$. 이 결과를 差 비트(difference bit)라 부른다. 만일 $x<y$인 경우, 즉 $0-1$일 때에는 바로 앞 자릿수로부터 1을 빌어야만 한다. 빌린 1은 2진수에서 2와 같으므로 被減數 비트에 더해져 결국 $2-1=1$이 된다. 半減算器는 2개의 출력이 필요한데, 하나는 差를 생성하여 기호 D로 표시하고 또 다른 하나는 기호 B로 받아내림(borrow) 표시하여, 앞 위치의 디지트로부터 1이 빌어지는지를 표시한다. 半減算器에 대한 진리표는 다음과 같다.

半減算器의 眞理表

입	력	출	력
x	y	B	D
0	0	0	0
0	1	1	1
1	0	0	1
1	1	0	0

출력 B는 $x \geq y$이면 0이고, $x=0$, $y=1$에 대해서만 1이 된다. 출력 D는 算術演算 $2B+x-y$의 결과이다.

半減算器 두 출력에 대한 부울 함수들은 진리표에서 직접 구할 수 있다.

$$D = x'y + xy'$$

$$B = x'y$$

D에 관한 논리가 반가산기에서 S에 관한 논리와 동일하다는 것은 흥미 있는 일이다.

全減算器(full-subtractor)

全減算器는 바로 前 낮은 段 위치의 디지트에 빌려 준 1을 고려하면서 두 비트들의 뺄셈을 수행하는 조합 회로이다. 이 회로는 3개의 입력과 2개의 출력을 가진다. x, y, z는 각각 被減數, 減數, 그리고 前 자릿수로부터의 빌림(borrow)을 나타내는데 사용된다. D와 B는 差와 현 뺄셈에서의 빌림(borrow)을 표시하는 데 사용되는 출력 기호이다. 全減算器의 진리표는 다음과 같다.

全減算器의 眞理表

입		력	출	력
x	y	z	B	D
0	0	0	0	0
0	0	1	1	1
0	1	0	1	1
0	1	1	1	0
1	0	0	0	1
1	0	1	0	0
1	1	0	0	0
1	1	1	1	1

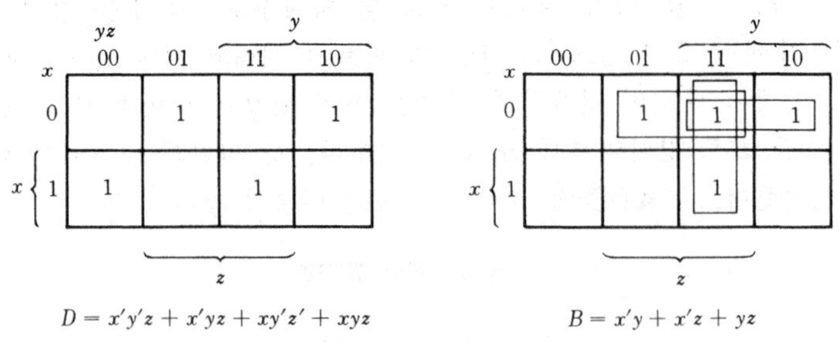

그림 4-6 全減算器에 대한 맵

3개의 입력 변수들이 가질 수 있는 모든 가능한 1과 0들의 조합에 대해 두 출력 변수의 값은 $x-y-z$의 결과에 따라서 1 또는 0으로 결정된다. 입력 빌림(z)이 0이면 반감산기와 동일하게 된다. $x=0$, $y=0$, $z=1$인 경우 바로 앞 디지트로부터 1을 빌어 와야 한다. 그 경우 2가 x에 가해지므로 $2-0-1=1$이 되어 $D=1$이고 이때 빌림이 있으므로 B도 1이 된다. $x=0$, $yz=11$일 때도 앞 디지트로부터 1을 빌어야 하므로 $B=1$이고, x는 2가 더해져 D는 $2-1-1=0$에 의해 0이 된다. $x=1$, $yz=01$일 때 $x-y-z=0$이므로 $B=0$, $D=0$이 된다. 마지막으로 $x=1$, $yz=11$이면 앞 디지트로부터 1을 빌어 x는 2가 더해져 3이 되므로 $D=1$, $B=1$이 된다.

全減算器의 두 출력에 대한 부울 함수들은 그림 4-6의 맵에 있다. 이것을 단순화하여 積의 合으로 나타내면 다음과 같다.

$$D = x'y'z + x'yz' + xy'z' + xyz$$
$$B = x'y + x'z + yz$$

全加算器의 출력 S와 全減算器의 출력 D는 동일하며 全減算器의 출력 B는, x를 x'로 대치하면 동일하게 된다는 사실이 흥미 있는 일이다. 따라서 x의 보수를, 캐리를 산출하는 게이트에 적용하면 간단히 全加算器를 全減算器로 바꿀 수 있다.

4-5 코우드 變換(code conversion)

동일한 정보에 대해 이용할 수 있는 많은 코우드가 있다면 디지털 시스템마다 다른 코우드를 사용할 수도 있다. 종종 어떤 시스템의 출력을 다른 시스템의 입력으로 사용할 필요가 있다. 만일 두 시스템이 같은 情報에 대해 서로 다른 코우드를 사용한다면 두 시스템 사이에 變換回路(conversion circuit)을 삽입해야 한다. 코우드 變換器(code convertor)는 두 시스템이 서로 다른 2진 코우드를 사용할 경우에도 두 시스템이 양립할 수 있도록 해 준다.

2진 코우드 A를 다른 2진 코우드 B로 바꾸기 위해 코우드 A의 비트 조합을 코우드 변환기의 입력으로 하면, 코우드 변환기의 출력은 대응되는 코우드 B의 비트 조합이 된다. 조합 회로는 논리 게이트를 써서 이 변환 과정을 수행한다. 코우드 변환기의 설계 과정은 **BCD를 3增 코우드** (excess-3 code)로 바꾸는 특별한 보기를 통해 설명할 것이다.

BCD와 3增 코우드에 대한 비트 조합들이 **표 1-2**에 있다. 각 코우드는 10진 디지트 하나를 나타내는데 4개의 비트를 사용하므로 4개의 입력 변수들과 4개의 출력 변수들이 있어야 한다.

입력 변수들은 A, B, C, D로 표시되고 출력 변수들은 w, x, y, z로 표시하자. 입출력 변수들을 관련짓는 진리표가 **표 4-1**에 있다. 입력들과 그 입력에 대응하는 출력들의 비트 조합은 **표 1-2**에서 직접 얻어진다. 4개의 2진 변수에 대해 16개의 비트 조합들이 가능하지만 표에는 10개의 비트 조합만 있다. 나머지 6개는 리던던시 (don't care combination)이다. 그것들은 결코 일어날 수 없기 때문에 우리는 임의로 출력 변수에 0 또는 1을 할당하여서 좀더 간단한 회로를 얻는 데 써도 된다.

표 4-1 코우드 변환 보기에 대한 진리표

입력 BCD				출력 excess-3code			
A	B	C	D	w	x	y	z
0	0	0	0	0	0	1	1
0	0	0	1	0	1	0	0
0	0	1	0	0	1	0	1
0	0	1	1	0	1	1	0
0	1	0	0	0	1	1	1
0	1	0	1	1	0	0	0
0	1	1	0	1	0	0	1
0	1	1	1	1	0	1	0
1	0	0	0	1	0	1	1
1	0	0	1	1	1	0	0

각 출력에 대한 단순화된 부울 함수를 얻는 데 **그림 4-7**의 맵들을 사용한다. 각각의 맵은 4개의 입력 변수들의 함수로써 출력을 표현한다. 사각형 내에 표시된 1들은 출력이 1인 민터엄 (minterm)으로서 진리표에 의해 직접 얻어진다. 예를 들어 출력 z 에에는 1이 5개 있다. 그러므로 z에 대한 맵에는 5개의 1들이 있으며 이 각각의 1은 z을 1로 만드는 민터엄에 대응하는 사각형 내에 표시한다. 6개의 **리던던시項들은 X로 표시한다.** 함수들을 적의 합으로 단순화시키는 1가지 가능한 방법이 **그림 4-7**의 맵들 속에서 표현되어져 있다.

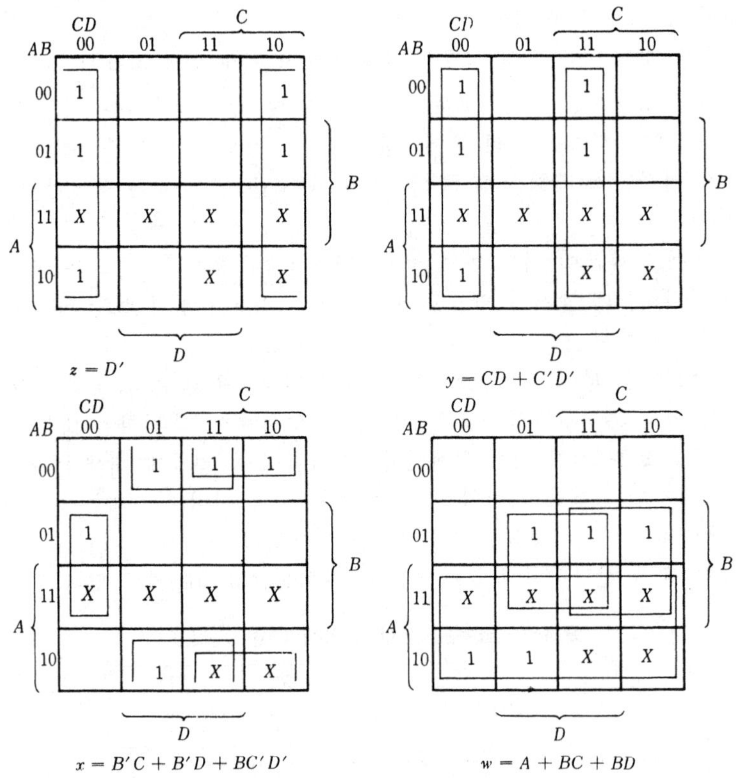

그림 4-7 BCD-3增 코우드 변환기에 대한 맵

두 단계 논리도는 맵에서 구한 부울 함수로부터 직접 얻어진다. 여러 가지 다른 논리도들로써 이 회로를 수행할 수 있다. **그림 4-7**에서 얻어진 표현들은 2개 이상의 출력들에 대해 공통 게이트를 사용할 수 있도록 대수적으로 아래와 같이 교묘하게 처리할 수 있다.

$$
\begin{aligned}
z &= D' \\
y &= CD + C'D' = CD + (C + D)' \\
x &= B'C + B'D + BC'D' = B'(C + D) + BC'D' \\
&= B'(C + D) + B(C + D)' \\
w &= A + BC + BD = A + B(C + D)
\end{aligned}
$$

그림 4-8은 위의 표현을 실현하는 논리도이다. **그림 4-8**에서 우리는 $C + D$를 실현하는 OR 게이트가 3개의 출력들을 산출해 내는 데 부분적으로 사용된다는 것을 알 수 있다.

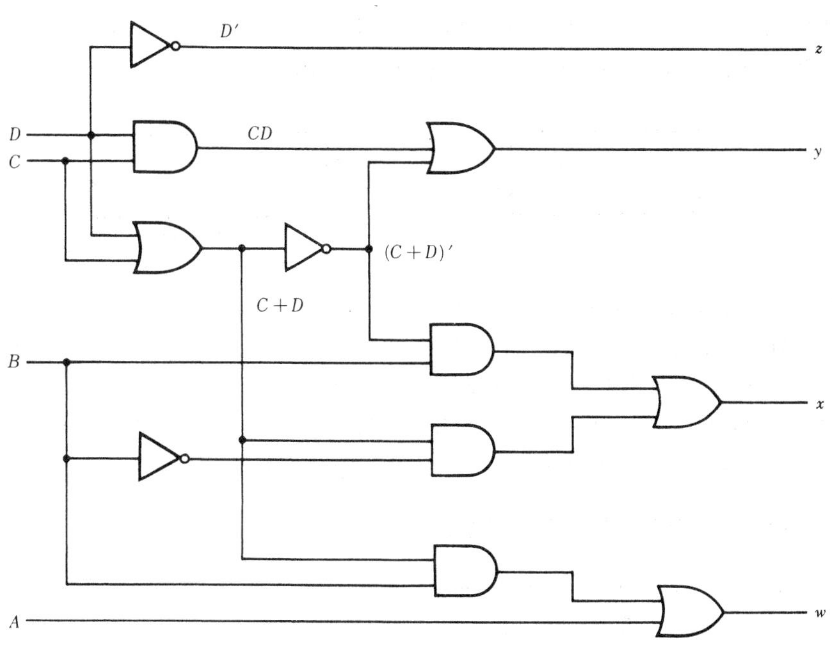

그림 4-8 BCD-3증 코우드 변환기에 대한 논리도

입력측의 인버어터 수를 고려 않는다면 積의合으로 실현하는 것은 7개의 AND 게이트와 3개의 OR 게이트를 필요로 한다. 그림 4-8에서는 4개의 AND 게이트와 4개의 OR 게이트 그리고 1개의 인버어터를 요구한다. 만일 정상 입력만을 사용할 수 있다면 前者는 *B*, *C*, *D*에 대해 인버어터를 필요로 하며, 後者는 *B*와 *D*에 대해 인버어터들을 필요로 한다.

4-6 論理解析過程(analysis procedure)

組合回路의 設計는 문제의 구두 설명으로부터 시작해서 출력 부울 함수 또는 논리도를 얻음으로써 끝난다. 조합 회로의 해석은 설계 과정의 逆이다. 그것은 주어진 논리도로부터 시작하여 출력 부울 함수나 진리표를 얻음으로써, 또는 회로 작동을 기술함으로써 끝난다. 만일 논리도뿐만 아니라 이미 함수 이름이나 수행할 것의 설명이 되어 있다면 그때의 해석은 설명된 함수를 증명하는 것으로 압축된다.

解析의 첫 단계는 주어진 회로가 조합 회로라는 것을 확인하는 일이다. 조합 회로는 메모리 장치 요소나 피이드백(feedback)이 없이 논리 게이트들만 가진다. 피이드백이란 게이트 1의 출력이 게이트 2의 입력이 되고 게이트 2의 출력은 다시 게이트 1의 입력이 되는 것을 뜻한다. 디지털 회로에서 피이드백이나 메모리 장치 요소들은 順次回路를 형성하는 것이므로 6장에서 해석할 것이다.

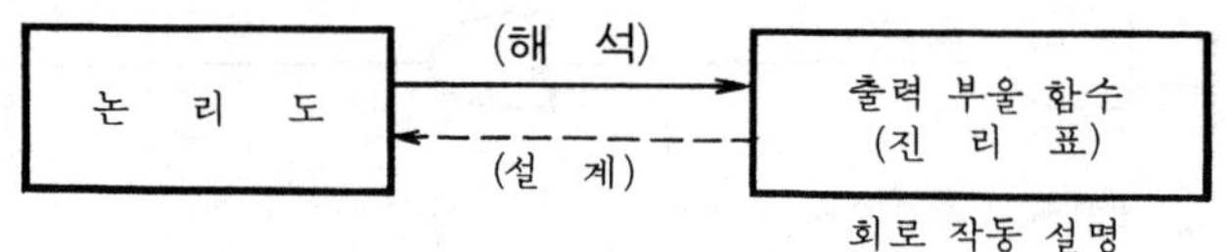

일단 논리도가 조합 회로임이 입증되면 그 다음에는 출력 부울 함수나 진리표를 얻어야 한다. 만일 회로의 기능이 구두로 설명되어져 있다면 부울 함수나 진리표를 증명만 하면 되고 그렇지 않다면 진리표를 얻어서 회로의 작동을 해석해야 한다. 진리표와 情報處理作業을 관련시키는 능력은 經驗을 요구하는 기술적인 일이다.

논리도로부터 출력 부울 함수들을 얻는 과정은 다음과 같다.

論理圖에서 부울 函數를 얻는 過程

1. 입력 변수들의 함수인 모든 게이트들의 출력에 임의의 기호를 붙이고 각 게이트에 대한 부울 함수를 얻는다.
2. 위에서 기호를 붙인 게이트들과 입력 변수들의 함수가 되는 모든 게이트들의 출력에 또 다른 기호들을 붙인다. 그리고 이 게이트들의 부울 함수를 구한다.
3. 회로의 출력이 얻어질 때까지 위의 절차 2를 반복한다.
4. 2, 3 절차에서 정의된 함수들을 대입함으로써 입력 변수들만의 출력 부울 함수를 얻는다.

그림 4-9의 조합 회로를 해석해 보자. 이 회로는 3개의 입력 A, B, C와 2개의 출력 F_1, F_2를 가지고 있다. 여러 게이트들의 출력에 중간 기호를 붙인다. 입력 변수들만의 함수인 게이트들의 출력은 F_2, T_1, 그리고 T_2이다. 이 세 출력들에 대한 출력 부울 함수들은 다음과 같다.

$$F_2 = AB + AC + BC$$
$$T_1 = A + B + C$$
$$T_2 = ABC$$

이미 정의된 기호들로 표시되는 게이트들의 출력들을 생각해 보자.

$$T_3 = F_2' T_1$$
$$F_1 = T_3 + T_2$$

A, B, C의 함수로써 F_1을 얻기 위해 다음과 같은 대입을 한다.

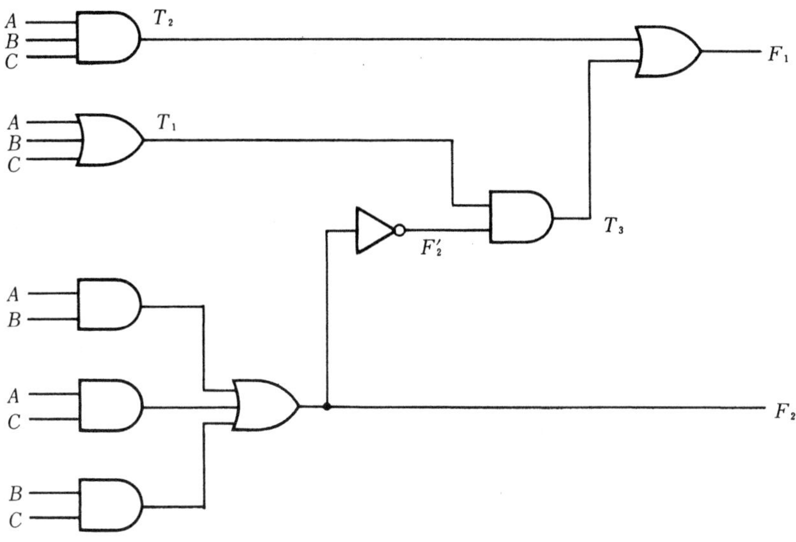

그림 4-9 解析例에 대한 論理圖

$$
\begin{aligned}
F_1 &= T_3 + T_2 = F_2' T_1 + ABC \\
&= (AB + AC + BC)' (A + B + C) + ABC \\
&= (A' + B')(A' + C')(B' + C')(A + B + C) + ABC \\
&= (A' + B'C')(AB' + AC' + BC' + B'C) + ABC \\
&= A'BC' + A'B'C + AB'C' + ABC
\end{aligned}
$$

만일 우리가 이 회로에 의해 어떤 정보 처리 작업이 수행되는가를 해석하여 알고 싶으면 부울 함수들로부터 진리표를 얻어 회로의 기능을 살펴야 한다. 예를 들어 이 회로는 A, B, C가 입력 변수들이고 출력 F_1은 合이며 F_2는 캐리가 되는 전가산기이다.

회로에 대한 진리표는 일단 출력 부울 함수들만 결정되면 쉽게 얻어진다. 부울 함수를 구하지 않고 직접 논리도로부터 진리표를 구하는 방법은 다음과 같다.

論理圖에서 眞理表를 求하는 節次

1. 입력 변수들의 갯수를 결정한다. n개의 입력에 대해 2^n 개의 가능한 1과 0 들의 입력 조합들을 목록으로 작성한다.

2. 선택된 게이트들의 출력에 임의의 기호들을 붙인다.

3. 입력 변수들만의 함수인 게이트들의 출력에 대하여 진리표를 구한다.

4. 이미 위에 정한 게이트들의 출력에 대해서 최종 출력이 결정될 때까지 진리표를 2, 3 절차의 결과를 써서 완성해 나간다.

그림 4-9의 회로를 사용하여 이 절차를 설명해 보자. 표 4-2에는 3개의 입력 변수들에 대한 8가지 가능한 0과 1들의 조합을 만들었다. F_2에 대한 진리표는 변수 A, B, C를 써서 직접 결정한다. F_2'에 대한 진리표는 F_2의 補數이다. T_1과 T_2에 대한 진리표들은 입력 변수들을 각각 OR하거나 AND해서 구한다. T_3의 값은 T_1과 F_2'로부터 얻어지는데 T_1과 F_2'가 둘 다 1일 때만 T_3는 1이 된다. 마지막으로 F_1은 T_2와 T_3가 둘 다 0일 때만 0이 된다. 표 4-2에서 A, B, C, F_1 그리고 F_2에 대한 진리표를 살펴보면 이것이 4-3절에서 주어진 x, y, z, S와 C에 대한 全加算器의 진리표와 동일하다는 것을 알 수 있다.

표 4-2 그림 4-9의 論理圖에 대한 眞理表

A	B	C	F_2	F_2'	T_1	T_2	T_3	F_1
0	0	0	0	1	0	0	0	0
0	0	1	0	1	1	0	1	1
0	1	0	0	1	1	0	1	1
0	1	1	1	0	1	0	0	0
1	0	0	0	1	1	0	1	1
1	0	1	1	0	1	0	0	0
1	1	0	1	0	1	0	0	0
1	1	1	1	0	1	1	0	1

리던던시(don't care) 入力組合 考慮

리던던시 조합을 입력으로 가지는 조합 회로를 생각해 보자. 그런 회로가 설계될 때 우리는 리던던시 조합을 맵에서 X로 표시하며, 출력 부울 함수를 단순화시키는데 좀더 편리하도록 리던던시 項에 1 또는 0을 할당한다. 리던던시 항을 가지는 회로를 해석할 때의 상황은 아주 다르다. 리던던시 항은 결코 입력에 적용될 수 없다고 가정했지만 만일 이 임의 조합들 중 어느 하나가 적용되면 2진 출력이 나오게 될 것이다. 이때 출력에서 나온 값은 설계 과정에서 X에 취한 값에 따라 달라진다. 그런 회로를 해석할 때는 리던던시 항이 입력될 때의 출력 값을 미리 결정해야 한다. 4-5절에서 설계된 BCD를 3증 코우드로 바꿔 주는 變換器를 예로 들어보자. BCD에서 사용되지 않는 6개의 조합들이 입력에 적용됐을 때 얻어지는 출력은 다음과 같다.

이 출력들은 앞에서 대략적으로 설명된 진리표 해석 방법에 의해 얻을 수 있다. 그러나 이 경우 출력들은 그림 4-7의 맵에서 직접 얻어질 수도 있다. 각 출력에 대한 맵

사용되지 않는 BCD 입력				출	력		
A	B	C	D	w	x	y	z
1	0	1	0	1	1	0	1
1	0	1	1	1	1	1	0
1	1	0	0	1	1	1	1
1	1	0	1	1	0	0	0
1	1	1	0	1	0	0	1
1	1	1	1	1	0	1	0

들을 살펴보면 대응되는 민터엄(minterm)들의 X에 1이 할당되었는지 0이 할당되었는지를 알 수 있다. 예를 들어 우리는 그림 4-7에서 민터엄 m_{10}에 w, x, z에서는 1이, y에서는 0이 할당되었다는 것을 알 수 있다. 따라서 m_{10}에 대한 출력 $wxyz=$ 1101이 된다. 우리는 이 표에서 처음 3개의 출력들은 3증 코우드에서 사용되지 않는 것이지만 뒤의 세 출력들은 3증 코우드에서 각각 5, 6, 7에 대응된다는 것을 알고 있다. 이것은 설계 당시에 X들에 대하여 어떻게 선택하였는가에 따라서 결정된다.

4-7 多段階 NAND 回路

조합 회로들은 흔히 AND와 OR 게이트들보다는 NAND나 NOR 게이트들로 구성한다. **NAND와 NOR 게이트들은 하아드웨어 관점에서 볼 때 集積回路로 쉽게 만들어 쓸 수 있기 때문에 좀더 일반적인 게이트들이다.** 따서라 조합 회로를 설계할 때 NAND나 NOR 게이트들이 AND와 OR 게이트들보다 유리하기 때문에 AND와 OR 게이트들로 구성된 회로를 NAND나 NOR로 再構成할 수 있어야 한다. 이때의 상호 관계를 아는 것은 중요하다.

우리는 두 단계 NAND나 NOR의 논리도들을 3-6절에서 살펴보았다. 여기서 우리는 좀더 일반적인 多段階回路를 살펴볼 것이다. NAND 회로들을 얻는 과정은 이 절에서 나오고 NOR 회로들을 얻는 과정은 다음 절에 있다.

汎用 게이트(universal gate)

어떤 임의의 디지털 시스템일지라도 NAND 게이트로서 실현할 수 있기 때문에 NAND 게이트를 汎用 게이트라 한다. **플립플롭(flip-flop) 회로는 피이드백되어진 2개의 NAND들로 구성되기 때문에 組合回路뿐만 아니라 順次回路들도 NAND 게이트로 구성할 수 있다.**

다음 그림과 같이 AND와 OR, 그리고 NOT 게이트도 모두 NAND 게이트로 만들 수 있다는 사실은 어떤 부울 함수라도 NAND 게이트를 만들 수 있다는 것을 뜻한다.

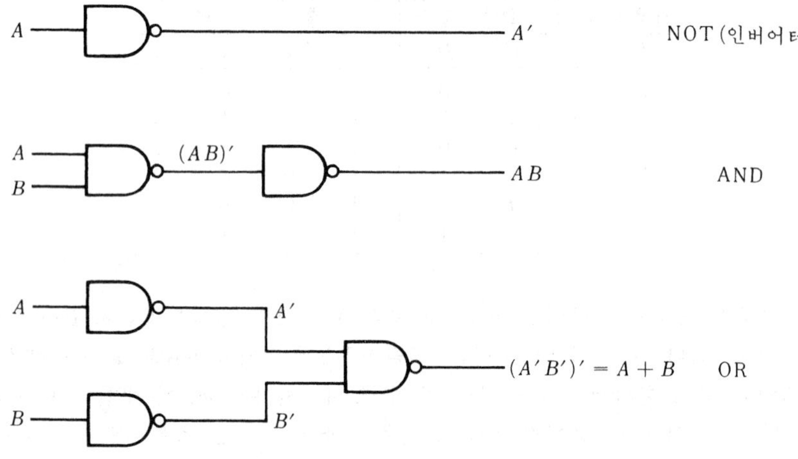

그림 4-10 NAND 게이트에 의한 NOT, AND, OR의 실현도

AND 작동은 2개의 NAND 게이트들을 필요로 하는데, 이것은 AND에 2개의 인버어터(inverter)를 연속적으로 취하는 것과 같으므로 AND가 된다. OR 작동은 각 입력에 인버어터를 취한 후 NAND 게이트를 사용하면 된다.

NAND 게이트들로 조합 회로를 실현하는 가장 편리한 방법은 AND와 OR와 NOT에 의해 단순화된 부울 함수를 구한 뒤 이것을 NAND로 바꾸는 것이다. AND와 OR, NOT 작동들로 이루어진 표현을 NAND작동으로 대수적으로 바꾸는 것은 **드·모르간(De Morgan)**의 定理를 여러 번 적용해야 하기 때문에 보통 매우 복잡하다. 이 어려움은 아래에서 설명될 간단한 법칙을 사용하면 쉽게 할 수 있다.

블록圖 方法에 의한 부울 函數 NAND 게이트化 實現

우리는 간단한 블록도 처리 기술을 사용하여 부울 함수들을 NAND 게이트들로 구성할 수 있다. 이 방법에서 우리는 NAND 論理圖를 얻기 전에 2개의 다른 논리도들을 그려야 하는데, 그 과정은 매우 간단한 것이다.

1. 주어진 代數式을 보고 AND와 OR, NOT 게이트들을 이용한 논리도를 그린다. 이때, 정상 입력과 보수 입력은 둘 다 사용할 수 있다고 가정한다.

2. 그림 4-10에서 주어진 대응되는 NAND 논리를 각 AND, OR와 NOT 게이트에 대입하여 NAND 게이트들로 이루어진 論理圖를 그린다.

3. 논리도에서 2개의 연속적인 인버어터들을 제거한다. 1개의 외부 입력에 연결된 인버어터는 그 대응되는 입력에 보수를 취한 뒤 제거한다.

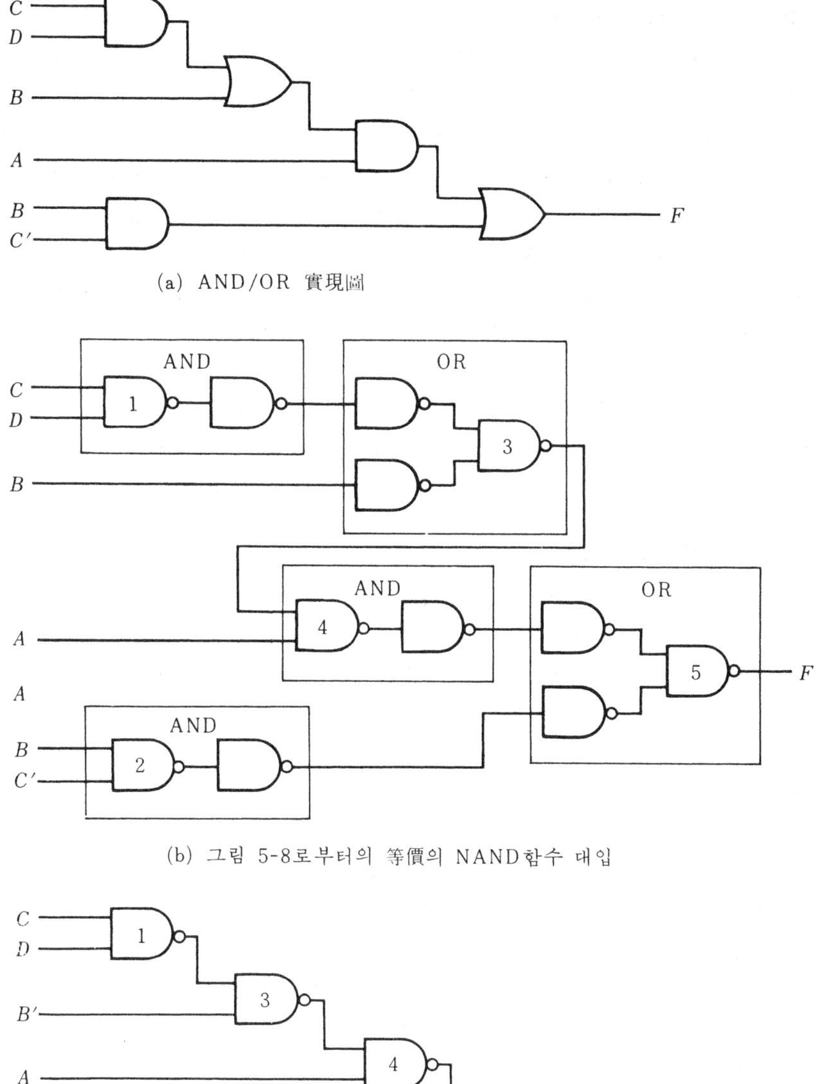

(a) AND/OR 實現圖

(b) 그림 5-8로부터의 等價의 NAND함수 대입

(c) NAND 실현도

그림 4-11 NAND 게이트들로 $F = A(B + CD) + BC'$의 實現圖

그림 4-11의 例 說明

그림 4-11은 아래 함수를 사용하여 이 과정을 설명한 것이다.

$$F = A(B + CD) + BC'$$

그림 4-11(a)의 논리도는 이 함수를 AND와 OR로 수행한 것이다. 각 AND와 OR 게이트에 그림 4-10의 대응되는 NAND 논리를 대입하여 그림 4-11(b)를 얻는다. 그림 4-11(b)는 7개의 인버어터와 5개의 두 입력 NAND 게이트를 가지고 있으며 제거되지 않고 남게 될 게이트에는 번호가 매겨져 있다. 연속적으로 연결된 2개의 인버어터들은 입력의 보수를 취한 뒤 다시 보수를 취해 출력하는 것이므로 2번째 인버어터의 출력은 처음 인버어터의 입력과 같게 되기 때문에 제거된다. 입력 B에 연결된 인버어터 B를 B'로 고친 뒤 제거된다. 이와 같이 하여 얻은 것이 그림 4-11(c)의 논리도이다.

이 보기에서 부울 함수를 수행하는 데 필요한 NAND 게이트들의 수는 정상 입력과 보수 입력을 둘 다 사용할 수 있다면 AND와 OR 게이트 수와 같게 된다. 단지 정상 입력만을 이용한다면 입력의 보수를 취해야 할 때 인버어터가 사용되어야만 한다.

그림 4-12의 例 說明

두 번째 보기는 그림 4-12에 있다. 이때 실현하려는 부울 함수는 다음과 같다.

$$F = (A + B')\ (CD + E)$$

그림 4-12(a)는 이 부울 함수를 AND와 OR 게이트들로 수행한 것이고 그림 4-12(b)는 대응되는 NAND 논리로 대치한 것이다. 연속적으로 연결된 1개의 인버어터 쌍이 제거된다. 직접 인버어터에 연결된 E, A, B는 보수가 취해지면서 대응되는 인버어터들이 제거된다. 최종적인 NAND 논리도는 그림 4-12(c)에 있다.

두 번째 보기에서 출력에 연속된 인버어터를 제거하면 NAND 게이트들의 수는 AND와 OR 게이트들의 수와 같다. 일반적으로 이 특별한 인버어터를 제거한다면 함수를 실현하는 데 필요한 NAND의 수는 AND와 OR 게이트들의 수와 같다. 이것은 정상 입력과 보수 입력을 모두 이용할 수 있을 때만 사실이다.

블록도 방법은 최종적인 답을 얻기 위해 2개의 논리도를 그려야 하기 때문에 어쨌든 사용하기에 피곤하다. 경험에 의해 연속적으로 연결된 인버어터 쌍과 입력에 연결된 인버어터들을 미리 예견하여 처리하든지 다음 2개의 인버어터를 삽입하는 방법으로 상당한 노력을 줄일 수 있다. 바로 전에 설명된 과정에서 출발하여, 대수 표현에서 직접 NAND 게이트 실현을 위한 부울 함수를 유도해 내는 것도 어렵지 않다.

2개의 NOT를 插入하여 多段 AND/OR 回路의 NAND 게이트化 方法(7)

이것은 편 저자의 연구 티임에 의해 개발된 NAND 게이트화 방법으로서 2개의 NOT

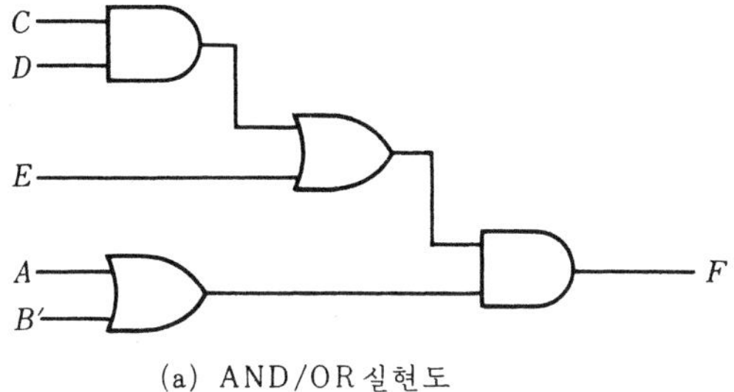

(a) AND/OR 실현도

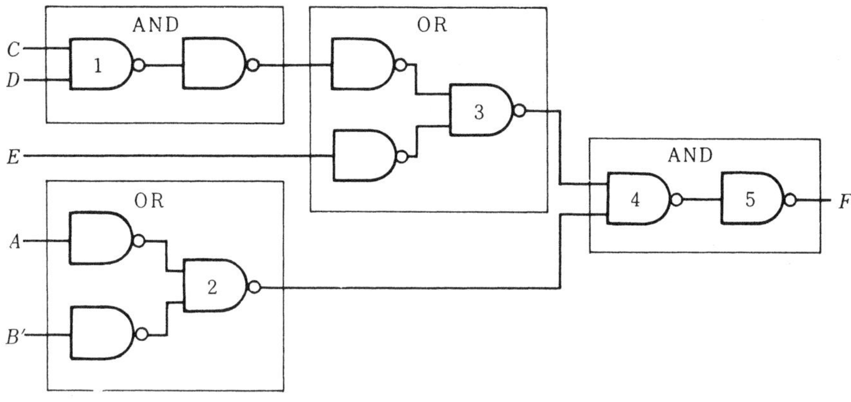

(b) 등가의 NAND 함수 대입

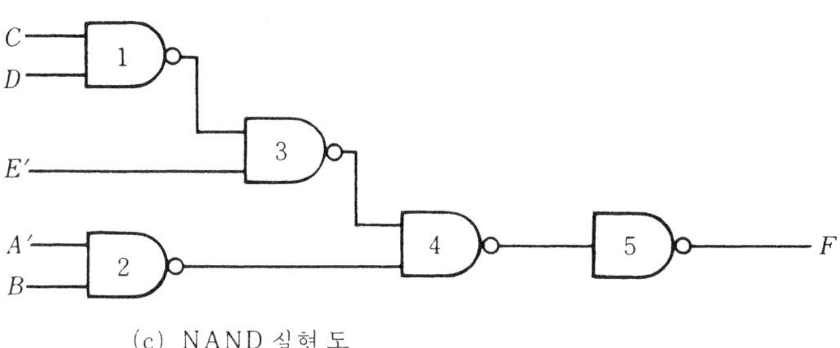

(c) NAND 실현도

그림 4-12 NAND 게이트들로 $(A+B')(CD+E)$의 實現圖

(인버어터) 게이트, 圖示的 모르간의 법칙을 적용하면 위에서 설명한 방법보다 훨씬 쉽게 빨리 標準 NAND 게이트화할 수 있다. 여기에 쓰이는 원리는 다음 표와 같다.

모르간 법칙의 論理圖에서, 눈여겨 볼 사실은 양방향 모두 변환 과정에서 NOT 게이트(기호로 -○-)가 게이트를 지나면서 게이트 자체를 AND는 OR로, OR는 AND로 바꾸어 놓는 것을 알 수 있다. NAND 게이트화 과정을 설명하면 다음과 같다.

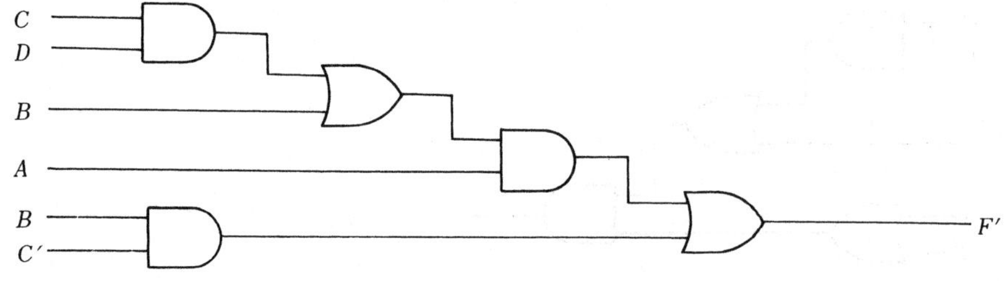

(a) AND/OR 實現圖

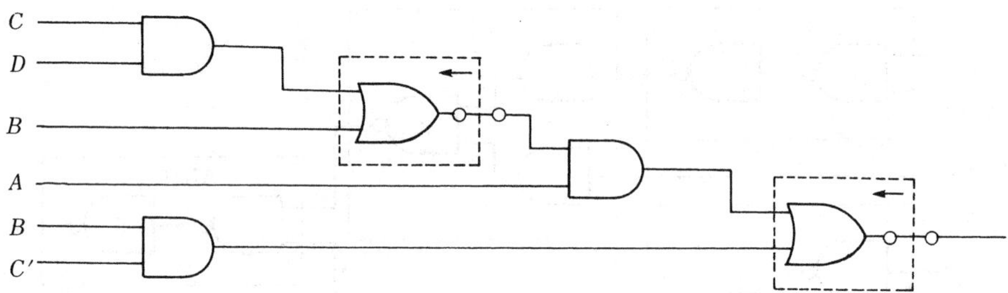

(b) 모든 OR 게이트 앞에 2개의 NOT게이트 삽입

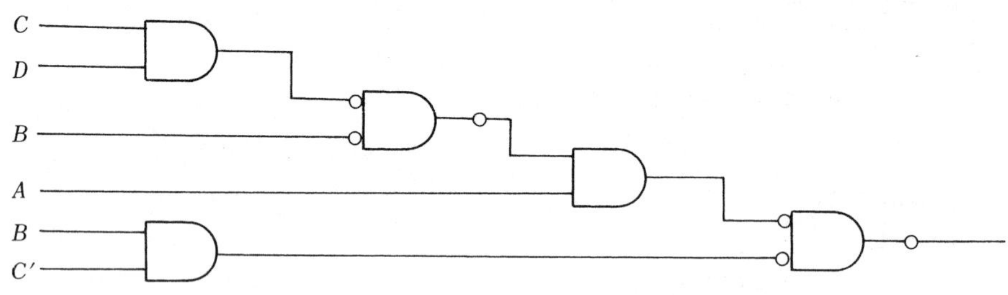

(c) NOR게이트에 모르간 법칙 적용

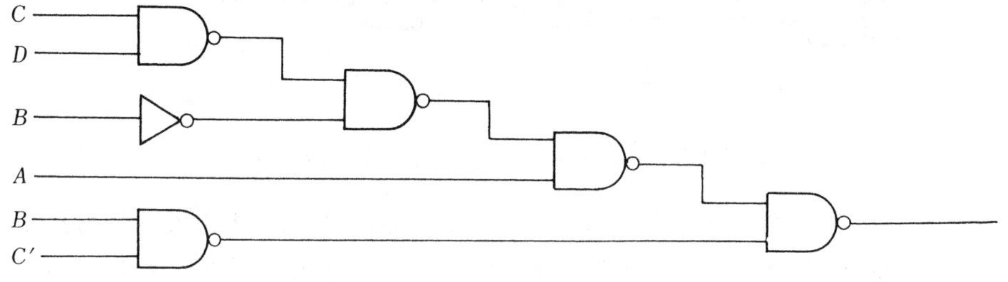

(d) 나머지 NOT 게이트를 좌측으로 이동하여 정리

그림 4-12-1

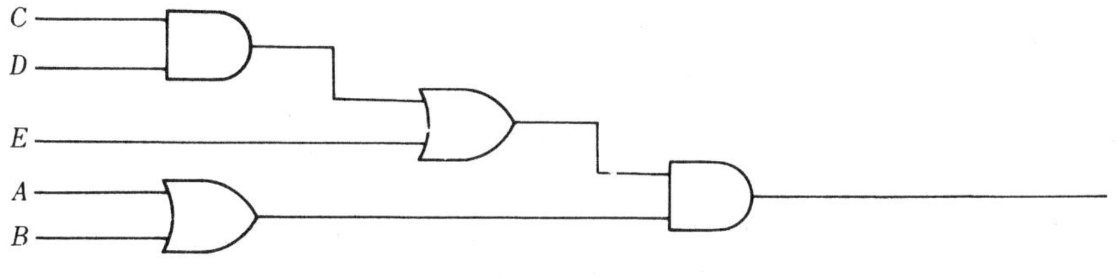

(a) AND/OR 실현도

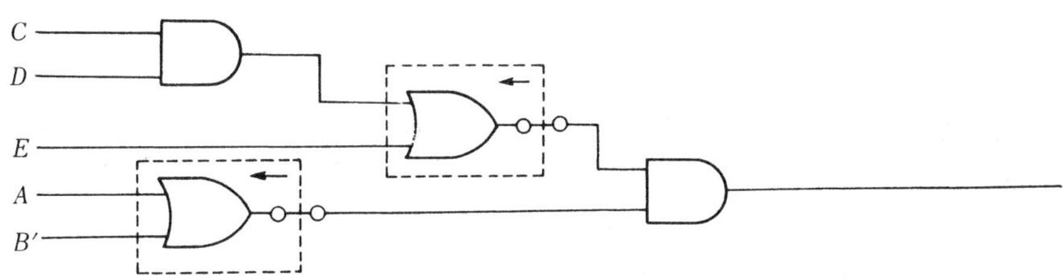

(b) 모든 OR 게이트 앞에 2개의 NOT 게이트 삽입

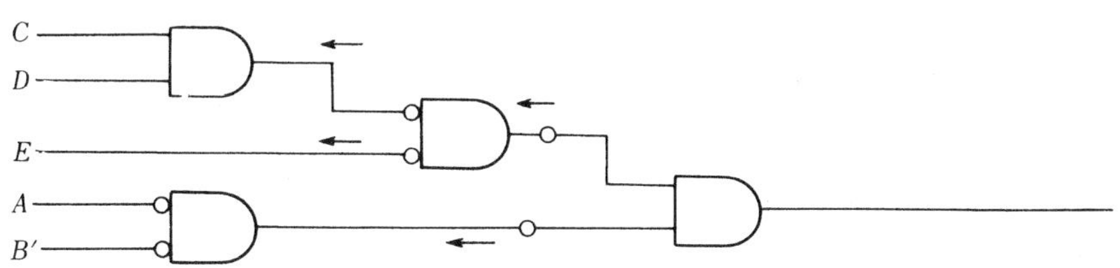

(c) NOR 게이트에 모르간 법칙 적용

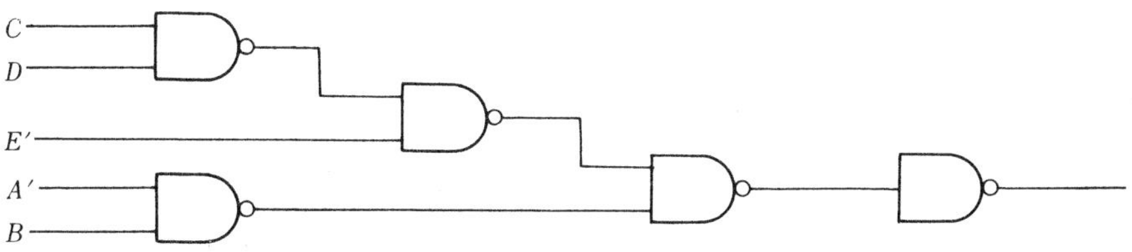

(d) 나머지 NOT 게이트를 좌측으로 이동하여 정리

그림 4-12-2

論　理　式		相應하는 論理圖
2개의 NOT 게이트	$(A')'=A$	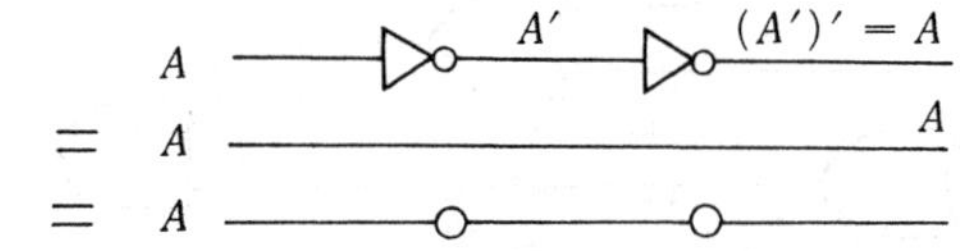 A —▷○— A' —▷○— $(A')'=A$ $=$ A ——— A $=$ A —○—○—
모르간의 法則	$(A+B)'=A'B'$	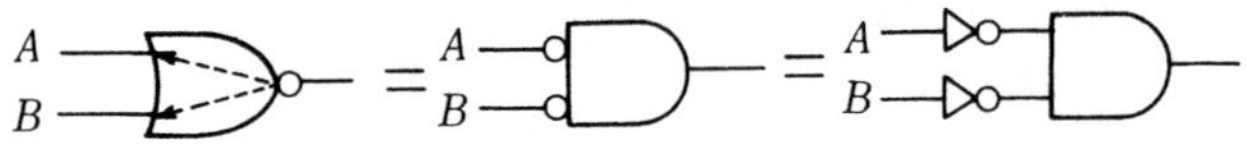 A, B NOR $=$ A, B (○) AND $=$ A —▷○—, B —▷○— AND
	$(A\cdot B)'=A'+B'$	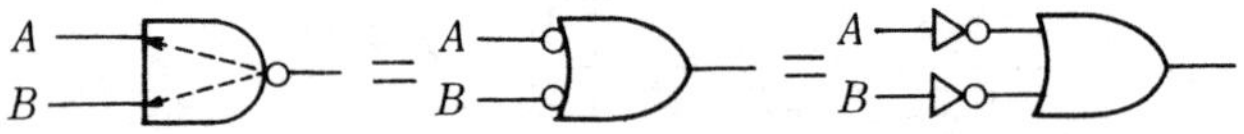 A, B NAND $=$ A, B (○) OR $=$ A —▷○—, B —▷○— OR

NAND 게이트化 過程(2개 NOT 插入法)

1. 주어진 대수 표현을 보고 AND, OR와 NOT 게이트들을 이용한 논리도를 그린다(그림 4-12-1(a)). 이때, 정상 입력과 보수 입력은 둘 다 사용할 수 있다고 가정한다.

2. 이 논리도 중에 모든 **OR** 게이트 앞에 2개의 NOT 게이트를 삽입한다. (그림 4-12-1(b)).

3. 여기에 삽입된 NOT 게이트 중 우선 1개를 좌측 OR 게이트에 이동시킨 뒤여기에 모르간의 법칙을 적용한다 (그림 4-12-1(c)). 그리고 나머지 한 NOT 게이트도 좌측으로 이동하면 NAND 게이트화가 끝난다. 위의 예를 가지고 설명하자.

   이 방법은 AND, OR 회로에 대한 NAND 게이트화된 블록을 일일이 삽입할 필요가 없어서 간편하고 조금만 익숙하면 아주 쉽다. 다음 그림4-12-2의 예도 마찬가지로 해 보자.

解析過程(analysis procedure)

앞의 과정은 주어진 부울 함수로부터 NAND 논리도를 이끌어 내는 문제와 관련된 것이었다. 그 逆인 解析過程은 주어진 NAND 논리도로부터 시작해서 부울 함수나 진리표를 얻는 것으로 끝난다. NAND 논리도의 해석은 4-6절에서 보았던 組合回路의 해석과 동일한 과정을 거친다. 단지 차이점은 NAND 논리가 드·모르간 定理의 반복적인 적용을 요구한다는 점이다. 우리는 (1) 먼저 논리도로부터 대수 처리에 의하여 부울 함수를 유도해 내고, 그 뒤 (2) 다시 NAND 논리도로부터 직접 진리표를 얻어 낼 것이다. (3) 최종적으로 블록도 처리 방법에 의해 NAND 논리도를 AND-OR 논리도로 바꾸어 해석 절차를 보여 주겠다.

代數處理에 의한 부울 函數의 誘導

논리도로부터 부울 함수를 얻는 과정은 4-6절에서 대략적으로 설명되어졌다. 이 과정을 그림 4-13의 NAND 논리도에 적용해 보자. 첫째 모든 게이트들의 출력에 임의의 기호를 붙인다. 둘째 오직 외부 입력들로만 표시되는 게이트들의 출력에 부울 함수를 구한다.

$$T_1 = (CD)' = C' + D'$$
$$T_2 = (BC')' = B' + C$$

위의 두 식에는 모르간의 定理를 사용하였다.

세째, 최종 출력이 얻어질 때까지 이미 정의된 함수들을 입력으로 가지는 게이트들의 출력에 대한 부울 함수를 구한다. 마지막으로 前에 정의된 함수를 대입하여 입력으로만 이루어진 출력을 얻는다.

$$\begin{aligned} T_3 &= (B'T_1)' = (B'C' + B'D')' \\ &= (B + C)(B + D) = B + CD \\ T_4 &= (AT_3)' = [A(B + CD)]' \\ F &= (T_2T_4)' = \{(BC')'[A(B + CD)]'\}' \\ &= BC' + A(B + CD) \end{aligned}$$

論理圖로부터 直接 眞理表 作成

논리도로부터 직접 진리표를 얻는 과정도 4-6절에서 설명하였다. 그림 4-13의 NAND

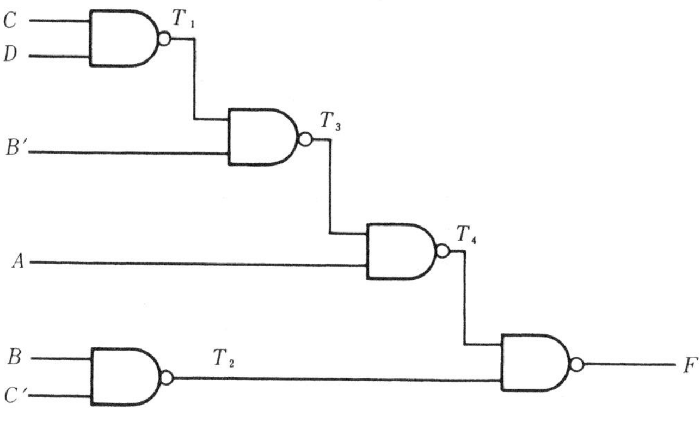

그림 4-13 解析 보기

표 4-3 그림 4-13의 回路에 대한 眞理表

A	B	C	D	T_1	T_2	T_3	T_4	F
0	0	0	0	1	1	0	1	0
0	0	0	1	1	1	0	1	0
0	0	1	0	1	1	0	1	0
0	0	1	1	0	1	1	1	0
0	1	0	0	1	0	1	1	1
0	1	0	1	1	0	1	1	1
0	1	1	0	1	1	1	1	0
0	1	1	1	0	1	1	1	0
1	0	0	0	1	1	0	1	0
1	0	0	1	1	1	0	1	0
1	0	1	0	1	1	0	1	0
1	0	1	1	0	1	1	0	1
1	1	0	0	1	0	1	0	1
1	1	0	1	1	0	1	0	1
1	1	1	0	1	1	1	0	1
1	1	1	1	0	1	1	0	1

논리도를 가지고 이 절차를 설명해 보자. 먼저 표 4-3에서처럼 4개의 입력 변수들과 16개의 가능한 입력 조합들의 목록을 만든다. 둘째로 모든 게이트들의 출력에 임의의 기호들을 붙인다. 세째로 입력 변수로만 표시된 출력들(T_1과 T_2)에 대한 眞理表를 구한다. $T_1 = (CD)'$이므로 C와 D가 둘 다 1일 때만 0이 되고, 나머지 경우는 전부 1이다. $T_2 = (BC')'$이므로 B가 1이고 C가 0일 때만 0이 된다. 마지막으로 출력 F의 진리표를 얻을 때까지, 여기서 벌써 정의한 출력들의 함수인 게이트들의 출력에 대한 진리표를 다 구할 때까지 계속한다.

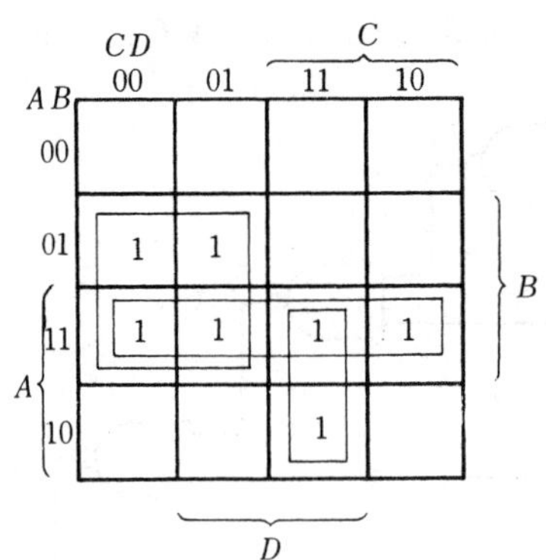

$F = AB + BC' + ACD$

그림 4-14 표 4-3으로부터 F의 유도

이리하여 진리표로부터 출력 F에 대한 대수 표현을 얻는 것이 가능하게 되었다. 그림 4-14의 맵은 표 4-3으로부터 직접 얻어진 것이다. 이 맵으로부터 단순화된 표현을 구해 보면 다음과 같다.

$$F = AB + ACD + BC'$$
$$= A(B + CD) + BC'$$

이것은 그림 4-11의 표현과 같으므로 올바른 답인 것이 입증된 셈이다.

블록도 變換에 의한 AND-OR 論理圖 誘導

해석 과정을 용이하게 하기 위해 때때로 NAND 논리도를 등가의 AND-OR 논리도로 바꾸는 것이 편리하다. 그렇게 함으로써 우리는 모르간 정리를 사용하여 부울 함수를 좀더 쉽게 얻을 수 있게 된다. 3-6절에서 우리는 NAND 게이트에 대한 2개의 기호들을 배웠다. 이 기호들이 그림 4-15에 있다. 이 두 기호들을 잘 사용함으로써 NAND 논리도를 等價의 AND-OR 논리도로 바꿀 수 있다.

AND-인버어트를 인버어트-OR로 바꿈으로써 NAND 논리도를 AND-OR 논리도로 변형한다. 제일 먼저 출력을 이끄는 마지막 AND-인버어트를 인버어트-OR로 바꾼다. 이것은 연속적인 인버어트 쌍을 산출하므로 이 인버어트 쌍은 제거된다.

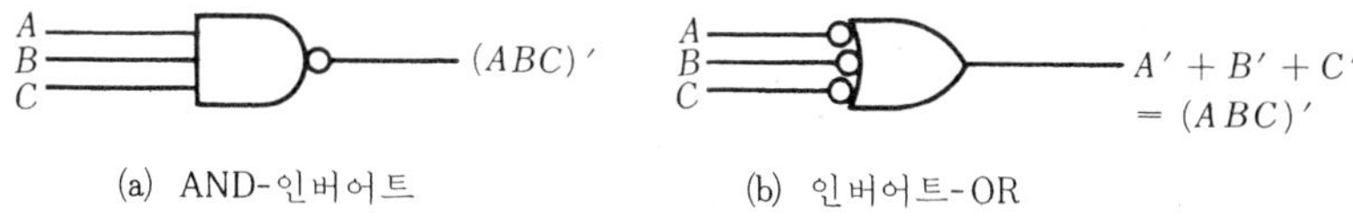

(a) AND-인버어트 (b) 인버어트-OR

그림 4-15 NAND 게이트에 대한 두 記號

더군다나 1개의 入力을 가진 AND와 OR 게이트들은 論理的 機能을 수행하지 않기 때문에 제거해도 좋다. 입력측이나 출력측에서 작은 원을 가지고 있는 1개의 입력 AND나, 1개의 OR 게이트들은 그냥 인버어터로 바꿀 수 있다. 이 과정은 그림 4-16에서 보여진다. 그림 4-16(a)의 NAND 논리도를 AND-OR 논리도로 바꿔 보자. 먼저 출력을 이끄는 마지막 AND-인버어트를 인버어트-OR로 바꾼다. 기호 변환을 요구하는 또 다른 AND-인버어트가 있으면 그것도 역시 인버어트-OR로 바꾼다. 이렇게 하여 얻어진 그림 4-16(b)에서, 같은 선상에 놓여 있는 2개의 작은 원들은 인버어터 쌍(NOT 게이트 쌍)을 의미하므로 제거한다. 또, 외부 입력들에 직접 연결된 원들도 그에 대응되는 입력 변수들을 補數로 만든 뒤 제거한다. 그림 4-16(c)가 최종적으로 얻어진 등가의 AND-OR 論理圖이다. 여기서도 간단한 방법으로 처음부터 모르간 도시법으로 변형하면서 두 개의 인버어터는 없애면서 우측에서 좌측으로 정리해 가면 같은 결과가 된다.

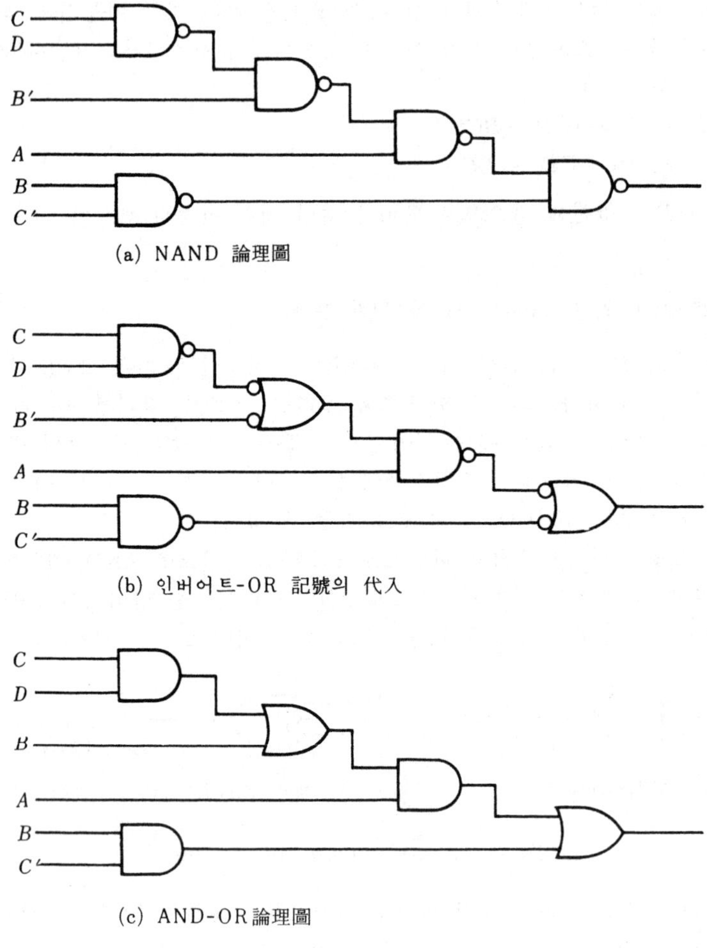

(a) NAND 論理圖

(b) 인버어트-OR 記號의 代入

(c) AND-OR 論理圖

그림 4-16 NAND 論理圖를 AND-OR 論理圖로의 變換

4-8 多段階 NOR 回路

NOR 논리는 NAND 논리의 雙對關係이다. 따라서 NOR 논리에 관한 모든 과정과 법칙들은 NAND 논리를 위해 개발된 대응되는 과정과 법칙들의 雙對關係가 된다. 이 節에서, NAND와 동일한 순서를 밟아서, NOR를 수행하고 해석하는 데 사용되는 여러 가지 방법들을 살펴볼 것이다. 그러나, 4-7절과의 반복을 피하기 위해 중복된 설명은 생략할 것이다.

汎用 게이트(universal gate)

우리는 NOR 게이트가 임의의 부울 함수와 6-2절에서 나오는 플립플롭 회로를 수행할 수 있기 때문에 NOR 게이트를 汎用 게이트라 한다. AND와 OR와 NOT 세 종류의 게이트를 모두 NOR 게이트로 바꾼 것이 그림 4-17에 있다.

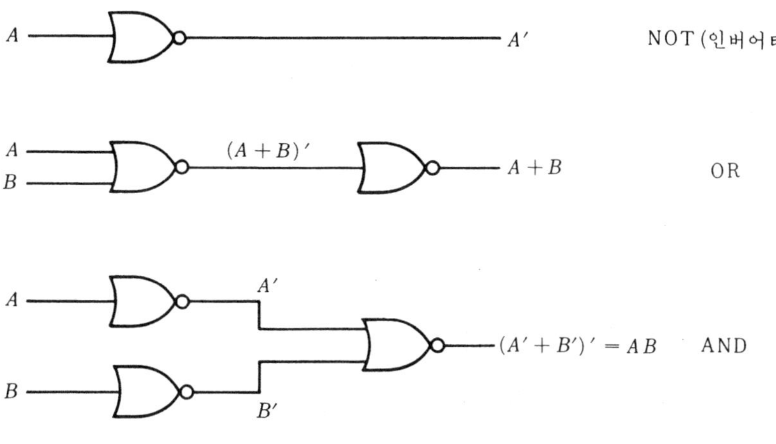

그림 4-17 NOR 게이트에 의한 NOT, OR, AND의 實現圖

블록圖 方法에 의한 부울 函數 NOR 게이트化 實現

블록圖를 이용하여 NOR 게이트로 부울 함수를 실현하는 과정은 NAND의 경우와 흡사하다.

1. 주어진 대수적인 표현을 보고 AND-OR 論理圖를 그린다. 이때, 正常入力과 補數入力은 둘 다 사용할 수 있다고 가정한다.

2. 그림 4-17에서 주어진 等價의 NOR 논리들을 각 AND, OR, NOT 게이트에 대입한다.

3. 연속적으로 연결된 인버어터 쌍들을 제거한다. 외부 입력에 직접 연결한 인버어터는 대응되는 입력에 補數를 취한 뒤 제거한다.

다음 함수를 사용하여 위의 과정을 설명한 것이 그림 4-18이다.

$$F = A(B + CD) + BC'$$

이 함수에 대한 AND-OR 논리도가 그림 4-18(a)에 있다. 각 OR 게이트는 인버어터로 연속된 NOR 게이트로, AND 게이트는 NOR 게이트로 연속된 입력 인버어터로 대입한다. 그리고 OR 블록부터 AND블록까지 연속적으로 연결된 인버어터 쌍을 제

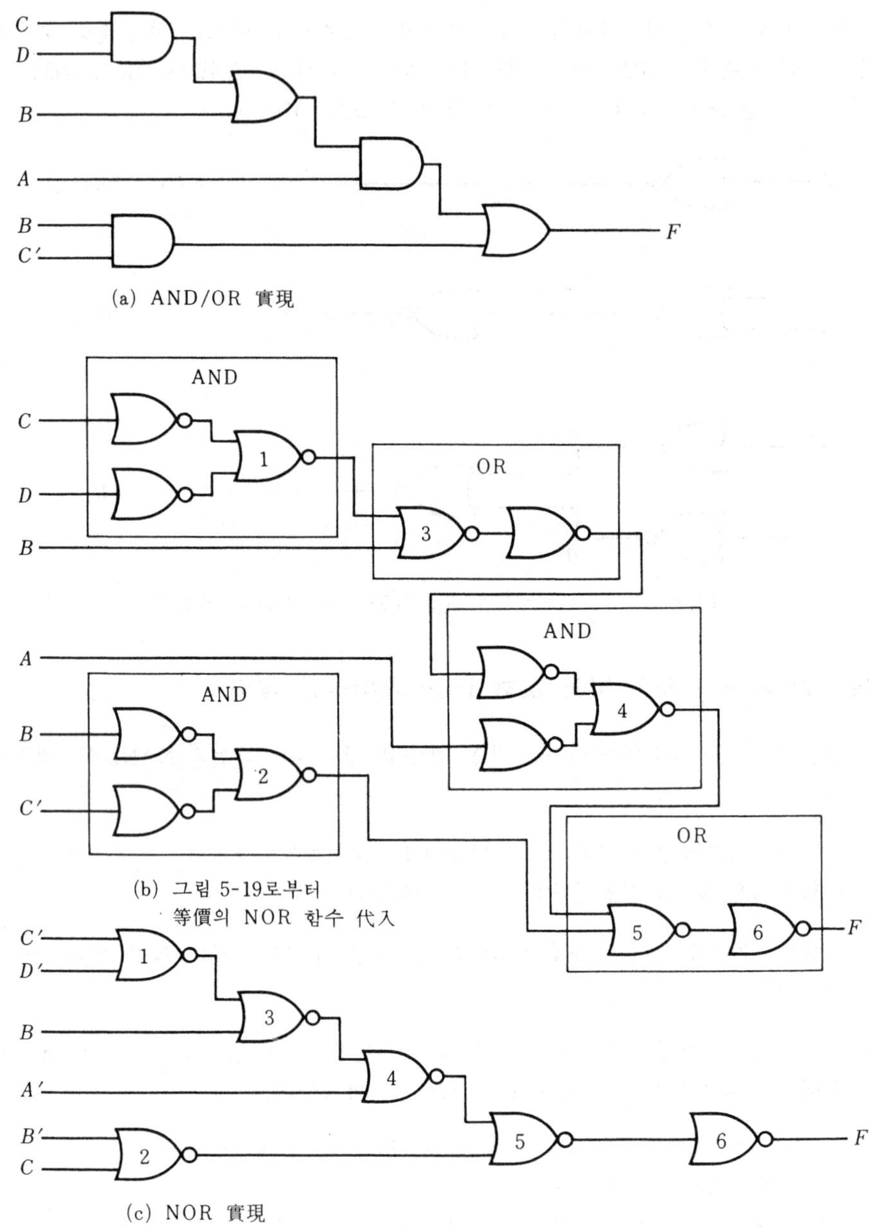

(a) AND/OR 實現

(b) 그림 5-19로부터 等價의 NOR 함수 代入

(c) NOR 實現

그림 4-18 NOR 게이트에 의한 $F=A(B+CD)+BC'$의 實現圖

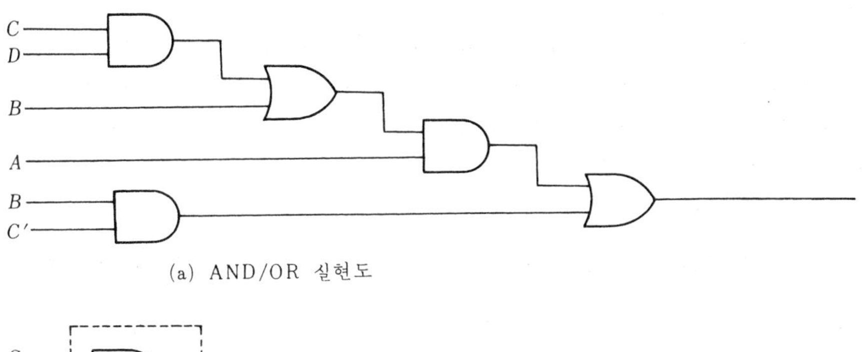

(a) AND/OR 실현도

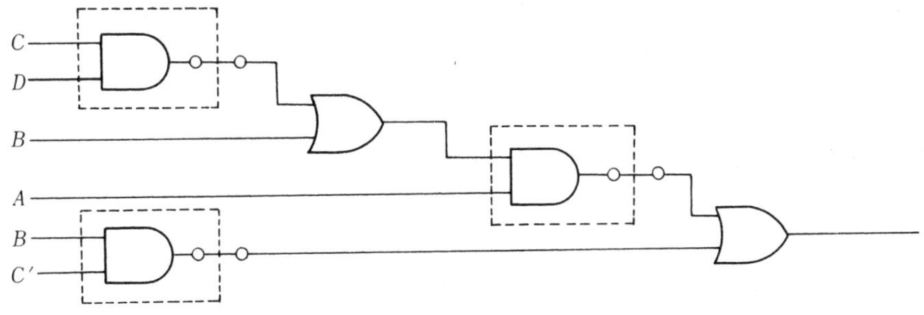

(b) 모든 AND 게이트 앞에 2개의 NOT 게이트 삽입

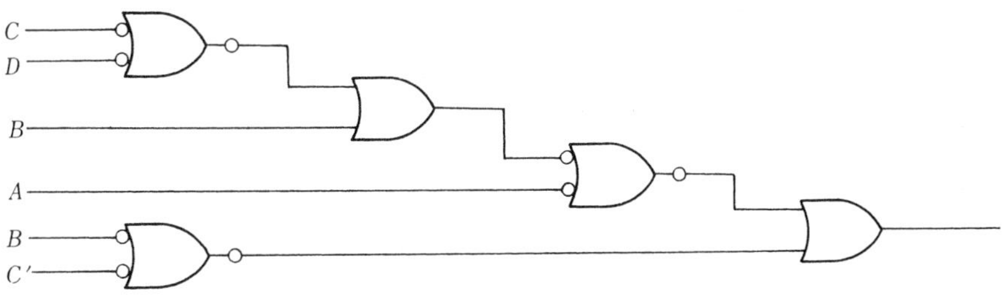

(c) NAND 게이트에 모르간 법칙 적용

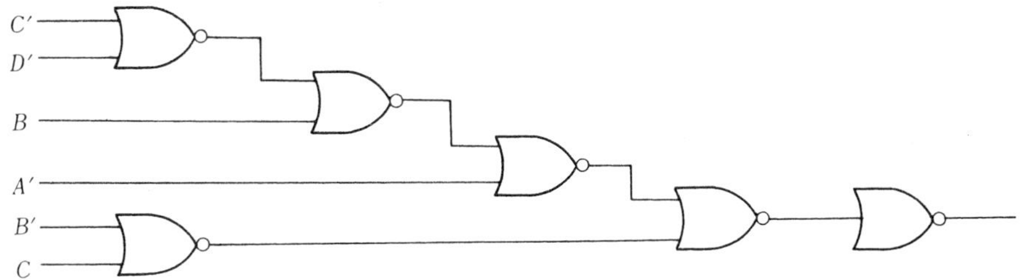

(d) 남은 NOT 게이트들을 좌측으로 이동하여 정리

그림 4-18-1

거한다. 또 4개의 외부 입력들에 연결된 인버어터들을 입력에 보수를 취한 뒤 제거한다. 그 결과 최종적으로 얻어진 NOR 논리도가 **그림 4-18**(c)이다. 이 보기에서 NOR 게이트의 수는 출력(NOR 게이트 6)에 더해진 인버어터와 AND-OR 게이트의 수를 더한 것과 같다. 일반적으로 正常入力과 補數入力을 둘 다 사용하고 출력에 연결된 인버어터를 제외하면, 부울 함수를 실현하는 데 필요한 NOR 게이트의 數는 AND와 OR 게이트들의 數와 동일하다.

2개의 NOT를 挿入하여 多段 AND/OR 回路의 NOR 게이트化 方法

4-7節 3.에서와 같이 여기서도 2개의 NOT 게이트, 圖示的 모르간의 법칙을 적용하여 AND/OR 게이트로 실현된 논리도를 쉽게 標準NOR 게이트化할 수 있다. NOR 게이트化 과정을 설명하면 아래와 같다.

NOR 게이트化 過程(2개의 NOT 插入法) 〈참고 문헌 7. 참조〉

1. 앞의 방법과 마찬가지로 AND-OR로 된 論理圖를 그린다.
2. 모든 AND 게이트 앞에 2개의 NOT 게이트를 삽입한다.
3. 삽입된 NOT 게이트 중 우선 1개를 좌측으로 AND 게이트에 이동시켜 NAND 게이트된 것을 모르간 법칙을 적용한다. 나머지 NOT 게이트들도 좌측으로 이동시켜 모두 NOR化시킨다.

그림 4-18의 같은 예를 들어 이 방법을 적용하면 **그림 4-18-1**과 같이 된다.

解析過程(analysis procedure)

NOR 論理圖의 解析過程은 4-6節에서 살펴보았던 조합 회로의 해석 과정과 동일하다. (1)논리도로부터 부울 함수를 얻기 위해 우리는 여러 게이트들의 출력에 임의의 기호들을 붙인다. 반복적인 代入을 통해서 입력 변수의 기능으로 된 출력 변수를 구한다. (2)부울 함수를 구하지 않고 직접 논리도로부터 진리표를 얻기 위해 우리는 1과 0으로 된 2^n개의 예로써 n개의 변수를 수록한 표를 작성한다. 출력의 진리표가 얻어질 때까지 계속적으로 여러 NOR 게이트들의 출력에 대한 진리표를 작성한다. 대표적인 NOR 게이트의 출력 함수는 $T=(A+B'+C)'$와 같은 형태를 취한다. T에 대한 진리표는 $A=1$이거나 $B=0$이거나 $C=1$이면 0이 되고 나머지 경우는 전부 1이다.

블록圖 變換에 의한 AND-OR 論理圖 誘導

NOR 논리도를 等價의 AND-OR 논리도로 바꾸기 위해 우리는 **그림 4-19**의 NOR 게

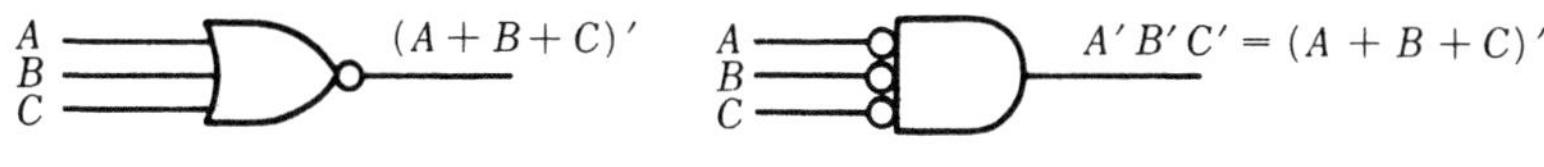

(a) OR 인버어트 (b) 인버어트 AND

그림 4-19 NOR 게이트에 대한 두 기호

이트에 대한 2개의 기호들을 사용한다. OR-인버어트는 NOR 게이트의 정상 기호이며 인버어트-AND는 드·모르간 定理를 이용한 편리한 기호이다. 입력에 연결된 작은 원은 그 입력의 補數를 취한다는 뜻이다.

NOR 논리도를 AND-OR 논리도로 바꾸는 과정은 다음과 같다. 출력에 연결된 마지막 OR-인버어트부터 시작해서 한 단계씩 건너뛰면서 OR-인버어트를 인버어트-AND로

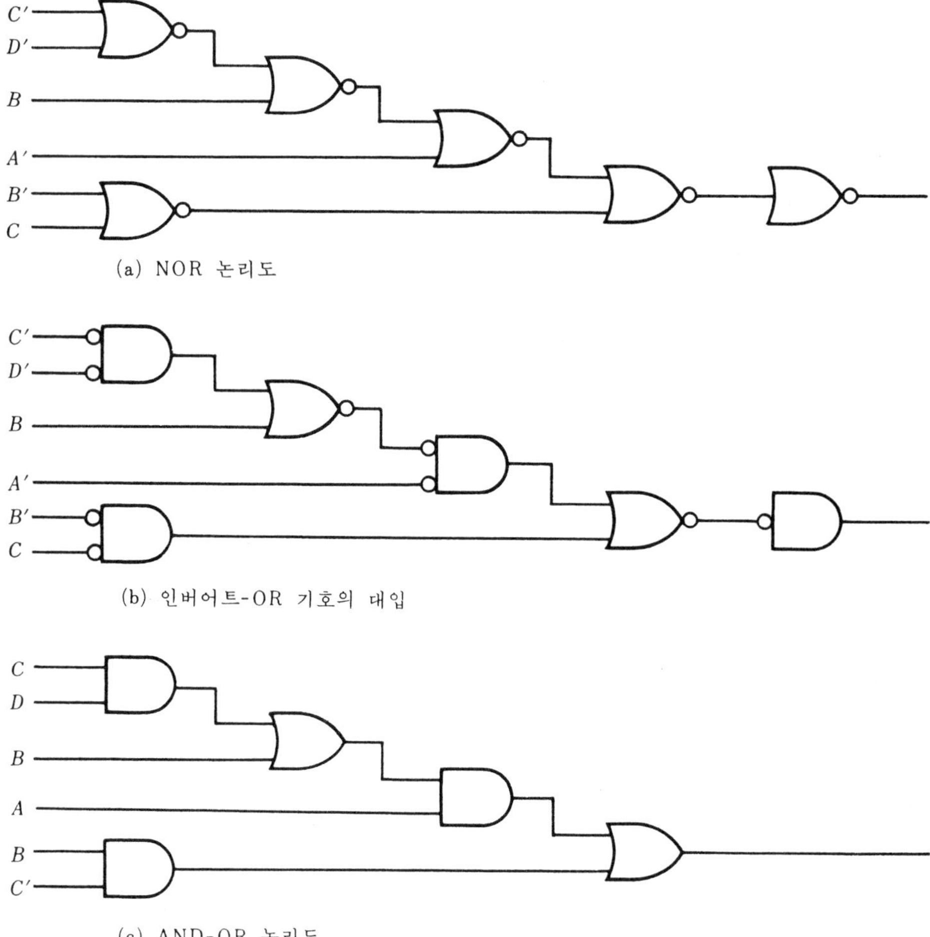

그림 4-20 NOR 논리도를 AND-OR 논리도로 변환

바꾸어 준다. 같은 선상에 놓여 있는 2개의 연속된 작은 원들은 제거된다. 1개의 입력을 가진 AND와 1개의 입력을 가진 OR 게이트를 제거한다. 그런데, 만일 입력이나 출력에 작은 원이 연결되어 있으면 인버어터로 바꾼다.

그림 4-20은 이 과정을 설명한 것이다. 그림 4-20(a)에서, 출력에 연결된 마지막 OR-인버어트는 인버어트-AND로 바꾼다.

그리고 우리는 한 단계씩 건너뛰면서 OR-인버어트들은 인버어트-AND로 바꿔 준다. 이것은 그림 4-20(b)에서 볼 수 있다. 같은 선상에 놓여 있는 2개의 작은 원들을 제거한다. 또,외부 입력에 연결된 작은 원들은 그 입력을 補數로 만든 뒤 제거된다. 출력에 연결된 마지막 게이트는 1개의 입력을 가진 AND 게이트로 변하는데 이것 역시 제거하면 그림 4-20(c)와 같은 AND-OR 논리도가 된다.

4-9 exclusive-OR와 同値(equivalence) 函數

Exclusive-OR와 同値(equivalence)는 다음 부울 함수들을 수행하는 2진 연산으로서 각각 기호 ⊕와 ⊙로 표시된다.

$$x \oplus y = xy' + x'y$$

$$x \odot y = xy + x'y'$$

이 두 연산은 각각 서로 補數가 된다. 이 두 연산들에 대해 교환 법칙과 결합 법칙이 성립하므로, 3개 이상의 변수들로 구성된 함수는 다음과 같이 괄호 없이 표현할 수 있다.

$$(A \oplus B) \oplus C = A \oplus (B \oplus C) = A \oplus B \oplus C$$

이것은 exclusive-OR나 同値 게이트가 3개 이상의 입력들을 가질 수 있다는 가능성을 보여 준다. 그러나, 多入力 exclusive-OR 게이트는 하아드웨어 관점에서 볼 때 非經濟的이다. 사실상 2개의 입력을 가지는 함수조차도 다른 형태의 게이트를 사용하여 구성된다. 예를 들면 그림 4-21(a)는 2개의 입력을 가지는 exclusive-OR 함수를 AND와 OR, NOT 게이트들을 사용하여 실현한 것이고, 그림 4-21(b)는 NAND 게이트를 써서 실현한 것이다.

exclusive-OR나 同値關係만으로도 단지 제한된 갯수의 부울 함수들을 수행할 수 있다. 그럼에도 불구하고 이 함수들은 디지털 시스템의 설계 중에 아주 종종 나타난다. 특히 이 함수들은 산술 연산에서 자주 쓰이며 잘못된 곳을 찾고 고치는 데도 아주 유용하다.

n개의 변수들을 exclusive-OR로 표현한 부울 함수는 $2^n/2$개의 민터엄들을 가지는데 이때 각 민터엄에 대응하는 等價의 2진수는 홀수 개의 1을 가진다. 그림 4-22(a)는 4개의 변수들로 표현된 exclusive-OR 함수의 맵이다. 일반적으로 4개의 변수들에

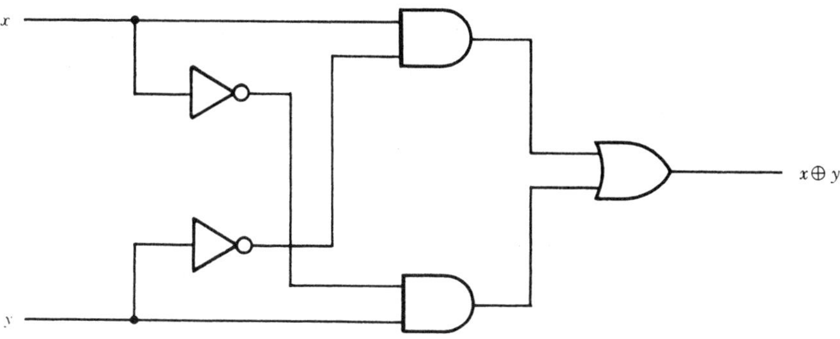

(a) AND-OR-NOT 게이트들에 의한 exclusive-OR 실현도

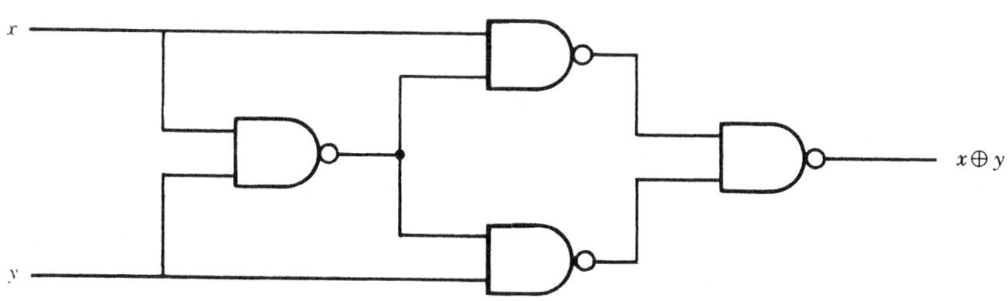

(b) NAND 게이트에 의한 exclusive-OR 실현도

그림 4-21 exclusive-OR의 실현

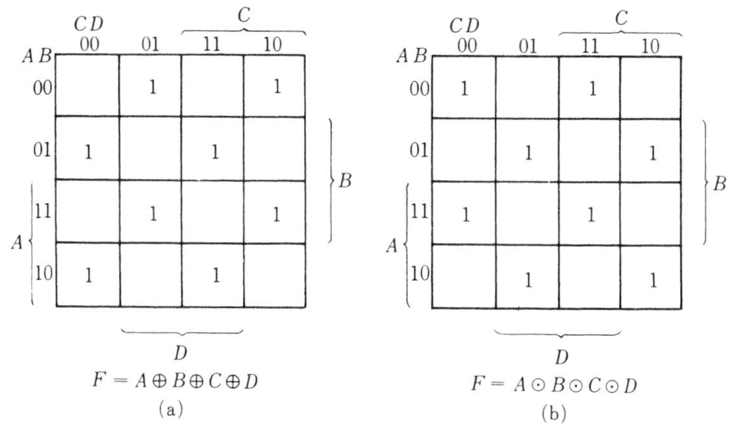

그림 4-22 (a) 4변수들에 대한 exclusive-OR 함수의 맵
(b) 4변수들에 대한 同値 함수의 맵

대해 16개의 민터엄들이 있다. 각 민터엄에 等價인 2진수를 살펴보면 이들 민터엄 중 절반은 홀수 개의 1을 가지며 절반은 짝수 개의 1을 가진다. 민터엄의 숫자 값은 그 민터엄을 표현하고 있는 사각형의 行과 列에 있는 숫자에 의해 결정된다. 그림 4-22(a)에는 홀수 개의 1을 가지는 민터엄들만 1로 표시되었다. 이 함수는 4개의 변수들에 대해 exclusive-OR 연산을 수행한 것이며, 이것을 代數的으로 표현하면 다음과 같다.

$$
\begin{aligned}
A \oplus B \oplus C \oplus D &= (AB' + A'B) \oplus (CD' + C'D) \\
&= (AB' + A'B)(CD + C'D') + (AB + A'B')(CD' + C'D) \\
&= \sum (1, 2, 4, 7, 8, 11, 13, 14)
\end{aligned}
$$

n개의 변수들을 同値關係로 표현한 부울 함수는 $2^n/2$개의 민터엄들을 가지는데, 이때 각 민터엄에 대응하는 等價의 2진수는 짝수 개의 0을 가진다. 그림 4-22(b)의 맵은 4개의 변수들에 대해 同値關係 연산을 실현한 것이다. 1로 표시된 사각형들은 짝수 개의 0을 가지는 8개의 민터엄들을 표시한다.

만일 함수에서 변수들의 갯수가 홀수이면 짝수 개의 0을 가진 민터엄들과 홀수 개의 1을 가진 민터엄들은 동일하다. 이것은 그림 4-23(a)에서 보여진다. 그러므로 exclusive-OR와 同値가 같은 홀수 개의 변수들을 가질 때 그 둘은 서로 같게 된다. 그러나 exclusive-OR와 同値가 같은 짝수 개의 변수들을 가질 때 그들은 서로 補數가 된다. 우리는 4-22(a)와 (b)에서 이것을 볼 수 있다.

변수의 갯수가 홀수일 때, 짝수 개의 1을 가지는 민터엄들로 구성된 함수는 exclusive-OR의 보수나 同値의 보수로 표현될 수 있다. 예를 들어, 그림 4-23(b)에 있는 3변수를 가진 함수의 맵은 다음처럼 표현되어질 수 있다.

$$(A \oplus B \oplus C)' = A \oplus B \odot C$$

또는,

$$(A \odot B \odot C)' = A \odot B \oplus C$$

全加算器의 출력 S와 全減算器의 출력 D는 홀수 개의 1을 가지는 4개의 민터엄들로 구성되었기 때문에 exclusive-OR 함수들에 의해 수행할 수 있다. 따라서 반복적인 덧셈이나 뺄셈을 요구하는 산술 연산을 수행하는 데 특히 exclusive-OR 함수를 사용한다.

패리티 發生器와 패리티 檢査器

exclusive-OR 함수와 同値 함수는 誤謬檢出 코우드와 誤謬修正 코우드를 필요로 하는 시스템에서 매우 有用하다.

전송하는 도중에 생기는 오류을 검출하는 데 쓰인다.

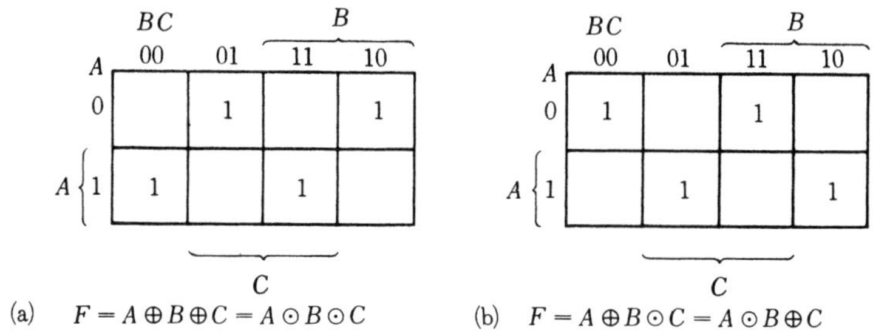

(a) $F = A \oplus B \oplus C = A \odot B \odot C$ (b) $F = A \oplus B \odot C = A \odot B \oplus C$

그림 4-23 3 변수들에 대한 맵

패리티 비트는 2진 정보와 함께 전송되는 추가의 비트로서, 전송 정보의 1의 갯수를 홀수 또는 짝수로 만들어 준다. 패리티 비트를 포함한 정보가 전송되며 전송된 정보를 받은 후 오류를 검출하기 위해 패리티 비트가 검사된다. 검사된 패리티가 전송된 패리티와 일치하지 않을 경우 오류가 검출된다. 전송부에서 패리티 비트를 산출하는 회로를 **패리티 發生器**(parity generator)라 하며, 수신측에서 패리티를 검사하는 회로를 **패리티 검사기**(parity checker)라 한다.

홀수 패리티 비트와 함께 3개의 비트들을 전송하는 경우를 생각해 보자. **표 4-4**는 패리티 발생기에 대한 진리표이다. 3개의 전송 비트 x, y, z는 회로의 입력들이 되며 패리티 비트 P는 출력이 된다. 홀수 패리티에 대해 P는 **傳送情報 전체의 1의 갯수를 홀수로 만들어 준다.** 진리표로부터 우리는 3개의 비트 x, y, z에서 1의 갯수가 짝수일 때만 P가 1이 된다는 것을 알 수 있다. 이것은 **그림 4-23**(b)의 맵과 일치한다. 따라서 함수 P는 다음과 같이 표현된다.

$$P = x \oplus y \odot z$$

패리티 발생기에 대한 논리도는 **그림 4-24**(a)에 있다. 그것은 1개의 두 입력 exclusive-OR 게이트와 1개의 두 입력 同値 게이트로 구성한다. $P = x \odot y \oplus z$로 표현

표 4-4 홀수 패리티 생성

3-비트 정보			생성된 패리티비트
x	y	z	P
0	0	0	1
0	0	1	0
0	1	0	0
0	1	1	1
1	0	0	0
1	0	1	1
1	1	0	1
1	1	1	0

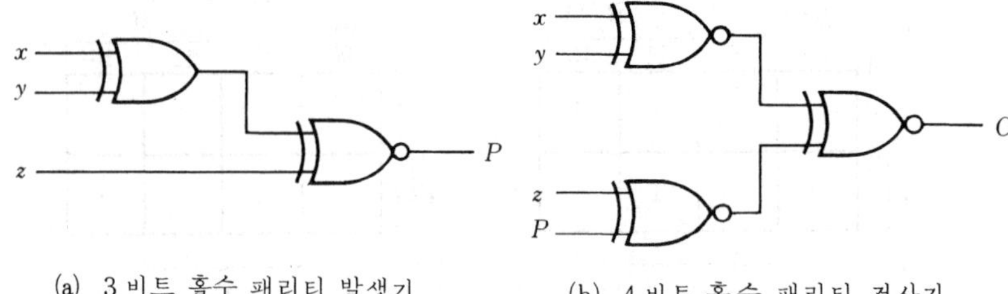

(a) 3 비트 홀수 패리티 발생기 (b) 4 비트 홀수 패리티 검사기

그림 4-24 패리티 생성과 검사에 대한 논리도

될 수도 있기 때문에 두 게이트들을 서로 교환해도 된다.

3개의 전송 비트와 패리티 비트는 수신측(receiver)에 전송되어 거기에서 패리티 검사기에 공급된다. 전송된 2진 정보는 홀수 패리티이므로 검사된 패리티가 짝수이면 전송 도중 오류가 발생한 것을 알 수 있다. **표 4-5**는 홀수 패리티 검사기에 대한 진리표이다. 이 진리표로부터 우리는 C가 짝수 개의 0을 가진 8개의 민터엄들로 구성되었다는 것을 알 수 있다.

이것은 **그림 4-22**(b)의 맵과 일치하며 따라서 C는 다음과 같이 표현된다.

$$C = (x \odot y) \odot (z \odot P)$$

그림 4-24(b)는 패리티 검사기에 대한 논리도이다. 이 논리도는 3개의 두 입력 同値 게이트들로 구성된다.

만일 **그림 4-24**(b)에서 입력 P가 항상 0 상태이고 출력이 P로 표시된다면 **그림 4-24**(b)는 패리티 발생기로 사용될 수 있다. 이 때, 얻어지는 이 점은 패리티 발생과 검

표 4-5 홀수 패리티 검사

전송된 4-비트				패리티 오류 검사
x	y	z	P	C
0	0	0	0	1
0	0	0	1	0
0	0	1	0	0
0	0	1	1	1
0	1	0	0	0
0	1	0	1	1
0	1	1	0	1
0	1	1	1	0
1	0	0	0	0
1	0	0	1	1
1	0	1	0	1
1	0	1	1	0
1	1	0	0	1
1	1	0	1	0
1	1	1	0	0
1	1	1	1	1

사에 같은 회로를 사용한다는 점이다.

우리는 위의 보기로부터 패리티 발생 회로의 출력과 검사 회로의 출력이 언제나 짝수 개의 1 또는 홀수 개의 1을 가지는 민터엄들로 구성된다는 사실을 알았다. 따라서 그것들은 同値 또는 exclusive-OR 게이트들로서 실현할 수 있다.

참 고 문 헌

1. Rhyne, V. T., *Fundamentals of Digital Systems Design*. Englewood Cliffs, N.J.: Prentice-Hall, Inc., 1973.
2. Peatman, J. P., *The Design of Digital Systems*. New York: McGraw-Hill Book Co., 1972.
3. Nagle, H. T. Jr., B. D. Carrol, and J. D. Irwin, *An Introduction to Computer Logic*. Englewood Cliffs, N. J.: Prentice-Hall, Inc., 1975.
4. Hill, F. J., and G. R. Peterson, *Introduction to Switching Theory and Logical Design*, 2nd ed. New York: John Wiley & Sons, Inc., 1974.
5. Maley, G. A., and J. Earle, *The Logic Design of Transistor Digital Computers*. Englewood Cliffs, N. J.: Prentice-Hall, Inc., 1963.
6. Friedman, A. D., and P. R. Menon, *Theory and Design of Switching Circuits*. Woodland Hills, Calif.: Computer Science Press, Inc., 1975.
7. 黃熙隆, 趙東燮, "論理圖變換의 새로운 技法", 대한 전기 학회지, Vol. 28, No. 8, pp. 57~65, 1979.

연 습 문 제

4-1 조합 회로는 4개의 입력과 1개의 출력을 가진다. 출력은 모든 입력이 1이거나, 모든 입력이 0이거나, 홀수 개의 입력만 1일 때 1이 된다.

(a) 진리표를 구하라.

(b) 積의 合으로 표현된 단순화된 출력 함수를 구하라.

(c) 合의 적으로 표현된 단순화된 출력 함수를 구하라.

(d) 두 논리도를 그려라.

4-2 입력으로 3비트 數를 받아서 입력의 제곱에 해당하는 2진수를 출력으로 산출하는 조합 회로를 설계하라.

4-3 각각 2개의 비트로 구성된 두 2진수를 곱해 보자. 이 때, 두 2진수는 a_1, a_0와

b_1, b_0로 표시된다. 添字 0은 최하위 비트를 표시한다.

(a) 필요한 출력선들의 數를 결정하라.

(b) 각 출력에 대한 단순화된 부울 함수를 구하라.

4-4 두 2진수의 덧셈에 대해 문제 4-3을 반복하라.

4-5 BCD로 표현된 10진수 디지트를 입력으로 받아서, 출력으로 입력 9의 補數를 생성하는 조합 회로를 설계하라.

4-6 4개의 비트들로 구성된 2진수를 받아서 그 수의 補數를 생성하는 조합회로를 설계하라.

4-7 BCD로 표현된 10진 디지트 하나를 입력으로 받아서 5를 곱해 출력시키는 조합 회로를 설계하라. 출력도 BCD로 표현하라. 임의의 논리 게이트를 사용하지 않고, 출력을 입력에서 얻을 수 있다는 것을 보여라.

4-8 10진 디지트를 BCD로 표현할 때 사용되지 않는 코우드 조합을 입력에 적용하면 출력이 1이 되는 조합 회로를 설계하라.

4-9 2개의 半加算器와 1개의 OR 게이트로 全加算器를 구성하라.

4-10 全加算器가 1개의 인버어터를 첨가함으로써 어떻게 全減算器로 바뀌는가를 보여라.

4-11 8, 4, −2, −1 코우드로 된 10진 디지트를 BCD로 바꾸는 조합 회로를 설계하라.

4-12 2, 4, 2, 1 코우드로 된 10진수를 8, 4, −2, −1 코우드로 바꾸는 조합 회로를 설계하라.

4-13 4비트 2진수를 BCD로 표현된 10진수로 바꾸는 논리도를 그려라. 이 때, 2진수는 0부터 15까지 나타낼 수 있으므로 2개의 10진수가 필요하다.

(a) 7편 표시

(b) 표시기가 나타내는 숫자

그림 4-25

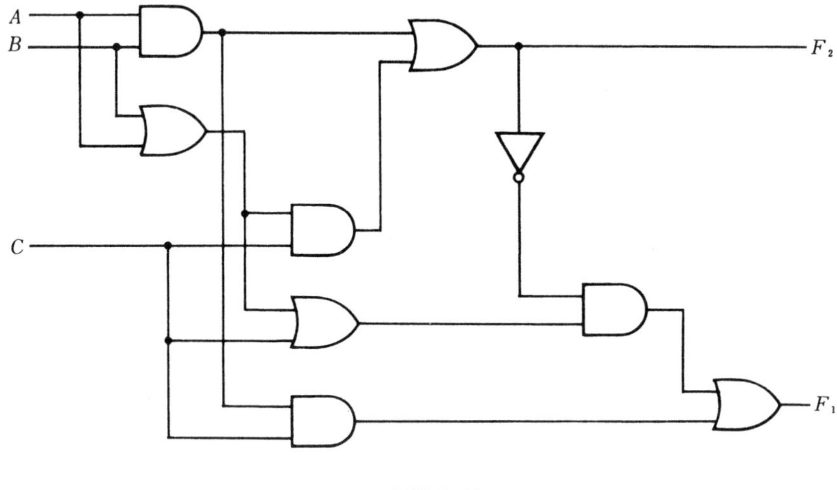

그림 4-26

4-14 BCD-7편 디코우더 (BCD-to-seven-segment decoder)는 BCD로 표현된 10진 디지트를 입력으로 받아서, 그 10진수를 전시할 수 있도록 해주는 출력을 산출한다. 디코우더의 출력들은 a, b, c, d, e, f, g이며 그림 4-25(a)를 보고 적당히 선택한다. 예를 들어 3은 a, b, c, d, g를 1로 하면 되고 5는 a, c, d, f, g를 1로 하면 된다. BCD-7편 디코우더를 설계하라.

4-15 그림 4-26의 조합 회로를 분석하여 2개의 출력들에 대한 부울 함수들을 구하고 회로 작동을 설명하라.

4-16 그림 4-26의 회로에 대한 진리표를 구하라.

4-17 블록圖 방법을 써서 그림 4-8의 논리도를 NAND 게이트들로 수행하라.

4-18 NAND 대신에 NOR을 써서 문제 4-17을 반복하라.

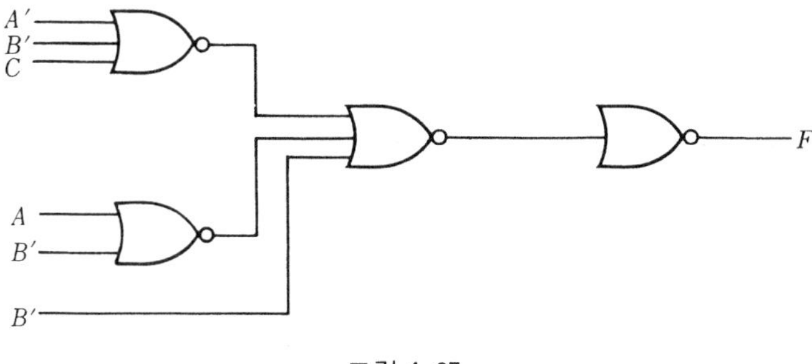

그림 4-27

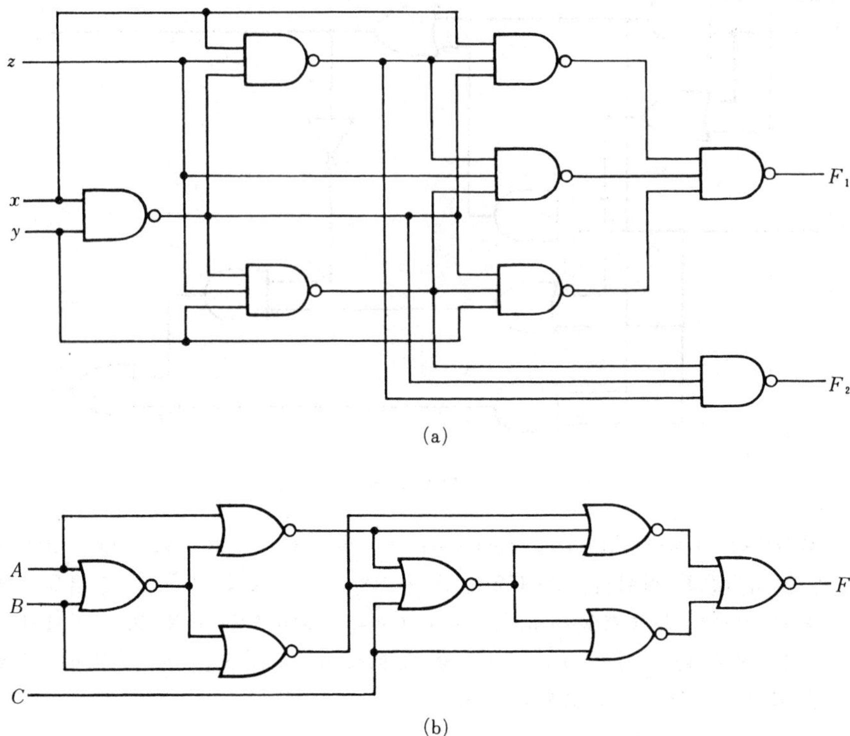

그림 4-28

4-19 다음 부울 함수들로 표현된 전가산기의 NAND 논리도를 그려라.

$$C = xy + xz + yz$$
$$S = C'(x + y + z) + xyz$$

4-20 그림 4-27에 있는 회로의 출력 F에 대한 부울 함수를 나타내어라. 앞의 NOR 게이트로써 等價回路를 그려라.

4-21 그림 4-28에 있는 회로들의 출력 부울 함수들을 구하라.

4-22 그림 4-28 있는 회로들에 대한 진리표들을 구하라.

4-23 그림 4-28(a)의 等價의 AND-OR 논리도를 그려라.

4-24 그림 4-28(b)의 等價의 AND-OR 논리도를 그려라.

4-25 (a) AND, OR, NOT 게이트들을 사용하여, (b) NOR 게이트들을 사용하여, (c)

NAND 게이트들을 사용하여, 2개의 입력을 가진 同値 함수에 대한 논리도를 구하라.

4-26 그림 4-28(b)의 회로가 exclusive-OR라는 것을 보여라.

4-27 $A \odot B \odot C \odot D = \sum(0, 3, 5, 6, 9, 10, 12, 15)$라는 것을 보여라.

4-28 표 1-4에 있는 코우드를 4비트의 2진수로 바꾸는 조합 회로를 설계하라. exclusive-OR 게이트들을 사용하라.

· 4-29 4개의 비트들이 짝수 패리티를 구성하지 않을 때 논리-1을 출력하는 조합 회로를 설계하라.

4-30 그림 4-2에 있는 3개의 半加算機 회로를 사용하여 다음 부울 함수들을 실현하라.

(a) $D = A \oplus B \oplus C$
(b) $E = A'BC + AB'C$
(c) $F = ABC' + (A' + B')C$
(d) $G = ABC$

4-31 다음 부울 함수를 exclusive-OR와 AND 게이트를 써서 실현하라.

$$F = AB'CD' + A'BCD' + AB'C'D + A'BC'D$$

5

MSI와 LSI를 利用한 組合論理

Combinational Logic with MSI and LSI

5-1 序 論

부울 함수를 單純化(simplification)하는 목적은 낮은 가격의 회로로써 실현시키는 代數的 표현을 얻는 데 있다. 그러나, 부울 함수가 효과적으로 단순화되어졌는가를 평가하려면 낮은 가격의 회로나 시스템에 대한 評價基準(criteria)이 定義되어 있어야 한다. 4-2節에서 보였던 조합 회로에 대한 설계 과정은 주어진 함수를 실현하는 데 필요한 게이트들의 수를 최소화시키는 것이다. 이러한 고전적인 관점에서 볼 때 두 회로가 같은 함수를 수행한다면 그 중 적은 게이트들을 필요로 하는 회로가 가격이 덜 들기 때문에 바람직하다. 그러나 集積回路(integrated circuit)가 사용된다면 반드시 그렇게 되지는 않는다.

여러 개의 논리 게이트들이 1개의 IC 내에 포함되어지기 때문에 전체 게이트의 수가 증가된다 하더라도 이미 만들어진 패키지 내의 게이트들을 이용한다면 경제적이 된다. 더군다나 게이트들 사이의 연결이 칩(chip) 내의 내부 연결일 수가 있으며 외부 핀들 사이의 연결을 가급적 적게 하기 위해서 가능한 한 많은 내부 연결이 된 것을 이용하는 것이 경제적이다. 集積回路에서 가격을 결정하는 것은 게이트들의 수가 아니라 사용되는 IC들의 種類와 갯수 그리고 주어진 함수를 실현하는 데 필요한 외부 연결 回數이다.

組合回路構成의 古典的 方法과 IC 方法 比較

4-2節에서 도입된 古典的인 방법이 주어진 함수를 실현하는 데 가장 적당한 조합 회로를 산출하지 못하는 경우가 많이 있다. 더군다나 이 방법에서 사용된 진리표와 單純化過程은 입력 변수들의 갯수가 많아지게 되면 매우 복잡해진다. 최종적으로 얻어진 회로를 제작하기 위해서 우리는 SSI 게이트들을 마구잡이로 연결해야 되며 그 결과 비교적 많은 IC들과 상호 연결선들을 필요로 하게 된다. 많은 경우 IC를 사용

한 조합 회로가 고전적인 방법을 써서 설계된 조합 회로보다 훨씬 바람직하다. IC를 이용하는 설계 방법은 특별한 문제에 따라 달라지게 되고 설계자의 두뇌를 필요로 한다. 고전적인 방법은 그대로 하기만 하면 그 결과가 반드시 나오는 일반적인 과정이다. 그러나, 고전적인 방법을 적용하기 전에 IC 방법의 사용 가능성을 조사해 보는 것이 현명하다.

IC를 利用한 組合回路 設計過程

조합 회로의 세부적인 설계 과정으로 들어가기 전에 우선 주어진 함수가 이미 제작하여 市販된 IC들을 이용할 수 있는가를 살펴보아야 한다. 많은 MSI 장치들은 상품으로 나와서 이용할 수 있다. 이 장치들은 디지털 컴퓨터 시스템의 설계에서 자주 이용되는 특별한 디지털 함수들을 수행한다. 만일 주어진 함수를 집행하는 꼭 맞는 MSI가 없다면 독창성이 많은 설계자는 적당히 MSI 장치들을 병합하기 위한 방법을 강구해야 한다. 이 때, SSI 게이트들보다 우선적으로 MSI 성분들을 선택하는 것이 중요한데, 그 이유는 선택에 따라 IC들의 갯수와 선 연결 회수들이 상당히 감소될 수 있기 때문이다.

MSI, LSI, 應用回路

이 장의 처음 절반에서는 고전적인 방법이 아닌 다른 방법을 써서 설계한 여러 조합 회로들이 나온다. 이 모든 보기들이 이미 제작되어 있는 MSI 장치들을 이용하므로 독자는 MSI 함수들과 친숙하게 될 것이다. MSI 함수들과 친숙하게 되는 것은 조합 회로의 설계뿐만 아니라 좀더 복잡한 디지털 시스템 설계에도 도움이 된다.

때때로 MSI와 LSI 회로들을 임의의 조합 회로를 설계하고 실현하는 데 직접 적용할 수 있다. 이 章의 후반부에는 MSI와 LSI에 의해 조합 논리를 설계하는 4가지 기술이 설명되어 있다. 이 방법들은 디코우더(decoder), 멀티플렉서(multiplexer), **ROM**, **PLA** (programmable logic array)의 일반적인 성질들을 이용한다. 이 4개의 IC 부품들은 여러 곳에서 매우 많이 이용된다. 여기서 기술한 조합 회로를 실현하는 IC의 예는 많은 다른 응용들 중 한 가지에 불과하다. 독자들의 많은 독창성은 더 넓은 응용을 낳을 것이다.

5-2 2進 並列加算器(binary parallel adder)

4-3절에서 살펴보았던 全加算器는 2개의 비트들과 바로 前 자릿수로부터의 캐리를 더하는 회로이다. 각각 n비트들로 이루어진 2개의 2진수도 전가산기를 사용하여 더할 수 있다. 특별한 보기를 들어 설명해 보자. 우리는 2개의 2진수, $A=1011$과 $B=0011$을 더해서 합($S=1110$)을 산출할 것이다. 비트 쌍들을 더할 때 생성되

는 캐리는 바로 오른쪽 옆에 있는 비트들의 덧셈에 쓰인다. 다음 표가 이것을 잘 설명해 준다.

첨자 i	4 3 2 1		그림 4-5의 전가산기
입력 캐리	0 1 1 0	C_i	z
피가수	1 0 1 1	A_i	x
가수	0 0 1 1	B_i	y
합	1 1 1 0	S_i	S
출력 캐리	0 0 1 1	C_{i+1}	C

가장 낮은 위치로부터 시작하여, 전가산기는 비트 쌍을 더해서 合과 캐리를 산출한다. **그림 4-5**의 입력과 출력들도 위의 표에 표시되어 있다. 가장 낮은 위치(가장 오른쪽)에서의 입력 캐리 C_i는 0이다. 주어진 위치에서 C_{i+1}은 전가산기의 출력 캐리이다. 이 값은 왼쪽 옆에 있는 새로운 다른 비트들이 더해지는 전가산기의 입력 캐리가 된다. 이리하여 合 비트들은 가장 오른쪽에서부터 생성되고 해당하는 바로 앞에서 캐리 비트가 생성되자마자 구할 수 있다.

2개의 n-비트로 된 2진수, A와 B의 덧셈은 2가지 방법으로 실현할 수 있다. 이 2가지 방법은 直列加算(serial addition)과 並列加算(parallel addition)이다. 직렬 가산 방법에서는 생성된 캐리를 저장하는 장치와 하나의 전가산기만을 사용한다. A와 B에서의 비트 쌍들은 직렬로 한 번에 한 쌍씩 전가산기에 전달된다. 저장된 출력 캐리는 다음 비트 쌍에 대한 입력 캐리가 된다. 병렬 가산 방법은 n개의 전가산기의 회로들을 사용하며 A와 B의 모든 비트들이 동시에 적용된다. 1개의 전가산기로부터의 출력 캐리는 바로 왼쪽에 있는 전가산기의 입력 캐리와 연결된다. 캐리들이 생성되자마자, 올바른 合 비트들이 모든 전가산기의 출력 S들로 나타난다.

2進 並列加算器는 두 2진수의 산술 덧셈을 병렬로 수행하는 디지털 함수이다. 이것은 1개의 전가산기로부터의 출력 캐리를 다음 전가산기의 입력 캐리에 연결함으로써, 여러 개의 전가산기를 종속으로 연결하여 제작한다.

그림 5-1은 4개의 전가산기 회로들로 구성된 4-비트 2進並列加算器이다. 加數(A) 비트들과 被加數(B) 비트들은 오른쪽부터 왼쪽으로 가면서 添字된 數로 표시하였다. 이 때, 첨자 1은 가장 낮은 위치의 비트를 나타낸다. 가산기의 입력 캐리는 C_1이고 출력 캐리는 C_5이다. 출력 S는 필요한 合 비트들을 구성한다. 4-비트 전가산기 회로를 IC로 제작할 때, 加數와 被加數 비트들을 위해 각각 4개씩의 핀, 合 비트들을 위해 4개의 핀, 그리고 입출력 캐리를 위해 2개의 핀이 필요하다.*

n-비트 병렬 가산기는 n개의 전가산기 회로들을 필요로 한다. 이것은 4-비트, 2-

* 4-비트 전가산기의 보기는 TTL형의 74283 IC이다.

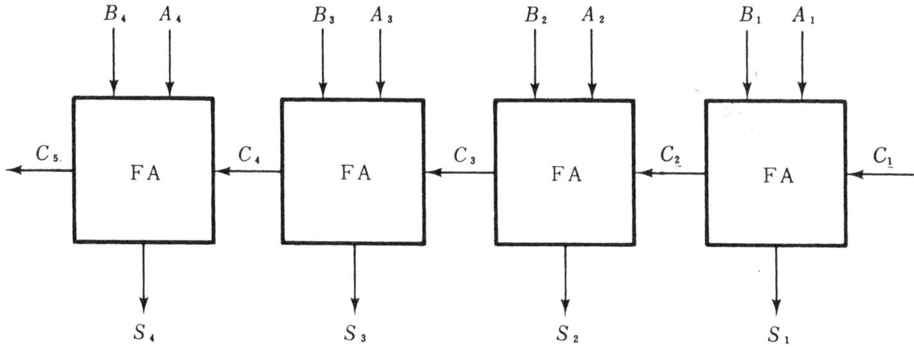

그림 5-1 4 비트 전가산기

비트, 1-비트 전가산기 IC 패키지들을 縱續으로 연결함으로써 구성할 수 있다. 이 때, 한 IC 패키지로부터의 출력 캐리는 바로 다음 위치에 연결된다.

4-비트 전가산기는 대표적인 MSI 함수의 例이다. 이것은 산술 연산을 포함하여 다른 많은 곳에 적용할 수 있다. 고전적인 방법으로 이 회로를 설계하려면 입력이 9개이므로 $2^9=512$의 입력 조합을 가지는 진리표를 작성해야만 할 것이다. 그러나, 이미 알고 있는 함수를 반복적으로 연결함으로써 우리는 쉽게 이 회로를 얻을 수 있다.

다음 예제를 통해 이 MSI 함수를 다른 조합 회로 설계에 이용해 보자.

MSI를 利用한 設計 例

〔예제 5-1〕 BCD 對 3增 코우드 變換器(BCD-to-excess-3 code converter)**를 설계해 보자.**

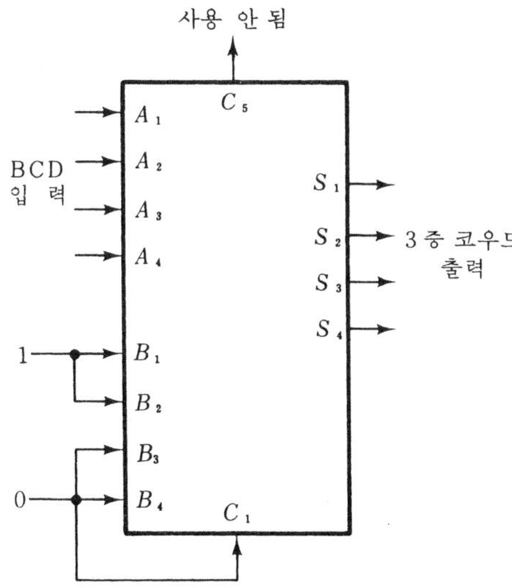

그림 5-2 BCD 對 3증 코우드 변환기(MSI를 이용한 설계 例)

이 회로는 고전적인 방법으로 4-5절에서 이미 설계하였다. 그 때 얻어진 회로는 11개의 게이트들을 필요로 하며 **그림 4-8**에서 보였다. 이것을 SSI 게이트들로 제작하려면 3개의 IC가 필요하며 입출력 선을 빼고 14회의 내부선 연결을 해야 한다. 우리는 진리표로부터, BCD 코우드에 0011을 더하면 3증 코우드를 얻을 수 있다는 것을 알 수 있다. 이 덧셈은 **그림 5-2**에서처럼 4-비트 가산기를 쓰면 쉽게 실현할 수 있다. BCD 디지트를 입력 A에 연결한다. 입력 B에는 0011을 세트한다. 이것은 B_1과 B_2에 논리-1을 세트하고, B_3, B_4, C_1에 논리-0를 공급하면 된다.

논리-1과 논리-0는 실질적인 신호들로서, 사용되는 IC군에 따라 그 값이 달라진다. 例를 들어 TTL의 경우, 논리-1은 3.5[V]이며 논리-0는 0[V]이다. 출력 S에는 입력 BCD 디지트에 대응되는 3증 코우드가 나타난다. 이것은 1개의 IC와 5개의 선 연결로써 실현된다.

캐리 傳播(carry propagation)

두 2진수의 덧셈을 병렬로 수행한다는 것은 加數와 被加數의 모든 비트들이 동시에 계산에 이용된다는 것을 뜻한다. 임의의 출력 회로에서처럼 신호가 게이트로 전파되어야만 올바른 출력 合이 출력 線에 나타난다. **總傳播時間(total propagation time)은 각 게이트의 傳播遲延(propagation delay)에다 그 회로의 게이트 段階(gate level) 數의 곱으로 표시된다.** 병렬 가산기에서 가장 긴 傳播遲延은 캐리를 전가산기로 전파하는 데 걸리는 시간이다. 가산기에서 合의 각 비트(S_i)는 입력 캐리에 따라 달라지며, 입력 캐리가 전파되어져야만 정상 상태의 最終値를 얻게 된다. **그림 5-1**에서 출력 S_4를 생각해 보자. 입력 A_4와 B_4는 입력 신호들이 가산기에 공급되자마자 그 正常値가 도착한다. 그러나 입력 캐리 C_4는 C_3가 正常狀態値가 될 때까지 그 最終正常値로 설정되지 못한다. 비슷한 이유로 C_3는 C_2를 기다리게 되고, C_2는 C_1을 기다리게 된다. 결국 C_1으로부터 모든 단계를 거쳐 C_4가 얻어져야만 마지막 출력 S_4와 C_5가 그 최종 정상 상태치를 얻게 된다. 여기서 값을 얻는다는 것은 출력 신호가 平衡狀態에 도달한다는 뜻이다. 캐리 전파에 대한 게이트 段階數는 전가산기 회로에서 알 수 있다. 이 회로는 **그림 4-5**에 있으며 편의를 위해서 **그림 5-3**에 다시 보였다. 입출력 변수들에 添字 i를 사용하여 i번째 비트라는 것을 나타냈다. P_i와 G_i는 입력 A_i와 B_i의 신호들이 각각 exclusive-OR 게이트와 AND 게이트로 전파된 후에 그 正常狀態値를 얻게 된다. P_i와 G_i는 모든 전가산기 회로에 공통적이며 입력인 加數와 피가수 비트들에만 의해서 결정된다. 입력 캐리 C_i 신호는 AND 게이트와 OR 게이트를 통해 출력 캐리 C_{i+1}로 전파된다. 따라서 게이트의 두 단계를 거치게 된다. 만일 병렬 가산기가 4개의 전가산기로 구성되었다면 출력 캐리 C_5는 $2\times4=8$의 게이트 단계를 가진다. 따라서 가산기의 총 전파 시간은 1개의 반가산기 전파 시간의 8

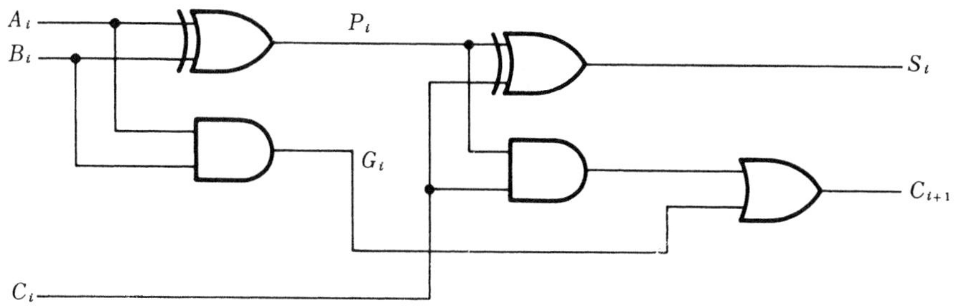

그림 5-3 全加算器 回路

게이트 단계 전파 시간을 모두 합한 것이다. n비트 병렬 가산기는 캐리를 완전히 전송시키는 데 $2n$ 게이트 단계를 거쳐야 된다.

이리하여 캐리 傳播時間이 並列로 두 數의 덧셈을 實現할 때 速度 制限要素가 된다. 병렬 가산기나 임의의 조합 회로가 출력 선에 늘 어떤 값을 가지고 있다. 그런데 입력으로부터 출력으로 게이트를 통해 신호들이 전파될 수 있을 만큼 입력이 변치 않고 유지하는 충분한 시간이 주어지지 않는다면 이 출력은 올바른 것이 못 된다. **모든 다른 算術演算들은 連續的인 덧셈에 의해 實現되므로 덧셈 過程 동안 소비되는 時間은 매우 重要한 問題가 된다.** 캐리 傳播遲延을 감소시키려면 좀더 빠른 게이트들을 사용해야 한다. 그러나 실제의 物理的 회로들은 制限된 능력을 가지고 있다. 따라서 우리는 캐리 傳播遲延을 감소시키기 위해 다른 여러 가지 기술을 연구하지 않으면 안 된다. 그 중 병렬 가산기에서 가장 널리 사용되는 원리는 **캐리 미리 찾는 (look-ahead carry) 技法**이 있다.

그림 5-3의 전가산기 회로를 생각해 보자. 만일 다음 2개의 새로운 2진 변수들을 정의하면,

$$P_i = A_i \oplus B_i \text{ (캐리 傳播, carry Propagate)}$$

$$G_i = A_i B_i \quad \text{(캐리 生成, carry Generate)}$$

合과 캐리는 다음과 같이 표현할 수 있다.

$$S_i = P_i \oplus C_i$$

$$C_{i+1} = G_i + P_i C_i$$

G_i는 캐리 生成(carry generate)이라 부른다. A_i와 B_i가 둘 다 1이면 G_i는 입력 캐리(C_i)와 상관 없이 출력 캐리(C_{i+1})를 1로 만든다. P_i는 C_i로부터 C_{i+1}로의 캐리 전파와 관련된 항이기 때문에 캐리 傳播(carry propagate)라 부른다.

우리는 각 자릿수의 출력 캐리에 대한 부울 함수를 다음과 같은 방법으로 얻는다.

$$C_2 = G_1 + P_1 C_1$$

$$C_3 = G_2 + P_2 C_2 = G_2 + P_2 (G_1 + P_1 C_1) = G_2 + P_2 G_1 + P_2 P_1 C_1$$

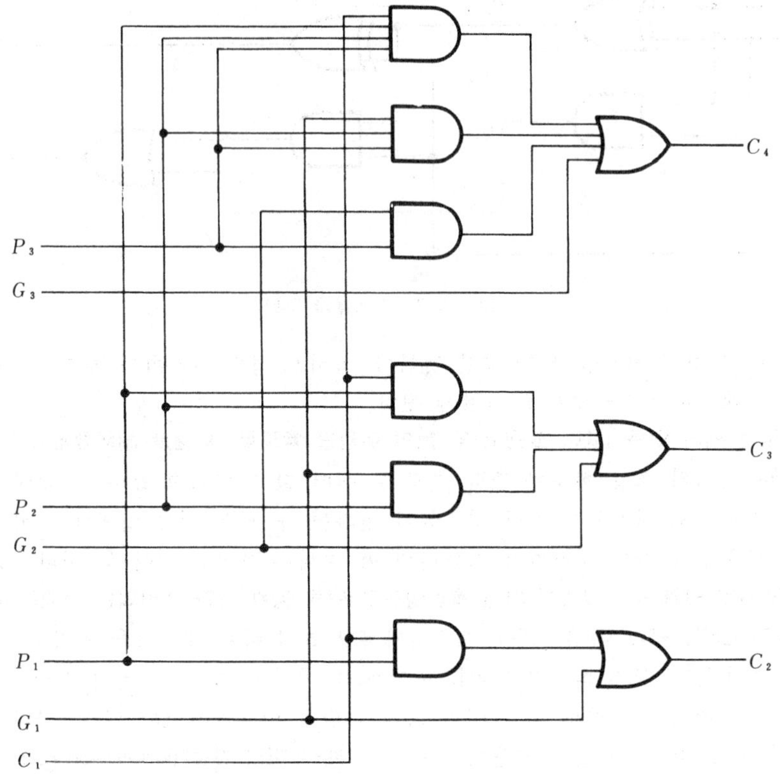

그림 5-4 캐리 미리 찾는 생성자의 논리도

$$C_4 = G_3 + P_3C_3 = G_3 + P_3G_2 + P_3P_2G_1 + P_3P_2P_1C_1$$

각 출력 캐리에 대한 부울 함수는 積의 合으로 표현되어 있으므로 각 함수는 AND 게이트에 연결된 OR 게이트(또는 두 단계 NAND)로 표현할 수 있다. C_2, C_3, C_4에 대한 부울 함수들은 **그림 5-4**의 **캐리 미리 찾는 生成者(look-ahead carry generator)** 에서 실현되어 만들어진다. 여기서 주의해 볼 사실은 C_4는 C_3와 C_2를 기다릴 필요 없이 C_3나 C_2와 동시에 전달된다는 사실이다.*

look-ahead carry generator를 가지고 있는 4-비트 병렬 가산기가 **그림 5-5**에 있다. 각 출력 S는 두 개의 exclusive-OR 게이트들을 필요로 한다. 첫 번째 exclusive-OR 게이트가 P_i(carry propagate)를 산출하고 AND 게이트는 G_i(carry generate)를 산출한다. 캐리들은 look-ahead carry generator를 통해 전파되어 두 번째 exclusive-OR 게이트의 입력에 적용된다. 모든 출력 캐리는 P와 G가 값을 얻은 뒤 두 단계만의 게이트 傳

* 대표적인 look-ahead carry generator는 74182 IC이다. AND-OR-NOT게이트들로 수행되며 2개의 출력(G와 P)을 가지고 있어 $C_5 = G + PC_1$을 생성할 수 있다.

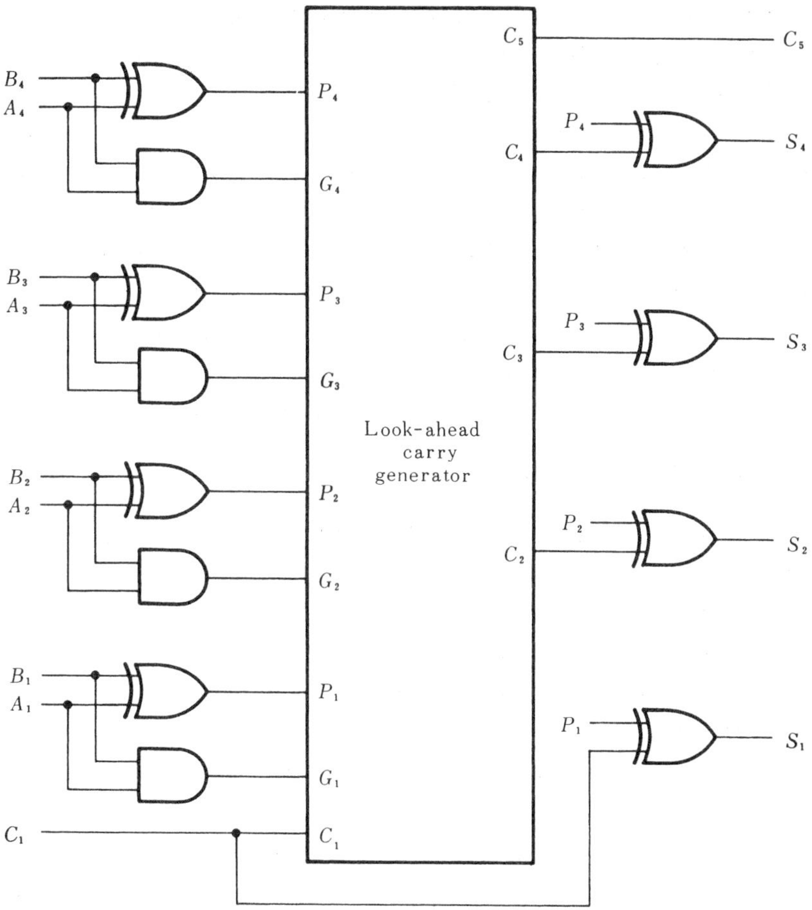

그림 5-5 look-ahead carry를 가지고 있는 4-비트 전가산기

播遲延 후에 생성된다. 그러므로 S_2, S_3, S_4는 모두 동일한 傳播遲延(equal propagtion delay)을 가진다. 그림 5-4에는 C_5에 대한 2단계 회로가 나타나지 않지만 C_4, C_3, C_2와 동일한 방법을 써서 쉽게 유도할 수 있다.

5-3 10進加算器(decimal adder)

시스템에서 직접 10진수 산술 연산을 수행하는 컴퓨터나 탁상용 계산기들은 10진수를 2진 코우드 형태로 표현한다. 그런 컴퓨터에 대한 가산기는 코우드化된 10진수를 받아서, 받은 코우드로 결과를 표현하는 산술 회로를 써야 한다. 2진 加算器(binary adder)는 3개의 입력과 2개의 출력을 필요로 한다. 그러므로, 각 10진수는

4개의 비트 코우드로 표현되며, 또 입출력 캐리들이 있어야 하므로 10진 가산기는 최소한 9개의 입력과 5개의 출력들을 필요로 한다. 물론 10진수를 표현하는 데 사용하는 코우드에 따라 많은 종류의 10진 가산기 회로들이 가능하다.

고전적인 방법으로 9개의 입력과 5개의 출력을 가진 조합 회로를 설계하려면 $2^9=512$개의 입력 조합을 가지는 진리표를 작성해야 한다. 2진 코우드 입력들 각각이 쓰이지 않는 6개의 조합을 가지기 때문에 입력 9개로 이루어지는 입력 조합의 상당수가 리던던시 조건이 된다. 이 회로에 대한 부울 함수들은 컴퓨터에 의한 테이블 方法(tabular method)을 써서 簡單化할 수 있지만 그 결과는 불규칙적인 형태를 이루는 게이트들의 접속이 되어 버리기가 쉽다. 그리하여 다른 방법으로서 6개의 리던던시 조건을 고려하면서 전가산기 회로들을 사용하여 두 수를 더하는 설계 방법이다. 그때 출력은 타당한 10진 디지트 조합만 생성하도록 수정되어야 한다.

BCD 加算器(BCD adder)

바로 전 자릿수로부터의 캐리를 고려하면서 BCD로 표현된 두 10진 디지트의 산술 덧셈을 생각해 보자. 각 입력 디지트는 9를 초과하지 못하기 때문에 출력 合은 $9+9+1=19$보다 클 수가 없다. 여기서 1은 입력 캐리이다. 이제 4비트 2진 가산기에 2개의 BCD 數를 加한다고 하자. 이 때, 가산기는 2진수로 표현된 합 0~19 결과를 생성할 것이다. 이 2진수들이 표 5-1에 있으며, 기호 K, Z_8, Z_4, Z_2, Z_1으로 표시되어 있다. K는 캐리이며 Z 밑에 붙어 있는 添字는 BCD 코우드에서 4개의 비트들에 할당되어진 荷重(weight)이다. 표에서 첫 번째 列은 2진수로 표현된 合으로서 4-비트 2진 가산기의 출력이다. 2개의 10진 디지트들의 덧셈에 의해 얻어지는 合은 출력으로서 BCD로 표현되어야 하기 때문에 변환되어야 할 것이다. 合이 BCD로 변환된 것은 표 5-1의 두 번째 열에 나타나 있다. 따라서 첫 번째 열에 있는 2진수를 두 번째 열에 있는 올바른 BCD 표현으로 변환하기 위한 간단한 법칙을 찾는 것이 문제가 된다.

표의 내용을 관찰하면 다음과 같은 사실을 알 수 있다. 2진수로 표현된 合이 1001보다 작거나 같으면 대응되는 BCD 合은 2진수로 표현된 合과 동일하며 따라서 어떤 변환도 할 필요가 없다. 2진수로 표현된 合이 1001보다 클 경우 **올바른 BCD 표현으로 바꾸기 위해서는 2진수로 표현된 合에 6(1010)을 더하는 수정을 행한다.**

修正必要를 검사하는 논리 회로를 표의 입력란을 보아 찾아 내어 유도한다. 2진수로 표현된 合이 출력 캐리 $K=1$을 가지면 수정을 해야 하는 것은 명백하다. 그 밖에 수정을 필요로 하는 다른 6개의 조합들(1010부터 1111까지)을 공통적으로 $Z_8=1$을 가진다. 그러나 2진수 1000과 1001도 $Z_8=1$이기 때문에 이들은 수정에 포함되지 않도록 구별해야 한다. 따라서 $Z_2=1$이라는 또 다른 조건이 필요하다. 위의 수정 조건과 출력 캐리를 관련시켜 표현하면 다음과 같다.

표 5-1 BCD 가산기의 誘導

2진수로 표현된 합					BCD 합					10진수
K	Z_8	Z_4	Z_2	Z_1	C	S_8	S_4	S_2	S_1	
0	0	0	0	0	0	0	0	0	0	0
0	0	0	0	1	0	0	0	0	1	1
0	0	0	1	0	0	0	0	1	0	2
0	0	0	1	1	0	0	0	1	1	3
0	0	1	0	0	0	0	1	0	0	4
0	0	1	0	1	0	0	1	0	1	5
0	0	1	1	0	0	0	1	1	0	6
0	0	1	1	1	0	0	1	1	1	7
0	1	0	0	0	0	1	0	0	0	8
0	1	0	0	1	0	1	0	0	1	9
0	1	0	1	0	1	0	0	0	0	10
0	1	0	1	1	1	0	0	0	1	11
0	1	1	0	0	1	0	0	1	0	12
0	1	1	0	1	1	0	0	1	1	13
0	1	1	1	0	1	0	1	0	0	14
0	1	1	1	1	1	0	1	0	1	15
1	0	0	0	0	1	0	1	1	0	16
1	0	0	0	1	1	0	1	1	1	17
1	0	0	1	0	1	1	0	0	0	18
1	0	0	1	1	1	1	0	0	1	19

$$C = K + Z_8Z_4 + Z_8Z_2$$

$C=1$이면 2진수로 표현한 合에 0110을 더해야 하며, 이때 C는 다음 단계의 출력 캐리이다.

BCD 가산기는 병렬로 두 BCD 디지트를 더하여 BCD로 표현한 合을 산출하는 회로이다. BCD 가산기의 내부 구조에는 수정 논리가 포함되어 있다. 2진수로 표현된 合에 0110을 더하기 위해 우리는 그림 5-6에서처럼 4-비트 2진 가산기를 하나 더 사용한다. 먼저 입력 캐리와 2개의 10진 디지트들은 첫 번째 4-비트 2진 가산기에 의해 더해져서 2진수로 표현된 合을 산출한다. 만일 수정 회로의 출력 캐리가 0이면 2진수로 표현된 合에는 아무 수정도 加하지 않는다. 만일 출력 캐리가 1이 되면 두 번째 4-비트 2진 가산기에 의해서 2진수 0110이 2진수로 표현된 合에 加해지게 된다. 이 때, 두 번째 2진 가산기에서 생성된 출력 캐리는 벌써 출력 캐리 端子에 정보가 공급되었기 때문에 무시한다.

각 4-비트 2진 가산기는 MSI 함수이며 수정 논리에서의 3개의 게이트들은 1개의 SSI로 묶을 수 있으므로 BCD 가산기는 3개의 IC 들을 써서 구성할 수 있다. 그러나 BCD 가산기는 1개의 MSI 회로로 구성된 것도 있다.* 전파 지연을 적게 하기 위해

* TTL 82S83 IC는 BCD 가산기이다.

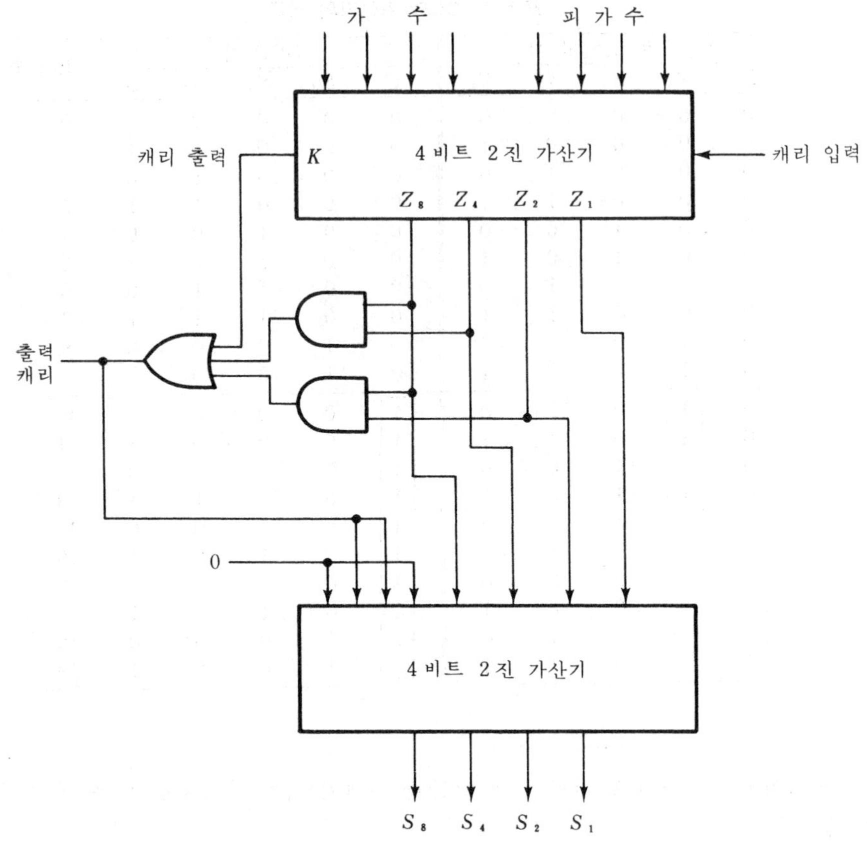

그림 5-6 BCD 가산기의 블록圖

MSI BCD 가산기는 look-ahead carry에 대한 회로를 포함하고 있다. 수정을 위한 가산기 회로는 4개 모두 전가산기일 필요가 없고 이 회로는 IC 패키지 내에 最適化할 수 있다.

n개의 10진 디지트를 더하는 10진 병렬 가산기는 n개의 BCD 가산기를 필요로 한다. 이 때, 한 BCD 가산기로부터의 출력 캐리는 다음 자릿수를 나타내는 BCD 가산기의 입력 캐리에 연결한다.

5-4 크기 比較器(magnitude comparator)

두 數의 비교는 한 數가 다른 數보다 큰지, 작은지, 같은지를 결정하는 연산이다. **크기 比較器**는 두 數, A와 B를 비교하여 그들의 상대적 크기를 결정하는 조합 회로이다. 비교 연산을 수행한 결과는 $A>B$인지, $A=B$인지, 아니면 $A<B$인지를 지시하는 3개의 2진 변수들로써 명시한다.

각각 n-비트로 된 두 數를 비교하는 회로는 진리표에서 2^{2n}개의 입력항을 가진다. 따라서 $n=3$일 때조차도 너무 복잡하게 된다. 그러나, 비교기 회로는 어느 정도의 규칙성을 가지고 있다. 본래의 잘 정의된 규칙성을 가지고 있는 디지털 함수들은 보통 알고리즘 절차에 의해 설계할 수 있다. **알고리즘**(algorithm)이란 문제의 풀이 방법을 제공하는 有限個의 순서가 정해진 文章들로 된 절차이다. 우리는 여기서 4-비트 크기 비교기를 설계하기 위한 알고리즘을 유도함으로써 이 방법을 설명하겠다.

이 알고리즘은 보통 우리들이 두 數의 상대적 크기를 비교하는 데 사용하는 과정을 직접 응용한 것이다. 먼저 각각 4개의 디지트로 구성된 다음과 같은 두 數, A와 B를 생각해 보자. 두 數를 數의 계수로서 표시하고, 크기가 감소하는 順으로 배열하였다.

$$A = A_3A_2A_1A_0$$
$$B = B_3B_2B_1B_0$$

여기에서 각 添字로 표시한 문자는 하나의 디지트를 나타낸다. 만일 $A_3=B_3$이고 $A_2=B_2$이며 $A_1=B_1$이고 $A_0=B_0$이면 두 數는 같게 된다. A와 B가 2진수 일 경우 각 디지트는 1 또는 0의 값을 가지며 같은 添字로 표시된 A와 B의 비트 雙들은 同値(equivalence) 함수 관계일 때는 다음과 같이 논리적으로 표현할 수 있다.

$$x_i = A_iB_i + A_i'B_i', \quad i = 0, 1, 2, 3$$

여기서 $A_i=B_i$이면 $x_i=1$이 된다.

두 數, A와 B의 同値는 조합 회로에서 $(A=B)$라는 기호로 표시되는 출력 2진 변수로 표현하자. 만일 두 수가 서로 같으면 이 2진 변수는 1이 되고 그렇지 않으면 0이 된다. 同値條件은 모든 x_i가 1이 되는 것이다. 이것은 모든 x_i에 대해서 AND 연산을 수행한다는 것을 뜻한다.

$$(A = B) = x_3x_2x_1x_0$$

2진 변수 $(A=B)$는 두 數의 각 비트 雙이 전부 같을 경우만 1이 된다.

A가 B보다 큰지, 작은지를 결정하기 위해 우리는 가장 높은 자릿수부터 차례로 각 디지트 雙의 상대적인 크기를 살펴보아야 한다. 만일 두 디지트가 같다면 우리는 그 다음 낮은 자릿수의 디지트 쌍을 비교한다. 이러한 비교 과정은 디지트 쌍이 서로 같지 않을 때까지 계속된다. 만일 어떤 대응되는 A와 B의 디지트가 각각 1과 0일 때 $A>B$가 된다. 그런데 대응되는 A와 B의 디지트가 각각 0과 1일 경우는 $A<B$이다. 이러한 순서적인 비교는 다음 두 부울 함수로 논리적인 표현이 가능하다.

$$(A>B) = A_3B_3' + x_3A_2B_2' + x_3x_2A_1B_1' + x_3x_2x_1A_0B_0'$$
$$(A<B) = A_3'B_3 + x_3A_2'B_2 + x_3x_2A_1'B_1 + x_3x_2x_1A_0'B_0$$

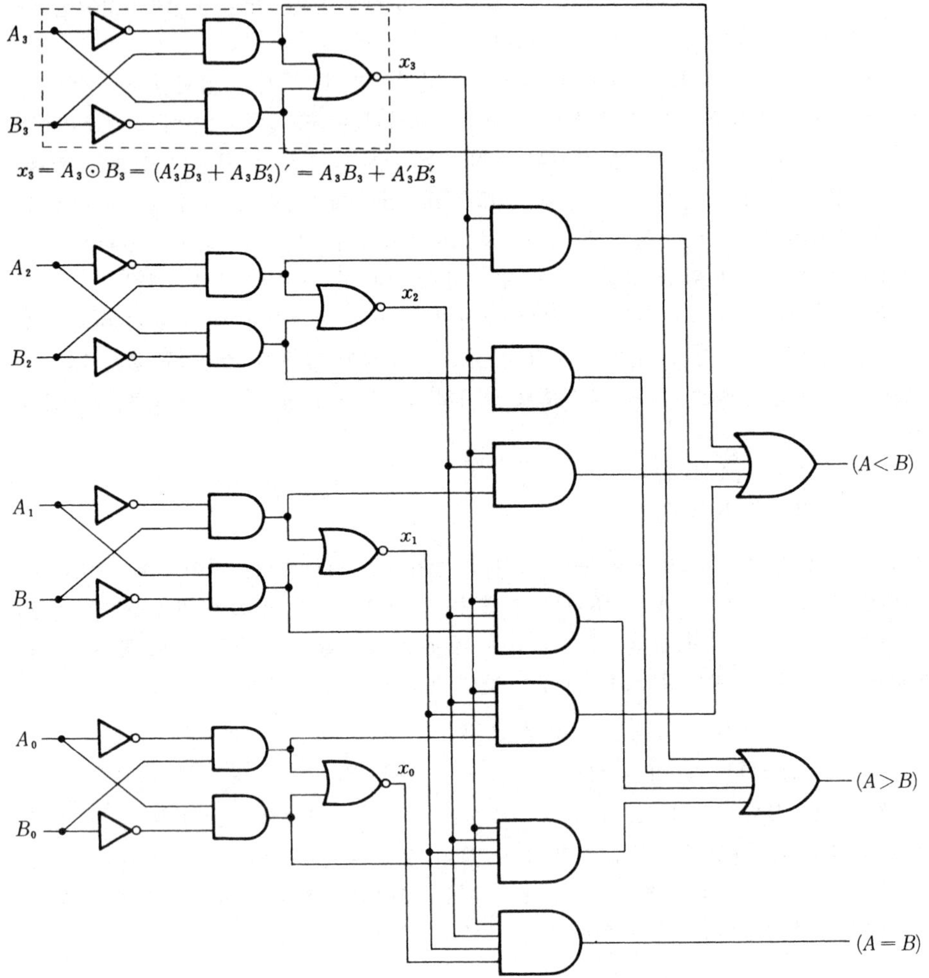

그림 5-7 4비트 크기 比較器

$(A>B)$로 표시되는 2진 출력 변수는 $A>B$일 때 1이 되고 $(A<B)$로 표시되는 2진 출력 변수는 $A<B$일 때 1이 된다.

위의 3개의 출력 변수들을 게이트를 써서 실현할 때 우리는 반복되는 과정이 얼마 정도 있기 때문에 이 작업이 보기보다 훨씬 간단하다는 것을 알게 된다. $(A>B)$와 $(A<B)$는 $(A=B)$를 산출하는 데 사용한 게이트를 되풀이 이용할 수 있다. 4-비트 크기 비교기에 대한 論理圖가 그림 5-7에 있다.* 4개의 x 출력들은 同值(exclusive-

*TTL형 7485는 4-비트 크기 비교기이다. 그것은 크기 비교기를 서로 연결하기 위한 세 입력들을 가지고 있다.

NOR) 회로를 사용하여 얻어지며 그 뒤 AND 게이트에 적용되어 $(A = B)$의 출력을 산출한다. 다른 두 출력은 x를 사용하여 위에서 얻어진 부울 함수들을 산출한다. 이것은 명백히 규칙성을 갖는 형태이다. 4개 이상의 비트들로 이루어진 두 數에 대한 크기 比較器도 이 보기와 같은 과정을 확장함으로써 얻어진다. 두 BCD 디지트의 상대 크기를 비교하는 데도 동일한 회로가 사용된다.

5-5 디코우더 (decoder, 復號器)

離散型 情報(discrete information)는 디지털 시스템에서 2진 코우드로 표현된다. n비트로 된 2진 코우드는 2^n개의 서로 다른 정보를 표현할 수 있다. 디코우더는 입력 선에 나타나는 n비트의 2진 코우드를 최대 2^n개의 서로 다른 정보로 바꿔 주는 조합 회로이다. 만일 n-비트 디코우더된 정보를 사용하지 않거나 또는 無關(don't (care) 조합을 갖게 된 다면 디코우더의 출력 數는 2^n개보다 적게 된다.

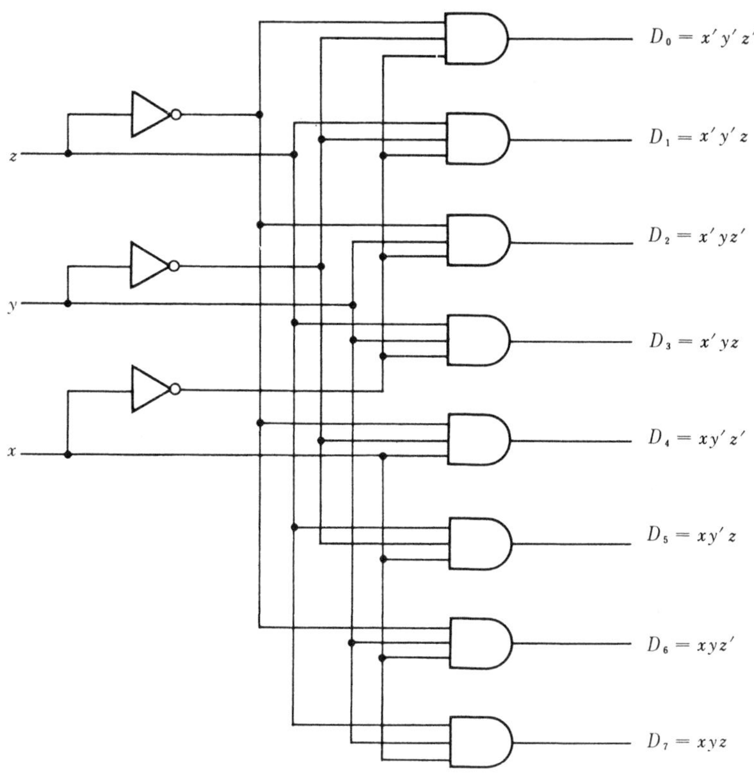

그림 5-8 3×8 디코우더

표 5-2 3×8 디코우더에 대한 진리표

입	력		출			력				
x	y	z	D_0	D_1	D_2	D_3	D_4	D_5	D_6	D_7
0	0	0	1	0	0	0	0	0	0	0
0	0	1	0	1	0	0	0	0	0	0
0	1	0	0	0	1	0	0	0	0	0
0	1	1	0	0	0	1	0	0	0	0
1	0	0	0	0	0	0	1	0	0	0
1	0	1	0	0	0	0	0	1	0	0
1	1	0	0	0	0	0	0	0	1	0
1	1	1	0	0	0	0	0	0	0	1

여기서 설명되는 디코우더는 $n \times m$ (n-to-m line) 디코우더라 불리어진다. 이 때, $m \leq 2^n$이다. 디코우더는 n개의 입력 변수에 대해 n개 변수로 된 2^n(또는 적은)개의 민터엄(minterm)들을 생성하는 데 그 목적이 있다. 디코우더란 이름은 BCD 對 7 部品 디코우더(문제 4-14 참조)와 같은 코우드 변환기와 결합되어 사용되기도 한다.

예를 들어 그림 5-8의 3×8 디코우더를 생각해 보자. 3개의 입력은 8개의 출력으로 해독되어지며 각 출력은 3 입력 변수의 민터엄들 중 하나를 나타낸다. 3개의 인버어터들은 입력들의 補數를 제공하며, 8개의 AND 게이트 각각은 민터엄들 중 하나를 산출한다. 이 디코우더는 2진수를 8진수로 변환하는 데 응용할 수 있다. 입력 변수들은 2진수를 표현하며 출력들은 8진수 시스템에서의 8개의 디지트들을 표현한다. 그러나, 3×8 디코우더는 3비트 코우드를 해독하여 코우드의 각 구성 성분마다 하나씩, 전부 8개의 출력을 제공하는 데 사용할 수 있다.

디코우더의 연산은 표 5-2에 나타나 있는 입출력 관계로부터 명백해진다. 출력 변수들은 임의의 시간에 단지 하나만 1이 될 수 있기 때문에 相互排他的이다. 1로 표시되는 출력 선은 입력에 적용된 2진수와 등가인 민터엄을 표현한다.*

〔예제 5-2〕 BCD-10진 디코우더(BCD-to-decimal decoder)를 설계하라.

이 경우 입력은 BCD로 표현된 10개의 10진 디지트들이다. BCD 코우드는 4개의 비트를 가지므로 디코우더는 4개의 입력을 가져야 하며 각 10진 디지트에 대해 하나씩의 출력 선이 필요하므로 10개의 출력을 가져야 한다.

이것은 이미 MSI 함수와 같은 IC 형태로 실현되어 있기 때문에 실제로는 설계할 필요가 없다. 하지만 다음 2가지 이유로 인해 우리는 그것을 설계해볼 것이다. 첫째, 그것은 그런 MSI 함수에서 기대되는 것에 대한 통찰력을 제공한다. 둘째, 그것은 실질적인 리던던시 조건의 결과를 보여 주는

* 74138 IC는 3×8 디코우더이다. 그것은 NAND 게이트로 구성되며 표 5-2에 있는 값의 보수를 출력한다.

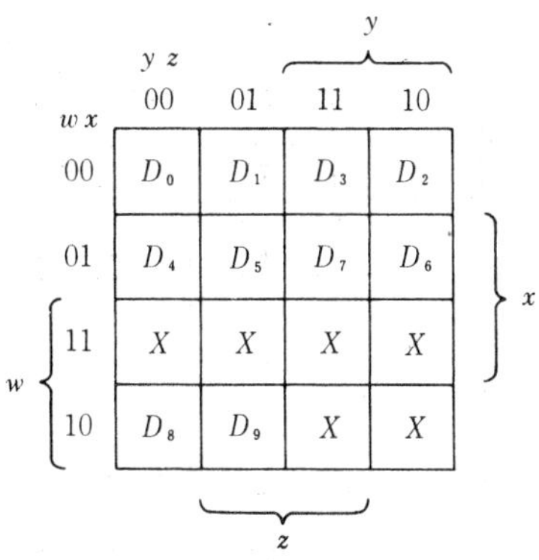

그림 5-9 BCD-10진 디코우더를 단순화시키기 위한 맵

좋은 보기이다.

회로는 10개의 출력을 가지며 1개의 부울 함수를 간단화시키는 데 맵(map)이 하나 필요하므로 전부 10개의 맵을 그려야 한다. 그리고 6개의 리던던시 조건이 있다. 우리는 각 부울 함수를 간단화시킬 때, 이 리던던시 조건들을 고려해야만 한다. 10개의 맵들을 그리는 대신에 우리는 단 1개의 맵만을 그려 출력 변수들(D_1에서 D_9까지)을 **그림 5-9**와 같이 대응되는 민터엄 내에 넣어 대신할 것이다. 6개의 리던던시 입력 조합들은 결코 발생할 수 없으며 따라서 우리는 대응되는 민터엄 내에 X를 써 넣어 표시하였다.

리던던시 조건을 처리하는 방법은 설계자가 결정할 일이다. 그것들은 부울 함수를 구성하는 변수들의 수를 최소화시키는 방향으로 사용한다고 가정하자. D_0와 D_1은 리던던시 조건 민터엄들과 결합될 수 없다. D_2는 리던던시 민터엄인 m_{10}과 결합되어 다음과 같이 표현된다.

$$D_2 = x'yz'$$

D_9는 3개의 리던던시 민터엄들, m_{11}, m_{13}, m_{15}와 결합할 수 있다.

$$D_9 = wz$$

다른 출력들에 대해서도 리던던시 조건 민터엄들과의 결합성을 고려하면 우리는 **그림 5-10**에 있는 회로를 구할 수 있다. 그러므로 리던던시 項(don't-care term)들은 대부분 AND 게이트들의 입력 수를 감소시킨다.

정상적인 상태에서 타당치 못한 6개의 조합들은 결코 일어날 수 없다 하더라도 만일 잘못되어 그것들이 발생한다면 어떻게 되겠는가? **그림 5-10**의 회로를 해석하면 6개의 타당치 못한 입력 조합들이 적용됐을 때 **표 5-3**과 같은 출력이 나온다. 독자는 표를 살펴보고 이 설계가 잘된 것인지 그렇지 못한 것인지를 결정할 수 있다.

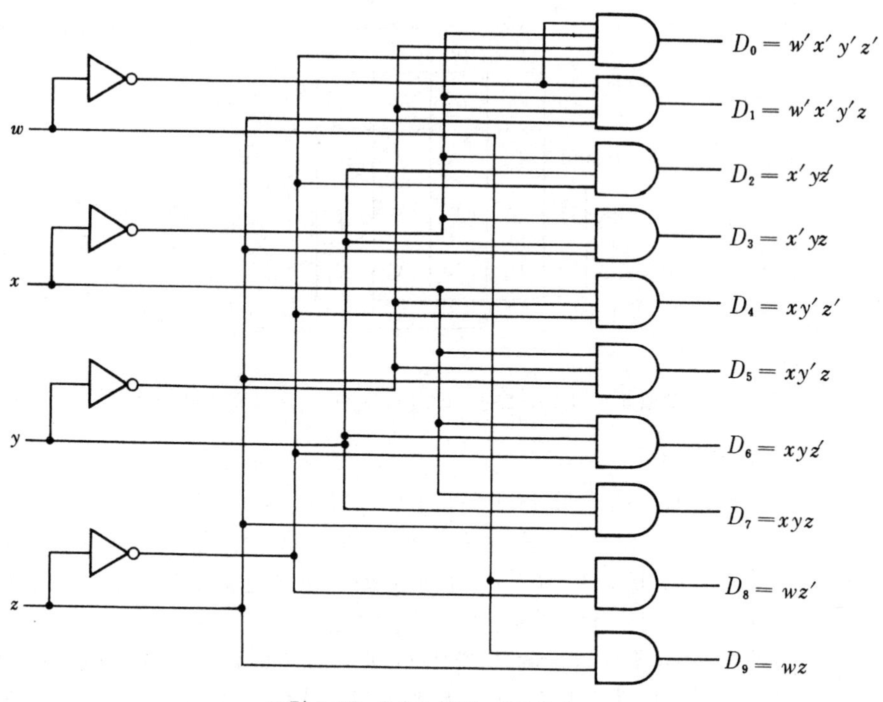

그림 5-10 BCD-10진 디코우더

표 5-3 그림 5-10의 회로에 대한 부분 진리표

입력				출력									
w	x	y	z	D_0	D_1	D_2	D_3	D_4	D_5	D_6	D_7	D_8	D_9
1	0	1	0	0	0	1	0	0	0	0	0	1	0
1	0	1	1	0	0	0	1	0	0	0	0	0	1
1	1	0	0	0	0	0	0	1	0	0	0	1	0
1	1	0	1	0	0	0	0	0	1	0	0	0	1
1	1	1	0	0	0	0	0	0	0	1	0	1	0
1	1	1	1	0	0	0	0	0	0	0	1	0	1

타당하지 못한 입력 조합들이 발생하면 모든 출력들이 0이 되도록 설계할 수도 있다.* 이때에는 10개의 4-입력 AND 게이트들이 필요하다. 또 다른 가능성을 고려할 수도 있다. 어떤 경우에서도 설계자는 리던던시 조건을 무분별하게 취급해서는 안 되며 일단 회로가 작동하면 이 리던던시 조건들이 회로에 영향을 미치는지 조사해 보아야 한다.

* 7442 IC는 BCD-10진 디코우더이다. 0상태의 출력만 선택되며 모든 타당하지 못한 조합은 1을 출력한다.

디코우더에 의한 組合論理 實現(combinational logic implementation)

디코우더는 n 입력 변수들의 2^n 민터엄을 제공하는 역할을 한다. 임의의 부울 함수는 민터엄의 合으로 표현될 수 있기 때문에 우리는, 민터엄들을 산출하는 데는 디코우더를 쓰고 合을 산출하는 데는 OR 게이트를 사용한다. 이 경우 n개의 입력과 m개의 출력을 가지고 있는 임의의 조합 회로는 $n \times 2^n$ 디코우더와 m개의 OR 게이트로 표현할 수 있다.

디코우더와 OR 게이트들로 조합 회로를 표현할 때 그 회로에 대한 부울 함수들은 민터엄들의 合으로 표현되어야 한다. 이것은 진리표로부터 또는 함수들을 민터엄들의 合으로 확장시킴으로써 (2-5절을 참조) 쉽게 얻어질 수 있다. 각 OR 게이트의 입력들은 각 함수를 구성하는 민터엄들에 따라 디코우더의 출력에서 선택한다.

〔예제 5-3〕 전가산기를 디코우더와 2개의 OR 게이트들을 써서 실현하라.

전가산기의 진리표(4-3절)로부터 우리는 민터엄들의 合으로 된 이 조합 회로에 대한 함수들을 얻는다.

$$S(x, y, z) = \sum(1, 2, 4, 7)$$
$$C(x, y, z) = \sum(3, 5, 6, 7)$$

3개의 입력에 대해 8개의 민터엄이 있기 때문에 3×2^3 디코우더가 필요하다.

이것은 그림 5-11에서 보여진다.

디코우더는 x, y, z에 대한 8개의 민터엄들을 산출한다. 출력 S에 대한 OR 게이트는 민터엄 1, 2, 4, 7의 合을 형성한다. 출력 C에 대한 OR 게이트는 민터엄 3, 5, 6, 7의 合을 산출한다.

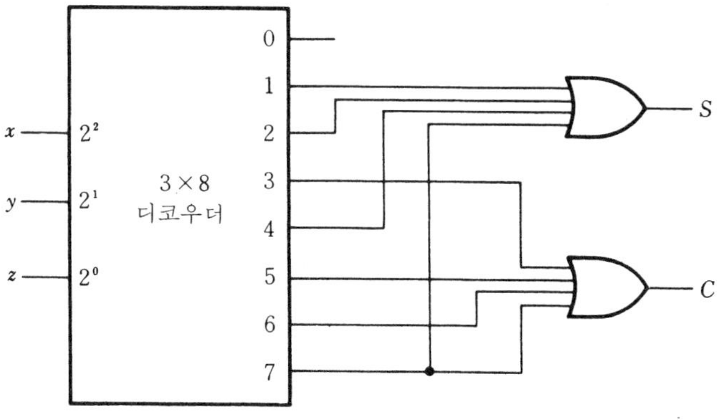

그림 5-11 디코우더로 전가산기의 수행

많은 민터엄들로 이루어진 함수는 많은 입력을 가지는 OR 게이트가 필요하다. K개의 민터엄들로 이루어진 함수 F는 2^n-K개의 민터엄들로 구성된 F의 보수인 F'로 표현될 수도 있다. 만일 어떤 함수에서 민터엄들의 數가 $2^n/2$ 보다 크다면 그 때 F'는 F보다 더 적은 민터엄들로 구성된다. 그런 경우 NOR 게이트를 써서 F'의 민터엄들을 合하면 NOR 게이트의 출력은 F가 되며 결국 NOR 게이트의 입력 數가 적어지므로 이득이 된다.

이 디코우더 방법은 임의의 조합 회로를 실현하는 데 사용할 수 있다. 하지만 가장 좋은 결과를 얻기 위해서는 디코우더 방법은 일단 모든 다른 가능한 방법들과 비교되어야만 한다. 조합 회로가 많은 출력들을 가지고 있고 각 출력 함수는 적은 數의 민터엄들로 표현될 경우 이 디코우더 방법은 특히 최상의 방법이 된다.

디멀티플렉서(demultiplexer)

어떤 IC 디코우더들은 NAND 게이트들로 구성되어 있다. NAND 게이트는 AND 게이트에 인버어터가 결합된 것이므로 補數로 표현된 디코우더 민터엄들을 산출하는 데 좀 더 경제적이다. 대부분의 IC 디코우더들은 회로 작동을 제어하기 위해 하나 이상의 인에이블(enable) 입력을 가지고 있다. NAND 게이트로 구성된 1개의 인에이블 입력을 가진 2×4 디코우더가 그림 5-12에 있다. 만일 인에이블 입력 E가 1이면 A와 B의 값에 무관하게 모든 출력은 1이 된다. 인에이블 입력 E가 0일 때 회로는 보수로 표현된 출력을 산출하는 디코우더로서 작동한다. 이것을 진리표로 작성하면 그림 5-12(b)가 된다. 진리표에서 X는 리던던시 조건이다. $E=0$일 때만 정상적인 디코우더 연산이 일어나며 0 상태에 있는 출력만 선택된다.

디코우더의 블록圖가 그림 5-13(a)에 있다. 입력 E에 있는 작은 원은 디코우더가 $E=0$일 때만 인에이블된다는 것을 나타낸다. 출력에 있는 작은 원들은 모든 출력들이 補數로 표현됨을 뜻한다.

1개의 인에이블 입력을 가지고 있는 디코우더는 디멀티플렉서로서의 기능을 수행한다. 디멀티플렉서는 정보를 한 선으로 받아서 2^n개의 가능한 출력 선들 중 하나를 선택하여 받은 정보를 전송하는 회로이다. 디멀티플렉서는 n개의 選擇線(selection line)들의 값에 의해 특별한 出力線이 선택된다. 그림 5-12의 디코우더는 만일 E가 入力線이고 A와 B가 選擇線들로서 취급한다면 디멀티플렉서와 같은 기능을 수행한다. 이것은 그림 5-13(b)에서 볼 수 있다. 입력 변수 E는 모든 출력선으로 통하는 통로들을 가지고 있다. 그러나 입력 정보는 A와 B의 2진 값에 의해 결정되는 단 하나의 출력 선에만 연결된다. 이것은 그림 5-12(b)에 있는 이 회로의 진리표로부터 증명될 수 있다. 예를 들어 선택선 $AB=10$이면 D_2는 입력 E와 동일하게 되고 다른 모든 출력들은 1이 된다. 디코우더와 디멀티플렉서 연산들은 동일한 회로에서 얻어지기 때문

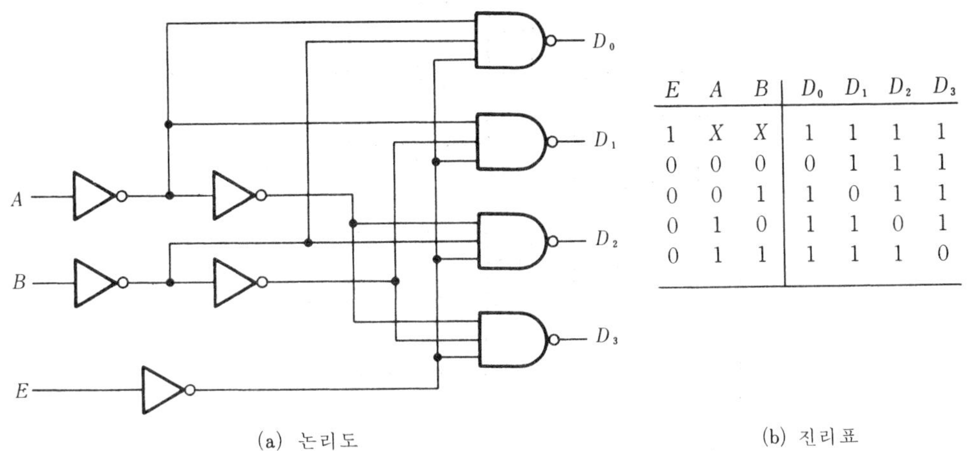

E	A	B	D_0	D_1	D_2	D_3
1	X	X	1	1	1	1
0	0	0	0	1	1	1
0	0	1	1	0	1	1
0	1	0	1	1	0	1
0	1	1	1	1	1	0

(a) 논리도 (b) 진리표

그림 5-12 인에이블(E) 입력을 가지고 있는 2×4 디코우더

에 인에이블 입력을 가지고 있는 디코우더는 디코우더나 디멀티플렉서(decoder/demultiplexer)로 간주할 수 있다. 회로를 디멀티플렉서로 만드는 것이 바로 인에이블 입력이며 디코우더 그 자체는 AND, NAND 또는 NOR 게이트들을 사용한다. 디코우더/디멀티플렉서 회로들은 함께 연결되어 좀 더 큰 디코우더 회로를 형성할 수 있다. **그림 5-14**에서 인에이블 입력을 통해 연결된 2개의 3×8 디코우더는 4×16 디코우더를 형성하였다. $w=0$일 때 위의 디코우더는 인에이블 되고 나머지는 디제이블(disable) 된다.

이 때, 아래 디코우더의 출력들은 모두 0이고 위의 디코우더의 출력들은 0000부터 0111까지의 민터엄들을 산출한다. $w=1$일 때 인에이블 조건은 逆으로 된다. 따라서 위 디코우더의 출력들이 모두 0인 반면 아래 디코우더의 출력들은 1000부터 1111까지의 민터엄들을 산출한다. 이 보기는 IC에서의 인에이블 입력의 중요성을 보여 준

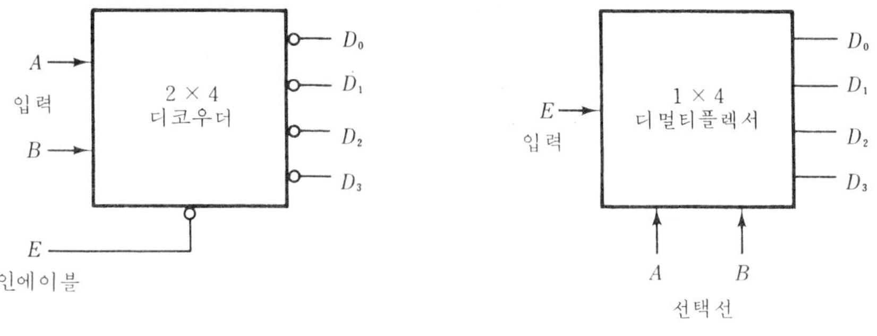

(a) 인에이블을 가지고 있는 디코우더 (b) 디멀티플렉서

그림 5-13 그림 5-12의 회로에 대한 블록圖

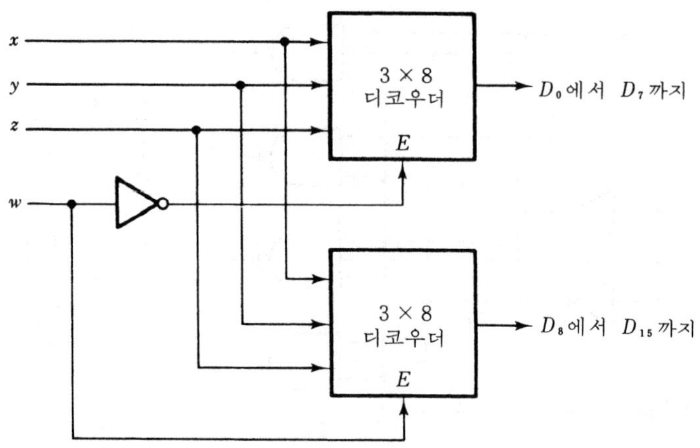

그림 5-14 2개의 3×8 디코우더로 구성된 4×16 디코우더

다. 일반적으로 인에이블 입력들은 좀더 많은 입출력들을 가진 유사한 함수로 디지털 함수를 확장시키기 위해 2개 이상의 IC 들을 연결하는 데 편리하다.

인코우더(encoder, 符號器)

인코우더(encoder, 符號器)는 디코우더(decoder, 復號器)의 逆演算을 수행하는 디지털 함수이다. 인코우더는 2^n개 이하의 입력선과 n개의 출력선을 가진다. 인코우더의 예가 그림 5-15에 있다. 8진-2진 인코우더(octal-to-binary encoder)는 8개의 디지트들 각각에 대해 하나의 입력이 필요하므로 8개의 입력이 있어야 하며 그 대응되는 2진수를 산출하기 위해 3개의 출력들이 있어야 한다. 즉, **인코우더는 코우드화기이다.** 이 인코우더는 OR 게이트들로 구성되는데 이 OR 게이트들의 입력은 표 5-4의 진리표로부터 결정된다. 출력 z는 입력 8진 디지트가 홀수이면 1이 된다. 출력 y는 입력 8진 디지트가 2, 3, 6, 7이면 1이 된다. 또, 출력 x는 입력 8진 디지트가 4, 5, 6, 7, 일 때 1이 된다. D_0는 어떤 OR 게이트에도 연결되지 않았는데 이 경우 2진 출력은 모두 0들이 되어야 하기 때문이다. 그러나 모든 입력들이 0일 때도 출력들은 전부 0이 된다. 이 모순성은 모든 입력이 0이 아니라는 사실을 지시하기 위해 추가의 출력을 하나 제공함으로써 해결한다.

그림 5-15의 인코우더는 임의의 때 단지 하나의 입력만 1이 될 수 있다고 가정한다. 그렇지 않으면 회로는 의미가 없다. 회로는 8개의 입력을 가지고 있다. 따라서 $2^8=256$개의 입력 조합이 가능한데, 단지 이들 중 8개만이 의미를 가진다. 다른 입력 조합들은 리던던시 조건이다.

그림 5-15의 인코우더는 쉽게 OR 게이트로 구성될 수 있기 때문에 IC로 제작될 필요가 없다. IC로 제작되는 인코우더의 종류는 優先順位 인코우더(priority encoder)

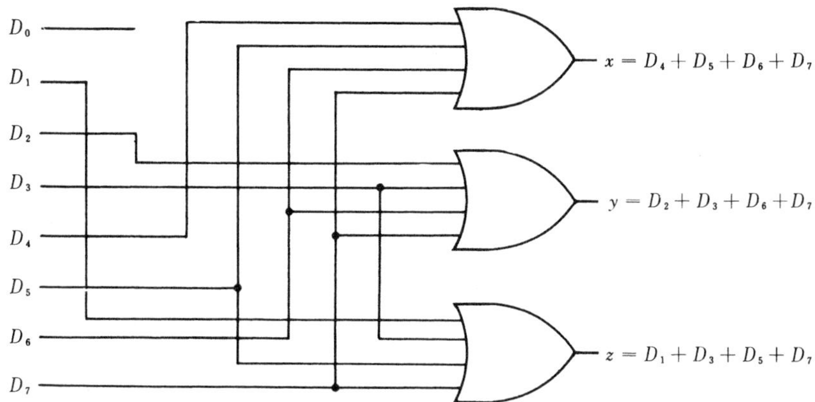

그림 5-15 8진-2진 인코우더

표 5-4 8진-2진 인코우더 진리표

입력								출력		
D_0	D_1	D_2	D_3	D_4	D_5	D_6	D_7	x	y	z
1	0	0	0	0	0	0	0	0	0	0
0	1	0	0	0	0	0	0	0	0	1
0	0	1	0	0	0	0	0	0	1	0
0	0	0	1	0	0	0	0	0	1	1
0	0	0	0	1	0	0	0	1	0	0
0	0	0	0	0	1	0	0	1	0	1
0	0	0	0	0	0	1	0	1	1	0
0	0	0	0	0	0	0	1	1	1	1

이다.*

인코우더들은 입력 우선 순위를 정하여 가장 높은 우선 순위를 가지는 입력선만 해독한다. 표 5-4에서 높은 添字를 가지는 입력이 낮은 添字를 가지는 입력보다 우선 순위가 높다고 하자. 만일 D_2와 D_5가 동시에 1이 된다면 D_5가 D_2보다 우선 순위가 높기 때문에 출력은 101이 될 것이다. 물론 우선 순위 인코우더의 진리표는 표 5-4와 다르다(연습 문제 5-21을 참조).

5-6 멀티플렉서(multiplexer, 데이터 選擇器)

멀티플렉싱(multiplexing)이란 많은 數의 정보 장치를 적은 數의 채널(channel)이나 線들을 통하여 전송하는 것을 의미한다. 디지털 멀티플렉서는 많은 입력선들 중에서

*74148 IC

하나를 선택하여 출력선에 연결하는 조합 회로이다. 선택선들의 값에 따라서 특별한 입력선이 선택된다. 정상적인 경우 2^n개의 입력선과 n개의 선택선으로 되어 있다. 이때 n 선택선들의 비트 조합에 따라서 입력 중의 하나가 선택된다.

4×1 멀티플렉서가 그림 5-16에 있다. 4개의 입력선들, I_0에서 I_3까지 각각은 각 AND 게이트의 한 입력이 된다. 선택선 S_1과 S_0는 특별한 AND 게이트를 선택하기 위해 解讀(decoded)하게 된다. 그림 5-16(b)의 함수표는 각 가능한 선택선들의 비트 조합에 대한 입출력 통로를 목록으로 작성한 것이다. 이 MSI 함수가 디지털 시스템 설계에 사용될 때 그림 5-16(c)에 있는 블록圖로 표시한다. 회로 작동을 설명하기 위해 $S_1S_0=10$일 때를 살펴보자. 입력 I_2와 관련된 AND 게이트를 보면 2개의 입력은 1이 되고 나머지 하나의 입력은 I_2가 된다. 나머지 3개의 다른 AND 게이트들은 적어도 하나의 입력이 0이 되어서 출력들은 모두 0이 된다. 따라서 OR 게이트의 출력은 I_2와 같게 된다. 즉 OR 게이트는 선택된 입력을 출력과 연결시켜 주는 통로 구실을 한다. 멀티플렉서는 많은 입력들 중 하나를 선택하여 선택된 입력선의 2진 정보를 출력선에 넘겨 주기 때문에 데이터 選擇器(data selector)라 부르기도 한다.

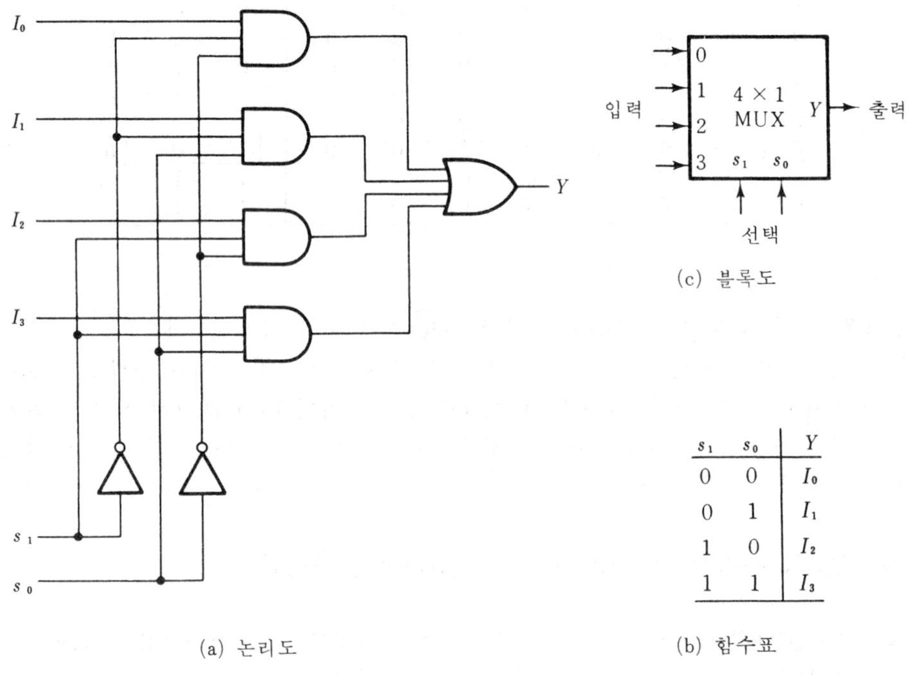

(a) 논리도

(c) 블록도

s_1	s_0	Y
0	0	I_0
0	1	I_1
1	0	I_2
1	1	I_3

(b) 함수표

그림 5-16 4×1 멀티플렉서

디코우더의 멀티플렉서(MUX)로의 轉用

그림 5-16의 멀티플렉서 AND 게이트들과 인버어터들은 디코우더 회로와 비슷하며 이들은 실제로 入力選擇線들을 解讀한다. 일반적으로 $2^n \times 1$ 멀티플렉서 구성은 $n \times 2^n$ 디코우더에다 2^n개의 입력선을 첨가하여 만든다. 이때 입력선은 각 AND 게이트에 하나씩 연결한다. 또 모든 AND 게이트들의 출력들을 1개의 OR 게이트 입력에 공급하여 하나의 出力線을 만든다. 멀티플렉서의 크기는 입력선과 출력선의 갯수에 의해 결정되며 또 멀티플렉서는 n개의 선택선을 가지고 있다. 멀티플렉서(multiplexer)는 종종 **MUX**라는 약어로 표현한다.

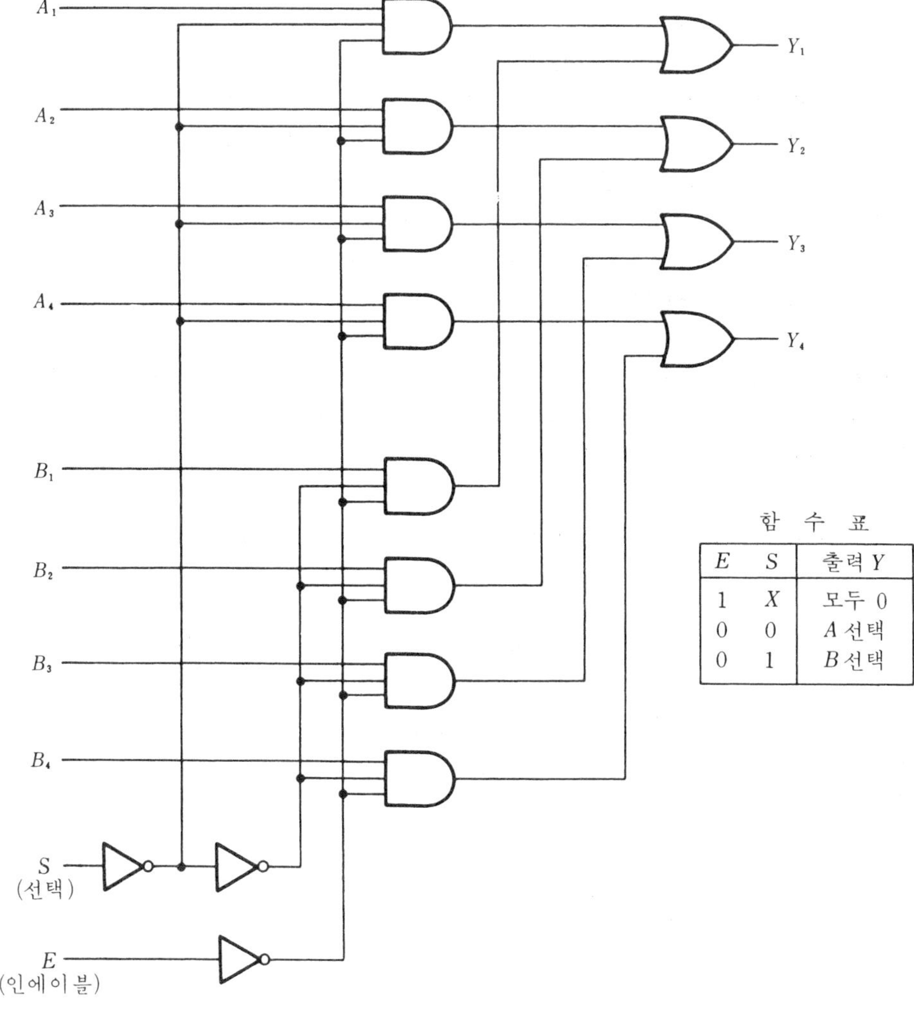

E	S	출력 Y
1	X	모두 0
0	0	A 선택
0	1	B 선택

그림 5-17 네 단위로 된 2×1 멀티플렉서

디코우더처럼 멀티플렉서 IC들도 회로 작동을 제어하는 인에이블 입력을 가질 수 있다. 인에이블 입력이 인에이블 상태일 때만 회로가 정상적인 MUX로 역할을 수행한다. 인에이블 입력은 2개 이상의 MUX IC들을 확장하여 많은 입력들을 가지는 디지털 MUX로 만드는 데 사용할 수 있다.

2개 이상의 MUX들이 1개의 IC 내에 포함될 수 있나. 이 때 선택선과 인에이블 입력들은 모든 多重 MUX 장치 IC들에 공통으로 들어가 있다.

예를 들어 4개로 된 2×1 MUX(quadruple 2-line to 1-line MUX) IC가 그림 5-17에 있다.* 그것은 4개의 MUX들로 구성되며 각 MUX의 두 입력선 중 하나가 선택된다. 출력 Y_i는 A_i나 B_i 중 선택된 것과 동일하다. 하나의 선택선 S는 4개의 MUX에 공통적으로 들어가 있다.

제어 입력 E가 0이면 모든 MUX들은 인에이블되고, E가 1이면 MUX들은 모두 디제이블(disable)된다. 이 회로가 4개의 MUX들을 포함한다 하더라도, 우리는 이 회로를 각각 4개의 입력선들로 이루어진 두 입력 집합 중 하나를 선택하는 회로로 간주할 수 있다. 함수표에서 볼 수 있듯이 $E=1$이면 S의 값에 무관하게 출력들은 전부 0이 되고 $E=0$일 때만 회로가 작동한다. $E=0$일 때, $S=0$이면 4개의 A 입력이 출력에 나타나고, $S=1$이면 4개의 B 입력이 출력에 나타난다.

MUX는 매우 유용한 MSI 함수이며 여러 곳에 많이 응용된다. 그것은 컴퓨터 시스템 내에서 2개 및 그 이상의 出發源들을 하나의 行先點에 연결하는 데 사용되며 또 공통적으로 사용되는 버스 시스템을 구성하는 데도 유용하다. MUX의 응용은 다음 장에서 논할 것이다. 여기에서 우리는 MUX의 일반적인 성질을 설명하고 또 임의의 부울 함수를 실현하는 데 MUX를 사용할 수 있다는 것을 보일 것이다.

MUX에 의한 부울 函數의 實現(Boolean function implementation)

앞에서 우리는 디코우더와 OR 게이트를 써서 임의의 부울 함수를 실현할 수 있었다. 그림 5-16을 살펴보면 멀티플렉서는 OR 게이트와 이미 결합되어 있는 디코우더와 같다는 것이 드러난다. MUX에서 선택선들을 제어함으로써 민터엄들을 제어할 수 있으며, 이때 함수의 변수들은 선택선에 연결된다. 수행되어질 함수에 포함되어 있는 민터엄들은 대응되는 입력들을 1로 만듦으로써 선택되어지며 함수에 포함되어 있지 않은 민터엄들은 대응되는 입력선을 0으로 만듦으로써 디제이블되어진다. 이것이 n개의 변수들로 이루어진 부울 함수를 $2^n \times 1$ MUX로 수행하는 방법이다. 그러나, 더 좋은 방법이 있다.

만일 우리가 $n+1$개의 변수들로 이루어진 부울 함수를 가진다면 우리는 이 변수들 중 n개를 선택해서 MUX의 선택선들과 연결한다. 나머지 1개의 변수는 MUX의 입

* 이것은 74157 IC와 유사하다.

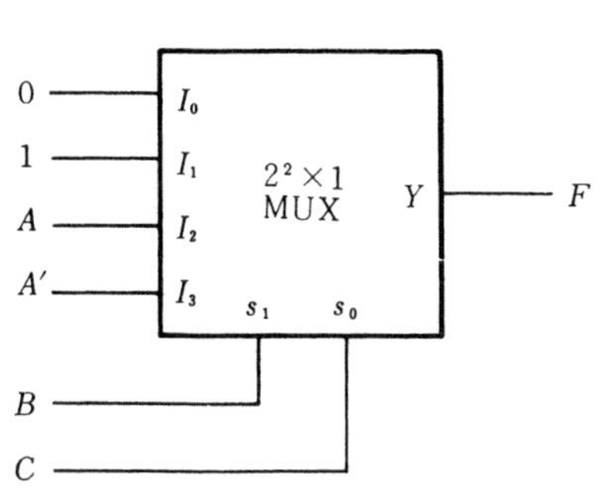

(a) 멀티플렉서 실현

민터엄	A	B	C	F
0	0	0	0	0
1	0	0	1	1
2	0	1	0	0
3	0	1	1	1
4	1	0	0	0
5	1	0	1	1
6	1	1	0	1
7	1	1	1	0

(b) 진리표

	I_0	I_1	I_2	I_3
A'	0	①	2	③
A	4	⑤	⑥	7
	0	1	A	A'

(c) 실현표

그림 5-18 멀티플렉서로 $F(A, B, C) = \sum(1, 3, 5, 6)$의 實現

력들에 사용된다. 만일 이 변수를 A라 하면, MUX의 입력들은 A, A', 0, 1이 된다. 입력들에 대해 이 4개의 변수들을 효과적으로 사용하고 다른 변수들을 선택선들과 연결함으로써 우리는 임의의 부울 함수를 하나의 MUX를 사용하여 실현할 수 있다. 이 방법으로 $n+1$개의 변수를 가진 함수를 $2^n \times 1$ MUX로 실현하는 것이 가능하다.

이 과정을 3개의 변수를 가진 다음 부울 함수를 써서 설명해 보자.

$$F(A, B, C) = \sum(1, 3, 5, 6)$$

이 함수는 **그림 5-18**에 있는 $2^2 \times 1$ MUX로 실현할 수 있다. 입력 B와 C를 선택하여 각각 S_1과 S_0에 연결한다. MUX의 입력들을 0, 1, A, A'라 하자. $BC=00$일 때 MUX의 I_0가 선택되고 $I_0=0$이므로 출력 $F=0$이다. 그러므로 A값과 무관하게 $BC=00$이면 출력이 0이 되기 때문에 $m_0=A'B'C'$와 $m_4=AB'C'$는 둘 다 0을 출력한다. $BC=01$일 때 MUX의 I_1이 선택되고 $I_1=1$이므로 출력 $F=1$이다. 그러므로, A값과 무관하게 $BC=01$이면 출력이 1이기 때문에 $m_1=A'B'C$와 $m_5=AB'C$는 둘 다 1을 출력한다.

$BC=10$일 때는 입력 I_2가 선택되어진다. 이 입력에는 A가 연결되어 있기 때문에 $m_6=ABC'$이면 $A=1$이므로 출력 $F=1$이다. 또, $m_2=A'BC'$이면 $A=0$이므로 출력 $F=0$이다. 마지막으로 $BC=11$이면 입력 I_3가 선택되어진다. 이 입력에는 A'가 연결되어 있기 때문에 $m_3=A'BC$의 경우 $F=1$이 되고, $m_7=ABC$의 경우 $F=0$이

된다. 이것은 그림 5-18(b)에 요약되어 있으며 그림 5-18(b)는 우리가 수행하려고 하는 함수의 진리표가 된다.

위의 討論에 의해 우리는 MUX가 요구되는 함수를 실현하는 데 쓸 수 있다는 것을 보였다. 지금부터 우리는 $2^{n-1}\times 1$ MUX를 사용하여 n개의 변수를 가진 부울 함수를 실현하는 일반적인 과정을 설명하겠나.

MUX를 利用하여 부울 函數 實現過程

먼저 함수들을 민터엄들의 合으로 표현하라. 민터엄들에 대해 선택된 변수들의 순서가 $ABCD\cdots$라 가정하자. 여기서 A는 n 변수들의 순서에서 가장 왼쪽에 있는 변수이며 $BCD\cdots$는 남은 $n-1$ 변수들이다. $n-1$개의 변수를 선택선에 연결한다. 이 때, B는 가장 순서가 높은 선택선에 연결되고 C는 그 다음의 선택선에 연결된다. 마지막 변수는 가장 낮은 선택선에 S_0에 연결한다. 그럼 변수 A를 생각해 보자. 이 변수는 순서대로 정렬된 변수들 중에서 가장 순서가 높은 변수이므로 민터엄들의 목록 중 처음 半은 A'를 가지며 나머지 半은 A를 가진다. 3개의 변수들 A, B, C의 경우 우리는 8개의 민터엄을 가지는데 변수 A는 민터엄 0부터 3까지에서 補數로 표현되고 민터엄 4부터 7까지는 그대로 표시된다.

MUX의 입력들을 목록으로 작성하고 그 입력들 아래 두 행에 모든 민터엄들을 첫 行부터 써 넣는다. 그림 5-18(c)에서처럼 이때 첫 행에 있는 민터엄들은 원래 진리표에서 생각해 보면 A'를 가지며 두 번째 행에 있는 민터엄들은 A를 가진다. 함수에 포함되어 있는 민터엄들은 전부 원으로 둘러싼 뒤, 각 列을 개별적으로 살펴본다.

만일 열에 속하는 두 민터엄들이 둘 다 원으로 둘러싸여 있지 않다면 대응되는 MUX 입력은 0이 된다.

만일 列에 속하는 두 민터엄들이 모두 원으로 둘러싸여 있다면 그 列에 대응되는 MUX 입력은 1이 된다.

만일 아래 민터엄만 원으로 둘러싸여 있다면, 대응되는 MUX 입력은 A가 된다.

만일 列의 위 민터엄만 원으로 둘러싸여 있다면 대응되는 MUX 입력은 A'가 된다.

그림 5-18(c)는 다음 부울 함수에 대한 實現表(implementation table)이다.

$$F(A,\ B,\ C)=\sum(1,\ 3,\ 5,\ 6)$$

이 함수로부터 우리는 그림 5-18(a)의 MUX 接續關係를 얻을 수 있다. 이 때, B와 C는 각각 S_1과 S_0에 연결되어져야만 한다.

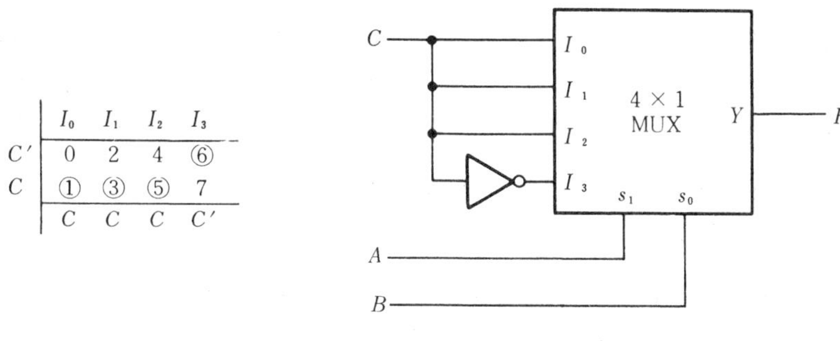

	I_0	I_1	I_2	I_3
C'	0	2	4	⑥
C	①	③	⑤	7
	C	C	C	C'

(a) 실현표

(b) 멀티플렉서 연결

그림 5-19 $F(A, B, C) = \sum(1, 3, 5, 6)$에 대한 또 다른 실현

변수들을 순서대로 정리했을 때 MUX 입력들을 위해 특별히 가장 왼쪽에 있는 변수를 선택할 필요는 없다. 사실상 실현표를 수정만 한다면 변수들 중에서 임의의 한 변수를 MUX 입력들을 위해 사용할 수 있다. 우리는 멀티플렉서를 위와 동일한 함수를 수행하고 싶다. 그러나, 이때 선택선 S_1과 S_0에 대해서는 변수 A와 B를 사용하고 멀티플렉서 입력들에 대해서는 변수 C를 사용한다. 변수 C는, 짝수 민터엄에서는 補數로 표현되고 홀수 민터엄에서는 그대로 표현된다. 이 경우 두 민터엄 행의 배열은 **그림 5-19(a)**와 같게 된다. 함수를 구성하는 민터엄들을 원으로 둘러싼 뒤 위에서 설명된 법칙을 사용하면 실현표에 대한 **그림 5-19(b)**와 같은 MUX 연결을 얻을 수 있다.

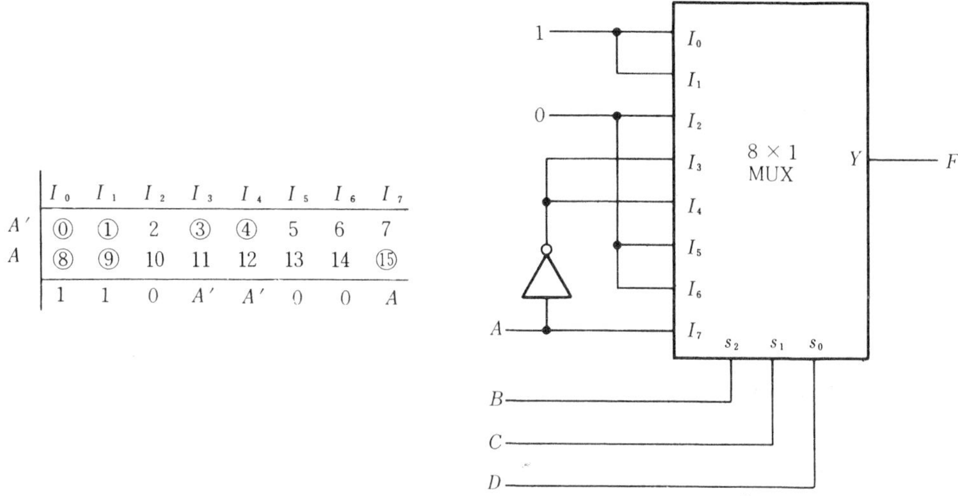

	I_0	I_1	I_2	I_3	I_4	I_5	I_6	I_7
A'	⓪	①	2	③	④	5	6	7
A	⑧	⑨	10	11	12	13	14	⑮
	1	1	0	A'	A'	0	0	A

그림 5-20 $F(A, B, C, D) = \sum(0, 1, 3, 4, 8, 9, 15)$의 실현

비슷한 방법으로 변수들 중 임의의 다른 변수를 MUX 입력들을 위해 사용할 수 있다. 그러나 어떠한 경우에도 하나를 제외한 모든 입력 변수들은 선택선들에 적용되고 나머지 하나의 변수와 그 변수의 補數, 또 1과 0은 MUX 입력들에 적용한다.

〔예제 5-4〕 멀티플렉서를 써서 다음 부울 함수를 實現하라.

$$F(A, B, C, D) = \sum(0, 1, 3, 4, 8, 9, 15)$$

이것은 4개의 변수들로 구성된 함수이므로 3개의 선택선과 8개의 입력을 가진 MUX가 필요하다. 변수 B, C, D를 선택선에 적용한다. 이 때, 실현표는 **그림 5-20**에 있다. 민터엄들의 처음 半은 A'와 관련되고 나머지 半은 A와 관련된다. 함수에 포함되는 민터엄들을 원으로 둘러싼 뒤 앞에서 토론된 법칙을 적용하여 멀티플렉서 입력들에 대한 값을 선택하면 **그림 5-20**에 있는 실현표가 얻어진다.

組合回路 實現을 위한 MUX 利用과 디코우더 利用의 比較

조합 회로를 실현하는데 있어 디코우더 방법과 MUX 방법을 비교해 보자. 디코우더 방법은 각 출력 함수에 대해 하나의 OR 게이트가 필요하지만 단지 하나의 디코우더를 사용하여 모든 민터엄들을 발생시킬 수 있다. MUX 방법은 더 작은 크기의 部品을 사용하지만 각 출력마다 하나의 MUX가 필요하다. **출력 함수들의 수가 적은 조합 회로는 MUX를 써서 실현하는 것이 좋고, 많은 출력 함수를 가지는 조합 회로는 디코우더 방법을 써서 좀더 적은 수의 IC 들을 사용하는 것이 좋다.**

MUX와 디코우더가 조합 회로를 실현할 수 있다 하지만 디코우더는 대부분 2진 정보를 해독하는 데 사용되고 MUX는 많은 出發源과 1개의 行先點 사이의 통로를 선택하는 데 주로 사용된다. 디코우더와 멀티플렉서는 그들을 사용하지 않으면 MSI로써 이용할 수 없는 작고 특별한 조합 회로를 설계할 때만 사용하여야 한다. 많은 입출력을 가지고 있는 커다란 조합 회로에 대해 좀더 적합한 IC 부품이 있다.

다음 절에서 이러한 IC 부품에 대하여 설명할 것이다.

5-7 ROM(read-only memory, 읽어 내기만 하는 기억 장치)

디코우더는 n 입력변수들로 된 2^n 민터엄들을 산출하는 조합 회로이다(5-5절 참조). 부울 함수의 민터엄들을 合하기 위해 디코우더에 OR 게이트를 添加함으로써 우리는 임의의 조합 회로를 실현할 수 있었다. **ROM은 1개의 IC 내에 디코우더와 OR 게이트를 둘 다 포함하고 있는 장치이다.** 디코우더의 출력들과 OR 게이트의 입력들을 서로 연결시킴으로써 ROM을 프로그래밍할 수 있다. ROM은 종종 하나의 IC로 복잡한 회로를 실현하고 그렇게 함으로써 모든 내부 線 연결을 제거하기 위해 사용된다.

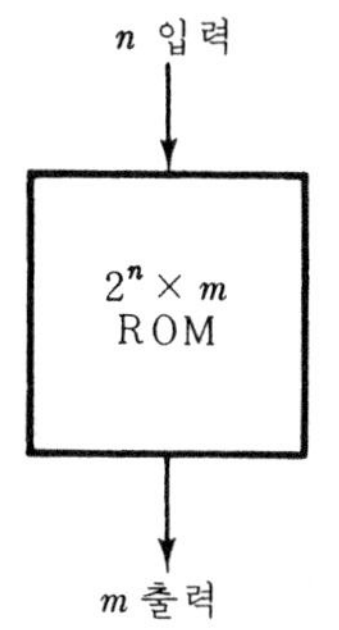

그림 5-21 ROM 블록圖

본질적으로 ROM은 고정된 2진 정보의 집합이 저장되어 있는 메모리(memory)이다. 2진 정보는 먼저 사용자에 의해 명시되어야 하며 그리고 나서 ROM 속에 기록되어진다. ROM은 특별한 내부 연결 고리(link)들을 가지고 있다. 요구되는 회로를 형성하기 위해 이 연결 고리들은 끊어 버리거나 연결된 채 두게 된다. 일단 완성되어지면 ROM은 전원이 들어가거나 나가더라도 항상 일정한 정보가 남아 있게 된다.

ROM의 블록圖가 그림 5-21에 있다. 그것은 n개의 입력선과 m개의 출력선으로 구성된다. 입력 변수들의 각 비트 조합은 番地(address)가 된다. 출력선에서 나오는 각 비트 조합은 워어드(word, 語)라 불리어진다. 이 때, 한 워어드는 m개의 비트로 구성된다. 본질적으로 番地란 n 변수들의 민터엄들 중 하나를 나타내는 2진수이다. n개의 입력 변수로 지정할 수 있는 서로 다른 번지의 數는 2^n개이다. 이 때 하나의 번지에 대해 단 하나의 워어드가 대응된다. 따라서 ROM에는 2^n개의 서로 다른 번지들이 있으므로 ROM 내에는 2^n개의 서로 다른 워어드가 저장되어 있다. 임의의 시간에 출력선에 나타나는 워어드는 입력선에 적용되는 번지에 따라서 결정된다. ROM은 워어드의 갯수인 2^n개와 워어드當 비트 數인 m개 數로 특정지워진다.

32×8이라는 ROM을 생각해 보자. 이 장치는 각각 8비트로 된 32개의 워어드로 구성되어 있음을 뜻한다. 따라서 ROM에는 8개의 출력선이 있으며 32개의 서로 다른 워어드가 ROM 속에 저장되어 있다. 32개의 워어드가 있으므로 $2^5 = 32$에 의해 입력선은 5개가 필요하다. 이때 출력선에 나타나는 워어드는 5개의 입력선에 적용되는 번지에 따라서 결정된다. 만일 입력 번지가 00000이면 0으로 번지매겨진 워어드가 선택되어 출력선에 나타난다. 만일 입력 번지가 11111이면 31로 번호 매겨진 워어드가 선택되어 출력선에 나타난다. 이 번지 사이에 그 밖에 30개의 서로 다른 번지들이 있어 각각 서로 다른 워어드를 선택할 수 있다.

ROM에서 워어드의 갯수는 n개의 입력선이 2^n개의 워어드를 지정할 수 있다는 사실로부터 결정된다. 때때로 ROM은 ROM이 포함하고 있는 전체 비트들의 數($2^n \times m$)

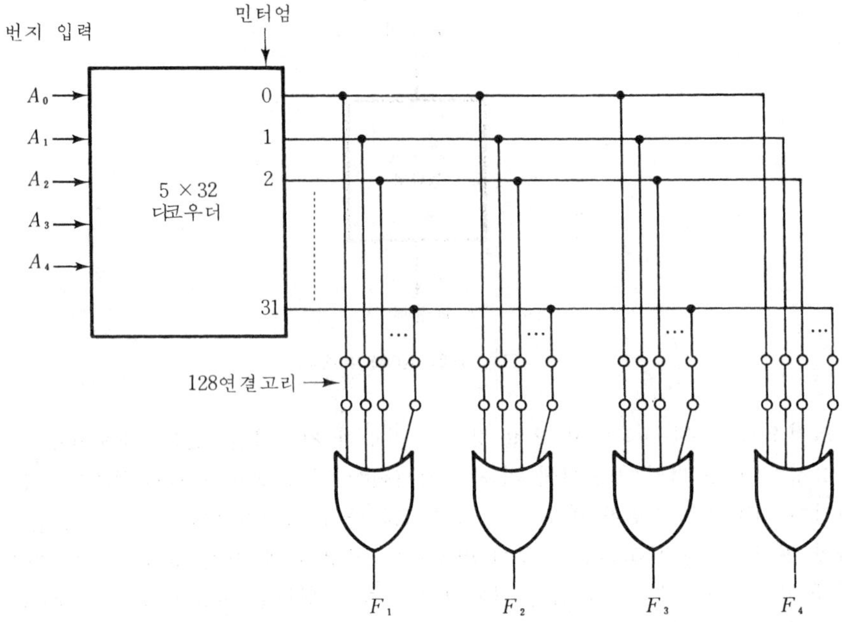

그림 5-22 32×4 ROM의 논리도

에 의해 명시되기도 한다. 예를 들어 2048-비트의 ROM은 각각 4 비트로 된 512개의 워어드로 구성되어질 수 있다. 이 때, 이 ROM은 4개의 출력선과 $2^9 = 512$개의 워어드를 지정하기 위한 9개의 입력선을 가지게 된다. ROM 속에 저장되는 총 비트 數는 $512 \times 4 = 2048$이다.

ROM은 AND와 OR 게이트들로 構成된 組合回路이다. 여기서 AND 게이트들은 디코우더를 형성하며, OR 게이트들은 디코우더의 출력인 민터엄들을 合하는 데 사용된다. OR 게이트의 갯수는 ROM의 출력선 수와 같다. **그림 5-22**는 32 × 4 ROM의 內部論理構造를 보여 준다.

5개의 입력 변수들은 32개의 AND 게이트와 5개의 인버어터에 의해 解讀되어져서 32개의 線으로 디코우더에서 출력된다(**그림 5-8** 참조). 이 때, 각 디코우더의 출력은 5 변수들의 민터엄들 중 하나이다. 32개의 번지들 각각은 디코우더에 의해서 단 1개의 출력만 선택한다. 번지는 입력에 적용되는 5-비트 數이며 디코우더로부터 선택되는 민터엄은 입력에 적용된 5-비트 數와 等價인 10진수로 표시되는 민터엄이다. 디코우더의 32개 출력은 각 OR 게이트에 연결 고리를 통해 연결된다. **그림 5-22**에서는 단지 4개만 그려져 있으나 실제로 각 OR 게이트는 32개의 입력을 가지며 이 입력들은 연결 고리를 통해 연결되어 있고 필요에 따라 연결을 끊을 수 있다.

ROM은 민터엄들의 合을 두 단계로 실현한다. 이 두 단계 실현이 AND-OR 실현만일 필요는 없으며 임의의 다른 가능한 두 단계 민터엄 실현일 수도 있다. 따라서 보통 2번째 단계는 연결 고리들의 연결을 쉽게 하기 위한 配線論理(와이어드的-論理) 連結(3-7절)이다.

ROM은 디지털 컴퓨터 시스템의 설계에서 매우 중요하다. ROM은 복잡한 조합 회로들을 실현하는 데 사용되며 그 외에 많은 다른 곳에서도 통용된다.

ROM에 의한 組合論理 實現(combinational logic implementation)

ROM의 논리도를 살펴보면 ROM의 각 출력은 n 입력 변수들의 민터엄들을 전부 合한 것이다. 임의의 부울 함수는 민터엄들의 합으로 표현할 수 있다. 함수에 포함되어 있지 않은 민터엄들의 연결 고리를 끊어 버림으로써 각 ROM 출력은 조합 회로에서 하나의 출력 변수들에 대한 부울 함수를 만들 수 있다. n개의 입력과 m개의 출력을 가지고 있는 조합 회로에 대해 $2^n \times m$ ROM이 필요하다. **연결 고리를 여는(떼는 것, open) 것을 ROM을 프로그래밍한다고 한다.** 설계자는 단지 ROM에서 요구되는 통로들에 대한 정보를 주는 ROM 프로그램表(program table)를 작성해 주면 된다. 실제로 프로그래밍하는 것은 프로그램표에 나열되어 있는 仕樣에 따르는 하아드웨어 과정이다.

특정한 보기를 가지고 이 과정을 설명해 보자. 그림 5-23(a)의 진리표는 2개의 입력과 2개의 출력을 가지고 있는 어떤 조합 회로에 대한 것이다. 이 때, 부울 함수들은 민터엄들의 合으로 표현할 수 있다.

$$F_1(A_1, A_0) = \sum(1, 2, 3)$$
$$F_2(A_1, A_0) = \sum(0, 2)$$

조합 회로가 ROM을 써서 실현할 때 함수들은 진리표로 민터엄들의 合으로 표현되어야만 한다. 만일 출력 함수들을 간소화하려면 이 회로는 단지 하나의 OR 게이트와 인버어터만을 써도 된다. 명백히 이것은, ROM으로 실현하기에는 너무 간단한 조합 회로의 예이다. **ROM의 利點은 복잡한 組合回路를 設計하는 데 있다.** 이 보기는 단지 그 과정을 설명하기 위한 것이며 실질적인 상황으로 고려하여서는 안 된다.

이 조합 회로를 실현하는 ROM은 2개의 입력과 2개의 출력을 가져야만 한다. 따라서 ROM의 크기는 4×2가 된다. 그림 5-23(b)는 그런 ROM의 내부 구조를 보여 준다. 지금, 8개의 연결 고리 중 어느것이 끊어져야 하고 어느것이 연결된 채 남아 있어야 하는지를 결정해야 한다. 이것은 진리표내의 출력 부울 함수들로부터 쉽게 얻어진다. 출력을 0으로 하는 민터엄들에 대해 그 민터엄들에 대응하는 OR 게이트로의 연결 고리들은 제거한다. 여기서 우리는, OR 게이트로의 여는(open) 입력은 0으로써 작용한다고 가정해야 한다.

어떤 ROM에서는 각 OR 게이트에 인버어터가 연결되어 있다. 그 결과 ROM의 출력들은 처음에 모두 0으로 규정된다. 그런 ROM을 프로그래밍하는 과정은 진리표에

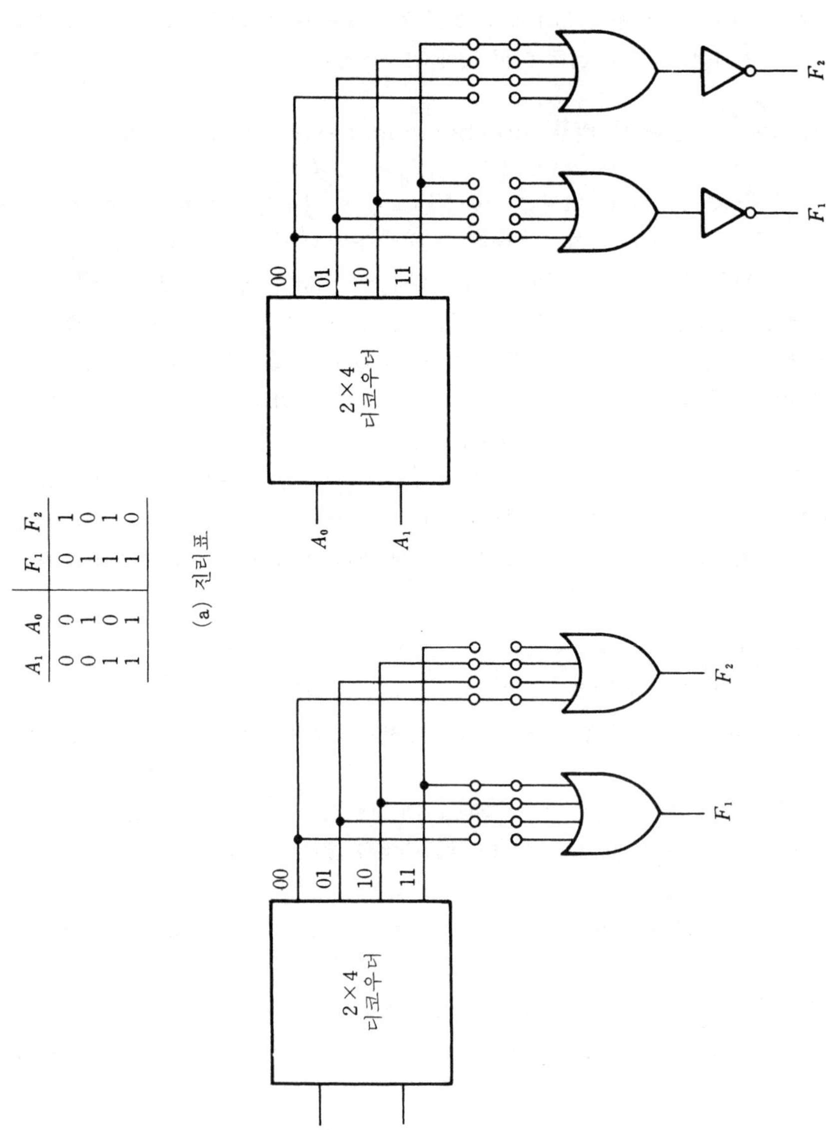

A_1	A_0	F_1	F_2
0	0	0	1
0	1	1	0
1	0	1	1
1	1	1	0

(a) 진리표

(b) AND-OR 게이트들로 된 ROM

(c) AND-OR-INVERT 게이트들로 된 ROM

그림 5-23 4×2 ROM으로 조합 회로 수행

서 출력을 1로 하는 민터엄들에 대한 연결 고리를 제거하는 것이다. 이 때, OR 게이트의 출력은 그 함수의 補數가 되지만 인버어터가 OR 게이트에 연결되어 있기 때문에 ROM은 정상적인 함수를 출력하게 된다. 이 사실은 그림 5-23(c)의 ROM에서 볼 수 있다.

前의 보기는 임의의 조합 회로를 ROM으로 실현하기 위한 일반적인 과정을 보여 준 것이다. 조합 회로의 입출력 갯수에 의해 우리는 먼저 필요한 ROM의 크기를 결정한다. 그리고 나서 우리는 ROM의 진리표를 얻어야 한다. 진리표에서 출력 함수들을 0 (또는 1)으로 만드는 민터엄들에 대한 연결 고리를 끊어서, 민터엄들의 合으로 된 요구되는 조합 회로를 얻는다.

실제로 ROM으로 회로를 설계할 때 그림 5-23처럼 ROM 내에서 연결 고리들의 내부 게이트 연결을 보일 필요는 없다. 이것은 다만 설명 목적으로 보여진 것이다. 設計者가 할 일은 특별한 ROM을 지정해서 그림 5-23(a)와 같은 ROM 진리표를 제공하는 것이다. 진리표는 ROM을 프로그래밍하는 데 필요한 모든 정보를 준다. 어떠한 내부 論理圖도 진리표에 수반될 필요는 없다.

〔예제 5-5〕 ROM을 사용하여 組合回路를 設計하라. 이 회로는 3-비트 數를 받아서 入力의 제곱에 해당하는 2진수를 出力하는 回路이다.

첫 단계는 조합 회로에 대한 진리표를 유도하는 것이다. 대부분의 경우 이것이 설계에 필요한 전부이다. 그러나 가끔 조합 회로의 진리표에서 어떤 성질들을 사용하여 좀더 작은 ROM 진리표를 얻을 수 있다. 표 5-5는 조합 회로에 대한 진리표이다. 모든 가능한 數들을 수용하기 위해 3개의 입력과 6개의 출력이 필요하다. 그러나 우리는 진리표에서 출력 B_0와 입력 A_0가 항상 같다는 것을 알 수 있다. 따라서 ROM이 B_0를 출력할 필요는 없다. 더구나 B_1이 0이므로 이 출력은 언제나 알려져 있는 상태이다. 따라서 실제로 ROM의 출력은 4개만 필요하며 다른 2개는 쉽게 얻어질 수 있다. 필요한 최소 크기의 ROM은 3개의 입력과 4개의 출력을 가지게 된다. 3개의 입

표 5-5 예제 5-5에 대한 진리표

입	력		출			력			10진수
A_2	A_1	A_0	B_5	B_4	B_3	B_2	B_1	B_0	
0	0	0	0	0	0	0	0	0	0
0	0	1	0	0	0	0	0	1	1
0	1	0	0	0	0	1	0	0	4
0	1	1	0	0	1	0	0	1	9
1	0	0	0	1	0	0	0	0	16
1	0	1	0	1	1	0	0	1	25
1	1	0	1	0	0	1	0	0	36
1	1	1	1	1	0	0	0	1	49

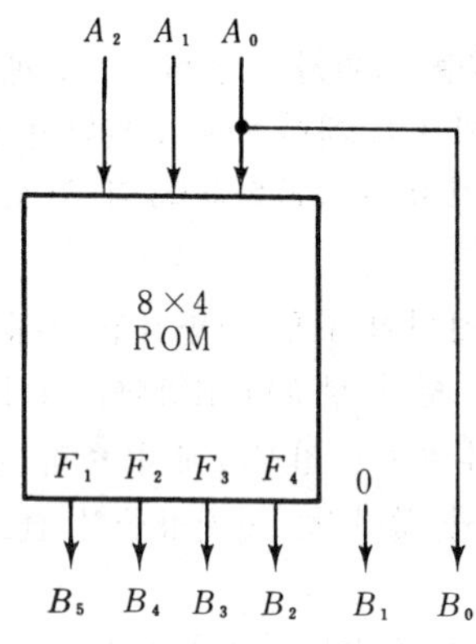

(a) 블록도

A_2	A_1	A_0	F_1	F_2	F_3	F_4
0	0	0	0	0	0	0
0	0	1	0	0	0	0
0	1	0	0	0	0	1
0	1	1	0	0	1	0
1	0	0	0	1	0	0
1	0	1	0	1	1	0
1	1	0	1	0	0	1
1	1	1	1	1	0	0

(b) ROM 진리표

그림 5-24 예제 5-5에 대한 ROM 실현

력은 8개의 워어드를 규정하므로 ROM의 크기는 8×4가 된다. 이것은 **그림 5-24**에 있다. 조합 회로의 다른 두 출력은 0과 A_0와 같다. **그림 5-24**의 진리표는 ROM을 프로그래밍하는 데 필요한 모든 정보를 가지고 있으며 블록圖는 연결들을 보여 준다.

ROM의 種類(types of ROMs)

ROM내에서 요구되는 통로의 프로그래밍 방법에는 2가지가 있다. 첫 번째 방법은 **마스크(mask) 프로그래밍**이라 불리어진다. 이 경우 ROM은 마지막 조립 과정에서 製作者에 의해 프로그래밍되어진다. ROM을 조립할 때 주문자는 ROM의 진리표를 제작자에게 제출한다. 이때 진리표는 제작자가 제공한 특별한 형태를 갖추거나 ROM의 정해진 형식에 따라 종이 테이프나 펀치 카아드로 제출된다. 제작자는 주문자의 진리표에 따라 1과 0을 실현하기 위한 요구된 통로를 만든다. 이 과정은 주문자가 임의로 ROM의 통로를 요구하기 때문에 매우 비싸다. 따라서, 마스크 프로그래밍은 많은 양의 동일한 ROM을 구성할 경우만 경제적이다.

PROM, EPROM과 EAROM

적은 量의 ROM을 구성할 경우, **PROM(programmable ROM)**이라 불리는 다른 종류의 ROM을 사용하는 것이 더 경제적이다. 주문되었을 시, PROM 장치 내에 저장된 비트들은 전부 0이거나 모두 1이다. 출력 단자들을 통해 전류 펄스를 공급함으로써 PROM의 연결 고리들을 끊을 수 있다. 끊어진 연결 고리는 하나의 2진 상태를 나타내고 끊어지지 않은 연결 고리는 다른 2진 상태를 나타낸다. 따라서, 사용자는 그 자신의 실험실에서 入力番地와 저장된 워어드 사이의 바람직한 관계를 이루기 위해 이 장치를 프로그램할 수 있다. 상업적으로 이용할 수 있는 PROM 프로그래머라 불리는 특별한 장치는 이 과정을 쉽게 해준다. 어떤 경우에서든 ROM을 프로그래밍하는 것은 비록 프로그래밍이라는 말이 사용되기는 하지만 이것은 하아드 웨어 過程이다.

ROM 또는 PROM을 프로그래밍하기 위한 하아드 웨어 과정은 거꾸로 할 수 없고 일단 프로그래밍되어지면 ROM 내에 저장된 비트들의 값은 변경할 수 없다. 만일 변경되어졌다면 그 장치는 더 이상 사용되어서는 안 된다. EPROM(erasable PROM)이라 불리는 또 다른 種類의 ROM이 있다. EPROM은 그 전의 비트 값들이 변경되어졌다 하더라도 初期値로(모두 1 또는 모두 0) 再構成할 수 있다. 주어진 시간 동안 자외선을 EPROM에 투사하면 短波 방사선이 내부 게이트들을 방전시킨다. 이와 같이 하여 그 전의 비트 값들을 지워 없애면 ROM은 초기 상태로 되돌아가게 되므로 다시 프로그래밍할 수 있다. 어떤 ROM들은 자외선 대신에 전기적 신호를 사용하는데, 이들은 때때로 EAROM(electrically alterable ROM)라 불리어진다.

ROM의 機能

ROM의 기능은 2가지 면에서 해석할 수 있다. 먼저 ROM은 임의의 조합 회로를 실현하는 장치이다. 이런 관점에서 볼 때 각 출력 단자는 민터엄들의 合으로 표현된 출력 부울 함수로 볼 수 있다. 또 다른 해석은 ROM을 워어드라 부르는 비트 列의 固定型(fixed pattern of bit string)을 가지고 있는 저장 장치로 볼 수 있다. 이런 관점에서 볼 때, 입력은 番地를 지정하고 출력은 그 번지에 대응하는 특정한 貯藏 워어드(word)이다. 예를 들어 그림 5-24의 ROM은 진리표에 주어진 바와 같이 8개의 저장 워어드를 명시하는 3개의 番地線을 가지고 있다. 그리고 각 워어드는 4개의 비트 길이로 되어 있다. 이것이 이 장치에 ROM(read-only memory)이란 명칭이 붙여진 이유이다. 메모리란, 저장 장치를 나타내는 데 공통적으로 사용되는 명칭이다. 리이드(read)라는 용어는 저장 장치 내의 번지를 명시하는 워어드의 내용을 출력 단자에 보낼 경우 쓰는 공통적인 명칭이다. 그러므로, ROM이란 주어진 번지에 따라 특정한 워어드의 내용을 읽어 낼 수 있는 메모리 장치를 일컫는다. ROM에서 비트값들은 정상적인 연산 중에 결코 변경되어질 수 없다.

ROM의 用途

ROM은 복잡한 조합 회로를 진리표로부터 직접 실현하는 데 널리 사용된다. ROM은 한 2진 코우드를 다른 2진 코우드로(예를 들어, ASCII를 EBCDIC로) 바꾸는데, 乘數와 같은 산술 연산을 하는 데에 CRT(cathode-ray tube)에 文字들을 표시하는 데, 많은 입출력을 요구하는 응용 등에 매우 유용하다. ROM은 디지털 시스템의 제어 장치들을 설계하는 데도 사용된다. 그 경우 ROM 내에 고정되어 있는 비트 값들은 시스템에서 여러 연산들을 인에이블시키는 데 필요한 제어 변수들의 順次가 된다. 2진 제어 정보를 저장하는 데 ROM을 이용하는 제어 장치는 마이크로 프로그램되어진 制御裝

置(microprogrammed control unit)라 불리어진다. 이것은 각광을 받는 현대 컴퓨터 제어 장치의 핵심이 된다. 이것은 10章에서 자세히 설명될 것이다.

5-8 PLA(programmable logic array)

ROM의 문제점

조합 회로는 때때로 리던던시 조건들을 가진다. ROM으로 조합 회로를 실현할 경우 리던던시 조건은 결코 일어나지 않을 입력 번지이다. 리던던시 項 번지에 대응하는 워어드는 프로그래밍할 필요가 없으며 처음 상태(모두 0 또는 모두 1)대로 놓아 두게 된다. 따라서 ROM에서 이용할 수 있는 비트 조합들이 전부 사용되는 것은 아니며 안 쓰이는 것이 있게 된다. 이것은 이용할 수 있는 장치의 낭비라 볼 수 있다.

PLA 設計의 必要性과 ROM 設計의 差異點

예를 들어 표 1-5에 있는 12-비트카아드 코우드를 6-비트 내부 코우드로 바꾸는 조합 회로를 생각해 보자. 입력 카아드 코우드는 0, 1, ……, 9, 11, 12로 표시되어 있는 12개의 선으로 구성된다. 코우드 變換器를 실현하는 ROM의 크기는 12 개의 입력과 6 개의 출력이 있어야 하므로 4096×6($2^{12}\times 6$) 이어야 한다. 카아드 코우드에 대해 표 1-5를 보면 47 개만 쓰기 때문에 47 개만 타당한 의미를 갖는다. 따라서 ROM에서 이용할 수 있는 4096 개의 워어드 중 단지 47 개만 사용되고 나머지 4049 워어드들은 사용되지 않은 채 낭비되는 셈이다.

리던던시 조건들의 數가 지나치게 많은 경우 **PLA** (programmable logic array)로 불려지는 LSI 부품을 사용하는 것이 좀더 경제적이다. PLA는, 개념적으로는 ROM과 비슷하다. 그러나 PLA는 변수들을 전체를 디코우딩하지 않고 ROM처럼 모든 민터엄들을 만들지도 않는다. PLA에서 디코우더는 AND 게이트들의 집합으로 되어 있고 입력 함수들의 곱의 항을 만들어 낸다. PLA 내부에서 AND 게이트들과 OR게이트들은 그들 사이에 있는 연결 고리들이 처음부터 모두 연결되어 있다. 특정 부울 함수들은 필요 없는 연결 고리들을 끊고 필요한 연결 고리들은 그대로 남겨 둠으로써 곱의 合(sum of product)으로 실현할 수 있다.

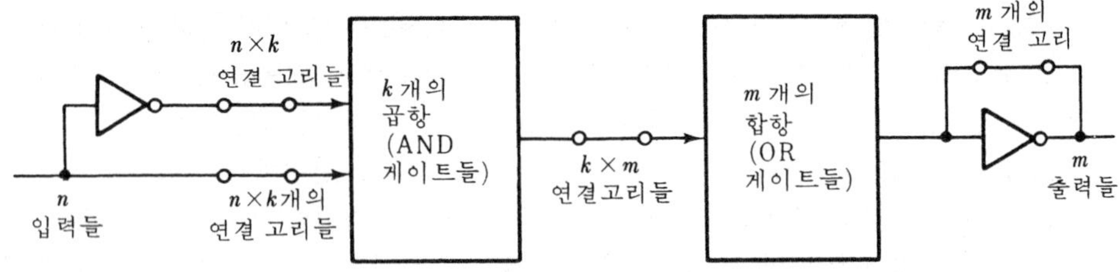

그림 5-25 PLA 블록도

PLA의 構造

PLA 블록圖는 그림 5-25에 있다. **PLA는 n개의 입력, m개의 출력, K개의 積項, m개의 合項들로 구성한다. 積項들은 K개의 AND 게이트로 구성되며 合項들은 m개의 OR 게이트로 이루어진다.** n개의 입력과 입력의 補數들은 연결 고리(link)를 통해 각 AND 게이트에 연결된다. AND 게이트들의 출력과 OR 게이트들의 입력 사이에도 연결 고리가 존재한다. 출력 인버어터에 있는 연결 고리는 AND-OR 형태나 AND-OR-INVERT 형태 중 하나로 출력 함수를 만들 수 있도록 해 준다. 인버어터 연결 고리를 끊으면 인버어터가 회로의 일부가 되어 출력 함수는 AND-OR-INVERT 형태가 된다. 인버어터 연결 고리가 그대로 연결된 채 두면 인버어터는 건너뛰어지게 되므로 AND-OR 형태의 출력 함수가 산출된다.

PLA의 크기는 입력 數, 積項들의 數, 출력들의 數(合項의 갯수는 출력의 갯수와 같다)에 의해 명시한다. 대표적인 PLA는 16개의 입력, 48개의 積項 그리고 8개의 출력을 가진다.* 이때 연결 고리의 갯수는 $2n \times K + K \times m + m$이다. 반면에 ROM의 연결 고리는 $2^n \times m$개이다.

그림 5-26은 특정 PLA의 내부 구조이다. 이것은 3개의 입력과 3개의 積項, 그리고 2개의 출력을 가지고 있다. 그런 PLA는 너무 작아서 상업적으로는 이용할 수 없지만 여기서는 단지 설명 목적으로 사용한 것이다. 각 입력과 그 입력의 補數는 모든 AND 게이트들의 입력에 연결 고리를 통해 연결한다. AND 게이트들의 출력은 각 OR 게이트의 입력에 연결 고리를 통해 연결된다. 출력 인버어터에도 각각 연결 고리가 존재한다. 선택된 연결 고리를 끊고 다른 것은 그대로 남겨 둠으로써 부울 함수들을 積項으로 실현하는 것이 가능하다.

FPLA(field PLA; 現場用 PLA)

ROM처럼 PLA도 마스크 프로그램 가능(mask-programmable)이거나 現場 프로그램 가능(field-programmable) 2가지가 있다. 마스크 프로그램 가능 PLA의 경우, 주문자는 제조업자에게 PLA 프로그램표를 제공해야 한다. 이 표는 요구된 입출력 사이의 내부 통로를 가지는 주문된 PLA를 산출하는 데 사용된다. PLA의 또 다른 형태는 **FPLA**(field PLA)이다. 사용자는 확실히 추천된 과정을 보고 FPLA를 프로그래밍할 수 있다. 상업적인 하아드웨어 프로그램 장치들도 FPLA들과 결합하여 사용하기도 한다.

PLA 프로그램表

PLA의 사용은 많은 입출력을 가지고 있는 조합 회로 설계시 고려하게 된다. 많은 리던던시 조건들을 가지고 있는 회로들에 대해서는 ROM보다 PLA를 사용하는 것이 더 좋다. 다음 보기는 PLA를 어떻게 프로그래밍하는가를 보여 준다.

*TTL IC형 82S100

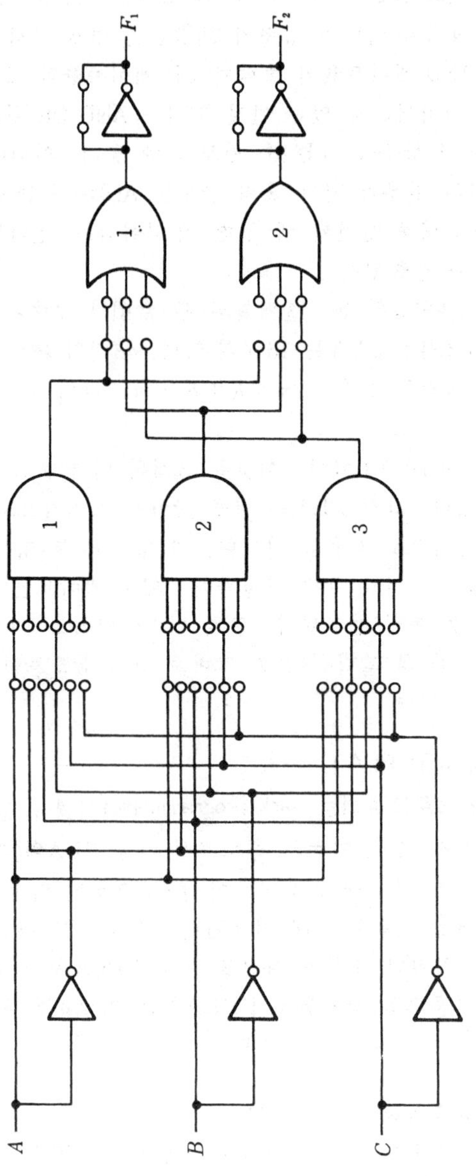

그림 5-26 3개의 입력, 3개의 곱항, 2개의 출력을 가진 PLA; 그것은 그림 5-27의 조합 회로를 수행한다.

이런 간단한 회로는 SSI 게이트들을 가지고 좀더 경제적으로 실현할 수 있기 때문에 실제로 PLA를 필요로 하지는 않을 것이라는 사실을 염두에 두자. 그러나 쉽게 설명하기 위해서 간단한 예를 택한 것이다.

PLA 실현의 보기

그림 5-27(a)에 있는 조합 회로의 진리표를 살펴보자. ROM은 민터엄들의 合으로 조합 회로를 실현하며 PLA는 積의 合(sum of product)으로 함수를 실현한다. 함수에서 각 積項은 AND 게이트를 요구한다. PLA에서 AND 게이트의 數는 한정되어 있기 때문에 사용되는 AND 게이트의 數를 최소화시키기 위해 함수를 단순화시켜 積項의 數를 최소화시키는 것이 필요하다. 積의 合으로 표현된, 단순화되어진 함수들은 **그림 5-27**(b)의 맵들로부터 얻어진다.

$$F_1 = AB' + AC$$

$$F_2 = AC + BC$$

이 조합 회로에는 3개의 서로 다른 積項, AB', AC, BC 등이 있다. 이 회로는 3개의 입력과 2개의 출력을 가진다. 그래서 **그림 5-26**의 PLA는 이 조합 회로를 실현하는 데 사용되었다.

PLA를 프로그래밍한다는 것은 AND-OR-NOT 형태로 통로들을 지정하는 것이다. 대표적인 PLA 프로그램表가 **그림 5-27**(c)에 있다. 그것은 3개의 列로 구성된다. 첫 번째 列은 積項에 번호를 매긴 것이다. 두 번째 列은 요구되는 AND 게이트와 입력들 사이의 통로를 규정한다. 세 번째 열은 AND 게이트와 OR 게이트들 사이의 통로를 규정한다. 우리는 각 출력 변수 밑에 출력 인버어터가 건너뛰어진다면 T(true에 대한 것)를 쓰고 출력에 인버어터가 사용된다면 C(complement에 대한 것)를 쓴다. 맨 왼쪽에 있는 積項들은 表의 일부가 아니며 그것들은 참고 사항으로만 사용된다.

각 積項에 대해 입력들은 1, 0 또는 —(dash)로 표시된다. 만일 그 積項에 있는 변수가 正常形態(normal form)이면 대응되는 입력 변수는 1로 표시되고, 변수가 補數形態이면 대응되는 입력 변수는 0으로 표시된다. 또, 積項에 그 변수가 없다면 대응되는 입력 변수는 —(dash)로 표시한다. 각 積項은 AND 게이트와 관련된다. 입력과 AND 게이트 사이의 통로는 **입력**이라 쓰인 列에 명시한다. 입력 列에서 1은 대응되는 입력으로부터 그 積項을 형성하는 AND 게이트 입력으로의 통로를 명시한다. 입력 列에서 0은 대응되는 입력의 補數로부터 AND 게이트 입력으로의 통로를 명시한다. —(dash)는 연결하지 않는다는 것을 뜻한다. **그림 5-26**에서처럼 필요한 연결 고리만 남겨지고 나머지는 제거된다. AND 게이트의 연(open) 입력은 1로 작용한다고 가정한다.

AND 게이트와 OR 게이트 사이의 통로는 **출력**이라고 쓴 列 밑에 명시되어 있다. 출력 변수들은 함수를 구성하는 모든 積項들에 대해 1로 표시된다. **그림 5-27**에서 ;

$$F_1 = AB' + AC$$

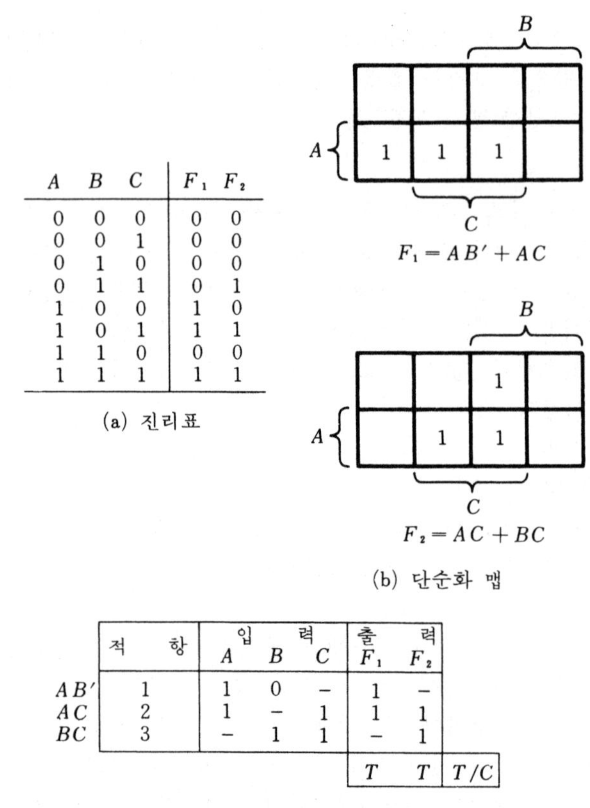

A	B	C	F_1	F_2
0	0	0	0	0
0	0	1	0	0
0	1	0	0	0
0	1	1	0	1
1	0	0	1	0
1	0	1	1	1
1	1	0	0	0
1	1	1	1	1

(a) 진리표

(b) 단순화 맵

	적항	입력 A	B	C	출력 F_1	F_2	
AB'	1	1	0	–	1	–	
AC	2	1	–	1	1	1	
BC	3	–	1	1	–	1	
					T	T	T/C

(c) PLA 프로그램표

그림 5-27 PLA 수행에 요구되는 단계

따라서 F_1은 積項 1과 2에 대해서는 1로 표시되고, 積項 3에 대해서는 —로 표시되며, **출력** 列에서 1로 표시된다. 각 積項은 대응되는 AND 게이트와 출력 OR 게이트의 연결을 요구한다. —로 표시된 적항은 연결할 필요가 없다. 마지막으로 T는 출력 인버어터에 연결 고리가 그대로 떼지 않고 남게 되는 것을 뜻한다. 이 회로에 대한 PLA의 내부 연결이 **그림 5-26**에서 보여진다. OR 게이트의 열려 있는(open) 입력은 0처럼 작동하고 출력 인버어터를 短絡(short circuit)한 것은 이 회로를 손상하지 않고 통과함을 뜻한다.

PLA를 써서 디지털 시스템을 설계할 때 **그림 5-26**에서처럼 PLA의 내부 연결을 보일 필요는 없다. 필요한 것은 PLA 프로그램만이다. PLA는 이 프로그램表에 따라 적당한 통로를 제공하기 위해 프로그래밍한다.

PLA로 조합 회로를 실현할 때 서로 다른 積項의 數를 감소시키기 위해 면밀한 조사를 행하여야 한다. 그 이유는 PLA에서 AND 게이트 數가 한정되어있기 때문이다. 이것은 각 함수를 단순화시켜 積項의 數를 최소화하면 된다. PLA에서는 모든 입력들을 이용할 수 있기 때문에 각 積項을 구성하는 변수들의 갯수는 중요하지 않다. 함수의 正常形態와 補數形態는 둘 다 단순화되어진다. 그래서 둘 중 어느것이 더 적은 積項들로 표현되고 다른 함수에도 공통적인 積項을 가지고 있는지를 살펴야 한다.

〔예제 5-6〕 組合回路는 다음 함수에 의해 定義되어진다.

$$F_1(A, B, C) = \sum(3, 5, 6, 7)$$
$$F_2(A, B, C) = \sum(0, 2, 4, 7)$$

3 개의 입력, 4 개의 積項, 2 개의 出力을 가지는 PLA 를 사용하여 組合回路를 實現하라.

두 함수는 그림 5-28의 맵들에 의해 단순화되어진다. 함수의 正常形態와 補數形態가 둘 다 단순화되어진다. 다음 조합은 積項의 數를 최소로 만든다.

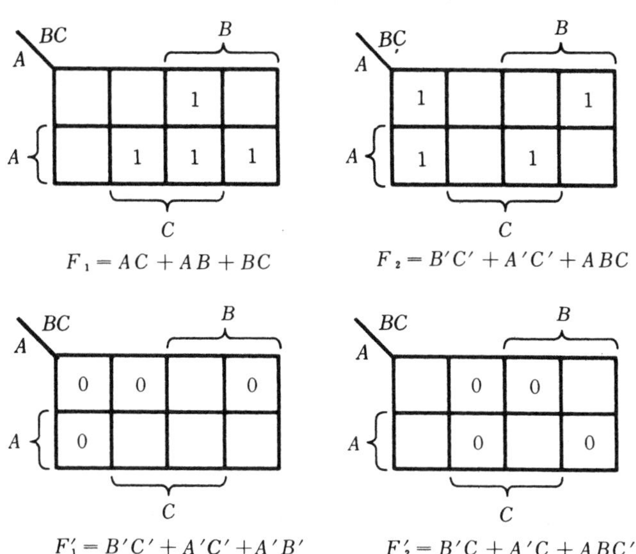

PLA 프로그램표

	곱 항	입력 A	입력 B	입력 C	출력 F_1	출력 F_2
$B'C'$	1	−	0	0	1	1
$A'C'$	2	0	−	0	1	1
$A'B'$	3	0	0	−	1	−
ABC	4	1	1	1	−	1
					C	T

T/C

그림 5-28 예제 5-6의 풀이

$$F_1 = (B'C' + A'C' + A'B')'$$
$$F_2 = B'C' + A'C' + ABC$$

이것은 4개의 서로 다른 積項들이 있다. $B'C'$, $A'C'$, $A'B'$, ABC. 이 조합 회로에 대한 PLA 프로그램표가 그림 5-28에 있다. F_1는 출력 인버어터 앞에서 산출되어 인버어터를 거치므로 PLA 출력은 F_1이 된다. 따라서 F_1은 그 아래에 C로 표시되었지만 정상 출력이다.

이 보기에 대한 조합 회로는, PLA로 실현하기에는 너무 작다. 여기서는 단지 설명 목적으로 나온 것이다. 대표적인 상업용 PLA는 10개 이상의 입력과 50개 가량의 積項을 가진다. 그렇게 많은 변수들을 가진 부울 함수는 테이블 방법(tabulation method)이나 컴퓨터의 도움을 받는 다른 단순화 방법을 써서 단순화한다. 컴퓨터 프로그램은 조합 회로의 각 함수와 그 함수의 補數를 단순화시켜 項의 數를 최소화시켜야 한다. 그때 프로그램은 모든 함수의 正常形態와 補數形態를 살펴서 최소의 서로 다른 積項들을 선택하게 된다.

〔예제 5-7〕 다음과 같은 3개 입력, 4개 출력인 부울 함수를 PLA로 설계하라. (多入力, 多出力, 組合回路 설계 例).

$$F_0(A,\ B,\ C) = A'B' + AC'$$
$$F_1(A.\ B,\ C) = AC' + B$$
$$F_2(A,\ B,\ C) = A'\ B' + BC'$$
$$F_3(A,\ B,\ C) = B + AC$$

PLA의 이해와 일반적 표시법에 익숙하기 위해 내부 구조를 알기 쉽게 그리면 그림 5-29(b)와 같다. PLA의 AND 게이트(곱의 부분) 부분은 ROM의 그것과는 달리 선택된 입력 변수들의 積項만을 실현하였다. 배열 중의 필요점에 스위칭 素子*를 써서 연결함으로써 AND 배열 내에서 積項들을 구성하였다. 예를 들어 A′B′를 구성하기 위하여 첫 번째 워어드 線(word line)에 A'와 B'를 스위칭 素子로 접속하였다. 출력에 필요한 積項들을 고르기 위해서 OR 배열 내에 또 스위칭 素子를 썼다. 예를 들면 $F_0 = A'B' + AC'$이므로 F_0 출력선에 $A'B'$와 AC'를 접속하는데 스위칭 素子를 썼다. 편의를 위해 그림 5-29(a)에 PLA 구조를 다시 표기하였다.

이것을 等價 AND-OR 배열로 그리면 그림 5-30과 같고 PLA프로그램 표는 표 5-6과 같다. 그림 5-30은 그림 5-31과 같이 간단히 표시하기도 한다.

* 다이오우드, 바이폴라 트랜지스터나 FET(field effect transistor)가 스위칭 소자로 쓰인다. 13장을 참조하라.

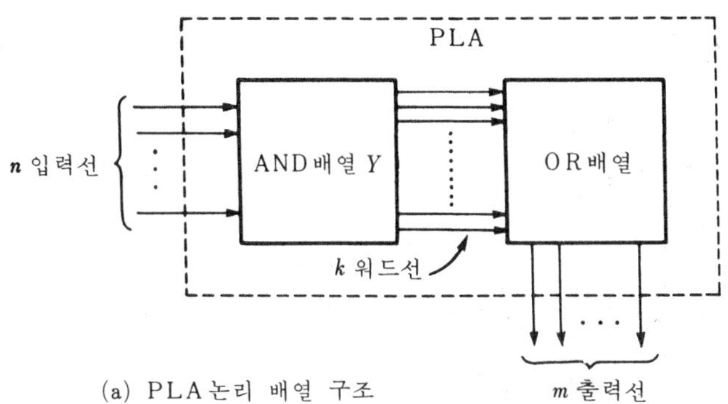

(a) PLA논리 배열 구조

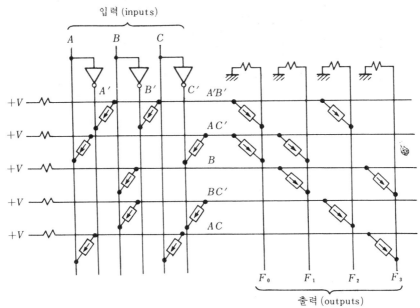

(b) 3개 입력, 5개 積項, 4개 출력으로 된 PLA

그림 5-29 예제 5-7의 PLA 내부 구성

표 5-6 그림 5-29의 PLA 프로그램 表

곱의項	입력 A	입력 B	입력 C	출력 F_0	출력 F_1	출력 F_2	출력 F_3
$A'B'$	0	0	–	1	0	1	0
AC'	1	–	0	1	1	0	0
B	–	1	–	0	1	0	1
BC'	–	1	0	0	0	1	0
AC	1	–	1	0	0	0	1

F

$F_0 = A'B' + AC'$

$F_1 = AC' + B$

$F_2 = A'B' + BC'$

$F_3 = B + AC$

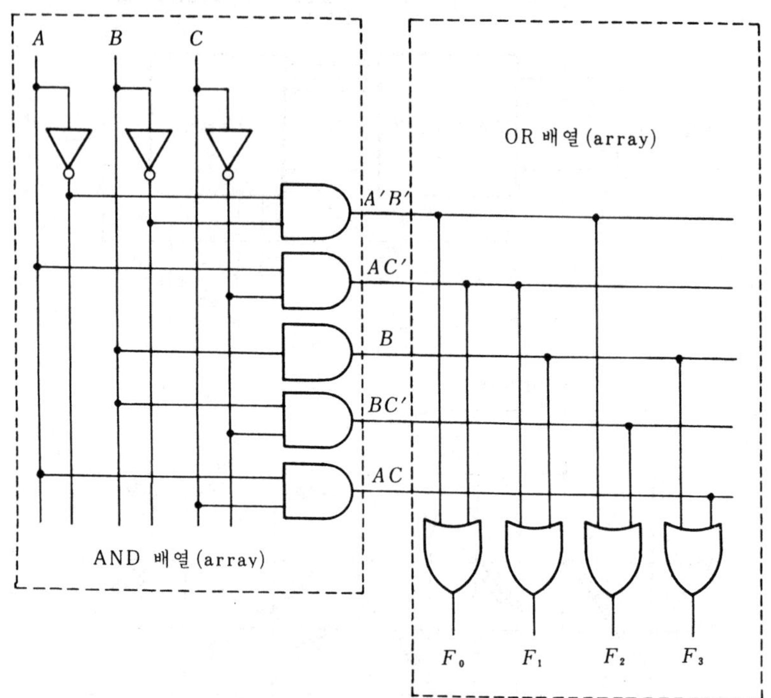

그림 5-30 그림 5-29의 等價 AND-OR 배열

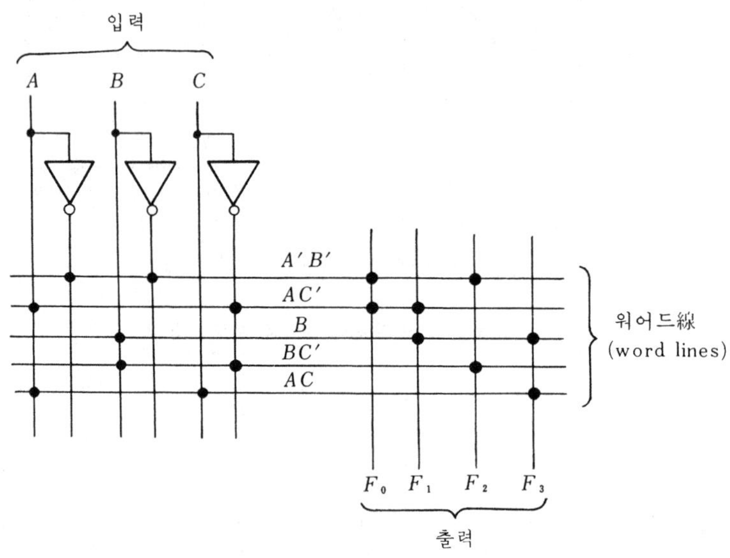

그림 5-31 그림 5-30의 等價 표시

5-9 3段階 PLA (three-level PLA)

PLA의 응용 분야로서는,

(1) 큰 ROM(read only memory)과 無作爲論理 코우드 변환기 (random logic code converter)의 代替

(2) 計算器 주변 制御器(peripheral controller)

(3) 마이크로프로그래밍 (microprogramming)

(4) 番地寫像 (address mapping)

(5) 文字發生器 (character generator)

(6) 順次制御器 (sequential generator)

(7) 루크업표와 決定表(look-up and decision table)

(8) 기타 탁상용 계산기

등이 있으며, 점차 그 응용 분야는 늘어나고 있다.

5-8節에서 설명한 바와 같이 PLA는 2단계 AND 배열과 OR 배열로 이루어져 있다. 그런데 첫 단계 AND 배열을 생각해 보면 입력 변수들이 20개 이상인 FPLA (field programmable logic array)를 만들려면 곱의 항을 나타내는 AND 게이트의 입력이 40개 이상 필요하게 되어 설계상 문제점이 되고, 각 변수들의 補數入力을 위해 인버어터 (NOT 게이트)를 쓰지 않으면 안 되게 되어 있다. 따라서 이러한 설계상의 문제를 해결하기 위하여 PLA를 그림 5-32와 같이 3단계로 구성하였다(참고 문헌7 참조).

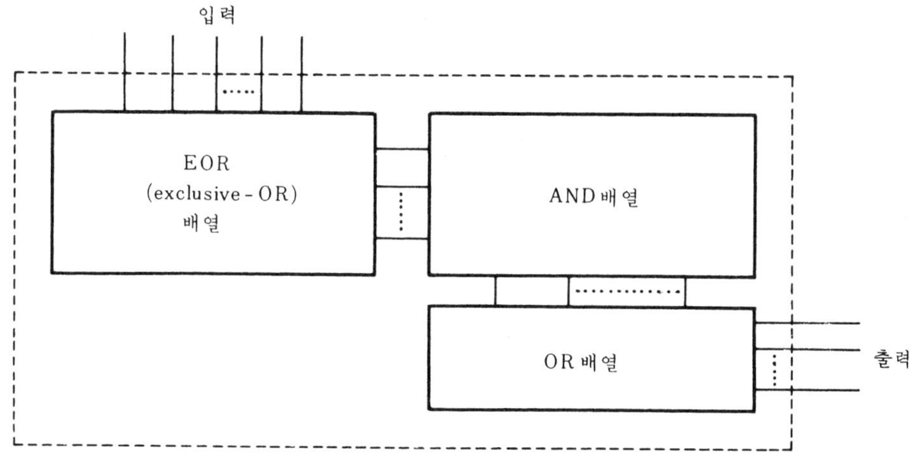

그림 5-32 3단계 PLA 블록圖

EOR 배열의 단계를 더 늘림으로써,

(1) 곱의 항 (product term)의 數를 줄이고
(2) 사용되지 않는 NOT 게이트의 수를 줄이고
(3) MOS의 數를 줄이고
(4) 칩 (chip) 면적을 줄일 수 있다.

등의 여러 문제점들이 해결된다. 本節에서는 먼저 종래의 2단계 PLA 구성이나 어떤 부울 함수도 3단계 (EOR-AND-OR) PLA로 구성할 수 있는 논리적 근거를 보이고, 다음에 3단계 PLA 구성 방법 (여러 가지 방법들이 있을 수 있음) 중의 1가지를 예로 들어 설명한 뒤에 종래의 PLA와 이 3단계 PLA의 複雜度(complexity)를 간단히 다루겠다.

3段階 PLA로 任意의 부울 함수를 실현할 수 있는 根據

임의의 부울 함수라도 곱의 和(sum of products)로 표시할 수 있음을 이미 앞에서 배웠다. 또한 곱의 和로 어떤 부울 함수도 표시가 가능하기 때문에 PLA는 AND 배열로 곱을, OR 배열로 和를 실현함으로써 조합 회로를 2단계로 구성한 것이다. 그러면 AND 배열로 구성되는 임의의 형태의 곱의 항을 EOR (exclusive OR) 배열과 AND 배열로 대체할 수 있음을 아래와 같이 보이면 부울 함수를 3단계, 즉 EOR-AND-OR 배열로 PLA를 구성할 수 있는 근거가 될 것이다.

곱의 項을 EOR-AND 項으로 變換하는 根據

임의의 곱의 항을 $x_1x_2\bar{x}_3$라 하면 $x_1x_1=x_1$, $x_1\bar{x}_1=0$, $x_1\odot x_2=\bar{x}_1\oplus x_2=x_1\oplus\bar{x}_2$, $x_1\oplus 0=x_1$과 $x_1\oplus 1=\bar{x}_1$인 관계를 이용하여,

$$\begin{aligned} x_1x_2\bar{x}_3 &= x_1(x_1x_2+\bar{x}_1\bar{x}_2)\bar{x}_3 \\ &= (x_1\oplus 0)\ (x_1\oplus\bar{x}_2)\ (x_2\bar{x}_3+\bar{x}_2x_3) \\ &= (x_1\oplus 0)\ (x_1\oplus\bar{x}_2)\ (x_2\oplus x_3) \cdots\cdots\cdots \text{EOR의 곱} \end{aligned}$$

또 다른 예로서 곱의 항 $\bar{x}_1\bar{x}_2$는,

$$\begin{aligned} \bar{x}_1\bar{x}_2 &= \bar{x}_1(\bar{x}_1\bar{x}_2+x_1x_2)=\bar{x}_1(x_1\odot x_2)=\bar{x}_1(x_1\oplus\bar{x}_2) \\ &= (x_1\oplus 1)\ (x_1\oplus\bar{x}_2) \end{aligned}$$

즉 EOR의 곱(product of exclusive - ORs)으로 표현 가능하다.

3段階 PLA 構成方法

EOR 배열은 그 구성하는 방법에 따라 크게 2가지로 나눌 수 있다. 입력 변수가 n개일 때, 첫째 **그림 5-33**과 같이 각 입력의 인버어터까지 합하여 입력 數가 $2n$ 개인 경우와, 둘째 **그림 5-34**와 같이 $n+2$개의 입력을 가진 경우로 분류할 수 있다. 첫째 경우는 입력 數가 많은 대신 MOS로 A⊙B를 **그림 5-33(b)**와 같이 3개로 구성하는 반면에

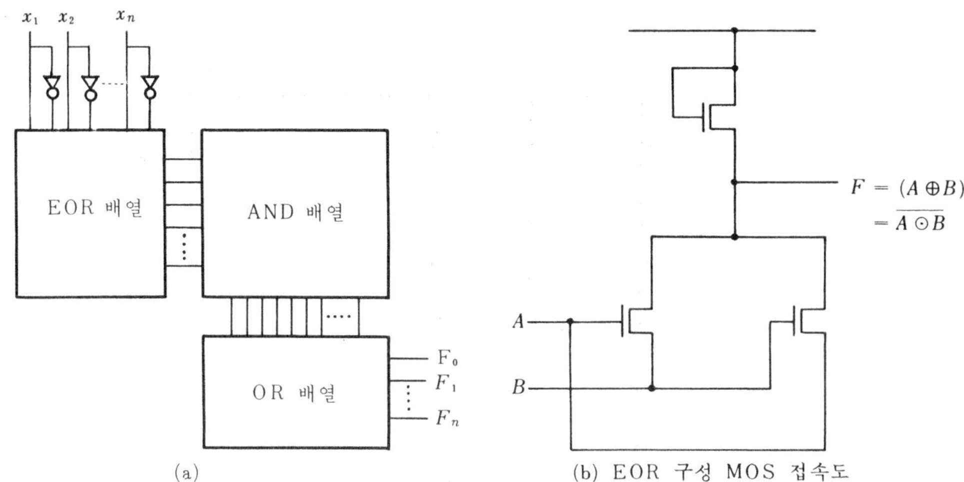

그림 5-33 3단계 PLA 블록圖(입력 $2n$ 개)

그림 5-34의 경우 입력 數가 적은 대신 MOS가 6개씩으로 구성되는 것을 알 수 있다. 여기서는 두 번째 경우의 3단계 PLA 구성 절차를 예를 들어 설명하겠다.

〔예제 5-8〕 다음 표 5-7의 진리표에 표시한 바와 같이 4비트의 2진 코우드를 그레이 교번 코우드(gray reflected code)로의 변환기를 3단계 PLA로 실현하라. 그리고 ROM에 의한 正型(canonical form)으로의 실현 결과 및 2 단계 PLA에 의한 標準型(standard form)으로서의 실현 결과를 이 3단계 PLA로 실현 결과와 비교하라.

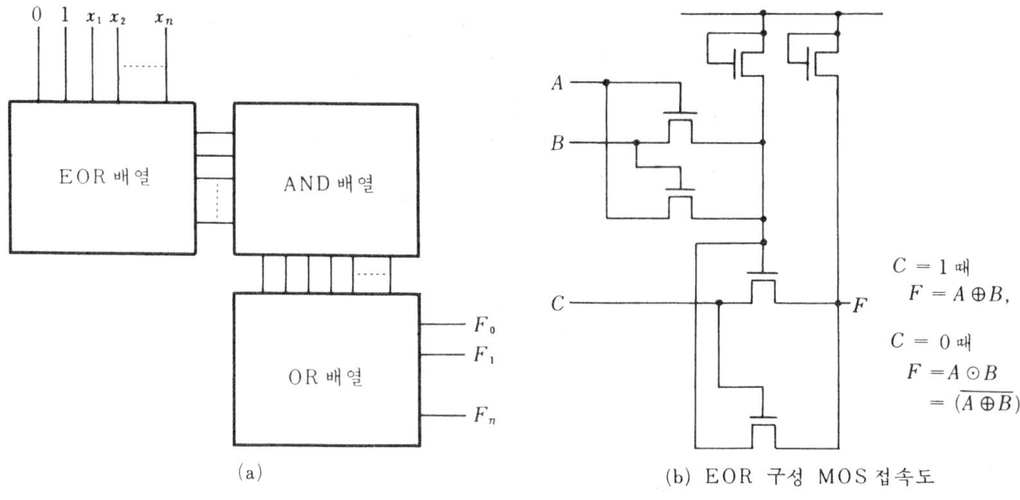

그림 5-34 3단계 PLA 블록圖(입력 $n+2$개인 경우)

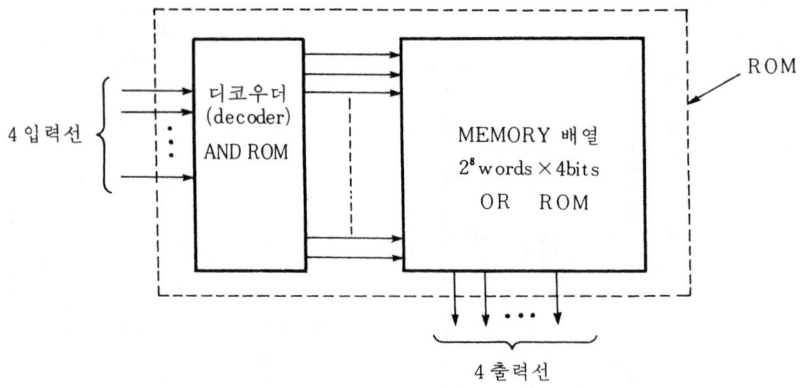

(a) 표 5-7 진리표의 ROM 실현 블록圖

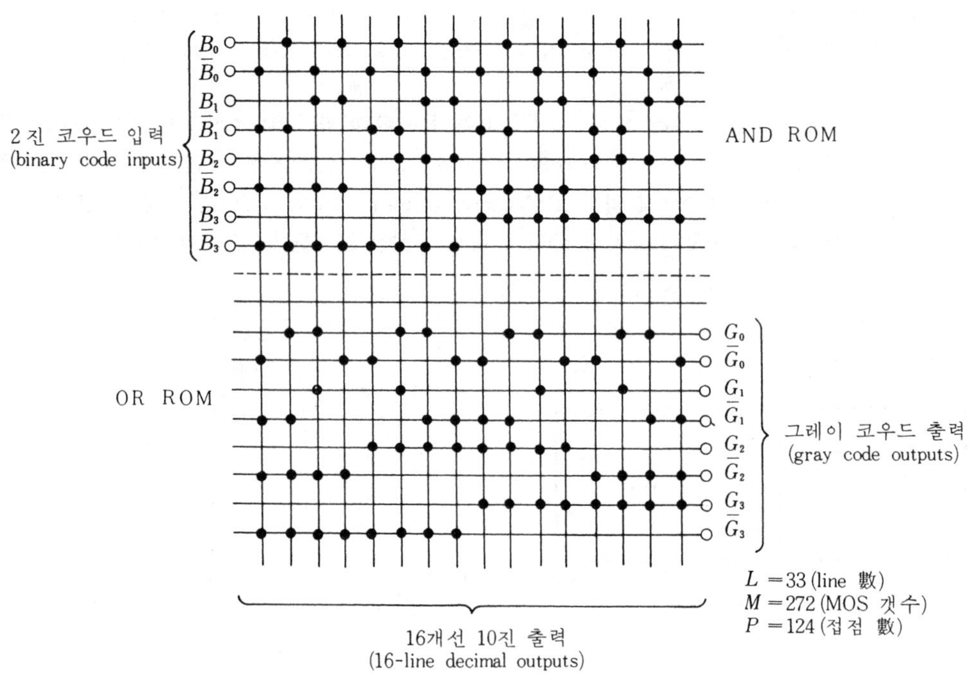

(b) 표 5-7 진리표의 ROM실현 접속(正型)도

그림 3-35 예제 5-8 진리표의 ROM실현

표 5-7 2진 코우드를 그레이 교번 코우드로 변환하는 진리표

	입		력		출		력	
	B_3	B_2	B_1	B_0	G_3	G_2	G_1	G_0
0	0	0	0	0	0	0	0	0
1	0	0	0	1	0	0	0	1
2	0	0	1	0	0	0	1	1
3	0	0	1	1	0	0	1	0
4	0	1	0	0	0	1	1	0
5	0	1	0	1	0	1	1	1
6	0	1	1	0	0	1	0	1
7	0	1	1	1	0	1	0	0
8	1	0	0	0	1	1	0	0
9	1	0	0	1	1	1	0	1
10	1	0	1	0	1	1	1	1
11	1	0	1	1	1	1	1	0
12	1	1	0	0	1	0	1	0
13	1	1	0	1	1	0	1	1
14	1	1	1	0	1	0	0	1
15	1	1	1	1	1	0	0	0

(1) 표 5-7의 진리표를 그림 5-35의 (a)와 같은 ROM에 正型(canonical form)을 ROM으로 실현시키면 그림 5-35(b)와 같이 된다. 여기서 線(line)數를 L, MOS 갯수를 M, 接續點(point) 數를 P라 하자.

(2) 다음에 종래의 2단계 PLA 실현을 위한 맵圖와 PLA 프로그램표는 그림 5-36과 같다.

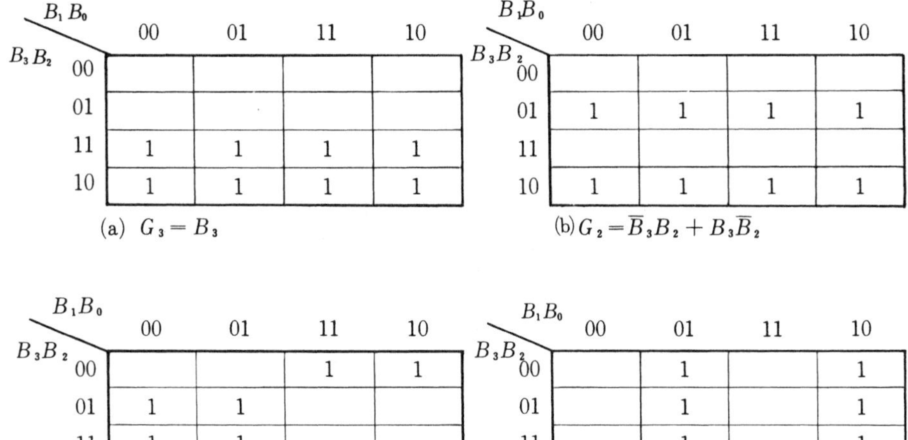

(a) $G_3 = B_3$

(b) $G_2 = \overline{B}_3B_2 + B_3\overline{B}_2$

(c) $G_1 = B_2\overline{B}_1 + \overline{B}_2B_1$

(d) $G_0 = \overline{B}_1B_0 + B_1\overline{B}_0$

곱의 항	입		력		출		력	
	B_3	B_2	B_1	B_0	G_3	G_2	G_1	G_0
$\overline{B}_1 B_0$	–	–	0	1	0	0	0	1
$B_1 \overline{B}_0$	–	–	1	0	0	0	0	1
$\overline{B}_2 B_1$	–	0	1	–	0	0	1	0
$B_2 \overline{B}_1$	–	1	0	–	0	0	1	0
$\overline{B}_3 B_2$	0	1	–	–	0	1	0	0
$B_3 \overline{B}_2$	1	0	–	–	0	1	0	0
B_3	1	–	–	–	1	0	0	0
					T	T	T	T

(e) PLA의 프로그램표

그림 5-36 예제 5-8의 PLA 실현을 위한 맵과 PLA 프로그램 표

또한 PLA 그림 5-37과 같이 된다.

(3) 마지막으로 **3단계 PLA에 의한 코우드 변환기** 설계를 한다.

제1단계로 모든 출력 함수를 EOR-AND-OR형으로 바꾼다. 출력 G_3, G_2,

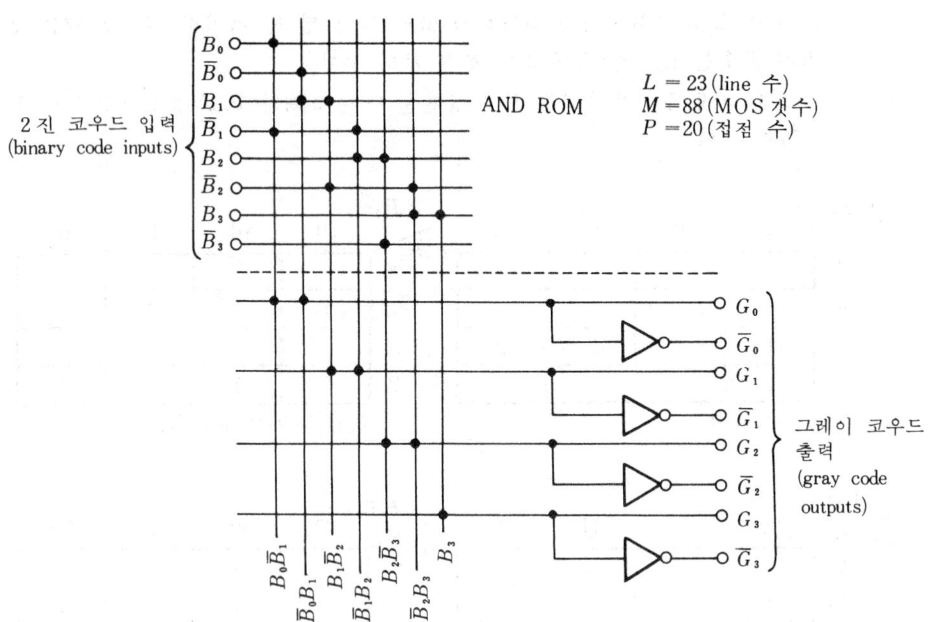

그림 5-37 예제 5-8의 2단계 PLA 구성

G_1과 G_0는 **그림 5-36** 맵에서와 같다. 이것을 아래에 적으면,

$$G_3 = B_3$$
$$G_2 = \overline{B}_3 B_2 + B_3 \overline{B}_2 = B_2 \oplus B_3$$
$$G_1 = \overline{B}_2 B_1 + B_2 \overline{B}_1 = B_2 \oplus B_1$$
$$G_0 = \overline{B}_1 B_0 + B_1 \overline{B}_0 = B_1 \oplus B_0$$

제 2 단계는 아래와 같은 3단계 PLA 프로그램표를 작성한다. 점 찍지 않은 두 변수간의 EOR를 2단계 PLA에서의 PLA 프로그램표 중 곱항 중의 변수 대응시키면 2단계 PLA프로그램표를 그대로 3단계 PLA 프로그램표로 쓸 수 있다. 모든 출력 함수를 EOR-AND-OR 형으로 변형하였으므로 서로 다른 모든 **EOR의 積項**을 먼저 나열한다. 다음에 AND 배열의 입력란 EOR에 해당하는 곳에는 1, E-NOR에 해당하는 란에는 0, 해당 없는 EOR 란에는 "—"를 기입한다. 그리고 OR 배열의 출력란에는 출력식을 일일이 보고 해당하는 EOR의 積項이 있으면, '1'이나 대시 '—'로서 표시한다.

예제에서 먼저 서로 다른 모든 EOR 항들을, 편의를 위하여 다음과 같이 표기하자.

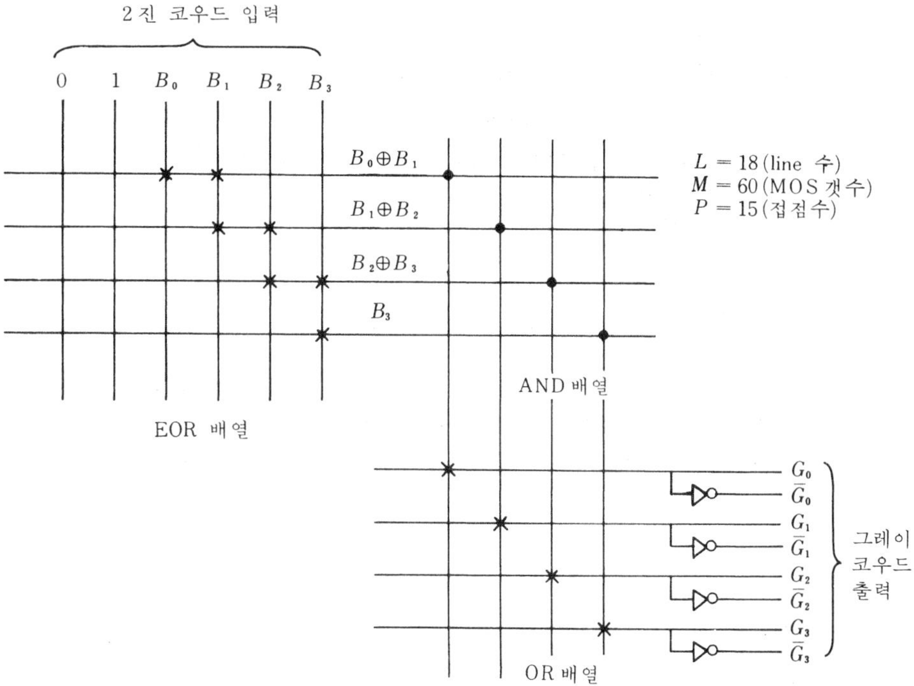

그림 5-38 예제 5-8의 3단계 PLA 구성 (2진 코우드의 그레이 교번 코우드의 변환기)

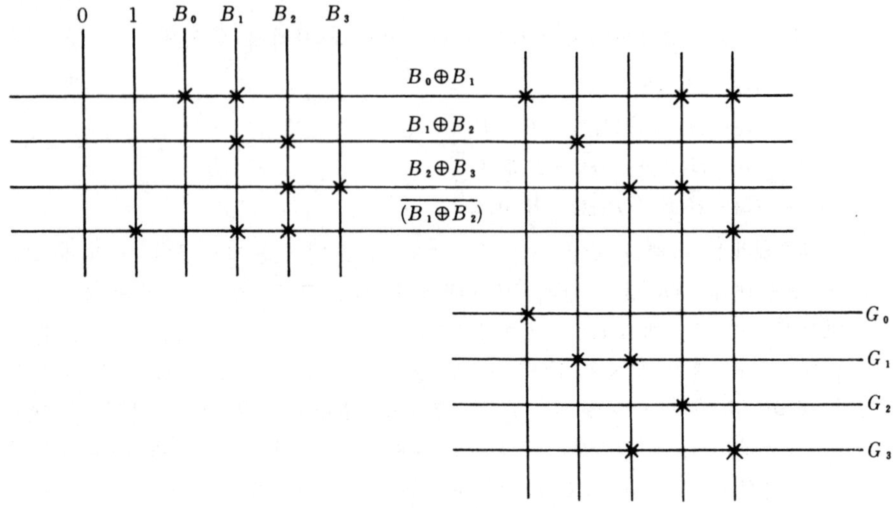

그림 5-39

$B_1 \oplus B_0 = E_1$

$B_2 \oplus B_1 = E_2$

$B_3 \oplus B_2 = E_3$

$B_3 = B_3 \oplus 0 = E_4$

그러면 3단계 PLA 프로그램표는 다음과 같이 된다.

3단계 PLA 프로그램표

EOR들의 積 項	AND 배열의 입력 E_1	E_2	E_3	E_4	OR 배열의 출력 G_0	G_1	G_2	G_4
$B_1 \oplus B_0 = E_1$	1	–	–	–	1	–	–	–
$B_2 \oplus B_1 = E_2$	–	1	–	–	–	1	–	–
$B_3 \oplus B_2 = E_3$	–	–	1	–	–	–	1	–
$B_3 = E_4$	–	–	–	1	–	–	–	1

제3단계 도 PLA 프로그램표에 따라서 3단계 PLA를 완성한다. **예제 5-8**의 위 프로그램표에 따라서 완성한 것이 **그림 5-38**과 같다.

3단계 PLA 프로그램표 작성법을 알기 쉽게 하기 위하여 간단한 예를 들어보자.

〔예제 5-9〕 G_0, G_1, G_2와 G_3가,

$$G_3 = B_3 \oplus B_2 + (B_2 \oplus \overline{B}_1)(B_1 \oplus B_0)$$

$$G_2 = (B_2 \oplus B_3)(B_1 \oplus B_0)$$

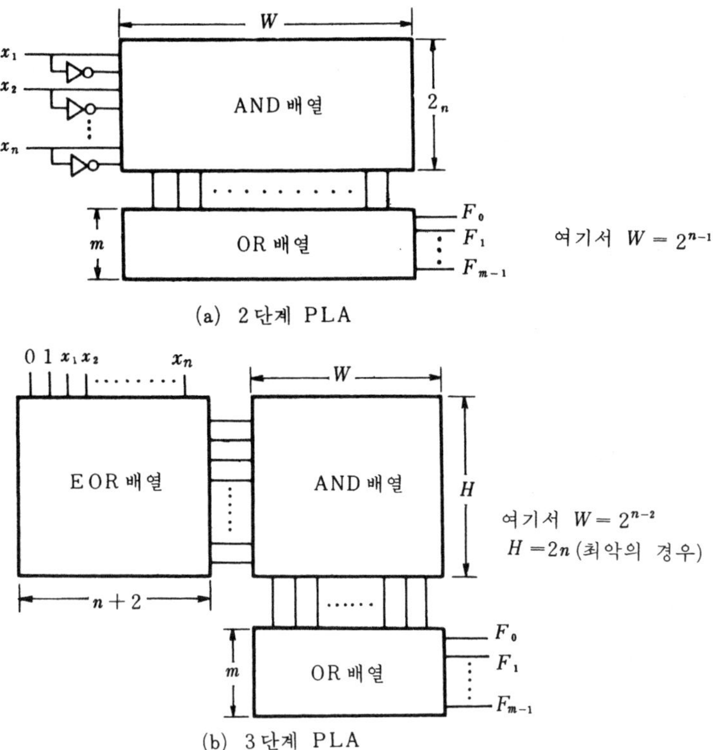

그림 5-40 2단계 PLA와 3단계 PLA 복잡도 계산을 위한 배선 표시

$$G_1 = (B_2 \oplus B_1) + B_2 \oplus B_3$$

$$G_0 = B_1 \oplus B_0$$

로 표시될 경우 3단계 PLA로 설계하라.

서로 다른 EOR 항을 $B_1 \oplus B_0 = E_1$, $B_2 \oplus B_1 = E_2$, $B_2 \oplus B_3 = E_3$, $B_2 \oplus \bar{B}_1 = \overline{B_2 \oplus B_1} = B_2 \odot B_1 = \bar{E}_2$라고 놓으면 3단계 PLA 프로그램표는 아래와 같이 된다.

3단계 PLA 프로그램표

EOR의 적 항	AND 배열의 입력 E_1	E_2	E_3	OR 배열의 출력 G_0	G_1	G_2	G_3
E_1	1	–	–	1	–	–	–
E_2	–	1	–	–	1	–	–
E_3	–	–	1	–	1	–	1
$E_1 \cdot E_3$	1	–	1	–	–	1	–
$E_1 \cdot E_2$	1	0	–	–	–	–	1

그리고 EOR-AND-OR PLA를 접속하면 **그림 5-39**와 같이 된다.

2段階 PLA와 3段階 PLA의 크기(size) 比較

2단계 PLA와 3단계 PLA의 크기를 비교하는 한 방법으로서 그림 5-40과 같이 배선의 수를 써서 행한다(이 크기를 이 책의 범위를 넘는 문제이므로 참고로 증명 없이 소개한다). 입력 변수가 n개, 출력 변수가 m개일 때 크기 $S(n)$는 아래와 같이 된다.

(1) 2단계 PLA 크기(size)가 $S(n)_2$라면,

$$S(n)_2 = (2n+m)W \quad (m=1 \text{ 인 경우로 가정하면})$$
$$= (2n+1)2^{n-1}$$

여기서 $W=2^{n-1}$인 사실은 참고 문헌 5를 참조할 것.

(2) 3단계 PLA 크기를 $S(n)_3$라면,

$$S(n)_3 = (2n+W)H + Wm$$
$$= (2n+m\cdot 2^{n-2})2n + 2^{n-2}$$

여기서 $m=1$이라면,

$$S(n)_3 = (2n+1)2^{n-2} + 4n^2$$

여기서 줄어드는 비율을 R(ratio)이라면,

$$R = \frac{S(n)_3}{S(n)_2} = \frac{(2n+1)2^{n-2}+4n^2}{(2n+1)2^{n-1}} \fallingdotseq 0.5$$

여기서 W가 2^{n-2}인 사실의 증명은 참고 문헌 7에 기술한다.

위에서 보는 바와 같이 크기가 반 정도 줄어드는 효과를 얻을 수 있다.

5-10 結 論

이 章에서는 조합 회로에 대한 다양한 설계 방법을 설명했다. 그리고 좀더 복잡한 조합 회로를 설계할 때 사용할 수 있는 많은 LSI와 MSI 회로들을 설명하였다. 이 章에서는 조합 논리 MSI와 LSI 함수에 중점을 두었다. 그리고 새로운 PLA의 3단계설계법을 예를 들어 소개하였다. 順次論理 MSI 함수는 7章에서 토론할 것이다. 프로세서(processor)와 제어 MSI와 LSI 함수들은 9章과 10章에서 나올 것이다. 마이크로컴퓨터 LSI 부품은 12章에서 소개될 것이다.

이 章에서 나온 MSI 함수들과 다른 상업용 MSI 함수들은 데이터북(data book)에 기술되어 있다. IC 자료집들은 많은 MSI와 다른 集積回路들을 정확하게 기술하고 있다. 이 데이터북들 중 몇몇 개는 다음 참고 문헌들 속에 들어 있다. MSI와 LSI 함수들은 많은 곳에 적용된다. 이들 중 몇 개는 이 장에서 토론되었으며 나머지 몇몇은 연습 문제에 포함될 것이다. 그 외의 것은 이 책의 나머지 부분에서 발견될 것이다. 능숙한 설계자들은 필요에 따라 적합한 MSI와 LSI 함수들을 잘 활용할 것이다. 集積

回路 제작자들은 그들 제품들의 모든 가능한 이용도를 설명해 주는 **應用集**(application note)을 만들어 낸다.

참 고 문 헌

1. Mano, M. M., *Computer System Architecture*. Englewood Cliffs, N. J.: Prentice-Hall, Inc., 1976.

2. Morris, R. L., and J. R. Miller, eds., *Designing with TTL Integrated Circuits*. New York: McGraw-Hill Book Co., 1971.

3. Blakeslee, T. R., *Digital Design with Standard MSI and LSI*. New York: John Wiley & Sons, 1975.

4. Barna A., and D. I. Porat, *Integrated Circuits in Digital Electronics*. New York: John Wiley & Sons, 1973.

5. Lee, S. C., *Digital Circuits and Logic Design*, Englewood Cliffs, N. J.: Prentice-Hall, Inc., 1976.

6. Semiconductor Manufacturers Data Books (Consult latest edition):
   (a) *The TTL Data Book for Design Engineers*. Dallas, Texas: Texas Instruments, Inc.
   (b) *The Fairchild Semiconductor TTL Data Book*. Mountain View, Calif.: Fairchild Semiconductor.
   (c) *Digital Integrated Circuits*. Santa Clara, Calif.: National Semiconductor Corp.
   (d) *Signetics Digital, Linear, MOS*. Sunnyvale, Calif.: Signetics.
   (e) *MECL Integrated Circuits Data Book*. Phoenix, Ariz.: Motorola Semiconductor Products, Inc.
   (f) *RCA Solid State Data Book Series*. Somerville, N. J.: RCA Solid State Div.

7. 조동섭, 이종원, 황희융; "*Exanor* 를 사용한 *Three-Level* PLA" KIEE Vol. 32 No. 1. pp. 13-23. 1983. 1.

8. H. Fleisher and L. I. Maissel, *"An Introduction to Array Logic,"* IBM J. Res. develop. vol 19, pp. 98-109 Mar. 1975.

9. S. J. Hong, R. G. Cain, and D. L. Ostapko, *"MINI; A Heuristic Approach for Logic Minimization,* IBMJ. Res. Develop. vol 18, pp. 443-458, Sept. 1974.

10. R. A. Wood, *High-Speed Dynamic Programmable Logic Array Chip,* IBM J. Res. Develop,, vol 19, pp. 379-383, July 1975.

11. TSUTOMU SASAO, *Multiple-valued Decomposition of Generalized Boolean Functions and the Complexity of Programmable Logic Arrays,* IEEE trans. com. vol C-30, pp. 635-643, Sept. 1981.

12. YAHITO KAMBAYASHI, *Logic Design of Programmable Logic Arrays*,IEEE trans. com., vol C-28, pp. 609-617, Sept. 1979.

13. G. Pomper and J. R. Armstrong, *Representation of Multivalued Functions Using the Direct Cover Method,* IEEE trans. com. vol c-30, pp. 674-679, Sept. 1981.

연습 문제

5-1 4-비트 全加算器 MSI 회로를 사용하여 3증 코우드를 BCD 코우드로 바꾸는 코우드 變換器를 설계하라.

5-2 4개의 MSI 회로를 사용하여 2개의 16-비트 2진수를 더하는 2진 병렬 가산기를 구성하라. MSI 회로들 사이의 모든 캐리에 기호를 붙여라.

5-3 4개의 X-OR 게이트와 4-비트 전가산기 MSI 회로를 사용하여 4-비트 並列 加算器/減算器를 구성하라. 입력 선택 변수 V를 사용하라. $V=0$이면 회로는 덧셈을 수행하고 $V=1$이면 뺄셈을 수행한다(힌트 : 2의 보수를 써서 뺄셈을 수행하라).

5-4 그림 5-5에 있는 캐리 미리 찾는 생성자에서 출력 캐리 C_5에 대한 두 단계 방정식을 유도하라.

5-5 (a) 3-7節에 있는 AND-OR-INVERT 수행 과정을 사용하여 전가산기의 출력 캐리가 다음처럼 표현될 수 있다는 것을 보여라.

$$C_{i+1}=G_i+P_iC_i=(G_i'P_i'+G_i'C_i')'$$

(b) IC 74182는 AND-OR-NOT 게이트로 캐리를 발생시키는 캐리 미리 찾는 생성자(look-ahead carry generator) MSI 회로이다. 이 MSI 회로는 G의 補數, P의 補數, C_1의 補數를 입력으로 한다. 이 IC에서 C_2, C_3, C_4에 대한 부울 함수들을 유도하라(힌트 : C_1'의 항으로 캐리들을 유도하기 위해 방정식 대입 방법을 사용하라).

5-6 (a) 캐리 전파와 캐리 생성기를 다음과 같이 다시 정의한다 :

$$P_i=A_i+B_i$$
$$G_i=A_iB_i$$

전가산기의 출력 캐리와 출력 合이 다음과 같다는 것을 보여라.

$$C_{i+1} = (C_i'G_i' + P_i')' = G_i + P_iC_i$$
$$S_i = (P_iG_i') \oplus C_i$$

(b) **그림 5-41**은 4-비트 병렬 가산기 (IC 74283) 의 첫 자릿수에 대한 논리도이다. (a) 에서 정의된 P_i'와 G_i' 단자들을 확인하라. 이 회로가 全加算器라는 것을 보여라.

(c) P_1', P_2', P_3', G_1', G_2', G_3', C_1'의 함수로써 AND-OR-INVERT 형태로 된 C_3와 C_4를 구하라. 이 IC에 대한 두 단계 look-ahead 회로를 그려라 (힌트 : C_{i+1}에 대해 (a) 에서 주어진 AND-OR-INVERT 함수를 가지고 방정식 대입 방법을 사용하라).

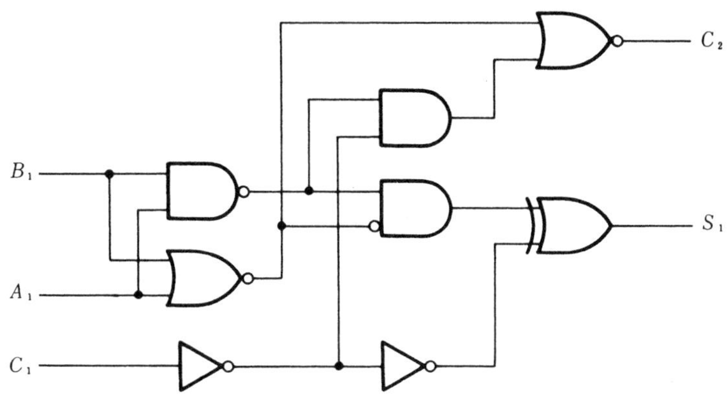

그림 5-41 병렬 가산기의 첫 자릿수

5-7 (a) exclusive-OR 게이트는 20[ns]의 전파 지연을 가지며 AND나 OR 게이트는 10*ns*의 전파 지연을 가진다고 가정하라. **그림 5-5**의 4-비트 가산기에서 전체 傳播遲延은 얼마인가?

(b) **그림 5-5**에서 C_5는 다른 캐리들과 동시에 전파되어진다고 가정한다 (**문제 5-4**를 보라). **문제 5-2**의 16-비트 가산기의 전파 지연은 얼마인가?

5-8 4-비트 數 $B = b_3b_2b_1b_0$에 3-비트 數 $A = a_2a_1a_0$를 곱해서 $C = C_6C_5C_4C_3C_2C_1C_0$를 산출하는 2진 乘算器 (binary multiplier) 를 설계하라. 이것은 12 개의 게이트와 2개의 4-비트 병렬 가산기를 필요로 한다. AND 게이트는 비트 쌍의 곱을 형성하는 데 사용된다. 예를 들어 a_0와 b_0의 곱은 a_0와 b_0를 AND함으로써 얻어진다. AND 게이트에 의해 형성된 부분 곱들은 병렬 가산기에 의해 더해진다.

5-9 BCD 가산기에는 어느 정도의 리던던시 입력이 있나?

5-10 BCD 디지트의 9의 보수를 생성하는 조합 회로를 설계하라.

5-11 2개의 선택 변수, V_1과 V_0와 2개의 BCD 디지트, A와 B를 가지고 있는 10진 산술 연산 장치를 설계하라. 이 장치는 선택 변수들의 값에 따라 다음 4가지 연산을 수행한다.

V_1	V_0	출력 함수
0	0	$A+$(B의 9의 보수)
0	1	$A+B$
1	0	$A+$(B의 10의 보수)
1	1	$A+1$(A에 1을 더하라)

설계에 있어서 **MSI 함수**와 **문제 5-10**의 9의 補數器를 사용하라.

5-12 3증 코우드(표 1-2)로 표현된 두 디지트에 대한 10진 가산기를 설계할 필요가 있다. 4-비트 2진 가산기로 두 디지트를 더한 후 다음과 같은 수정이 요구된다는 것을 보여라.

(a) 출력 캐리는 2진 가산기의 캐리와 같다.
(b) 출력 캐리가 1이면 0011을 더하라.
(c) 출력 캐리가 0이면 1101을 더하라.

2개의 4-비트 2진 가산기와 1개의 인버어터를 사용하여 이 가산기를 설계하라.

5-13 두 4-비트 數, A와 B가 서로 같은지를 비교하는 회로를 설계하라. 이 회로의 출력 x는 $A=B$이면 1이 되고, $A \neq B$이면 0이 된다.

5-14 74L85는 **그림 5-42**에 보인 등가 논리를 수행하는 내부 회로와 3개의 추가적인 입력을 갖고 있다는 것을 빼고는 **그림 5-7**에 표시된 크기 비교기와 비슷한 4비트 크기 비교기이다. 이들 IC를 가지면 이 비교기들을 종속으로(in cascade) 접속하여 많은 비트의 두 2진수를 비교할 수 있다. 보다 하위 비트를 취급하는 단계칩의 $A<B$, $A>B$, $A=B$ 출력선들을 보다 상위 비트를 처리하는 다음 단계칩이 $A<B$, $A>B$, $A=B$ 해당 단자에 접속한다. 최하위 비트를 취급하는 단계는 **그림 5-7**에 보인 회로와 같아야만 한다. 만일, 최하위 비트를 취급하는 단계에 74L85 IC가 사용된다면 4개의 최하위 비트를 취급하는 IC내에 $A=B$ 입력에는 1, $A<B$와 $A>B$ 입력 단자에는 0을 공급해야만 된다. **그림 5-7**과 하나의 74L85를 사용해서 두개의 8비트 수를 비교하는 회로를 만들어 작동이 잘되는가를 확인하여라.

5-15 **그림 5-10**의 BCD-10진 디코우더를 수정하여 타당하지 못한 입력 조합이 발생할 경우 출력들이 전부 0이 되도록 하라.

5-16 BCD-10진 디코우더와 4개의 OR 게이트를 써서 BCD를 3층 코우드로 바꾸는 코우드 변환기를 설계하라.

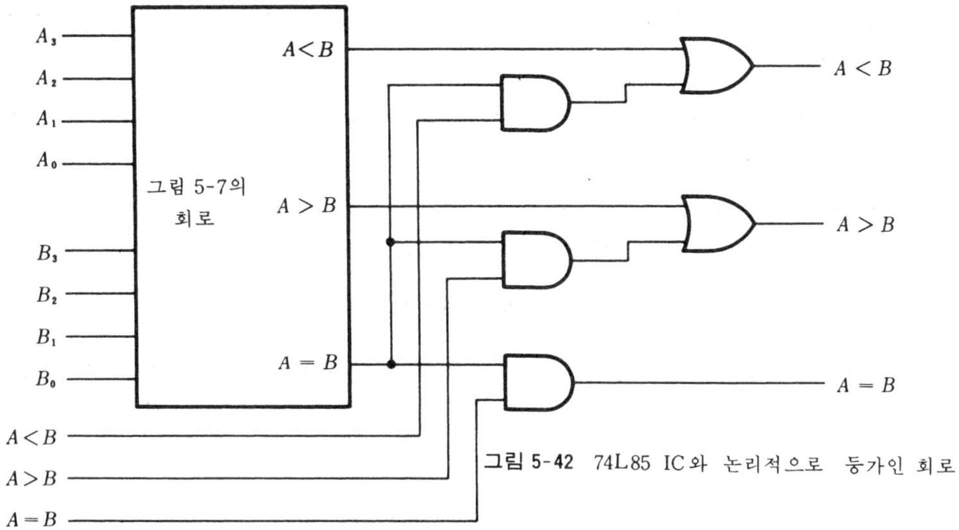

그림 5-42 74L85 IC와 논리적으로 등가인 회로

5-17 조합 회로가 다음 함수들에 의해 정의될 때 디코우더와 외부 게이트들을 사용하여 회로를 설계하라

$$F_1 = x'y' + xyz'$$
$$F_2 = x' + y$$
$$F_3 = xy + x'y'$$

5-18 조합 회로가 다음 함수들에 의해 정의될 때 그림 5-12의 디코우더와 NAND 게이트들을 써서 이 회로를 수행하라.

$$F_1(x, y) = \sum(0, 3)$$
$$F_2(x, y) = \sum(1, 2, 3)$$

5-19 4개의 3×8 디코우더/디멀티플렉서와 2×4 디코우더를 사용하여 5×32 디코우더를 구성하라. 그림 5-14처럼 블록圖를 구성하라.

5-20 NOR 게이트들만 사용하여 2×4 디코우더/디멀티플렉서 논리도를 그려라.

5-21 8진-2진 우선 순위 인코우더의 진리표를 구하라. 그리고 적어도 하나의 입력이 1이라는 것을 지시하는 하나의 출력을 제공하라. 진리표는 9개의 행을 가지며 이 입력들 중 몇몇은 임의의 값을 가진다.

5-22 4×2 우선 순위 인코우더를 설계하라. 이때 출력 E는 적어도 하나의 입력이 1이라는 것을 지시한다.

5-23 예제 5-4의 부울 함수를 8×1 멀티플렉서로 수행하라. 이때 A, B, D는 선택선 S_2, S_1, S_0에 각각 연결된다.

5-24 문제 5-17의 조합 회로를 두 단위로 된 4×1 멀티플렉서와 OR 게이트, 인버어터로 수행하라.

5-25 별도의 인에이블 입력과 공통의 선택선들을 가지는 두 조로 된 4×1 멀티플렉서를 사용하여 8×1 멀티플렉서를 구현하라.

5-26 4×1 멀티플렉서 두대를 사용하여 全加算器를 구성하라.

5-27 그림 5-43의 32×6 ROM은 6-비트 2진수를 대응되는 2-디지트 BCD 數로 바꾼다. 이 ROM에 대한 진리표를 구하라.

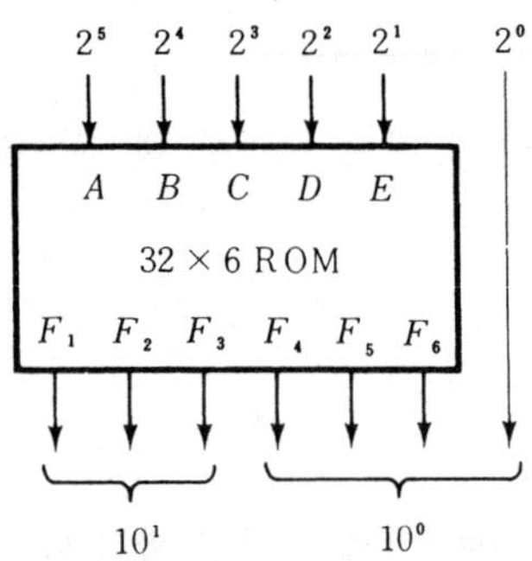

그림 5-43 2진-10진 변환기

5-28 그림 5-24(a)처럼 $B_0=A_0$와 $B_1=0$를 이용하여 입력 5-비트 數의 2진 제곱을 산출하는 데 32×8 ROM을 사용할 수 있다는 것을 증명하라. 회로의 블록圖를 그리고 ROM 진리표의 처음 4개와 마지막 4개의 입출력 관계를 작성하라.

5-29 다음을 수행하는 데 필요한 ROM의 크기를 구하라.

(a) 뺄셈과 덧셈을 선택하는 데 하나의 제어 입력을 사용하는 BCD 加算器/減算器

(b) 두 4-비트 수를 곱하는 2진 乘算器.

(c) 공통으로 선택선들을 사용하는 두 단위로 된 4×1 멀티플렉서.

5-30 그림 5-26의 PLA에서 출력 인버어터를 exclusive-OR 게이트로 대치한다. 각 exclusive-OR 게이트는 2개의 입력을 가진다. 한 입력은 OR 게이트 출력에 연결되고 다른 하나에는 연결 고리를 통해 1 또는 0에 해당하는 신호가 적용된다. 이때 출력의 正常形態와 補數形態를 선택하는 방법은 무엇인가?

5-31 3-비트 數를 제곱하는 조합 회로에 대한 PLA 프로그램표를 유도하라. 곱 項의 數를 최소화시켜라.

5-32 4-5節에서 정의된 BCD를 3증 코우드로 바꿔 주는 변환기에 대해 PLA 프로그램표를 작성하라.

順次論理
Sequential Logic

6-1 序 論

지금까지 고찰한 디지털 회로는 組合的(combinational)인 것이었다. 다시 말해서, 어떤 시각에서의 출력은 오로지 그 시각에서의 입력 상태에 좌우된다. 실제로 쓰이는 모든 디지털 시스템은 조합 회로로 된 것같이 보이지만 대부분의 시스템에서는 조합 회로에 記憶裝置要素를 첨가한 順次回路論理로 이루어진다.

順次回路의 블록도가 **그림 6-1**에 있다. 이 그림에서 조합 회로에 메모리 요소가 피**이드백**(feedback)을 형성하며 연결되어 있다. 메모리 요소는 2진 정보를 저장할 수 있는 장치이다. 메모리 요소에 저장된 2진 정보는 언제든지 순차 회로의 상태를 나타낸다. 순차 회로는 외부 입력에서 2진 정보를 받는다. 이 입력은 메모리 요소의 현재 상태와 함께 출력측의 2진 값을 결정한다. 이것들은 또한 메모리 요소의 상태를 변화시키기 위한 조건을 결정한다. 블록도에서 볼 수 있듯이 순차 회로의 출력은 외부 입력뿐만 아니라 메모리 요소의 현재 상태의 함수가 된다. 메모리 요소의 다음 상태도 역시 이들 외부 입력과 현재 상태의 함수이다. 따라서 **순차 회로는 입력, 출력, 그리고 내부 상태의 時順次(time sequence)로 명시한다.**

同期式 順次回路와 非同期式 順次回路

순차 회로는 신호의 **타이밍**(timing)에 따라서 크게 두 형태로 나누어진다. **同期式 順次回路**(synchronous sequential circuit)는 시간의 離散 순간, 순간에 들어오는 신호들의 알림으로서 계통의 동작을 정의할 수 있는 시스템이다. **非同期式 順次回路**(asynchronous sequence circuit)의 동작은 그 입력 신호들이 변화하는 순서에 좌우되고 어떤 시각에서도 변화될 수 있다. 일반적으로 非同期式 順次回路에서 작용되는 메모리 요소는 **時間遲延裝置**(time-delay device)이다. 시간 지연 장치가 메모리 능력을 갖는

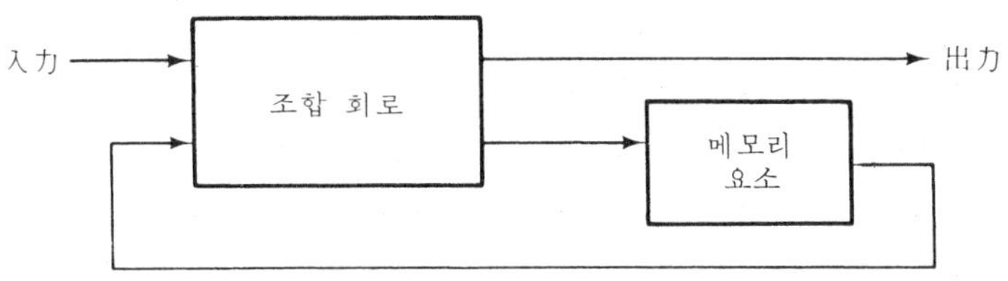

그림 6-1 순차 회로의 블록도

것은 신호가 이 소자를 통해서 전파하는 데에 有限時間이 걸리는 사실 때문이다. 실제로, 논리 게이트의 **內部傳播遲延**(**propagation delay**)은 필요한 지연을 하는 데 충분한 기간이다. 따라서 물리적인 시간 지연 장치가 따로 필요하지 않다.

게이트형 非同期式 시스템에서 **그림 6-1의 메모리 要素는 論理 게이트로 구성되어** 있고, **이 論理 게이트의 傳播時間遲延이 필요한 메모리를 구성한다.** 따라서 非同期式 順次回路는 피이드백을 가진 조합 회로라고 볼 수 있다. 논리 게이트간의 피이드백 때문에, 때때로 非安定狀態가 될 수 있다. 이 非安定 문제는 설계자에게 많은 부담을 안겨 준다. 그래서 非同期式 順次回路는 동기식 시스템만큼 자주 쓰이지는 않는다.

정의에 의해서, 동기식 順次回路는 시간의 어떤 離散瞬間에만 메모리 요소에 영향을 미치는 그러한 신호를 사용해야 한다. 이 목적을 달성하기 위한 한 가지 방법은 시스템 전체에 걸쳐서 **한 펄스 진폭**(**pulse amplitude**)이 논리-1을 나타내고 다른 펄스 진폭(이때는 펄스가 없음)은 논리-0을 나타내는 有限間隔(limited duration)의 펄스를 사용하는 방법이다. 펄스들로 된 시스템의 難點은 똑같은 한 게이트 입력에 별개의 독립된 근원으로부터 도착한 두 펄스가 예기치 못하는 지연을 나타낼 수도 있어서 펄스들을 약간 분리시켜서 믿을 수 없는 작동을 일으키는 수도 있다.

클럭附 順次回路(clocked sequential circuit)

실제의 同期式 順次論理 시스템은, 2진 신호에 대해서는 電位水準과 같은 고정된 펄스 진폭을 사용한다. 同期는 주기적인 시각 펄스를 발생시키는 **主클럭 發生器**(**masterclock generator**)라 하는 타이밍 장치로 이루어진다. 클럭 펄스(clock pulse)를 시스템 전체에 공급하여 메모리 요소가 동기 펄스가 도착할 때만 영향을 받도록 되어 있다. 실제적으로 클럭 펄스는 메모리 요소의 원하는 변화를 명시한 신호와 함께 AND 게이트를 거쳐서 메모리에 가해진다. AND 게이트 출력은 신호가 클럭 펄스의 도착과 일치되는 순간에만 신호를 전송하게 된다. 이리하여 **메모리 요소의 입력에 클럭 펄스를 쓰는 동기식 순차 회로를 클럭附 순차 회로**(**clocked sequential circuit**)라 부른다. 클럭 순차 회로는 대단히 자주 쓰이는 회로이다. 이 회로는 非安定 문제를 갖고 있지 않으며 타이밍은 독립적인 離散 단계로 쉽게 쪼개어 각각을 별도로 고려할 수 있다. 이 책에서는 오직 클럭 순차 회로만 취급할 것이다.

클럭 순차 회로에서 쓰이는 메모리 요소는 플립플롭(flip-flop)이다. 이 회로는 정보의 1개 비트를 저장할 수 있는 2진 기본 素子(cell)이다. 플립플롭은 2개의 출력을 갖고 있는데, 하나는 정상적인 값을 나타내며, 다른 하나는 그것의 보수 값을 나타낸다. 2진 정보는 다양한 방법으로 플립플롭에 넣을 수 있는데, 이 사실은 여러 종류의 플립플롭이 있다는 것을 뜻한다. 다음 節에서 여러 종류의 플립플롭을 알아보고 그들의 논리적 성질들을 정의한다. 여러 가지 플립플롭을 論하기 전에 게이트 지연과 타이밍圖(gate delay and timing diagram)에 대하여 설명하겠다.

게이트 傳播遲延(gate propagation delay)과 타이밍圖(timing diagram)

논리 게이트에 들어오는 입력이 바뀔 때 동시에 출력이 바뀌지는 않는다. 게이트에 포함된 트랜지스터나 다른 스위칭 구성원들이 입력에 대해 변화하는 데는 일정한 시간이 필요하며, 이로 인하여 출력 단자의 변화도 입력 변화에 대해 어느 정도 지연된다. **그림 6-1-1**에서 인버어터(inverter) 회로에 대한 入出力 파형을 볼 수 있다.

만일 입력에 대한 출력의 변화가 ε라는 시간 지연을 가진다면 이 게이트는 ε라는 전파 지연을 가진다고 말할 수 있다.

실제로 출력이 0에서 1로 바뀌는 데 걸리는 전파 지연 시간은 1에서 0으로 바뀌는 데 걸리는 시간과 다를지 모른다. 集積回路에 있어서 전파 지연은 몇 nano seconds (1 nano second=10^{-9} second)로 나타난다. 그래서 대부분의 경우 이런 전파 지연 시간

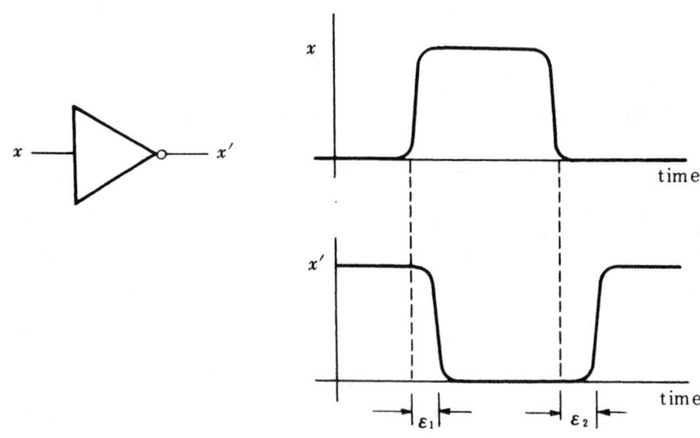

그림 6-1-1 인버어터 내의 전파 지연

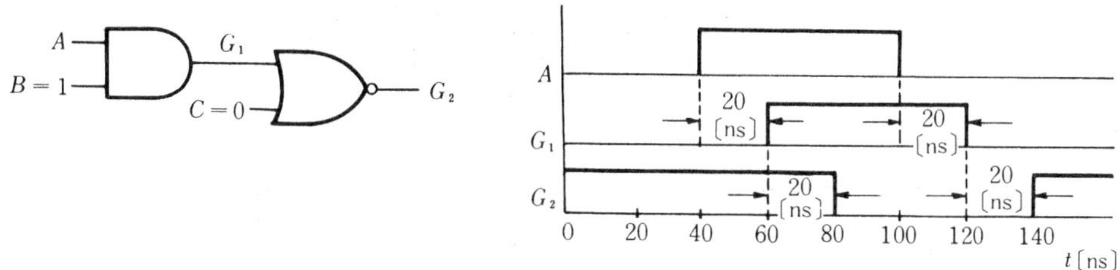

그림 6-1-2 AND-NOR 회로에 대한 타이밍圖

은 무시한다. 그러나 어떤 종류의 순차 회로를 분석하는 경우에는 짧은 지연이라 할지라도 중요한 요인이 될 수도 있다.

타이밍圖는 순차 회로를 분석하는 데 자주 이용한다. 이 타이밍圖는 회로에서 많은 신호를 시간의 함수로 나타낸다. 몇몇의 변수는 같은 타임 스케일(time scale)로 나타나는데, 그 이유는 이런 변수가 서로 변화하는 순간을 쉽게 관찰하기 위해서이다.

그림 6-1-2는 2개의 게이트로 구성된 회로에 대한 타이밍圖이다. 각 게이트는 20[ns] (nano seconds)의 전달 지연을 가진다고 가정하자. 이 타이밍圖는 게이트 입력 B가 1이고 C가 0일 때 발생하는 상황을 나타내고 있다. 그리고 40[ns]가 지나서 A가 1로 바뀌고 100[ns]가 지나서 A가 다시 0으로 바뀐다고 하자. G_1의 출력은 A가 바뀐후 20[ns]가 지나서 바뀌고, G_2의 출력은 G_1이 바뀐 후 20[ns]가 지나서 바뀐다.

그림 6-1-3에서 회로에 대한 타이밍圖에 부가되는 지연 요소를 볼 수 있다. 입력 X는 2개의 파형으로 되어 있다. 첫 번째 파형은 2[μs] (2×10^{-6} second) 크기이고, 두 번째 파형은 3[μs] 크기이다. 지연 요소는 입력과 1[μs]의 차이가 있고 크기가 같은 Y라는 출력을 발생시킨다. 즉, Y는 X의 상승 모서리가 생긴 후 1[μs] 후에 값이 1로 변하고 X의 하강 모서리(trailing edge)가 생긴 후, 1[μs] 후에 다시 0으로 된다. AND 게이트 Z의 출력은 X와 Y가 1인 동안에 1이 된다. 만일 AND 게이트에 작은 전파 지연이 있다고 가정하면 Z는 **그림 6-1-3**과 같이 된다.

6-2 플립플롭(flip-flops)

플립플롭 회로는 입력 신호에 의해서 상태를 바꾸도록 지시할 때까지 無期限(電源이 켜져 있는 동안) 현재의 2진 상태를 그대로 유지하게 된다. 여러 형의 플립플롭들간의 주요 차이점은 그들이 가지는 입력 수와 입력이 2진 상태에 영향을 미치는 방법에 있다. 다음에 플립플롭의 가장 일반적인 형에 대하여 논의하였다.

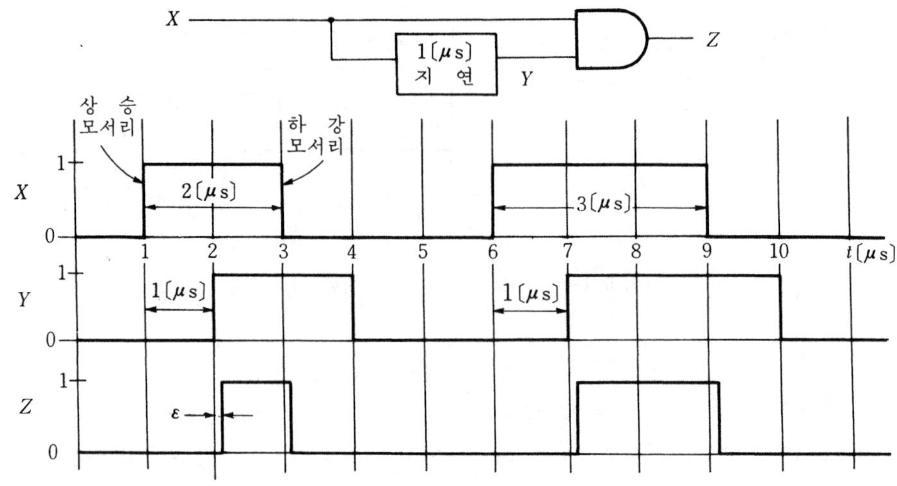

그림 6-1-3 지연 요소를 갖는 회로에 대한 타이밍圖

基本 플립플롭 回路(basic flip-flop circuit)

4-7節과 4-8節에서 플립플롭 회로는 2개의 NAND 게이트나 2개의 NOR 게이트로 구성할 수 있다고 설명하였다. 이들 구성은 그림 6-2와 6-3과 같다. 이 회로를 중심으로 좀더 복잡한 회로들을 만들 수 있다. **한 게이트의 출력에서 다른 게이트의 입력으로, 雙으로 된 交替接續線이 피이드백 통로를 형성한다. 이런 이유 때문에 이 회로는 일종의 非同期式 順次回路에 속한다.** 각 플립플롭은 2개의 출력 ***Q***와 ***Q'***, 2개의 입력, 즉 세트(set)와 리세트(reset)를 갖고 있다. 이런 종류의 플립플롭은 **直接連結 *RS* 플립플롭**(direct-coupled RS flip-flop) 또는 ***SR*** 래치(latch)라고 부른다. 여기서 *R*과 *S*는 두 입력 명칭의 첫 번째 문자이다. 아래의 기본 플립플롭을 잘 이해하는 것이 아주 중요하다.

NOR 게이트로 된 *SR* 래치 作動説明

그림 6-2의 회로 작동을 살펴보자. NOR 게이트는 어떤 입력 하나라도 1이면 출력이 0이 되고, 모든 입력이 0일 때만 출력이 1이 됨을 알 수 있다. 먼저 ***S*의 입력은 1이고, *R*의 입력은 0으로 가정하자.** 그러면 1번 게이트의 2개 입력이 모두 0이므로 *Q*는 1이 된다. 다음에 ***S*(set) 입력만을 0으로 바꾸면** 출력 *Q*는 1로 그대로 남아 있게 되고 2번 게이트의 한 입력이 1로 남아 있지 때문에 *Q'*는 0이 되며 1번 게이트 2개의 입력은 모두 0이 되고 *Q*는 1이 되어 출력 상태는 변함이 없다. 같은 방법으로 ***S* 입력은 그대로 두고 *R* 입력에 1을 가하면** *Q*는 0이 되고 *Q'*는 1로 된다.

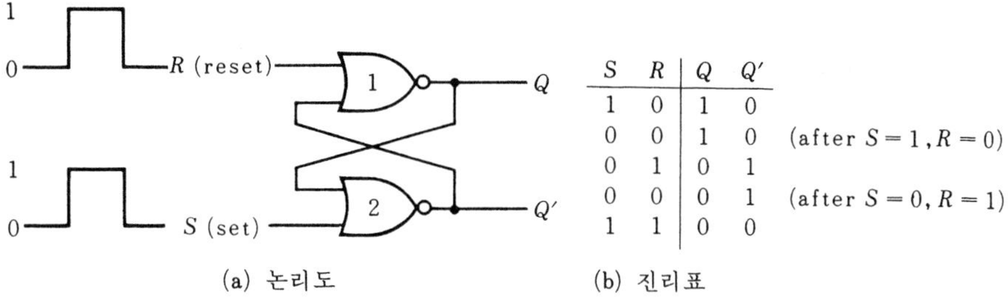

S	R	Q	Q'	
1	0	1	0	
0	0	1	0	(after $S=1, R=0$)
0	1	0	1	
0	0	0	1	(after $S=0, R=1$)
1	1	0	0	

그림 6-2 NOR 게이트로 구성된 기본 플립플롭

다시 R(reset) 입력만을 0으로 바꾸면 출력은 바뀌지 않고 $Q=0$, $Q'=1$ 그대로 유지한다.

세트와 리세트 입력 모두에 1을 가하면 Q와 Q' 출력이 모두 0이 된다. 그러나 이 조건은 Q와 Q'가 서로 보수가 된다는 사실에 위배된다. 정상적인 작동에서는 두 입력이 정확히 동시에 1로 입력되는 것을 방지하여 이 조건을 피해야 한다. 여기서 독자들이 주의할 사실이 두 가지 있다. 그 하나는 **S=0, R=0인 경우, 즉 입력 신호가 모두 0일 때는 RS 플립플롭은 그 전의 상태를 그대로 유지하고 있다는 사실이며,** 또 한 가지 사실은 그림 6-2(b) 眞理表의 입력측을 보면 S입력이나 R입력 상태를 나열하는 데 있어 0에서 1로, 1에서 0으로 변화시키면서 있을 수 있는 가능한 입력 상태를 보였는데, 이것은 **RS 플립플롭의 입력이 펄스로 들어가기 때문이다.**

플립플롭은 두 가지 유용한 상태를 갖고 있다. $Q=1$이고 $Q'=0$일 때 플립플롭은 **세트(set)** 상태에 있다고 하며, $Q=0$이고 $Q'=1$일 때는 **클리어(clear)** 상태에 있다고 한다. **출력 Q와 Q'는 서로 補數 상태에 있는 것이 정상적인 상태이다. Q는 正常出力, Q'는 補數出力이라 한다.**

정상적인 작동에서, 두 입력에 0이 가해지면 플립플롭의 상태는 바뀌지 않는다. 여기서 순간적으로 세트 입력에 1을 가하면 플립플롭이 세트 상태로 된다. 리세트 입력에 1이 가해지기 전에 먼저 세트 입력은 반드시 0으로 되어야만 한다. 리세트 입력에 1이 가해지는 순간 플립플롭은 클리어 상태로 된다. 두 입력이 처음에 모두 0이었다가 지금 플립플롭이 세트 상태인데 세트 입력에 1을 가하거나 혹은 지금 플립플롭이 클리어 상태일 때 리세트 입력에 1을 가하면 출력은 변하지 않는다. 두 입력에 모두 1이 동시에 가해지면 두 출력은 모두 0이 된다. 이런 상태는 정의되어 있지 않으며 보통 피한다. 여기에서 만일 두 입력이 동시에 1이었다가 0으로 변화하였다면 플립플롭의 상태는 不定 상태가 되는데, 2개의 입력 중 어떤 한쪽 입력이 0으로 되돌아가기 전에 더 오랫동안 1 상태로 남아 있느냐에 따라서 오래 있는 쪽의 게이트 출력이 0으로 되기 때문이다.

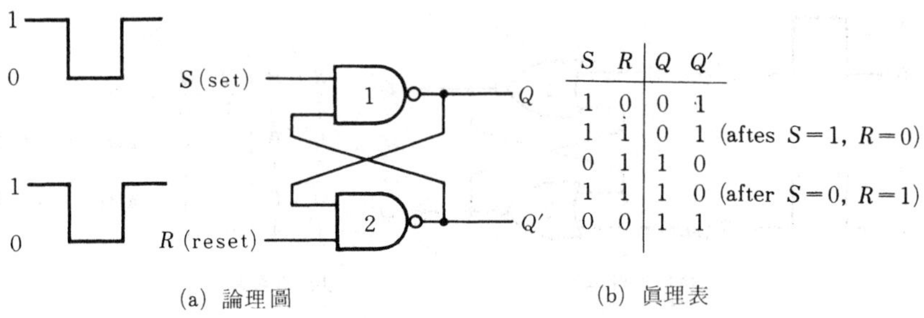

(a) 論理圖 (b) 眞理表

그림 6-3 NAND 게이트로 구성된 기본 플립플롭

NAND 게이트로 된 RS 래치 作動説明

그림 6-3의 NAND 게이트로 된 기본 플립플롭 회로에서, NOR 게이트로 된 것과는 반대로 두 입력이 모두 1이면 플립플롭의 상태는 전 상태를 그대로 유지하고 바뀌지 않는다. 순간적으로 세트 입력에 0을 가하면 Q는 1로, Q'는 0으로 된다. S를 1로 바꾼 뒤에 리세트 입력에 0을 가하면 플립플롭은 클리어 상태가 된다. 두 입력이 동시에 0으로 될 때는 두 출력이 모두 1이 되므로 이 조건은 정상적인 플립플롭 작동에서는 피해야 한다.

클럭附 RS 플립플롭 (clocked RS flip-flop)

기본 플립플롭은 非同期式 順次回路이다. 기본 회로의 입력에 게이트를 추가해서 플립플롭이 한 클럭 펄스 발생 기간 동안에만 입력에 응답하도록 만들 수 있다. 그림 6-4(a)의 클럭附 RS 플립플롭은 기본 NOR 플립플롭과 2개의 AND 게이트로 구성되어 있다. 두 AND 게이트의 출력은 S와 R의 입력 값에 관계 없이 클럭 펄스(clock pulse, CP)가 0으로 된 상태에는 0으로 남아 있는다. 클럭 펄스가 1로 된 기간만 정보가 S와 R 입력으로부터 기본 플립플롭에 도달되도록 허용된다. $S=1$, $R=0$, $CP=1$이면 세트 상태가 된다.

클리어 상태로 바꾸려면 입력은 $S=0$, $R=1$, $CP=1$이어야 한다. $S=1$, $R=1$, $CP=1$이면 두 출력은 순간적으로 모두 0이 된다. 다음 순간 펄스가 제거되면, 플립플롭의 상태는 不定 상태로 된다. 즉, 펄스의 하강 모서리에서 기본 플립플롭의 세트 입력과 리세트 입력 중 어느 것이 더 오랫동안 1로 남아 있느냐에 따라 Q가 0으로도 되고 1로도 된다. 이것이 클럭附 RS 플립플롭의 문제점이고 개선할 점이다.

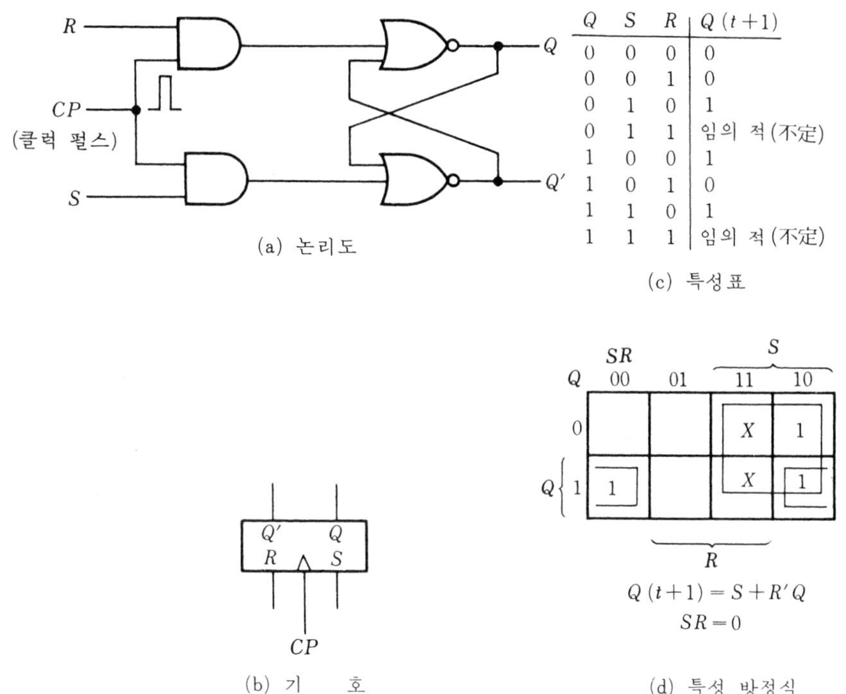

Q	S	R	Q (t+1)
0	0	0	0
0	0	1	0
0	1	0	1
0	1	1	임의 적(不定)
1	0	0	1
1	0	1	0
1	1	0	1
1	1	1	임의 적(不定)

(c) 특성표

그림 6-4 클럭附 RS 플립플롭

클럭附 RS 플립플롭의 기호는 그림 6-4(b)와 같고, 세 입력 S, R, CP를 갖고 있다. CP 입력은 조그마한 삼각형으로 표시하기 때문에 사각형 내부에는 써 넣지 않는다. 이 삼각형은 **動的 指示(dynamic indicator)**란 기호이며 입력 클럭 펄스가 낮은 電位(0)에서 높은 電位(1)로 변할 때 플립플롭이 반응한다는 것을 나타낸다. 플립플롭의 출력은 사각형 안에 Q와 Q'로 표기되어 있다. 플립플롭은 비록 Q가 사각형 내에 적혀 있다 하더라도 다른 변수 名을 할당할 수 있다. 이 경우에 선택된 변수 名은 출력선을 따라 사각형 밖에 표기한다. 한 플립플롭의 상태 결정은 그의 정상적인 출력에서 Q의 값을 가지고 결정한다. 정상적인 출력의 보수를 얻고 싶으면 출력에 인버어터를 삽입할 필요 없이 출력 Q'에서 직접 얻을 수 있다.

그림 6-4(c)는 플립플롭의 特性表(characteristic table)이다. 이 표에는 플립플롭의 작동이 表 형식으로 요약되어 있다. Q는 주어진 시간에서의 플립플롭의 2진 상태이며(현재 상태라고도 함) S와 R 列은 가능한 입력 값을 나타내며 $Q(t+1)$은 한 클럭 펄스가 발생된 후의 플립플롭의 상태이다(다음 상태라고도 함).

플립플롭의 特性方程式은 그림 6-4(d)의 맵에서 유도한다. 이 방정식은 현재 상태와

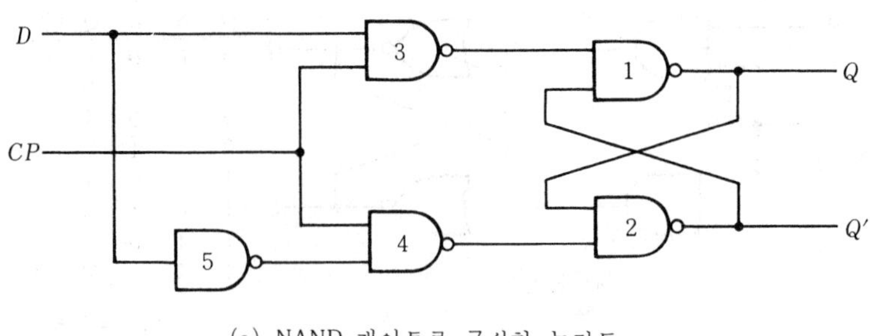

(a) NAND 게이트로 구성한 논리도

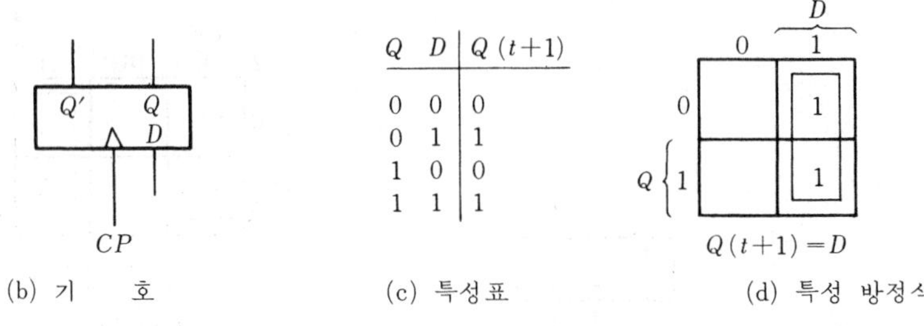

(b) 기　호

Q	D	Q(t+1)
0	0	0
0	1	1
1	0	0
1	1	1

(c) 특성표

(d) 특성 방정식

그림 6-5 클럭附 D플립플롭

입력의 함수로서 다음 상태의 값을 나타낸다. 맵에서 2개의 不定 상태는 0이나 1중 어느 것으로도 될 수 있기 때문에 X로 표기된다. 關係式 $SR=0$은 S와 R이 동시에 1이 될 수 없다는 것을 나타내는 것으로서 특성 방정식의 일부로 포함시켜야 한다.

D 플립플롭 (data transfer flip-flop, delay flip-flop)

그림 6-5의 D 플립플롭은 클럭附 RS 플립플롭의 한 변형이다. NAND 게이트 1과 2는 기본 플립플롭이고 게이트 3과 4는 클럭附 RS 플립플롭을 구성한다. D 입력은 S 입력으로 바로 들어가며, 그의 補數가 5번 게이트를 통해서 R 입력에 가해진다. CP 입력이 0이면, 3번과 4번 게이트는 다른 입력 값에 관계 없이 출력을 1 상태를 유지한다. 이것은 기본 NAND 플립플롭의 두 입력이 초기에 1상태로 있어야 하는 요구 조건(**그림 6-3**)을 따르는 것이다. 입력 D 값은 한 클럭 펄스 발생 지속 기간에만 받아들여진다. 입력 D가 1이면 3번 게이트의 출력을 0으로 하여 플립플롭을 세트 상태로 놓으며, D가 0이면 4번 게이트의 출력이 0으로 되어 플립플롭을 클리어 상태로 만든다.

D 플립플롭의 명칭 D는 플립플롭 내부로 '데이터'를 전송할 수 있다는 의미에서 정한 것이다. 이 플립플롭은 근본적으로 R 입력에 인버어터를 가진 RS플립플롭으로 되어 있다. 인버어터의 추가로 인해 입력이 2개에서 하나로 줄어들었다. 이런 종류

의 플립플롭을 **게이트형 *D* 래치(gated *D*-latch)** 라고도 부른다. *CP* 입력을 *G* (gate 뜻)로 표기하기도 하는데, 그 이유는 이 입력이 플립플롭 속으로 데이터를 입력시키는 것이 가능하도록 게이트형 래치에게 허용한다는 것을 나타내기 때문이다.

그림 6-5(b)는 클럭附 *D* 플립플롭의 기호이다. **그림 6-5**(d)의 特性方程式은 플립플롭의 다음 상태가 *D* 입력과 같으며 현재 상태의 값에는 무관하다는 것을 보여 주고 있다. 특성표와 특성 방정식은 **그림 6-5**(c), (d)에 각각 표시되어 있다.

JK 플립플롭 (*JK* flip-flop)

***JK* 플립플롭은 클럭附 *RS* 플립플롭의 不定 상태를 정의하여 쓰도록 한 개량된 클럭附 *RS* 플립플롭이다.** 입력 *J*와 *K*는 입력 *S*와 *R*과 마찬가지로 플립플롭을 세트하고 클리어(clear)시킨다(*J*는 세트에, *K*는 클리어에 대응된다). *J*와 *K*에 동시에 1이 가해지면 플립플롭은 한 클럭 펄스 뒤에는 현재 상태의 補數를 취한다(클럭附 *SR* 플립플롭에서는 不定 상태였다). 즉, $Q(t)=1$이면, $Q(t+1)=0$이 되고, $Q(t)=0$이었으면 $Q(t+1)=1$로 된다.

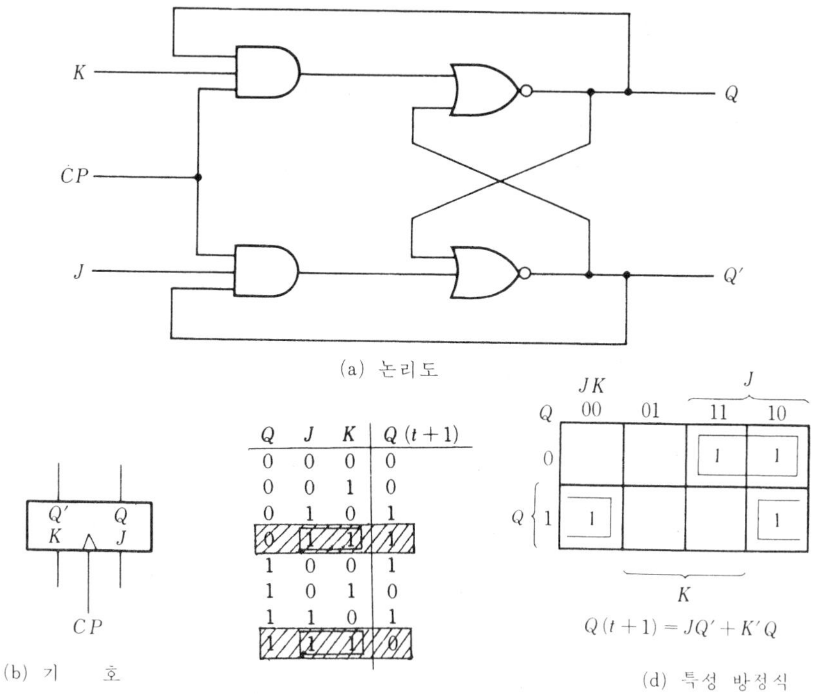

Q	J	K	Q(t+1)
0	0	0	0
0	0	1	0
0	1	0	1
0	1	1	1
1	0	0	1
1	0	1	0
1	1	0	1
1	1	1	0

그림 6-6 클럭附 *JK* 플립플롭

JK 플립플롭의 接續

그림 6-6(a)는 클럭附 *JK* 플립플롭의 論理圖이다. 이 그림의 구성을 보면 출력 Q는 K와 CP 입력을 AND시켜서 Q의 전 상태가 1일 때만 다음 클럭 펄스 기간에 플립플롭이 클리어되게 하였다. 마찬가지 방법으로 출력 Q'는 J와 CP 입력과 AND시켜 Q'가 전 상태에서 1일 때만 클럭 펄스 기간에 세트(set)되게 하였다.

JK 플립플롭의 作動

그림 6-6(c)의 특성표에서 보듯이, *JK* 플립플롭은 J와 K가 모두 1인 때를 제외하고는 *RS* 플립플롭의 작동과 똑같다. **J와 K가 둘 다 동시에 1일 경우를 생각하면** 클럭 펄스는 오직 AND 게이트, 즉 그것의 입력에 현재 플립플롭의 출력 1이 피이드백 된 게이트만을 통해서 전송된다. 예를 들어 $Q(t)=1$이면 위쪽 AND 게이트의 출력이 1이 되어 플립플롭이 클리어〔$Q(t+1)=0$〕된다. $Q'(t)=1$이면 아래쪽 AND 게이트의 출력이 1이 되므로 플립플롭은 세트〔$Q(t+1)=1$〕된다. **어느 경우이든 플립플롭의 다음 출력 상태는 현재 상태의 補數가 취해진다. 그러므로 *RS* 플립플롭의 不安狀態를 개선한 것이 *JK* 플립플롭이다.**

JK 플립플롭의 缺點

JK 플립플롭의 피이드백 연결 때문에 일단($J=K=1$일 때) 출력이 補數가 취해진 후에도, 클럭 펄스 CP가 계속 남아 있게 되면 다시 또 補數를 취하는 반복적이고 연속적인 출력의 변화를 야기할 것이다. 이 바람직하지 못한 결점이 되는 상태를 피하기 위해, 클럭 펄스의 지속 시간은 신호가 플립플롭을 통과하는 전파 지연 시간보다 더 긴 지속 시간을 가져야 한다. 이것은 회로의 작동이 펄스의 폭에 달려 있기 때문에 매우 제한적인 요소이다. 이런 이유 때문에 *JK* 플립플롭은 결코 그림 6-6(a)와 같이 구성되지 않는다. 펄스 폭에 대한 제한은 다음 節에서 소개되는 主從(master-slave) 또는 모서리 始動(edge-triggered) 구조에 의해 제거하여 해결할 수 있다. 같은 이유가 아래와 같은 T 플립플롭에도 적용된다.

T 플립플롭(*T* flip-flop, Toggle flip-flop)

T 플립플롭은 *JK* 플립플롭을 1개의 입력으로 만든 것이다. 그림 6-7(a)에서와 같이 T 플립플롭은 *JK* 플립플롭의 두 입력을 한데 묶음으로써 만들어진다. 명칭 T는 플립플롭을 **'토글(toggle)'**, 즉 상태를 변환할 수 있다는 뜻에서 나왔다. 플립플롭의 현재 상태에 관계 없이, 입력 T가 논리-1인 동안에 클럭 펄스가 발생하면 현재 상태의 보수를 취한다. 그림 6-7에서 (b), (c), (d)는 각각 T 플립플롭의 記號, 特性表, 特性方程式이다.

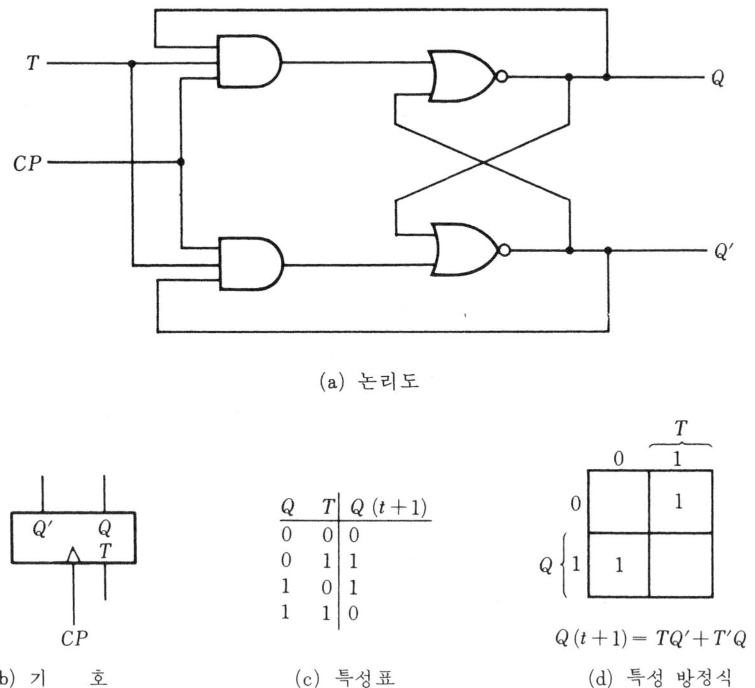

Q	T	Q (t+1)
0	0	0
0	1	1
1	0	1
1	1	0

(c) 특성표

그림 6-7 클럭附 T 플립플롭

이 節에서 소개된 플립플롭들은 상업적으로 흔히 이용되는 가장 일반적인 형들이다. 이 章에서 기술한 해석과 설계 절차는 일단 특성표가 정의되면 어떤 클럭附 플립플롭에도 적용할 수 있다.

6-3 플립플롭의 트리거링 (triggering)

플립플롭의 상태는 입력 신호의 순간적인 변화에 따라서 바뀐다. 이 순간적인 변화를 **트리거**(**trigger**)라 부르며 이것이 일으키는 變移에 대하여 플립플롭을 트리거한다고 말한다. 그림 6-2와 6-3의 기본 회로와 같은 非同期式 플립플롭은 **신호 수준**(**signal level**)의 변화로 정의한 입력 트리거를 요구한다. 이 신호 수준은 두 번째 트리거가 가하기 이전에 반드시 그의 初期値(NOR에서는 0, NAND에서는 1)로 돌아가야 한다. 즉, 初期値로 된 후에 두 번째 트리거를 가한다. 그러나 클럭附 플립플롭은 펄스에 의해 트리거된다. 1개의 펄스는 0에서 시작하여 순간적으로 1이 된 후 잠시 후에 다시 처음의 0 상태로 된다. 出力變移가 일어날 때까지의 펄스를 공급하는 펄스 시간 간격을 어떻게 정할 것인가 하는 것은 앞으로 좀더 연구해야 할 중요한 요소이다.

順次回路의 時差問題

그림 6-1의 블록도에서 보는 바와 같이 순차 회로는 조합 회로와 메모리 요소 사이에 피이드백 통로를 갖고 있다. 이 통로는 만일 메모리 요소(플립플롭)의 입력이 되는 조합 회로의 출력을 클럭 펄스에 의해 메모리에서 받아들이고 있는 동안에 플립플롭의 출력이 변하고 있으면 불안정 상태를 야기할 수 있다. 이 시차 문제는 클럭 펄스 입력이 0으로 되돌아갈 때까지 플립플롭의 출력이 변화를 시작하지 않는다면 해결될 수 있다. 이러한 작동을 보장하기 위해서는 **플립플롭은 입력에서 출력으로 나가는 신호 전파 지연 시간이** 펄스 지속 기간보다 길어야 한다. 설계자가 논리 게이트의 전파 시간 지연에만 완전히 의존할 경우에는 이 지연은 조정하기가 매우 어렵다. 적당한 지연을 보장하는 한 방법은 플립플롭 내에 펄스 지속 기간과 같거나 더 큰 지연을 갖게 하는 특이한 지연 장치를 갖게 하는 것이다.

펄스의 上昇 모서리(positive edge) 變移와 下降 모서리(negative edge) 變移 트리거

피이드백 시차 문제를 해결하는 좀더 나은 방법은 플립플롭이 **펄스 지속 기간에 의존하여 반응하기 보다는 펄스 變移에 반응하는 플립플롭**을 만드는 것이다. 클럭 펄스는 **그림 6-8**에서와 같이 正과 負 어느 것일 수도 있다. 正 클럭 펄스는, 두 펄스 사이에서는 0으로 남아 있고 펄스의 발생 동안에는 1로 있는다. 펄스는 0에서 1로 가고 그리고 1에서 0으로 되돌아가는 두 신호 變移를 거친다.

그림 6-8과 같이 **正變移는 상승 모서리**라 정의하고, **負變移는 하강 모서리**라 정의한다. 이 정의는 負 펄스에도 똑같이 적용된다.

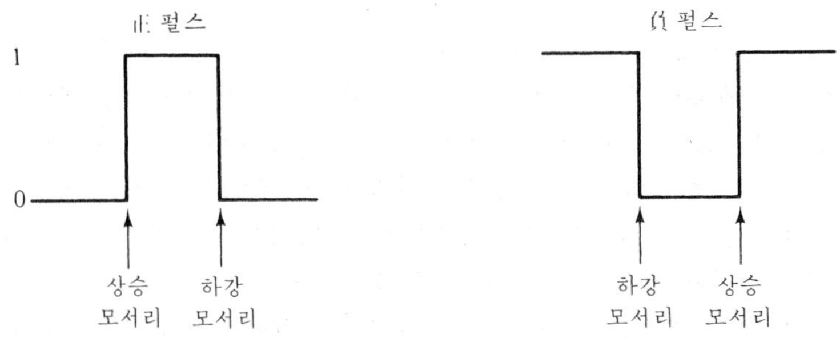

그림 6-8 클럭 펄스 變移의 정의

6-2節에서 소개한 클럭附 플립플롭은 펄스의 상승 모서리에서 트리거되며 상태 변이는 펄스가 논리-1에 이르자마자 시동한다. 이 플립플롭의 새로운 상태는 입력 펄스가 1인 동안에 출력에 나타날 것이다. 여기서 플립플롭의 다른 입력들이 클럭 펄스가 아직 1인 동안에 도착한다면 플립플롭은 이 새로운 값에 따라 반응을 시작해서 새로운 출력 상태를 나타낼 것이다.

이렇게 된다면 같은 클럭 펄스로서 트리거되는 2개의 플립플롭에서 한 플립플롭의 출력을 다른 플립플롭의 입력에 연결하여 쓸 수 없게 된다(그것은 뒤에 연결된 플립플롭이 한 클럭 펄스 동안에 두 번이나 상태가 변화하게 되기 때문이다). 그러나 **多重變移 問題**의 해결 방안으로서 **플립플롭**이 펄스 지속 기간에 응답하는 대신에, 상승 모서리 **變移**(또는 하강 모서리 변이)에만 반응하도록 만들면 된다.

플립플롭이 오직 펄스 變移 때에만 반응하도록 만드는 한 방법은 커패시터(capacitor) 결합을 쓰는 것이다. 이 구성에는 RC(register-capacitor) 회로가 플립플롭의 클럭 입력에 삽입된다. 이 회로는 입력 신호의 순간적인 변화에 반응해서 스파이크(spike)를 발생시킨다. 상승 모서리는 正 스파이크로 나타나고 하강 모서리는 負 스파이크로 나타난다. 모서리 트리거(edge triggering)는 플립플롭이 한 스파이크는 무시하고 다른 스파이크 발생시에는 작동하도록 설계하면 달성된다. 모서리 트리거를 달성하는 또 다른 방법은 아래에서 소개할 主-從 플립플롭 또는 모서리 트리거 플립플롭을 쓰는 것이다.

主-從 플립플롭(master-slave flip-flop)

主-從 플립플롭은 2개의 별개 플립플롭으로 구성한다. 한 회로는 主人의 역할을 다른 회로는 從의 역할을 하며 전체적인 회로를 **主-從 플립플롭**(master-slave flip-flop)

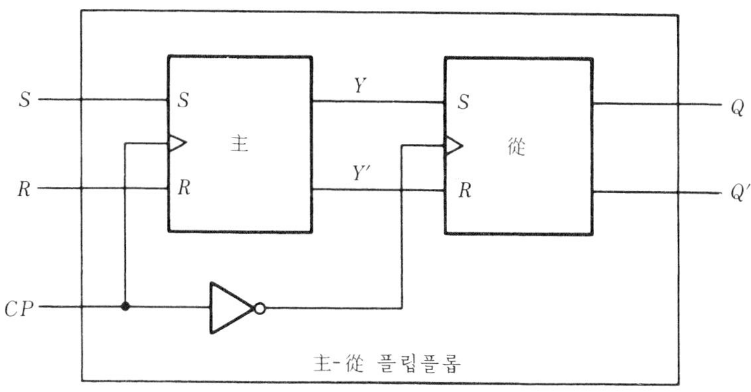

그림 6-9 主-從 플립플롭의 논리도

이라 한다. RS 主-從 플립플롭의 논리도가 그림 6-9에 있다. 이것은 主플립플롭과 從 플립플롭, 1개의 인버어터로 구성되어 있다.

클럭 펄스 $CP=0$일 때, 從 플립플롭의 클럭 입력이 1이 되기 때문에 플립플롭이 인에이블(enable)되며 출력 Q는 Y와 같아지고 Q'는 입력 Y'와 같아진다. $CP=0$이기 때문에 主 플립플롭은 디제이블(disable)된다. 그러나, 클럭 펄스가 1이 되면 외부 R과 S 입력에 있던 정보가 主 플립플롭에 전송되고 인버어터의 출력이 0이기 때문에 클럭 펄스가 1인 동안에는 從 플립플롭은 분리되어 있다. 다시 펄스가 0으로 되돌아오면 이제는 主 플립플롭이 분리된다. 따라서 외부 입력이 출력측에 영향을 미치지 못하게 된다. 그리고 從 플립플롭은 主 플립플롭과 똑같은 상태를 갖게 된다.

主-從 플립플롭의 타이밍 關係(時差關係)

主-從 플립플롭에서 일어나는 작동 순차가 그림 6-10에 타이밍 관계도에 나타나 있다. 플립플롭이 처음에는 클리어 상태에 있다고 가정하여 $Y=0$, $Q=0$이 된다. 입력 조건은 $S=1$, $R=0$이라 하자. 다음 클럭 펄스는 플립플롭을 $Q=1$인 세트 상태로 변화시켜야 한다.

펄스가 0에서 1로 변하는 동안에 主 플립플롭이 작동해서 중간 출력 Y를 1로 변화시킨다. 從 플립플롭은 그의 클럭 펄스 CP 입력이 0이기 때문에 아무 영향도 받지 않는다. 主 플립플롭은 내부 회로이기 때문에 그것의 상태 변화는 출력 Q와 Q'에 나타나지 않고 볼 수는 없다. 클럭 펄스가 다시 0으로 돌아가게 되면, 主 플립플롭의 정보는 從 플립플롭으로 전송되도록 허용되어 외부 출력 Q를 1로 바꾼다.

주의할 사실은 외부 입력 S는 CP가 일단 하강 모서리 變移와 동시에 그 값을 변경시켜도 된다는 사실이다. 이는 CP가 일단 다시 0이 되면 主 플립플롭이 디제이블 되고 R과 S 입력들이 다음 번 펄스 발생시까지는 영향을 미치지 못하기 때문이다. 따라서 1개의 主-從 플립플롭에서는, 같은 클럭 펄스 內에서 플립플롭의 출력 상태

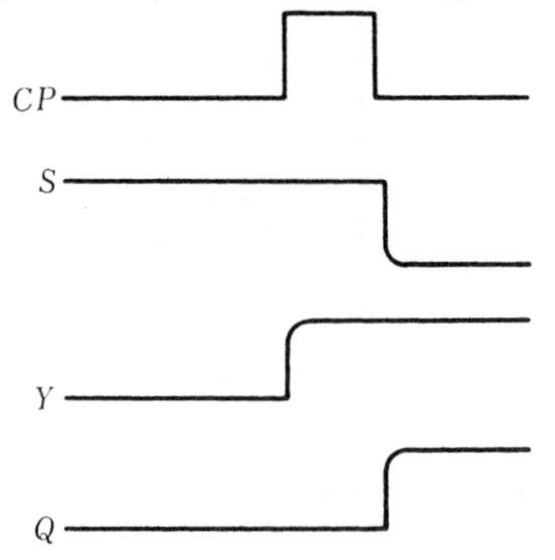

그림 6-10 主-從 플립플롭에서의 時差關係

와 입력 정보를 바꿀 수 있다. S 입력은 같은 클럭 펄스에서 상태가 바뀐 다른 主-從 플립플롭부터 들어올 수도 있다는 것을 인식해야만 한다.

위에서 서술된 바와 같이 主-從 플립플롭의 작동은 모든 플립플롭이 펄스의 하강 모서리에 맞추어서 상태를 변화시킨다. 그러나 어떤 IC는 펄스의 상승 모서리에서 출력 상태를 변화시키는 것도 있다. 이것은 클럭 펄스와 主 플립플롭의 입력 사이에 인버어터를 갖고 있는 플립플롭에서 일어난다. 이러한 플립플롭은 負 펄스 (그림 6-8을 참조)로 트리거된다. 따라서 이 경우 클럭 펄스의 하강 모서리는 主 플립플롭에, 상승 모서리는 從 플립플롭의 출력에 각각 영향을 미치게 된다.

主-從 플립플롭의 回路構成

主-從 플립플롭은 기존 클럭附 플립플롭에 인버어터를 추가해서 어떤 형으로든지 만들 수 있다. 예를 들면, NAND 게이트로 된 主-從 JK 플립플롭은 그림 6-11과 같다. 이것은 2개의 플립플롭으로 구성한다. 1에서 4번 게이트는 主 플립플롭을 구성하며 5에서 8번 게이트는 從 플립플롭을 구성한다. J와 K 입력에 존재하는 정보는 클럭 펄스의 **상승 메모리에서 主 플립플롭으로 전송되고 클럭 펄스의 하강 모서리에서는 從 플립플롭으로 전송된다. 클럭 입력이 0일 때 1번과 2번 게이트의 출력은 1 상태에 있다.**

이것은 J와 K 입력이 主 플립플롭에 영향을 미치지 못하게 한다(그림 6-3(b) 참조). 從 플립플롭은 클럭附 RS형으로서, 主 플립플롭의 출력과 9번 게이트에 의해서 역전된 클럭 펄스를 입력으로 가진다. 클럭 펄스가 0일 때 9번 게이트의 출력이 1이므로 $Q=Y$, 그리고 $Q'=Y'$가 된다. 클럭 펄스의 상승 모서리가 일어날 때 主 플립플롭은 영향을 받고 상태를 바꾼다. 클럭이 1인 동안 從 플립플롭은 분리된다. 왜냐하면 9번 게이트의 출력은 7, 8 게이트의 NAND 입력에 모두 1을 넣는다. 主와 從 플립플롭이 클럭 펄스의 모서리에서 분리되는 이치는 主-從 RS 플립플롭과 같다.

어떤 플립플롭의 출력이 다른 플립플롭의 입력으로 들어가는 그러한 많은 플립플롭을 갖고 있는 디지털 시스템을 생각해 보자. 모든 플립플롭의 클럭 펄스 입력은 동기화되었다고 가정한다. 클럭 펄스는 正 펄스를 쓴다고 가정하자. 클럭 펄스의 상승 모서리에서 主 플립플롭의 일부는 상태를 변화시킬 것이다. 그러나, 모든 플립플롭의 출력 상태는 전 상태를 그대로 유지한다. 클럭 펄스의 하강 모서리에서 일부 플립플롭의 출력 상태가 변할 것이다. 그러나 이것들 중 어느 것도 다음 클럭 펄스가 발생할 때까지는 다른 主 플립플롭에 영향을 미치지 못한다. 그러므로, 시스템에서 플립플롭들의 상태는 비록 플립플립들의 출력이 이 플립플롭의 입력에 연결되어 있다 하더라도 같은 클럭 펄스 동안에 동시에 변화될 수 있다. 이유는 새로운 상태가, 클럭 펄스가 0으로 돌아온 후에야 출력 단자에 나타나기 때문에 가능하다. 그러므로 첫 번째 플

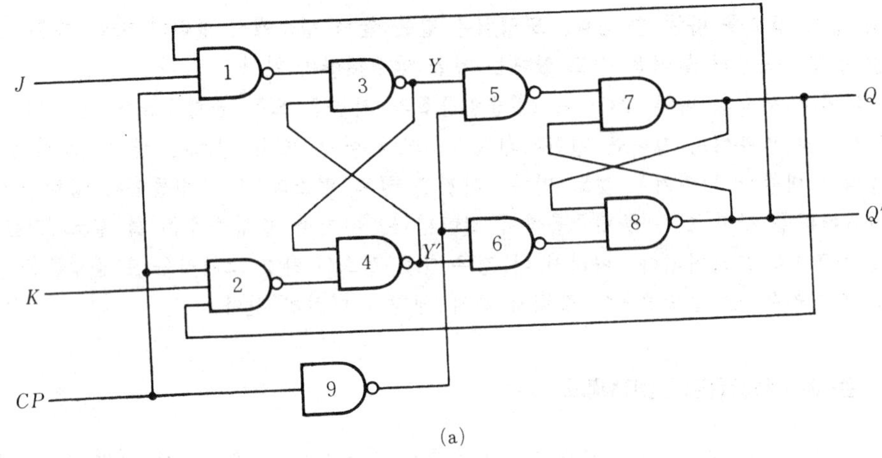

(a)

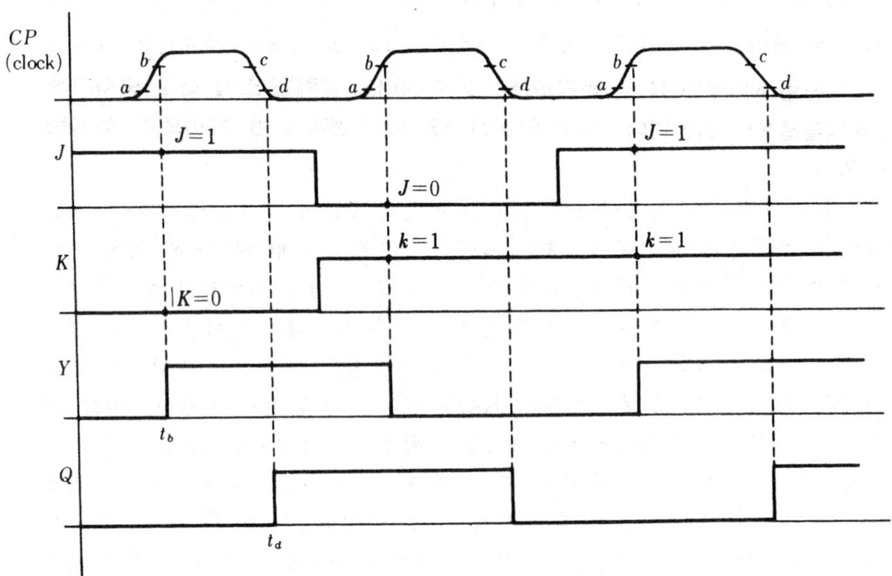

(b) 主-從 JK 플립플롭의 내부 타이밍圖

그림 6-11 클럭附 主-從 JK 플립플롭

립플롭의 2진 내용이 두 번째 플립플롭으로 전송되고, 두 번째 플립플롭의 내용이 다시 첫 번째 플립플롭으로 전송되는 것도 한 클럭 펄스 동안에 동시에 일어날 수 있다.

모서리 트리거 플립플롭(edge-triggered flip-flop)

클럭 펄스 變移 동안에 상태 변화를 同期化시키는 플립플롭의 또 다른 형으로서 모서리 트리거 플립플롭이 있다.

이 형의 플립플롭에서는 出力變移가 **클럭 펄스의 特定水準**(specific level)에서 일어난다. 펄스 입력이 일단 이 **임계 수준**(threshold level)을 넘어서면 입력들과 차단되어 플립플롭은 이 펄스가 0으로 돌아온 뒤 다음 펄스가 발생될 때까지 더 이상 어떤 입력에 대해서도 반응을 나타내지 않는다. 어떤 모서리 트리거 플립플롭은 펄스의 상승 모서리에서 變移를 일으키며, 또 어떤 것은 하강 모서리에서 변이를 일으킨다.

*D*형 正 펄스 모서리 트리거 플립플롭의 논리도가 그림 6-12에 있다. 이 회로는 그림 6-3과 같은 기본 플립플롭 3개로 구성되어 있다. NAND 게이트 1, 2는 하나의 기본 플립플롭을 구성하고 3, 4도 다른 하나를 구성한다. 5, 6 게이트로 구성된 또 다른 플립플롭은 회로의 출력을 구성한다. 출력이 불변 상태를 유지하기 위해서는 입력 *S*와 *R*은 둘 다 논리-1 상태에 있어야 한다. $S=0$이고 $R=1$일 때, 출력은 $Q=1$인 세트 상태가 되며, $S=1$이고 $R=0$일 때 출력은 $Q=0$인 클리어 상태가 된다(그림 6-3(b) 참조). 입력 *S*와 *R*의 값은 다른 2개의 기본 플립플롭의 출력 상태에 따라서 결정된다. 이들 두 기본 플립플롭은 외부 입력 *D*(data)와 *CP*에 따라서 응답한다.

*D*형 모서리 트리거 플립플롭 作動說明

회로의 작동이 그림 6-13에서 설명된다. 1-4 게이트는 모든 가능한 變移를 보여 주기 위해 다시 그렸다. 그림 6-12에서와 같이 2번과 3번 게이트에서 나오는 출력 *S*와 *R*이 플립플롭의 실질적인 출력을 제공하기 위해 5번과 6번 게이트에 들어가고

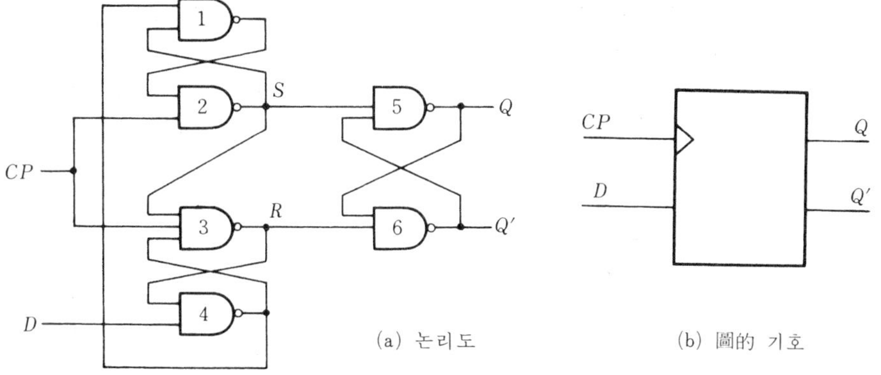

(a) 논리도 (b) 圖的 기호

그림 6-12 *D*형 상승 모서리 트리거 플립플롭

있다. 그림 6-13(a)는 $CP=0$일 때의 4개의 게이트 출력 상태를 나타낸다. 입력 D는 0 또는 1, 어느 것일 수 있다. 어느 경우이든, $CP=0$이기 때문에 2번과 3번 게이트의 출력이 모두 1이 되기 때문에 $S=R=1$이 된다. 따라서 이 플립플롭의 출력 Q와 Q'는 불변 상태가 되어 그 전의 상태를 그대로 유지한다. $D=0$일 때, 4번 게이트의 출력이 1이 되므로 1번 게이트의 출력이 0으로 된다. $CP=0$인 조건하에서 $D=1$이 될 때는 4번 게이트는 출력이 0이 되므로 1번 게이트의 출력이 1로 된다. D의 값이 1이거나 0이거나 어떤 경우이든 $CP=0$일 때는 플립플롭의 출력 상태를 변화시킬 수 없다($S=R=1$로 유지하기 때문).

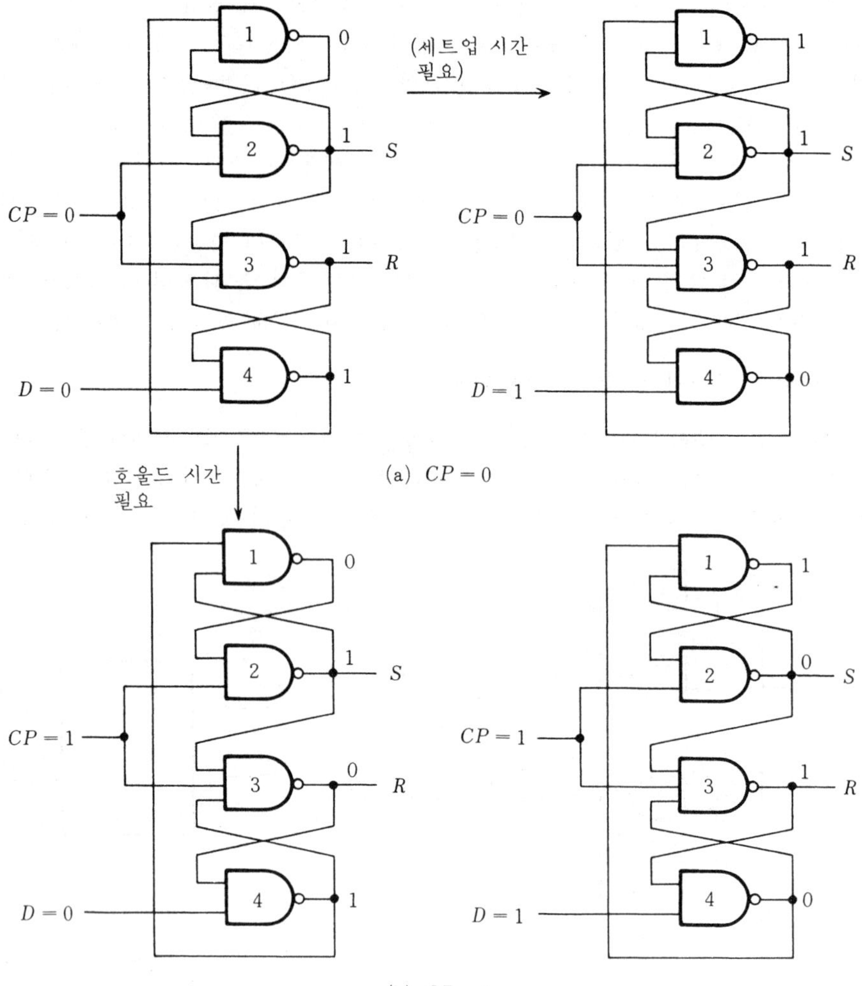

그림 6-13 D형 모서리 트리거 플립플롭의 작동

세트업(setup) 時間 (그림 6-13-1 및 6-13-2 참조)

D 입력은 클럭 펄스를 0에서 1로 가하기 전에 D의 새 입력 값을 일정 시간 동안 유지해 주어야 하는데, 이 시간을 **세트업(setup) 時間**(준비 시간)이라 한다. 세트업 시간은 D에서의 변화가 4번 게이트와 1번 게이트의 출력을 변화시키기 때문에 이들 2개의 게이트에 대한 전파 지연 시간과 같다. 이제 D는 세트업(setup) 시간 동안에는 변하지 않으며, 입력 클럭 펄스 CP가 1이 되었다고 가정하자. 이 상황이 그림 6-13(b)에 묘사되어 있다.

호울드 時間(hold time, 保留時間)

$D=0$인 상태에서 CP가 1로 되면 S는 1로 남아 있으나 R은 0으로 변한다. 이것은 이 플립플롭의 출력 Q가 0이 되도록 작용한다(즉, D의 입력 0이 $CP=1$로 상승 모서리에서 출력 Q가 0으로 전송된 것이다). 이 경우 $CP=1$인 동안에 D를 1로 바꾼다 하더라도, 4번 게이트의 출력은 입력 중의 하나가 0을 유지하고 있는 R로부터 나오기 때문에 1을 계속 유지한다. 오직 CP가 0으로 돌아갈 때에만 3번 게이트의 출력이 변할 수 있다. 그러면 R과 S가 모두 1이 되기 때문에 (그림 6-13(a))플립플롭의 출력에서의 변화를 불허한다.

그러나 D 입력은 클럭 펄스의 상승 모서리 變移(positive-going transition) 직후에 변해서는 안 되는 일정한 시간이 있는데, 이 시간을 **호울드 시간(hold time, 보류 시간)**이라고 한다. 호울드 시간은 3번 게이트의 전파 지연 시간과 같다. 왜냐하면 D의 값에 관계 없이 4번 게이트의 출력을 1로 유지하기 위해서는 R의 값이 0이 되도록 보장해야 하기 때문이다. 다시 말하면 $D=0$ 값을 클럭 펄스 상승 모서리 變移한 직후 호울드 시간 동안 보류시키면 게이트 4의 출력은 계속 1이며 R은 호울드 시간 뒤에 0으로 되어 이 이후에는 $D=1$로 해도 R은 바뀌지 않는다.

$D=1$일 때 $CP=0$에서 $CP=1$로 되면 S는 0으로 변하지만 R은 1로 남아 있기 때문에 Q가 1로 된다(즉, $D=1$, $CP=0$에서 $CP=1$로 바뀌면 출력 $Q=1$로 되는 D형 플립플롭 역할이 된 셈이다). 이때에도 $CP=1$인 동안의 D의 변화를 생각해 보면 S에서 나오는 논리-0에 의해 1번 게이트가 1로 유지되기 때문에 D의 변화가 S와 R에 어떤 영향을 주지 못한다. CP가 0으로 되면, 출력 상태를 어떠한 변화로부터든지 보호하기 위해 S와 R 모두 1이 되어 버린다.

*D*형 上昇 모서리 트리거 플립플롭 作動要約

요약하면, 입력 클럭 펄스가 상승 모서리 變移할 때 D의 값이 Q로 전송된다. CP가 1을 유지하고 있을 때, D의 변화는 Q에 영향을 주지 못한다. 또한 負 펄스 變

移때도 출력에 영향을 주지 못하며 $CP=0$일 때도 마찬가지이다. 그러므로, 모서리 트리거 플립플롭은 主-從 플립플롭에서와 마찬가지로 피이드백 문제를 갖지 않는다. **이 형의 플립플롭을 사용할 때는 세트업 시간과 호울드 시간을 고려해야 한다.**

같은 순차 회로에서 다른 형의 플립플롭을 사용할 때, 모든 플립플롭 출력이 같은 시간, 즉 펄스의 상승 모서리에서 또는 하강 모서리에서 반응하도록 해야 한다. 선택된 모서리 變移의 반대 모서리에서 작동하는 플립플롭은 그의 클럭 입력에 인버어터를 추가해서 쉽게 만들 수 있다. 다른 방법은 正 펄스와 負 펄스 인버어터에 의해 둘 다 공급하는 것이다. 그러므로 하강 모서리에서 트리거되는 플립플롭에는 正 펄스를, 상승 모서리에서 트리거되는 플립플롭에는 負 펄스를, 혹은 그 逆으로 공급하면 된다.

D형·상승 모서리 트리거 플립플롭의 작동 상태의 이해를 돕기 위하여 그림 6-13-1과 같이 요약할 수 있다.

그리고 그림 6-13-2에 더 자세한 작동 설명을 그림으로 표시하였다.

直接入力 (direct inputs)

일반적으로 IC 패키지에서 이용할 수 있는 플립플롭에는 非同期的으로 플립플롭을 세트하거나 클리어할 수 있는 특별 입력이 제공된다. 이들 입력을 보통 **직접 프리세트**(direct preset)와 **직접 클리어**(direct clear)라고 부른다. 이들은 클럭 펄스 없이 입

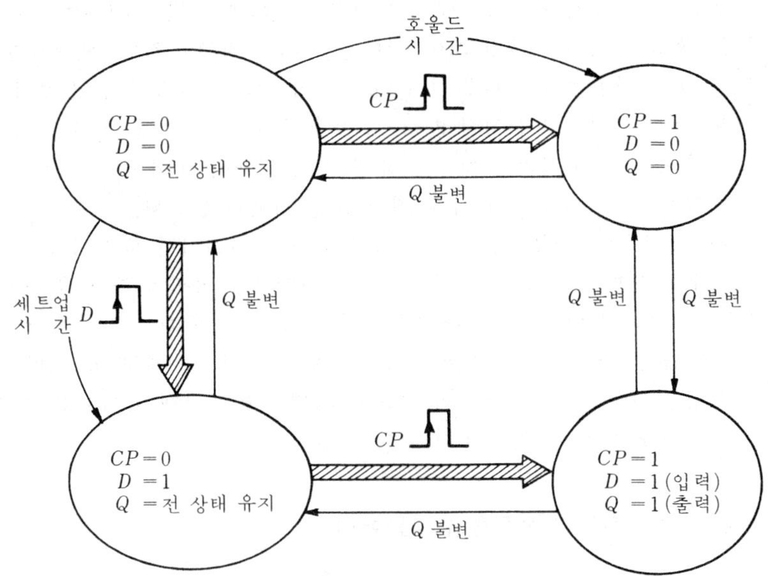

그림 6-13-1 D형 모서리 트리거 플립플롭 작동圖

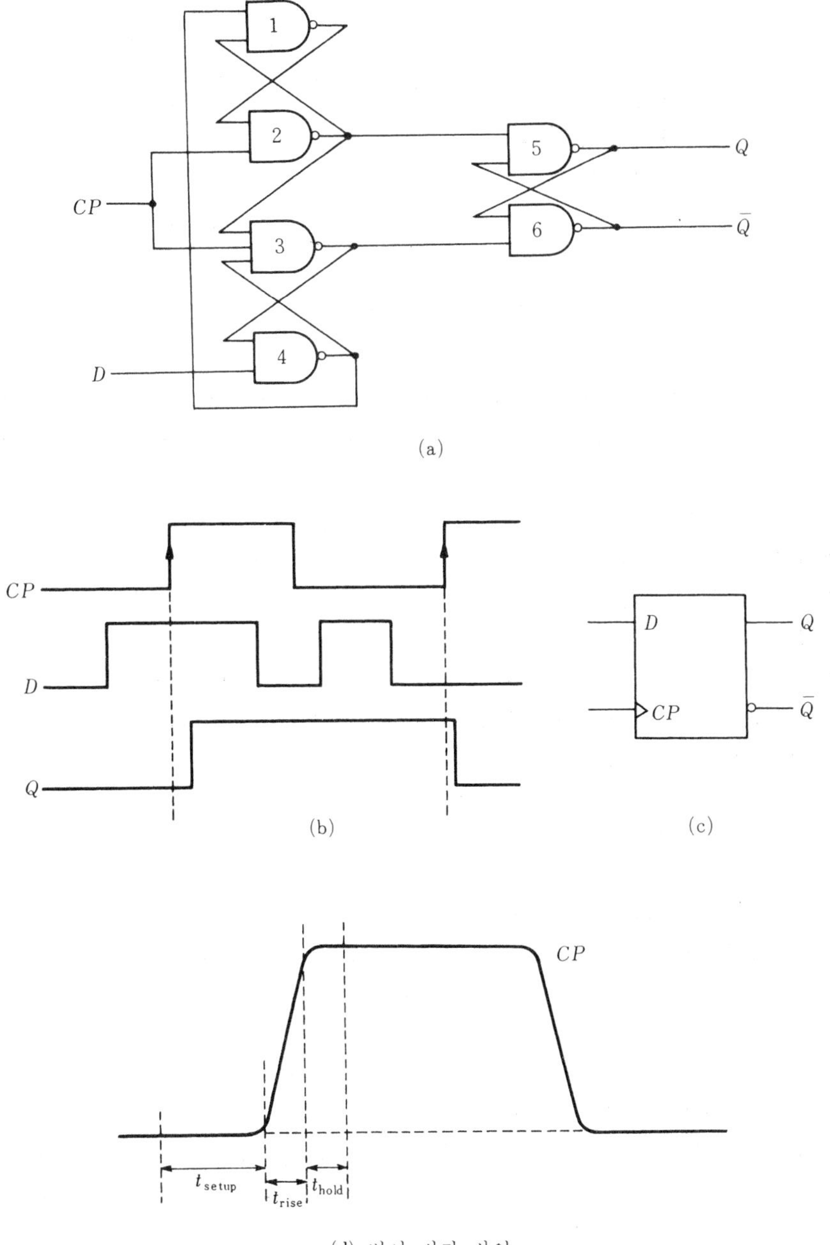

(d) 변이 시간 사양

그림 6-13-2 D형 모서리 트리거 플립플롭 작동

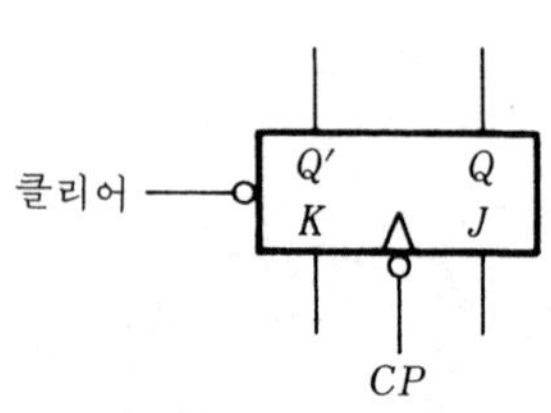

기능표

입력				출력	
클리어	클럭	J	K	Q	Q'
0	X	X	X	0	1
1	↓	0	0	변화 없음	
1	↓	0	1	0	1
1	↓	1	0	1	0
1	↓	1	1	toggle	

그림 6-14 직접 클리어를 가진 JK 플립플롭

력 신호의 양의 값(또는 음의 값)에 관해 플립플롭에 영향을 준다. 이들 입력은 그들의 클럭적 동작 전에 모든 플립플롭에 초기 상태를 주는 데에 유용하게 사용된다. 예를 들어, 디지털 시스템에서 電源을 켠 후에, 플립플롭의 상태는 不定 상태이다. 클리어 스위치는 모든 플립플롭을 초기의 클리어 상태로 만들며, 스타아트 스위치는 시스템의 클럭 작동을 시작하게 한다. 클리어 스위치는 非同期的으로 모든 플립플롭을 펄스의 필요 없이 클리어한다.

직접 클리어 입력을 가진 主-從 플립플롭의 圖的 記號가 그림 6-14에 나타나 있다. **CP 입력이 조그마한 삼각형 아래에 圓을 하나 갖고 있는데, 이것은 출력의 변화가 펄스의 하강 모서리에서 일어난다는 것을 가리킨다. 이 원이 없으면 상승 모서리에서 상태 변화가 일어나는 것을 뜻한다.** 직접 클리어 입력도 정상적인 경우에는 이 입력이 1을 유지해야 한다는 것을 나타내는 조그마한 원을 갖고 있다. 만일 클리어 입력이 0을 유지하고 있으면 플립플롭은 다른 입력이나 클럭 펄스에 관계 없이 클리어 상태를 유지한다.

函數表(function table)는 회로의 작동을 나타낸다. X 표들은 직접 클리어가 0이면 다른 모든 입력들을 디제이블시킨다는 것을 나타내는 리던던시 조건이다. 이 클리어 입력이 1일 때에만 클럭 펄스의 하강 모서리 變移가 출력에 영향을 미친다. 만일 $J=K=0$이면 출력은 변화하지 않는다. 플립플롭은 $J=K=1$일 때 토글(toggle), 즉 현재 값의 보수가 취해진다. 어떤 플립플롭은 非同期的으로 출력을 $Q=1$로 세트시키는 직접 프리세트 입력을 갖고 있다.

직접 非同期入力을 主-從 플립플롭에서 이용하려 할 때, 이들은 다른 입력과 클럭 펄스에 우선하기 위해서 主와 從 플립플롭 모두에 연결되어야 한다. 그림 6-11 JK 主-從 플립플롭에서 직접 클리어는 1, 4, 그리고 8번 게이트의 입력에 연결된다. 그림 6-12의 D 모서리 트리거 플립플롭에서 직접 클리어 입력은 2번과 6번 게이트의 입력에 연결하면 된다.

6-4 클럭附 順次回路의 解析(analysis of clocked sequential circuit)

순차 회로의 작동은 입력, 출력, 그리고 플립플롭의 상태로부터 결정된다. 출력과 다음 상태는 현재 상태의 함수가 된다. 순차 회로의 해석은 입력, 출력, 그라고 내부 상태들의 時間順次에 대한 表나 圖式을 얻음으로써 이루어진다. 또한 회로의 작동을 나타내는 부울 代數式을 쓸 수도 있다. 그러나 이 代數式들이 필요한 시간 순차를 직접적이든 간접적이든 포함해야 한다.

論理圖가 플립플롭을 포함하고 있으면 순차 회로의 회로로서 인식된다. 플립플롭은 어떤 형의 것일 수도 있으며, 논리도는 조합 게이트를 포함할 수도 포함하지 않을 수도 있다. 이 節에서는 먼저 클럭附 순차 회로의 특별한 例를 소개하고 그리고 순차 회로의 작동을 표시하는 여러 가지 방법을 소개한다. 여러 가지 방법을 설명하는 부분에서 이 특별한 예를 사용할 것이다.

順次回路의 例

클럭附 순차 회로의 예가 그림 6-15에 있다. 입력 변수 x와 출력 변수 y, 그리고 A와 B 라벨이 붙은 두 클럭附 RS 플립플롭이 있다. 플립플롭의 출력에서 게이트의 입

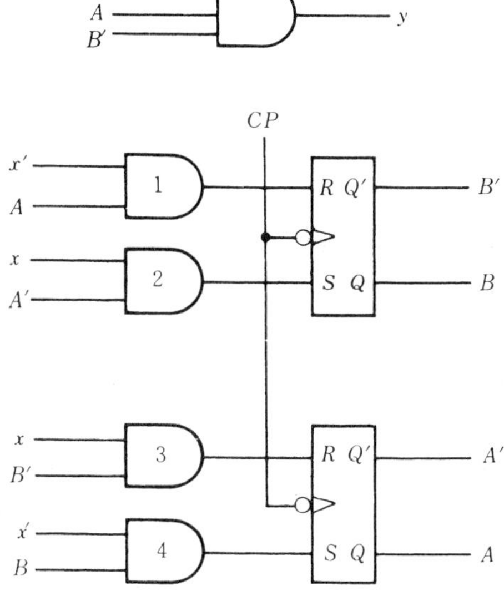

그림 6-15 클럭附 순차 회로의 예

표 6-1 그림 6-15 회로의 상태표

현재 상태	다음 상태		출 력	
	$x=0$	$x=1$	$x=0$	$x=1$
AB	AB	AB	y	y
00	00	01	0	0
01	11	01	0	0
10	10	00	0	1
11	10	11	0	0

력으로 가는 연결은 생략했다. 대신에 연결은 각 입력에 표시된 문자로서 인식한다. 예를 들면, 1번 게이트의 x'로 표시된 입력은 x의 보수로부터 얻어진다. A로 표시된 두 번째 입력은 플립플롭 A의 정상 출력에 연결됨을 나타낸다.

우리는 외부 입력 x를 만드는 근원이나 2개의 플립플롭에 있어서 하강 모서리 트리거한다고 가정한다. 그러므로 현재 주어진 상태의 신호는 클럭 펄스가 끝난 때부터 다음 클럭 펄스가 끝날 때까지 유효하다. 그리고 이 시간에 회로는 다음 상태로 옮아진다.

상태표(state table)

입력, 출력, 그리고 플립플롭 상태의 시간 순차는 狀態表*(state table)에 열거할 것이다. 그림 6-15의 회로에 대한 상태표가 표 6-1에 있다. 이것은 현재 상태, 다음 상태와 출력, 3개의 부분으로 되어 있다. 현재 상태는 클럭 펄스가 발생되기 전의 플립플롭의 상태를 나타낸다. 다음 상태는 클럭 펄스가 가해진 후의 플립플롭 상태를 나타내며, 출력은 현재 상태 동안의 출력 변수의 값을 나열하였다. 다음 상태와 출력 부분은 둘 다 $x=0$일 때와 $x=1$일 때의 두 부분을 가지고 있다.

상태표 작성법

상태표의 유도는 가정된 초기 상태로부터 시작된다. 대부분의 실제 순차 회로의 초기 상태는 모두 플립플롭이 0상태가 되도록 정의한다. 어떤 順次回路는 다른 초기 상태를 가지며, 또 어떤 것은 초기 상태를 전혀 갖지 않는 것도 있다. 어쨌든 해석은 항상 어떤 임의의 상태에서든지 시작할 수 있다. 이 예에서는 초기 상태 00에서부터 상태표 유도를 시작한다.

*스위칭 회로 이론에서 이 상태표는 變移表(transition table)라 한다. 내부 상태를 임의의 기호로 표시한 표이기 때문에 상태표라고 이름하였다.

현재 상태가 00일 때 $A=0$이고, $B=0$이다. 論理圖에서 현재 두 플립플롭은 모두 클리어이고 $x=0$이며, 어느 AND 게이트도 論理-1 신호를 만들고 있지 않다. 따라서 다음 상태는 불변이다. $AB=00$이고 $x=1$일 때에는, 2번 게이트는 B 플립플롭의 S 입력에 論理-1 신호를 제공하며, 3번 게이트는 A 플립플롭의 R 입력에 論理-1 신호를 제공한다. 다음 클럭 펄스가 플립플롭을 트리거할 때, A는 클리어되고 B는 세트되어 다음 상태 $AB=01$로 된다. 이 정보들이 상태표의 첫 행에 실려 있다.

같은 방법으로 다른 3개의 가능한 현재 상태로부터 다음 상태를 이끌어 낼 수 있다. 일반적으로 다음 상태는 입력, 현재 상태 그리고 사용된 플립플롭 형의 함수이다. 예를 들면, RS 플립플롭에서, 입력 S의 1은 플립플롭을 세트하며 R에서의 입력 1은 플립플롭을 클리어한다. S와 R 입력 모두가 0이면 플립플롭의 상태는 변하지 않으며, S와 R 입력이 모두 1이 되면 좋지 않은 설계이고 1개의 부정 상태가 된다.

출력 부분의 항목들은 더 쉽게 유도된다. 이 예에서는, 출력 y는 $x=1$, $A=1$, $B=0$일 때에만 1이 된다. 그러므로 현재 상태 $AB=10$이고 입력 $x=1$일 때 $y=1$이 되는 경우를 제외하고 모든 출력의 열은 0이 된다.

m개 플립플롭과 n개 입력의 상태표

다른 어떤 순차 회로의 상태표도 이 예에서 사용한 똑같은 절차에 따라서 얻어진다. 일반적으로 m개의 플립플롭과 n개의 입력 변수를 가진 순차 회로는 각 상태마다 하나의 行, 모두 2^m 行을 가진다. 각각 다음 상태와 출력 부분은 각 입력 조합에 대해서 하나의 열, 모두 2^n개 열을 가진다.

순차 회로의 외부 출력은 논리 게이트나 상태표에서 출력 부분은 출력이 논리 게이트에서 나올 때에만 필요하다. 플립플롭에서 직접 얻어지는 외부 출력은 상태표의 현재

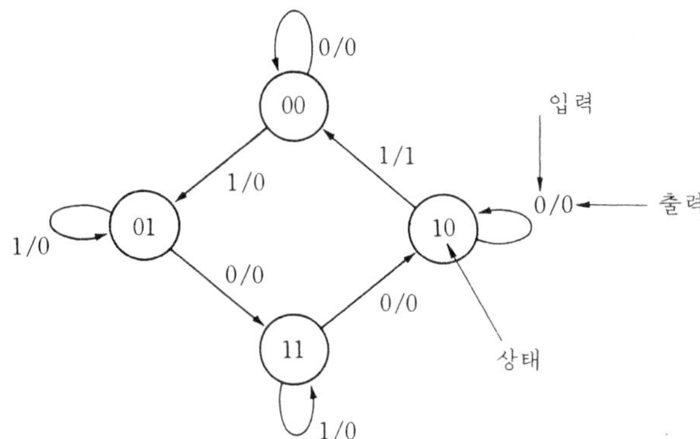

그림 6-16 그림 6-15의 회로의 狀態圖

상태列에 이미 실려 있다. 그러므로, 상태표의 출력 부분은 출력이 논리 게이트에서 얻지 않는 경우에는 생략될 수 있다.

狀態圖(state diagram)

상태표에 있는 정보는 상태도라 하는 그림으로 표시할 수 있다. 이 그림에서 상태들은 원으로 표시하고 상태 사이의 變移는 원을 잇는 직선으로 표시된다. **그림 6-15** 순차 회로의 상태도가 **그림 6-16**에 있다. 각 원 내부에 있는 2진수는 그 원이 나타내는 상태를 나타낸다. 직선 위에 빗금(/)에 의해 분리된 두 2진수가 붙어 있다. 빗금 (/) 앞쪽의 2진수는 상태 變移를 일으키는 입력이며 빗금(/) 뒤의 수는 현재 상태 동안의 출력 값이다. 예를 들면, 상태 00에서 01로 가는 직선에 1/0이 기록되어 있다. 이것은 입력 $x=1$이고 출력 $y=0$이며 순차 회로의 현재 상태는 $AB=00$이며, 다음 클럭 펄스의 끝단에서 회로는 다음 상태 $(AB=01)$로 된다는 뜻이다.

한 원에서 출발한 선이 다시 그 원으로 되돌아갈 때는 상태 변화가 일어나지 않았다는 것을 뜻한다. 상태도는 상태표와 똑같은 정보를 제공하며, **표 6-1**에서 직접 상태도를 얻을 수 있다.

상태도와 상태표는 표기 방법 외에는 차이점이 없다. 상태표는 주어진 논리도로부터 얻기가 쉬우며 상태도는 상태표에서 직접 이끌어 내어진다. **상태도는 상태 變移의 圖形的인 면을 보여 주고 회로 작동에 대한 우리들의 해독에 적절한 형태이다.** 종종 상태도는 순차 회로의 초기 설계 사양에 사용한다.

狀態方程式(state equations)

상태 방정식은 플립플롭의 상태 變移에 관한 조건을 명시하는 代數式으로 **應用方程式(application equation)**이라고도 한다. 방정식의 좌측은 플립플롭의 다음 상태를 나타내며 우측은 다음 상태를 1로 만드는 현재 상태 조건을 명시하는 부울 함수이다. 상태 방정식은 외부 입력 변수와 다른 플립플롭 값으로 다음 상태 조건을 명시한다는 것을 제외하고는 플립플롭의 특성 방정식과 형태 면에서 유사하다. 상태 방정식은 상태표에서 직접 유도된다. 예를 들면 플립플롭 A에 관한 상태 방정식은 **표 6-1**에서 유도된다. 다음 상태란에서 플립플롭 A는 다음과 같이 네 번 1로 된다. $x=0$이고 $AB=01$ 또는 $AB=10$ 또는 $AB=11$이거나 $x=1$이고 $AB=11$일 때 이것은 상태 방정식으로는 다음과 같이 대수식으로 표현할 수 있다.

$$A(t+1)=(A'B+AB'+AB)x'+ABx$$

이 상태 방정식의 우변은 현재 상태에 관한 부울 함수이다. 이 함수가 1과 같을 때 클럭 펄스의 발생 후 플립플롭 A가 1인 다음 상태를 갖도록 한다. 이 함수가 0일 때 플립플롭 A의 다음 상태는 0이 된다. 좌측의 $(t+1)$은 우측의 값이 한 클럭 펄스 뒤에 좌측으로 도달한다는 것을 강조하는 시간 함수 표시이다.

상태 방정식은 시간을 포함한 부울 함수이다. 그것은 오직 클럭 순차 회로에서 적용된다. 그 이유는, $A(t+1)$이 시간의 불연속 순간에 클럭 펄스의 발생과 함께 값을 변환하도록 정의되었기 때문이다.

플립플롭 A에 관한 상태 방정식은 그림 6-17(a)의 맵에 의해 다음과 같이 간략화된다.

$$A(t+1) = Bx' + (B'x)'A$$

만일 $Bx' = S$, $B'x = R$로 놓으면 위의 식은,

$$A(t+1) = S + R'A$$

가 된다. 이것은 그림 6-4(d)의 RS 플립플롭 특성 방정식과 같다.

狀態方程式과 플립플롭의 特性方程式의 관계는 그림 6-15의 논리도에서 알 수 있다. 관계에서 A 플립플롭의 S 입력은 부울 함수 Bx'와 같고 R 입력은 $B'x$와 같다. 이 함수들을 플립플롭 특성 방정식에 대입하면 순차 회로의 상태 방정식이 된다.

순차 회로에서 플립플롭에 대한 상태 방정식은 상태표나 논리도로부터 나온다. 상태표로부터 나온 것은 플립플롭의 다음 상태를 1로 만드는 조건을 나타내는 부울 함수를 얻은 것과 같다. 논리도로부터 나온 것은 플립플롭의 공식을 얻거나 그것을 플립플롭 특성 방정식으로 교체한 것들을 얻음으로써 구성한다.

상태표로부터 플립플롭 B의 상태 방정식의 유도가 그림 6-17(b)의 맵에 나타나 있다. 맵에 표시한 1들은 플립플롭의 다음 상태를 1로 되게 하는 현재 상태와 입력 조합이다. 이들 조건은 표 6-1에서 직접 얻어진다. 맵에서 얻어지는 간소화한 형태는 代數的으로 계산되며 아래와 같은 상태 방정식이 된다.

$$B(t+1) = A'x + (Ax')'B$$

이 상태 방정식은 논리도에서 직접 구할 수 있다. 그림 6-15로부터 B플립플롭의 입

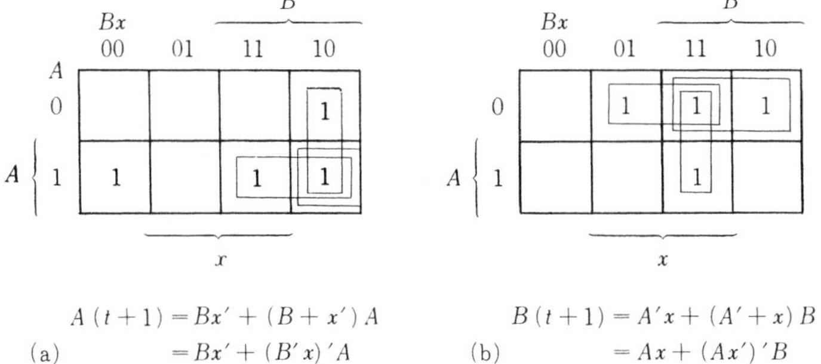

(a) $A(t+1) = Bx' + (B+x')A = Bx' + (B'x)'A$ (b) $B(t+1) = A'x + (A'+x)B = Ax + (Ax')'B$

그림 6-17 플립플롭 A와 B의 상태 방정식

력 S에 대한 신호가 함수 $A'x$로 대치되고 입력 R에 대한 신호가 Ax'로 대치된다.

$S = A'x$, $R = Ax'$로 대입하면,

$$B(t+1) = A'x + (Ax')'B$$
$$= S + R'B$$

로 RS 플립플롭 특성 방정식이 얻어진다.

출력 함수를 함께 가진 모든 플립플롭와 상태 방정식은 완전히 순차 회로를 명시한다. 똑같은 정보를 상태표는 表形으로, 상태도는 그림 모양으로, 상태 방정식은 代數的으로 나타낸다.

플립플롭의 入力函數(flip-flop input functions)

순차 회로의 논리도는 메모리 요소와 게이트들로 구성된다. 플립플롭의 형과 특성표는 메모리 요소의 논리적 특성을 나타낸다. 조합 회로를 형성하는 게이트간의 상호 연결은 부울 함수에 의하여 대수적으로 표시될 것이다. 따라서 플립플롭 형의 충분한 이해와 조합 회로의 부울 함수의 일람표는 순차 회로의 논리도를 그리는 데에 필요한 모든 정보를 제공한다. 외부 출력을 발생시키는 조합 회로의 부분은 回路出力函數(circuit output functions)에 의해 대수적으로 서술된다. 플립플롭에 대한 입력을 발생시키는 회로 부분은 **플립플롭 입력 함수**(flip-flop input function) 또는 **入力方程式**(input equations)이라 부르는 부울 함수의 조합에 의해 대수적으로 서술된다.

이 책에서는 플립플롭의 입력 변수를 나타내기 위하여 첫 번째 것은 입력의 명칭을 두 번째 것은 플립플롭의 명칭을 나타내는 2개의 문자로 구성된 변수를 사용할 것이다. 예로서 다음 플립플롭 입력 함수를 보자.

$JA = BC'x + B'Cx'$

$KA = B + y$ (여기서, K: 입력의 명칭, A: 플립플롭의 명칭)

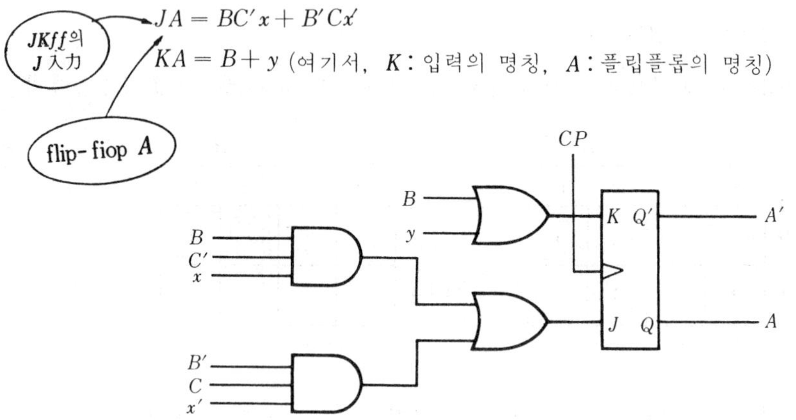

그림 6-18 플립플롭 입력 함수 $JA = BC'x + B'Cx'$와 $KA = B + y$인 플립플롭 논리도

JA와 KA는 2개의 부울 변수를 나타낸다. 각각 첫 번째 문자는 JK 플립플롭의 J와 K 입력을 나타낸다. 두 번째 문자 A는 플립플롭의 명칭이다. 각 방정식의 우변은 대응하는 플립플롭 입력 변수에 관한 부울 함수이다. 이 두 입력 함수를 이용한 논리도가 **그림 6-18**에 있다. 입력 함수에서 JA와 KA로 표시한 조합 회로의 출력이 플립플롭 A의 J와 K 입력으로 각각 들어간다.

이 예로부터 우리는 플립플롭의 입력 함수가 조합 회로를 위한 수학적 표현인 것을 알 수 있다. 두 문자 표시는 조합 회로의 출력을 위한 이름이다. 이 출력은 항상 **플립플롭(2번째 문자로 표시된 플립플롭)의 입력(첫 번째 문자로 표시된)에 연결한다.**

그림 6-15의 순차 회로는 1개의 입력 x, 1개의 출력 y, 그리고 A와 B로 표시된 두 RS 플립플롭을 갖고 있다. 이 논리도는 다음과 같이 4개의 플립플롭 입력 함수와 1개의 회로 출력 함수로 표시된다.

$$SA = Bx' \qquad RA = B'x$$
$$SB = A'x \qquad RB = Ax'$$
$$y = AB'x$$

이 부울 함수의 집합은 논리도를 충분히 나타내고 있다. 변수 SA와 RA는 A의 RS 플립플롭을 나타내고 SB, RB 변수는 B의 RS 플립플롭을 나타낸다. 변수 y는 출력을 나타낸다. 변수에 대한 부울 표현은 순차 회로의 조합·회로 부분을 나타낸다.

플립플롭 입력 함수는 순차 회로의 논리도를 나타내는 간편한 代數式으로 나타낼 수 있다. 이것은 입력 함수의 첫 문자가 플립플롭의 종류를 나타내고 그것은 플립플롭을 驅動시키는 조합 회로를 명시한다. 시간은 이 방정식에 포함되지 않았지만 클럭 펄스 작동에 포함되어 있다. 순차 회로를 수학적으로 회로 출력 함수와 플립플롭 입력 함수로 표시하는 것이 논리도를 그리는 것보다 때때로 편리하다.

6-5 狀態縮小와 狀態指定*
state reduction and assignment

순차 회로의 분석은 논리도에서 시작해서 상태도나 상태표를 이끌어 내는 데에까지 이른다. 반대로 순차 회로의 설계는 仕樣 서술에서부터 시작해서 논리도를 작성하는 데까지 이른다. 설계 절차는 6-7節에서 소개된다. 이 節에서는 설계시에 게이트의 수와 **플립플롭의 수를 줄**이는 데 사용할 순차 회로의 **확실한 성질**을 논의하기로 한다.

* 이 절은 생략해도 연속성을 잃지 않는다.

狀態縮小 (state reduction)

어떤 설계 작업이든지 최종 회로의 비용을 최소화하는 문제를 고려해야 한다. 비용을 줄이는 뚜렷한 두 가지 요소는 게이트 數와 플립플롭 수를 줄이는 것이다. 이 두 요소가 가장 명백한 요소를 보이기 때문에 광범위하게 연구되어 왔다. 사실, 스위칭 이론의 대부분의 주제는 순차 회로에서 플립플롭과 게이트의 수를 줄이는 알고리즘을 찾는 데 주력해 왔다.

順次回路에서 플립플롭의 수를 줄이는 것을 **狀態縮小**라 한다. **상태 축소 알고리즘은 외부 입출력 요구 조건을 변화시키지 않고 상태표에서 상태의 수를 줄이는 절차에 관련되어 있다.** m개의 플립플롭이 2^m 상태를 만들기 때문에 상태의 수 감소는 플립플롭의 수를 줄일 수도 줄이지 않을 수도 있다. 플립플롭 수의 축소에서 생기는 예기치 못하는 효과는 때때로 **等價回路** (플립플롭을 덜 가진) 가 더 많은 조합 게이트를 필요로 할지도 모른다는 것이다.

예를 들어서, 상태 축소에 필요한 것을 설명할 것이다. 설계 仕樣이 그림 6-19에 주어진 순차 회로에 대해서 나타낸다. 이 예에서는 오직 입출력 순서만이 중요하다. 내부 상태는 단지 원하는 순서를 제공하는 데에 사용될 뿐이다. 이런 이유 때문에 圓 안에 표시된 상태는 2진값 대신에 문자로 표시되어 있다. 그러나 상태의 2진값 순차가 출력 상태로 취급되는 2진 카운터에서는 그 반대로 된다.

회로에 나타나는 입력 순차의 수는 유한하며 각 입력은 단 한 가지뿐인 출력 순차를 낳는다. 예로서 초기 상태 a에서 시작하는 입력 순차 01010110100을 생각하자. 0 또는 1의 각 입력에 대하여 0 또는 1인 출력을 만들어 내며, 회로를 다음 상태로 가

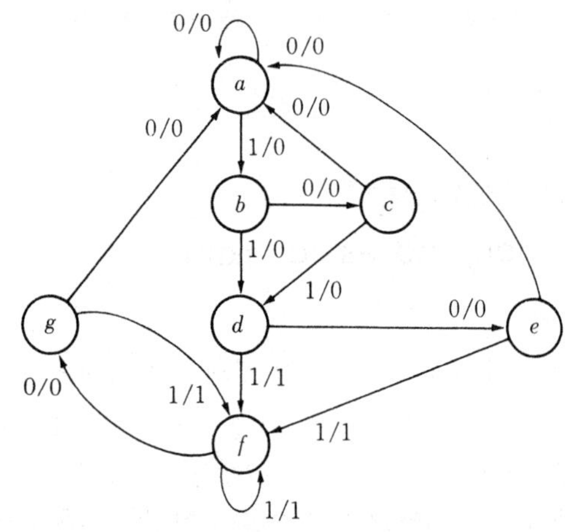

그림 6-19 狀態圖

도록 만든다. 상태도에서 다음과 같이 주어진 입력 순차에 대해 출력 순차와 상태 순차를 얻는다. 초기 상태 a인 회로에서 0인 입력은 0의 출력을 만들며 회로는 a 상태로 남아 있는다. 현재 상태 a와 1의 입력에서 출력은 0이고 다음 상태는 b이다. 이 과정을 계속해서 다음과 같이 완전한 순차를 찾게 된다.

상태	a	a	b	c	d	e	f	f	g	f	g	a
입력	0	1	0	1	0	1	1	0	1	0	0	
출력	0	0	0	0	0	1	1	0	1	0	0	

각 열에는 현재 상태, 입력값, 출력값이 표시되어 있다. 다음 상태는 다음 난의 맨 위에 쓰여져 있다. 이 회로에서 상태 그 자체는 두 번째로 중요한 것이다. 왜냐하면 입력 순차에 의해 결정되는 출력 순차에만 관심을 두고 있기 때문이다.

入出力에 관한 等價回路

7보다 적은 상태의 상태도를 가진 순차 회로를 발견해서, 이 회로를 그림 6-19 에 주어진 상태도를 갖는 회로와 비교한다고 가정하자. 똑같은 입력 순차가 두 회로에 가해져서 똑같은 출력이 발생된다면 이 두 회로는 입출력에 관해서 同等(equivalent)하다고 말하며 한 회로는 다른 것으로 대체될 수 있다. 상태 축소 문제는 입출력 관계를 변경시키지 않고 순차 회로의 상태 수를 줄이는 방법을 찾는 것이다.

狀態縮小 알고리즘과 節次(例)

이 예에 대한 상태 수를 줄이는 과정을 설명하기로 하자. 먼저 상태표가 필요한데, 여기서는 상태도보다 상태표를 쓰는 것이 더 편리하다. 이 회로의 상태표가 표 6-2에 있으며 그림 6-19의 상태도에서 직접 얻어진다.

표 6-2 상태표

	다음 상태		출력	
현재 상태	$x=0$	$x=1$	$x=0$	$x=1$
a	a	b	0	0
b	c	d	0	0
c	a	d	0	0
d	e	f	0	1
e	a	f	0	1
f	g	f	0	1
g	a	f	0	1

표 6-3 상태표의 축소

현재 상태	다음 상태		출력	
	$x=0$	$x=1$	$x=0$	$x=1$
a	a	b	0	0
b	c	d	0	0
c	a	d	0	0
d	e	~~f~~ d	0	1
e	a	~~f~~ d	0	1
~~f~~	~~g~~ e	f	0	1
~~g~~	a	f	0	1

완전하게 명시된 상태표의 상태 축소에 관한 알고리즘을 증명 없이 쓰면 다음과 같다. **"입력 집합의 각 구성원에 대해 어떤 두 상태가 똑같은 출력을 발생시키며 회로를 똑같은 상태 또는 동등한 상태로 만들면 두 상태는 동등하다고 말한다. 두 상태가 동등할 때, 그 중 하나는 입출력 관계의 변경 없이 제거할 수 있다."**

이 알고리즘을 표 6-2에 적용한다. 상태표를 살펴보아 똑같은 다음 상태로 옮겨 가며, 두 입력 조합에 대해 똑같은 출력을 갖는 2개의 현재 상태가 있나 조사해 본다. g와 e가 그러한 두 상태이다. 이들은 모두 다음 상태가 a와 f이며 출력은 $x=0$에 대해서 0, $x=1$에 대해서는 1을 갖고 있다. 그러므로 상태 g와 e는 等價이기 때문에 하나는 제거할 수 있다. 한 상태를 제거하는 절차와 그의 等價狀態로 대치되는 절차가 표 6-3에 설명되어 있다. 현재 상태 g 行에 빗금이 쳐지고 상태 g를 다음 상태 난에서 만날 때마다 상태 e로 대체한다.

다음에 현재 상태 f를 보면 다음 상태 e와 f를 가지며, 출력은 $x=0$일 때 0, $x=1$일 때 1이다. 이와 똑같은 다음 상태와 출력이 현재 상태 d의 行에도 나타남을 알 수 있다. 상태 f와 d는 等價狀態이기 때문에 f는 d로 대체할 수 있다. 최종적으로 축소된 표가 표 6-4에 나타나 있다. 축소된 표의 상태도는 다섯 상태로 구성되며 그림 6-20에 주어져 있다. 이 상태도는 원래의 입출력 仕樣을 모두 만족시키며 어떤 주어진 입력 순차에 관해 필요한 출력 순차를 만든다. 그림 6-20의 상태도에서 얻어진 다음 일람표는 전에 쓰인 입력 순차에 관한 것이다. 상태 순차가 다름에도 불구하고 똑같은 출력 순차가 만들어짐을 주의하라.

상태	a	a	b	c	d	e	d	d	e	d	e	a
입력	0	1	0	1	0	1	1	0	1	0	0	
출력	0	0	0	0	0	1	1	0	1	0	0	

표 6-4 축소된 상태표

현재 상태	다음 상태 $x=0$	다음 상태 $x=1$	출력 $x=0$	출력 $x=1$
a	a	b	0	0
b	c	d	0	0
c	a	d	0	0
d	e	d	0	1
e	a	d	0	1

사실, 이 순차는 g와 f를 e와 d로 바꾸면 그림 6-19로부터 얻은 것과 똑같다.

만일 외부의 입출력 관계에만 관심이 있다면 순차 회로의 상태 수를 줄이는 것은 가능하다고 말할 수 있다. 외부 출력이 플립플롭에서 바로 나간다면 출력은 상태 축소 알고리즘을 응용하기 전에 상태의 수와는 독립적이어야만 한다. 이 예의 순차 회로는 7개 상태에서 5개 상태로 줄어들었다. 두 경우 모두, 상태를 나타내는 데에 3개의 플립플롭이 필요하다. 왜냐하면, m개의 플립플롭은 2^m개의 상태를 표시할 수 있기 때문이다. 3개의 플립플롭으로 각 비트가 각 플립플롭의 상태를 나타내는 000에서 111까지의 2진수로 표시된 8개의 2진 상태를 구성할 수 있다. 표 6-2의 상태표가 사용되면 7상태에 2진값이 할당되어야 하고, 표 6-4의 상태표가 쓰이면 다섯 상태만이 2진값을 할당받는다. 나머지 상태들은 쓰이지 않는다. 쓰이지 않는 상태들은 회로 설계 동안에 리던던시 조건으로 처리된다. 리던던시 조건은 부울 함수를 더 간단하게 해 주기 때문에 다섯 상태를 가진 회로가 7상태를 가진 회로보다 더 적은 양의 조합 게이트를 필요로 한다. 아뭏든 7개 상태에서 5개 상태로의 축소는 플립

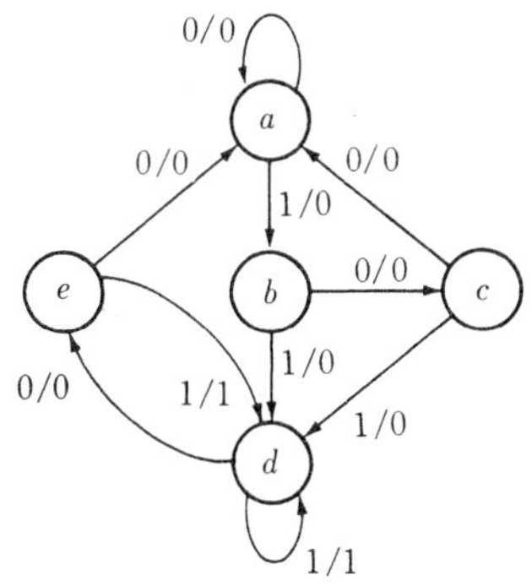

그림 6-20 축소된 상태도

플롭의 수를 줄이지 않는다. 일반적으로 상태표에서 상태 수의 축소는 적은 부품으로 된 회로를 구성하는 것처럼 보인다. 그러나 상태표에서 보다 적은 상태수로 줄인 사실이 플립플롭이나 게이트의 수를 줄인다고 보증하는 것은 아니다.

狀態指定 (state assignment)

順次回路에서 組合回路 부분의 비용은 조합 회로에 관해 알려진 단순화 방법을 사용해서 줄일 수 있다. 그러나 조합 회로의 게이트의 최소화에서 생기는 狀態指定(state assignment)이라 하는 또 다른 문제가 남아 있다. 상태 지정은 플립플롭을 작동시키는 조합 회로의 비용을 줄이는 방향으로 상태에 2진값을 할당하는 방법에 관심을 갖는 것이다. 이것은 특히 순차 회로를 외부 입출력 단자에서 볼 때 유용하다. 이러한 회로는 내부 상태의 순차를 따라서 작동할 것이다. 그러나 개별적인 상태를 지정하는 2진값은 주어진 입력 순차에 대한 출력 순차를 만드는 한 상태 지정 2진값의 여하에 전혀 영향을 받지 않는다. 이것은 출력이 플립플롭에서 직접 얻어지며 이 플립플롭들이 2진 순차로 명시된 회로에는 적용되지 않는다.

이용 가능한 2진 상태 지정 대안책은 표 6-4에 명시된 순차 회로와 관련하여 설명할 수 있다. 이 예에서는, 상태의 2진값은 그의 순차가 적절한 입력-출력 관계를 유지하는 한 별로 문제가 되지 않는다는 것을 기억하자. 이런 이유 때문에 각 상태에 고유 번호가 할당되면 어떤 2진수를 할당해도 만족된다. 축소된 표의 다섯 상태에 대한 2진 할당이 가능한 세 가지 예가 표 6-5에 있다. 할당 1은 a에서 e까지의 상태 순차에 연속적인 2진값을 할당하였다. 나머지 두 할당은 임의적으로 선택되었다. 사실 이 회로에 대해 140가지의 다른 할당 방법이 있을 수 있다.

표 6-6은 표 6-5의 다섯 상태의 문자 기호를 할당 1로 대치한 상태표이다.* 서로 다른 2진 할당은 상태표에 상태들에 대해 서로 다른 값을 나타낸 것이다. 반면에 입력-출력 관계는 언제나 변함이 없다. 상태표의 2진 형태는 순차 회로의 조합 회로 부분을 유도하는 데 쓰인다. 만들어지는 조합 회로의 복잡도는 채택된 2진 상태의 할당에

표 6-5 2진 상태 할당의 세 가지 예

상태	할당 1	할당 2	할당 3
a	001	000	000
b	010	010	100
c	011	011	010
d	100	101	101
e	101	111	011

* 2진 할당을 가진 상태표는 때때로 變移表라 불린다.

표 6-6 2진 할당 1을 가진 축소된 상태표

현재 상태	다음 상태		출 력	
	$x=0$	$x=1$	$x=0$	$x=1$
001	001	010	0	0
010	011	100	0	0
011	001	100	0	0
100	101	100	0	1
101	001	100	0	1

따라 달라진다. 이 節에서 소개된 순차 회로의 설계는 6-7節의 예제 6-1 (295페이지) 에서 완성하였다.

여러 상황에서 특정한 2진 할당으로 이끌어 내는 여러 절차가 제시되었다. 가장 일반적인 기준은 선택된 할당이 플립플롭 입력을 위한 간단한 조합 회로로 나타나야 한다. 그러나 아직은 최소 가격의 조합 회로를 보장하는 상태 할당 절차가 없다. 상태 할당은 스위칭 이론에서 연구해 볼 만한 문제이다. 흥미 있는 독자는 상태 할당 문제에 대해 풍부하고 많은 서적을 볼 것으로 생각되며 상태 할당 문제를 다루는 기법은 이 책의 범위에서 벗어난다.

6-6 플립플롭 勵起表 (filp-flop excitation table)

여러 플립플롭에 관한 특성표가 6-2節에서 소개되었다. 특성표는 플립플롭의 논리적 성질을 정의하여 그의 작동의 특성을 완전히 나타낸다. 때때로 집적 회로 플립플롭은 약간 다르게 작성된 특성표에 의해 정의된다. *RS*, *JK*, *D*, 그리고 *T* 플립플롭에 관한 특성표의 두 번째 형태가 표 6-7에 나타나 있다.

표 6-7은 플립플롭의 입력과 전상태의 함수로서 각 플립플롭의 상태를 정의한다. $Q(t)$는 현재 상태이고 $Q(t+1)$은 클럭 펄스가 발생할 때 다음 상태를 나타낸다. *RS* 플립플롭에 관한 특성표는 입력 *S*와 *R*이 모두 0일 때 다음 상태가 현재 상태와 같다는 것을 보여 주고 있다. *R* 입력이 1일 때, 다음 클럭 펄스는 플립플롭을 클리어시킨다. *S* 입력이 1일 때, 다음 클럭 펄스는 플립플롭을 세트시킨다. *S*와 *R*이 모두 동시에 1이 될 때 다음 상태에 관한 물음표(?)는 부정의 다음 상태를 나타낸다.

JK 플립플롭에 관한 표는 *S*와 *R*을 *J*와 *K*로 각각 대치하면 부정의 상태만을 제

표 6-7 플립플롭 특성표

S	R	$Q(t+1)$
0	0	$Q(t)$
0	1	0
1	0	1
1	1	?

(a) RS

J	K	$Q(t+1)$
0	0	$Q(t)$
0	1	0
1	0	1
1	1	$Q'(t)$

(b) JK

D	$Q(t+1)$
0	0
1	1

(c) D

T	$Q(t+1)$
0	$Q(t)$
1	$Q'(t)$

(d) T

외하고는 RS 플립플롭의 것과 같다. **JK 플립플롭은 J와 K가 모두 1이 될 때 다음 상태는 현재 상태의 보수와 같다.** 즉 $Q(t+1)=Q'(t)$이다. **D 플립플롭의 다음 상태는 현재 상태에 관계없이 오로지 입력 D에 달려 있다. T 플립플롭의 다음 상태는 $T=0$이면 현재 상태와 같고 $T=1$이면 현재 상태의 보수를 취한다.**

특성표는 플립플롭의 작동을 정의하고 분석하는 데 유용하다. 이 표는 입력과 현재 상태를 알 때, 다음 상태를 명시한다. 설계 작업 중에는 현재 상태에서 다음 상태로의 變移를 항상 알고, 원하는 變移를 일으키는 플립플롭의 입력 조건을 알기를 원한다. 이런 이유 때문에 주어진 상태의 변화에 대한 필요한 입력을 기입한 표가 필요하다. 이 일람표를 **勵起表**(excitation table) 라 한다.

표 6-8은 4개 종류의 플립플롭에 대한 勵起表이다. 각 표는 $Q(t)$와 $Q(t+1)$ 그리고 원하는 변이에 필요한 입력란으로 구성되어 있다. 네 가지 變移의 각각에 대한 입력 조건은 특성표에서 이용할 수 있는 정보에서 유도할 수 있다. 표 중에 X는 리던던시 조건이다. 표 6-8에 있는 **勵起表는 뒤에 컴퓨터 설계시 자주 쓰이는 표들이므로 확실히 알아 두어야 한다.**

RS 플립플롭의 勵起表

RS 플립플롭에 관한 勵起表가 표 6-8(a)에 있다. 첫 번째 行을 보면 시간 t에서 플립플롭이 0상태에 있다는 것을 나타내고 있다. 펄스 발생 이후에도 0상태로 남아 있기를 바라는 것으로 되었다. 특성표 표 6-7(a)에서 S와 R이 모두 0일 때 플립플롭의 상태가 바뀌지 않는다는 것을 알 수 있다. 따라서 S와 R 입력은 모두 0이

표 6-8 플립플롭 여기표 (Excitation table)

$Q(t)$	$Q(t+1)$	S	R
0	0	0	Ⓧ
0	1	1	0
1	0	0	1
1	1	X	0

(a) RS

$Q(t)$	$Q(t+1)$	J	K
0	0	0	X
0	1	1	X
1	0	X	1
1	1	X	0

(b) JK

$Q(t)$	$Q(t+1)$	D
0	0	0
0	1	1
1	0	0
1	1	1

(c) D

$Q(t)$	$Q(t+1)$	T
0	0	0
0	1	1
1	0	1
1	1	0

(d) T

어야 한다. **그런데 $R=1$ 이어도 상관은 없다.** 왜냐하면 $R=1$일 때 플립플롭은 펄스 발생 후에도 0 상태로 남아 있기 때문이다. 따라서 R 입력은 0이든지 1이든지 관계 없기 때문에 Ⓧ로 표시하였다.

$Q(t)=0$에서 $Q(t+1)=1$로 가고자 할 때에는 S는 1로, R은 0으로 놓는다. 플립플롭이 1에서 0의 상태로 가려면 $S=0$, $R=1$을 놓는다.

일어날 수 있는 마지막 조건은 플립플롭이 1상태를 지속하는 것이다. 확실히 R은 0이어야 하고 우리는 플립플롭을 클리어하기를 원하지 않는다. 그러나 S는 0과 1 중 하나일 것이다. 만일 S가 0이면 1상태가 계속되고 1이면 원하는 1상태가 세트된다. 그러므로, S는 리던던시 조건 X로 나타난다.

JK 플립플롭 勵起表

JK 플립플롭에 관한 勵起表가 표 6-8(b)에 있다. 현재 상태와 다음 상태가 모두 같이 0이 되기 위해서는 J 입력은 0으로 남아 있어야 하며 K 입력은 0 또는 1 어느 것이나 될 수 있다. 현재 상태와 다음 상태가 모두 1이 되기 위해서는 K 입력은 0으로 남아 있어야 하며, J 입력은 0이나 1 어느 것도 될 수 있다. JK 플립플롭이 0상태에서 1 상태로의 變移를 가지려면 J 입력은 플립플롭을 세트시키기 위해서 1을 가져야 한다. 그러나 입력 K는 0이나 1 어느 것일 수도 있다. $K=0$이면 $J=1$조건은 원하는 대로 플립플롭을 세트시킨다. $K=1$이고 $J=1$이면 플립플롭은 보수를

취하므로 0에서 1 상태로 變移가 일어난다. 나머지 상태도 같은 방법으로 입력을 취한다.

JK 플립플롭에 관한 勵起表에서 볼 수 있듯이 리던던시 조건이 많이 나타나 있다. 따라서 순차 회로 설계시 이 플립플롭을 사용하면 유리하다. 이 플립플롭을 사용하면 입력 함수에 관한 조합 회로를 더 간단한 형태로 줄일 수 있다.

D 플립플롭의 勵起表

D 플립플롭에 관한 勵起表가 표 6-8(c)에 있다. 표 6-7(c)의 특성표에서 다음 상태는 항상 현재 상태에 관계 없이 *D*입력과 같다. 따라서 $Q(t+1)$이 0을 가지기 위해서는 $Q(t)$의 값에 관계 없이 $D=0$이고 $Q(t+1)$이 1이 되기 위해서는 $D=1$이어야만 한다.

T 플립플롭의 勵起表

T 플립플롭에 대한 勵起表가 표 6-8(d)에 있다. 표 6-7(d)의 특성표에서, $T=1$일 때, 플립플롭은 보수 상태를 취하며 $T=0$일 때 플립플롭의 상태는 변하지 않는다. 그러므로 플립플롭의 상태가 변하지 않을 때는 $T=0$이어야 하고 플립플롭의 상태가 변할 때는 $T=1$이어야만 한다.

其他 플립플롭(other flip-flop)

이 章에 기술된 설계 절차는 어떤 플립플롭에서도 사용할 수 있다. 또한 플립플롭 특성표를 작성하는 것이 필요하고 이 특성표에서 새로운 勵起表를 만들 수 있다. 勵起表는 다음 節에 설명된 것과 같이 플립플롭의 입력 함수를 결정하는 데에 쓰인다.

6-7 設計節次(design procedure)

디지털 순차 회로의 설계는 설계 仕樣의 기술에서 시작해서 논리도나 논리도를 얻을 수 있는 부울 함수의 일람를 얻는 것으로 끝난다. 조합 회로는 완전히 진리표로 표시되는 반면에 순차 회로는 그의 仕樣에 대한 상태표를 필요로 한다. 순차 회로 설계의 첫 단계는 상태표나 상태도 또는 상태 방정식을 얻는 것이다.

同期式 順次回路는 플립플롭과 조합형 게이트로 구성되어 있다. 同期式 順次回路의 설계는 플립플롭을 선택하고 그리고 그 플립플롭과 함께 서술된 仕樣을 만족시키는 조합 게이트 구조를 찾는 것이다. 플립플롭의 수는 회로에서 필요한 상태 수로서 결

정된다. 조합 회로는 이 章에서 소개된 방법에 의해 상태표에서 이끌어진다. 사실 플립플롭의 형(型)과 숫자가 결정되면 설계 절차는 순차 회로를 조합 회로로 바꾸는 문제로 바뀐다. 여기에 조합 회로 설계 기법이 적용된다.

이 節에서 순차 회로의 설계 절차를 초보자의 지침으로서 소개한다. 설계 절차는 다음과 같이 연속적인 단계로 짧게 요약할 수 있다.

順次回路 設計過程

1. 회로의 작동을 글로 서술한다. 이것은 상태도, 타이밍圖 또는 적절한 정보를 써서 기술할 수 있다.
2. 회로에 관해 주어진 정보로부터 상태표를 얻는다.
3. 만일 순차 회로가 상태 수에 무관한 입력-출력 관계에 의해 특성지어질 수 있다면 상태 축소 방법에 의해 상태의 수를 줄인다.
4. 2번이나 3번 과정에서 얻어진 상태표가 문자 기호를 갖고 있으면 각 상태에 2진값을 할당한다.
5. 필요한 플립플롭의 수를 결정해서 각각에 문자 기호를 부여한다.
6. 사용될 플립플롭의 형을 선택한다.
7. 상태표에서 勵起表와 出力表를 유도한다.
8. 맵 또는 다른 어떤 단순화 방법을 써서 회로 출력 함수와 플립플롭의 입력 함수를 구한다.
9. 논리도를 그린다.

글로 회로 작동의 仕樣을 표시하게 되면 독자는 디지털 논리 용어(術語)에 익숙해져 있다고 보통 가정한다. 그리고 설계자는 회로 仕樣에 대한 정확한 이해를 할 수 있는 직관력과 경험을 살릴 필요가 있다. 왜냐하면 글로 仕樣을 서술함이 불완전하고 부정확할 수도 있기 때문이다. 그러나 일단 그러한 설계 仕樣이 명시되고 상태표가 얻어지면 정규 회로 설계 절차를 밟을 수 있다.

상태 수의 축소와 상태에 2진값을 주는 것은 6-5節에서 설명했다. 다음에 나오는 예에서 상태 수와 상태의 2진값을 안다고 가정하자. 결과적으로 설계의 3, 4 스텝은 다음 논의에서 생략한다.

이미 앞에서 플립플롭의 수는 상태 수로 결정된다고 설명했다. 만일 상태의 총수가 2^m보다 적으면 회로 중 사용하지 않는 2진 상태가 있다는 것을 알 수 있다. 사용하지 않는 상태는 회로의 조합 회로 부분을 설계하는 동안 리던던시 조건으로 생각한다.

사용될 플립플롭의 형은 설계 정의에 포함되거나 설계자가 구해서 쓸 수 있느냐에 달려 있다. 많은 디지털 시스템이 *JK* 플립플롭을 사용하는데, 그 이유는 매우 다양하고 구하기 쉽기 때문이다. 많은 플립플롭의 종류 중 데이터의 전송을 위해서는 *RS* 또는 *D* 플립플롭을 사용하고 보수를 포함한 응용에는 *T* 플립플롭을 쓰고 범용으로

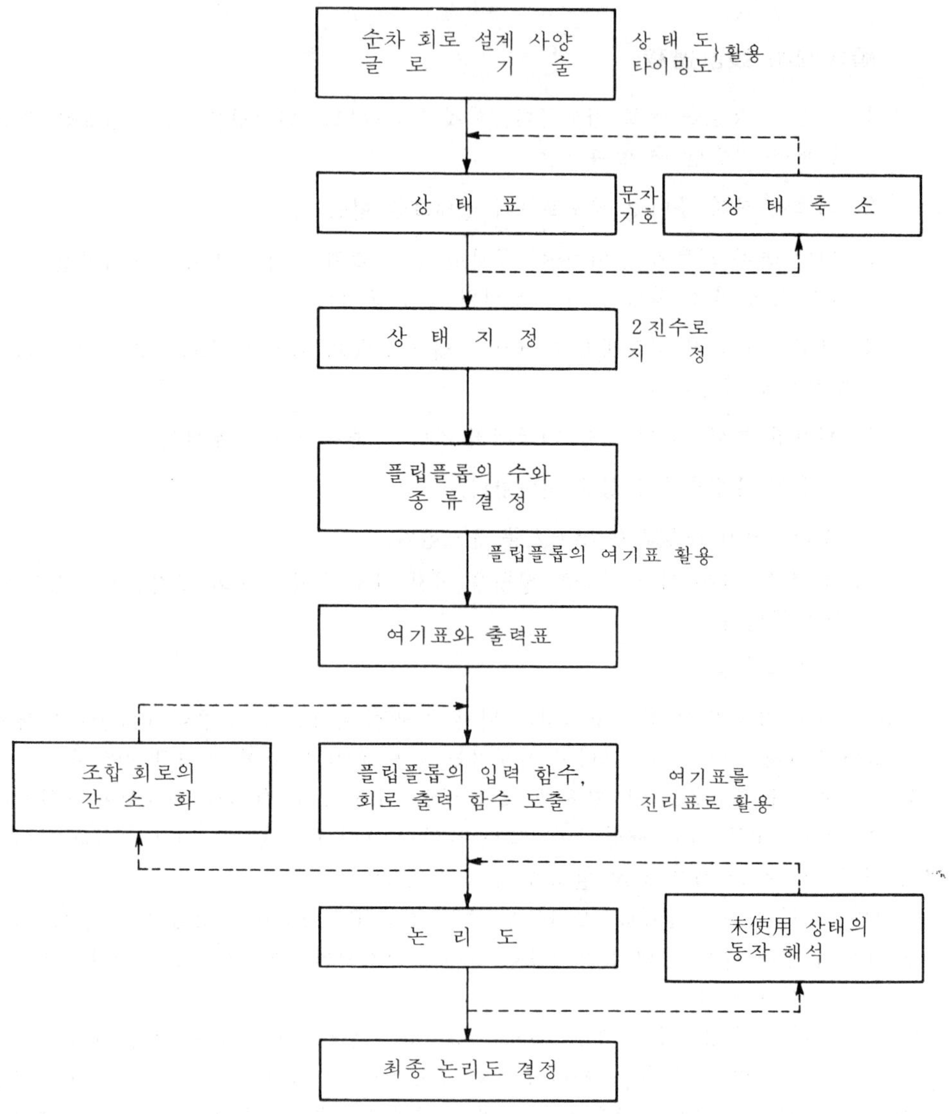

그림 6-20-1 順次回路 설계 절차의 블록도

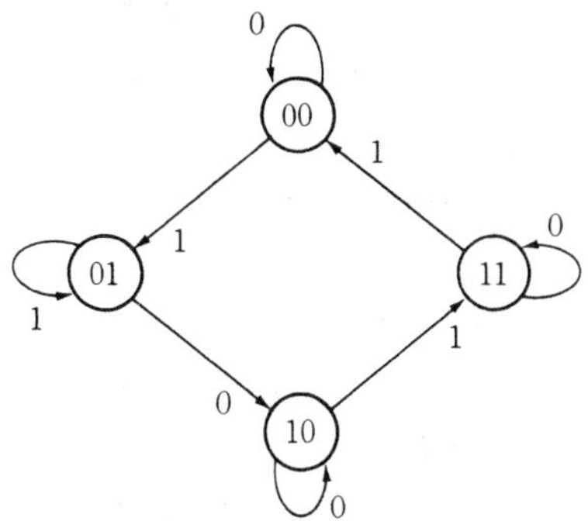

그림 6-21 상태도

JK 플립플롭을 사용한다.

외부 출력 정보는 상태표의 출력 부분에 명시한다. 그것으로부터 외부 출력 방정식을 얻을 수 있다. 회로에 대한 勵起表는 각각의 플립플롭의 勵起表와 비슷하다. 단, 입력 조건이 상태표에 현재 상태, 다음 상태 란에 정보로 표시된 것만 다르다. 勵起表와 단순화된 플립플롭 입력 함수를 얻는 방법은 보기에 잘 나타나 있다. 끝으로 순차 회로 설계 절차를 블록도로 圖示하면 그림 6-20-1과 같다.

設計 例

그림 6-21에 주어진 상태도를 갖는 디지털 순차 회로를 설계해 보자. 사용될 플립플롭형은 *JK* 이다.

상태도는 이미 할당된 2진값을 가진 4개의 상태로 구성되어 있다. 한 입력 변수는 있지만 출력 변수가 없기 때문에 직선상에 빗금(/)이 없이 1개의 2진 숫자만이 표시되어 있다(플립플롭의 상태는 회로의 출력으로 간주한다). 4개의 상태를 나타내는 데 필요한 2개의 플립플롭 *A*와 *B*로 표시한다. 입력 변수는 *x*로 표시하자.

이 상태도에서 유도된 상태표가 표 6-9에 있다. 그리고 이 회로에 대한 출력 부분이 없다

표 6-9 상태표

현재 상태		다음 상태			
		$x=0$		$x=1$	
A	*B*	*A*	*B*	*A*	*B*
0	0	0	0	0	1
0	1	1	0	0	1
1	0	1	0	1	1
1	1	1	1	0	0

는 것에 주의하자. 이제 勵起表와 組合 게이트 구조를 얻는 절차를 보이겠다.

勵起表의 유도는 여기표를 다른 형태로 만들면 쉬워진다. 이 형태가 표 6-10에 나타나 있다. 먼저 현재 상태와 입력 변수가 진리표 형태로 열거된다. 각 현재 상태에 대한 다음 상태 값과 입력 조건은 표 6-9에서 인용한다. 회로의 勵起表란 플립플롭 입력 조건들의 일람표이다. 이것은 원하는 상태 變移를 일으키며 사용한 플립플롭의 형에 따라 결정된다. 이 보기에서는 JK 플립플롭을 사용하기 때문에 플립플롭 A와 B의 각각에 대하여 J와 K 입력란이 필요하다. 플립플롭 A에 대해서는 JA와 KA로 플립플롭 B에 대해서는 JB와 KB로 표시한다.

JK 플립플롭에 대한 勵起表는 이미 표 6-8(b)에 유도되었다. 이제 이 표를 이 회로의 勵起表를 유도하는 데 쓴다. 예를 들면, 표 6-10의 첫 번째 行을 보면 플립플롭 A는 현재 상태 0에서, A의 다음 상태가 0으로 가는 變移를 갖고 있다. 표 6-8 (b)를 보면 0에서 0으로의 變移에는 입력 $J=0$과 입력 $K=X$가 필요하다는 것을 알 수 있다. 따라서 0과 X를 JA와 KA 난의 첫 行으로 각각 채운다. 첫 行의 플립플롭 B도 현재 상태 0에서 다음 상태 0으로 變移를 나타내므로 첫 行의 JB와 KB에는 0과 X가 채워졌다.

플립플롭 B에 대한 표 6-10의 둘째 行을 보면 B의 현재 상태 0에서 B의 다음 상태 1로 變移를 나타낸다. 표 6-8(b)를 보면 JK 플립플롭의 0에서 1로 變移를 하기 위해서는 입력이 $J=1$과 $K=X$가 요구됨을 알 수 있다. 그러므로 둘째 行 JB와 KB 난에 1과 X를 각각 기입하게 된다. 이 방법을 플립플롭 A와 B의 나머지 變移에 대해서도 표 6-8(b)의 입력 조건을 고려하는 플립플롭의 해당 行에 기입하여 勵起表를 완성한다. **그러므로 표 6-8은 디지털 회로 설계에 아주 중요하다.**

표 6-10과 같은 勵起表에서 이용할 수 있는 정보를 생각해 보자. 순차 회로는 플립

표 6-10 여기표

조합 회로의 입력					조합 회로의 출력			
현재 상태		입력	다음 상태		플립플롭 입력			
A	B	x	A	B	JA	KA	JB	KB
0	0	0	0	0	0	X	0	X
0	0	1	0	1	0	X	1	X
0	1	0	1	0	1	X	X	1
0	1	1	0	1	0	X	X	0
1	0	0	1	0	X	0	0	X
1	0	1	1	1	X	0	1	X
1	1	0	1	1	X	0	X	0
1	1	1	0	0	X	1	X	1

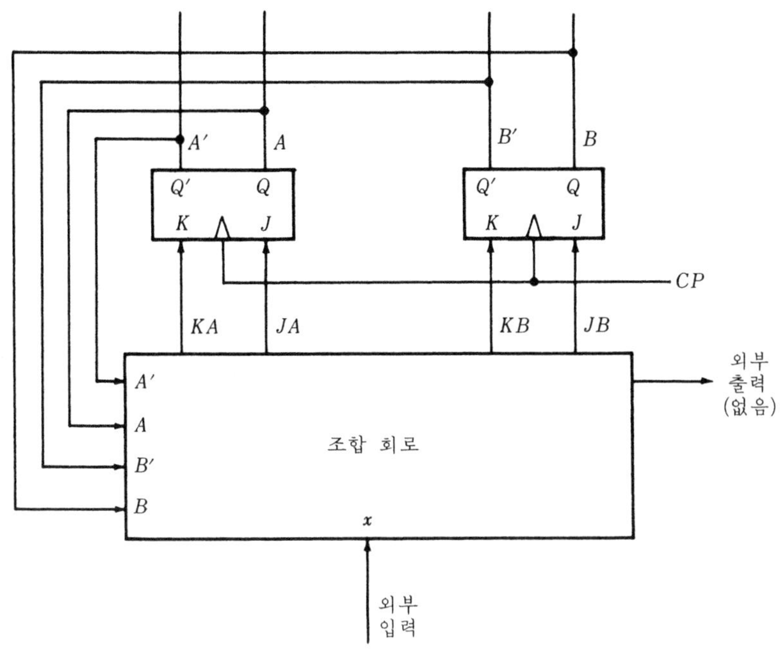

그림 6-22 순차 회로의 블록도

플롭과 조합 회로로 구성된다는 것을 알고 있다. **그림 6-22**는 회로에 필요한 2개의 플립플롭과 조합 회로로 되어 있는 사각형을 보여 주고 있다. 이 블록도를 보면 조합 회로의 출력은 플립플롭 입력과 외부 출력(명시되어 있을 경우)에 연결되어 있다. 조합 회로의 입력은 외부 입력과 플립플롭의 현재 상태의 값들이다. 더우기 조합 회로를 명시하는 부울 함수는 회로의 입력-출력 관계를 보여 주는 진리표에서 얻어진다. 이 조합 회로를 기술하는 진리표는 勵起表에서 얻을 수 있다. 조합 회로 입력은 현재 상태란과 입력란에 명시되며, 조합 회로 출력들은 플립플롭 입력란에 명시된 것이다. 이와 같이 勵起表는 순차 회로의 조합 회로 부분의 설계에 필요한 진리표로서 쓸 수 있도록 상태도를 변환시킨다. 즉, 勵起表의 상태도는 조합 회로의 진리표 역할도 한다.

이렇게 되면 이 조합 회로에 대해서 다른 조합회로에서와 같이 부울 함수를 간소화시킬 수 있다. 입력은 변수 A, B, x이고, 출력은 변수 JA, KA, JB, KB들로 된 조합 회로이다. 진리표의 정보들을 **그림 6-23**의 맵으로 옮겨, 다음과 같이 간소화된 플립플롭 입력 함수를 쉽게 얻을 수 있다.

$$JA = Bx' \qquad KA = Bx$$

$$JB = x \qquad KB = A \odot x$$

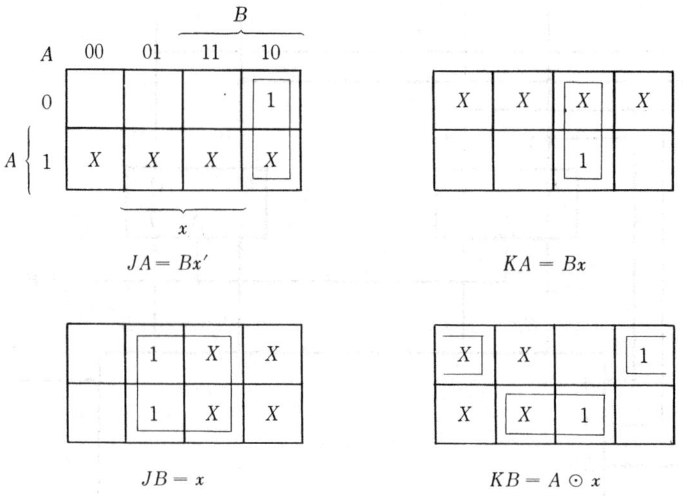

그림 6-23 조합 회로에 관한 맵

논리도가 **그림 6-24**에 있고 두 플립플롭과 두 AND 게이트, 하나의 等價 게이트 (EX-NOR, exclusive-NOR, equivalence)와 하나의 인버어터로 되어 있다. 약간의 경험을 쌓으면 조합 회로의 설계 과정에 있는 작업량을 줄일 수 있다. 예를 들면, **그림 6-23**의 맵에 관한 정보는 **표 6-10**을 유도하지 않고 **표 6-9**에서 바로 얻을 수 있다. **표 6-9**에서 각 현재 상태와 입력 조합을 이에 대응된 다음 상태의 2진값과 체계적으로 비교

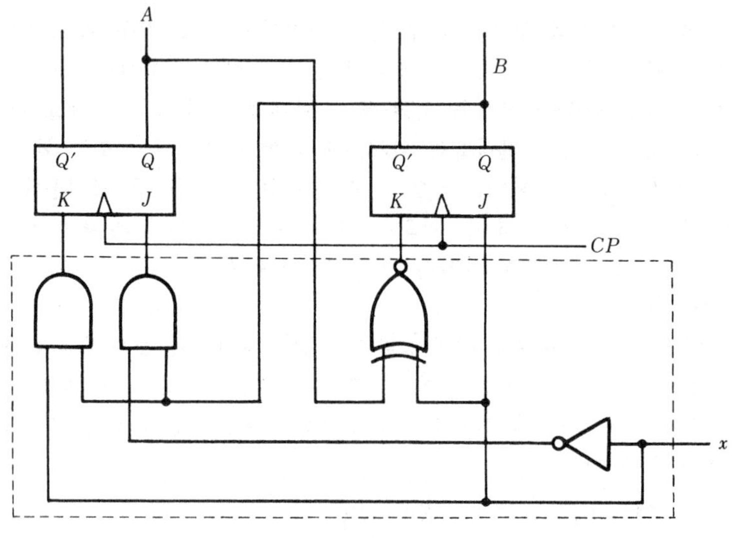

그림 6-24 순차 회로의 논리도

해 나간다. 그러면 표 6-8의 勵起表에 명시한 입력 조건이 결정된다. 여기서 얻어진 0, 1 또는 X를 勵起表에 기입하는 대신에 바로 맵의 적당한 4각형 속에 기입하면 된다.

m개의 플립플롭과 플립플롭마다 k개의 입력과 n개의 외부 입력으로 구성된 순차 회로의 勵起表는 현재 상태와 입력 변수를 위해 $m+n$개의 列을 포함하며, 간단한 2진 카운트로 나타난 2^{m+n}개의 行으로써 되어 있다. 플립플롭에 대한 다음 상태는 m개의 열을 가지고 있다. 각 플립플롭은 1개의 列을 가진다. 각 플립플롭의 입력마다 1개의 列로 되어 전체의 플립플롭 입력값은 mk 列로 되어 있다. 만약 회로가 j개의 출력을 가지면 표는 j개의 列을 가져야 한다. 조합 회로의 진리표 입력으로서는 $m+n$개의 현재 상태와 입력항을 취하고, $mk+j$개의 플립플롭 입력값과 외부 출력으로서 생각하여 勵起表에서 구해진다.

未使用狀態를 利用한 設計 (design with unused states)

m개의 플립플롭을 가진 회로는 2^m개의 상태를 가진다. 이 2^m개의 상태를 순차 회로가 모두 쓰지 않는 경우도 있다. 순차 회로를 명시하는 데에 있어서 쓰이지 않는 상태는 상태표에 기입되지 않는다. 플립플롭의 입력 함수를 간소화할 경우에 쓰이지 않는 상태는 리던던시 조건으로 처리할 수 있다.

〔예제 6-1〕 6-5절에 소개된 순차 회로의 설계를 완성하라. 표 6-6에 주어진 할당 1을 가진 축소된 상태표를 사용하라. 회로는 RS 플립플롭을 채택하기로 하자.

勵起表를 얻기 위해 편리한 형태로 표 6-6의 상태표를 다시 그려서 표 6-11

표 6-11 예제 6-1에 관한 여기표

현재 상태			입력	다음 상태			플립플롭 입력						출력
A	B	C	x	A	B	C	SA	RA	SB	RB	SC	RC	y
0	0	1	0	0	0	1	0	X	0	X	X	0	0
0	0	1	1	0	1	0	0	X	1	0	0	1	0
0	1	0	0	0	1	1	0	X	X	0	1	0	0
0	1	0	1	1	0	0	1	0	0	1	0	X	0
0	1	1	0	0	0	1	0	X	0	1	X	0	0
0	1	1	1	1	0	0	1	0	0	1	0	1	0
1	0	0	0	1	0	1	X	0	0	X	1	0	0
1	0	0	1	1	0	0	X	0	0	X	0	X	1
1	0	1	0	0	0	1	0	1	0	X	X	0	0
1	0	1	1	1	0	0	X	0	0	X	0	1	1

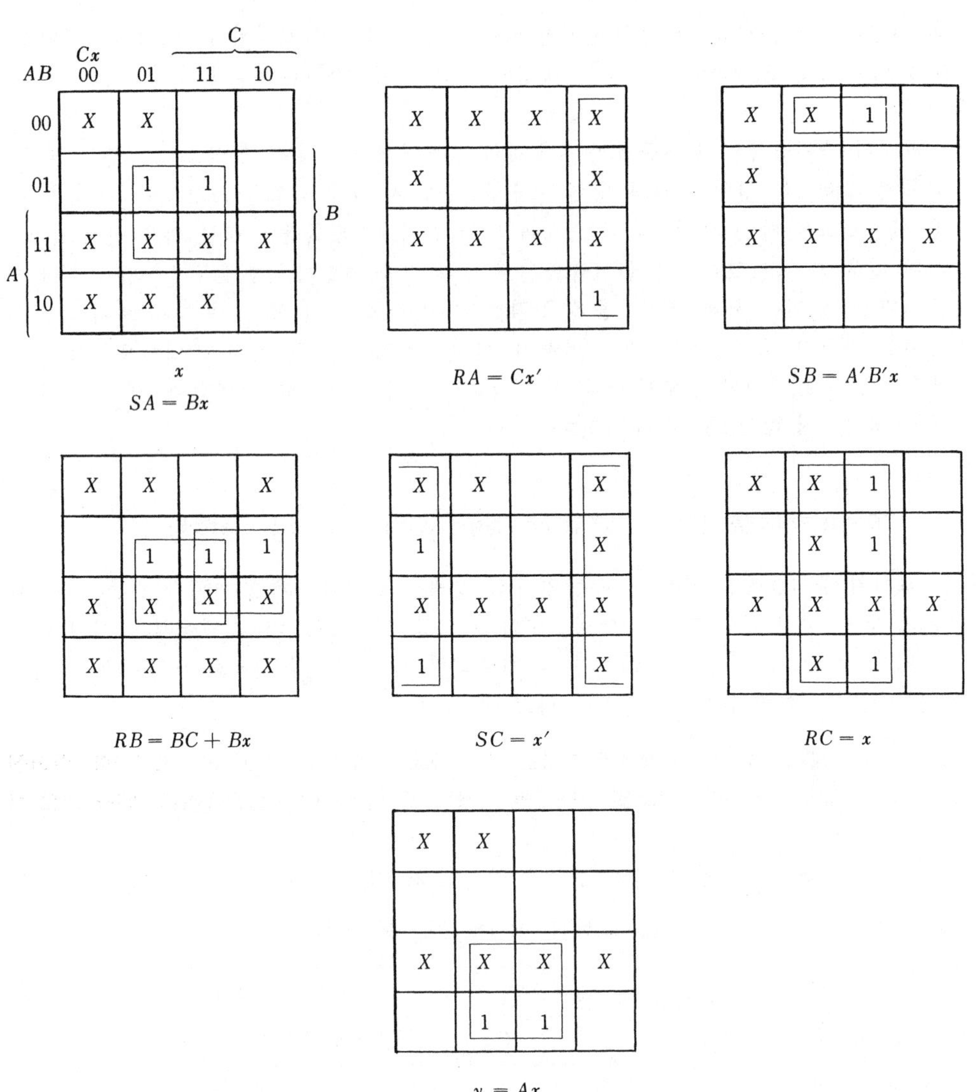

그림 6-25 예제 6-1의 순차 회로를 간단히 하기 위한 맵

에 나타내었다. 플립플롭의 입력 조건은 상태표의 현재 상태와 다음 상태로부터 유도한다. RS 플립플롭을 사용하기 때문에 RS 플립플롭 勵起表(표 6-8 (a))를 참조하라. 세 플립플롭에 변수 명칭을 A, B, C라 하자. 입력 변수는 x이고 출력 변수는 y이다. 이 회로의 여기표는 설계에 필요한 모든 정보를 제공한다.

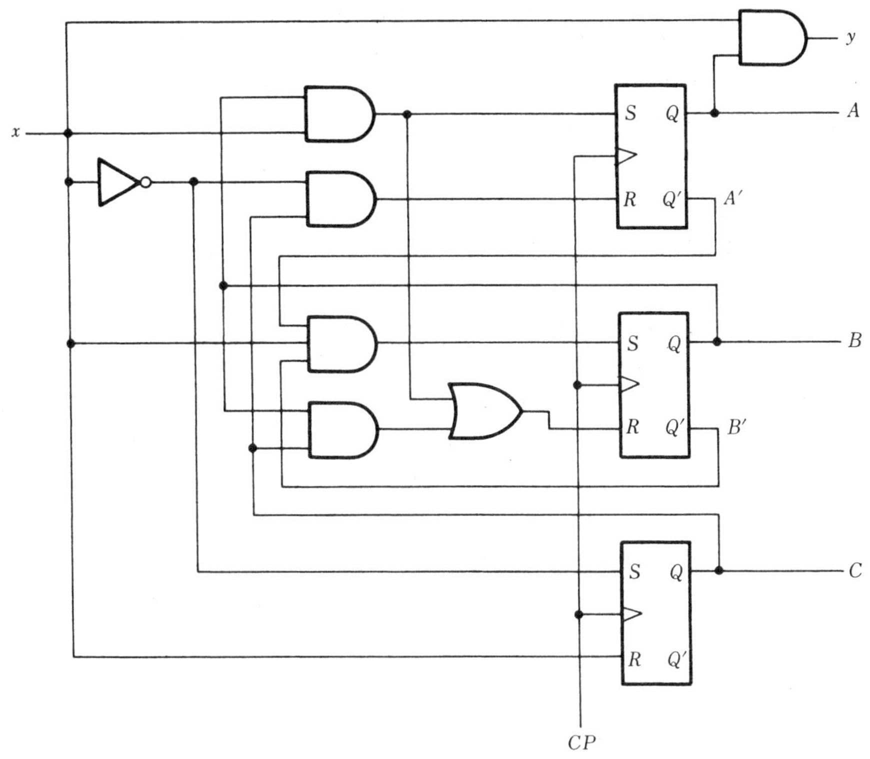

그림 6-26 예제 6-1에 관한 논리도

이 회로에서는 3개의 쓰이지 않는 상태 000, 110, 111이 있다. 이들 쓰이지 않는 상태표에 입력 변수 x의 값이 0 또는 1까지 포함시켜 생각하면, 6개의 리던던시 상태 민터엄인 0(=0000), 1(=0001), 12(=1100), 13(=1101) 14(=1110), 15(=1111)가 얻어진다. 이들 6개의 2진 조합은 표에 기입되어 있지 않으며 리던던시 상태로 취급된다. 순차 회로의 조합 회로 부분은 **그림 6-25**의 맵으로 단순화된다. 6개의 맵은 3개의 RS 플립플롭에 관한 입력 함수를 단순화하기 위한 것이다. 7번째 맵은 출력 y를 단순화한다. 각 맵은 리던던시 민터엄 0, 1, 12, 13, 14, 15의 칸에 6개의 X를 갖고 있다. 맵 내의 다른 X는 표의 플립플롭 입력란의 리던던시 항 X를 옮겨 놓은 것이다. 각 맵 밑에 단순화된 함수들을 나열하였다. 맵에서 얻은 부울 함수들로 얻어진 논리도는 **그림 6-26**에 표시하였다.

지금까지 설계에서 무시되어 온 한 요소가 순차 회로의 初期狀態이다. 디지털 회로에 처음 전원이 켜질 때, 어떤 상태가 플립플롭에 놓여질지 아무도 모른다. 관례적으로, 시스템에서 모든 플립플롭의 초기 상태를 주기 위한 목적으로 **매스터-리세트(master-reset)** 입력이 제공된다. 전형적으로, 디지털 작동을 시작하기 전에 매스터-리세트 입력을 통해서 非同期的으로 모든 플립플롭에 신호가 가해진다. 대부분의 경우, 플립플롭들이 매스터-리세트 신호에 의해 0으로 클리어되지만 어떤 것은 1로 세트되는 것도 있다. 예를 들면 **그림 6-26**의 회로는 000 상태가 이 회로에서는 무효 상태이기 때문에 $ABC=001$의 상태가 초기 상태로 놓여진다.

회로가 유효한 초기 상태로 놓여지지 않는다면 어떻게 될 것인가? 또는 더 나쁘게 잡음 신호나 다른 어떤 예기치 못한 이유 때문에 무효 상태 (invalid state)가 발생되어 회로 자신이 무효 상태에 있다는 것을 안다면 어떻게 될 것인가? 그러한 경우에 회로가 결국에는 유효 상태로 되어 정규 작동을 계속할 수 있도록 보장해 줄 필요가 있다. 만일 순차 회로가 무효 상태들 사이를 순환한다면 상태 變移의 의도된 順次로 회로를 회복시킬 방법이 없다. 우리는 원하지 않는 조건이 일어날 리가 없다고 가정하지만 주의깊은 설계자는 이런 경우가 결코 발생하지 않는 것을 확인해야 한다.

순차 회로에서는 쓰이지 않는 상태를 리던던시 조건으로 처리할 수 있다는 것을 전에 언급했었다. 이들 쓰이지 않는 상태들의 영향을 알아보기 위해 회로를 조사해 보아야 한다. 무효 상태의 다음 상태가 회로의 해석으로 얻어질 수 있다. 아뭏든 설계 과정에서 실수가 없다는 것을 확신하기 위해서 설계에서 얻어진 회로를 항상 해석해 보는 것이 현명하다.

〔예제 6-2〕 예제 6-1에서 얻어진 順次回路를 해석하고 쓰이지 않는 상태들의 영향을 알아보아라.

쓰이지 않는 상태는 000, 110, 그리고 111이었다. 회로의 해석은 6-4 節에서 제시한 방법으로 한다. **그림 6-25**의 맵도는 해석에 도움을 줄 것이다. 여기에서 필요한 것은 **그림 6-26**의 회로도에서 시작해서 상태표나 상태도를 유도해 내는 것이다. 만약 유도된 상태표가 **표 6-6** (또는 **표 6-11**의 상태표 부분)과 일치하면 설계는 정확히 된 것이다. 그리고, 또한 사용되지 않는 상태 000, 110, 111로부터 시작해서 다음 상태를 결정해야 한다.

그림 6-25의 맵들이 각 쓰이지 않는 상태들의 다음 상태를 찾는 데 도움을 준다. 예를 들어, 어떤 이유 때문에 회로가 현재 상태 000으로 되었다면 입력 x는 회로가 다음 상태를 갖도록 하게 할 것이다. 먼저 민터엄 $ABCx=0000$을 조사한다. 맵에서 이 입력은 플립플롭 C의 세트 입력 $SC(=x')$를 제외하고는 어떤 함수에도 포함되어 있지 않다. 그러므로 A와 B는 변하지 않을 것이나 플립플롭 C는 1로 세트될 것이다. 현재 상태 $ABC=000$이기 때문에 다음 상태 $ABC=001$이 될 것이다. 또한 맵에서 민터엄 $ABCx=0001$이 SB와 RC에 관한 함수에 포함되어 있다. 그러므로 B는 세트(set)되고 C

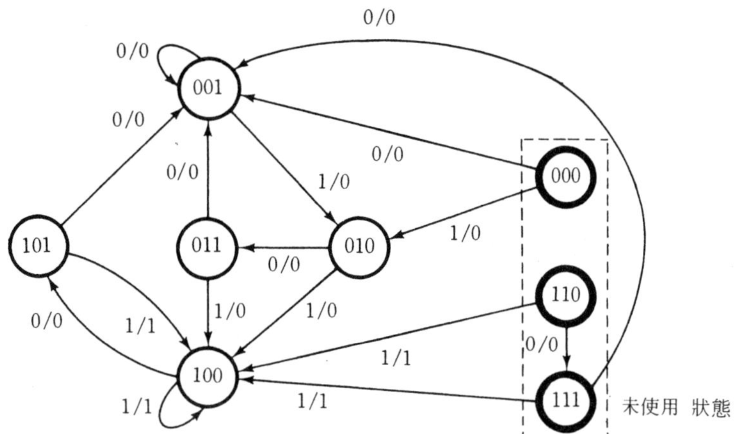

그림 6-27 그림 6-26의 회로에 관한 상태도

는 클리어될 것이다. $ABC=000$에서 시작하여 입력 변수 $x=1$일 때 B를 세트해서 다음 상태 $ABC=010$로 옮긴다. 출력 y에 관한 맵을 조사해 보면 y는 이 두 민터엄에 대해 0이라는 것을 일곱 번째 맵에서 알 수 있다.

이런 해석 절차의 결과가 그림 6-27의 상태도에 나타나 있다. 회로가 001, 010, 011, 100 그리고 101 상태 내에서 머물러 있는 한, 회로는 의도한 대로 동작하는 것이다. 회로가 無效狀態인 000, 110, 111 중의 한 상태에 있을지라도 이 회로는 1개 또는 2개의 클럭 펄스 이내에 유효 상태로 옮겨 가는 것을 그림에서 알 수 있다. 이 회로는 스스로 작동하여 자동 정정한다. 그것은 근본적으로 원하는 작동을 계속하도록 유효 상태로 되돌아가기 때문이다. 만일 $x=1$에 대한 110의 다음 상태가 111이 되고, $x=0$ 또는 1에 대한 111의 다음 상태가 다시 110이 되었다면 바라지 않는 상황이 일어났을 것이다. 그때에 회로가 110이나 111에서 시작한다면, 회로는 그림 6-27-1과 같이 이 두 상

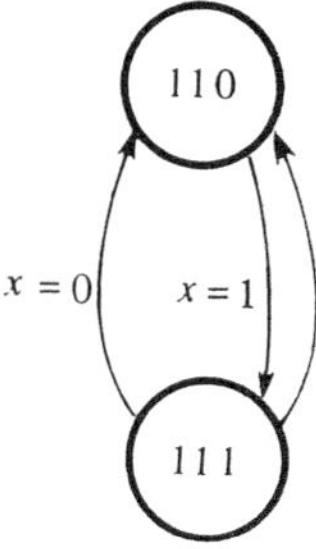

그림 6-27-1 바라지 않는 순환 상태

태에서 순환하며 머물러 있을 것이다. 그러한 원하지 않는 작동을 일으키는, 쓰이지 않는 상태는 피해야 하며, 만약 그들이 존재하는 것을 발견하면 회로는 다시 설계되어야 한다.

6-8 카운터의 設計(design of counters)

입력 펄스의 적용에 따라 미리 정해진 상태의 순차를 밟아 가는 순차 회로를 **카운터**(counter)라 부른다. 이때 입력 펄스는 **카운트 펄스**(count pulse)라 부르는 클럭 펄스이다. 이 클럭 펄스는 미리 정해진 시간 간격으로 또는 無作爲的(random)으로 外部源(external source)에서 발생된다. 카운터 내에서는 상태의 순차가 2진 카운트거나 임의의 다른 상태 순차가 될 수 있다. 카운터는 디지털 논리를 갖고 있는 거의 모든 시스템에서 쓰인다. 이들은 사건의 발생 回數를 셈하는 데 쓰이며, 디지털 시스템에서 작동을 제어하는 타이밍 순차(timing sequence)를 발생시키는 데에도 유용하다.

다양한 순차의 카운터가 있을 수 있는데 연속적인 2진 순차의 카운터가 가장 간단하며 가장 쉽게 얻을 수 있다. 2진 순차를 따르는 카운터를 **2 진 카운터**(binary)라 부른다. n비트 2진 카운터는 n개의 플립플롭으로 구성되며 0에서 2^n-1까지 셀 수 있다. 예로서, 3비트 카운터의 상태도가 **그림 6-28**에 있다. 圓 안에 표시한 2진 상태를 보아 알 수 있듯이 플립플롭 출력은 111 후에 000으로 되돌아와 2진 카운트 순차를 계속 밟는다. 圓 사이의 직선상에 다른 상태도에서처럼 입력-출력값이 표시되어 있지 않다. 클럭附 순차 회로에서 상태 變移는 클럭 펄스 발생시에 일어나며 펄스가 일어나지 않으면 현재 상태를 유지한다는 것을 명심해야 한다. 이런 이유 때문에, 클

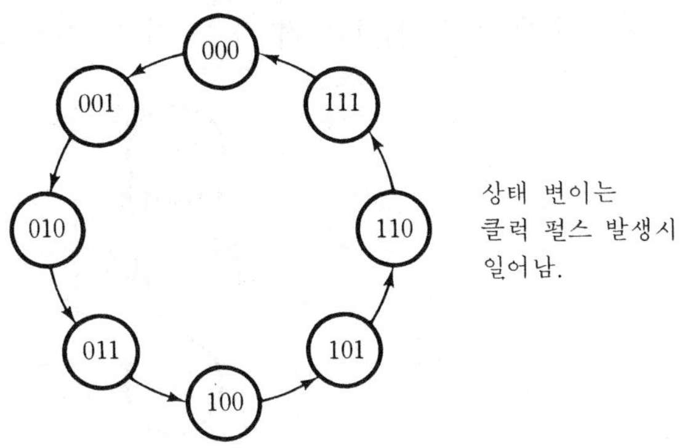

그림 6-28 3비트 2진 카운터의 상태도

표 6-12 3비트 2진 카운터에 관한 여기표

카운트 순차			플립플롭 입력		
A_2	A_1	A_0	TA_2	TA_1	TA_0
0	0	0	0	0	1
0	0	1	0	1	1
0	1	0	0	0	1
0	1	1	1	1	1
1	0	0	0	0	1
1	0	1	0	1	1
1	1	0	0	0	1
1	1	1	1	1	1

력 펄스 변수인 CP는 이 카운터에서는 상태도나 상태표에서 입력 변수로서 외부에 나타나지 않는다. 이런 관점에서 카운터의 상태도는 직선을 따라 표시하는 입력-출력값을 나타낼 필요가 없다. 이 **회로의 유일한 입력은 카운트 펄스이며 출력은 플립플롭의 현재 상태에 의해 바로 명시된다.** 카운터의 다음 상태는 완전히 그의 현재 상태에 달려 있으며 상태 變移는 펄스 발생 때마다 일어난다. 이 성질 때문에 카운터는 카운트 순차 목록, 즉 카운터가 수행하는 2진 상태 순차의 일람표에 완전하게 명시된다.

3비트 2진 카운터의 카운트 순차가 표 6-12에 주어져 있다. 순차에서의 그 다음 수는 회로의 다음 상태를 나타낸다. 카운트 순차는 마지막 값에 도달한 후에 계속 처음 상태로 되어 반복한다. 즉, 111의 다음 상태는 000이다. 그러므로 **카운트 순차는 회로 설계에 필요한 모든 정보를 제공한다.** 순차를 보면 그 다음 수로서 다음 상태를 읽을 수 있기 때문에 별도의 欄에 다음 상태를 따로 기입할 필요가 없다. 카운터의 설계는 勵起表를 카운트 순차에서 직접 얻을 수 있다는 점을 제외하고는 6-7節에서 제시된 것과 똑같은 절차를 따른다.

카운터의 기능 개념을 圖示하면 **그림 6-28-1**과 같다.

표 6-12는 3비트 2진 카운터에 관한 勵起表이다. 세 플립플롭에 A_2, A_1, A_0의 변수가 주어진다. 2진 카운터는 T 플립플롭(JK 플립플롭의 J와 K를 한데 묶은 것)으로 구성하는 것이 가장 효과적이다. T 플립플롭의 입력에 대한 플립플롭 勵起表 작

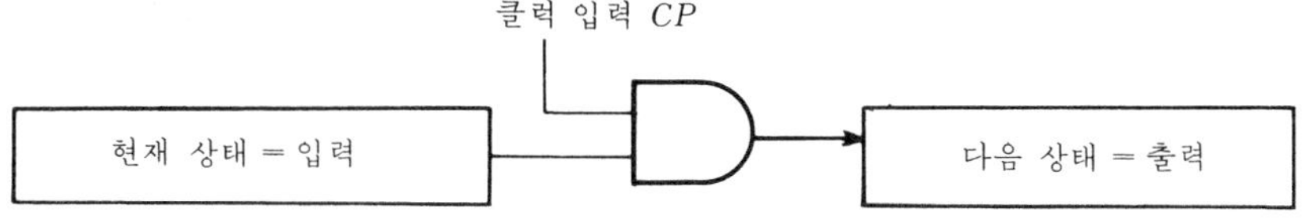

그림 6-28-1 카운터의 개념도

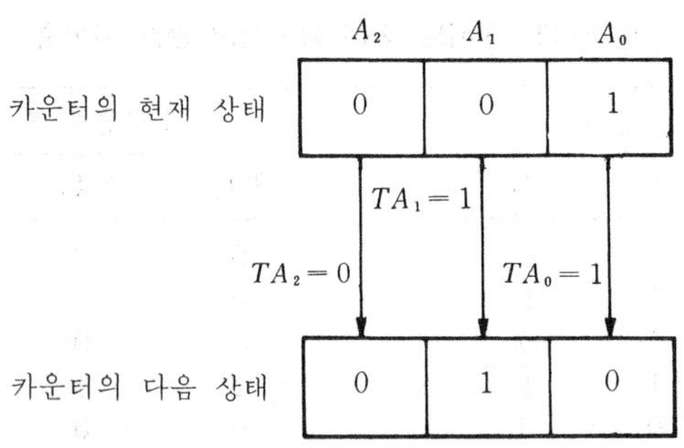

그림 6-28-2 3비트 카운터(T 플립플롭)의 플립플롭 입력

성은 주어진 카운트 수(현재 상태)로부터 그 다음의 수(다음 상태)로의 상태 變數와 T 플립플롭 勵起表[표 6-8(d)]를 써서 구한다. 보기로서 표 6-12의 플립플롭 입력 001 行을 생각해 보자. 현재 상태는 001이고, 다음 상태는 그 다음 카운트인 010이다. 이 두 카운트를 비교해 보면 A_2는 0에서 0으로 가기 때문에 플립플롭 A_2의 상태는 변하지 않으므로 A_2의 입력 TA_2는 0으로 된다. A_1은 0에서 1로 변이하므로 A_1의 입력 TA_1은 1로 표시되며 A_0도 1에서 0으로 가기 때문에 TA_0는 1로 되어야 한다. 이 관계를 그림으로 표시하면 **그림 6-28-2**와 같다.

현재 상태 111을 가진 마지막 행은 그 다음 상태인 000과 비교한다. 모든 1이 0으로 變移하기 때문에 세 플립플롭 모두 보수를 취해야 하므로 플립플롭의 입력 모두 $TA_2=TA_1=TA_0=1$이 된다.

勵起表에서의 T 플립플롭의 입력 함수들을 **그림 6-29**의 맵 방법으로 간소화하였다. 각 맵의 아래에 기입된 부울 함수는 카운터의 조합 회로의 부분을 표시하게 된다. 이들 함수와 3개의 플립플롭을 써서 카운터의 논리도를 그리면 **그림 6-30**과 같다.

n개의 플립플롭을 가진 카운터가 2^n수보다 적은 2진 순차를 갖게 만들 수도 있다. BCD 카운터는 0000에서 1001까지 2진 순차를 셈하고 순차를 반복하기 위해 1001에서 0000으로 되돌아간다. 어떤 카운터는 연속적인 2진 순차가 아닌 임의의 순차를

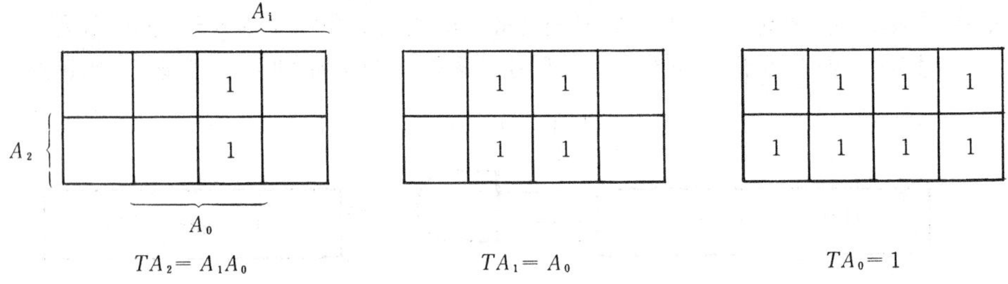

		1	
		1	

	1	1	
	1	1	

1	1	1	1
1	1	1	1

그림 6-29 3비트 2진 카운터(표 6-12)에 관한(맵)

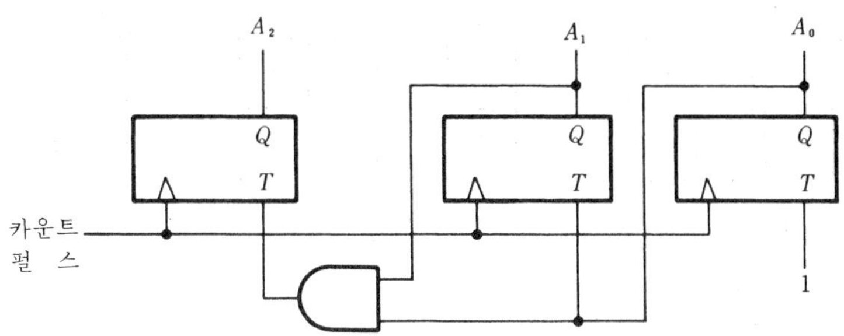

그림 6-30 3비트 2진 카운터의 논리도

따르게 되기도 한다. 어떤 경우이든지 설계 절차는 똑같다. 표로 작성된 카운트 순차는 항상 반복적인 카운트를 가정하기 때문에 마지막 카운트의 다음 상태는 표의 첫번째 카운트가 된다.

〔예제 6-3〕 표 6-13에 나열한 6개의 상태 순차를 가진 카운터를 설계하라.

이 순차에서, 플립플롭 A가 세 카운트마다 0에서 1사이를 교대하는 동안에 플립플롭 B와 C는 00, 01, 10을 반복한다. A, B, C에 관한 카운트 순차는 연속적인 2진수가 아니며 두 상태 011과 111이 쓰이지 않는다. 이 설계에서는 JK 플립플롭을 사용한다. 勵起表(표 6-13)에서 플립플롭 B와 C의 입력 KB와 KC는 1과 X만을 가지고 있다. 따라서 이 두 입력은 항상 1로 보아도 된다. 다른 플립플롭 입력 함수는 민터엄 3과 7을 리던던시 조건으로 사용해서 다음과 같이 간단히 할 수 있다(그림 6-30-1 참조).

$JA = B \qquad KA = B$

$JB = C \qquad KB = 1$

$JC = B' \qquad KC = 1$

표 6-13 예제 6-3에 관한 여기표

카운트 순차			플립플롭 입력					
A	B	C	JA	KA	JB	KB	JC	KC
0	0	0	0	X	0	X	1	X
0	0	1	0	X	1	X	X	1
0	1	0	1	X	X	1	0	X
1	0	0	X	0	0	X	1	X
1	0	1	X	0	1	X	X	1
1	1	0	X	1	X	1	0	X

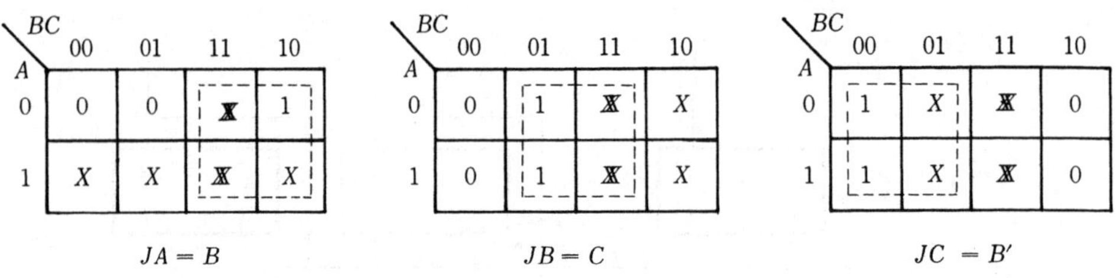

여기서, X : 리던던시항
X : 미사용 상태항(3, 7항)

그림 6-30-1 예제 6-3의 표 6-13 내 플립플롭 입력 함수의 간소화

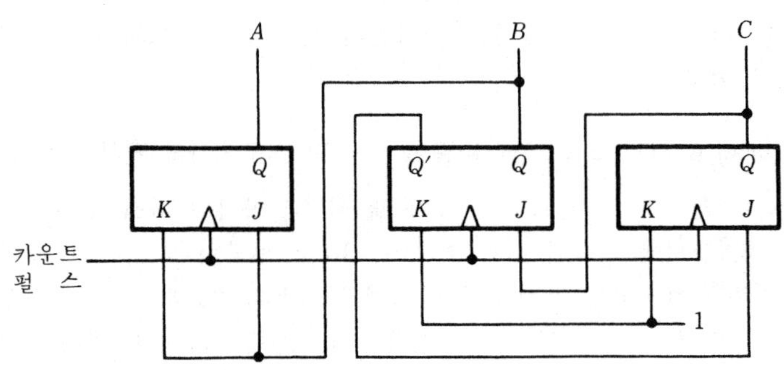

(a) 카운터의 논리도

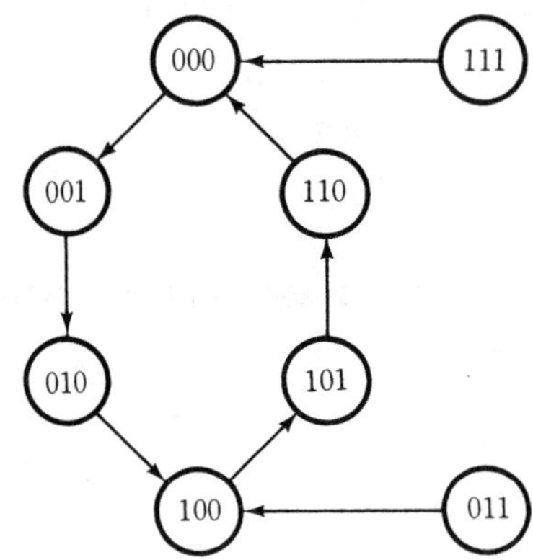

(b) 카운터의 상태도

그림 6-31 예제 6-3에 대한 답

카운터의 논리도는 그림 6-31(a)에 표시하였다. 2개의 쓰지 않는 상태가 있기 때문에 그들의 영향을 알아보기 위해 이 회로를 분석해 보아야 한다. 해석에서 얻어진 상태도가 그림 6-31(b)에 그려져 있다. 회로가 무효 상태로 들어가기만 하면 그 다음 카운트 펄스에서는 유효 상태로 들어가서 정확하게 셈을 계속한다. 따라서 이 카운터는 自己始動(self-starting)형이다. **자기 시동 카운터란 어떤 상태에서든지 시작할 수 있으나 결국에는 정상 카운트 순차에 들어가는 카운터를 말한다.**

6-9 狀態方程式을 利用한 設計

順次回路는 勵起表가 아닌 狀態方程式에 의해서 설계할 수 있다. 6-4節에서 보았듯이 상태 방정식은 현재 상태와 입력 변수의 함수로써 다음 상태에 관한 조건이 주어지는 代數式이다. 순차 회로의 상태 방정식은 이 회로에 관한 상태표에 표시된 정보와 똑같은 내용을 대수적으로 표시하고 있다.

상태 방정식 방법은 이미 회로가 이런 형태로 표시되어 있거나 상태 방정식이 상태표에서 쉽게 유도할 수 있을 때 편리하다. D 플립플롭이 사용될 때는 이 방식이 더 좋으며, 때때로 이 방식은 JK 플립플롭을 사용하는 것이 편리할 때도 있다. RS나 T 플립플롭을 가진 회로에도 이 방식을 적용할 수 있으나 상당히 많은 양의 대수적 처리가 필요하다. 여기서 이 방법을 D 또는 JK 플립플롭으로 구성되는 순차 회로에 응용해 보겠다. 이 방법의 시작점은 6-2節에서 유도한 플립플롭 특성표이다.

D 플립플롭을 사용한 順次回路

그림 6-5(d)에서 유도된 D 플립플롭의 특성 방정식은 $Q(t+1)=D$이다. 이 방정식은 플립플롭의 다음 상태가 현재 상태의 값에 관계 없이 입력 D의 현재 값과 같다는 것을 말해 주고 있다. 그러므로 입력 정보를 勵起表의 다음 상태 欄에서 이미 이용할 수 있기 때문에 **플립플롭 입력 조건을 유도할 필요가 없다.**

예를 들어 표 6-9에 주어진 상태표를 생각해 보자. A에 관한 다음 상태 欄은 4개의 1을 갖고 있으며 B의 다음 상태 欄도 그러하다. 이 회로를 D 플립플롭으로 설계하기 위해서 상태 방정식과 대응된 D 입력을 다음과 같이 등식으로 놓는다.

$$A(t+1) = DA(A,\ B,\ x) = \sum(2,\ 4,\ 5,\ 6)$$

$$B(t+1) = DB(A,\ B,\ x) = \sum(1,\ 3,\ 5,\ 6)$$

여기에서 DA와 DB는 D 플립플롭 A와 B의 입력 함수이며, 각 함수는 4개의 민

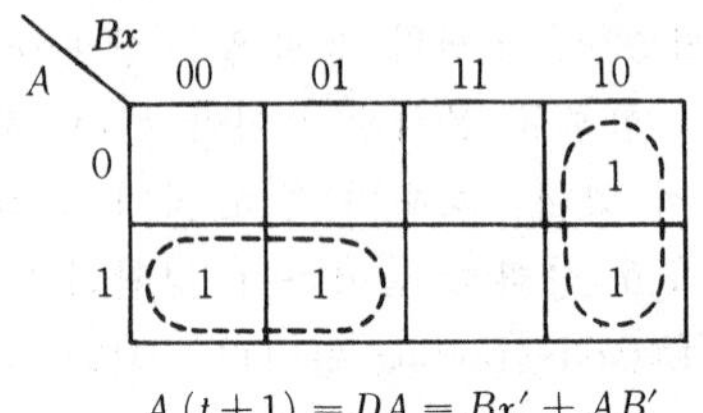

$A(t+1) = DA = Bx' + AB'$

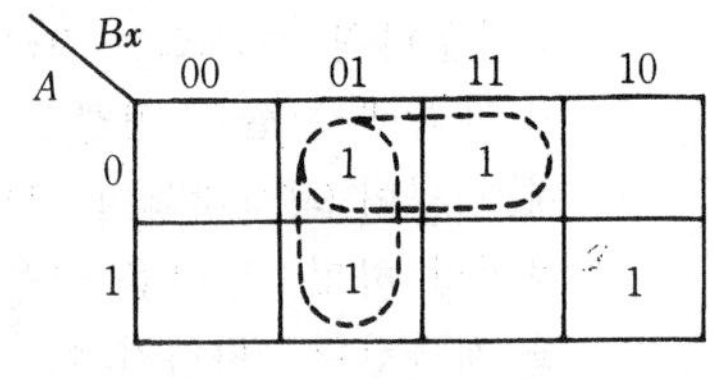

$B(t+1) = DB = A'x + B'x + ABx'$

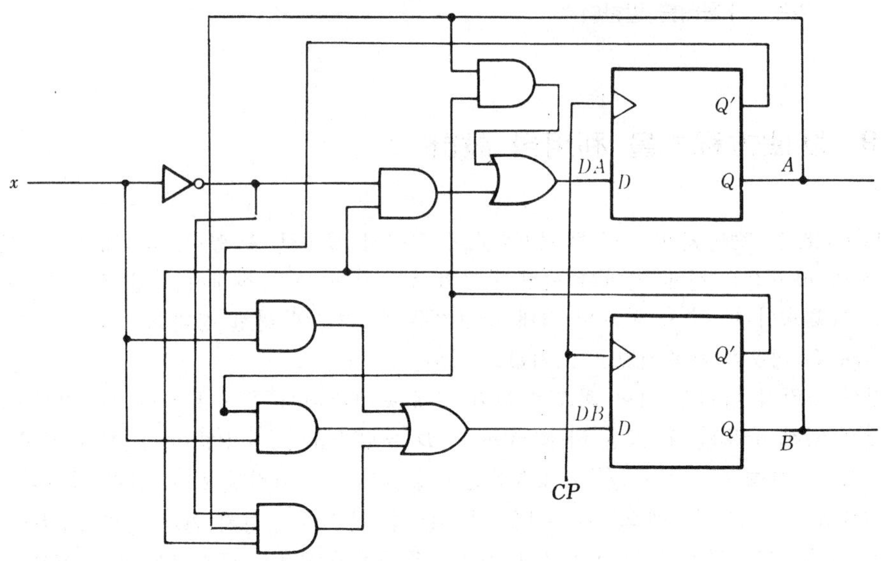

그림 6-30-2 카르노 맵과 D 플립플롭을 사용한 논리도

터엄 合으로 표시되어 있다. 2개의 3-변수 맵에 의해 단순화된 함수를 얻을 수 있는데, 그 함수는 다음과 같다.

$$DA = AB' + Bx'$$
$$DB = A'x + B'x + ABx'$$

만일 순차 회로에서 사용 안 되는 상태가 있다면 그것들은 리던던시 조합으로 입력과 함께 고려해야 한다. 그렇게 하여 얻은 리던던시 민터엄은 D 플립플롭 입력 함수의 상태 방정식을 간단히 하는 데 사용된다. 이 예의 맵들과 논리도는 그림 6-30-2와 같다.

〔예제 6-4〕 4개의 플립플롭 A, B, C, D를 가진 順次回路를 설계하라. 단 B, C와 D의 다음 상태는 각각 A, B, C의 현재 상태와 같다. A의 다음 상태는 C와 D의 현재 상태의 exclusive-OR와 같다.

문제의 뜻으로부터 다음 상태 방정식을 구할 수 있다.

$$A(t+1) = C \oplus D$$
$$B(t+1) = A$$
$$C(t+1) = B$$
$$D(t+1) = C$$

이 회로는 피이드백 자리 이동 레지스터(feedback shift register)를 나타낸다. 피이드백 자리 이동 레지스터에서의 각 플립플롭은 클럭 펄스가 일어날 때 그의 내용을 이웃 레지스터에게로 이동시키며 첫 번째 플립플롭(여기서는 A)의 다음 상태는 다음 플립플롭들의 현재 상태의 어떤 함수이다. 상태 방정식이 매우 간단하기 때문에 사용하기에 가장 편리한 플립플롭은 D형이다.

이 회로에 대한 플립플롭 입력 함수는 다음과 같이 다음 상태 변수를 플립플롭 입력 변수로 대체해서 상태 방정식에서 바로 얻을 수 있다.

$$DA = C \oplus D$$
$$DB = A$$
$$DC = B$$
$$DD = C$$

이 회로는 4개의 D플립플롭과 1개의 EOR 게이트를 써서 구성할 수 있다.

JK 플립플롭을 사용한 狀態方程式*

그림 6-6(d)에서 유도한 **JK 플립플롭의 특성 방정식**은 다음과 같다:

$$\boldsymbol{Q(t+1) = (J)\,Q' + (K')\,Q}$$

입력 변수 J와 K는 플립플롭 입력 변수를 나타내는 데에 사용되어 왔던 2-문자 規約(관례)과 특성 방정식의 AND 용어와 혼동을 피하기 위해서 괄호로 묶여 있다.

순차 회로는 勵起表를 작성할 필요 없이 상태 방정식에서 바로 유도할 수 있다. 이것은 각 플립플롭에 관한 상태 방정식과 JK 플립플롭의 일반적인 특성 방정식을 맞추어 가는 과정을 행함으로써 순차 회로를 실현한다. 이 **맞추는 과정**(**matching processing**)은 각 상태 방정식이 특성 방정식의 형태로 되기까지 조작하는 것으로 되어 있다. 일단 이 작업이 행해지면 입력 J와 K에 관한 함수가 유도되고 단순화될 수 있다. 이 과정은 나열된 각 상태 방정식에 대해 행해져야 하며, 특성 방정식의 문자 Q는 그의 플립플롭의 명칭인 A, B, C 등으로 대체되어야 한다.

$Q(t+1)$에 관해 주어진 상태 방정식은 Q와 Q'의 함수로서 이미 표시되어 있을 것

* 이 부분은 생략해도 연속성을 잃지 않는다.

이다. 종종 Q나 Q', 또는 둘 다 부울 함수에 없을 수도 있다. 그러면 Q와 Q' 모두가 代數式에 포함될 때까지 대수적으로 수식을 억지로 만들어 낼 필요가 있다. 다음 예제는 있을 수 있는 모든 가능한 것들을 설명한다.

〔예제 6-5〕 다음 狀態方程式을 만족하는 *JK* 플립플롭을 가진 順次回路를 설계하라.

$$A(t+1) = A'B'CD + A'B'C + ACD + AC'D'$$
$$B(t+1) = A'C + CD' + A'BC'$$
$$C(t+1) = B$$
$$D(t+1) = D'$$

플립플롭 A에 관한 입력 함수는 다음과 같이 상태 방정식과 특성 방정식을 맞추어 일치시킨다.

$$\begin{aligned} A(t+1) &= (B'CD + B'C)A' + (CD + C'D')A \\ &= (J)A' + (K')A \end{aligned}$$

두 방정식이 일치하므로 플립플롭 A의 입력 함수는 다음과 같다.

$$J = B'CD + B'C = B'C$$
$$K = (CD + C'D')' = CD' + C'D$$

플립플롭 B에 관한 상태 방정식은 다음과 같이 쓸 수 있다.

$$B(t+1) = (A'C + CD') + (A'C')B$$

그러나, 이 형태는 변수 B'가 없기 때문에 특성 방정식과 맞추어 일치시키기에 부적당하다. 우변의 첫 번째 항에 $(B+B')=1$를 AND 시키면, 방정식은 원래의 값과 변동 없으나 변수 B'를 포함하게 된다.

$$\begin{aligned} B(t+1) &= (A'C + CD')(B' + B) + (A'C')B \\ &= (A'C + CD')B' + (A'C + CD' + A'C')B \\ &= (J)B' + (K')B \end{aligned}$$

두 방정식의 등호로부터 플립플롭 B에 관한 입력 함수를 얻을 수 있다.

$$J = A'C + CD'$$
$$K = (A'C + CD' + A'C')' = AC' + AD$$

플립플롭 C에 관한 상태 방정식은 다음과 같이 만들 수 있다.

$$\begin{aligned} C(t+1) &= B = B(C' + C) = BC' + BC \\ &= (J)C' + (K')C \end{aligned}$$

플립플롭 C에 관한 입력 함수는 :

$$J = B$$
$$K = B'$$

마지막으로 플립플롭 D에 관한 상태 방정식은 다음과 같이 특성 방정식과 일치시킨다.

$$D(t+1) = D' = 1.D' + 0.D$$
$$= (J)D' + (K')D$$

따라서 입력 함수는 다음과 같다.

$$J = K = 1$$

유도된 입력 함수를 한 군데로 모아 보면 아래와 같다. 위의 유도에 사용되지 않은 플립플롭 입력 변수를 나타내는 데 2-문자 표기법이 사용된다 :

$JA = B'C$ $\quad KA = CD' + C'D$

$JB = A'C + CD'$ $\quad KB = AC' + AD$

$JC = B$ $\quad KC = B'$

$JD = 1$ $\quad KD = 1$

여기에서 소개된 설계 절차는 JK 플립플롭이 사용될 때 순차 회로의 플립플롭 입력 함수를 결정하기 위한 또 다른 방법이었다. 먼저 상태도나 상대표가 명시되어 있는 문제에서 이 방법을 적용하려면, 6-4節에서 소개된 절차에 의해 상태 방정식을 먼저 유도할 필요가 있다. 상태 방정식은 리던던시 조건으로 간주되는 쓰이지 않는 상태를 포함하기 위해서도 확장할 수 있다. 리던던시 민터엄은 상태 방정식의 형태로 쓰여져서 채택한 특정 플립플립에 관한 상태 방정식의 형태로 될 때까지 변형한다. 그러면 리던던시 상태 방정식으로 된 J와 K 함수들은 플립플롭 입력 함수를 단순화할 때 리던던시 민터엄으로 취급하면 된다.

참 고 문 헌

1. Marcus, M. P., *Switching Circuits for Engineers*, 3rd ed. Englewood Cliffs, N.J.: Prentice-Hall, 1975.

2. McCluskey, E. J., *Introduction to the Theory of Switching Circuits*. New York: McGraw-Hill Book Co., 1965.

3. Miller, R. E., *Switching Theory*, two volumes. New York: John Wiley and Sons, 1965.

4. Krieger, M., *Basic Switching Circuit Theory*. New York: The Macmillan Co., 1967.

5. Hill, F. J., and G. R. Peterson, *Introduction to Switching Theory and Logical Design*. New York: John Wiley and Sons, 1974.

6. Givone, D. D., *Introduction to Switching Circuit Theory*. New York: McGraw-Hill Book Co., 1970.

7. Kohavi, Z., *Switching and Finite Automata Theory*. New York: McGraw-Hill Book Co., 1970.

8. Phister M., *The Logical Design of Digital Computers*. New York: John Wiley and Sons, 1958.

9. Paull, M. C., and S. H. Unger, "Minimizing the Number of States in Incompletely Specified Sequential Switching Functions." *IRE Trans. on Electronic Computers*, Vol. EC-8, No. 3 (September 1959), 356–66.

10. Hartmanis, J., "On the State Assignment Problem for Sequential Machines I." *IRE Trans. on Electronic Computers*, Vol. EC-10, No. 2 (June 1961), 157–65.

11. McCluskey, E. J., and S. H. Unger, "A Note on the Number of Internal Assignments for Sequential Circuits." *IRE Trans. on Electronic Computer*, Vol. EC-8, No. 4 (December 1959), 439–40.

연습 문제

6-1 4개의 NAND 게이트로 된 클럭附 *RS* 플립플롭의 논리도를 그려라.

6-2 AND와 NOR 게이트로 된 클럭附 *D* 플립플롭의 논리도를 그려라.

6-3 그림 6-5(a)의 클럭附 *D* 플립플롭은 한개의 게이트가 줄여질 수 있음을 보여라.

6-4 *JK'* 플립플롭, 즉 외부 입력 *K'*와 내부 입력 *K* 사이에 인버어터를 삽입한 *JK* 플립플롭을 생각하자.

(a) 플립플롭 특성표를 구하라.

(b) 특성 방정식을 하하라. 구하라.

(c) 두 외부 입력을 묶게 되면 *D* 플립플롭이 구성되는 것을 보여라.

6-5 세트 우선 플립플롭(set-dominate flip-flop)은 세트와 리세트 입력을 하나씩 갖고 있다. 이것은 세트와 리세트를 동시에 시도하려 할 때는 플립플롭을 세트시킨다는 점에서 보통의 $R-S$ 플립플롭과 다르다.

(a) 세트 우위 플립플롭(set-dominate flip-flop)에 관한 특성표를 특성 방정식을 얻어라.

(b) 非同期式 세트 우선 플립플롭(asynchronous set-dominate flip-flop)에 관한 논리도를 구하라.

6-6 AND와 NOR 게이트로 구성된 주-종 JK 플립플롭의 논리도를 구하라. 클럭을 사용치 않고 非同期的으로 플립플롭을 세트하고 클리어시키는 설비를 포함한다.

6-7 이 문제는 **그림 6-11**의 내부 게이트에서 2진 變移(binary transition)를 통해서 주-종 JK 플립플롭의 작동을 조사한다. 회로의 입력이 다음 순차를 진행할 때 9개의 게이트의 2진값 출력을 계산하라.

(a) $CP=0$, $Y=0$, $Q=0$, $J=K=1$

(b) CP가 1로 된 후(Y는 1로 되어야 하며 Q는 0으로 남아 있는다)

(c) CP가 0으로 가고 J가 0으로 간 바로 직후(Q는 1로 가야 하며 Y는 영향을 받지 않는다)

(d) CP가 다시 1로 간 후(Y는 0으로 가야 한다)

(e) CP가 0으로 되돌아가고나서 K가 0으로 간 바로 직후(Q는 0으로 가야 한다)

(f) 모든 계속되는 펄스는 J와 K가 0으로 남아 있는 한 영향을 미치지 않는다.

6-8 주-종 D 플립플롭의 논리도를 그려라. NAND 게이트를 사용하라.

6-9 **그림 6-12** 플립플롭의 2번과 6번 게이트의 입력에 非同期 클리어 단자를 연결하라.

(a) 클리어 입력이 0일 때, 플립플롭이 클리어되며 CP와 D 입력의 값에 상관 없이 클리어된 상태로 남아 있는 것을 보여라.

(b) 클리어 입력이 1일 때, 이것이 정상적인 클럭附 작동에 영향을 미치지 않는다는 것을 보여라.

6-10 **그림 6-32**의 全加算器는 두 외부 입력 x, y와 D 플립플롭의 출력에서 나오는 세 번째 입력 z을 갖고 있다. 캐리 출력은 매클럭 펄스마다 플립플롭으로 전송된다. 외부 출력 S는 x, y, z의 합이다. 이 순차 회로의 상태표와 상태도를 구하라

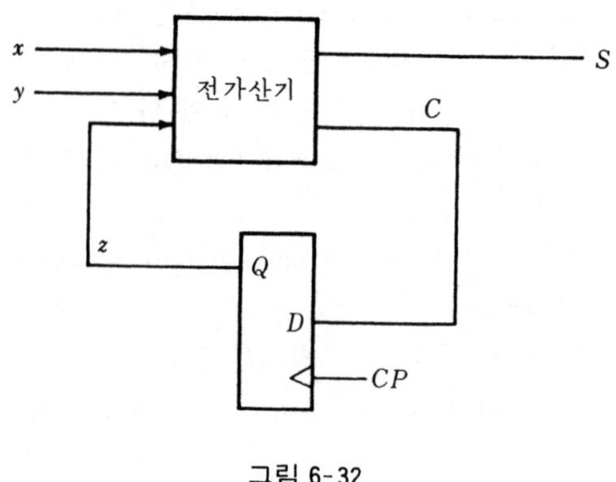

그림 6-32

6-11 그림 6-33의 순차 회로의 상태표와 상태도를 유도하라. 이 회로의 기능은 무엇인가?

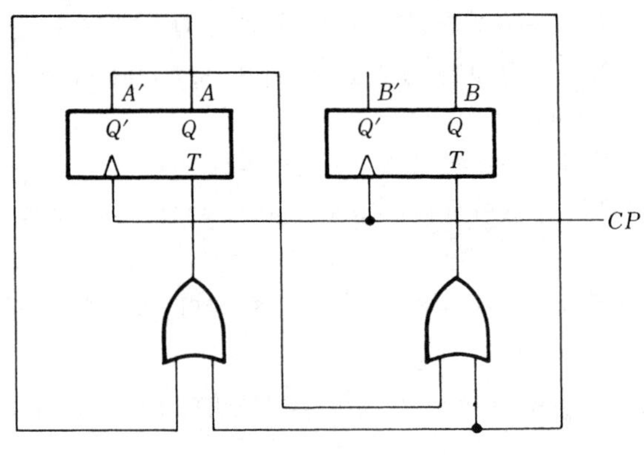

그림 6-33

6-12 순차 회로가 4개의 플립플롭 A, B, C, D와 1개의 입력 x를 갖고 있다. 상태 방정식은 다음과 같다.

$$A(t+1) = (CD' + C'D)x + (CD + C'D')x'$$
$$B(t+1) = A$$
$$C(t+1) = B$$
$$D(t+1) = C$$

(a) 상태 $ABCD = 0001$에서 시작해서 $x = 1$일 때, 상태의 순차를 구하라.

(b) 상태 $ABCD = 0000$에서 시작해서 $x = 0$일 때, 상태의 순차를 구하라.

6-13 어떤 순차 회로가 2개의 플립플롭과 (A와 B) 2개의 입력 (x와 y), 그리고 1개의 출력 (z)를 갖고 있다. 플립플롭 입력 함수와 회로의 출력 함수는 다음과 같다.

$$JA = xB + y'B' \qquad KA = xy'B'$$
$$JB = xA' \qquad KB = xy' + A$$
$$z = xyA + x'y'B$$

논리도, 상태표, 상태도 그리고 상태 방정식을 구하라.

6-14 다음 상태표에서 상태의 수를 줄이고 축소된 상태표를 작성하라.

	다음 상태		출 력	
	$x=0$	$x=1$	$x=0$	$x=1$
a	f	b	0	0
b	d	c	0	0
c	f	e	0	0
d	g	a	1	0
e	d	c	0	0
f	f	b	1	1
g	g	h	0	1
h	g	a	1	0

6-15 문제 6-14에서 상태표의 상태 a에서 시작해서 입력 순차 01110010011에 의해 발생된 출력 순차를 구하라.

6-16 문제 6-14의 축소된 상태표를 사용해서 문제 6-15를 반복하라. 똑같은 출력 순차가 얻어짐을 보여라.

6-17 표 6-4의 상태를 표 6-5의 2진 할당 2로 대체해서 2진 상태표를 구하라. 2진 할당 3을 사용해서 반복하라.

6-18 문제 6-4에 기술된 JK' 플립플롭의 勵起表를 구하라.

6-19 문제 6-5의 세트 우위 플립플롭 (set-dominate flip-flop)의 勵起表를 구하라.

6-20 어떤 순차 회로가 1개의 입력과 1개의 출력을 갖고 있다. 상태도가 그림 6-34에 있다. 다음 플립플롭을 써서 순차 회로를 설계하라.

(a) T 플립플롭

(b) RS 플립플롭

(c) JK 플립플롭

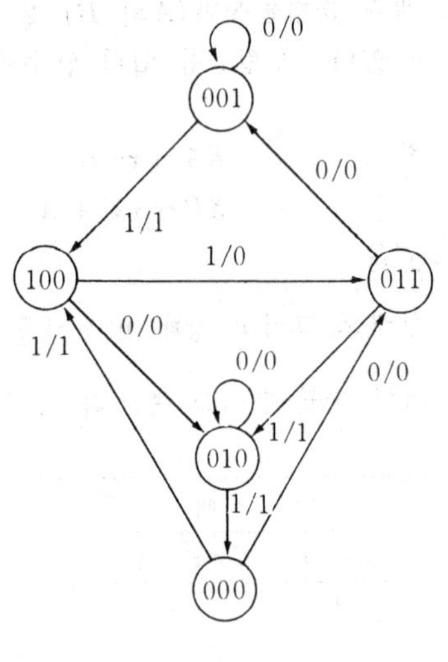

그림 6-34

6-21 입력 x가 1일 때 레지스터에 저장된 2진수를 2의 보수 값으로 변환하는 4 비트 레지스터의 회로를 설계하라. 레지스터에 사용되는 플립플롭은 **RST** 형이다. 이 플립플롭은 3개의 입력을 가진다. 2개는 **RS** 능력을 가지며 또 하나는 **T** 능력을 가진다. **RS** 입력은 $y=1$ 일 때 4 비트 수를 전송하는 데 쓰이며 **T** 입력은 변환에 사용된다.

6-22 표 6-5의 2진 할당 3을 사용해서 예 6-1을 반복하라. *JK* 플립플롭을 사용하라.

6-23 **JK** 플립플롭을 사용하여 BCD 카운터를 설계하라.

6-24 표 1-2의 2,4,2,1 코우드(표 1-2)에 따라 10진 순차를 하는 카운터를 설계하라. **T** 플립플롭을 사용한다.

6-25 다음의 반복된 2진 순차를 가진 2진 카운터를 설계하라. *JK* 플립플롭을 사용하라.

(a) 0, 1, 2 (b) 0, 1, 2, 3, 4 (c) 0, 1, 2, 3, 4, 5, 6

6-26 다음의 반복된 2진 순차를 가진 카운터를 설계하라. *RS* 플립플롭을 사용하라

0, 1, 3, 2, 6, 4, 5, 7

6-27 T 플립플롭을 사용해서 다음의 반복된 2진 순차를 갖는 카운터를 설계하라.

0, 1, 3, 7, 6, 4

6-28 JK 플립플롭을 사용해서 다음의 반복된 2진 순차를 갖는 카운터를 설계하라.

0, 4, 2, 1, 6

6-29 D 플립플롭을 써서 예제 6-5를 반복하라.

6-30 勵起表 방법을 이용해서 예제 6-5에서 얻어진 회로를 검증하라.

6-31 다음 상태 방정식으로 표시되는 순차 회로를 설계하라. JK 플립플롭을 사용하라.

$$A(t+1) = xAB + yA'C + xy$$
$$B(t+1) = xAC + y'BC'$$
$$C(t+1) = x'B + yAB'$$

6-32 (a) 6-5節의 표 6-6에 의해 명시된 순차 회로에 관한 상태 방정식을 유도하라. 리던던시 민터엄의 일람표를 만들어라.

(b) 예제 6-5에서 소개된 방법을 사용해서 상태 방정식과 리던던시 민터엄에서 플립플롭 입력 함수를 유도하라. JK 플립플롭을 사용하라.

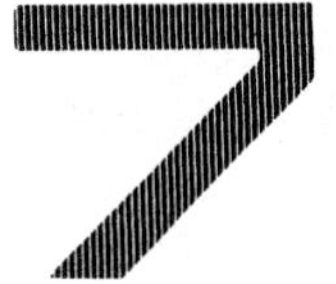

레지스터, 카운터와 메모리 裝置
Registers, Counters, Memory Unit

7-1 序　　論

디지털 順次回路는 여러 개의 플립플롭과 피이드백 (feedback) 경로를 형성하는 조합 회로로 구성되어 있다. **순차 회로에서는 플립플롭이 필수적**인데 그 이유는, 만약 플립플롭이 없다면 그 회로는 단순한 조합 회로로밖에 볼 수가 없기 때문이다(단, 피이드백 경로가 없는 것으로 생각한다). **플립플롭만**으로 된 회로는 조합 게이트들이 없어도 순차 회로로 간주한다.

플립플롭이나 다른 기억 소자들을 포함하고 있는 MSI 회로들은 위의 정의에 따르면 순차 회로이다. 이러한 MSI 회로들은 그들이 수행하는 기능에 의해서 ① **레지스터** ② **카운터** ③ **RAM** (random access memory)의 세 부류로 분류된다. 이 章에서는 I-C 회로의 형태로서 구입할 수 있는 여러 종류의 레지스터와 카운터들을 소개하고 들의 작동을 설명할 것이다. 또한, RAM의 구조도 소개하겠다.

레지스터는 2진 정보를 저장하기에 적합한 2진 기억 소자들의 집합이다. 1개의 플립플롭은 한 비트의 2진 정보를 저장할 수 있는 2진 기억 소자의 역할을 하므로 플립플롭들의 集合은 레지스터를 構成한다. 따라서 n 비트의 레지스터는 n개의 플립플롭으로 구성되어 있으며, n 비트로 된 어떤 2진 정보도 저장할 수 있다. 플립플롭뿐만 아니라 레지스터는 情報處理를 할 수 있는 組合回路를 갖기도 한다. 넓게 정의하면 레지스터는 여러 개의 플립플롭과 그것들의 내용 변환에 영향을 미칠 수 있는 게이트들로 구성된다고 할 수 있다. 플립플롭은 2진 정보를 저장하고 게이트들은 새로운 정보가 언제, 어떻게 레지스터에 전송되는지를 제어한다.

6-8절에서 이미 소개된 **카운터**는 입력 펄스가 들어오면 미리 정해진 일련의 상태 순차에 따라 상태가 변하는 레지스터이다. 카운터 내부의 게이트들은 레지스터의 상태가 미리 정해진 일련의 상태들에 따라서 변하도록 구성되어 있다. 카운터는 특별한 형태의 레지스터이지만 명칭을 달리하여 레지스터와 구분하는 것이 보통이다.

메모리 장치는 여러 개의 기억 소자들과 기억 소자에서 정보들의 입출력 전송을 위해 필요한 회로들로 구성되어 있다. RAM은 저장된 정보를 읽어 낼 수 있을 뿐만 아니라 새 정보를 저장시킬 수 있다는 점에서 ROM과 구별이 된다. 그러한 측면에서 RAM을 read write memory 라고 하는 것이 좀더 적절할 것 같다.

레지스터, 카운터, 메모리는 일반적인 디지털 시스템과 특히 디지털 컴퓨터의 설계에 폭넓게 사용된다. 레지스터는 또한 순차 회로의 설계를 손쉽게 하기 위해서도 사용되고 카운터는 디지털 시스템에서 여러 가지 작동을 반복시키고 제어하는 타이밍 變數(timing variable)를 만드는 데 유용하게 쓰인다. 메모리는 디지털 계산기에서 프로그램과 자료를 저장시키기 위해서 필수적이다. 이러한 MSI에 대한 지식은 디지털 시스템의 구조와 설계를 이해하는 데 매우 중요하다.

7-2 레지스터(register)

다양한 종류의 레지스터를 MSI 회로의 형태로 구입할 수 있다. 가장 간단한 레지스터는 외부 게이트가 전혀 없이 단지 플립플롭만으로 구성된 레지스터인데, 그림 7-1에 그러한 레지스터가 4개의 D형 플립플롭과 하나의 일반적인 클럭 펄스를 사용하여 설계되어 있다.

CP(clock pulse)는 모든 플립플롭들을 인에이블(enable)시켜서 4개의 입력 정보들이 4비트 레지스터에 전송될 수 있도록 한다. 현재 레지스터에 저장되어 있는 정보는 4개의 출력으로 알아 낼 수 있다.

레지스터에서 사용되는 플립플롭들이 시동되는 방법은 매우 중요하다.만약 그림 6-5에서처럼 D형 레치(latch)로서 플립플롭이 만들어졌다면 인에이블 CP가 1일 때 정보는 입력 단자 D에 입력되어 출력 단자 Q에 전송된다. CP가 1을 유지하는 한 출력 Q는 입력 자료를 따르는데, CP가 0으로 될 때는 轉移하기 바로 직전에 입력 단자 D에 있던 정보를 출력 Q에 그대로 전송한다. 즉, 플립플롭이 펄스 持續期間(pulse duration) 에 작동하므로, $CP=1$일 때 레지스터는 인에이블되는 것이다. 펄스 지속

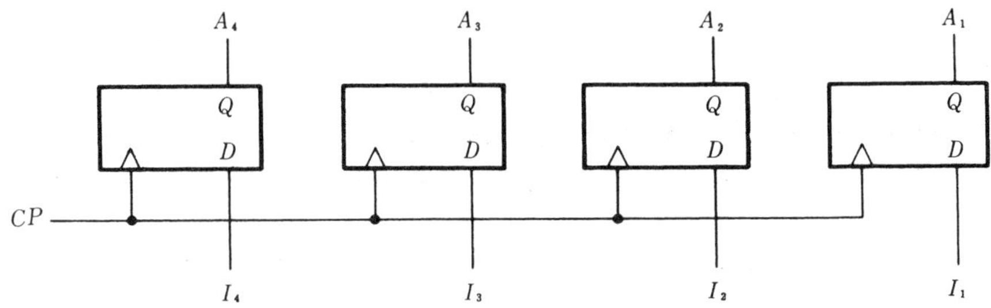

그림 7-1 4비트 레지스터

기간에 작동을 하는 레지스터를 보통 **게이티드 레치**(gated latch)라고 한다.

그리고 이 경우에 CP 입력을 흔히 CP 대신에 변수 G로써 표시한다. 레치는 외부의 지정된 행선 장소까지 전송될 2진 정보의 일시적인 저장을 위해서 사용하기에 적당하다. 이 레치는 피이드백 경로를 가지고 있는 순차 회로의 설계에 사용되어서는 안 된다.

게이티드 레치 (gated latch)

6-3節에서 설명된 것처럼 플립플롭이 펄스 지속 기간에서가 아니라 **펄스 轉移**(pulse transition)에서 작동을 한다면 그 플립플롭은 디지털 순차 회로의 설계에 사용할 수 있다. **이것은, 레지스터 內部 플립플롭들은 반드시 모서리 作動形態**(edge-triggered type) **나 主從 플립플롭 形態**(master-slave type) **여야 한다는 것을 의미한다.** 일반적으로 논리도에서 플립플롭이 게이티드 레치, 모서리 작동, 주종 플립플롭 형태 중 어느 것인지를 구별하는 것은 그들의 표시 기호가 같기 때문에 불가능하다. 따라서 명칭으로서 그것들을 구별해야 한다. 펄스 지속 기간에서 작동하는 플립플롭은 항상 **레치라 부르고** 펄스 轉移에서 작동하는 플립플롭은 **레지스터***라 부른다. 어느 경우에서나 레치 대신에 레지스터를 사용할 수 있으나 그 반대의 경우에서는 한 레치의 출력이 결코 같은 클럭 펄스에 의해 작동하는 다른 플립플롭에 입력되지 않도록 주의를 기울여야 한다. 앞으로의 설명에서는 어떤 플립플롭도 레지스터를 구성하는 데 사용할 수 있다고 가정하겠다. 이 때, 모든 플립플롭들은 모서리 작동이거나 주종 플립플롭 형태라고 생각하자. 레지스터가 **펄스 持續期間**에 작동하는 경우에만 그것을 **레치**라고 부른다.

並列 로우드가 可能한 레지스터

레지스터에 새로운 정보를 전송시키는 것을 레지스터에 **로우드**(load)한다고 말한다. 만약 레지스터의 모든 비트가 1번의 클럭 펄스에 의해 동시에 로우드되면, 우리는 그것을 병렬로 로우드되었다고 말한다. 그림 7-1의 레지스터는 한 클럭 펄스가 입력되면 4개의 입력 정보가 병렬로 로우드된다. 레지스터의 내용을 변화 없이 유지하려면 CP 단자로부터 클럭 펄스가 입력되지 못하게 해야 한다. 자세히 설명하면 CP가 1이 될 때 입력 정보가 레지스터에 로우드되고 CP가 0으로 남아 있으면 레지스터의 내용이 변화 없이 그대로 유지되는 것을 이용해서 CP 입력을 레지스터에 새로운 정보가 로우드되는 것을 제어하는 인에이블 신호로 사용하자는 것이다. 이때 레지스터의 출력 상태가 펄스의 上昇 모서리 (positive edge)에서 변화하는 것을 주의해야 한다. 만일 상태가 下降 모서리 (negative edge)에서 변화한다면 플립플롭의 CP 단자 표시인 삼각형 기호 앞에 작은 원을 표시해야 한다 (CP ▷○—).

대부분의 디지털 시스템들은 일정한 脈動을 쉬지 않고 가하는 심장처럼 클럭 펄스

*예를 들면 IC型 7475는 4비트 레치이고, 74175는 4비트 레지스터이다.

를 계속해서 발생시키는 **主클럭 발생기**를 갖고 있어서, 거기서 발생되는 모든 펄스들이 시스템 내부의 모든 플립플롭과 레지스터에 공급된다. 이리하여 별도의 제어 신호가 있어서 어떤 특정 클럭 펄스에서 특별한 레지스터에 영향을 미치게 할 것인가를 결정하게 된다. 이런 시스템에서는 클럭 펄스는 제어 신호를 AND 게이트에 아래 그림과 같이 연결하고 AND 게이트의 출력을 **그림 7-1**에 보이는 레지스터의 *CP*입력 단자에 입력시킨다.

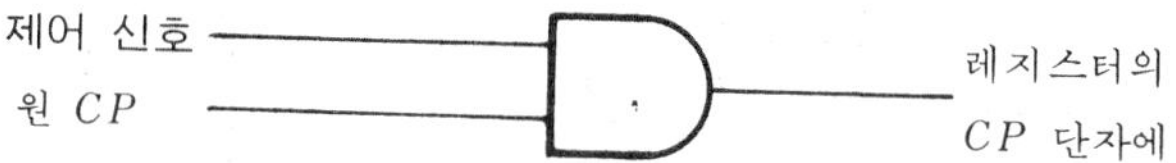

제어 신호가 0일 때는 AND 게이트의 출력이 0이 되어 레지스터에 저장된 정보는 변화 없이 유지되고 제어 신호가 1이면 AND 게이트의 출력은 클럭 펄스와 같게 되어 그것이 *CP* 입력 단자에 입력되면 새로운 정보가 레지스터에 로우드된다. 이러한 제어 신호를 **로우드 制御入力**(**load control input**)이라 부른다. 클럭 펄스의 경로에 AND 게이트를 삽입시키는 것은 클럭 펄스에 논리가 적용됨을 의미한다. 그러나, 논리 게이트가 삽입되면 主클럭 발생기와 플립플롭의 클럭 사이에 **傳播時間遲延**(**propagation delay**)이 생기게 된다. 시스템을 완전하게 同期化하기 위해서는 모든 클럭 펄스가 똑같은 시각에 모든 플립플롭의 입력 단자에 도달하여 플립플롭의 상태가 동시에 변화할 수 있도록 해야 하는데, 클럭 펄스 경로에 논리 게이트를 삽입하게 되면 變數遲延이 생기게 되어 시스템을 同期化하는 것이 곤란하게 된다. 이러한 이유 때문에 클럭 펄스는 모든 플립플롭에 직접 입력시키고 레지스터의 작동은 다른 제어 입력으로, 예를 들면 *RS* 플립플롭의 *R*과 *S* 입력을 제어하는 것이 바람직하다. 물론 원래 시간지연을 고려하고 시스템을 설계하였다면 꼭 그렇게 할 필요는 없다.

로우드 제어 입력을 갖는 4비트 레지스터가 **그림 7-2**에 *RS* 플립플롭을 사용해서 설계되어 있다. 레지스터의 클럭 펄스 입력 단자에는 同期化된 펄스가 직접 입력된다. *CP* 경로에 삽입된 인버어터는 모든 플립플롭들이 들어오는 펄스의 하강 모서리에서 작성하도록 한 것이다. **인버어터의 목적은 主클럭 발생기의 負荷(load)를 경감하는데 있다. 왜냐 하면 *CP*를 각 플립플롭에 직접 입력**(4개의 *D* 플립플롭의 삼각형 기호)시키면 4개의 게이트에 연결이 되어 *負荷*가 많아질 터인데 대신 하나의 인버어터 게이트에만 클럭이 연결해 놓았기 때문이다.

클리어 입력은 인버어터를 사용 않고 **버퍼 게이트** (부하를 줄이기 위함)를 통하여 각 플립플롭의 특정 입력 단자에 입력되고, 클리어 입력이 0일 때 클럭 펄스에 관계 없이 플립플롭들을 클리어한다. 클리어 입력은 레지스터를 작동시키기 전에 레지스터를 클리어시키는 데 필요하다. 레지스터가 작동하고 있을 때는 클리어 입력은 은 반드시 1을 유지해야 한다(**그림 6-14**를 참조).

로우드 입력은 부하를 줄이기 위해 삽입된 버퍼와 일련의 AND 게이트들을 통과하여 각 플립플롭의 입력 단자 *R*과 *S*에 입력된다.

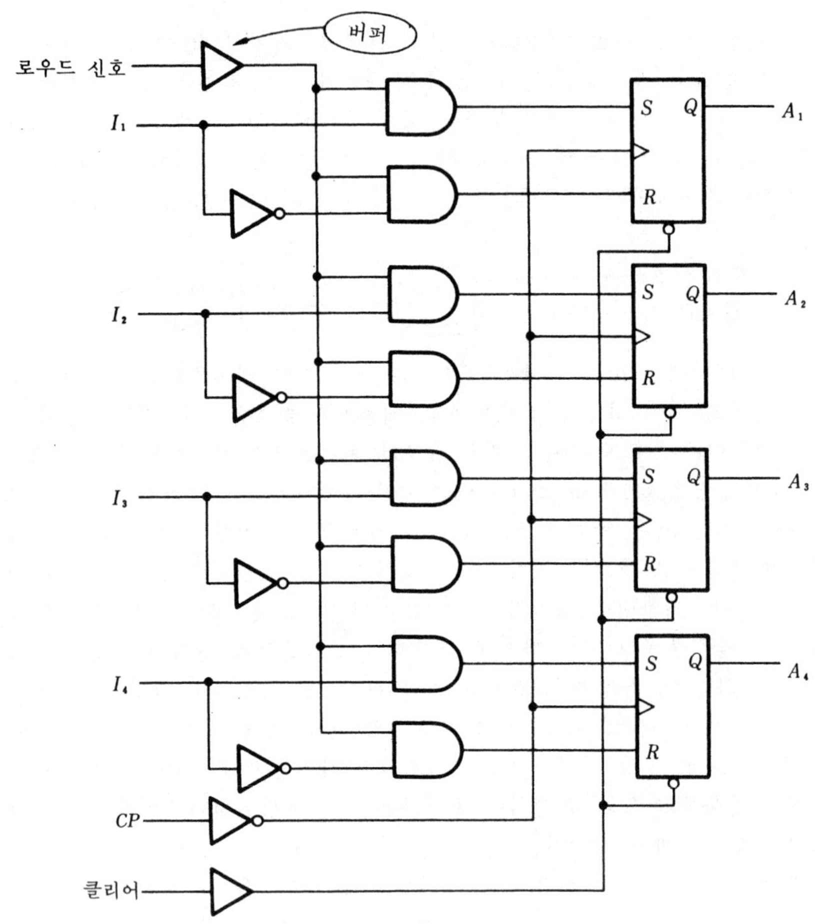

그림 7-2 병렬 입력이 가능한 4비트 레지스터

클럭 펄스는 계속해서 존재하지만 레지스터의 작동을 제어하는 것은 로우드 입력이다. 각 입력 I와 관련되어 있는 2개의 AND 게이트와 인버어터가 R과 S의 값을 결정하게 된다. 만일 로우드 입력이 0이면 R과 S의 입력 값이 0이 되어 클럭 펄스가 존재하더라도 레지스터 상태의 변화는 일어나지 않는다. 로우드 제어가 1이 되면 각 입력 I_1부터 I_4는 다음 클럭 펄스에는, 레지스터에 동시에 입력된다. 어떤 입력 I가 1이라면 그와 연결된 플립플롭의 입력은 $S=1$, $R=0$이 될 것이고, 만일 반대로 I가 0이라면 $S=0$, $R=1$이 되어 입력 I가 레지스터에 입력될 것이다. 이렇게 로우드 입력과 클리어 입력이 모두 1이고, 클럭 펄스가 1에서 0으로 변하는 순간, 입력 정보는 레지스터에 전송된다. 레지스터의 모든 비트들에 동시에 로우드되므로, 이런 형태의 전송을 並列 로우드 傳送(parallel-load transfer)이라고 한다. 만일 로우드 입력의 경

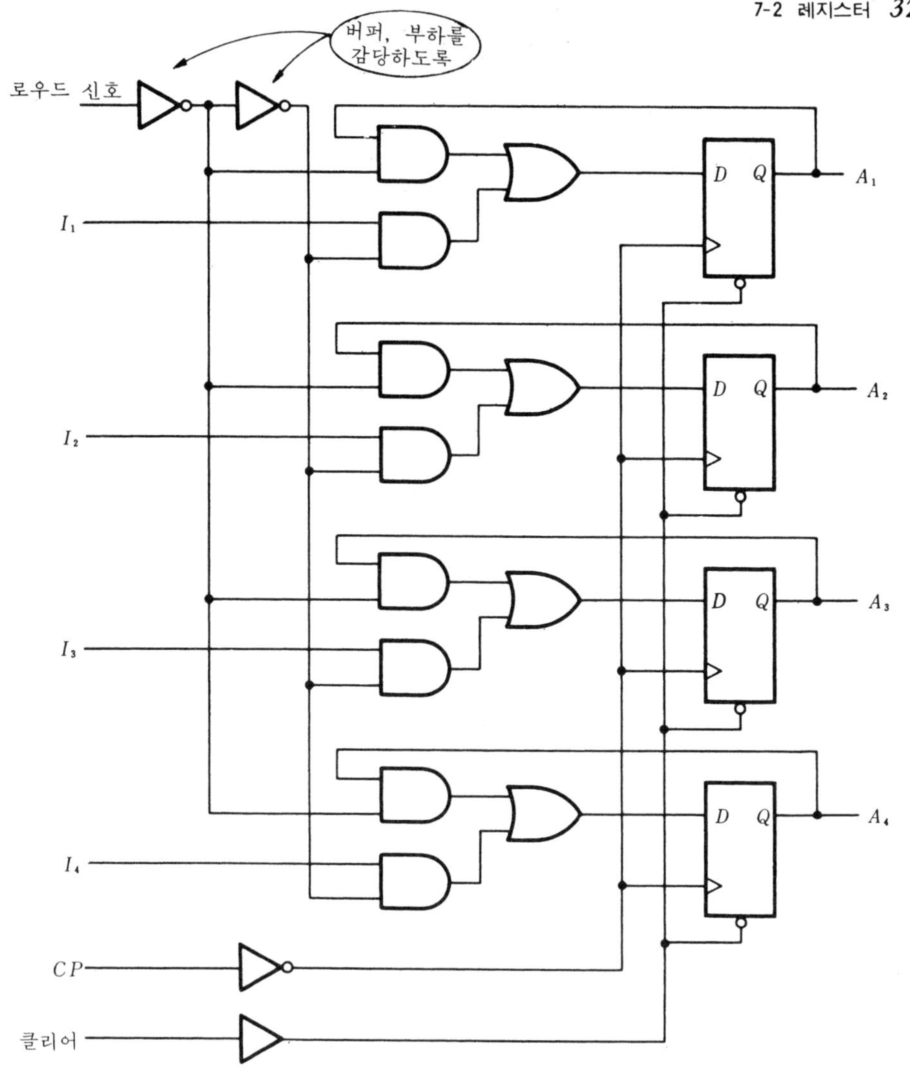

그림 7-3 *D* 플립플롭을 사용한 병렬 로우드 레지스터

로에 관련된 버퍼 게이트가 인버어터로 바뀐다면, 로우드 입력이 0일 때 레지스터에 로우드가 허용되고, 로우드 입력이 1일 때 로우드는 허용되지 않을 것이다.

병렬 로우드가 되는 레지스터는 **그림 7-3**에서처럼 *D* 플립플롭을 사용하여서도 만들 수 있다. 클럭 펄스와 클리어 입력은 전과 같다. 로우드 입력이 1인 경우, 다음 클럭 펄스 때 입력 *I*가 레지스터에 로우드되며, 로우드 입력이 0이면 회로 입력이 허용되지 않고, *D* 플립플롭에 현 상태 값이 재입력이 되어, 레지스터는 현재의 내용을 그대로 유지한다.

D 플립플롭은 현 상태를 유지시킬 수 있는 입력 값이 필요하므로 D 형태가 사용될 때는 각 D 플립플롭에 현 상태 값을 재입력시킬 수 있는 피드이백 경로가 필요하다. D 플립플롭에서는 매클럭 펄스마다 입력 값이 출력의 다음 상태 값이 되므로 출력을 변화 없이 그대로 유지하려면 각 플립플롭의 입력 단자 D에 현재의 Q출력 값을 계속 입력시켜야 한다.

順次論理回路의 實現(sequential logic implementation)

우리는 6章에서 디지털 順次回路가 여러 개의 플립플롭들과 조합 회로로서 구성된다는 것을 알았다. 레지스터는 MSI 회로 형태로 손쉽게 구입할 수 있으므로 순차회로의 일부로서 레지스터를 사용한다면, 順次回路의 설계가 편리해질 것이다. 레지스터를 사용한 순차 회로의 블록圖가 그림 7-4에 있다. **레지스터의 현 상태값과, 외부의 입력이 레지스터의 다음 상태값과 순차 회로의 출력값을 결정한다.** 순차 회로에서 조합 회로의 일부는 레지스터의 다음 상태 값을 결정하고 나머지 부분은 순차 회로의 출력을 결정한다. 조합 회로에서 결정된 다음 상태 값은 다음 클럭 펄스 때 레지스터에 로우드된다. 만일 레지스터에 **로우드 입력이** 있다면 그 값은 1로 세트(set)되어야만 작동할 것이다. 그렇지 않고 로우드 입력이 없다면 매 클럭 펄스마다 다음 상태 값이 레지스터에 자동적으로 로우드될 것이다.

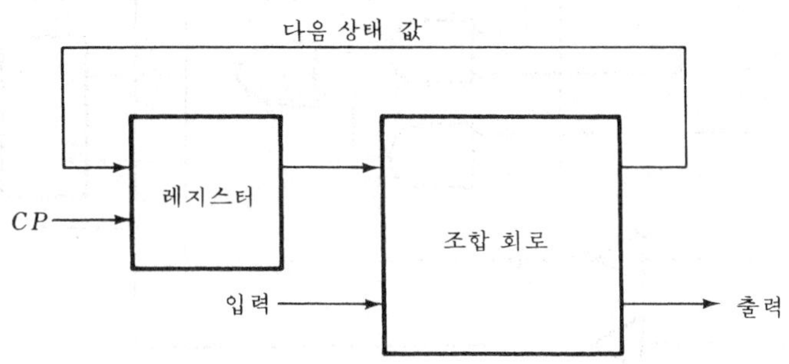

그림 7-4 순차 회로의 블록圖

순차 회로의 조합 회로 부분은 5章에서 논의된 방법들(SSI 게이트, ROM, PLA 등)에 의해 만들 수 있다. 레지스터를 사용하면 순차 회로를 설계할 때 간단히 레지스터에 연결시킬 조합 회로만 설계하면 된다.

〔예제 7-1〕 그림 7-5(a)의 상태표를 사용하여 순차 회로를 설계하라.

상태표는 2개의 플립플롭(A_1과 A_2)과 하나의 입력 x와 하나의 출력 y를 규정하고 있다. 다음 상태와 출력에 대한 값은 표에 의해 곧 바로 얻을 수 있다.

현 상태		입력	다음 상태 입력		출력
A_1	A_2	x	A_1	A_2	y
0	0	0	0	0	0
0	0	1	0	1	0
0	1	0	0	1	0
0	1	1	0	0	1
1	0	0	1	0	0
1	0	1	0	1	0
1	1	0	1	1	0
1	1	1	0	0	1

(a) 상태표

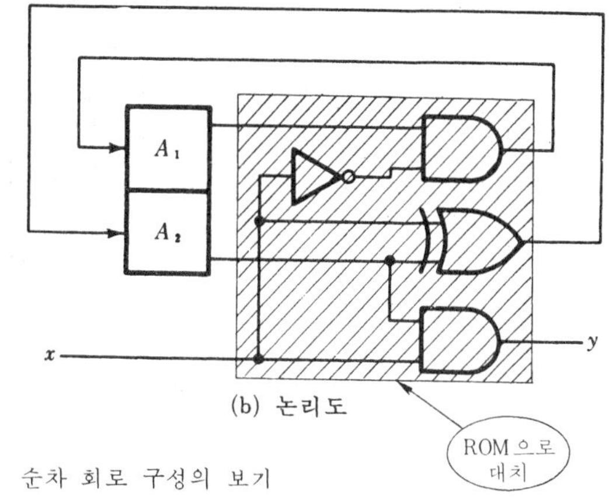

(b) 논리도

그림 7-5 순차 회로 구성의 보기

$$A_1(t+1) = \sum(4,\ 6)$$
$$A_2(t+1) = \sum(1,\ 2,\ 5,\ 6)$$
$$y(A_1,\ A_2,\ x) = \sum(3,\ 7)$$

민터엄은 변수 A_1, A_2와 x에 의해 표시된다. A_1과 A_2는 현 상태 값을, x는 입력 값을 나타내는 변수이다. 다음 상태나 출력에 대한 함수는 맵 방법에 의해 단순화되어 아래와 같이 주어진다.

$$A_1(t+1) = A_1x'$$
$$A_2(t+1) = A_2 \oplus x$$
$$y = A_2x$$

A_1 \ A_2x	00	01	11	10
0		1	0	1
1	0	1	0	1

$A_2(t+1) = A_2'x + A_2x' = A_2 \oplus x$

논리도는 그림 7-5(b)에 나타나 있다.

〔예제 7-2〕 예제 7-1을 ROM과 레지스터를 사용해서 다시 한번 실현하라.

ROM은 조합 회로를 실현하는 데 사용되고 플립플롭은 레지스터의 역할을 한다. ROM의 입력 단자의 數는 외부 입력 數와 플립플롭의 갯수의 合과 같다. ROM의 출력 단자의 數는 플립플롭의 갯수와 외부 출력 數의 合과 같다. 여기서 ROM은 3개의 입력 단자와 3개의 출력 단자를 가진다. 따라서 크기는 8×3이 되어야 한다. 회로의 실현은 그림 7-6과 같다.

ROM의 眞理表와 狀態表(state table)를 비교해 보면 ROM의 番地를 明示하는 入力은 狀態表의 "現在의 狀態"와 對等하고, ROM의 出力을 明示하는 出力은 狀態表의 "다음의 狀態"와 對等(identical)함을 알 수 있다.

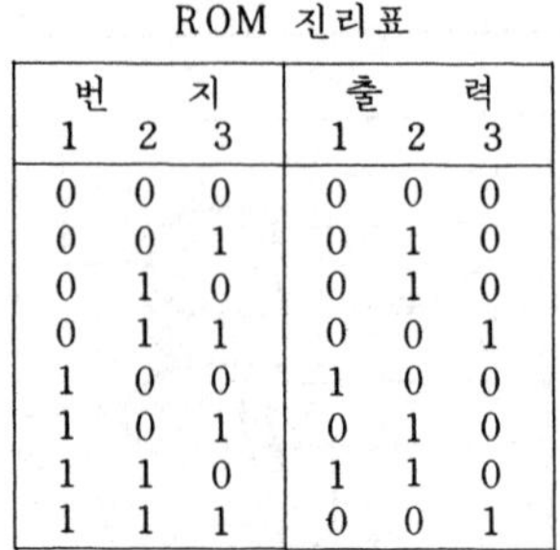

ROM 진리표

번	지		출	력	
1	2	3	1	2	3
0	0	0	0	0	0
0	0	1	0	1	0
0	1	0	0	1	0
0	1	1	0	0	1
1	0	0	1	0	0
1	0	1	0	1	0
1	1	0	1	1	0
1	1	1	0	0	1

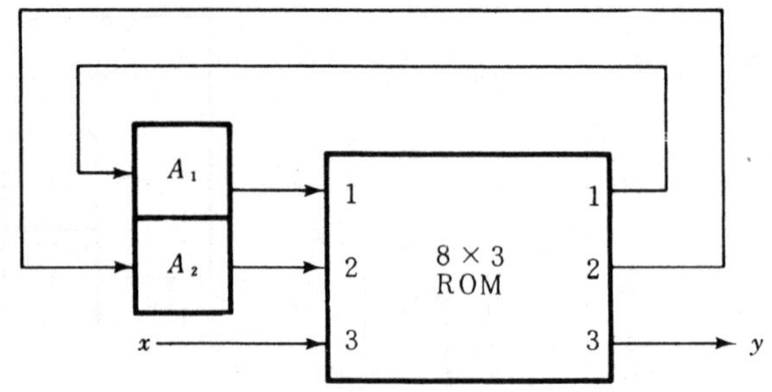

그림 7-6 ROM과 레지스터를 사용한 순차 회로

7-3 자리 移動 레지스터(shift register)

내부에 저장된 2진 정보를 우측 혹은 좌측으로 자리 이동을 시킬 수 있는 레지스터를 **자리 移動 레지스터**(shift register)라 한다. 자리 이동 레지스터는 각 플립플롭의 출력이 다음 플립플롭의 입력이 되도록 연결된 플립플롭들로 구성되어 있다. 모든 플립플롭에 공통의 클럭 펄스를 입력시키면 한 단씩 자리 이동이 발생한다.

가장 간단한 자리 이동 레지스터는 **그림 7-7**에서처럼, 단지 플립플롭만을 사용하여 만들 수 있다. 주어진 그림에서 각 플립플롭의 출력 Q는 오른쪽 플립플롭의 입력 단자 D에 입력되어, 클럭 펄스가 입력될 때마다 레지스터의 내용이 오른쪽으로 한 비트씩 자리 이동한다. **直列入力**(serial input)은 자리 이동을 하는 동안에 맨 좌측 플립플롭의 입력 단자 D에 입력되고, **直列出力**(serial output)은 클럭 펄스가 입력되기 전에 맨 우측 플립플롭의 출력에서 얻어진다. 이 레지스터는 내용을 우측 방향으로만 자리 이동을 시키지만 만일 **그림 7-7**을 뒤집어 놓고 본다면 레지스터가 내용을 좌측 방향으로 자리 이동시키는 것으로 보일 것이다. 이렇게 단일 방향 자리 이동 레지스터는 좌측 혹은 우측 어느 쪽으로도 자리 이동을 시킬 수 있다. **그림 7-7**의 레지스터

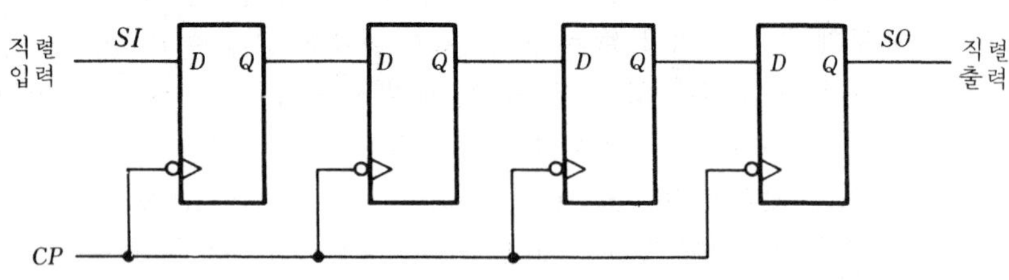

그림 7-7 자리 이동 레지스터

는 클럭 펄스 轉移의 下降 모서리에서 자리 이동을 실현하는데, 이것은 각 플립플롭의 클럭 펄스 입력 단자에 관련된 작은 원에 의해 알 수 있다. 만일 자리 이동이 특정한 클럭 펄스에서만 일어나도록 하려면 레지스터의 클럭 펄스 입력을 제어해야 한다. 자리 이동이 클럭 펄스보다는 플립플롭의 입력 D를 이용하여 제어된다는 사실은 후에 설명하겠다. 그러나 만일 **그림 7-7** 자리 이동 레지스터가 사용된다면, **그림 7-8(a)**에서처럼 외부 AND 게이트를 사용하여 자리 이동을 쉽게 제어할 수 있다.

直列傳送(serial transfer)

어떤 디지털 시스템에서 정보들이 한 번에 한 비트씩 전송되고 처리될 때, 이 디지털 시스템을 **直列方式(serial mode)** 으로 작동한다고 말한다. 레지스터 사이의 내용의 전송도 한쪽 레지스터에서 다른 쪽으로 한 번에 한 비트씩 자리 이동시킴으로써 이루어진다. 정보는 출발 레지스터로부터 한 번에 한 비트씩 보내지며 行先 레지스터에 자리 이동하여 전송한다.

레지스터 A에서 레지스터 B로의 정보 直列傳送은 **그림 7-8(a)**의 블록圖에 나타낸 것처럼, 레지스터 A의 直列出力(SO)를 레지스터 B의 直列入力(SI) 단자에 연결함으로써 실현할 수 있다. 출발 레지스터에 저장된 정보의 손실을 막기 위해, 레지스터 A의 직렬 출력을 레지스터 A의 직렬 입력 단자에 다시 연결시켜 저장된 정보가

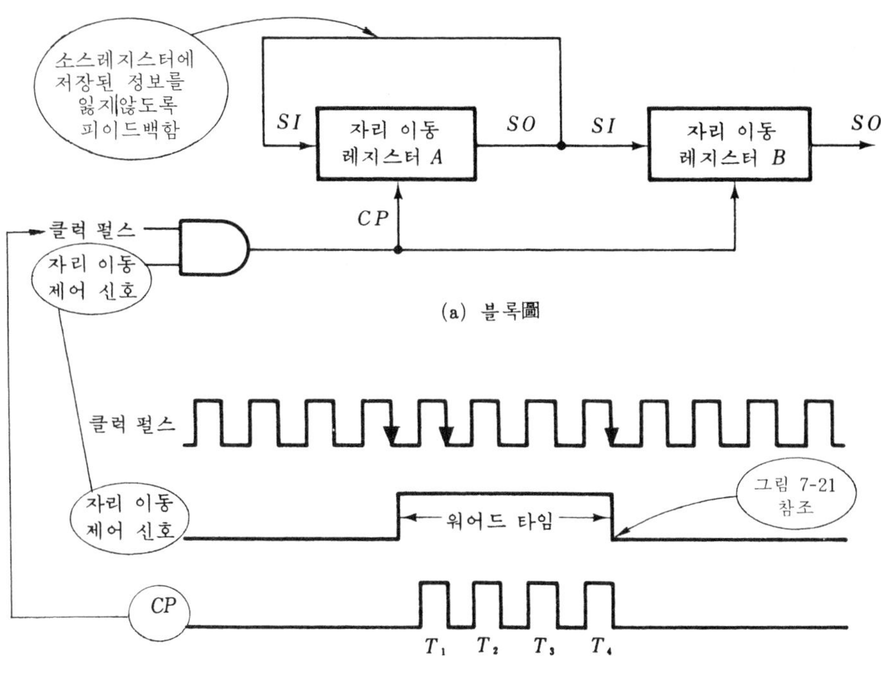

(a) 블록圖

(b) 타이밍圖

그림 7-8 레지스터 A에서 레지스터 B로 직렬 전송

순환하여 제자리에 돌아오게 한다. 레지스터 B에 저장된 정보는 직렬 출력 단자를 통해 밖으로 자리 이동이 되어져, 제 3의 레지스터로 전송되지 않는 한 소실되어 버린다. **자리 이동 제어 신호는 자리 이동이 시작되는 시간과 회수를 결정한다.** 클럭 펄스와 자리 이동 제어 신호를 AND 게이트에 연결하고 AND 게이트의 출력을 CP입력 단자에 연결해서 자리 이동 제어 신호가 1인 경우에만 클럭 펄스가 CP 단자에 입력되게 한다.

자리 이동 레지스터가 모두 4비트로 되어 있다고 가정하자. 전송을 관리하는 제어장치는, 자리 이동 제어 신호로서 펄스가 4회 발생하는 동안 자리 이동 레지스터를 인에이블시키도록 설계하여야 한다. 이것은 그림 7-8(b)의 타이밍圖에 잘 설명되어 있다. 자리 이동 제어 신호는 클럭 펄스와 同期化되어 있으며, 그 상태 값은 클럭 펄스의 下降 모서리에서 변한다. 자리 이동 제어 신호는 그 값이 1로 변하고 나서 클럭 펄스가 4회 발생할 동안은 그 값을 유지한다. 따라서, 그 기간 동안에 4회의 클럭 펄스는 AND 게이트를 통과해서 클럭 펄스 입력 단자에 입력된다. 그리하여 4개의 펄스 T_1, T_2, T_3와 T_4를 만든다. 4번째의 CP는 하강 모서리에서 자리 이동 제어 신호를 0으로 변화시켜서 자리 이동 레지스터가 디제이블(disable)되게 한다.

자리 이동이 일어나기 전에 레지스터 A의 2진 정보가 1011이고, 레지스터 B의 2진 정보가 0010이었다고 가정하자. A에서 B로 직렬 전송은 표 7-1에 나타낸 것처럼 4단계를 거쳐 실현된다. 처음 펄스 T_1이 입력되면, A의 맨 우측 비트의 정보는 B의 맨 좌측 비트 위치로 자리 이동되고, 동시에 그 정보는 A의 맨 좌측 비트 위치로 이동시킨다. 이 동안에 A에 B의 다른 비트들의 정보는 좌측으로 한 자리씩 자리 이동한다. B의 맨 좌측 비트의 정보는 상실된다. 다음 3번의 펄스에서도 똑같은 작동이 실현되어 A에서 B로 정보를 한 번에 한 비트씩 자리 이동한다. 4번째 자리 이동 후 자리이동 제어 신호는 0이 되고 A와 B에 모두 1011을 저장하게 된다. 이렇게 해서 A의 내용을 B로 전송시킬 뿐만 아니라, A의 내용을 그대로 보존한다.

앞의 보기에 의해 직렬 방식의 작동과 병렬 방식의 작동과의 차이점을 알 수 있게 되었다. 병렬 방식에서는 모든 비트의 정보를 한 번의 클럭 펄스에 모두 전송시킨다. 그러나 직렬 방식에서는 레지스터에 직렬 입력 장치와 직렬 출력 장치를 설치하고 그

표 7-1 직렬 전송의 보기

타이밍 펄스	자리 이동 레지스터 A				자리 이동 레지스터 B				B의 직렬 출력
초기치	1	0	1	1	0	0	1	0	0
T_1후	1	1	0	1	1	0	0	1	1
T_2후	1	1	1	0	1	1	0	0	0
T_3후	0	1	1	1	0	1	1	0	0
T_4후	1	0	1	1	1	0	1	1	1

것들을 이용하여 한 번에 한 비트의 정보를 전송하게 한다.

컴퓨터는 직렬 방식, 병렬 방식 또는 2가지를 결합한 방식 등, 어느 방식으로도 작동할 수 있다. 직렬 방식의 작동은 정보를 전송할 때 많은 시간이 요구되므로 느리게 실현된다. 그러나 직렬 방식에서는, 자리 이동 레지스터에서 순차적으로 전송되어 나오는 비트들을 처리할 때 하나의 회로를 반복해서 사용할 수 있으므로, 직렬 방식의 컴퓨터는 하아드웨어의 규모를 줄일 수 있다. 각 펄스 사이의 시간 간격을 **비트 時間**이라 하고, 자리 이동 레지스터의 전체 정보를 자리 이동시키는 데 필요한 시간을 **워어드 時間**(word time)이라 한다. 이러한 時間順次는 시스템의 제어부에서 만들어진다. 병렬 방식의 컴퓨터에서는 한 번의 클럭 펄스 간격 동안에 제어 신호가 인에이블된다. 한 번의 클럭 펄스에 모든 비트 정보가 병렬로 레지스터에 전송된다. 직렬 방식의 컴퓨터에서 제어 신호는 워어드 시간 동안 유지되어야 한다. 매비트 시간마다 입력되는 펄스는 작동의 결과를 한 번에 한 비트씩 자리 이동 레지스터에 전송한다. 대부분의 컴퓨터는 작동 시간 관계로 병렬 방식을 사용한다.

並列 로우드가 可能한 兩方向 자리 移動 레지스터

자리 이동 레지스터는 직렬 자료를 병렬 자료로, 혹은 그 반대로 변환시키는 데 사용될 수 있다. 자리 이동에 의해 직렬 방식으로 입력되는 정보를 자리 이동 레지스터의 플립플롭의 출력으로 병렬 방식에 의해 나타낼 수 있다. 만일 자리 이동 레지스터가 병렬 로우드 기능을 가지고 있다면, 병렬 방식으로 입력된 정보를 자리 이동시킨다면 자료를 직렬 방식으로 나타낼 수 있다.

어떤 자리 이동 레지스터들은 병렬 전송을 위해 필요한 입력 단자와 출력 단자를 가지고 있으며, 좌측과 우측 모두 자리 이동을 할 수 있다.

대부분의 일반적인 자리 이동 레지스터는 아래 제시된 모든 기능을 갖고 있으나 다른 일부 레지스터는 자리 이동 기능과 몇 가지 기능만이 가능하다.

汎用 레지스터의 機能

1. 클리어 제어 신호가 있어서 레지스터의 내용을 클리어할 수 있다.

2. *CP* 입력 단자가 있어서, 모든 작동을 同期化시키는 클럭 펄스를 입력시킬 수 있다.

3. 右向 자리 이동 제어 신호(shift-right control)가 있어서, 右向 자리 이동의 작동과 直列入力, 直列出力을 제어할 수 있다.

4. 左向 자리 이동 제어 신호(shift-left control)가 있어서, 左向 자리 이동의 작동과 直列入力, 直列出力 등을 제어할 수 있다.

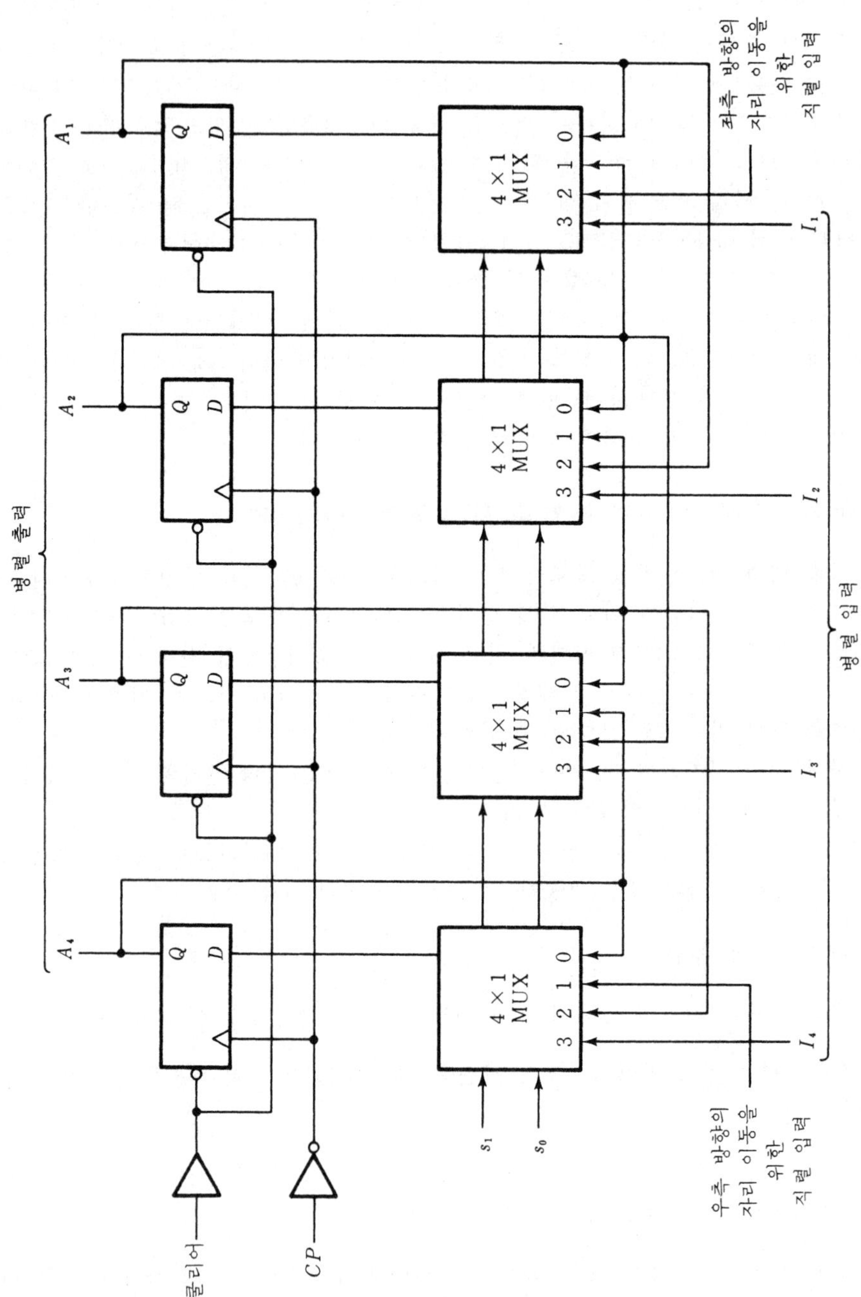

그림 7-9 병렬 입력이 가능한 4비트 兩方向 자리 이동 레지스터

5. 병렬 로우드 제어 신호가 있어서 병렬 전송과 n개의 입력선을 제어할 수 있다.

6. n개의 병렬 출력선이 있다.

7. 클럭 펄스에 관계없이 레지스터의 정보를 변화 없이 보존하는 제어 상태가 있다.

좌측과 우측으로 모두 자리 이동시킬 수 있는 레지스터를 **兩方向 자리 이동 레지스터**라 하고, 단지 한 쪽으로만 자리 이동시킬 수 있는 레지스터를 **단일 방향 자리 이동 레지스터**라 한다. 자리 이동과 병렬 로우드가 함께 가능한 레지스터를 **병렬 로우드 자리 이동 레지스터**(shift register with parallel load)라 한다.

앞에서 제시한 모든 기능을 갖춘 자리 이동 레지스터의 그림이 **그림 7-9**에 되어 있다.* R, S 입력 단자간에 인버어터를 하나 연결해서 RS 플립플롭을 설계에 사용할 수도 있지만, 여기서는 D 플립플롭으로 레지스터를 설계하였다. 4개의 멀티플렉서를 레지스터 설계에 사용하였는데, 여기서는 블록도로 표시하였다(**그림 5-16** 멀티플렉서의 논리도를 참고하라). 4개의 멀티플렉서는 공통으로 2개의 선택 변수 S_1과 S_0를 갖고 있다. $S_1S_0=00$일때, 각 멀티플렉서의 입력 0이 선택되고, $S_1S_0=01$일 때는 입력 1이 선택되고, 멀티플렉서의 다른 두 입력도 유사한 방법으로 선택된다.

S_1과 S_0 입력 제어는 **표 7-2**에 기능별로 명시한 레지스터의 작동 형태를 제어한다.

표 7-2 그림 7-9의 레지스터에 대한 함수표

모우드 제어		레지스터 작동
S_1	S_2	
0	0	변화 없음
0	1	右向 자리 이동
1	0	左向 자리 이동
1	1	병렬 입력

$S_1S_0=00$일 때는 레지스터의 현재 값이 플립플롭 D 입력에 공급된다. 이 조건은 각각의 플립플롭의 출력을 바로 같은 플립플롭의 입력에 연결하는 통로를 만든다. 그리하여 다음 클럭 펄스 때에 각 플립플롭이 전에 지니고 있던 2進値를 그대로 보존하여 상태 변화가 없게 된다. $S_1S_2=01$일 때는 멀티플렉서의 1번 단자들이 플립플롭의 D 입력에 연결시켜 준다. 그리하여 플립플롭 A_4에 직렬 입력이 들어가고 右向 자리 이동 작동을 일으킨다. $S_1S_0=10$일 때는 플립플롭 A_1에 다른 직렬 입력이 들어가고 左向 자리 이동 기능이 된다. 마지막으로 $S_1S_0=11$일 때는 병렬 입력선상의 2진 정보가 다음 클럭 펄스 동안 동시에 레지스터에 전송된다. 병렬 로우드가 되는 兩

*이것과 같은 IC형은 74194이다.

方向性 자리 이동 레지스터는 3종류의 작동, 즉 左向 자리 이동, 右向 자리 이동과 병렬 로우드를 行할 수 있는 汎用 레지스터(general-purpose register)이다. 모든 자리 이동 레지스터들이, 3가지 기능을 다 수행할 수 있는 것은 아니다. 사용 용도에 따라 여러 종류의 MSI 중에서 선택해야 한다.

直列加算(serial addition)

대부분의 디지털 컴퓨터의 작동은 보다 빠른 작동의 특성 때문에 並列方式으로 수행한다. 直列方式의 작동은 작동 시간이 많이 요구되나, 작동 장치의 규모를 줄일 수 있다. 직렬 방식의 작동을 설명하기 위해, 여기에 직렬 가산기를 소개한다. 병렬 방법은 5-2節에서 설명하였다. 순차적으로 더하여질 2개의 2진 숫자가 두 자리 이동 레지스터에 각각 저장되어 있다. **그림 7-10**에서와 같이 1개의 전가산기 FA에 의해 한 번에 한 쌍의 비트씩 순차적으로 덧셈이 된다. FA로부터 생기는 캐리는 D 플립플롭에 저장되었다가, 다음 쌍의 비트들이 더해질 때 입력 캐리로서 쓴다. 두 자리 이동 레지스터는 한 워어드 시간(one word time) 동안 우향 자리 이동을 한다. 가산기 FA의 출력 단자 S에서 나오는 合의 비트들은 제 3의 자리 이동 레지스터에 자리 이동될 수도 있지만, A의 被加算數의 비트들이 자리 이동되어 나갈 때 合의 비트들을 A의 직렬 입력 단자를 통해 순차적으로 A에 입력시켜, 被加算數를 저장했던 레지스터 A의 合을 저장하는데 사용하였다. 덧셈을 위해 가산수들이 B에서 자리 이동

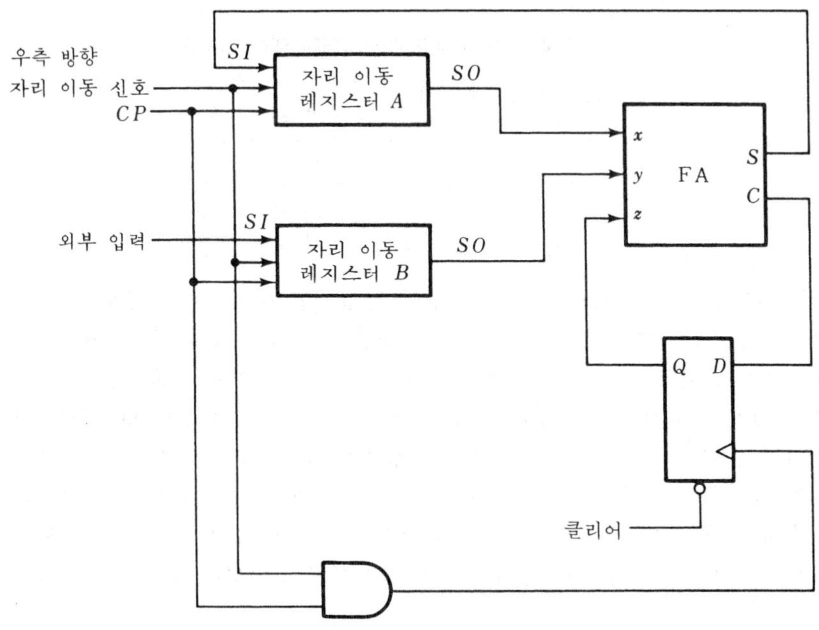

그림 7-10 직렬 가산기

되어 나가는 동안, 레지스터 B의 직렬 입력(SI)를 통해 B에 새로운 2진수를 입력시킬 수 있다.

直列加算器의 作動説明

직렬 가산기의 작동은 다음과 같다. 처음에, 레지스터 A에 被加算數를, 레지스터 B에 加算數를 저장하고, 캐리 플립플롭은 0으로 클리어한다. A와 B의 직렬 출력(SO)으로부터 가산기 FA의 x와 y 단자에 들어가 덧셈을 할 한 쌍의 비트가 전송된다. 캐리 플립플롭의 출력 Q는 FA의 z단자에 입력 캐리로서 들어간다. 右向 자리 이동 제어 신호는 두 레지스터와 캐리 플립을 인에이블시킨다. 그래서 다음 클럭 펄스 때 두 레지스터는 한 비트씩 우측으로 자리 이동되고, FA의 S 단자로부터 合의 비트는 A의 맨 좌측 플립플롭에 입력되고, 출력 캐리는 플립플롭 Q에 전송된다. 자리 이동 제어 신호는 레지스터 내부의 비트 수 만큼 CP가 발생할 동안 레지스터를 인에이블시킨다. 이 기간에 생기는 각 펄스 때마다 새로운 合의 비트가 A에 전송되고, 두 레지스터 A, B는 한 비트씩 우측으로 자리 이동한다. 이러한 진행은 우향 자리 이동 제어 신호가 디제이블될 때까지 계속된다. 이렇게 각 쌍의 비트들을 전에 발생한 캐리와 함께 가산기 FA에 입력시키고, 거기서 나오는 合을 한 번에 한 비트씩 A에 전송시키면 직렬 가산이 이루어진다.

만일 새로운 숫자를 A에 加하고 싶을 때는, 우선 그 數가 B에 직렬 방식으로 전송되어야 한다. 前의 진행 과정을 한 번 더 반복하면, 새로운 數는 前에 A에 저장된 數와 더해져, 그 合이 A에 저장될 것이다. 이 때, 레지스터 A는 **累算器** 역할을 하는 것이다. 그리하여 어큐뮬레이터(accumulator)라는 이름이 생긴 것이다.

直列加算器와 並列加算器의 比較

직렬 가산기와 5-2節에 설명된 병렬 가산기를 비교해 보면, 다음과 같은 차이점이 있음을 알 수 있다. **병렬 가산기는 병렬 로우드 기능이 있는 레지스터를 사용하나, 직렬 가산기는 자리 이동 레지스터를 사용한다.** 병렬 가산기에서 가산기 FA의 갯수는 계산에 사용되는 2진수의 비트 갯수와 같으며, 직렬 가산기에서는 단지 1개의 가산기 FA와 1개의 캐리 플립플롭만이 필요하나 가산기에 레지스터가 없다고 가정한다면, 병렬 가산기는 완전한 조합 회로가 된다. 그러나, 직렬 가산기는 그러한 가정에서도 순차 회로를 유지한다. 직렬 가산기의 FA와 출력 캐리 플립플롭만으로 순차 회로를 구성하고 있기 때문이다. 한 비트 시간 작동의 결과는 현재의 입력뿐만 아니라 전번의 입력에도 영향을 받으므로, 이것은 직렬 작동에 있어서의 대표적인 예가 된다. 직렬 방식의 컴퓨터에서 비트 시간 작동들이 순차 회로를 필요로 한다는 것을 보이기 위해 직렬 가산기를 순차 회로로서 다시 설계하여 보겠다.

표 7-3 직렬 가산기에 대한 여기표

현 상태	입력		다음 상태	출력	플립플롭 입력	
Q	x	y	Q	S	JQ	KQ
0	0	0	0	0	0	X
0	0	1	0	1	0	X
0	1	0	0	1	0	X
0	1	1	1	0	1	X
1	0	0	0	1	X	1
1	0	1	1	0	X	0
1	1	0	1	0	X	0
1	1	1	1	1	X	0

〔예제 7-3〕 直列加算器를 順次論理 節次에 따라 設計하라.

우선, 덧셈할 2개의 2진수가 저장될 2개의 자리 이동 레지스터를 지정한다. 두 레지스터로부터 나오는 직렬 출력을 각각 변수 x, y로 표시한다. 설계하려는 순차 회로에는 자리 이동 레지스터를 포함시키지 않고 설계가 끝난 후에 완전한 장치를 보이기 위해서 첨가한다. 순차 회로는 덧셈이 되어질 두 비트를 나타내는 입력 x와 y, 그리고 合의 비트를 나타내는 출력 S와 캐리를 저장하는 플립플롭 Q들을 갖고 있다.

Q의 현 상태 값은 현재의 캐리를 나타낸다. 클럭 펄스 CP는 레지스터를 자리 이동시키며 동시에 플립플롭 Q를 인에이블시켜 다음의 캐리가 로우드되게 한다. 이 캐리는 다음 쌍의 x와 y를 함께 사용한다. 이 순차 회로에 대한 상태표는 표 7-3에 있다.

Q의 현 상태 값은 현재의 캐리를 나타내며, 이 캐리는 입력 x, y와 함께

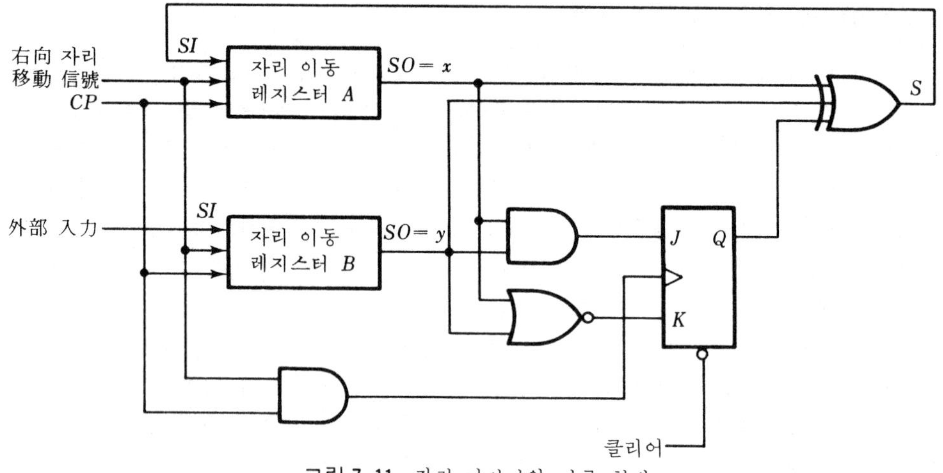

그림 7-11 직렬 가산기의 다른 형태

더해져, 출력 S의 合비트가 생기게 한다. Q의 다음 상태 값은 이 덧셈의 출력 캐리와 같다. 입력 캐리가 Q의 현 상태로, 출력 캐리가 Q의 다음 상태가 된다는 점만 제외하면 상태표의 기입 사항은 전가산기 FA의 진리표 기입 사항과 일치한다는 점을 주의해야 한다.

만일 Q에 D 플립플롭을 사용한다면 **그림 7-10**과 같은 회로가 된다. 그것은 D 플립플롭에서 입력 단자 D의 입력 값이 다음 상태 값이 되기 때문이다. 만일 JK 플립플롭을 사용하는 경우는 우선, **표 7-3**의 **入力勵起表(input excitation table)**를 구해야 한다. 그리고 이 표에서, 우리에게 필요한 JQ와 KQ의 플립플롭 입력 함수와 출력 S의 함수를 구한다. 구해진 함수를 맵 방법에 의해 간소화하면 아래와 같은 함수가 생긴다.

$$JQ = xy$$

$$KQ = x'y' = (x+y)'$$

$$S = x \oplus y \oplus Q$$

그림 7-11에 설계된 것처럼 회로는 3개의 게이트와 1개의 JK 플립플롭으로 되어 있다. 직렬 가산기를 완전하게 하기 위해 그림에는 2개의 자리 이동 레지스터가 첨가되었다. 출력 S는 x와 y뿐만 아니라 Q의 현 상태 값도 변수로 하는 함수임을 주의하여야 한다. Q의 다음 상태는 자리 이동 레지스터에서 나오는 직렬 출력 x와 y의 현재 값을 변수로 하는 함수이다.

7-4 리플 카운터(ripple counter)

MSI 카운터들은 **리플 카운터**와 **同期式 카운터**의 두 부류로 분류된다. 리플 카운터에서는 플립플롭의 출력 轉移(transition)에 의해 다른 플립플롭을 작동시킨다. 다시 말하면, 첫번째 플립플롭을 제외한 각 플립플롭의 CP 입력 단자에 클럭 펄스를 입력시키는 것이 아니라 바로 앞의 플립플롭의 출력을 입력으로 하는 것이다. 同期式 카운터에서는 모든 플립플롭의 모든 CP 입력 단자에 CP가 입력되고 특정 플립플롭의 상태 변화는 다른 플립플롭의 현 상태에 영향을 받는다. 同期式 MSI 카운터는 다음 節에서 논의하고 여기서는 일반적인 MSI 리플 카운터들을 소개하고 그들의 작동을 설명하겠다.

2進 리플 카운터(binary ripple counter)

2진 리플 카운터는 보수로 만드는 기능이 있는 플립플롭들(T 또는 JK형태)이 직렬 연결, 즉 각 플립플롭의 출력이 바로 다음의 플립플롭의 입력 단자에 연결되어 구성되어 있다. 가장 낮은 자리의 비트를 저장한 플립플롭에만 입력 카운터가 연결되어 있다.

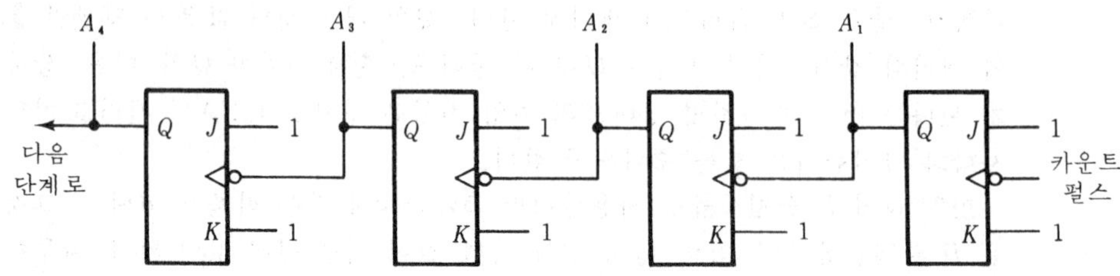

그림 7-12 4-비트 2진 리플 카운터

4비트의 2진 리플 카운터의 그림이 그림 7-12에 있다. 모든 J와 K의 입력 단자에는 모두 1이 입력된다. CP 입력 단자들에 표시된 작은 원은 下降 모서리 轉移, 즉 CP 입력 단자에 입력되는 출력 값이 1에서 0으로 변할 때 플립플롭의 상태 값이 補數가 된다는 것을 표시한다. 2진 리플 카운터의 작동을 이해하기 위해 표 7-4에 주어진 카운터 순차를 살펴보자. 분명히 가장 낮은 자리의 비트 A_1은 매 클럭펄스마다 補數가 되어야 한다. A_1의 값이 1에서 0으로 변할 때마다, A_2의 값은 補數가 될 것이다. 또 A_2의 값이 1에서 0으로 변할 때마다, A_3의 값은 補數가 될 것이다. A_4도 마찬가지이다. 예를 들어, 計數 0111에서 1000으로의 轉移를 검사해 보자. 표에서의 화살표는 이 경우의 轉移들을 강조해서 표시한 것이다. A_1은 CP에 의해 補數가 된다. A_1의 값이 1에서 0으로 변하므로, 이것은 A_2의 레지스터를 작동시켜, A_2가 補數를 취하게 된다. 따라서 A_2의 값도 1에서 0으로 변하며, A_3를 補數시키고, A_3는 1에서 0으로 補數가 되면서, 다시 A_4를 補數로 만든다. 만일 A_4가 다시 다음 순서의 레지스터에 같은 식으로 연결되어 있다고 가정하면 A_4의 출력 값의 轉移는 다음 레지스터를 작동시킬 수 없다. 왜냐하면, A_4의 출력 값이 0에서 1로 변하기 때문

표 7-4 2진 리플 카운터의 셈 순서

셈 순서					플립플롭이 보수를 취하는 조건
A_4	A_3	A_2	A_1		
0	0	0	0	보수 A_1	
0	0	0	1	보수 A_1	A_1이 1에서 0으로 바뀌며 A_2는 보수를 취함.
0	0	1	0	보수 A_1	
0	0	1	1	보수 A_1	A_1이 1에서 0으로 바뀌며 A_2는 보수를 취함. A_2가 1에서 0으로 바뀌며 A_3는 보수를 취함.
0	1	0	0	보수 A_1	
0	1	0	1	보수 A_1	A_1이 1에서 0으로 바뀌며 A_2는 보수를 취함.
0	1	1	0	보수 A_1	
0	1	1	1	보수 A_1	A_1이 1에서 0으로 바뀌며 A_2는 보수를 취함. A_2가 1에서 0으로 바뀌며 A_3는 보수를 취함. A_3가 1에서 0으로 바뀌며 A_4는 보수를 취함.
1	0	0	0	등등……	

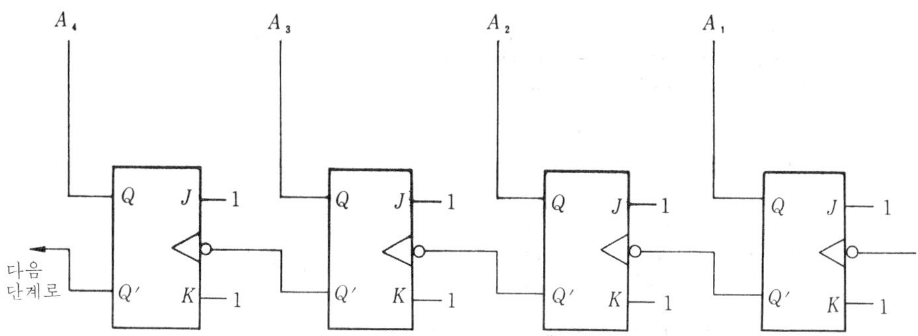

그림 7-12-1 4비트 2진 다운 리플 카운터

이다. 그리하여 1000이 된다. 이 카운터의 플립플롭들은 한 번에 하나씩 빠르게 연결해서 변화한다. 信號는 리플 形態로 카운터를 通過하여 전달된다. 리플 카운터는 때때로 非同期式 카운터라 부르기도 한다.

2進 다운 카운터(binary down counter)

逆順으로 카운트되는 2진 카운터(즉 1111에서 1110, 1101순으로 감소하는 카운터)를 2진 다운 카운터(binary down counter)라 한다. 다운 카운터에서 2진 計數는 매 클럭펄스마다 1씩 감소하여 간다. 4비트 다운 카운터 計數는, 15의 2진수에서 출발해서 14, 13, 12, …, 0으로 계속 計數되다가, 15로 되돌아가서 다시 감소하며 計數된다. 그림 7-12의 회로에서 출력들은 플립플롭의 補數 단자 Q'에서 빼낸다면 이 회로는 2진 다운 카운터로서 쓸 수 있다. 만일 플립플롭의 정상 출력 Q밖에 얻을 수 없을 경우, 그 회로를 다운 카운터로 쓰려면 다음과 같이 약간 수정하여야 한다.

2진 다운 카운터의 카운트 순차를 생각해 보면, 우선 가장 낮은 자리의 비트는 매 CP마다 보수가 되어야 한다는 것을 알 수 있다. 순차 내에 있는 어떤 다른 비트이든지, 그것보다 바로 낮은 비트의 값이 0에서 1로 변하면 이 비트는 보수로 되어야 한다. 그러므로 모든 플립플롭이 펄스의 상승 모서리에서 작동하도록 하면, (즉 플립플롭의 CP 입력 단자에 작은 원을 없애면) 2진 다운 카운터의 그림은 그림 7-12와 같은 모양이 될 것이다. 만일 플립플롭이 下降 모서리에서 작동한다면, 각 플립플롭의 CP 입력 단자에 바로 앞의 플립플롭의 출력 Q'를 입력시키면 된다. 그렇게 되면, Q가 0에서 1로 변할 때, Q'는 1에서 0으로 변하게 되어 다음 플립플롭을 작동시킨다. 따라서 2진 다운 카운터로서 사용할 수 있는 것이다(그림 7-12-1 참조).

BCD 리플 카운터

10진 카운터는 10개의 상태를 順次的으로 변화시켜 計數 9에서 다시 0으로 돌아와야 한다. 각 10진수를 2진 코우드로 나타내는 데는 적어도 4비트가 필요하므로

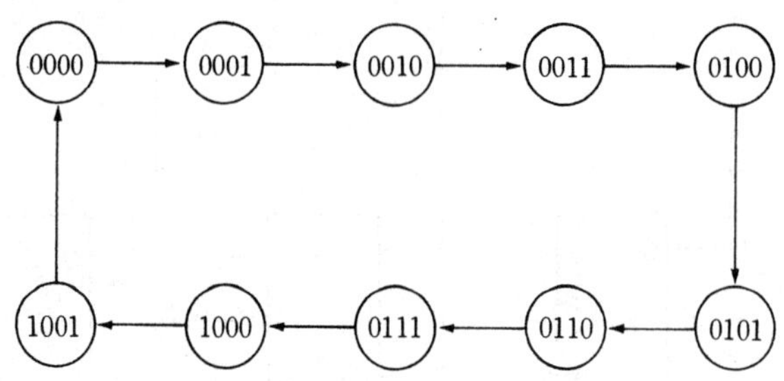

그림 7-13 10진 BCD 카운터의 狀態圖

10진 카운터는 10진수를 표시하기 위해 적어도 4개의 플립플롭을 가져야 한다

10진 카운터 상태의 順次는, 10진 수를 나타내기 위해 사용하는 2진코우드에 의해 결정된다. 만일 BCD가 사용된다면, 상태의 순차는 **그림 7-13**의 狀態 와 같이 된다. 상태의 順次가 1001(10진수 9를 나타내는 코우드)에서 0000(10진수 0을 나타내는 코우드)으로 변하도록 되어 있는 점만 제외하면 10진 카운터 상태의 順次는 2진 카운터 상태의 順次와 유사하다. 2진 順次를 따르지 않는 10진 리플 카운터나 어떤 리플 카운터의 설계에는 일관된 과정이 없고, 단지 논리 설계의 공식적인 방법은 하나의 지침이 될 뿐이다. 만족할 만한 결과를 얻으려면 설계자의 재능과 창의력이 요구된다.

BCD 리플 카운터의 논리도는 **그림 7-14**에 그려져 있다.* 4개의 출력은 문자로 표시되어 있는데, Q에는 BCD에서 각 비트의 2진 가중치를 나타내는 添字가 함께 표시되어 있다. 플립플롭은 下降 모서리, 즉 CP 신호가 1에서 0으로 변할 때에 작동된다. Q_1의 출력은 Q_2와 Q_8의 CP 입력 단자에 입력되고 Q_2의 출력은 Q_4의 CP 입력

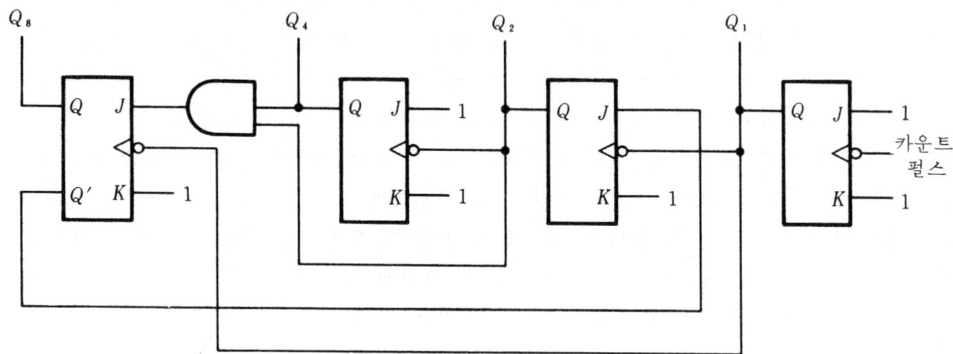

그림 7-14 BCD 리플 카운터의 논리도

*10진 카운터의 IC 형은 7490이다.

단자에 입력되는 것을 주의해야 한다. 그림에서는 J와 K 입력 단자들에 계속해서 신호 1이 입력되거나 다른 플립플롭의 출력이 입력되게 하였다.

리플 카운터는 非同期式 順次回路이므로 클럭을 쓰는 순차 회로를 기술하는 데 썼던 부울 방정식으로는 표시할 수가 없다. 플립플롭 상태의 轉移에 영향을 주는 신호는 플립플롭들이 1에서 0으로 변하는 순서에 좌우된다. 카운터의 작동은 플립플롭 상태의 轉移에 대한 조건들의 목록으로서 설명할 수 있다. 이러한 조건들은 논리도와 JK 플립플롭이 어떻게 작동하느냐에 따라 알 수 있다. CP가 1에서 0으로 변할 때, 만일 $J=1$이면 JK 플립플롭은 세트되고, $K=1$이면 플립플롭은 클리어된다. $J=K=1$이면 플립플롭은 補數化되고, $J=K=0$이면 플립플롭은 아무런 변화 없이 그 前 값을 보존하는 것을 기억하자. 각 플립플롭의 상태 轉移에 대한 조건들이 아래에 설명되어 있다.

1. Q_1은 매 클럭 펄스의 下降 모서리에서 補數化된다.
2. $Q_8=0$이고, Q_1이 1에서 0으로 변하면 Q_2는 補數化되고, $Q_8=1$이고 Q_1이 1에서 0으로 변하면 Q_2는 클리어된다.
3. Q_2가 1에서 0으로 변할 때 Q_4는 補數化된다.
4. $Q_4Q_2=11$이고 Q_1이 1에서 0으로 변할 때 Q_8는 補數化되고, Q_4나 Q_2가 0이고 Q_1이 1에서 0으로 변하면 Q_8는 클리어된다.

이러한 조건들이 BCD 리플 카운터에서 요구되는 순차를 만들 수 있는지를 증명하기 위해서, 위의 조건들에 의한 플립플립의 狀態轉移가 정말로 **그림 7-13**의 상태도의 狀態順次를 따르는지를 증명해야 한다. 카운터의 작동이 제대로 되는지를 증명하는 한 가지 방법은 위에 나열한 조건들로부터 각 플립플롭의 타이밍圖를 유도해 보는 것이다. 이 타이밍도에서 매 클럭 펄스마다 발생하는 2진 상태를 **그림 7-15**에 표시하였다.

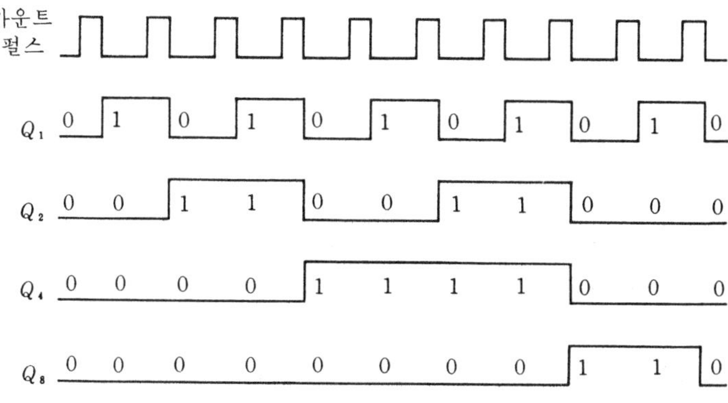

그림 7-15 그림 7-14의 10진 카운터에 대한 타이밍圖

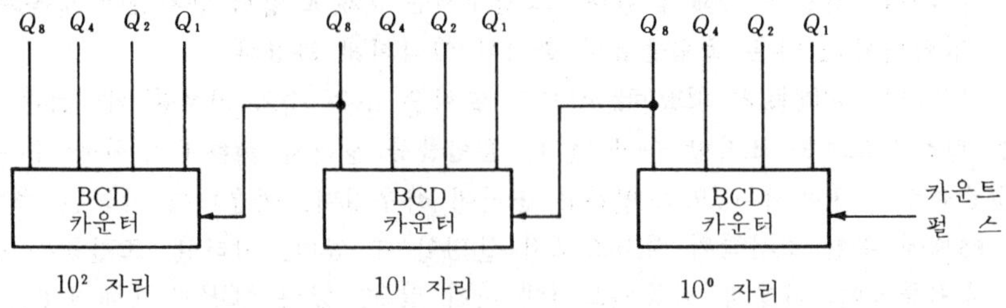

그림 7-16 세 자리 10진 BCD 카운터의 블록圖

Q_1의 상태는 매 CP마다 변한다. $Q_8=0$인 상태에서 Q_1은 1에서 0으로 변할 때마다 Q_2는 補數化된다. $Q_8=1$이 되면, Q_2는 클리어 상태를 유지한다. Q_2가 1에서 0으로 변할 때마다 Q_4는 補數化된다. Q_8는 Q_2나 Q_4가 0이면 클리어 상태를 유지한다. Q_2와 Q_4가 동시에 1인 상태에서, Q_1이 1에서 0으로 변할 때 Q_8는 補數化된다. Q_8은 Q_1의 다음 轉移에서 클리어된다.

그림 7-14의 BCD 카운터는 0에서 9까지 세어 나가므로 10진 카운터라 할 수 있다. 0에서 99까지 세어 가려면, 2개의 10진 카운터가 필요하다. 0에서 999까지 세어 가려면, 3개의 10진 카운터가 필요하다. 여러 개의 BCD 카운터를 종속으로 연결하면 여러 자리 10진 카운터를 만들 수 있다. 3자리 10진 카운터가 **그림 7-16**에 나타나 있다. 두 번째와 세 번째 10진 카운터의 입력 단자에는 바로 전의 10진 카운터의 Q_8를 입력시킨다. 각 자리에서 計數가 9에서 0으로 바뀔 때, 즉 그 자리의 Q_8가 1에서 0으로 변할 때, 그 다음 자리의 10진 카운터가 작동한다. 예를 들어 399 다음의 計數는 400이 될 것이다.

7-5 同期式 카운터(synchronous counter)

同期式 카운터는 **클럭 펄스**(CP)가 모든 플립플롭의 CP 入力端에 연결되어 있다는 점에서 리플 카운터와 구별된다. 이렇게 공통으로 입력되는 펄스는 리플 카운터에서처럼, 한 번에 하나씩 연속하여 플립플롭을 작동시키는 것이 아니라 동시에 모든 플립플롭을 작동시킨다. 플립플롭이 補數의 값을 취하느냐 혹은 그렇지 않느냐 하는 문제는, 펄스가 생기는 순간에 J와 K 입력 값에 따라 결정된다. 만일 $J=K=0$이라면, 플립플롭의 출력은 변하지 않으며 $J=K=1$이라면 플립플롭의 출력은 현 상태의 補數를 취할 것이다.

모든 형태의 同期式 카운터에 대한 설계 과정을 6-8節에서 소개했다. 3비트 2진 카운터를 설계하는 과정을 자세히 설명했으며 **그림 6-30**에서 예를 들어 설명하였다. 이

節에서는, 몇몇 전형적인 MSI 同期式 카운터가 그 기능과 함께 설명되어 있다. 만일 카운터가 IC 형태로 상품화되어 있으면 카운터를 설계할 필요가 없을 것이다.

2進 카운터(binary counter)

同期式 2진 카운터는 매우 간단하므로 순차 논리 설계 과정을 빠짐 없이 모두 거칠 필요는 없다. 同期式 2진 카운터에서 가장 낮은 위치에 있는 플립플롭은 펄스가 입력될 때마다 補數를 취한다. 이것은 이 위치에 있는 플립플롭의 J, K 입력이 모두 논리-1을 취한다는 것을 뜻한다. 그 외의 다른 모든 플립플롭은 그보다 낮은 위치에 있는 모든 플립플롭들이 1을 취할 때 펄스와 함께 補數를 취한다. 그 이유는 모든 1이 다음 펄스 때 0으로 변하기 때문이다. 예를 들면 만일 4비트 카운터의 현재 상태가 $A_4A_3A_2A_1=0011$이라면 다음 상태는 0100이 된다. A_1은 펄스가 입력될 때마다 補數를 취하기 때문에 補數를 취하게 되며, A_2는 A_1의 현재 상태가 1이므로 補數를 취한다. 또, A_3는 A_2A_1의 현재 상태가 11이므로 補數를 취하나 A_4는 $A_3A_2A_1$의 현재 상태가 011로서 모두 1이 아니므로 補數를 취하지 않는다.

同期式 2진 카운터는 일정한 형식을 갖고 있으므로 플립플롭과 게이트를 써서 쉽게 나타낼 수 있다. 그림 7-17에 나타나 있는 4비트 카운터에 일정한 형식이 잘 나타나 있다. 즉, 모든 플립플롭의 CP 단자는 공통 클럭 펄스源에 연결되어 있고 첫 번째 플립플롭의 JK 입력은 카운터가 인에이블됨과 동시에 모두 1이 된다. 그 외의 JK 입력은, 그보다 낮은 위치의 플립플롭이 모두 1이고 카운터가 인에이블되었을 때, 1이 된다. 이와 같은 방법으로 4개 이상의 플립플롭을 가진 카운터를 설계할 수 있다.

여기서, 설계한 카운터의 모든 플립플롭은 펄스의 下降 모서리에서 작동되었는데, 이렇게 설계하는 것이 리플 카운터에서는 필수적이나 同期式 2진 카운터에서는 펄스의 上昇 모서리에서 작동되도록 설계할 수 있으므로 선택적이다.

2進 增減 카운터(binary up-down counter)

同期式 2진 다운 카운터에서 가장 낮은 위치에 있는 플립플립은, 펄스가 입력될 때마다 補數를 취하며 그 외의 플립플롭들은 그보다 낮은 위치에 있는 모든 플립플롭들이 0과 같을 때, 펄스가 일어나면 補數를 취한다. 예를 들어 4비트 2진 다운 카운터의 현재 상태가 $A_4A_3A_2A_1=1100$이면, 다음 카운트 상태는 $A_4A_3A_2A_1=1011$이다. 즉, A_1은 항상 補數를 취하여(A_1이 0에서 1로 됨) A_2는 A_1의 현재 상태가 $A_1=0$이므로 補數를 취한다. 또 A_3는 A_2A_1의 현재 상태가 00이므로 補數를 취하나 A_4는 $A_3A_2A_1$의 현재 상태가 $A_3A_2A_1=100$으로서 모두 0이 되는 조건이 성립되지 않으므

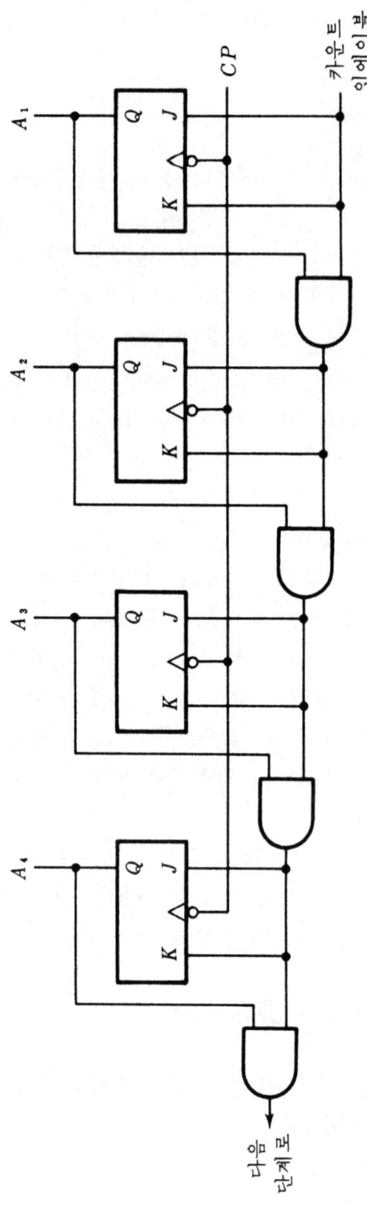

그림 7-17 4비트 同期式 2진 카운터

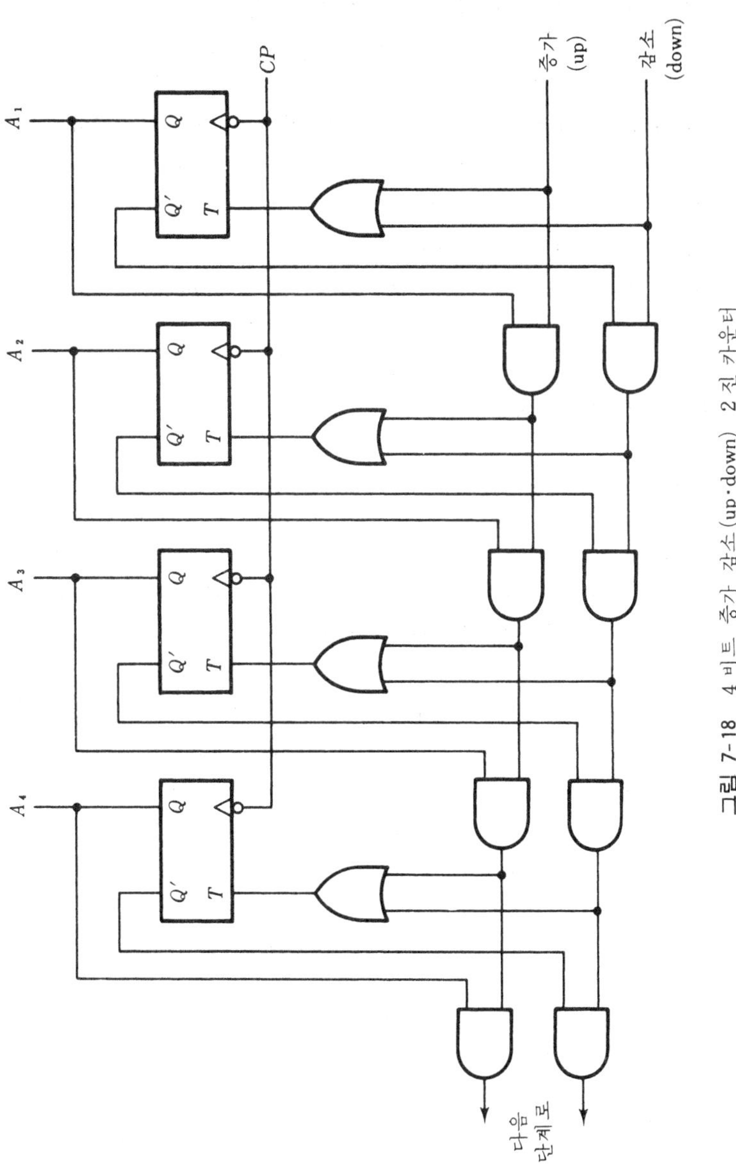

그림 7-18 4 비트 증가 감소(up·down) 2진 카운터

로 補數를 취하지 않는다. 그림 7-17에서 AND 게이트의 입력이 그 전 플립플롭의 출력 Q에 연결되어 있지 않고 Q' 출력에 연결되어 있다면, 2진 다운 카운터를 쉽게 설계할 수 있다. 그러면 증가하거나 혹은 감소하는 2가지 2진 업·다운 카운터(binary up or down counter)를 하나의 회로로 실현할 수 있다. 그림 7-18이 증가나 감소시킬 수 있는 2진 카운터이다. 이 회로 중에 있는 T 플립플롭은 JK 플립플롭에서 J와 K 단자를 한데 묶은 것과 같은 기능을 수행한다.

업(up) 입력이 1일 때 T 입력들이 앞의 플립플롭의 정상 출력 Q에 따라서 결정되므로 회로는 위로(up) 증가하는 카운터가 되며, 다운(down) 입력이 1이면 Q'의 출력이 T 입력 상태들을 결정하게 되므로 회로는 아래로 감소하는 카운터 기능을 실현하게 된다. 만일 업 입력과 다운 입력 신호가 모두 0이면 레지스터는 변하지 않고 그 상태를 CP 때에도 유지하게 된다.

BCD 카운터

BCD 카운터는 2진 코우드화 10진수 0000에서 1001까지 세고 다시 0000으로 돌아와 셈을 하게 된다. 9까지 셈을 하고 0으로 돌아가야 하므로 BCD 카운터에는 일정한 형식이 없으며 BCD 同期式 카운터 회로를 설계하려면 6-8節에서 설명한 설계과정을 거쳐야 한다.

표 7-5에 BCD 카운터의 셈 순서와 T 플립플롭의 勵起表, 그리고 출력 y가 나타나 있다. 이 출력은 카운터의 현재 상태가 1001일 때 1이 되도록 한다. 이렇게 하면 현재 자리가 1001에서 0000으로 변하는 순간에, 그 자리보다 한 자리 윗 자리를 인에이블시킬 수 있다. 勵起表로부터 플립플롭의 입력 함수가 맵 방법으로 간소화되었다. 민터엄(minterm) 10에서 민터엄 15까지는 리던던시項(don't care term)으로 취급한다. 간단하게 만든 함수는 아래와 같다.

표 7-5 BCD 카운터의 勵起表

셈 순서				플립플롭 입력				출력 캐리
Q_8	Q_4	Q_2	Q_1	TQ_8	TQ_4	TQ_2	TQ_1	y
0	0	0	0	0	0	0	1	0
0	0	0	1	0	0	1	1	0
0	0	1	0	0	0	0	1	0
0	0	1	1	0	1	1	1	0
0	1	0	0	0	0	0	1	0
0	1	0	1	0	0	1	1	0
0	1	1	0	0	0	0	1	0
0	1	1	1	1	1	1	1	0
1	0	0	0	0	0	0	1	0
1	0	0	1	1	0	0	1	1

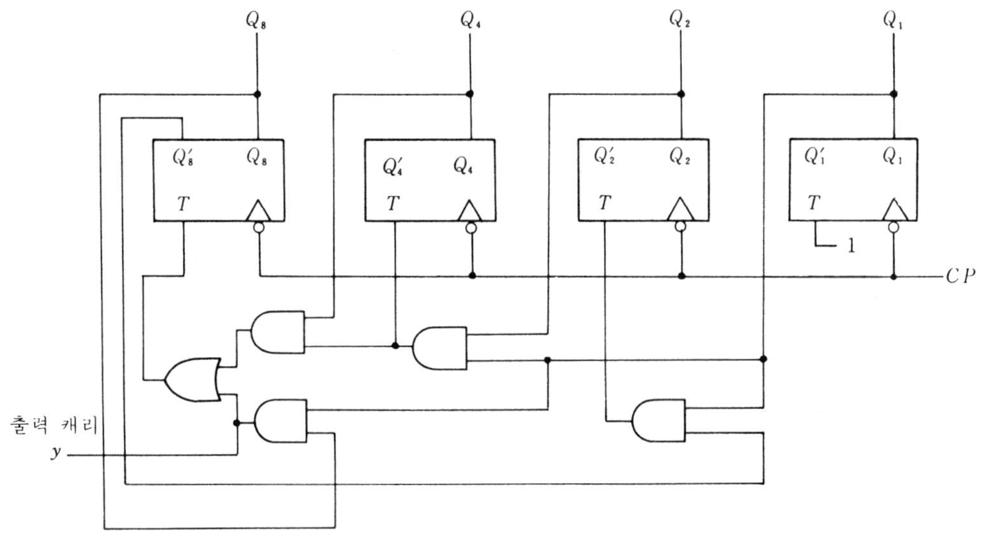

그림 7-18-1 BCD 카운터의 설계(표 7-5의 T 플립플롭에 의한 실현)

$$TQ_1 = 1$$
$$TQ_2 = Q'_8 Q_1$$
$$TQ_4 = Q_2 Q_1$$
$$TQ_8 = Q_8 Q_1 + Q_4 Q_2 Q_1$$
$$y = Q_8 Q_1$$

이 회로는 T 플립플롭 4개, AND 게이트 5개와, 1개의 OR 게이트로 설계할 수 있다.

同期式 BCD 카운터는 종속으로 연결시키기만 하면 몇 개의 자릿수를 세는 카운터라도 만들 수 있다. BCD 카운터의 직렬 연결 방법은 출력 y가 한 자리 높은 자리의 카운트 입력에 연결된다는 것만 제외하면 **그림 7-16**과 같다.

並列 로우드를 겸한 2進 카운터(binary counter with parallel load)

디지털 시스템에 쓰이는 카운터중에는 셈을 세기 이전에 셈을 세는 시작 2진수를 로우드하여 어떤 초기치로부터 카운트하려 할 때 병렬 입력 기능이 필요할 때가 많다. **그림 7-19**에 카운트할 수 있는 능력뿐만 아니라 병렬 입력할 수 있는 능력을 가진 레지스터*의 논리도가 표시되어 있다. 그림에서 보는 바와 같이 입력 로우드가 1일

*이와 유사한 IC형은 74161이 있다.

때는 카운트하는 능력을 막고 I_1에서 I_4까지의 입력 자료를 A_1에서 A_4까지 각각 병렬로 전송시킨다. 만일 로우드 입력이 0이 되면 카운트 입력이 1이 되어 회로는 카운터로서 작동하게 되며 매펄스마다 2진 카운터 순서에 따라 플립플롭의 상태는 변하게 된다. 또, 만일 로우드 입력과 카운트 입력이 모두 0이면, 레지스터의 상태는 펄스가 계속 입력되어도 변하지 않는다.

出力 캐리 端子(carry out)는 카운트 입력이 작동되는 동안 모든 플립플롭들이 1일 때 1이 되며 이 단자는 한 자리 높은 자리를 나타내는 플립플롭이 補數를 취하도록 하는 조건으로 쓰인다. 이 출력은 카운터의 비트를 4비트보다 더 확장하는 데 유용하게 쓰인다.

만일 이 캐리가 연속된 AND 게이트를 모두 거쳐 나가게 하는 대신 모두 4개의 플립플롭으로부터 직접 발생하도록 한다면 카운터의 속도는 빨라진다.

이 그림에서 플립플롭이 補數를 취하는가를 결정하기 위해서, 각각의 플립플롭은 그보다 낮은 자리의 모든 플립플롭의 출력들을 AND 게이트로 묶어 연결되어 있다.

카운터의 기능이 표 7-6에 요약되어 있는데 클리어, 클럭 펄스 CP, 로우드(load), 카운트(count)가 조합하여 다음 출력을 결정한다. 즉, **클리어 입력은 非同期的이다.** 이것의 입력이 0일 때 클럭 펄스나 다른 입력의 유무에 관계 없이 카운터는 모든 비트를 0 상태로 만든다. 이것은 다른 입력들이 0이나 1을 취하거나 그들의 값에 관계가 없이 리던던시 조건(無關條件)을 나타내므로 표에는 X로 표시하였다. 따라서 카운터가 표 중에 3가지 기입된 다른 기능을 수행하려면 클리어 입력은 1이 되어야 한다. 또 로우드 입력과 카운트 입력이 동시에 0이면 출력은 펄스의 유무에 관계 없이 변하지 않으며, 로우드 입력이 1일 때는 입력 펄스의 上昇 모서리 동안 $I_1 - I_4$ 입력이 레지스터로 전송된다. 입력 정보는 로우드 입력이 1일 때 카운트 입력을 0으로 만들기 때문에, 카운트 입력에 관계 없이 레지스터로 전송된다. 로우드 입력이 0일 때 비로소 카운트 입력이 카운트 기능을 제어하게 된다. 이때의 출력은 매 클럭 펄스의 上昇 모서리마다 바로 다음의 2진수로 변하며, 카운트 입력이 0일 때는 출력은 상태 변화가 생기지 않는다.

4비트 카운터의 擴張

그림 7-19에 있는 4비트 카운터는 하나의 IC 패키지로 구성할 수 있으며 8비트 카

표 7-6 그림 7-19의 카운터에 대한 함수표

클리어	CP	로우드	카운트	함 수
0	X	X	X	0으로 클리어시킴
1	X	0	0	변화 없음
1	↑	1	X	입력 로우드
1	↑	0	1	다음 2진 상태 카운트

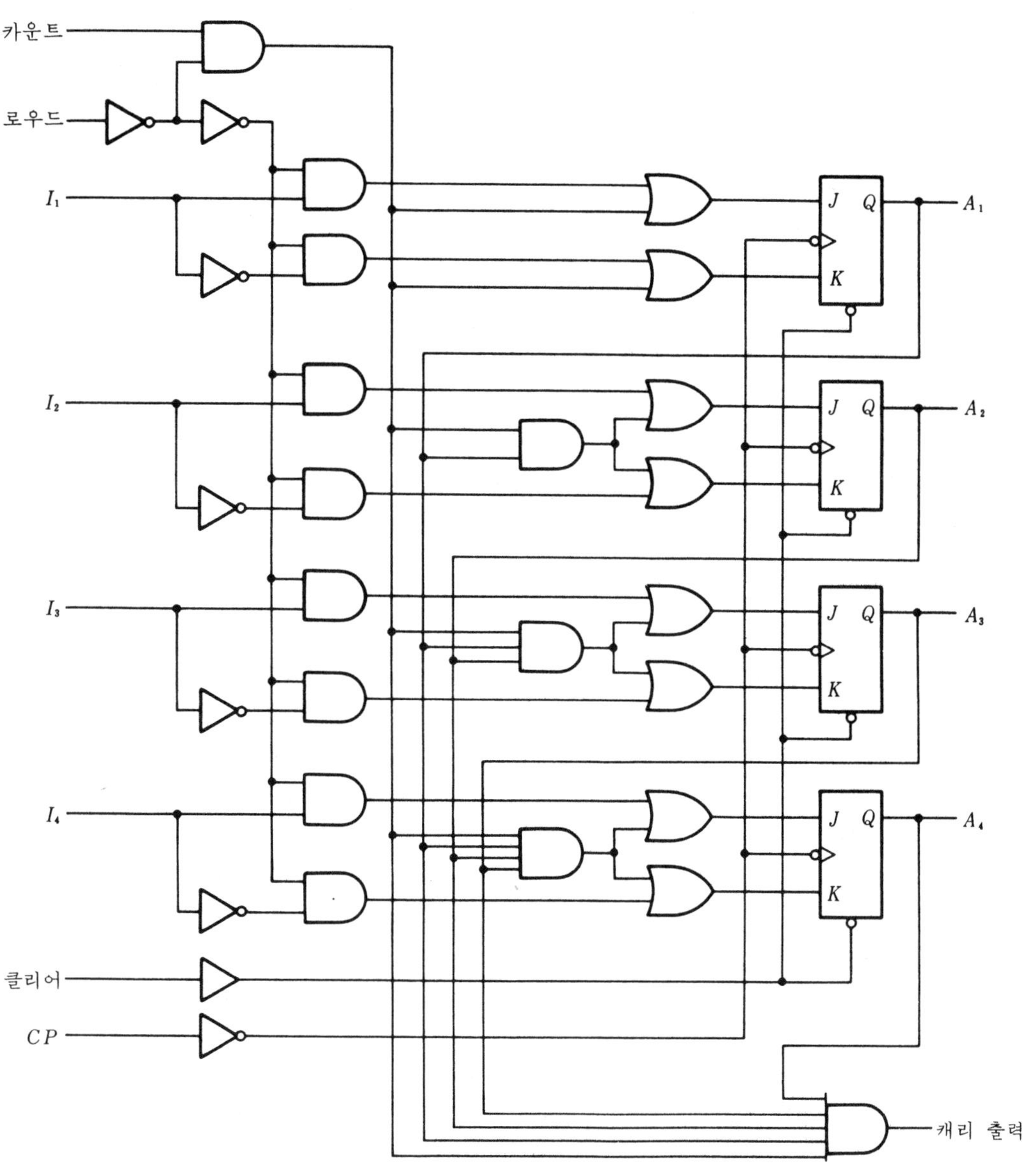

그림 7-19 병렬 입력이 가능한 4 비트 2 진 카운터

운터는 이러한 IC 2개로, 16비트 카운터는 이러한 IC 4개로 구성할 수 있다. 이럴 때 각 IC의 캐리 출력은 하나 높은 자리를 나타내는 IC의 카운트 입력에 연결하여야 한다.

특정한 수의 비트로 구성되어 있고 병렬 로우드 기능을 겸한 카운터는 디지털 시스템을 설계하는 데 아주 유용하게 쓰이며 이것을 로우드와 증가 기능이 가능한 레지스터라고 부른다. 增分은 레지스터의 현재 상태에 1을 더하는 기능으로서 클럭 펄스의 한 周期 동안만 카운트를 시킴으로써 레지스터의 내용을 1만큼 증가시킬 수 있다.

mod-N 카운터

병렬 입력이 가능한 카운터는 모든 셈 순서를 발생시키는 데 쓰이는데, 모듈로-N (modulo-N), 略해서 mod-N 카운터는 N개의 카운트 순서를 반복하는 카운터를 나타낸다. 예를 들면, 4비트 2진 카운터는 mod-16 카운터이며 BCD 카운터는 mod-10 카운터이다. 카운터를 응용하는 데 있어 mod-N 카운터에서 사용되는 N개의 상태를 나타내는 값이 중요하지 않을 경우가 있다. 이런 때에는 병렬 입력이 되는 카운터가 임의의 mod-N 카운터를 만드는 데 쓰인다. 즉, N의 값이 임의로 될 수 있다는 것이다. 여기에 대한 예제가 아래에 나타나 있다.

〔예제 7-4〕 그림 7-19에 나타나 있는 MSI 회로를 이용하여 mod-6 카운터를 구성하라.

그림 7-20에는 병렬 입력이 가능한 카운터가 6개의 셈 순서를 발생시키는 4가지 방법이 제시되어 있다. 각각의 경우마다 카운트 제어는 CP 입력에 펄스가 입력되는 동안 카운트가 가능하도록 1을 넣는다. 여기서는 로우드 입력이 카운트 기능을 막으며 클리어 기능은 다른 모든 입력보다 우선한다는 사실에 주의하자.

그림 7-20(a)에서 AND 게이트의 출력은 카운터가 0101의 상태가 되었을 때 1이 된다. 이 때, 로우드 입력은 1이 되므로 전부 0 상태의 입력 정보가 레지스터에 전송된다. 따라서 카운터는 0, 1, 2, 3, 4, 5의 상태를 거치고 난 후 다시 0으로 돌아가므로 이 카운터는 6개의 셈 순서를 발생시키게 된다.

레지스터의 클리어 입력은 非同期的이다. 이 말은 클리어 입력이 클럭에 무관하다는 것을 의미한다. **그림 7-20**(b)에서 NAND 게이트의 출력은, 카운터의 상태가 0110일 때 0이 되는데, 이 상태가 일어나자마자 레지스터는 클리어되므로 카운터에는 0110의 상태가 존재하지 않는 것처럼 보인다. 이 카운터에서는 카운터의 상태가 0101에서 0110으로 바뀌고 난 후 순간적으로 0000으로 바뀔 때 스파아크가 발생하므로 이 방법은 좋지 못하다. 만약 이 카운터의 클리어 입력이 同期式이라면 0101의 상태 이후 다음 펄스에서 카운터를 클리어시키는 것이 가능하다. 처음 6개의 셈 순서를 사용하는 대신 10~

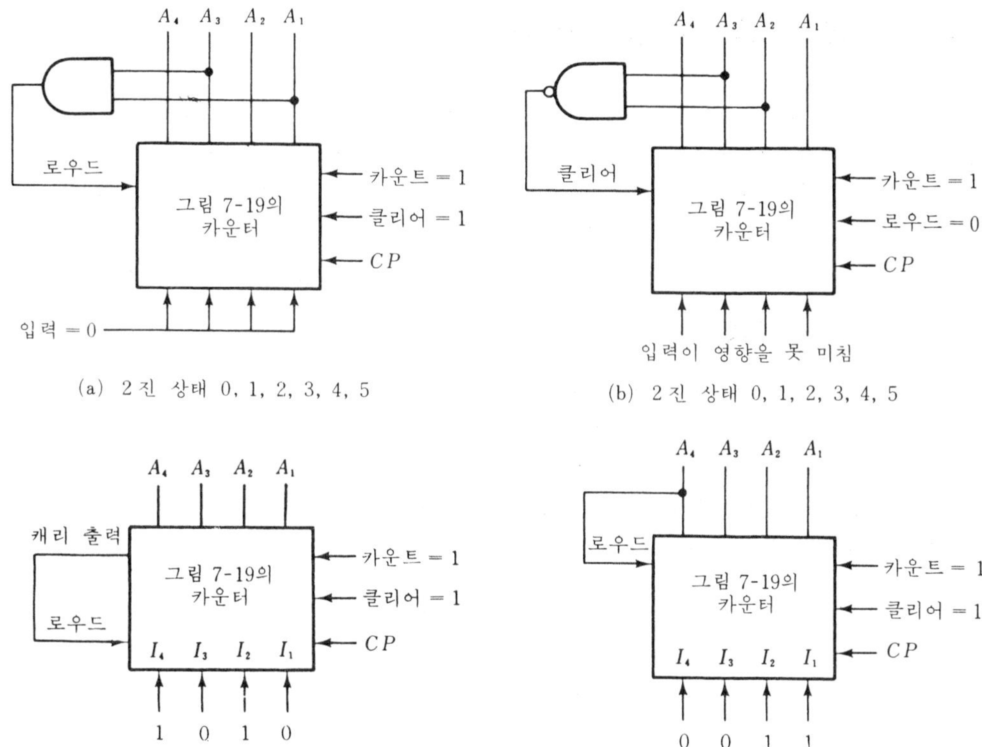

그림 7-20 병렬 입력이 가능한 카운터를 사용하여 mod-6 카운터를 구성하는 4가지 방법

15까지 마지막 6개의 셈 순서를 사용할 수 있는데, 이 경우에는 레지스터에 어떤 數를 입력시킬 때 출력 캐리를 사용하는 것이 좋다. 그림 7-20(c)에서 카운터는 1010에서 시작하여 1111의 상태까지 계속되며 **1111의 상태에서 발생되는 출력** 캐리가 로우드 입력을 1로 만들어 카운터는 입력 정보 1010을 받아들이게 된다. 이 때, 그림 7-19를 보면 플립플롭이 1이 될 때, 즉 **1111이면 캐리는 벌써 생기고 다음 클럭에서 1010으로 바뀐다.**

중간의 6개의 셈 순서를 선택하는 것도 가능하다. 그림 7-20(d)의 mod-6 카운터는 3, 4, 5, 6, 7, 8의 셈 순서를 거치는 카운터이다. 카운터가 셈 순서의 마지막 數인 1000에 이르면 A_4의 출력이 1이 되어 로우드 입력을 받아들이게 되어 카운터는 이 상태부터 카운트하기 시작한다.

7-6 타이밍 順次(timing sequence)

디지털 시스템에서 **作動順次(sequence of operations)는 제어 장치가 명시한다.** 디지털 시스템에서 작동을 주관하는 제어 장치는 타이밍 신호들로 구성되어 있는데, 이 타이밍 신호는 작동이 집행되는 타이밍 順次를 결정한다. 제어 장치에서 타이밍 順次는 카운터나 자리 이동 레지스터로 쉽게 만들 수 있다. 이 節에서는 제어 장치의 타이밍 順次를 만들어 내는 데 있어 MSI의 사용에 대하여 설명하고 있다.

워어드 타임 生成(word time generation)

먼저 작동의 직렬 방식에 필요한 타이밍 신호를 만드는 회로를 설명한다. 7-3節에서 **그림 7-8**을 예로 들어 정보의 직렬 전송에 대해 설명했다.

직렬 컴퓨터에 있어 제어 장치는 자리 이동 레지스터의 비트 數와 동일한 數의 펄스 기간을 유지하는 **워어드 타임 信號(word time signal)**를 발생시켜야 한다. 워어드 타임 신호는 필요한 펄스의 數를 세는 카운터로 만들 수 있다.

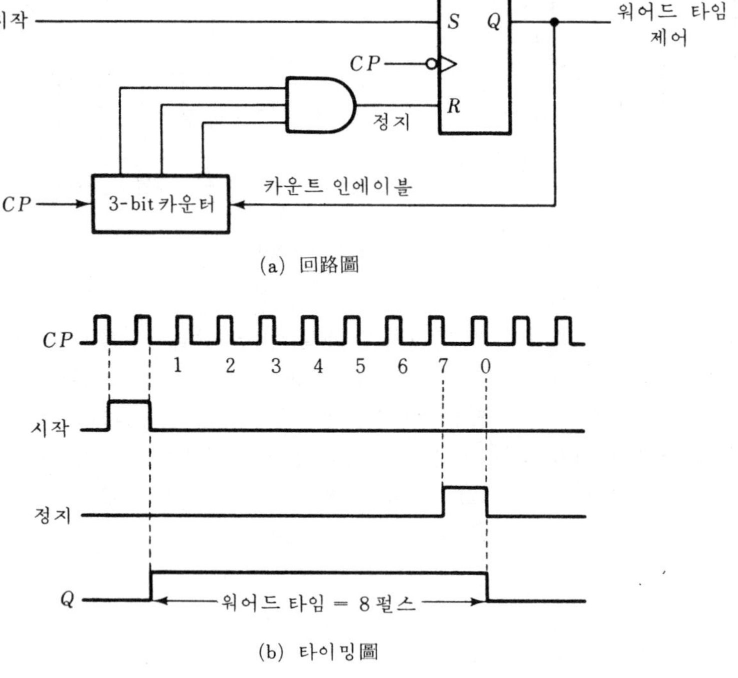

그림 7-21 順次作動을 위한 워어드 타임 生成

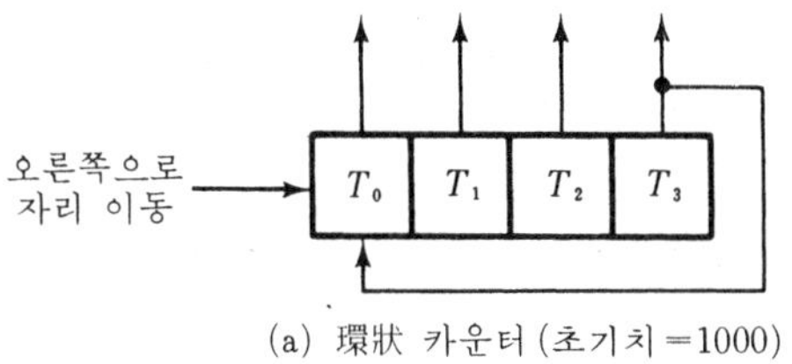

(a) 環狀 카운터 (초기치＝1000)

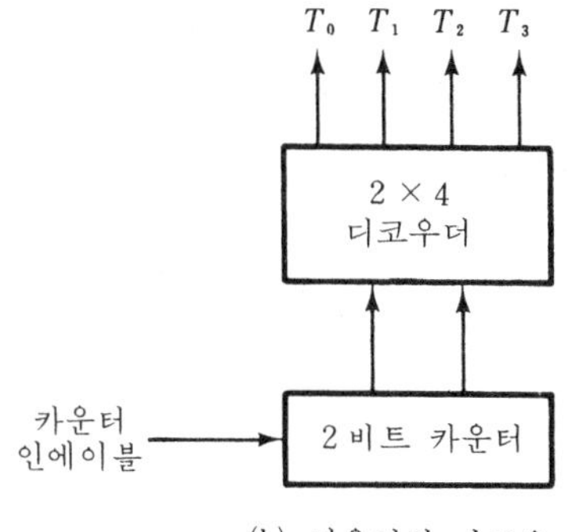

(b) 카운터와 디코우더

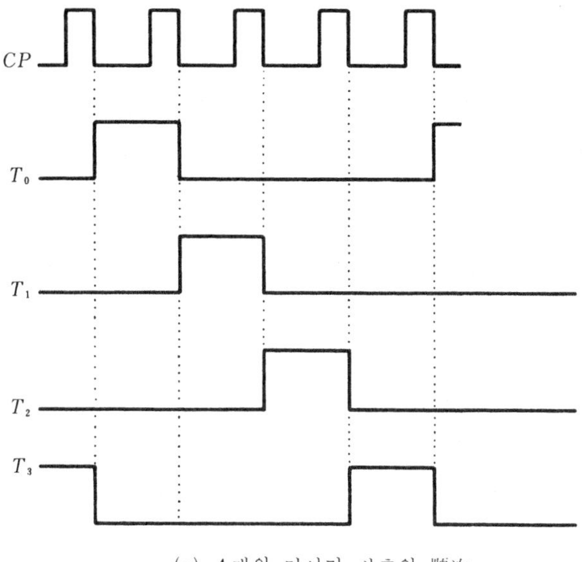

(c) 4 개의 타이밍 신호의 順次

그림 7-22 타이밍 신호의 生成

필요한 워어드 타임 신호가 클럭 펄스의 8주기 동안 지속되어야 한다고 가정하자. 그림 7-21(a)에는 이 기능을 수행하는 카운터인데, 처음에는 3비트 카운터를 0으로 클리어시킨다. 시작 신호가 플립플롭 0을 세트(set)시키면 이 플립플롭의 출력이 워어드 타임 제어를 1로 만들고, 카운터를 인에이블시킨다. 8개의 펄스가 공급된 후에 플립플롭은 리세트되어 Q는 0으로 된다. 그림 7-21(b)의 타이밍圖(timing diagram)에 이 회로의 기능이 설명되어 있다. 시동 신호는 클럭과 동기되어 있으며, 클럭 펄스의 한 주기 동안 유지되고 Q가 1이 된 후부터 카운터는 세기 시작한다. 카운터가 $7(111_2)$이 되었을 때 카운터는 플립플롭의 리세트(reset) 입력에 스톱 신호(stop signal)를 보내는데, 이 스톱 신호는 7번째 클럭 펄스의 下降 모서리에서 1이 된다. 그 다음 클럭 펄스는 카운터를 000 상태로 전환시키고 Q도 클리어시킨다. 이제 카운터는 작동하지 않으며 워어드 타임 신호는 0의 상태를 유지하게 되므로 워어드 타임 제어는 펄스의 8주기 동안 유지한다. 이 회로에서 시작 신호가 사용되었던 방법과 같이 스톱 신호가 똑같은 다른 워어드 카운트 제어 회로를 시동시키는 데 쓸 수 있다는 것을 주의하자.

타이밍 信號(timing signals)

작동의 병렬 방식에서는 하나의 작동이 어떤 시간에 집행되어야 하는지 하나의 클럭 펄스가 이 시간을 명시할 수 있다. 병렬 방식으로 작동하는 제어 장치는 디지털 시스템에서 타이밍 신호들을 생성해야 한다. 이 신호들은 단지 한 주기의 펄스 동안만 유지되어야 하며 각 타이밍 신호는 상호간 구별이 되어야 한다.

디지털 시스템에서 작동의 順次를 제어하는 타이밍 신호는 자리 이동 레지스터나 디코우더를 쓴 카운터로서 生成할 수 있다.

레지스터를 써서 만든 環狀 카운터(ring counter) 타이밍 信號 生成

環狀 카운터는 임의의 시간에 오직 1개의 플립플롭만 1이 되고, 나머지는 모두 클리어되도록 하는 **환상 자리 이동 레지스터**이다. 일련의 타이밍 신호의 順次를 발생하기 위해서 1개의 비트가 한 플립플롭에서 다음 플립플롭으로 계속 이동하도록 되어 있다. 그림 7-22(a)에는 環狀 카운터의 기능을 나타내도록 연결된 4비트 자리 이동 카운터가 나타나 있다. 여기서 레지스터의 初期値는 1000으로서 變數 T_0를 나타내며, 이 한 비트(single bit)는 매펄스마다 오른쪽으로 한자리씩 이동하여 T_3에 가서는 T_0로 되돌아 온다. 각 플립플롭은 4개의 펄스를 주기로 하여, 한 번 1의 상태가 되며, 그림 7-22(c)에서 나타나는 바와 같이 4개의 타이밍 신호 중의 하나를 생성한다. 그리고 각각의 출력은 클럭 펄스의 下降 모서리에서 1이 되고 다음 펄스의 하강 모서리가 나타날 때까지 1의 상태를 유지한다.

카운터와 디코우더로 만든 타이밍 信號生成

타이밍 신호는 또한 4개의 상이한 상태를 거쳐 표시하는 2비트 카운터를 계속 작동시켜 만들 수도 있다. 그림 7-22(b)에서 보는 바와 같이 디코우더가 카운터에서 발생되는 4개의 상태를 구분시켜 필요한 타이밍 신호의 順次를 발생시킨다.

多重-位相 클럭 펄스(multiple-phase clock pulses)

타이밍 신호는 클럭 펄스로서 인에이블되면 位相(phase)이 다른 여러 개의 클럭 펄스를 생성할 수 있다. 예를 들어, T_0가 CP와 AND 게이트로 아래 그림과 같이 연결되면 AND 게이트의 출력에는 主 클럭 펄스 주기의 4분의 1의 周波數를 가진 클럭 펄스를 만들어 낸다. 이렇게 하여 발생되는 **多重-位相 클럭 펄스**들은 서로 다른 주기로 다른 레지스터들을 제어하는 데 쓰인다.

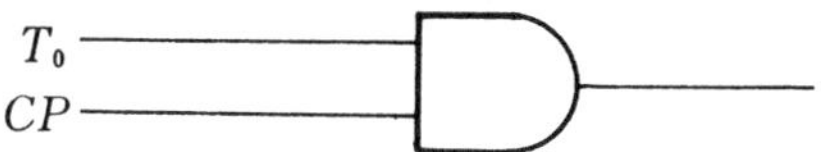

2^n개의 타이밍 신호를 발생시키는 데는 2^n개의 플립플롭으로 구성된 레지스터나 n對 2^n用 디코우더와 연결된 n 비트 카운터가 필요하다. 예를 들어, 16개의 서로 다른 타이밍 신호는 環狀 카운터의 기능을 갖도록 연결된 16비트 자리 이동 카운터나 4비트 카운터에 4對 16線用 디코우더를 연결하여 나타낼 수 있다. 첫 번째 경우에는 16개의 플립플롭이 필요하며, 두 번째 경우에는 4개의 플립플롭과 디코우더를 구성하는 데 16개의 AND 게이트가 필요하다. **자리 移動 레지스터와 디코우더**를 조합하여 타이밍 신호를 또한 만들 수 있다. 이 경우에는 필요한 플립플롭의 數가 環狀 카운터에서 필요한 플립플롭의 數보다 적으며 디코우더도 단지 2개의 입력 게이트만 필요로 한다. 이렇게 만든 타이밍 신호 발생기를 **존슨 카운터(Johnson counter)**라 부른다.

존슨 카운터(Johnson counter)
-레지스터와 디코우더로 만든 타이밍 信號-

k비트 環狀 카운터에서는 k가지의 서로 다른 상태를 나타내기 위해서 **한 비트를 플립플롭 사이로 回轉시킨다.** 이 때, 만약 자리 이동 레지스터가 **꼬리바꿈 環狀 카운터(switch-tail ring counter)**의 기능을 나타내도록 연결한다면 서로 다른 상태의 數는 2배로 늘어난다. 꼬리바꿈 環狀 카운터는 마지막 플립플롭 출력 값 補數를 처음 플립플롭의 입력에 연결시킨 環狀 자리 이동 카운터이다. 그림 7-23(a)에 이 자리 이동 레지스터가 나타나 있다.

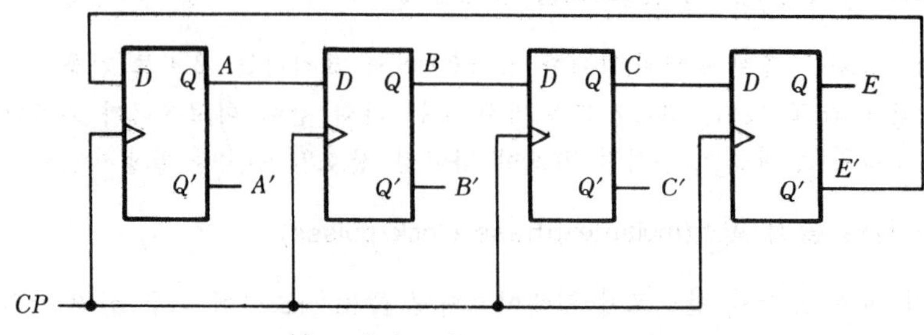

(a) 4단계 꼬리바꿈 환상 카운터
(switch-tail ring counter)

순차 번호	플립플롭 출력 A	B	C	E	출력에 필요한 AND 게이트
1	0	0	0	0	$A'E'$
2	1	0	0	0	AB'
3	1	1	0	0	BC'
4	1	1	1	0	CE'
5	1	1	1	1	AE
6	0	1	1	1	$A'B$
7	0	0	1	1	$B'C$
8	0	0	0	1	$C'E$

(b) 셈 순서와 필요한 해독

그림 7-23 존슨 카운터의 設計

제일 오른쪽에 있는 플립플롭의 출력 값의 補數가 제일 왼쪽에 있는 플립플롭의 입력에 돌아서 연결되어 있다. 여기서 레지스터의 값은 매 클럭 펄스마다 오른쪽으로 한 자리씩 이동하며 동시에 E 플립플롭의 補數値가 A 플립플롭에 전송된다. 이렇게 되면 클리어 상태에서 시작한 꼬리바꿈 環狀 카운터는 그림 7-23(b)에 나타난 8개(레지스터 갯수의 2배)의 연속적인 상태를 거치게 된다. 일반적으로 k비트 꼬리바꿈 環狀 카운터는 연속적인 $2k$개의 상태를 나타내며 카운터가 0의 상태에서 출발한다면 매펄스마다 왼쪽부터 1이 삽입되어 레지스터가 모두 1로 찬 다음 그 다음 펄스마다 왼쪽부터 0이 삽입되어 레지스터에 모두 0이 나타나게 된다.

존슨 카운터는 서로 다른 $2k$개의 타이밍 신호를 발생시키기 위해 k비트 꼬리바꿈 環狀 카운터에 $2k$개의 게이트를 연결시킨 것이다.

그림 7-23에는 디코우딩 게이트들이 나타나 있지 않으나 표의 마지막 列에 명시되어 있으며 표에 기록된 8개의 AND 게이트를 회로에 연결시키면 존슨 카운터를 완성시킬 수 있다. 존슨 카운터에서 각각의 게이트는 오직 하나의 서로 다른 특별 상태에서만 인에이블되므로 각각의 게이트의 출력은 계속해서 8개의 타이밍 신호를 발생하게 된다.

k비트 꼬리바꿈 環狀 카운터에서 연속적인 $2k$개의 타이밍 신호를 발생시키려면 일정한 형식을 따라야 한다. 즉, 레지스터가 모두 0상태라면 양쪽 끝에 있는 2개의 플립플롭 출력의 補數를 취하고 모두 1의 상태라면, 양쪽 끝에 있는 플립플롭 출력의 정상 값을 취한다. 이 밖의 모든 상태에서는 數列에서 1, 0 또는 0, 1이 인접해 있는 두 플립플롭의 출력을 취한다. 예를 들어 7을 나타내는 상태는 플립플롭 B와 C에서 0, 1이 서로 인접하므로 B 출력의 補數와 C의 정상 출력을 AND 게이트로 연결하여, 즉 B′C를 취하여 출력을 얻는다.

그림 7-23(a)에서 이 회로의 단점은 최초에 여기서 쓰지 않는 狀態(unused state)가 레지스터에 주어지면 사용되지 않는 셈 순서만을 계속하여 되풀이한다는 사실이다. 이 難點은 이러한 원하지 않는 조건을 피하기 위해서 이 회로를 수정함으로써 해결할 수 있다. 그 한 가지 방법이 B 플립플롭의 출력과 C 플립플롭의 D 입력을 연결하는 선을 떼고(open), 대신에 다음 함수를 C 플립플롭의 입력에 넣는 것이다.*

$$DC = (A + C)B$$

여기서 DC는 C 플립플롭의 D 입력을 나타낸다.

존슨 카운터는 임의의 數가 서로 다른 타이밍 신호를 발생시키도록 만들 수 있다. 이때 필요한 플립플롭의 數는 타이밍 신호 數의 반이 되며 게이트의 數는 타이밍 신호 數와 동일하고 각 게이트에는 2개의 입력만이 필요하다.

7-7 메모리 裝置(memory unit)

디지털 컴퓨터에 있는 레지스터들은 演算型, 貯藏型 두 종류로 나눌 수 있다. 연산형 레지스터는 레지스터를 구성하고 있는 각 플립플롭에다 2진 정보를 저장할 수 있는 것이며, 데이터를 처리할 수 있는 조합 게이트들을 가지고 있다. 한편 저장형 레지스터는 2진 정보를 일시적으로 저장하는 데 쓰이며, 여기에 **貯藏되는 情報는 레지스터에 入出力할 때 絶對로 情報自體는 變更되지 않는다.** 메모리 장치는 저장 레지스터와 레지스터에 정보를 저장하고 읽어 내는 데 필요한 회로의 集合體이며 메모리 장치 내에 있는 저장 레지스터는 메모리 레지스터라 불린다.

디지털 시스템의 대부분은 레지스터인데, 여기에 정보를 저장하고 또 처리 과정에서 필요할 때는 정보를 여기에서 읽어 내게 된다. 처리 장치에는 상대적으로 매우 적은 연산 레지스터가 있는데 데이터를 처리할 경우에 **指定된 메모리 裝置內의 레지스터로부터 얻은 情報**는 처리 장치에 있는 이 연산 레지스터로 들어가고 여기서 얻은 중간 결과와 최종 결과는 다시 지정된 메모리 레지스터에 저장한다. 이와 유사하게

*이 방법을 사용한 것이 IC 4022형이다.

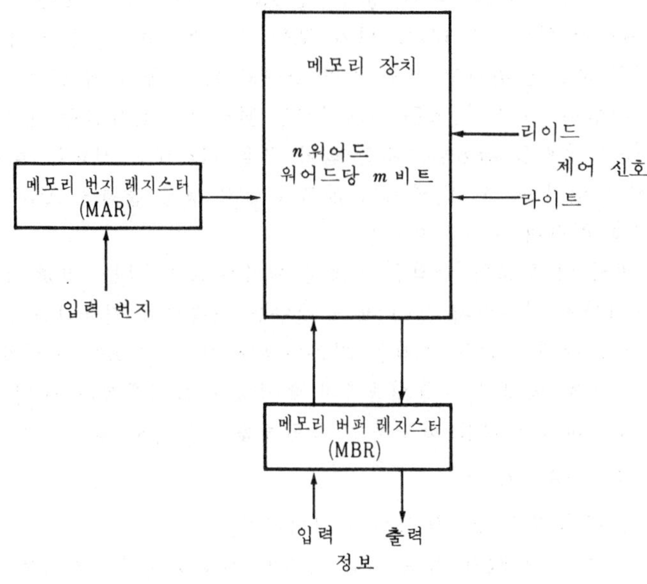

그림 7-24 기억 장치와 주변 장치와의 교신에 대한 블록圖

입력 장치에서 얻은 2진 정보는 먼저 메모리 레지스터에 저장되며, 출력 장치에 보내질 정보는 메모리 장치에 있는 레지스터들로부터 보내어진다.

메모리 장치에서 레지스터의 2진 소자(binary cell) (즉, 0과 1의 상태를 나타낼 수 있는 최소 단위)를 구성하는 부품은 몇 가지 기본 특성을 가져야 하는데, 그 중 가장 중요한 것은 다음과 같다. ① 2진으로 표기하는 데 있어 두 가지 상태를 뚜렷이 구분하여 나타낼 것 ② 부피가 작을 것 ③ 비트당 단가가 가능한 한 저렴할 것 ④ 메모리 레지스터에 액세스 시간(access time, 도달 시간이라고도 함)이 매우 빠를 것. 메모리 장치 素子로 쓰이는 것에는 磁氣 메모리 장치, 半導體 IC(integrated circuit, 集積回路), 磁氣 테이프, 磁氣 드럼, 磁氣 디스크 등이 있다.

2진 정보를 群으로 묶어서 저장하는 메모리 단위를 워어드(word)라고 하는데, 각 워어드는 하나의 메모리 레지스터에 저장된다. 워어드는 한꺼번에 메모리 장치에 정보를 저장하고 읽어 낼 수 있는 단위로서 m개 비트의 전체를 말한다. 메모리語(memory word)로서 오퍼란드(operand), 命令語, 英文數字(alphanumeric; A~Z, 0~9)나 혹은 2진 코우드化 정보를 표현할 수 있다. 메모리 장치와 그 주변 장치와의 교신은 2개의 제어 신호와 2개의 외부 레지스터를 통하여 이루어진다. 이 중에서 제어 신호는 전송 방향, 즉 단어가 메모리 레지스터에 저장될 것인가 혹은 저장되었던 단어를 메모리 레지스터로부터 읽어 낼 것인가를 결정한다. 한편 2개의 외부 레지스터 중 하나는 메모리 장치에 있는 많은 레지스터들 중 특정한 메모리 레지스터를 명시하는 데 쓰이며 또 하나의 외부 레지스터는 이 문제시되어 있는 메모리語의 2진 비트 구성을 나타내게 된다. **그림 7-24**에 이 제어 신호와 레지스터들이 표시되어 있다.

메모리 번지 레지스터는 지정된 단어의 번지를 나타낸다. 메모리 장치 내에 있는 각 단어에는 0에서부터 사용 가능한 단어의 최대치까지 번지가 할당되어 있다. 특정한 단어와 교신하려면 그 단어의 번지가 메모리 번지 레지스터에 전송되어야 하며, 메모리 장치의 내부 회로가 이 번지를 받아 이 번지가 가리키는 단어와 교신하는 데 필요한 통로를 열어 놓는다. n비트로 된 메모리 번지 레지스터는 2^n개의 메모리語 번지를 명시할 수 있다. 컴퓨터의 메모리 장치는 1024개의 워어드에서는 10비트의 메모리 번지 레지스터가 필요하며, $1,048,576=2^{20}$개의 워어드까지는 20비트의 메모리 번지 레지스터가 필요하다.

메모리 장치에 연결되어 있는 두개의 제어 신호는 읽기 (read) 와 쓰기 (write) 라고 불린다. 라이트 신호는 메모리 장치에 저장하라는 명령을 나타내며 리이드 (read) 신호는 메모리 장치로부터 읽어 내라는 명령을 나타낸다. 만일 두 개의 제어 신호 중 하나를 받아들이면 그 즉시 메모리 장치 내에 있는 내부 제어 회로는 지시된 기능을 수행하게 된다. 어떤 형태의 저장 장치에서는 소자의 특성 때문에 소자에 있는 비트를 읽을 때, 소자에 저장되어 있는 정보를 파괴시키는 경우가 있다. 이러한 장치는 **지움성 읽음 메모리 (destructive read-out memory)**라 불리며 이것은 정보가 읽히고 난 후에도 파손되지 않고 남아 있는 **非지움성 읽음 메모리 (nondestructive read out memory)**와 상대적이다. 그러나 이 둘 중 어떠한 경우에서든지 새로운 정보가 저장될 때에는, 그 전의 정보는 항상 없어지게 된다. 지움성 읽음 메모리에서 내부 제어 순서 중에는 만일 읽혀지는 단어가 읽혀진 후에 소멸되지 않고 계속 남아 있으려면, 워어드가 다시

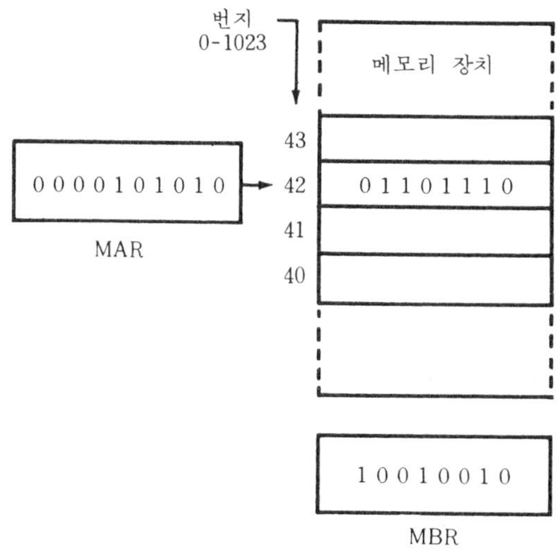

그림 7-25 레지스터의 초기치

재생되는 제어 신호가 포함되어야 한다.

메모리 장치에 있는 레지스터와 외부 사이에서 전송되는 정보는 **메모리 버퍼 레지스터**(memory buffer register, 혹은 정보 레지스터나 저장 레지스터라고도 함)라 불리는 공통 레지스터를 통하여 왕래한다. 이때 메모리 장치가 라이트(write) 제어 신호를 받으면 내부 제어는 버퍼 레지스터의 내용을 해석하여 메모리 레지스터에 저장될 단어의 2진 배열을 만들며, 리이드 제어 신호를 받으면 내부 제어는 메모리 레지스터의 내용을 버퍼 레지스터로 보낸다. 이 들 중 어떤 경우에서든지 메모리 번지 레지스터는 제어 장치 내에 번지 지정한 레지스터를 가리키게 된다.

이제 메모리 장치의 정보 전송 특성을 예로 들어 요약해 보자. 어떤 메모리 장치에 1024개의 워어드가 있으며 각 워어드마다 8개의 비트를 차지한다고 가정하면 1024개의 워어드에 번지를 주기 위해서는 $2^{10}=1024$이므로 10개의 비트로 된 메모리 번지 레지스터가 필요하다. 또, 버퍼 레지스터는 전송될 워어드의 내용을 저장하기 위해서 8개의 플립플롭이 필요하며 메모리 장치에는 0번지부터 1023번지까지 번지가 정해진 1024개의 레지스터가 있게 된다.

그림 7-25에는 MAR(memory address register), MBR(memory buffer register)과 MAR로서 지정된 3개 메모리 레지스터의 初期値를 나타냈다. 그림에서 보는 바와 같이 MAR에 나타난 2진수는 10진수로 42이므로 MAR에 의해 지정된 메모리 레지스터는 번지가 42번지인 레지스터가 된다.

MAR에 지정된 워어드를 보내기 위해 메모리 장치와 통신하는 데 필요한 작동 順次는 다음과 같다.

메모리 읽는(read) 作動順次

1. 지정된 워어드의 번지를 MAR로 보낸다.
2. 리이드 제어 입력을 작동시킨다.

리이드 명령을 실현한 결과는 **그림 7-26(a)**에 나타나 있다. 이 그림에서 현재 42번지 메모리 레지스터에 저장되어 있던 2진 정보는 MBR로 전송된다. 새로운 워어드를 메모리 장치에 저장시키는 데 필요한 작동 순차는 다음과 같다.

메모리 쓰는(write) 作動順次

1. 지정된 워어드의 번지를 MAR로 보낸다.
2. 먼저 워어드의 데이터 비트를 MBR로 전송한다.
3. 라이트(write) 제어 신호 입력을 작동시킨다.

라이트 명령을 수행한 결과는 **그림 7-26(b)**에 나타나 있다. 이 그림에서 MBR에 저

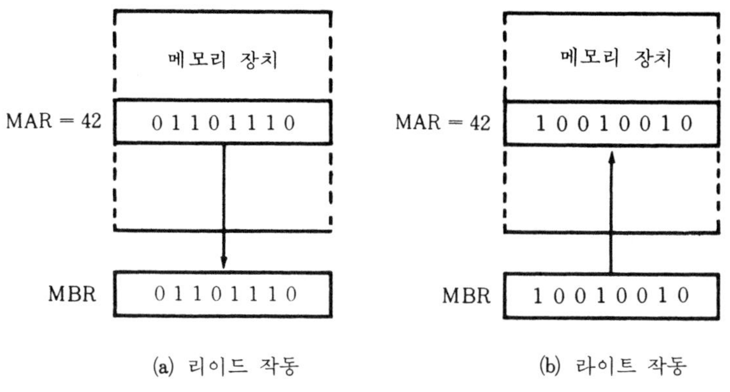

그림 7-26 리이드와 라이트 작동 중 정보 전송

장된 내용은 42번지 레지스터에 저장된다. 위의 보기에서 사용된 메모리 장치는 비지움성의 특성을 지닌 것으로 가정하며 이런 메모리 장치는 반도체 IC로 만들 수 있다. 이 반도체 IC로 만든 메모리 장치에서는 리이드 명령을 수행하는 동안 메모리 레지스터에 있는 정보는 계속 유지되어 정보는 파손되지 않는다. 메모리 장치에서 보통 쓰이는 다른 素子는 磁氣 코어(magnetic core)인데 이 **磁氣 코어 특성은 지움성 읽음 (destructive read-out)** 성질을 가지므로 리이드 명령을 수행하는 과정에서 정보가 파손되게 된다. 반도체 메모리와 磁氣 코어 메모리에 대한 예는 7-8節에서 설명한다.

磁氣 코어 메모리는 지움성 읽음 특성을 갖고 있기 때문에 메모리 레지스터에 원래의 내용을 다시 저장시키는 제어 기능이 주어져야 한다. 磁氣 코어 메모리에 리이드 제어 신호가 주어지면 지정된 워어드의 내용이 외부 레지스터로 전송되며 동시에 메모리 레지스터는 자동적으로 클리어된다. 따라서 磁氣코어 메모리에서 정보 전송을 하려면 메모리 레지스터에 원래의 내용을 복구시키는 적당한 신호와 작업을 해 주어

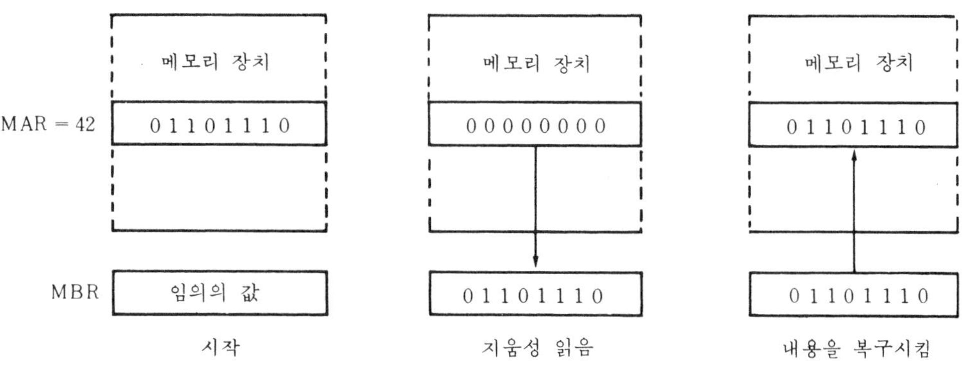

그림 7-27 read 작동 중 자기 코어 메모리에서의 정보 전송

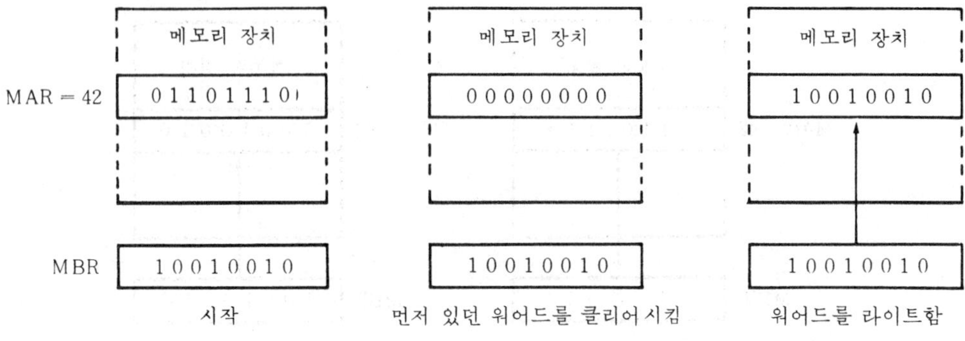

그림 7-28 write 작동 중 자기 코어 메모리에서의 정보 전송

야 한다. **그림 7-27**에는 리이드 명령이 수행되는 동안 磁氣 코어 메모리에서 정보 전송이 일어나는 과정을 나타내었다. 지움성 읽음 명령에서는 지정된 워어드의 내용이 MBR (memory buffer register)로 전송됨과 동시에 메모리 레지스터의 내용은 모두 0으로 되어 버린다. 그런데 이 명령이 제대로 수행되려면 지정된 단어의 내용은 리이드 명령을 수행한 후에도 그대로 남아 있어야 한다. 따라서 MBR의 내용을 다시 지정된 메모리 레지스터에 저장시키는 과정이 수행되어야 한다. 이 과정이 진행되는 동안에는 MAR과 MBR의 내용은 변하지 않는다.

그림 7-28에는 磁氣 코어 메모리에 라이트(write) 제어 입력이 주어질 때 정보 전송이 어떻게 일어나는가를 표시하고 있다. 그림에서 보듯이 새로운 정보를 지정된 레지스터에 전송시키려면 그 전에 저장된 정보는 모두 0으로 지워 버려야 할 것이다. 그 후에 MBR의 내용은 지정된 워어드에 전송할 수 있다. 이 명령이 수행되는 동안에 MAR의 내용이 변해서는 안 되는데, 그 이유는 MAR의 내용이 클리어된 워어드가 새로운 정보를 받아들이는 워어드와 동일한 번지라는 것을 나타내야 하기 때문이다.

磁氣 코어 메모리에서 정보를 저장하거나 정보를 읽어 내는 데는 2개의 半周期가 필요한데, 이 2개의 반주기를 모두 거치는 시간을 **메모리 사이클 시간(memory cycle time)**이라 한다.

필요한 정보를 메모리 시스템에서 액세스하는 방식은 어떠한 형태의 소자가 사용되는가에 따라서 결정된다. RAM(random access memory)에서는, 각 레지스터는 磁氣코어 메모리에서처럼 각기 독립적인 공간을 가지고 있으므로, 레지스터들은 서로 독립적인 것으로 취급한다. **順次 액세스 메모리(sequential access memory)**에서 어떤 매개체에 저장된 정보는 직접 액세스 가능한 것이 아니라 요구하는 워어드에 도달하기까지 일정한 시간이 경과한 후에야 가능하다. **磁氣 테이프 장치**가 이와 같은 형인데 메모리 위치를 처음부터 조사하여 지정된 워어드에 도달하였을 때에야 정보를 읽어 들이는 것이 가능하다. **메모리 액세스 時間(access time)은 必要한 워어드를 選擇하여 그것**

을 읽거나(read) 쓰는(write) 데 걸리는 시간이다. RAM에서 액세스 시간은 필요한 워어드가 어느 위치에 있든지 관계 없이 일정하나 順次 메모리에서의 액세스 시간은 필요한 워어드의 위치에 따라 달라진다. 만일 필요한 워어드가 그 단어를 찾자마자 발견이 되면 액세스 시간은 그 단어를 리이드하거나 라이트 하는 데 걸리는 시간과 같으나 단어의 위치가 메모리의 마지막 위치에 있으면 도달 시간은 모든 워어드를 거치는 데 필요한 시간까지 포함하게 된다. 따라서 順次 메모리에서의 액세스 시간은 일정하지 않다.

일정한 시간이 경과하거나 電源이 꺼질 때, 素子가 저장된 정보를 잃어 버리는 메모리 장치를 **消滅性(volatile) 메모리** 또는 **揮發性 메모리**라 부른다. 반도체 메모리 장치는 그 구성 2진 소자가 저장된 정보를 계속 유지하려면 외부 電源이 필요하므로 이 종류에 속한다. 반면에 磁氣 코어나 磁氣 디스크와 같은 **非消滅性(nonvolatile)** 메모리 장치는 電源을 차단한 후에도 계속 저장된 정보를 유지한다. 이 이유는 磁氣素子에 저장된 정보는 磁化의 방향으로 나타내어지는데, 이 磁化 방향이 電源이 차단된 후에도 계속 殘留磁氣로서 유지되기 때문이다. 디지털 시스템에서 많은 유용한 프로그램들이 저장 장치에 영원히 남아 있어야 하기 때문에 非消滅性 특성은 매우 사용하기 편한 특성이다. 이 특성을 가진 메모리 장치에서는 電源이 차단되었다가 다시 들어와도 전에 저장된 프로그램들이 없어지지 않고 그대로 남아 있게 된다.

7-8 RAM(random access memory)에 대한 實例

이 節에서는 두 가지 형태의 RAM의 내부 구조를 도표로 제시하고 있다. 그 형태 중 하나가 플립플롭이나 게이트로 만든 것이고 나머지 형태가 磁氣 코어로 만든 것이다. 圖示된 것 중의 하나로 메모리 장치를 나타내려면 메모리 장치의 용량을 제한시켜야 하므로 이 節에서는 각 워어드가 3개의 비트로 구성된 4개의 워어드를 가지고 있는 메모리 장치를 사용하여 설명하겠다. 상업용 RAM은 각 워어드가 8비트에서 64비트로 된 수천 개의 워어드 용량을 가지고 있는데 여기에 있는 메모리 장치의 모형을 확장시키면 용량이 큰 메모리 장치의 설계도가 될 수 있다.

IC 메모리(integrated circuit memory)

각 워어드가 n비트로 되어 있는 m개의 워어드로 구성된 RAM의 내부 구조는 $m \times n$개의 2진 저장 素子와 각 단어를 선택하는 데 필요한 番地用 論理回路로 구성되어 있다. **그림 7-29**에는 한 비트의 정보를 저장하는 2진 소자의 논리 회로가 나타나 있는데 이 2진 소자는 메모리 장치를 구성하는 데 기본 단위가 된다. 이 그림에서 2진 素子는 1개의 플립플롭과 몇 개의 게이트로 나타나 있지만 실제로는 입력이 여러 개인 2개의 트랜지스터로 구성되어 있다. 여기서 2진 素子는, IC 칩에서 사용 가능

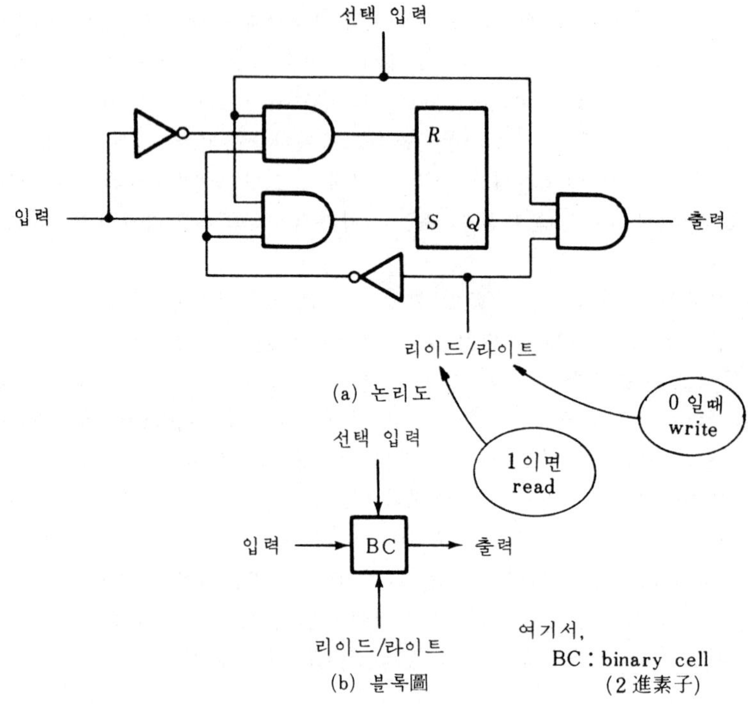

그림 7-29 메모리 素子

한 작은 공간에다 가능한 한 많은 數를 집어넣기 위해서는, 그 부피가 매우 작아야 한다. 2진 素子에는 3개의 입력과 하나의 출력이 있는데 選擇入力(select input)은 素子가 리이드나 라이트를 선택하도록 하며 리이드나 라이트 입력(read/write input)은 素子가 어떠한 작동을 할 것인가를 결정한다. 이 때, 리이드/ 라이트 입력이 1이면 플립플롭과 출력 단자 사이의 통로를 열어놓으며, 리이드/라이트 입력이 0이면, 입력 단자에 있던 정보가 플립플롭으로 전송된다. 이런 경우에 플립플롭은 클럭 펄스 없이 작동하게 되며, 그 목적이 정보의 한 비트를 2진 素子에 저장시키는 것임을 명심하자.

IC 메모리에는 리이드나 라이트 제어용으로 1개의 선이 있는 경우가 종종 있는데 이 선에 2진 상태 2개 중 한 가지 상태를 입력시키면 리이드 명령을 보내는 것이며, 다른 상태를 입력시키면 라이트 명령을 보내는 것이다. 이에 추가하여 메모리 장치에 몇 개의 IC를 조합하여 수많은 갯수의 워어드를 가지게 할 경우에는 메모리 장치 내의 IC를 선택하는 수단으로 1개 혹은 그 이상의 인에이블線(enable line)을 연결한다. 그림 7-30에는 IC RAM의 논리 구조가 나타나 있는데 이 RAM은 한 워어드가 3비트인 4개의 워어드로 구성되어 있으므로 전체는 12개의 2진 素子로 구성된 셈이다. 이 그림에서 BC(binary cell)로 명시된 작은 네모 상자는 2진 素子를 나타내고, 각 BC

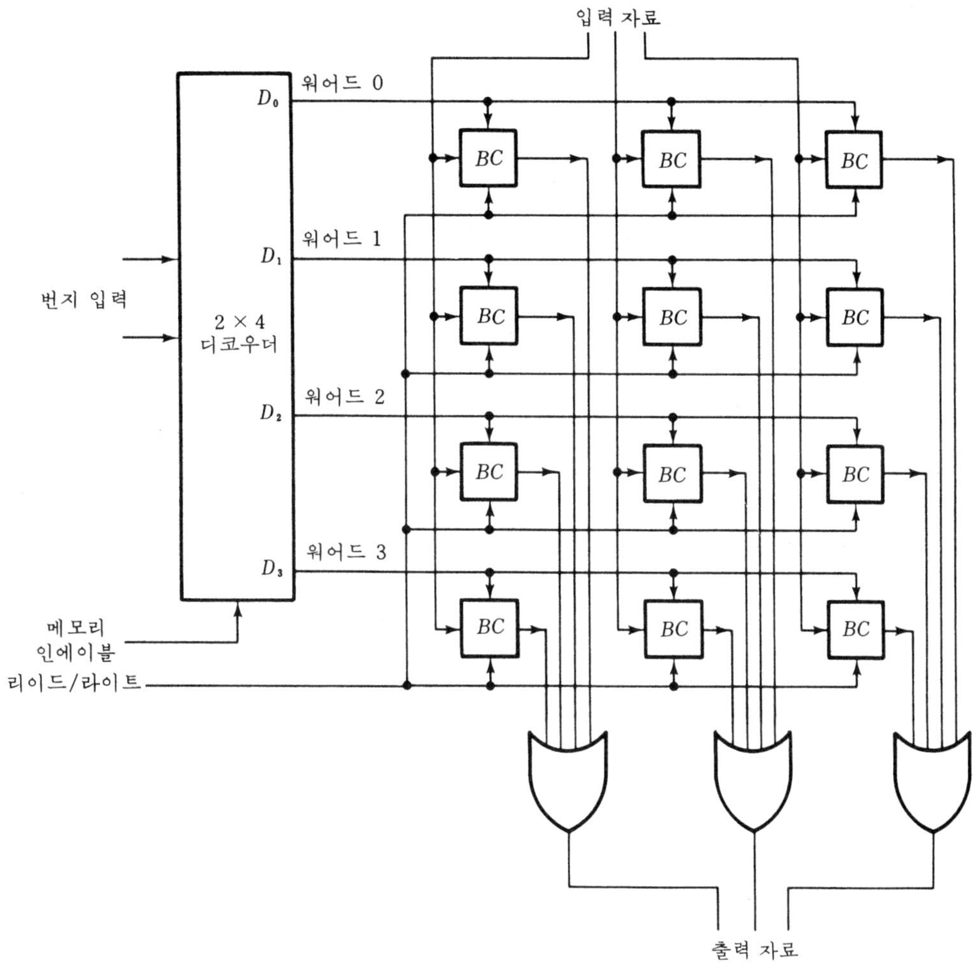

그림 7-30 IC 메모리

마다 1개의 출력이 나와 있다.

여기서 2개의 번지 입력은 2×4 디코우더(decoder)에 연결되어 있으며, 이 디코우더는 메모리 인에이블 입력으로 작동한다. 즉, 메모리 인에이블이 0이면 디코우더의 모든 출력은 0이 되므로 단어를 선택할 수 없으며 메모리 인에이블이 1이면 2개의 番地 입력 값에 따라 4개의 워어드 중 하나가 선택된다. 이때 리이드/라이트 신호가 1이면 지정된 워어드의 2진 배열이 3개의 OR 게이트를 통과하여 출력 단자에 나오며 지정되지 않은 그 밖의 2진 소자들은 0을 발생하므로 출력에 영향을 주지 못한다. 또, 리이드/라이트 신호가 0이면 입력선에 대기 중이던 정보가 지정된 워어드의

2진 素子의 배열에 전송되며, 이때 지정되지 않은 그 밖의 2진 素子들은 각각의 素子에 있는 선택 입력이 차단되므로 전 상태가 그대로 계속 유지된다. 만일 메모리 인에이블 신호가 0이면 리이드/라이트 신호가 어떤 값을 갖든지 관계 없이 메모리 내에 있는 모든 素子의 내용은 변화하지 못한다.

IC RAM은 내부적으로는 配線論理－OR(wired-OR) 능력을 갖고 있는 소자들로 구성되어 있는데 이러한 소자를 쓰면 그림에서 OR 게이트를 쓸 필요가 없다. 또한 외부 출력선들은, 메모리 장치가 수만 개의 워어드를 갖기 위해 2개 혹은 그 이상의 IC를 쉽게 결합시킬 수 있도록 配線論理(wired logic)를 구성할 수 있다.

磁氣 코어 메모리(magnetic core memory)

磁氣 코어 메모리는 2진 정보를 저장하기 위해 磁氣 코어(magnetic core)를 사용하는데, 여기에 사용되는 磁氣 코어는 磁化性 물질로 만들어진 도우넛 모양의 **토로이드(toroid)**이다. 반도체 플립플롭은 작동하기 위해서 전압과 같은 한 가지 물리적 量만을 필요로 하는 반면, **磁氣 코어는 電流, 磁束(magnetic flux), 電壓 등 3가지 물리적 量을 필요로 하게 된다.** 그 중에서 코어를 통과하는 선에 흐르는 전류 펄스는 코어를 勵起시키는 신호에 해당하고, 코어 내의 磁束의 방향은 저장된 2진 정보를 나타낸다. 또 출력 2진 정보는 코어를 통과하는 선의 전압 펄스로부터 얻어진다.

磁氣 코어가 2진 정보를 저장할 수 있는 물리적 특성은 **그림 7-31**(c)의 **히스테리시스 루우프(hysteresis loop)**에 나타나 있는데, 이 루우프는 電流와 磁束의 관계를 좌표상에 나타낸 것이다. 그림에서 보듯이 만일 電流가 0이면 磁束 방향은 陽의 방향(시계 방향) 혹은 陰의 방향(반시계 방향)이든지 관계 없이, 코어에 계속 유지된다. 일반적으로 磁化의 방향이 시계 방향이면 1을 나타내고 그의 반대 방향이면 0을 나타낸다.

한편 코어를 통과하는 선에 전류 펄스를 주면 磁化의 방향을 바꿀 수 있는데, **그림 7-31**(a)에서와 같이 만일 전류를 아래쪽으로 보내면 磁束의 방향이 시계 방향이 되므로

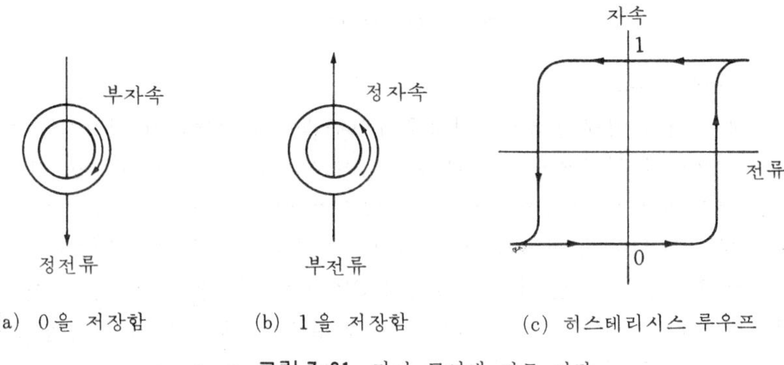

(a) 0을 저장함 (b) 1을 저장함 (c) 히스테리시스 루우프

그림 7-31 자기 코어에 비트 저장

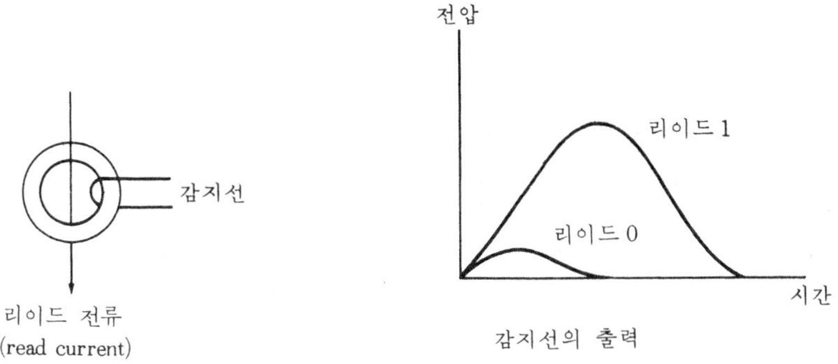

그림 7-32 자기 코어로부터 비트를 읽음

코어를 0 상태로 만들 수 있다. **그림 7-31(b)**에는 1을 저장하는 데 필요한 전류와 磁束의 방향이 표시되어 있다. 또 전류 펄스가 가해질 때 플럭스의 방향이 히스테리시스 루우프에서 화살표로 나타나 있다.

코어에 저장된 2진 정보는 磁束이 변하지 않으면 磁束(flux)의 방향을 알 수 없기 때문에 읽어 내기 어렵다. 그러나 磁束이 시간에 따라서 변하면 코어를 감고 있는 선에 파리디 법칙에 따라서 전압이 誘起되므로 이 현상을 이용하여, **그림 7-32**에서 보는 바와 같이 만일 陰의 방향의 전류를 보내면 정보는 쉽게 빠져나올 수 있다. 즉, 코어가 1 상태이면 陰 방향의 전류가 磁化의 방향을 바꾸므로, 이때 생기는 磁束의 변화가 **感知線**(sense wire)에 전압 펄스를 誘起시켜 주며, 코어가 0 상태라면 磁化의 방향을 바꾸지 않을 뿐더러 磁束에 변화를 주지 않으므로, 이때는 感知線에 전압 펄스가 거의 誘起되지 않는다. 이때 전에 저장된 정보는 모두 0의 상태로 되어 소멸되므로 이러한 방식은 **지움성 읽음 방식**이다.

그림 7-33에는 각 워어드가 3비트로 된 4개의 워어드로 구성된 磁氣 코어 메모리가 考案되어 있는데, **그림 7-30**의 IC 메모리 장치와 비교해 볼 때 여기서의 2진 素子는 자기 코어와 그것을 연결하는 선들로 되어 있음을 알 수 있다. 이 메모리에서는 코어의 勵起는 드라이버(driver, DR)에서 발생되는 전류 펄스로 이루어지며, 출력 정보는 感知線(SA)를 통과하여 그 출력은 메모리 버퍼 레지스터의 대응된 플립플롭에 연결된다. 여기서 코어 1개당 3개의 선이 연결되어 있음을 기억하자. 이 메모리에서 **워어드 線**은 워어드 드라이버(word driver)에 의해 勵起되어 한 워어드를 구성하는 3개의 코어를 통과하며, **비트 線**은 비트 드라이버에 의해 勵起되어 비트의 위치가 같은 4개의 코어를 통과한다. 또, 感知線은 비트 線과 동일한 코어에 연결되어 **感知增幅器**(sense amplifier)에 연결되며 이 감지 증폭기에서는, 1이 읽혀질 때는 전압 펄스를 만들고 0이 읽혀질 때는 전압 펄스를 전혀 만들지 않는다.

리이드 명령이 수행되면 워어드 드라이버 전류 펄스는 디코우더에서 지정한 워어드의 구성 코어들에 공급된다. 동시에 리이드 전류는 陰의 방향(**그림 7-32**)으로 흘러

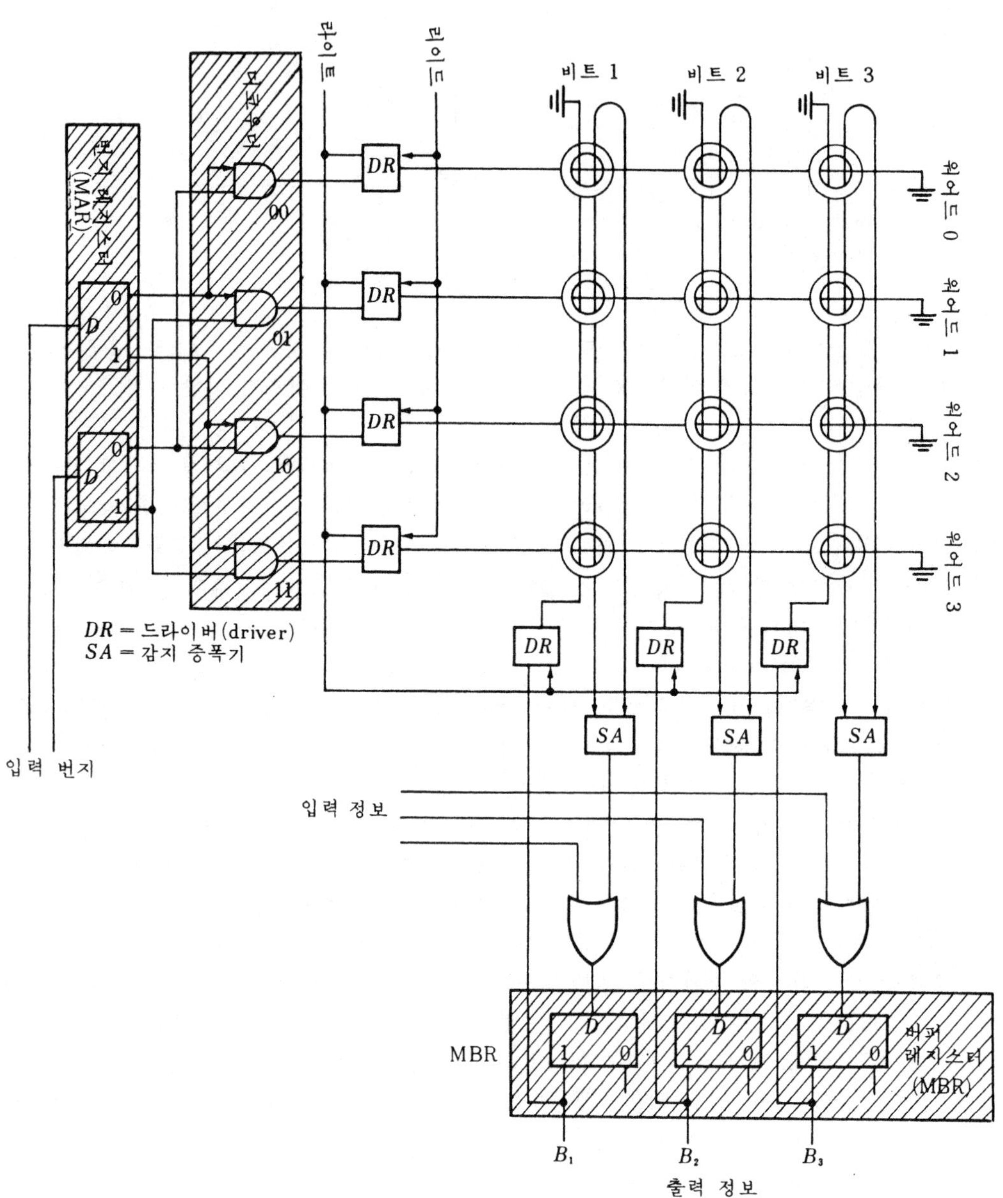

그림 7-33 磁氣 코어 메모리 장치

지정된 단어의 前의 상태와 관계 없이 모두 0으로 만든다. 이때 만일 코어의 前狀態가 1이었다면 磁束에 변화가 생겨 感知線에 전압이 誘起된다. 만일 코어의 전 상태가 0이었다면 磁束은 변하지 않는다. 따라서 감지선에도 전압이 誘起되지 않는다. 한편 코어의 전 상태가 1일 때 감지선에 발생된 전압 펄스는 감지 증폭기에 증폭이 되어, 메모리 버퍼 레지스터의 각 대응 플립플롭에 전송된다.

라이트(write) 명령이 수행되면 버퍼 레지스터는 番地指定 레지스터(MAR)가 가리키는 워어드에 저장될 정보를 갖게 된다. 이때 먼저 지정된 워어드의 모든 코어들은 클리어되는데, 이것은 새로운 정보에 따라 코어에 1을 넣을 경우에만 상태를 변화시키기 위해서이다. 한편 전류 펄스는 디코우더로 지정된 워어드 드라이버에서 발생되고 동시에 버퍼 레지스터의 코어 중에서 1의 상태를 가진 플립플롭과 대응하는 비트 드라이버에서 발생된다. 이렇게 두 곳에서 발생되는 전류는 방향이 같으나 磁束을 1의 상태로 변화시키는 필요한 量의 半밖에 되지 않는다. 이 전류량은 磁化의 방향을 변화시키기에는 너무 작으나 2개의 전류가 합쳐지면 1의 상태로 磁化의 방향을 변화시키기에 충분하다. 따라서 코어는 워어드 드라이버와 비트 드라이버에서 발생되는 전류가 합쳐질 때, 1의 상태로 바뀌게 된다. 만일 둘 중 하나의 전류만 받는 코어는 磁化의 방향이 바뀌지 않는다. 결국 워어드線과 비트線이 만날 때, 다시 말해서 지정된 단어와 버퍼 레지스터의 플립플롭 중 1을 갖고 있는 위치와 대응하는 비트가 서로 교차하는 코어에서만 1의 상태를 갖게 된다.

위에 설명한 리이드와 라이트 과정은 불완전하다. 그 이유는 지정된 단어에 저장되었던 정보가 리이드 과정에서 파손되며, 라이트 과정에서는 코어를 먼저 클리어한 후에야 제대로 일어나기 때문이다. 즉, 7-7節에서 언급했듯이 리이드 과정에는 리이드하기 전에 코어에 저장되었던 정보를 복구시키는 과정이 포함되어야 하며, 라이트 과정에는 지정된 단어의 내용을 먼저 지워 버리는 클리어 과정이 포함되어야 하기 때문이다.

사실, 리이드 과정에서 정보를 복구시키는 작업은 전에 읽어 냈던 내용을 메모리 버퍼 레지스터(MBR)에서 지정된 워어드로 다시 옮기는 작업과 동일하다. 또, 라이트 과정에서 클리어시키는 작업은 감지 증폭기를 방해하여 버퍼 레지스터의 내용이 파손되는 것만 막고, 저장된 정보를 지우는 리이드 작업과 동일하다. 보통 복구 과정이나 클리어 과정은 내부 메모리 제어에서 수행되므로, 메모리 장치는 외관상으로 비지움성 읽음(nondestructive read out) 특성을 지닌 것처럼 보인다.

참고 문헌

1. *The TTL Data Book for Design Engineers*. Dallas, Texas: Texas Instruments, Inc., 1976.
2. Blakeslee, T. R., *Digital Design with Standard MSI and LSI*. New York: John Wiley & Sons, 1975.
3. Barna A., and D. I. Porat, *Integrated Circuits in Digital Electronics*. New York: John Wiley & Sons, 1973.
4. Taub, H., and D. Schilling, *Digital Integrated Electronics*. New York: McGraw-Hill Book Co., 1977.
5. Grinich, V. H., and H. G. Jackson, *Introduction to Integrated Electronics*. New York: McGraw-Hill Book Co., 1975.
6. Kostopoulos, G. K., *Digital Engineering*. New York: McGraw-Hill Book Co., 1975.
7. Scott, N. R., *Electronic Computer Technology*. New York: McGraw-Hill Book Co., 1970, chap. 10.
8. Kline, R. M., *Digital Computer Design*. Englewood Cliffs, N.J.: Prentice-Hall, Inc., 1977, chap. 9.

연습 문제

7-1 **그림 7-1**의 레지스터는 *CP* 입력이 상승 모서리 轉移를 통과할 때 각 플립플롭에 입력 정보를 전송한다. 이 회로를 수정해서, 클럭 펄스가 하강 모서리 轉移를 통과할 때 레지스터에 입력 정보를 전송하게 하라. 단, 로우드 제어 신호는 1인 것으로 가정한다.

7-2 **그림 7-3**에서는 입력 정보가 *CP*의 하강 轉移 동안 레지스터에 로우드된다. *CP*의 상승 轉移 모서리에서, 입력 정보가 로우드되게 하려면 내부를 어떻게 바꾸어야 하는가?

7-3 다음 상태 방정식(next-state equations)을 단순화 시키는 맵 방법을 사용하여 **그림 7-5**의 회로를 증명하라.

7-4 **그림 6-27**과 같은 순차 회로의 狀態表를 3비트 레지스터와 16×4 ROM을 사용해서 설계하라.

7-5 4비트 자리 이동 레지스터의 처음 내용은 1101이었다. 레지스터의 내용은 여섯 번 우측으로 자리 이동되었고, 그 때의 직렬 입력은 101101이었다. 한 자리씩 자리 이동시킬 때마다 레지스터의 내용을 조사하라.

7-6 아래와 같은 順次回路의 狀態表를 2 비트 레지스터와 조합 회로를 사용해 설계하라.

현재 상태		입력	다음 상태	
A	B	x	A	B
0	0	0	0	0
0	0	1	0	1
0	1	0	1	0
0	1	1	0	1
1	0	0	1	0
1	0	1	1	1
1	1	0	1	0
1	1	1	0	1

7-7 直列傳送과 並列傳送의 차이점은 무엇인가? 각 경우에 어떠한 종류의 레지스터가 사용되는가?

7-8 **그림 7-9**의 4 비트 兩方向 자리 이동 레지스터는 하나의 IC 패키지에 포함한다.
(a) 입력과 출력들이 모두 표시되어 있는 IC의 블록圖를 그려라.
(b) 12비트 兩方向 자리 이동 레지스터를 만들기 위해서 위 IC를 3개 사용하는 블록도를 그려라.

7-9 **그림 7-10**의 직렬 가산기는 2개의 4 비트 자리 이동 레지스터를 사용한다. 레지스터 A에는 2진수 0101이 저장되어 있고 레지스터 B에는 2진수 0111이 저장되어 있다. 캐리 플립플롭 Q는 처음에 클리어되어 있다. 자리 이동이 매번 일어날 때마다 레지스터 A와 플립플롭 Q에 저장되는 2진 정보를 기술하라.

7-10 **그림 7-11**의 회로에서 레지스터 A의 내용에서 레지스터 B의 내용을 빼는 뺄셈 연산을 수행하게 하려면 회로를 어떻게 변형시켜야 하는가?

7-11 직렬 카운터를 설계하라. 즉, 자리 이동 레지스터가 외부 회로에 포함되어 있어서 직렬 방식으로 작동하는 카운터를 설계하라.

7-12 상승 모서리(positive edge)에서 작동하는 플립플롭을 사용하는 4 비트 2진 리플 카운터의 블록도를 그려라.

7-13 어떤 플립플롭에서 CP가 1에서 0으로 변하는 시간과 출력이 補數化되는 時間 사이에 20-ns의 시간 지연이 생긴다. 이런 플립플롭을 사용하는 10비트 2진 리플 카운터에서는 최대로 얼마나 시간이 지연되겠는가? 카운터가 신뢰성 있게 정상적으로 작동할 수 있는 진동수는 최대로 얼마인가?

7-14 10비트 2진 리플 카운터에서 0111111111 후에 다음 카운트에 도달하려면 몇 개의 플립플롭이 補數化되어야 하는가?

7-15 4비트 2진 리플 카운터를 설계하라. 이때 사용되는 플립플롭은 다음에 작동한다.

(a) 상승 모서리 전이

(b) 하강 모서리 전이

7-16 **그림 7-12** 2진 리플 카운터의 타이밍圖를 **그림 7-15**와 비슷하게 그려라.

7-17 **그림 7-14**의 BCD 리플 카운터에서 사용되지 않는 여섯 상태의 각각에 대해서 다음 상태를 결정하라. 카운터는 자기 스타아트가 가능한가?

7-18 **그림 7-34**에 나타난 리플 카운터는 *CP* 입력의 하강 모서리 轉移에서 작동되는 플립플롭을 사용하고 있다. 이 카운터의 셈 순서를 결정하고 이 카운터가 자기 스타아트(self-start)가 되는지 검사하라.

7-19 **그림 7-18**의 카운터에서 동시에 업(up)과 다운(down) 입력이 모두 1일 때 어떤 경우가 발생하겠는가? 이 조건이 발생하였을 때 카운터가 위로 카운트하도록 회로를 수정하라.

7-20 **표 7-5**에 명시된 同期式 BCD 카운터의 플립플롭 입력 함수를 증명하라. 또 이 BCD 카운터에 카운트 인에이블 제어 입력을 포함시키고 카운트의 論理圖를 그려라.

7-21 *JK* 플립플롭을 사용해서 同期式 BCD카운터를 설계하라.

7-22 병렬 입력이 가능한 IC 2진 카운터 4개를 사용하여 16비트 2진 카운터를 만드는 과정에서 각 IC간에 외부 연결을 보여라. 각 IC는 1개의 블록으로 처리하라.

7-23 **그림 7-19**의 MSI 회로를 사용하여 BCD 카운터를 설계하라.

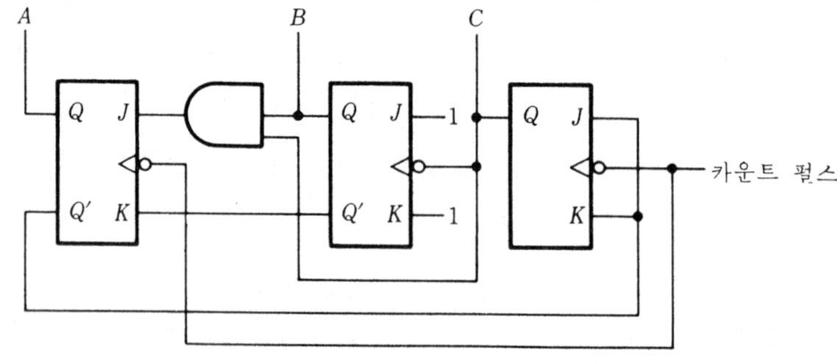

그림 7-34 리플 카운터

7-24 **그림 7-19**에 있는 MSI 회로를 이용하여 mod-12 카운터를 설계하라. 4가지 경우를 모두 보여라.

7-25 **그림 7-19**에 명시되어 있는 2개의 MSI 회로를 이용하여 0부터 $(64)_2$까지 카운트하는 2진 카운터를 설계하라.

7-26 **그림 7-21**에 있는 스톱 변수를 시작 신호로 사용하여 16주기의 클럭 펄스 동안 유지하는 두번째 워어드 타이밍 制御를 설계하라.

7-27 n對 2^n線 디코우더에 연결된 n비트 2진 카운터는 2^n개의 플립플롭으로 구성된 環狀 카운터((cring counter)와 동일함을 보여라. 또, $n=3$일 때 양쪽 회로의 블록도를 그려라. 이때 몇 개의 타이밍 信號가 발생되겠는가?

7-28 **그림 7-22**(b)의 디코우더에 인에이블 입력을 포함시켜라. 그리고 이것을 클럭 펄스에 연결한다. 이때 디코우더의 출력에 발생되는 타이밍 信號를 그려라.

7-29 **그림 7-23**의 존슨 카운터의 설계를 완성시키고 이때 발생되는 8개의 타이밍 信號의 출력을 보여라.

7-30 (a) **그림 7-23**의 꼬리바꿈 환상 카운터에서 사용되지 않는 8개의 상태를 기록하라. 그리고 각 非使用 상태의 다음 상태를 결정하고 만일 회로가 非使用 상태에서 시작한다면 절대로 有效狀態로 돌아오지 않는다는 것을 보여라. (b)이 회로를 본문에서 계시한 대로 수정한 뒤 ①이 수정한 회로가 **그림 7-23**(b)에 기록된 것과 같은 순서의 상태를 발생시키고 있음을 보이고 ②이 회로가 어떠한 非使用 상태에서 출발하여도 有效狀態로 되돌아옴을 보여라.

7-31 10개의 타이밍 신호를 발생시키는 존슨 카운터를 설계하라.

7-32 (a) **그림 7-24**의 메모리 장치는 한 워어드가 32비트로 된 8192개의 워어드 용량을 가지고 있다. MAR과 MBR을 구성하는 데 몇 개의 플립플롭이 필요하겠는가? (b) 또, MAR이 15비트로 되어 있다면 메모리 장치가 포함할 수 있는 워어드 數는 모두 얼마인가?

7-33 메모리에 있는 워어드 數가 너무 많을 때는 두 개의 選擇入力〔즉, 하나는 X(수평) 또 하나는 Y(수직) 선택 입력〕을 사용하여 메모리 장치를 만드는 것이 편리하다. 이때 X와 Y의 인에이블 목적은 메모리 素子를 선택하는 데 있다. ① X와 Y의 선택 입력을 사용하여 **그림 7-29**와 유사한 형태의 2진 記憶素子를 그려라. ② 256 워어드 메모리에서 한 워어드를 선택하기 위해 2개의 4×16 디코우더가 사용되는지를 보여라.

7-34 (a) 입력과 출력을 모두 나타내어 **그림 7-30**의 4×3 메모리의 블록圖를 설계하

라. (b) 이러한 2개의 장치를 이용하여 8×3 메모리를 설계하라. 이때 블록圖를 사용하라.

7-35 그림 7-33에서 설계된 것과 같은 방법으로 한 워어드가 16비트로 된 256워어드를 포함하는 메모리 장치를 설계한다고 하자. 이때 각 코어들은 16行과 16列로 된 行列과 같은 모형으로 배열되어 있다.

(a) 이 때 몇 개의 행렬이 필요한가?

(b) MAR과 MBR에는 각각 몇 개의 플립플롭이 필요한가?

(c) 리이드 사이클 동안 몇 개의 코어가 전류를 받겠는가?

(d) 라이트 사이클 동안 몇 개의 코어가 적어도 $\frac{1}{2}$의 전류를 받겠는가?

레지스터 傳送論理
Register-Transfer Logic

8-1 序 論

디지털 시스템이란 플립플롭(flip-flop)과 게이트(gate)들로 이루어진 순차 논리 시스템(sequential logic system)을 말한다. 지나간 章들에서 順次回路(sequential circuit)를 상태표(state table)를 써서 설명하였다. 그러나 대형 디지털 시스템을 상태표를 써서 구체적으로 설명한다는 것은 **게이트 數가** 너무 많기 때문에 대단히 어려운 일이다. 이런 어려움을 극복하기 위해서 디지털 시스템은 모듈울 接近法(modular approach)으로 설계한다. 즉, 전체 시스템을 각기 어떤 기능을 수행하는 모듀울化된 副시스템(modular subsystem)으로 분할하는 것이다. 각 모듀울들은 **레지스터, 카운터(counter), 멀티플렉서, 演算素子(arithmetic element), 논리 회로 등의 계수적 기능을 수행하는 장치들로 이루어진다.** 여러 모듀울들은 공통적인 데이터나 제어 회로들이 상호 연결되어서 디지털 컴퓨터 시스템을 형성하게 된다. 전형적인 디지털 시스템 모듀울은 디지털 컴퓨터의 처리 장치(processor unit)라고 할 수 있다.

디지털 시스템의 모듀울을 형성하기 위해 계수적 기능을 수행하는 장치들을 서로 연결하게 되는데, 이것을 順次論理나 組合論理(combinational logic) 기법으로는 설명할 수 없다. 이 技法들은 게이트나 플립플롭 차원에서 디지털 시스템을 설명하기 위해 개발된 것이어서 레지스터나 디코우더 등의 차원에서서는 적당하지 않다. 따라서 디지털 기능을 수행하는 장치들을 설명하기 위한 고차원의 수학적 표시법이 필요함에 따라서, **레지스터 전송 논리 방법**이 개발되었다. 이 방법에서서는 디지털 시스템의 기본적인 구성 요소가 순차 논리에서의 게이트나 플립플롭이 아니고 **레지스터**가 되는 것이다. 이 방법으로 정보의 흐름이나 레지스터에 저장된 데이터들의 처리들을 표현할 수 있게 되었다. **레지스터 전송 논리 방법은 수식들과 프로그래밍 언어에서의 문장들과 유사한 문장들을 사용한다.** 이 방법은 디지털 시스템을 작동 차원(operational level)에서 설명한다.

디지털 시스템의 작동은 다음 사항을 명시함으로써 가장 잘 기술할 수 있다.

1. 시스템 내의 한 조의 레지스터와 그들의 **기능**
2. 레지스터에 저장된 **2진 코우드화된 정보**
3. 레지스터에 저장된 정보에 대하여 행해지는 **작동**(**operation**)
4. 일련의 작동 順次를 시동시키는 **제어 함수**(**control function**)

이 4가지 사항들이 디지털 시스템을 記述하는 **레지스터 전송 논리 방법**의 **기본**이다.

레지스터 전송 논리 기호(register-transfer logic notation)로 정의한 **레지스터**란, 7章에서 정의된 레지스터의 의미뿐만 아니라 자리 이동 레지스터(shift register), 카운터, 메모리 장치 등과 같은 모든 다른 형태의 것들도 이에 포함한다. 카운터는 정보를 1만큼 증가시키는 레지스터로 간주된다. 메모리 장치(memory unit)는 정보를 저장할 수 있는 저장 레지스터의 집합으로 간주하며, 플립플롭은 1비트짜리 레지스터로 간주된다. 사실상 이 표현 방식에서는 순차 회로의 플립플롭과 이에 관련된 게이트들도 레지스터라고 부른다.

레지스터에 저장된 **2進情報**는 2진수나 2진 코우드화 10진수, 英文 숫자, 제어 정보 또한 2진 코우드화된 모든 정보를 말한다. 레지스터에 저장된 데이터들에 관해 수행되는 **작동**은 데이터의 형에 좌우된다. 숫자들은 연산 작동으로 처리되고, 제어정보는 레지스터에 지정된 비트를 1 또는 0으로 만드는 논리 작동에 의해서 처리된다.

레지스터에 저장된 데이터들에 관해 행해지는 작동을 **마이크로 작동**(**microoperation**)이라고 한다. 마이크로 작동은 클럭 펄스(clock pulse) 1주기 동안에 병렬로 집행되는 기본 작동이다. 작동 결과는 전에 있던 정보와 대체되거나 다른 레지스터로 옮겨진다. 이러한 마이크로 작동의 예로는 자리 이동, 계수, 덧셈, 클리어, 로우드 등이 있다. 병렬 로우드식(parallel load) 카운터는 數를 증가시키고 로우드하는 마이크로 작동을, 兩方向 자리 이동 레지스터는 오른쪽 자리 이동 또는 왼쪽 자리 이동 마이크로 작동을 수행한다. 2진 병렬 가산기는 2진 정보가 들어 있는 2개의 레지스터 내용을 더하는 마이크로 작동을 수행한다.

마이크로 작동은, 병렬식인 경우에는 집행하는 데 1 클럭 펄스가 필요한 반면 직렬인 경우에는 **워어드 시간**(**word time**)과 같은 수의 클럭 펄스가 필요하다. 즉, 자리 이동 마이크로 작동의 경우 직렬로 정보를 옮기는 데 레지스터 내의 비트 수와 같은 수의 펄스가 필요하게 된다.

제어 함수들은 한 번에 한 작동이 일어나게 하는 타이밍 신호로 구성된 작동들의 順次를 시동시킨다. 제어 기능은 일종의 2진 변수인데 어떤 특정 상태에 있을 때 작동을 하게 하고 다른 상태에 있을 때는 작동을 못하게 한다. 방금 집행된 작동의 결과에 따른 어떤 상태들이 다른 제어 기능을 결정하기도 한다.

이 章의 목적은 레지스터 전송 논리 방법을 상세히 설명하는 데 있다.

이 章에서 레지스터를 표시하거나 레지스터 내용에 대한 작동, 제어 기능을 설명하는 데 기호를 사용하겠다. 이 기호들을 **레지스터 전송 언어** 또는 **컴퓨터 하아드웨어 기술 언어**(computer hardware description language)라고 한다.

레지스터 전송 언어의 문장들은 제어 함수와 마이크로 작동들의 나열로 이루어지는데, 제어 기능은 생략할 수도 있다. 제어 기능은 나열된 마이크로 작동의 집행에 필요한 제어 조건이나 타이밍의 순서를 결정한다. 마이크로 작동은 크게 4가지로 분류된다.

마이크로 作動의 4가지 類型

1. **레지스터間의 傳送** 마이크로 작동은 2진 정보를 한 레지스터에서 다른 레지스터로 옮길 때 情報를 變化시키지 않는다.
2. **演算 마이크로 作動**은 레지스터에 저장된 수들에 대해 算術演算을 한다.
3. **論理 마이크로 作動**은 정보들간의 비트 쌍에 대해 AND, OR 같은 작동을 한다.
4. **자리이동 마이크로 작동**은 자리 이동 레지스터에 대한 작동을 명시한다.

8-2節에서 8-4節까지는 기본적인 마이크로 작동을 정의한다. 레지스터 내의 정보들에 수행되는 마이크로 작동은 데이터형에 좌우된다. 일반적으로 디지털 컴퓨터의 레지스터 내의 2진 정보는 다음 3종류로 분류된다.

레지스터 情報의 種類

1. 산술 연산에 쓰이는 2진수나 2진 코우드화 10진수 등의 숫자
2. 영문 숫자나 2진 코우드 기호 등과 같은 숫자가 아닌 정보
3. 시스템의 데이터 처리에 필요한 명령어 코우드, 번지, 기타 제어 정보들

한편 8-5節부터 8-9節까지는 숫자 데이터와 산술 마이크로 작동과의 관계를 다루고 8-9節은 非숫자 데이터 처리를 위한 논리 마이크로 작동을 설명한다. 명령 코우드와 그 처리는 8-11節과 8-12節에서 설명한다.

8-2 레지스터間 傳送

디지털 시스템에서는 레지스터의 기능을 표시하기 위해 大文字(뒤에 숫자를 덧붙이기도 한다)로 표시한다. 예를 들어 메모리 장치의 번지를 저장하는 레지스터를 **메모**

리 **番地 레지스터**(memory address register)라고 하고 MAR로 나타내며, A, B, $R1$, $R2$, IR 등도 레지스터를 가리킨다. n 비트 레지스터의 소자(cell)나 플립플롭을 왼쪽 또는 오른쪽부터 1에서 n(또는 0에서 $n-1$)까지의 번호를 붙인다. **그림 8-1**은 블록도로 레지스터를 표시하는 4가지 방법을 보이고 있다. (a)는 레지스터를 표시하는 가장 일반적인 방법이고 각각의 소자들을 표시할 때는 (b)에서와 같이 첨자를 사용한다. 그림 (c)에서 12비트의 MBR의 블록 위에 레지스터 素子의 번호를 나타낸다. 16비트 레지스터는 (d)와 같이 두 부분으로 나뉜다. 1~8번 비트는 기호 L(low)로, 9~16번 비트는 H(high)로 주어졌고, 레지스터의 이름은 PC이다. 따라서 $PC(H)$는 상위 8비트를, 그리고 $PC(L)$은 하위 8비트를 나타낸다.

레지스터 전송 언어에서 레지스터는 아래와 같은 宣言文을 통해 定義하거나 明示한다.

DECLARE REGISTER $A(8)$, $MBR(12)$, $PC(16)$

DECLARE SUBREGISTER $PC(L) = PC(1\text{-}8)$, $PC(H) = PC(9\text{-}16)$

그러나 **그림 8-1**과 같은 블록도에서도 레지스터가 정의된다고 볼 수 있으므로 이 책에서는, 굳이 선언문을 쓰지는 않겠다.

한 레지스터에서 다른 레지스터로의 정보 전송은 **代置演算子** (replacement operator) 기호를 써서 표시한다.

$$A \leftarrow B$$

이 문장은 B 레지스터의 내용을 A 레지스터로 옮기는, 즉 A 레지스터의 내용을 B의 내용으로 대치시키는 것을 나타낸다. 이때 B의 내용은 전송된 후에도 변하지 않고 그대로 남아 있게 된다.

그런데 위와 같은 레지스터 전송은 모든 클럭 펄스 때마다 일어나는 것이 아니고 미리 정해진 조건이 만족될 때에만 일어나게 하는 것이 일반적이다. 이와 같이 전송이 일어날 때를 결정하는 조건들을 **制御函數**(control function)라고 한다. 제어 함수는

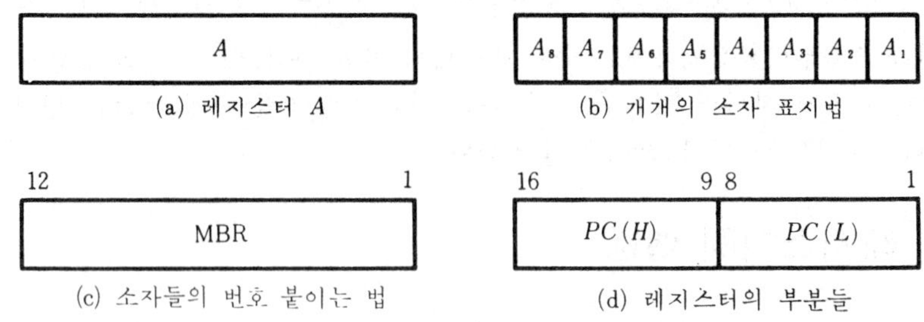

그림 8-1 레지스터의 블록도

1 또는 0을 갖는 부울 함수이다. 아래 문장은 제어 함수의 예이다.

$$\boxed{x'T_1 : A \leftarrow B}$$

제어 기능은 콜론(colon)으로 끝난다. 위 문장은 부울 함수 $x'T_1$이 1이 될 때, 즉 $x=0$이고 $T_1=1$일 때만 하아드웨어적으로 전송 작동이 집행함을 의미한다. 레지스터 전송 언어로 쓰인 모든 문장들은 하아드웨어로 구성하게 된다. **그림 8-2**는 위 문장에 대한 구성이다. 레지스터 B의 출력이 레지스터 A의 입력과 연결되는데, 이때 연결선의 數는 레지스터의 비트 수와 같다。

레지스터 A는 제어 기능이 1이 될 때 인에이블(enable)되도록 제어 입력을 받아야 하고 이 그림에 표시되지는 않았으나 레지스터 A는 同期된 클럭 펄스를 받는 입력을 더 가지고 있다. 제어 함수는 인버어터(inverter)와 AND 게이트를 써서 만들어 낼 수 있다. 타이밍 변수 T_1을 만들어 내는 제어 장치가 레지스터 A에 공급되는 똑같은 클럭 펄스와 同期化되었다고 가정하였다. 제어 함수는 타이밍 변수가 1일 때 한 클럭 펄스 주기 동안 유지되며 전송은 클럭 펄스의 다음 狀態變移(transition) 사이에 행해진다.

레지스터 전송 논리에 사용되는 기본적인 기호들이 **표 8-1**에 나열되어 있다. 레지스터는 대문자로 표시되는데, 첨자가 덧붙여 쓰일 수 있다. 添字는 레지스터의 각 비트를 구별하는 데 쓰이고, 괄호는 레지스터의 일부분을 定義하는 데 쓰인다.

화살표는 정보 전송 방향을 표시한다. 콜론(colon)은 제어 함수의 끝을, 그리고 코머(comma)는 똑같은 시각에 둘 이상의 작동이 집행될 때 각각을 구별한다. 다음 문장

$$T_3 : A \leftarrow B, \quad B \leftarrow A$$

는 같은 클럭 펄스 1주기 동안에 두 레지스터의 내용이 서로 뒤바뀌는 작동을 표시한다. 主·從(master-slave) 플립플롭이나 에지트리거(edge-triggered) 플립플롭에서는 이와 같은 동시 작동이 가능하다.

M자는 메모리 워어드(memory word)를 표시하고 대괄호로 묶여 있는 레지스터는 그 메모리의 번지를 제공한다. 즉, 대괄호 안에 들어 있는 레지스터의 내용이 메모

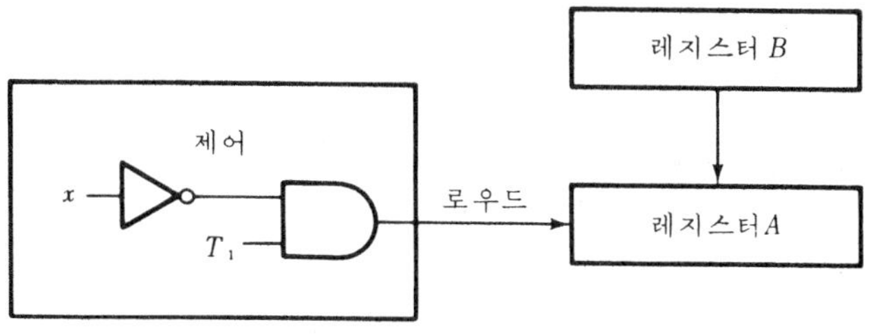

그림 8-2 문장 $x'T_1 : A \leftarrow B$의 하아드웨어 실현

표 8-1 레지스터 전송 논리에 쓰이는 기본 기호들

기 호	설 명	예
문자(숫자)	레지스터를 표시	A, MBR, $R2$
첨 자	레지스터의 비트를 표시	A_2, B_6
괄호 ( )	레지스터의 부분을 표시	$PC(H)$, $MBR(OP)$
화살표 ←	정보 전송을 표시	$A \leftarrow B$
콜론 :	제어 함수의 끝을 표시	$x'T_0$:
코머 ,	두 마이크로 작동을 구별	$A \leftarrow B$, $B \leftarrow A$
대괄호〔 〕	메모리 전송에 쓰이는 번지를 표시	$MBR \leftarrow M[MAR]$

리의 番地가 된다. 이것은 나중에 더 자세히 설명한다.

1개의 行先 레지스터가 2개의 出發 레지스터로부터 정보를 받는 경우가 있다. 그러나 명백히 동시에 일어나지는 않는다. 다음 두 문장을 살펴보자.

$$T_1 : C \leftarrow A$$
$$T_5 : C \leftarrow B$$

첫 문장은 타이밍 변수 T_1이 발생될 때, A의 내용이 C로 전송됨을 뜻하고 두 번째 문장은, 行先 레지스터는 처음과 같으나 출발 레지스터와 타이밍 변수가 다른 경우이다. 두 출발 레지스터(source register)에서 동일한 행선 레지스터(destination register)로 직접 연결하지는 못하고 두 가지 傳送路 중 하나를 선택하기 위한 멀티플렉

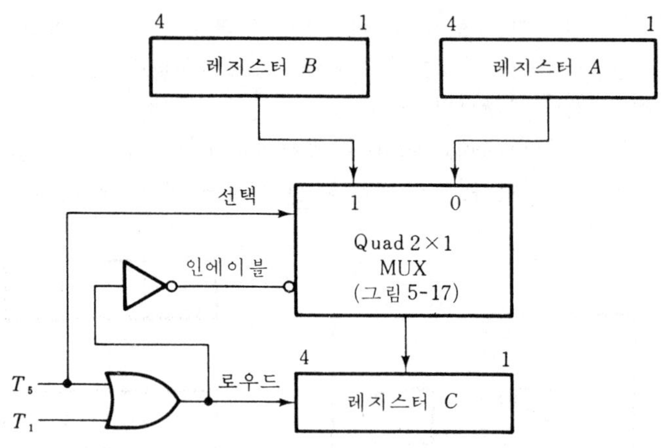

그림 8-3 두 출발 레지스터에서 한 행선 레지스터로의 정보 전송을 위해 멀티플렉서를 사용한 예

서 (multiplexer)가 필요하게 될 것이다. 두 문장을 구성한 회로의 블록도는 **그림 8-3**과 같다. 4 비트로 이루어진 레지스터들에 대해서는 **그림 5-17**에서와 같은 4 쌍의 2 × 1 멀티플렉서 (quadruple 2-to-1 line multiplexer)가 필요하다. $T_5=1$일 때 레지스터 B가 선택되고, $T_1=1$일 때는 $T_5=0$가 되기 때문에 레지스터 A가 선택된다. 멀티플렉서와 레지스터 C의 로우드 입력은 T_1이나 T_5가 1이 될 때마다 인에이블되어 선택된 出發 레지스터에서 行先 레지스터로 정보 전송이 일어나게 한다.

버스 傳送(bus transfer)

보통 디지털 시스템은 아주 많은 레지스터들을 가지고 있는데, 어떤 한 레지스터에서 다른 레지스터로 정보를 전송하기 위해서는 개개의 傳送路(transfer paths)가 필요하다. 예를 들어 **그림 8-4**의 경우를 생각해 보자.

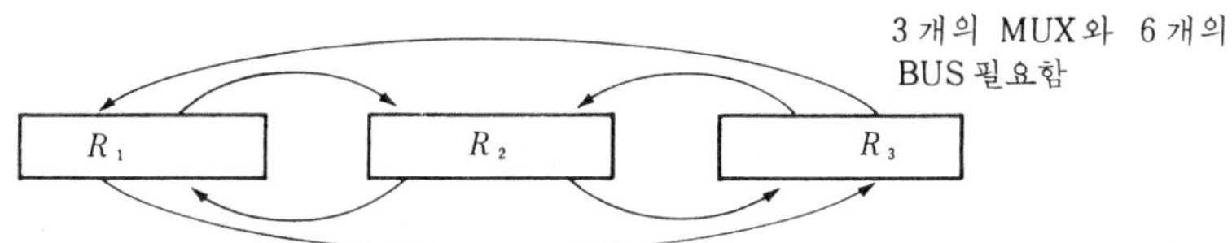

그림 8-4 3 개의 레지스터간의 정보 전송

3 개의 레지스터에 대해서 각각, 데이터를 보내 올 나머지 2 개의 출발 레지스터 중에 하나를 선택하기 위한 멀티플렉서가 필요하고 6 개의 데이터 傳送路가 필요하다. 만일 각 레지스터들이 n비트로 이루어져 있다면 $6n$개의 선과 3 개의 멀티플렉서가 필요하게 된다. 레지스터의 數가 증가함에 따라서 멀티플렉서와 연결선의 數는 크게 증가하게 되어 비경제적이다. 그런데 우리가 한 번에 한 군데에서만 전송이 일어날 수 있도록 제한하게 되면 각 레지스터들 사이의 전송로 數는 상당히 줄일 수 있다. **그림 8-5**를 보자. 각 플립플롭의 입력과 출력은 스위치 역할을 하는 전자적인 회로를 거친 후 공통 전선에 연결되게 되어 있다. 모든 스위치는, 전송이 일어나지 않을 때는 열려 있다가 필요한 경우에만, 예를 들어 F_1에서 F_3로 전송이 일어난다고 하면 S_1과 S_4가 전송로를 구성하기 위해 닫히게 된다(**그림 8-5**에서 S_1, S_2, S_3는 출력측 스위치이며, S_4, S_5, S_6은 입력측 스위치이다). 이런 방법은 n개 플립플롭으로 이루어진 레지스터들에게도 적용될 수 있는데, 이때는 공통 전선이 n개 필요하다. 이런 공통 전선들을 버스(bus)라고 한다. **병렬 전송시 버스를 이루는 전선들의 數는 레지스터의 비트 數와 같다.**

이 버스 전송의 개념은 한 지역에서 다른 지역으로 통근자를 나르는 중앙 교통 시스템과 유사한 것이다. 통근자는 한 지점에서 다른 지점으로 갈 때 개인 차량(교통 수단)을 쓰는 대신 버스 시스템을 이용하게 된다. 그러면 통근자들은 차편이 있을 때까지 줄 서서 기다려야 된다는 불편한 점이 있다. 공통 버스 시스템을 구성하려면 출발

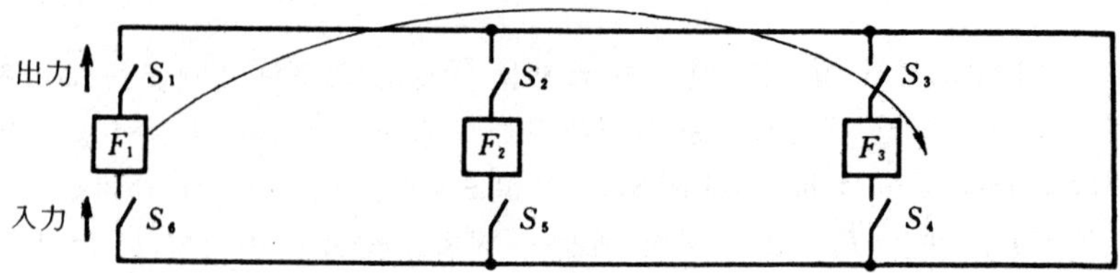

그림 8-5 한 共通線을 통한 情報傳送

레지스터를 선택하는 멀티플렉서와 行先 레지스터를 선택하는 디코우더가 필요하다. 4개의 레지스터에 대한 bus 시스템 구성이 **그림 8-6**에 있다. 4개 레지스터의 같은 자리에 있는 비트로부터 나온 4선이 4 대 1 멀티플렉서를 통과해 선택된 1선이 버스의 선들 중에서 하나가 된다. 이 그림에서는 가장 높은 자리의 비트와 가장 낮은 자리 쪽의 비트에 대한 2개의 멀티플렉서만 나타나 있으나, n비트 레지스터에 대해서 버스는 n개 선으로 되어 있으므로 멀티플렉서는 n개만 있어야 한다. 버스의 n개 선들은 다시 모든 레지스터의 입력으로 연결된다. 버스에 있는 정보를 어떤 行先 레지스터로 옮길 때에는 그 레지스터의 로우드 제어 (load control)을 "1"로 하면 된다. "1"로 되는 특정 입력 제어는 디코우더가 인에이블되면서 발생하는 디코우더의 출력에 의해 결정된다. 디코우더가 인에이블되지 않으면 멀티플렉서가 출발 레지스터의 내용을 버스에 옮겨 놓았다 하더라도 정보가 行先 레지스터로 전송되지 않을 것이다.

아래 문장의 예를 살펴보자.

$$C \leftarrow A$$

이 전송을 가능하게 하는 제어 함수가 출발 레지스터 A와 행선 레지스터 C를 선택하게 된다. 이 역할을 하는 멀티플렉서와 디코우더의 선택 입력은 다음과 같아야 한다.

출발 레지스터 선택 ＝00 (멀티플렉서는 레지스터 A를 선택한다)
行先 레지스터 선택 ＝10 (디코우더가 레지스터 C를 선택한다)
디코우더 인에이블＝0 (디코우더는 인에이블된다)

일단 레지스터 A의 내용이 버스로 옮겨진 후 다음 클럭 펄스가 일어날 때에 레지스터 C에 내용이 옮겨진다.

메모리 傳送(memory transfer)

메모리 장치의 작용에 대해서는 7-7節에서 이미 설명하였다. 메모리 레지스터에서 외부 장치로 정보를 전송하는 것을 리이드(read)라 하고, 새로운 정보를 메모리 레지스터에 전송하는 것을 라이트(write)라고 한다. 두 가지 경우 선택된 메모리 레지스터

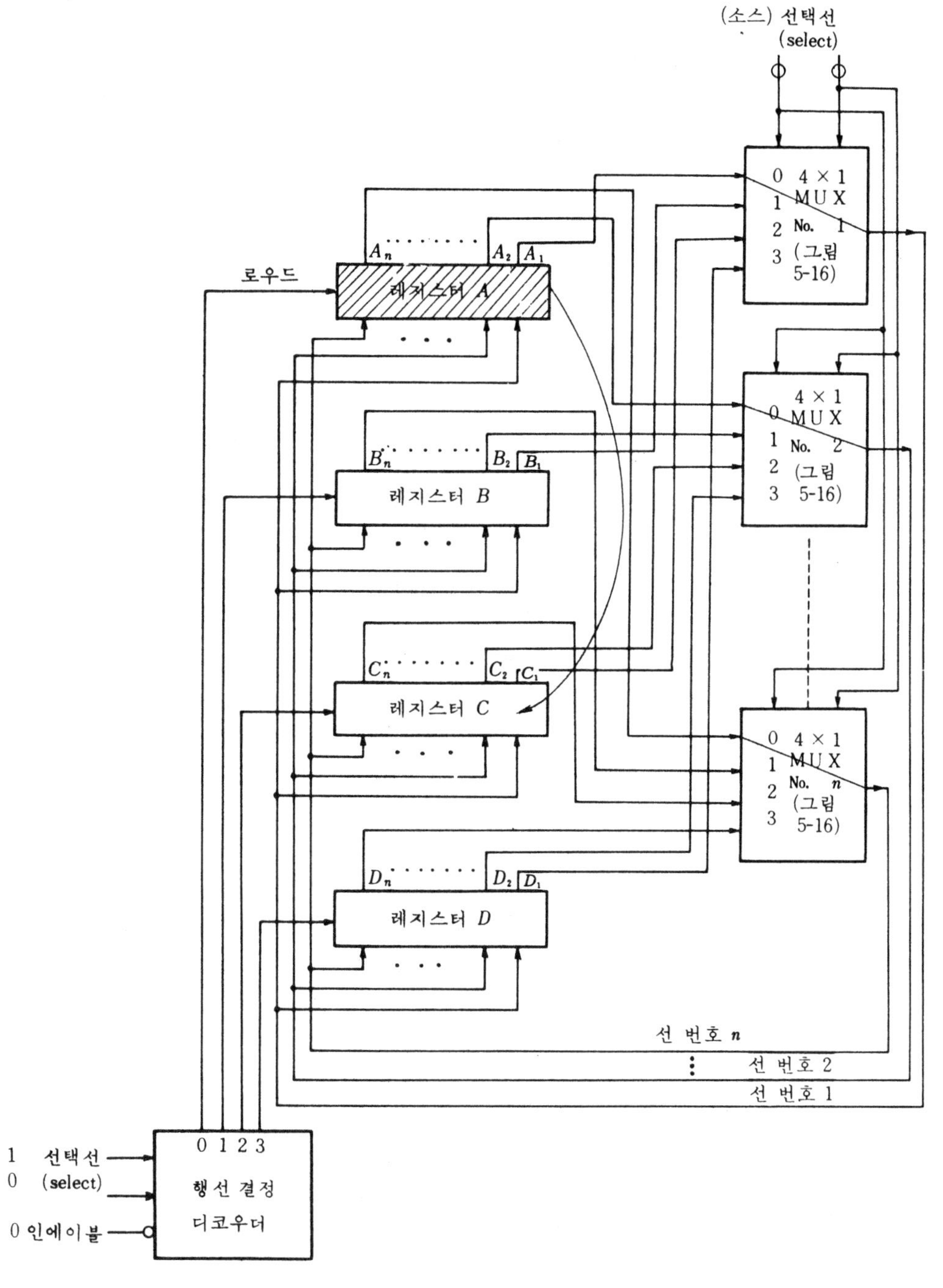

그림 8-6 4개의 레지스터에 대한 버스 시스템

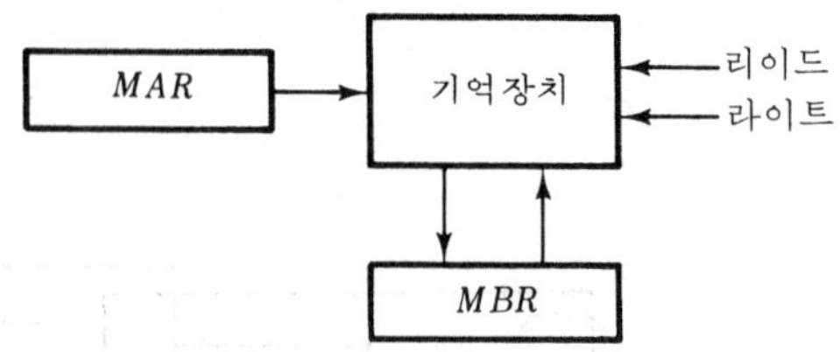

그림 8-7 두 외부 레지스터와 통신하는 메모리 장치

는 番地(address)로써 정해진다.

메모리 레지스터 또는 워어드는 문자 *M*으로 표시된다. 많이 이용되는 메모리 레지스터는 전송하는 동안 메모리 번지에 의해서 선택된다. 메모리 전송문을 쓸 때에는 *M*의 번지를 반드시 구체적으로 표시해야 한다. 메모리 장치의 番地入力端子(address terminal)에는 단 1개의 番地 레지스터만을 연결시킬 수도 있고, 공통 버스 시스템을 이용, 번지용 線들을 여러 레지스터들에 연결해 그 레지스터들이 번지를 나타내게 할 수도 있다. 만일 문장에서 문자 *M*이 독자적으로 쓰이면 그것은 *MAR*로 주어진 번지에 의해 선택된 메모리 레지스터를 나타내고, 그렇지 않으면 번지를 나타내는 레지스터는 문자 *M* 뒤의 대괄호 속에 써 넣게 된다.

그림 8-7과 같이 番地 레지스터 *MAR*이 1개인 메모리 장치를 생각해 보자. 데이터를 메모리에 보내거나 받는 데 쓰이는 메모리 버퍼 레지스터 *MBR*도 1개이다. 읽는 작동시에는 선택된 메모리 레지스터 *M*으로부터 *MBR*로 데이터가 전송된다. 이 작동을 기호로 나타내면,

$$R : MBR \leftarrow M$$

인데, 여기서 *R*은 리이드 작동을 시키는 制御函數이다. 라이트 작동은 *MBR*의 내용을 선택된 메모리 레지스터 *M*으로 옮기는 것이다. 즉,

$$W : M \leftarrow MBR$$

*W*는 라이트 작동을 시키는 제어 함수이다. 이것은 *MBR*로부터 *MAR* 내의 번지로 선택한 메모리 레지스터 *M*으로 정보의 전송을 일으킨다.

메모리 장치의 액세스 시간(access time)은 시스템의 처리 레지스터를 시동시키는 주 클럭 펄스와 同期되어야 한다. 성능이 좋은 메모리 장치의 경우 액세스 시간은 클럭 펄스 周期보다 짧거나 같지만 성능이 좋지 않은 메모리 장치에 대해서는 액세스 시간이 길므로 전송이 끝나기까지 여러 클럭 펄스 동안 기다려야 한다. 磁氣鐵心 메모리 장치의 경우 처리 레지스터는 메모리 사이클 시간만큼 기다려야 한다. 리이드 작동시

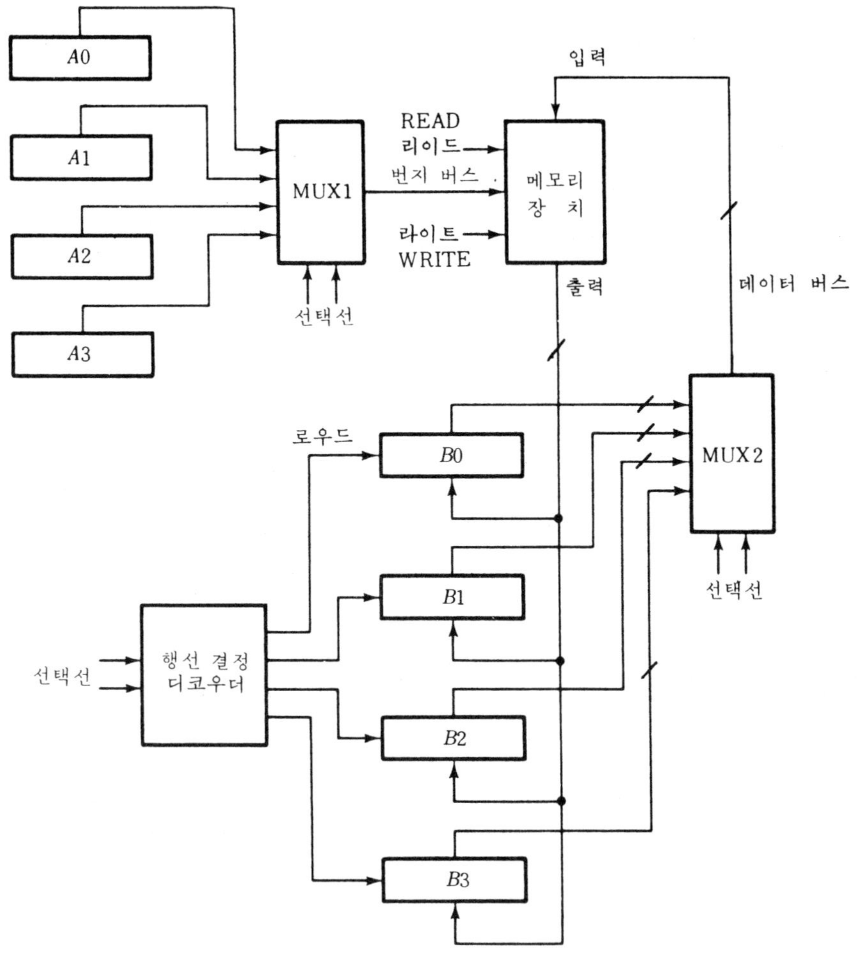

그림 8-8 여러 개 레지스터들과 통신하는 메모리 장치

에는 사이클 시간은 再貯臟時間(restoration time)*까지 포함하고 라이트 작동시에는 메모리에 새 정보를 기록하기 전에 그 메모리 레지스터를 클리어시키는 시간까지 포함한다.

어떤 컴퓨터들은 메모리 장치가 番地나 데이터를 공통 버스에 연결된 많은 레지스터로부터 받기도 한다. 그림 8-8의 경우를 보자. 메모리 장치의 번지는 番地用 버스(address bus)로부터 얻어지는데, 4개의 레지스터들이 이 버스에 연결되어 있다. 그

*磁氣鐵心 기억 장치에서 데이터를 리이드할 때 데이터가 읽혀지는 순간 그 데이터(2진 데이터)는 모두 클리어되므로 자동적으로 그 데이터가 다시 라이트되도록 되어 있는데, 이때 소요되는 시간을 재저장 시간(restoration time)이라고 한다.

중 하나가 번지를 제공한다. 메모리 장치로부터의 출력은 4개의 레지스터 중에서 行先決定用 디코우더(destination decoder)에 의해 선택되어진 곳으로 전해진다. 메모리 장치로의 입력은 데이터 버스(data bus)에서 들어간다. 이 데이터 버스는 멀티플렉서 MUX2에 의하여 4개의 레지스터 $B0$, $B1$, $B2$와 $B3$ 중에서 하나의 레지스터가 선택되어 연결되는 것이다. 이와 같은 시스템에서 메모리 워어드는 M자로 명시하며 M자 다음에 대괄호로 레지스터 명은 묶어 있다. 대괄호 내의 레지스터 내용이 M의 번지가 된다. 예를 들어 레지스터 $B2$의 내용을 레지스터 $A1$에 저장된 번지가 지정하는 메모리로 전송하는 문장은 다음과 같다.

$$W: M[A1] \leftarrow B2$$

문자 M 뒤의 대괄호는 메모리 레지스터 M을 선택하는 데 사용되는 番地 레지스터이다.

$$R: B0 \leftarrow M[A3]$$

위의 문장은 $A3$가 지정하는 번지의 메모리 워어드 내용을 레지스터 $B0$에 읽어 내는 일을 나타낸다. 또한 이 문장은 번지용 MUX 1에 대한 선택 입력과 行先 결정 디코우더에 대한 선택 변수들이 동시에 필요하게 됨을 암시하고 있다.

8-3 算術的, 論理的 자리 移動 마이크로 作動

레지스터 상호간 정보 전송 마이크로 작동에 있어서는 한 레지스터에서 다른 레지스터로 2진 정보가 전송되고 있는 중에 절대로 정보 내용이 변경되지 않는다. 그러나 그 밖의 다른 모든 마이크로 작동들은 전송 도중 정보 내용이 바뀌게 된다. 디지털 시스템에는 기본적인 작동들의 한 집합이 있어서 모든 가능한 다른 마이크로 작동들을 이 기본적 작동들로서 표현할 수 있다. 이 節에서 그런 한 組의 기본적인 마이크로 작동들과 그 記號法, 그리고 그것들을 실현하는 디지털 하아드웨어를 定義한다. 특수한 응용이 필요할 경우에는 적절한 기호를 써서 다른 마이크로 작동들도 정의할 수 있다.

算術 마이크로 作動(arithmetic microoperations)

기본적인 산술 마이크로 작동에는 ① 덧셈 ② 뺄셈 ③ 補數, 그리고 ④ 자리 移動이 있다. 모든 다른 산술 연산(예 : 곱셈, 나눗셈 등)들은 이들 기본적인 마이크로작동들의 변형 또는 順次로서 얻을 수 있다 다음 문장은 덧셈 마이크로 작동을 定義한 것이다.

$$F \leftarrow A + B$$

표 8-2 산술적 마이크로 작동

기 호	설 명
$F \leftarrow A + B$	A와 B 내용의 합을 F로 전송
$F \leftarrow A - B$	A의 내용$-B$의 내용 계산 결과를 F로 전송
$B \leftarrow \overline{B}$	레지스터 B의 보수(1의 보수)
$B \leftarrow \overline{B} + 1$	레지스터 B의 2의 보수
$F \leftarrow A + \overline{B} + 1$	A와, B의 2의 보수를 더한 뒤 F로 전송
$A \leftarrow A + 1$	A 내용을 1증가
$A \leftarrow A - 1$	A 내용을 1감소

그 의미는 레지스터 A의 내용과 레지스터 B의 내용을 더한 다음 그 구해진 合을 F로 전송하라는 것이다. 이 문장을 구성하기 위해서는 A, B, F와 같은 3개의 레지스터와 병렬 가산기 같은 덧셈을 수행하는 디지털 기능이 필요하다. 그 밖의 기본 산술 작동은 표 8-2에 표시하였다. 뺄셈은 全減算器가 縱續 (cascade)으로 연결된 2진 병렬 감산기가 있어서 수행할 수 있음을 의미한다. 뺄셈은 자주 아래와 같이 補數와 덧셈을 이용하여 수행한다.

$$F \leftarrow A + \overline{B} + 1$$

$\overline{B}$는 B의 1의 補數이며 1의 補數에 1을 더하면 2의 보수가 된다. B의 보수(2의 보수)에 A를 더하는 것은 $A-B$가 된다. 증가나 감소 마이크로 작동은 레지스터의 내용에 더하기 1 또는 빼기 1을 수행하는 연산으로 행한다. 이런 작동들은 증가 카운터나 감소 카운터를 사용해서 수행한다.

레지스터 전송 언어로 쓰인 문장들과 그 문장을 수행하기 위해 필요한 레지스터나 디지털 함수들 사이에는 직접적인 관련이 있다.

다음 문장으로 그 관계를 알아보자.

$$T_2 : A \leftarrow A + B$$
$$T_5 : A \leftarrow A + 1$$

타이밍 변수(timing variable) T_2는 레지스터 B의 내용을 A의 현재 내용에 더하고, T_5는 A의 내용을 1 증가시킨다. 數를 증가시키는 작업은 카운터를 쓰면 쉽게 된다. 2진수 2개의 合은 병렬 가산기를 쓴다. 레지스터 A의 로우드 입력이 1이 될 때 병렬 가산기로부터 合이 레지스터 A로 전송된다.

이 사실에서 레지스터 A는 병렬 가산기 입출력 기능과 카운터 기능을 동시에 겸한 레지스터를 사용해야 됨을 알 수 있다. 위 두 문장은 그림 8-9에 블록도로 표시하였다. 병렬 가산기는 A와 B의 내용을 받아서 더한 후 合을 A의 입력 쪽에 공급하면, 타이밍 변수 T_2가 그 合을 A로 옮긴다. 타이밍 변수 T_5는 A의 증가 입력(increment input)을 (또는 그림 7-19에서와 같은 카운터 입력 단자) 인에이블시켜 레지스터 A의

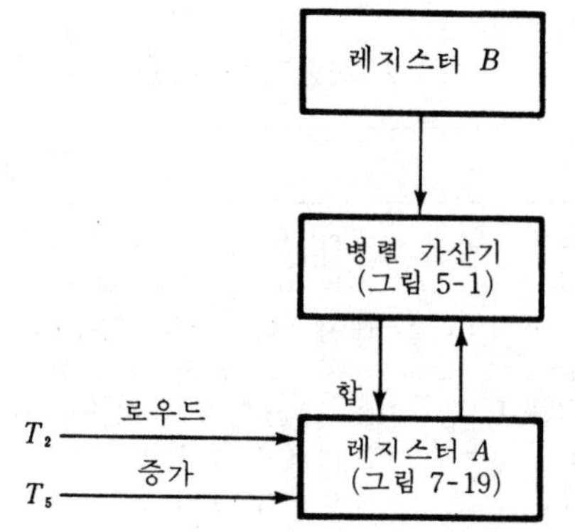

그림 8-9 덧셈과 1증가 마이크로 작동의 실현

증가 작동을 수행시킨다.

곱셈 마이크로 작동은 기호 *로, **나눗셈**은 기호 / 로 표시하는데, 표 8-2에 나타나 있지 않음에 주의하자. 그 이유는 이 두 연산이 유효한 산술 연산이기는 하나, 기본적인 마이크로 작동들은 아니기 때문이다. 디지털 시스템에서 두 이 연산들이 마이크로 작동으로 간주되는 유일한 경우는 디지털 시스템에서 그들이 직접 조합 논리 회로로 구성될 경우이다. 이런 경우 이 작동들을 수행케 하는 신호들은 게이트를 통해 전송되고 연산 결과는, 출력 신호가 조합 논리 회로를 통해 전송된 직후의 클럭 펄스 때에 行先 레지스터로 옮겨진다. 대부분의 컴퓨터에서 **곱셈 연산은 덧셈과 자리 이동의 작동을 반복 수행함에 의해,** 그리고 **나눗셈**은 뺄셈과 **자리 移動**을 반복해서 실현한다. 하아드웨어로 수행하기 위해서는 덧셈, 뺄셈, 자리 이동과 같은 기본 마이크로 작동을 사용하는 문장들의 목록이 필요하다.

論理的 마이크로 作動 (logic microoperations)

논리적 마이크로 작동이란 레지스터에 저장된 비트 열(bit string)에 대한 2진 연산을 말한다. 이 작동들은 각 비트들을 서로 개별적인 것으로 간주하며, 마치 2진 변수들과 같이 취급한다.

예로서 아래와 같이 표현되는 exclusive-OR 마이크로 작동을 생각해 보자.

$$F \leftarrow A \oplus B$$

만일 레지스터 A의 내용이 1010이고 B의 내용이 1100이라면 2진 변수들로 간주된 같은 자리의 비트끼리 연산을 한 결과 F로 전송되는 값이 0110이 된다. 즉,

1010	A의 내용
$\oplus$1100	B의 내용
0110	$F = A \oplus B$의 내용

두 2진 변수 사이에 수행할 수 있는 논리 작동의 종류는 16가지이며 표 2-6과 같다. 이 16종의 모든 논리 연산은 ① AND ② OR ③ 補數 작동을 써서 다 표현할 수 있다. 이 세 마이크로 작동에 대해서는 부울 함수를 나타내는 데 사용하는 기호와는 다른 특별한 기호(special symbol)들을 사용하기로 한다.

즉 기호 ∨는 OR 마이크로 작동을, ∧는 AND 마이크로 작동을, 補數는 1의 보수 때와 같이 문자(또는 문자들)의 위에 선을 그어 표시하겠다. 이런 기호들을 쓰면 논리 마이크로 작동과 제어 함수(부울 함수)를 구별할 수 있다. 마이크로 작동에 쓰이는 기호 4가지는 표 8-3에 요약하였다. 이 표 중에서 마지막 두 기호는 자리 이동(shift) 마이크로 작동의 기호로서 다음에 설명한다.

표 8-3 논리, 자리 이동 마이크로 작동

기 호	설 명
$A \leftarrow \bar{A}$	레지스터 A의 모든 비트의 보수
$F \leftarrow A \vee B$	논리적 OR 마이크로 작동
$F \leftarrow A \wedge B$	논리적 AND 마이크로 작동
$F \leftarrow A \oplus B$	논리적 exclusive-OR 마이크로 작동
$A \leftarrow \text{shl}A$	레지스터 A의 왼쪽 자리 이동
$A \leftarrow \text{shr}A$	레지스터 A의 오른쪽 자리 이동

OR 마이크로 작동에 대해 특별한 기호(∨)를 쓰는 중요한 이유는 산술 연산에 쓰이는 덧셈 기호 +와 구별하기 위해서이다. 비록 + 기호는 2가지 의미를 가지고 있지만, 그 구별은 가능하다. 만일 이 기호가 마이크로 작동 문장에 나온다면 산술적 덧셈을 의미하고, 제어 함수에 나온다면 OR의 의미이다. 예로서 다음 문장의 T_1과 T_2 사이의 + 기호는 제어 함수의 타이밍 변수 T_1과 T_2 사이의 OR 연산이고, A와 B 사이의 +는 덧셈 연산이다. 또한 레지스터 D와 F 사이의 ∨은 OR 마이크로 작동을 의미한다.

OR 기능　　덧셈　　OR μ − operation

$$T_1 + T_2 : A \leftarrow A + B,\ C \leftarrow D \vee F$$

논리적 마이크로 작동은 여러 게이트들을 써서 쉽게 구성할 수 있다. n비트 레지스터의 補數는 n개의 인버어터(inverter)를 쓰고 AND 마이크로 작동은 두 출발 레지스터로부터의 1비트씩 비트 쌍을 AND시켜 결과를 行先 레지스터의 입력 쪽에 연결시킨 AND 게이트들을 쓰면 되고, OR 마이크로 작동도 OR 게이트를 AND 게이트와 비슷한 방법으로 사용하면 된다.

자리 移動 마이크로 작동

자리 이동 마이크로 작동은 直列計算機(serial computer)에서 레지스터 간에 2진 정보를 전송한다. 이 작동은 並列 컴퓨터에서도 算術, 論理演算 그리고 制御作動을 하는데 쓰일 수 있다. 레지스터의 내용들은 왼쪽으로 또는 오른쪽으로 자리를 이동시킬 수 있다. 이 자리 이동을 표시하기 위해 특별한 기호는 없고 단지 이 책에서는 왼쪽 자리 이동은 shl(shift-left)로, 오른쪽 자리 이동은 shr(shift-right)로 표시하겠다. 예를 들어 아래 두 문장은 레지스터 A를 왼쪽으로 1 비트씩 이동하고 레지스터 B를 오른쪽으로 1 비트씩 이동하게 한다.

$$A \leftarrow \mathrm{shl}A, \quad B \leftarrow \mathrm{shr}\,B$$

화살표의 양쪽은 1증가 작동의 경우와 같이 서로 동일한 레지스터가 와야 한다.

레지스터의 비트들이 자리 이동될 때 맨 가장자리 플립플롭은 정보를 직렬 입력단자로부터 맨 가장자리 플립플롭이란 오른쪽 자리 이동일 경우 제일 왼쪽 비트이고 왼쪽 자리 이동일 경우 제일 오른쪽 비트가 될 것이다. 그런데 맨 가장자리 플립플롭으로 전송되는 정보는 shl이나 shr 기호만으로는 알 수 없다. 따라서 자리 이동 마이크로 作動文은, 맨 가장자리 플립플롭으로 직렬 입력되는 값을 명시해 주는 다른 마이크로 作動文과 함께 표시되어야 한다. 예를 들어,

$$A \leftarrow \mathrm{shl}A, \quad A_1 \leftarrow A_n$$

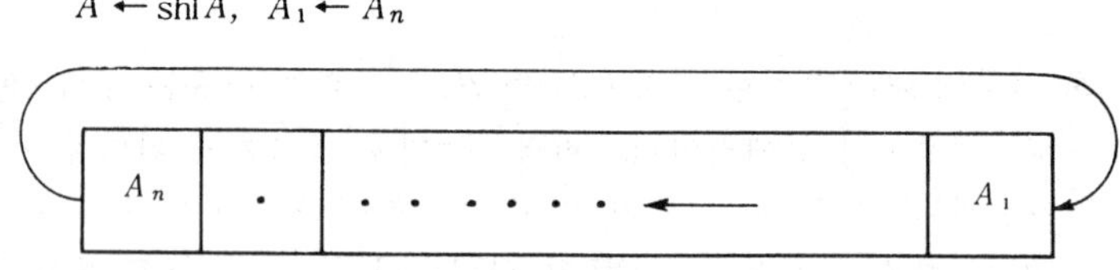

은 제일 왼쪽 비트 A_n의 내용을 제일 오른쪽 비트인 A_1으로 옮기며 나머지 비트의 내용은 한 자리씩 왼쪽으로 이동시키는 環狀 자리 이동(circular shift)을 나타낸다. 마찬가지로,

$$B \leftarrow \mathrm{shr}\,B, \quad B_n \leftarrow E$$

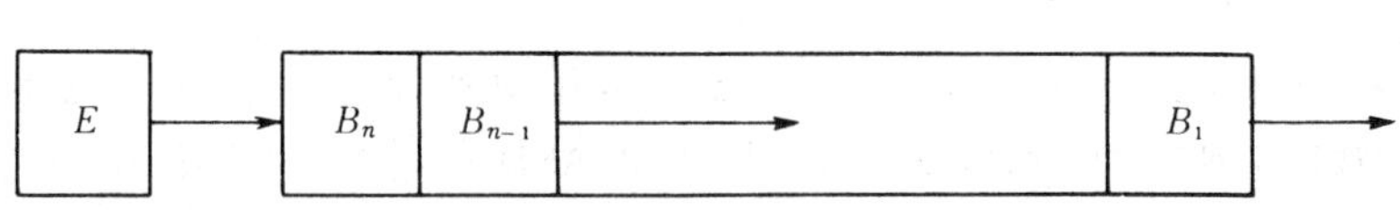

는 오른쪽 자리 이동을 하되 제일 왼쪽 비트인 B_n에는 1 비트 레지스터인 E의 내용을 옮겨 주는 것이다.

8-4 條件制御文 (conditional control statements)

때때로 제어 조건을 부울 함수로 표시하는 것보다 條件文 (conditional statement)을 사용하는 것이 편리할 때가 있다. 條件制御文은 아래와 같이 if-then-else文을 써서 표시한다.

P : if (제어 조건) then〔마이크로 작동 (들)〕 else〔마이크로 작동 (들)〕

이 文의 의미는 if 다음의 괄호 안에 있는 제어 조건이 성립하면, then 뒤에 대괄호 속의 文을 수행하고, 성립하지 않으면 else 뒤의 대괄호 속의 文을 수행하라는 것이다. 물론 두 가지 중 어느것이 집행되는 경우든 항상 제어 함수 P가 발생했을 때에만 가능하다. 만일 else 부분이 없다면 제어 조건이 성립하지 않을 경우, 아무것도 수행하지 않는다.

조건 제어문은 필요성에서보다도 편리성에 가치가 있다. 이것은 더 명백한 문장을 쓸 수 있어서 사람들이 해석하기가 훨씬 쉬운 장점이 있다. 조건 제어문을 if-then-else가 없는 재래의 형태로 고칠 수도 있다. 그 예로서 다음 조건 제어문을 보자.

T_2 : if $(C=0)$ then $(F \leftarrow 1)$ else $(F \leftarrow 0)$

F는 세트나 클리어될 수 있는 1 비트 레지스터라고 하자. 이때 레지스터 C가 1비트 레지스터라면 위 문장은 아래 두 문장과 같이 고칠 수 있다.

$C'T_2$: $F \leftarrow 1$

CT_2 : $F \leftarrow 0$

똑같은 타이밍 변수(T_2)가 두 별개의 제어 함수에 쓰였음에 주의하자. 변수 C는 0 또는 1만 될 수 있으므로, T_2가 발생되는 동안 C값에 따라서 오직 한 마이크로 작동만이 집행된다.

만일 C 레지스터가 여러 비트로 되어 있다면 $C=0$이라는 뜻은 C의 모든 비트가 0임을 말한다. C가 C_1, C_2, C_3, C_4의 4개 비트로 되어 있다고 하자. 조건 $C=0$은 다음과 같은 부울 함수로 표시할 수 있다.

$$x = C_1'C_2'C_3'C_4' = (C_1+C_2+C_3+C_4)'$$

변수 x는 NOR 게이트로 만들 수 있다.

이와 같이 x를 정의하면 조건 제어문은 아래 두 문장과 같다.

xT_2 : $F \leftarrow 1$

$x'T_2$: $F \leftarrow 0$

변수 x는 $C=0$이면 1이고, $C \neq 0$이면 0이다. 조건 제어문을 쓸 때 if 다음의 조건 부분은 제어 함수의 일부이지 마이크로 작동문의 일부가 아닌 점을 주의하자. 또한 조건들은 명확히 기술되어야 하고 조합 회로(combinational circuit)로 구성되어야 한다.

8-5 固定 소숫점 2進 데이터(fixed point binary data)

레지스터 안에 있는 **2진 정보는 데이터나 제어 정보로 되어 있다.** 데이터는 필요한 결과를 얻기 위해 처리되어질 오퍼란드(operand)이거나 정보의 離散元素들이다. 제어 정보는 1 비트 혹은 여러 비트들로 이루어져 있으며 계산기가 수행할 작동이나 연산을 명시한다. **命令語(instructions)는 디지털 컴퓨터 레지스터에 貯藏되어 있는 制御情報의 單位를 일컫는다.** 이것은 저장된 데이터에 수행할 연산들을 명시하는 **2진 코우드(binary code)**이다. 命令 코우드(instruction code)와 레지스터 내에서의 표시법은 8-11節에 설명되어 있다. 보통 공통적으로 사용하는 데이터의 형식과 레지스터에서 그들의 표시법은 이 節과 계속되는 다음 節에서 설명한다.

符號와 小數點을 사용한 데이터 表示法

n개의 플립플롭으로 구성된 레지스터는 n비트 2진수를 저장할 수 있다. 각 플립플롭은 하나의 2진수로 나타낸다. 레지스터의 플립플롭 數를 알면 저장될 數의 크기를 알 수 있으나 부호나 소숫점의 위치는 알 수 없다. 부호는 陽數 또는 陰數인가를 알기 위해서 필요하며 소숫점의 위치는 整數, 小數 또는 정수와 소수의 혼합된 數를 표시하기 위해 필요하다.

數의 부호는 陽 또는 陰의 두 가지 값을 갖고 독립적인 크기를 가지는 정보이다. 이 두 값은 1개의 비트로 표시할 수 있는데, **보통 陽은 0, 陰은 1로 표시한다.** 레지스터로 부호를 가진 2진수를 나타내려면 $n=k+1$개의 플립플롭이 필요한데 數의 크기를 나타내기 위해서 k개의 플립플롭과 부호를 기억하기 위해 1개 플립플롭이 쓰인다. 소숫점의 표현은 레지스터 내에서 두 플립플롭 사이의 위치를 나타내야 하므로 좀 복잡하다. 그 위치를 지정해 주는 데는 2가지 방법이 있다.

하나는 **固定 小數點位置法(fixed point position)**이고, 나머지는 **浮動 小數點位置法(floating-point position)**이다. 고정 소숫점 위치법은 소숫점(2진 소숫점)의 위치가 한 자리에 언제나 고정되어 있다고 가정하는 것이다. 가장 널리 쓰이는 소숫점의 위치는 **소수**를 나타내기 위한 **레지스터의 제일 왼쪽 끝자리**이거나, **정수**를 나타내기 위한 **제일 오른쪽 끝자리**이다. 이 두 경우, 모든 소숫점이 실제로 그 위치에 존재하여 눈으로 볼 수 있는 것이 아니고 단지 레지스터 내에 저장된 數가 소수나 정수로 취급한다는 사실을 가정할 뿐이다. 浮動 소숫점 표현법은 2개의 레지스터를 사용하고 첫 번째 레지스터에는 그 수의 소숫점 위치를 지정하게 한다. 浮動 소숫점 표현법은 8-9節에서 설명한다.

符號가 붙은 2進數(signed binary numbers)

고정 소숫점 2진수가 양수일 때는, 부호는 0, 크기는 2진 양수로 표현한다. 음수일 경우는 부호는 1로 표시하고, 數의 크기는 다음 3가지 중의 한 방법으로 표현한다.

數의 크기 表示法

1. 부호-크기(sign-magnitude)
2. 부호-1의 보수(sign-1's complement)
3. 부호-2의 보수(sign-2's complement)

부호-크기 표시법에서는 크기는 2진 陽數로 표시되고, 다른 두 방법에서는 數가 1 또는 2의 보수로 표시된다. 만일 數가 양수일 때 위 세 가지 표현법은 똑같게 된다.
그 예로서 2진수 9를 아래에 3가지 표시법으로 써 놓았다. 이 數의 부호와 크기를 저장하는 데 있어서 7비트로 된 레지스터라고 가정하자.

	+9	−9
부호-크기법	0 001001	1 001001
부호-1의 보수법	0 001001	1 110110
부호-2의 보수법	0 001001	1 110111

陽數에 대해서는 어떤 표현법이든 양수임을 나타내기 위해 부호 비트인 제일 왼쪽 비트가 0이고 나머지는 2진 양수이다. 음수에 대해서는 부호 비트는 1이나 나머지 비트의 표시법은 서로 다르다. 즉, 부호-크기 표현법에서는 크기가 2진 양수이고, 부호-1의 보수 표현법에서는 이 비트들이 2진수의 보수가 되고 부호-2의 보수 표현법에서는 이 數는 2의 보수가 된다.
부호-크기법에서, −9는 +9(0 001001) 에서 부호 비트만 보수를 취하면 되고 (1001001) 부호-1의 보수법은 부호 비트를 포함한 모든 비트 0 001001(+9)의 補數를 取하면 −9(1 110110)이 얻어지고, 부호-2의 보수법에서는 부호 비트를 포함한 모든 陽數의 2의 보수를 취하면 −9가 된다.

算術 덧셈(arithmetic addition)

음수를 부호-보수법으로 표시하는 이유는 부호가 붙은 두 數의 合을 구하는 과정을 고찰해 보고 나면 명백하게 알 수 있을 것이다. 부호-크기 표시법은 보통 일상적인 계산시에 사용된다. 예를 들어 +23이나 −35가 부호와 數의 크기를 이용해 나타내어진 것이다. 이 두 數를 더하려면 크기가 큰 수에서 크기가 작은 수를 빼고, 부호는 큰수의 부호로 한다. 즉, (+23)+(−35)=−(35−23)=−12이다.
부호-크기 표시법의 두 數를 더하는 작업을 할 때 그들의 부호를 비교해야 한다. 부호가 같으면 크기의 合에 그 부호를 붙이면 되고 부호가 다르면 부호를 제외한 수의 크기(절대치)를 비교해 크기가 큰 수의 부호를 취한다. 이 작업은 디지털 하아드웨어로 구성하려면 비교, 덧셈, 뺄셈을 하는 회로는 물론 制御決定(control decision)을 하는 順次가 요구되어 이것이 하나의 프로세스를 이루게 된다.

그러면 위의 數가 음수일 경우의 처리 절차와, 부호-1의 보수나 2의 보수 표시법으로 표시될 경우 연산 절차를 비교해 보자. 그 후의 두 절차는 아주 간단하여 아래와 같이 말할 수 있다.

符號-2의 補數 表示法에서의 덧셈 : 두 수를 더할 때 그들의 부호 비트도 포함해서, 두 數들을 그대로 합한다. 부호 비트에서 캐리가 생겨도 무시해 버린다.

符號-1의 補數 表示法에서의 덧셈 : 두 數를 더할 때, 위의 경우와 같이 부호에 상관없이 더한 후 만일 캐리가 생기면 결과를 1 증가시키고 캐리를 버린다.

符號-2의 補數法에 의한 加算例

부호-2의 보수 표시법으로 표시된 음수의 덧셈에 대한 예가 아래에 나와 있다. 음수는 언제나 2의 보수형으로 표시되고, 계산 결과인 合(sum)도 언제나 요구하는 표시법에 맞게 표현된다는 점에 주의하자. 아래 예에서 보면 부호 비트에서의 캐리는 무시하여 버리면 되고 결과가 음수가 될 때는 자동적으로 요구하는 표시법인 2의 보수형으로 된다.

```
+ 6     0 000110  +        - 6     1 111010  +
+ 9     0 001001           + 9     0 001001
----    --------           ----    --------
+ 15    0 001111           + 3     0 000011

+ 6     0 000110  +        - 9     1 110111  +
- 9     1 110111           - 9     1 110111
----    ------------       ----    ------------
- 3     1 111101           - 18    1 101110
```

符號-1의 補數法에 의한 加算例

부호-1의 보수법으로 표시된 數에 대한 예가 다음에 나와 있다. 부호 비트로부터의 자리 올림수가 되돌아와 가장 낮은 자리 비트(least significant bit)에 더해진다. 이를 end-around carry라 한다.

```
+ 6     0 000110  +        - 6     1 111001  +
+ 9     0 001001           + 9     0 001001
----    ------------               ------------
+ 15    0 001111                 ┌─10 000010  +
                                 └────────→1
                           ----    --------
                           + 3     0 000011
```

```
+ 6    0 000110  +        - 9    1 110110  +
- 9    1 110110           - 9    1 110110
----   --------                  --------
- 3    1 111100                 11 101100  +
                                 └────→ 1
                          ----   --------
                          - 18   1 101101
```

符號-2의 補數法과 符號-1의 補數法의 比較

부호-2의 보수 표시법이 1의 보수 표시법이나 부호-크기 표시법보다 좋은 점은 부호-2의 보수법에서는 0이 한 가지 형태만 존재한다는 것이다. 나머지 두 방법에서는 플러스 0과 마이너스 0의 2개의 값이 존재한다. 예를 들어 1의 보수법으로 +9와 −9를 더하면,

```
+9    0 001001
-9    1 110110
---   --------
-0    1 111111
```

이 되어 결과는 마이너스 0으로서, 이것은 플러스 0(0 000000)의 보수가 된다.

부호가 있는 0은 레지스터 내에서 그 음수 표시법에 따라 다음과 같이 표시된다.

	+0	−0
부호-크기법	0 0000000	1 0000000
부호-1의 보수법	0 0000000	1 1111111
부호-2의 보수법	0 0000000	없음

부호-2의 보수법에는 플러스 0만 있는데 그 이유는 0 0000000(플러스 0)의 2의 보수 역시 0 0000000이 되기 때문이다. 부호 비트에서의 캐리는 버리게 되므로 플러스 0의 1의 보수에 1을 더해서 생기는 2의 보수는 다음과 같이,

```
  0 000000     +0 (零)
  1 111111     +0의 1의 보수
+        1
---------
 10 000000     +0의 2의 보수
 ↑
 └── 부호 비트의 캐리는 버린다.
```

0 000000이 된다. 그러므로 부호-2의 보수 계통에서는 0의 한 가지 표시법 뿐이다.

$n=k+1$ 비트 레지스터가 표시할 수 있는 2진 정수의 범위는 $\pm(2^k-1)$인데 여기서 k 비트는 數를, 나머지 1 비트는 부호를 표시하는 데 쓴다. 만일 레지스터가 8 비트라면 $\pm(2^7-1)=\pm 127$ 사이의 정수를 저장할 수 있다. 그러나 부호-2의 보수법에서는 0의 형이 한 종류밖에 없으므로 다른 두 방법보다 수 하나를 더 표시할 수 있다. 가장 큰 수와 가장 작은 수를 표시하는 경우를 생각해 보자.

	부호-1의 보수	부호-2의 보수
+126 = 0 1111110	−126 = 1 0000001	1 0000010
+127 = 0 1111111	−127 = 1 0000000	1 0000001
+128 (불가능)	−128 (불가능)	1 0000000

부호-2의 보수법에서만 8 비트로서 −128을 나타낼 수 있다. 일반적으로 2의 補數表示法은 $k=n-1$, $n=$ 레지스터의 비트數라고 할 때 $+(2^k-1)$에서부터 -2^k까지 表示할 수 있다.

뺄셈 演算(arithmetic subtraction)

부호-2의 補數法으로 표시된 2진수의 뺄셈은 다음과 같이하면 매우 간단하다. 減數의 2의 補數(부호 비트 포함)를 취해서 被減數(부호 비트 포함)에 더하라. 이 과정은 뺄셈을 감수의 부호로 바꾼 후 덧셈으로 대체할 수 있다는 사실을 이용한 것이다.

$$(\pm A)-(-B)=(\pm A)+(+B)$$
$$(\pm A)-(+B)=(\pm A)+(-B)$$

양수를 음수로 바꾸는 일은 2의 보수(부호 비트 포함)를 취하기만 하면 되므로 매우 쉽다. 그 역도 마찬가지인데, 이것은 보수의 보수$[(A)'=A]$는 원래의 數가 되기 때문이다.

1의 補數法에 의한 뺄셈도 end-around-carry에 대한 과정 외에는 이와 유사하다. 부호-크기법에서의 뺄셈은 減數의 부호 비트만 보수를 취한다. 부호-크기법에 의한 2진수의 덧셈, 뺄셈은 10-3節에서 설명하겠다.

부호-2의 보수 표시법으로 표시된 2진수의 덧셈, 뺄셈 과정이 간단하기 때문에 대부분의 컴퓨터는(우리가 일상 생활에 익숙하기는 부호-크기법이지만) 부호-크기법은 안 쓰고 부호-2의 보수법을 사용한다. 또한 1의 보수법보다 2의 보수법을 사용하는 이유는 end-around carry 과정과 마이너스 0을 처리해야 하는 불편을 피하기 위해서이다.

8-6 오우버플로우(overflow)

2진수이건 10진수이건 간에 또는 부호가 있건 없건 상관없이 n자리의 두 數를 더해 그 합이 $n+1$ 자리를 차지하게 되어 n개의 비트 數의 레지스터에 기억시킬 수 없을 때 오우버플로우가 발생했다고 말한다. 손으로 계산할 때에는 지면의 제한을 받지 않으므로 오우버플로우가 문제되지 않으나 디지털 컴퓨터에서는 메모리 레지스터를 포함한 모든 레지스터의 길이가 유한하게 제한되어 있으므로 큰 문제가 된다. n 비트레지스터는 $n+1$ 비트의 결과를 저장하지 못한다. 이런 이유 때문에 대부분의 컴퓨터는 오우버플로우의 발생 여부를 점검해 발생했을 경우 사용자에게 알려 주기 위해 오우버플로우 플립플롭을 세트한다.

서로 부호가 다른 두 數를 더했을 때는 절대로 오우버플로우가 생기지 않는다. 그 이유는 合의 절대치는 언제나 원래 두 數들의 절대치들보다 작아지게 되기 때문이다(결과인 合의 부호는 음이건 양이건 관계 없다). 그러나 두 數의 부호가 서로 같을 때는 오우버플로우가 발생될 수 있다. 부호-크기 표시법으로 표시될 두 數가 더해질 때는 數를 표시하는 비트들로부터의 캐리에 따라 오우버플로우가 쉽게 검사될 수 있다. 두 數가 부호-2의 보수법에 의한 경우 부호 비트는 數의 일부로 취급되며 끝자리에서의 캐리가 생겼다고 해서 반드시 오우버플로우를 가리키지도 않는다.

前에 설명된 2의 보수 표시법의 덧셈 알고리즘도 전에 기술한 것과 같이 오우버플로우가 생기는 경우에는 옳은 답을 내지 못한다. 오우버플로우가 결과의 부호 비트의 값을 바꿔 버려 n 비트의 틀린 답이 되기 때문이다. 다음 예를 보자. 부호가 붙은 2진수 35와 40이 7 비트 레지스터 2개에 저장돼 있다. 이 레지스터들이 표시할 수 있는 최대수는 $(2^6-1)=63$이고 최소수는 $-2^6=-64$이다. 합이 75가 되므로 레지스터의 크기를 초과하게 된다. 數들이 둘 다 陽수이거나 둘 다 음수일 경우는 이것은 사실이다. 이제 덧셈에서 발생하는 제일 마지막 두 비트(부호 비트와 MSB ; most significant bit)를 보면서 아래와 같은 연산을 알아보자.

캐리들 :	0 1	캐리들 :	1 0
+35	0 100011	−35	1 011101
+40	0 101000	−40	1 011000
+75	1 001011	−75	0 110101

결과를 보면 양수가 되어야 할 7 비트 결과가 음수가 되었고 또 음수는 양수로 표시되고 말았다. 명백히 2진 답은 틀리고, 전에 기술한 바와 같이 2의 보수로 표시한 2진수 덧셈에 대한 알고리즘은 오우버플로우가 생길 때는 바른 결과를 내지 못한다. 그러나 부호 비트 자리에서의 캐리를 결과의 부호로 삼는다면 8비트짜리 답이 올바른 결과를 얻는다는 사실을 주의하자.

오우버플로우는 부호 비트로의 캐리와 부호 비트로부터 발생한 캐리를 살펴보면 그 발생 여부를 알아 낼 수 있다. 만일 이들 2개의 캐리가 다르면 오우버플로우 條件이 생긴 것이다. 이것은 위에서 보인 두 예에서 알 수 있다. 그리고 독자들은 몇 가지 예를 들

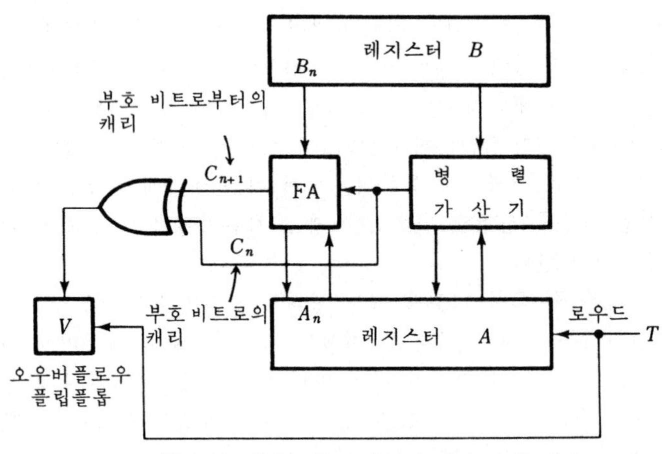

그림 8-10 부호-2의 보수법에 의한 수의 덧셈

어 실제로 해 보면 이 2개의 캐리가 둘 다 0이거나 둘 다 1이면 오우버플로우가 발생하지 않은 것을 곧 알 수 있다. 이리하여 이 두 캐리를 exclusive-OR 게이트에 연결했을 경우 이 게이트의 출력이 1이 되면 오우버플로우가 발생한 것임을 알 수 있다.

부호-2의 보수법에 의한 두 수의 덧셈 연산을 하는 하아드웨어의 구성이 **그림 8-10**에 나와 있다. 被加數는 레지스터 A에 있는데, A_n이 부호 비트이다. 加數는 레지스터 B에 들어 있으며 B_n이 부호 비트이다. 두 數는 n 비트 병렬 가산기에 의해 더해진다. n 번째 자리(부호 비트)에 全加算器(FA)가 표시돼 있다. 이 한 비트의 전가산기로 들어가는 캐리가 C_n, 전가산기에서 나오는 캐리가 C_{n+1}이라 하자. 이 두 캐리를 exclusive-OR한 출력이 오우버플로우 플립플롭 V에 연결된다. 덧셈이 수행된 후 $V=0$이면 A로 옮겨진 合은 옳은 答이고 $V=1$이면 오우버플로우가 발생한 것이므로 레지스터 A 내의 n 비트 합은 옳지 않다. **그림 8-10** 회로는 다음 문장같이 쓸 수 있다.

$$T: A \leftarrow A + B, \ V \leftarrow C_n \oplus C_{n+1}$$

위 문장의 변수는 **그림 8-10**에 나타나 있다. 변수 C_n과 C_{n+1}은 레지스터가 아니고 병렬 가산기로부터 나온 캐리라는 점을 주의하자.

8-7 算術的 자리 移動(arithmetic shifts)

산술적 자리 이동이란 부호가 붙은 2진수를 왼쪽 또는 오른쪽으로 한 비트씩 옮기는 마이크로 작동이다. **산술적 왼쪽 자리 이동**(arithmetic shift-left)을 하면 부호가 붙은 2진수에 2를 곱한 결과가 되고, 오른쪽 자리 이동을 하면 2로 나눈 것과 같은 결과가 된다.

산술적 자리 이동을 할 때 부호가 변하지 않은 채로 있어야 된다. 어떤 數에 2를 곱하거나 나누어도 부호는 변하지 않기 때문이다.

그림 8-11은 n비트 레지스터이다. 제일 왼쪽 비트 A_n이 부호이며 $\boldsymbol{A(S)}$로 표시하고, 나머지는 數를 표시하며 레지스터의 이 부분은 $A(N)$이라고 하자. A_1은 제일 오른쪽 비트이고 A_{n-1}은 數를 표시하는 비트들 $A(N)$ 중 가장 높은 자리 비트이며 A는 전체 레지스터를 나타낸다.

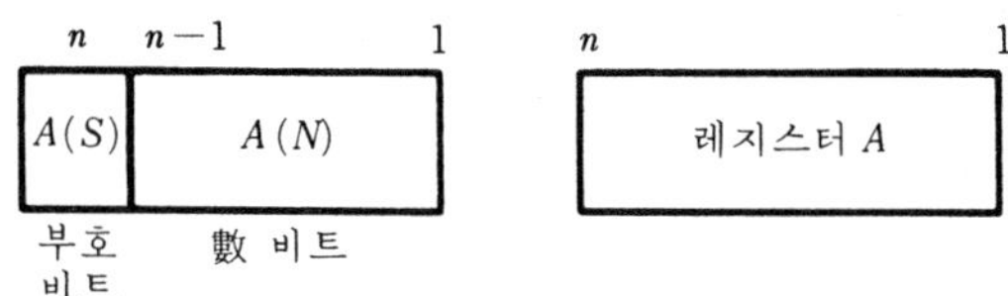

그림 8-11 부호 비트와 수 비트

고정 소숫점 2진수는 3가지 다른 방법으로 표시할 수 있음을 알았다. 산술적 자리 이동을 하는 방법은 각 표시법에 따라 서로 다르다.

오른쪽 자리 이동(shift right)

먼저 數를 2로 나누게하는 산술적 오른쪽 자리 이동을 살펴보자. 이 연산은 다음 중의 한 문장으로 표시할 수 있다.

$A(N) \leftarrow \text{shr } A(N),\ A_{n-1} \leftarrow 0$ 부호-크기법일 때

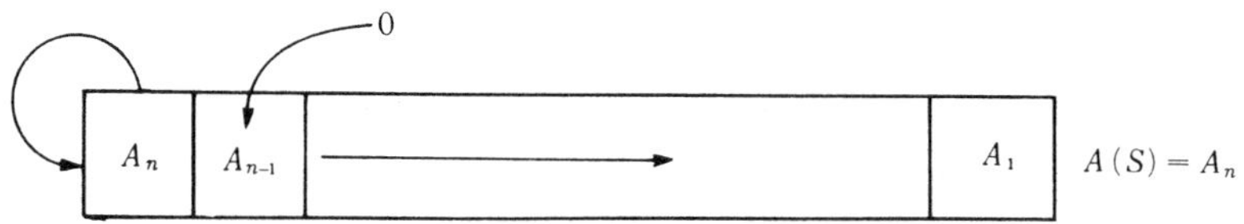

$A \leftarrow \text{shr } A,\ A(S) \leftarrow A(S)$ 부호-1의 보수법 또는 2의 보수법일 때

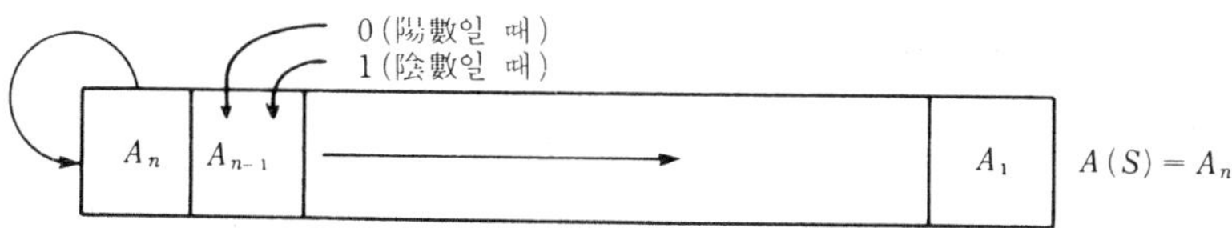

부호-크기 표시법에서는 산술적 오른쪽 자리 이동시 數를 자리 이동 시키고 數의 가장 높은 자리에 0을 채운다. 부호 비트는 그대로 둔다. 1의 보수 또는 2의 보수법에서는 A 전체를 자리 이동 시키나 부호 비트는 원래 數의 부호 비트를 그대로 사용해 바뀌지 않게 만든다. 양의 數일 때는 가장 높은 자리가 0으로 음의 數일 때는 가장 높은 자리가 1로 채워진다. 다음 예를 보고 위의 과정을 이해하자.

양수	+12 :	0 01100	+6 :	0 00110
부호-크기법	−12 :	1 01100	−6 :	1 00110
부호-1의 보수법	−12 :	1 10011	−6 :	1 11001
부호-2의 보수법	−12 :	1 10100	−6 :	1 11010

각기 12를 산술적 오른쪽 자리 이동 시킨 결과 부호는 바뀌지 않고 6으로 되었다. 양수에 대해서는 3가지 방법의 결과가 모두 같다. 부호-크기 표시법의 數는 양수이건 음수이건 자리 이동 될 때 數의 가장 높은 자리가 0이다. 그러나 두 부호-보수 표시법에서는 가장 높은 자리가 부호 비트와 같다. 후자의 경우는 보통 부호가 전파되며 자리 이동 된다고(shifting with sign extension) 한다.

왼쪽 자리 移動(shift left)

이번에는 數에 2를 곱하게 하는 왼쪽 자리 이동을 살펴보자.

$A(N) \leftarrow \text{shl } A(N),\ A_1 \leftarrow 0$	부호-크기법
$A \leftarrow \text{shl } A,\ A_1 \leftarrow A(S)$	부호-1의 補數法
$A \leftarrow \text{shl } A,\ A_1 \leftarrow 0$	부호-2의 補數法

부호-크기 표시법의 數는 數를 표시하는 비트들을 자리 이동 시키고 가장 낮은 자리 비트에 0을 채운다. 부호-1의 補數法은 레지스터 전체를 자리 이동 시킨 뒤 부호 비트를 제일 낮은 자리 비트(least significant bit, LBS)에 채운다. 2의 補數法도 유사하나 제일 낮은 자리에 대신 0을 넣는다. 12가 왼쪽 자리 이동하여 24가 되는 예를 살펴보자.

陽數	0 01100	0 11000
부호-크기 法	1 01100	1 11000
부호-1의 補數法	1 10011	1 00111
부호-2의 補數法	1 10100	1 01000

오우버플로우(overflow) 檢査

數를 왼쪽 자리 이동 시킬 경우 오우버플로우가 발생될 수 있다. 만일 자리 이동 되기 전에 아래 조건이 성립되면 자리 이동 후 오우버플로우가 발생한다.

$A_{n-1}=1$	부호-크기법
$A_n \oplus A_{n-1}=1$	부호-1의 보수법 또는 부호-2의 보수법

부호-크기法의 경우 가장 높은 자리가 1이면 자리 이동 되면서 떨어져 나가 잃어버린다. 부호-1의 補數(또는 2의 보수)法의 경우는 A_n, 즉 부호 비트 $A(S)$가 數의 가장 높은 자리 비트와 같지 않을 경우 오우버플로우가 생긴다. 부호-1의 補數法의

數들에 대한 다음 예를 보자.

최초값	9 :	0 1001	최초값	−9 :	1 0110
왼쪽 이동 후	−2 :	1 0010	왼쪽 이동 후	+2 :	0 1101

왼쪽 자리 이동 결과 18이 되어야 하나 원래 부호가 없어져 틀린 답이 나왔다. 만일 자리 이동된 후의 부호와 자리 이동 전 부호가 서로 같지 않다면 오우버플로우가 생긴 것이다. 올바른 결과는 $n+1$ 비트인데, $(n+1)$ 번째 비트가 자리 이동으로 잃어버린 원래 數의 부호를 갖고 있다.

8-8 10進 데이터(decimal data)

레지스터 내의 10진수 표시법은 2진 코우드의 함수이다. 예를 들어 10진 숫자 하나를 표시하는 4 비트 10진 코우드는 4개의 플립플롭을 필요로 한다. +4385를 BCD로 표시할 때 적어도 플립플롭이 17개 필요한데, 하나는 부호용으로, 그리고 각 숫자당 4개씩 쓰인다. 이 숫자가 25개 플립플롭 레지스터로 표시될 때는 다음과 같다.

```
+    0       0       4       3       8       5
0  0 0 0 0  0 0 0 0  0 1 0 0  0 0 1 1  1 0 0 0  0 1 0 1
```

10진수를 2진 코우드형으로 저장할 때 필요한 플립플롭의 數가, 그 10진수를 2진수형으로 저장하는 데 필요한 플립플롭의 數보다 많기 때문에 數를 10진법으로 표시하는 것은 메모리를 낭비하게 된다. 또한 10진 연산을 수행하는 회로도 훨씬 더 복잡하다. 그러나 10진법이 인간의 일상 생활에 익숙하기 때문에 대부분 컴퓨터에서는 입출력으로 10진법을 사용한다. 따라서 컴퓨터 내에서는 이 10진수 계산을 수행하기 전 2진수로 變換하고 그 결과는 출력할 때 다시 10진수로 바꿔야 한다. 이런 과정은 컴퓨터에서 많은 시간을 필요로 한다. 그래서 어떤 컴퓨터는 산술 연산을 직접 10진 데이터(2진 코우드)로 수행해 진법 변환 과정을 줄이게 한다. 대형 컴퓨터 시스템은 보통 2진수형 계산이나 10진수형 계산을 다 수행할 수 있어서 사용자가 프로그램 命令語로 지정해 줄 수 있다. 10진 가산기는 5-3節에서 소개된 바 있다.

고정 소숫점 10진 陰數를 나타내는 데에는 3가지 방법이 있다. 이것은 2진 陰數를 나타내는 방법과 밑수(base)만 다르다는 점에 주의하자.

1. 부호-크기(절대치)
2. 부호-9의 補數
3. 부호-10의 補數

세 방법 전부, 陽數는 부호 비트 0과 數의 크기를 붙여서 쓴다. 그러나 陰數를 나타낼 때는 서로 달라 방법 1은 부호 비트는 1로, 數의 크기는 陽數를 쓰며 방법 2와 3은 부호 비트는 1로, 數의 크기는 각각 9의 補數, 10의 補數를 쓴다.

10진수의 부호를 나타내는 데 4비트를 쓰기도 하는데, 이는 숫자 표시에 쓰이는 비트 數와 같게 하기 위해서이다. 보통 陽은 0000으로, 陰은 9의 BCD코우드인 1001로 표시한다. 이런 경우 우리가 부호-2의 보수법을 위해 쓰던 알고리즘을 그대로 부호-10의 보수법에도 적용시킬 수 있다. 즉, 덧셈의 경우 부호 숫자를 포함한 모든 숫자들을 더하고 끝자리 자리올림수는 무시해 버린다. 예를 들어 +375+(−240)은 부호-10의 보수법을 쓸 때 아래와 같이 계산된다.

$$\begin{array}{r} 0\ 375 \\ +\ 9\ 760 \\ \hline 0\ 135 \end{array}$$

두 번째 數의 9(1001)는 마이너스를 말하고 760은 240 ($10^3-760=240$)의 10의 보수이다. 오우버플로우는 부호 숫자로의 캐리와 그 부호 숫자로부터 캐리를 exclusive-OR함으로써 알아 낼 수 있다.

10진 연산에 쓰이는 기호는 2진 연산에서의 기호를 그대로 사용하는데, 단지 밑수(base)가 2가 아니고 10이라는 것만 알면 된다. 다음 문장은 레지스터 A에 저장

$$A \leftarrow A + \overline{B} + 1$$

된 10진수에, 레지스터 B에 저장된 10진수의 10의 보수를 더하여 A에 저장하는 것이다. $\overline{B}$는 이 경우 10진수의 9의 補數가 되는 것이다. 10진수도 산술적 자리 이동을 할 수 있는데, 왼쪽 자리 이동은 10을 곱한 것과 같고 오른쪽 자리 이동은 10으로 나눈 것과 같다. 부호-9의 보수법은 부호-1의 보수법과 유사하고 부호-크기 표시법도 그 연산 알고리즘이 2진법과 10진법이 서로 유사하다.

8-9 浮動 소숫점 데이터(floating-point data)

浮動小數表示法은 레지스터 2개를 사용한다. 첫 번째 레지스터는 부호가 붙은 고정 소수를 저장하고 두 번째 레지스터는 소숫점의 위치를 저장한다. 예를 들어 10진수 +6132.789는 다음과 같이 표시된다.

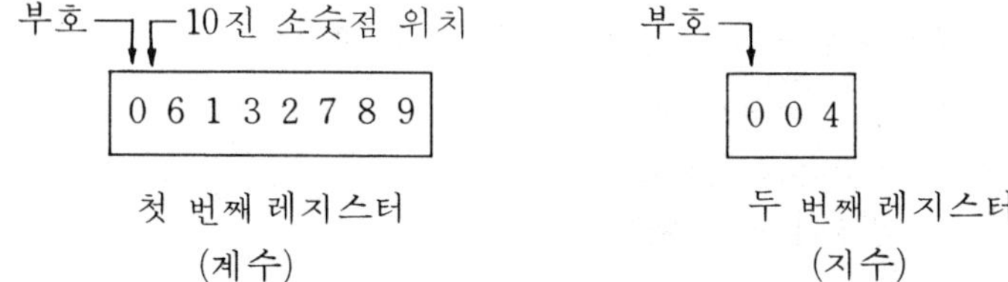

첫 번째 레지스터의 부호 비트에는 陽數를 저장하므로 0이 되고, 數의 크기는 28 비트에 2진 코우드로 들어 있다(각 10진 숫자가 4 비트씩 차지한다). 첫 번째 레지스터의 數는 소수로 간주한다. 따라서 소숫점은 제일 높은 자리에 고정되어 있다고 여긴다. 두 번째 레지스터의 +4(2진 코우드로 표시됨)는 실제 소숫점이 오른쪽으로 네 번째 자리에 있다는 것을 가리킨다. 즉, 첫 번째 레지스터의 數에 10의 몇 제곱을 곱해야 되는가를 말한다. +6132.789는 $+.6132789\times10^4$과 같이 표현한다는 것이다. 첫 번째 레지스터의 내용을 **係數**(coefficient, mantissa 또는 fractional part)라 부르고, 두 번째 것의 내용을 **指數**(exponent 또는 characteristic)라고 한다. 예를 더 들어 보면,

0 2 6 0 1 0 0 0		1 0 4
계수(만티사)		지수

는 $+.2601000\times10^{-4}=+.00002601000$을,

1 2 6 0 1 0 0 0		0 1 2
계 수		지수

는 $-.2601000\times10^{12}=-260100000000$을 표시한다.

위의 예들은 係數를 고정 소숫점 소수로 간주했으나 어떤 컴퓨터에서는 係數를 整數型으로, 따라서 소수점이 가장 낮은 자리에 위치하고 있는 것처럼 다루기도 한다.

浮動 소숫점 數의 指數部 바이어스 表示法

指數를 표시하는 다른 방법으로서는 指數의 부호 비트를 없애고 바이어스(bias) 된 것으로 간주하는 것이다. 예를 들어 10^{+49}과 10^{-50} 사이의 數들은 바이어스를 50으로 해서 두 숫자의 指數로 표시할 수 있다. 指數 레지스터는 항상 $E+50$을 저장하는데, 이때 E는 실제 指數이고 50은 바이어스 數이다. 따라서 指數 레지스터에서 바이어스 數 50을 빼면 실제 지수를 구할 수 있다. 陽의 지수는 레지스터에 50에서 99까지의 數로 저장되어 50을 빼면 00에서 49라는 실제 양수가 되고, 陰指數는 00에서 49까지의 數로, 즉 −50에서 −1이 된다.

浮動 소숫점 2진수도 비슷한 방법으로 저장된다. 예를 들어 +1001.110은 다음과 같다.

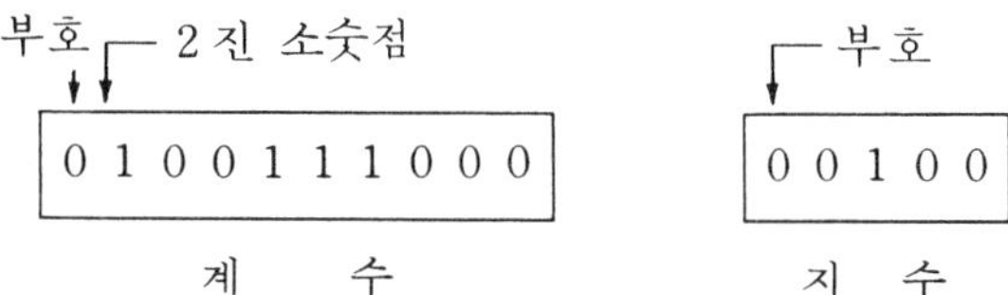

係數 레지스터는 10개 플립플롭으로서 하나는 부호를, 나머지는 크기를 나타낸다. 係數가 고정 소숫점 소수라면 실제 소숫점은 오른쪽으로 네 자리 옆에 있다. 이때 指

數는 2진수 값 +4를 가진다. 이 數는 $.100111000 \times 10^{100}$ (10^{100}은 2^4과 같다)이다.

浮動 소수점 표시법은 언제나 아래와 같은 型의 數를 나타내는데,

$$c \cdot r^e$$

여기서 c는 계수 레지스터의 내용이다. 밑수 r과 소숫점의 위치는 미리 가정된 것으로 한다. 係數를 整數로 하고 8을 밑수로 하는 컴퓨터를 생각해 보자. 8진수 $+17.32 = +1732 \times 8^{-2}$은 아래와 같이 표현된다.

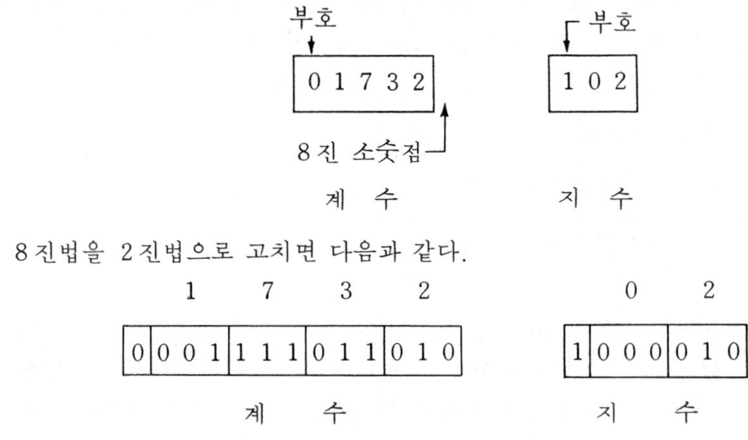

8진법을 2진법으로 고치면 다음과 같다.

浮動 소숫점 數의 正規化

만일 係數의 가장 높은 자릿수가 0이 아닌 數가 오면 이 浮動 소숫점 數는 正規化(normalized)되었다고 한다. 그 예로 $+.00357 \times 10^3 = 3.57$은 앞 두 數가 0이므로 正規化되지 못했고 세 번째부터 세 숫자만이 정확한 것으로 간주한다. 이 數의 係數를 왼쪽으로 두 자리 이동 시키고 대신 指數를 2만큼 줄여 $+.35700 \times 10^1 = 3.5700$으로 正規化시키면 係數 5자리 모두 정확한 것이 된다.

浮動 소숫점 數의 算術演算

浮動 소숫점 數의 산술 연산 과정은 고정 소숫점 수의 경우보다 더욱 복잡하고 시간이 많이 걸리며 하아드웨어도 복잡하다. 그러나, 고정 소숫점 數 연산에서 레지스터의 크기에 따라 유효 숫자가 좌우되는 문제가 浮動 소숫점 수에서는 없어서 편리하다. 많은 컴퓨터가 浮動 소숫점 數를 연산할 수 있는 기능을 보유하고 있지만 이런 하아드 웨어가 없는 컴퓨터의 경우 이 능력을 프로그램으로 지시해 주어야 한다.

浮動 소숫점 數의 加減算

浮動 소숫점 표시법의 두 數를 더하고 뺄 때는 먼저 指數 부분이 서로 같도록 소숫

점 위치를 조정해야 한다. 이 작업은 한 數의 指數가 다른 數의 指數와 같아질 때까지 그 係數를 자리 이동 시키면 된다.

浮動 소숫점 數의 乘除算

곱셈이나 나눗셈에 대해서는 소숫점 위치 조정을 할 필요가 없다. 곱셈에서 두 係數는 서로 곱하고 두 指數는 서로 더하면 된다. 나눗셈은 被除數의 係數를 除數의 係數로 나누고 被除數의 指數에서 除數의 指數를 빼면 된다.

8-10 非숫자 데이터(nonnumeric data)

사용자가 쓰는 프로그램은 보통 문자들, 즉 **文字, 數字, 특수 문자**들로 이루어진 기호들의 群으로 되어 있으므로 컴퓨터는 숫자들뿐만 아니라 이 기호들도 처리할 수 있어야 한다. 컴퓨터는 문자들(2진 코우드)을 받아서 메모리에 저장하고 연산을 한 후 출력 장치에 전송한다. 이때 잇달아 붙여 쓰여진 문자 데이터를 **文字列(character string)**이라고 한다.

문자는 레지스터에 2진 코우드로 저장된다. 표 1-5에서 일반적으로 사용되는 3가지 문자 코우드들을 소개하였다. 코우드 각각이 한 문자를 나타내는데, 코우드 종류에 따라 6, 7 또는 8 비트로 구성되어 있다. 한 레지스터에 저장할 수 있는 문자의 數는 레지스터의 길이와 코우드의 비트 數에 좌우된다. 예를 들어 한 워어드가 36비트이고 한 문자 코우드가 6 비트로 되었다면 한 워어드에 문자 6개를 저장할 수 있다. 文字列은 메모리의 서로 연속된 장소에 저장된다. 文字列의 첫 문자는 첫 번째 워어드의 번지에 의해 나타내어지고 마지막 문자는 마지막 워어드의 番地로 또는 文字數를 明示하거나 마지막 문자임을 표시하는 특별한 기호로 나타낸다. 문자는 處理裝置(processor unit)의 레지스터 안에서 처리되는데, 각 문자는 정보의 한 단위가 된다.

다른 여러 종류의 기호를 2진 부호(binary-loaded form)로 레지스터에 저장할 수 있다. 2진 부호는 컴퓨터에 의해 작곡될 수 있는 악보를 나타내는 데에도 사용한다. **자동 음성 인식 시스템(automatic speech-recognition system)**에 사용되는 음성 패턴(speech pattern)을 나타내는 데 특별한 2진 부호가 필요하다. CRT(cathode-ray-tube) 화면에 **도트 매트릭스(dot matrix)**로 구성되는 문자의 표시를 위해 각 문자를 나타내는 2진 부호가 필요하다. 제어 처리의 작동을 감시하거나 配電系統에 필요한 狀態情報(status information) 역시 미리 정해진 2진 부호 情報(binary coded information)를 사용한다. 컴퓨터로 장기를 두기 위해서는 장기판과 장기알을 나타내는 2진 부호 정보가 필요하다.

非숫자 데이터를 사용한 대부분의 작동은 傳送(transfers), 論理(logic), 移動(shifts),

그리고 制御決定이다. 전송 작동은 2진 부호 정보를 메모리 장치에 원하는 순서로 기억시켰다가 외부의 장치에 보내거나 또는 외부 장치로부터 받는 작업이다. 논리와 이동 작동은 결정된 처리를 돕는 데이터 처리를 수행하는 능력을 지니고 있다.

論理 마이크로 작동은 개개의 비트나 부호를 구성하는 비트群을 처리할 수 있어 매우 유용하다. **論理演算은 비트 하나의 값을 바꾸거나, 비트群을 삭제 또는 새로운 값으로 대치시킬 수 있다.**

論理的 OR 作動 비트 세트(bit set)

OR 마이크로 작동은 비트 하나를 세트하거나 비트들의 무리를 선택적으로 세트하는 데 사용된다. 부울 論理式 $x+1=1$과 $x+0=x$는 變數 x가 1과 OR될 때 x의 2진 값에 관계 없이 언제나 1이 되고 0과 OR될 때는 그대로 x로 됨을 말해 준다. 비트 A_i를 1과 OR시킴에 의해 A_i값에 관계 없이 1로 세트시킬 수 있다.

0101 0101	A
1111 0000	B
1111 0101	$A \leftarrow A \vee B$

B의 論理的 오퍼란드는 上位 네 비트가 모두 1이다. 이 값들과 A의 현재값을 OR시켜서 A의 上位 4개 비트를 모두 1로, 그리고 下位 4개 비트를 그대로 존속시킬 수 있게 한다. 이와 같이 OR 마이크로 작동은 레지스터의 비트를 선택적으로 세트시키는 데 사용된다.

論理的 AND 作動-비트 클리어(bit clear)

AND 마이크로 작동은 레지스터의 특정 비트나 비트들의 무리를 선택적으로 클리어시키는 데 사용할 수 있다. 부울 論理式 $x \cdot 0=0$와 $x \cdot 1=x$는 2진 변수 x가 0과 AND되면 결과는 x의 2진 변수에 관계 없이 항상 0이고 1과 AND되면 x의 값이 변하지 않는다는 것을 말해 준다. 오퍼란드 B가 00001111할 때 다음 예를 보자. 결과는 上位 네 비트는 모두 클리어되고 下位 네 비트는 A의 값 그대로 바뀌지 않는다.

0101 0101	A
0000 1111	B
0000 0101	$A \leftarrow A \wedge B$

마스크 演算(mask operation)

AND 연산은 레지스터의 선택된 부분에 있는 모든 1들을 제거해 버릴 수 있으므로 때때로 **마스크 연산**이라고 한다.

AND-OR 作動-새로운 값 세트

AND 연산 다음에 OR 연산을 하면 비트 하나 또는 비트의 무리들을 현재 값에서 새로운 값으로 바꿀 수 있다. 이것은 **먼저 바꾸려는 부분을 마스크한 뒤 새로운 값과 OR 시키면 된다.** 예를 들어 레지스터 A는 8 비트로 01100101가 들어 있다고 하자. 이때 上位 네 비트만을 1100으로 바꿔 주려면 먼저 필요없는 비트들을 마스크시킨다.

0110 0101	A
0000 1111	$B1$
0000 0101	$A \leftarrow A \wedge B1$

그리고 새로운 값을 집어 넣는다.

0000 0101	A
1100 0000	$B2$
1100 0101	$A \leftarrow A \vee B2$

마스크 연산은 AND 마이크로 작동이고 挿入演算은 OR 마이크로 작동이다.

EOR 作動-補數化, 保存과 클리어

EOR (exclusive-OR) 마이크로 작동은 한 비트나 선택된 비트群의 補數를 취하는 데 사용된다. 부울 論理式 $x \oplus 1 = x'$와 $x \oplus 0 = x$는 2진 변수 x가 1과 EOR되면 補數가 되고 그렇지 않은 경우는 변하지 않음을 말해 준다. 어떤 비트를 1과 EOR시킴으로써 그 비트의 보수를 얻을 수 있다. 다음 예를 보자.

1101 0101	A
1111 0000	B
0010 0101	$A \leftarrow A \oplus B$

A의 上位 4 비트가 EOR 연산 결과 보수가 되었다. 만일 **A의 내용이 그 자신과 EOR되면 레지스터는 클리어될 것이다.** 왜냐하면 $x \oplus x = 0$이기 때문이다.

0101 0101	A
0101 0101	A
00 000000	$A \leftarrow A \oplus A$

特定 비트 狀態 檢査法

특정한 비트의 값을 알려면 그 비트를 제외한 다른 모든 비트를 마스크한 후 레지스터가 0이 되었는가를 조사하면 된다. 레지스터 A의 네 번째 비트가 0인가를 알

켜고 하는 경우를 살펴보자.

$101x010$	A
0001000	B
$000x000$	$A \leftarrow B \wedge A$

x로 표시된 비트는 0이거나 1이다. 오퍼란드 B의 다른 모든 비트를 마스크했을 때 x가 0이면 레지스터 A는 그대로 0이고 네 번째 비트가 원래 1이었으면 결과의 4번째 비트도 1이 될 것이다. 레지스터 A가 0인가 아닌가를 조사하면, x가 1인가 0인가를 알 수 있다.

만일 레지스터의 각 비트들에 대해 0인가 1인가를 조사해야 한다면 왼쪽 자리 이동해서 **캐리 플립플롭**이라고 부르는 특별한 1비트 레지스터로 제일 높은 자리 비트를 전송하는 것이 더 편리하다. 자리 이동 될 때마다 캐리가 0인가 1인가를 조사하면 된다. 이 캐리에 따라서 결정된다.

2진 코우드 情報의 패킹과 非패킹
packing and unpacking binary-coded information

자리 이동 연산은 2진 코우드화 정보를 패킹하거나 非패킹하는 데에도 쓰인다. 문자와 같은 2진 코우드화 정보를 패킹한다는 것은 한 워어드 내에 2문자 또는 이상의 문자를 집어 넣는 작동이고, 非패킹은 그 반대로 한 워어드에 저장된 둘 또는 그 이상의 문자들을 개별 문자로 따로따로 분리하는 것이다. 처음에 ASCII 문자로 저장되었던 數를 BCD 숫자로 패킹하는 경우를 생각해 보자. 숫자 5와 9에 대한 ASCII 코우드는 표 1-5에 있다. ASCII 코우드는 7비트이므로 아래와 같이 가장 높은 자리에 0을 삽입하여 8비트로 만든다. 문자 5를 레지스터 A로, 9를 레지스터 B로 전송한다. BCD에서는 上位 4비트가 필요 없으므로 마스크해서 없앤다. BCD 숫자 2개를 레지스터 A에 패킹하려면 A를 왼쪽으로 네 번 자리 이동 시키고(밑 자리에는 0들이 삽입된다) B와 OR시키면 된다.

ASCII 숫자를 BCD 숫자로 패킹한 예:

	A	B
ASCII 5 =	0011 0101	0011 1001 = ASCII 9
0000 1111과 AND	0000 0101	0000 1001
A를 네 번 왼쪽 자리 이동	0101 0000	
$A \leftarrow A \vee B$	0101 1001 = BCD 59	

제일 아래 자리 비트에 0이 삽입되는 자리 이동 연산은 論理的 마이크로 작동으로 간주한다.

논리 연산시에 레지스터 내에 있는 2진 정보를 **論理語**(**logical word**)라고 부른다. 論理語는 비트 列로 해석한다. 한 論理語 내의 각 비트는 각각이 서로 다른 비트처럼 작용한다. 다시 말하면, 論理語의 정보 단위는 비트이고 워어드(word)가 아니다.

8-11 命令語 코우드(instruction codes)

디지털 시스템의 내부 조직은 레지스터들과 레지스터에 저장된 데이터에 실현하는 마이크로 작동의 順次로써 정의한다. 특수 목적의 디지털 시스템에서는 마이크로 작동의 순차가 정해져 있어서 같은 작업을 계속 반복한다. 디지털 계산기인 汎用 디지털 시스템에서는 다양한 작동을 실현할 수 있으며 특수한 목적의 연산들도 실현하도록 지시할 수 있다. 컴퓨터의 사용자는 연산이나 오퍼란드, 그리고 수행할 작업의 순서를 나타내는 命令語들의 집합, 즉 프로그램에 의해서 프로세스를 제어할 수 있다. 데이터 처리 작업을 변경하려 할 때는 다른 命令語를 써서 새로운 프로그램을 작성하거나 또는 프로그램을 그대로 두고 데이터를 바꿔 주면 된다. 데이터나 命令語 코우드는 메모리에 저장한다. 제어 장치는 메모리에서 명령어를 읽어 제어 레지스터로 옮긴다. 제어 장치는 명령어를 해독하여 제어 함수를 발생시켜서 처리 작업을 수행하도록 한다. 모든 汎用 컴퓨터는 고유한 **명령 레퍼토리**(**instruction repertoire**)를 가지고 있다. 명령어를 저장해서 집행하는 기능은 汎用 컴퓨터에서 가장 중요한 것이다.

命令語 코우드는 비트들의 무리로서 수행해야 할 특정한 작동을 컴퓨터에게 지정한다. 명령어 비트들은 때때로 명령을 세분하는 몇 개의 그룹(group)으로 나뉜다. 각 그룹은 **작동 코우드 부분**(**operation code part**)이나 **番地 부분**(**address part**)과 같이 기호를 붙인다. 명령어 코우드의 가장 기본적인 부분은 **연산 부분**(operation part 또는 작동 부분이라고 함)이다. 명령어의 연산 코우드는 덧셈, 뺄셈, 곱셈, 자리 이동 그리고 補數와 같은 작동을 정의하는 비트들의 群이다. 명령어의 작동 부분에 필요한 비트의 數는 그 컴퓨터에서 사용되는 작동의 총수에 따라 결정된다. 작동의 總數가 2^n개이거나 그보다 작은 數의 서로 다른 연산들을 표시하기 위해서는 적어도 n 비트가 필요하다. 퓨터 설계자가 각 연산에 대응하는 비트의 조합(하나의 코우드)을 결정하게 된다. 계산기의 제어 장치는 이 비트들을 적절한 시간에 順次的으로 고유 명령 신호들을 발생하게 한다.

作動 코우드(operation code, op-code라 함)의 例

특별한 예로서 ADD 연산을 포함, 32 종류의 다른 연산을 수행하는 컴퓨터를 생각해 보자. 작동 코우드는 5 비트로 이루어지는데, ADD 연산을 비트 구성으로 10010이라고 하자. 제어 장치는 10010을 해석하여 두 數를 더하기 위해 가산 회로에 명령 신호를 보내게 된다.

命令語 코우드의 작동 부분은 수행할 작동을 명시한다. 이 작동은 어떤 데이터에 대해서 수행해야 하는데, 보통 데이터는 레지스터 내에 저장되어 있다. 그러므로 명령어 코우드는 연산뿐만 아니라 오퍼란드가 저장되어 있는 레지스터와 연산 결과를 저장할 레지스터도 명시해야 한다. 여기에 두 가지 방법으로 레지스터들을 표시할 수 있다. 하나는 어떤 레지스터를 사용할 것인가를 명시적으로 명령어 코우드의 비트를 이용해 표시하는 것이다. 예를 들어 명령이 연산 부분과 번지 부분을 가지고 있는 경우이다. 말하자면 메모리 번지는 메모리 레지스터를 명시하게 된다. 다른 하나는 이것을 코우드의 연산 부분에 含意(implicitly)시킨 것이다. 즉, 어떤 레지스터를 사용할 것인가는 연산을 정의할 때 미리 含意的으로 결정해 놓는 방법이다.

命令語 코우드 形式(instruction-code formats)

명령어의 형식은 보통 네모를 쳐서 메모리語나 제어 레지스터의 경우와 같이 명령의 비트들을 記號化하여 표시한다. 명령어의 비트들은 때때로 명령을 세분하는 그룹으로 분할되어 있다. 이 그룹들은 각각 연산 부분, 번지 부분과 같은 이름이 붙여진다. 각 부분의 기능은 서로 다른데, 이들이 모여 **命令語 코우드 形式**(**instruction-code format**)을 이룬다.

예를 들어 **그림 8-12**에 나온 3가지 형식을 보자. (a)는 작동 코우드만으로 되어 있고 레지스터는 **처리 장치 내의 한 레지스터를 암시적으로 명시하고 있다.** 이 명령어는 "처리 레지스터를 클리어하라" 또는 "레지스터의 補數를 취하라" "레지스터의 내용을 다음 레지스터로 옮겨라"와 같은 작업을 수행하는 데 쓸 수 있다. 그림 (b)의 명령 코우드 형식은 **작동 코우드 뒤에 오퍼란드가 하나 있다.** 이것은 오퍼란드가 작동 코우드 바로 뒤에 따라 나오므로 **即値 오퍼란드**(**immediate operand**)라고 한다.

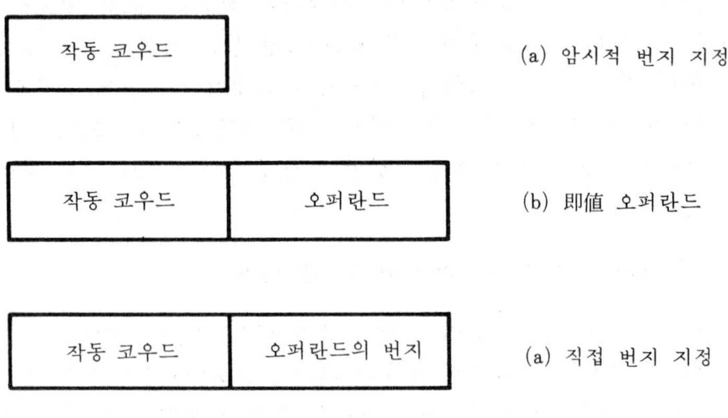

그림 8-12 세 종류의 명령어 형식

이것은 "오퍼란드를 레지스터의 현재 내용에 더하라" 또는 "오퍼란드를 처리 레지스터로 옮겨라"와 같이 레지스터의 내용과 주어진 오퍼란드 사이에 일어나는 작동을 명령하는 데 쓰인다. **그림 8-12(c)**에 명시한 명령 형식은 (b)와 비슷하나 **오퍼란드가 명령어의 번지 부분에 표시된 번지의 메모리 내용이 되는 것이다.** 다시 말하면 이것은 프로세서 레지스터와 메모리 내에 저장된 오퍼란드 사이에 이루어지며 그 메모리의 번지는 명령어 코우드에 표시되어 있다.

메모리의 한 워어드가 8 비트이고 작동 코우드가 8 비트인 경우를 생각해 보자. 3 종류의 명령 코우드는 **그림 8-13**과 같이 메모리에 배치할 수 있다. 첫째 이 그림에서 25번지에는 "레지스터 R의 내용을 처리 레지스터 A로 옮겨라"라는 **암시적 명령어**이며 기호는 다음과 같다.

$$A \leftarrow R$$

둘째로, 메모리의 35, 36 번지에는 두 워어드를 차지하는 **即値 오퍼란드 명령어**들이 있다. 35 번지의 첫 워어드는 "오퍼란드를 레지스터 A로 옮겨라"는 명령어의 작동부분이다. 이것을 기호로 쓰면 다음과 같다.

$$A \leftarrow \text{오퍼란드}$$

연산 코우드의 바로 뒤를 이어 36번지에 있는 것 44 그 자체가 오퍼란드인 것이다.

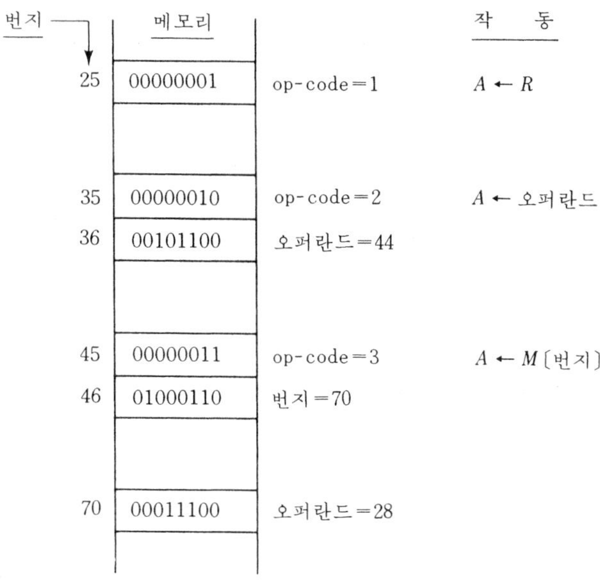

그림 8-13 명령어가 메모리에 저장된 상태

세째로, 45, 46 번지에는 아래와 같이 작동을 하는 **직접 번지 지정 명령어** (direct address instruction)가 있다.

$A \leftarrow M$〔번지〕

이것은 명령어의 번지 부분에 의하여 명시된 오퍼란드에 대한 **메모리 傳送作動** (memory transfer operation)이다. 다시 말하면 메모리 내용이 오퍼란드가 된다. 46번지에 있는 명령어의 두 번째 워어드는 메모리 번지로서 그 값은 70이다. 그러므로 A로 전송될 오퍼란드는 70번지 메모리에 있는 28이다. 이 28이 레지스터 A로 전송된다. **그림 8-13**은 명령을 메모리에 넣는 여러 가지 가능한 모든 방법들 중 단 한 가지 예를 보였을 뿐임을 알아야 한다. 즉 **간접 번지 지정 방법**(indirect addressing method)이나 **인덱스 번지 지정법**(indexed addressing method) 등 여러 가지가 있으나 여기서는 생략한다. 사실 8비트 워어드를 쓰는 컴퓨터는 매우 적다. 대형 컴퓨터는 보통 한 워어드가 16에서 64비트이다. 대부분 컴퓨터는 한 명령어 전체를 한 워어드에 저장하고 때로는 둘 이상의 명령어가 한 워어드에 저장되기도 한다.

그림 8-12에 보인 명령어 형식은 디지털 계산기를 위해 쓰이는 많은 가능한 형식들 중 3종류인 것이다. 여기서는 예로 보였을 뿐이므로 이것만이 가능하다고 생각해서는 안 된다. 11장과 12장에서 이 명령과 그 밖의 명령 및 명령 코우드 형식을 다시 다룬다.

우리는 여기서 디지털 컴퓨터에 사용되는 **한 作動**(operation)**과 마이크로 作動**과의 관계를 정확히 알아야 한다.

작동(한 연산)은 컴퓨터 메모리에 저장된 명령어이다. 이것은 컴퓨터가 특정한 작업을 수행하도록 지시하는 2진 코우드이다. 제어 장치는 메모리에서 명령어를 받아 이것의 **作動 코우드** 비트들을 해석하여 컴퓨터 내부 레지스터 내에서의 **마이크로 作動**을 수행하도록 제어 함수의 順次를 발생시킨다.

이 작동을 나타내는 명령어마다 제어기는 명시된 작동 코우드의 하아드웨어 실현(hardware implementation)에 필요한 1개의 마이크로 작동들의 順次를 발생시킨다. 이 작동은 명령어 형태로 사용자가 명시한다. 마이크로 작동은 컴퓨터 내부의 하아드웨어에 따라 제한을 받는다.

매크로 作動(macrooperation)과 마이크로 作動

때때로 마이크로 작동들의 나열된 順次를 한 단순한 문장으로 대신해서 쓰는 것이 **편리할** 때가 있다. 그리하여 일련의 마이크로 작동들의 순차 수행을 필요로 하는 문장을 매크로 작동이라고 한다. 문장들이 다른 경우에도 똑같이 쓸 수 있지만 명령어를 정의하는 **레지스터 전송 기호법**으로 표시된 문장이 **매크로 작동 문장**이 된다. 모든 명령어는 컴퓨터 하아드웨어에 의해 집행된 레지스터 전송 작동을 표시하기 때문에 레지스터 전송법이 컴퓨터 명령어로 명시한 작동을 정의하는 데 쓸 수 있다.

레지스터 전송문 하나만 보고는 이것이 매크로 작동문인지, 마이크로 작동문인지 알 수 없다. 두 가지 전부 레지스터 전송문으로 사용될 수 있기 때문이다. 구별할 수 있는 방법으로는 문맥의 상황이나 시스템 내부 구조를 참고로 해 그 문장이 한 제어 함수(control function)로 집행되는가 아닌가를 알아 내는 것 뿐이다. **한 제어 함수로 집행이 가능하면 마이크로 작동이고 집행하는 데 둘 이상이 필요하면 매크로 작동이 된다.**

예를 들어 **그림 8-13**에서의 명령어를 생각해 보자.

$A \leftarrow$ 오퍼란드

이것은 컴퓨터 명령을 명시하기 때문에 매크로 작동문이다. 이 文을 실행할 때 제어 장치는 아래 순서의 마이크로 작동이 이루어지도록 제어 함수를 발생시킨다.

매크로 命令(A ← operand)의 마이크로 作動과 順次

1. 35번지에서 작동 코우드를 읽는다.
2. 이것을 제어 레지스터에 전송한다.
3. 제어 장치는 이 코우드를 해석해서 即値 오퍼란드 명령어임을 인식하고 36번지에서 오퍼란드를 읽는다.
4. 메모리에서 오퍼란드가 읽혀지고 레지스터 A로 전송한다.

제 4단계에서의 마이크로 작동이 명령을 집행하며, 제 1~3단계까지는 명령 자체를 집행하기 전에 꺼내어 해석하는 데 필요한 제어 과정이다. 기호로 된 명령문,

$A \leftarrow R$

도 매크로 작동문이다. 그 이유는 제어 장치가 25번지에서 작동 코우드를 읽고 해석하여 명령을 인식하며, 다음으로 다른 제어 함수로서 레지스터간 전송이 일어나기 때문이다. **레지스터 전송 방법은 디지털 시스템의 레지스터들간의 작동을 기술하는 데 적절한 방법이다.** 그리고 이 방법은 문장을 적절히 해석하기만 하면, 다른 수준의 표현에도 쓸 수 있다. 또한 이 방법은 다음과 같은 일을 수행하는 데 쓰이기도 한다.

레지스터 傳送方法의 其他用途

1. 컴퓨터 명령어를 마이크로 작동문으로 정확히 정의할 때
2. 특별한 하아드웨어 실현에 관계 없이 임의의 원하는 작동을 매크로 작동문으로 표현할 때
3. 제어 함수와 마이크로 작동을 써서 디지털 시스템의 내부 조직을 정의할 때
4. 디지털 시스템을 설계하려고 하아드웨어 부품과 그들의 상호 접속을 명시할 때

주어진 컴퓨터에 대한 명령어들은 워어드(語)로써 설명할 수 있다. 그러나 매크로 작동문으로 표시하면, 정의를 정확하게, 애매성을 최소로 표현할 수 있다. 그 밖의 매크로 작동문의 용도로서는 시스템의 초기 仕様을 작성하는 데 쓰이고, 처음 목적한 작동을 제대로 하는지 검사하고 싶을 때 시스템을 시뮬레이트(simulate)하는 데 쓸 수 있다. 디지털 시스템의 내부 조직은 제어 함수와 마이크로 작동의 집합으로 제일 잘 기술할 수 있다. 시스템의 조직을 기술하는 레지스터 전송 명령문의 목록을 쓰면 시스템을 설계할 수 있는 디지털 함수들을 유도할 수 있다. 다음 節에서는 예를 通하여 어떻게 레지스터 전송 방법이 위에서 기술한 4가지 용도로 쓰이는가를 설명하겠다. 이것은 간단한 컴퓨터를 정의하고 설계함으로써 이해할 수 있다.

8-12 簡單한 컴퓨터의 設計

간단한 컴퓨터에 대한 블록圖가 그림 8-14에 나와 있다. 이 시스템은 1개의 메모리 장치, 레지스터 7개, 그리고 디코우더 2개로 이루어져 있다. 메모리 장치는 각 8비

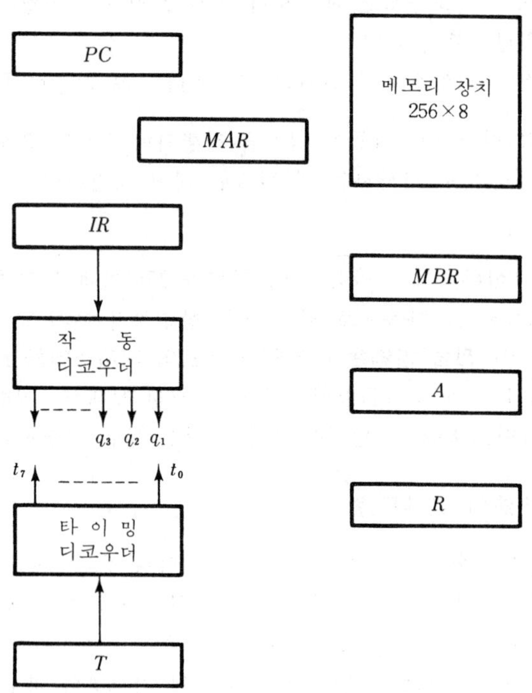

그림 8-14 간단한 컴퓨터 블록도

트인 256개 語(word)로 되어 있다. 이것은 사실 매우 작은 용량이지만 대부분의 컴퓨터에 사용되는 작동들을 설명하는 데에는 충분하다. 명령어와 데이터는 기억 장치 안에 저장되어 있지만 모든 정보 처리는 레지스터 안에서 처리된다. 표 8-4에 레지스터의 기능에 대한 간단한 記述과 함께 가지고 있는 비트 數를 표시하였다.

메모리 번지 레지스터(memory address register), *MAR*은 기억 장치의 번지를 저장하고, 메모리 버퍼 레지스터(memory buffer register), *MBR*은 메모리를 읽어 내고 또는 저장할 경우에 메모리語의 내용을 보관한다. 레지스터 *A*와 *R*은 汎用 프로세서 레지스터(general-purpose processor register)이다.

프로그램 카운터(program counter) *PC*와 **명령어 레지스터**(instruction register) *IR*, 그리고 **클럭 카운터** *T*는 제어 장치의 일부분이다. *IR*은 명령어의 작동 코우드를 받고, *IR*과 연결된 디코우더는 각 코우드에 따라서 1개의 출력을 공급한다. 즉, 만일 작동 코우드가 2진수로 1이면 $q_1=1$이 되고, 2진수로 2이면 $q_2=1$과 같이 된다. *T*도 8개의 클럭 변수 t_0에서 t_7(7-6節 참조)을 발생시키기 위해 디코우드된다. 이 카운터는 클럭 펄스 때마다 1씩 증가되는데, 새로운 마이크로 작동들을 시작할 때는 언제나 t_0에서부터 새로운 順次를 시작하도록 클리어된다.

프로그램 카운터 (*PC*; 命令 카운터, 順次 카운터, 命令語 번지 레지스터)

*PC*는 하나씩 증가해서 연속적으로 메모리에 저장된 명령어들을 읽을 수 있게 한다. **_PC_는 언제나 다음에 수행될 메모리 내의 명령어의 번지를 담고 있다.** 명령어를 읽기 위해서는 먼저 *PC*의 내용을 *MAR*로 옮긴 후 **메모리 리이드 사이클**(memory-read cycle)을 시작한다. 이때 **_PC_는 메모리에 연속적으로 저장된 다음 명령어를 읽을 수 있기 위하여 1만큼 자동적으로 증가한다.** 메모리에서 읽혀진 작동 코우드는 메모리로부터 *MBR*에 저장되었다가 *IR*로 전송된다. 만일 명령어의 메모리-번지 부분이 *MBR*에 읽히면 오퍼란드를 읽어 내기 위해서 *MBR*의 번지 부분은 *MAR*로 전송된다. 따라서 *MAR*은 *PC*나 또는 *MBR*로부터 번지를 받을 수 있다.

지나간 節에서 정의되었던 3종류 명령어를 표 8-5에 다시 설명하였다. 작동 코우드

8-4 간단한 컴퓨터의 레지스터들

기 호	비트수	레지스터 이름	기 능
MAR	8	memory address register	메모리의 번지를 저장
MBR	8	memory buffer register	메모리 워어드의 내용을 저장
A	8	*A* register	프로세서 레지스터
R	8	*R* register	프로세서 레지스터
PC	8	program counter	명령어의 번지를 저장
IR	8	instruction register	작동 코우드를 저장
T	3	timing counter	마이크로 작동들이 일어나게 함

표 8-5 간단한 컴퓨터의 세 가지 명령어

작동 코우드	니 모 닉	설 명	기 호
q_1 00000001	MOV R	R의 내용을 A로 전송	$A \leftarrow R$
q_2 00000010	LDI OPRD	OPRD를 A로 전송	$A \leftarrow$ OPRD
q_3 00000011	LDA ADRS	ADRS라는 번지의 메모리 내용 오퍼란드를 A로 전송	$A \leftarrow M$〔ADRS〕

가 8비트이므로 256종류의 다른 작동들을 표시할 수 있으나 간단히 하기 위해 이 세 가지만 생각하기로 하자.

니모닉(mnemonic) 文字

각 니모닉(mnemonic)은 사용자가 명령어를 표시하는 데 사용된다. 니모닉 MOV는 해당하는 2진 작동 코우드를 대신하는데, "move" 명령어를 의미한다. MOV 뒤의 R은 레지스터 R의 내용이 A로 옮겨짐을 뜻한다. 니모닉 LDI는 "load immediate" 명령어이다. LDI 다음 OPRD는 프로그래머가 이 명령어에 나타내 주는 실제 오퍼란드를 가리킨다. LDA는 "load into A"의 약자이며 ADRS는 프로그래머가 이 명령어에 나타내 주는 실제 번지(숫자로 표시됨)이다. OPRD와 ADRS의 실제 값은 그림 8-13에서와 같이 그들의 작동 코우드와 함께 메모리에 저장된다.

표 8-5에는 각 명령에 대한 설명이 있는데, 이 말로 설명한 것은 정확하지 못하다. 기호란의 문장들은 각 명령에 대한 구체적이고 정확한 정의를 나타낸다.

3개의 명령만으로 된 계산기는 쓸모가 없다. 우리는 여기서 이 계산기는 단지 3개의 명령만을 생각했지만, 더 많은 명령들을 가졌다고 가정하자.

컴퓨터에 관해 쓰여진 프로그램은 메모리에 저장되어 있다. 이 프로그램은 많은 명령들로 되어 있으며 이 3개 중의 하나도 어느 때인가 쓰일 것이다. 이제 메모리에 저장된 명령어를 수행하는 데 필요한 내부적 작용을 생각해 보자.

命令語 페치 사이클(instruction fetch cycle)

*PC*가 메모리에 저장된 프로그램의 첫 번째 번지를 갖게 하도록 初期値를 주어야 한다. "start" 신호가 작동하면 계산기 順次는 기본적인 형태(basic pattern)를 따르게 된다. 이것은 다음과 같다. 작동 코우드(이것의 번지는 *PC*에 들어 있었다)가 메모리에서 읽혀져 *MBR*로 전송된다. 다음에 PC가 順次에 있는 다음 명령어의 번지를 가리키기 위해 1 증가한다. 작동 코우드가 *MBR*에서 *IR*로 옮겨져 제어 장치에 의해 해독된다. 이런 順次의 마이크로 작동들을 **命令語 페치 사이클**이라고 하는데, 그 이유는 메모리에서 작동 코우드를 꺼내 와(페치) 제어 레지스터에 갖다 놓기 때문이다. 타이밍 디코우더의 출력 t_0, t_1, t_2는 연산 코우드(op-code)를 읽어서 *IR*로 옮기는 마이

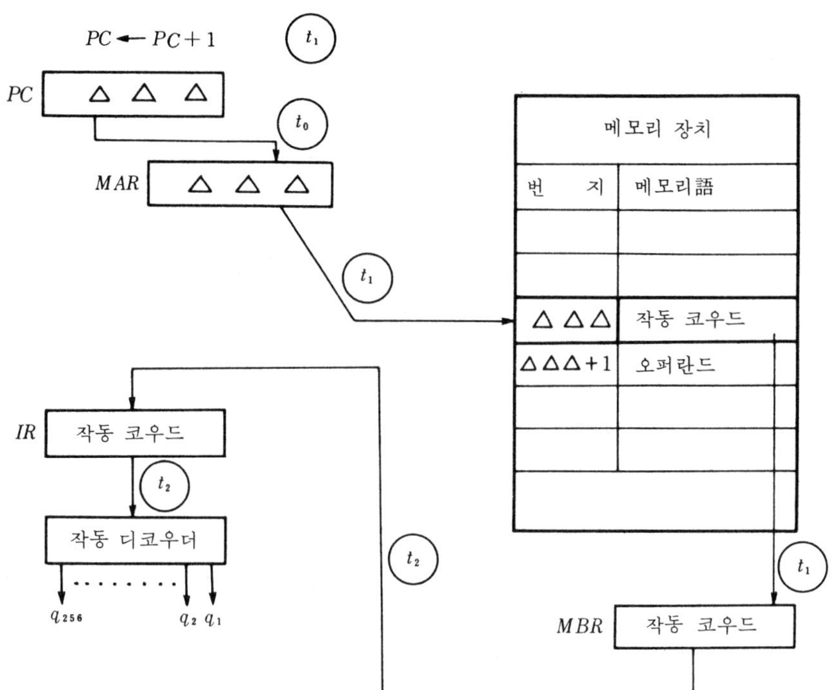

(a) 명령어 페치 사이클 圖示

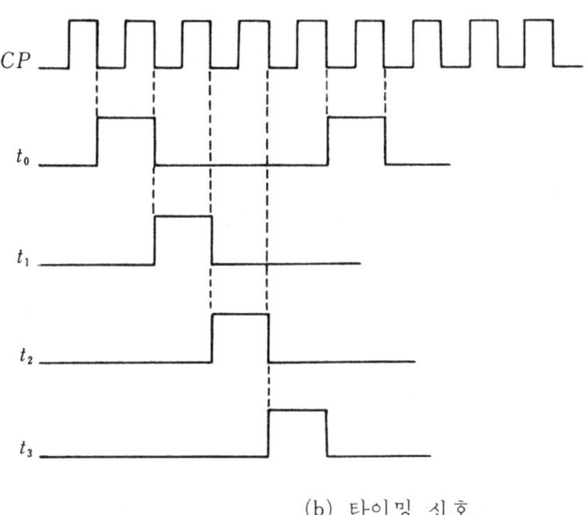

(b) 타이밍 신호

그림 8-14-1 명령어 페치 사이클과 타이밍 신호($IR \leftarrow M[PC]$, $PC \leftarrow PC+1$)

크로 작동들이 일어나게 하는 제어 함수이며 이것을 圖示하면 **그림 8-14-1**과 같다.

命令語 페치 사이클의 마이크로 作動

t_0 : $MAR \leftarrow PC$	작동 코우드(op-code)의 번지를 전송
t_1 : $MBR \leftarrow M$, $PC \leftarrow PC+1$	작동 코우드를 읽고 PC를 증가시킴
t_2 : $IR \leftarrow MBR$	작동 코우드를 IR에 전송

타이밍 카운터 T는 디코우더가 타이밍 變數 t_0를 발생하게 되는 000값에서 시작한다. T는 매 클럭 펄스 때마다 하나씩 증가하여 자동적으로 다음 타이밍 변수가 발생한다. 첫 3개 타이밍 변수는 다음과 같은 매크로 작동문으로 표기되는 마이크로 작동 順次를 집행한다.

命令語 페치 사이클의 매크로 命令

$$IR \leftarrow M[PC], \quad PC \leftarrow PC+1$$

이것은 PC의 내용이 명시하는 번지의 메모리語를 IR에 전송하고, PC를 1증가 하는 것을 나타낸다. 이 節에서 소개된 간단한 하아드웨어적 제한점은 MAR과 MBR만이 직접 메모리와 정보를 주고받을 수 있다는 것이다. PC와 IR은 이것이 불가능하기 때문에 굳이 위와 같은 세 단계 마이크로 작동의 順次가 필요한 것이다. 또한, 제한은 PC가 메모리를 읽기 위해서 번지를 MAR로 보내고 있는 동안 PC를 증가시키지 못한다는 점이다. 메모리 리이드 작동(read operation)이 끝난 후에만 PC가 증가할 수 있다. 따라서 PC의 내용을 MAR로 옮겨서 메모리 리이드 작동이 MAR에 의하여 지정된 번지의 워어드(word)를 읽어 내고 있는 사이에 PC가 증가할 수 있다.

명령어 페치 사이클은 모든 명령어에 공통적으로 필요하다. 명령어 페치사이클 다음의 마이크로 작동과 제어 기능들은 디코우드(해독)된 작동 코우드에 따라서 제어부내에서 결정된다. 이것은 작동 디코우더 내의 출력 q_i, $i=1, 2, 3, \cdots\cdots$으로 구해진다.

命令語의 執行(execution of instructions)

타이밍 변수 t_3 동안 IR(명령 레지스터) 내에는 작동 코우드가 있고, 작동 디코우더의 출력들 중 하나가 1이 된다. 제어 장치는 다음에 계속되는 마이크로 작동 順次를 정하기 위하여 변수 q_i를 이용한다. 명령어의 작동 코우드 "MOV R"은 $q_1=1$이 되며, 이 명령의 집행에는 다음 마이크로 작동이 필요하다.

$$q_1 t_3 : A \leftarrow R, \quad T \leftarrow 0$$

타이밍 변수 t_3 때에, q_1이 1이면 R의 내용을 A로 전송하고 타이밍 레지스터 T는 클리어한다. T를 클리어시키면 클럭 변수는 다시 t_0로 되고 다음 명령어의 op-code를 읽기 위해 다시 명령어 페치 사이클을 시작한다. PC는 타이밍 변수 t_1 동안

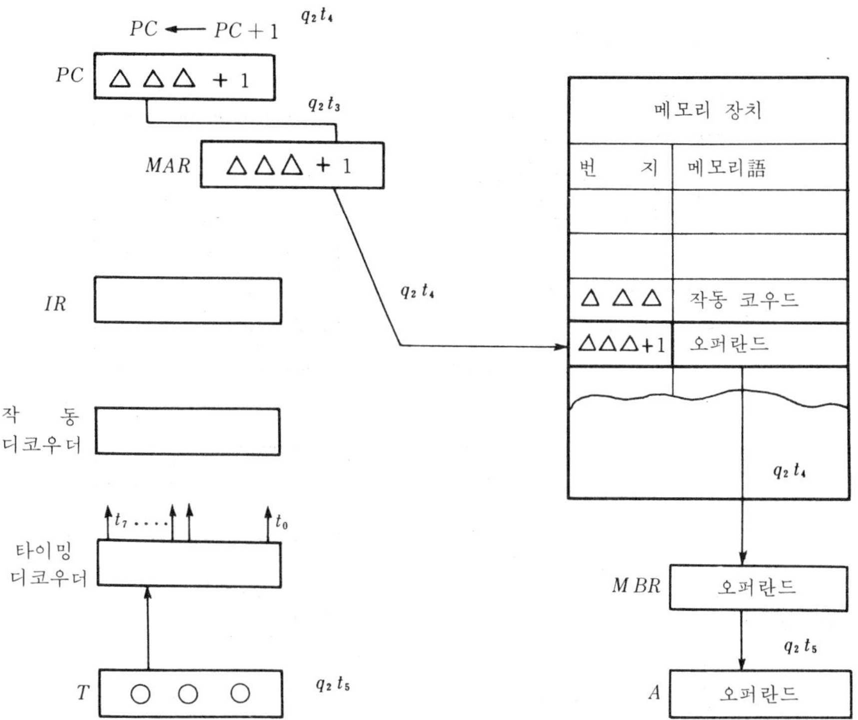

그림 8-14-2 "LDI OPRD" 명령의 집행 사이클 圖示($A \leftarrow$ OPRD)

에, 이미 증가되었었으므로 지금은 順次 내의 바로 다음 명령어의 번지를 갖고 있다.

"LDI OPRD" 명령어의 작동 코우드가 $q_2=1$이라고 하자. 이 명령을 집행하는 마이크로 작동들은 다음과 같다.

"LDI OPRD" 매크로 命令의 마이크로 作動

q_2t_3 : $MAR \leftarrow PC$	오퍼란드의 번지를 전송
q_2t_4 : $MBR \leftarrow M,\ PC \leftarrow PC+1$	오퍼란드를 읽고 PC를 1 증가
q_2t_5 : $A \leftarrow MBR,\ T \leftarrow 0$	오퍼란드를 전송하고 페치 사이클로 되돌아감

명령어 페치 사이클 다음의 세 클럭 변수 t_3, t_4, t_5는($q_2=1$일 때) 메모리에서 오퍼란드를 읽어 A로 전송한다. 오퍼란드는 메모리 안에서 작동 코우드의 다음 번지에 있으므로 PC값을 오퍼란드의 번지로 삼는다. 이 오퍼란드의 명령어 페치 사이클도 돌아가기 전에 다음 명령어의 번지를 지정하기 위해 PC가 또 증가됨에 주의하자.

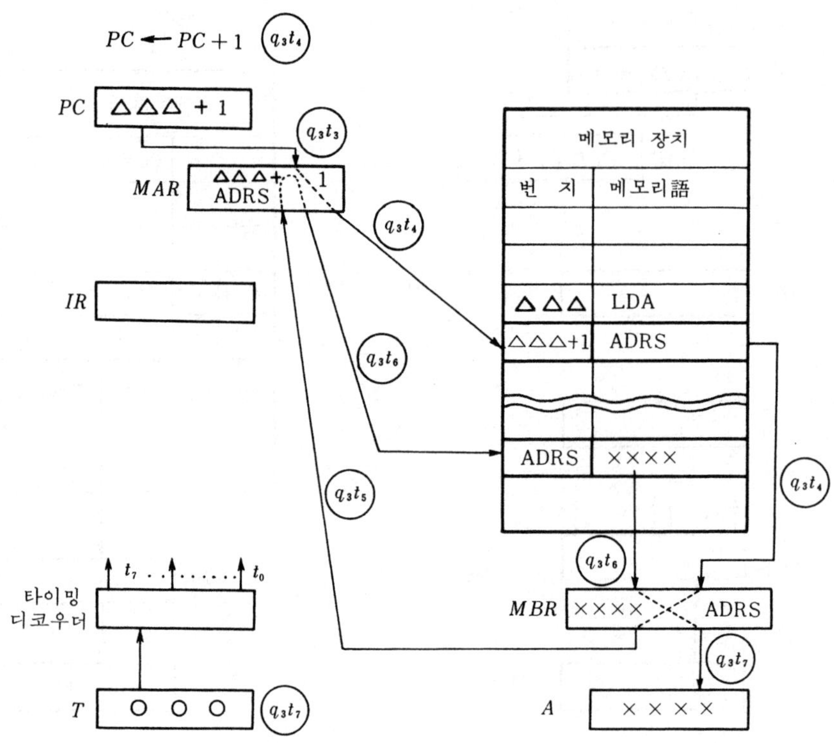

그림 8-14-3 "LDA ADRS" 명령의 집행 사이클의 圖示($A \leftarrow M$〔ADRS〕)

"LDA ADRS" 명령어의 작동 코우드는 $q_3=1$일 때로 정한다. 이것의 마이크로 작동들은 다음과 같으며, 이것을 圖示하면 **그림 8-14-3**과 같다.

"LDA ADRS" 매크로 命令의 마이크로 作動

q_3t_3 : $MAR \leftarrow PC$	다음 명령어 번지를 전송
q_3t_4 : $MBR \leftarrow M,\ PC \leftarrow PC+1$	$ADRS$를 읽고 PC를 증가
q_3t_5 : $MAR \leftarrow MBR$	오퍼란도의 번지를 전송
q_3t_6 : $MBR \leftarrow M$	오퍼란드를 읽음
q_3t_7 : $A \leftarrow MBR,\ T \leftarrow 0$	오퍼란드를 A로 보내고 페치 사이클로 되돌아감

ADRS로 표시된 오퍼란드의 번지는 작동 코우드 바로 다음 번지 메모리에 저장된다. PC는 명령어 페치 사이클 t_4 때에 이미 증가되었으므로 현재 ADRS가 있는 번지를 가리키고 있다. t_4 때에 이 ADRS가 읽혀지고 PC도 다음 명령어의 명령어 페

표 8-6 간단한 컴퓨터의 레지스터 전송문

FETCH	t_0 :	$MAR \leftarrow PC$
	t_1 :	$MBR \leftarrow M,\ PC \leftarrow PC+1$
	t_2 :	$IR \leftarrow MBR$
MOV	q_1t_3 :	$A \leftarrow R,\ T \leftarrow 0$
LDI	q_2t_3 :	$MAR \leftarrow PC$
	q_2t_4 :	$MBR \leftarrow M,\ PC \leftarrow PC+1$
	q_2t_5 :	$A \leftarrow MBR,\ T \leftarrow 0$
LDA	q_3t_3 :	$MAR \leftarrow PC$
	q_3t_4 :	$MBR \leftarrow M,\ PC \leftarrow PC+1$
	q_3t_5 :	$MAR \leftarrow MBR$
	q_3t_6 :	$MBR \leftarrow M$
	q_3t_7 :	$A \leftarrow MBR,\ T \leftarrow 0$

치 사이클을 위해 다시 증가된다. t_5가 일어나면 ADRS는 MBR에서 MAR로 다시 옮겨진다. 이 ADRS는 오퍼란드의 번지이기 때문에 t_6때의 메모리 읽기는 오퍼란드를 MBR에 옮기게 한다. 이것은 최종적으로 A로 전송되고 제어는 새로운 명령의 명령어 페치 사이클로 넘어간다.

간단한 컴퓨터의 제어 함수와 마이크로 작동들을 표 8-6에 요약해 놓았다.

처음 세 타이밍 변수 t_0, t_1, t_2 들은 작동 코우드를 IR로 읽어 내는 명령어 페치 사이클이다. t_3 동안 일어나는 마이크로 작동은 IR 레지스터 내의 작동 코우드에 따라서 결정된다. t_3의 함수인 3개의 제어 함수가 있다. 그러나 이때에 q_1이나 q_2나 q_3가 1이 될 수 있다. t_3 시간에 집행될 특정 마이크로 작동은 q값이 1로 되는 해당 제어가 된다. 다른 타이밍 변수에 대해서도 이와 같이 적용한다.

컴퓨터에는 많은 명령어가 쓰이는데, 각 명령어 작동 코우드를 읽는 데 명령어 페치 사이클이 수행되어야 한다. 어느 특정한 명령어들 수행하는 데 필요한 마이크로 작동들은 타이밍 변수들과 특정한 q_i, $i=0, 1, 2, 3, \cdots\cdots, 255$로써 명시된다. 실제의 계산기에 대한 제어 함수나 마이크로 작동의 목록은 표 8-6의 것보다 훨씬 길 것이다. 명백히 여기의 간단한 컴퓨터가 실질적인 장치는 아니다. 그러나, 이 3종류 명령만을 사용함으로써 디지털 컴퓨터의 기본 원리를 명백히 설명할 수 있다. 컴퓨터의 이 원리를 더 많은 명령과 더 많은 레지스터로 된 컴퓨터에 확장할 수 있음을 이 예에서 보였다. 11章에서는 여기서 보인 원칙을 이용하여 더 실질적인 컴퓨터를 설계하는 방법과 예를 제시하였다.

컴퓨터의 設計

이제까지는 컴퓨터 명령으로 명시한 작동을 정의하는 데 레지스터 傳送論理(regis-

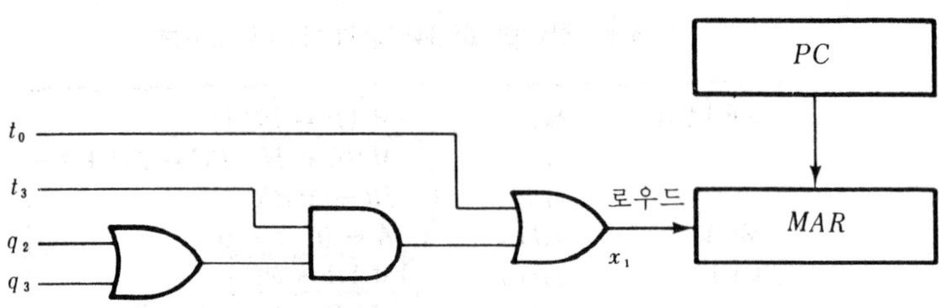

그림 8-15 x_1 : $MAR \leftarrow PC$의 실현

ter-transfer logic)가 적합함을 보였다. 또한, 레지스터 전송 논리가 디지털 컴퓨터 내의 內部制御函數(internal control functions)들의 順次를 명시하는 데 이들이 수행하는 마이크로 작동들과 함께 아주 편리한 방법임을 공부하였다. 디지털 시스템에 대하여 제어 함수와 마이크로 작동들의 목록 작성은 시스템 설계의 편리한 출발점임을 알 수 있다. 제어 함수에 필요한 논리 게이트(logic gate)의 仕樣은 제어 함수의 목록으로 결정되는 것이다. 이 과정을 보이기 위해 표 8-6의 레지스터 전송문을 이용하는 간단한 컴퓨터를 설계해 보겠다.

설계의 첫 작업은 표 8-6에 나열된 전송문들을 훑어보아 같은 레지스터를 이용하며 똑같은 기능을 행하는 같은 문장들을 찾는 것이다. 예를 들어 $MAR \leftarrow PC$는 t_0 때와 q_2t_3, q_3t_3 때에 똑같이 나와 있다. 이 세 문장을 다음과 같이 한 문장의 함수로 합성할 수 있다.

$$t_0 + q_2t_3 + q_3t_3 : MAR \leftarrow PC$$

여기서 제어 함수는 부울 함수라는 것을 기억하자. 그러므로, + 기호는 OR 연산이고 q_2t_3에서와 같이 q_2와 t_3 사이에 연산자가 없는 것은 AND 연산이다. 이 조합된 문장의 하아드웨어 구성은 그림 8-15와 같다.

제어 함수 x_1은,

$$x_1 = t_0 + q_2t_3 + q_3t_3$$

표 8-7 간단한 컴퓨터의 하아드웨어 식

$\mathbf{x_1 = t_0 + q_2t_3 + q_3t_3}$:	$MAR \leftarrow PC$
$\mathbf{x_2 = q_3t_5}$:	$MAR \leftarrow MBR$
$\mathbf{x_3 = t_1 + q_2t_4 + q_3t_4}$:	$PC \leftarrow PC + 1$
$x_4 = x_3 + q_3t_6$:	$MBR \leftarrow M$
$x_5 = q_2t_5 + q_3t_7$:	$A \leftarrow MBR$
$x_6 = q_1t_3$:	$A \leftarrow R$
$x_7 = x_5 + x_6$:	$T \leftarrow 0$
$x_8 = t_2$:	$IR \leftarrow MBR$

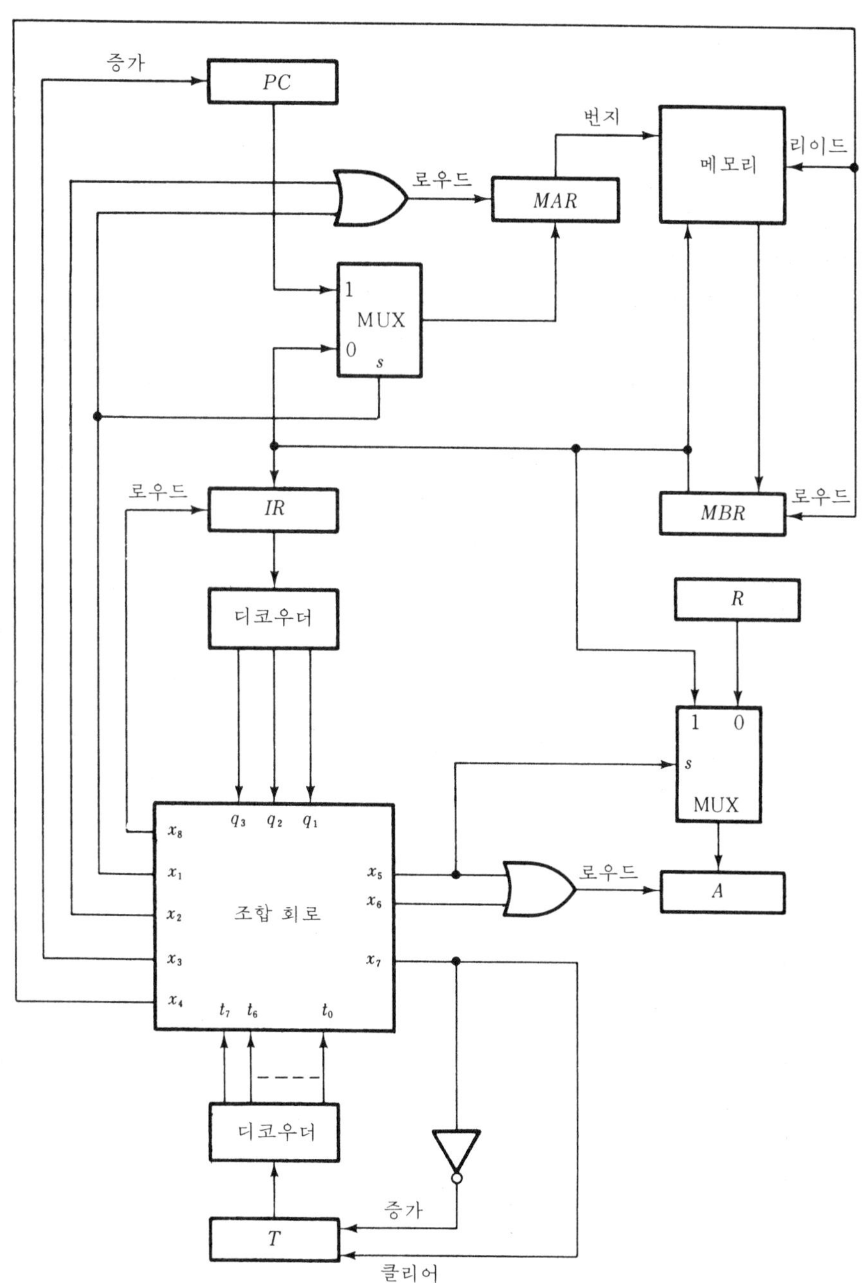

그림 8-16 간단한 컴퓨터의 설계

제어 함수를 다음과 같이 쓸 수 있다.

$$x_1 = t_0 + q_2 t_3 + q_3 t_3 = t_0 + (q_2 + q_3) t_3$$

2진 변수 x_1는 *MAR*의 로우드 입력 (load input)에 연결되고 *PC*의 출력이 *MAR*의 입력에 연결된다. $x_1 = 1$일 때 (다음 클럭 펄스 때) *PC*의 내용을 *MAR*로 전송한다. $x_1 = 1$이 되게 하는 2진 변수들은 제어 장치의 작동 디코우더 (operation decoder)와 타이밍 디코우더로부터 얻어진다.

표 8-6에는 서로 다른 마이크로 작동들이 8종류가 있다. 각 마이크로 작동에 대해서, 관계된 제어 함수들을 모아 OR시키면 **표 8-7**과 같다. 각 마이크로 작동에 대해서 구한 합성 제어 함수들을 2진 변수 x_i, $i = 1, 2, \cdots\cdots, 8$라 命名하자. x 변수 8개는 AND나 OR 게이트를 써 쉽게 발생시킬 수 있다. 그리하여 **그림 8-16** 중의 조합 회로의 내부 접속을 보이면 **그림 8-16-1**과 같이 된다.

표 8-7을 이용해 **그림 8-16**과 같은 간단한 컴퓨터의 블록도를 얻을 수 있으며 여기에는 레지스터 7개, 메모리 장치, 디코우더 2개와 조합 회로가 있다.

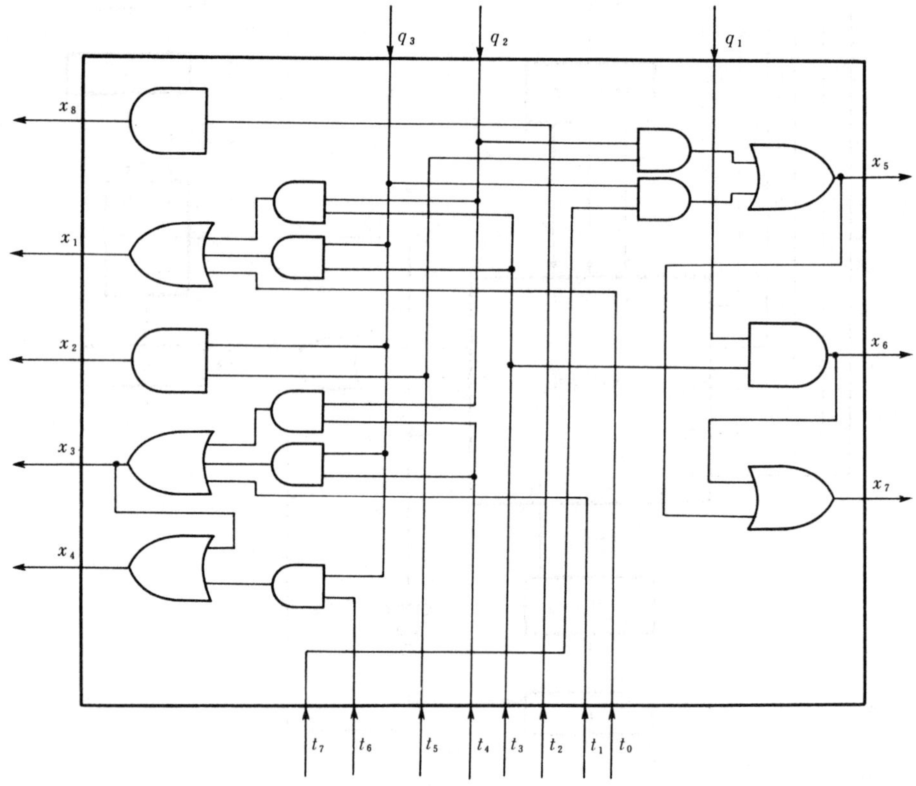

그림 8-16-1 그림 8-16 중의 조합 회로를 표 8-7에 의거 내부 접속 실현

조합 회로는 표에 있는 제어 함수들에 따른 8개의 제어 함수 x_1부터 x_8까지 발생시킨다. 제어 함수들은 여러 레지스터들의 로우드 입력과 증가 입력을 인에이블(enable)시킨다. 어떤 레지스터가 두 군데로부터 정보를 받을 수 있다면 둘 중 하나를 선택하기 위한 멀티플렉서가 필요하다. 예를 들면 *MAR*은 *MBR* 또는 *PC*로부터 정보를 받는다. *MAR*에 연결된 멀티플렉서는 選擇線이 1일 때($x_1=1$)는 *PC*의 내용을, 0일 때는 *MBR*의 내용을 선택 전송한다. 그 이유는 $x_2=1$일 때 $x_1=0$이고, x_2는 *MBR*의 내용을 멀티플렉서를 거쳐 *MAR*로 보내도록 *MAR*의 로우드 입력을 작동시키기 때문이다. 타이밍 카운터 *T*는 매 클럭 펄스마다 증가하다가 $x_7=1$일 때 클리어되어 다시 t_0부터 시작한다.

그림 8-16에 명시한 레지스터들과 디지털 함수들은 組合論理 또는 順次論理技法으로 각각 설계할 수 있다. 만일 시스템을 集積回路로 構成하려면, 레지스터와 디지털 기능을 하는 MSI 회로를 시장에서 구입할 수 있다. 제어 장치의 조합 회로는 SSI 게이트를 쓰면 된다. 대형 컴퓨터에서는 이 부분을 PLA(programmable logic array)를 써서 보다 효과적으로 구성한다.

참 고 문 헌

1. Mano, M. M., *Computer System Architecture*. Englewood Cliffs, N.J.: Prentice-Hall, Inc., 1976.

2. Chu, Y., *Computer Organization and Microprogramming*. Englewood Cliffs, N.J.: Prentice-Hall, Inc., 1972.

3. Dietmeyer, D., *Logical Design of Digital Systems*. Boston, Mass.: Allyn and Bacon, 1971.

4. Bell, C. G., and A. Newell, *Computer Structures: Readings and Examples*. New York: McGraw-Hill Book Co., 1971.

5. Hill, F., and G. Peterson, *Digital Systems: Hardware Organization and Design*. New York: John Wiley & Sons, 1973.

6. Bartee, T. C., I. L. Lebow, and I. S. Reed, *Theory and Design of Digital Machines*. New York: McGraw-Hill Book Co., 1962.

7. *Computer*, Special Issue on Computer Hardware Description Languages, Vol. 7, No. 12 (December, 1974).

8. *Computer*, Special Issue on Hardware Description Language Applications, Vol. 10, No. 16 (June, 1977).

연 습 문 제

8-1 아래 문장을 집행하는 회로의 블록도를 그려라.

$xT_3 : A \leftarrow B,\ B \leftarrow A$

8-2 상수치를 레지스터에 전송하려면 레지스터의 입력에 각각 논리적-1 또는 논리적-2의 2진 신호를 넣으면 된다. 다음 전송문을 구성해 보아라.

$T : A \leftarrow 11010110$

8-3 8비트 레지스터 A는 1개의 입력 x를 가지고 있다. 레지스터의 작동이 아래와 같이 표현되었을 때 그 기능은 무엇인가? 비트 번호는 오른쪽에서 왼쪽으로 붙어져 있다.

$P : A_8 \leftarrow x,\ A_i \leftarrow A_{i+1} \quad i = 1, 2, 3, \cdots\cdots, 7$

8-4 다음 4문장에 대해 하아드웨어 구성을 보여라. 레지스터는 4비트로 되어 있다.

(a) $T_0 : A \leftarrow R0$
(b) $T_1 : A \leftarrow R1$
(c) $T_2 : A \leftarrow R2$
(d) $T_3 : A \leftarrow R3$

8-5 s_1, s_0를 그림 8-6에서 멀티플렉서의 선택 변수이고, d_1, d_0를 행선 디코우더의 선택 변수라고 하자. 변수 e는 이 디코우더의 인에이블 단자이다.

(a) 선택 변수들 $s_1 s_0 d_1 d_0 e$의 값이 다음과 같을 때 발생되는 전송에 대해 설명하라.

(1) 00010 (2) 01000 (3) 11100 (4) 01101

(b) 다음과 같은 전송이 될 때 선택 변수들의 값은?

(1) $A \leftarrow B$ (2) $B \leftarrow C$ (3) $D \leftarrow A$

8-6 인에이블과 리이드/라이트 (그림 7-30에서 설명한 것 같이)라는 이름의 두 제어 입력을 가진 기억 장치가 있다. 메모리 데이터 입력과 출력은 그림 8-7과 같이 MBR에 연결되어 있다. MBR은 외부 레지스터 EXR로부터, 또는 리이드 작동으로 메모리 장치로부터 정보를 받는다. MBR은 또한 메모리 라이트 작동 때에 데이터를 제공한다. MBR과 메모리의 연결을 보이는 블록도를 멀티플렉서와

게이트를 이용해 그려라. 시스템은 아래 세 전송을 할 수 있는 능력이 갖추어져야만 한다.

$W : M \leftarrow MBR$ 메모리에 쓸 때
$R : MBR \leftarrow M$ 메모리에서 읽을 때
$E : MBR \leftarrow EXR$ EXR의 내용을 MBR로 옮김.

8-7 그림 8-8의 시스템을 보고 아래 두 메모리 전송에 대해서 설명하고 멀티플렉서 2개와 행선 디코우더의 2진 선택 변수 값을 정하라.
(a) $M[A2] \leftarrow B3$
(b) $B2 \leftarrow M[A3]$

8-8 그림 5-17과 같은 2-對-1 멀티플렉서(multiplexer) 4개와 인버어터(inverter) 4개를 써서 아래 문장을 구성하라.

$T_1 : R2 \leftarrow R1$
$T_2 : R2 \leftarrow \overline{R2}$
$T_3 : R2 \leftarrow 0$

8-9 A_4가 가장 높을 자릿수 비트인 4비트 레지스터 A를 생각해 보자.
아래 문장은 어떤 작동인가? 병렬 로우드식 카운터를 써서 시스템을 구성해 보라.

$A_4'C : A \leftarrow A+1$
$A_4 \quad : A \leftarrow 0$

8-10 아래 논리 마이크로 작동에 대해 하아드웨어 구성을 보여라.
(a) $T_1 : F \leftarrow A \wedge B$
(b) $T_2 : G \leftarrow C \vee D$
(c) $T_3 : E \leftarrow \bar{E}$

8-11 다음 두 문장의 차이는 무엇인가?

$A+B : F \leftarrow C \vee D$ 와 $C+D : F \leftarrow A+B$

8-12 그림 7-8에서 기호로 표시된 직렬 전송을 설명해 보라. S는 자리 이동 제어 기능인데 4펄스 주기 동안 인에이블 된다고 가정하라.

8-13 아래 문장에 대한 하아드웨어 구성을 보여라(제어 기능에 대한 것도 포함).

$xy'T_0 + T_1 + x'yT_2 : A \leftarrow A + B$

8-14 어떤 디지털 시스템이 AR, BR, PR 세 레지스터를 가지고 있다. 이 시스템의 제어 기능은 세 플립플롭에 의해 제공받는데, S는 시스템의 작동을 시작하

게 하기 위해 외부 신호에 의해 인에이블되는 플립플롭이고, F와 R은 마이크로 작동을 위한 것이다. 네 번째 플립플롭 D는 작동이 끝나면 시스템에 의해 세트된다. 이 시스템의 기능은 아래의 레지스터 전송 작동문으로 표시되어 있다.

$$S: PR \leftarrow 0,\ S \leftarrow 0,\ D \leftarrow 0,\ F \leftarrow 1$$
$$F: F \leftarrow 0,\ \text{if}\,(AR = 0)\,\text{then}\,(D \leftarrow 1)\,\text{else}\,(R \leftarrow 1)$$
$$R: PR \leftarrow PR + BR,\ AR \leftarrow AR - 1,\ R \leftarrow 0,\ F \leftarrow 1$$

이 시스템의 기능은 무엇인가?

8-15 산술 연산 $(+42)+(-13)$과 $(-42)-(-13)$을,
(a) 부호-1의 보수 표시법
(b) 부호-2의 보수 표시법
에 의해 2진법으로 실현하라.

8-16 아래에 나열된 2진수는 왼쪽 끝자리가 부호 비트이고 陰數는 2의 補數型으로 되어 있다. 이 책에서 설명된 덧셈, 뺄셈, 알고리즘에 따라 계산하라. 그리고 그 결과를 10진법에 의한 계산 결과와 비교해 보라.

(a) 001110 + 110010
(b) 010101 + 000011
(c) 111001 + 001010
(d) 101011 + 111000
(e) 010101 − 000111
(f) 001010 − 111001
(g) 111001 − 001010
(h) 101011 − 100110

8-17 2진수가,
(a) 부호-크기
(b) 부호-2의 補數
으로 표현되어 있을 때 16비트 레지스터가 나타낼 수 있는 수의 범위를 말하라. 답은 10진수로 표시하라.

8-18 다음의 산술 연산을 부호-2의 補數法으로 표시된 2진수로 바꾸어 이 책에서 설명된 알고리즘에 따라 실현하라. 부호 비트를 합쳐 모두 8비트로 한다.

(1) $(+65)+(+78)$
(2) $(-65)+(-78)$
(3) $(+35)+(+40)$
(4) $(+65)+(-78)$
(5) $(-65)+(+78)$
(6) $(-35)+(-40)$

8비트 결과에 대해 고찰해 보자.
(a) 오우버플로우가 생겼는지를 알아보자.
(b) 부호 비트 자리로의 캐리와 부호 비트 자리에서의 캐리를 써라.
(c) 8비트 결과의 부호는?

(d) (a)와 (b)의 관계를 설명하라.

(e) (a)와 (c)의 관계를 설명하라.

8-19 (a) 8비트 레지스터에 +36과 −36을 2진수로 저장할 때 부호-크기, 부호-1의 보수, 부호-2의 보수 표시법으로 각각 나타내 보라.

(b) 내용이 오른쪽으로 1자리 산술적 자리 이동 되었다면 레지스터의 내용은? (세 표시법에 대해 각각 답할 것)

(c) (b)문제에서 왼쪽으로 자리 이동 시켰을 때에 답하라.

8-20 부호-2의 補數型의 두 數가 그림 8-10과 같이 더해져서 그 합이 레지스터 A로 전송된다. 다음의 산술적 오른쪽 자리 이동 작동은 원래 合에 오우버플로우가 발생했는가에 관계 없이 그 合을 2로 나눈 결과가 된다는 것을 보여라.

$A \leftarrow \mathrm{shr}\, A$, $A_n \leftarrow A_n \oplus V$

8-21 +149와 −178을 부호-10의 보수 표시법의 BCD로 표현하라. 1비트는 부호를 위해 사용한다. 부호 비트도 포함해 이 두 BCD數를 더한 후 그 결과를 풀이해 보라.

8-22 부호-10의 보수 표시법으로 표시된 10진수를 더하고 빼는 알고리즘은 부호-2의 보수 표시법의 2진수에 대한 알고리즘과 비슷하다.

(a) 부호-10의 보수로 표시된 10진수에 대한 알고리즘을 기술하라. 양수 부호일 때는 0을, 음수 부호일 때는 9를 제일 높은 자리 위치에 표시한다.

(b) 알고리즘을 적용, (−638)+(785)와 (−638)−(185)를 계산하라.

8-23 36비트 浮動 소숫점 2진수의 지수는 9비트로서, 그 중 한 비트는 부호 비트이고, 계수는 정규화된 소수이다. 係數나 指數는 부호-크기법으로 표시되어 있다. 표시할 수 있는 최대와 최소 양수는 0을 제외하고 무엇인가?

8-24 BCD 형의 浮動 소숫점 10진수를 저장하는 30비트 레지스터가 있다. 係數는 21비트로 정규화된 整數이다. 또한 係數나 指數는 부호-크기법으로 표시되어 있다. 표시할 수 있는 최대, 최소 陽數는? (0은 제외)

8-25 $(+31.5)_{10}$을 아래 방법으로 표시하라.

係數는 13비트로 정규화된 整數이고 指數는 7비트이다.

(a) 2진수

(b) 2진 코우드화 8진수(밑수는 8)

(c) 2진 코우드화 16진수(밑수는 16)

8-26 레지스터 A에 11011001이 들어 있다. 레지스터 A의 내용이 아래와 같이 바

뀐다면 레지스터 B의 내용과 A, B에 수행된 논리 마이크로 작동은 무엇이겠는가?

(a) 01101101

(b) 11111101

8-27 레지스터 B의 내용 중 1인 비트와 같은 자리의 레지스터 A의 비트를 클리어시키는 논리 작동은 무엇인가?

8-28 한 워어드가 24비트인 메모리 장치를 가진 디지털 컴퓨터가 있다. 命令語의 종류는 190가지이다. 각 명령어는 한 워어드에 저장되는데, 작동 코우드 부분과 번지 부분으로 나뉜다.

(a) 작동 코우드를 위해 몇 비트가 필요한가?

(b) 번지 부분을 위해 몇 비트가 남는가?

(c) 이 메모리 장치의 워어드 數는?

(d) 한 워어드에 저장할 수 있는 최대의 부호가 붙은 고정 소숫점 2진수는 얼마인가?

8-29 아래 작동을 허용하는 컴퓨터의 명령어 형식은? R은 프로세서에 있는 8개 레지스터 중의 하나이다.

$A \leftarrow M$〔번지〕$+R$

8-30 **그림 8-14**의 메모리 장치는 8비트 워어드 65536개를 가지고 있다고 하자.

(a) **표 8-4**에 나열된 것 중 처음 5개 레지스터들의 비트 數는?

(b) **표 8-5**에 나온 아래 명령어를 메모리에 저장할 때, 필요한 워어드 數는?

LDA ADRS

(c) 이 명령어를 집행하는데 필요한 마이크로 작동들을 써라. 레지스터 R은 번지 부분을 일시적으로 저장하는 데 쓰일 수 있다.

8-31 **그림 8-14**에서 정의된 간단한 컴퓨터의 即値 명령어(immediate instruction)의 코우드는 00000100이다. 이 명령어를 집행하는 마이크로 작동들을 써라.

LRI OPRD (Load OPRD into R) $R \leftarrow OPRD$

8-32 **표 8-5**의 명령어들 대신에 아래 명령어를 사용해 8-12節에 나온 간단한 컴퓨터를 다시 설계해 보자.

작동코우드	기 호	설 명	기 능
00000001	ADD R	R을 A에 더함	$A \leftarrow A+R$
00000010	ADI OPRD	오퍼란드를 A에 더함	$A \leftarrow A+$OPRD
00000011	ADA ADRS	A에 직접 번지 지정 기법의 오퍼란드를 더함	$A \leftarrow A+M$〔ADRS〕

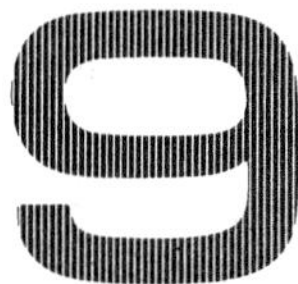

프로세서 論理의 設計
Processor Logic Design

9-1 序 論

處理裝置(processor unit)는 디지털 시스템의 作動(operation)들을 집행하는 부분이다. 이것의 구성은 여러 개의 레지스터들과 算術(arithmetic), 論理(logic), 자리 이동(shift)과 傳送(transfer), 마이크로 作動(microoperation) 들을 집행하는디지털 기능들로 되어 있다. 마이크로 작동 順次를 관장하는 制御裝置(control unit)와 결합된 처리장치를 中央處理裝置(central processor unit), 즉 CPU라고 한다. 이 章에서는 처리 장치의 조직과 설계에 관해 다루겠다. 다음 章에서는 제어 장치의 논리 설계를 취급하고, 11章에서는 계산기 CPU 조직과 설계 例를 보이겠다.

처리 장치에서 레지스터의 數는 機械에 따라서 64개 혹은 그 이상까지 가지고 있어 多樣하다. 옛날 컴퓨터에는 처리 레지스터가 단 1개뿐이었고, 특수 목적에 쓰이는 디지털 시스템에는 처리 레지스터(processor register)를 1개만 쓰기도 한다. 그러나 레지스터나 디지털 기능을 集積回路(IC)로 구성하면 가격이 저렴해지기 때문에 요즘의 모든 컴퓨터에는 많은 **레지스터와 共通 버스**(**common bus**)를 써서 그들간의 情報傳送路로서 활용하고 있다.

연산을 집행하는 데는 한 마이크로 작동만이 필요한 것과 여러 개의 順次 마이크로 작동이 필요한 경우가 있다. 예를 들어 레지스터에 저장된 2개의 2진수의 곱셈은 게이트를 이용해 연산을 집행하는 **組合回路**(**combinational circuit**)에 의해 집행된다. 신호가 게이트에 전파되는 순간 곱이 구해져 **行先 레지스터**(**destination register**)로 옮겨지는데, 이 작업은 한 클럭 펄스 안에 이루어질 수 있다. 또한, 곱셈 演算은 덧셈과 자리 이동(shift) 마이크로 작동 등을 여러 번 반복 수행해서 이룰 수도 있다. 이와 같이 집행 방법의 여하에 따라 처리 장치의 하아드웨어 형태와 크기가 달라진다.

매우 대형이고 속도가 빠른 것을 제외하고는, 대부분의 컴퓨터가 順次 마이크로 작동에 의해 관여된 演算을 집행한다. 이런 방법에서는 덧셈이나 자리 이동과 같은 간단하고 기본적인 마이크로 작동들을 집행하는 회로들만 처리 장치에 갖춰지면 된다. 곱셈이나 나눗셈 浮動 소숫점(floating-point) 演算과 같은 다른 연산들은 제어 장치와 관련되어 수행한다. 처리 장치 자체는 8章에서 설명한 여러 型(type)에 따른 기본적인 마이크로 작동들을 집행하도록 설계하며, 제어 장치는 기본적인 연산이 아닌 다른 연산을 하는 데 필요한 마이크로 작동들의 順次를 발생하도록 설계한다.

처리 레지스터에 저장된 정보에 의해 마이크로 작동을 수행하는 디지털 기능을 보통 **算術論理演算 裝置** (arithmetic logic unit), 즉 **ALU**라고 한다. 한 마이크로 작동을 수행하기 위해서는 레지스터 안의 정보를 ALU의 입력에 옮겨 놓는다. ALU가 이것을 받아 제어 장치가 명시한 대로 정해진 연산을 행한다. 그리고 연산의 결과가 行先 레지스터에 전송된다. ALU는 組合回路이다. 따라서 레지스터-전송 작동 전체가 한 클럭 펄스 안에 이루어진다. 전형적인 처리 장치에 있어서는 레지스터간의 전송 작동을 포함하여 모든 레지스터 전송 작동들이 하나의 공통된 ALU에서 수행된다. 그렇지 않으면 각 레지스터의 디지털 기능들을 복사해 놓아야 할 것이다. 자리 이동(shift) 마이크로 작동은 때때로 분리된 다른 장치로 이루어진다. 자리 이동 장치는 보통 따로 표시한다. 그러나 이 자리 이동 장치도 포괄적으로는 ALU의 일부분이다.

CPU는 데이터뿐만 아니라 메모리에서 오는 명령어 코우드나 番地(address)도 처리해야 한다. 명령어의 작동 코우드를 저장하고 처리하는 레지스터는 제어 장치의 일부로 간주한다. 번지들을 저장하는 레지스터들은 종종 처리 장치에 속하고, 번지에 대한 정보는 공통적인 ALU가 처리한다. 어떤 컴퓨터에서는 번지를 저장한 레지스터들이 별개의 버스(bus)에 연결되어, 번지에 대한 정보를 별개의 디지털 기능들로 처리하기도 한다.

이 章에서는 처리 장치의 조직과 설계에 대한 몇 가지 방안을 제시하겠다. 또한 시프터 장치와 汎用 프로세서 레지스터인 **累算器**(**accumulator**)에 대해서 살펴보겠다.

9-2 프로세서 組織(processor organization)

컴퓨터 CPU의 프로세서 부분을 CPU의 데이터 **傳送路**(**data path**)라고 부르기도 한다. 이것이 처리 장치 내의 레지스터들 사이의 데이터 전송을 위한 통로를 형성해 주는 기능 때문이다. 여러 전송로들 중 필요한 전송로를 열고 나머지는 모두 닫는 役割은, **게이트**(**gate**)에 의해서 제어된다고 말한다. 프로세서 장치는 특별한 분야를 위해서 데이터 전송 세트의 요구를 만족하도록 설계할 수 있다. 프로세서의 설계는 8-9節에서 소개되었다. 그림 8-16은 특정하고 제한된 프로세서의 여러 데이터 전송로를 나타냈다. 데이터 전송로를 열고 닫는 것은 처리 장치의 제어부를 형성하는 디코우더와 조합 회로를 써서 행한다.

잘 조직된 처리 장치에서는 데이터 전송로를 버스(bus)나 共通線(common lines) 들로 구성한다. 전송로를 형성하는 **제어 게이트**(gate)는 실질적으로 **멀티플렉서**나 **디코우더**인데, 이들의 선택선들이 필요한 전송로를 결정한다. 정보의 처리는 데이터 전송로가 공통 선택 변수들의 집합으로 표시되는 1개의 **공통 디지털 함수**(common digital function)로 행해진다. 이렇게 잘 조직된 처리 장치는 여러 가지 광범위한 응용에 활용된다.

이 절에서는 汎用 처리 장치를 구성하는 몇 가지 방법들을 살펴보겠다. 이 방법들은 공통적으로 ALU와 시프터(shifter) 1개씩을 사용하나, 차이점은 주로 레지스터들과 ALU로 접속하는 공통 전송로의 조직에서 나타난다.

버스 組織(bus organization)

처리 장치 내에 많은 레지스터가 있는 경우에는, 그들을 공통 버스로 연결하거나 액세스 시간(access time)이 대단히 빠른 작은 메모리처럼 배열하는 것이 효과적이다. 레지스터들은 직접적인 데이터 전송뿐만 아니라 여러 가지 마이크로 작동을 수행하기 위해 상호간 통신한다. 그림 9-1은 처리 레지스터가 4개인 경우의 버스 구성이다. 각 레지스터들은 두 멀티플렉서(MUX)에 연결되어 버스 A와 B의 입력을 형성한다. 각 MUX의 선택선은 특정 버스에 대해 어느 한 레지스터를 선택한다. A, B 버스는 ALU에 공통으로 연결되어 있다. ALU에서 선택할 기능(function)은 수행할 특정한 연산이 된다. **자리 이동 마이크로 작동**(shift micro operation)은 시프터에서 수행한다. 마이크로 작동의 결과는 출력 버스 S를 통해 모든 레지스터의 입력으로 들어간다. 출력 버스로부터 정보를 받을 **行先 레지스터는 디코우더에 의해 선택된다**. 디코우더는 인에이블되면서, S 버스의 데이터와 선택된 行先 레지스터의 입력 사이에 전송로를 제공하기 위해 레지스터의 로우드 입력들 중 하나를 동작시킨다. 멀티플렉서 A나 B의 한 입력은 외부로부터 데이터를 처리 장치에 보내야 할 필요가 있을 때 외부 장치로부터 데이터를 받을 수 있다.

멀티플렉서, 버스, 行先 디코우더에 대해서는 8-2節의 그림 8-6으로 설명되었다. ALU와 시프터에 대해서는 이 章의 뒤에서 설명하겠다.

하나의 처리 장치에는 보통 레지스터가 4개 이상이다. 더 많은 레지스터로 된 버스 조직형의 프로세서는 더 큰 멀티플렉서와 디코우더가 필요하게 된다. 그렇지 않은 경우는 그림 9-1과 비슷하다.

제어 장치는 프로세서 버스 시스템을 관장하며 컴퓨터 내의 여러 부분을 선택하여 정보가 ALU를 통과하도록 지시한다. 예를 들어 다음 마이크로 작동을 수행하기 위해서는, 제어 장치에 아래 나열된 選擇器들의 입력(selector input)에 2진 선택 변수를 공급해야 한다.

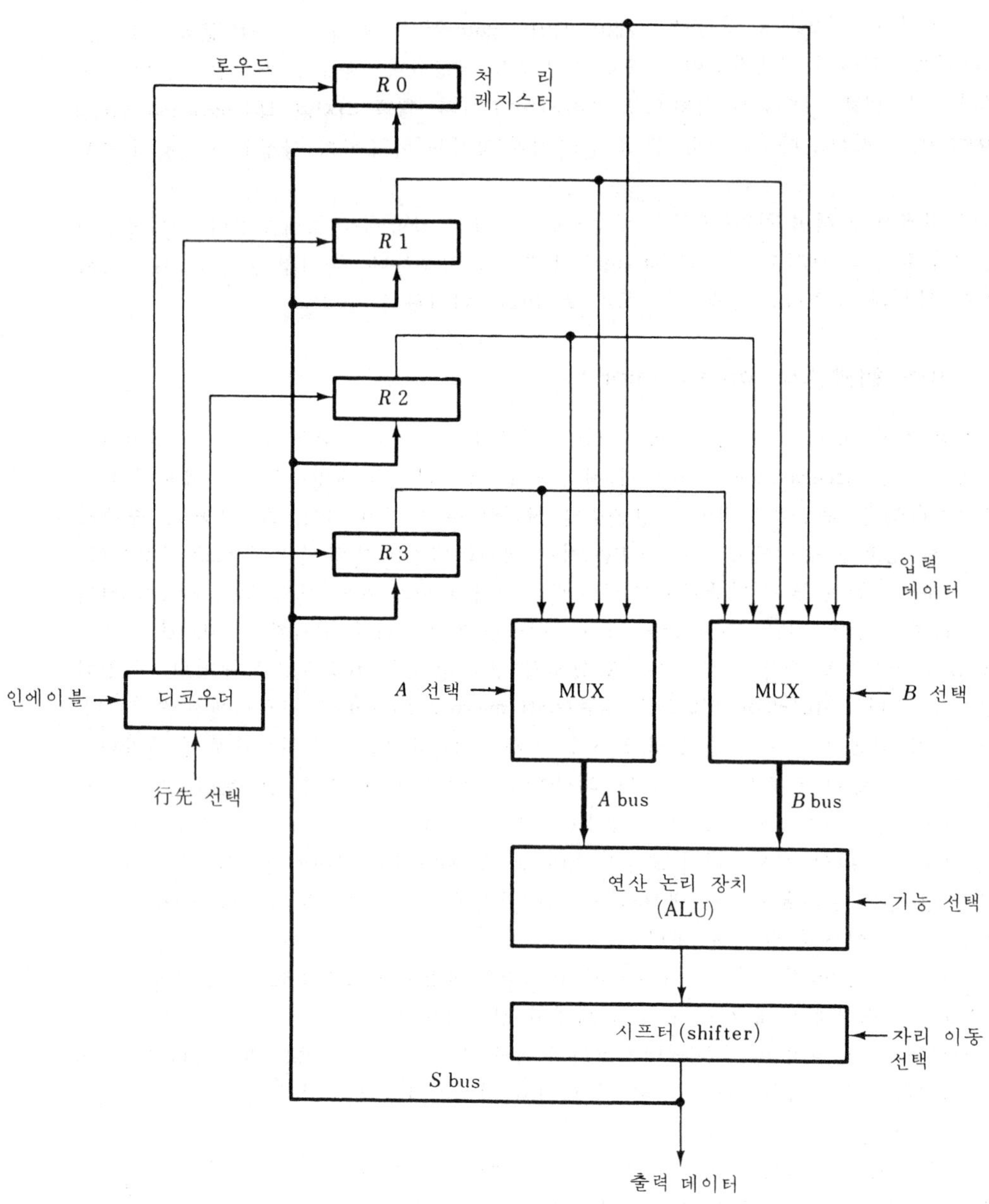

그림 9-1 공통 버스에 연결된 처리 레지스터와 ALU

마이크로 작동 $R1 \leftarrow R2 + R3$

1. MUX A 選擇器 : $R2$의 內容을 A버스上에 옮기도록
2. MUX B 選擇器 : $R3$의 內容을 B버스上에 옮기도록
3. ALU 기능 選擇器 : 算術演算 $A+B$를 選擇하도록
4. 시프터 選擇器 : ALU의 出力을 자리 이동 시키지 않고 直接出力 버스 S로 옮기도록
5. 디코우더 行先 선택기 : S 버스의 내용을 $R1$으로 옮기도록

이 다섯 개의 선택 변수들은 동시에 발생하며 한 공통적인 클럭 펄스 동안에 그 값을 지속해야 한다. 두 출발 레지스터 (source register)에서 나온 정보는 MUX, ALU, 시프터 등의 조합 게이트들을 통해서 출력 버스로, 그리고 行先 레지스터의 입력으로 이동되는데, 이 작업들은 한 클럭 펄스 안에 모두 이루어진다. 다음 클럭 펄스 때에 출력 버스의 2진 정보가 $R1$으로 옮겨진다. **應答時間(response time)**을 줄이기 위해 ALU는 캐리를 미리 아는 회로를 쓰고 시프터는 조합 게이트들을 이용하여 구성한다.

처리 장치가 IC 패키지 안에 들어 있으면 **레지스터와 演算論理裝置(register and arithmetic logic unit)**, 즉 **RALU**라고 부르기도 한다. 또, 어떤 제작자들은 이것을 **비트 슬라이스 마이크로 프로세서(bit-slice microprocessor)**라고도 부른다.

마이크로(micro)란 말은 IC의 크기가 작다는 것을 말하고 비트 슬라이스(bit-slice)란 프로세서를 여러 개의 IC를 사용해, 많은 수의 비트를 가진 처리 장치로 확장시킬 수 있다는 사실을 말한다. 例를 들어 4비트 슬라이스 마이크로 프로세서의 레지스터나 ALU는 4 비트 데이터를 처리하는 데 이 IC를 직렬로 2개 연결하면 8비트 처리 장치가 된다. 16비트 프로세서를 만들려면 4개의 IC를 써서 **캐스케이드(cascade)**로 접속하면 된다. 한 ALU에서의 출력 캐리는 다음 단계 ALU의 입력 캐리에 연결되고 시프터의 직렬 入出力線들도 캐스케이드로 연결한다.

비트 슬라이스 마이크로 프로세서는 마이크로 프로세서(microprocessor)라고 불리는 다른 형태의 IC와 구별되어야 한다. 앞의 것은 처리 장치만을 말하지만, 뒤의 것은 한 IC 패키지에 들어 있는 컴퓨터 CPU 전체를 일컫는다. 마이크로 프로세서에 대해서는 12章에서 설명하겠다.

스크래치 패드 메모리(scratchpad memory)

처리 장치의 레지스터들은 작은 메모리 장치 내에 포함시킬 수도 있다. 이렇게 처리 장치 내에 있는 작은 메모리를 **스크래치 패드 메모리**라고 한다. 버스 시스템으로 연결된 프로세서 레지스터 대신에 작은 메모리를 쓰면 비용이 적게 든다. 이 두 시스

템의 차이점은 ALU로 전송할 정보를 선택하는 방법에 있다. 버스 시스템에서 전송할 정보는 버스를 형성하는 멀티플렉서에 의해 선택된다. 반면에 작은 메모리를 구성하는 레지스터들 집합 중에 한 레지스터를 선택할 경우는 번지를 써야 한다는 점이다. 메모리 레지스터의 기능이 단지 ALU 내에서 처리될 2진 정보를 지니는 것이라면 다른 처리 레지스터와 같은 기능을 수행할 수 있다.

스크래치 패드 메모리는 컴퓨터의 主메모리와 구별해야 한다. 主 메모리는 命令語나 데이터를 저장하지만, 처리 장치 안의 작은 메모리는 단지 여러 처리 레지스터들을 공통 전송로로 연결시킨 것에 불과하다. 스크래치 패드 메모리에 저장된 정보는 정상적으로 프로그램의 명령어에 따라 主 메모리로부터 가져온 것이다.

예를 들어 16비트로 된 레지스터 8개를 쓰고 있는 처리 장치를 생각해 보자. 이 레지스터들은 16비트 워어드가 8개 있는 작은 메모리, 즉 8×16 RAM 속에 포함될 수 있다. 이 여덟 메모리 워어드는 번지를 0에서 7로 정하고, 이에 따라 *R*0에서 *R*7로 표시되는 프로세서 레지스터라 하자.

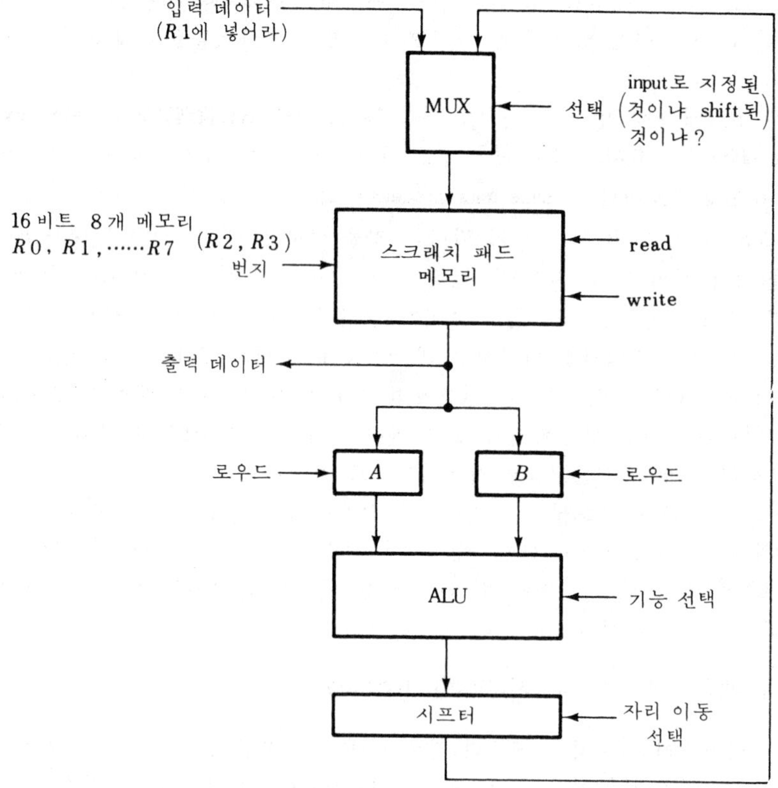

그림 9-2 스크래치 패드 메모리를 쓴 처리 장치

그림 9-2는 위의 스크래치 패드 메모리를 이용한 처리 장치이다. 스크래치 패드 메모리 내 레지스터 중의 하나가 출발 레지스터로 선택되어 레지스터 A로 옮겨진다. 두 번째 출발 레지스터도 메모리에서 선택되어 레지스터 B로 옮겨진다. 해당되는 워어드 번지를 명시하고 메모리 읽기 (read) 입력을 작동시킴으로써 이 선택이 이루어진다. A와 B 내의 정보는 ALU와 시프터 내에서 처리된다. 처리된 결과는 메모리의 번지를 명시하고 메모리 쓰기 (write) 입력을 작동시키면 해당되는 메모리 레지스터로 전송된다. 메모리 입력 쪽에 있는 멀티플렉서는 外部出發源(source)으로부터 입력 데이터를 선택한다.

8워어드(word) 메모리를 생각해 보자. 8개의 레지스터의 번지를 식별하는 데 3비트가 필요하다. 다음 연산 ;

$$R1 \leftarrow R2 + R3$$

을 집행하려면 제어는 다음 순서로 3개의 마이크로 작동을 수행하기 위해 2진 선택 변수를 발생시켜야 한다.

T_1 : $A \leftarrow M[010]$	$R2$를 읽고 A로 옮김
T_2 : $B \leftarrow M[011]$	$R3$를 읽고 B로 옮김
T_3 : $M[001] \leftarrow A+B$	연산을 하고 결과를 $R1$으로 옮김

制御函數(control function) T_1은 番地 010을 메모리에 공급하고 읽기 (read) 입력과 A의 로우드(load) 입력을 동작시킨다. 제어 기능 T_2는 번지 011을 메모리에 주고, 읽기 (read)와 B의 로우드 입력을 동작시킨다. 제어 함수 T_3는 ALU와 시프터에 함수 코우드를 전해 주어 덧셈 연산(자리 이동은 하지 않음)을 수행하고, 번지 001을 매모리에 공급하고 MUX는 시프터의 출력 쪽을 선택시키며 메모리 쓰기 (write) 입력을 동작시캰다. 여기서 **記號 $M[xxx]$는 番地가 xxx인 (여기서는 레지스터) 메모리의 워어드를 가리킨다.**

버스 구성 프로세서와 같이 마이크로 작동 1개로 끝내지 않고, 3개가 필요한 이유는 기억 장치의 기능에 제한이 있기 때문이다. 이 기억 장치에는 번지 단자가 한 조뿐인데 메모리를 액세스할 출발 레지스터는 2개이므로 메모리 읽기 (read) 작동을 두 번 해야 한다. 또, 세 번째 마이크로 작동은 行先 레지스터의 번지를 지정하는 데 쓰였다. 만일 行先 레지스터를 두 번째 출발 레지스터로 정한다면 두 번째 출발레지스터의 리이드(read) 입력을 작동시킨 후, 번지를 변경시키지 않은 상태로 行先 레지스터의 쓰기 (write) 신호를 작동시키면 된다.

어떤 프로세서는 출발 레지스터를 두 번 읽을 때 발생하는 시간 지연을 방지하기 위해 2-포오트(port) 메모리를 사용한다. 2-포오트 메모리는 동시에 두 워어드를 선택하기 위해 별개의 독립적인 番地線들이 두 개 있다. 이렇게 해서 두 출발 레지스터가 메모리의 2개 워어드를 동시에 선택하게 된다. 이렇게 하여 2개의 출발 레지

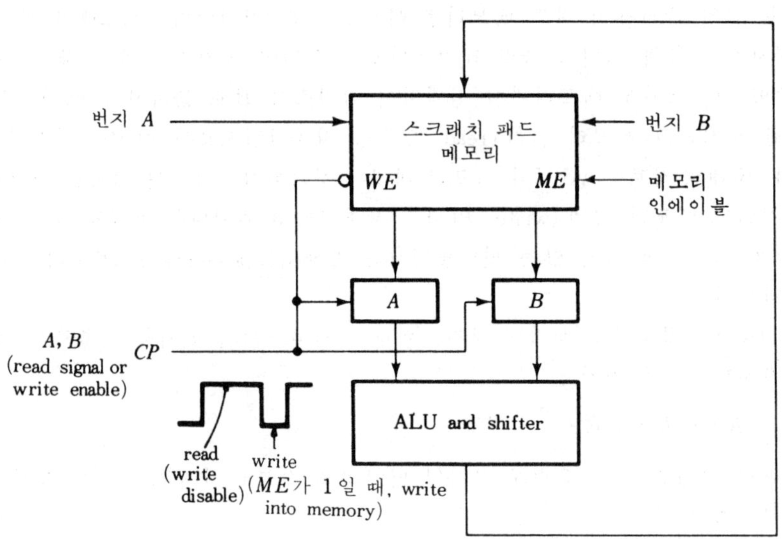

그림 9-3 2-port 메모리를 쓴 처리 장치

스터를 동시에 읽을 수 있다. 만일 行先 레지스터가 출발 레지스터 중의 하나라면 전체 마이크로 작동은 한 클럭 펄스 주기 내에 수행할 수 있다.

그림 9-3은 2-포오트 스크래치 패드 메모리를 쓴 처리 장치의 조직이다. 포오트 A와 포오트 B用으로 메모리는 2개 조의 번지를 가지고 있다. A번지를 명시하면 메모리 내에 어떤 워어드의 데이터가 읽혀져 레지스터 A로 읽혀지고 B번지를 명시하면 메모리 내의 어떤 워어드의 데이터가 레지스터 B에 읽혀진다. A 번지와 B 번지가 같을 수도 있는데, 이때는 레지스터 A와 B의 내용이 같게 된다. 메모리 인에이블(*ME*) 입력이 인에이블되면, 새로운 데이터가 번지 B로 지정된 워어드에 쓰여(write)진다. 그러므로 A, B 번지들은 동시에 2개의 출발 레지스터를 지정할 수 있고, 번지 B가 언제나 行先 레지스터를 명시한다. **그림 9-3**에는 외부의 입력과 출력 데이터를 위한 전송로가 표시되어 있지 않다. 그러나 전에 소개된 조직과 같은 방법에 포함시킬 수 있다.

실제로 A, B 레지스터들은 클럭 펄스 CP가 1인 상태에 있을 때에만 새로운 정보를 받는 일종의 래치(latch)들이다. $CP=0$가 되면 이 래치들은 디제이블(disable)되어 $CP=1$일 때 저장했던 정보를 유지하고 있다. 따라서 새 정보가 메모리에 라이트될 때 생길 수 있는 **레이스 조건**(**race condition**)을 없앤다. 클럭 펄스 입력은 라이트 인에이블(write enable, *WE*) 입력을 써서 메모리를 읽고, 쓰는 작동을 조절한다. 이것은 또한 A, B 래치(latch)들로 정보 전송도 제어한다. 클럭 펄스 1주기 동안의 파형이 그림에 나와 있다.

클럭 펄스 입력이 1일 때, A, B 래치들은 열리고 메모리로부터의 정보를 받아들인다. WE 입력도 1상태이다. 이것은 라이트 작동을 불능케 하고 읽는 작동을 가능하게 한다. 그러므로 $CP=1$일 때 A, B番地로 지정한 워어드들이 읽혀서 각각 A, B로 옮겨진다. ALU에서는 A, B에 저장된 데이터로 연산을 수행한다. 클럭 펄스 입력이 0으로 되면, 래치들은 닫히고 방금 들어간 데이터를 유지한다. WE 입력이 0인 동안 ME가 인에이블되면, 마이크로 작동의 결과가 번지 B로 지정한 메모리 워어드에 쓰여진다. 이리하여 마이크로 작동;

$$R1 \leftarrow R1 + R2$$

는 클럭 펄스 1주기 내에 완료된다. 메모리 레지스터 $R1$은 번지 B로 명시되고, $R2$는 번지 A로 명시되어야 한다.

累算器 레지스터(accumulator register)

어떤 처리 장치는 한 레지스터를 다른 모든 레지스터와 분리하여 **累算器 레지스터**(accumulator register; AC, A register로 要約)라는 이름으로 특별히 부른다. 이 레지스터의 명칭은 디지털 컴퓨터에서 수행되는 산술 덧셈 연산에서 유래된 것이다. 많은 數들을 合하는 과정을 보면, 이 數들을 먼저 다른 처리 레지스터들이나 메모리 장치에 저장시켜 놓고, AC를 0으로 클리어(clear)한다. 다음 이 數들을 차례로 하나씩 AC에 더한다. 첫 번째 數는 0에 더해지고 그 合이 AC로 전송된다. 두 번째 數는 AC의 내용에 다시 더해져서 새로운 合이 전에 있던 AC의 내용을 대치한다. 이런 과정은 모든 數가 다 累算되어 최종적인 合이 구해질 때까지 반복된다. 그러므로, 이 레지스터는 새로운 數와 전에 累算되었던 合을 차례로 順次加算을 수행하여 合을 "累算"한다.

처리 장치의 AC는 덧셈 마이크로 작동뿐만 아니라 다른 마이크로 작동들도 수행할 수 있는 다목적 레지스터이다. 사실 AC와 이와 관련된 게이트들은 ALU에서 볼 수 있는 모든 디지털 기능들을 수행한다.

그림 9-4는 AC를 쓴 처리 장치의 블록도이다. AC는 모든 다른 처리 레지스터들과 구별되어 있다. 어떤 경우에는 처리 장치 전체를 AC와 이에 관계된 ALU만으로 구성하기도 한다. 이 경우 이 레지스터 자체가 자리 이동 레지스터 기능도 겸하고 있다. **그림 9-4**의 입력 B는 한 외부에서 온 정보를 제공한다. 이 정보는 다른 프로세서 레지스터나 컴퓨터의 主 메모리 장치에서 직접 오는 것이다. AC 레지스터는 입력 A를 통하여 ALU에게 다른 정보를 전해 준다. 연산의 결과는 다시 AC 레지스터로 되돌아와서 전에 있던 내용과 대치된다. **計算機의 외부(주변 장치)로 출력하거나 다른 프로세서 레지스터나 메모리의 입력 단자에 데이터를 보내는 기능을 담당한 레지스터는 바로 이 레지스터이다.** 그러므로 AC 레지스터는 CPU 내에 아주 중요

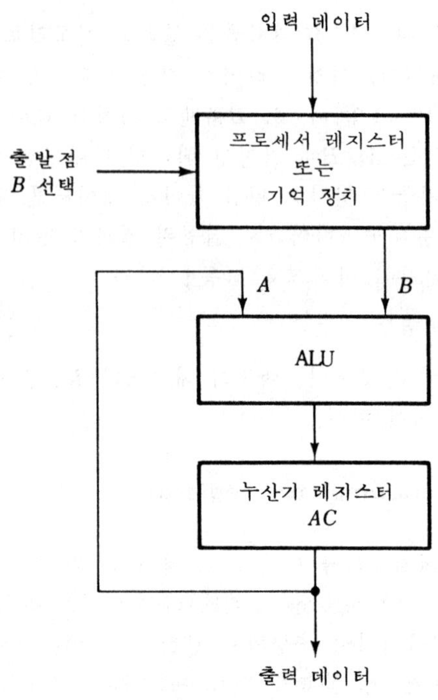

그림 9-4 누산기 레지스터를 가진 프로세서

한 역할을 하고 있으며, 이것의 기능을 이해하는 것이 계산기 특성을 아는 지름길이 된다.

프로세서 레지스터 $R1$과 $R2$에 저장된 두 數의 合을 구하기 위해서는 다음 마이크로 작동 順次를 써서 누산기 AC에 그들을 더해 가야 한다.

T_1 : $A \leftarrow 0$ AC를 클리어

T_2 : $A \leftarrow A + R1$ $R1$을 AC에 전송

T_3 : $A \leftarrow A + R2$ $R2$를 AC에 더함

먼저 AC가 클리어된다. 첫 번째 數는 AC로 전송되어 AC의 현재 내용인 0과 더해진다. $R2$에 있는 두 번째 數도 AC의 현재값에 더해진다. AC에서 구해진 合은 다른 계산에 사용되거나 또는 다른 行先 레지스터로 전송되기도 한다.

9-3 算術論理演算 裝置(arithmetic logic unit, ALU)

算術論理 演算裝置(arithmetic logic unit, ALU)는 여러 가지 연산을 하는 組合論理

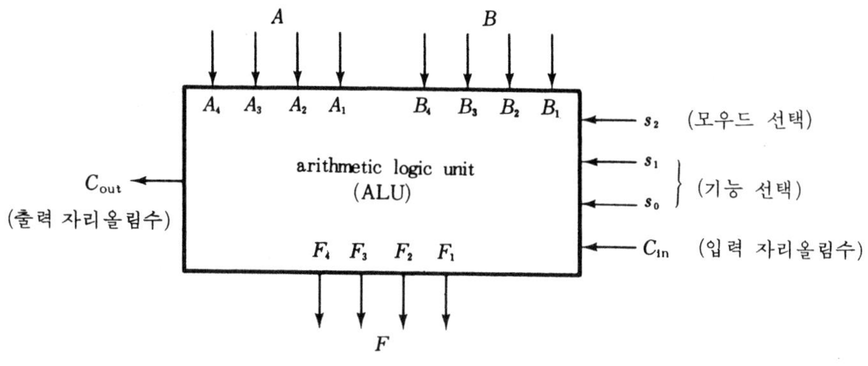

그림 9-5 4비트 ALU의 블록도

디지털 기능(combinational-logic digital function)이다. 이 ALU는 기본적인 한 組의 산술 연산과 한 組의 논리 연산을 수행한다. ALU는 장치 내에서 연산을 선택하기 위하여 여러 선택선을 가지고 있다. 이 선택선이 k개로 되어 있다면 2^k개의 상이한 연산들을 지정할 수 있기 때문에 한 연산을 지정하기 위해서는 이 선택선은 ALU 안에서 디코우드해야 한다. 그림 9-5는 4비트 ALU의 블록도이다.

A로부터의 4개 데이터 입력들과 B로부터의 4개의 입력들은 출력 F에서 결과를 내도록 구성되어 있다. 算術演算과 論理演算을 구별하기 위해서 모우드 선택 입력 s_2가 주어졌다. ALU의 기능 선택을 하기 위해 두 입력 s_0과 s_1는 수행될 산술 또는 論理 연산들을 지정하는 데 사용된다. 이 3개의 선택 변수들을 쓰면 4가지 산술 연산과(s_2가 어떤 한 상태에 있다고 할 때) 4가지 논리 연산(s_2가 또 다른 상태에 있을 때)을 지정할 수 있을 것이다. 입력 캐리와 출력 캐리는 오직 산술 연산 때에만 의미가 있다.

ALU의 가장자리에서의 입력 캐리는 지정할 수 있는 산술 연산의 수를 2배로 하기 위해 자주 네 번째 선택 변수로 쓰인다. 이렇게 하면 4가지 연산들을 더 발생시킬 수 있어서 전체 산술 연산의 數는 8개가 된다.

전형적인 ALU는 세 단계로 설계한다. **第1段階**로 산술 연산 부분을 설계하고(**그림 9-8** 참조), **第2段階**로 논리 연산 부분을 설계하며(9-5節 표 9-3참조), 마지막 **第3段階**는 산술 연산 부분을 논리 연산도 겸하여 수행할 수 있도록 수정하여 설계하는 것이다(9-6節, **그림 9-13** 참조).

9-4 算術演算回路의 設計(design of arithmetic circuit)

산술 연산 부분의 기본 요소는 並列加算器(parallel adder)이다. 병렬 가산기는 全

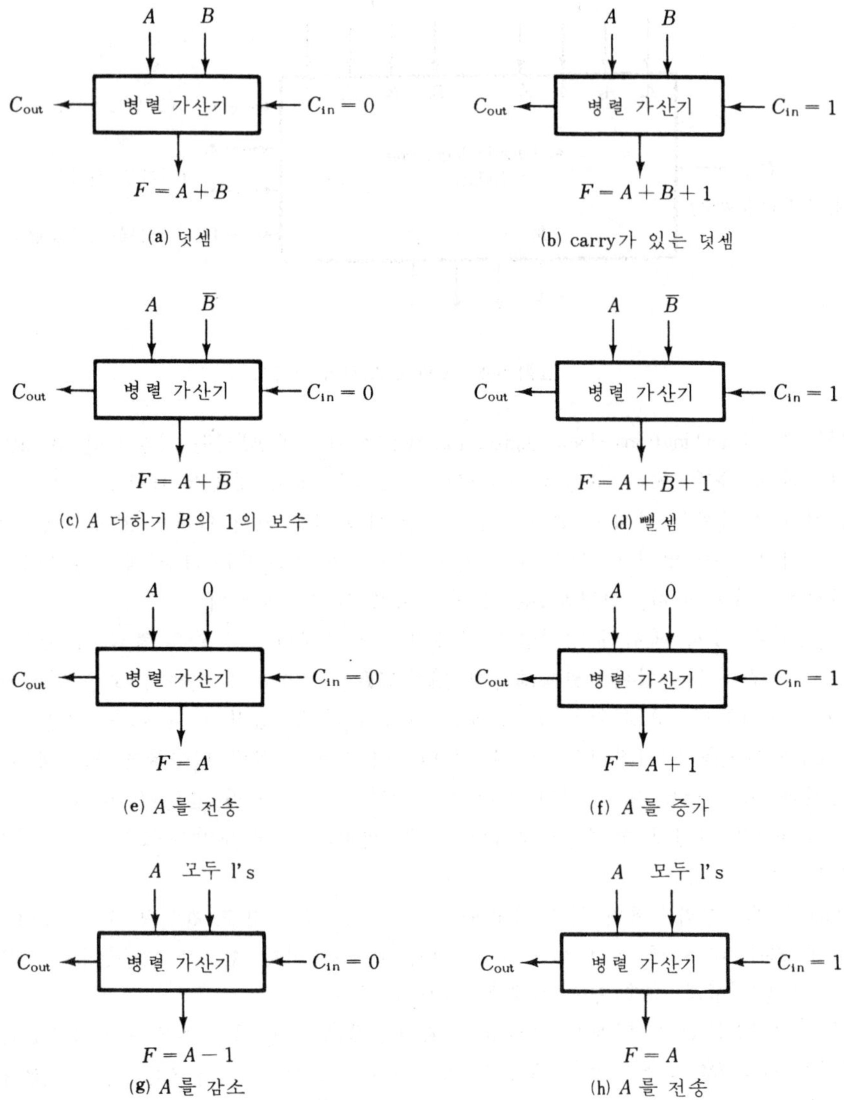

그림 9-6 병렬 가산기의 입력들을 조절하여 얻어지는 연산들

가산기를 여러 개 **직렬로 연결해서 구성한다** (5-2節 참조). 병렬 가산기의 데이터 입력을 외부에서 적절히 제어하여 여러 가지 다른 형태의 산술 연산을 수행할 수 있다. **그림 9-6**은 병렬 가산기의 1조의 입력을 외부에서 제어할 경우 얻어지는 산술 연산들을 나타내고 있다. 병렬 가산기의 비트 數는 아무래도 좋다. 입력 캐리 C_{in}은 가

장 낮은 비트 자리의 전가산기(全加算器) 회로로 들어가고, 출력 캐리 C_{out}은 가장 높은 비트 자리의 전가산기 회로에서 나온다.

(1) **덧셈 演算**은 한 입력이 2진수 A를 받고 다른 입력이 2진수 B를, 그리고 입력 캐리가 $C_{in}=0$일 때 $F=A+B$가 수행된다. 이것은 **그림 9-6**(a)와 같다. (2) **그림 9-6**(b)와 같이 $C_{in}=1$로 하면 合이 F에 1을 더하는 $F=A+B+1$ 결과가 된다. (3) 다음에 입력 B의 모든 비트의 補數를 취했을 때의 效果를 알아보자. $C_{in}=0$이면 출력 $F=A+\overline{B}$로서 A에 B의 1의 補數를 더한 것이다. (4) $C_{in}=1$이 되게 하여 이 合에 1을 더하게 되면, A와 B의 補數의 合이 되는 $F=A+\overline{B}+1$이 된다. 이 연산에서 출력 캐리만 무시한다면 **뺄셈 演算**이 된다. (5) B 입력 단자를 모두 0으로 하면 $F=A+0=A$로 입력 A를 출력 F로 전송시키는 셈이 된다. (6) 이때 $C_{in}=1$이면 $F=A+1$로 增加演算이다. (7) **그림 9-6**(g)는 B 입력 단자의 모든 비트에 1을 넣는다. 즉, 1 1 1 … 1 (n 개)을 넣는다. 그 결과 감소 작동인 $F=A-1$이 된다. 이것을 증명하면 아래와 같다. n비트 전가산기 회로로 된 병렬 가산기를 생각해 보자. 출력 캐리가 1이면, 2진수 2^n은 1 다음에 0이 n개 붙은 數 $2^n=1\ 0\ 0\ 0\ 0 \cdots 0$ (n개의 0)이므로 이 2^n에서 1을 빼면 $2^n-1=11\cdots11$ (n개의 1)인데, 이 數는 n개의 1로 되어 있다. A에 $B(=2^n-1)$을 더하면 $F=A+B=A+2^n-1=2^n+A-1$이다. 출력 캐리 2^n을 없애 버리면 $F=A-1$이 된다.

이것을 직접 數的인 例를 들어 설명하겠다. $n=8$, $A=9$라고 하자. 그러면,

$$\begin{aligned} A &= 0000\ 1001 = (9)_{10} \\ 2^n &= 1\ 0000\ 0000 = (256)_{10} \\ 2^n-1 &= 1111\ 1111 = (255)_{10} \\ A+2^n-1 &= 1\ 0000\ 1000 = (256+8)_{10} \end{aligned}$$

이다. 출력 캐리 $2^n=256$을 없애면 $8=9-1$을 얻는다. 따라서 A에 모두 1로 된 數 B를 더함으로써 A를 하나 감소하는 연산을 수행했다.

이제까지 설명한 **그림 9-6**의 모든 기능을 수행할 수 있도록 하기 위해서는 입력 B를 제어하여야 할 것이다. 그러한 회로가 **그림 9-7**과 같고 회로 명칭을 true/complement, one/zero 회로라 한다.

두 선택 변수 s_1과 s_0가 B 단자의 입력을 제어한다. 이 그림에서는 한 대표적인

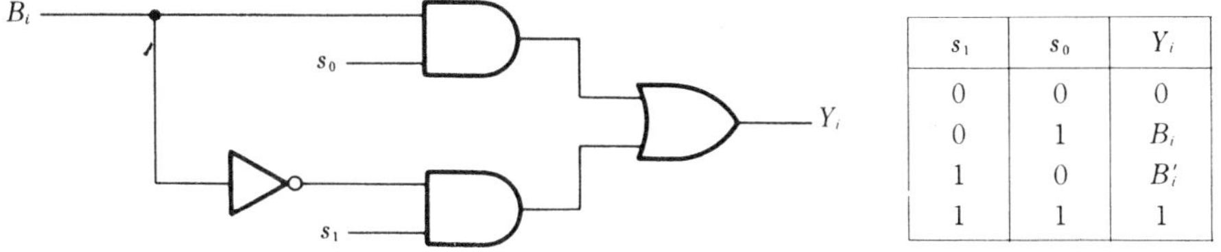

s_1	s_0	Y_i
0	0	0
0	1	B_i
1	0	B_i'
1	1	1

그림 9-7 true/complement, one/zero 회로 $Y_i = B_i S_0 + B_i S_1$

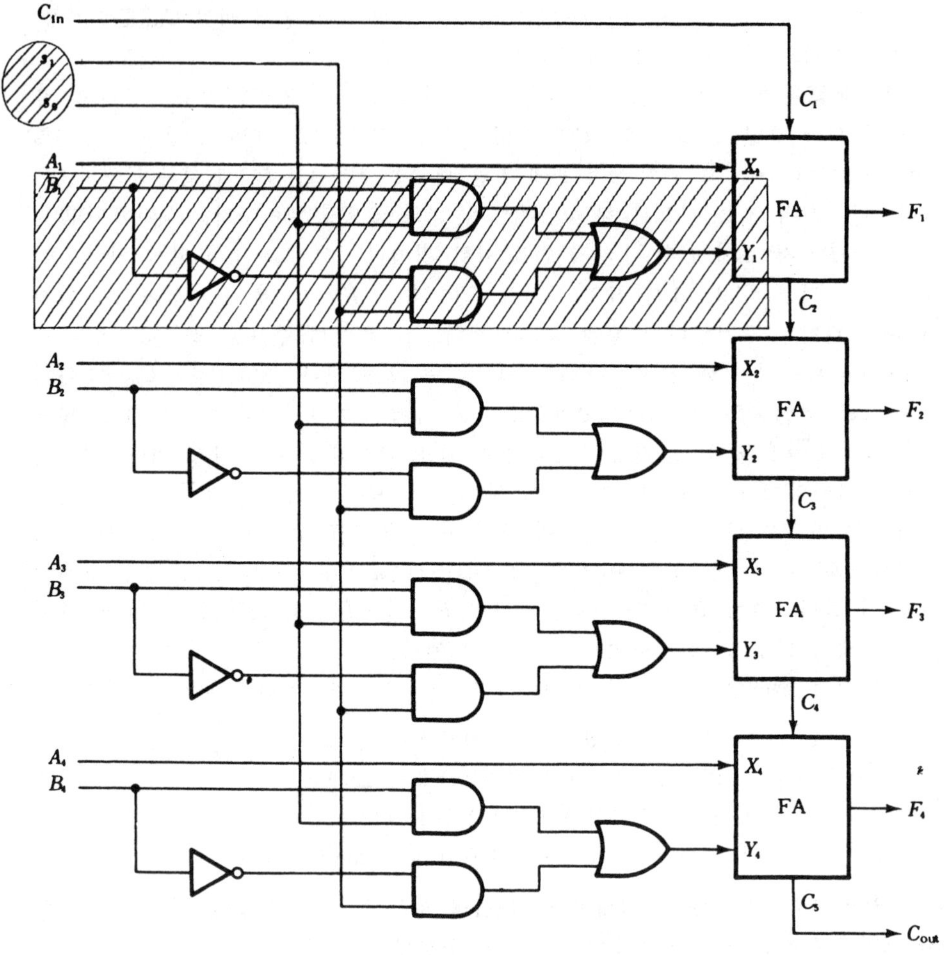

그림 9-8 산술 연산 회로의 논리도
(第 1 段階 : 全加算器 산술 연산 실현)

입력 비트 B_i와 출력 비트 Y_i만 보이고 있다. 실제로는 이와 같은 회로가 $i=1, 2, \cdots n$의 n개 만큼 있어야 할 것이다. **그림 9-7**의 표에서와 같이 s_1과 s_2가 0이면 B_i에 관계 없이 $Y_i=0$이다. $s_1 s_0=01$이면, 아래에 있는 게이트의 출력은 0이고, 위 AND 게이트가 B_i값을 발생시킨다. 따라서 $Y_i=B_i$이다. $s_1 s_0=10$이면 아래 AND 게이트가 B_i의 補數를 발생시켜 $Y_i=B_i'$이다. $s_1 s_0=11$이면, 두 게이트가 다 작동되어 $Y_i=B_i+B_i'=1$이다.

그림 9-7의 회로를 이용하여 8가지 산술 연산을 수행하는 4비트 산술 연산 회로가 **그림 9-8**에 나타나 있다.

표 9-1 그림 9-8 회로의 기능표

기능 선택			Y	출력	기 능
s_1	s_0	C_{in}			
0	0	0	0	$F=A$	A를 전송
0	0	1	0	$F=A+1$	A를 증가
0	1	0	B	$F=A+B$	A 더하기 B
0	1	1	B	$F=A+B+1$	$A+1$ 더하기 B
1	0	0	$\overline{B}$	$F=A+\overline{B}$	A에 B의 1의 보수를 더함
1	0	1	$\overline{B}$	$F=A+\overline{B}+1$	A에 B의 2의 보수를 더함
1	1	0	모두 1들	$F=A-1$	A를 감소
1	1	1	모두 1들	$F=A$	A를 전송

全加算器(FA) 회로 4개가 병렬 가산기를 이룬다. 첫 번째 단(stage)으로 들어가는 캐리가 입력 캐리이다. 네 번째 단에서 나오는 캐리가 출력 캐리이다. 다른 캐리들은 한 단에서 다음 단으로 내부적으로 연결된다. 선택 변수들은 s_1, s_0와 C_{in} 3개이다. 변수 s_1과 s_0는 그림 9-7과 같은 방법으로 전가산기 회로들의 모든 B 입력을 제어한다. 입력 A는 전가산기의 다른 입력으로 직접 연결된다.

산술 연산 회로에서 수행되는 산술 연산들이 표 9-1에 나열되어 있다. 전가산기 회로의 Y 입력의 값은 변수 s_1과 s_0의 함수이다. 각 경우에 A의 값에 Y의 값을 더하고 C_{in} 값을 合하면 각각의 제어에 따라 산술 연산을 행한다. 표에 있는 8가지 연산은 그림 9-6의 함수도에 의해 직접 얻어진다.

이 例는 並列加算器를 쓰면 算術演算回路를 쉽게 構成할 수 있다는 것을 말해 준다. 外部 입력들 A_i와 B_i, 병렬 가산기 입력들 X_i, Y_i 사이에 있어야 할 조합 회로는 수행할 산술 연산의 함수이다. 그림 9-8의 산술 회로에는 각 단마다 다음 부울 함수로 표시된 조합 회로가 있어야 한다.

$$X_i = A_i$$
$$Y_i = B_i s_0 + B_i' s_1 \qquad i=1,\ 2, \cdots\cdots,\ n$$

여기에서 n은 산술 회로의 비트 數이다. 각 i 단마다 공통적인 선택 변수 s_1과 s_0가 있어야 한다. 산술 회로가 다른 산술 연산들을 수행하려면 이 조합 회로가 달라질 것이다.

出力 캐리의 效果

산술 회로나 ALU의 출력 캐리는 중요한 의미를 지니고 있다. 특히 뺄셈 연산에서 그렇다. 출력 캐리의 효과를 조사하기 위하여 그림 9-8 산술 회로를 n 비트 확장시켜

표 9-2 그림 9-8 회로의 출력 carry의 효과

기능 선택			산술 기능	$C_{out}=1$ if	설 명
s_1	s_0	C_{in}			
0	0	0	$F=A$		C_{out}은 언제나 0
0	0	1	$F=A+1$	$A=2^n-1$	$A=2^n-1$이면 $C_{out}=1$ & $F=0$
0	1	0	$F=A+B$	$(A+B)\geqslant 2^n$	$C_{out}=1$이면 오우버플로우 발생
0	1	1	$F=A+B+1$	$(A+B)\geqslant(2^n-1)$	$C_{out}=1$이면 오우버플로우 발생
1	0	0	$F=A-B-1$	$A>B$	$C_{out}=0$이면 $A\leqq B$이고 F는 $(B-A)$의 1의 보수
1	0	1	$F=A-B$	$A\geqslant B$	$C_{out}=0$이면 $A<B$이고 F는 $(B-A)$의 2의 보수
1	1	0	$F=A-1$	$A\neq 0$	$A=0$일 때만 제외하고 언제나 $C_{out}=1$
1	1	1	$F=A$		C_{out}은 언제나 1

회로의 출력이 2^n보다 크거나 같으면 $C_{out}=1$이 되게 해 보자. 회로 내에서 출력 캐리를 가지는 조건들이 표 9-2에 나열되어 있다.

(1) $F=A$, $F=A+1$ 演算時 캐리 效果

함수 $F=A$의 출력 캐리는 언제나 0이다. 증가 연산 $F=A+1$에서도 마찬가지인데, 단 모든 비트가 1인 상태여서 모두 0인 상태로 될 때는 해당되지 않는다. 이 때는 출력 캐리가 1이다.

덧셈 연산 후 출력 캐리가 1이 되면 오우버플로우가 생긴 것이다. 이것은 合이 2^n과 같거나 또는 크고, 和가 $n+1$ 비트 數임을 나타낸다.

(2) $F=A+\overline{B}$ 演算時 캐리 效果

연산 $F=A+\overline{B}$는 B의 **1의 보수를 A에 더하는 것이다.** 우리는 1-5節에서, B의 보수는 $2^n-1-\boldsymbol{B}$와 같이 표시됨을 공부했다. 따라서,

$$F=A+2^n-1-B=2^n+A-B-1$$

이다. 여기서 만일 **$A>B$이면,** $(A-B)>0$이고, $F>(2^n-1)$이다. 따라서 $C_{out}=1$이다. 이 결과 출력 캐리 2^n을 없애면,

$$F=A-B-1$$

이 되는데, 이것은 받아내림(borrow)이 있는 減算이 된다.

만일 $A\leqq B$이면 $(A-B)\leqq 0$이고 $F\leqq(2^n-1)$이다. 따라서 캐리 $C_{out}=0$이다. 이럴 때에는 결과를 다음과 같이 표시하는 것이 더 편리하다. 이것은 $(B-A)$의 1의 보수이다.

$$F=(2^n-1)-(B-A)$$

(3) $F = A + \overline{B} + 1$ 演算時 캐리 效果

$F = A + \overline{B} + 1$일 때의 출력 캐리에 대한 조건들도 비슷한 방법으로 유도할 수 있다. $\overline{B} + 1$은 B의 2의 보수이다. 산술적으로 이것은 $2^n - B$를 구하는 연산이다. 이 연산의 결과는 다음과 같이 표시된다.

$$F = A + 2^n - B = 2^n + A - B$$

이 때 $A \geq B$라면, $(A - B) \geq 0$이고 $F \geq 2^n$, $C_{out} = 1$이다. 출력 캐리 2^n을 없애면

$$F = A - B$$

가 되어 뺄셈 연산이 된다. 그러나 만일 $A < B$라면 $(A - B) < 0$이고 $F < 2^n$ 이어서 $C_{out} = 0$이다. 이 때의 산술 연산의 결과는 다음과 같다.

$$F = 2^n - (B - A)$$

이것은 $(B - A)$의 2의 보수가 된다. 그러므로 뺄셈 연산의 결과는 $A \geq B$일 때에만 옳게 나온다. 만일 $B > A$라면, 출력은 $B - A$가 되어야 하겠지만 회로는 이 數 $(B - A)$의 2의 보수를 발생시킨다.

(4) $F = A - 1$ 減小 演算時 캐리 效果

감소 작동은 $F = A + (2^n - 1) = 2^n + A - 1$로 된다. 출력 캐리는 $A = 0$일 때만 제외하고 언제나 1이 된다. 0에서 1을 빼면 -1인데 -1을 2의 보수로 표시하면 $2^n - 1$이 되고 모든 비트가 1이다. 그러므로 $F = A + (2^n - 1)$은 캐리를 없애면 $F = A - 1$이 된다. 표 9-2의 마지막 식은 $F = (2^n - 1) + A + 1 = 2^n + A$를 수행한다. 이것은 출력 캐리를 1로 만들며 A를 F로 전송하는 작동이다.

其他 算術演算回路의 設計

기본적 연산들을 수행하는 어떤 산술 연산 회로라도 지금까지 例에서 대강 설명된 과정을 따르면 설계가 가능하다. 기본적 연산들이 모두 병렬 가산기를 통해서 수행된다면 그림 9-6과 같은 機能圖를 얻을 수 있다. 다음 이 기능도로부터 전가산기 입력을 외부 입력과 관계시킨 機能表(function table)를 얻는다. 다음은 이 기능표로부터 전가산기의 각 단(stage)끼리 더할 때 쓰이는 조합 게이트들을 보여 준다. 이 과정이 아래 설명되어 있다.

〔예제 9－1〕 加算器와 減算器 設計 例 ; 한 선택 변수 s와 두 입력 A, B를 가진 덧셈/뺄셈 회로를 설계하라. $s = 0$일 때 회로는 덧셈 $A + B$를, $s = 1$일 때는 B의 2의 補數로 뺄셈 $A - B$를 수행하도록 하자.

이 산술 회로의 유도는 그림 9-9에 표시하였다. 덧셈 부분에 대해서 $C_{in} =$

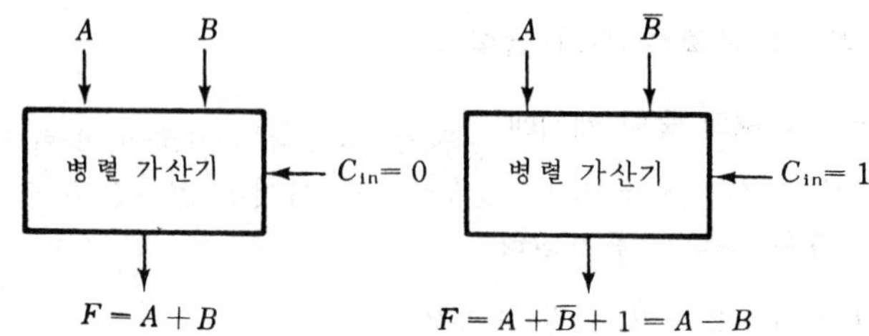

(a) 기능도

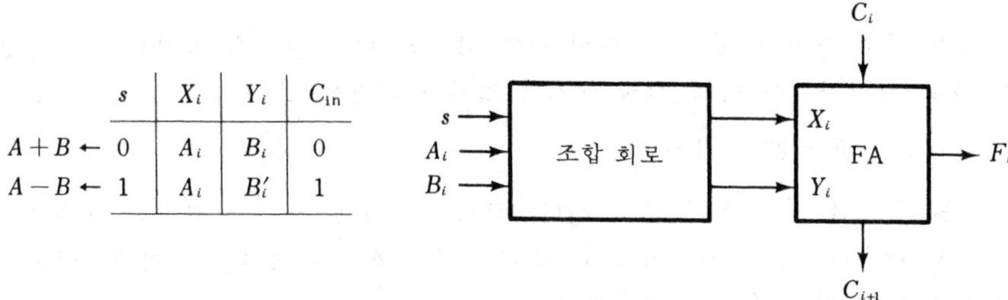

	s	X_i	Y_i	C_{in}
$A+B$ ←	0	A_i	B_i	0
$A-B$ ←	1	A_i	B_i'	1

(b) 조합 회로의 仕樣

입력			출력	
s	A_i	B_i	X_i	Y_i
0	0	0	0	0
0	0	1	0	1
0	1	0	1	0
0	1	1	1	1
1	0	0	0	1
1	0	1	0	0
1	1	0	1	1
1	1	1	1	0

$X_i = A_i$

$Y_i = B_i \oplus s$

$C_{in} = s$

(c) 진리표와 정리된 방정식

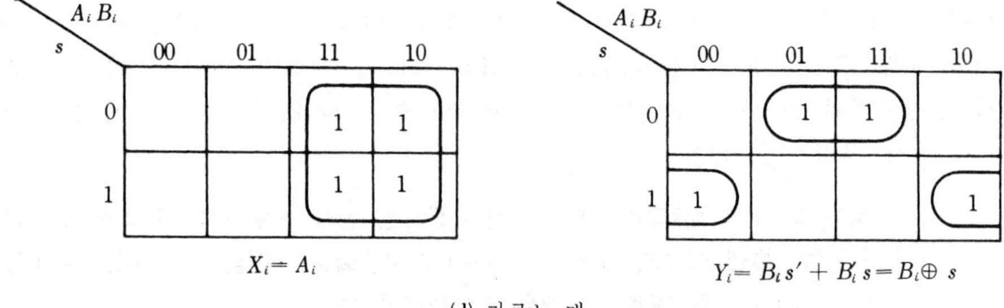

(d) 카르노 맵

그림 9-9 덧셈/뺄셈 회로의 유도

0으로 한다. 빼셈 부분에 대해서는 B의 보수(1의 보수)와 입력 캐리 C_{in} $= 1$이 필요하다. $s = 0$일 때 전가산기의 X_i와 Y_i는 각각 외부 입력 A_i, B_i와 같다. $s = 1$일 때는 $X_i = A_i$이고, $Y_i = B_i$이다. 입력 캐리는 s값과 같다. 그림 (b)는 이 산술 회로의 한 段階(stage)이다. (c)의 진리표는 2진 입력 변수들의 값 8개를 나열한 것이다. 출력 X_i는 입력 A_i와 어느 경우나 같게 만들어질 것이고 Y_i는 $s = 0$일 때는 B_i와 같고 $s = 1$일 때 Y_i는 B_i의 보수와 같다. 이 조합 회로의 정리된 출력 함수는 다음과 같다.

$$X_i = A_i$$
$$Y_i = B_i \oplus s$$

그림 9-10은 4비트 덧셈/빼셈 회로이다. 각 입력 B_i에는 exclusive-OR 게이트가 1개 필요하다. 선택 변수 s는 각 게이트의 한 입력과 병렬 가산기의 입력 캐리에 연결된다. 4비트 덧셈/빼셈 회로 구성에는 IC 2개면 된다. 한

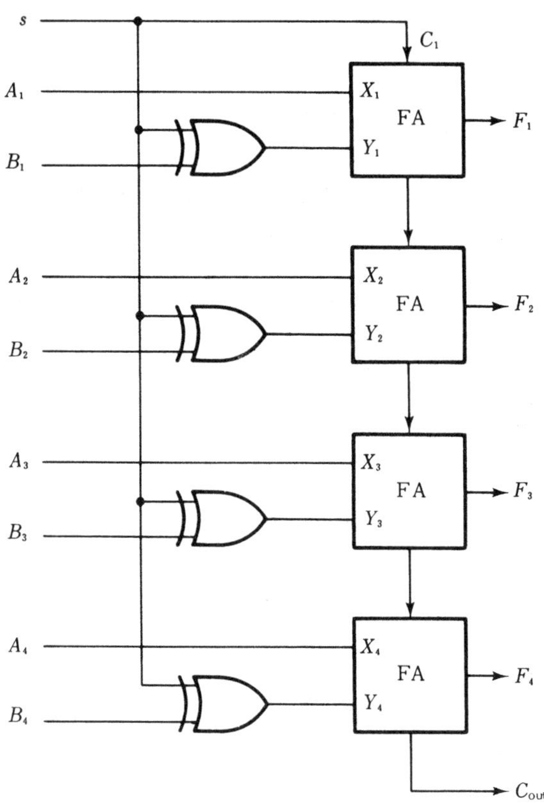

그림 9-10 4비트 덧셈/빼셈 회로

IC는 4비트 병렬 가산기가, 다른 하나는 exclusive-OR 게이트 4개가 들어 있다.

9-5 論理回路의 設計

논리 마이크로 작동에서는 오퍼란드의 **비트들을 각각 독립적인 2진 變數로 취급한다. 표 2-6**에는 두 2진 변수들에 의해 수행되는 16가지 논리 연산들이 나와 있다. 16논리 연산들은 한 회로 내에서 수행될 수 있고, 4개의 選擇線에 의해 선택된다. 모든 논리 연산은 AND, OR, NOT(補數) 연산을 써서 수행이 가능하므로 이런 동작들만을 갖는 논리 회로를 활용하는 것이 더 편리하다. 이 3종류 논리 연산에 대해서는 2개의 선택 변수가 필요하다. 그러나 2개의 선택선으로 4가지 논리 연산을 선택할 수 있으므로 이 節과 다음 節에서 설명할 논리 회로의 exclusive-OR 연산을 추가하기로 한다.

논리 회로를 설계하는 데 가장 간편하고 직시적인 방법이 **그림 9-11**에 나타나 있다. 이 그림은 첨자 i로 표시된 일반적인 한 단계만 보인 것이다. n개 비트 논리 회로에 대해서는 이런 회로가 n개 연결되어야 한다. 4개 게이트가 OR, EOR, AND, NOT의 네 논리 연산을 각각 수행하면 MUX의 두 선택 변수가 이들의 출력을 위한 게이트 중에서 하나를 선택한다. 함수표는 두 선택 변수의 함수로서 생성되는 출력 논리를 나열하였다.

산술 연산 회로와 논리 연산 회로를 결합하면 1개의 ALU(arithmetic logic unit)가 된

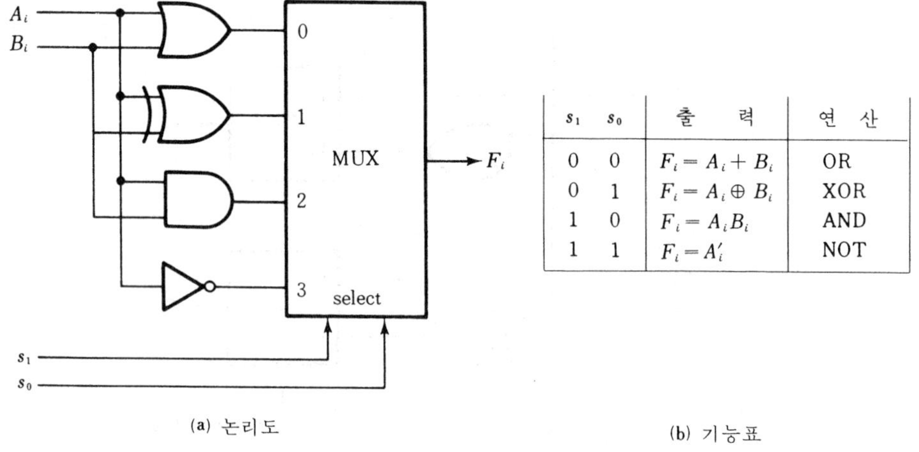

(a) 논리도

s_1	s_0	출 력	연 산
0	0	$F_i = A_i + B_i$	OR
0	1	$F_i = A_i \oplus B_i$	XOR
1	0	$F_i = A_i B_i$	AND
1	1	$F_i = A_i'$	NOT

(b) 기능표

그림 9-11 논리 회로의 한 stage

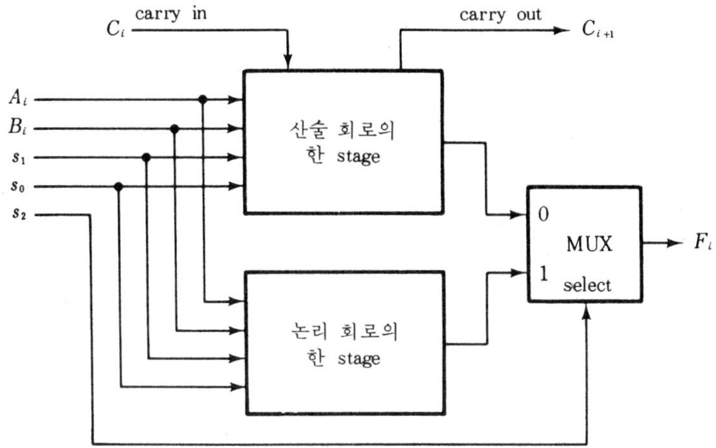

그림 9-12 논리 회로와 산술 회로의 결합

다. 선택 변수 s_2가 산술, 논리 중에 하나를 선택한다면 s_1과 s_0는 이 두 부분에서 그대로 사용될 수 있다. 그림 9-12가 이것을 표시한다. 각 단(stage)의 산술 회로와 논리 회로의 출력들은 선택 변수 s_2가 있는 멀티플렉서에서, $s_2=0$일 때는 산술 회로의 출력이, $s_2=1$일 때는 논리 회로의 출력이 선택된다. 두 회로가 이런 방법으로 조합될 수는 있지만 이것이 ALU를 설계하는 최선의 방법은 아니다.

全加算器를 利用한 算術演算裝置의 論理演算兼用 妥當性根據

이미 만들어진 산술 연산 회로를 사용해서 논리 연산을 수행할 수 있다는 가능성만 있다면 보다 效果的인 ALU를 구성할 수 있을 것이다. 병렬 가산기의 전가산기 회로에 모든 입력 캐리만 없애면 된다. 전가산기에서 합을 구하는 부울 함수를 생각해 보자.

$$F_i = X_i \oplus Y_i \oplus C_i$$

선택 변수 s_2가 1일 때는 각 단계에서 입력 캐리 **C_i를 0으로** 만든다. 결과는 exclusive-OR 연산의 성질 $x \oplus 0 = x$인 관계가 있으므로;

$$F_i = X_i \oplus Y_i$$

이다. 즉, 각 단계의 입력 캐리가 0이라면 전가산기 회로는 exclusive-OR 연산을 행한다.

그림 9-8의 산술 회로를 생각해 보자. 두 선택 변수에 따라서 Y_i 값은 0, B_i, B_i' 또는 1이 될 수 있다. X_i의 값은 언제나 입력 A_i와 일치한다. 표 9-3은 세 번째 선택 변수 $s_2=1$일 때 실행되는 4가지 논리 연산들이다. 이 구성으로 얻어지는 논리 연산은

표 9-3 산술 회로 한 stage에서의 논리 연산

s_2	s_1	s_0	X_i	Y_i	C_i	$F_i = X_i \oplus Y_i$	작 동	필요한 작 동
1	0	0	A_i	0	0	$F_i = A_i$	A를 전송	OR
1	0	1	A_i	B_i	0	$F_i = A_i \oplus B_i$	EOR	EOR
1	1	0	A_i	B_i'	0	$F_i = A_i \odot B_i$	동 치	AND
1	1	1	A_i	1	0	$F_i = A_i'$	NOT	NOT

第2段階 : 산술 연산 회로를 써서 논리 연산 회로의 실현

傳送(transfer), exclusive-OR, 同値(equivalence)와 補數이다. 이 선택 변수는 C_i를 0으로 만들고 s_1과 s_0는 Y_i를 위해 특정한 값을 선택한다(그림 9-7, 9-8참조). 이 표의 세 번째 연산은 同値 연산이다. 그 이유는,

$$A_i \oplus B_i' = A_i B_i + A_i' B_i' = A_i \odot B_i$$

이기 때문이다. 마지막 연산은 NOT, 즉 보수 연산이다.

$$A_i \oplus 1 = A_i'$$

이 표의 다섯 번째 列는 우리가 ALU 내에 포함시키려고 했던 기본적인 4가지 논리 연산을 나열하였다. 이 중에 EOR과 NOT은 이미 되어 있다. 따라서 남은 문제는 전송과 同値 연산 대신 OR와 AND를 수행할 수 있도록 산술 회로를 수정할 수 있느냐 하는 일이다. 다음 節에서 이 점을 살펴보자.

9-6 ALU의 設計(算術, 論理演算 共用回路 設計)

이 節에서는 8종류의 산술 연산과 4가지의 논리 연산을 수행하는 ALU를 설계한다. 선택 변수 s_2, s_1과 s_0는 8가지 연산들의 선택에 쓰이고, 입력 캐리 C_{in}은 추가로 4가지 산술 연산을 선택하는 데 쓰인다. $s_2 = 0$이면 C_{in}과 s_1, s_0은 표 9-1에 나온 8종류 산술 연산들을 선택한다. $s_2 = 1$이면 s_1과 s_0는 4가지 논리 연산 OR, EOR, AND, NOT 중 하나를 선택한다.

ALU는 조합 논리 회로이다. 이 장치는 규칙적인 형태를 지니고 있기 때문에 직렬로 연결된 동일한 여러 단계들로 나눌 수 있다. 따라서 ALU의 한 단계만을 설계하고 이것들을 段階數만큼 반복하면 된다. 각 단계에는 6개의 입력 A_i, B_i, C_i, s_2, s_1, s_0가 있고 출력 F_i와 출력 캐리 C_{i+1}이 있다. 독자들은 64개의 항을 가진 진리표를 만들어 두 출력 함수를 간단히 할 수 있다. 여기서는 병렬 가산기를 이용하는 다른 방법을 쓰겠다. 이 과정은 다음과 같다.

(1) 논리 연산 부분에 관계 없이 산술 연산 부분만 설계한다.

(2) 과정 1의 산술 회로로부터 얻어지는 논리 연산들을 결정한다. 모든 단계에서 입력 캐리는 0이라고 가정한다.

(3) 필요한 논리 연산을 수행할 수 있도록 산술 회로를 보완한다.

이 과정들의 첫 단계의 결과는 **그림 9-8**과 같다. 두 번째 단계는 **표 9-3**에 나와 있으며, 마지막 단계를 이제부터 보이겠다.

OR 연산 기능

표 9-3에서 $s_2 = 1$일 때 C_i는 0임을 알았다. 이 때 $s_1 s_0 = 00$이면 $F_i = A_i$이다. 이 출력을 OR 연산으로 바꾸기 위해서 각 전가산기 회로(full-adder circuit)에의 입력을 **A_i에서 $A_i + B_i$로 바꿔야 한다.** 이것은 $s_2 s_1 s_0 = 100$일 때 A_i와 B_i를 OR작동을 함으로써 이루어진다.

AND 연산 기능

다음에 선택 변수 $s_2 s_1 s_0 = 110$일 때를 생각해 보자. 이 경우 이 장치는 $F_i = A_i \odot B_i$가 출력되어 애당초 원치 않았던 출력인 것이다. 그러나 우리는 바로 이 $F_i = A_i \odot B_i$의 연산을 보완하여 **$F_i = A_i B_i$와 같은 AND 연산을 하려고 한다.** 한번 A_i를 어떤 부울 함수 K_i와 OR시켜 보자. $\boxed{s_2 s_1 s_0 = 110}$일 때 이것을 X_i로 하면,

$$F_i = X_i \oplus Y_i = (A_i + K_i) \oplus B_i' = A_i B_i + K_i B_i + A_i' K_i' B_i'$$

과 같이 되는데, 이 때 변수 K_i를 $K_i = B_i'$로 놓으면

$$\boxed{F_i = A_i B_i + B_i' B_i + A_i B_i B_i' = A_i B_i}$$

이 됨을 알 수 있다. 여기서 $B_i B_i' = 0$이므로 2項은 0이고, 결과는 AND 연산이 된다. 결론적으로 말하면 $s_2 s_1 s_0 = 110$일 때 A_i와 B_i'와 OR 연산시켜 전가산기의 입력 X_i에는 A_i, Y_i에는 B_i'를 넣으면, 결과는 AND 연산($F_i = A_i B_i$)이 된다.

최종적인 ALU의 모습은 **그림 9-13**과 같이 된다. 두 단계만 그려져 있지만 n 비트용의 ALU로 확장시킬 수 있다. 전가산기 회로의 입력들은 다음 부울 함수로 표시된다.

$$X_i = A_i + s_2 s_1' s_0' B_i + s_2 s_1 s_0' B_i'$$
$$Y_i = s_0 B_i + s_1 B_i'$$
$$Z_i = s_2' C_i$$

$s_2 = 0$일 때는 이 세 함수는 아래와 같이 된다.

$$X_i = A_i$$
$$Y_i = s_0 B_i + s_1 B_i'$$
$$Z_i = C_i$$

이것은 **그림 9-8** 산술 회로의 기능들이다. 논리 연산들은 $s_2 = 1$일 때 작동된다.

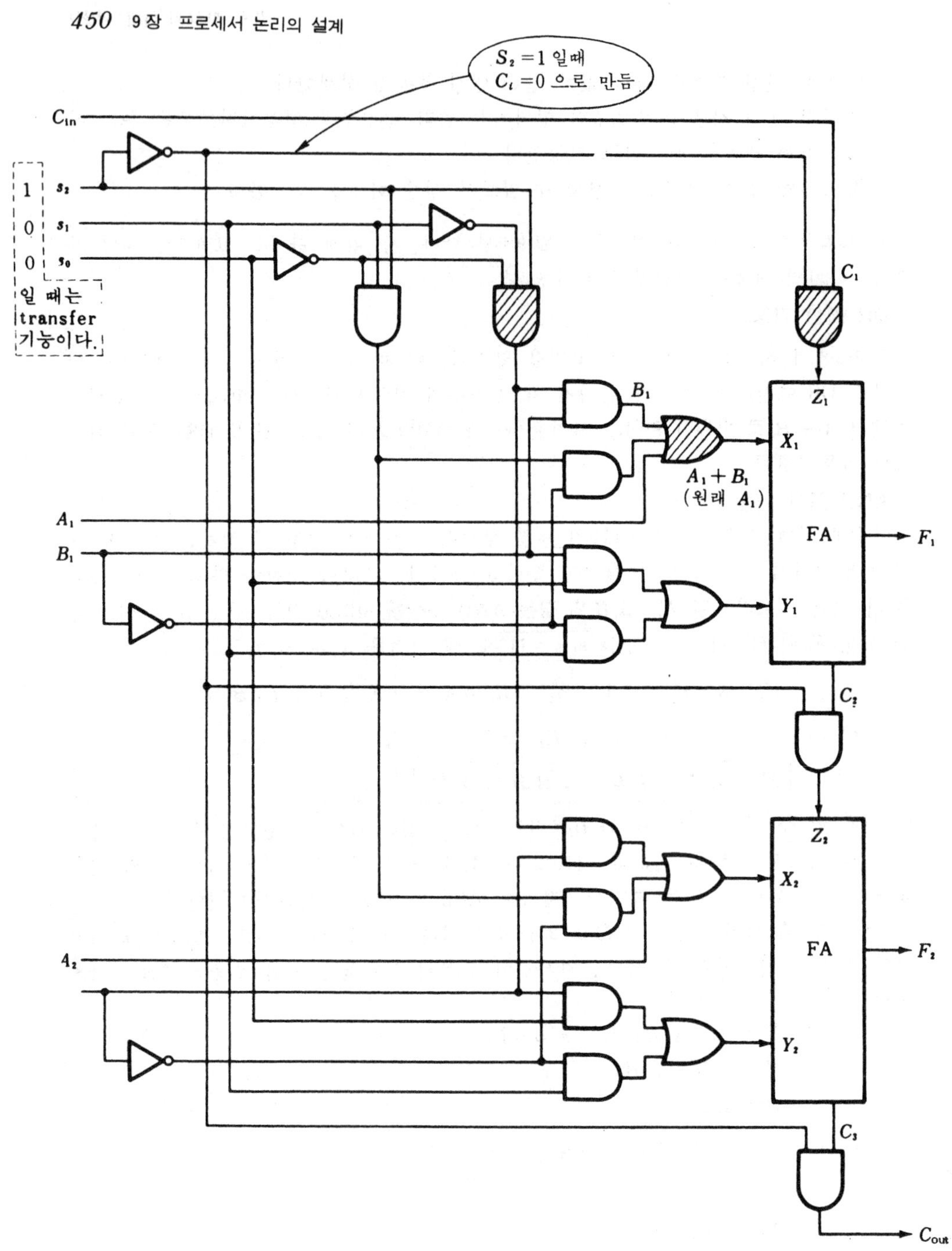

그림 9-13 ALU의 논리도
제 2 단계 : 전가산기를 써서 산술 연산과 논리 연산 겸용 실현

표 9-4 그림 9-13 ALU의 기능표

	선택				출력	기능
	s_2	s_1	s_0	C_{in}		
산술 연산	0	0	0	0	$F=A$	A를 전송
	0	0	0	1	$F=A+1$	A를 증가
	0	0	1	0	$F=A+B$	덧셈
	0	0	1	1	$F=A+B+1$	carry가 있을 때의 덧셈
	0	1	0	0	$F=A-B-1$	borrow가 있을 때의 뺄셈
	0	1	0	1	$F=A-B$	뺄셈
	0	1	1	0	$F=A-1$	A를 감소
	0	1	1	1	$F=A$	A를 전송
논리 연산	1	0	0	X	$F=A\vee B$	OR
	1	0	1	X	$F=A\oplus B$	EOR
	1	1	0	X	$F=A\wedge B$	AND
	1	1	1	X	$F=\overline{A}$	A의 보수

$s_2 s_1 s_0 = 101$ 또는 111일 때 이 기능들은 다음과 같이 된다.

$$X_i = A_i$$
$$Y_i = s_0 B_i + s_1 B_i'$$
$$C_i = 0$$

출력 F_i는 표 9-3에서 설명된 바와 같이 $X_i \oplus Y_i$가 되어 EOR이 되거나 보수 연산이 된다. $s_2 s_1 s_0 = 100$일 때 A_i는 B_i와 OR되고 110일 때 A_i는 B_i'와 OR되어 AND 연산을 한다.

ALU에서의 12가지 연산들이 표 9-4에 정리되어 있다. 그 특별한 기능은 s_2, s_1, s_0, C_{in}을 통해서 선택된다. 산술 연산은 산술 회로로서 그것을 나타내었다. C_{in}은 4개 논리 연산에 대해서는 아무 의미가 없으므로 리던던시 (don't care condition) X로 표시한다.

9-7 狀態 레지스터

두 數의 상대적인 크기를 결정하려면 한 數에서 다른 수를 뺀 뒤 결과의 差에 대한 어떤 비트의 상태를 조사하면 된다. 만일 두 數에 부호가 없다면 출력 캐리와 결과가 0인가 하는 것이 관심의 대상이 된다. 부호가 있는 數들이라면 결과가 어떤 부호인가, 差의 결과가 0인가, 오우버플로우가 생기지 않았는가 등의 조건들이 관심의 대상이 된다. 이러한 상태 비트 조건들을 그 이후의 분석을 위하여, 저장하는 상

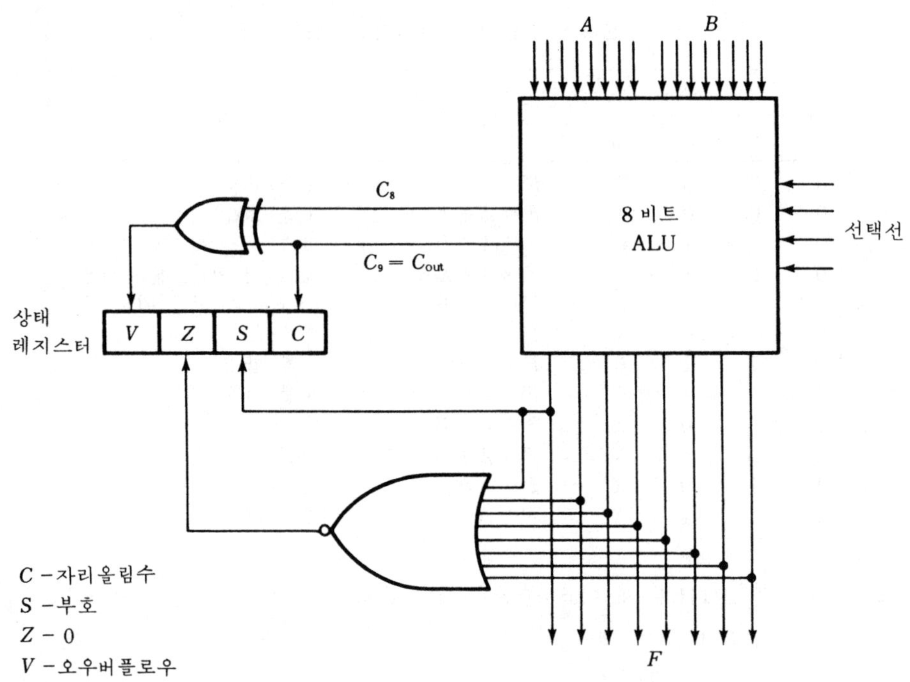

그림 9-14 4비트 상태 레지스터를 가진 8비트 ALU의 블록도

태 레지스터를 ALU에 두는 것이 편리하다. 상태 비트 조건들을 때때로 **條件 코우드**(condition-code) 또는 **表示(flag) 비트**라고 한다.

그림 9-14는 4비트 상태 레지스터를 가진 8비트 ALU의 블록도이다. 4개 상태 비트에는 C., S, Z, 그리고 V라는 기호가 붙어 있다. 이 비트들을 ALU에서 수행된 연산의 결과에 따라서 세트되거나 클리어된다.

狀態 비트 *C, S, Z* 와 *V*의 說明

(1) 狀態 비트 C는 ALU의 출력 캐리가 1이면 세트되고 0이면 클리어된다.

(2) 비트 S는 ALU의 출력 결과의 가장 높은 자리 비트(부호 비트)가 1이면 세트되고, 0이면 클리어된다.

(3) 비트 Z는 ALU의 출력 결과의 모든 비트가 0이면 세트되고, 그렇지 않으면 클리어된다. 결과가 0이면 $Z=1$이고 결과가 0이 아니면 $Z=0$이다.

(4) 비트 V는 캐리 C_8과 C_9의 exclusive-OR가 1이면 세트되고 그렇지 않으면 클리어된다. 이것은 數들이 부호−2의 補數法(8-5節 참조)으로 표시되었을 때의 오우버플로우 조건이다. 8비트 ALU에 대해 V는 결과가 127보다 크거나 −128보다 작으면 세트된다.

상태 비트(status bit)는 ALU 연산 직후에 두 값 A와 B 사이의 관계를 알려고 할 때 검사하는 것이다.

1. 마스킹(masking)에 의한 레지스터 비트 檢査

부호가 붙은 두 數를 덧셈한 후 V가 세트되었으면 오우버플로우가 발생한 것이다. EOR 연산 후 Z가 세트되었으면 $A=B$이다. 그 이유는 $x \oplus x = 0$인 관계에서 두 오퍼란드의 EOR 연산 결과 모든 비트가 0(零)이면, 이것이 0 상태 비트인 Z를 세트시키기 때문이다. A의 어떤 한 비트만 0인지 1인지를 검사하고자 할 때에는 이 비트만 남기고 나머지들을 모두 마스크(mask)시킨 뒤 Z상태 비트를 검사하면 된다. 例를 들어 $A=101x1100$이라고 하자. A와 $B=00010000$을 AND시키면 $000x0000$이다. 이 때 $x=0$이면 Z상태 비트가 세트되고 $x=1$이라면 결과가 0이 아니므로 Z는 클리어된다. 이 경우 x비트 이외의 모든 비트를 마스크했다고 한다.

2. 比較演算 後의 狀態 비트

비교 연산은 A에서 B를 빼면 된다. 그러나 그 결과가 行先 레지스터로 전송하지는 않고 단지 상태 비트에 영향만 미친다는 사실을 기억해야 된다. 그러므로 상태 레지스터는 A와 B의 상대적 크기에 대한 정보를 제공한다. 상태 비트들은 부호가 붙지 않은, 또는 부호가 붙어 있는 부호 2의 補數法 등의 數의 표시법에도 좌우된다. 부호가 붙지 않은 두 2진수의 $A-B$ 연산을 생각해 보자. A와 B의 상대적 크기는 C와 Z 비트에 전송되는 값으로 결정된다. 만일 $Z=1$이면 $A=B$이고 $Z=0$이면 $A \neq B$이다. 표 9-2를 보면 $A \geq B$이면 $C=1$이고 $A<B$이면 $C=0$임을 알 수 있다. 이 조건들이 표 9-5에 나와 있다.

$A>B$인 경우 $C=1$이고 $Z=0$이다. 결과가 0이면 C도 세트되기 때문에 결과가 0이 아닌 것을 확실하게 알기 위해서는 Z를 조사해야 한다. A가 B보다 작거나 같은 경우, C가 0이고($A<B$ 조건) Z가 1이어야 한다($A=B$ 조건). 표 9-5에는 여섯 관계식 각각에 대하여 만족되어야 할 부울 함수도 표시되어 있다.

표 9-5 부호가 안 붙은 수의 뺄셈 ($A-B$) 후의 상태 비트들

관 계	상태 비트들의 조 건	부 울 함 수
$A>B$	$C=1$이고 $Z=0$	CZ'
$A \geqslant B$	$C=1$	C
$A<B$	$C=0$	C'
$A \leqslant B$	$C=0$이거나 $Z=1$	$C'+Z$
$A=B$	$Z=1$	Z
$A \neq B$	$Z=0$	Z'

3. 받아내림수(borrow) 表示

어떤 컴퓨터에서는 비트 C를 $A-B$ 연산 후의 받아내림수 비트로 취급하기도 한다. $A \geq B$인 경우 가장 높은 자리에서 받아내림수는 생기지 않지만 $A < B$인 때에는 받아내림수가 생긴다. 받아내림수에 대한 조건은 B의 2의 보수를 취해 뺄셈을 하는 경우에는 출력 캐리의 보수가 된다. 그러므로 C 비트를 뺄셈에서의 받아내림수로 취급하는 프로세서는 뺄셈이나 비교 연산 후의 C 비트의 보수를 취하여 이것을 받아내림수로 표시한다.

4. 減算 $A-B$ 後의 狀態 비트

이제 부호-2의 補數法으로 표현된 수들의 $A-B$ 연산을 살펴보자. A와 B의 상대적 크기는 Z, S, V 상태 비트에 전송된 값으로 결정된다. $Z=1$이면 $A=B$이고, $Z=0$이면 $A \neq B$이다. $S=0$이면 결과의 부호는 陽이고, 따라서 A가 B보다 크다. 이것은 오우버플로우가 생기지 않았을 때, 즉 $V=0$일 때만 옳다. 오우버플로우가 생겼다면 결과는 맞지 않기 때문이다. 8-5節에서 오우버플로우 조건이 결과의 부호를 바꾼다는 것을 배웠다. 그러므로 $S=1$이고 $V=1$이면 결과는 陽數, 즉 A가 B보다 크다고 해석한다.

표 9-6은 A, B 사이의 관계식과 그 때의 Z, S, V 값을 보인 것이다. **$A>B$이면 결과는 0이 아닌 陽數이다.** 결과가 0일 때도 부호 비트는 陽이므로 $A=B$일 가능성을 배제하기 위해서 Z(zero) 비트를 확인해야 한다. $A \geq B$에 대해서는 오우버플로우가 생기지 않은 상태에서 부호 비트가 陽이거나, 오우버플로우가 생기고 부호 비트가 陰인가만 조사하면 된다. **$A<B$이면 결과는 틀림 없이 陰이다.** $A \leq B$일 때의 결과는 陰이거나 0이다. 이 표에 나열된 부울 함수들은 대수적인 형으로 된 상태 비트 조건을 표시한다.

표 9-6 부호-2의 보수법 수의 뺄셈 $A-B$ 후의 상태 비트들

관계	상태 비트들의 조건	부울 함수
$A>B$	$Z=0$이고($S=0$, $V=0$ 이거나 $S=1$, $V=1$)	$Z'(S \odot V)$
$A \geqslant B$	$S=0$, $V=0$ 이거나 $S=1$, $V=1$	$S \odot V$
$A<B$	$S=1$, $V=0$ 이거나 $S=0$, $V=1$	$S \oplus V$
$A \leqslant B$	$S=1$, $V=0$ 이거나 $S=0$, $V=1$이거나 $Z=1$	$(S \oplus V)+Z$
$A=B$	$Z=1$	Z
$A \neq B$	$Z=0$	Z'

9-8 시프터(shifter; 자리 이동 레지스터)의 設計

프로세서에 붙어 있는 시프터 장치는 ALU의 출력을 출력 버스로 전송한다. 시프터는 이 정보를 오른쪽 또는 왼쪽으로 자리 이동 시킨 후 전송하기도 하고 자리 이동 하지 않은 채로 직접 전송하기도 한다. 시프터는 보통 ALU에서 불가능한 자리 이동 마이크로 작동을 수행한다.

시프터 회로는 병렬 로우드식 兩方向 자리 이동 레지스터(bidirectional shift register)를 쓴다. ALU로부터의 정보는 이 레지스터에 병렬로 전송된 후 자리 이동한다. 자리 이동 레지스터로 전송하는 데 1개의 클럭 펄스와, 이 레지스터에서 자리 이동할 때 또 다른 클럭 펄스 하나가 필요하다.

이리하여 자리 이동 레지스터에서 行先 레지스터로 전송하는 데 필요한 1개 펄스 외에 2개의 펄스가 추가된다. 만일 시프터를 조합 회로로 구성한다면 출발 레지스터에서, 行先 레지스터로 정보 전송을 하는 데 클럭 펄스가 단지 하나만으로 가능하다.

조합 논리 시프터의 경우 ALU로부터 출력 버스로의 신호들은 추가의 클럭 펄스 없이 게이트를 통해 전송된다. 그러므로 프로세서 시스템에서는 출력 버스에서 行先 레지스터로 데이터를 옮기는 데 클럭 펄스 하나만 필요한 셈이다.

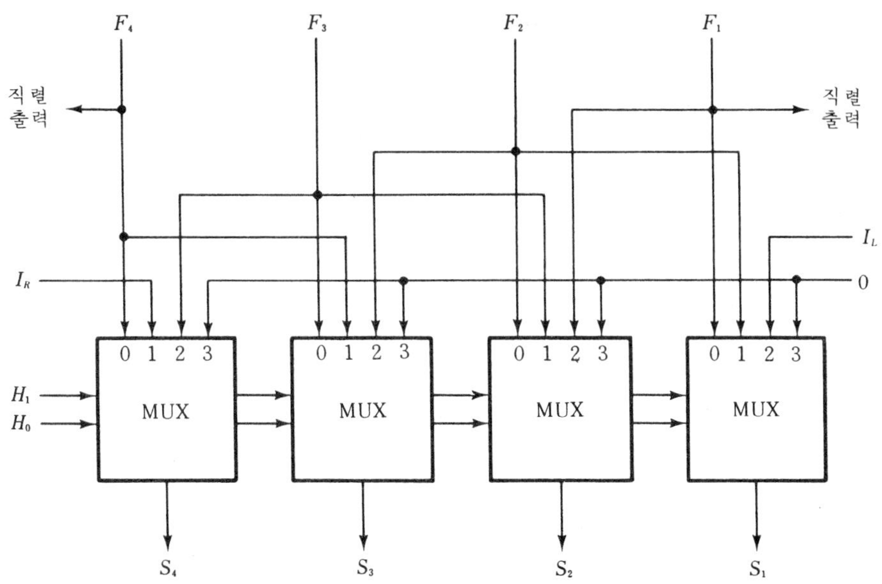

그림 9-15 4비트 조합 논리 시프터

표 9-7 shifter의 기능표

H_1	H_0	작 동	기 능
0	0	$S \leftarrow F$	F를 S로 전송(자리 이동 안 함)
0	1	$S \leftarrow \text{shr } F$	F를 오른쪽 자리 이동 한 후 S로
1	0	$S \leftarrow \text{shl } F$	F를 왼쪽 자리 이동 한 후 S로
1	1	$S \leftarrow 0$	S를 클리어

組合論理 시프터(combinational logic shifter)

조합 논리 시프터는 **그림 9-15**와 같이 멀티플렉서를 이용해서 구성된다. 두 선택 변수 H_1과 H_0는 4개의 MUX에 공통으로 연결되어 있다. $H_1H_0=00$이면 자리 이동이 일어나지 않고 F로부터의 신호가 곧바로 S로 전달한다. 그 다음의 선택 변수 값들은 右向 자리 이동 작동과 左向 자리 이동 작동을 일으킨다. $H_1H_0=11$일 때 MUX는 0 입력을 받아 출력 S 값들의 결과가 0이 되게 해서, ALU로부터 출력 버스로의 정보 전송을 막는다. **표 9-7**에 이 시프터의 작동들을 요약해 놓았다.

그림 9-15는 시프터의 4단(4비트)만 보이고 있다. 물론 시프터는 n개의 並列線들로 된 n段으로 되어 있어야 한다. 여기에 입력 I_R과 I_L은 직렬 입력으로서 오른쪽 자리 이동 또는 왼쪽 자리 이동 할 때, 제일 마지막과 첫 번 段에 각각 필요한 것이다. 자리 이동 되는 동안, I_R과 I_L에 무슨 값이 들어갈 것인가를 명시하기 위하여 기타 선택 변수들을 쓸 수 있다. 例를 들어 세 번째 선택 변수 H_2가 어떤 상태일 때에는 0을 직렬 입력으로 쓰게 하고 다른 상태일 때에는 정보가 캐리 상태 비트의 값을 포함해서 環狀 자리 이동 하도록 할 수 있다. 이런 방법으로 덧셈 연산에서 생긴 캐리가 오른쪽으로 자리 이동되어 레지스터의 가장 높은 비트 위치(most significant bit position)에 넣을 수 있다.

9-9 處理裝置(processor unit)

처리 장치의 선택 변수들은 어떤 주어진 클럭 펄스 동안 장치 안에서 수행될 마이크로 작동들을 제어한다. 선택 변수들은 버스, ALU, 시프터, 行先 레지스터 등을 제어한다.

그림 9-16(a)는 처리 장치의 블록도이다. $R_1 \sim R_7$의 레지스터 7개와 1개의 상태 레지스터가 있다. 이 7개 레지스터들의 출력은 멀티플렉서에 연결되어 ALU의 입력으로서 선택된다. 外部源의 입력 데이터도 이 멀티플렉서에서 선택한다. ALU의 출력은

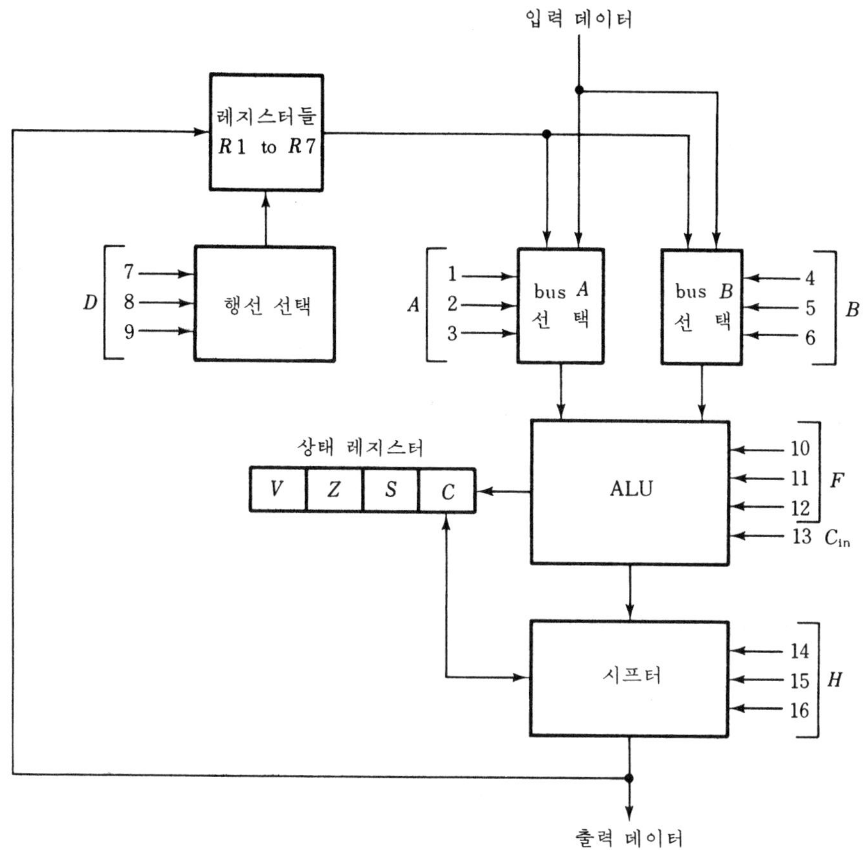

(a) 블 록 도

1 2 3	4 5 6	7 8 9	10 11 12	13	14 15 16
A	*B*	*D*	*F*	C_{in}	*H*

(b) 제어 워어드

그림 9-16 제어 변수를 가진 처리 장치

시프터를 지나서 외부 출력 단자들로 나간다. 시프터의 출력은 다시 7개의 레지스터들 중의 하나로 전송되거나 외부 行先으로 전송된다.

이 장치에는 선택 변수가 16개 있고 이들의 기능은 **그림 9-16**(b)의 제어 워어드 (control word)에 명시되어 있다.

표 9-8 그림 9-16 프로세서에 쓰이는 제어 변수들의 기능

2 진 코우드	선택 변수들의 기능					
	A	B	D	F with $C_{in}=0$	F with $C_{in}=1$	H
0 0 0	입력데이터	입력 데이터	없음	$A,\ C\leftarrow 0$	$A+1$	자리 이동 안 함
0 0 1	$R1$	$R1$	$R1$	$A+B$	$A+B+1$	오른쪽 자리 이동, $I_R=0$
0 1 0	$R2$	$R2$	$R2$	$A-B-1$	$A-B$	왼쪽 자리 이동, $I_L=0$
0 1 1	$R3$	$R3$	$R3$	$A-1$	$A,\ C\leftarrow 1$	출력 bus에 0을
1 0 0	$R4$	$R4$	$R4$	$A\vee B$	—	—
1 0 1	$R5$	$R5$	$R5$	$A\oplus B$	—	carry가 있는 환상 오른쪽 자리 이동
1 1 0	$R6$	$R6$	$R6$	$A\wedge B$	—	carry가 있는 환상 왼쪽 자리 이동
1 1 1	$R7$	$R7$	$R7$	$\overline{A}$	—	—

1. 制御語의 각 피일드別 說明

이 16비트 제어 워어드는 프로세서 내에 선택 변수로서 공급할 때 주어진 마이크로 작동을 명시한다. 제어 워어드는 6피일드(field)로 나뉘는데, 각 피일드마다 이름을 갖고 있다. C_{in}만 제외하고는 각 피일드는 3비트씩이다. A의 3개 비트는 ALU의 좌측 입력에 쓰일 출발 레지스터를 선택한다. B는 ALU의 우측 입력을 위한 출발 레지스터를 선택한다. D는 行先 레지스터를 지정한다. F피일드는 C_{in}과 함께 ALU에 대한 機能(function)을 지정한다. H피일드는 시프터 (shifter)에서 일어날 자리 이동의 종류를 지정한다.

선택 변수들의 모든 기능이 표 9-8에 있다. 이 표에 나열된 3개 비트 2진 코우드는 5개의 피일드(field) A, B, D, F, H에서 표시할 코우드를 명시한다. A, B와 D로 선택한 레지스터의 번호는 각 코우드의 2진수에 해당되는 10진 숫자와 같다.

A나 B피일드에 000이면 해당되는 멀티플렉서는 외부로부터의 입력(input) 데이터를 선택한다. $D=000$일 때에는 어떤 行先 레지스터도 선택하지 않는다. F피일드의 3 비트와 입력 캐리 C_{in}과 합하여 4 비트인데, 이것은 표 9-4에 나열된 ALU의 12종류 작동을 선택한다. $F=A$(전송, transfer)가 될 수 있는 가능성은 2가지가 있음에 주의하자. 한 경우에는 캐리 비트 C_{out}가 클리어되고, 다른 경우에서는 1로 세트된다(표 9-2참조).

H피일드에 표시된 코우드의 처음 4개는 표 9-7의 자리 이동 작동을 나타낸다. 세

번째 선택 변수 H_2는 직렬 입력 I_R과 I_L에 0을 넣을 것인가, 아니면 캐리 비트 C로 環狀 자리 이동(circular shift with carry)을 할 것인가를 결정한다. 편의를 도모하기 위해 캐리 비트 C를 이용한 環狀 右向 자리 이동(circular right-shift with carry: crc)은 crc로 環狀 左向 자리 이동(circular left-shift with carry: clc)은 작동 clc로 표기하기로 하자. 그러면 다음 문장,

$$R \leftarrow \text{crc } R$$

은 아래 문장들과 같은 等價이다.

$$R \leftarrow \text{shr } R,\ R_n \leftarrow C,\ C \leftarrow R_1$$

R이 右向 자리 이동되면서 가장 낮은 자리 비트 R_1(레지스터의 비트 번호가 1에서 n까지일 때)은 C로 간다. 이 C값이 가장 높은 자리 비트인 R_n으로 옮긴다.

2. 制御 메모리와 마이크로 프로그래밍(control memory & microprogramming)

16비트 制御語는 처리 장치에 대한 마이크로 작동들을 명시하는 데 필요하다. 이렇게 많은 비트들로 이루어진 制御語들을 발생시키는 가장 효과적인 방법은 이들을 메모리 장치에 저장하는 것이다. 이 메모리 장치는 制御語들을 저장한 제어 메모리로서 작용한다. 이리하여 制御語의 順次는 한 번에 한 워어드씩 제어 메모리에서 읽혀져 원하는 마이크로 작동들의 順次를 시동시키는 것이다. 이런 형의 제어 조직을 마이크로 프로그래밍(microprogramming) 技法이라고 하는데 10章에서 상세히 설명하겠다.

3. 뺄셈($R1 \leftarrow R1 - R2$) 마이크로 作動

주어진 마이크로 작동의 制御語는 표 9-8에서 정의한 선택 변수들로 직접 유도해 낼 수 있다. 뺄셈 마이크로 작동,

$$R1 \leftarrow R1 - R2$$

은 $R1$이 ALU의 좌측 입력, $R2$가 우측 입력을 명시한다. ALU에서 $A-B$를 연산한 후 자리 이동은 하지 않으며, $R1$이 行先 레지스터임을 가리킨다. 표 9-8로부터 이 연산에 대한 制御語를 유도해 낼 수 있다. 즉,

0010100010101000 :

A	B	D	F	C_{in}	H
001	010	001	010	1	000

표 9-9 프로세서의 마이크로 작동들의 예

마이크로 작 동	제어 워어드 A	B	D	F	C_{in}	H	기 능
$R1 \leftarrow R1 - R2$	001	010	001	010	1	000	$R1$에서 $R2$를 뺌
$R3 - R4$	011	100	000	010	1	000	$R3$와 $R4$를 비교
$R5 \leftarrow R4$	100	000	101	000	0	000	$R4$를 $R5$에 전송
$R6 \leftarrow$ input	000	000	110	000	0	000	입력 데이터를 $R6$로
output$\leftarrow R7$	111	000	000	000	0	000	$R7$을 출력
$R1 \leftarrow R1$, $C \leftarrow 0$	001	000	001	000	0	000	C를 clear
$R3 \leftarrow$ shl $R3$	011	011	011	100	0	010	$R3$를 왼쪽 자리 이동 $I_L = 0$
$R1 \leftarrow$ crc $R1$	001	001	001	100	0	101	carry도 사용해 $R1$을 환상 오른쪽 자리 이동
$R2 \leftarrow 0$	000	000	010	000	0	011	$R2$를 clear

이 마이크로 작동에 대한 制御語와 다른 몇 가지 制御語들을 표 9-9에 수록해 놓았다.

4. 比較(compare) 마이크로 作動

비교 연산은 뺄셈과 비슷하지만, 差가 行先 레지스터로 전송되지 않고 단지 상태 레지스터에만 영향을 준다는 점에서 다르다. 이런 경우 行先 레지스터를 표시하는 D 피일드는 000 이 되어야 한다.

5. $R5 \leftarrow R4$ 의 마이크로 作動

$R4$를 $R5$로 전송하려면 $F = A$ 작동을 한다. A 부분은 100이고 行先 레지스터 부분 D는 101이다. B 선택 코우드는 어떠한 값이든 관계 없다. ALU가 이 피일드를 쓰지 않기 때문이다. 여기에서는 편의상 000 으로 하기로 하자.

6. $R6 \leftarrow$外部入力, 外部出力$\leftarrow R7$ 의 作動

입력 데이터를 $R6$으로 전송할 때에는 $D=110$이고 $A=000$으로 해서, 외부 입력을 선택하게 한다. ALU의 기능은 $F=A$이므로 B값은 무관하다. $R7$의 데이터를 출력시키기 위해서는, $A=111$이고, $D=000$(또는 111)이다. ALU작동 $F=A$는 $R7$의 내용을 출력 버스로 옮긴다.

7. $R1 \leftarrow R1$, $C \leftarrow 0$ 의 作動과 狀態 비트 C, V, S, Z 의 作動

때때로 캐리 비트를 環狀 자리 이동 작동을 하기 전 세트나 클리어시킬 필요가 있는 경우가 있다. 이 때 ALU 기능 선택 코우드는 각각 0111(FC_{in})이나 0000 (FC_{in})으로 할 수 있는데, 0111은 캐리를 세트시키고, 0000은 캐리를 클리어시킨다(표 9-8참조). 문장 $R1 \leftarrow R1$, $C \leftarrow 0$는 $R1$의 내용을 변경시키지 않는다. 그러나 C와 V는 클리어된다. 상태 비트 Z나 S는 보통 같이 영향을 받는다. 만일 $R1 = 0$가 되면 Z는 세트되고, 그렇지 않으면 클리어된다. S는 $R1$의 부호 비트의 값이 세트된다. 行先 레지스터를 인에이블시키는 클럭 펄스가 동시에 ALU로부터 상태 비트들을 상태 레지스터로 전송한다.

狀態 비트들은 언제나 算術演算 直後에 影響을 받는다. 단 C와 V 狀態 비트는 論理演算에 의해서 影響받지 않는다. 이 비트들은 논리 연산에서 아무 의미가 없기 때문이다. 어떤 프로세서들에서는 1 증가나 감소 연산 후에 캐리 비트 값이 바뀌지 않게 하는 것이 통례이다.

만일 캐리 비트가, 不變 상태로 레지스터의 내용을 시프터에 옮길 때는 ALU의 A와 B 입력에 똑같은 레지스터를 선택시킨 후 OR 논리 연산을 하면 된다.

$R \leftarrow R \vee R$ (캐리 C 不變, 시프터에 傳送)

이 연산은 레지스터 R의 내용을 바뀌게 하지 않는다. 그러나 R의 내용을 시프터의 입력으로 옮기며 상태 비트 C, V의 값은 변화되지 않는다.

8. $R3 \leftarrow$ shl $R3$의 마이크로 作動

표 9-9의 例에서 보면 자리 이동을 하지 않을 때 H 피일드에 000을 썼다. 레지스터의 내용을 자리 이동 하려면 레지스터의 내용이 ALU를 거치는 동안은 값이 바뀌지 않고 시프터로 옮겨져야 한다. 左向 자리 이동 마이크로 作動文(shift-left micro-operation),

$R3 \leftarrow$ shl $R3$

은, 자리 이동 연산 선택을 위한 코우드는 명시하고 있지만 ALU의 기능에 대해서는 명시하고 있지 않다. $R3$의 내용을 자신과 OR 작동시키면 시프터로 옮길 수 있다. 자리 이동된 정보는 만일 行先 레지스터가 $R3$로 표시되어 있다면, 다시 $R3$로 되돌아간다. 필요한 코우드는 A, B, D에 모두 같이 011($R3$ 지정)이 되고, OR 작동에 대한 기능 ALU 지정 코우드는 1000이고, H는 010(左向 자리 이동 코우드)이다.

9. $R1 \leftarrow$ crc $R1$의 마이크로 作動

캐리까지 포함한 $R1$의 내용을 環狀 右向 자리 移動하는 文章은 다음과 같다.

$R1 \leftarrow$ crc $R1$

이 문장도 시프터에 쓰일 코우드만 명시하고 있지만, ALU에 대해서는 그렇지 않다. $R3$의 내용을 C 비트에 영향을 주지 않은 채 ALU의 출력 단자로 옮기려면 전과 같이 OR 연산을 하게 한다. 그러면 C 비트는, ALU의 작동에 의해서는 영향을 받지 않는다. 그러나 나중에 環狀 자리 이동 작동으로 말미암아 값이 바뀔 수도 있다.

10. $R2 \leftarrow 0$의 마이크로 作動

표 9-9의 마지막 例는 레지스터를 0으로 클리어시키는 制御語이다. $R2$를 클리어시키기 위해 출력 버스에 0들을 옮겨 놓고($H=011$), 行先 피일드 D가 레지스터 $R2$를 가리키게 하면 된다.

11. 프로세서의 處理過程 概要

이 例들에서 보면 처리 장치에서 다른 더 많은 마이크로 작동들을 만들 수 있음을 확실히 알 수 있다. 완전한 마이크로 작동들을 갖춘 처리 장치는 여러 응용에 쓰일 수 있다. 레지스터 전송법은 汎用 처리 장치를 갖춘 디지털 시스템에서 작동(演算)들을 기호로 표시하는 편리한 도구가 된다. 시스템은 먼저, 레지스터 傳送法의 기호나 다른 적당한 等價表示法으로 표시된 마이크로 작동문들의 順次라고 정의된다. 여기서는 제어 함수가 부울 함수로서가 아니라 制御語(control word)라고 불리는 2진 變數列(string of binary variable)로서 표현되어 있다. 각 마이크로 작동의 制御語(control word)는 프로세서의 機能表(function table)에서 유도한다. 시스템의 제어어의 順次는 제어 메모리에 저장된다. 제어 메모리의 출력은 프로세서의 선택 변수들에 연결된다. 메모리에 저장된 制御語들을 차례대로 읽어서 프로세서 내에 마이크로 작동들의 順次를 행하게 한다. 그러므로 전반적인 설계는 레지스터 전송법, 즉 이런 경우에는 **마이크로 프로그래밍법(microprogramming method)**이라고 불리는 방법을 통해 이루어진다. 프로세서 장치를 제어하는 이런 방법은 10-5節에서 설명하고 있다.

9-10 累算器(accumulator)의 設計

어떤 프로세서 장치에서는 한 레지스터를 다른 모든 레지스터와 구별하여 그것을 **累算器**(accumulator ; 어큐뮬레이터) 레지스터라 부른다. **그림 9-4**에는 어큐뮬레이터 레지스터로 된 처리 장치의 조직을 표시하였다. 레지스터의 조합으로 이루어진 **ALU**는 9-5節에서 논의한 **조합 회로 방식으로 구성할 수 있다**. 이 때, **累算器레지스터는 반드시 ALU에 연결된 병렬 로우드식 양방향성 자리 이동 레지스터이어야 한다**. 레지스터의 출력이 다시 ALU의 입력으로 피이드백(feedback)되기 때문에, 累算器 레지스터와 그와 관련된 논리 회로를 한 장치로 취급하면 이들은 順次 회로를 구성한다. 이런 성질 때문에 累算器 레지스터는 조합 회로 ALU를 사용하는 대신 순차 회

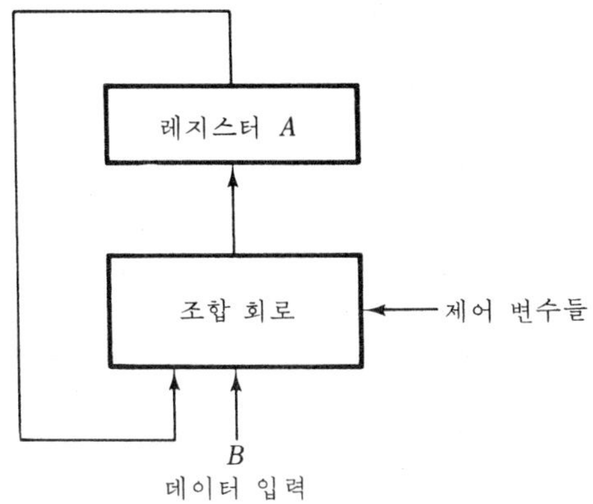

그림 9-17 누산기의 블록도

로 기술로 설계할 수 있다.

순차 회로를 형성하는 한 累算器의 블록도는 **그림 9-17**에 있다.

*AC*와, 그와 관련된 조합 회로들이 순차 회로를 형성한다. ALU가 조합 회로로서 대치되었다. 그러나 이것은 순차 회로 중의 조합 회로 부분에 불과하므로 累算器 레지스터와 분리할 수 없다. 보통 레지스터 *A*를 累算器 또는 *AC*라고 한다. 여기서 累算器는 레지스터 *A*와, 그와 관련된 조합 회로 모두를 가리킨다. 累算器로의 외부 입력은 *B*로부터의 데이터 입력과 마이크로 작동을 결정하는 제어 변수로 되어 있다. 레지스터 *A*의 다음 상태는 현재 상태와 외부 입력의 함수가 된다.

제 7 장에서 병렬 로우드, 자리 이동, 카운터 등과 같은 특수한 기능을 수행하는 여러 레지스터들을 살펴보았다. 累算器는 이 레지스터들과 비슷하지만 이상의 기능들뿐만 아니라 데이터 처리 작동도 하므로, 보다 일반적인 레지스터인 것이다. **累算器**는 단독으로 처리 장치 내의 모든 마이크로 작동들을 수행할 수 있는 **多機能 레지스터**(multi-function register) 이다. 물론 累算器가 할 수 있는 마이크로 작동들은 어느 특정한 처리 장치 속에 포함시켜야만 하는 작동들에 따라서 정해진다. 累算器와 같은 다목적 연산 레지스터의 논리 설계를 설명하기 위해 9종류의 마이크로 작동을 하는 회로를 설계하겠다. 이 節의 概略的인 설계 과정은 다른 마이크로 작동들을 위해서도 확장하여 쓸 수 있다.

累算器에 쓰일 한 組의 마이크로 작동들이 **표 9-10**에 나와 있다.

p_1, p_2,…… p_9의 제어 변수들은 제어 논리 회로에서 생성되며 해당하는 레지스터 전송 작동을 시동시키는 제어 함수로서 보아야 한다. 나열된 모든 마이크로 작동들에 대한 출발 레지스터는 *A* 레지스터이다. 이것은 기본적으로 順次回路의 현재 상태를 나타낸다. 레지스터 *B*는 오퍼란드가 2개 필요한 마이크로 작동을 위한 두 번째 출발 레지스터이다. *B*는 累算器에 연결되어 순차 회로에 입력을 제공한다. 行先

표 9-10 누산기에 쓰일 마이크로 작동들

제어 변수	마이크로 작동	이 름
p_1	$A \leftarrow A+B$	덧셈
p_2	$A \leftarrow 0$	clear
p_3	$A \leftarrow \overline{A}$	보수
p_4	$A \leftarrow A \wedge B$	AND
p_5	$A \leftarrow A \vee B$	OR
p_6	$A \leftarrow A \oplus B$	exclusive-OR
p_7	$A \leftarrow$ shr A	오른쪽 자리 이동
p_8	$A \leftarrow$ shl A	왼쪽 자리 이동
p_9	$A \leftarrow A+1$	증가
	if$(A=0)$ then $(Z=1)$	0인가를 조사

레지스터는 모두 A 레지스터로 한다. A 레지스터로 전송된 새로운 정보들은 순차 회로의 다음 상태를 형성한다. 9개 제어 변수들도 역시 순차 회로의 입력으로 간주한다. 이 변수들은 相互排他的(mutually exclusive)이어서 한 클럭 펄스 때에 오직 한 변수만이 인에이블 된다. 표 9-10의 마지막에 있는 것은 條件制御文(conditional control statement)이다. 이것은 레지스터 A의 내용이 0일 때, 즉 레지스터의 모든 플립플롭이 클리어되었을 때 출력 변수 Z가 1이 되게 한다.

設計過程(design procedure)

累算器는 A_1, A_2, A_3,……, A_n의 n개의 段(stages), 즉 n개의 플립플롭으로 되어 있다. 累算器는 오른쪽 끝에서부터 번호를 차례로 붙여나간다. 이것은 똑같은 n개의 段으로 나누어 한 대표적인 i 段만 생각하는 것이 편리하다. 각 段에는 A_i로 표시한 1개의 플립플롭과, B_i로 표시한 데이터 입력, 그리고 플립플롭과 관련된 조합 논리 회로로 구성한다. 설계 과정에서는 n비트 累算器가 n段(stage)으로 되어 있는데, $i=1, 2,\cdots\cdots, n$ 중에서 대표적인 1개의 i段에 대해서만 생각하기로 하겠다. 각 段 A_i는 오른쪽의 A_{i-1}과 왼쪽의 A_{i+1}과 연결되어 있다. 첫 번째 段 A_1과 마지막 段인 A_n에는 인접한 段이 1개씩 밖에 없으므로, 특별히 고려해야 한다. 여기서 레지스터는 JK 플립플롭들을 사용한다.

각 제어 변수 p_j, $j=1, 2, \cdots\cdots, 9$는 특정한 마이크로 작동을 시동시킨다. 이 작동이 의미가 있으려면 어느 순간에서나 한 제어 변수만이 인에이블(enable)되도록 보장해야만 한다. 제어 변수들은 상호 배타적이므로, 한 조합 회로 설계시에 각각 하나의 마이크로 작동마다 수행하는 작은 회로들로 분할하여 설계해도 된다. 따라서 累算器는 n段으로 나뉘고 각 段들도 작은 회로들로 나뉘어진다. 이렇게 하면 상당히 간편하게 설계할 수 있다. 일단 여러 부분을 독립적으로 설계한 후 이들을 조합해 한 段을 구성하고 다시 여러 段들을 組合해 완전한 累算器를 만든다.

프로세서 裝置한 段의 累算器 作動別 設計

1. **B를 A에 덧셈(p_1) 作動設計 :** 덧셈 마이크로 작동은 제어 변수 p_1이 1일 때 작동한다. 이 부분은 ALU를 만들 때의 경우와 같이 全加算器(full adder) 회로로 된 병렬 가산기를 쓸 수 있다. 각 i段 안에 있는 전가산기는 A_i의 현 상태와 데이터 입력 B_i, 그리고 앞 段에서의 캐리 비트 C_i를 입력으로 한다. 이 가산기에서의 合은 A_i로 전송되고 출력 캐리 C_{i+1}은 다음 段의 입력 캐리가 된다.

全加算器를 順次回路의 一部로 看做

전가산기 회로의 내부 구조는, 만일 이것이 순차 회로의 부분으로서 작동한다고 간주하면 단순화시킬 수 있다. 이 전가산기를 순차 회로라고 간주할 때 전가산기의 상태표는 **그림 9-18**과 같고 이것을 단순화하면 된다.

클럭 펄스가 들어오기 전 A_i의 값은 순차 회로의 현재 상태를 나타낸다. 클럭 펄스가 들어온 후의 A_i 값은 다음 상태의 값이 된다. A_i의 다음 상태는 A_i의 현재 상

현 상태	입 력		다음 상태	플립플롭 입 력		출력
A_i	B_i	C_i	A_i	JA_i	KA_i	C_{i+1}
0	0	0	0	0	X	0
0	0	1	1	1	X	0
0	1	0	1	1	X	0
0	1	1	0	0	X	1
1	0	0	1	X	0	0
1	0	1	0	X	1	1
1	1	0	0	X	1	1
1	1	1	1	X	0	1

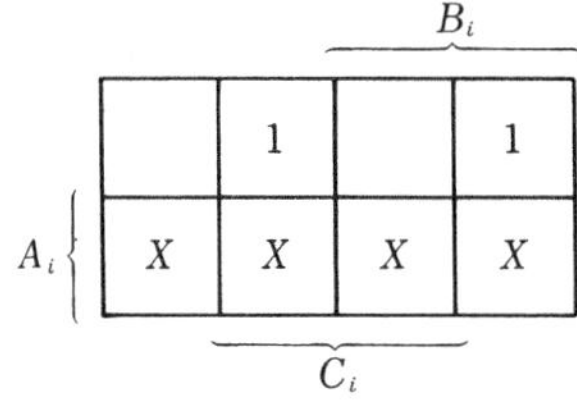

X X X X
1 1

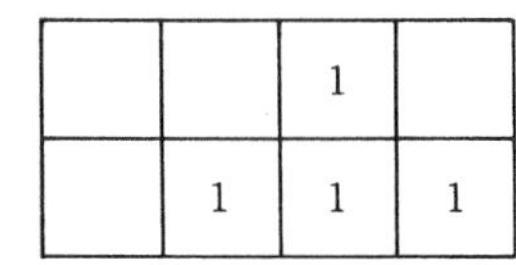

$JA_i = B_i C_i' + B_i' C_i$ $KA = B_i C_i' + B_i' C_i$ $C_{i+1} = A_i B_i + A_i C_i + B_i C_i$

그림 9-18 덧셈 마이크로 작동의 勵起表

태, 입력 B_i와 C_i에 따라서 결정된다. 상태표에 있는 현재 상태와, 상태표 중의 입력들은 전가산기의 입력들에 해당한다. 다음 상태와 C_{i+1}은 전가산기의 출력들에 해당한다. 그러나 이것이 순차 회로이므로 표에서 A_i는 현재 상태와 다음 상태 列에 모두 나타난다. A_i의 다음 상태가 플립플롭으로 전송되어져야 할 순이 된다.

JK 플립플롭의 勵起入力(excitation input)들은 JA_i와 KA_i 列에 나와 있다. 이 값들은 6-7節에서 설명된 방법으로 구해진 것이다. 플립플롭 입력 함수와 출력에 대한 부울 함수는 **그림 9-18**의 맵에서 간단화하였다. JA_i로 표시된 A_i의 J 입력과 KA_i로 표시된 A_i의 K 입력은 제어 변수 p_1을 포함하고 있지 않다. 그러나, 이 두 式들은 오직 p_1이 인에이블되었을 때에만, 플립플롭에 영향을 미친다. 그러므로 이들은 신호 p_1과 AND되어야 한다. 이리하여 덧셈 마이크로 작동과 관련된 조합 회로 부분은 다음 3개 부울 함수로서 표현할 수 있다.

$$JA_i = B_i C_i' p_1 + B_i' C_i p_1$$
$$KA_i = B_i C_i' p_1 + B_i' C_i p_1$$
$$C_{i+1} = A_i B_i + A_i C_i + B_i C_i$$

처음 두 식은 서로 같아서 A_i를 補數化하는 조건들을 나타낸다. 세 번째 식은 다음 段을 위한 캐리를 발생시킨다.

2. 클리어(p_2) 작동 설계: 제어 변수 p_2는 레지스터 A의 모든 비트를 클리어시킨다. JK 플립플롭을 클리어시키려면 단지 p_2를 K 입력에 연결만하면 된다. J 입력에 아무 신호도 들어가지 않을 때는 0으로 간주한다. 클리어 마이크로 작동의 입력 함수는 다음과 같다.

$$JA_i = 0$$
$$KA_i = p_2$$

3. 補數(p_3) 作動設計: p_3는 레지스터 A의 補數를 취하게 한다. 이를 위해 p_3를 J와 K 입력에 연결하면 된다.

$$JA_i = p_3$$
$$KA_i = p_3$$

4. AND(p_4) 作動設計: AND 마이크로 작동은 p_4로 작동된다. 이 작동은 A_i와 B_i를 논리적 AND시켜 그 결과를 A_i로 보낸다. 이 작동의 勵起表(exciation table)가 표 9-19(a)에 있다. A_i의 다음 상태는 B_i와 A_i의 현재 상태가 1일 때만 1이다. 2개의 맵(map)에서 간소화된 플립플롭 입력 함수를 보면 K 입력이 B_i값의 보수로 인에이블됨을 알 수 있다. 이것은 상태표에 열거된 조건들로부터 증명이 된다. 만일 $B_i = 1$이면 A_i의 현재와 다음 상태가 같게 되고, 따라서 플립플롭의 상태가 바뀔 필

현상태	입력	다음 상태	플립플롭 입력	
A_i	B_i	A_i	JA_i	KA_i
0	0	0	0	X
0	1	0	0	X
1	0	0	X	1
1	1	1	X	0

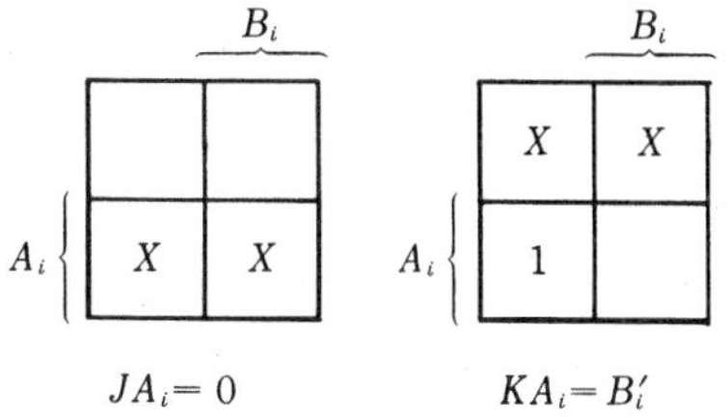

JA_i	B_i'	B_i
A_i'		
A_i	X	X

$JA_i = 0$

KA_i	B_i'	B_i
A_i'	X	X
A_i	1	

$KA_i = B_i'$

(a) AND

현상태	입력	다음 상태	플립플롭 입력	
A_i	B_i	A_i	JA_i	KA_i
0	0	0	0	X
0	1	1	1	X
1	0	1	X	0
1	1	1	X	0

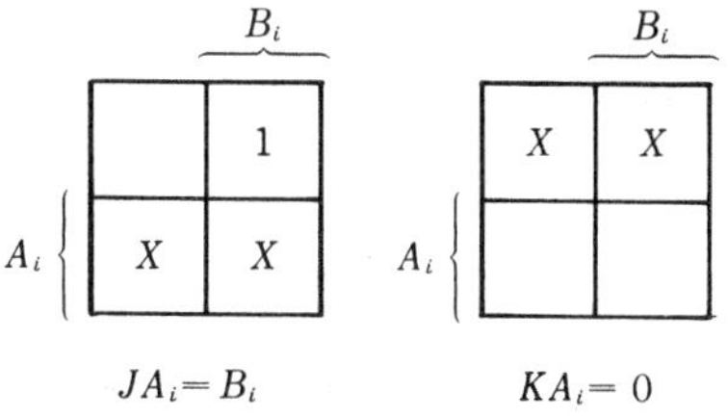

JA_i	B_i'	B_i
A_i'		1
A_i	X	X

$JA_i = B_i$

KA_i	B_i'	B_i
A_i'	X	X
A_i		

$KA_i = 0$

(b) OR

현상태	입력	다음 상태	플립플롭 입력	
A_i	B_i	A_i	JA_i	KA_i
0	0	0	0	X
0	1	1	1	X
1	0	1	X	0
1	1	0	X	1

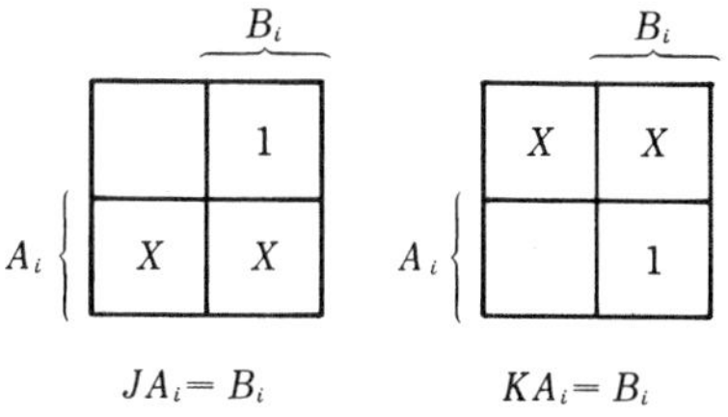

JA_i	B_i'	B_i
A_i'		1
A_i	X	X

$JA_i = B_i$

KA_i	B_i'	B_i
A_i'	X	X
A_i		1

$KA_i = B_i$

(c) exclusive-OR

그림 9-19 논리 마이크로 작동의 勵起表

요가 없다. 만일 $B_i = 0$이면 A_i의 다음 상태가 0으로 되어야 하는데, 이것은 K 입력을 인에이블(enable)시키면 된다. AND 마이크로 작동들의 입력 함수는 이 마이크로 작동을 동작하게 하는 제어 변수를 포함해야 한다. 즉,

$$JA_i = 0$$
$$KA_i = B_i' p_4$$

5. OR (p_5) 作動設計 : 제어 변수 p_5가 A_i와 B_i간에 OR 마이크로 작동하여 결과를 A_i에 전송한다. **그림 9-19(b)**는 이 작동의 플립플롭 입력 함수를 보여 준다. J 입력이 $B_i=1$일 때 인에이블된다는 것은 간소화된 맵에서 알 수 있으며, 또 결과는 상태표로부터 증명이 가능하다. $B_i=0$일 때는 A_i의 현재와 다음 상태는 서로 같으며, $B_i=1$일 때 J입력이 인에이블되고, A_i의 다음 상태가 1이 된다. OR 마이크로 작동에 대한 입력 함수는 다음과 같다.

$$JA_i = B_i p_5$$
$$KA_i = 0$$

6. exclusive-OR (p_6) : 이 작동은 A_i와 B_i에 논리적 exclusive-OR시킨 후 결과를 A_i로 전송한다. 이 작동을 위한 적절한 정보가 **그림 9-19(c)**에 나와 있다. 플립플롭 입력 함수는 다음과 같다.

$$JA_i = B_i p_6$$
$$KA_i = B_i p_6$$

7. 右向 자리 移動(p_7) 作動設計 : 이 작동은 A 레지스터의 내용을 오른쪽으로 한자리 자리 이동 시킨다. 이것은 i 段의 한 자리 왼쪽 段에 있는 A_{i+1}의 값이 A_i로 전송됨을 뜻한다. 입력 함수는 다음과 같다.

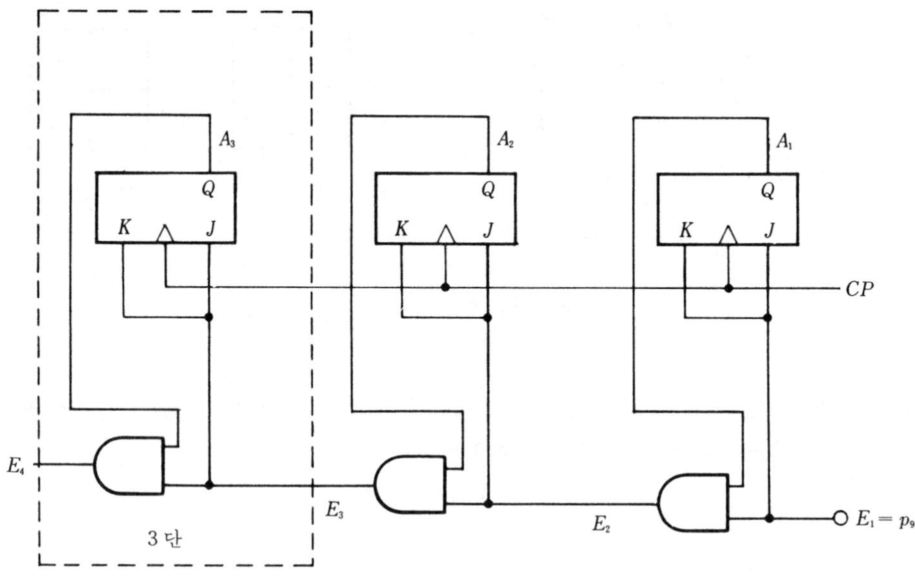

그림 9-20 3비트 동기식 2진 카운터

$$JA_i = A_{i+1}\, p_7$$
$$KA_i = A'_{i+1}\, p_7$$

8. **左向 자리 移動(p_8) 作動設計** : 이것은 레지스터 A를 왼쪽으로 한 자리 자리 이동 시킨다. i 段의 오른쪽에 있는 A_{i-1} 값이 A_i로 전송된다. 입력 함수는 다음과 같다.

$$JA_i = A_{i-1}\ \ p_8$$
$$KA_i = A'_{i-1}\ \ p_8$$

9. **增加(p_9) 作動設計** : 이 작동은 레지스터 A의 내용을 1만큼 증가시킨다. 즉, 이 레지스터는 p_9으로 카운트(count)가 인에이블되는 3비트 同期式 2진 카운터로서 **그림 9-20**에 있다.

이것은 7-5節 **그림 7-17**에서 詳述한 카운터와 유사하다. 그림에서 보면 각 段이 입력 캐리 $E_i = 1$일 때 보수화됨을 알 수 있다. 또한 각 段은 왼쪽에 있는 다음 段을 위해 출력 캐리 E_{i+1}을 발생시킨다. 첫 번째 段만 예외인데 이것은 카운터 인에이블 p_9으로서 보수화되기 때문이다. 일반적인 段의 부울 함수는,

$$JA_i = E_i$$
$$KA_i = E_i$$
$$E_{i+1} = E_i A_i \qquad i = 1,\ 2,\ \cdots\cdots,\ n$$
$$E_1 = p_9$$

이다. 입력 캐리 E_i는 플립플롭 A_i를 補數化시킨다. 각 段은 입력 캐리를 A_i와 AND

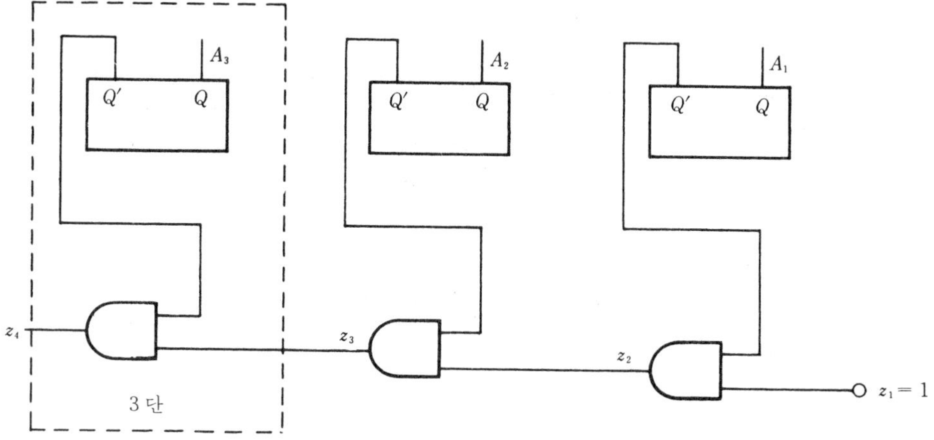

그림 9-21 레지스터의 내용이 0인가를 검사하는 연속적인 AND 게이트

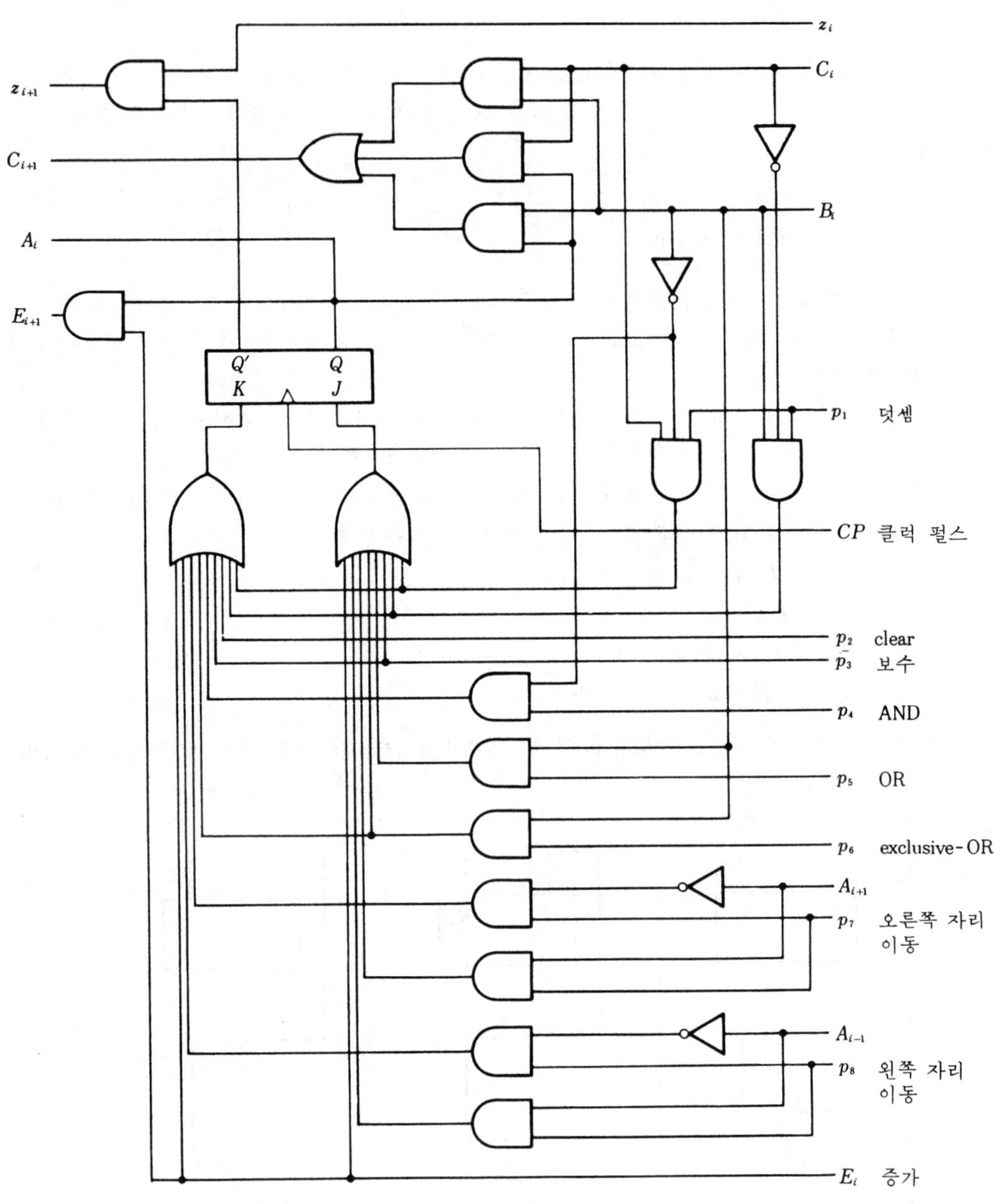

그림 9-22 전형적인 한 단계의 누산기

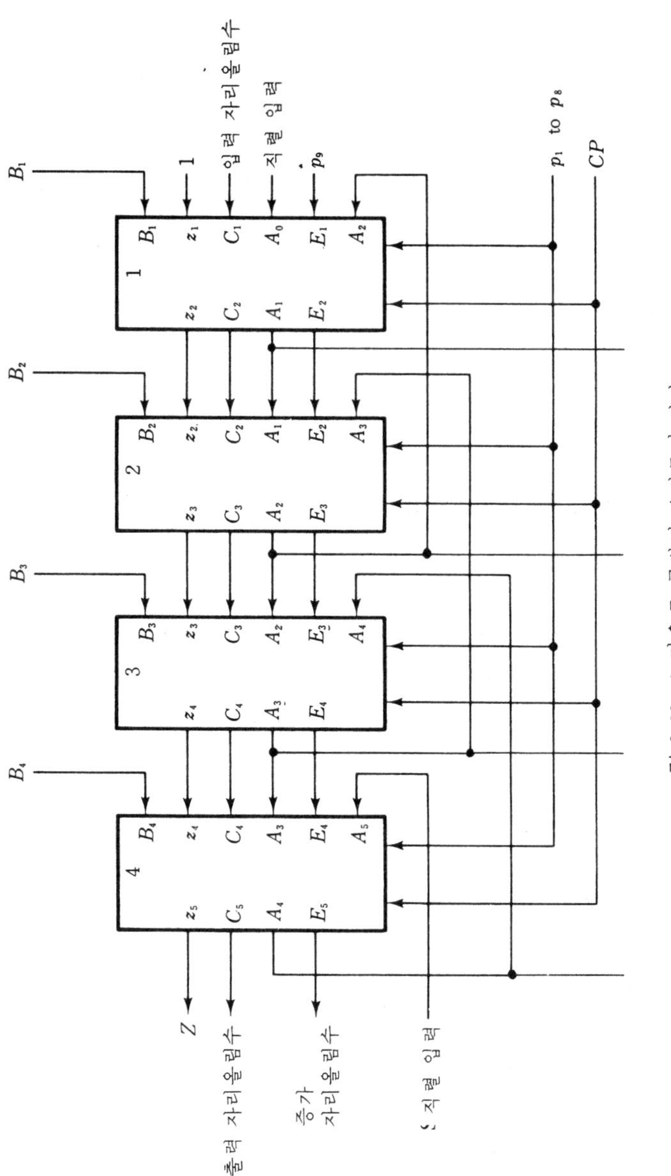

그림 9-23 4 단으로 구성된 4 비트 누산기

시켜 다음 段을 위한 캐리를 발생시킨다. 첫 번째 段으로의 입력 캐리 E_1은 카운트를 인에이블시키는 p_9이어야 한다.

10. 檢査(Z) 作動設計 : 변수 Z는 累算器의 출력으로서 레지스터 A의 내용이 0인가를 알려 준다. 이 출력은 AC의 모든 플립플롭이 클리어되면 1이 된다. 한 플립플롭이 클리어되면 그것의 보수 출력, Q'가 1이 된다. 그림 9-21은 0 검사를 하는 累算器의 처음 3개의 段이다. 각 段은 A_i의 보수 출력과 입력 변수 Z_i를 AND시켜 Z_{i+1}을 발생시킨다. 이런 식으로 하여 모든 각 段을 차례로 AND 시키면 제일 마지막 AND 게이트의 출력으로 모든 플립플롭들이 클리어되었는지를 알 수 있다. 일반적인 段의 부울 함수는 다음과 같다.

$$z_{i+1} = z_i A_i' \qquad i = 1, 2, \cdots\cdots, n$$
$$z_1 = 1$$
$$z_{n+1} = Z$$

변수 Z는 마지막 段으로부터의 출력 신호 Z_{n+1}이 1이면 1이 된다.

累算器 한 段의 設計 (1개의 비트용)

전형적인 累算器의 한 段의 설계는 하나하나의 마이크로 작동에 대해서, 위에서 설계했던 작동별 회로들로 구성한다. 제어 변수들 $p_1 \sim p_9$은 서로 排他的이므로 이에 상응하는 논리 회로는 OR 작동을 써서 만들 수 있다. 플립플롭의 A_i의 입력 J, K에 모든 입력 함수들을 조합함으로써 전형적인 段의 입력 부울 함수를 구성한다.

$$JA_i = B_i C_i' p_1 + B_i' C_i p_1 + p_3 + B_i p_5 + B_i p_6 + A_{i+1} p_7 + A_{i-1} p_8 + E_i$$
$$KA_i = B_i C_i' p_1 + B_i' C_i p_1 + p_2 + p_3 + B_i' p_4 + B_i p_6 + A_{i+1}' p_7 + A_{i-1}' p_8 + E_i$$

AC의 각 段은 다음 段으로 캐리도 만들어 내야 한다.

$$C_{i+1} = A_i B_i + A_i C_i + B_i C_i$$
$$E_{i+1} = E_i A_i$$
$$Z_{i+1} = Z_i A_i'$$

그림 9-22는 累算器의 전형적인 한 段에 대한 論理圖이다. 이것은 위에 나열된 부울 함수를 직접 실현한 것이다.

이 그림은 각 마이크로 작동과 관계된 개별 회로들을 합성한 회로이다. 여러 가지 회로들이 A_i의 J, K 입력에 OR로 조합되어 있다.

AC의 각 段에는 8가지 가능한 마이크로 작동들 중에 하나를 시동시키는 8종류의 제어 입력 p_1, $p_2 \sim p_8$이 있다. 제어 변수 p_9은 오직 첫 段에서만 쓰이는데, 입력 E_i를 통한 1 증가 작동을 인에이블시킨다. 이 회로에는 그 밖에 6개의 입력이 더 있다. B_i는 AC의 입력이 되는 B 단자들(terminals)의 데이터 비트이고, C_i는 오른

쪽의 앞 段으로부터 온 입력 캐리이다.

A_{i-1}은 우측 段 플립플롭의 출력이고 A_{i+1}은 왼쪽에 있는 다음 段의 플립플롭 출력이다. E_i는 증가 연산을 위한 캐리 입력이고 Z_i **變數**는 0 상태를 검사하기 위한 연쇄적인 게이트에 쓰인다. 이 회로에는 출력이 4개 있다. A_i는 플립플롭의 출력이고 C_{i+1}은 다음 段으로의 캐리 출력이며, E_{i+1}은 다음 段을 위한 증가 캐리이며, Z_{i+1}은 다음 段에서 0 검사에 쓰인다.

完全한 累算器 設計

n 비트로 된 累算器는 n개의 段이 종속(cascade)으로 연결되어 있으며 각 段은 **그림 9-22**와 같다. p_9을 제외한 모든 제어 변수들이 각 段에 공급된다. 각 段의 다른 입출력들도 완전한 AC를 구성하기 위해 종속으로 연결된다.

그림 9-23은 4비트 완전한 累算器를 형성하기 위한 각 段의 상호 접속을 보이고 있다. 그림의 각 블록은 **그림 9-22**의 회로이다. 블록 제일 위에 있는 숫자는 累算器 안에서의 비트 위치를 나타낸다. 각 블록은 $p_1 \sim p_8$의 8개의 제어 변수와 클럭 펄스 CP를 받는다. 각 블록의 6개 입력과 4개 출력은 전형적인 段에서의 그것들과 같고 첨자 i를 써서 각 블록의 지정한 숫자를 나타낸다.

회로에는 B 입력이 4개 있다. 0검사는 변수 Z를 계속 차례로 연결하면 된다. 단지 Z의 첫 블록에서의 값은 2진 상수 1이다. 이 연쇄적인 연결의 마지막 단계에서 0 검사 변수인 Z가 발생한다. 덧셈 연산에 쓰이는 캐리들은 전가산기 회로에서와 같이 종속으로 연결된다. 왼쪽 자리 이동 작동의 직렬 입력은 입력 A_0로 연결되는데, 이것은 첫 段의 A_{i-1}에 해당한다. 오른쪽 자리 이동 작동의 직렬 입력은 A_5에 연결되는데, 이것은 마지막인 네 번째 段의 A_{i+1}에 해당한다 증가 작동은 첫 段의 p_9이 인에이블되면 수행된다. 다른 블록들은 前段으로부터 증가 연산 중에 생기는 캐리들을 받도록 되어 있다.

4비트 累算器의 총 단자 數는 A의 출력 단자를 포함해 모두 25개이다. 전원 공급용으로 2단자가 더 필요하다고 하면 이 회로는 27 또는 28개의 핀을 갖는 IC로 구성할 수 있다. 만일 디코우더가 IC에 삽입된다면 제어 변수를 위한 단자 數는 9개에서 4개로 줄어들 것이다. 이런 경우 IC의 핀 數는 22개로 감소되고 AC는 외부 핀을 더하지 않고도 마이크로 작동을 16種數 수행할 수 있도록 확장된다.

참 고 문 헌

1. Mano, M. M., *Computer System Architecture*. Englewood Cliffs, N.J.: Prentice-Hall, Inc., 1976

2. *The TTL Data Book for Design Engineers*. Dallas, Texas: Texas Instruments, Inc., 1976.
3. *The Am2900 Bipolar Microprocessor Family Data Book*. Sunnyvale, Calif.: Advanced Micro Devices, Inc., 1976.
4. Sobel, H. S., *Introduction to Digital Computer Design*. Reading, Mass.: Addison-Wesley Publishing Co., 1970.
5. Kline, R. M., *Digital Computer Design*. Englewood Cliffs, N.J.: Prentice-Hall, Inc., 1977.
6. Chirlian, P. M., *Analysis and Design of Digital Circuits and Computer Systems*. Champaign, Ill.: Matrix Publishing, Inc., 1976.

연 습 문 제

9-1 *A* 버스를 위해 선택된 레지스터가 언제나 선택된 行先 레지스터가 되도록 **그림 9-1**의 처리 장치를 수정하라. 이것은 멀티플렉서와 선택선의 數에 어떤 영향을 미치는가?

9-2 **그림 9-1**의 프로세서에는 레지스터가 15개 있다. 각 멀티플렉서와 行先 디코우더에는 선택선이 몇 개씩 있겠는가?

9-3 **그림 9-1**의 각 레지스터 길이는 8비트라고 하자. *A* 버스를 위한 레지스터를 선택하는 MUX라는 이름의 사각형에 대한 블록도를 상세히 그려라. 선택을 위해 4×1 멀티플렉서 8개가 필요함을 보여라.

9-4 어떤 처리 장치가 **그림 9-2**와 같은 스크래치 패드(scratchpad) 메모리를 이용한다. 프로세서는 8비트 레지스터 64개로 되어 있다.
(a) 스크래치 패드 메모리의 용량은?
(b) 번지 지정을 위해 필요한 線의 數는?
(c) 입력 데이터를 위해 필요한 線의 數는?
(d) 입력 데이터와 시프터의 출력 중 하나를 선택하는 MUX의 크기는?

9-5 *B* 입력들이 다음에서 올 때 **그림 9-4** 처리 조직의 블록도를 상세히 그려 보라.
(a) 버스 시스템을 형성하는 8개의 프로세서 레지스터로부터
(b) 번지와 버퍼 레지스터가 있는 기억 장치로부터

9-6 **그림 9-5**의 4비트 ALU는 한 IC에 들어 있다. 12비트 ALU를 만들기 위한 세 IC간의 연결을 보여라. 12비트 ALU의 입력과 출력 캐리를 표시하라.

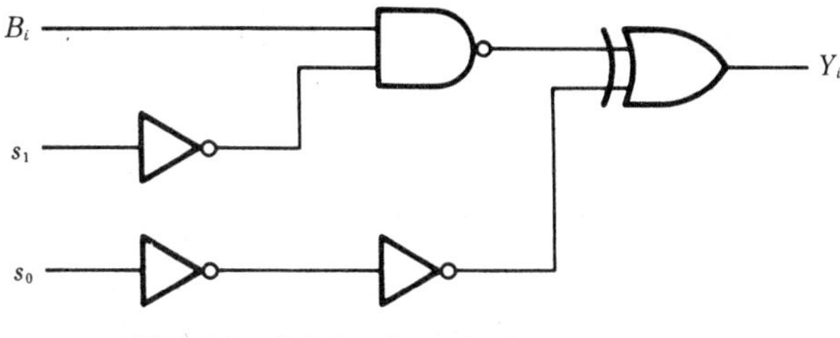

그림 9-24 진리 / 보수, 1/0 회로

9-7 TTL IC형 7487은 4비트 진리/보수(true/complement), 0/1 (zero/one) 소자이다. 이 IC의 한 段(stage)이 **그림 9-24**에 나와 있다.

(a) 입력 B_i, s_1과 s_0의 함수 Y_i의 부울 함수식을 유도하라.

(b) 이 회로의 진리표를 만들어라.

(c) 함수표(**그림 9-7**와 같이)를 그려서 이 회로의 동작이 옳은가를 보여라.

9-8 세 번째 선택 변수 s_2를 포함하도록 **그림 9-8**의 산술 연산 회로를 수정하려고 한다. $s_2=1$일 때는 수정된 회로가 원래 회로와 같지만 $s_2=0$일 때는 모든 A 입력이 전가산기로 들어가지 못하고 대신 0이 들어간다.

(a) 수정된 회로의 한 段의 논리도를 그려라.

(b) $s_2=0$일 때 얻어진 8개의 마이크로 작동들을 결정하기 위해 **그림 9-6**과 비슷한 분석을 해 보라.

(c) 새로운 출력 함수를 표의 형식으로 나열하라.

9-9 **그림 9-6**의 블록 8개 각각에 대해 A가 A로 바뀌었을 경우의 산술 연산을 결정하라.

9-10 한 선택 변수 s와 두 데이터 입력 A와 B가 있는 산술 연산 회로를 설계하라. $s=0$일 때 이 회로는 덧셈 연산 $F=A+B$를, $s=1$일 때는 증가 연산 $F=A+1$을 수행한다.

9-11 2진수를 직접 빼는 $F=A-B$는 $A \geq B$일 때 옳은 답을 낸다. 만일 $A<B$라면 결과는 어떠할까? F의 결과와 가장 높은 자리의 받아내림수(borrow)와의 관계를 설명하라.

9-12 두 선택 변수 s_1과 s_0를 가지고 아래 산술 연산을 수행하게 하는 산술 연산 회로를 설계하라. 일반적인 한 段의 블록도로 그려라.

s_1	s_0	$C_{in}=0$	$C_{in}=1$
0	0	$F=A+B$	$F=A+B+1$
0	1	$F=A$	$F=A+1$
1	0	$F=\overline{B}$	$F=\overline{B}+1$
1	1	$F=A+\overline{B}$	$F=A+\overline{B}+1$

9-13 두 선택 변수 s_1과 s_0를 가지고 아래 산술 연산을 수행하는 산술 연산 회로를 설계하라. 일반적인 한 段의 블록도로 그려라.

s_1	s_0	$C_{in}=0$	$C_{in}=1$
0	0	$F=A$	$F=A+1$
0	1	$F=A-B-1$	$F=A-B$
1	0	$F=B-A-1$	$F=B-A$
1	1	$F=A+B$	$F=A+B+1$

9-14 아래 exclusive-OR 연산은 표 9-3의 논리 연산을 유도하는 데 사용된다.

(a) $x \oplus 0 = x$

(b) $x \oplus 1 = x'$

(c) $x \oplus y' = x \odot y$

이 식들이 옳음을 증명하라.

9-15 표 2-5에 나열된 16가지 논리 기능들을 발생시키는 최소한의 조합 회로를 그려라. 선택 변수는 4개 사용한다.
〔힌 트〕 4×1 멀티플렉서를 반대로 이용하라. 즉, 멀티플렉서의 입력을 논리 장치를 위한 선택선으로 사용하라.

9-16 각 전가산기로의 입력이 아래 부울 함수를 따른다는 점만 제외하고 그림 9-13과 비슷한 ALU가 있다.

$$X_i = A_iB_i + (s_2s_1's_0')'A_i + s_2s_1s_0'B_i$$
$$Y_i = s_0B_i + s_1B_i'(s_2s_1s_0')'$$
$$Z_1 = s_2'C_1$$

이 ALU의 기능 12가지를 써라.

9-17 그림 9-8의 산술 연산 회로를 모우드-선택(mode-select) 변수 s_2를 가진 ALU로 고쳐라. $s_2=0$일 때 ALU는 산술 연산 회로와 같고 $s_2=1$일 때는 ALU가 아래 표에 따른 논리 기능을 한다.

s_2	s_1	s_0	output	function
1	0	0	$F=A\wedge B$	AND
1	0	1	$F=A\oplus B$	XOR
1	1	0	$F=A\vee B$	OR
1	1	1	$F=\overline{A}$	NOT

9-18 ALU에서 수행되는 작동은 $F = A + \overline{B}$이다.

(a) $A = B$일 때 F의 값은? 이것이 상태 비트 E를 세트한다고 하자.

(b) $C_{out} = 1$일 조건을 결정하라. 이것은 상태 비트 C를 세트한다고 하자.

(c) 위에서 정의된 E, C를 이용해 표 9-5에 나열된 식들의 표를 유도하라.

9-19 표 9-5와 9-6에 나열된 상태 조건과 관계된 10비트 상태 레지스터를 가진 처리장치가 있다(두 표에 나오는 等號와 不等號 조건은 서로 같다). ALU의 출력에서 10비트 상태 레지스터로 가는 통로의 게이트를 논리도로 나타내어라.

9-20 두 부호가 붙은 수들이 ALU에서 더해져 合은 레지스터 R로 전송된다. 전송되는 동안 S(부호)와 V(overflow)에 영향을 미친다. 合은 아래 문장에 따라 2로 나누어질 수 있음을 증명하라. R_n은 레지스터 R의 부호 비트(가장 왼쪽 비트) 이다.

$$R \leftarrow \text{shr } R, \quad R_n \leftarrow S \oplus V$$

9-21 그림 9-15의 시프터에 두 선택선 G_1과 G_0를 가진 멀티플렉서를 붙여라. 이 멀티플렉서는 오른쪽 자리 이동 작동시 직렬 입력 I_R을 다음과 같이 지정하는 데 사용된다.

G_1	G_0	기 능
0	0	I_R에 0을 넣는다.
0	1	環狀 자리 이동 시킨다.
1	0	캐리도 포함해 環狀 자리 이동 시킨다.
1	1	산술 자리 이동일 경우 $S \oplus V$ 값을 넣는다(문제 9-20 참고).

狀態 레지스터와 시프터 사이에 멀티플렉서를 연결하는 방법을 보여라.

9-22 그림 9-16 프로세서에 대한 자리 이동 선택 H는 세 변수 H_2, H_1, H_0를 가지고 있다. H_1과 H_0는 표 9-7에 설명된 시프터를 위해 사용된다. 선택 변수 H_2와 관계된 회로를 설계하라.

9-23 아래 마이크로 작동을 집행하기 위하여 그림 9-16의 프로세서에 쓰일 制御語를 나타내어라.

(a) $R2 \leftarrow R1 + 1$

(b) $R3 \leftarrow R4 + R5$

(c) $R6 \leftarrow R6$

(d) $R7 \leftarrow R7 - 1$

(e) $R1 \leftarrow \text{shr } R1$

(f) $R2 \leftarrow \text{clc } R2$

(g) $R3 \leftarrow R4 \oplus R5$

(h) $R6 \leftarrow R7$

9-24 그림 9-16에서 정의된 프로세서의 레지스터들 $R1$, $R2$, $R3$, $R4$에 저장된

부호가 붙지 않은 2진수 4개의 평균값을 계산하려고 한다. 평균값은 $R5$에 저장한다. 중간 결과를 위해 프로세서의 다른 두 레지스터를 사용할 수 있다. 오우버플로우가 발생하지 않아야 한다.

(a) 마이크로 작동들의 順次를 기호로 나열하라.

(b) 해당하는 2진 제어어를 나열하라.

9-25 아래 마이크로 작동들의 順次는 9-9節에서 정의된 累算器에서 집행된다.

$p_3: A \leftarrow \overline{A}$

$p_9: A \leftarrow A + 1$

$p_1: A \leftarrow A + B$

$p_3: A \leftarrow \overline{A}$

$p_9: A \leftarrow A + 1$

(a) $A = 1101$, $B = 0110$일 때 각 마이크로 작동 결과 A의 내용은 어떻게 바뀌는가?

(b) $A = 0110$, $B = 1101$로 하여 위 문제를 반복하라.

(c) $A = 0110$, $B = 0110$으로 하여 위 문제를 반복하라.

(d) 위의 마이크로 작동 順次가 $A \geq B$일 때는 $(A - B)$를, $A < B$일 때는 $(B - A)$의 2의 補數로 되는 연산을 수행함을 증명하라.

9-26 JK 플립플롭을 사용해 뺄셈 마이크로 작동,

$p_{10}: A \leftarrow A - B$

를 집행하는 AC의 일반적인 한 段을 설계하라. 入出力 받아 내림수(borrow)가 각각 K_i와 K_{i+1}인 전가산기 회로를 이용하라(4-4節 참조).

9-27 JK 플립플롭을 사용해 다음 논리 마이크로 작동을 수행하는 레지스터의 일반적인 한 段을 설계하라.

$p_{11}: A \leftarrow \overline{A \vee B}$ NOR

$p_{12}: A \leftarrow \overline{A \wedge B}$ NAND

$p_{13}: A \leftarrow A \odot B$ 同値

9-28 감소 마이크로 작동의 일반적인 한 段의 부울 함수를 유도하라.

$P_{14}: A \leftarrow A - 1$

9-29 T 플립플롭을 이용해 2의 보수 마이크로 작동,

$p: A \leftarrow \overline{A} + 1$

을 수행하는 4비트 레지스터를 설계하라. 얻어진 결과로부터 일반적인 한 段은 다음과 같이 표현될 수 있음을 보여라.

$$TA_i = pE_i \qquad i=1, 2, 3, \cdots\cdots, n$$
$$E_{i+1} = A_i + E_i$$
$$E_1 = 0$$

9-30 4비트 累算器가 선택 변수 $p_1 \sim p_{15}$를 이용 15가지 마이크로 작동들을 수행한다. 이 회로는 한 IC판에 들어 있는데, IC에는 마이크로 작동을 선택하기 위한 4개의 端子밖에 없다. 4 단자와 15개의 선택 변수들 사이에 들어가야 할 회로(IC 안에 있는)를 설계하라. 不作動條件(no-operation condition)도 포함시킨다.

10

制御論理設計
Control Logic Design

10-1 序　　論

論理設計(logic design)의 과정은 매우 복잡한 일이다. 설계 과정을 효율화하기 위해 많은 장치들이 여러 가지의 자동화된 컴퓨터 설계 기술을 발전시켰다. 그러나 시스템에 대한 仕樣(specification)이나 요구하는 데이터 처리 업무를 수행하기 위한 알고리즘(algorithm)的인 절차의 개발은 자동화할 수 없고, 設計者들의 두뇌적인 노력을 요구하게 된다.

설계에 있어서 가장 野心的이고 創造的인 부분은 설계 목적의 확정과 그 목적을 달성하기 위한 알고리즘과 順序의 公式化에 있다. 이 작업은 많은 경험과 설계자 자신의 독창성을 요구하게 된다. **알고리즘**이란 문제의 해결을 얻는 절차를 뜻한다. 설계 알고리즘이란 어떤 주어진 장치를 써서 문제를 수행하기 위한 절차를 말한다. 설계 알고리즘의 개발은 설계자가 다음 두 가지 사항을 인식하지 않고서는 시작할 수 없다. 첫째로 **직면한 문제를 완전히 理解하고 있어야 되며,** 둘째로는 **절차를 구체적으로 수행하기 위해서 설비에 대한 초기적 상황이 가정되어야 한다는 사실**이다. 문제의 記述과 설비의 가용성으로부터 시작되어 그 해결 방안이 만들어지고 거기에 따른 알고리즘을 만들게 된다. 그리고 그 알고리즘은 잘 정의된 有限個의 절차적인 단계로 형성된다.

디지털 시스템에서 2진 정보는 프로세서(processor) 혹은 메모리 레지스터에 저장되는데, 그 2진 정보는 데이터이거나 제어 정보가 될 수 있다. **데이터**는 마이크로 작동에 의해 조작받는 정보의 離散的 元素(discrete element)이며, **제어 정보**란 마이크로 작동의 順次를 규정하기 위한 명령 신호를 공급한다. 디지털 시스템의 **논리 설계**란 데이터를 처리하는 디지털 회로와 제어 신호를 공급하는 디지털 회로를 만들어 내는 과정을 말한다.

主클럭 發生器(master clock generator)는 同期式 디지털 시스템에 있는 모든 레지스터에 대한 타이밍을 제어한다. 이 클럭 펄스(clock pulse)는 시스템 내의 모든 플립플롭(flip-flop)과 레지스터뿐만 아니라 제어 장치 내의 모든 플립플롭과 레지스터에도 공급된다. 연속적인 클럭 펄스는 레지스터가 제어 신호에 의해 인에이블(enable) 되지 않는 한 레지스터의 내용을 변화시키지 않는다. 선택 변수를 제어하고 레지스터들의 입력을 인에이블시키는 2진 변수는 제어 장치에서 만들어 낸다. 제어 장치의 출력은 시스템 내에서 데이터 프로세서를 선택하고 인에이블시킬 뿐만 아니라 제어 장치 자체의 다음 상태를 결정하기도 한다.

디지털 시스템 내에서의 제어와 데이터 프로세서의 관계는 **그림 10-1**에 나타나 있다. **데이터 프로세서** 부분은 일반적 목적의 프로세서 장치일 수도 있고, 혹은 개개의 레지스터들과 그와 관련된 계수형 함수로 구성될 수도 있다. 제어는 데이터 프로세서 내의 모든 마이크로 작동을 시동시킨다. 마이크로 작동을 順次 작동하도록 신호를 발생하는 제어 논리는 한 順次回路(sequential circuit)를 일컫는다. 이 순차 회로의 내부 상태들은 시스템에 대한 제어 함수를 나타낸다. 어떤 주어진 시간에서도 순차 제어부의 한 상태는 미리 정해진 한 組의 마이크로 작동을 시동시키게 된다. 상태 조건이나 입력 조건에 따라서 순차 제어부는 또 다른 마이크로 작동을 시동시키는 다음 상태로 옮기기도 한다.

이리하여 제어 논리의 역할을 행하는 **디지털 回路**는 시스템 내의 데이터 프로세서 내에서 **마이크로 작동을 시동시키는 일련의 時順次信號**(a time sequence of signals)를 만들어 내는 것이다.

順次的 制御를 필요로 하는 디지털 시스템의 설계는 타이밍 변수의 유용성을 가정하고서 시작한다. 여기서 우리는 각 순간마다의 타이밍 변수를 그 때의 제어부의 한 상

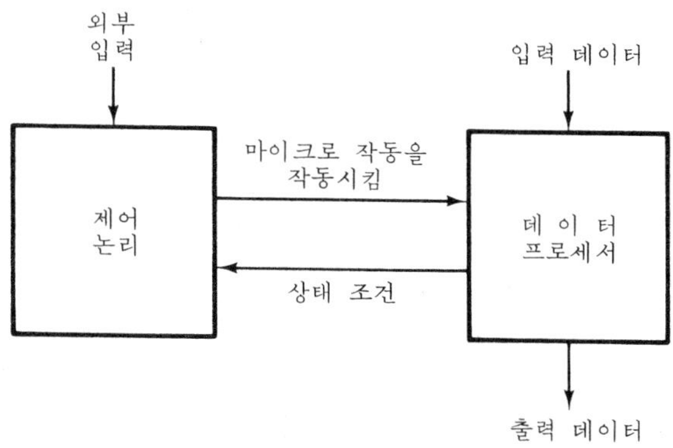

그림 10-1 제어부와 데이터 프로세서의 상호 작용

태로 표시하고 그 상태간의 변화에 따라 狀態圖(state diagram) 혹은 그와 유사한 도표를 만들 수 있다. 制御順次(control sequence)의 개발과 동시에 우리는 각 제어 상태를 유발시키는 일련의 마이크로 작동을 개발한다. 만약 시스템이 너무 복잡하여서 상태도로 나타내기 어려울 경우는, 제어 함수나 마이크로 작동 記述에 의한 **레지스터 傳送方法**으로 표시하는 것이 편리하다.

順次的 制御와 레지스터 傳送間의 관계는 문제의 明文仕樣에서 직접 구할 수 있다. 그러나 종종 시스템의 필요한 순차 작동을 記述하기 위해 중개적인 표현 방법을 쓰는 것이 편리할 때가 있다. 제어를 필요로 하는 시스템의 설계에 있어 도움이 되는 표기방식은 **타이밍圖**(timing diagram, 例 : 그림 7-21의 (b))와 流通圖(flowcharts, 例 : 그림 10-7과 그림 10-12)이다.

타이밍도는 시스템 내의 여러 가지 제어 신호들간의 타이밍 순차나 그 밖의 관련성을 나타낸다. 클럭 펄스는 클럭 순차 회로 내에서 제어 변수의 신호 변화를 포함한 모든 작동들을 同期化시킨다. 非同期式 시스템에서는 한 제어 변수의 신호 변화가 곧이어 또 다른 제어 변수의 변화를 야기하게 된다. 타이밍圖는 그것이 모든 제어 변수들의 필요한 변화와 轉移(transition)를 圖示的으로 나타내어 주기 때문에 非同期式 시스템에서는 매우 유용하다.

流通圖(flowchart)는 알고리즘에 대한 단계적 절차들의 順次(sequence)와 條件判斷分枝路(decision path)를 명시하는 데 매우 적합하다. 어떤 설계용 알고리즘의 流通圖에서는 초기 장치 구성시에 정의한 레지스터名을 사용하기도 한다. 문장 서술로 된 알고리즘을 일련의 레지스터 전송 작동들이 그들의 집행 중 필요한 조건들을 포함해서 열거하는 情報流通圖(information-flow diagram)로 분석하게 하는 역할도 이 流通圖(flowchart)이다.

流通圖란 하나의 다이어그램(diagram)으로서, 그 속에는 블록(block)들과 그것들을 연결하는 화살표로 이루어졌다. 그 블록 내에서는 알고리즘을 수행하는 각 단계별 절차가 명시되어 있다. 그리고 블록 사이를 연결한 화살표는 한 절차적 단계에서 다음 단계로 가는 진행 통로를 나타내고 있다. 블록에는 크게 두 가지의 型이 사용되는데, 첫째로는 **函數 블록**(function block)으로 모양은 직사각형이며 블록 내에는 집행되어질 마이크로 작동이 기재된다. 둘째는 **決定 블록**(decision block)으로 모양은 다이아몬드 型이며 그 블록 내에는 상태 조건이 기재되어 있다. 그 상태 조건의 眞僞에 따라 두 갈래 혹은 그 이상의 길(path)로 갈라진다.

流通圖는 狀態圖(state diagram, 예 : 그림 10-9)와 매우 유사하다. 流通圖에서의 각각의 함수 블록은 狀態圖의 각 상태와 等價이며 결정 블록은 狀態圖에서 두 상태를 연결하는 화살표 상에 쓰여진 2진 정보와 같다.

결과적으로 알고리즘은 流通圖를 이용하여 표시하는 것이 때때로 편리하며, 제어 상태도는 이 유통도에서 쉽게 유도한다.

이 章에서는 시스템 체계의 차이를 나타내기 위해 네 가지 다른 형태의 제어 장치를 나타내기로 한다. 그리고 특별한 例를 들어 제어 논리의 설계에 필요한 여러 절차들을 알아보기로 한다.

제어 논리의 설계는 설계 문제의 해결을 위한 알고리즘의 개발이 없이는 시작될 수가 없다. 더구나 제어 논리는 그것이 제어하게 되는 데이터 프로세서와 깊이 관계되기 때문에 이 章에서는 우선 먼저 주어진 문제를 해결하는 알고리즘의 개발에 대해서 설명할 것이다. 이리하여 서술된 알고리즘에 의하여 데이터 프로세서의 상태가 결정되어 잇달아 그것을 제어하는 제어부의 설계가 이루어질 것이다.

10-2 制御組織 (control organization)

일단 제어의 순차가 결정되면 제어 작동을 수행하는 순차 시스템 (sequential system)을 설계해야 한다. 제어부는 순차 회로이기 때문에 6章에 서술된 순차 논리 절차에 따라 설계할 수 있다. 그러나 대부분의 경우 제어 회로가 갖는 상태의 數가 방대하기 때문에 이러한 방법은 비현실적이다. 상태와 勵起表(excitation table)를 써서 설계하는 방법은 매우 이론적이긴 하나 실제 적용에 있어서는 취급하기가 귀찮고 어려운 문제가 많다. 실제로 이러한 방법을 써서 만든 제어 회로는 너무 많은 게이트(gate)와 플립플롭이 필요하게 되어 SSI 회로의 이용을 뜻하게 된다. 이 같은 型의 설계 진행은 사용하는 IC 패키지 數에서나, 상호 접속해야 하는 많은 電線數 때문에 비효율적이 된다. 제어 논리 설계의 주된 목표는 원하는 제어 순차를 논리적이며 간단한 방법으로 실현하는 회로를 개발하는 데 있다고 하겠다. 그러나 회로의 數를 줄이기 위해 시도하다 보면 부수적으로 비정상적인 회로가 형성되어 집행되고 있는 사건의 순차를 확인하는 데 설계자 자신 외에는 어려워 어느 누구도 이해할 수 없게 되므로 좋지 않다.

위에 열거한 이유들로 인하여 경험이 많은 논리 설계자들은 레지스터 전송 방법과 일반적인 고전적 순차 논리 설계 방법을 결합, 확장하여 특이한 제어 논리 설계 방법을 쓴다. 이 節에서는 다음과 같은 제어 조직의 4가지 방법을 다루기로 한다.

制御論理 設計法의 種類

1. 한 상태마다 한 플립플롭을 쓰는 방법 (a flip-flop/state 法)
2. 順次 레지스터와 디코우더를 쓰는 방법 (sequence register-decoder 法)
3. PLA 제어 방법 (PLA control法)
4. 마이크로 프로그램 제어 방법 (microprogram control法)

처음 두 방법은 SSI와 MSI 회로를 사용하여야만 된다. 그러므로 여러 가지 회로들은 電線(wire)으로 상호 접속되어 있다. 그러므로 SSI와 MSI 부품으로 만든 제어 장치를 하아드 와이어的 제어(hard wired control)라 부른다. 이 방법을 썼을 경우 설계에 있어 수정하거나 변경해야 할 사항이 생기게 되면 회로를 再配線해야 된다. 이와는 반대로 programmable logic array(PLA)나 ROM 같은 LSI 부품을 쓰는 PLA 제어나 마이크로 프로그램 제어 방식은 변경해야 할 사항이 생기면 회로의 再配線 없이 새로이 만든 ROM만을 갈아 끼움으로써 해결할 수 있다.

그럼 이제 위의 각 설계 방법들을 차례대로 설명하기로 하자. 다음 節에서는 각 방법을 이용한 實例를 들었다.

한 상태마다 한 플립플롭을 쓰는 방법(a flip-flop/state 법)

이 방법은 순차 제어 회로의 각 상태마다 각각 한 개씩의 플립플롭을 사용한다. 이 경우 어떤 특정 시간에 하나의 플립플롭만이 세트되고 모든 다른 플립플롭은 클리어(clear)되게 된다. 하나의 비트값이 判斷論理의 제어하에서 한 플립플롭에서 다른 플립플롭으로 이동하게 된다. 이런 배열로 각 플립플롭은 하나의 상태를 표시하며 제어 비트가 플립플롭에 전달될 때만 작동하게 된다.

이 방법은 순차 회로의 설계에서처럼 상태를 나타내기 위한 플립플롭의 수를 최소로 하는 방법은 되지 못한다. 例를 들면 순차 회로에서는 12 상태를 나타내기 위해 $2^3 < 12 < 2^4$이므로 최소로 4개의 플립플롭을 쓰면 되나 이 방법에서는 12 개의 플립플롭이 필요하다.

이 방법은 설계하기에 매우 간편하여 狀態圖만 보고서도 설계될 수 있는 장점이 있다. 얼핏 보기에는 많은 플립플롭을 쓰기 때문에 시스템의 비용 문제가 증가될 것으로 보인다. 그러나 이 방법도 최초에 몰랐던 다른 利點들이 있다. 例를 들면 이 방법은 ① 설계 노력을 절감해 주고 ② 작동하는 單純性이 증가되고 ③ 완전한 순차 회로를 만들 때 필요한 조합 회로의 상당한 감소를 들 수 있다.

그림 10-2는 네 개의 D 플립플롭을 사용하여 만든 네 가지 상태의 순차 제어 논리를 나타낸 것이다. 이 경우 한 상태 T_i, $i=0, 1, 2, 3$에 대하여 각각 1개의 플립플롭을 썼다. 두 클럭 펄스간에 어느 特定區間에서도 하나의 플립플롭만이 1이 되고, 다른 모든 것은 0이 된다. 현상태에서 다음 상태로의 변화는 1의 값을 가진 T_i와 입력 조건에 따라 결정된다. 다음 상태란 이전의 플립플롭이 클리어되고 새로운 플립플롭이 세트되었을 때를 말하며, 각 플립플롭의 출력은 마이크로 작동을 유지시키기 위해 디지털 시스템 데이터 처리부에 연결된다. 도표에 나타난 기타 제어 출력도 T_i와 외부 입력의 함수가 되며 역시 마이크로 작동을 유도하는 데에 사용된다.

만일 제어 회로에서 그것을 순차 작동시키는 데 외부 입력을 필요로 하지 않을 경우 회로는 하나의 비트를 다음 비트로 옮기는 자리 이동 레지스터(shift register)로 축소되며, 제어 순차가 계속 반복될 경우 이 레지스터는 한 비트를 계속적으로 회전하며 자리 이동 시키는 링(ring) 카운터가 된다. 이러한 이유로 이 방법을 링 카운터

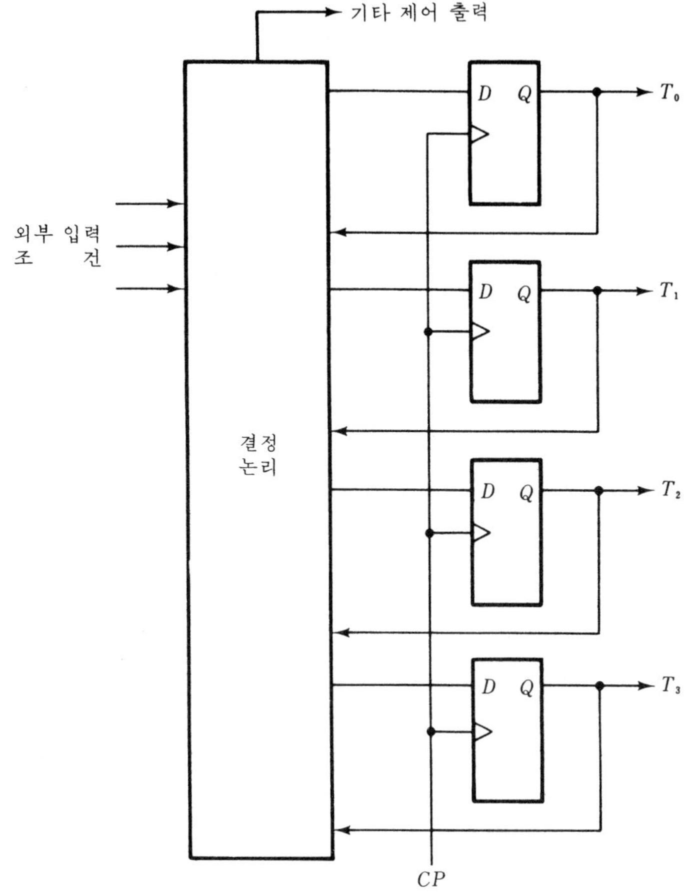

그림 10-2 상태당 한 플립플롭을 사용하는 제어 논리

(ring counter)식 제어기라 부른다.

順次 레지스터와 디코우더를 쓰는 방법

제어 상태를 順次化하는 데 레지스터를 사용한다. 또한 각 상태마다 하나의 출력을 내기 위해 디코우더를 사용한다. 따라서 n개의 플립플롭을 갖는 順次 레지스터를 만들면 2^n개의 상태를 나타낼 수 있고 디코우더에서 2^n가지의 출력이 나오게 될 것이다. 예를 들면 4 비트의 레지스터를 사용하면 $2^4=16$의 상태를 표시할 수 있으며 4×16 디코우더가 사용된다. 이러한 순차 레지스터와 디코우더는 모두 MSI 부품으로 될 수 있다.

그림 10-3은 2 비트로 된 레지스터와 2×4 디코우더를 사용하여 만든 네 가지 상

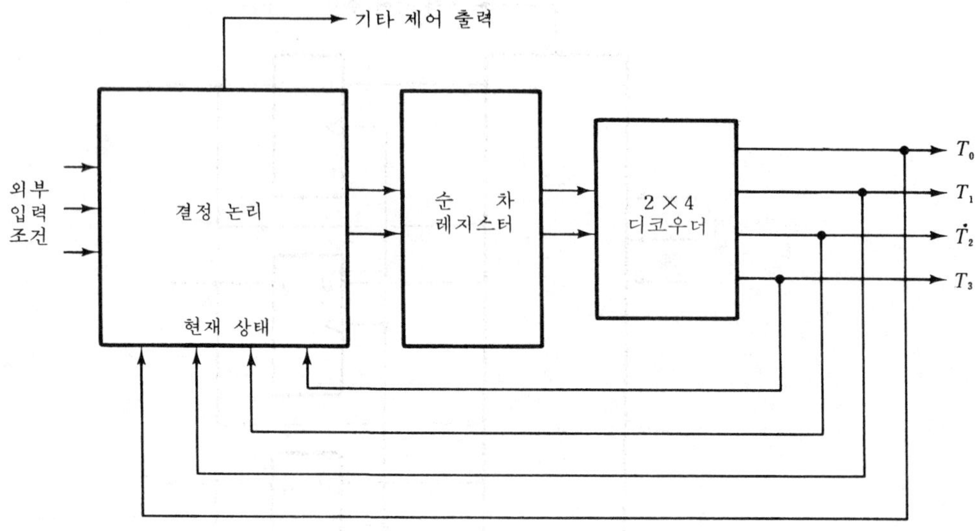

그림 10-3 순차 레지스터와 디코우더를 쓰는 제어 논리

태의 順次制御論理를 나타낸 것이다. 順次 레지스터는 2개의 플립플롭을 가지며 레지스터의 각 상태에 따라 디코우더에 의해 각각의 출력이 나오게 된다. 마찬가지로 순차 레지스터의 다음 상태는 현상태와 외부 입력에 의해 결정되며, 그림에 나타난 기타 제어 출력은 디코우더에 의해 나오는 출력과 더불어 마이크로 작동을 유기시키는데 사용된다.

만일 **그림 10-3**의 제어 회로에서 외부 입력이 필요 없다면 順次 레지스터는 네 가지 상태를 연속적으로 갖게 되는 카운터의 역할을 하게 된다. 이러한 이유로 이 방법을 **카운터-디코우더 방법**이라고 부른다. 카운터-디코우더 방법과 링 카운터 방법은 **그림 7-22**와 더불어 7章에서 설명하였다.

PLA 制御方法

프로그래밍할 수 있는 **논리 배열**(logic array)은 5-8節에서 이미 설명하였다. 이 때 PLA로는 어떤 복잡한 조합 회로라도 나타낼 수 있는 LSI 장치임을 보였다. PLA 제어 방식은 모든 조합 회로를 PLA로 만든다는 점을 제외하고는 順次 레지스터와 디코우더를 쓴 제어 방식과 거의 유사하다. 이 경우 PLA는 디코우더와 判斷論理를 내포하고 있다. 이는 조합 회로를 PLA로 나타냄으로써 IC의 數와 상호 連結線의 수를 줄일 수 있다.

그림 10-4는 PLA 제어기를 나타낸 것이다. 외부에 있는 순차 레지스터는 제어 회로의 현상태를 결정한다. PLA의 출력은 외부 입력의 조건과 제어 레지스터의 현상태

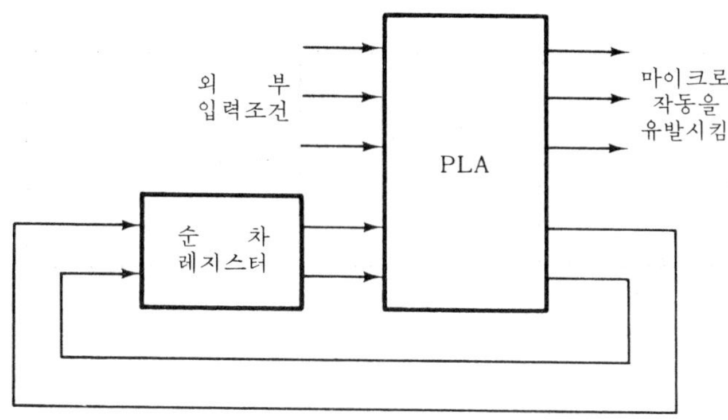

그림 10-4 PLA 제어 논리

에 따라 결정되며, 이 출력은 마이크로 작동을 유기시키는 데 쓰이는 한편, 순차 레지스터의 다음 상태를 결정하는 데에도 쓰인다.

PLA를 조합 회로로만 구성한다면 순차 레지스터는 PLA의 외부에 있게 되지만, 어떤 PLA는 게이트뿐만 아니라 플립플롭까지 PLA 내에 넣어 만들기도 한다. 이러한 형태의 PLA는 게이트를 연결하는 방식대로 플립플롭을 연결하는 仕様을 주면 순차 회로의 역할을 할 수도 있다.

마이크로 프로그램 制御方法(microprogram control)

제어부의 목적은 일련의 순차적인 마이크로 작동을 유기시키는 데 있다. 어떤 특정한 시간에는 특정한 작동만이 시행되게 되고 그 외의 작동은 작동되지 않게 되는 것이다. 따라서 제어 변수는 1과 0으로 이루어진 **制御語**(control word)로 표시할 수 있다. 이와 같은 制御語를 써서 조직적인 방법으로 시스템의 각 부분을 작동시킬 수 있도록 프로그래밍할 수 있다. 제어 변수를 저장시킨 제어 장치를 **마이크로 프로그램된 制御裝置**(microprogrammed control unit)라 부른다. 이때 메모리에 저장된 制御語를 마이크로 명령, 그리고 이러한 일련의 마이크로 命令語를 통틀어 마이크로 프로그램(microprogram)이라고 한다. 이러한 마이크로 프로그램은 일단 작성되면 변경할 필요가 거의 없으므로 대개 ROM으로 만들어진다. 이리하여 ROM에 대한 읽기(read) 작동을 통하여 원하는 제어 변수를 얻을 수 있게 되며 특정한 주소의 ROM 내용은 각각 특정한 마이크로 작동을 유기시키게 된다.

좀더 발전된 방법으로 ROM 대신 **WCM**(writable control memory)을 사용하게 되면 마이크로 프로그램의 내용을 임의로 변경할 수가 있으며 이런 방식을 **다이나믹**(dynamic) **마이크로 프로그램 방식**이라 한다. 제어 장치에 사용되는 ROM, PLA 혹은 WCM

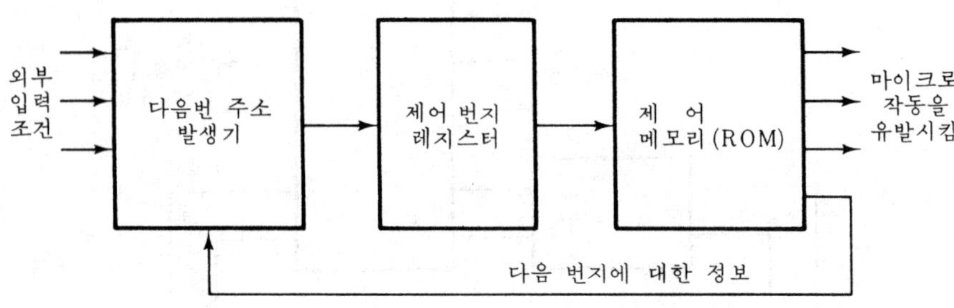

그림 10-5 마이크로 프로그램 제어 논리

을 일컬어 **제어 메모리** (control memory)라 하며 이 중 WCM은 읽고 쓰는 작동도 할 수가 있다.

그림 10-5는 마이크로 프로그램 제어 장치의 일반적 구성을 나타낸다. 제어 메모리는 ROM이라 하고 이 속에 모든 정보가 영구히 저장되었다고 하자. 그림의 제어 메모리 번지 레지스터는 제어 메모리로부터 읽혀질 制御語의 위치를 나타내는데, 우리는 이 ROM에 番地値를 입력으로 받아 그 곳의 制御語를 출력으로 내는 조합 회로로도 생각할 수 있다. 그리고 番地値가 입력으로 계속 남아 있다면 出力値도 계속 남아 있게 되므로 RAM (random access memory)에서와 같이 리이드 신호가 필요 없게 된다. 만약의 경우 번지값이 바뀌어도 바뀌기 전의 출력값이 계속 쓰이게 되면 버퍼 레지스터가 필요하며, 그렇지 않은 경우에는 필요하지 않게 된다.

제어 메모리로부터 읽혀진 내용은 마이크로 命令語를 나타낸다. 이는 시스템 내에서 1개 이상의 마이크로 작동을 표시한다. 일단 이런 마이크로 작동들이 끝나게 되면 제어 장치는 다음 마이크로 命令語의 내용이 담긴 번지값을 결정하여야 되고, 이때 이 번지값은 전의 위치에서 잇달아 있을 수도 있고, 그 이외의 곳일 수도 있다. 이리하여 한 마이크로 작동이 집행하고 있는 동안에 다음 마이크로 命令語의 번지를 결정하기 위하여 마이크로 명령어의 몇몇 비트와 외부 입력을 사용하여 다음 명령어 번지를 만드는 회로를 거쳐 계산하게 된다.

이 章의 뒷부분에서는 제어 논리 설계의 실제 例를 다루게 될 것이다. 10-3節에서의 첫 번째 例는 한 상태마다 한 플립플롭을 써서 나타내는 제어 방식을, 10-4節에서는 똑같은 문제를 마이크로 프로그램 제어 방식을 이용하여, 10-6節에서는 두번째의 例로 순차 레지스터와 디코우더를 사용하는 방식을, 10-7節에서는 같은 문제를, PLA 방식을 이용하여 각각 설명할 것이며, 10-5節과 10-8節은 마이크로 프로그램 제어 방식을 좀더 자세하게 설명할 것이다.

10-3 하아드 와이어的 制御(hard-wired control)

〔例 1〕

이 例를 통하여 우리는 설계 알고리즘의 개발을 보이고자 한다. 설계의 과정은 문제의 서술로부터 시작하여 시스템에 대한 제어 논리를 얻기까지 설계를 진행시킨다. 설계는 다음 5단계의 과정을 거쳐 완성된다.

하아드 와이어的 制御裝置 設計段階

1. 문제의 記述
2. 초기 장치 구성의 가정
3. 알고리즘의 형성
4. 데이터 프로세서부의 명시
5. 제어 논리의 설계

처음에 필요한 장치를 가정하는 이유는 레지스터 전송 방법으로 설계 알고리즘을 작성하기 위함이다. 그리고 알고리즘은 시스템의 마이크로 작동을 명시한 流通圖를 이용하여야 한다. 일단 필요한 마이크로 작동들이 얻어지게 되면 이를 수행하는 데 필요한 디지털 함수들을 선정할 수 있다. 이리하여 근본적으로 시스템의 데이터 프로세서부가 얻어지게 된다. 그리고나서 이 데이터 프로세서의 마이크로 작동을 제어하는 **制御裝置**가 설계되는 것이다.

이 節에서 제작되는 제어 논리 방식은 한 상태마다 한 플립플롭을 쓰는 방식으로 설계하며 여기에 보이는 디지털 시스템은 다음 節의 마이크로 프로그램 제어 방식 例를 설명하는 곳에서도 다시 쓰인다.

問題의 叙述(statement of the problem)

이미 8-5節에서 음수가 2의 補數로 표시된 2진 고정 소숫점 數의 덧셈과 뺄셈에 관한 알고리즘을 설명한 바가 있다. 여기서는 符號附-크기型(sign magnitude form)으로 표시한 2개의 고정 소숫점 2진수의 덧셈과 뺄셈을 하아드웨어로 실현하기로 하자.

제한된 數의 비트를 가진 레지스터를 사용하여 두 수를 더하고 뺄 때는 오우버플로우(overflow)가 생기는 수가 있으므로 회로 내에 별개의 플립플롭을 첨가하여 오우버플로우의 상태를 저장할 필요가 있다.

裝置의 構成(equipment configuration)

가감할 2개의 符號附 2진수가 n비트를 나타낸다면 실제 數의 크기는 $k=n-1$비트로 레지스터 A와 B에 각각 저장되고 각각의 부호 비트는 플립플롭 A_s와 B_s에 저

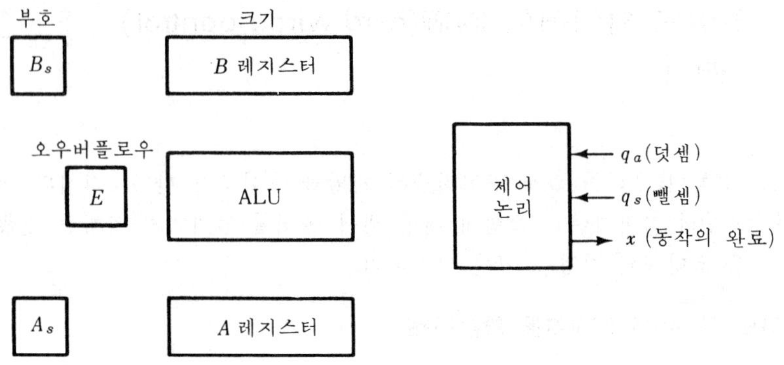

그림 10-6 가감산기에 대한 레지스터의 형태

장된다고 하자.

그림 10-6은 레지스터들과 기타 장치의 상황을 나타낸 것이다. 여기서 ALU는 필요한 산술 연산을 수행하고 E는 오우버플로우를 표시하는 플립플롭으로서, ALU로부터 출력 자리올림수(carry)가 옮겨진다. 연산을 하고 난 후의 결과는 레지스터 A와 A_s에 저장된다고 가정한다. 그림에서 제어 논리의 두 입력 신호 q_a와 q_s는 각각 덧셈과 뺄셈 작동을 나타내며 출력 변수 x는 작동의 완료를 나타낸다. 제어 논리는 입력 및 출력 변수를 통해 외부와 교신할 수 있으며 제어부가 입력 신호 q_a나 q_s를 받게 되면 필요한 작동을 준비하여 준다. 작동이 끝나면 이 연산의 결과가 레지스터 A와 A_s에 있고 E에 오우버플로우를, 제어가 출력 변수 x를 써서 외부에 알려 준다.

알고리즘의 誘導

우리는 일상 생활에서 부호-크기(sign magnitude)로 표시된 숫자의 가감산에 익숙해져 있기 때문에 종이와 연필만 가지면 간단하게 더하고 빼는 과정을 나타낼 수 있을 것이다. 이 과정이 실제로 설계 알고리즘 작성에 매우 도움을 주게 된다.

우리가 두 數의 크기를 각각 A와 B로 나타낸다면 代數的으로 두 數를 가감하는 경우는 다음과 같이 8개의 경우로 분류할 수 있다.

$$(\pm A) \pm (\pm B)$$

만약에 수행할 산술 연산이 뺄셈이라면 우리는 B의 부호만 바꾸어 더하면 똑같은 결과를 얻을 수 있게 될 것이며, 이것은 다음의 관계에서 자명하다.

$$(\pm A) - (+B) = (\pm A) + (-B)$$
$$(\pm A) - (-B) = (\pm A) + (+B)$$

즉, 다음과 같이 8개의 경우가 네 경우의 연산으로 요약된다.

$$(\pm A) + (\pm B)$$

A, B의 부호가 같을 때는 두 數의 크기를 더하고 나서 두 數의 공통된 부호를 결과값의 부호로 사용하면 되고, 부호가 다를 때는 큰 수에서 작은 數를 뺀 다음 큰 수의 부호를 결과값의 부호로 붙여 주면 될 것이다. 이것은 다음과 같은 식에 의해 명백하다.

	$A \geq B$인 경우	$A < B$인 경우
$(+A)+(+B)=+(A+B)$		
$(+A)+(-B)=$	$+(A-B)$	$=-(B-A)$
$(-A)+(+B)=$	$-(A-B)$	$=+(B-A)$
$(-A)+(-B)=-(A+B)$		

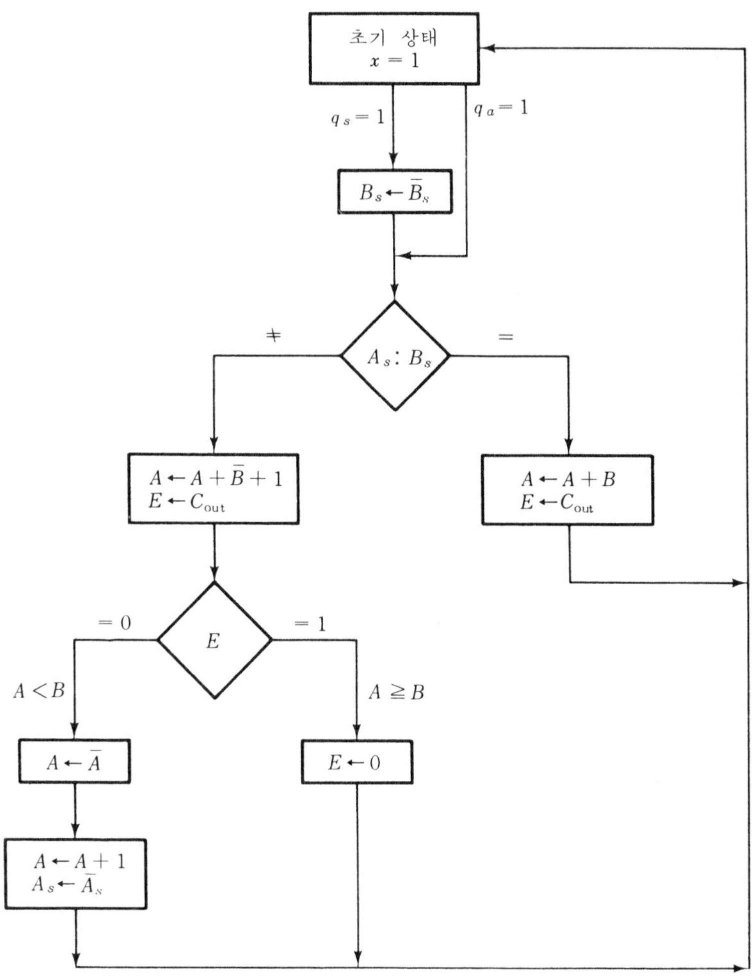

그림 10-7 부호-크기(sign-magnitude) 덧셈, 뺄셈에 대한 흐름도

그림 10-7의 流通圖는 부호-크기로 표시된 수의 加減算을 실행하는 절차를 나타낸 것인데 입력 신호 q_a와 q_s에 의해 각 연산이 시작된다. 뺄셈인 경우는 B의 부호가 바뀌지만 덧셈에서는 바뀌지 않고 다음 단계로 넘어간다. 다음 단계에서는 A_s와 B_s를 비교하여 두 數의 부호가 같은지 다른지에 따라 두 가지 방법으로 나뉘어진다. 부호가 같은 경우는 두 數 A와 B를 더하여 A에 넣고 C_{out}을 E에 넣어 오우버플로우 상태를 나타내 주면 끝나게 된다. 작업이 끝나게 되면 출력 변수 x를 1로 놓고 처음 상태로 되돌아가면 된다. 두 數의 부호가 다른 경우는 먼저 A에 B의 2의 보수를 더함으로써 먼저 A에서 B를 뺀 다음 E의 상태를 검사하게 된다.

만약 E가 1이면, A가 B보다 크다는 것을 알 수 있으며, 이 때에는 E의 값만 다시 0으로 클리어하여 演算에 이상이 없음을 표시한 다음 처음 상태로 옮아 가면 된다. 만약 E의 값이 0이었다면 이는 A가 B보다 작음을 의미하므로 A값을 2의 補數로 바꾸고 A_s도 보수로 바꾸어 주어야 올바른 계산 결과가 A와 A_s에 넣어지게 된다. 그러나 A의 2의 보수는 $A \leftarrow \bar{A}+1$ 한 마이크로 명령으로 만들 수 있다. 9장에서 사용된 ALU에는 2의 보수의 값을 계산하는 기능이 없으므로 먼저 보수를 취한 다음 1을 더하여 2의 보수의 값을 얻는 방법을 쓴다.

데이터 프로세서 仕樣

흐름圖 알고리즘에는 데이터 프로세서가 수행해야 할 모든 마이크로 작동이 수록되어 있다. A와 B간의 연산은 ALU가 행한다. A_s, B_s와 E에 대한 작동은 별개의 다른 제어 변수로 시동시켜야 한다.

그림 10-8(a)는 요구하는 제어 변수를 가진 데이터 프로세서를 나타내고 있다. ALU에 대해서는 9章에서 詳述하였고, ALU의 기능은 표 9-4에 명시하였다. 그림에서 ALU는 4개의 선택 변수를 갖고 있다. 그림에 나타난 변수 중 L은 ALU의 출력을 A 레지스터에 저장하는 작동과 동시에 출력 자리올림수(carry)를 E에 저장시키는 작동을 집행시키며, 변수 y, z와 w는 각각 B_s와 A_s를 변수로 만들고 E를 클리어시켜 준다.

제어 논리의 블록圖는 그림 10-8(b)와 같다. 여기에 나타난 것과 같이 제어 논리부는 5개의 입력을 가지는데, 그 중 3개는 데이터 프로세서에서 오는 것이고 나머지 2개는 외부에서 오게 된다. 설계를 간단히 하기 위해 새로운 변수 S를 다음과 같이 정의한다.

$$S = A_s \oplus B_s$$

이 새로운 변수는 A_s와 B_s의 부호를 비교한 결과를 나타내는데, 그 값이 1이면 두 數의 부호가 다른 것을 나타내고, 0이면 두 부호가 같음을 나타낸다.

제어 논리에서 나오는 출력 변수 중 s_2, s_1, s_0와 C_{in}은 선택 보수로서 ALU에 연

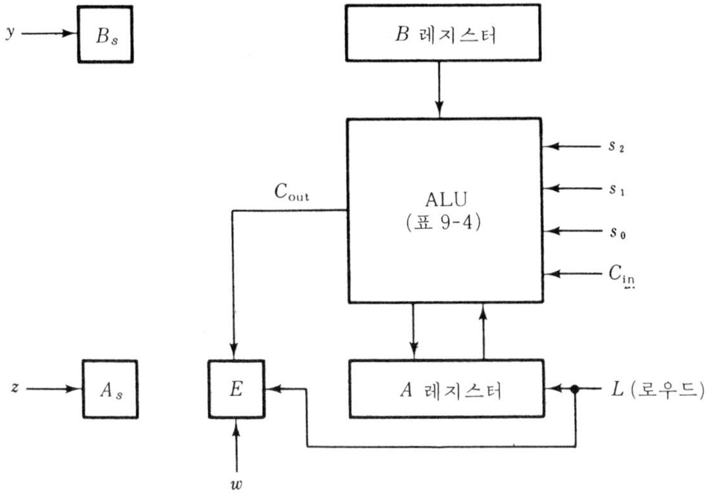

(a) 데이터 프로세서 레지스터들과 ALU

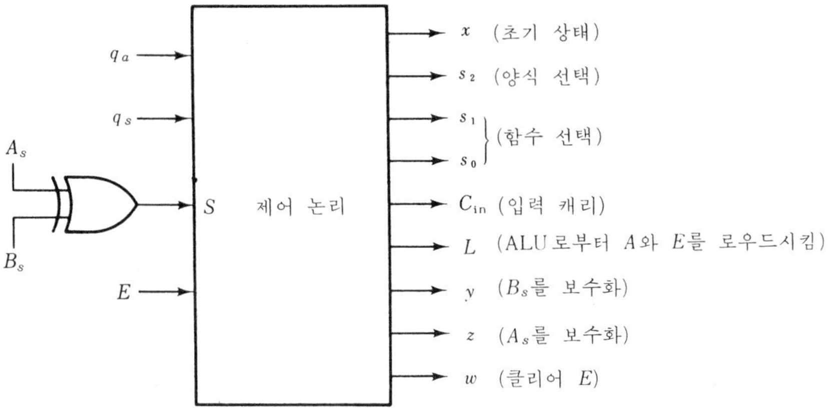

(b) 제어 블록도

그림 10-8 시스템 블록 도

결되어 ALU의 기능을 선택하게 되어 있다. x는 외부 회로에 출력으로서 연결되며 그 외의 4개 변수는 해당되는 역할에 따라 데이터 프로세서 내의 각 레지스터에 연결된다. 그림에 그려져 있지는 않지만 제어 논리의 출력은 데이터 프로세서의 해당 입력에 연결되어야만 한다. 이렇게 데이터 프로세서의 구조가 설정되었으므로 다음에 제어 논리의 설계가 가능해진다.

制御狀態圖(control state diagram)

하아드와이어的 제어의 설계는 順次回路의 설계에서와 같이 狀態圖를 그려 봄으로써 수행해 나갈 수 있다. 流通圖와 狀態圖의 관계는 매우 밀접하나 하나의 순서도에 대응하는 상태도가 꼭 하나만 존재하는 것은 아니다. 設計者에 따라 제각기 다른 상태도를 같은 순서로부터 그려 낼 수 있으나 각 상태도는 모두 시스템을 바르게 표현한 것들 이어야 한다.

制御器의 초기 상태를 T_0로 정하고 상태가 바뀜에 따라 T_1, T_2, T_3의 기호로 표시하며 각 상태마다 집행되는 마이크로 작동을 결정하게 되면 制御器의 상태도가 이루어지게 된다.

제어 상태도와 대응되는 레지스터 전송 작동이 **그림 10-9**에 나타나 있다. 이 그림에 관한 정보는 **그림 10-7**의 流通圖와 **그림 10-8**의 블록 도표에 정의된 변수들로부터 나온 것이다. 制御部의 초기 제어 상태는 T_0이다. 제어가 T_0에 있을 때는, 출력 변수 x의 값은 1이 된다. q_a와 q_s가 모두 0이면 계속 초기 상태에 머물다가 만약 q_s가 1이 되면, 제어부는 T_1의 상태로 옮아가 뺄셈 작동을 시작하게 되는데, 이 T_1의 상태에서 부호 비트 B_s가 補數化된다. 그 후에 T_2의 상태로 되어 두 數를 덧셈하게 되며 만약 q_a가 1이 되면, 초기 상태 T_0에서 직접 T_2의 상태로 변하게 된다.

T_2 다음의 상태는 두 數의 부호 비트에 의해 결정된다. 만약 두 부호가 같아서 S의 값이 0이 되면 T_3의 상태로 옮아간다. 이 T_3 상태에서는 두 數의 크기를 더해 주고 오우버플로우 비트를 세트한 다음 다시 초기 상태 T_0로 넘어간다. 또 T_2의 상태에서 만약 두 數의 부호가 달라서 S가 1이 되면, T_4로 옮아가 두 數의 크기를 B의 2의 보수를 취해서 빼는 작동을 한다. 이 뺄셈을 할 때 생기는 자리올림수인 끝캐리(end carry)는 E로 옮긴다. 그 후에 제어는 T_5 상태로 옮긴다.

ALU에서 생긴 끝캐리가 E로 옮기는 것은 클럭 펄스의 발생과 함께 일어남을 명심하자. 이는 T_4에서 T_5로 옮기는 제어를 일으키는 클럭 펄스를 뜻한다. 비록 다음 마이크로 작동은,

$$E \leftarrow C_{\text{out}}$$

타이밍 변수 T_4 동안에 행해지도록 되어 있지만 T_4에서 T_5로 넘어가게 하는 클럭 펄스의 발생 후에야 집행된다. 일단 이 클럭 펄스가 이 작동을 수행하면, 제어는 이미 T_5 상태에 있음을 알 수 있다. T_5의 상태에 이르러야 E의 값을 검사하게 되어 A와 B의 크기를 비교할 수 있게 된다. E가 1이면 $A \geq B$인 경우이므로 E를 클리어시켜 처음 상태 T_0로 돌아가면 되고, E가 0이면 $A < B$인 경우이므로 T_6와 T_7의 상태로 옮아가 A와 A_s에 보수화 작동을 해주게 된다. 이 두 경우 제어가 T_5에 있을 때 E를 클리어시킨다는 사실을 주의해야 한다. 이 T_5 상태에서는 E 플립플롭을 클

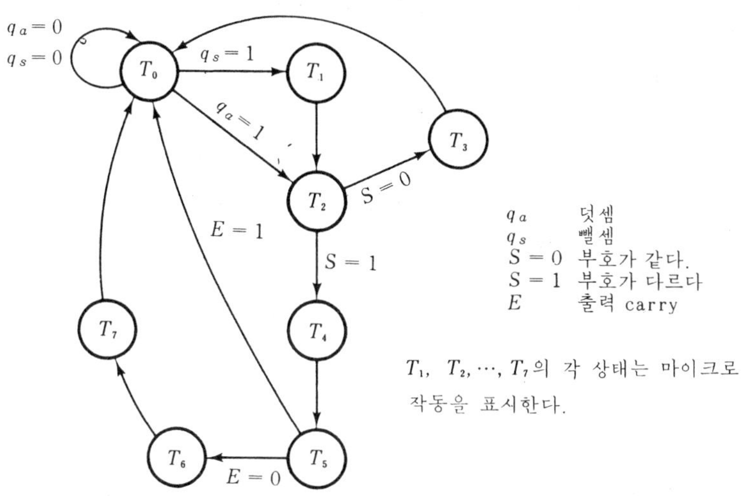

(a) 狀態圖 (그림 10-7의 流通圖에 相應함)

상 태 별	x	s_2	s_1	s_0	C_{in}	L	y	z	w
	마이크로 작동에 따른 제어 출력 (표 9-4 참조)								
T_0 : 초기 상태 $x = 1$	(1)	0	0	0	0	0	0	0	0
T_1 : $B_s \leftarrow \bar{B}_s$	0	0	0	0	0	0	(1)	0	0
T_2 : 아무런 동작도 없다.	0	0	0	0	0	0	0	0	0
T_3 : $A \leftarrow A + B,\ E \leftarrow C_{out}$	0	0	0	(1)	0	(1)	0	0	0
T_4 : $A \leftarrow A + \bar{B} + 1,\ E \leftarrow C_{out}$	0	0	(1)	0	1	1	0	0	0
T_5 : $E \leftarrow 0$	0	0	0	0	0	0	0	0	1
T_6 : $A \leftarrow \bar{A}$	0	(1	1	1)	0	1	0	0	0
T_7 : $A \leftarrow A + 1,\ A_s \leftarrow \bar{A}_s$	0	0	0	0	1	1	0	1	0

(b) 레지스터 전송의 順次

그림 10-9 제어 상태도와 마이크로 작동 순서

리어 동작함으로써 E가 원래 0일 때도 그대로 0으로 유지하게 되므로 E가 0이거나 1이거나 관계 없이 클리어시킨다. 여기서 주의할 것은 E가 클리어되는 것이, T_5 상태를 빠져나가는 제어가 일어나는 클럭 펄스가 공급될 때라는 사실이다. 그리하여 E를 클리어시키며 상태 T_0나 T_6로 제어를 옮기는 작동은 한 공통 클럭 펄스에서 모순 없이 수행한다는 것을 인식해야 된다. 상태 T_5에서 다음 상태로 옮기기 위해서 클럭 펄스가 上昇部(rising edge)로 변위될 때 플립플롭 E가 클리어되어도 다음 상태의 결정은 T_4에서 T_5로 전달되었던 원래의 E 값에 따라 좌우되는 것이다.

위의 보기에서, 流通圖를 해석하는 데 따라서 같은 제어 논리임에도 다른 상태도를 만들 수 있다는 사실을 알 수 있다. 하아드웨어적인 제한 조건이 고려되고 시스템이 仕樣에 따라서 기능을 발휘하는 한, 위 사실은 자명하다. 예를 들면 상태 T_5에서 E를 검사하는 대신 T_4에서 C_{out}을 검사할 수 있다. 이 때, 만일 C_{out}이 1이면, 제어는 E를 클리어하도록 상태 T_5로 가고, C_{out}이 0이면 제어가 상태 T_5를 비켜(bypass) 상태 T_6으로 직접 옮기도록 할 수 있다.

하아드와이어的 制御의 設計(design of hard-wired control)

제어 상태의 함수가 되는 제어 출력들을 **그림 10-9(b)**에 수록하였다. 그리고 **그림 10-8(b)**의 블록도에 이들 제어 출력을 표시하였다. ALU의 선택 변수들은 **표 9-4**로 결정한다. **그림 10-8(b)**의 변수 L(load A)은 ALU의 출력을 레지스터 A에 옮길 때는 언제나 1의 값을 가져야 하며, 그렇지 않을 때는 0이 된다. 이 때 ALU의 출력은 A 레지스터에 보낼 수 없다. 시스템에 대한 제어를 설계하기 위해서는 먼저 ① **그림 10-9(a)**와 같은 상태도를 설계해야 하고 ② **그림 10-9(b)**에 명시한 것같이 제어 출력을 설정해 주어야 한다.

制御部는 古典的인 순차 논리 절차에 따라 설계할 수도 있다. 이 절차로 하면 8개의 상태를 가진 狀態表(state table)와 4개의 입력, 9개의 출력이 필요하다. 이런 狀態表에서 도출되는 순차 회로를 구하기란 변수가 많을 경우에는 용이하지가 않다. 이러한 방법으로 얻어지는 회로는, 게이트 數는 최소로 될지 모르지만 非標準的 형태의 회로가 되기 쉽고 誤動作이 발생할 경우 회로를 해석하기가 어렵게 된다. 이러한 難點은 **狀態當 하나의 플립플롭 방법(one flip-flop per state method)**을 쓰면 쉽게 극복할 수 있다. 이 狀態當 하나의 플립플롭 방법을 이용한 제어 조직을 쓰면 상태도를 보고도 쉽게 회로를 구성할 수 있다는 편리한 특성을 가지고 있다. D 플립플롭을 사용한다면 勵起表(excitation table)나 상태표도 필요 없게 된다. D 플립플롭의 다음 상태는 D 입력에만 좌우되고 D 플립플롭의 현재 상태에는 아무 관계가 없음을 주의해야 한다. 각 상태마다 하나의 플립플롭을 사용하게 되므로 여기서 8개의 D 플립플롭을 사용하고 그것들의 출력을 각각 T_0, T_1, $T_2, \cdots, T_7$으로 命名하자. 각각의 플립플롭을 세트시키는 조건은 상태도에 명시되어 있다. 예를 들어 **그림 10-9(a)**에서 플립플롭 T_2가 세트되려면, $T_1=1$이거나 T_0와 q_a가 1이어야 한다. 이러한 조건은 다음과 같은부울 함수로 간단히 표시할 수 있다. 이 부분만 그리면 아래와 같다.

$$DT_2=q_aT_0+T_1$$

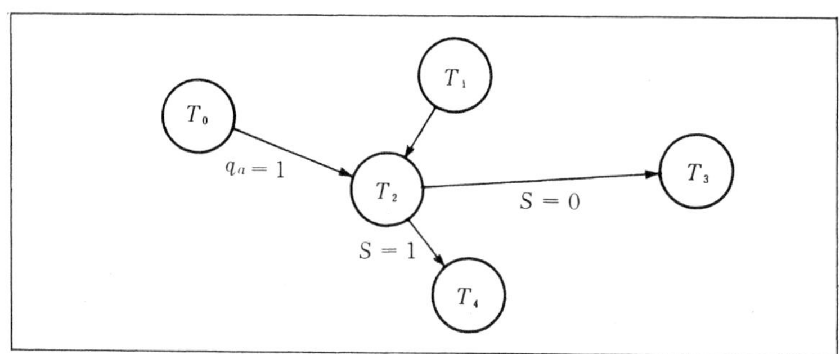

여기서 DT_2는 플립플롭 T_2의 D 입력을 나타낸다. 실제로 플립플롭이 세트되는 조건은 그 상태로 연결되는 화살표 위에 나타난 조건과, 그 화살표가 출발한 상태를 AND함으로써 얻어지고, 그 상태로 들어오는 화살표가 여러 개 있을 때는 각 모든 조건들이 OR된 값이 조건이 된다. 여기서 이 상태 T_2에서 나가는 화살표는 T_2의 세트조건에는 無關하다. 이러한 방법으로 플립플롭 입력 함수를 구하면 표 10-1과 같다.

초기에는 플립플롭 T_0만이 세트되고 다른 모든 플립플롭은 클리어되어 있다. 임의의 시각에서도 하나의 플립플롭만이 세트되어 1이 되고 나머지 모든 플립플롭은 클리어되어 있어야 한다. 다음 클럭 펄스에서는 D 입력이 1이 되어 있는 플립플롭만 세트되고 나머지는 클리어되어야 할 것이다. 그 이유는, 제어는 임의의 시각에 한 가지 마이크로 작동밖에 있을 수 없는 특성 때문이다. 例를 들어 현재 $T_0=1$의 상태에 있을 때 $q_a=0$이고 $q_s=0$이면 T_0의 D 입력$(DT_0=q_a'q_s'T_0=1)$이 되어, 다음 클럭

표 10-1 제어에 대한 Boolean 함수

플립플롭 입력 함수	제어 출력을 위한 Boolean 함수
$DT_0=q_a'q_s'T_0+T_3+ET_5+T_7$	$x=T_0$
$DT_1=q_sT_0$	$s_2=T_6$
$DT_2=q_aT_0+T_1$	$s_1=T_4+T_6$
$DT_3=S'T_2$	$s_0=T_3+T_6$
$DT_4=ST_2$	$C_{in}=T_4+T_7$
$DT_5=T_4$	$L=T_3+T_4+T_6+T_7$
$DT_6=E'T_5$	$y=T_1$
$DT_7=T_6$	$z=T_7$
	$w=T_5$

註: 여기서 DT_0는 T_0 플립플롭의 D 입력을 표시함.

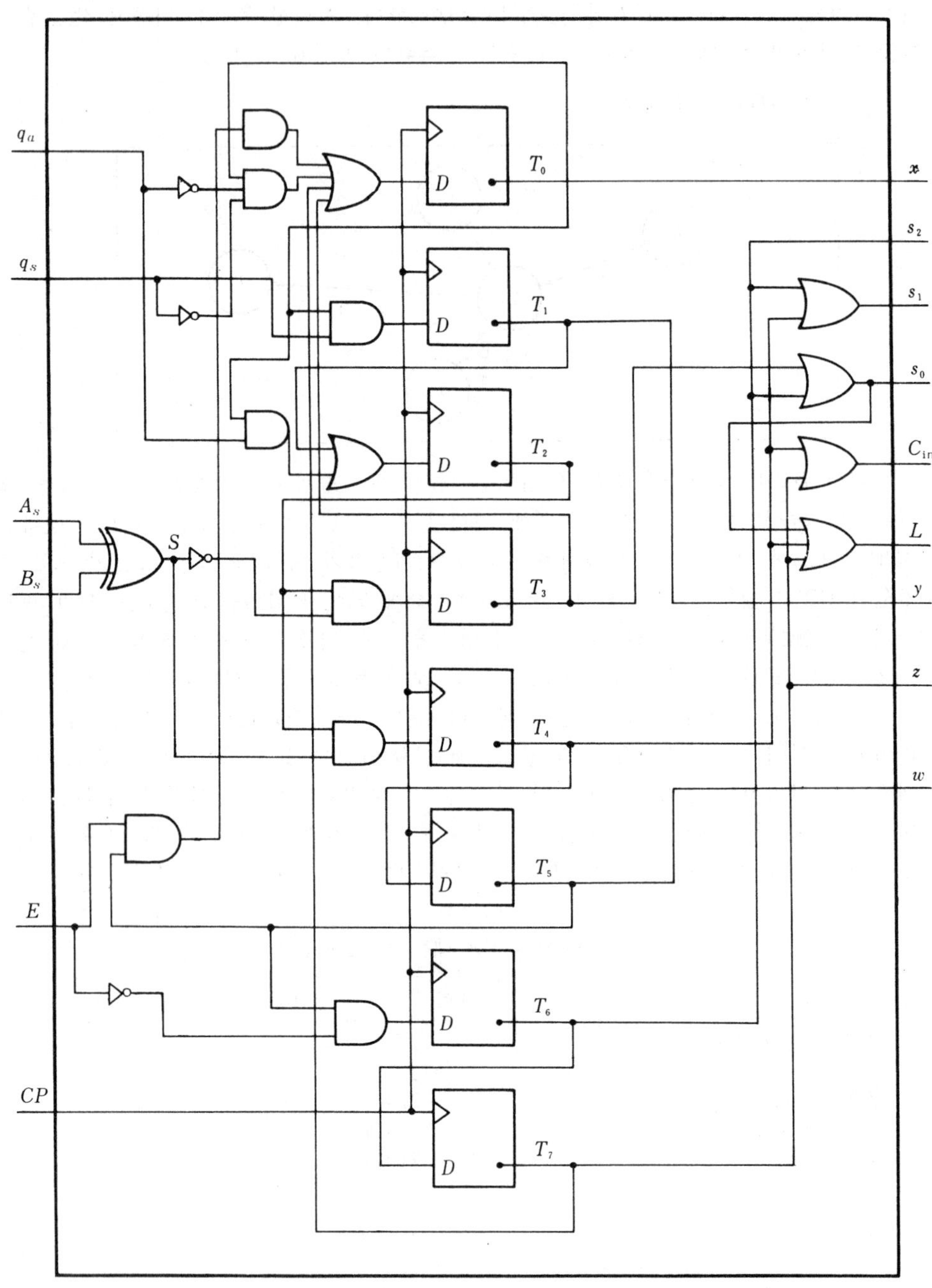

그림 10-9-1 그림 10-8의 제어 논리 설계 (상태當 플립플롭 방법 例)

펄스에 다시 $T_0=1$로 세트시켜 둘 것이다. 두 클럭 펄스 사이에 $q_S=1$로 변화되었다면 T_0의 D 입력은 0이 되고 T_1의 D 입력 $(DT_1=q_ST_0=1)$은 1이 되므로 다음 클럭 펄스에 맞추어 T_1은 세트되고 T_0은 클리어될 것이다. 각 플립플롭의 입력 함수들은 相互排他性(mutual exclusive)이 있어 동시에 세트될 수 없으므로 한 순간에도 임의의 하나의 플립플롭만이 세트되고 나머지는 클리어된다.

이제는 플립플롭의 상태에 따라 제어 출력을 표시할 필요가 생기었다. 다시 말하면 각 상태에서 계산기 하아드웨어 각부에 어떻게 제어 신호를 보낼 것인가 하는 문제가 되는 것이다. 이것들은 표 10-1에 부울 함수로 나타나 있는데 이 부울 함수는 그림 10-9(b)에 의해 쉽게 구할 수 있다. 例를 들어 출력 L(load A)은 T_3, T_4, T_6 혹은 T_7가 세트된 동안에 1이 된다. L 출력 신호를 만들기 위해서는 4개의 입력 OR 게이트가 필요하게 된다.

이 제어 논리의 실제 회로는 표 10-1에서 쉽게 얻어질 수 있다. 실제 회로에는 8개의 D 플립플롭, 7개의 AND 게이트, 6개의 OR 게이트, 그리고 4개의 인버어터(inverter)가 필요할 것이다. 그림 10-9-1에 표시했다.

10-4 마이크로 프로그램 制御(microprogram control)

마이크로 프로그램 제어 방식에서는 마이크로 작동을 유발시키는 제어 변수가 메모리 내에 저장되어 있게 된다. 제어 순서는 대개의 경우 변경할 필요가 없게 되므로 제어 메모리를 ROM으로써 구성하게 된다. 메모리에 저장된 제어 변수는 한 번에 하나씩 읽혀져 그때마다 시스템에 필요한 마이크로 작동을 유발시킨다.

제어 메모리에 저장되어 있는 마이크로 命令語는, ① 계산기 시스템의 부분 장치들에게 한 가지 이상의 **마이크로 作動을 유발**시킬 뿐만 아니라 ② 일단 이들 마이크로 작동이 집행되고 나면 제어 장치는 **다음 마이크로 작동 명령의 번지를 결정해 주어야만 한다.** 그러므로 반드시 마이크로 命令語의 몇 개의 비트를 써서 다음 마이크로 명령의 번지를 만드는 데 사용하도록 되어 있다.

이리하여 **마이크로 命令은 마이크로 作動을 勵起시키는 비트들과 制御 메모리 自體에 대한 다음 番地를 決定하는 비트들로서 이루어져 있다.**

마이크로 프로그램 제어 장치 속에는 제어 메모리뿐만 아니라 마이크로 命令語가 명시하는 다음 번 마이크로 命令語의 번지를 선정하는 특별한 회로가 있어야 한다. 이러한 회로나 메모리 속에 저장된 마이크로 명령 비트들의 구성은 계산기 機種마다 달라질 수 있다.

여기서 여러 가지 相異한 상황하에 있는 모든 가능성을 설명하는 대신 간단한 例를 통하여 마이크로 프로그램의 개념을 설명하기로 한다.

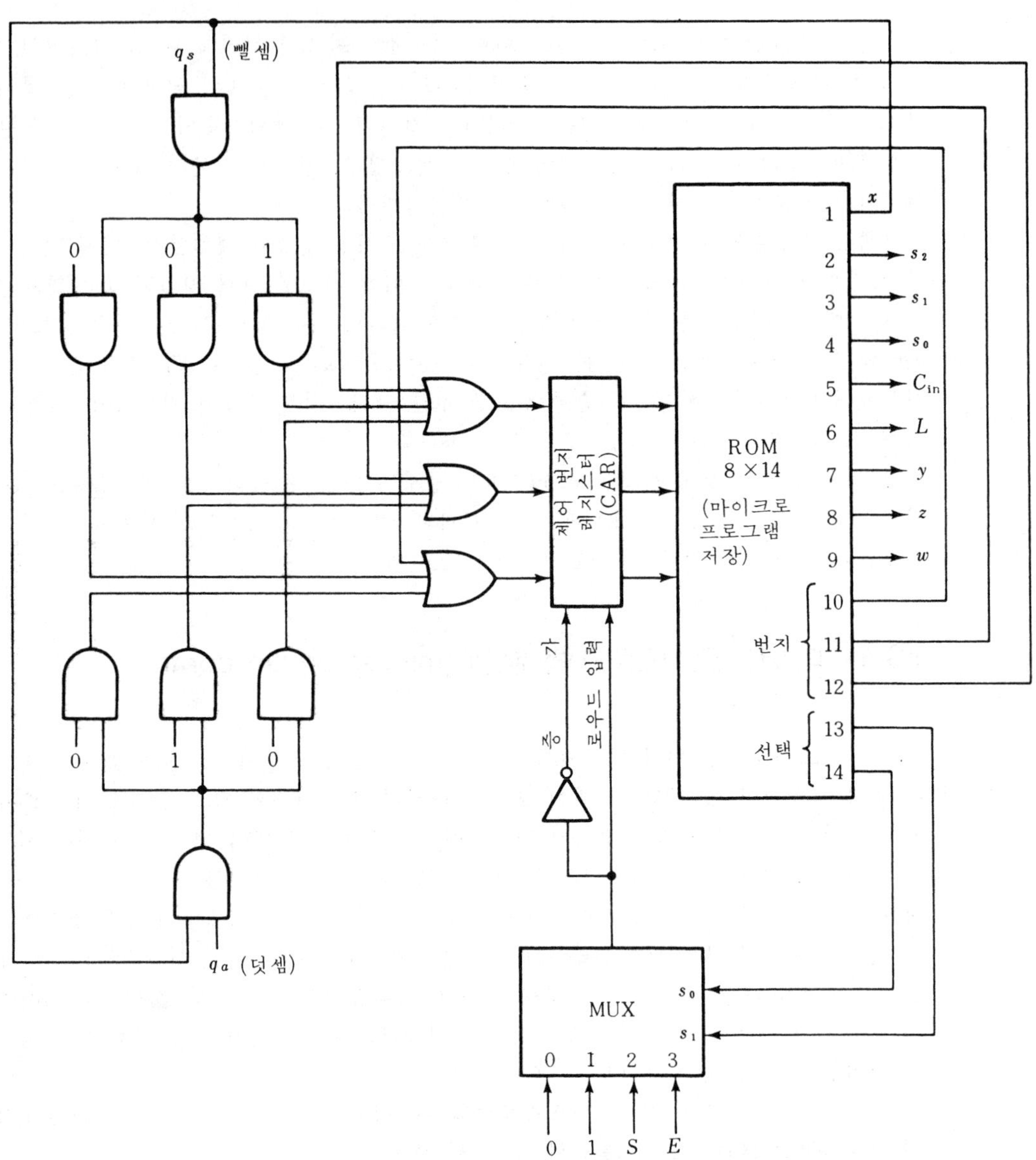

ROM 비트 13	14	MUX 선택 함수
0	0	Increment *CAR* (control address register)
0	1	Load input to *CAR*
1	0	Load input to *CAR* if $S=1$, increment *CAR* if $S=0$
1	1	Load inputs to *CAR* if $E=1$, increment *CAR* if $E=0$

그림 10-10 마이크로 프로그램 제어 블록도표

설계할 제어 논리는 앞 節에서 설명했던 符號附-크기 數의 加算器와 減算器이다. 10-3節에서 설계하였던 하아드와이어的 제어는 마이크로 프로그램 제어로 대신 설계할 수 있다. 보기와 같은 간단한 시스템에서는 하아드와이어的 제어부가 효율적이지만 시스템이 크고 복잡하게 되면 마이크로 프로그램 제어가 훨씬 효과적이다.

제어 메모리 내의 한 상태는 마이크로 명령의 번지로 표시한다. 순차 회로의 한 상태가 한 마이크로 작동을 표시하듯 제어 메모리 내의 번지는 마이크로 명령 내의 한 制御語(control word)를 명시한다. 설계하고자 하는 제어가 **그림 10-9**에 나타나 있다. 제어부에는 8개의 상태가 있으므로 제어 메모리에는 0부터 7까지 8개의 워어드가 있게 된다. 제어 메모리의 번지는 狀態圖에 나타난 T의 첨자 부호와 일치하게 된다.

狀態圖에서 알 수 있듯이 마이크로 프로그램 제어에서의 연속된 번지 지정을 하려면 다음의 기능을 가지고 있어야 한다(**그림 10-10**을 참조).

마이크로 프로그램 번지 지정에 필요한 기능

1. 외부 신호 q_a와 q_s에 따라 **외부 번지를 로우드(load) 하는 기능**
2. 계속되는 번지를 **순차 지정하는 기능**
3. 상태 변수 $\boldsymbol{S}$와 $\boldsymbol{E}$의 현재값의 함수가 되는 두 번지 중 하나를 선택할 수 있는 기능

모든 마이크로 명령어는 다음 마이크로 명령어의 번지가 선택될 수 있는 방법을 명시하는 몇 개의 비트를 반드시 가지고 있어야 한다.

하아드웨어의 構成(hardware configuration)

마이크로 프로그램 제어 장치의 체계가 **그림 10-10**에 나타나 있다. 제어 메모리는 8×14의 ROM을 쓴다. 마이크로 명령어의 워어드 중 처음 9비트는 **마이크로 작동**을 **勵起**시키는 **제어 변수**가 되고 나머지 5비트는 **다음 명령 번지**를 **선택**하기 위한 정보를 주는 데 쓰인다. 제어 번지 레지스터 (control address register) ***CAR***은 제어 메모리에 대한 번지를 담고 있다. 이 레지스터는, 로우드(load) 제어가 인에이블(enable)될 때는 새로운 번지가 되는 入力値를 받아 들이고 그렇지 않을 때는 1 만큼 증가하여 바로 다음 번지 값을 표시한다. 즉, CAR은 병렬 로우드(parallel load) 능력을 겸한 카운터 역할을 하는 레지스터이다.

마이크로 명령어 중에서 비트 10, 11 그리고 12는 CAR에 들어갈 번지를 나타내고 비트 13, 14는 멀티플렉서(multiplexer)의 입력을 선택하는 데 사용한다. 비트 1은 x로 표시되는 초기 상태의 조건에 쓰이고 q_s나 q_a가 1이 되면 외부 번지가 들어오게 된다. $x=1$이 되면, 마이크로 명령어의 번지를 나타내는 부분은 000이 되고 q_s가 1이 되면 CAR의 입력으로 001이 들어오고 q_a가 1이 되면 010이 들어가게 된다. 그리고 만약 q_s와 q_a가 모두 0일 때는 CAR에 0의 번지값이 들어오게 한다. 이런 방식으로 외부 변수가 인에이블될 때까지 제어 메모리는 0의 번지에 계속 머무르게 만든다.

멀티플렉서(MUX)는 마이크로 명령어의 비트 13과 14에 의해 선택되는 4개의 입력을 가지고 있다. **MUX 선택 비트의 기능**은 그림 10-10에 圖表化되어 있다. 만약 비트 13과 14가 00이면 MUX의 출력은 0이 선택되어 *CAR*을 하나 증가시켜 바로 다음 번지를 나타내게 하며, 01이면 MUX의 출력은 1이 선택되어 **외부 입력**이 *CAR*에 들어오게 된다. 비트 13과 14가 10이 되어, 상태 변수 ***S***가 선택된다면 *S*의 값에 따라 두 가지 경우가 발생한다. *S*가 1이면 MUX의 출력은 1이 되어, 마이크로 명령어의 번지 부분이 *CAR*에 들어가게 하고($x=0$일 경우), *S*가 0이면 MUX의 출력은 0이 되어 *CAR*을 하나 증가시키게 된다. 마찬가지로 비트 13과 14가 11이 되어 상태 변수 ***E***가 선택되면 *E*가 0일 때는 *CAR*을 하나 증가시키고 *E*가 1일 때는 명령 번지부(address field)가 *CAR*에 들어가게 된다. 이렇게 하여 MUX는 선택된 상태 비트값에 따라 制御部가 두 번지 중 하나를 선택할 수 있도록 한다.

마이크로 프로그램

마이크로 프로그램 제어 장치의 형태가 확정되면 그 다음으로 해야 할 設計者의 일은 제어 메모리에 넣을 마이크로 코우드를 작성하는 일이다. 이런 일을 마이크로 프로그래밍이라 일컬으며 제어 메모리의 모든 워어드(word)의 비트 구성(bit configuration)을 결정하게 된다. 이런 과정을 알아보기 위해 우리는 보기에 나온 加減算器에 대해 마이크로 프로그램을 만들어 본다. 제어 메모리는 14비트를 가진 8개의 워어드로 구성되고 이 제어 메모리를 마이크로 프로그래밍하기 위해 우리는 8개의 워어드들의 각 비트 값을 결정해야 한다.

마이크로 프로그램을 개발하기 위해 **레지스터 傳送方法**(register transfer method)이 사용될 수 있다. 마이크로 작동 순차는 레지스터 傳送文(transfer statements)에 명시되어 있다. 이 경우 제어 메모리 내에 저장된 制御語가 제어 변수가 되므로 부울 함수들로 된 제어 함수들(control functions)을 수록할 필요가 없다. 1개의 제어 함수 대신에 각 레지스터 傳送文(register transfer statement)마다 번지를 하나씩 명시하게 된다. 각 記號文(symbolic statement)에 관계된 번지는 마이크로 명령이 메모리에 저장될 번지가 된다.

한 번지에서 다음의 다른 번지로 옮기는 것은 條件附制御文(conditional control statement)을 써서 표시한다. 이런 형의 制御文은 상태 조건에 따라서 제어가 어느 번지로 옮겨질 것인가를 명시한다. 이리하여 각각 마이크로 명령 작성에 있어 어떻게 1이나 0들로서 기입해 넣어야 하는가를 생각하는 대신에 레지스터 전송 방법(register transfer method)의 기호를 써서 생각하는 것이 훨씬 간편하다. 일단 기호로 표시된 마이크로 프로그램이 작성되면, 이 레지스터 전송문으로 작성된 마이크로 프로그램을 2진수의 형태로 바꾸는 것은 쉽다.

記號 형식(symbolic form)으로 표시된 마이크로 프로그램이 표 10-2에 있다. 첫째 列

표 10-2 기호로 표시된 마이크로 프로그램

ROM주소	마이크로 명령어	주 석
0	$x=1$, if $(q_s=1)$ then (go to 1), if $(q_a=1)$ then (go to 2), if $(q_s \wedge q_a=0)$ then (go to 0)	0 혹은 외부 주소를 로우드시킴
1	$B_s \leftarrow \bar{B}_s$	$q_s=1$, 뺄셈을 시작
2	If $(S=1)$ then (go to 4)	$q_a=1$, 덧셈을 시작
3	$A \leftarrow A+B$, $E \leftarrow C_{\text{out}}$, go to 0	크기를 더하고 귀환
4	$A \leftarrow A+\bar{B}+1$, $E \leftarrow C_{\text{out}}$	크기를 뺀다.
5	If $(E=1)$ then (go to 0), $E \leftarrow 0$	$E=1$이면 동작을 종료
6	$A \leftarrow \bar{A}$	$E=0$, A를 보수화한다.
7	$A \leftarrow A+1$, $A_s \leftarrow \bar{A}_s$ go to 0	번지 0으로 귀환

에는 ROM의 8개의 번지가 적혀 있고, 둘째 列에는 각 번지에 저장할 마이크로 명령어가 기호 형식으로 기입되어 있다. 그리고 세째 列에는 레지스터 전송을 명백히 하기 위해 說明文이 기록되어 있다. 초기 상태인 번지 0에서는 출력으로 $x=1$을 발생시키고 q_s와 q_a의 값에 따라 다음 번지가 결정된다. 이 마이크로 명령에 나타난 3개의 조건부 제어의 서술은 then과 go to의 기호를 사용하는데, 그 의미는 만약 if 다음에 나오는 조건을 만족하게 되면 go to 다음에 나오는 번지로 제어가 옮겨짐을 뜻한다. 즉, q_s와 q_a가 모두 0이면 제어는 번지 0에 머무르게 되고 q_s 혹은 q_a가 1이 되면 제어는 번지 1 혹은 2 번지로 각각 옮아 가게 된다.

다른 마이크로 명령에 나타난 조건부 제어문에서는 상태 변수 S와 E를 사용하였다. 조건이 나타나 있지 않은 go to文은 뒤에 나오는 번지로 무조건 分岐하게 된다. 例을 들어 go to 0 명령은 현 마이크로 명령이 집행된 후에는 무조건 제어가 0 번지로 감을 뜻한다. 아무런 go to文이 없을 경우에 다음 마이크로 명령은 順次를 따라 바로 다음 번지에서 가져오게 된다. 그리고 만일 if 文 뒤에 나오는 조건을 만족하지 않을 경우에도, 順次에 있는 다음 번지로 옮아 가게 된다.

8개의 번지와 관계되어 있는 마이크로 명령어는 그림 10-9의 制御仕樣(control specifications)에서 직접 얻어지고 기재된 마이크로 작동들은 그림 10-9(b)에 기재된 것과 동일하다. 조건부 제어문은 그림 10-9(a)의 狀態圖로 주어진 번지의 順次를 명시한다. 그리고 각 번지값은 상태도에 나타난 T의 첨자와 같음을 주의하자. 조건부 제어문들이 명백히 상태도를 명시하는 다른 방법을 제공한다. 이것은 레지스터 전송 방법으로 순차 회로를 나타낼 수 있다는 것을 보여 준다.

표 10-2의 마이크로 프로그램은 그림 10-7의 流通圖에서 직접 유도해 낼 수 있다. 그리고 이 유통도는 설계하려는 시스템에 대한 알고리즘을 명시하는 데 사용되었다. 여기서 우리는 마이크로 프로그래밍을 하는 데 많은 중간 단계를 거쳐 왔는데, 이는 단지 설명을 위한 목적에서였다. 따라서 마이크로 프로그램의 개념을 벌써 이해하고 있다면 상태도의 필요 없이도 기호적인 마이크로 프로그램으로서 알고리즘을 직접 명

표 10-3 2진수로 표시된 마이크로 프로그램

ROM 번지			ROM 출력													
			x 1	s_2 2	s_1 3	s_0 4	C_{in} 5	L 6	y 7	z 8	w 9	번지 10	11	12	선택 13	14
0	0	0	1	0	0	0	0	0	0	0	0	0	0	0	0	1
0	0	1	0	0	0	0	0	0	1	0	0	0	1	0	0	1
0	1	0	0	0	0	0	0	0	0	0	0	1	0	0	1	0
0	1	1	0	0	0	1	0	1	0	0	0	0	0	0	0	1
1	0	0	0	0	1	0	1	1	0	0	0	1	0	1	0	1
1	0	1	0	0	0	0	0	0	0	0	1	0	0	0	1	1
1	1	0	0	1	1	1	0	1	0	0	0	1	1	1	0	1
1	1	1	0	0	0	0	1	1	0	1	0	0	0	0	0	1

시 못할 이유는 없다. 일단 데이터 프로세서에 대한 장치 구성 마이크로 프로그램 제어가 확정되면 알고리즘은 마이크로 프로그램을 써서 개발할 수 있다.

마이크로 프로그램에 기호적 표시를 쓰는 것은 사람들이 읽고 이해하기 쉽게 할 따름이지 이대로 제어 메모리에 넣어진다는 것은 아니다. 마이크로 프로그램이 제어 메모리에 들어가려면 2진수로 표시해야 되며 마이크로 명령어의 비트들은 기능에 따라 피일드(field)로 나누어지게 된다. 여기서는 3개의 피일드로 나누어질 수 있는데, 마이크로 작동을 誘起시키는 비트 1에서 9까지의 부분과 번지를 나타내는 비트 10부터 12까지의 부분, 그리고 비트 13과 14의 부분은 MUX의 입력을 선택하는 기능을 가진다. 2진수로 표시된 마이크로 프로그램이 표 10-3에 나타나 있다.

제어 메모리 ROM의 번지와 그 번지의 내용물이 모두 2진수로 표시되어 있다.

ROM의 각 워어드의 처음 9개 비트는 특정한 마이크로 작동을 誘起시키는 制御語로 그림 10-9(b)로부터 그 값이 얻어지고 나머지 5개 비트들은 조건부 제어문의 내용에 따라 결정된다. 표 10-3을 보고 생각해 보자.

번지 000에는 선택 부분에 01이 있는데 이는 q_s나 q_a가 1이 되면 외부 번지가 CAR에 입력되게 하고 그렇지 않으면 000이 CAR에 입력되게 한다. ROM 번지 001에서는 선택 부분이 01이고 번지 부분이 010이다. 번지 001에서 선택 부분이 01이기 때문에 다음 번지로 CAR에 번지 부분인 010이 입력될 것이다. 그림 10-10의 표와 표 10-1을 보면 마이크로 작동 $B_s \leftarrow \overline{B}_s (y=1$이기 때문에)를 일으키는 클럭펄스도 또한 CAR에 번지 부분을 전송함을 알 수 있다. ROM에서 나오는 다음 마이크로 명령은 010 번지에 저장된 것이다. 이 사실은 001 번지에서 선택 부분을 00으로 바꾸어 다음 번의 번지를 001에서 하나 증가시킨 010으로 하는 역할을 한다.

선택 부분인 비트 13과 14를 살펴보면 두 비트가 01일 때는 번지 부분의 값이 다음 번의 번지로 되고 두 비트가 10 혹은 11이 되면 S와 E가 선택되어, 그 값이 1이면 다음 번 번지는 번지 부분의 값이 되고, 그 값이 0이면 CAR값이 하나 증가되어 지금 수행하는 명령의 바로 다음 번 번지를 나타나게 된다는 것을 알 수 있다.

10-5 프로세서 裝置의 制御

前節에서 사용한 마이크로 프로그램 제어 장치의 하아드웨어 형태는 보기와 같이 특별한 경우에는 적당하나 일반적 형태로는 적합하지 못하다. 실제 상황에서 우리는 여러 가지 용도에 두루 쓰이는 마이크로 프로그램 제어 장치를 만들기 위해 범용적인 하아드웨어 형태를 생각하지 않으면 안 된다. 그러기 위해 우리는 많은 마이크로 명

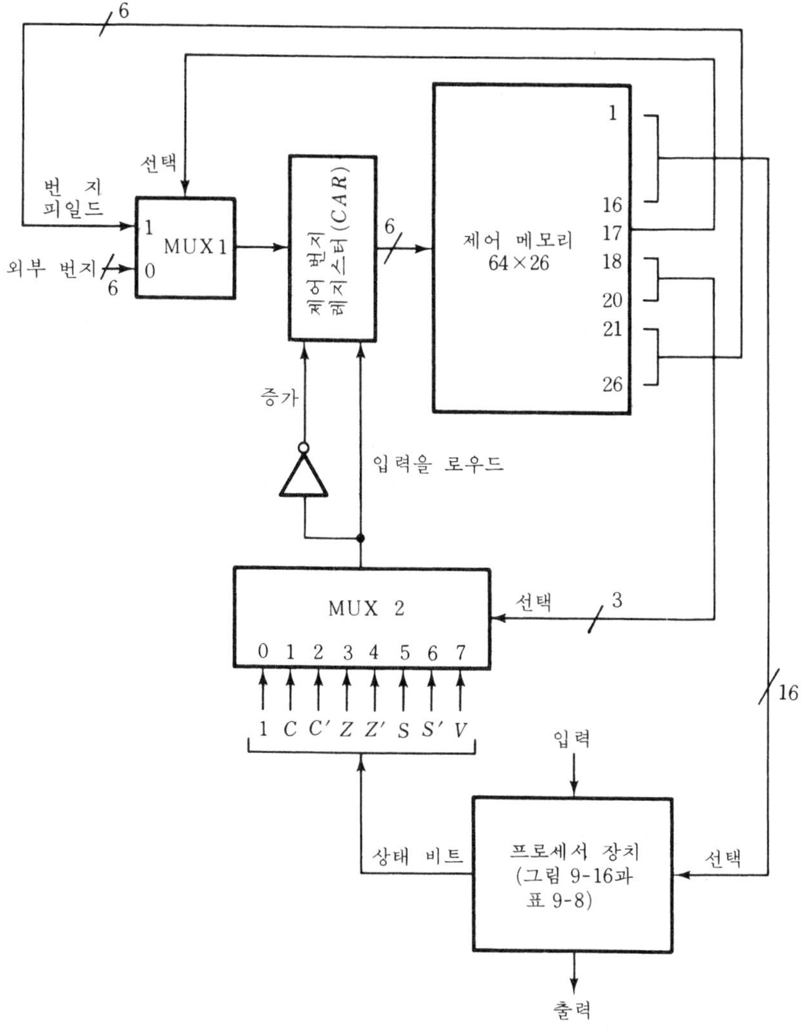

그림 10-11 프로세서 장치에 대한 마이크로 프로그램 제어

령들을 저장할 수 있도록 보다 큰 제어 메모리를 생각해야 되고 ALU의 제어뿐만 아니라 시스템 내의 모든 가능한 제어 변수들을 포함시키도록 기능을 갖게 해야 한다. 멀티플렉서와 선택 비트는 우리가 원하면 系統을 검사할 수 있도록 모든 가능한 상태 비트를 포함하고 있어야 한다. 또 외부에서 오는 번지는 이제까지 加減 작동을 시동시키는 부분의 두 번지 이외에 더 많은 번지들이 들어올 수 있게 되어야 할 것이다.

마이크로 프로그램 제어의 큰 장점은 일단 하아드웨어의 형태가 형성되고 나면 하아드웨어나 배선 변동을 더 이상 할 필요가 없다는 점이다. 만일 시스템에 대한 다른 제어 순차를 만들고 싶을 때는 제어 메모리의 다른 組의 마이크로 명령을 명시하는 것이 우리가 할 일의 전부인 것이다. 다른 작동 때문에 하아드웨어 구성을 바꿀 필요는 없고, 제어 장치 내에 있는 마이크로 명령만을 바꿔 주기만 하면 된다.

마이크로 프로그램 조직의 일반적 성질을 설명하기 위해, 우리는 모든 프로세서 장치의 제어를 수행할 수 있는 하아드웨어의 구성을 생각하자. **범용 프로세서 장치**에 대한 설명이 이미 9-9節에서 이루어졌었다. **그림 9-16**을 보면 그 프로세서 장치는 7개의 레지스터, ALU, 시프터(shifter), 그리고 상태 레지스터를 가지고 있다. 制御語(control word)의 16비트가 마이크로 작동을 위해 사용되는데, 그 制御語의 2진 코우드가 **표 9-8**에 표시되어 있다.

이러한 **프로세서 장치를 제어**하는 마이크로 프로그램 **조직**은 **그림 10-11**에 표시하였다. 그림의 제어 메모리는 한 워어드당 26개의 비트를 가진 64개의 워어드로 되어 있다. 64개 語를 선택하기 위해서 번지 지정용으로 6 비트가 필요하다. 8개 상태 비트 중 하나를 선택하기 위해서는 3개의 選擇線이 필요하고, *CAR*에 들어올 입력이 외부 번지일지 마이크로 명령어 번지 부분의 값일지를 결정하는 1 비트에다가 프로세서 내의 마이크로 작동을 선택하는 16비트를 더하여 각 마이크로 명령은 모두 26개의 비트로 구성되어 있다.

그림에 포함된 프로세서 장치는 마이크로 프로그램 제어 장치와의 연결 상황을 보여 준다. 마이크로 명령어의 처음 16비트는 **프로세서의 마이크로 작동을 선택**하고 나머지 10비트는 번지 제어 레지스티(*CAR*)에 대한 **다음 차례 마이크로 명령의 번지**를 **결정**한다. MUX2의 입력으로는 프로세서로부터 나온 상태 비트들이 공급된다. 오우버플로우 비트 *V*를 제외하고는 그 정상값과 보수값 둘 다 쓰여진다. MUX2의 입력 0번은 항상 2진 상수 1이 들어간다. 이 입력이 마이크로 명령의 18, 19, 20비트로 말미암아 선택될 때, *CAR*의 **로우드 入力**(load input)이 인에이블(enable)로 되는 것이다. 이 입력 신호는 또한 MUX1의 출력이 *CAR*의 정보(이 경우 명령 번지) 전달을 일으킨다. *CAR*의 입력은 마이크로 명령 중의 비트 17의 함수가 된다.

즉, 비트 17이 0이면, *CAR*에는 외부 번지가 들어오고, 1이면 마이크로 명령의 번지 부분(비트 21~26까지)의 값이 들어오게 된다. 이 외부 번지는 새로운 일련의 마이크로 명령어의 順次를 수행시키기 위해 외부 장치에서 주어진다. 마이크로 명령의 비트 18, 19, 20에 의해 선택하는 **狀態 비트**는 0 혹은 1의 값을 가질 수 있는데, 0일 때는 CAR 내의 값을 하나 증가시키고, 1일 때는 번지 입력을 CAR에 들어가게 한다. 올바른 마이크로 프로그램을 설계하기 위해 상태 비트가 각 마이크로 작동에 따라 어떻게 바뀌어지는가를 정확히 파악해야만 한다. S(符號)와 Z(zero) 비트는 모든 작동에 영향을 받는다. C(carry)와 V(overflow) 비트는 다음의 ALU 연산에서는 불변한다.

1. 4개의 論理演算 OR, AND, EOR, 그리고 補數演算
2. 增加와 減小(decrement)演算

다른 모든 연산에서는 ALU의 출력 캐리가 상태 레지스터의 C 비트로 들어가게 된다. C 비트는 캐리를 포함한 회전 자리 이동(circular shift) 후에도 역시 영향을 받는다.

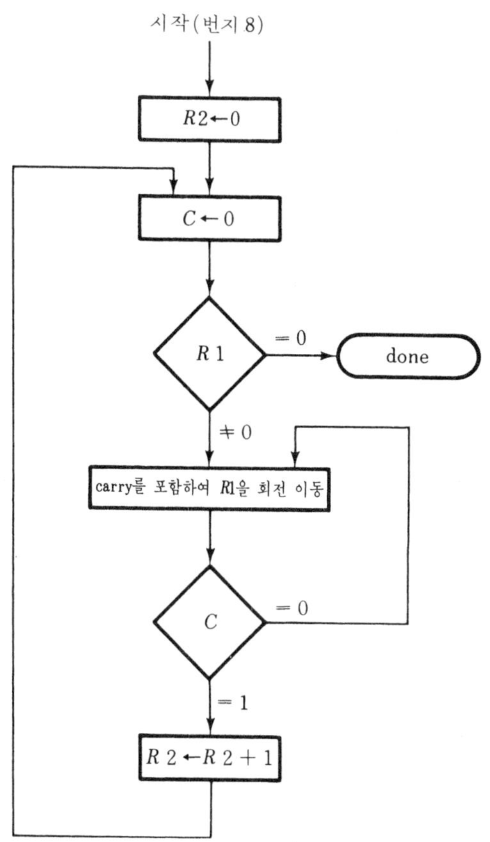

그림 10-12 레지스터 $R1$에 있는 1의 수를 세는 흐름도(流通圖)

마이크로 프로그램의 例

이제 우리는 주어진 **매크로 작동**(Macro operation)을 수행하는 마이크로 프로그램을 어떻게 작성할 것인지에 대해 보기를 들어 설명해 보기로 하겠다. 매크로 작동은 제어 메모리에 있는 일련의 마이크로 명령어 순차를 시동시킨다. 이 일련의 마이크로 명령어를 명시한 매크로 작동에 대한 마이크로 프로그램 **루우틴**(routine)이라 한다. 매크로 작동은 제어 메모리 내에 있는 마이크로 프로그램 루우틴의 첫 번 번지값을 외부로부터 공급함으로써 시동된다. 이 루우틴은 다음 매크로 작동을 시동하는 다음 외부 번지를 받아들이는 마이크로 명령으로서 끝나게 된다.

우리는 여기서 프로세서 레지스터 $R1$에 저장된 1의 갯수를 세어 그 갯수를 프로세서 레지스터 $R2$에 적는 매크로 작동에 대해 생각해 보기로 한다. 예를 들어 $R1$에 00110101의 값이 저장되어 있다면, 마이크로 프로그램 루우틴은 1의 갯수를 세어 그 갯수 값을 2진수로 100을 $R2$에 적게 된다.

마이크로 프로그램은 문제의 서술로 직접 誘出해 낼 수도 있지만 먼저 마이크로 작동의 順次와 決斷路(decision paths)로 된 流通圖부터 작성해 보겠다. 마이크로 프로그램에 대한 流通圖는 **그림 10-12**에 나타나 있다.

마이크로 프로그램 루우틴의 처음은 8번지에서 시작한다고 가정하자. 처음에 레지스터 $R2$와 C 비트는 0으로 놓고, 그 다음 $R1$의 값을 검사해 보는데, 그 값이 0이면 $R1$에는 1이 없음을 나타내므로 $R2$에 0을 넣은 채로 작업이 종료되고, 0이 아니면 $R1$에 1이 있음을 나타내므로 그 1이 C 비트에 나타낼 때까지 $R1$을 캐리(carry)와 함께 회전 자리 이동하여 C 비트에 1이 나올 때마다 레지스터 $R2$가 증가되고 그리고 다시 $R1$를 검사하게 된다. 이런 일련의 작업이 $R1$에 있는 모든 1이 세어질 때까지 계속된다. 이때 $R1$의 내용이 회전 자리 이동될 때는 C의 값은 항상 0임을 주의해야 한다.

표 10-4에 이 마이크로 프로그램 루우틴(routine)이 기호로 표시되어 있다. 그 루우틴은 8번지에서 $R2$를 클리어시켜 주며 시작한다. 9번지에서는 C 비트를 클리어시켜 주고 만약 $R1$의 모든 비트값이 0이면 Z 비트를 세트하게 된다. 이것은 $R1$의 내

표 10-4 $R1$에 있는 1의 수를 계산하는 기호로 된 마이크로 프로그램

ROM 번지	마이크로 명령	주 석
8	$R2 \leftarrow 0$	$R2$ 카운터를 클리어
9	$R1 \leftarrow R1,\ C \leftarrow 0$	C 클리어, 상태 비트를 세트
10	If $(Z=1)$ then (외부 번지로)	$R1=0$일 때
11	$R1 \leftarrow$ crc $R1$	$R1$ 오른쪽 캐리를 포함 회전 자리 이동
12	If $(C=0)$ then (go to 11)	$C=0$일 때 다시 회전 자리 이동
13	$R2 \leftarrow R2+1$, go to 9	Carry = 1, $R2$는 1 증가

표 10-5 $R1$에 있는 1의 수를 계산하는 2진 마이크로 프로그램

ROM 번지	ROM 내용		
	마이크로 명령 선택 A B D F H	MUX 선 택	번 지 피일드
	1 … 16	17 … 20	21 … 26
001000	000 000 010 0000 011	1 0 0 0	0 0 1 0 0 1
001001	001 000 001 0000 000	1 0 0 0	0 0 1 0 1 0
001010	001 001 000 1000 000	0 0 1 1	0 0 0 0 0 0
001011	001 001 001 1000 101	1 0 0 0	0 0 1 1 0 0
001100	001 001 000 1000 000	1 0 1 0	0 0 1 0 1 1
001101	010 000 010 0001 000	1 0 0 0	0 0 1 0 0 1

용을 ALU를 통해서 $R1$ 자신에게 전송함으로써 얻어진다. 10번지 마이크로 명령은 Z비트를 검사한다. Z비트가 1이 되면 $R1$의 모든 비트가 0인 것을 지정하여, 그 루우틴은 종료되고, 다음의 외부 번지를 받아 다른 새로운 매크로 작동(macro operation)을 시작하게 된다. 만약 Z값이 1이 아니면 제어는 11번지로 넘어간다. 캐리를 포함한 **右회전 자리 이동** (crc : circular right-shift with carry)은 $R1$의 최하위 비트(least significant bit)를 C에 옮겨 놓게 되고, 다음 단계 12번지 명령에 이르러 C를 검사하여 그 값이 0이면 제어는 다시 11번지로 돌아가고 C가 1이면 제어는 13번지로 가서 $R2$의 값을 하나 증가시켜 놓고 다시 9번지로 넘어 와서 $R1$이 모두 0상태 값인지를 검사하게 된다.

표 10-5에는 마이크로 프로그램이 2진수로 표시되어 있다. 프로세서의 마이크로 작동을 결정하는 制御語의 16비트는 표 9-8에서 쉽게 구해진다. 사실상 대부분의 制御語들은 표 9-9와 더불어 9-9節에서 이미 설명하였다. 멀티플렉서 선택 비트들(17, 18, 19, 20)은 두 멀티플렉서들에 들어갈 입력들을 결정하는 데 쓰인다. 비트 17은 10번지 명령에서 0이 되면 외부 번지를 선택하게 된다. 다른 모든 경우에 대해서는 비트 17이 1로서, 이는 마이크로 명령어의 번지 부분을 선택하게 된다. 비트 18, 19와 20이 000이면 번지 부분의 값이 다음 번지를 결정하고 011이면 MUX2의 상태 Z가 선택되어 Z가 1일 경우는 외부 번지가 CAR에 들어오고 Z가 0이 되면 CAR은 하나 증가하여 다음 번지 값을 가리키게 된다. 12번지의 마이크로 명령어는 캐리 비트의 보수 즉, C'를 선택하게 되는데, 만약 C가 0이면 C'은 1이 되어 번지 피일드(address field)값 11 (2진수로 001011)이 CAR에 들어가게 되고 C가 1이면 C'은 0이 되어 CAR은 하나 증가되어 다음 번지값 13을 나타내게 된다.

機械語나 어셈블리語로 프로그래밍하는 데 익숙한 사람이면 마이크로 프로그램을 작성하는 것이 컴퓨터의 機械語로 프로그램을 작성하는 것과 매우 비슷하다는 것을 알 수 있을 것이다. 이리하여 마이크로 프로그램을 작성하는 개념이 디지털 시스템

의 제어 장치를 설계하는 체계적인 절차가 된다. 마이크로 命令語의 형태만 결정되면 일반적인 컴퓨터의 프로그램을 작성하는 것과 비슷하게 설계는 마이크로 프로그램으로 작성하는 것이 된다. 이러한 이유로 우리는 이 마이크로 프로그램 방식을 하아드웨어적 방식(즉, 하아드와이어적 제어)과 소프트웨어의 개념과 구별짓기 위해 퍼엄웨어(firmware)라 부르기도 한다.

10-6 하아드와이어的 制御(順次 레지스터와 디코우더 方式) 〔例 2〕

본節에서는 보기를 통해 제어 논리를 설계하는 또 다른 방식과 두 번째의 算術的 알고리즘(arithmetic algorithm)을 설명하겠다. 이전의 보기에서와 마찬가지로 우리는 먼저 시스템의 프로세서 부분의 하아드웨어적인 구성과 함께 설계 알고리즘을 만들고 그 후에 시스템에 대한 제어 논리 사양을 형성하겠다.

이번 보기에서 선택한 제어 조직은 순차 레지스터와 디코우더 방식이다. 다음 節에서는 PLA를 사용한 제어 논리 설계법을 보일 것이다. 이번 보기를 통해 순차 레지스터와 디코우더 방식과 PLA를 쓰는 방식간의 직접적인 관계를 볼 수 있을 것이다.

問題의 敍述

우리는 符號-크기법(sign-magnitude)으로 표시된 2개의 2진 고정 소숫점 數(fixed point binary numbers)를 곱하는 연산 회로를 설계하고자 한다. K 비트의 두 2진수를 곱해 얻은 결과는 $2K$ 비트의 길이가 될 것이다. 각 數의 부호를 나타내기 위해 또 하나의 비트가 필요하게 된다.

符號-크기법으로 표시된 2개의 2진 고정 소숫점 數의 곱셈은 덧셈과 자리이동의 연속된 순차에 의해서 연필과 종이로써 계산할 수 있다. 두 2진수 10111과 10011이 곱하여지는 과정을 나타내면 아래와 같다.

```
 23            10111     피승수
      ×
 19            10011     승  수
----          ------
               10111
              10111
             00000
            00000        +
           10111
          ----------
437       110110101      답
```

위의 과정은 乘數의 최하위 비트부터 차례로 검사하여 그 값이 1이면 被乘數를 그대로 쓰고, 0이면 0을 쓴 다음 쓰여진 그 값을 매줄마다 한 자리씩 왼쪽으로 자리이동하게 하여 더하여지는 과정으로 되어 있다.

곱하여진 결과의 부호는 被乘數와 乘數의 부호로 결정되는데, 그 부호들이 같으면 곱의 부호는 +, 다르면 −가 된다.

실제로 이러한 연산이 디지털 계산기를 통해 이루어지려면, 약간의 과정을 수정하는 것이 바람직하다. 첫째로 승수에 포함된 1의 수만큼의 많은 2진수를 모두 저장하여 한꺼번에 더할 필요 없이 단지 2개의 2진수의 덧셈을 하는 회로를 만들고 한 레지스터에 部分積 (partial products)을 계속적으로 累算하는 것이 편리할 것이다. 둘째로 피승수를 왼쪽으로 한 자리 이동하는 대신에 部分積을 오른쪽으로 한 자리 이동시키고 피승수는 그 자리에 놓고 합치면 결과적으로 部分積이 그대로 있고 피승수가 필요한 상대 위치에 놓인 것과 같은 결과가 된다. 세째로 승수의 비트가 0일 경우는 0을 더할 필요가 없고 部分積만 한 자리 오른쪽으로 이동한다. 그것은 그 값을 변경하지 않기 때문이다. 이 곱셈 과정을 명백히 설명하기 위해 이전의 例에서 수치 例를 되풀이하여 쓰겠다.

피승수	10111
승 수	10011
첫 번째 승수 비트=1, 피승수를 그대로 쓴다.	10111
첫 번째 부분적을 얻기 위해 우측으로 이동	010111
두 번째 승수 비트=1, 피승수를 그대로 쓴다.	10111
피승수를 앞의 부분적에 더한다.	1000101
두 번째 부분적을 얻기 위해 우측으로 이동	1000101
세 번째 승수 비트=0, 세 번째 부분적을 얻기 위해 우측으로 이동	01000101
네 번째 승수 비트=0, 네 번째 부분적을 얻기 위해 우측으로 이동	001000101
다섯 번째 승수 비트=1, 피승수를 그대로 쓴다.	10111
피승수를 앞의 부분적에 더한다.	110110101
다섯 번째 부분적을 얻기 위해 우측으로 이동=마지막 값	0110110101

2進 乘算器 레지스터들의 構成 (equipment configuration)

2진 승산기에 대한 레지스터의 구성은 **그림 10-13**과 같다.

1. 각 레지스터 機能

피승수는 B 레지스터에, 승수는 Q 레지스터에, 그리고 部分積은 레지스터 A에 각각 저장하자. B_s에는 피승수의 부호를, Q_s에는 승수의 부호를, 그리고 A_s에는 積(곱한 결과)의 부호를 저장한다. E 플립플롭은 部分積 A에 피승수 B를 더할 때 생기는

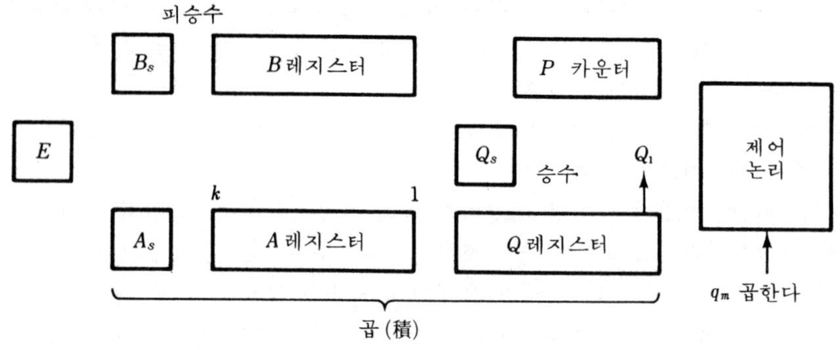

그림 10-13 2진 승산기에 대한 레지스터

출력 캐리를 저장하는 데 쓰인다. 곱셈하는 두 數는 모두 n비트로 되어 있다. 이 중에 부호를 표시하고 $k=n-1$비트는 數의 크기를 나타낸다. P카운터에는 乘數의 크기를 비트數로 나타낸 2진수 값을 처음에 저장한다. 이 카운터는 새로운 部分積을 만들 때마다 1씩 감소시킨다. 이 카운터의 값이 0이 되어 끝내게 될 때 곱한 結果(最終解)는 **레지스터 A와 Q에 저장되고** 수행은 중지된다.

2. 制御論理(곱셈)의 說明

제어 논리는 q_m(곱하기)의 신호가 올 때까지 초기의 상태로 머물러 있다가 q_m의 신호를 받고 나서 곱셈을 수행하게 된다. A와 B의 合은 部分積을 이루고 이것이 A에 들어가게 된다. 이때 생기는 캐리는 E에 들어간다. 部分積이 들어 있는 A와 승수가 들어 있는 Q가 함께 한 레지스터처럼 오른쪽으로 자리 이동 되며 그 결과 部分積(A 레지스터)의 한 비트가 승수 Q레지스터의 한 비트에 전송되어 Q레지스터의 빈 자리에 들어가게 된다. Q_1으로 표시되어 있는 Q레지스터의 맨 오른쪽 비트는 다음에 검사해야만 하는 승수의 비트를 나타내게 된다.

2進 乘算器의 알고리즘 誘導(derivation of algorithm)

2진 승산기에 대한 流通圖가 **그림 10-14**에 나타나 있다. 처음에 B에는 피승수, Q에는 승수가 들어 있고 B_s와 Q_s에는 각각의 부호가 들어 있게 된다. $q_m=1$의 신호에 의해 곱셈의 과정이 시작된다. 그리고 EOR(exclusive-OR) 게이트를 이용하여 두 數의 부호를 비교한다. 만일 두 數의 부호가 같을 경우에는 EOR 작동은 0을 생성하고 그 값을 A_s에 전송한다. 다를 경우에는 곱셈의 결과가 陰數임을 나타내도록 1의 값이 A_s에 들어간다. 레지스터 A와 E는 클리어되어 있으며, 順次 카운터 P에는 승수의 비트數를 저장한다.

다음에는 部分積을 계산하는 루우프로 들어간다. 우선 Q_1을 검사하여 그 값이 1이

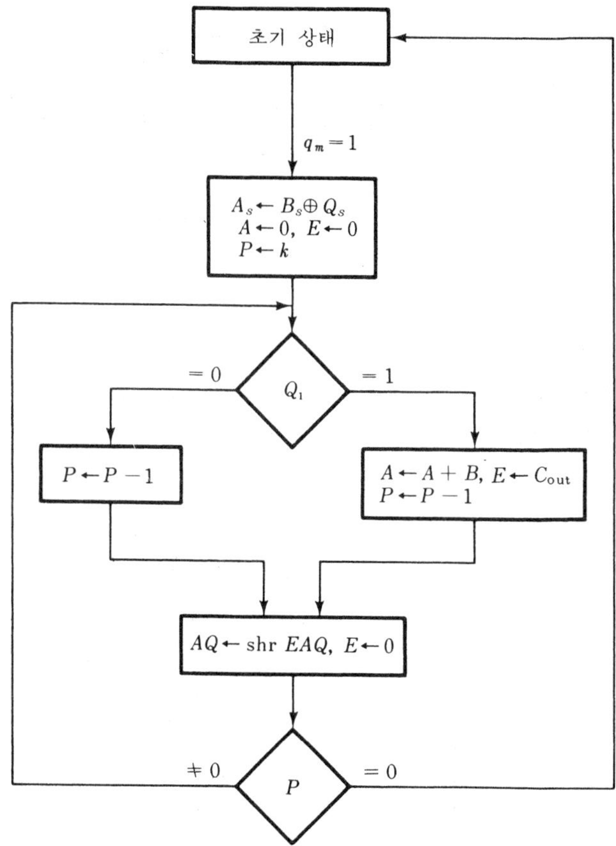

그림 10-14 2진 승산기에 대한 流通圖

면 피승수를 A에 있는 部分積에 더해 주고 캐리가 있을 경우는 그 캐리값을 E에 넣고, 만약 0이면 A의 내용을 바꾸지 않는다. 이때 P 카운터는 Q_1의 값이 0이나 1에 관계 없이 하나 감소한다. 레지스터 A, Q와 E는 새로운 部分積을 얻기 위해 모두 한 레지스터처럼 한 비트씩 오른쪽으로 자리 이동 해야 한다. 이 자리 이동 작동이 流通圖에는 다음과 같이 표시되어 있다.

$$AQ \leftarrow \text{shr } EAQ,\quad E \leftarrow 0$$

EAQ는 레지스터 A와 Q로 만들어지는 합성 레지스터인데, 위의 문장을 개개의 레지스터 기호로 나타낸다. 자리 이동 작동은 다음과 같은 마이크로 작동으로 나타낼 수 있다.

$$A \leftarrow \text{shr } A,\quad Q \leftarrow \text{shr } Q,\quad A_k \leftarrow E,\quad Q_k \leftarrow A_1,\quad E \leftarrow 0$$

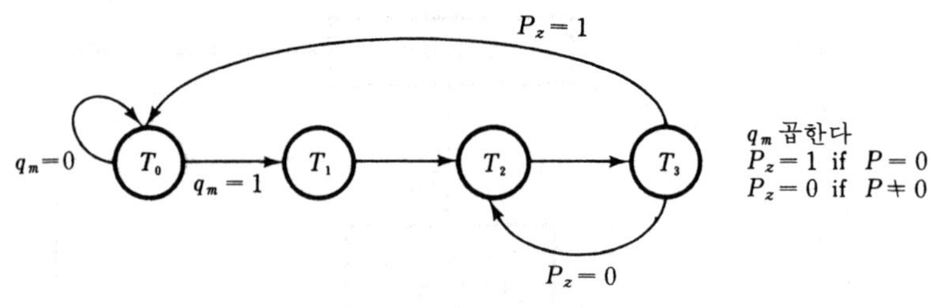

(a) 상태도

T_0 : 초기 상태
T_1 : $A_s \leftarrow B_s \oplus Q_s,\ A \leftarrow 0,\ E \leftarrow 0,\ P \leftarrow k$
$Q_1 T_2$: $A \leftarrow A + B,\ E \leftarrow C_{out}$
T_2 : $P \leftarrow P - 1$
T_3 : $AQ \leftarrow \text{shr } EQA,\ E \leftarrow 0$

(b) 레지스터 전송의 순서

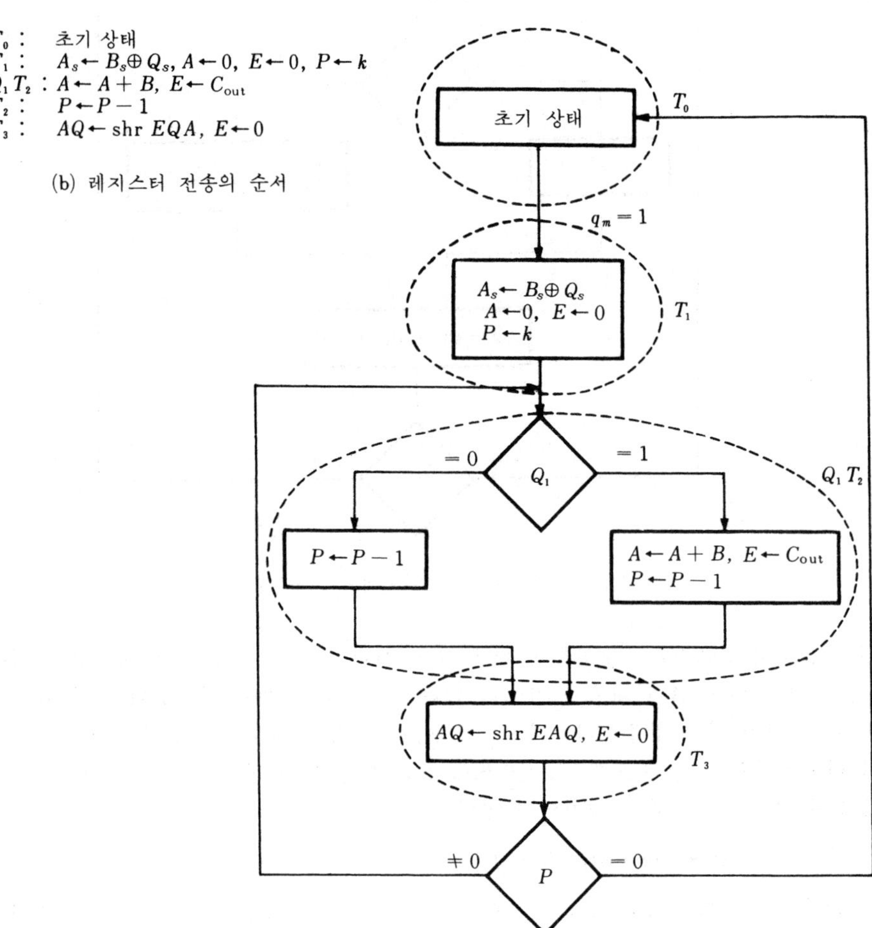

(c) 2진 승산기의 유통도와 상태도 형성

그림 10-15 승산기의 제어 상태도와 마이크로 작동의 순차

레지스터 A와 Q가 오른쪽으로 자리 이동 하고 A_k로 표시된 A의 맨 왼쪽 비트는 E의 캐리를 받아들이고, Q_k는 A의 맨 오른쪽 비트인 A_1을 받아들이고 E를 클리어 시킨다. 결국 이러한 과정은 합성 레지스터 EAQ의 맨 왼쪽 비트인 E에 0을 넣음과 동시에 EAQ를 한 비트 오른쪽으로 자리 이동 하는 작동과 같은 결과가 된다.

P 카운터의 값은 部分積을 만들 때마다 하나씩 감소되는데, 그 값이 0이 아닌 동안 루우프를 반복하고 0이면 레지스터 A와 Q에는 최종 결과인 k번째 部分積이 들어가 있게 되며, 이때 작업은 끝나게 된다. A에 만들어지는 部分積은 한 번에 한 비트씩 Q로 이동되며 결국에는 승수의 값을 대신하여 자리를 차지하게 됨을 주의하여라. 최종 결과가 들어 있는 A와 Q 중 A는 최상위 비트들을, Q는 최하위 비트들을 가지며 A_s에는 부호가 들어 있게 된다.

2進 乘算器의 制御仕樣

流通圖에 나타난 설계 알고리즘은 狀態圖와 레지스터 전송 작동의 목록을 써서 좀 더 정확히 명시할 수 있다. 유통도로부터 상태도를 작성할 때 항상 일정한 형태로만 될 필요가 없다는 것은 이미 언급하였다. 유통도 (그림 10-15(c))도 알고리즘의 豫備的인 형식으로 볼 수 있다. 마이크로 작동들의 목록과 함께 제어 상태도는 시스템에 대한 하아드웨어적인 제약까지 고려해 볼 수 있기 때문에 더욱 정확히 나타낼 수 있을 것이다.

작동의 제어 순차는 그림 10-15에 있다. 제어는 4개의 상태를 가지며 각 상태마다 수행되는 레지스터 전송 작동들이 밑에 나타나 있다. 제어는 q_m이 1이 될 때까지 초기 상태 T_0에 머물러 있게 된다. q_m이 1이 되면 T_1의 상태로 가고, 레지스터 A, E와 P의 초기치를 설정하고 곱의 부호를 결정한다. 다음에 제어는 T_2의 상태로 간다. 이 경우에 P를 감소시키고 $Q_1=1$이면 B의 값을 A에 더하고 $Q_1=0$이면 A의 값을 그대로 놓아 둔다. T_2 상태에서의 두 제어 함수는 다음과 같다.

$$Q_1T_2: A \leftarrow A+B,\quad E \leftarrow C_{\text{out}}$$
$$T_2: P \leftarrow P-1$$

두 번째 문장은 $T_2=1$일 때 항상 실행되고, 첫째 문장은 T_2의 상태에서 $Q_1=1$일 때만 수행된다. 그러므로 상태 변수 Q_1은 제어 함수를 형성하는 타이밍 변수에 포함된다. 그리고 상태 T_3에서 P의 새로운 값을 검사할 수 있도록 T_2에서 미리 P를 감소시키는 것이 편리하다는 점을 유의하자.

T_2 후에는 T_3의 제어 상태가 되는데, T_3에서는 합성 레지스터 EAQ가 오른쪽으로 자리 이동 되고 P의 값이 0인가 검사된다. 만약 P 레지스터의 모든 비트값이 0이면 2진 변수 P_z는 1이 되어 제어는 초기 상태로 가게 되고 그렇지 않은 경우, 즉 P_z가 0인 경우는 T_2 상태로 가고 새로운 部分積을 계산하게 된다. P_z가 2진 변수인 반면에 P는 레지스터의 내용을 나타낸다는 점을 유의하라.

2進 乘算器의 데이터 프로세서 仕樣

시스템의 데이터 프로세서 부분은 그림 10-15(b)의 마이크로 작동 목록으로부터 구할 수 있는데, 그 블록도는 그림 10-16에 나타나 있다. A와 B의 합을 A에 넣기 위해 A 레지스터와 B레지스터 사이에 병렬 가산기가 놓여 있고, exclusive-OR 게이트로 곱의 부호를 나타내고 NOR 게이트로 2진 변수 P_z가 만들어진다. 제어 논리의 출력은 데이터 프로세서의 마이크로 작동을 誘發시키는데, 변수 T_1은 곱의 부호를 A_s에 넣게 하고 P에는 k를, 그리고 레지스터 A와 E를 클리어시킨다. 변수 T_2는 레지스터 P를 하나 감소하고 Q_1이 1일 경우에는 A와 B에 병렬 가산기로부터 합을 넣어 주는 변수 L을 발생하게 한다. 변수 T_3는 A와 Q를 오른쪽으로 자리 이동 시키고 E를

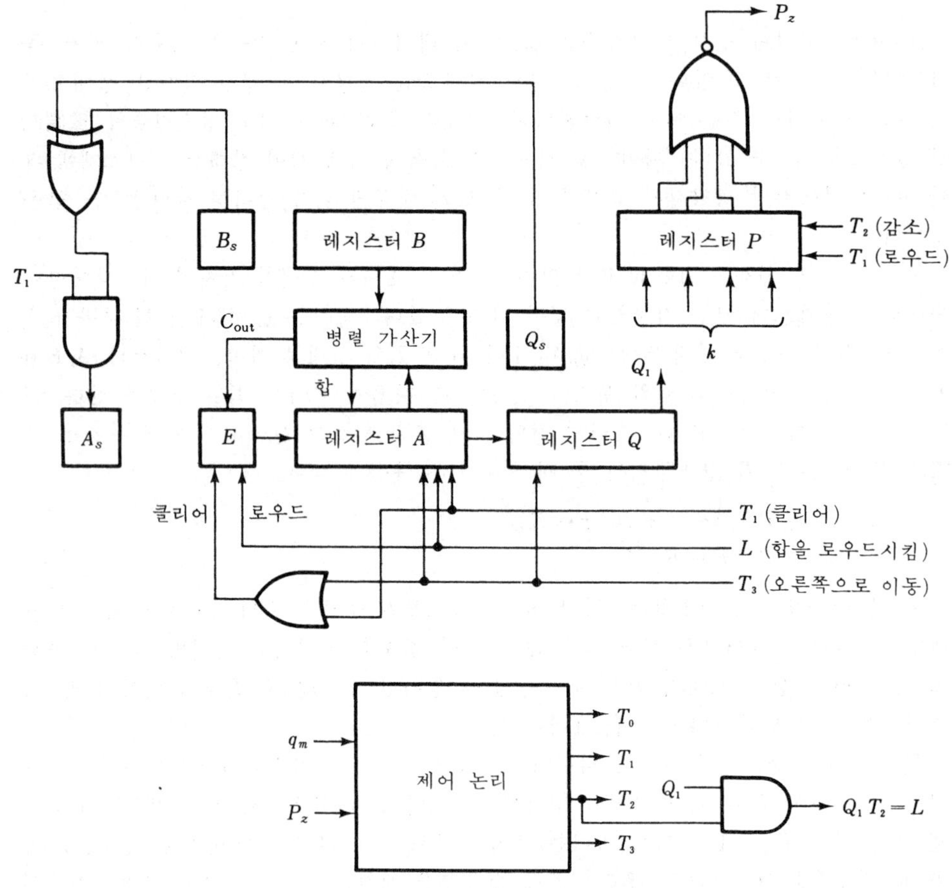

그림 10-16 2진 승산기에 대한 데이터 프로세서

클리어시킨다. 변수 T_0는 시스템의 초기 상태를 나타내고 데이터 프로세서에는 아무런 영향을 주지 않게 된다.

제어 논리에 들어오는 입력으로는 2개의 상태 조건 P_z와 Q_1과 외부 신호 q_m이 있고, 출력으로는 T_1, T_2, L과 T_3가 있다. 그림에 나타나 있지는 않지만 이러한 출력들은 대응하는 프로세서의 표시된 입력에 모두 연결되어 있다. L을 발생하는 AND 게이트는 그것이 제어 논리의 한 부분임에도 불구하고 따로 그려져 있다.

2進 乘算器의 하아드와이어的 制御論理 設計 (레지스터—디코우더 方法)

2진 승산기에 대한 제어 논리는 그림 10-15의 狀態圖에 명시되어 있다. 상태도는 4개의 상태와 2개의 입력을 가지고 있다. 이 제어 논리를 순차 레지스터와 디코우더를 써서 설계하기 위해서는 2개의 플립플롭과 1개의 디코우더가 필요하다. 보기의 내용은 간단하지만 아래에 略述한 절차는 복잡한 경우에도 잘 적용된다.

우리는 그림 10-17(a)의 순차 회로의 勵起表(excitation table)로부터 시작하자. 이 상태표는 상태도에서 곧 구해지며 G_1과 G_2로 표시된 두 JK 플립플롭의 입력 조건(q_m, P_z)이 표에 나타나 있다. 勵起表에 입력의 대부분이 리던던시(don't care)項을 가지고 있으며, 현재의 상태가 2개 혹은 그 이상의 다음 상태 조건을 갖게 되면 이 상태는 표에 한 번 이상 기록된다는 사실을(表 중의 T_0, T_3 상태) 유의하자. 변수 T_0에서 T_3까지의 상태는 2진수의 상태로 표시되어 있다. 플립플롭의 入力勵起는 표 6-8(b)에 나타난 JK 플립플롭의 勵起表에서 구한 것이다.

1. 디코우더 出力을 使用한 順次制御 論理回路 設計

順次回路는 고전적인 절차에 따라서 勵起表로부터 얻어질 수 있는데, 例의 경우는 상태와 입력의 수가 작지만, 대부분의 다른 제어 논리 적용에서는 많은 數의 상태와 입력 數를 가지고 있다. 이 고전적 방법을 적용하여 플립플롭에 대한 간소화된 입력 함수를 얻기에는 너무 많은 노력이 필요하게 된다. 그러나 설계하는 데 있어 디코우더의 출력을 알 수 있다는 점을 고려하면 작업은 훨씬 더 간편해진다. 현재의 상태 조건을 플립플롭의 출력을 써서 나타내는 대신, 이 정보를 주기 위해 디코우더의 출력으로 이것을 나타낼 수 있다. 만일 디코우더의 출력이 T_0, T_1, T_2와 T_3로 표시된다면 이것들은 그대로 회로의 현재 상태 조건으로 쓸 수 있다.

플립플롭의 입력 함수를 간소화하기 위하여 MAP(카르노맵 방법 등) 방법을 쓰는 대신 勵起表로부터 쉽게 직접 이들 함수를 결정할 수 있다. 이런 경우, 최소의 게이트로 간략화된 회로는 될 수 없어서 몇 개의 게이트에 대한 낭비는 있겠지만 시간을 절약할 수가 있어 좋다.

	현재 상태		입 력		다음 상태		플립플롭 입력			
	G_2	G_1	q_m	P_z	G_2	G_1	JG_2	KG_2	JG_1	KG_1
T_0	0	0	0	X	0	0	0	X	0	X
T_0	0	0	1	X	0	1	0	X	1	X
T_1	0	1	X	X	1	0	1	X	X	1
T_2	1	0	X	X	1	1	X	0	1	X
T_3	1	1	X	0	1	0	X	0	X	1
T_3	1	1	X	1	0	0	X	1	X	1

(a) 勵起表

$$JG_2 = T_1 \qquad KG_2 = T_3 P_z$$
$$JG_1 = T_0 q_m + T_2 \qquad KG_1 = 1$$

(b) 플립플롭 입력 함수

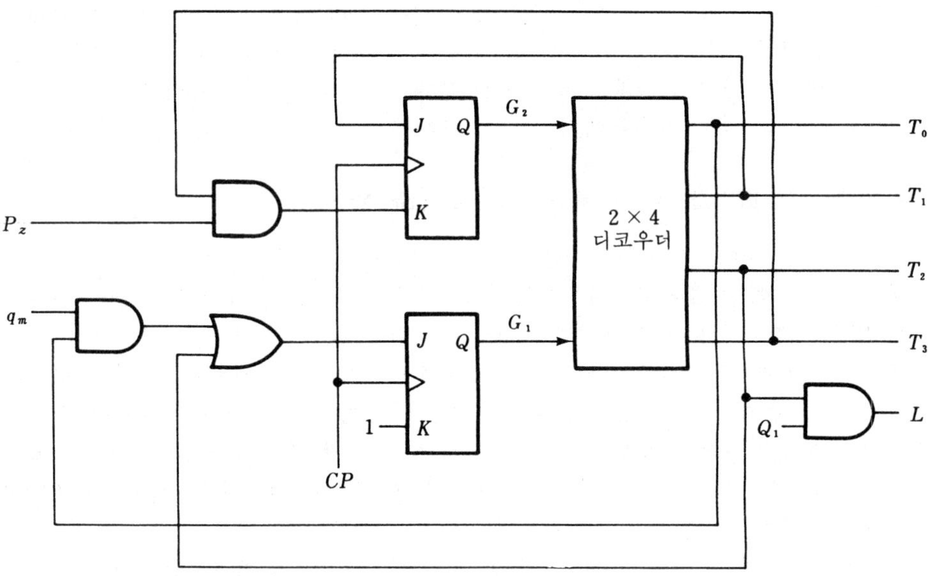

(c) 논리도

그림 10-17 2진 승산기에 대한 제어의 설계

2. 2進 乘算器에 對한 制御論理의 設計 例

그림 10-17(a) 勵起表에서 보면 우리는 플립플롭 G_2의 J 입력, 즉 JG_2는 디코우더의 현재 출력이 T_1일 경우에만 1이 됨을 알 수 있고, G_2의 K 입력은 디코우더의 출력이 T_3이고, P_z가 1일 경우에만 1이 됨을 알 수 있다. 이 사실은 다음과 같은 부울 대수의 형태로 표시할 수 있다.

$$JG_2 = T_1$$
$$KG_2 = T_3 P_z$$

다른 모든 경우에 있어서는, G_2의 J와 K 입력이 둘 다 0을 받아 플립플롭의 상태는 바뀌지 않는다. 이것은 표에 나타난 JG_2와 KG_2의 다른 모든 項이 0이나 혹은 리던던시(X)로 표시되어 있는 점에서 알 수가 있다.

같은 방법으로 관찰에 의하여 勵起表로부터 다음과 같은 G_1의 플립플롭 입력 함수를 표시할 수 있다.

$$JG_1 = T_0 q_m + T_2$$
$$KG_1 = 1$$

여기서 KG_1이 항상 1인 이유는 이 입력 변수에 대한 표의 모든 項이 1 혹은 X로 표시되어 있기 때문이다.

勵起表로부터 관찰에 의하여 얻어진 이 입력 함수들은 가능한 최선의 방법으로 간소화되었다고 확신할 수 없다. 그러므로 우리는 유도된 式을 상태표에 따라 실제로 요구하는 상태 변화를 확실히 행하는가 분석해 볼 필요가 있다.

제어 논리의 論理圖가 그림 10-17(c)에 나타나 있다. 이것은 2개의 플립플롭 G_1, G_2와 하나의 디코우더로 구성되었다. 디코우더의 출력은 그림 10-17(b)에 적힌 부울 함수대로 회로의 다음 상태를 결정짓는 데 사용되고 제어기의 출력은 그림 10-16에 나타난 것처럼 시스템의 데이터 프로세서 부분에 연결된다. 이리하여 2진 승산기에 대한 제어 논리의 설계가 끝났다.

10-7 PLA 制御

이제까지 제어 회로의 설계는 근본적으로 가산기와 승산기 두 가지 例를 통하여 살펴보았다. 7-2節에서는 조합 회로에 연결된 한 레지스터에 의해서도 순차 회로가 구성될 수 있다는 사실을 알았으며, 또 5-8節에서는 PLA(programmable logic array)를 배웠고 이것으로 어떠한 조합 회로라도 실현할 수 있다는 사실을 알았다. 그러므로 조합 회로를 PLA로 대신하고 PLA에 연결된 한 레지스터로 제어 회로를 설계하는 것이 가능하다. 이때 이 레지스터는 제어의 상태를 결정하는 순차 레지스터로서 작동하고

PLA는 제어 출력과 순차 레지스터의 다음 상태를 제공하도록 프로그래밍할 것이다.

PLA를 사용하는 제어 장치의 설계는 순차 레지스터와 디코우더 방법을 쓴 설계와 매우 유사하다. 사실상 두 방식에서 순차 레지스터의 역할은 같다. 다만 다른 점은 제어의 조합 논리부를 실현시키는 방법에 있다. 이 방식에서는 하아드와이어的 방식에서 필요로 하는 모든 판단 논리 회로와 디코우더를 근본적으로 PLA가 대신한다.

5-8節에서 PLA의 내부 조직과 PLA프로그램표를 어떻게 만드는가 설명하였다. 본節의 내용을 이해하기 위해서는 5-8節 PLA 프로그램표의 의미를 확실히 이해하도록 다시 한 번 검토할 필요가 있다. PLA 내의 내부 선로는 프로그램표의 仕樣에 따라서 프로그래밍한다.

PLA 제어의 설계에는 회로의 상태표가 필요하다. 만약 상태표가 많은 리던던시(don't care)項을 가지게 되면, PLA 방식이 유용하게 되고, 그렇지 않은 경우에는 PLA 대신에 ROM을 쓰는 것이 더 유용하다. 이러한 상태표는 PLA의 프로그램표(혹은 ROM의 진리표)를 얻는 데 근본적으로 필요한 모든 정보를 제공한다.

2進 乘算器 制御論理의 PLA에 依한 設計 例

우리는 이의 설계 과정을 설명하기 위해 전 節에서 설명한 2진 승산기의 제어 회로를 예로 들기로 한다. 그림 10-15에는 2진 승산기에 대한 제어가 설명되어 있는데, 이 설명으로부터 우리는 표 10-6의 상태표를 만들 수 있다. 현재의 상태는 플립플롭 G_1과 G_2에 의해 표시한다. 제어 회로에 대한 입력 변수는 q_m, P_z과 Q_1이다. G_1과 G_2의 다음 상태는 입력 변수 중 하나의 함수이거나 어떤 입력과도 관계 없이 독립인 경우도 있다. 이런 경우 즉, 입력 변수가 다음 상태에 영향을 미치지 않을 경우, 우리는 그것을 리던던시(혹은 무관 입력, don't care input) X로 표시한다. 그리고 이 표에 현재 상태와 입력 조건의 함수로서 모든 제어 출력들이 나타나 있다. 여기서 입

표 10-6 제어 회로에 대한 상태표

현재 상태		입력			다음 상태		출력				
G_2	G_1	q_m	P_z	Q_1	G_2	G_1	T_0	T_1	T_2	L	T_3
0	0	0	X	X	0	0	1	0	0	0	0
0	0	1	X	X	0	1	1	0	0	0	0
0	1	X	X	X	1	0	0	1	0	0	0
1	0	X	X	0	1	1	0	0	1	0	0
1	0	X	X	1	1	1	0	0	1	1	0
1	1	X	0	X	1	0	0	0	0	0	1
1	1	X	1	X	0	0	0	0	0	0	1

여기서 $L = Q_1 T_2$

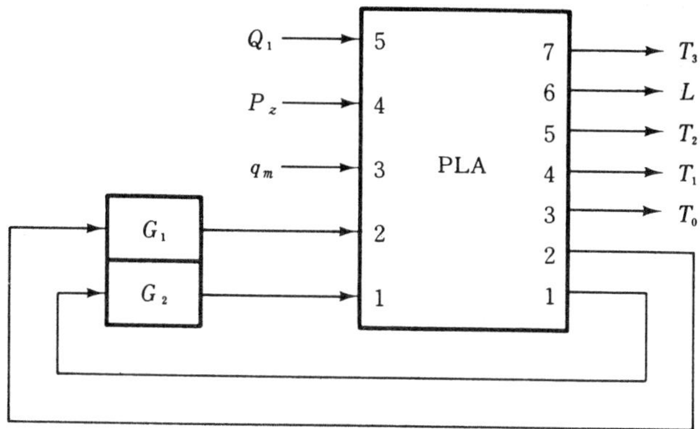

(a) 블록도

積 項	입력 1	2	3	4	5	출력 1	2	3	4	5	6	7	註 釋
1	0	0	0	–	–	–	–	1	–	–	–	–	$T_0=1,\ q_m=0$
2	0	0	1	–	–	–	1	1	–	–	–	–	$T_0=1,\ q_m=1$
3	1	1	–	–	–	1	–	–	1	–	–	–	$T_1=1$
4	1	0	–	–	0	1	1	–	–	1	–	–	$T_2=1,\ Q_1=0$
5	1	0	–	–	1	1	1	–	–	1	1	–	$T_2=1,\ L=1,\ Q_1=1$
6	1	1	–	0	–	1	–	–	–	–	–	1	$T_3=1,\ P_z=0$
7	1	1	–	1	–	–	–	–	–	–	–	1	$T_3=1,\ P_z=1$

(b) PLA 프로그램표

그림 10-18 2진 승산기에 대한 PLA 제어

력 변수 Q_1은 다음 상태에는 영향을 주지 않지만 오로지 T_2가 1일 때 출력 L의 값을 결정하게 됨을 주의하자.

PLA 제어를 위한 블록도가 **그림 10-18(a)**에 있다. 여기서 PLA는 2개의 플립플롭 G_1과 G_2로 된 순차 레지스터에 연결되어 있다. PLA의 입력은 순차 레지스터의 현재 狀態値와 3개의 외부 입력으로 되어 있고 PLA 출력은 순차 레지스터의 다음 상태와 제어 출력 변수들로 되어 있다. 어느 순간에서도 순차 레지스터의 현재 狀態値와 입력 조건들이 순차 레지스터의 다음 상태와 출력을 결정하게 된다. 즉, 다음 클럭 펄스가 일어날 때 출력으로 명시된 마이크로 작동이 誘發되고 순차 레지스터에 다음 상태를 전송한다. 이것이 새로운 제어 상태와 또 가능한 다른 입력값을 줄 수 있게 한다. 이런 식으로 PLA는 순차 회로의 조합 논리부로 작용하여 순차 레지스터에 대한 다음 상태치와 제어 출력을 제공하는 것이다.

PLA는 입력의 數, 출력의 갯수, 그리고 積(product)項의 갯수로 명시된다. 이 경우에는 5개의 입력과 7개의 출력이 있고, 積項의 갯수는 우리가 실현시키고자 하는 회로의 기능에 따라 결정한다.

상태표로부터 얻은 그림 10-18(b)의 PLA 프로그램표는 상태표의 각 行마다 하나씩 모두 7개의 積項을 나타내고 있다. 입력과 출력은 숫자로·표시하였는데 각 숫자에 대응되는 변수를 블록도에 표시하였다(예 $Q_1=5$, $P_z=4$, ……, $T_3=7$, $L=6$,……). 그리고 표의 이해를 돕기 위해 표의 뒷부분에 약간의 주석(comments)을 달았다.

5-8節에서 만든 규칙에 따라 PLA에서 선로(path)의 연결이 안되는 부분은 대시(-)로 표시하였는데, 이는 상태표에서의 리던던시項인 X와 일치하는 것이다. 그리고 표 10-6의 상태표 중 출력란에 있는 0표시는 PLA 내의 출력 OR 게이트에 연결이 안 됨을 표시한다. 상태표로부터 PLA 프로그램표로 옮기는 변환은 아주 간단하다. 그 방법은 다음과 같다. 먼저 입력란에 있는 X와 출력란의 0은 "−"(dash)로 바꾸고, 다른 모든 項은 그대로 옮겨 적으면 된다. 여기서 PLA의 입력은 상태표에서의 현재 상태와 입력이 되고, 출력은 상태표에서의 출력과 다음 狀態値가 됨을 주의할 필요가 있다.

위의 설명에서와 같이 PLA 제어 논리의 설계 과정은 명확하다. 먼저 시스템에 대한 서술에서 제어가의 상태표를 만들고 상태의 數에 따라 순차 레지스터에 쓰여질 플립플롭의 숫자를 결정하고 상태표로부터 얻은 PLA 프로그램표에 의해 구성된 PLA를 순차 레지스터와 입력과 출력 변수를 연결하게 되면 설계 과정이 끝나게 되는 것이다.

PLA 제어 내의 PLA 부분은 시스템에 대한 제어 정보를 저장하고 있는 제어 메모리로도 생각되어질 수 있다. 순차 레지스터의 출력과 외부 입력 또한 제어 메모리에 대한 번지로 생각할 수 있다. 따라서 PLA의 출력은 데이터 프로세서를 위한 制御語와 동시에 다음 상태 정보를 제공하여 제어 메모리 내에 있는 다음 번지의 특별한 값을 명시한다. 이 점에서 볼 때 PLA 제어는 제어 메모리를 위한 ROM을 대신하여 PLA를 쓴 마이크로 프로그램 제어 장치로 분류할 수 있다. 그러나 PLA와 마이크로 프로그램 제어 방법간에는 두 방식의 조직은 다르지만 많은 유사점이 있다.

본 章에서 몇 가지 예를 통하여 제어에 대한 4種類의 설계 방식을 설명하였지만 이것들만이 가능한 制御器 설계법이 된다는 것은 아니다. 독창적인 설계자는 특수한 응용에 적응하도록 새로운 제어 구성을 행할 수도 있다. 이런 구성은 여기서 論한 여러 방법들의 조합일 수도 있고 전혀 다른 방법의 제어 조직이 될 수도 있다.

디지털 컴퓨터에 대한 제어 논리의 설계는 본 章에서 略述된 것과 같은 과정에 따라 이루어지게 된다. 汎用 컴퓨터 시스템에 있어 마이크로 프로그램의 역할은 다음 節에서 설명한다. 11章에서는 디지털 컴퓨터와 그 제어 장치의 설계에 대해서, 즉 하아드와이어的 방법, PLA 방법, 마이크로 프로그램 방법을 써서 좀더 자세히 설명한다.

10-8 마이크로 프로그램 順次器(microprogram sequencer)

마이크로 프로그램 제어 장치는 일반적으로 다음 두 부분, 즉 마이크로 명령어를 저장하는 제어 메모리와 다음 번지를 발생시키는 관련 회로로 구성되어진다. 이 번지 생성부를 때때로 **마이크로 프로그램 順次器**(microprogram sequencer)라고 부른다. 그 이유는 이것이 제어 메모리에 있는 마이크로 명령어들을 순차에 맞추어 수행하도록 하기 때문이다. 특별한 응용에 맞추기 위해 마이크로 프로그램 順次器는 MSI 회로들로 구성할 수 있다. 그러나 IC 패키지(packages)들로서 구성되는 汎用 프로세서처럼, 汎用 順次器도 IC 패키지로 구성된다. 그리고 이 IC 順次器는 여러 용도에 쓰일 수 있는 내부 조직을 가지고 있어야 할 것이다. 제어 메모리에 부착된 마이크로 프로그램 順次器는 마이크로 명령어의 특정한 비트를 검사하여 제어 메모리의 다음 번지를 결정하게 된다. 전형적인 順次器는 다음과 같은 번지 순차 기능을 가져야 한다.*

마이크로 프로그램 順次器의 番地順次機能

1. 제어 메모리의 현재 번지를 하나 증가시키는 일(바로 다음 번지 명령 지정)
2. 마이크로 명령어의 번지 부분에 명시된 번지로 分岐하는 일
3. 특정한 상태 비트가 1일 경우에 주어진 번지로 分岐하는 일
4. 外部源에 의해서 명시된 새로운 번지로 제어를 전송하는 일
5. 서브루우틴의 呼出이나 歸還(return)을 수행할 수 있는 기능을 갖출 것

대부분의 경우 마이크로 명령어는 제어 메모리로부터 연속적으로 읽혀지는데, 이런 형태는 제어 메모리의 번지 레지스터의 값을 하나 증가시킴으로써 쉽게 이루어진다. 어떤 마이크로 명령어의 형태에서는 순차 번지를 위해서도 각 마이크로 명령 속에 번지 부분을 사용한다. 이런 경우에는 다음 번지를 지정하기 위하여 번지 레지스터를 하나 증가시킬 필요가 없게 된다. 어떤 경우에 있든지간에 정상적인 순차 번지 지정뿐 아니라 특정한 번지로의 分岐 작업이 되도록 조치가 되어야만 할 것이다.

한때는 제어가 非順次的으로 마이크로 명령을 전송하여야 할 경우가 있는데, 이 때문에 順次器는 상태 비트의 값 0 또는 1에 따라 두 가지 번지 중의 어느 하나로 分岐할 수 있어야 한다. 이것을 해결하는 가장 간단한 방법은, 만약에 상태 비트가 1이면 마이크로 명령어의 번지 부분에 명시된 번지로 分岐하게 하고, 상태 비트가 0이면 그 다음 번지로 分岐하게 하는 方式이다. 이런 構成은 번지 레지스터의 값을 하나 증가시키는 능력을 필요로 한다.

* IC 형 8×02(signetics), 9408(Fairchild)와 2910(Advanced Micro Devices)들은 商用 마이크로 프로그램 順次器이다.

매크로 作動(macrooperation)

順次器는 새로운 매크로 作動을 遂行하도록 제어 메모리를 위해서 새로운 번지를 전송한다. 이 외부 번지는 명시된 매크로 작동을 수행하는 마이크로 프로그램 루우틴의 첫 번지에 제어를 전송한다.

서브루우틴(subroutine)

서브루우틴이란 특별한 업무를 수행하기 위해 다른 루우틴으로서 사용되는 프로그램이다. 서브루우틴들은 마이크로 프로그램의 주체의 어느 부분에서도 불러 쓸 수 있다. 때때로 많은 마이크로 프로그램들은 똑같은 마이크로 코우드의 영역을 가지고 있다. 공통된 마이크로 코우드의 영역을 자주 쓰게 되는 경우 서브루우틴을 활용함으로써 마이크로 명령어의 數를 줄일 수 있다.

스택 레지스터(stack register) LIFO

서브루우틴을 사용하는 마이크로 프로그램은 서브루우틴을 呼出하는 동안에 歸還번지를 저장하고 서브루우틴으로부터 귀환시에 그 번지값을 꺼내 쓸 수 있도록 하는 조치가 되어 있어야 한다. 이는 특별한 레지스터를 사용하여 귀환 번지를 저장해 둔 다음 서브루우틴의 시작 번지로 分岐하면 된다. 이 특별한 레지스터는 서브루우틴 작업이 끝난 뒤 主루우틴으로 귀환시 번지 레지스터를 싣는 番地源 레지스터가 된다. 서브루우틴 호출과 귀환할 번지를 저장하는 레지스터들을 組織하는 最善의 방법은 LIFO (last-in first-out;後入先出) 스택을 쓰는 것이다. 스택(stack)의 구조와 서브루우틴 호출시 용법에 대해서는 12-5節에 자세히 설명되어 있다.

마이크로 프로그램 順次器의 블록도는 그림 10-19에 있다. 이것은 네 곳으로부터 번지를 선택하여 *CAR*(control address register)로 들여 보내는 멀티플렉서로서 구성되어 있다. *CAR*의 출력은 제어 메모리에 대한 번지를 제공한다. *CAR*의 내용은 하나 증가되어 멀티플렉서와 스택 레지스터 파일(stack register file)에 연결되어 있다. 스택 포인터(stack pointer)가 스택 내에서 레지스터를 선정한다.

스택 포인터(stack pointer)

입력 I_0, I_1과 I_2는 順次器의 작동을 명시하고 입력 T는 상태 비트를 검사한 결과를 나타낸다. 제어 번지 레지스터(*CAR*)는 시스템을 초기 상태로 만들기 위해 클리어시킬 수도 있고 클럭 펄스(*CP*)는 레지스터들의 작동을 同期化시킨다.

마이크로 프로그램 順次器(그림 10-19)의 作動說明

도표에 나타난 함수표는 順次器의 작동을 명시하고 있다. 입력 I_1과 I_0는 멀티플렉

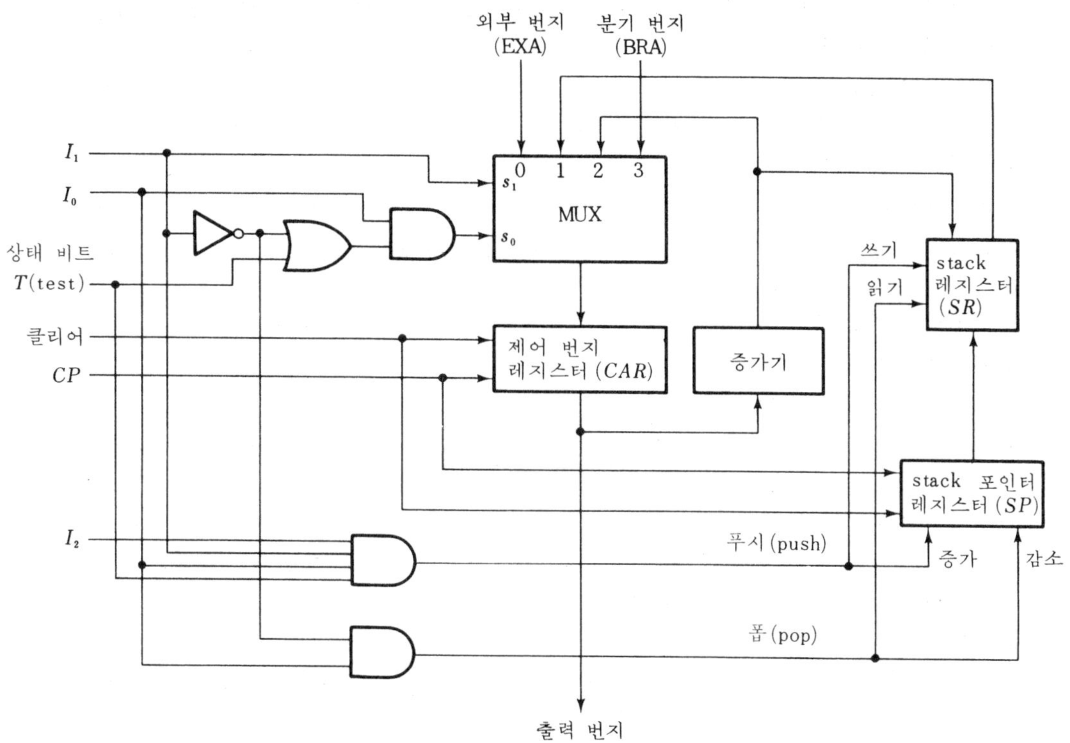

函 數 表

I_2	I_1	I_0	T	s_1	s_0	작 동	주 석
X	0	0	X	0	0	$CAR \leftarrow EXA$	외부 번지를 전송한다.
X	0	1	X	0	1	$CAR \leftarrow SR$	스택 레지스터로부터 전송한다.
X	1	0	X	1	0	$CAR \leftarrow CAR+1$	번지를 증가
0	1	1	0	1	0	$CAR \leftarrow CAR+1$	번지를 증가
0	1	1	1	1	1	$CAR \leftarrow BRA$	분기 번지를 전송한다.
1	1	1	0	1	0	$CAR \leftarrow CAR+1$	번지를 증가
1	1	1	1	1	1	$CAR \leftarrow BRA,\ SR \leftarrow CAR+1$	서브루우틴으로 분기

그림 10-19 전형적인 마이크로 프로그램 순차기의 구조

서의 선택 변수들을 결정한다. $I_1I_0=00$이면 외부 번지 *EXA* (external address)가 *CAR*로 들어가고, $I_1I_0=01$일 때는 *SR* (stack register)로부터 *CAR*에 전송되며 $I_1I_0=10$일 때는, *CAR*이 하나 증가하게 된다. 이때 *T*와 I_2 입력은 이 세 작동 중에는 아무런 영향도 주지 않고 표에 리던던시(無關條件) *X*로 표시되어 있다.

$I_1I_0=11$일 경우는 검사 비트의 값 *T*에 따라 順次器는 조건부 分岐 작동을 수행하게 된다. 만일 I_2도 역시 1일 경우에는, 그 작동이 서부루우틴에 대한 조건부 呼出(conditional call)이 된다. 두 가지 어느 경우에서든지 검사 비트 *T*가 0이면 *CAR*만 하나 증가한다. $T=1$이면 分岐番地 *BRA* (branch address)가 *CAR*에 전송된다. 이리하여 $I_0I_1=11$일 때 *T* 내의 상태 비트가 1이면, 順次器는 *BRA*로 分岐하고, 상태 비트가 0이면 *CAR*을 1 증가시킨다. 분기 번지는 정상적으로는 마이크로 명령어 중의 번지 피일드에서 오게 된다.

조건부 서브루우틴 呼出($I_2=1$)이 스택을 사용한다는 점을 제외하고는 조건부 分岐($I_2=0$)와 흡사하다. 서브루우틴을 호출하는 동안에 스택에 저장되는 번지는 增加器(incrementer)로부터 가져 온다. 이 값은 主마이크로 프로그램에서 다음 순차의 번지값이며 귀환 번지라고 부른다. 귀환 번지는 서브루우틴 귀환 작동시 ($I_1I_0=01$) 다시 *CAR*로 옮겨진다. 그리하여 서브루우틴을 호출했던 다음 번지 명령으로 되돌아가게 된다.

스택 레지스터와 스택 포인터의 작용은 12-5節을 읽고 나면, 잘 이해될 것이다. 레지스터(혹은 메모리) 스택은 그 스택에 대한 번지가 스택 포인터에 의하여 결정이 된다는 점을 제외하고는 메모리 장치와 거의 똑같다. 스택은 **後入先出(last-in, first-out)**의 순서로 되며 스택 포인터를 增減시킴으로써 조정되어진다. 초기 상태에서 스택 포인터는 클리어되어 스택의 번지 0을 가리키게 된다.

푸시와 폽(push, pop)

쓰기, 즉 스택 안으로 정보를 넣는 작동을 **푸시(push)**라 부르는데, 그 작업은 스택 포인터가 지정하는 곳으로 정보를 스택에 집어 넣고 스택 포인터 레지스터를 증가시킨다. 이 방법으로 정보가 스택에 전송되고, 스택 포인터는 스택 내의 다음 빈(empty) 자리를 가리키고 있다. 읽기, 즉 스택에 있는 정보를 꺼내는 작동을 **폽(pop)**이라 부르는데, 그 작업은 스택 포인터의 내용을 하나 감소시키고 그 스택 포인터 내의 새로운 값이 명시하는 레지스터의 내용(또는 워어드)을 끄집어 냄으로써 이루어진다.

서브루우틴 호출은 $I_2I_1I_0=111$이고, $T=1$일 때 수행한다. 이것은 푸시 스택 작동(push stack operation)과 *BRA*가 명시하는 번지로 分岐하는 작동을 일으킨다. 이것은 먼저 *CAR*의 값을 하나 증가시킨 값을 스택에 저장하는 일부터 행한다. 그리고 클럭 펄스 *CP*가 上昇邊(positive edge)에서 변화할 때 *BRA* 번지가 *CAR*에 옮겨진다. 이때는 스택의 라이트(write) 입력이 작용하지 못한다. 스택 포인터 레지스터는 후에 클럭 펄스 *CP*의 下降邊 변화시에 하나 증가된다. 이것은 그림 10-20(a)에 나타나 있다.

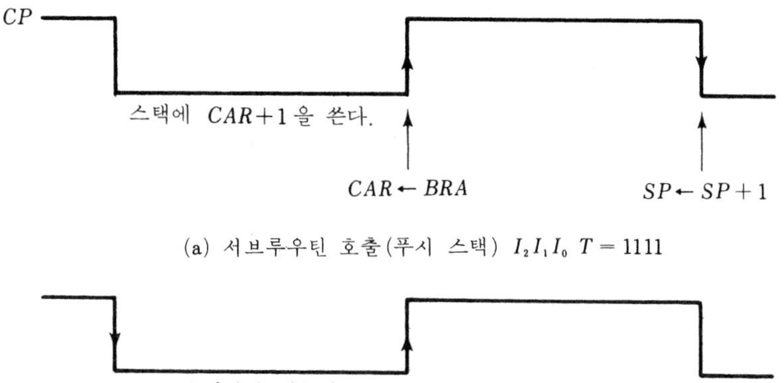

(a) 서브루우틴 호출(푸시 스택) $I_2I_1I_0$ $T=1111$

(b) 서브루우틴으로부터 귀환(폽 스택) $I_1I_0=01$

그림 10-20 마이크로 프로그램 순차기에서의 stack 작동

서브루우틴으로부터의 귀환은 $I_1I_0=01$일 때 수행한다. 이것은 폽 스택 작동과 스택의 제일 위(top)에 저장된 번지로 分岐함으로써 이루어진다. 먼저 클럭 펄스 CP의 下降邊의 변화에서 스택 포인터가 하나 감소되고 上昇邊의 변화에서 스택 포인터의 번지가 지정하는 스택의 값이 CAR로 옮겨진다. 이 과정이 그림 10-20(b)에 나타나 있다. 이와 같이 CAR은 클럭 펄스 CP의 上昇邊에서 시동되고 SP는 下降邊에서 각각 시동된다. 그리고 **스택 포인터는 스택 레지스터 *SR*로부터 *CAR*에 값을 전송하기 전에 1 감소하고 *BRA*로부터 *CAR*로 전송한 후에 1 증가한다.**

마이크로 프로그램으로 된 CPU의 組織

디지털 컴퓨터는 中央處理裝置(CPU), 메모리 장치, 그리고 入出力 장치로 구성되어 있다. CPU는 2개의 독특한 기능적 부분으로 이루어지며 이 두 부분은서로 다르며 상호 작용한다. 이것은 **處理部(processing section)**와 **制御部(control section)**로 구성된다. 처리 장치는 CPU의 처리부를 구성하는 유용한 장치이다. 마이크로 프로그램 順次器는 CPU에 대한 마이크로 프로그램 제어를 구성하는 편리한 요소이다. 이제 우리는 그림 10-19에서 정의한 마이크로 프로그램 順次器의 유용성을 보이기 위해 컴퓨터 CPU를 만들어 가기로 하겠다.

그림 10-21에는 마이크로 프로그램으로 된 컴퓨터의 블록도가 나타나 있다. 그것은 메모리 장치, 2개의 프로세서, 마이크로 프로그램 順次器, 제어 메모리, 그리고 수개의 디지털 함수들로 되어 있다. 이 형태는 8-9節에서 설계하였고 그림 8-16에 그 블

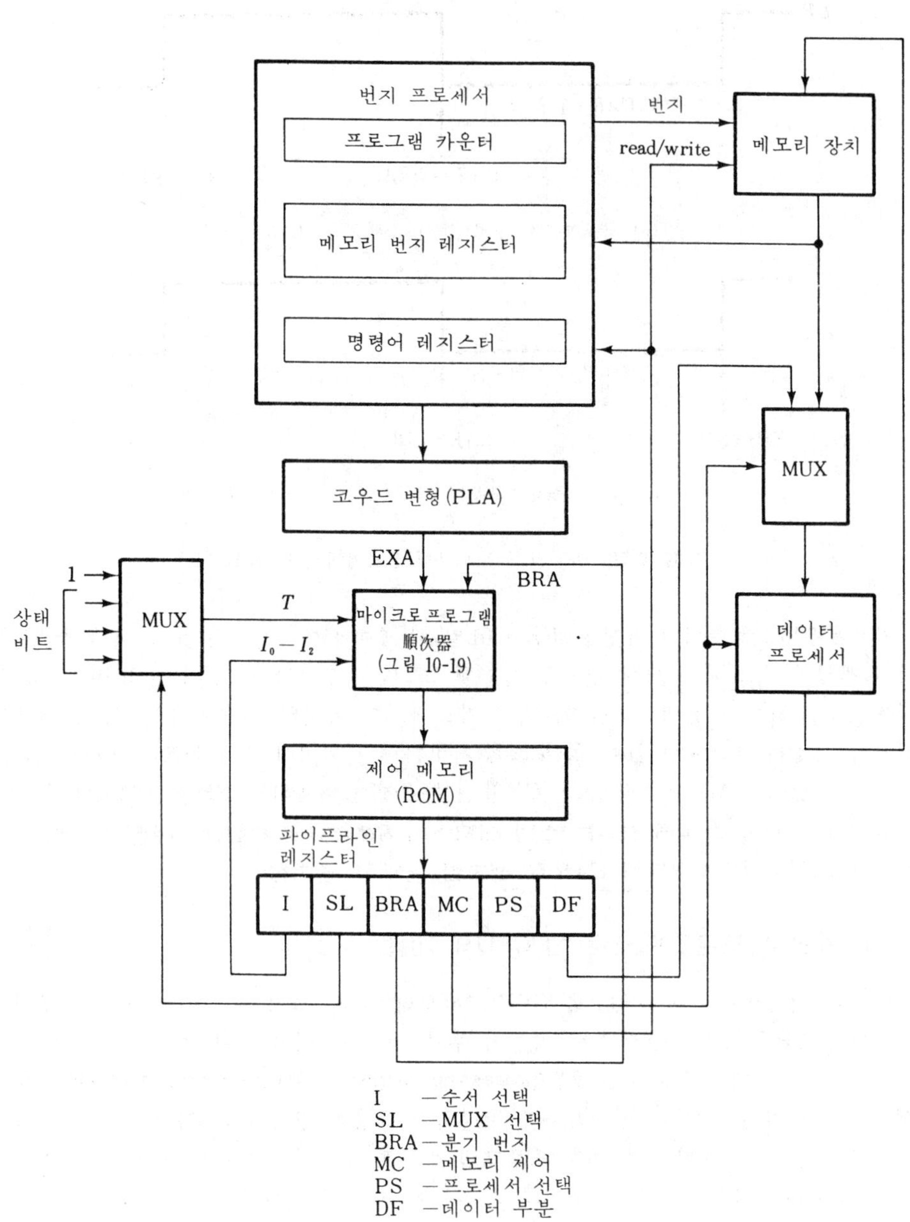

그림 10-21 마이크로 프로그램을 지닌 컴퓨터의 구조

록도가 나타나 있는 간단한 컴퓨터의 구성과 비교할 수 있다.

各 裝置의 機能説明

메모리 장치는 입력 장치를 통해 사용자가 넣은 命令語와 데이터를 저장하고, 데이터 프로세서는 여기에 있는 데이터를 操作(manipulate)하고, 번지 프로세서(address processor)에서는 메모리에서 받은 번지를 조작한다. 이 두 프로세서는 하나의 장치로 묶을 수도 있으나, 메모리 번지에 대해 별개의 버스(bus)를 마련하기 위해 나누어 놓는 것이 때때로 편리하다. 命令語 페치 사이클 동안에 메모리로부터 읽은 命令語는 명령어 레지스터에 들어간다. 이 명령어 레지스터에 있는 명령 코우드 비트들은 제어 메모리 내의 매크로 작동(macrooperation)을 명시한다. 이 명령 코우드는 코우드 변환(code transformation)이 필요하게 되는데, 이것은 명령어의 *OP* 코우드로부터 제어 메모리의 시작 번지로 바꾸고, 제어 메모리를 효과적으로 쓰기 위해서 필요하다. 例로 마이크로 컴퓨터에서는 **매핑 롬**(**mapping ROM**)이라는 것이 있다. 주로 이 코우드 변환기는 ROM이나 PLA로 만든다.

매핑 롬(mapping ROM, 寫像 ROM)

매핑 롬(mapping ROM)의 개념은 제어 메모리에 대한 마이크로 명령들이나 매크로 명령들을 추가할 필요가 생길 때 유연성을 주게 된다. 그리고 코우드 변환 매핑 롬에서 나온 번지는 順次器의 외부 번지(*EXA*)에 접속된다.

마이크로 프로그램 제어 장치는, ① 그림 10-19의 順次器 ② 마이크로 명령을 저장하는 제어 메모리 ③ 멀티플렉서 ④ 파이프라인(pipeline) 레지스터로 구성되어 있다. 멀티플렉서는 많은 상태 비트들 중에서 하나를 선택하여 順次器의 *T* 입력으로 연결시키는 역할을 한다. 멀티플렉서의 입력들 중 하나는 언제나 상수 1로 만들어 無條件 分岐作動을 하게 한다.

파이프라인 레지스터(pipeline register)

파이프라인 레지스터는 제어 메모리로부터 출력을 직접 각 장치로 연결할 수도 있으므로 필요 없을 수도 있지만 제어 작동을 좀더 빠르게 하기 위해 필요하다. 그것은 파이프라인 레지스터에 지금 들어 있는 制御語가 현재 마이크로 명령이 지시하는 마이크로 작동을 誘發시키는 동안에도, 다음 번지를 만들어 그 번지에 의한 제어 메모리의 출력을 낼 수 있게 하기 때문이다.

제어 메모리 속에 들어가 있을 수 있는 **마이크로 命令語의 形態는 파이프라인 레지스터에 表示되어 있다.**

마이크로 命令 形態(microinstruction format) 說明

이 중에서 ① *I* 피일드에는 順次器에 들어갈 3비트의 입력 정보가 들어 있고 ② *SL* 피일드는 멀티플렉서의 상태 비트를 선택하고 ③ *BRA* 피일드는 마이크로 명령어의 번지 피일드 값이다.

이것은 順次器에 分岐番地(branch address)를 제공한다. 이 마이크로 명령의 3피일드는 제어 메모리의 다음 번지를 결정하기 위한 順次器에 주어지는 정보들이다. 順次器는 이 정보에 따라 현재 마이크로 명령어의 마이크로 작동이 CPU의 다른 장치에서 집행되는 동안에 동시에 다음의 번지를 생성하여 그 번지의 마이크로 명령을 제어 메모리로부터 읽어 들이게 된다.

마이크로 명령 중 그 밖의 3개 피일드들은 프로세서와 메모리 장치 내의 마이크로 작동을 제어하는 데 쓰인다. 즉, 하아드웨어 제어를 말한다. *MC* 피일드는 번지 프로세서와 메모리 장치에서의 읽기/쓰기 작동을 제어하고, *PS* 피일드는 데이터 프로세서 장치의 작동을 제어하고 마지막 *DF* 피일드는 상수를 프로세서에 넣는 경우에 사용된다. 제어 메모리로부터 시스템에서 데이터를 넣는 과정은 마이크로 프로그램을 가진 많은 시스템에서 사용되는데, 그 데이터는 제어 레지스터에 들어가기도 하고 프로세서 레지스터에 들어가기도 한다. 예를 들면 *DF* 피일드의 값이 프로세서 레지스터에 더하여져 프로세서 레지스터의 내용을 그만큼 증가시키는 역할을 하기도 한다. 이 데이터는 순차 카운터에 넣어 사용하기도 하는데, 이 순차 카운터는 곱셈이나 나눗셈의 루우틴에서 필요한 마이크로 프로그램 루우프(loop)가 되풀이 진행되는 回數를 계산하는 데 쓰이게 된다.

마이크로 프로그램된 CPU의 長點

일단 마이크로 프로그램을 지닌 CPU의 하아드웨어적인 형태가 선정되면 설계자는 그것을 이용하여 어떠한 형태의 컴퓨터도 구성할 수 있다. 먼저 컴퓨터에 대한 명령어 집합이 결정되면 그에 따라 제어 메모리에 넣을 마이크로 프로그램을 작성할 수 있게 된다. 그리고 다른 명령어들의 집합을 가진 다른 형태의 컴퓨터를 제작하고 싶을 때는 제어 메모리의 마이크로 프로그램을 변경하면 된다. 즉, 소켓에 꽂혀 있는 ROM을 꺼내어 새로 구성한 ROM으로 바꾸어 주면 되는 것이다.

마이크로 프로세서(microprocessor)

그림 10-21에 있는 LSI 부품으로 구성된 CPU는 컴퓨터 시스템의 명령어 집합을 자유롭게 정의할 수 있게 마련되어 있다. 이러한 CPU의 모든 부분을 하나의 패키지 안에 집적할 수 있는데, 이런 형태를 우리는 **마이크로 프로세서**(**microprocessor**)라고 부른다. 이런 마이크로 프레세서가 일반적인 상용인 CPU 대신 쓰이게 되면, 주어진 마이

크로 프로세서에 따라 명령어의 집합이 고정되게 된다. 이에 비해 일반적인 CPU는 적용되는 경우에 따라 명령어의 집합들이 유동적이 되는 것이다. 마이크로 프로세서에 관해서는 12章에서 설명하기로 한다.

참 고 문 헌

1. Mano, M. M., *Computer System Architecture*. Englewood Cliffs, N. J.: Prentice-Hall, Inc., 1976
2. Rhyne, V. T., *Fundamentals of Digital Systems Design*. Englewood Cliffs, N. J.: Prentice-Hall, Inc., 1973
3. Chu, Y., *Computer Organization and Microprogramming*. Englewood Cliffs, N. J.: Prentice-Hall, Inc., 1972
4. Mick, J. R., and J. Brick, *Microprogramming Handbook*. Sunnyvale, Calif.: Advance Micro Devices, Inc., 1977
5. *Bipolar Microcomputer Components Data Book*. Dallas, Texas: Texas Instruments, Inc., 1977.
6. Agrawala, A.K., and T. G. Rauscher, *Foundations of Microprogramming*. New York: Academic Press, 1976.
7. *Signetics Field Programmable Logic Array: An Application Manual.* Sunnyvale, Calif.: Signetics Corp., 1977
8. Clare, C. R., *Designing Logic Systems Using State Machines*. New York: McGraw-Hill Book Co., 1973
9. Alexandridis, N. A., "Bit-sliced Microprocessor Architecture", *Computer*, Vol. 11, no. 6, (June 1978), pp 56-80.

연 습 문 제

10-1 (a) 그림 7-22(a)의 링 카운터(ring counter) 제어가 그림 10-2에 나타난 한 상태當 1개의 플립플롭을 사용하는 방식의 특별한 경우가 됨을 설명하고 後者가 前者로 되는 과정을 설명하라.

(b) 그림 7-22(b)의 카운터와 디코우더 방식의 제어가 그림 10-3에 있는 순차 레지스터와 디코우더 제어의 특별한 경우임을 설명하라. 後者가 前者로 되는 과정을 설명하라.

10-2 하아드와이어적 제어와 마이크로 프로그램 제어에서 그 차이점과 장단점에 대해 설명하라.

10-3 10-3節에서 설계한 가감산기 시스템은 ALU를 포함하고 있는데, 이 ALU의 사용 없이 그림 10-8의 시스템 블록도를 다시 그려 보아라. 그 대신 그림 9-10의 가감산기 회로와 補數, 增加, 로우드를 할 수 있는 레지스터를 사용하여라. 그리고 그림 10-9(b)의 제어 출력을 바꾸어 보아라.

10-4 그림 10-7의 순서도에서 陰의 0이 연산 결과로 되는 경우를 생각해 보라. 陰의 0은 $A=0$이고, $A_s=1$인 경우에 해당한다.

10-5 부호-2의 보수로 표시된 2진수의 고정 소숫점 數를 가감하는 디지털 시스템을 설계하여 보아라. 오우버플로우에 대한 표시도 나타내도록 하여라.

10-6 그림 10-9에서 T_5 동안에 E를 검사하는 대신 T_4에서 C_{out}의 값을 검사할 경우의 상태도를 다시 작성하여 보아라.

10-7 그림 10-9에서 q_a, q_s와 함께 변수 S가 초기 상태에서 다음 상태를 결정하게 되면 제어의 상태수가 줄어들게 할 수 있다. 만약 E'가 보수 작동의 제어 함수에 포함되어 있다면 E가 클리어되는 상태에 역시 A 레지스터의 내용이 보수로 될 수 있다. 6개의 제어 상태로 加減算器의 시스템을 구성할 수 있음을 보여라.

10-8 그림 10-8(a)에 나타난 플립플롭 B_s, A_s 그리고 E에 대한 입력 함수를 유도하여라. JK 플립플롭을 사용하라.

10-9 상태當 1개의 플립플롭을 사용하여 그림 10-15(a)에 있는 상태도에 따른 제어를 설계하여라. 게이트와 4개의 D 플립플롭을 사용하여 논리도를 그려 보아라.

10-10 CAR이 무조건 증가될 때마다 ROM의 13, 14비트에 00을 사용함으로써 표 10-3의 2진 마이크로 프로그램을 다시 작성해 보아라.

10-11 그림 10-10에서 q_a와 q_s에 붙어 있는 AND 게이트 대신에 인에이블(enable) 입력을 가진 2중의 2×1 멀티플렉서를 사용하여 입력 회로를 다시 구성하여 보아라.

10-12 그림 10-8(a)의 데이터 프로세서와 함께 그림 10-10의 마이크로 프로그램 제어 장치는 부호-2의 보수로 표시된 2진수를 가감하는 데 사용될 수 있다. 부호 비트는 레지스터 A와 B의 가장 왼쪽 비트에 있게 된다. 부호는 레지스터 A와

B에 포함되어 있다. 따라서 A_s, B_s 그리고 S 변수가 필요 없게 된다. 그 대신에 S는 E가 부호 비트에서 나오는 캐리 $C_{n+1} = C_{out}$을 저장하고 있는 것과 마찬가지로 부호 비트로 들어가는 캐리 C_n을 저장하는 하나의 플립플롭이다. 변수 y와 z는 오우버플로우 플립플롭을 세트, 클리어시키는 제어 신호가 된다. 오우버플로우가 있게 되면 제어 변수 y에 의해 V가 세트되고, 없을 경우는 제어 변수 z에 의해 V는 클리어된다.

(a) 마이크로 프로그램을 기호의 형태로 작성하여라.

(b) ROM에 대한 진리표를 2진수로 작성하여라.

10-13 그림 10-11의 제어 메모리에서 외부 번지는 현재 마이크로 명령어가 위치한 번지와 같은 값이 들어오는 한 시스템은 아무런 작동도 하지 않게 하는 마이크로 명령어를 2진수의 형태로 나타내어라. 상태 레지스터에 들어가는 값은 중요하지가 않다.

10-14 그림 10-11의 시스템에서 $R1$에 있는 수의 부호를 검사하는 마이크로 프로그램을 기호의 형태로 작성하라. 數는 부호-2의 보수로 표시되어 있다. 만약 그 數가 陽이면 2로 나누어지고 陰이면 2로 곱하여지고 오우버플로우가 생기면 $R1$은 0으로 클리어된다.

10-15 $R1$과 $R2$에 들어 있는 부호가 없는 2진 숫자를 비교하는 마이크로 프로그램을 작성하여라. 작은 값이 있는 레지스터는 클리어된다. 만약 두 값이 똑같을 경우는 모두 클리어된다. 그림 10-11에 있는 마이크로 프로그램 시스템을 이용하여라.

10-16 그림 9-16의 프로세서는 2개의 부호가 없는 2진 숫자를 곱하는 데 사용된다. $R1$에는 피승수가 $R3$에는 승수, $R2$, $R3$에는 積이 들어가게 된다. 그리고 $R4$에는 승수의 비트 갯수가 들어간다. 순서도의 형태로 알고리즘을 작성해 보아라.

10-17 피승수 1011과 승수 10011을 곱하는 과정에서 각 클럭 펄스 後 (그림 10-16)의 레지스터 E, A, Q, 그리고 P의 내용을 적어 보아라.

10-18 그림 10-15(a)의 제어 상태도는 변수 Q_1을 상태 변화의 조건으로 사용하지 않고 있다. 대신에 Q_1은 레지스터 전송의 목록에서 제어 함수의 일부가 된다. Q_1을 제어 함수에서 없애고 상태도의 조건으로 사용하여 다시 제어를 설계하여라. 이 경우에 상태도는 적어도 5개의 상태를 가짐을 보여라.

10-19 그림 10-15에 표시된 디지털 시스템에서 곱셈 작동에 걸리는 시간을 결정하여 보아라. 단, Q 레지스터는 k 비트를 가지고 두 클럭 펄스 사이의 구간은 t 초가 됨을 가정한다.

10-20 2개의 T 플립플롭과 디코우더를 사용하여 **그림 10-16**의 제어 논리를 설계하여라.

10-21 **그림 10-16**의 P 레지스터를 병렬 로우드로 할 수 있는 up-카운터로 바꾸어라. 입력 T_2는 P 레지스터를 하나씩 증가시키게 될 것이다. 이럴 경우 T_1 동안에 P에 로우드되는 初期値는 얼마이겠는가?

10-22 어떤 밑수 r의 두 n 자리 數를 곱하여도 길이는 $2n$ 자리 이내가 됨을 증명하라. 그리고 이 사실은 10-6節에서 설계된 승산기에는 오우버플로우가 일어나지 않음을 암시한다는 것을 설명하라.

10-23 順次 레지스터와 디코우더 방식을 사용하여 **그림 10-9**에 나타난 제어를 설계하여라. 3개의 JK 플립플롭 G_3, G_2, G_1을 사용하여라.

10-24 순차 레지스터와 PLA를 사용하여 **그림 10-9**의 제어를 설계하여라. 그리고 PLA 프로그램표를 작성하여라.

10-25 반복되는 덧셈으로 2개의 부호가 없는 2진수를 곱하는 디지털 시스템의 순서도와 레지스터의 형태가 **그림 10-22**에 나타나 있다.

(a) 이 시스템의 A와 B의 내용을 곱하여 그 결과를 P 레지스터에 넣게 됨을 확인하여라.

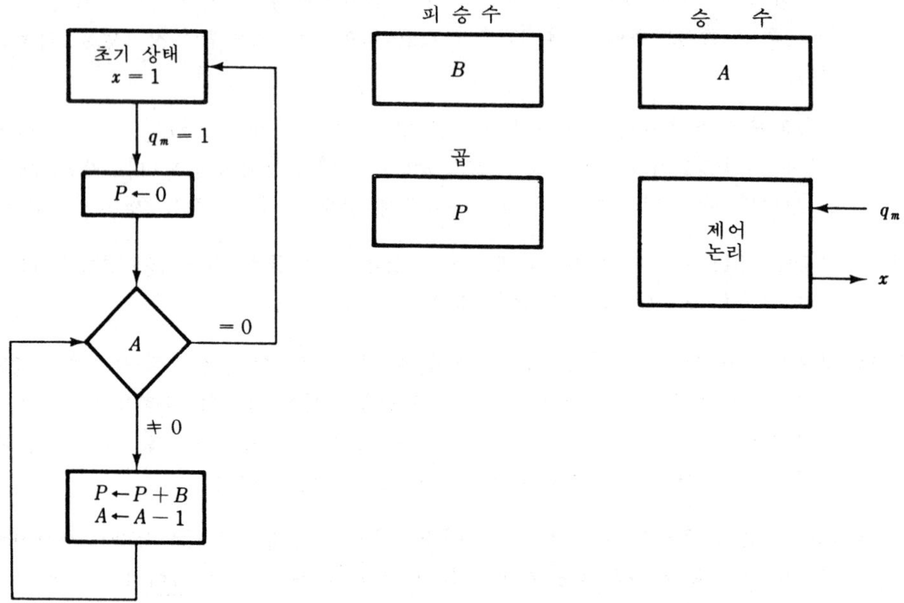

그림 10-22 연속적인 덧셈에 의한 곱셈

(b) $A=0100$, $B=0011$을 넣고 순서도대로 단계를 거쳐 레지스터 P에 積 1100을 넣고 초기 상태로 돌아가는 것을 보여라.

(c) 각 제어 상태에서 집행되는 레지스터 전송 목록과 제어에 대한 상태도를 그려라.

(d) 데이터 프로세서에 대한 블록도를 그려라.

(e) 상태當 1개의 플립플롭을 사용하는 방법으로 제어를 설계하여라.

10-26 다음의 레지스터 전송 작동은 순차 레지스터와 디코우더형의 네 상태에서의 제어를 명시하고 있다. G는 2비트의 순차 레지스터이고 T_0, T_1, T_2, 그리고 T_3는 디코우더의 출력이 된다.

$$
\begin{aligned}
xT_0 &: \quad G \leftarrow G+1 \\
yT_0 &: \quad G \leftarrow 10 \\
zT_0 &: \quad G \leftarrow 11 \\
T_1+T_2+T_3 &: \quad G \leftarrow G+1
\end{aligned}
$$

(a) 제어의 상태도를 그려라.

(b) JK 플립플롭으로 순차 레지스터를 설계하여라.

10-27 제어 장치는 2개의 입력 x, y, 그리고 8개의 상태를 가지며 제어 상태도는 **그림 10-23**에 나타나 있다.

(a) 8개의 D 플립플롭을 가지고 제어를 설계하라.

(b) 레지스터, 디코우더, PLA를 사용하여 제어를 설계하여 보아라.

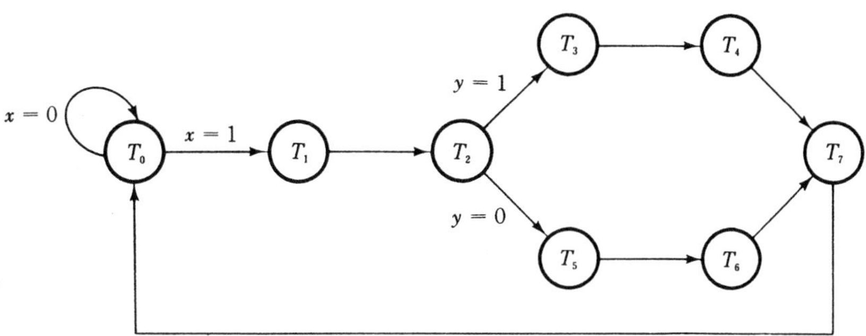

그림 10-23 문제 10-27에 대한 제어 상태도

10-28 **그림 10-24**에 나타난 제어 장치의 상태도는 4개의 상태와 2개의 입력 x, y를 가지고 있다. 순차 레지스터와 디코우더 방식으로 2개의 JK 플립플롭 G_2와 G_1을 가지고 제어를 설계하여라.

(a) 현재 상태의 조건으로 플립플롭의 출력을 사용하여라. 이 두 결과를 비교하여 장단점을 서술하라.

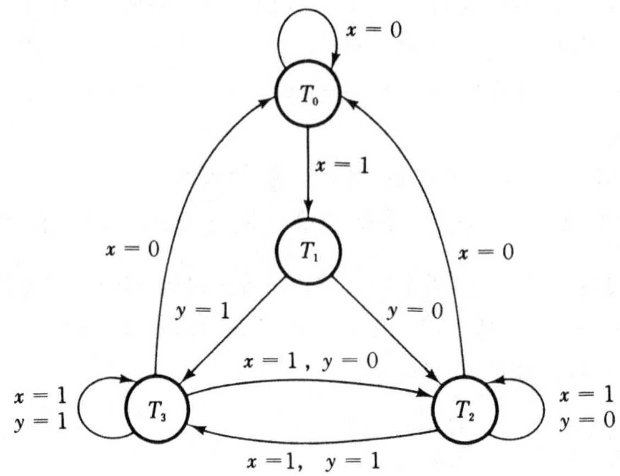

그림 10-24 문제 10-28에 대한 제어 상태도

10-29 그림 10-21에 있는 파이프라인 (pipeline) 레지스터에 順次器의 T 입력에 대한 極性(polarity)을 제어하는 P라는 출력을 덧붙일 수 있다. 즉, $P = 0$일 때는 SL에 의해 선택된 상태 비트 값이 그대로 T에 적용되고 $P = 1$일 때는 보수값이 T에 적용되게 된다.

(a) 극성 제어 P로서 무엇을 수행할 수 있겠는가?

(b) SL에 의해 선택되는 멀티플렉서와 테스트 입력 T사이에 놓일 회로를 설계하여라.

10-30 그림 10-21의 마이크로 프로그램된 컴퓨터는 順次器 내에 제어 번지 레지스터 (CAR)와 제어 메모리의 출력으로 파이프라인 레지스터 (PLR)를 가지고 있다. 여기서, 단 하나의 레지스터만을 사용한다면 작동의 속도를 향상시킬 수 있다. 시스템이 다음과 같이 구성될 때 전파 시간 지연(propagation delay)을 비교해 봄으로써 두 시스템의 작동 속도를 비교하여라.

(a) PLR 없는 CAR

(b) CAR 없는 PLR

11

컴퓨터 設計
Computer Design

11-1 序 論

이 章에서 우리는 소형 汎用 컴퓨터의 기능 설명에서 시작하여 이것의 제작에 촛점을 맞추어서 내용을 전개해 나가려고 한다. 비록 제작하고자 하는 컴퓨터가 소형이기는 하지만 결코 無用하지는 않다. 비록 이것의 기능이 상업용으로 제작되는 컴퓨터와 비교해서는 몹시 제한되어 있지만, 제작 과정을 소개하기에는 충분한 기능을 지니고 있다. 이것은 또한 IC들을 사용하여 실험실에서 손쉽게 제작될 수 있으며 완성품은 計數型 데이터를 처리하는 설비로 유용하다.

또한 제작하고자 하는 컴퓨터는 中央處理裝置, 메모리 장치, 그리고 텔레타이프 入出力 장치로 구성한다. 주로 이 章에서는 중앙 처리 장치에 촛점을 맞추어 전개해 나가고 나머지 두 장치는 이미 既存品이 있다고 가정한다.

디지털 컴퓨터의 하아드웨어 설계는 3개의 연관된 단계로 나눌 수 있다. 즉, ① **시스템 설계** ② **논리 설계** ③ **회로 설계**이다. **시스템 設計**는 주로 시스템의 묘사와 일반적 특성에 관계하고 있다. 이러한 임무는 또한 설계 목적과 설계 원칙을 세우고 컴퓨터 명령어를 작성하고 경제성을 조사하는 작업까지도 포함하고 있다. 이러한 컴퓨터 구조 묘사는 논리 설계자에 의하여 시스템을 하아드웨어로 제작하기 위하여 재구성한다. 회로 설계에서는 갖가지 논리 회로, 메모리 회로, 전자 기계 장치 및 電源 등의 부품을 다룬다. 또한 컴퓨터의 하아드웨어 제작은 주요한 부분을 이루며 하아드웨어와 병행하여 발전하는 소프트웨어 시스템에 의하여 크게 영향을 받는다.

계수형 컴퓨터의 제작은 몹시 어려운 작업이다. 그러므로 한 章을 통해서 컴퓨터 설계의 모든 면을 설명한다는 것은 불가능하므로 우리는 소형이면서도 실용적인 기능을 지닌 최소의 컴퓨터 시스템과 논리 설계에 촛점을 맞추어 설명하고자 한다. 이 章에서 간략하게 설명된 설계 과정은 보다 복잡한 시스템의 논리 설계에 있어서도 마찬가지로 적용할 수 있다. 제작 과정은 아래의 6단계로 나누어질 수 있다.

컴퓨터 製作過程

1. 계수형 컴퓨터를 시스템의 일반적인 구조(configuration)를 특정짓는 레지스터들로 構成
2. 컴퓨터 명령어의 仕樣(specification) 작성
3. 타이밍 회로와 제어 회로 작성
4. 모든 컴퓨터 명령어를 실행하는 데 필요한 레지스터-전송 연산들의 나열
5. 처리 장치(processor)의 설계
6. 制御部(control)의 설계

이러한 제작 과정은 시스템의 성질이나 레지스터-전송 연산들을 간단한 형태로 요약하는 표들에 의하여 수행한다. 처리 장치는 레지스터들과 multiplexer들로 구성된 블록도에 의하여 정의된다. 이러한 블록도는 MSI회로로써 손쉽게 대치될 수 있다. 그리고 제어부는 10章에서 설명한 세 가지 방법으로 각각 설계하였다.

11-2 시스템 構成

지금부터 설계할 컴퓨터의 구성이 **그림 11-1**에 나타나 있다. 각각의 블록은 메모리 장치, 主클럭 발생기(master clock generator)와 제어부 논리를 제외하고는 레지스터를 나타낸다. 이러한 구성은 완전한 시스템 구조를 만족한다고 가정하였다. 그러나 실제로는 가설적인 시스템 구성에서 시작하여 설계 도중에 차츰 수정하여 가는 것이 일반적이다. 블록도에서 각각의 레지스터의 이름은 블록 안에 쓰여져 있으며 각각의 기호는 괄호 안에 쓰여져 있다.

主클럭 발생기는 주로 발진기를 이용하여 주기적인 펄스를 공급하는 클럭 펄스의 근원이다. 이러한 펄스는 증폭기를 이용하여 증폭되어 전체 시스템에 공급된다. 각각의 펄스는 시스템 내의 모든 플립플롭과 레지스터에 동시에 도달하여야 한다. 傳送遲延(delay)의 차이가 일정하기 위하여 때때로 位相遲延이 필요하다. 이러한 펄스의 주파수는 시스템의 작동 속도를 결정하는 함수이다. 여기서 펄스의 주파수는 1〔MHz〕 즉, 한 펄스의 주기가 1〔μs〕라 가정하였다.

메모리 장치는 각각 16비트를 가지는 4096워어드(word)로 구성되었다. 이러한 메모리 용량은 얼마간의 유용한 처리를 하는 데에는 충분하다. 만약 경제적 제약을 받는 실험실에서 컴퓨터를 설계한다면 더 소형의 메모리도 사용이 가능하다. 명령어의

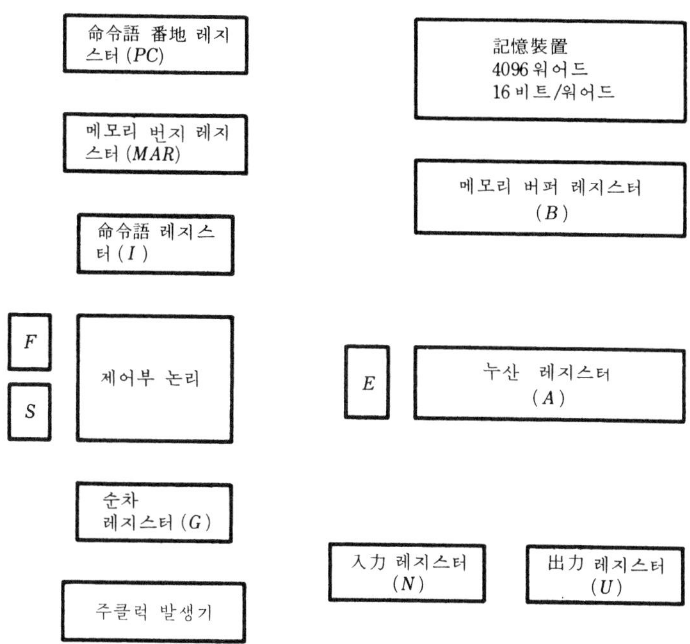

그림 11-1 계수형 컴퓨터의 개요도

16 비트 중 12 비트는 오퍼랜드의 번지를 나타내는 데 사용하고 나머지는 명령어의 작동부(operation part)를 구성한다. 메모리의 액세스 시간(access time)은 메모리 읽

표 11-1 컴퓨터 레지스터표

기호 표시	이 름	비트 수	기 능
A	누산 레지스터	16	처리 레지스터
B	메모리 버퍼 레지스터	16	메모리 워어드 내용을 저장
PC	명령어 번지 레지스터	12	다음 명령의 번지를 저장
MAR	메모리 번지 레지스터	12	메모리 워어드의 번지를 저장
I	명령어 레지스터	4	현재의 동작 코우드를 저장
E	확장 플립플롭	1	누산기의 연장
F	명령 싣기 플립플롭	1	명령 페치 및 실행 사이클 제어
S	始終 플립플롭	1	컴퓨터의 시동 및 종료
G	순차 레지스터	2	타이밍 신호를 공급
N	입력 레지스터	9	입력 장치로부터의 정보 저장
U	출력 레지스터	9	출력 장치로부터의 정보 저장

기, 쓰기가 2개의 클럭 펄스 사이에 일어나기 위하여 1〔μs〕 미만이라고 가정하였다.

그림에서 설계하고자 하는 컴퓨터는 레지스터들로 재구성되었다. 그리고 앞의 표 11-1에서는 왜 각각의 레지스터들이 필요하며 그들의 기능은 무엇인가에 대해서 설명하고 있다. 레지스터들 중 메모리 워어드(memory word)를 담는 레지스터는 16비트로 구성되며 번지를 담고 있는 레지스터는 12비트로 구성된다. 그 밖의 레지스터들은 그들의 기능에 따라 서로 다른 비트 수를 가진다.

메모리 番地 레지스터와 메모리 버퍼 레지스터(*MAR*와 *MBR*)

메모리 번지 레지스터(*MAR*; memory address register)는 메모리의 위치를 지정하는 데 사용된다. *MAR*의 값은, 명령어를 메모리로부터 읽어 들여 올 때는 *PC*(program counter)로부터 전달되며 오퍼란드(operand)를 메모리로부터 읽어 들여 올 때는 *B* 레지스터의 아래쪽 12비트로부터 전달된다. **메모리 버퍼 레지스터 *B*는 메모리로부터 읽어진 내용이나 쓰여질 내용을 담고 있다.** *B* 레지스터에 저장된 명령어 중 명령부 4비트는 *I* 명령 레지스터로 전달되고 나머지 오퍼란드의 번지를 나타내는 12비트는 나중에 *MAR*에 전달되기 위하여 그대로 *B* 레지스터에 남아 있게 된다. 그리고 *B* 레지스터에 저장된 오퍼란드는 *A* 레지스터와 연산을 실행하기 위하여 액세스가 가능하다. 메모리에 저장될 워어드(word)의 내용은 쓰기 작동이 시작되기 전에 반드시 *B* 레지스터에 저장되어 있어야 한다.

命令語 番地 레지스터(*PC*)

명령어 번지 레지스터 (*PC*)는 메모리로부터 읽혀질 다음 명령어의 번지를 담고 있다. 이 레지스터의 값은 1씩 증가되는 과정을 되풀이하여 메모리에 저장된 연속적인 명령어를 읽게 한다. 만약 프로그램의 흐름이 다른 어떤 번지로 分岐하거나 다음 명령어를 건너뛸 경우에 있어서도 *PC*의 값은 그에 따라 수정되어 프로그램이 수행되게 한다. 명령어를 메모리로부터 읽기 위하여 *PC*의 값은 *MAR*로 전달되고 메모리 읽기 작동이 시작된다. 명령어 번지 레지스터의 내용은 메모리 읽기 작동이 현재의 명령어를 읽을 때마다 1씩 증가된다. 그리하여 지금 처리 장치 내에서 실행되고 있는 다음 명령어의 번지가 항상 *PC* 레지스터 내에 저장되게 하고 있다.

累算 레지스터(accumulator register)(*A*)

累算 레지스터(*A*)는 메모리에 저장되었던 데이터를 가지고 작동하는 처리부 레지스터(processor register)이다. 이 레지스터는 모든 명령어를 실행할 때, 입력 장치로부터 데이터를 받아들이는 경우와 출력 장치로 데이터를 전송하는 경우 사용된다. 이러한 *A* 레지스터는 *B* 레지스터와 더불어 컴퓨터 처리부의 아주 주요한 부분을 이룬

다. 비록 대부분의 데이터 처리 시스템에서는 처리 장치에 여러 개의 레지스터를 사용하는 것이 일반적이지만 여기에서는 제작 과정을 쉽게 하기 위하여 단지 1개의 累算器만을 포함시켰다. 단지 1개의 累算器만을 사용하여 가산이 가능하여지면 나머지 연산, 즉 減算, 곱셈, 나눗셈 등은 가산을 이용한 서브루우틴(subroutine)으로 집행이 가능하다.

命令語 레지스터(Instruction register)

명령어 레지스터(I)는 현재 실행되고 있는 명령어의 작동 코우드를 담고 있다. 이 레지스터의 비트 수는 명령어의 명령 코우드의 비트 수와 마찬가지로 4비트이다. B 레지스터에 저장된 명령어의 명령 코우드는 I 레지스터로 전송되고 오퍼란드는 B 레지스터에 그대로 남아 있게 된다. 명령어의 명령 코우드부는 명령어 실행 때 필요한 오퍼란드가 메모리로부터 읽어 들여 올 때 손실될 수 있으므로 반드시 미리 꺼내져야 한다. 방금 읽혀진 오퍼란드에 어떠한 동작이 실시되어야 할 것인가를 制御部에 의해 결정하기 위하여 명령어의 명령부가 필요하다.

順次 레지스터(sequence register)

順次 레지스터(G)는 컴퓨터에 타이밍 신호를 공급하는 카운터(counter)이다. 2비트로 구성된 G 레지스터는 4개의 타이밍 변수로 해석되어 제어 장치에 공급된다. 이러한 타이밍 변수는 다른 제어 변수와 더불어 컴퓨터의 모든 마이크로 작동(micro-operation)을 수행케 하는 제어 함수를 만들어 낸다.

E, F, S 플립플롭

이 플립플롭은 각각 1비트로 된 레지스터의 연장으로 자리 이동에 사용되거나 덧셈 연산 중 끝자리올림수(carry)를 받아들이고, 그 밖에도 컴퓨터의 데이터 처리를 쉽게 할 수 있도록 하는 유용한 플립플롭이다. F 플립플롭은 집행 사이클과 명령어 싣기(fetch) 사이클을 구분한다. F가 0일 때는 메모리로부터 읽혀진 워어드는 명령어로 취급하며, F가 1일 때는 오퍼란드로 취급한다. S 플립플롭은 始終 플립플롭으로 프로그램 제어에 의해 클리어될 수 있으며 수동으로 조작할 수도 있다. S가 1일 때는 메모리 내에 저장되어 있는 프로그램에 의해 결정된 순서에 따라 컴퓨터가 稼動된다. S가 0일 때는 컴퓨터의 작동이 멈춘다.

入力 레지스터와 出力 레지스터(N, U)

그림 11-1의 블록도에서는 입출력 장치가 나타나 있지 않다. 이 장치는 키이 보오드(key board)와 프린터를 가진 **텔레타이프**로 가정한다. 텔레타이프는 직렬 정보를 送

受信하며 각각의 정보는 8비트로 구성된 英文 숫자 코우드로 되어 있다. 키이 보오드로부터 입력된 직렬 정보는 입력 레지스터에 이동되어 저장된다. 프린터로 출력될 정보는 출력 레지스터에 저장된다. 이 두 가지 레지스터는 텔레타이프와는 직렬로, 累算 레지스터와는 병렬로 交信한다.

입력 레지스터 N은 9개의 비트로 이루어지는데, 비트 1에서 비트 8까지는 英文 숫자로 된 입력 정보를 갖고 있으며, 비트 9는 입력 표시기라 하는 제어 비트이다. 이 표시 비트는 입력 장치로부터 새로운 문자가 준비되면 세트(set)되고 컴퓨터가 문자를 받아들이면 클리어된다. 표시 비트는 상대적으로 느린 입력 장치와 상대적으로 빠른 컴퓨터 회로를 동기시키기 위해 필요하다. 이제 정보 전달의 과정을 상술하면 다음과 같다. 먼저 表示 비트 N_9가 클리어되어 있다. 키이 보오드의 한 자판을 누르면 8비트 코우드가 입력 레지스터($N_1 \sim N_8$)로 이동 저장된다. 이 이동 작동이 끝나는 순간 표시 비트 N_9이 1로 세트된다. 컴퓨터는 표시 비트를 검사하여 그 값이 1이면 N 레지스터로부터 A 레지스터로 문자 코우드가 전송되고, 표시 비트는 클리어된다. 표시 비트가 일단 클리어되면, 다른 자판을 눌러 새로운 문자가 N 레지스터로 이동 저장된다.

출력 레지스터 U는 정보 전송의 방향만 바꿀 뿐 작동은 N과 비슷하다. 먼저 출력표시 비트 U_9이 1로 세트되어 있다. 컴퓨터가 표시 비트를 검사하여 그 값이 1이면 A 레지스터로부터 출력 레지스터($U_1 \sim U_8$)로 문자 코우드가 전송되고 표시 비트 U_9는 0으로 클리어된다. 출력 장치는 코우드화된 정보를 받아들여 이를 찍어 낸다. 출력 작동이 끝나면 표시 비트는 1로 세트된다. 이 표시 비트가 0이면 출력 장치가 前의 문자를 찍어 내고 있음을 표시하므로 컴퓨터는 새로운 문자를 출력 레지스터에 옮겨 싣지 않는다.

11-3 컴퓨터 命令語(computer instruction)

컴퓨터에서 실행 가능한 命令語의 갯수와, 그 명령어를 사용해서 얼마나 쉽게 문제를 해결할 수 있는가는 컴퓨터 설계자가 기계의 목적하는 응용 분야를 얼마나 잘 豫見하는가에 따라 좌우된다. 중형이나 대형 컴퓨터는 수백 개의 명령어를 갖고 있는 반면, 소형 컴퓨터에서는 명령어의 갯수가 100개 미만으로 제한되어 있는 경우가 많다. 광범위한 데이터 처리 능력을 갖도록 명령어를 선택해야만 한다. 최소한 그런 명령어의 집합은 메모리에 워어드(word)를 저장하고 그로부터 꺼내는 기능, 충분한 산술 및 논리 연산 기능, 번지 수정 기능, 無條件 및 條件附 分岐 기능, 레지스터 조작 기능과 入出力 명령을 갖고 있어야 한다. 여기서 설계할 컴퓨터의 명령어 집합은 제한된 범위이지만 실용적인 자료 처리 장치로서 꼭 갖추어야 할 최소한의 기능을 갖

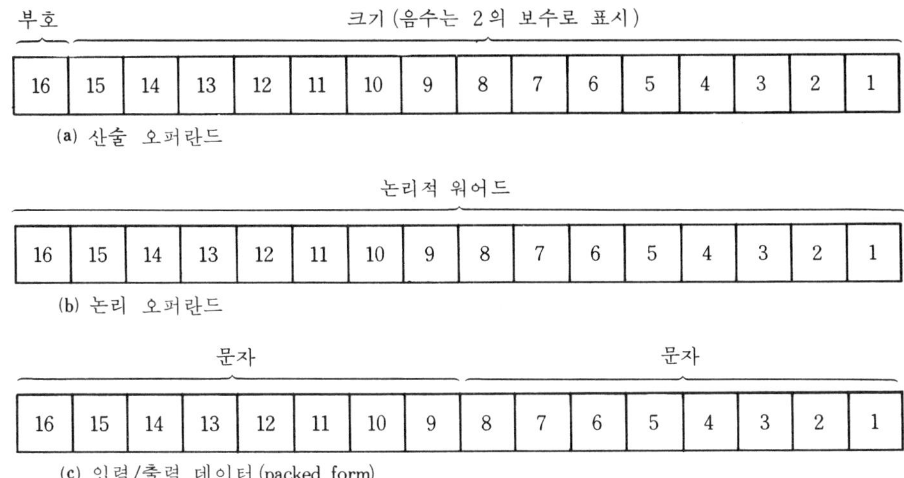

그림 11-2 데이터의 형식

도록 한 것이다.

이 컴퓨터의 명령어를 결정하기 위해서는 데이터 및 명령어의 형식을 결정하는 것이 매우 중요하다. 1개의 메모리 워어드는 16비트로 구성되어 있으며 한 단위의 데이터나 명령어를 나타낸다. 데이터 워어드의 형식은 **그림 11-2**에 나타나 있다:

算術演算의 데이터는 16번째 비트가 부호를 나타내는 15비트 2진 숫자로 표시되며 陰數는 대응하는 2의 補數로 가정한다. 論理演算은 비트 16도 포함, 워어드 내의

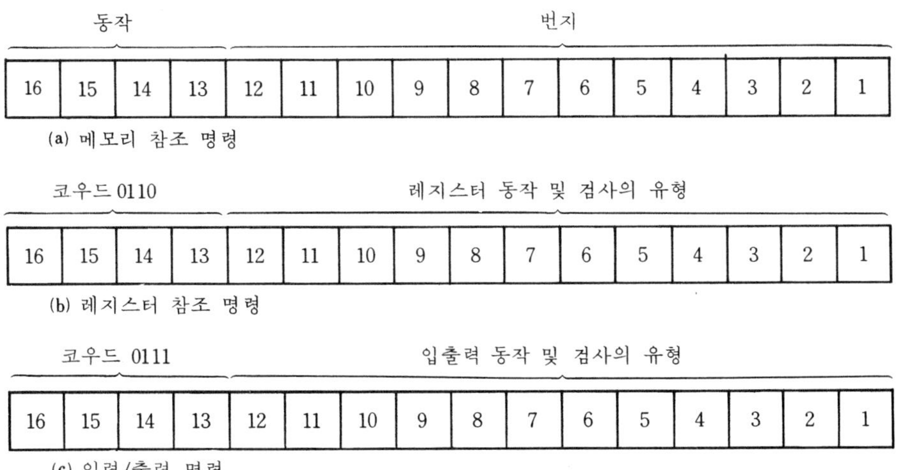

그림 11-3 명령어의 형식

각 비트에 대해 행해진다. 컴퓨터가 入出力 장치와 交信할 때는 정보가 8비트 英文숫자로 취급되므로 2개의 문자가 1개의 컴퓨터 워어드(word)를 이룬다.

명령어의 형식은 그림 11-3에 나타나 있는데 4비트의 작동부가 있으며 나머지 12비트의 의미는 작동 코우드에 따라 결정된다.

메모리 참조(memory-reference) 명령은 이 나머지 12비트를 번지로 사용하고 레지스터 참조(register-reference) 명령에서 이 12비트는 A나 E 레지스터에 대한 연산이나 검사 동작을 나타낸다. 후자의 경우에는 메모리로부터의 오퍼란드가 필요 없으므로 하위 12비트는 실행할 연산이나 검사 동작을 규정하는 데 사용하는 것이다. 레지스터 참조 명령의 작동 코우드를 0110으로 표시하자. 마찬가지로 入出力 명령 역시 메모리 참조를 요하지 않으며 작동 코우드는 0111로 하자. 이 경우 나머지 12비트는 특정 장치와 수행할 동작이나 검사의 형태를 표시한다.

명령어 작동 코우드에 사용되는 비트가 4비트뿐이므로 이 컴퓨터가 최대로 16가지의 서로 다른 작동을 나타내는 명령들을 생각할 수 있으나, 레지스터 참조 명령이나 입출력 명령은 나머지 12비트를 작동 코우드의 일부로 사용하고 있으므로 명령어의 총갯수는 16보다 많게 된다. 실제로 이 컴퓨터의 명령어 갯수는 모두 22개이다.

모든 명령어의 좌측 끝 비트(비트 16)는 0이므로 4비트로 형성된 16가지의 서로 다른 작동 중에서 8개만이 사용된다. 이로 인해 필요한 경우 새로운 명령어를 첨가하거나 컴퓨터의 기능을 확장시킬 수 있게 된다.

6개의 메모리 참조 명령은 표 11-2에 열거되어 있다.

기호(symbol)는 3자의 단어로 되어 약자를 표시하며 프로그래머나 사용자가 기호로 프로그램을 작성할 때 사용한다. 16진 코우드는 작동 코우드에 대응하는 2진 코우드의 값과 같은 16진수로 되어 있는데, 메모리 참조 명령은, 작동 코우드에는 1개의 16진 숫자(4비트)로 표시하고, m으로 표시된 번지로 나타내는 데는 3개의 16진 숫자(12비트)를 사용하고 있다. 각 명령은 간단히 몇 마디로 설명되어 있고 기

표 11-2 메모리 참조 명령

기호	16 진 코우드	설 명	기 능
AND	0 m*	AND to A	$A \leftarrow A \wedge M$*
ADD	1 m	Add to A	$A \leftarrow A + M$, $E \leftarrow$ Carry
STO	2 m	Store in A	$M \leftarrow A$
ISZ	3 m	Increment and skip if zero	$M \leftarrow M + 1$, if $(M + 1 = 0)$ then $(PC \leftarrow PC + 1)$
BSB	4 m	서브루우틴으로 분기	$M \leftarrow PC + 5000$, $PC \leftarrow m + 1$
BUN	5 m	무조건 분기	$PC \leftarrow m$

* m은 명령어의 번지부이고 M은 m에 의해 지정된 번지의 내용, 즉 메모리 워어드이다.

능란에서 매크로 작동문(macrooperation statement)을 이용하여 좀더 자세히 설명하였다. 각각의 용법과 의미를 다음에 상술하도록 하자.

AND to *A*

이 명령은 *A* 레지스터와 명령어의 번지부가 가리키는 메모리 워어드 *M*의 대응하는 각 비트 쌍들에 대한 AND 작동을 수행하는 논리 연산이다. 연산 결과는 *A* 레지스터에 있던 내용 대신 들어간다. 어떤 컴퓨터든지 非文字 데이터를 조작하는 기본적인 논리 연산군이 있어야만 한다. 이 중 가장 공통적인 논리 연산이 AND, OR, exclusive-OR, 보수 연산 등이다. 여기서는 AND와 보수 연산만을 사용한다. 이 중 후자는 레지스터 참조 명령에 속한다. 이 2가지 논리 연산은 다른 모든 논리 연산을 만들 수 있는 최소 연산 집합이다. 왜냐하면 AND와 보수 연산을 결합하면 NAND 연산이 된다. 4-7節에서 본 바와 같이 NAND 연산은 다른 모든 논리 연산을 유도할 수 있는 汎用演算(universal operation)인 것이다.

ADD to *A*

이 명령은 명령어의 번지부에 명시된 메모리 워어드 *M*의 내용을 레지스터 *A*의 현재 내용에다 더한다. 덧셈 연산은 陰數가 2의 補數로 표시된 것으로 가정하므로 부호 비트도 다른 비트와 마찬가지로 더하게 된다. 부호 비트에서 생성된 끝자리올림수는 *E* 플립플롭으로 전달된다. 아 명령을 다른 레지스터 명령과 결합하면 다른 모든 산술 연산을 충분히 실행할 수 있다. 뺄셈 연산은 감수를 보수로 취한 후 1을 더한 후 덧셈을 실행함으로써 이루어진다. 곱셈은 덧셈과 자리 이동에 의해 이루어진다. 增分(increment) 및 자리 이동 명령은 레지스터 참조 명령이다. ADD 명령은 메모리 워어드를 *A* 레지스터로 옮겨 내는 데도 사용된다. 이 작동은 먼저 레지스터 참조 명령 CLA(표 11-3에서 정의됨)로 *A* 레지스터를 클리어한 후 필요한 워어드를 클리어된 *A* 레지스터에 더함으로써 메모리로부터 *A* 레지스터로 옮기는 결과가 된다.

STORE in *A*

이 명령은 *A* 레지스터의 내용을 명령어 번지에 명시된 메모리 내에 저장하는 것이다. 처음 3개의 메모리 참조 명령은 메모리 워어드와 *A* 레지스터간의 데이터 조작에 사용되고 다음 3개의 명령은 정상적인 프로그램의 실행 순서를 변경하도록 하는 제어 명령이다.

Increment and Skip if Zero(ISZ)

增分後 건너뜀(increment-and-skip) 명령은 번지 변경과 프로그램 루우프의 실행 횟수를 세는 데 매우 유용하다. ISZ 명령에 의해 미리 메모리 *m*번지에 저장되었던 陰

數를 읽어 이 숫자를 1만큼 증분시킨 후 메모리에 다시 저장한다. 만일 增分 후 그 숫자가 0이 되면, 다음 명령을 건너뛴다. 이제 프로그램 루우프(loop)의 마지막에 ISZ 명령을 넣고 바로 다음에 프로그램 루우프의 첫 부분으로의 무조건 분기(BUN) 명령을 삽입한다. 만약 기억된 숫자가 0이 되지 않으던 프로그램은 다시 루우프를 실행하게 된다. 만일 기억된 숫자가 0이면 다음 명령(BUN)을 건너뛰므로 프로그램은 프로그램 루우프의 바로 다음에 있는 명령을 계속해서 수행하게 된다. 이리하여 루우프를 벗어나게 된다.

branch unconditionally (BUN ; 無條件 分岐)

이 명령은 프로그램의 흐름을 번지 m이 가리키는 위치로 無條件 分岐시키는 작용을 한다. 명령어 번지 레지스터(*PC*)는 항상 다음에 읽어 들여 실행할 명령의 번지를 가지고 있고 일반적으로 *PC*는 순차적으로 되어 있는 다음 명령어의 번지를 가리키려면 1씩 증가한다. 프로그래머는 BUN 명령을 사용하여 일반적인 흐름에서 프로그램의 수행 순서를 바꿀 수 있다. 이 명령은 컴퓨터로 하여금 번지부의 m을 *PC*로 집어넣게 함으로써 BUN 명령의 번지부에 있던 번지가 *PC*로 들어가 다음 分岐하여 수행할 명령의 번지가 된다.

BUN 명령은 번지부 m을 필요로 하므로 메모리 참조 명령어군에 속해 있지만, 실제로는 다른 메모리 참조 명령처럼 메모리 워어드(M)를 필요로 하지 않는다.

branch to subroutine (BSB ; 서브루우틴으로 分岐)

이 명령은 프로그램 중의 서브루우틴 부분으로 分岐하는 데 사용하며 아주 중요한 명령이다. 이 명령이 수행되면 ① 현재 *PC*에 저장된 값(이 값은 서브루우틴을 수행하고 되돌아올 歸還番地)이 현명령어의 오퍼란드에 명시된 번지의 메모리에 저장된다. ② 이와 함께 BUN의 작동 코우드(16진수로는 5)를 같은 위치의 작동 코우드부에 저장한다. 그리고 번지부 m에 1을 더한 번지 수가 *PC*에 전달하여 이 위치에서부터 서브루우틴을 수행하게 한다. ③ 서브루우틴의 실행이 끝나면 프로그램의 제어가 서브루우틴의 마지막에 있는 BUN 명령을 통해 호출 프로그램으로 되돌아온다.

서브루우틴으로 分岐하는 과정 및 呼出 프로그램으로의 귀환 과정을 알기 쉽게 설명하기 위하여 특정 숫자를 例로 들어 **그림 11-4**에 표시하였다.

호출 프로그램은 主프로그램 중 32번지에 있고 서브루우틴 프로그램(subroutine program)은 메모리 65번지에서 시작된다고 하자. BSB(branch subroutine) 명령은 서브루우틴으로 分岐하도록 하고 서브루우틴의 마지막 명령은 원래의 호출 프로그램의 33번지로 되돌아가도록 한 것이다. **그림 11-4**의 예에서는 32번지의 BSB 명령의 번지부 m의 값은 2진수이며 64_{10}이다. 이 명령이 수행되는 동안 자동적으로 *PC*는 하나 증

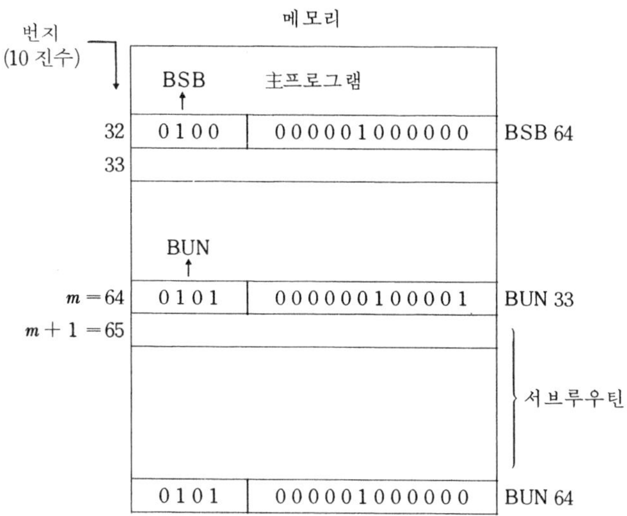

그림 11-4 서브루우틴으로의 분기 명령의 도시

가하여 명령 BSB 64의 다음 명령이 있는 33번지를 지시하고 있게 된다. 표 11-2를 보면 BSB 명령은 다음 매크로 작동(macrooperation)을 수행한다.

$$M \leftarrow PC + 5000, \qquad PC \leftarrow m + 1$$

여기서 $M \leftarrow PC + 5000$의 매크로 명령을 풀이하면 아래와 같다. PC의 내용에 16진수로 5000(BUN의 코우드)을 가하면 BUN 33 명령이 형성되고 이 명령이 m (=64)으로 지정한 번지의 내용으로 들어가게 된다. 그리고 $PC \leftarrow m+1$은 호출 명령 BSB 64의 번지부, 즉 $m=64$가 하나 增分되어 PC에 저장된다. 그리하여 PC는 65를 갖게 된다. 이 65는 分岐할 서브루우틴의 시작 번지가 된다. 컴퓨터는 이 위치 (65 번지)에서부터 서브루우틴을 수행케 된다. 서브루우틴의 마지막 명령 BUN 64가 실행되면 프로그램의 제어가 64번지로 옮아가고, 64번지에는 다시 33번지로 되돌아가는 명령이 있으므로 원래의 호출 프로그램으로 다시 돌아오게 된다. 따라서 BSB 명령의 위치에 관계 없이 BSB 명령에 의해 64번지에 저장된 번지는 항상 올바른 귀환 번지가 된다. 이렇게 하여 서브루우틴부터의 귀환 번지는 BSB 명령보다 한 위치 다음의 명령이 된다. 주의할 점은 서브루우틴의 마지막에 있는 **BUN** 命令의 번지부는, 이 경우에서는 현재 귀환 번지 33을 저장하고 있는 번지(즉 64)이어야 한다는 것이다.

레지스터 參照命令

12개의 레지스터 참조 명령이 표 11-3에 열거되어 있다.

표 11-3 레지스터 참조 명령

기호	16 진 코우드	설 명	기 능
CLA	6800	clear A	$A \leftarrow 0$
CLE	6400	clear E	$E \leftarrow 0$
CMA	6200	complement A	$A \leftarrow \overline{A}$
CME	6100	complement E	$E \leftarrow \overline{E}$
SHR	6080	shift-right A and E	$A \leftarrow \text{shr } A,\ A_{16} \leftarrow E,\ E \leftarrow A_1$
SHL	6040	shift-left A and E	$A \leftarrow \text{shl } A,\ A_1 \leftarrow E,\ E \leftarrow A_{16}$
INC	6020	increment A	$A \leftarrow A+1$
SPA	6010	skip on positive A	if$(A_{16}=0)$ then $(PC \leftarrow PC+1)$
SNA	6008	skip on negative A	if$(A_{16}=1)$ then $(PC \leftarrow PC+1)$
SZA	6004	skip on zero A	if$(A=0)$ then $(PC \leftarrow PC+1)$
SZE	6002	skip on zero E	if$(E=0)$ then $(PC \leftarrow PC+1)$
HLT	6001	컴퓨터를 휴지시킴	$S \leftarrow 0$

각 레지스터의 참조 명령들은 0110(16진수 6)의 작동 코우드를 가지며 나머지 12 비트 중 한 비트만이 1을 가지고 있도록 코우드를 정하자. 이 명령어들은 16비트를 나타내는 4자리의 16진수로 나타낸다. 처음 7개의 명령은 A 레지스터나 E 레지스터에 대한 연산을 나타내며 설명할 필요가 없다. 다음 4개 명령은 상태 비트의 조건에 따라 프로그램을 제어하는 건너뜀 명령이다. 다음 명령을 건너뛰려면 한 번 더 PC를 1증가시키면 된다. 왜냐하면 처음 增分은 이 명령어를 읽어 들일 때 이미 일어났기 때문이다. 이렇게 하여 다음에 메모리로부터 읽어 들일 명령은 현재 명령보다 2위치 다음의 명령이 된다(건너뜀 명령).

건너뜀 명령에 필요한 상태 비트는 A 레지스터의 부호 비트, A_{16}가 0인가 1인가, 또는 A 레지스터나 E가 0인가의 조건을 나타내는 비트들이다. 만일 명시된 조건이 만족되면 바로 다음 명령을 건너뛰고 그렇지 않으면 PC가 1이 증가되지 않으므로 순차적으로 다음 명령을 수행하게 된다.

休止(halt) 명령은 컴퓨터의 작동을 멈추게 하고 싶을 경우에 프로그램의 마지막에 삽입한다. 이 명령이 집행되면 스타아드·스톱 플립플롭을 클리어시키므로 더 이상 작동하지 않는다.

入出力 命令(Input-output instruction)

이 컴퓨터는 4개의 入出力 명령을 가지며 이들은 표 11-4에 표시되어 있다.

이 명령어들은 0111(16진수 7)의 작동 코우드를 가지며 나머지 12비트 중 한 비트만이 1을 가지고 있다고 코우드를 정하자. 入出力 명령은 7로 시작하는 4자리의 16진 숫자로 나타내게 될 것이다.

표 11-4 입출력 명령

기호	16 진 코우드	설 명	기 능
SKI	7800	skip on input flag	If($N_9=1$) then ($PC \leftarrow PC+1$)
INP	7400	A로 입력	$A_{1-8} \leftarrow N_{1-8}$, $N_9 \leftarrow 0$
SKO	7200	skip on output flag	If($U_9=1$) then ($PC \leftarrow PC+1$)
OUT	7100	A에서 출력	$U_{1-8} \leftarrow A_{1-8}$, $U_9 \leftarrow 0$

INP(input to A) 명령은 입력 문자를 N 레지스터로부터 A 레지스터로 옮기고, 입력 표시 비트(flag bit) N_9을 클리어시킨다. OUT(out from A) 명령은 8비트 문자 코우드를 A 레지스터에서 U 레지스터로 전송하고 출력 표시 비트 U_9을 클리어한다. 2개의 건너뜀 명령들은 대응하는 상태 비트를 검사하여 그 표시 비트가 1이면 다음 명령을 건너뛴다. 건너뛰게 되는 명령은 일반적으로 BUN 명령이다. BUN 명령은 만일 표시 비트가 0이면 건너뛰지 않으므로 다시 건너뜀 명령으로 分岐하여 다시 표시 비트를 검사한다. 만일 표시 비트가 1이면 BUN 명령이 건너뛰어지고, 入出力 작동이 수행된다. 따라서 컴퓨터는 외부 장치에 의해 표시 비트가 세트될 때까지 계속해서 2 명령 루우프(표시 비트에 따라 건너뜀 명령과 이전의 명령으로 분기 명령)을 되풀이한다. 따라서 순차적으로 다음에 행해질 명령은 입출력 명령이 된다.

11-4 타이밍 및 制御(timing and control)

컴퓨터 내부의 모든 작동은 主클럭 발생기에 同期되어 일어나며 이 클럭 펄스는 시스템 내의 모든 플립플롭에 동시에 공급된다. 또 작동 순서를 제어하기 위한 타이밍 변수도 제어부에서 만들어진다. 이러한 타이밍 변수는 **그림 11-5**에서와 같이 t_0, t_1, t_2, t_3가 있다.

클럭 펄스는 每마이크로초(μs)만에 한 번씩 발생하며, 각 타이밍 변수는 주기가 4[μs]이고, 1[μs]의 기간 동안 작용한다. 플립플롭의 시동(triggering)은 클럭 펄스의 下降邊(negative edge)에서 이루어지는 것으로 가정한다. 이러한 타이밍 변수 중 하나를 공급하여 특정 레지스터의 입력측의 인에이블(enable) 신호로 그 레지스터를 트리거(trigger)시키는 특정한 클럭 펄스를 제어할 수 있다. 타이밍 변수 $t_0 \sim t_3$가 반복해서 t_0, t_1, t_2, t_3, t_0……로 계속 나타난다. 여기서는 명령어를 수행하기 위해 4개의 타이밍 변수를 사용하여도, 우리가 고려하고 있는 계산기의 어떤 명령을 집행하는 데에는 충분하지만 다른 조건하에서는 여러 개의 타이밍 변수를 쓸 경우도 있다.

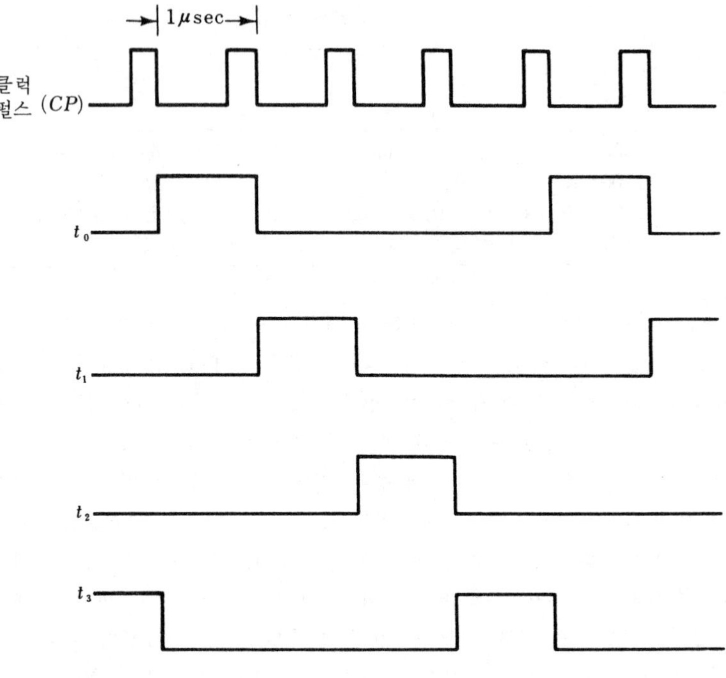

그림 11-5 컴퓨터의 타이밍 신호

이제 메모리 참조 시간을 1〔μs〕보다 작다고 가정하고 메모리 읽기나 쓰기 작동은 일정 타이밍 변수의 上昇邊에서 시작한다고 하자. 다음 펄스가 들어오기 전에 메모리 작동은 끝나게 될 것이다.

디지털 컴퓨터는 타이밍 신호를 써서 상이한 단계를 밟아 작동한다. 일련의 마이크로 명령에 따라 메모리로부터 명령어를 읽어 들여 레지스터 내에서 집행하는데 제어부에서는 이 명령어를 받아 들여 요구하는 마이크로 작동에 적절한 제어 함수를 생성한다. 이 제어 논리 (control logic)의 블록도가 그림 11-6에 나타나 있다.

메모리에서 읽혀진 명령어는 메모리 버퍼 레지스터(memory buffer register) *B*에 일단 들어간다. 명령어는 *OP*로 표시되는 4비트의 작동 코우드를 가지고 있다. 만일 메모리 참조 명령인 경우에는 *AD*로 표시하는 番地部를 가진다. 작동 코우드는 언제나 命令 레지스터 *I*로 옮겨져서 $q_0 \sim q_7$의 8개의 출력 중 하나로 해독(decode)된다. 여기 첨자 0, 1, 2, ……, 7은 작동별 16진 코우드를 나타낸다.

G 레지스터는 스타아트-스톱(start-stop) 플립플롭 *S*가 세트되어 있는 동안 클럭 펄스를 세는 2비트 카운터(counter)이며, 출력은 $t_0 \sim t_3$의 4개의 타이밍 변수로 해독된다. *F* 플립플롭은 집행 사이클인가 명령어 페치(fetch) 사이클인가를 구별한다.

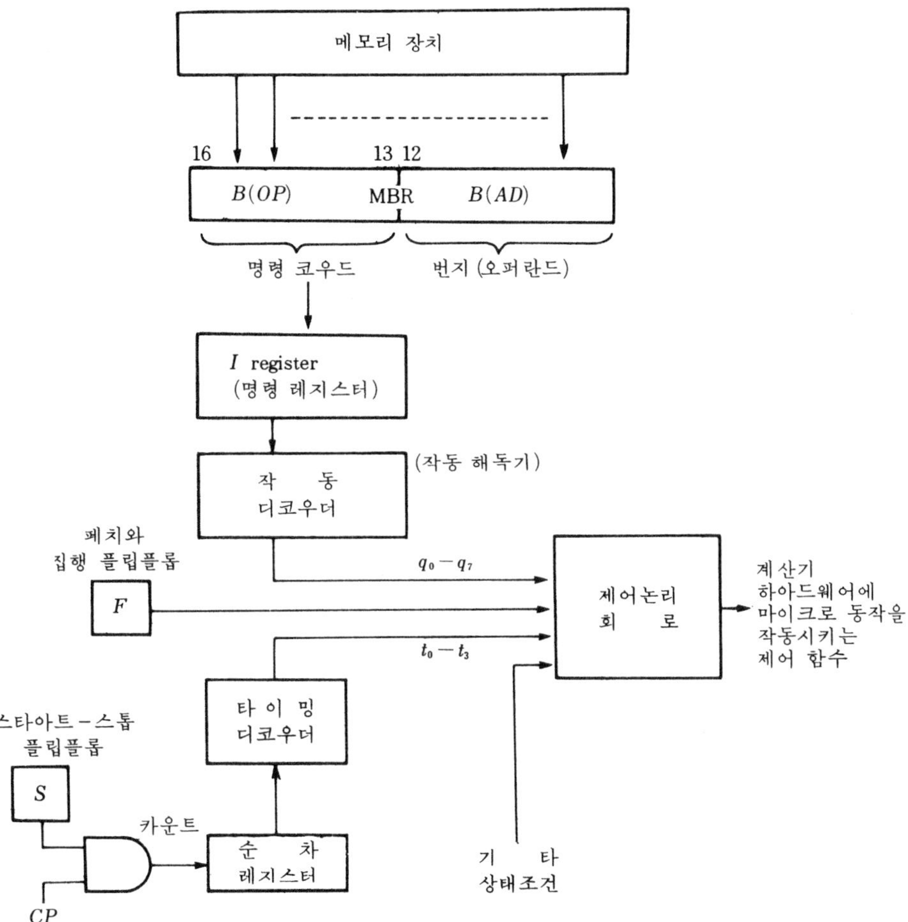

그림 11-6 제어 논리부의 概要圖

그 밖에 다른 상태 조건들도 제어 신호의 순서를 결정하는 데 때때로 사용된다. 제어 논리 회로의 출력은 컴퓨터에 필요한 모든 마이크로 작동을 勵起시킨다. 논리 설계 과정 중에 레지스터 전송 명령을 고안해 낼 경우 제어부 논리 블록도를 쓰면 컴퓨터 내의 제어부를 잘 이해할 수 있다.

제어 논리 회로는 게이트를 無作爲 접속한 하나의 조합 논리 회로이다. 하아드와이어的 제어(hard-wired control)는 이것으로 구성된다. 11-7節에서는 프로그램 가능 논리 배열(programmable logic array ; PLA)를 이용하여 제어부를 구성하는 방법을 소개할 것이다. **PLA 구성법을 사용하면 제어 논리 회로뿐 아니라 명령 디코우더나**

타이밍 디코우더를 이것으로 대체할 수 있다. 11-7節에서 마이크로 프로그램으로 일부 制御部를 구성할 수 있음을 보이겠다. 마이크로 프로그램으로 제어부를 구성하면 제어 논리 회로, 2개의 디코우더, 명령 레지스터, 순차 레지스터를 대신할 수 있다.

11-5 命令語의 執行(execution of instructions)

지금까지 컴퓨터 시스템의 설계에 대해 알아보았다. 이제까지는 레지스터 구성, 명령어의 집합, 타이밍 순서, 제어부의 구성 등을 다루었다. 이 節에서는 컴퓨터 논리 설계 단계로부터 설명해 나갈 것이다. 첫 단계로 機械語(machine instruction)를 집행하기 위한 마이크로 작동과 제어 함수에 대해 詳述한다.

레지스터 전송 작동을 통해 컴퓨터 내부의 레지스터간의 정보 전송 과정을 간략히 설명하자. 제어 함수의 문장은 제어 함수, 1개의 콜론(colon), 1개 이상의 마이크로 작동 기호로 이루어져 있다. 제어 함수는 타이밍 변수 $t_0 \sim t_3$, 디코우더에 의하여 해독된 연산 작동 $q_0 \sim q_7$과 몇 가지 상태 비트 조건들을 변수로 하는 부울 함수이다. 마이크로 작동은 레지스터 전송 방식에서 규정한 신호를 사용한다.

일단 "始動(start)" 스위치가 켜지면 컴퓨터 作動順次는 基本形式에 따라 작동한다. 먼저 ① *PC* 내에 있는 번지의 명령어를 메모리에서 읽어 들인다. ② 그 명령어 중의 作動部(operation part)는 명령 레지스터인 *I* 레지스터에 보내고, *PC*는 다음 명령을 준비하기 위하여 1만큼 증가한다. ·③ 만일 명령이 메모리 參照命令이면 오퍼란드를 가져 오기 위하여 메모리를 다시 액세스(access)하게 된다. ④ 메모리에서 읽힌 워어드(word)는 명령어이건, 데이터이건 메모리 버퍼 레지스터에 들어오게 된다. *F* 플립플롭은 명령어인가 데이터인가 구별하는 데 쓰인다. 即, $F=0$일 때, 메모리로부터 읽어 들인 워어드는 명령어로 인식, 이때 컴퓨터는 명령어 페치(fetch) 사이클 중에 있다고 표시한다. 만일 $F=1$이면 메모리에서 읽어 들인 워어드는 오퍼란드로 인식하고, 이때 컴퓨터는 執行 사이클(execution cycle) 중에 있다고 한다.

命令 페치 사이클(fetch cycle)

명령어는 명령어 페치 사이클 중에 메모리로부터 읽혀지는데, 이 과정의 레지스터 전송 관계는 다음과 같다.

$$F't_0 : MAR \leftarrow PC$$
$$F't_1 : B \leftarrow M, \quad PC \leftarrow PC+1$$
$$F't_2 : I \leftarrow B\ (OP)$$

① $F=0$일 때, t_0, t_1, t_2의 각 타이밍 신호는 *PC*의 내용을 *MAR*에 전달하고 ②

메모리 액세스 (memory access) 및 PC의 增分을 시작하고, ③ 작동 코우드를 I 레지스터에 집어 넣는 작동을 한다. 모든 마이크로 작동은 제어 함수의 論理値가 1 이 되고 클럭 펄스가 나타날 때 일어난다. 레지스터 내의 작동이나 메모리 워어드를 B 레지스터로 옮기는 작동은 클럭 펄스의 下降邊에서 일어난다. 즉, 이들 작동은 특정한 타이밍 변수값이 0 으로 떨어지기 바로 전에 일어난다. I 레지스터 내의 작동 코우드는 t_3의 기간 중에 해독되며 다음 단계는 해독된 결과의 출력 q_i, $i=0, 1, \cdots\cdots, 7$의 값에 따라 결정된다. 이때 q_i는 디코우더의 출력으로서 1개만이 論理値가 1이 된다. 만일 해독된 출력이 메모리 참조 명령이면 오퍼란드가 필요하고, 그렇지 않으면 명령은 t_3 동안에 집행이 완료된다.

BUN 명령과 레지스터 참조 명령, 入出力 명령 등은 두 번째 메모리 참조가 필요하지 않다. 작동 코우드 0, 1, 2, 3, 4 를 만나면(표 11-2 참조), 컴퓨터는 다시 메모리를 참조하기 위해 실행 사이클로 들어가야 한다. 이 조건은 작동 디코우더로부터 알아 낼 수 있으며 F를 1 로 세트함으로써 집행 사이클로 넘어가도록 한다.

$$F'(q_0+q_1+q_2+q_3+q_4)t_3 : F \leftarrow 1$$

명령 페치 사이클 동안 수행되는 모든 명령에 공통된 레지스터 전송 작동이 표 11-5에 나타나 있다. 그리고 표 11-7을 보면 q_0, q_1, q_2, q_3, q_4는 메모리 참조 명령인 경우임을 알 수 있다.

BUN 명령의 작동 코우드를 5 로 정하면 대응하는 작동 디코우더의 출력은 q_5이다. 이 명령은 비록 메모리참조 명령이지만 메모리로부터 오퍼란드를 필요로 하지 않으며 번지부 m의 위치에서 다음 명령을 꺼내 온다는 것만을 표시할 뿐이다. 명령 페치 사이클의 t_3 동안에 명령어의 번지부는 $B(AD)$에 있게 된다. 이때 명령 페치 사이클 동안 수행될 수 있는 명령은 아래와 같다.

$$q_5 t_3 : PC \leftarrow B(AD)$$

q_5가 1이 되는 기간은 오직 명령 페치 사이클에서만 가능하므로 제어 함수에 F가 포함되지 않아도 된다. 이 명령을 집행하는 마이크로 작동은 B 레지스터의 비트

표 11-5 명령어실기 사이클 중의 레지스터 전송 작동

$F't_0$:	$MAR \leftarrow PC$	명령어 번지를 전달
$F't_1$:	$B \leftarrow M$, $PC \leftarrow PC+1$	명령어를 읽고 PC를 增分
$F't_2$:	$I \leftarrow B(OP)$	작동 코우드를 전달
$F'(q_0+q_1+q_2+q_3+q_4)t_3$:	$F \leftarrow 1$	실행 사이클로 전환
$q_5 t_3$:	$PC \leftarrow B(AD)$	무조건 分岐(BUN)
$q_6 t_3$:	표 11-8 참조	레지스터 참조 명령
$q_7 t_3$:	표 11-9 참조	입출력 명령

1에서 비트 12까지의 내용, 즉 오퍼란드를 PC에 옮기도록 한다. t_3의 다음 타이밍 변수는 언제나 t_0가 된다. 이 명령을 수행할 동안 F는 계속 0이므로 PC가 지정하는 명령을 집행하기 위한 명령어 페치 사이클을 다시 시작하게 된다.

레지스터 參照 명령은 디코우더의 출력 q_6, **入出力 명령**은 q_7에 의해 인지된다. 이들 명령을 집행하기 위해 1개의 마이크로 작동만을 더 필요로 하므로 명령어 페치 사이클의 t_3 기간에 종료된다. 이것은 표 11-5에서 알 수 있다. 자세한 마이크로 작동은 다음에 나오는 여러 표들에 열거되어 있다.

執行 사이클

집행 사이클 동안에 플립플롭 F의 값은 1이다. 이 사이클 동안 발생하는 4개의 타이밍 변수는 메모리 참조 명령 중 하나를 수행하는 마이크로 작동을 집행한다. 이 **집행할 명령어는 작동 디코우더로부터 얻어지는 변수** q_i, $i=0, 1, 2, 3, 4$에 의해 결정된다. 명령 페치 사이클의 마지막에서 명령어의 번지부는 B 레지스터의 비트 1에서 비트 12까지에 저장된다. 그리고 $B(AD)$라는 기호로 표시한다. 집행 사이클의 처음에 이 번지가 MAR에 전송되어 다음 메모리 워어드의 번지가 된다. 즉,

$$Ft_0:\ MAR \leftarrow B(AD)$$

메모리로부터 오퍼란드를 필요로 하는 명령은 AND(q_0), ADD(q_1), ISZ(q_3) 등이다. 다른 두 명령 STO(q_2)와 BSB(q_4)는 다음 메모리 읽기 작동이 일어날 때 어떤 값을 메모리에 저장하게 되어 다음과 같은 메모리를 읽는 작동 중에는 제외된다.

$$F(q_0+q_1+q_3)t_1:\ B \leftarrow M$$

특수하게 해독된 명령은 타이밍 변수 t_2와 t_3 동안에 집행된다. t_3에서는 F 플립플롭이 클리어되어 컴퓨터는 다시 명령 페치 사이클로 돌아간다.

$$Ft_3:\ F \leftarrow 0$$

t_3의 다음 타이밍 변수는 t_0가 된다. 그러나 위에서는 F가 0이므로 다음 제어 함수는 $F't_0$가 된다. 이것은 바로 명령어 페치 사이클의 첫 번째 제어 함수이다. 이렇게 하여 현재 명령을 집행한 후에는 프로그램 제어는 명령어 페치 사이클로 돌아가 PC 내에 표시된 번지에 있는 다음 명령을 읽어 들인다. 집행 사이클에서 일어나는

표 11-6 실행 사이클의 공통 작동

Ft_0:	$MAR \leftarrow B(AD)$	번지부를 전달
$F(q_0+q_1+q_3)t_1$:	$B \leftarrow M$	오퍼란드를 읽음
$F(t_2+t_3)$:	표 11-7 참조	메모리 참조 명령을 실행
Ft_3:	$F \leftarrow 0$	명령어 페치 사이클로 귀환

표 11-7 메모리 참조 명령의 실행

AND	Fq_0t_3:	$A \leftarrow A \wedge B$	AND 마이크로 작동
ADD	Fq_1t_3:	$A \leftarrow A+B,\ E \leftarrow$ carry	덧셈 마이크로 연산
STO	Fq_2t_2:	$B \leftarrow A$	A를 B에 전달
	Fq_2t_3	$M \leftarrow B$	메모리에 저장
ISZ	Fq_3t_2:	$B \leftarrow B+1$	메모리 워어드를 증분
	Fq_3t_3:	$M \leftarrow B$	다시 메모리에 저장
	$Fq_3B_zt_3$:	$PC \leftarrow PC+1$	$B_z=1\,(B=0)$이면 건너뜀
BSB	Fq_4t_2:	$B(AD) \leftarrow PC,\ B(OP) \leftarrow 0101,$ $PC \leftarrow MAR$	귀환 번지를 전달, 번지를 PC에 전달
	Fq_4t_3:	$M \leftarrow B,\ PC \leftarrow PC+1$	귀환 번지를 저장, PC 내의 번지를 증분

공통적인 레지스터 전송 작동이 표 11-6에 나타나 있다. 다섯 개의 메모리 참조 명령과 대응하는 레지스터 전송 작동은 표 11-7에 나타나 있다.

이들 명령들은 $F=1$이고 타이밍 변수가 t_2와 t_3일 때 집행된다. 해독된 q_i 값은 집행될 고유한 명령을 결정하게 된다.

AND와 ADD 명령은 타이밍 변수 t_2에서 집행될 수도 있지만 t_3에서 집행된다. 메모리로부터의 오퍼란드는 타이밍 변수 t_1 동안에 B 레지스터로 이미 전송된 바 있다. 그리고 관련되는 해당 작동은 B 레지스터와 A 레지스터 간에 수행된다.

STO 명령은 A 레지스터의 내용을 타이밍 변수 t_0 동안에 MAR에 벌써 전송된 번지의 메모리에 저장하는 명령이다. 이 과정은 먼저 A 레지스터의 내용이 B 레지스터에 전해지고 MAR에 의해 지정한 메모리에 B 레지스터의 내용이 저장된다.

$$Fq_2t_2:\ B \leftarrow A$$
$$Fq_2t_3:\ M \leftarrow B$$

ISZ 명령은 다음 마이크로 작동에 의해 집행된다.

$$Fq_3t_2:\ B \leftarrow B+1$$
$$Fq_3t_3:\ M \leftarrow B$$
$$Fq_3B_zt_3:\ PC \leftarrow PC+1 \qquad B_z=1 \text{ if } B=0$$

t_1 기간 중에 이미 메모리 M의 워어드가 B 레지스터에 전달되어 있었다(표 11-6 참조). B 레지스터의 내용이 t_2 기간 중에 1 증가하여 새로운 값이 다시 메모리에 저장된다. 이 기간 동안에는 MAR의 값이 변하지 않으므로 이 값은 계속 메모리 M을 지시한다. 주의할 것은 메모리 내의 워어드는 메모리 내에서는, 직접 1씩 증가시킬 수 없다는 사실이다. 그리하여 처리 레지스터(processor register)에 전송시킨 뒤 1 증가시킬 수 있다. 증분된 숫자가 메모리에 저장한 후에 B 레지스터에 있는 그 값을 검사하여 만일 그 값이 0이면 PC가 1 증가되어, 다음 명령(무조건 분기 명령 : BUN)

을 건너 뛰게 된다. 위의 마지막 文에 사용된 변수 B_z는 0을 검사하기 위한 변수로 B 레지스터의 값이 모두 0이면 2진수 1이 세트된다.

BSB 명령은 계산기에서 사용되는 가장 복잡한 명령이다. 이 명령은 다음과 같이 집행될 수 있다.

$$Fq_4t_2:\quad B(AD) \leftarrow PC,\ \ B(OP) \leftarrow 0101,\ \ PC \leftarrow MAR$$
$$Fq_4t_3:\quad M \leftarrow B,\ \ PC \leftarrow PC+1$$

PC 내에 있는 귀환 번지(return address)는 B 레지스터의 번지부로 전달되고 **코우드 0101(BUN)**은 같은 레지스터의 작동 코우드 부분에 이동된다. 메모리 번지 레지스터 MAR은 명령이 해독된 뒤에 명령어의 번지부에 m을 갖고 있으므로 MAR에서 PC로 전송하면 PC는 m을 저장하게 된다. 이 작동들은 모두 타이밍 변수 t_2 동안에 일어난다. 타이밍 변수 t_3 동안에는 귀환 번지가 메모리 내의 m 번지에 저장된다. 이 때에 PC도 증가되어 다음 명령 페치 사이클(fetch cycle)에서는 $m+1$ 번지(서브루우틴 시작 번지)에서 다음 명령을 읽어 들이게 된다.

레지스터 參照命令(register-reference instruction)

레지스터 참조 명령을 집행하기 위한 레지스터 마이크로 작동이 표 11-8에 나타나 있다. 이 명령들은 작동 디코우더 출력 q_6에 의해 인지되어 명령 페치 사이클의 t_3 기간 동안 집행된다. 이제 편의를 위해 레지스터 참조 제어 함수에서 $r = q_6t_3$라는 변수 r를 쓰기로 한다.

제어 함수의 나머지 부분은 이때 명령어의 나머지 부분이 있는 B 레지스터 내의 한 비트에 의해 결정된다. 그 예로 16진 코우드 6800(2진 코우드로는 0110 1000

표 11-8 레지스터 참조 명령의 실행

	$r = q_6t_3$		
CLA	rB_{12}:	$A \leftarrow 0$	A를 클리어
CLE	rB_{11}:	$E \leftarrow 0$	E를 클리어
CMA	rB_{10}:	$A \leftarrow \bar{A}$	A의 보수
CME	rB_9:	$E \leftarrow \bar{E}$	E의 보수
SHR	rB_8:	$A \leftarrow \text{shr } A,\ A_{16} \leftarrow E,\ E \leftarrow A_1$	A와 E의 오른쪽 자리 이동
SHL	rB_7:	$A \leftarrow \text{shl } A,\ A_1 \leftarrow E,\ E \leftarrow A_{16}$	A와 E의 왼쪽 자리 이동
INC	rB_6:	$A \leftarrow A+1$	A의 증분
SPA	$rB_5A'_{16}$:	$PC \leftarrow PC+1$	A가 양수이면 PC 증분
SNA	rB_4A_{16}:	$PC \leftarrow PC+1$	A가 음수이면 PC 증분
SZA	rB_3A_z:	$PC \leftarrow PC+1$	A가 0이면 PC 증분
SZE	rB_2E':	$PC \leftarrow PC+1$	E가 0이면 PC 증분
HLT	rB_1:	$S \leftarrow 0$	스타아트-스톱 플립플롭 클리어

* 증분이란 1 증가시킴을 뜻한다.

0000 0000)으로 나타나는 CLA(clear) 명령을 생각하자. I 레지스터에서 해독된 작동 코우드는 q_6 이고 B 레지스터의 비트 12가 1이므로 이 명령을 집행하는 제어 함수는 $q_6 t_3 B_{12} = rB_{12}$ 가 된다.

처음 7개의 레지스터 참조 명령들은 A 또는 E 레지스터에 대한 클리어, 補數 작용(complement), 자리 移動(shift) 및 增分作動(increment)들이다. 다음 4개의 명령은 제시된 조건이 만족할 때에 한해서 건너뛰는 명령이다. 명령을 건너뛰려면 먼저 t_1 기간에 PC가 增分된 후(표 11-5 참조) PC를 한 번 더 1을 증가시킴으로써 이루어진다. 이때 건너뛰기 상태 비트 조건은 제어 함수의 일부가 된다. $A_{16}=0$이면 累算器(Accumulator)가 陽數이고 $A_{16}=1$이면 누산기는 陰數이다. 기호 A_z는 A 레지스터의 내용이 모두 0일 때 그 값이 1이 되는 2진 변수이고 E'는 E 플립플롭이 0이 될 때 1이 된다.

休止(halt) 명령은 스타아트-스톱 플립플롭 S를 클리어시켜 타이밍 순서를 終了시킨다. 순차 레지스터 G는 그 값이 0이 될 때 카운트 작동을 멈춘다. 이로써 컴퓨터는 非作動狀態가 되며 타이밍 디코우더의 출력은 계속해서 t_0가 된다. F 역시 0이므로 컴퓨터가 휴지할 동안에는 오직 $F't_0$의 제어 함수만이 생성된다. 이 제어 함수는 PC의 내용을 MAR로 전달하는 작용을 한다(표 11-5 참조). 휴지 기간 동안에 일어나는 이러한 작동은 별로 문제되지 않는다. 만일 이러한 작동을 원하지 않으면, $S=0$일 때 MAR에 클럭 펄스를 공급하지 않음으로써 이를 방지할 수 있다. 플립플롭 S가 세트되어 "始動" 스위치가 켜지면 컴퓨터가 다시 작동한다. 이로 인해 순차 레지스터 G에 클럭 펄스가 공급되고 다른 타이밍 변수를 생성해 내게 된다.

入出力 命令(input-output instructions)

4가지 입출력 명령에 대한 레지스터 전송 마이크로 작동이 표 11-9에 나타나 있다. 이 명령들은 작동 디코우더 출력 q_7에 의해 인지되며 t_3 기간에 집행된다. 이제 새 변수 $p=q_7 t_3$를 정의하여 모든 입출력 명령의 기술에 사용하자. 이 명령들에 대한 제어 함수는 명령어 코우드를 정의하기 위해 사용된 B 레지스터 내의 1 비트를 포함한다. 2개의 건너뜀 명령은 표시 비트(flag bit) N_9와 U_9의 상태에 따라 조건부로 집행된다.

표 11-9 입출력 명령의 실행

	$p=q_7 t_3$		
SKI	$pB_{12}N_9$:	$PC \leftarrow PC+1$	입력 표시 $N_9=1$이면 PC를 增分
INP	pB_{11} :	$A_{1-8} \leftarrow N_{1-8},\ N_9 \leftarrow 0$	A에 입력, 플랙를 클리어시킴
SKO	$pB_{10}U_9$:	$PC \leftarrow PC+1$	출력 표시 $U_9=1$이면 PC를 增分
OUT	pB_9 :	$U_{1-8} \leftarrow A_{1-8},\ U_9 \leftarrow 0$	A에서 출력, 플랙을 클리어시킴

11-6 컴퓨터 레지스터의 設計

同期式 계수형 시스템의 설계도 이미 설명한 바와 같은 과정으로 이루어진다. 시스템의 요구를 기초로 하여 제어 회로를 제작하고 시스템에 필요한 레지스터 전송 작동의 집합을 구할 수 있다. 일단 이 집합을 구하면 나머지 설계는 간단히 해결된다. 자동 컴퓨터 설계 기법을 이용하여 레지스터 전송 명령을 직접 集積回路(integrated circuits)의 回路圖로 변환시킬 수도 있다.

11-5 節에서는 이 컴퓨터에 필요한 레지스터 전송문들을 5개의 표로서 나타냈다. 이 표는 제어 함수와 마이크로 작동으로 구성되어 있는데, 제어 함수들은 제어 논리 회로의 각 게이트(gate)에 대한 부울 함수를 나타내고, 마이크로 작동들은 어떤 형태의 레지스터들이 필요한 것인지 알 수 있도록 한다. 이러한 표들로 시스템의 논리적 설계는 완전하지만 실제 실현 과정에 용이하도록 표에 나와 있는 정보들을 다시 한 번 정리하는 것이 편리하다.

레지스터 作動(register operations)

각 레지스터의 제어 입력을 구하기 위해 각각에 해당하는 마이크로 작동의 표를 만들어야 한다. 이 작업은 11-5節에서 열거된 표를 보고, 이 중 **특정 레지스터의 내용을 변환시키는 것들만 모두 골라서 한데 묶어 놓으면 된다.** 이 방법은 메모리 장치의 읽기나 쓰기 작동에도 역시 적용된다. 例를 들어 아래와 같은 메모리읽기 작동을 생각하자.

$$B \leftarrow M$$

이 문장은 B 레지스터의 내용값이 변하는 것을 알려 주며, 마이크로 작동표에서 두 번 나타난다. 즉 표 11-5에서는 $F't_1$의 제어 함수로, 표 11-6에서는 $F(q_0+q_1+q_3)t_1$의 제어 함수로 나타난다. 2개의 제어 함수가 같은 작동을 일어나게 하므로 이들을 OR로 연결하여 하나의 문장으로 쓸 수 있다.

$$R = F't_1 + F(q_0+q_1+q_3)t_1: \quad B \leftarrow M$$

기호 R을 사용하여 하나의 부울 제어 변수에 의해 읽기(read) 작동을 나타내도록 하자. R 다음에 있는 부호는 R과 제어 함수의 값이 같다는 것을 의미한다.

이 과정은 메모리에 라이트 작동에서나 다른 모든 레지스터에 대해서도 적용된다. 그 결과를 보면 표 11-10과 같이 정리할 수 있다.

표 11-10 레지스터에 대한 마이크로 작동

메모리 제어		
$R=F't_1+F(q_0+q_1+q_3)t_1$:	$B \leftarrow M$	메모리 읽기
$W=F(q_2+q_3+q_4)t_3$:	$M \leftarrow B$	메모리 쓰기
A 레지스터		
$a_1=Fq_0t_3$:	$A \leftarrow A \wedge B$	AND
$a_2=Fq_1t_3$:	$A \leftarrow A+B$	더하라
$a_3=rB_{12}$:	$A \leftarrow 0$	클리어
$a_4=rB_{10}$:	$A \leftarrow \bar{A}$	보수
$a_5=rB_8$:	$A \leftarrow$ shr A, $A_{16} \leftarrow E$	오른쪽 자리 이동
$a_6=rB_7$:	$A \leftarrow$ shl A, $A_1 \leftarrow E$	왼쪽 자리 이동
$a_7=rB_6$:	$A \leftarrow A+1$	증분
$a_8=pB_{11}$:	$A_{1-8} \leftarrow N_{1-8}$	전송
B 레지스터		
$b_1=Fq_2t_2$:	$B \leftarrow A$	전송
$b_2=Fq_3t_2$:	$B \leftarrow B+1$	증분
$b_3=Fq_4t_2$:	$B(AD) \leftarrow PC$, $B(OP) \leftarrow 0101$	전송
PC 레지스터		
$c_1=F't_1$		
$+(q_3B_z+q_4)Ft_3$		
$+(B_5A'_{16}+B_4A_{16}$		
$+B_3A_z+B_2E')r$		
$+(B_{12}N_9+B_{10}U_9)p$:	$PC \leftarrow PC+1$	증분
$c_2=q_5t_3$:	$PC \leftarrow B(AD)$	전송
$b_3=Fq_4t_2$:	$PC \leftarrow MAR$	전송
MAR 레지스터		
$d_1=F't_0$:	$MAR \leftarrow PC$	전송
$d_2=Ft_0$:	$MAR \leftarrow B(AD)$	전송
I 레지스터		
$i_1=F't_2$:	$I \leftarrow B(OP)$	전송
E 플립플롭		
$e_1=rB_{11}$:	$E \leftarrow 0$	클리어
$e_2=rB_9$:	$E \leftarrow \bar{E}$	보수
$a_2=Fq_1t_3$:	$E \leftarrow$ carry	전송
$a_5=rB_8$:	$E \leftarrow A_1$	오른쪽 자리 이동
$a_6=rB_7$:	$E \leftarrow A_{16}$	왼쪽 자리 이동
F 플립플롭		
$f_1=F'(q_0+q_1+q_2$		
$+q_3+q_4)t_3$:	$F \leftarrow 1$	세트
$f_2=Ft_3$:	$F \leftarrow 0$	클리어
S 플립플롭		
$s_1=rB_1$:	$S \leftarrow 0$	클리어
G 레지스터		
S:	$G \leftarrow G+1$	카운트
U 레지스터		
$u_1=pB_9$:	$U_{1-8} \leftarrow A_{1-8}$, $U_9 \leftarrow 0$	전송
N 레지스터		
$a_8=pB_{11}$:	$N_9 \leftarrow 0$	클리어

표에 나와 있는 각 제어 함수에 대해 일정한 제어 변수명을 붙였다. 제어 변수명을 반드시 한 字로 해야 하는 것은 아니지만 그렇게 하면 레지스터 제어 입력에 대한 식을 간단히 할 수 있다. 흔히 이 변수명에는 각 레지스터를 나타내는 英文 대문자에 대응하는 소문자를 사용한다. 같은 레지스터에 공동으로 관련된 제어 변수는 서로 다른 첨자를 사용하여 구별하기로 하자.

표 11-10은 표 11-5~표 11-9로부터 직접 구할 수 있다. 마이크로 작동이 어느 레지스터에 속하는지 알려면 화살표의 왼쪽에 있는 레지스터 기호를 보면 곧 알 수 있다. A 레지스터에 관련된 모든 마이크로 작동을 구하려면 먼저 표 11-5에서 표 11-9 까지 조사하여 A 레지스터가 行先(destination) 레지스터로 되어 있는 것을 골라내면 된다. 다른 레지스터들에 관련된 마이크로 작동도 같은 방법으로 구한다. 똑같은 마이크로 작동이 여기저기서 여러 번 일어날 경우에는, 해당하는 제어 함수를 OR로 연결하여 새로운 복합 제어 함수를 만들면 된다. 표 11-10 중에 PC을 1씩 증가시키는 작동($PC \leftarrow PC+1$)이 그 한 例이다.

E 플립플롭에 대한 작동은 앞의 표에서 함께 열거되어 있더라도 A 레지스터와는 別途 취급한다. 예를 들어 표 11-8의 環狀 자리 이동 작동(circular shift-right operation)을 생각하자.

$$rB_8: \ A \leftarrow \text{shr}\, A, \ A_{16} \leftarrow E, \ E \leftarrow A_1$$

여기서 r은 변수 q_6t_3와 같고, rB_8는 제어 변수 a_5라 하자. 표 11-10에서 A 레지스터에는 A 레지스터의 내용을 변화시키는,

$$a_5 = rB_8: \ A \leftarrow \text{shr}\, A, \ A_{16} \leftarrow E$$

부분만을 포함시킨다.

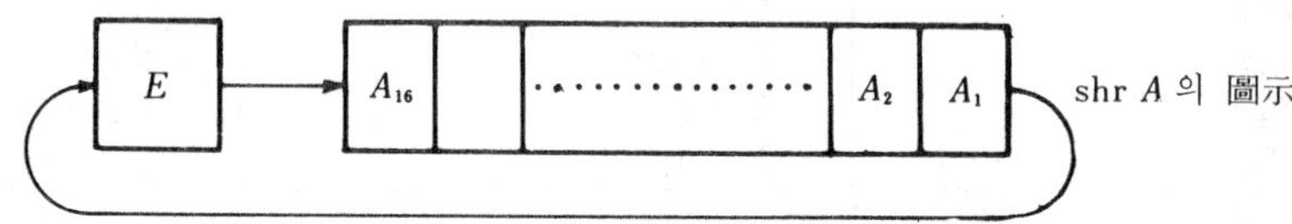

E 플립플롭에 대하여는 자리 이동 작동 중 E 플립플롭의 내용을 변화시키는 부분인,

$$a_5 = rB_8: \ E \leftarrow A_1$$

만을 포함시킨다. 따라서 우향 자리 이동 작동은 A 레지스터의 내용을 모두 오른쪽으로 1자리씩 이동하고, E 플립플롭의 내용이 A 레지스터의 왼쪽 끝 비트로 들어가고, A 레지스터의 오른쪽 끝 비트가 E 레지스터로 들어가게 된다.

순차 레지스터(sequence register) G는 앞의 표에서 대응하는 마이크로 작동이 없으며 그림 11-6에 나타난 바와 같이 스타아트·스톱 플립플롭 S에 의해 클럭 펄스가 인

에이블(사용 가능)되는 계수 레지스터이다. 이것은 다음과 같이 표 11-10에 나타난다:

$$S:\ G \leftarrow G+1$$

컴퓨터 設計

표 11-10에 열거된 마이크로 작동은 컴퓨터의 여러 레지스터를 설계하는 데 필요한 정보가 된다. 각 레지스터에서 일어나는 작동이 명확히 설명되어 있다. 예를 들어 3개의 마이크로 작동을 가진 PC를 생각하자.

$$c_1:\ PC \leftarrow PC+1$$
$$c_2:\ PC \leftarrow B(AD)$$
$$b_3:\ PC \leftarrow MAR$$

이 레지스터는 1씩 증가와 정보 전송 기능임을 알 수 있다. 그러므로 PC 레지스터는 **그림 7-19**와 같은 병렬 로우드 기능을 겸한 카운터(counter)로써 제작하면 된다. PC는 2개의 데이터源(source)으로부터 입력을 받게 되므로 **그림 8-3**과 같은 회로를 이용 2개의 입력 중 1개를 선택하기 위해 멀티플렉서(multiplexer)를 사용해야 한다. 다른 레지스터들도 이와 유사한 방법으로 설계한다. 컴퓨터에 필요한 레지스터 형태의 블록도가 **그림 11-7**에 나타나 있다. 메모리가 처리부와 어떻게 연결되어 있는가도 나타나 있다. 제어 논리부(control logic)는 각 레지스터에 필요한 제어 변수를 제공하고 있는데, 이 부분의 설계는 다음 節에서 취급하기로 한다. 제어 변수는 제어부에서 생성되어 레지스터들에 공급된다. 처리 장치는 레지스터들 이외에도 2개 혹은 2개 이상의 데이터源으로부터 하나를 선택하기 위해 4개의 멀티플렉서를 사용하였다. 모든 레지스터와 멀티플렉서는 표준화된 MSI 集積回路(IC)를 쓸 수 있다. E, F, S 3개의 플립플롭 및 이에 관련된 조합 논리 회로는 SSI 게이트와 플립플롭을 사용하여 설계할 수도 있다.

A 레지스터를 제외한 모든 컴퓨터 레지스터는 그것의 기능으로서 로우드, 증분(increment), 또는 로우드(load)와 증분에 대한 제어 입력을 필요로 한다. 우리는 병렬 로우드 기능을 겸한 MSI 카운터를 써서 모든 레지스터를 대신할 수 있다. 이 경우에는 이미 개발된 한 가지의 표준화된 IC를 모든 레지스터에 사용한다. 이때 74161 IC와 같은 제품이 좋은 例이다. 이 MSI 회로는 병렬 로우드 및 非同期 클리어 입력을 지닌 4비트의 카운터이다. 각 레지스터의 클리어 입력은 컴퓨터의 주 리세트 스위치(master reset switch)에 연결되어 있어 클럭附 작동(clocked operation)에 앞서 모든 레지스터를 클리어하기 위해 쓰인다. PC나 MAR과 같은 12비트 레지스터는 이런 IC 3개가 필요하고, B 레지스터 같은 16비트 레지스터는 4개의 IC를 사용한다. I와 G 레지스터는 각각 1개의 IC를 사용한다. 7-5節에서 설명한 바와 같이 **그림 7-20**처럼 연결하면 이 4비트 IC 카운터를 2비트 카운터 G로 바꾸어 쓸 수 있다.

A 레지스터는 컴퓨터의 모든 처리 작업을 수행하기 때문에 가장 복잡한 레지스터이다. 이 레지스터는 9-10節에서 설명한 累算器(accumulator)로서, 그 구성은 **그림 9-22**와 같다. 이 *A* 레지스터는 또한 9-6 節에서 설명한 全加算器(full adder)로 만든 ALU를 쓰고 **그림 7-9**와 같은 병렬 로우드 기능을 겸한 兩方向性 자리이동 레지스터를 이용하여 만들 수도 있다. 74*S*281 IC와 같은 累算器 MSI 회로를 사용하면 더욱 좋다. ALU IC나, 累算器 IC로 구성할 경우에는 제어부가, ALU 내에서 필요한 마이크로 작동(microoperation)을 선택하기 위한 제어 변수를 만들어 내야 한다. 이 변수들은 이 설계에서 제어부를 위해 정의한 단일 제어 함수들과는 다를 것이다.

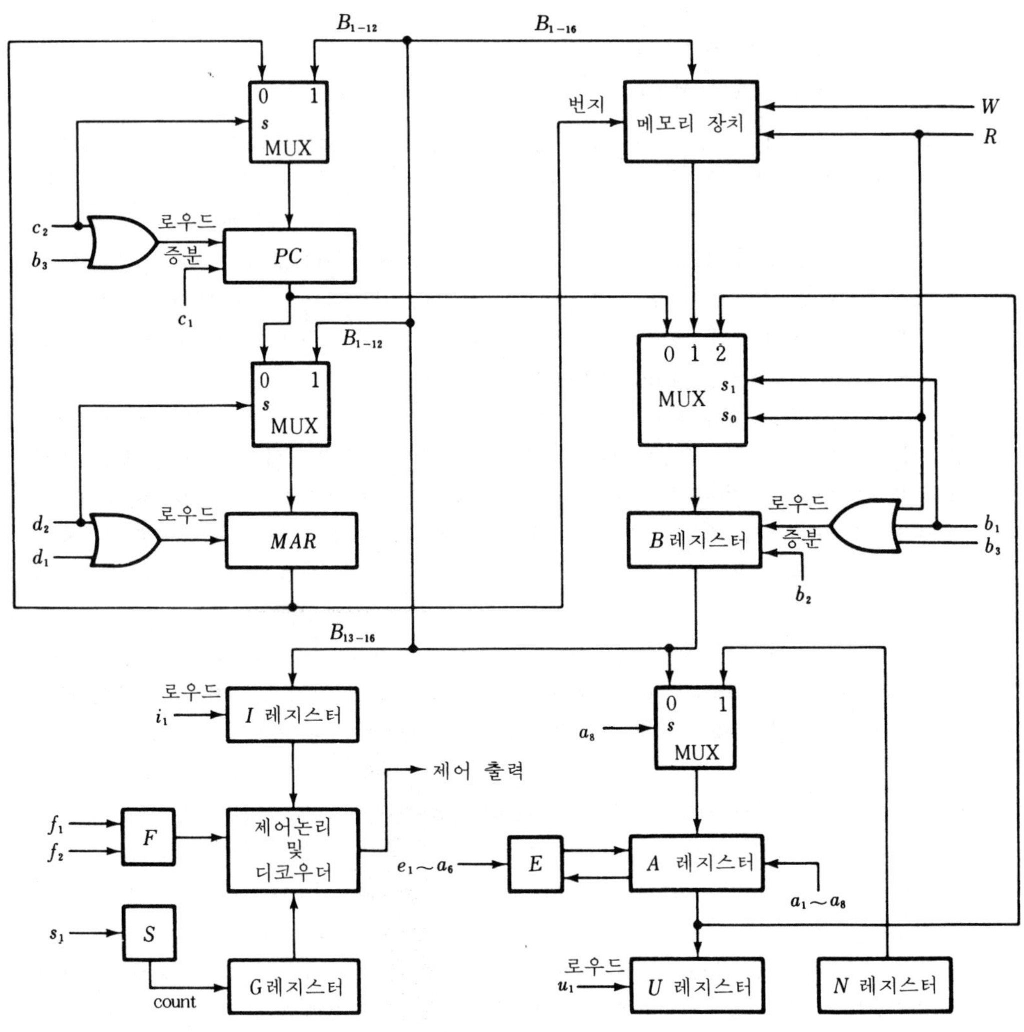

그림 11-7 컴퓨터의 상세한 블록도

입력 레지스터 N과 출력 레지스터 U는 표준 텔레타이프 접속 장치의 일부로 제작될 수 있다. 텔레타이프 장치에 접속하기 위한 集積回路는 쉽게 구할 수 있으며 汎用非同期式 送受信裝置(universal asynchronous receiver transmitters, 약자로 UART)라 한다. 이러한 IC는 전송을 同期시키는 데 필요한 2가지의 표시(flag)와 함께 입력 레지스터와 출력 레지스터를 장치 내에 포함하고 있다.

그림 11-7 중 3개의 멀티플렉서는 2개의 入力源 중에서 하나를 선택하는 데 사용된다. 선택 입력 s가 1이면 MUX의 입력 1이 선택되고, $s=0$이면 MUX의 출력 0이 선택된다. B 레지스터에 대한 멀티플렉서는 3개의 入力源을 가지므로 입력을 선별하기 위해서 선택 변수 s_1, s_0 가 사용된다. 2개의 선택선이 모두 0이면, 입력은 PC로부터 택해진다. 메모리읽기 신호 R은(표 11-10에서 $R=1$일 때 $b_1=0$이므로) s_1이 0인 상태에서 $s_0=1$로 만들어 준다. 즉, $s_1s_0=01$일 때, MUX 입력 1이 선택되어 B의 입력은 메모리 장치로부터 온다. 마찬가지로 제어 변수 b_1은 $s_1s_0=10$이 되게 하여 레지스터 A의 내용이 선택된다.

그림 11-7에 표시된 컴퓨터 구조를 모두 1개의 IC 내에 집어 넣어 **마이크로 컴퓨터**(microcomputer)를 만들 수 있다. 대표적인 마이크로 컴퓨터 IC는 보통 처리부 외에 몇 가지 기능을 더 포함하고 있으며 소형의 메모리를 포함한다. 마이크로 컴퓨터에서 대부분의 메모리는 ROM 형태로 되어 있다. 마이크로 컴퓨터 칩의 내부를 설계하려면 먼저 컴퓨터의 논리가 시스템 내의 모든 게이트 및 플립플롭을 통제하는 부울 함수 집합에 의해 정의되어야 한다. 시스템 내의 각 레지스터를 구성하는 부울 함수는 9-10節에서 소개한 부울 함수로서 레지스터를 설계하던 방법으로 구해진다.

11-7 制御部 設計(design of control)

컴퓨터의 **制御部**에서는 레지스터와 메모리 장치에 필요한 제어 변수를 만들어 낸다. 시스템에는 24개의 제어 변수가 있으며, 이들은 표 11-10에 제어 함수로 나타나 있다. 10章에서는 제어 논리를 설계하는 3가지 방법, 즉 ① **하아드와이어的 制御**(hard-wired control) ② PLA 제어 ③ **마이크로 프로그램 制御** 방법을 소개했다. 컴퓨터의 제어부는 이 중 어느 한 방법으로도 설계할 수 있다.

하아드와이어的 制御

그림 11-6에 나타난 제어 구조는 근본적으로 순차 레지스터와 디코우더의 하아드와이어的 組織이다. 이 경우 순차 레지스터 G는 카운터가 되며 타이밍 디코우더는 시스템에 4개의 제어 상태를 제공한다. 두 번째 디코우더는 그 레지스터에 저장되어 있는 작동 코우드를 위해 해독되는 데 사용되며, 제어 논리 회로 부분은 컴퓨터의 모

든 제어 함수를 생성하게 된다.

그림 11-6과 같이 제어 논리 회로를 연결하면 하아드와이어적 제어의 설계가 완성된다. 이 방법은 표 11-10에 열거된 24개의 제어 함수를 만들어 내는 조합 게이트들로 구성된다. 제어 함수로서 표시된 부울 함수는 조합 회로를 만들어 낼 수 있는 부울 代數式을 나타낸다. 여기서는 이 회로가 그려져 있지는 않지만 제어 변수 R, W, $a_1 \sim a_8$, b_1, b_2, b_3, c_1, c_2, d_1, d_2, i_1, e_1, e_2, f_1, f_2, s_1, u_1을 24개의 부울 函數로부터 쉽게 구할 수 있다.

PLA 制御(control)

PLA 제어는 모든 조합 회로를 PLA에 의해서 제작하는 것을 제외하면 순차 레지스터와 디코우더를 사용한 방법과 유사하다. 2개의 디코우더는 조합 회로이므로 PLA로 구성한다. 제어 출력과 제어 입력의 총수는 각각 24개씩이다. 24 입력, 24 출력의 PLA는 1개의 IC 패키지로 만들어진 것이 없으므로 제어부를 최소한의 PLA IC들을 사용하도록 분할해야 한다.

제어부를 분할하는 한 방법은 11-5節의 함수표를 이용하는 방법이다. 이 節에 나타난 레지스터 전달문이 표 11-5에서 표 11-9까지에 열거되어 있으므로 이에 따라 그림 11-8과 같이 PLA 제어부를 분할한다. 이것은 그림 11-6의 하아드와이어적 연결을 대신한 것이다.

그림 11-8을 보면 3개의 PLA와 2개의 레지스터가 제어부에 사용되고 있다.

2개의 디코우더는 PLA 내에서 제작되므로 여기에는 불필요하다. 어떤 PLA의 출력도 순차 레지스터 G의 입력에 연결되어 있지 않은 점에 주의하라. 그 이유는 G 레지스터는 카운터이고 다음 상태는 계속되는 카운트 순차에 따라 미리 결정되므로 피이드 백(feed back) 연결은 필요 없다. PLA 1은 표 11-5(명령어 페치 사이클) 및 표 11-6(집행 사이클의 공통 작동)에 표시된 제어 변수를 만든다. 이 제어 변수들은 G로부터 타이밍 변수, 명령 레지스터 I로부터의 작동 코우드 및 F의 사이클 制御에 따라 좌우된다. PLA 2는 표 11-7(메모리 참조 명령의 집행)에 열거된 제어 변수를 만든다. 이 제어 함수는 PLA 1과 같은 입력 변수를 가지며, 또 2진 변수 B_z를 입력 변수로 가진다. 여기서 B_z는 B 레지스터의 내용이 모두 0일 때 2진수 1의 값을 갖는 2진 변수이다.

세 번째 PLA 3은 표 11-8과 11-9에 나타난 레지스터 참조 및 입출력 제어 함수를 만들어 낸다. 이 제어 함수들은 2개의 공통 변수를 가진다.

$r = q_6 t_3$ (레지스터 참조작동)

$p = q_7 t_3$ (입출력 작동)

이 2개의 공통 변수는 PLA 1에서 생성되어 PLA 입력으로 공급된다.

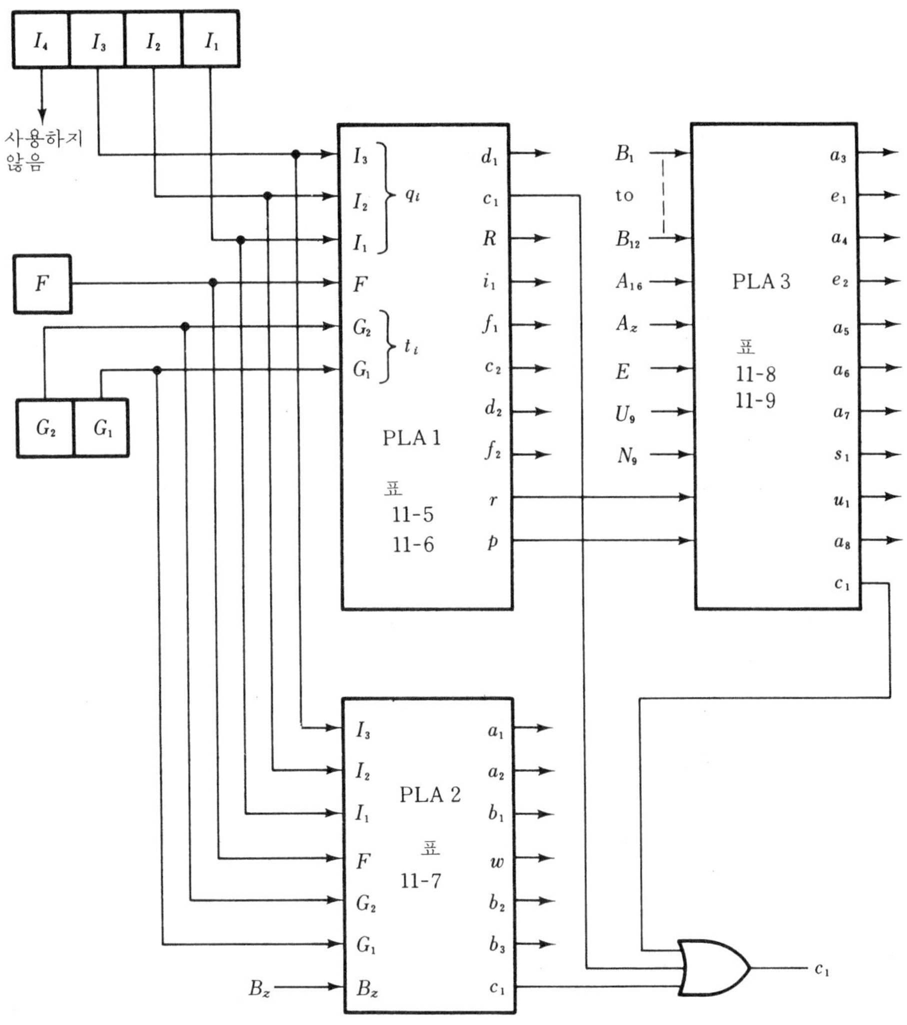

그림 11-8 컴퓨터의 PLA 제어

PLA 3의 다른 입력은 레지스터 B(비트 1~12)와 기타 상태 비트 조건으로부터 온다.

제어 변수 c_1 은 명령어 번지 레지스터를 증가시킨다. 이 제어 변수는 3개의 PLA 모두에서 만들어진다. 3개의 출력은 외부에서 OR 게이트로 연결되어 1개의 출력이 되어 PC 의 1증가 입력에 공급된다.

제어부 설계는 이제 3개의 PLA에 대한 프로그램표를 작성하면 끝난다. PLA 1에 대한 프로그램표는 표 11-5와 표 11-6에 열거된 제어 함수로부터 얻을 수 있다. 이

표 11-11 **PLA** 1의 제어 함수

$d_1 = F't_0$:	$MAR \leftarrow PC$
$c_1 = F't_1$:	$PC \leftarrow PC+1$
$R = F't_1 + F(I'_3I_1 + I'_3I'_2)t_1$:	$B \leftarrow M$
$i_1 = F't_2$:	$I \leftarrow B(OP)$
$f_1 = F'(I'_3 + I'_2I'_1)t_3$:	$F \leftarrow 1$
$c_2 = q_5t_3$:	$PC \leftarrow B(AD)$
$d_2 = Ft_0$:	$MAR \leftarrow B(AD)$
$f_2 = Ft_3$:	$F \leftarrow 0$
$r = q_6t_3$:	레지스터 참조
$p = q_7t_3$:	입출력

함수들은 편의를 위해 여기에서 표 11-11을 다시 적기로 한다.

프로그램표에서 몇 가지 함수는 약호를 썼다. 예를 들면 읽기 제어 변수 R은 원래 다음과 같다.

$$R = F't_1 + F(q_0 + q_1 + q_3)t_1$$

해독된 출력 변수 q_0, q_1, q_3는 I 레지스터 내의 변수들의 함수로서, 다음과 같이 부울 함수의 법칙을 써서 간단히 할 수 있다.

$$q_0 + q_1 + q_3 = I'_3I'_2I'_1 + I'_3I'_2I_1 + I'_3I_2I_1 = I'_3I_1 + I'_3I'_2$$

PLA는 q 변수 대신 I 변수로 대치하여 3항으로 된 함수보다는 2항의 함수를 쓰는 편이 편리할 것이다. 제어 함수 f_1도 비슷한 방법으로 간단히 만든다. 기타 부울 함수들의 t 값은 대응하는 G 레지스터의 한 상태로, q 값은 I 레지스터의 작동 코우드로 각각 변환하여야 한다.

그리하여 PLA 1에 대한 프로그램표가 표 11-12에 있다.

이 PLA는 6개의 입력, 12개의 論理積項, 10개의 출력을 가진다. G_2, G_1에는 입력들이 00, 01, 10, 11인데, 이들은 각각 타이밍 변수 t_0, t_1, t_2, t_3에 대응한다. 함수가 최소화되지 않을 경우는 q_i의 첨자 i 값과 같은 2진수 값이 I_3, I_2, I_1의 입력으로 된다. I 레지스터는 4비트이지만 I_4는 항상 0이므로 여기서 포함시키지 않았다. 부울 함수의 집합으로부터 PLA 프로그램표를 얻는 과정은 5-8절에서 이미 소개한 바 있다.

PLA 2에 대한 프로그램표도 같은 과정으로 얻을 수 있으므로 여기서는 생략하기로 한다. 세 번째 PLA 3에는 12개의 AND 항과 6入力 OR 게이트(제어 변수 c_1을 생성하기 위해)가 필요하다. 이 부분의 제어부는 SSI 게이트나 **현장용 PLA** (field-programmable gate array : FPGA)를 사용하는 것이 훨씬 더 경제적이다. FPGA는 프로그램 가능한 AND 게이트를 갖고 있을 뿐 개념상 FPLA와 비슷하다. 보편적인

표 11-12 PLA 1의 프로그램표

곱셈항	입		력				출				력						
	I_3	I_2	I_1	F	G_2	G_1	d_1	c_1	R	i_1	f_1	c_2	d_2	f_2	r	p	
1	–	–	–	0	0	0	1	–	–	–	–	–	–	–	–	–	$F't_0$
2	–	–	–	0	0	1	–	1	1	–	–	–	–	–	–	–	$F't_1$
3	0	–	1	1	0	1	–	–	1	–	–	–	–	–	–	–	$FI'_3I_1t_1$
4	0	0	–	1	0	1	–	–	1	–	–	–	–	–	–	–	$FI'_3I'_2t_1$
5	–	–	–	0	1	0	–	–	–	1	–	–	–	–	–	–	$F't_2$
6	0	–	–	0	1	1	–	–	–	–	1	–	–	–	–	–	$F'I'_3t_3$
7	–	0	0	0	1	1	–	–	–	–	1	–	–	–	–	–	$F'I'_2I'_1t_3$
8	1	0	1	–	1	1	–	–	–	–	–	1	–	–	–	–	q_5t_3
9	–	–	–	1	0	0	–	–	–	–	–	–	1	–	–	–	Ft_0
10	–	–	–	1	1	1	–	–	–	–	–	–	–	1	–	–	Ft_3
11	1	1	0	–	1	1	–	–	–	–	–	–	–	–	1	–	q_6t_3
12	1	1	1	–	1	1	–	–	–	–	–	–	–	–	–	1	q_7t_3

$q_0, q_1 \cdots q_7$ 값 ($I_3 I_2 I_1$)
페치와 집행 사이클 비트 값 (F)
t 의 값 ($G_2 G_1$)

FPGA는 16개의 공통 입력을 갖는 9개의 AND(또는 NAND)를 갖고 있다.* 그림 11-8의 PLA 3에는 2개의 이러한 FPGA 集積回路가 사용된다. 외부의 OR 게이트는 다른 선과 연결되어 변수 c_1을 생성한다.

마이크로 프로그램 제어(microprogram control)

컴퓨터식 제어 장치의 조직은 대체로 마이크로 프로그램 제어보다는 PLA 제어가 더 적합하게 되어 있다. 그것은 레지스터 참조 명령이 원래 형성되어 있는 방식이기 때문이다. 여기서 마이크로 프로그램 제어로 제작할 부분은 **命令語 페치 사이클**과 **메모리 참조 명령**에 대한 제어 함수를 수행하는 부분이다. 레지스터 참조 명령과 입출력 명령은 하아드와이어적 제어나 PLA 제어법이 더욱 효율적이다.

마이크로 프로그램 제어에서는 I, G, F 레지스터가 불필요하다. 명령어 페치 사이클의 마지막이 되면 작동 코우드는 $B(OP)$ 내에 있게 되며, 이 작동 코우드는 제어 메모리의 매크로 작동(macrooperation) 번지를 지시하는 데 쓰이므로 I 레지스터가 필요 없게 된다. 순차 레지스터에서 생성되는 타이밍 변수는 제어 메모리로부터 순차적으로 마이크로 명령을 읽도록 하는 일련의 클럭 펄스로 대치된다. 제어 메모리 내의 分岐 마이크로 명령을 이용하여 다음 사이클로 제어를 옮김으로써 F 플립플롭을 사용하지 않고도 명령어 페치 사이클로부터 집행 사이클로 옮아갈 수 있다. 여기서

* Signetics의 IC type 82S103

구상하는 마이크로 프로그램 제어에 의해 B 레지스터를 제외한 **그림 11-6** 하아드와이어적 제어를 대신할 수 있다.

표 11-5, 11-6, 11-7을 보면 모든 마이크로 명령은, 특정한 메모리 참조 명령을 집행하기 위한 이동이나, 명령어 페치 사이클로의 환원을 제외하면, 제어 메모리의 번지를 순차적으로 증가시키도록 구성할 수 있다는 것을 알 수 있다. 특정한 메모리 참조 명령들은 외부에서 매크로 작동 번지를 공급함으로써 집행될 수 있다. 만일 명령 페치 사이클이 0번지부터 시작된다면 제어 메모리 번지 레지스터 CAR(control memory address register)을 클리어시킴으로써 명령어 페치 사이클로 分岐할 수 있다. 따라서 마이크로 프로그램 제어에서 번지 제어부는 다음 세 가지 작동만 있으면 된다:

1. 순차적으로 다음에 있는 마이크로 명령을 읽기 위해 CAR을 1 증가시킨다.
2. 명령어 페치 사이클을 시작하기 위해 CAR을 클리어한다.
3. $B(OP)$로부터 CAR의 외부 번지로의 비트 변환을 수행한다.

마이크로 프로그램 제어의 한 例를 보이면 **그림 11-9**와 같다.

제어 메모리 ROM은 각 7비트의 32워어드를 갖고 있다. 처음 4비트는 디코우드되어 16개의 비트 조합을 만드는데, 그 각각은 각 제어 함수를 표시한다. 이 컴퓨터는 모두 24개의 제어 함수를 갖고 있으나 명령어 페치 사이클과 메모리 참조 명령의 집행에 필요한 제어 함수는 16개만으로 충분하다. 16개의 출력을 표시하기 위해 16개의 ROM 비트를 사용하는 대신 4비트만을 선택 이들 4×16 디코우더를 통해 해독함으로써 16개의 서로 다른 출력 변수를 만들기로 하자. 이 방법을 쓰면 ROM 비트를 절약할 수 있으나 외부 디코우더를 필요로 하며 주어진 하나의 마이크로 명령에 하나

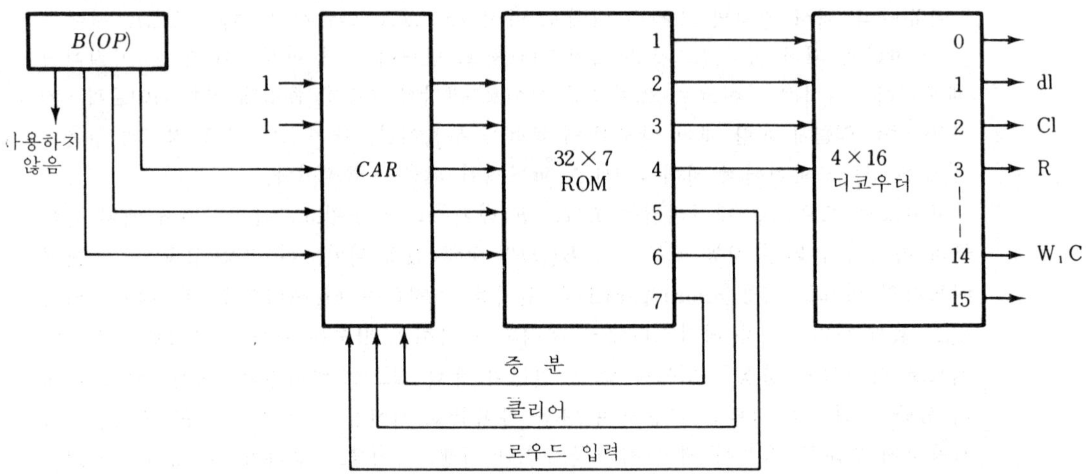

그림 11-9 컴퓨터의 마이크로 프로그램 제어부

의 제어 함수만 명시되므로 마이크로 명령의 기능을 제한하게 된다.

마이크로 프로그램 장치의 번지 순차부에는 상태 비트 조건을 선택하기 위한 멀티플렉서가 필요하지 않다. 여기서 고려해야 할 상태 비트가 하나 있는데, 뒤에 이것을 외부 회로에 포함시키는 방법을 설명하겠다. 마이크로 명령은 명령어 페치 사이클의 시작으로 되돌아가거나 매크로 명령에 따른 새로운 외부 번지를 전송하는 것 외에는 어떤 分岐 명령도 없으므로 여기에는 번지부가 필요 없다. 7개 비트로 된 마이크로 명령 중 마지막 3비트(**그림 11-9** ROM의 출력)가 다음 마이크로 명령의 번지를 결정한다. 비트 7은 제어 번지 레지스터(CAR)를 1증가시키는 데 쓰이고, 비트 6은 CAR을 클리어하여 명령어 페치 사이클로 돌아가게 하고, 비트 5는 외부 번지를 CAR에 로우드시킨다. ROM이 32(=2^5) 워어드(word)를 가지므로 입력 번지는 5비트를 가져야 한다. 이 중 3비트는 B 레지스터(memory buffer register) 중 작동 코우드 부분으로부터 공급하고 나머지 2개 비트는 항상 11로 만든다. 이렇게 하여 명령어의 작동 코우드에서 제어 메모리 레지스터 CAR의 출력 번지로 코우드 변환이 된다. 예를 들어 작동 코우드가 000인 AND 명령은 CAR에서 00011의 번지로 변환된다. ADD 명령은 001이므로 00111로, 작동 코우드가 111인 入出力 명령은 11111의 번지로 각각 변환된다. $B(OP)$의 최상위 비트는 항상 0이므로 사용하지 않는다.

그림 11-9의 마이크로 프로그램 제어부는 매우 간단해서 단지 3개의 MSI 회로만을 필요로 한다. 그러나 매우 간단하기 때문에 융통성이 부족하며, 제어부를 완성하

표 11-13 마이크로 작동에 대한 ROM 비트의 코우드화

ROM 비트				디코우더	제어	
1	2	3	4	출력	함수	마이크로 작동
0	0	0	0	0	–	없음
0	0	0	1	1	d_1	$MAR \leftarrow PC$
0	0	1	0	2	c_1	$PC \leftarrow PC+1$
0	0	1	1	3	R	$B \leftarrow M$
0	1	0	0	4	c_2	$PC \leftarrow B(AD)$
0	1	0	1	5	d_2	$MAR \leftarrow B(AD)$
0	1	1	0	6	r	레지스터 참조 동작
0	1	1	1	7	p	입출력 동작
1	0	0	0	8	a_1	$A \leftarrow A \wedge B$
1	0	0	1	9	a_2	$A \leftarrow A+B,\ E \leftarrow \text{carry}$
1	0	1	0	10	b_1	$B \leftarrow A$
1	0	1	1	11	W	$M \leftarrow B$
1	1	0	0	12	b_2	$B \leftarrow B+1$
1	1	0	1	13	b_3	$B(AD) \leftarrow PC,\ B(OP) \leftarrow 0101,\ PC \leftarrow MAR$
1	1	1	0	14	W, c_1	$M \leftarrow B$, if $(B_z=1)$ then $(PC \leftarrow PC+1)$
1	1	1	1	15	–	없음

기 위해서는 다음에 설명하는 附加的인 회로가 필요하다.

명령어 페치 사이클과 메모리 참조 명령에 대한 마이크로 작동들은 표 11-5, 11-6과 11-7에 나타나 있다. 여기서 I 와 F 레지스터는 사용하지 않으므로 이들에 대한 마이크로 작동은 필요 없다. 나머지 마이크로 작동과 그들의 코우드화된 제어 함수를 표 11-13에 표시하였다. 이것을 자세히 보고 아래를 생각해 보자.

제어 메모리에서 한 ROM 워어드의 처음 4 비트는 16개의 조합을 만들어 내며, 이들 각 조합은 하나의 마이크로 작동을 표시한다. 모두 0인 조합과 모두 1인 조합은 마이크로 작동이 일어나지 않도록 하였다. 나머지 14개의 조합은 해독되어 옆에 열거된 마이크로 작동을 위한 제어 변수가 된다. 그림 11-9의 디코우더 출력 중 14는 메모리 쓰기 동작(memory write operation), $M \leftarrow B$과 동시에 변수 B_z의 조건에 따라 PC를 1 증가시키는 조건부 제어를 표시한다. 1개의 마이크로 명령 내에 이 두 가지 마이크로 작동을 되풀이하도록 하는 이유는 나중에 밝힐 것이다. 메모리 쓰기 작동은 디코우더 출력 11에 의해서도 일어나며 PC를 1 증가시키는 제어 변수는 디코우더 출력 2로부터도 얻어진다는 점에 주의하자.

제어 메모리에 대한 마이크로 프로그램을 표 11-14에 표시하였다.

이것은 또한 ROM을 프로그래밍하기 위한 진리표가 될 것이다. ROM은 32 워어드로 되어 있고 각 워어드의 번지 및 내용이 표에 나타나 있다. 표 11-14는 명령 페치 사이클과 컴퓨터의 각 명령을 수행하는 일련의 마이크로 명령들로 구성된 9개의 루우틴으로 세분되어 있다. 기호 표시란에는 마이크로 작동이 기호로 표시되어 있고 제어 메모리 번지 레지스터 CAR의 다음 번지 지정이 써져 있다.

명령어 페치 사이클은 0번지부터 시작한다. 명령 페치 루우틴에서 3개의 연속된 마이크로 작동은 PC의 내용을 MAR에 전송하고, 명령을 B 레지스터에 읽어 들인 후, PC를 1 증가시킨다. 이때 ROM의 2번지(0010)의 명령에서 보면 마이크로 명령(ROM의 출력)의 비트 5는 1이다. 이 때문에 클럭 펄스에 의해 PC가 1 증가하고 아래의 마이크로 작동도 동시에 수행한다.

$$CAR \leftarrow 2^2 B(OP) + 3$$

이것을 설명하면 $B(OP)$는 작동 코우드의 3 비트로 되어 있다. 이 비트들이 **왼쪽으로 두 자리 그대로 移動(shift)되고 (2^2 만큼 곱해졌기 때문임)** 2진수 3(11)이 더해져서 CAR의 번지를 형성하게 되어 있다. CAR에 들어온 번지는 표에 기술된 마이크로 명령 루우틴들 중의 하나에 제어를 넘겨 주게 되고 이 제어는 그 특정한 명령의 집행을 계속하게 되어 있다. 이러한 코우드 변환은 그림 11-9에 나타나 있다.

이 기법은 입출력 명령을 제외하고 각 명령마다 4개의 ROM 워어드만을 할당하게 된다. 왜냐하면 $B(OP)$를 좌로 두 자리만 이동하였기 때문이다. 예를 들어 설명하면 ISZ 명령은 작동 코우드 011을 가진다. 이 명령을 집행하는 루우틴은 $4 \times 3 + 3$

표 11-14 마이크로 프로그램 제어에 대한 ROM 진리표

명령어 instruction (매크로)	ROM 입력 (명령번지)	ROM 출력 제어부 1	2	3	4	다음 번지 지정 5	6	7	기호 표시 마이크로 작동	다음 번지
FETCH (000)	00000	0	0	0	1	0	0	1	$MAR \leftarrow PC$	$CAR \leftarrow CAR+1$
	00001	0	0	1	1	0	0	1	$B \leftarrow M$	$CAR \leftarrow CAR+1$
	00010	0	0	1	0	1	0	0	$PC \leftarrow PC+1$	$CAR \leftarrow 2^2 B(OP)+3$
AND (000)	00011	0	1	0	1	0	0	1	$MAR \leftarrow B(AD)$	$CAR \leftarrow CAR+1$
	00100	0	0	1	1	0	0	1	$B \leftarrow M$	$CAR \leftarrow CAR+1$
	00101	1	0	0	0	0	1	0	$A \leftarrow A \wedge B$	$CAR \leftarrow 0$
	00110	0	0	0	0	0	1	0	없음	$CAR \leftarrow 0$
ADD (001)	00111	0	1	0	1	0	0	1	$MAR \leftarrow B(AD)$	$CAR \leftarrow CAR+1$
	01100	0	0	1	1	0	0	1	$B \leftarrow M$	$CAR \leftarrow CAR+1$
	01001	1	0	0	1	0	1	0	$A \leftarrow A+B$, $E \leftarrow$ carry	$CAR \leftarrow 0$
	01010	0	0	0	0	0	1	0	없음	$CAR \leftarrow 0$
STO (010)	01011	0	1	0	1	0	0	1	$MAR \leftarrow B(AD)$	$CAR \leftarrow CAR+1$
	01100	1	0	1	0	0	0	1	$B \leftarrow A$	$CAR \leftarrow CAR+1$
	01101	1	0	1	1	0	1	0	$M \leftarrow B$	$CAR \leftarrow 0$
	01110	0	0	0	0	0	1	0	없음	$CAR \leftarrow 0$
ISZ (011)	01111	0	1	0	1	0	0	1	$MAR \leftarrow B(AD)$	$CAR \leftarrow CAR+1$
	10000	0	0	1	1	0	0	1	$B \leftarrow M$	$CAR \leftarrow CAR+1$
	10001	1	1	0	0	0	0	1	$B \leftarrow B+1$	$CAR \leftarrow CAR+1$
	10010	1	1	1	0	0	1	0	$M \leftarrow B$, if $(B_z=1)$ then $(PC \leftarrow PC+1)$	$CAR \leftarrow 0$
BSB (100)	10011	0	1	0	1	0	0	1	$MAR \leftarrow B(AD)$	$CAR \leftarrow CAR+1$
	10100	1	1	0	1	0	0	1	$B(AD) \leftarrow PC, PC \leftarrow MAR$	$CAR \leftarrow CAR+1$
	10101	1	0	1	1	0	0	1	$M \leftarrow B$	$CAR \leftarrow CAR+1$
	10110	0	0	1	0	0	1	0	$PC \leftarrow PC+1$	$CAR \leftarrow 0$
BUN (101)	10111	0	1	0	0	0	1	0	$PC \leftarrow B(AD)$	$CAR \leftarrow 0$
	11000	0	0	0	0	0	1	0	없음	$CAR \leftarrow 0$
	11001	0	0	0	0	0	1	0	없음	$CAR \leftarrow 0$
	11010	0	0	0	0	0	1	0	없음	$CAR \leftarrow 0$
REGISTER (110)	11011	0	1	1	0	0	1	0	레지스터 동작	$CAR \leftarrow 0$
	11100	0	0	0	0	0	1	0	없음	$CAR \leftarrow 0$
	11101	0	0	0	0	0	1	0	없음	$CAR \leftarrow 0$
	11110	0	0	0	0	0	1	0	없음	$CAR \leftarrow 0$
I/O (111)	11111	0	1	1	1	0	1	0	입출력 동작	$CAR \leftarrow 0$
		4×16 디코우더의 입력				로우드 입력	클리어	증분		

= 15 번지 (2 진수 01111) 에서부터 시작한다. 이것을 그림으로 나타내면 아래와 같다.

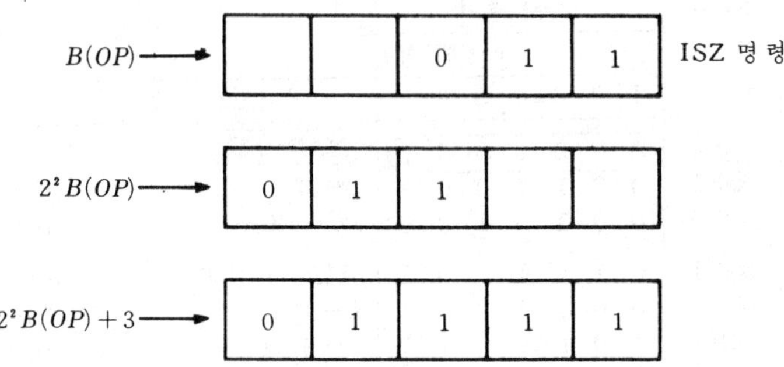

이 루우틴의 4 개의 ROM 워어드는 다음 명령 BSB(ROM 번지 $10011_2 = 19$)가 시작되기 전 15, 16, 17, 18 番地만 갖게 된다. 즉, 19 번지의 워어드는 **BSB** 루우틴의 첫 마이크로 명령을 갖고 있으므로 이 워어드는 사용할 수 없다. 이 마이크로 프로그램 장치에는 分岐 기능이 없으므로 사용되지 않는 다른 ROM 워어드로 分岐할 수 없다. 따라서 각 명령 루우틴은 4 개의 마이크로 명령 이내로 끝내야만 된다.

AND 루우틴은 3 개의 마이크로 명령만으로 이루어져 있다. 명령의 번지부가 ① *MAR* 에 전송되고, ② *MAR* 이 가리키는 메모리로부터 오퍼란드를 *B* 레지스터에 읽어들여 ③ *A* 와 *B* 레지스터간에 AND 마이크로 연산을 수행하여 *A* 에 싣는다. 마지막 5 번지 (00101) 명령은 ROM 출력 비트 6 이 1 이다. 이 명령은 *CAR* 을 클리어시켜 제어를 00000 번지로 옮겨 다시 명령어 페치 사이클을 시작하도록 한다. AND 명령 루우틴의 처음 2 개의 마이크로 명령은 비트 7 이 1 이므로 CAR 을 1 증가시킨다. 이 루우틴의 마지막 워어드 6 번지는 사용하지 않도록 ROM 의 출력을 만들었다. ROM 의 진리표 내에서 무엇인가를 지정해야 하므로 이 워어드를 비워 둘 수는 없다. 이 워어드는 비트 1 에서 비트 4 까지의 내용이 아무런 마이크로 작동을 나타내지 않도록 하고 비트 6 이 *CAR* 을 클리어하도록 하면 될 것이다. 이 경우 誤動作이 생겨 제어가 메모리의 6 번지에 오게 되면 어떤 동작도 수행하지 않고 제어는 명령어 페치 사이클로 이동하게 된다.

ADD 와 STO 루우틴은 3 개의 마이크로 명령을 필요로 하고, BSB 는 4 개, BUN 명령은 오직 1 개의 마이크로 명령만으로 구성되어 있다. 레지스터 참조 명령은 제어변수 r 을 시동시키는데, 이것은 *B* 레지스터의 한 비트와 결합되어 정해진 한 작동들 중의 하나를 수행한다. 入出力 I/O 명령에도 마찬가지로 적용된다.

ISZ 루우틴은 4 개의 마이크로 작동과 B_z 의 값에 따라 결정되는 조건부 작동을 필요로 한다. 그런데, 이 루우틴에 사용할 수 있는 ROM 워어드는 4 개뿐이고 마이크로 프로그램 제어 구성에는 상태 비트 조건을 검사하는 장치가 없으므로 문제점을 안고 있다. 이 문제의 해결안으로서 하나의 마이크로 명령에 2 개의 마이크로 작동을

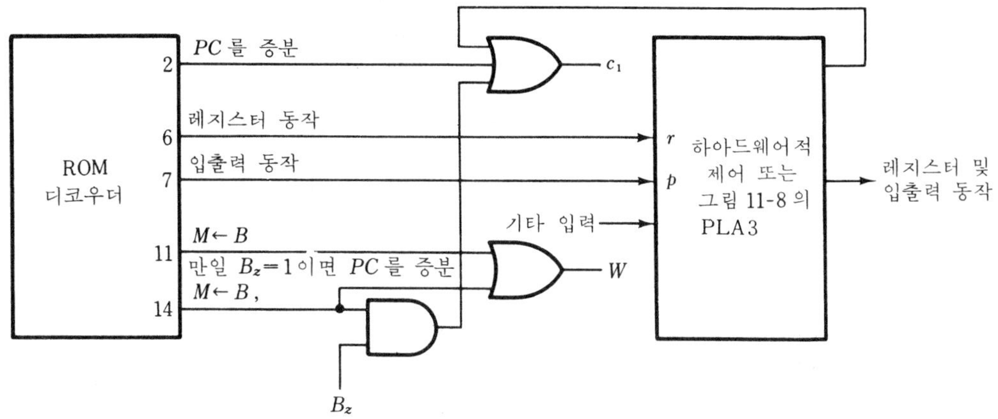

그림 11-10 마이크로 프로그램 제어에 대한 추가 회로

포함시키고, 외부 AND 게이트를 이용하여 상태 비트 조건을 검사하도록 하면 된다. 이러한 非正常的인 구성을 보완하기 위해 **그림 11-10**과 같이 외부 회로를 첨가하였다.

ROM 디코우더는 메모리 쓰기(memory write) 작동 $M \leftarrow B$에 대하여 2개의 출력을 뽑아 냈다. 하나는 출력 11번이고, 다른 하나는 출력 14번이다. 이 2개의 출력은 외부에서 게이트 OR로 연결되어 하나의 공통 출력을 만들었다. 디코우더의 출력 14 (입력 신호 $1110_2=14$)는 ISZ 루우틴의 4번째 마이크로 명령이 집행되는 동안 인에이블(enable)된다. 이 출력이 상태 비트 B_z와 외부에서 AND 게이트로 연결되어 PC 증가 제어 신호를 내도록 한다. 이렇게 하면 한 명령으로 2개의 작동이 이루어지는 것이다. ROM 디코우더 출력 2 역시 PC의 1 증가를 제어한다. 레지스터 참조 명령 및 입출력 명령의 일부 작동들도 역시 이 작동을 표시한다. 3개의 출력은 OR 게이트로 연결되어 PC를 1 증가시키는 하나의 출력 c_1이 된다. ROM 디코우더로부터 나온 변수 r과 p는 다른 상태 비트 조건과 결합하여 컴퓨터의 나머지 제어 변수를 생성한다. 이러한 제어 변수들은 그림에서 나타난 바와 같이 외부 하아드와이어적 구조나 PLA에 의해 실현한다.

11-8 컴퓨터 콘소울(console)

어떤 컴퓨터를 막론하고 기계 취급자와 컴퓨터간에는 수동적이고 가시적인 통신을 하기 위해 스위치나 각종 표시등이 달린 제어판 혹은 콘소울(console)이 있게 된다. 이 교신은 컴퓨터를 시동시키고(bootstrapping), 작동시키며 보수 유지하기 위하여 필요하다. 이제 이 설계를 완결하기 위해, 위의 기능들을 실현하는 데 필요한 회로는 생략하고 컴퓨터에 유용하게 사용되는 일련의 콘소울 기능만을 열거해 보자.

각 표시등은 기계 취급자에게 컴퓨터의 각 레지스터의 상태를 알려 준다. 플립플롭의 정상 출력은 표시등에 연결되어 플립플롭이 세트되었을 때 켜지고, 플립플롭이 클리어되면 꺼지도록 한다. 컴퓨터 콘소울에 그 출력이 나타나는 레지스터는 *A, B, PC, MAR, I, E, F, S* 레지스터 등이다. 각 플립플롭에 하나의 표시등이 필요하므로 모두 63 개의 표시가 필요하게 된다.

콘소울의 각 스위치와 그들의 기능은 다음과 같다.

1. 16 개의 **"워어드"** 스위치는 한 워어드의 각 비트를 수동으로 세트한다.
2. **"始動"** 스위치는 S 플립플롭을 세트한다. 이 스위치 신호는 또한 플립플롭 F, N_9, U_9 및 레지스터 G를 클리어한다.
3. **"정지"** 스위치는 S 플립플롭을 클리어한다. 현재 집행 중인 명령을 마치려면 이 스위치의 신호가 부울 함수$(F+q_5+q_6+q_7)t_3$와 AND 되어 S를 클리어시킨다.
4. **"番地 로우드"** 스위치는 PC에 번지를 전송한다. 이 스위치가 켜지면 12 개의 "워어드" 스위치의 내용이 PC에 전달된다.
5. **"貯藏"** 스위치는 수동적으로 메모리에 워어드를 저장하는 기능을 가진다. 이 스위치가 켜지면 PC의 내용이 MAR에 전달되고 메모리 사이클이 시작된다. 1[μs] 후에 16 개의 "워어드" 스위치의 내용이 B 레지스터로 전달되고 PC가 1 만큼 증가된다.
6. **"表示"**(display) 스위치는 메모리 워어드의 내용을 조사하기 위해 쓰인다. 이 스위치가 켜지면 PC의 내용이 MAR에 전달되고 메모리 사이클이 시작되며 PC가 1 증가된다. PC 내의 번지에 의해 지정된 메모리 워어드의 내용이 B 레지스터에 옮겨지는데, 이는 해당 표시등을 보고 알 수 있다.

전원이 켜지는 상태에서 컴퓨터가 집행 상태에 들어가는 것을 방지하기 위해 S 플립플롭은 특수한 회로를 가지고 있어서 기계에 전원이 공급되는 즉시 클리어 상태로 되게 만들어져야 한다.

참 고 문 헌

1. Mano, M. M., *Computer System Architecture*. Englewood Cliffs, N.J.: Prentice-Hall, Inc., 1976.
2. *Small Computer Handbook*. Maynard, Mass.: Digital Equipment Corp., 1973.

3. Booth, T. H., *Digital Networks and Computer Systems*. New York: John Wiley & Sons, Inc., 1971.

4. Hill, F. J., and G. R. Peterson, *Digital Systems: Hardware Organization and Design*. New York: John Wiley & Sons, Inc., 1973.

5. Bell, C. G., J. Grason, and A. Newell, *Designing Computers and Digital Systems*. Maynard, Mass.: Digital Press, 1972.

6. Kline, R. M., *Digital Computer Design*. Englewood Cliffs, N.J.: Prentice-Hall, Inc., 1977.

7. Soucek ?., *Minicomputers in Data Processing and Simulation*. New York: John Wiley & Sons, I. 1972.

연 습 문 제

11-1 이 章에서 설계한 컴퓨터의 명령어 집합을 보고 다음에 쓰이는 명령을 열거하라.

(a) 메모리와 누산기 사이의 전송;
(b) 입출력과 누산기 사이의 전송;
(c) 산술 조작;
(d) 논리 동작;
(e) 자리 이동 작동;
(f) 상태 조건에 따른 제어 결정;
(g) 서브루우틴 분기 및 귀환

11-2 플립플롭 E를 세트시키는 명령어의 순서를 열거하라.

11-3 (a) 累算器 내에 저장된 숫자를 산술적 우측 자리 이동 시키기 위한 컴퓨터 명령어를 열거하라. (b) 좌측 자리 이동에 대해 반복하라. 오우버플로우를 찾아 내는 방법을 설명하라.

11-4 문제 11-1(d)에서 구한 명령어들이 표 2-6에 나타난 16가지 논리 연산을 수행하기 위한 충분 집합임을 증명하라.

11-5 (a) 메모리 위치 1, 2, 3 번지에 저장될 3개의 명령어를 써라. 이 명령어들은 입력 장치로부터 문자가 준비되어 있는가를 검사하고, 만일 준비되어 있으면 그것을 累算器에 전달한다. (b) 메모리 위치 5, 6, 7 번지에 저장될 3개

의 명령어를 작성하라. 이 명령어들은 출력 장치가 비어 있는지를 검사한 후, 만일 비어 있으면 累算器로부터 출력 장치로 문자를 전달한다.

11-6 이 章에서 기술된 컴퓨터는 2개의 부호를 가진 숫자를 더할 때 발생하는 오우버플로우를 나타내는 기능이 없다. ADD 명령에 의해 2개의 부호 2의 보수 형태로 표시된 두 숫자가 더해진다고 가정하고, 2개의 숫자를 더하고 오우버플로우를 찾아 내는 컴퓨터 프로그램에 대한 알고리즘을 순서도로 작성하라.

11-7 다음 프로그램은 16진 코우드로 표시된 명령어를 나타낸 것이다. 컴퓨터를 16진 위치 100으로부터 명령을 집행한다고 하자.

(a) 프로그램을 기호 표시로 나타내라. 마지막 두 값은 오퍼란드를 나타낸다.

(b) 컴퓨터가 실행을 멈춘 후 A 레지스터의 내용을 결정하고, 프로그램에 의해 수행된 내용을 말하라.

위치	명령어
100	6800
101	1106
102	6200
103	6020
104	1107
105	6001
106	0063
107	0074

11-8 컴퓨터의 $(021)_{16}$ 번지에 작동 코우드가 AND이고 번지 부분이 $(083)_{16}$ 인 명령어가 들어 있다. 메모리 워어드 $(083)_{16}$ 번지에는 $(B8F2)_{16}$이 들어 있다. 레지스터 A에는 $(A937)_{16}$이 있다고 하고, 이 명령이 수행된 후 레지스터 PC, MAR, B, A, I의 내용을 표로 만들어라. 각각 다른 메모리 참조 명령의 작동 코우드를 가지고 이 문제를 5번 반복하라.

11-9 레지스터 A에는 $(A937)_{16}$이 있고 E의 값은 1이다. CLA 명령을 수행한 뒤의 레지스터 E, A, B, PC의 내용을 표로 작성하라. 각각 다른 메모리 참조 명령을 사용하여 이 과정을 11회 더 반복하라. PC의 초기값은 $(021)_{16}$이다.

11-10 이 컴퓨터의 메모리 도달 시간은 1〔μs〕 미만으로, 메모리 읽기 및 쓰기 작동이 한 클럭 펄스 기간 동안에 끝난다고 가정한다. 이제 메모리 도달 시간을 2〔μs〕라 하자. 그러면 메모리로부터 명령을 꺼내 오는 시간을 포함하여 ISZ 명령을 수행하는 데 몇 〔μs〕가 걸리겠는가?

11-11 ADD 명령에서는 16 비트 모두가 더해지므로 숫자들은 모두 부호가 없는 2의 보수로 되어 있다고 가정했다. 부호 표시 1의 보수 형태로 표시된 두 숫자를 더하기 위해서는 이 명령의 하아드웨어 집행을 변화시킬 필요가 있다.

(a) 표 11-7의 ADD 명령에 대한 레지스터 전송문을 변경하라.

(b) 변경된 명령으로 부호 없는 2개의 2진 숫자를 더할 수 있는가?

(c) 이때 SZA 명령에 대해 A 레지스터의 내용이 0인지를 찾기 위해 필요한 회로를 구하라.

11-12 이 章에서 설계된 컴퓨터는 명령어에 4개의 작동 코우드 비트를 사용하고 있음에도 불구하고 16진 작동 코우드에서 F까지는 사용하지 않았다. 이제 이 컴퓨터에 다음과 같은 명령을 추가하자. 이 새로운 명령들을 집행하기 위한 레지스터 전송문을 표 11-5, 11-6, 11-7에 첨가하여 나열하라.

기 호	6진 코우드	설 명	기 능
ORA	8 m	OR to A	$A \leftarrow A \vee M$
XRA	9 m	exclusive-OR to A	$A \leftarrow A \oplus M$
SWP	Am	A와 메모리를 교환	$A \leftarrow M,\ M \leftarrow A$
SUB	Bm	메모리에서 A를 감산	$A \leftarrow M - A$
BSA	Cm	분기 및 A에 번지 저장	$A \leftarrow PC,\ PC \leftarrow m$
BPA	Dm	Branch on positive A	if $(A>0)$ then $(PC \leftarrow m)$
BNA	Em	Branch on negative A	if $(A<0)$ then $(PC \leftarrow m)$
BZA	Fm	Branch on zero A	if $(A=0)$ then $(PC \leftarrow m)$

11-13 이 章에서 설계할 컴퓨터는 명령어 페치 사이클과 집행 사이클을 구분하기 위해 F 플립플롭을 사용하고 있다. 만일 순차 레지스터 G가 3 비트 카운터로, 그 디코우더 출력이 8개의 클럭 펄스 $t_0 \sim t_7$을 생성해 낸다고 하면 이 플립플롭은 필요가 없다. 명령의 실행이 끝남과 동시에 G 레지스터를 클리어시키면 된다(이것은 8-12節에서 간단한 컴퓨터에서 제어부를 설계한 방법이다).

(a) 위의 새로운 제어 방식에 맞게 표 11-5, 11-6, 11-7을 개정하라.

(b) 명령어 페치를 포함해서 각 명령을 집행하는 시간을 결정하라.

11-14 아래에 나타난 명령을 집행하는 레지스터 전송문을 열거하라. 컴퓨터에는 F 플립플롭이 없고, 그 대신 순차 레지스터 G가 16개의 타이밍 변수 $t_0 \sim t_{15}$를 가진다고 하자. G 레지스터는 명령의 수행이 끝나면 반드시 클리어되어야 한다. 이 컴퓨터의 명령어 페치 사이클은 다음과 같다.

t_0: $MAR \leftarrow PC$

t_1: $B \leftarrow M,\ PC \leftarrow PC + 1$

t_2: $I \leftarrow B(OP)$

다음의 각 명령은 타이밍 변수 t_3에서부터 집행 사이클을 시작한다. 마지막 文은 마이크로 작동 $C \leftarrow 0$ 을 포함해야 한다.

기 호	16진 코우드	설 명	기 능
SBA	8 m	A에서 감산	$A \leftarrow A - M$
ADM	9 m	메모리에 가산	$M \leftarrow A + M$ (A 불변)
BEA	Am	A와 같으면 분기	if $(A = M)$ then $(PC \leftarrow m)$ (A 불변)

11-15 표 11-10에 나타난 A 레지스터의 레지스터 전송문과 9-10節에서 설계한 累算器를 비교해 보라. 9-10節에서 소개한 절차에 따라 A 레지스터의 전형적인 한 단계를 설계해 보라. 0 검사 변수 A_z에 대한 회로를 포함시키도록 하라.

11-16 표 11-10에서 레지스터 A의 제어 함수 $a_1 \sim a_8$ 을 생성하는 논리 게이트들을 그려라.

11-17 표 11-10에 주어진 레지스터 이동 명령문으로부터 E 플립플롭을 위한 부울 함수를 유추하라. JK 플립플롭을 사용하라.

11-18 레지스터 이동 방법을 사용할 때 회로를 간단히 하는 방법은 명령문의 리스트(list)를 만들 때 공통 통로를 사용하는 것이다. 특별한 예를 들면, 그림 11-7에 있는 PC에 입력을 넣기 위한 멀티플렉서를 생각하자. 만약 우리가 명령문 :

b_3 : $PC \leftarrow MAR$

을 표 11-7의 BSB 명령문으로,

b_3 : $PC \leftarrow B(AD)$

를 사용하면 멀티플렉서는 필요없을 것이다. 이렇게 되는 이유와 컴퓨터의 블록도에서 멀티플렉서를 제외한 경우 생기는 결과에 대해 설명하라.

11-19 병렬 로우드가 되는 4 비트 카운터는 한 IC 패키지에 들어 갈 수 있다. PC, MAR, I, 그리고 G 등의 레지스터를 만들기 위해 몇 개의 IC가 필요한가?

11-20 그림 7-19에 있는 병렬 로우드가 되는 4 비트 카운터를 사용하여 G 레지스터를 설계하라.

11-21 그림 11-8에 PLA 2를 위한 프로그램표를 써라.

11-22 컴퓨터의 AND 명령문을 OR 명령문으로 바꿔라. 그리고 표 11-14를 그에 맞추어 수정하라. OR 마이크로 명령문을 표 11-13의 디코우더 출력 15에 연결하라.

11-23 문제 11-12에 제시된 BSA 명령문을 BSB 명령문으로 바꿔라. 표 11-14의 마이크로 프로그램을 바꿔서 이 변화에 맞도록 하라. 표 11-13의 ROM 비트의 인코우딩이 변화를 필요로 할지도 모른다(?).

11-24 표 11-2와 문제 11-12에 제시된 메모리-참조 명령문의 작동과 페치 사이클을 구성하는 데 필요한 마이크로 프로그램 제어 장치를 설계하라. 레지스터-참조와 입출력 작업에 대한 두 출력을 포함하라.

마이크로 컴퓨터 시스템 設計
Microcomputer System Design

12-1 序 論

디지털 시스템은, 시스템에 포함된 레지스터와 레지스터에 저장된 2진 정보들에 행해지는 작동들로 定義한다. 일단 디지털 시스템이 명시되면 설계자의 역할은 원하는 작동의 順次를 실현하는 하아드웨어를 만드는 것이다. 주어진 시스템에서 相異한 마이크로 작동의 數는 有限個이다. 설계의 복잡성은 의도된 데이터 처리 작업을 달성하기 위한 작동의 順次에 달려 있다. 이것은 제어 함수들의 公式化 혹은 마이크로 프로그램의 開發을 의미한다. 세 번째 방법은 디지털 시스템을 실현하기 위하여 마이크로 컴퓨터를 이용하는 것이다. 마이크로 컴퓨터에서 작동의 순차는 프로그램을 구성하는 명령어들의 집합으로 형성할 수 있다.

디지털 시스템은 레지스터, ALU, 디코우더, 멀티플렉서, 메모리 등과 같은 MSI 회로로써 구성할 수 있다. 그러한 商用의 시스템은 특별한 응용의 수요에 따라서 그때그때 맞추어 구성할 수 있는 장점을 갖고 있다. 그러나 MSI로 구성된 디지털 시스템은 많은 數의 IC 패키지 (package)가 필요하게 된다. 더우기 시스템이 완성된 후에 요구되는 변동을 위하여 구성 요소간의 連結線을 변경하지 않으면 안 된다.

어떤 디지털 시스템은 설계시에 프로세서 장치, 마이크로 프로그램 順次器, 그리고 메모리 장치와 같은 LSI 부품으로 설계하는 것이 적합할 때가 있다. 이러한 시스템은 원하는 목적에 맞게 마이크로 프로그램을 할 수 있다. 마이크로 프로그램 방식은 레지스터 전송 수준에서 작동하며, 시스템 내에서 각 마이크로 작동을 명시해 주어야 한다. 마이크로 프로그램 LSI 조직은, MSI로 구성할 때보다 IC의 갯수가 덜 든다.

디지털 시스템이 마이크로 컴퓨터 LSI 부품을 써서 구성할 수 있게 되면 IC 패키지의 數는 훨씬 더 줄게 된다. 이들 구성 요소들을 기능별로 분류하면 다음과 같다.

機能別 LSI 칩 分類

1. 1개의 LSI 패키지에 내장된 중앙 처리 장치(CPU)인 마이크로 프로세서(microprocessor)
2. 응용의 필요에 따라서 적절한 크기의 메모리로 만들 수 있는 RAM(random access memory)와 ROM(read only memory) 칩(chip)들
3. CPU 혹은 메모리와 많은 종류의 입출력 장치들과의 사이에 접속을 담당하는 프로그램 가능 인터페이스(programmable interface).

마이크로 컴퓨터란 메모리와 인터페이스 모듀울(module)이 결합된 마이크로 프로세서를 일컫는다.

1. 마이크로, 마이크로 프로세서

마이크로(micro)라는 단어는 포함된 구성 요소의 물리적 크기가 아주 작다는 뜻으로 사용된 것이다. 그러므로 마이크로 **프로세서** (micro ***processor***)와 마이크로 **컴퓨터** (micro ***computer***)의 두 번째 부분의 단어는 뚜렷이 구분해야 한다. **프로세서라는 뜻은 명령을 집행하는, 프로그램이 명시한 대로 데이터를 처리하는 기본적인 기능들을 수행하는 시스템 부분을 가리킨다.** 이 부분을 보통 **CPU**라고 한다.

2. 마이크로 컴퓨터

마이크로 컴퓨터라는 말은 CPU, 메모리, 그리고 입출력 인터페이스의 3가지 기본 부품으로 구성된 작은 규모의 컴퓨터 시스템을 가리킨다. 마이크로 프로세서는 **마이크로 프로세서 칩**(chip)이라 불리우는 단일 IC 패키지에 내장되어 있다. 대부분의 마이크로 컴퓨터는 LSI 구성 요소들을 상호 접속해서 구성한다. 한편 어떤 마이크로 프로세서 칩은 패키지 내에 CPU뿐만 아니라, **메모리도** 갖고 있다. 때때로 이러한 LSI 구성 요소를 **단일 칩 마이크로 컴퓨터**(one chip microcomputer)라 부른다.

마이크로 컴퓨터는 어떤 다른 컴퓨터 시스템에서와 마찬가지의 처리 능력이 있고 저가격 汎用 컴퓨터로서도 쓸 수 있다. 이 점이 주요한 응용은 되지만 강조할 것은 못된다. 마이크로 컴퓨터는 많은 응용 분야에서 시스템을 위하여 레지스터 전송 작동을 제공하는 특별 목적 디지털 시스템으로서 사용한다. 이러한 레지스터 전송 작동들을 발생시키기 위해서는 많은 數의 MSI 회로를 필요로 하지만, 적은 數의 LSI 패키지로 대치할 수 있는 장점이 있다. 또 다른 장점은 시스템에 관한 레지스터 전송 작동을 프로그램으로 명시할 수 있다는 점이다. 특별 목적 응용을 위한 프로그램은 변경시킬 필요가 없어서 ROM 속에 저장시킬 수 있다. 만일 ROM 속에 고정된 프로그램을 넣게 되면, 마이크로 컴퓨터 제어 디지털 시스템과 商用 하아드웨어 設計器간에는

어떤 작동상에 차이가 있을 수 없게 된다.

마이크로 컴퓨터의 가장 중요한 면은 한 응용 분야에 쓰이는 특정 목적 디지털 시스템이라도 汎用 컴퓨터로 쓰기 위해서 프로그램을 다시 써 넣음으로써 설계할 수 있다는 점이다. 마이크로 컴퓨터의 변경시킬 수 없는 고정된 프로그램의 수행은 미리 프로그래밍된 대로만 작동하게 된다. 디지털 설계의 이러한 방법은 작고 비싸지 않은 마이크로 컴퓨터 부품을 개발하기 전에는 경제적으로 실용성이 없는 방법이었다.

3. 消滅性 메모리, 非消滅性 메모리

마이크로 컴퓨터 시스템의 ROM 부분에 저장된 프로그램은 변경할 필요가 없는 컴퓨터 전용 프로그램이다. RAM은 消滅性 메모리이기 때문에 電源을 끄면 그 속에 저장된 2진 정보가 파괴되어 버린다. ROM은 非消滅性 메모리이기 때문에 電源을 켜기만 하면 언제든지 저장된 프로그램을 이용할 수 있다. 마이크로 컴퓨터로 구성된 특별 목적 디지털 시스템은 그것의 프로그램이 ROM에 저장되어 있기 때문에 電源을 넣자마자 작동을 시작한다. 이 때문에 마이크로 컴퓨터 시스템의 ROM 부분을 **프로그램 메모리**라 부른다.

4. 마이크로 프로그램과 마이크로 컴퓨터

여기에서 우리는 마이크로 프로그램과 마이크로 컴퓨터를 구별해야 한다. 마이크로 프로그램은 마이크로 작동의 개념에서 나왔으며, 마이크로 컴퓨터는 구성 부분의 조그마한 크기 때문에 命名한 것이다. 이 둘은 모두 시스템에서 작동을 명시한 프로그램을 저장하기 위해서 ROM을 사용한다. 제어 메모리에 저장된 마이크로 프로그램은 CPU 내부의 제어 장치를 움직인다. 마이크로 컴퓨터에 저장된 명령어들은 프로세서 레지스터에 관한 마이크로 명령어라기보다는 CPU에 관한 **마이크로 命令語**(microinstruction)라고 하여야 한다. 게다가 마이크로 프로그램이라는 말은 제어 장치가 어떻게 수행하는가 하는 방법을 나타내기도 한다.

값이 싸고 소형인 마이크로 컴퓨터는 디지털 논리 설계의 방향을 변화시켜 놓았다. 제어 함수나 한 마이크로 프로그램에 의해서 한 組의 레지스터 전송 명령을 실현하는 대신 ROM 속에 저장한 한 組의 명령을 명시함으로써 논리 함수들을 실현하고, 이를 마이크로 프로세서 CPU 내에서 집행한다. 이러한 설계 방법은 순차적 작동이 메모리에 저장된 프로그램으로 명시되기 때문에 **프로그램 가능 논리**(programmable logic) 방법이라고 분류한다.

마이크로 프로세서는 마이크로 컴퓨터 시스템의 핵심적인 구성 요소이다. 시스템의 메모리 형태나 수량은 병용하고 있는 入出力 인터페이스 장치의 특성과 함께 특별 응용 분야에 따라서 달라진다. 특별한 마이크로 컴퓨터의 ROM 중에 있는 고정된 프로그램은 역시 고유한 응용에 따라 좌우된다.

5. 마이크로 컴퓨터 시스템 設計

마이크로 컴퓨터 시스템의 설계는 크게 **소프트웨어 설계**(software design)와 하아드웨어 **설계**(hardware design)로 나뉘어진다. 하아드웨어 설계는 완전한 디지털 시스템을 구성하기 위한 물리적 물품들의 상호 접속에 관여하며 소프트웨어 설계는 특별한 응용을 위한 프로그램의 개발에 관여하는 것이다. 마이크로 컴퓨터의 프로그램을 쓰는 것은 근본적으로 다른 컴퓨터의 프로그램을 작성하는 것과 같다. 그러나 유일한 차이점은 마이크로 컴퓨터 프로그래머는 하아드웨어의 전반적인 구성을 알아야 하며, 특별한 응용에 관련된 문제들을 고려해 주어야 한다는 것이다. 제작된 汎用 컴퓨터의 프로그램을 작성한다는 것은 일반적으로 설계하는 절차 과정을 작성하는 것이다. 이 설계 절차 과정을 작성하는 데 있어서 그 컴퓨터 자체의 하아드웨어 구성에 대한 지식이 크게 필요하지는 않는다.

이 章에서는, 소프트웨어는 다루지 않고 마이크로 컴퓨터의 하아드웨어만을 다룰 것이다. 마이크로 컴퓨터에 관한 프로그램 작성은 선택된 商用의 마이크로 프로세서에 관한 명령어를 써야 한다는 점을 제외하고는 제어 메모리를 위한 마이크로 프로그램을 작성하는 것과 비슷하다. 소프트웨어 설계에 대한 공부는 한 권의 책을 필요로 하는 과목이 된다.

여기서는 먼저 마이크로 컴퓨터 시스템의 각종 부품과 부품 상호간의 통신하는 방법을 정의한다. 또 대표적인 마이크로 프로세서의 조직을 예로 들고, 그것의 내부와 외부 작동을 설명한다. 모든 마이크로 컴퓨터에 관한 공통적 특징을 논하며 마이크로 컴퓨터 설계에 쓰이는 메모리部의 조직과 여러 가지 종류의 인터페이스를 예로 들어 설명한다.

12-2 마이크로 컴퓨터 조직(microcomputer organization)

전형적인 마이크로 컴퓨터 시스템은 **마이크로 프로세서**와 **메모리**, 그리고 **I/O 인터페이스**로 구성되어 있다. 시스템을 이루는 여러 구성 요소는 命令語, 데이터, 번지, 그리고 IC 구성 요소 사이에 제어 정보를 전송하는 버스(bus)를 통해서 연결된다. 그림 12-1은 마이크로 컴퓨터의 블록도이다. 마이크로 컴퓨터가 전형적으로 1개의 마이크로 프로세서를 갖고 있으며 많은 프로세서를 갖는 경우에는 **多重 프로세서**(multi-processor) 시스템이라 부른다.

많은 數의 RAM과 ROM 칩들이 주어진 메모리를 구성하기 위해서 결합한다. I/O 버스들 통해서 여러 종류의 외부 장치와의 통신을 접속 장치(interface unit)들이 담당한다. 어떤 주어진 시각에 마이크로 프로세서는 그의 번지 버스를 써서 장치 중 하나를 선택한다. 데이터는 선택된 장치와 마이크로 프로세서간에 데이터 버스를 통해서

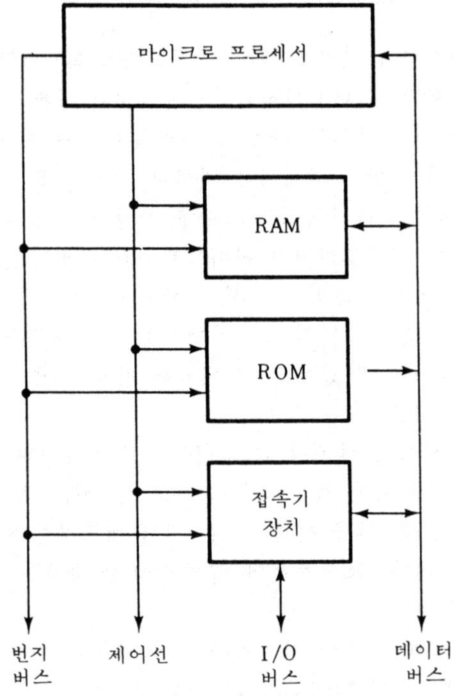

그림 12-1 마이크로 컴퓨터 시스템 블록도

전송된다. 제어 정보는 보통, 개별의 線을 통하여 전송되고 각 선들은 고유한 제어 기능이 지정되어 있다.

1. 마이크로 프로세서의 目的

마이크로 프로세서의 목적은 메모리로부터 받은 命令語 코우드를 解讀하여, 내부 레지스터, 메모리 워어드, 인터페이스 장치 내에 저장된 데이터를 취하여 산술 연산, 논리 연산과 제어 작동을 수행하는 CPU 역할을 하는 데 있다. 마이크로 프로세서는 여러 개의 레지스터, 1개의 산술 논리 장치, 타이밍 논리와 제어 논리를 갖고 있다. 외부적으로 마이크로 프로세서는 마이크로 프로세서에 연결된 모듀울(module)들과 命令語, 데이터, 제어 정보를 주고받기 위해서 버스 시스템을 갖고 있다. 대표적인 마이크로 프로세서의 내부 작동과 제어선들의 기능은 12-3節에서 취급한다.

2. RAM과 ROM

RAM은 읽고 쓸 수 있는 메모리이며 많은 數의 IC 패키지로 상호 연결되어 있다.

RAM은 데이터, 媒介變數(variable parameter) 교정과 변경이 필요한 중간 결과 등을 저장하는 데 쓰인다. ROM은 여러 개의 IC패키지들로 구성되며, 일단 마이크로 컴퓨터 시스템이 완성되면 변동시킬 필요가 없는 프로그램과 常數들의 表 등을 저장하는 데 쓰인다. 마이크로 프로세서에 이들 메모리 칩들을 연결하는 법은 12-6節에서 記述한다.

3. 인터페이스(interface) 裝置

인터페이스 장치는 I/O 버스에 연결된 외부 입력 장치와 프로세서간의 정보 전송에 필요한 통로를 제공한다. 마이크로 프로세서는 인터페이스를 통해서 외부 장치로부터 데이터와 상태 정보를 받으며, 인터페이스 장치를 통해서 외부 장치로 제어 신호와 데이터를 보낸다. 이 통신은 프로그래밍된 命令語로 명시한다. 이 명령어들은 마이크로 컴퓨터 시스템 내의 버스를 통하여 데이터로 지시한다.

4. 番地 버스와 데이터 버스

마이크로 컴퓨터 내의 LSI 부품들 사이의 통신은 번지 버스와 데이터 버스를 통해서 이루어진다. 번지 버스는 마이크로 프로세서에서 다른 장치로 가는 일방 통행 통로이다. 마이크로 프로세서가 번지 버스에 올려 놓은 2진 정보는 RAM이나 ROM의 특정 메모리 워어드를 명시한다. 또한 번지 버스는 시스템에 연결된 많은 인터페이스 장치들 중에서 하나를 선택하거나 인터페이스 장치 내의 특정 레지스터를 선택하는 데 사용한다. 메모리 워어드와 인터페이스 레지스터는 서로 다른 번지를 할당함으로써 구별한다. 또 다른 방법은 버스에 놓인 번지가 메모리를 위한 것인가, 인터페이스 레지스터를 위한 것인가를 명시하는 제어 신호를 쓸 수도 있다. 번지 버스의 線數는 시스템이 수용할 수 있는 최대 메모리의 크기를 결정한다. n개의 線에 대해서 번지 버스는 2^n개의 메모리 워어드를 표시할 수 있다. 전형적인 마이크로 프로세서의 번지 버스는 16선이고 $2^{16}=65,536$ 워어드의 최대 메모리 용량을 제공한다. 마이크로 컴퓨터 시스템에서 쓰이는 메모리 容量은 특수한 응용 분야에 따라 달라지며 번지 버스로 쓸 수 있는 최대량보다는 적은 것이 보통이다.

데이터 버스는 마이크로 프로세서와 메모리, 또는 번지 버스로 선택된 인터페이스 사이에서 데이터를 주고받는 데 사용된다. 즉, 데이터 버스는 2진 정보가 어느 방향으로든지 흐를 수 있는 **兩方向 통로**이다. **兩方向性 데이터 버스(bidirectional data bus)**는 IC 패키지에서 핀(pin) 數를 절약한다. 만일 한 장치가 兩方向性 버스를 쓰지 않는다면 그 IC 패키지 내에 별도의 입력 단자들과 출력 단자들이 있어야 된다. 마이크로 프로세서 데이터 버스의 線數는 4에서 16까지 이르는데, 보통 8선을 많이 쓴다.

마이크로 프로세서에서 데이터 버스와 번지 버스를 별도로 갖는 방식은 가장 흔한 전송 통로이다. 이러한 구조의 장점은 메모리 워어드 선택과 데이터 워어드 전송이 동시에 가능하다는 것이다. 어떤 마이크로 프로세서는 번지와 데이터의 전송에 **時差多重轉換**(time-multiplexed) 하는 공통 버스를 사용한다. 이 구조는 핀(pin) 數를 줄일 수 있고 데이터를 16비트 범위까지 사용할 수 있는 장점이 있으나 먼저 번지를 보낸 다음 데이터를 보내야 하는 순차적 사용에 따르는 시간 소비와 메모리 번지를 갖고 있을 외부 레치(latch)가 필요한 단점이 있다. 어떤 마이크로 프로세서는 16선 버스를 쓰는데, 번지 전송 때는 16선을 일방 통행선으로 쓰고 데이터 전송을 위해서는 8선을 兩方向性으로 공용하기도 한다. 즉, 데이터를 전송할 때는 8선만 쓰고 나머지 8선은 쓰지 않는다.

어떤 응용에서는 **그림 12-1**에 있는 마이크로 프로세서 칩(chip) 대신에 한 IC패키지 안에 64워어드의 RAM과, 1024워어드의 ROM과 CPU를 가진 마이크로 컴퓨터를 1개의 칩으로 이 블록을 대치할 수 있다. 이것은 몇 가지 용도를 가진 인터페이스도 하나 가지고 있다. 설계할 디지털 시스템이 더 이상의 메모리나 추가적인 인터페이스 능력을 필요로 하지 않는다면 완전한 마이크로 컴퓨터 시스템을 단일 칩 마이크로 컴퓨터 부품으로 구성할 수 있다. 별도로 독립된 응용으로서 값이 싸고 크기가 작은 부품으로서 단일 칩 마이크로 컴퓨터가 쓰인다. 대부분의 마이크로 컴퓨터 칩은 좀더 강력한 제어 응용력을 제공하기 위해서 외부에 ROM, RAM, 인터페이스 능력에 의해 확장할 수 있게 되어 있다. 다음 論議에서는 메모리 장치와 인터페이스는 CPU에서 분리할 것이다. 그러나 메모리와 인터페이스의 일부는 CPU를 포함하고 있는 IC의 패키지에 포함되어 있다는 사실을 인식해야 한다.

마이크로 프로세서, ROM, RAM, 그리고 필요한 마이크로 컴퓨터를 구성하는데, MSI와 SSI칩들로서 인터페이스들을 한 장의 PCB(printed-circuit board)에 놓고서 IC 단자들이 基板에 인쇄된 선을 통해서 연결한다. IC 단자들은 완전한 마이크로 컴퓨터 장치를 형성하도록 기판상에 프린트된 선으로 연결되어 있다. 이용자들은 기판 커넥터(connector)의 핀을 써서 입출력 장치를 위한 인터페이스에 접속해서 사용하게 되어 있다. 이 때 커넥터는 기판 외부의 메모리나 인터페이스 확장을 허용하며 많은 버스를 쓸 수 있도록 충분한 핀을 제공한다. 메모리와 인터페이스 확장은 이미 만들어진 PCB에서도 가능하다.

버스 버퍼(bus buffer)

1. 3狀態 게이트(tri-gate or three gate)

마이크로 프로세서에서 버스 시스템은 보통 3상태 게이트로 구성된 버스 버퍼에 의해 실현한다. 3상태 게이트는 3개의 출력 상태가 존재하는 디지털 회로이다. **출력 상태 둘은 종래의 게이트에서와 같이 2진수 1과 0에 해당하며, 세 번째 상태는 高임피이**

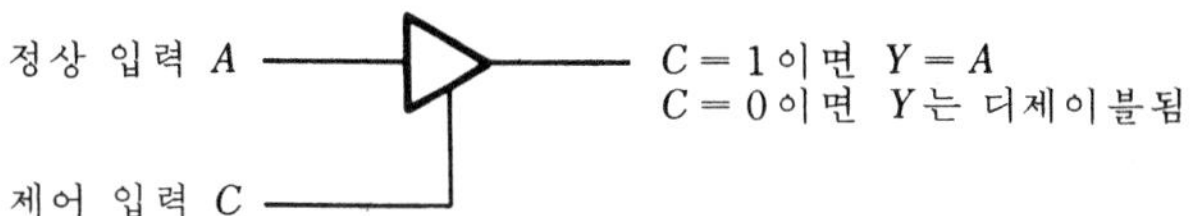

그림 12-2 3상태 버퍼 게이트 기호

던스 (high-impedence) 상태라 부른다. 高임피이던스 상태는 출력이 이용될 수 없거나 浮動(floating)된 것처럼 작용한다. **浮動이라는 말은 단자에서 외부 신호에 의해 영향을 받을 수도, 외부에 영향을 미칠 수도 없음을 나타낸다.** 3상태 버퍼 게이트의 기호가 그림 12-2에 나타나 있다. 3상태 게이트의 전기적 회로는 13-5, 13-6절에서 설명된다.

그림은 정상 입력과 출력 상태를 결정하는 제어 입력을 갖고 있다. 제어 입력이 1일 때 게이트는 출력이 정상 입력과 같은 보통의 버퍼로 작동하며 0일 때는 출력이 디제이블(disable)되고 게이트는 정상 입력치에 관계 없이 高임피이던스로 되어진다. 3상태 게이트의 출력을 다른 게이트에서 이용할 수 없게 만든다. 이러한 특징 때문에 공통 버스에 많은 數의 3상태 게이트를 負荷 효과의 염려 없이 부착할 수 있다. 그러나 한 게이트 이상 어떤 주어진 시간에 작동 상태에 있을 수 없다. 연결된 게이트들은 다른 모든 게이트들이 高임피이던스 상태에 있는 동안에 오직 1개의 3상태 게이트만이 버스線에 액세스할 수 있도록 제어되어야 한다.

兩方向 버스는 정보가 흐를 방향을 제어하기 위해서 버스 버퍼로 구성할 수 있다. 양방향 버스의 한 線이 그림 12-3에 나타나 있다. 버스 제어는 입력 전송을 위한 s_i과 출력 전송을 위한 s_0 2개의 선택선을 갖고 있다. 이 선택선은 2개의 3상태 버퍼를 제어한다.

$s_i = 1$이고, $s_0 = 0$일 때 아래쪽 버퍼(bottom buffer)는 인에이블되며, 위쪽 버퍼

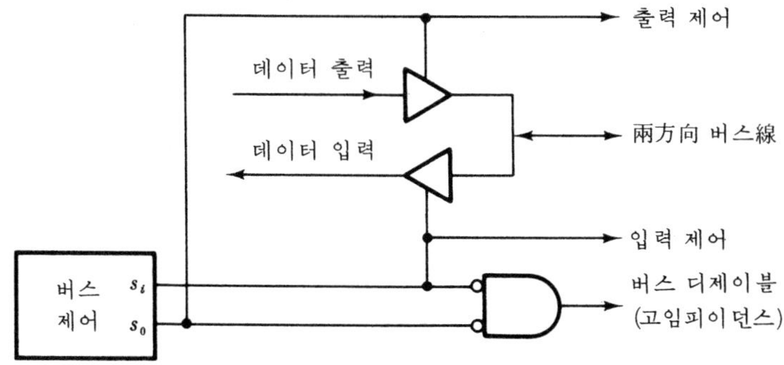

그림 12-3 兩方向 버스 버퍼

(top buffer)는 高임피이던스 상태로 되며 디제이블된다. 이 때는 버스로부터 나온 데이터가 아래쪽 버퍼(bottom buffer)를 통해서 시스템 내부로 들어가는 통로를 형성한다. $s_0=1$이고, $s_i=0$일 때 위쪽 버퍼는 인에이블되고 아래쪽 버퍼는 高임피이던스 상태로 되며 디제이블된다. 이것은 시스템으로부터 나오는 데이터가 위쪽 버퍼를 통해서 버스로 나가는 통로를 구성한다. s_i와 s_0 모두 0이면 버스線이 디스어블되어 이 버스線을 통한 입력이나 출력 전송이 금지된다. 외부 장치가 시스템 말고 어떤 다른 구성 요소와 공통 버스를 사용하여 통신하고 있을 때는 이러한 상태가 존재해야 한다. 이 두 선택선은 버스에 접속된 외부 모듈(module)에게, 어떤 시간에 兩方向性 버스의 상태를 알리는 데 쓸 수도 있다.

대부분의 경우에 있어서 마이크로 프로세서 버스의 驅動能力(drive capabilities)은 제한된다. 즉, 적은 數의 외부 負荷만을 감당할 수 있다. 버스에 많은 외부 장치들이 연결되어 있을 때 마이크로 프로세서의 구동 능력은 외부 버스 버퍼로 증대시켜야 한다. 이것은 IC형으로 가능하다. 게다가 별개의 入出力 단자를 가진 어떤 부품을 그것이 버스와 통신하지 않을 때, 그 부품을 분리시키기 위해서는 외부 버스 버퍼를 써서 마이크로 컴퓨터 버스 시스템에 연결해야 한다. 이리하여 마이크로 컴퓨터 시스템은 외부 버스 버퍼가 마이크로 프로세서와 다른 LSI 부품간에 자주 필요하게 되고 어떤 LSI 부품과 공통 버스 시스템간에도 필요하다.

12-3 마이크로 프로세서 組織(microprocessor organization)

여러 장치들을 구성하는 데 이용하기 위해서 마이크로 프로세서는 넓은 범위의 응용에 적합한 내부 조직을 가져야 한다. 商用의 마이크로 프로세서의 조직은 각기 다르나 중앙 처리 장치에 대한 성질은 공통적이다. 즉, 메모리로부터 받은 命令語 코우드를 해석해서 프로그램이 명시한 데이터 처리 작업을 수행하는 능력을 갖고 있다. 또한 외부 제어 요구에 반응해서 외부 모듈(external modules)에 대한 제어 신호를 발생시킨다.

典型的인 制御信號(typical set of control signals)

마이크로 프로세서가 적절한 작동을 하기 위해서는 특정 기능을 달성하기 위해 제공되는 제어 신호와 타이밍(timing) 신호, 그리고 마이크로 프로세서의 상태를 결정하는 데 쓰이는 制御線들이 필요하다. 대부분의 마이크로 프로세서에서 이용하는 전형적인 제어선들이 그림 12-4에 나타나 있으며, 또한 데이터 버스, 번지 버스 電源도 나타나 있다. 특별한 마이크로 프로세서에 대한 電源仕樣은 IC를 작동시키는 데 공급해야 할 電壓値와 전력 소모량을 명시해야 한다.

1. 클럭 入力

클럭 입력은 내부 기능을 위한 타이밍과 제어를 제공하는 **多重位相 클럭 펄스**(multiphase clock pulse)를 발생시키기 위해 마이크로 프로세서에 의해 쓰인다. 어떤 마이크로 프로세서는 클럭 펄스를 공급하기 위해서 외부 클럭 발생기를 사용한다. 이 경우에 출력 클럭은 마이크로 프로세서가 아닌 클럭 발생기로부터 이용할 수 있다. 어떤 장치들은 칩 내부에서 클럭을 발생시키지만 클럭의 주파수 조정을 위한 외부 크리스털이나 회로가 필요하다. 클럭 펄스는 마이크로 프로세서의 작동에 맞추어서 외부 모듈의 작동을 同期化하기 위해 쓰인다.

2. 리세트 (reset) 入力

리세트(reset) 입력은 마이크로 프로세서를 리세트시키며 電源이 켜진 후에 마이크로 프로세서를 작동시키거나 처음부터 수행 과정을 다시 출발시키고 싶을 때 리세트 신호의 결과는 프로그램 카운터 (program counter)에 강제로 지정한 번지를 저장시킴으로써 마이크로 프로세서를 初期化하는 것이다. 그러면 이 번지에서 첫 번째로 명령어의 집행을 시작한다. 리세트시키는 가장 간단한 방법은 프로그램 카운터를 클리어해서 0번지부터 프로그램을 시작하는 것이다. 어떤 마이크로 프로세서는 프로그램 카운터에 특정 메모리 장소의 내용을 전송함으로써 리세트 신호에 응답한다. 따라서 설계자는 지정한 메모리 장소에 프로그램의 시작 번지를 저장해야 한다.

3. 인터럽트 要請 (interrupt request)

전형적으로 마이크로 프로세서에 대한 **인터럽트**(interrupt : 介入, 가로채기) 요청은 정보 전송 준비가 갖추어졌다는 것을 마이크로 프로세서에 알리기 위해서 인터페이스 모듀울로부터 나온다. 마이크로 프로세서가 인터럽트 요청을 인지하면 진행 중인 프로그램의 수행을 멈추고 인터페이스 모듀울을 관장하는 프로그램으로 分岐(branch)한다. 서어비스 루우틴을 끝마치면 마이크로 프로세서는 먼젓번 프로그램으로 되돌아간다. 인터럽트 기능은 외부 상태의 결과에 의해 프로그램 순서에 변화를 야기시킨다. 인터럽트 개념과 인터럽트 요청에 응답하는 방법에 대하여는 12-5節에서 논한다.

4. 버스 要請(bus request)

버스 요청 제어 입력은 마이크로 프로세서의 작동을 잠시 멈추도록 요청해서 모든 버스를 高임피이던스 상태로 만든다. 이 요청이 인지되면 마이크로 프로세서는 버스 허용 제어 출력선을 인에이블(enable)로 놓는다. 예를 들면, 외부 장치가 CPU를 통하지 않고 메모리에 정보를 직접 전송하고자 할 때 외부 장치는 마이크로 프로세서에게 공통 버스의 制御權을 포기하도록 요청한다.

마이크로 프로세서에 의해 버스가 디제이블(disable)되면 요청을 한 장치가 프로세서의 중재 없이 메모리에 대한 번지 버스와 데이터 버스의 制御權을 가진다. 이 방식은 **직접 메모리 액세스**(**direct memory access: DMA**)라 하며 12-8節에서 논의될 것이다.

5. 리이드(read)와 라이트(write)

리이드와 라이트는 번지 버스에 의해 선택된 장치에 데이터의 전송 방향을 알려 주는 制御線이다. 리이드선은 데이터 버스가 입력 상태에 있다는 것을 선택된 장치에게 알려서 마이크로 프로세서가 데이터 버스로부터 데이터를 받아들이도록 한다. 라이트선은 마이크로 프로세서가 출력 상태에 있고 유효 데이터가 데이터 버스에 실려 있음을 나타낸다. 버스가 디제이블되면 두 線 모두 高임피이던스 상태가 된다. 이 때 버스를 제어하는 외부 장치는 리이드, 라이트 작동을 정의할 수 있다. 버스 제어에 대한 다른 방법도 있다. 버스 번지는 메모리를 위한 것인가, 인터페이스 장치를 가리키는 것인가를 나타내는 또 다른 제어선에 의해 제어될 수 있다. 또 다른 방법은 리이드와 라이트선을 R/W 라벨을 붙여서 1개의 線으로 묶는다. 이 線이 1일 때는 리이드를 나타내고 0일 때는 라이트를 나타낸다. 이 때 번지 버스에 유효 번지가 있다는 것을 나타내는 또 1개의 제어선이 있어서 외부 구성 요소가 유효 번지를 요청했을 때에만 R/W선에 반응하도록 해준다.

그림 12-4에 열거한 제어 신호들은 마이크로 프로세서의 최소한의 제어 기능이다. 대부분의 마이크로 프로세서들은 특별 기능을 위해서 더 많은 제어선들을 갖고 있다. 서로 다른 장치들은 동일한 제어 기능에 대해서 외기 쉽게 **니모닉 명칭**(**mnemonic name**)

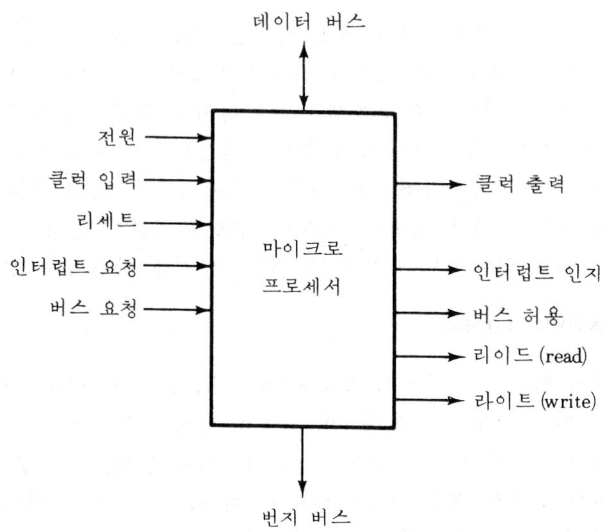

그림 12-4 마이크로 프로세서에서의 제어 신호

을 쓸 수도 있다. 그러나 이곳에서는 그 사용이 불필요하다.

6. CPU 例

마이크로 프로세서에 의해 수행되는 작업을 알아보기 위해서 전형적인 CPU의 내부 구조를 공부하겠다. 그림 12-5는 한 마이크로 프로세서 칩에 내장된 CPU의 블록도이다.*

외부적으로는 양방향 데이터 버스, 번지 버스, 그리고 많은 數의 제어선들을 제공

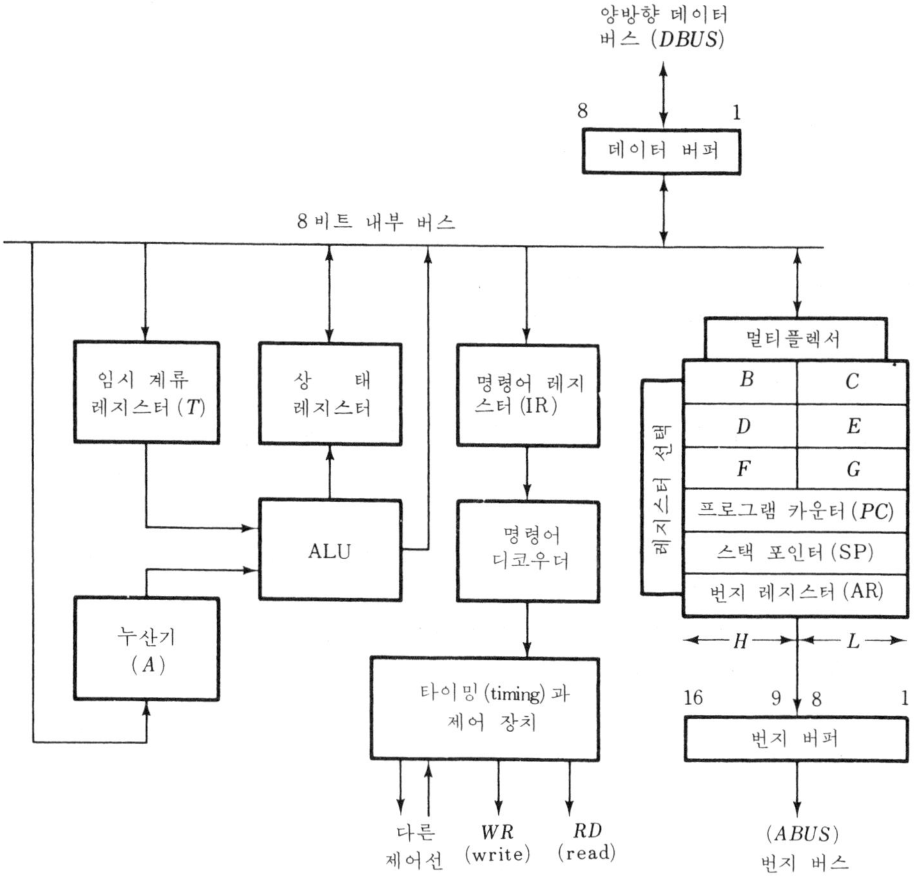

그림 12-5 마이크로 프로세서의 블록도

*이것은 F와 G 레지스터가 8080/85에 있어서 H와 L 레지스터라고 불리는 일 이외에는 8080/85 마이크로 프로세서와 비슷하다.

한다. 이 그림에서는 버스 전송에 관련 있는 제어선만이 나타나 있다. 데이터 버스는 8선으로 구성되며 기호 *DBUS*로 나타낸다. 8선에 실리는 정보는 **바이트**(byte)라 불리우며, 바이트는 8비트 워어드(8bit word)를 나타내는 말로 쓰인다. 기호 *ABUS*로 표시된 번지 버스는 $2^{16}=64\text{K}(\text{K}=1024)$까지 나타낼 수 있는 16선으로 구성한다. 따라서 마이크로 프로세서는 64K 바이트의 메모리 장치와 통신할 수 있는 능력이 있다.

내부적으로 마이크로 프로세서는 *B*에서 *G*까지로 표시된 6개의 레지스터와 *A*로 표시된 累算器(accumulator), 그리고 *T*로 표시된 **계류**(temporary) 레지스터를 갖고 있는데, 이들 레지스터는 모두 8비트로 구성되어 있다. ALU는 *A*와 *T* 속에 저장된 데이터에 관해 작동하는데, 작동의 결과는 *A* 또는 내부 버스를 통해서 여섯 레지스터 중의 한 레지스터로 전송된다. 상태 레지스터*는 ALU로부터 나오는 끝자리 캐리, 符號値, 0 결과 표시 같은 작동의 상태 비트들을 가지고 있다. 명령어의 작동 코우드는 명령어의 수행에 필요한 마이크로 작동의 순차를 결정하기 위한 解讀 장치인 **명령어 레지스터**(instruction register, *IR*)로 전송된다. 타이밍과 제어 장치는 CPU에서의 모든 내부 작동과 마이크로 프로세서의 외부 제어선들을 관장한다.

번지 버퍼는 명령어 번지 레지스터(*PC*), 스택 포인터(*SP*), 번지 레지스터(*AR*)들로부터 정보를 받는다. *PC*는 현재의 프로그램 명령어가 위치한 메모리 번지를 갖고 있으며 명령어를 가져 올 때마다 *PC*의 내용이 증가가 된다. *AR*은 메모리로부터 읽혀질 번지를 잠시 저장하는 데 쓰인다. 이 두 레지스터의 기능은 CPU에서 작동의 순서를 나타낼 때 자세히 말했다. *SP*는 메모리 스택과 연결해서 쓰며 그의 기능은 12-5節에서 설명한다. 번지 버스는 프로세서 레지스터의 雙(pair)으로부터 번지 정보를 받을 수 있다. 16비트 번지를 제공하기 위해서 세 쌍이 구성될 수 있는데 구성된 레지스터에 따라서 *BC*, *DE*, *FG*로 표시한다. 각 프로세서 레지스터는 8비트로 나타내고, 그것에 하나 더 추가하므로 16비트인 하나의 레지스터쌍을 이룬다. 때때로 16비트 레지스터 *PC*, *SP*, *AR*을 두 부분으로 나누는 것이 편리할 때가 있다. *H*를 上位 8비트, *L*을 下位 8비트로 나타내면, *PC*(*L*)은 *PC*의 1에서 8번 비트를, *PC*(*H*)는 9에서 16번 비트를 나타낸다.

메모리 사이클

메모리 장치는 RAM과 ROM으로 구성된다. 그것은 그림 12-6에 나타난 바와 같이 번지 버스, 데이터 버스, 리이드, 라이트 제어를 통해서 마이크로 프로세서와 연결된다. 메모리 사이클은 읽거나 적기 위해서 메모리에 액세스(access)하는 데 필요한 시간으로 정의한다.

* 상태 레지스터는 9-7節에서 논했다.

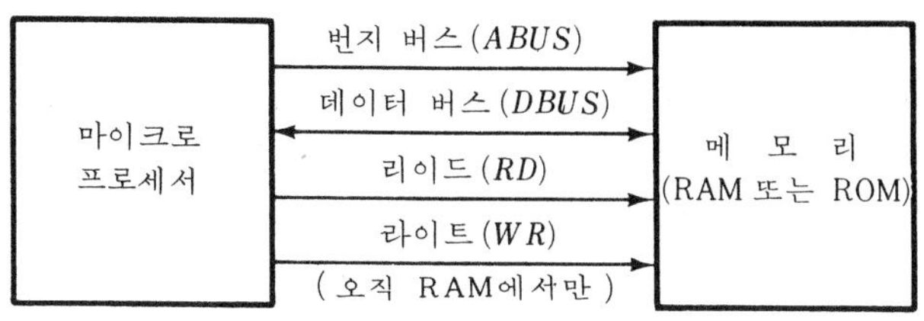

그림 12-6 마이크로 프로세서와 메모리 사이의 통신

1. 리이드 (read) 사이클

리이드 사이클에서 마이크로 프로세서는 *ABUS*에 번지를 올려 놓고 *RD* 신호를 인에이블시킨다. 이 때 메모리는 그 바이트 (byte)를 읽어서 *DBUS*에 올려 놓는다. 그러면 마이크로 프로세서는 바이트를 받아서 내부 레지스터로 그것을 전송한다. 번지는 *AR*에서 나오고 데이터 바이트는 *A*로 전송된다고 가정하고 리이드 사이클을 기호로 표시하면 다음과 같다.

$ABUS \leftarrow AR, RD \leftarrow 1$	읽기 위한 버스 내의 번지
$DBUS \leftarrow M[ABUS]$	바이트를 읽음
$A \leftarrow DBUS, RD \leftarrow 0$	*A*로 바이트를 전송함

먼저, 마이크로 프로세서는 *ABUS*에 메모리 번지를 올려 놓고 리이드를 위한 유효 번지가 있다는 것을 메모리에게 알려 준다. 메모리는 *ABUS*에 의해 주어진 번지에서 바이트를 읽어서 *DBUS*에 올려 놓는다. 그러면 마이크로 프로세서는 *A*로 데이터를 전송한다. 동시에 메모리 전송의 끝을 나타내기 위해서 제어 신호 *RD*를 디제이블시킨다.

위에 열거한 세 작동을 다음과 같이 한 문장으로 표시할 수 있다.

$$A \leftarrow M[AR]$$

2. 라이트 (write) 사이클

라이트 사이클에서, 마이크로 프로세서는 *ABUS*에는 번지를, 그리고 *DBUS*에는 데이터를 올려 놓고 동시에 제어선 *WR*을 인에이블로 만든다. 메모리는 *ABUS*에 명시된 장소에다 *DBUS*의 내용을 적는다. 이 과정을 기호로 나타내면 다음과 같다.

$$ABUS \rightarrow AR, DBUS \leftarrow A, WR \leftarrow 1$$
$$M[ABUS] \leftarrow DBUS, WR \leftarrow 0$$

이 과정은 레지스터 *A*의 내용이, *AR*이 가리키는 번지에 있는 메모리 바이트로 전송되는 과정을 나타낸다. 이것을 한 문장으로 나타내면 다음과 같다.

$M[AR] \leftarrow A$

메모리와 마이크로 프로세서 사이의 정보 전송은 제어 신호와 버스에 실린 정보 사이에 존재해야 하는 어떤 시차 관계에 따라야 한다. 이들 시차 관계는 제품 설명서에 포함된 時差波形에 표시되어 있다. 메모리 사이클의 시간 간격은 마이크로 프로세서의 내부 클럭 주파수와 메모리의 액세스 시간에 좌우된다. 일단 마이크로 프로세서가 번지를 송신하면 마이크로 프로세서는 주어진 시간의 간격 내에 어떤 반응을 예상한다. 프로세서 시간 간격 내에 응답할 수 있는 메모리 장치는 마이크로 프로세서의 메모리 사이클에 의해 직접 제어될 수 있다. 마이크로 프로세서가 느린 메모리와 통신할 경우 허용할 수 있는 클럭 간격보다도 더 긴 액세스 시간이 걸릴 것이다. 이때 느린 메모리를 사용할 수 있기 위해서 마이크로 프로세서는 메모리 액세스가 끝날 때까지 전송을 지연시킬 수 있어야 한다. 메모리의 액세스 시간에 맞추기 위해서 클럭 주파수를 줄여서 클럭 주기를 늘리는 것도 그 한 방법이다. 어떤 마이크로 프로세서는 메모리 사이클 동안에 메모리 액세스를 허용하는 **레디(ready)**라 하는 특별 제어 입력을 가지고 있다. 번지를 보낸 후에 마이크로 프로세서가 메모리로부터 레디 입력을 받지 못하면 레디선이 0 상태에 있는 한 대기 상태로 들어간다. 메모리 액세스가 끝나면 레디선은 메모리가 규정된 전송을 위한 준비가 되었다는 것을 나타내기 위해 1 상태로 된다.

마이크로 프로세서의 順次的 作用

타이밍(timing)과 제어는 마이크로 프로세서에서 내부와 외부 버스, ALU, 그리고 프로세서 레지스터 사이의 전송 순서를 결정한다. **命令語 페치 사이클(fetch cycle)** 동안에 제어 장치는 메모리로부터 명령 코우드를 읽어서 명령어 레지스터에 놓는다. 명령어는 해독되어서 정의된 처리 과정을 거쳐 전송된다.

메모리 참조를 계속할 것인가 하는 것은 해독된 작동 코우드에 달려 있다.

모든 작동 코우드는 한 바이트 길이를 가지며 메모리의 한 바이트에 저장된다고 가정하자. 오퍼란드(operand) 역시 데이터 버스가 8비트 길이이기 때문에 한 바이트 길이를 가진다. 번지는 두 바이트로 명시한다. 이제 서로 다른 구성 길이(format length)를 가진 세 加算命令語를 생각해 보자.

1. **B를 A에 더하라** (add B to A). 이것은 누산기의 현재 내용에 B 레지스터의 내용을 더하는 명령어이다. 명령어를 표시하는 데 필요한 모든 정보는 한 바이트 작동 코우드에 포함되어 있다.
2. **A에 즉치 오퍼란드를 더하라** (add immediate operand to A). 이것은 누산기의 현재 내용에 오퍼란드를 더하는 명령어이다. 오퍼란드 바이트는 메모리에서 작동 코우드 바로 다음에 위치한다. 이 명령어는 두 바이트를 차지한다.

표 12-1 마이크로 프로세서에 관한 전형적인 세 명령어

명 령 어	바이트 1	바이트 2	바이트 3	기 능
Add B to A	작동 코우드	–	–	$A \leftarrow A+B$
Add immediate operand to A	작동 코우드	오퍼란드	–	$A \leftarrow A+$바이트 2
Add operand specified by an address to A	작동 코우드	번지의 상위 반	번지의 하위 반	$A \leftarrow A+M$〔번지〕

3. **A에 번지로 명시한 오퍼란드를 더하라** (add operand specified by an address to A) 이것은 누산기의 현재 내용에 메모리의 어떤 곳에 저장된 내용을 더하는 명령어이다. 오퍼란드의 번지는 작동 코우드의 바로 다음 연속적인 두 바이트에 위치하기 때문에 이 명령어는 세 바이트를 차지한다.

이 세 명령어의 구성과 기능이 표 12-1에 요약되어 있다. 각 명령어는 적어도 한 바이트의 작동 코우드를 가진다. 제어 장치는 첫번째 바이트의 작동 코우드로부터 특정 명령어에 필요한 바이트 數를 알아 내도록 설계한다.

그림 12-7은 세 명령어의 메모리 표시를 나타낸다. 첫 번째 명령어는 8비트 작동 코우드를 가지며 임의로 할당된 81번지에 있다고 가정한다. 다른 두 명령어는 각각 두

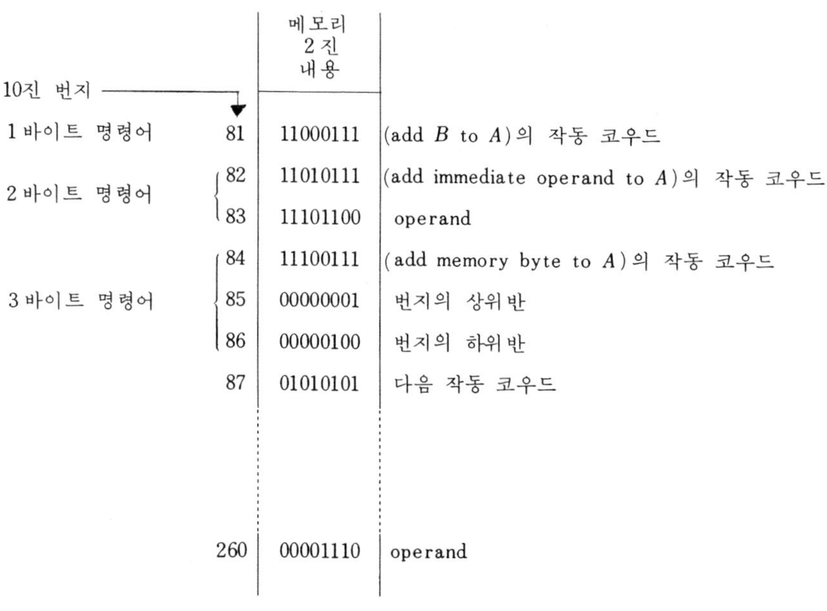

그림 12-7 세 명령어의 메모리 표현

바이트와 세 바이트를 차지한다. 세 번째 명령어의 번지는 260인데, 다음과 같이 85 번지와 86번지의 16비트 2진수로부터 결정된다.

$$(00000001\ 00000100)_2 = (260)_{10}$$

보는 바와 같이 이 명령어의 오퍼란드는 260번지에 있다. 전형적 응용에서 이 세 명령어는 보통 ROM에 위치하며 반면에 260번지에 있는 오퍼란드는 RAM에 있다.

오퍼란드는 계산 과정에서 그 값이 변한다고 가정을 해야 하기 때문에 RAM에 위치해야 한다. 오퍼란드 값이 변하지 않는다면 오퍼란드를 번지와 관련지을 필요가 없다.

그림 12-5의 레지스터와 버스 이름을 참조하면서 각 명령어를 수행하는 데 필요한 작동 순서를 써 보자 *PC*에는 81이 들어 있다고 가정하자.

add *B* to *A* :

$IR \leftarrow M[PC],\ PC \leftarrow PC+1$	작동 코우드 읽음
$T \leftarrow B$	*T*에 *B*를 전송
$A \leftarrow A+T$	*A*에 *T*를 더함

첫 번째 列은 명령어 레지스터 속으로 작동 코우드를 읽어 들이기 위한 명령어 페치 사이클이다. 해독된 작동은 프로세서 레지스터를 명시하기 때문에 *B*의 내용이 *T*로 옮겨져서 가산 작용이 ALU에서 일어난다. *PC*는 증가되었기 때문에 이때 82를 가리키고 있다.

1바이트 명령어는 모든 오퍼란드가 프로세서 레지스터에 있기 때문에 한 메모리 사이클 내에 수행된다. 오퍼란드가 메모리에 있을 때에는 오퍼란드를 읽기 위한 메모리 액세스가 다시 필요하다.

Add immediate operand to A :

$IR \leftarrow M[PC],\ PC \leftarrow PC+1$	작동 코우드 읽음
$T \leftarrow M[PC],\ PC \leftarrow PC+1$	오퍼란드를 읽음
$A \leftarrow A+T$	*A*에 오퍼란드를 더함

첫째 열은 다시 명령어 페치 사이클을 나타내고 *PC*는 증가되어 83을 가진다. 이 번지에서 오퍼란드가 읽혀서 *T*에 위치되고 가산이 ALU에서 수행된다.

명령어가 오퍼란드의 번지를 가지고 있으면 마이크로 프로세서는 명령어를 수행하기 위해서 4개의 메모리 사이클을 거쳐야 한다.

Add operand specified by an address to A :

$IR \leftarrow M[PC],\ PC \leftarrow PC+1$	작동 코우드 읽음
$AR(H) \leftarrow M[PC],\ PC \leftarrow PC+1$	번지의 첫 번째 바이트 읽음
$AR(L) \leftarrow M[PC],\ PC \leftarrow PC+1$	번지의 두 번째 바이트 읽음
$T \leftarrow M[AR]$	오퍼란드를 읽음
$A \leftarrow A+T$	*A*에 오퍼란드를 더함

명령어의 번지 부분은 *AR*에 잠시 저장되며 *AR*에서 형성된 16비트 번지는 오퍼란드를 읽어 오는 데 쓰인다.

메모리 사이클 數가 많으면 처리 시간의 상당량을 소비하기 때문에 마이크로 컴퓨터에 있어서는 바람직하지 못하다. 이것이 16비트 번지 버스를 가진 8비트 마이크로프로세서의 속도를 제한하는 한 요소이다. 메모리에서의 액세스 回數는 16비트 데이터 버스가 쓰인다면 줄어들 수 있다. 16비트 마이크로 프로세서는 8비트 마이크로프로세서에 비해서 메모리 참조 수가 줄어든다. 우리는 8비트 마이크로 프로세서의 작동만을 표시했지만 16비트 데이터 버스에 의한 작동도 비슷하기 때문에 메모리 워드와 프로세서 레지스터에 쓰이는 워어드 길이의 차이점만을 고려하면 된다.

12-4 命令語와 番地指定技法

마이크로 프로세서의 논리적 구조는 제조 회사가 제공하는 안내서에 기술되어 있다. 특정 마이크로 프로세서에 관한 안내서는 CPU의 내부 구조, 入出力 단자의 기능, 그리고 사용자의 입장에서 이용할 수 있는 프로세서 레지스터들에 관해 기술하고 있다. 또한 컴퓨터에서 이용할 수 있는 모든 명령어와 그들의 기능을 설명하여 각 명령어가 상태 비트(status bit)에 어떤 영향을 미치는가도 나타내고 있다. 각 명령어에 대한 코우드는 2진, 8진 혹은 16진수로 표기되어 있다. 대부분의 경우에 8진이나 16진수로 표시되어 있는데, 이유는 2진 표기보다 디지트 갯수가 덜 들기 때문이다. 컴퓨터에 관한 프로그램 작성시 각 명령어는 記號名(symbolic name)으로 표기된다.

비슷한 명령어라 할지라도 명령에 할당된 상징적 명칭과 코우드는 각 마이크로 프로세서마다 다르다. 이런 이유 때문에 다른 종류의 마이크로 프로세서를 쓸 때마다 그 프로세서 명령어의 記號名을 알아야 한다. 마이크로 프로세서마다 명령어 세트가 다르다 하더라도 기본적인 작동을 하는 명령어들이 있는데, 이것들은 모든 마이크로 프로세서에 공통적으로 포함되어 있다.

마이크로 프로세서 命令語의 基本集合

마이크로 프로세서 명령어는 다음 세 가지 유형으로 구분된다.

마이크로 프로세서 命令語의 種類

1. 2진 정보를 변화시키지 않고 레지스터, 메모리 워어드, 그리고 인터페이스 레지스터 사이에서 데이터를 옮기는 전송 명령
2. 레지스터나 메모리 워어드에 저장된 내용에 대해 작업을 수행하는 작동 명령

3. 레지스터에 있는 상태 조건을 조사해서 그 결과에 따라 프로그램 순서의 변경을 야기하는 데 쓰이는 제어 명령

특정 마이크로 프로세서의 명령어 집합은 마이크로 컴퓨터 시스템에서 이용할 수 있는 레지스터-전송 작동과 제어 결정을 나타낸다. 마이크로 컴퓨터에 관한 특별한 프로그램은 그 마이크로 컴퓨터를 실현하는 특정 디지털 시스템에 관한 작동의 순차(sequence of operation)를 열거하는 것과 동일하다.

전송형 명령어는 여러 가지 명칭으로 나타난다. **무우브(move)** 명령어는 出發點에서 行先點으로 데이터를 전송한다. 출발점이나 행선점은 프로세서 레지스터나 메모리 장소, 어느 것일 수도 있다. **로우드(load)**와 **스토어(store)** 명령어는 메모리와 누산기 사이에서 전송이 이루어진다는 점만 제외하고는 move 명령과 비슷하다.

交換(exchange) 命令語는 두 레지스터 사이의 내용 또는 레지스터와 메모리 워어드의 내용을 서로 바꾼다. **푸시(push)**와 **폽(pop)** 명령어는 프로세서 레지스터와 메모리 스택 사이에서 데이터를 전송한다. 입력과 출력 명령어는 프로세서 레지스터와 인터페이스 레지스터 사이에서 정보를 전송한다.

作動型 命令語(operation-type instruction)는 프로세서 레지스터나 메모리 워어드 사이에서 算術的, 論理的, 자리 이동 작동 등을 수행하며 또한 상태나 표시(flag) 비트의 세트, 클리어, 또는 보수 등도 행한다. 전형적 작동 명령어는 加算, 減算, AND, OR, 補數, 그리고 세트 캐리(set carry) 등이다. 대부분의 작동형 명령어는 상태 레지스터의 상태 비트를 바꾸어 놓는다.

制御型 命令語(control instruction)는 의사 결정 능력과 프로그램에 의해 만들어지는 통로를 바꿀 수 있는 능력을 제공한다. 명령어들은 연속된 메모리 장소에 저장되며 순서대로 수행된다. 제어형 명령어는 無條件制御와 條件制御가 있는데, 조건 제어 명령어는 명시한 상태가 감지될 때에만 分岐를 일으키며, 무조건 제어 명령어는 무조건 分岐를 일으킨다. 정상 프로그램 순서에서의 分岐는 프로그램 카운터의 내용을 바꾸어서 다음에 수행될 명령어의 번지를 갖게 함으로써 일어난다.

조건 제어 또는 무조건 제어 명령어에서 세 가지 형태의 제어 명령어가 있다.

1. 점프(jump) 또는 分岐 명령어
2. 서브루우틴 호출과 복귀 명령어
3. 스킵(skip) 명령어

점프나 分岐라는 말은 똑같은 뜻으로 구분 없이 쓰이나 때때로 서로 다른 번지 지정 기법을 나타내는 데 쓰인다. 서브루우틴 호출 명령어와 복귀 명령어는 다음 節에서 설명한다. 스킵 명령어는 프로그램 순서에서 그 다음 번 명령어로 하나 건너뛰는 명령어이다. 스킵 명령어 다음에 分岐 명령어를 두어서 명시된 상태 비트 조건에 따

라서 분기 명령어를 건너뛰거나 분기 명령으로 가거나 두 곳 중 한 곳으로 분기하는 것이 가능하다.

마이크로 프로세서에 관한 命令語

특정 마이크로 프로세서의 명령어 數는 보통 50에서 250개에 이른다. 마이크로 컴

표 12-2 마이크로 프로세서에 관한 명령어의 부분 일람표

16진 코우드	명령어 기호		기 술	기 능*
78	MOV	A, B	B를 A로 옮김	$A \leftarrow B$
3E	MVI	A, D 8	immediate operand를 A로 옮김	$A \leftarrow D8$
7E	MOV	A, FG	레지스터를 통해서 A로 옮김	$A \leftarrow M[FG]$
77	MOV	FG, A	레지스터를 통해서 A를 옮김	$M[FG] \leftarrow A$
3A	LDA	AD16	A에 직접적으로 실음	$A \leftarrow M[AD\,16]$
32	STA	AD16	A를 직접적으로 저장함	$M[AD\,16] \leftarrow A$
01	LXI	FG, D16	레지스터 쌍에 immediate를 실음	$FG \leftarrow D16$
80	ADD	B	A에 B를 더함	$A \leftarrow A+B$
C6	ADI	D 8	A에 immediate operand를 더함	$A \leftarrow A+D8$
86	ADD	FG	레지스터를 통해 간접적으로 A에 더함	$A \leftarrow A+M[FG]$
90	SUB	B	A에서 B를 뺌	$A \leftarrow A-B$
A0	ANA	B	A와 B를 AND함	$A \leftarrow A \wedge B$
B0	ORA	B	A와 B를 OR함	$A \leftarrow A \vee B$
04	INR	B	B를 증가시킴	$B \leftarrow B+1$
05	DCR	B	B를 감소시킴	$B \leftarrow B-1$
03	INX	BC	레지스터 쌍 BC를 증가시킴	$BC \leftarrow BC+1$
0B	DCX	BC	레지스터 쌍 BC를 감소시킴	$BC \leftarrow BC-1$
2F	CMA		A를 보수 취함	$A \leftarrow \bar{A}$
07	RLC		carry를 통해 A를 왼쪽으로 돌림	$A \leftarrow$ clc A
0F	RRC		carry를 통해 A를 오른쪽으로 돌림	$A \leftarrow$ crc A
37	STC		carry bit를 1로 set함	$C \leftarrow 1$
C3	JMP	AD16	무조건 점프	$PC \leftarrow AD16$
DA	JC	AD16	carry에 의한 점프	$(C=1)$이면 $(PC \leftarrow AD16)$
C2	JNZ	AD16	0이 아니면 점프함	$(Z=0)$이면 $(PC \leftarrow AD16)$
CD	CALL	AD16	서브루우틴 호출	$stack \leftarrow PC$, $PC \leftarrow AD16$
C9	RET		서브루우틴에서 복귀	$PC \leftarrow stack$
76	HLT		프로세서를 정지시킴	

* A = 누산기 레지스터 ; B = B 레지스터 ; FG = 레지스터 쌍 F와 G; BC = 레지스터 쌍 B와 C; $D8$ = 8 비트 데이터 operand (1 바이트) ; $D16$ = 16 비트 데이터 operand (2바이트) $AD16$ = 16 비트 번지 (2 바이트)

퓨터에 관한 프로그램을 작성하는 사람은 이들 명령어를 기억해야 한다. 그림 12-5의 마이크로 프로세서에 대해 구성한 명령어가 표 12-2에 나타나 있다. 이 명령어들은 전송, 작동, 제어형 명령어의 예를 들기 위해서 세 부분으로 나뉘어져 있다.

표에 있는 16진수 코우드는 명령어에 할당된 8비트 작동 코우드에 해당하는 2자리 數이다(16진수 디지트에 해당하는 4비트 표시가 표 1-1에 있다). 각 명령어를 나타내는 상징적 명칭은 2에서 4문자로 구성되며, 바로 이어서 레지스터, 오퍼란드, 메모리 번지를 나타내는 기호들이 따른다. 표의 기술란은 말로 명령어를 설명하고 있으며 기능란은 레지스터-전송문으로 명령어를 정확하게 정의한다. 컴퓨터 명령어는 컴퓨터에 관한 매크로 작동(macrooperation)을 표시하며 레지스터-전송 방법과 같이 적절한 文으로 기호화할 수 있다는 점을 유의하여야 한다. 그러나 여러 가지 이유 때문에 컴퓨터 명령어는 표의 두 번째 란과 같이 특정 기호로 표시되고 있다. 이 기호는 컴퓨터 제작자가 제공하고 있으며 각 컴퓨터마다 다르게 표시하는 경향이 있다.

표 12-2의 처음 네 명령어는 주어진 출발점에서 주어진 行先點으로 정보를 전송하는 move 명령어이고, 그 다음 세 명령어는 비슷한 기능을 가진 load와 store 명령어이다. 몇 개의 대표적인 작동형 명령어가 표의 둘째 부분에 실려 있고 마지막 부분은 제어 명령어가 몇 개 실려 있다.

레지스터-間接 命令語인 move

MOV A, FG

위의 명령은 $A \leftarrow M[FG]$의 레지스터 전송 작동을 나타낸다. 이것은 FG 레지스터가 가리키는 번지의 내용을 레지스터 A에 전송한다. 이것을 레지스터 간접 명령어라 부르는데, 그 이유는 레지스터 FG가 오퍼란드 자체를 나타내기 보다는 오퍼란드가 들어 있는 번지를 가리키기 때문이다.

直接 load 命令語

LXI FG, D16

위의 명령은 $FG \leftarrow D16$의 레지스터 전송 작동을 나타낸다. $D16$은 번지를 나타내는 두 바이트 숫자이다. 이 명령어는 레지스터 FG에 번지를 전송하는 데 주로 쓰인다. 이 경우 FG 레지스터는 데이터 카운터의 역할을 하거나 오퍼란드가 들어 있는 메모리의 번지를 나타내는 포인터 역할을 한다.

FG가 레지스터 增加 命令語에 의해 增加되는 경우

INX FG

위 명령은 $FG \leftarrow FG+1$의 레지스터 전송 작동을 나타낸다. 이 방법에 의해 프로그래머가 메모리에 데이터를 연속적으로 저장시켰을 경우, 연속적으로 가리킬 수 있는 데이터 카운터 또는 포인터의 역할을 할 수 있다.

작동 명령어는 산술적, 논리적, 그리고 자리 이동 작동을 수행하며 표시한 *B* 레지스터 대신에 *C, D, E, F, G* 중의 하나를 명시함에 의해서 같은 종류의 명령어를 여러 개 구성할 수 있다. 레지스터 쌍 *BE, DE, FG*도 같은 방법으로 쓸 수 있다.

표에서 마지막 여섯 명령어는 제어 명령어이다. 점프(jump)와 호출(call) 명령어는 *AD*16으로 표시된 16비트 번지가 필요하다. 귀환(return) 명령어와 정지(halt) 명령어는 1바이트 명령어이다. *AD*16이나 *D*16을 가진 명령어는 3바이트 명령어이고 *D*8을 가진 명령어는 2 바이트 명령어이다. 나머지 명령어들은 레지스터를 명시하거나 명시하지 않은 1바이트 명령어들이다.

컴퓨터의 명령어 세트를 인식하는 가장 좋은 방법은 의미 있는 데이터 처리 작업을 수행하는 프로그램을 쓰는 것이다. 마이크로 컴퓨터 시스템에 관해 작성된 프로그램은 10章에서 설명된 바와 같이 디지털 시스템에 관한 마이크로 프로그램을 작성하는 것과 똑같은 논리적인 타당성을 내포하는 것이 필요하다.

番地指定技法(addressing modes)

명령어 작동 코우드는 메모리에서 읽혀서 CPU의 제어 장치에 놓여지며 수행되어질 작동을 나타낸다. 제어 장치는 작동이 수행되기 위해서는 오퍼란드의 위치를 알아야 한다. 오퍼란드는 프로세서 레지스터, 어느 곳에든지 위치할 수 있다. 프로그램 수행 중에 오퍼란드가 결정되는 방법은 명령어의 번지 지정 기법에 달려 있다. 대형 컴퓨터에서는 명령어의 번지 지정 기법이 작동 코우드와 같이 2진 코우드로 표시된다. 8비트 마이크로 프로세서에서 명령어의 처음 바이트는 오퍼란드와 명령어의 기법 모두를 나타내는 결합된 2진 코우드이다. 명령어 페치 사이클 동안에 명령어 레지스터에 놓여진 이 바이트는 수행되어야 할 작동과 오퍼란드가 위치한 장소로 가는 방법을 결정하기 위해 해독된다.

동일한 작동에 관한 3개의 번지 지정 기법의 예를 표 12-1에서 찾아볼 수 있다. 표에서 add-to-*A* 명령어에 관한 세 형태의 번지 지정 기법을 정의하고 있다. 다른 번지 지정 기법을 표기함으로써, 오퍼란드는 레지스터, 即値 오퍼란드 (immediate operand) 또는 메모리 번지에 의한 특정 오퍼란드를 참조할 수 있다. 오퍼란드를 찾는 여러 방법을 제공하기 위해서 동일한 작동에 관한 다양한 번지 지정 기법을 쓸 수 있다. 익숙하지 않은 사용자에게는 다양한 번지 지정 기법이 아주 복잡하게 보일지는 모르나 다양한 번지 지정 구조는 명령어의 갯수와 수행 시간의 관점에서 보다 효과적인 프로그램을 작성할 수 있도록 하는 탄력성을 제공한다.

참고로 앞 章에서 논의된 여러 번지 지정 기법을 요약한다.

1. **暗示的 技法**(implied mode) : 이 기법에서 오퍼란드는 명령어의 정의시에 암시적

으로 명시된다. 이런 유형은 1바이트 명령어이다. 예를 들면, "**누산기를 보수화하라**"는 명령어는, 누산기에 들어 있는 오퍼란드가 이 명령어를 정의할 때 암시적으로 지정하기 때문에 **암시적 기법 명령어**라 한다. 여기서 누산기 레지스터를 암시하고 있다.

2. 레지스터 **技法**(register mode) : 이 기법에서 오퍼란드는 CPU 내의 어느 레지스터들 중에 존재한다. 레지스터 기법 명령어는 1바이트 명령어로서 메모리 참조 없이 CPU 내에서 수행한다.

3. 레지스터-**間接技法**(register-indirect mode) : 이 기법에서 명령어는, 메모리에 있는 한 쌍의 레지스터를 명시한다. 이 기법은 오퍼란드가 메모리에 있음에도 불구하고 1바이트 명령어를 쓴다. 이 기법의 명령어를 쓰기 전에 프로그래머는 오퍼란드의 번지를 전송형 명령어에 의해서 미리 프로세서 레지스터에 갖다 두어야 한다.

4. 이미디에트 **技法**(immediate mode) : 이 기법에서 오퍼란드는 명령어 자체 내에 표시한다. 8비트 마이크로 프로세서에서 오퍼란드는 작동 코우드 바로 다음 장소에 들어 있다. 16비트 오퍼란드일 경우는 3바이트 명령이 된다.

5. **直接 番地指定 技法**(direct-addressing mode) : 이 기법에서는, 오퍼란드는 메모리에 위치하고 있으며 그것의 번지가 명령어의 번지 부분에 곧바로 주어진다. 16비트 번지선을 가진 8비트 마이크로 프로세서에서, 이 기법의 명령어는 3바이트로 구성된다. 더 큰 메모리 워어드를 가지고 있는 컴퓨터에서는, 번지 부분은 오퍼란드와 1개 메모리 워어드가 되도록 全命令語를 演算과 모우드 코우드 비트(mode code bit)로 결합한다. 대부분의 직접 기법 명령어에서 또 다른 오퍼란드들을 프로세서 레지스터에 있는 것으로 가정한다. 1개 이상의 오퍼란드가 메모리에 있다면, 명령어는 그들의 번지를 표시하기 위해서 추가의 번지를 가져야 한다.

16비트 번지를 가진 어떤 8비트 마이크로 프로세서는 번지를 명시하는 데 오직 1바이트만이 필요한 특별한 직접-번지 지정 기법을 갖고 있다. 그런 마이크로 프로세서는 2^{16}바이트의 메모리를 페이지(page)라 부르는 블록으로 나눈다. 각 페이지는 보통 연속적인 위치에 있는 메모리 공간의 256바이트로서 구성한다. 페이지의 번지는 8개의 上位 비트로 명시되며, 8개 下位 비트는 그 페이지 내의 바이트를 가리킨다. 따라서 64K 메모리는 각각 256바이트의 256페이지로 나누어질 수 있다. 첫 번째 페이지를 0페이지, 마지막을 255페이지라 한다. 페이지 분할 구성에 의해서 직접 번지 지정 기법에서 다양한 방법으로 발전시킬 수 있다.

6. **零-페이지 番地技法**(zero-page addressing) : 이 방법은 명령어의 번지 부분이 오직 1바이트만을 갖고 있다는 점을 제외하고는 직접-번지 지정 기법과 비슷하다. 이 기법의 명령어는 메모리에 번지의 하위 8비트를 명시한 두 번째 바이트를 가진 2바이트

명령어이다. 번지의 상위 8비트는 항상 모두 0인 것으로 간주한다. 이 기법은 '0'-페이지로 정의된 메모리의 가장 낮은 256 바이트의 번지까지만 지정하는 제한을 받는다.

7. **現-페이지 番地指定** (present-page addressing) : 이 기법은 오퍼란드를 그 명령어가 위치하고 있는 페이지 내에 있다고 가정한다. 명령어 번지 레지스터는 항상 다음 명령어의 번지를 갖고 있기 때문에 상위 8비트는 현재 페이지 번호를 갖고 있다. 이 번지 지정 기법은 8비트 번지 부분을 가진 2바이트 명령어를 쓴다. 오퍼란드의 번지는 다음과 같이 명령어의 번지 부분과 페이지 번호를 연결해서 얻는다. 오퍼란드의 16비트 번지는 다음과 같이 계산된다.

$$PC(H) + AD8$$

$PC(H)$는 PC의 상위 8비트를 나타내고 $AD8$은 명령어의 8비트 번지를 나타낸다. 이와같이 $PC(H)$가 상위 8비트를 구성하고 $AD8$이 하위 8비트를 구성함에 의해서 16비트 오퍼란드의 번지를 만든다.

8. **相對的 番地指定** (relative addressing) : 이 기법은 페이지 경계에 구애를 받지 않는다는 점을 제외하고는 現-페이지 기법과 비슷하다. 이 기법의 명령어는 두 바이트 명령어이며, 두 번째 바이트가 −128에서 +127 사이의 부호를 가진 數이다. 즉 부호-2의 보수 (sign 2's-complement)의 형태로 數를 표시한다. 오퍼란드의 16비트 번지는 다음과 같이 프로그램 카운터의 내용에 명령어 중의 부호를 가진 8비트 번지를 더해서 얻어진다.

$$PC + AD8$$

이 기법은 오퍼란드(또는 상대적 分岐 명령어가 制御權을 넘길 장소)가 다음 명령어의 위치에서 127과 −128 바이트 내의 범위에 있어야 한다. PC의 16비트 전부를 계산에 사용하기 때문에 상대적 기법에서 페이지 경계는 큰 문제가 되지 않는다.

9. **實效番地** (effective address) : 명령어의 번지 부분은 메모리에서 오퍼란드를 얻기 위해 CPU에 있는 제어 장치에 의해 쓰인다. 때때로 이 번지는 오퍼란드의 번지이지만 때로는 이것에서 오퍼란드의 번지가 계산될 번지에 불과할 때도 있다. 컴퓨터는 오퍼란드의 번지를 계산하기 위해 여러 가지 번지 지정 기법을 사용한다. 이들 여러 가지 번지 지정을 구별하기 위해서 명령어에서 주어진 번지와 명령어가 수행될 때 제어장치에 의해 사용되는 실제적인 번지를 구별해야만 한다. 오퍼란드의 번지, 또는 점프 (jump), 分岐, 호출 명령어에 의해서 분기할 번지를 實效番地 (effective address)라 한다. 예를 들어 직접 기법 명령어에서 실효 번지는 명령어의 번지 부분과 같다. 상대적 기법에서 실효 번지는 PC의 값에 명령어의 번지 부분을 더해서 계산된다.

위에서 논의된 번지 지정 기법의 마지막 4개의 실효 번지 계산 과정이 표 12-3에 실려 있다. 또 마이크로 프로세서와 대형 컴퓨터에서도 흔히 발견할 수 있는 다른 다섯 가지의 번지 지정 기법도 실려 있다. *AD*8은 1바이트 번지를, *AD*16은 2바이트 번지를 나타내며 *XR*은 인덱스(지표) 레지스터(index register)이다. *XR*은 번지를 저장하기 위해서 많은 컴퓨터에서 사용되고 있는 CPU 레지스터이다. *XR*에 저장된 번지는 지표 번지 지정 기법의 명령어에서 사용될 수 있다. 먼저 전송형 명령에 의해서 *XR*에 번지를 저장한다. 계산된 실효 번지는 오퍼란드를 읽기 위한 메모리 액세스에 사용되거나 제어형 명령어에서 분기 번지로 사용된다. 표에 기재된 다른 번지 지정 기법은 아래에서 설명된다.

표 12-3 여러 번지 지정 방식의 실효 번지 계산

번지 지정 방식	실효 번지	설 명
직접	*AD*16	명령어의 16비트 번지 부분
영-페이지	*AD* 8	명령어의 8비트 번지 부분
현-페이지	*PC* (*H*) + *AD* 8	*AD* 8과 연결되는 *PC*의 상위 8비트
상대적	*PC* + *AD* 8	부호를 가진 *AD* 8과 *PC*의 내용을 더함
지표	*XR* + *AD*16	*AD*16과 *XR*의 내용을 더함
기준레지스터	*XR* + *AD* 8	*AD* 8과 *XR*의 내용을 더함
간접	*M*〔*AD*16〕	*AD*16에 의해 주어진 장소에 저장된 번지
지표-간접	*M*〔*XR* + *AD* 8〕	(*XR*+*AD* 8) 장소에 저장된 번지
간접-지표	*M*〔*AD* 8〕+ *XR*	장소 *AD* 8에 저장된 번지와 *XR*의 내용을 더함

10. 인덱스 **番地 指定** (indexed addressing) : 이 기법의 명령어는 16비트 번지를 가진 3바이트 명령어이다. 실효 번지를 얻기 위해서 이 명령어의 번지 부분이 인덱스 레지스터에 있는 현재 값에 더해진다. 종종 인덱스 레지스터는 프로그램 루우프 수행을 쉽게 하거나 메모리에 저장된 데이터표의 액세스를 쉽게 하기 위해서 증가되거나 감소되어진다.

11. **基準** 레지스터 **番地指定** (base-register addressing) : 이 기법은 명령어의 번지 부분이 완전한 번지를 표시하기 위해 필요한 비트 數보다 적은 數의 비트로 구성되어 있다는 점을 제외하고는 지표 번지 지정 기법과 똑같다. 실효 번지는 인덱스 레지스터의 내용에 명령어에 있는 부분 번지를 더해서 얻어진다. 이 기법에 사용되는 레지스터를 **기준 레지스터(base register)**라 부른다. 기준 레지스터는 기준 번지를 갖고 있고, 명령어에 있는 번지는 기준 번지에 대해서 변위(displacement)를 나타낸다.

12. **間接 番地指定** (indirect addressing) : 이 기법에서 명령어의 번지 부분은 실효 번지가 저장된 장소의 번지를 나타낸다. 제어 장치는 명령어의 번지 부분을 읽어서 이것을 실효 번지를 읽기 위한 메모리 번지로 사용한다. 이 실효 번지는 오퍼란드를 읽기 위한 메모리 번지로 사용된다. 제어형 명령어에서는 실효 번지가 분기 번지로 사

용된다.

13. **指標-間接番地指定** (indexed-indirect addressing) : 실효 번지가 저장된 장소를 찾기 위해서 명령어의 번지 부분이 지표 레지스터의 내용에 더해지는 것을 제외하고는 간접 번지 지정 기법과 같다.

14. **間接-指標番地指定** (indirect-indexed addressing) : 실효 번지를 얻기 위해서 명령어의 번지 부분에 명시된 번지에 저장된 값이 지표 레지스터의 값에 더해진다.

12-5 스택(stack), 서브루우틴(subroutines), 인터럽트(interrupt)

메모리 스택(stack)은 많은 컴퓨터에서 사용하고 있는 아주 유용한 레지스터이다. 스택은 가장 나중에 저장한 것을 가장 먼저 꺼내는 **後入先出** (last-in first-out, LIFO) 메모리 장치이다. 스택의 작동은 가장 나중에 놓여진 쟁반이 가장 먼저 꺼내지는 쟁반 더미에 비유되기도 한다.

스택은 다방면의 응용에 쓰이며 그의 구조는 많은 데이터 처리 작업을 쉽게 해 준다. 예를 들면, 탁상용 전자 계산기나 컴퓨터에서 스택은 수식의 계산을 쉽게 해 준다. 또한, 서브루우틴과 인터럽트를 처리하는 데도 많이 사용한다.

메모리 스택(memory stack)

메모리 스택은 근본적으로 사용 후에는 항상 증가되거나 감소되는 번지에 의해 액세스(access)할 수 있는 메모리 장치의 일부분이다. 스택에 관한 번지를 갖고 있는 레지스터는 그의 값이 항상 스택의 맨 꼭대기 항목을 가리키고 있기 때문에 **스택 포인터** (stack pointer, *SP*)라 부른다. 스택의 작동에는 데이터를 揷入하거나 抽出하는 두 가지가 있다. 삽입 작동을 **푸시**(**push**)라 부르는데, 스택의 꼭대기에 새로운 데이터를 삽입한다. 추출 작동은 **폽**(**pop**)이라 부르는데, 스택의 꼭대기에 있는 데이터를 꺼낸다. 이러한 작동은 *SP*(stack pointer)를 증가시키거나 감소시킴에 의해서 행해진다.

스택은 메모리에 있지 않고 마이크로 프로세서 내에 있을 수도 있다. 이 경우에 스택은 레지스터로 구성되는데, 이것을 **레지스터 스택**(**register stack**)이라 부른다. 레지스터 스택의 크기는 스택이 갖고 있는 레지스터 數에 의해 제한받는다. 메모리 스택은 얼마든지 커질 수 있으며 필요하다면 全메모리를 스택으로 쓸 수도 있다. 레지스터 스택은 푸시와 폽이 메모리 참조 없이 마이크로 프로세서 내에서 수행된다는 것을 제외하고는 메모리 스택과 구조가 같기 때문에 스택이 메모리에 있다고 가정하고 설명해 나가겠다.

그림 12-8은 스택으로 조직된 메모리 장치의 일부분이다. 스택 포인터 레지스터 *SP*

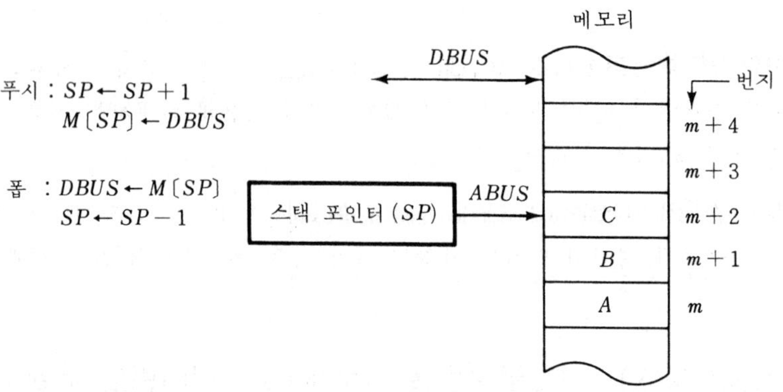

그림 12-8 메모리 스택 작동

는 현재 스택의 맨 꼭대기에 있는 항목의 번지와 같은 2진수 값을 가리키고 있다. 현재 3개의 연속 번지 m, $m+1$, $m+2$에 A, B, C 3개의 데이터가 저장되어 있다.

번지 $m+2$에 있는 C가 스택의 꼭대기이므로 SP의 내용에는 $m+2$를 갖고 있다. 팝에서, 꼭대기의 데이터를 꺼내기 위해서 번지 $m+2$에서 데이터를 읽고 SP를 감소시킨다. 이제 SP가 $m+1$로 되기 때문에, 데이터 B가 스택의 꼭대기가 된다. 푸시에서는 새로운 데이터를 삽입시키기 위해서 먼저 SP를 1 증가시키고 스택의 꼭대기에 새로운 데이터를 적어 넣는다. 데이터 C가 읽혀졌다고 해서 물리적으로 제거된 것은 아니다. 그러나 스택이 삽입 작동을 할 때 새로운 데이터가 전내용에 관계 없이 스택에 쓰여지기 때문에 중요한 문제는 아니다.

마이크로 프로세서에서 스택 포인터의 위치는 **그림 12-5**의 블록도에서 발견할 수 있다. SP는 번지 버스인 $ABUS$를 통해서 메모리에 대한 번지를 명시할 수 있다. 데이터는 $DBUS$를 통해서 메모리 스택과 마이크로 프로세서 사이에서 전송된다. 스택 작동을 위한 의미 있는 레지스터-전송문을 쓰기 위해서, 데이터는 A 레지스터를 통해서 전송되는 것으로 가정한다.

푸시 A는 다음과 같이 정의한다.

$$SP \leftarrow SP+1$$
$$M[SP] \leftarrow A$$

스택의 다음 빈 장소를 가리키기 위해서 SP가 증가되면 A 레지스터의 내용이 $DBUS$에 실리고, SP의 내용이 $ABUS$에 실린 다음, 라이트 작동이 시작된다. 이것은 스택의 꼭대기에 A의 내용이 삽입되고, SP는 그 위치를 가리킨다.

팝 A 작동은 다음과 같이 정의된다.

$$A \leftarrow M[SP]$$

$SP \leftarrow SP-1$

SP의 내용이 $ABUS$에 실리고 RD(read) 작동이 시작된다. 메모리는 주어진 번지의 내용을 읽어서 그것을 $DBUS$에 놓는다. 마이크로 프로세서는 $DBUS$로부터 데이터를 받아서 A 레지스터로 전송한다. 그리고 SP는 스택의 새로운 꼭대기를 가리키기 위해 1 감소된다.

푸시 또는 폽에 대한 스택의 두 작동은 ① SP를 통한 메모리로의 액세스 ② SP조정이다. 두 작동 중 어느 것을 먼저 할 것인가, 그리고 SP의 조정을 감소에 의할 것인가, 증가에 의할 것인가, 하는 문제는 스택의 구조에 달려 있다. 그림 12-8의 스택은 메모리 번지를 증가시킴에 의해 크기가 커진다. 스택은 메모리 번지를 감소시킴에 의해 크기를 증가시킬 수도 있다. 이 경우에 SP는, 푸시 작동 때는 감소되고, 폽 작동 때는 증가된다. 스택은 SP가 스택의 꼭대기 다음의 빈 장소를 가리키도록 구성될 수가 있는데, 이런 경우에는 SP 조정과 메모리 액세스 순서가 바꾸어야 한다. 마지막의 것은 그림 11-19에서 정의된 레지스터 스택에 관해서 그림 11-20에서 설명되었다.

SP는 전송형 명령어에 의해 初期値가 주어진다. 초기치는 메모리에 관련된 스택의 **根底番地**(**bottom address**) 여야 한다. 이 때부터 푸시나 폽이 일어날 때마다 SP는 자동적으로 증가되거나 감소된다. 메모리 스택의 장점은 스택 번지를 항상 이용할 수 있으며 스택 포인터가 자동적으로 조정되기 때문에 프로세서는 번지를 명시할 필요 없이 스택을 사용할 수 있다는 점이다. 이런 이유 때문에 **스택 작동을 포함하는 명령어를 0 번지**(**zero address**) **또는 暗示的**(**implied**) **命令語**라 한다.

서브루우틴 (subroutine)

서브루우틴은 주어진 작업을 수행하는 독립된 명령어의 연속이다. 프로그램의 정상 수행 도중에 서브루우틴은 主프로그램의 여러 곳에서 그의 기능을 수행하기 위해 호출될 수 있다. 서브루우틴이 호출될 때마다 서브루우틴의 처음으로 分岐가 일어나며, 서브루우틴이 다 수행된 후에는 다시 主프로그램으로의 분기가 일어난다. 서브루우틴으로의 분기와 主프로그램의 歸還은 공통 작동이기 때문에 모든 프로세서는 이 작동들을 쉽게 해주는 특별 명령어를 갖고 있다.

서브루우틴으로 制御權을 넘겨 주는 가장 일반적인 명령어의 명칭으로 **서브루우틴 呼出**(**call subroutine**), **서브루우틴으로 점프**(**jump to subroutine**), **서브루우틴으로 分岐**(**branch to subroutine**) 등이 있다. 서브루우틴 호출 명령어는 서브루우틴의 시작을 나타내는 번지와 작동 코우드로 구성된다. 이 명령어는 다음 두 작업을 수행한다. ① 서브루우틴의 처음으로 제어권을 넘기고, ② 호출 프로그램의 다음 명령어의 번지가 귀환 번지로서 一時的 場所에 저장된다. **서브루우틴으로부터 歸還**(**return from subroutine**)이라 부르는 서브루우틴의 마지막 명령어는 지금의 호출 명령어 바로 다음 명령어로

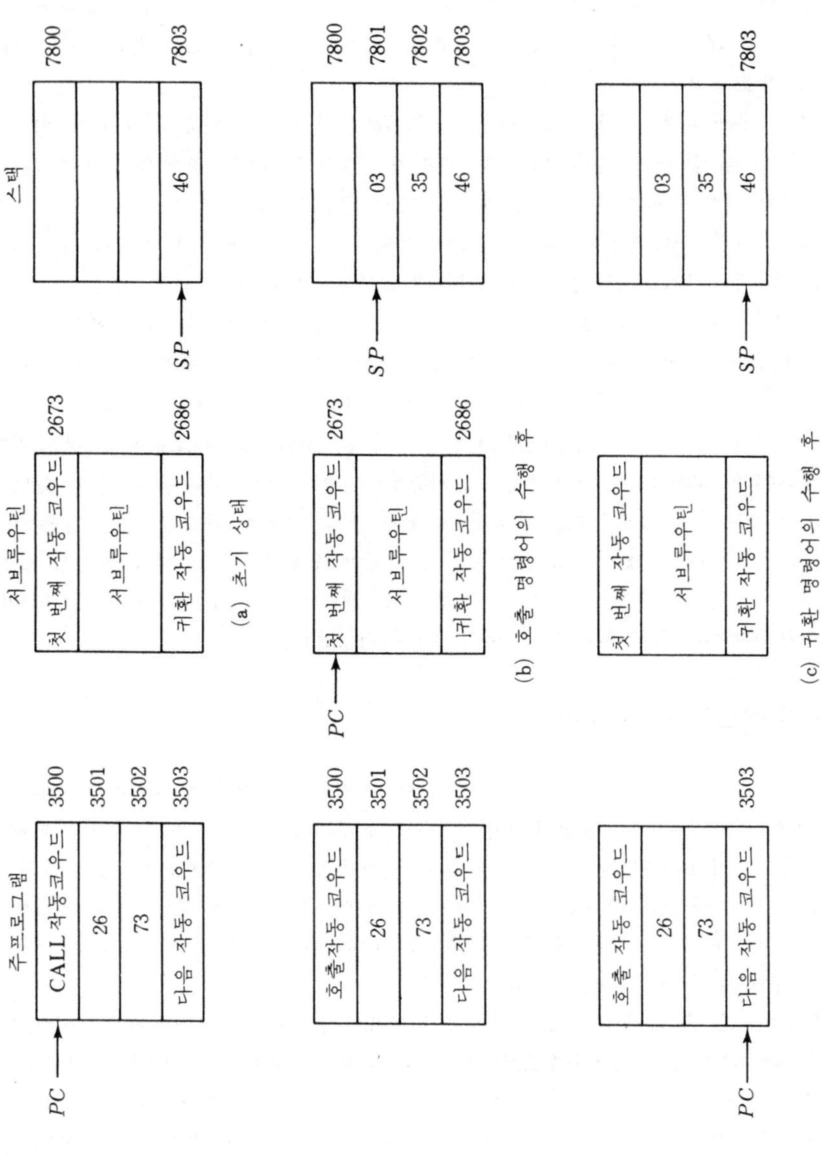

그림 12-9 서브루우틴 호출과 서브루우틴으로부터 귀환 명령어의 예

제어권을 다시 넘긴다. 보통 서브루우틴으로부터 歸還이라 하는 각 서브루우틴의 마지막 명령어는 일시적 장소에 저장되어 있는 번지를 원래 가지고 있던 호출 프로그램으로 명령어의 제어권을 넘겨 준다.

마이크로 프로세서는 서브루우틴을 처리할 때 귀환 번지를 저장하기 위해서 스택을 사용한다. 즉 서브루우틴이 불릴 때마다 귀환 번지를 스택에 푸시한다. 서브루우틴으로부터 귀환 명령어는 귀환 번지를 읽기 위해서 스택을 폽(pop)시키고 이 번지에 있는 프로그램에게 제어권을 넘겨 준다.

그림 12-9는 8비트 마이크로 프로세서의 서브루우틴 호출과 귀환 과정을 알기 쉽도록 예로서 설명하고 있다. 主프로그램이 집행되면서 PC는 3500번지에 있는 명령어를 가리키고 있다. 서브루우틴은 2673번지에서 시작하며 스택의 꼭대기는 7803으로 SP에 의해 명시되어 있다. 이것은 **그림 12-9(a)**에 모든 값이 16진수로 나타나 있다. 서브루우틴 호출 명령어는 작동 코우드와 2바이트의 번지로 구성되어 있다. 2686번지에 있는 서브루우틴 중의 마지막 명령어는 서브루우틴으로부터 귀환의 작동 코우드이다. 스택의 꼭대기 메모리 내에는 현재 16진수 46을 갖고 있다.

主프로그램에서 서브루우틴 호출 명령어는 다음과 같이 수행된다. ① 명령어의 번지 부분 내용 2673이 PC로 전송된다. ② 主프로그램에의 귀환 번지 3503이 스택에 푸시한다. 이들 두 작동의 결과가 **그림 12-9(b)**에 나타나 있다. 여기서 PC는 서브루우틴의 첫 명령어가 있는 2673을 가리킨다. 귀환 번지 3503이 스택에 푸시되며 메모리의 두 바이트를 차지한다. 여기서 PC가 서브루우틴의 첫 번째 명령어를 가리키기 때문에 컴퓨터는 서브루우틴 내의 명령어들을 수행해 나아간다.

서브루우틴의 2686번지의 마지막 명령어에 도달했을 때, 컴퓨터는 스택의 꼭대기 두 바이트를 폽해서 서브루우틴으로부터 귀환 명령어를 집행하고, 그들을 PC에 갖다 놓는다. 이 상황이 **그림 12-9(c)**에 나타나 있다. 이제 PC는 主프로그램의 수행을 계속하기 위해서 3503을 갖게 되고 SP는 처음 위치로 되돌아가 7803번지를 가리키고 있다.

그림 12-5의 마이크로 프로세서는 다음과 같이 여섯 내부 작동과 다섯 메모리 사이클을 거쳐서 서브루우틴 호출(call-to-subroutine) 명령어를 수행한다.

$IR \leftarrow M[PC],\ PC \leftarrow PC+1$	작동 코우드를 읽음
$AR(H) \leftarrow M[PC],\ PC \leftarrow PC+1$	번지의 첫 번째 바이트를 읽음
$AR(L) \leftarrow M[PC],\ PC \leftarrow PC+1$	번지의 두 번째 바이트를 읽음
$SP \leftarrow SP+1,\ M[SP] \leftarrow PC(H)$	귀환 번지의 첫 번째 바이트를 푸시
$SP \leftarrow SP+1,\ M[SP] \leftarrow PC(L)$	귀환 번지의 두 번째 바이트를 푸시
$PC \leftarrow AR$	서브루우틴 번지로 분기함

서브루우틴으로부터 귀환 명령어는 세 메모리 사이클과, PC와 SP의 조정을 수행

한다.

$IR \leftarrow M[PC],\ PC \leftarrow PC+1$	작동 코우드를 읽음
$PC(L) \leftarrow M[SP],\ SP \leftarrow SP-1$	번지의 두번째 바이트들 폽
$PC(H) \leftarrow M[SP],\ SP \leftarrow SP-1$	번지의 첫 번째 바이트들 폽

귀환 번지를 저장하기 위한 스택 사용의 장점은 서브루우틴이 호출될 때 귀환 번지가 스택에 자동적으로 푸시되고, 귀환 번지가 저장된 장소에 관해 프로그래머가 관심을 갖지 않아도 된다는 점이다. 또 다른 서브루우틴이 현재 서브루우틴에 의해 호출될 경우 새로운 귀환 번지가 스택에 푸시된다. 서브루우틴으로부터 귀환 명령어는 귀환 번지를 얻기 위해 스택을 자동적으로 폽(pop)한다.

인터럽트(interrupt, 介入 혹은 가로채기)

프로그램 인터럽트의 개념은 컴퓨터가 정상 프로그램 순차를 벗어나도록 하는 프로그램의 다양성을 처리하는 데 사용된다. 프로그램 인터럽트는 외부적으로 발생되는 제어 신호의 결과에 따라 프로그램에서 서어비스 프로그램으로 제어권을 넘겨 주도록 한다. 그림 12-4에 인터럽트 이름이 붙은 제어선이 있다. 각 인터페이스 모듀울은 이 線에 신호를 보냄에 의해 마이크로 프로세서의 정상 작동에 인터럽트를 걸 수 있다. 이 인터럽트는 서어비스 요청이거나 인터럽트에 의해 전에 수행된 서어비스의 회답인 것이다.

예로서, 프린터로 출력할 많은 데이터를 처리하는 마이크로 컴퓨터를 생각해 보자. 마이크로 프로세서는 단지 몇 클럭 펄스만에 한 바이트의 데이터를 출력할 수 있지만, 프린터는 그 바이트에 해당하는 문자를 인쇄하는 데 많은 클럭 펄스가 걸린다. 그러므로 프로세서는 프린터가 다음 바이트를 받아들일 때까지 아무 일도 하지 않고 기다려야만 한다. 만일 인터럽트 기능이 있으면 프로세서는 한 바이트를 출력하고 다음 인터럽트가 걸릴 때까지 다른 데이터 처리 작업 수행을 계속할 수 있다. 프린터가 다음 바이트를 받아들일 준비가 되었을 때 인터럽트 제어선을 통해서 인터럽트를 마이크로 프로세서에 요청한다. 마이크로 프로세서가 인터럽트를 인지할 때 현재 수행중인 프로그램을 중단하고 다음 데이터 바이트를 출력시키는 서어비스 프로그램으로 分岐한다. 데이터를 프린터에게 보낸 후 그 문자가 인쇄될 동안에 프로세서는 인터럽트당한 프로그램으로 되돌아가 그 프로그램을 계속 수행한다.

인터럽트 절차는 명령어가 아닌 외부 신호에 의해 분기가 일어난다는 점을 제외하고는 원리적으로 서브루우틴 호출과 동일하다. 서브루우틴 호출과 마찬가지로 인터럽터時에도 스택에 귀환 번지를 저장한다. 서브루우틴 호출 명령어에서 서브루우틴에 대한 분기 번지가 제공되었는데, 인터럽트 절차에서도 마찬가지로 서어비스 루우틴에 대한 분기 번지가 하아드웨어에 의해 제공되어야 한다. 인터럽트 요청에 대한 분기 번지를 선택하는 방법이 마이크로 프로세서마다 다르나, 원리적으로 **벡터형 인터럽트 (vectored interrupt)**와 **非벡터형 인터럽트 (nonvectored interrupt)**의 두 가지 방식이 있다. 非벡터형 인터럽트에서 분기 번지는 메모리의 고정된 장소나 다른 어떤 고정된 장소에 저장되어 있다. 인터럽트 사이클은 *PC*의 값을 스택에 저장하고 *PC*에 미리 지정된 분기 번지를 싣는다. 벡터형 인터럽트에서는 인터럽트를 건 장치가 분기 번지를 제공한다. 데이터 버스를 통해서 전송되는 이 정보를 인터럽트 벡터 (interrupt vector)라 한다. 인터럽트 사이클은 먼저 스택에다 *PC*로부터 귀환 번지를 저장하고 인터럽트 벡터가 번지일 경우에 마이크로 프로세서는 이것을 데이터 버스로부터 받아서 *PC*로 전송한다. 어떤 마이크로 프로세서에서는 인터럽트 벡터가 서브루우틴 호출 명령어이기 때문에 이 명령어를 받아 명령어 레지스터에 갖다 놓고, 그것을 수행한다.

서어비스 루우틴에서 인터럽트당한 원 프로그램으로 되돌아가는 것은 서브루우틴 귀환과 똑같다. 스택이 폽되어 전에 저장시켰던 귀환 번지가 *PC*로 다시 전송된다.

마이크로 프로세서는 1개 혹은 여러 개의 인터럽트 입력선을 가질 수 있다. 마이크로 프로세서에 있는 인터럽트 입력보다 인터럽트 根源(source)이 더 많을 경우에 마이크로 프로세서에 대해 공통선을 형성하기 위해 2개 이상의 根源들을 OR한다. 인터럽트 신호는 프로그램 수행 도중 언제든지 발생할 수 있기 때문에 정보를 잃어 버리는 것을 방지하기 위해서 마이크로 프로세서는 현재 진행 중인 명령어의 수행이 끝나고 프로세서의 상태가 저장된 다음에야 비로소 인터럽트를 인지해야 한다.

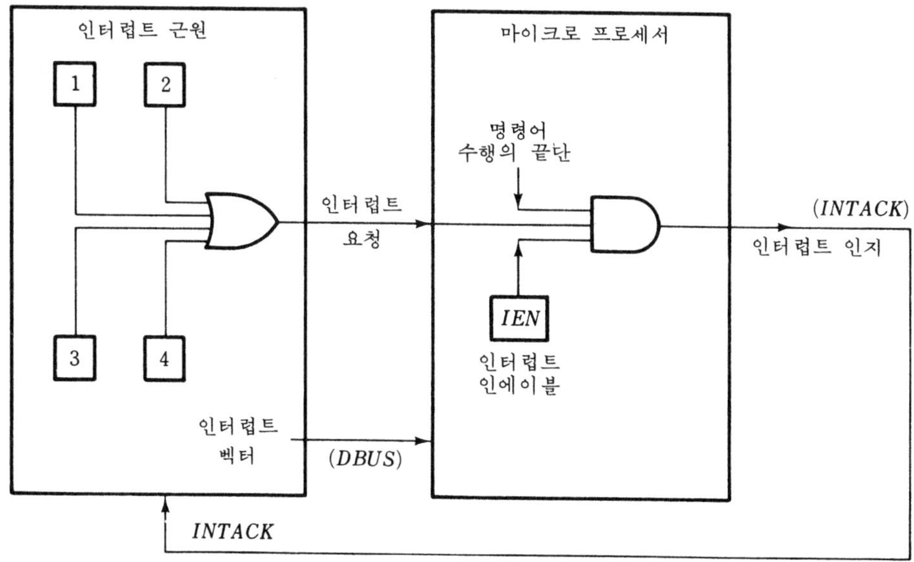

그림 12-10 벡터형 인터럽트의 개형

그림 12-10은 벡터형 인터럽트 개형을 나타내고 있다. 그림에서 한 인터럽트 요청 입력선에 4개의 근원이 OR되어 있다. 마이크로 프로세서 내에는 프로그램 명령어에 의해 세트 또는 클리어될 수 있는 인터럽트 인에이블(interrupt enable, 약자로 *IEN*) 플립플롭이 있다.

*IEN*이 클리어되면 인터럽트 요청은 무시된다. *IEN*이 세트되어 있고 마이크로 프로세서가 명령어 수행의 끝이 되면 마이크로 프로세서는 *INTACK*을 인에이블로 놓음에 의해 인터럽트를 인지한다. 그러면 인터럽트 근원은 *DBUS*에 인터럽트 벡터를 올려 놓는다. 프로그래머는 *IEN* 플립플롭을 프로그래밍함에 의해 인터럽트 기능을 이용할 것인가 이용하지 않을 것인가를 결정한다. *IEN*을 클리어하는 명령어가 프로그램에 삽입되어 있으면 이것은 프로그래머가 프로그램이 인터럽트되기를 바라지 않는다는 것을 뜻한다. *IEN*을 세트하라는 명령어는 프로그램이 집행되는 도중에 인터럽트 기능이 쓰일 것이라는 것을 나타낸다. 어떤 마이크로 프로세서는 별도의 *IEN* 플립플롭 대신에 상태 레지스터 속에 인터럽트 마스크(interrupt mask) 비트를 사용한다.

데이터 버스에 제공된 인터럽트 벡터는 8비트 번지로 간주한다. 마이크로 프로세서는 다음 작동을 수행해서 인터럽트 요청에 반응한다.

$SP \leftarrow SP+1,\ M[SP] \leftarrow PC(H)$	귀환 번지의 첫 번째 바이트를 푸시
$SP \leftarrow SP+1,\ M[SP] \leftarrow PC(L)$	귀환 번지의 두 번째 바이트를 푸시
$INTACK \leftarrow 1$	인터럽트 인지를 인에이블함
$PC(H) \leftarrow 0,\ PC(L) \leftarrow DBUS$	*PC*로 벡터 번지를 전송
$IEN \leftarrow 0$	더 이상의 인터럽트를 방지함

이런 방법으로, 인터럽트 근원은 0에서 255까지의 벡터 번지를 표시할 수 있다. 더 이상의 인터럽트를 방지하기 위해서 *IEN*을 클리어한다. 프로그래머가 인터럽트를 허용하려 할 때는 언제든지 서어비스 프로그램에서 *IEN*을 세트할 수 있다.

인터럽트로부터의 귀환은 서브루우틴으로부터의 귀환과 유사하다. 스택은 폽되어져서, 귀환 번지가 *PC*에 전송된다.

優先順位 인터럽트(priority interrupt)

앞의 논의에서 인터럽트 서브루우틴의 벡터 번지를 발생시키는 방법을 기술했다. 오직 한 근원만이 서어비스 요청을 할 수 있는 경우에는 인터럽트 근원을 알기 때문에 바로 서어비스 루우틴이 시작될 수 있다. 대부분의 경우에는 많은 장치들이 인터럽트 요청을 할 수 있도록 되어 있기 때문에 인터럽트 루우틴의 첫 번째 작업은 인터럽트 근원을 찾아 내는 것이다. 또한 동시에 여러 근원이 서어비스 요청을 할 가능성도 있다. 이 경우에 서어비스 프로그램은 어느 근원을 먼저 서어비스할 것인가를 결정해야 한다.

多重 인터럽트를 처리하는 가장 일반적인 방법은 요청을 한 장치를 확인하기 위해 인터페이스를 폴링(polling)함으로써 서어비스 루우틴을 작동시키는 것이다. 서어비스 루우틴은 인터럽트 신호가 들어오면 발견할 때까지 순차적으로 각 근원을 조사한다. 일단 인터럽트가 확인되면 그 근원에 대한 서어비스 루우틴이 끝날 때까지 다른 인터럽트는 무시한다.

優先順位(priority) 인터럽트는 2개 이상의 요청이 동시에 도착했을 때 먼저 서어비스 받을 조건을 결정하기 위해 여러 근원에 대해서 우선 순위를 확립하는 인터럽트 시스템이다. 동시에 도착한 인터럽트의 우선 순위 부여는 소프트웨어나 하아드웨어에 의해 할 수 있다.

1. 소프트웨어 優先順位 인터럽트

소프트웨어 방식에서는 모든 인터럽트에 대해서 오직 한 벡터 번지만이 존재한다. 이 벡터 번지에서 시작되는 서어비스 프로그램은 순차적으로 모든 근원에 대해 인터럽트 요청 여부를 조사한다. 근원이 검사되는 순서에 의해서 인터럽트 요청 우선 순위가 결정된다. 먼저 최고 우선 순위 근원이 조사되고, 인터럽트 요청이 되어 있을 경우에는 이 근원에 대한 서어비스 루우틴으로 制御權이 넘어간다. 그렇지 않을 경우에는 다음 우선 순위를 가진 근원이 조사된다. 이와같이 모든 인터럽트에 대한 초기 서어비스 루우틴은 순차적으로 인터럽트 근원을 조사해서 여러 서어비스 루우틴 중의 한 곳으로 분기하는 프로그램으로 구성되어 있다. 도달한 특정 서어비스 루우틴은 프로세서를 인터럽트할 수 있는 모든 근원 가운데에서 가장 높은 우선 순위를 가지고 있다.

이론적으로 소프트웨어 기법은 어떤 數의 인터럽트 근원이라도 처리할 수 있다. 실제적으로 인터럽트 근원이 많을 경우에는 인터럽트 근원을 폴링(polling)하는 데 걸리는 시간이 I/O 장치를 서어비스하는 시간보다 길어질 수 있다. 따라서 작동 속도를 빨리하기 위해서 외부 하아드웨어 우선 순위 인터럽트 장치가 쓰인다.

2. 하아드웨어 優先順位 인터럽트

하아드웨어 우선 순위 인터럽트 장치는 인터럽트 시스템에서 전체적인 관리자로서 작동한다. 이 장치는 여러 근원으로부터 인터럽트 요청을 받고, 이들 중에서 최고 우선 순위를 결정하여 마이크로 프로세서에 인터럽트를 요청한다. 작동 속도를 보다 빨리하기 위해서 각 근원은 곧 바로 자기의 서어비스 루우틴에 도달할 수 있도록 자신의 벡터 번지를 갖고 있다. 따라서 모든 결정이 하아드웨어 우선 순위 인터럽트 장치에 의해 확립되기 때문에 폴링이 필요 없다.

하아드웨어 우선 순위 기능을 갖는 기본 회로를 優先順位 인코우더(encoder)라 한다. 만일 동시에 여러 개의 입력 레벨(level)이 도달할 때 우선 순위 인코우더의 논리는, 최고 우선 순위를 가진 입력을 먼저 집행하도록 한다. 우선 순위 인코우더의 출

표 12-4 우선 순위 인코우더의 진리표

입 력 인터럽트 근원				출 력		
				(부분 번지)		(인터럽트 요청)
I_0	I_1	I_2	I_3	x	y	R
1	X	X	X	0	0	1
0	1	X	X	0	1	1
0	0	1	X	1	0	1
0	0	0	1	1	1	1
0	0	0	0	X	X	0

력은 분기 번지를 만들기 위한 인터럽트 벡터의 부분 번지 (partial address)를 발생시킨다.

4개의 입력 우선 순위 인코우더의 진리표가 표 12-4에 주어져 있다. 표의 X들은 리던던시 조건을 나타낸다. 입력 I_0는 최고 우선 순위를 갖고 있기 때문에, 이 입력이 1일 때는 다른 入力値에 관계 없이 부분 번지 $xy=00$을 발생시킨다. I_1은 그 다음 우선 순위를 가지며, 다른 더 낮은 입력에 관계 없이 $I_1=1$이고, $I_0=0$이면 출력은 01이다. I_2에 관한 부분 번지는 다른 높은 우선 순위를 가진 입력들이 모두 0일 때만 발생된다. 低수준 입력이, 오직 모든 고수준 입력이 서어비스를 요청하지 않을 때에만 자신의 부분 번지를 생성하도록 우선 순위 수준 (level)은 지시한다. 인터럽트 요청 R은 1개 이상의 인터럽트 요청이 생길 때에만 마이크로 프로세서에게 신호를 보낸다. 만일 모든 입력이 0일 때, R은 0이 되고, 이 때의 부분 번지는 마이크로 프로세서가 이것을 사용하지 않기 때문에 문제가 되지 않는다.

보통 마이크로 프로세서는 4개 이상의 인터럽트 근원을 가지고 있다. 예를 들면 8개의 입력을 가진 우선 순위 인코우더는 3비트 부분 번지를 발생시킨다.

인코우더에서 나오는 부분 번지는 각 인터럽트 근원에 대한 벡터 번지를 형성하는데 쓰인다. 예를 들면 다음과 같다.

$$000xy000$$

여기에서 x와 y는 우선 순위 인코우더의 출력 비트이다. 여기서 인코우더 출력이 전체 번지의 부분 번지가 되는 것을 알 수 있다. 전송된 특정 xy 비트는 최고 우선 순위 근원의 소유가 된다. 이 절차에 의해서 우선 순위 인코우더는 네 분기 번지 중 하나를 표시할 수 있다. 각 벡터 번지는 32바이트보다 적은 메모리 중의 8바이트 서어비스 루우틴의 시작 번지를 나타낸다.

12-6 메모리 組織(memory organization)

마이크로 프로세서는 命令語, 데이터, 번지와 같은 2진 정보를 읽고 쓰기 위해서 ROM, RAM 등의 메모리와 통신해야 한다. 마이크로 프로세서에 부착되는 메모리의 크기는 특정 응용에 필요한 데이터의 바이트와 명령어의 數에 달려 있다. 16선의 번지 버스를 가진 마이크로 프로세서는 64K 바이트까지의 메모리를 수용할 수 있다. 많은 응용에서 필요한 메모리 양은 64K 이하이다. RAM과 ROM 칩들은 다양한 크기로 이용할 수 있으며 각 칩들은 필요한 메모리 크기를 형성하기 위해 상호 연결되어야 한다.

RAM과 ROM 칩

RAM 칩은 오직 요구에 의해서만 장치를 인에이블시키고 이 칩을 선택하기 위해 하나 이상의 제어 입력선을 갖고 있다면 이 칩은 마이크로 프로세서와 통신하기에 충분하다. 또 다른 유용한 점은 RAM과 데이터 버스 사이의 외부 버스 버퍼를 없애기 위한 兩方向性 데이터 버스를 쓰는 것이다. 그림 12-11은 마이크로 컴퓨터 응용에 적합한 RAM

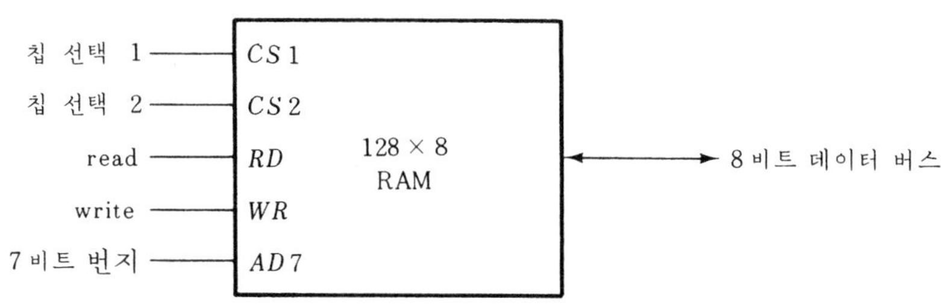

(a) 블록도

$CS1$	$\overline{CS2}$	RD	WR	메모리 기능	데이터 버스의 상태
0	0	X	X	금　지	고임피이던스
0	1	X	X	금　지	고임피이던스
1	0	0	0	금　지	고임피이던스
1	0	0	1	write	RAM에 데이터를 입력
1	0	1	X	read	RAM으로부터 데이터를 출력
1	1	X	X	금　지	고임피이던스

(b) 기능표

그림 12-11 전형적인 RAM 칩

칩의 블록도이다. 메모리의 용량은 각 8비트의 128워어드이다. 따라서 7비트 번지 버스와 8비트 데이터 버스가 필요할 것이다. 리이드와 라이트 입력은 메모리 작동을 나타내며 두 칩 선택 (*CS*) 제어 입력은 이 칩이 마이크로 프로세서에 의해서 선택될 때에만 작동하도록 한다. 칩을 선택하기 위해서 1개 이상의 제어 입력의 이용 가능성은 마이크로 컴퓨터에서 많은 칩들이 쓰일 때 番地線의 디코우딩 (decoding)을 쉽게 해준다. 때때로 리이드와 라이트 선은 *R/W* 라벨이 붙은 한 線으로 결합되어 있기도 하다. 이 칩이 선택되었을 때, 이 線에서 두 2진 상태는 리이드와 라이트 작동을 명시한다.

그림 12-11(b)의 표는 RAM 칩의 작동을 나타낸다. 이 칩은 $CS1 = 1$, $\overline{CS2} = 0$일 때에만 작동한다. 두 번째 선택 변수상의 바아(bar)는 그것이 0일 때 이 입력이 인에이블된다는 것을 나타낸다.

칩 선택 입력들이 인에이블되지 않거나, 이들이 인에이블되었지만 리이드와 라이트 입력들이 인에이블되지 않으면 메모리는 작동하지 않으며, 그의 데이터 버스는 高임피이던스 상태가 된다. $CS1 = 1$이고 $\overline{CS2} = 0$일 때 메모리는 라이트나 리이드 모우드 (mode)로 될 수 있다.

WR 입력이 인에이블되면 메모리는 번지 입력선에 의해 명시된 위치에 데이터 버스로부터 바이트를 저장한다. *RD* 입력이 인에이블되면 선택된 바이트의 내용이 데이터 버스에 올려진다. *RD*와 *WR* 신호는 兩方向性 데이터 버스와 관련된 버스 버퍼뿐만 아니라 메모리 작동도 제어한다.

ROM 칩 역시 비슷한 방법으로 구성한다. 그러나 ROM은 읽을 수만 있기 때문에 데이터 버스는 출력 모우드(mode)에만 이용된다. ROM 칩의 블록도가 그림 12-12에 나타나 있다.

같은 크기의 칩에 대해서 ROM의 내부 2진 입자가 RAM의 것보다 작은 공간을 차지하기 때문에 RAM보다 ROM이 더 많은 비트를 가질 수 있다. 이런 이유 때문에 RAM은 겨우 128바이트를 가진 데 비해 ROM에서는 512바이트로 표시되어 있다.

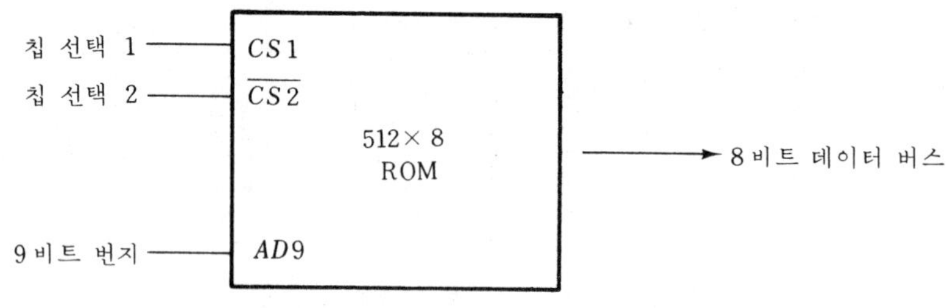

그림 12-12 전형적인 ROM 칩

표 12-5 마이크로 컴퓨터에 관한 메모리 번지 맵

구성 요소	16진수 번 지	번지 버스									
		10	9	8	7	6	5	4	3	2	1
RAM1	0000-007F	0	0	0	x	x	x	x	x	x	x
RAM2	0080-00FF	0	0	1	x	x	x	x	x	x	x
RAM3	0100-017F	0	1	0	x	x	x	x	x	x	x
RAM4	0180-01FF	0	1	1	x	x	x	x	x	x	x
ROM	0200-03FF	1	x	x	x	x	x	x	x	x	x

ROM 내의 9개의 番地線은 그 안에 저장된 512바이트 중 하나를 명시한다. 이 장치가 작동하기 위해서 두 선택 입력은 $CS1=1$, $CS2=0$이어야 한다. 그렇지 않으면 데이터 버스는 高임피이던스 상태가 된다. 이 장치는 단지 읽기만 하기 때문에 리이드나 라이트에 관한 제어가 필요 없다. 따라서 칩이 두 선택 입력선에 의해 인에이블된 번지선에 의해 선택된 바이트의 내용이 데이터 버스에 나타난다.

메모리 番地 맵(map)

마이크로 컴퓨터 설계자는 특정 응용에 필요한 메모리의 量을 계산해서 그것을 RAM이나 ROM에 할당해야 한다. 메모리와 마이크로 프로세서 사이의 상호 연결은 필요한 메모리 크기와 RAM과 ROM 칩의 종류에 따라 결정된다. 메모리의 번지 할당은 각 칩에 할당된 메모리 번지를 표시한 표에 의해 확정할 수 있다. **메모리 番地 맵**(**memory address map**)이라 부르는 이 표는 시스템에서 각 칩에 할당된 번지 범위를 나타낸다.

例로서, 마이크로 컴퓨터 시스템이 RAM의 512바이트와 ROM의 512바이트를 필요로 한다고 가정하자. 그림 12-11과 그림 12-12의 RAM과 ROM을 사용한다. 이 구성에 대한 메모리 번지 맵이 표 12-5에 있다. 이 표에는 각 칩에 할당된 번지 범위와 번지 버스 선이 나타나 있다. 번지 버스에는 16선이 있지만 이 例에서는 하위 10선만 사용하며 나머지 6선은 모두 0으로 가정한다. 번지 버스에 있는 x는 각 칩에 있는 번지 입력에 연결되어야 하는 선을 나타낸다. RAM 칩은 128 바이트를 가졌기 때문에 7선이 필요하며 ROM 칩은 512 바이트이므로 9선이 필요하다. x들은 항상 하위 버스선에 할당되어 있다(RAM에서는 1에서 7번 선까지, ROM에서는 1에서 9번 선까지). 이제 4개의 RAM 칩에 각기 다른 번지를 할당함으로써 구별할 필요가 있다. 이 예에서는 4개의 다른 2진 조합을 나타내기 위해서 8번과 9번 버스 선을 사용하였다.

사용되지 않은 버스 선들 중 한 쌍을 이 목적을 위해서 쓸 수 있다. 이 표를 보면 분명히 9개의 하위 버스 선이 있어서 $2^9=512$ 바이트의 메모리 공간을 구성함을 보이고 있다. RAM 번지와 ROM 번지 사이의 구별은 다른 버스 선으로 한다. 이 목적 때문에 여기서 10번 선을 선택했다. 10번 선이 0이면 마이크로 프로세서는 RAM을 선택하고 1이면 마이크로 프로세서는 ROM을 선택한다.

각 칩들에 대한 16진 등가 번지는 번지 버스를 지정한 정보에서 얻어진다. 이 번지 버스 선들은 4개의 비트로 된 그룹들로 나뉘어져서 각 그룹이 16진수 한 자리를 표시하게 한다. 첫 번째 16진수는 13~16 버스 선이 되고, 여기서는 항상 0이다. 다음 16진수는 9~12 버스 선을 표시하고 이 중 11과 12 버스 선은 항상 0이다. 각 부분에 대한 16진 번지 범위는 x로 표시된 자릿수로 결정한다. 이들 x들은 모두 0이 되거나 모두 1의 값을 가질 수 있는 2진수 사이의 수로 나타낸다.

마이크로 프로세서에의 메모리 接續

RAM과 ROM 칩은 데이터 버스와 번지 버스를 통해서 마이크로 프로세서에 연결된다. 번지 버스의 上位線들은 특정 칩을 선택하는 데 사용되고, 下位線들은 칩 내부의 바이트를 선택하는 데 사용된다. 마이크로 프로세서에서의 메모리 접속이 그림 12-13에 나타나 있다. 이 구성은 512 바이트의 RAM과 512 바이트의 ROM을 보여 준다.

이 그림은 표 12-5의 메모리 번지 맵(map)을 실현하였다. 각 RAM은 128 바이트 중 하나를 고르기 위해 번지 버스의 낮은 쪽 7 비트를 받는다. 선택된 특별한 RAM칩은 번지 버스의 8번째, 9번째 선으로 결정된다. 이것은 2×4 디코우더로 결정되는데, 디코우더의 출력은 각 RAM 칩의 *CS*1에 입력이 된다. 그러므로 8번째, 9번째 선이 00일 때, 첫 번 RAM 칩이 선택된다. 01일 때 두 번째 칩이 선택되고 계속 선택된다. 마이크로 프로세서의 *RD*, *WR* 출력은 각 RAM 칩의 입력이 된다.

RAM과 ROM 사이의 선택은 10번 버스 線으로 결정한다. 이 線의 값이 0일 때 RAM이 선택되고, 1일 때 ROM이 선택된다. ROM의 다른 칩을 선택하는 입력은 RD 制御線과 연결되는데, 이것은 ROM 칩이 리이드 작동시에만 인에이블하기 위해서이다. 버스 선 1에서 9까지 디코우더를 통하지 않고 ROM의 입력 번지에 전송된다. 이것은 RAM에 0~511번지, ROM에 512~1023번지까지 지정한다. ROM의 데이터 버스는 출력 능력만 가지고 있고, RAM의 데이터 선은 양방향으로 정보를 전송할 능력이 있다.

그림 12-13은 메모리 칩과 마이크로 프로세서 사이에 존재하는 상호 연결을 나타내고 있다. 더 많은 칩들이 연결되면 칩 선택을 위해서 더 많은 외부 디코우더가 필요하다. 설계자는 여러 개의 칩에 번지를 부여할 메모리 맵을 구성한 후에 요구된 접속을 결정한다. 마이크로 컴퓨터는 인터페이스 장치와도 통신하기 때문에 각 인터페이스에도 번지를 할당할 필요가 있다. 마이크로 프로세서와 인터페이스 사이의 통신은 다음 節에서 論한다.

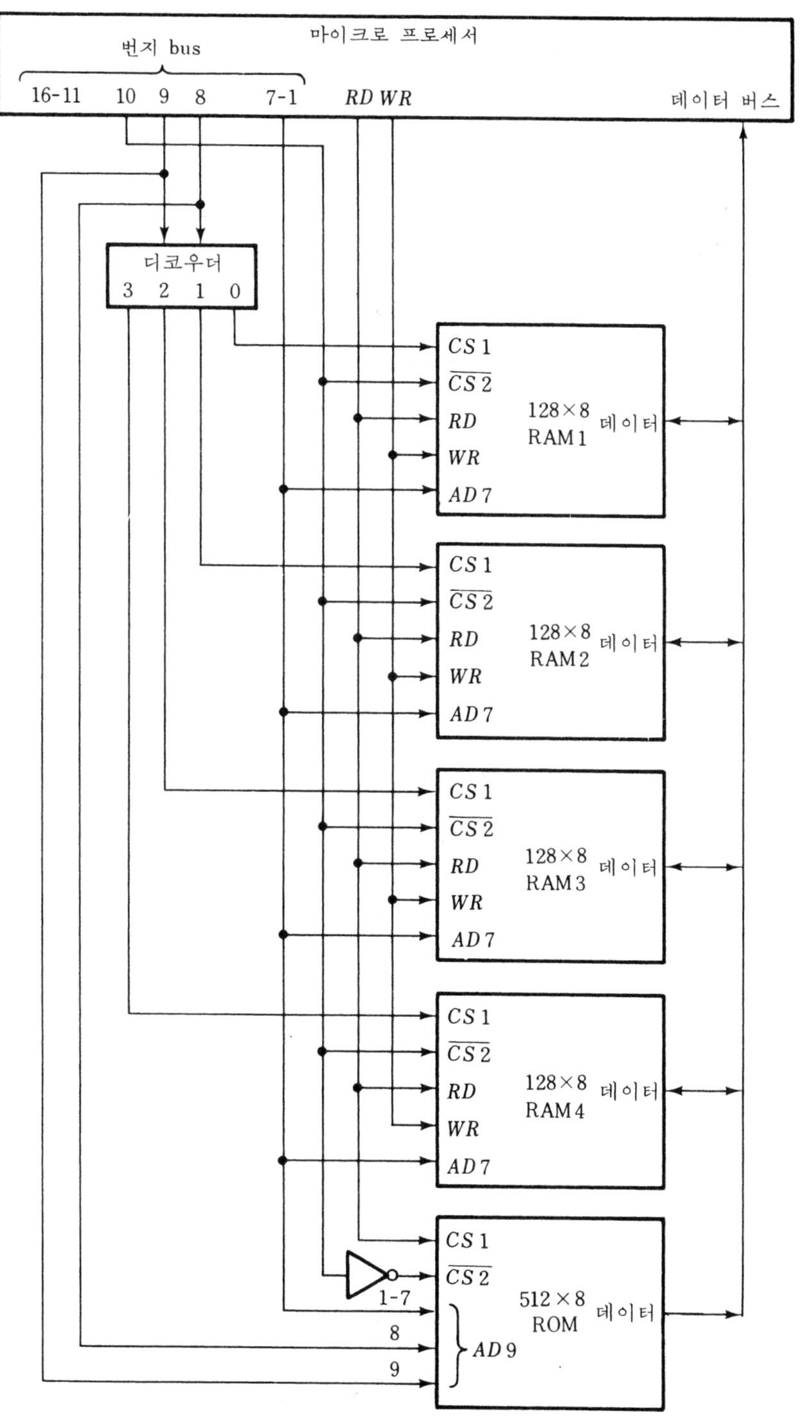

그림 12-13 마이크로 프로세서와의 메모리 연결

12-7 入出力 인터페이스 (input-output interface)

인터페이스 칩(interface chip)은 마이크로 프로세서와 I/O 장치 사이에 통신 연결(communication link)을 제공하는 LSI 부품을 일컫는다. 출력 상태에 있을 때, 인터페이스는 데이터 버스에 데이터를 마이크로 프로세서의 전송 속도와 방식으로 받아서 그것을 외부 장치에게 외부 장치의 전송 속도와 방식으로 전송한다. 입력 상태에서는 전송 방향이 반대로 될 뿐 인터페이스는 유사한 방법으로 작동한다. 인터페이스는 여러 개의 레지스터, 선택 논리, 그리고 원하는 전송을 수행하는 제어 회로로 구성되어 있다. 때때로 한 IC 패키지 내에 메모리와 인터페이스 능력을 겸한 LSI 구성 요소를 제공하기 위해 내부에 인터페이스 논리가 RAM이나 ROM 내에 포함된 것도 있다.

대부분의 LSI 인터페이스는 작동 방식의 다양한 조합을 수용하기 위해서 프로그래밍할 수 있게 되었다. 프로그램 명령어를 써서 마이크로 프로세서는 인터페이스 내부의 제어 레지스터에 한 바이트를 전송한다. 이 제어 정보는 인터페이스에 연결된 고유 장치에 알맞도록 가능한 방식들 중 한 가지로 인터페이스를 설정한다. 이 제어 정보를 바꿈에 의해 인터페이스 특성을 바꿀 수 있다. 이 이유 때문에 때때로 LSI인터페이스 장치를 프로그램 可能器(programmable)라 한다. 제어 정보를 프로그램 가능 인터페이스에 전송하는 명령은 마이크로 컴퓨터 프로그램에 포함되어 있고, 이들은 고유한 작동 방식을 위하여 그 인터페이스를 初期化시킨다.

마이크로 프로세서 제작자들은 마이크로 프로세서와 여러 표준 入出力 장치 사이의 통신을 하는 데 알맞은 인터페이스를 만들어 제공한다. 인터페이스 구성 요소들은 보통 번지 디코우딩 장치 외에는 추가 논리 없이도 특정 마이크로 프로세서 시스템 버스에 연결하여 작동할 수 있도록 설계되어 있다. 다양한 인터페이스 부품들이 있는데 이들을 네 종류로 분류할 수 있다.

인터페이스 部品種類

1. 並列式 周邊裝置 인터페이스(**parrallel** peripheral interface) : 마이크로 프로세서와 주변 장치 사이에서 병렬로 데이터를 전송한다.
2. 直列式 通信 인터페이스(serial communication interface) : 마이크로 프로세서로부터 받은 병렬 데이터를 전송하기 위해 직렬 데이터로 바꾸며 외부에서 들어오는 직렬 데이터를 마이크로 프로세서가 받을 수 있도록 병렬 데이터로 바꾼다.
3. 特別 目的 인터페이스(special dedicated interface) : 어느 한 특정 入出力 장치와 통신하기 위해서 구성되거나 특별한 장치와 작동하게 프로그래밍 할 수 있다.

4. **DMA** (direct memory access) **인터페이스** : 외부 장치와 메모리 사이에서 직접 데이터가 전송된다. 마이크로 프로세서 내의 버스 버퍼는, DMA 전송 동안에는 高임피이던스 상태가 되어 디제이블(disable) 된다.

商用 인터페이스는 여기서 예로 든 것과 다른 이름을 가질 수 있다. 더우기 내부와 외부 특성은 商用 부품끼리 서로 상당히 다르다. 이 節에서는 인터페이스 부품의 공통적인 특성을 論하고, 그것들이 제공하는 여러 가지 전송 상태를 일반적인 용어로 설명한다.

DMA (direct memory access) 전송은 다음 節에서 論하자.

마이크로 프로세서와 通信

대형 컴퓨터에서는 자주 메모리와 I/O 인터페이스가 통신하기 위해서 CPU 내에 별도의 버스를 사용하기도 한다. 대형 컴퓨터에서 I/O 버스는 데이터 버스와 번지 버스로 구성되어 있다. I/O 데이터 버스는 외부 장치에 대한 兩方向 데이터 전송 통로이고 I/O 번지 버스는 인터페이스를 통해서 특정 I/O 장치를 선택하는 데 사용된다. I/O 장치의 수가 메모리 내의 워어드 數보다 적기 때문에 I/O 버스는 메모리 버스의 번지 선보다 훨씬 적은 선으로 구성되어 있다.

IC 패키지에 수용할 수 있는 단자 數에 제한을 받기 때문에 모든 마이크로 프로세서는 메모리 워어드와 인터페이스 장치를 선택하는 데에 공통 버스 시스템을 사용한다. 인터페이스 칩이 여러 개의 레지스터로 되어 있으면 각 레지스터는 메모리 워어드가 선택되는 것처럼 자신의 번지에 의해 선택된다.

마이크로 프로세서 버스는 인터페이스의 레지스터와 메모리 워어드를 구별하지 않는다. 이 때문에 이의 구별을 위해서 프로그래머가 프로그램 명령어를 써서 명시해야 한다. 메모리와 인터페이스 레지스터를 선택하기 위해서 번지를 할당하는 방법에는 **메모리 맵**(memory-mapped) **入出力 方法**과 **分離型**(isolated I/O) **入出力 방법**이 있다.

1. 메모리 맵 入出力 方法

메모리 맵 入出力 방법에서는, 마이크로 프로세서는 인터페이스 레지스터를 메모리의 일부로 간주한다. 인터페이스 레지스터에 할당된 번지는 메모리 워어드用으로 쓸 수 없기 때문에 이용 가능한 메모리 범위는 줄어든다. 이 방법에서는 마이크로 프로세서는 메모리 위치를 다루는 데 사용하던 같은 명령어로 인터페이스 레지스터의 入出力 데이터를 처리하기 때문에 별도의 入出力 명령어가 없다. 각 인터페이스는 한 組의 레지스터로 조직되어 있고 이 레지스터들은 마이크로 프로세서의 번지 공간에서 메모리語처럼 리이드와 라이트 명령에 응답한다. 전형적으로 전체 번지 공간의 일부가 인터페이스 레지스터들을 위해 할당되어 있으나 일반적으로 메모리 워어드에 대한 번지에 해당하지 않는 한 어떤 번지를 할당해도 좋다.

메모리 맵 入出力 조직은 번지 버스로서 이용할 수 있는 메모리 공간 전부를 다 활용할 필요가 없는 시스템에서 편리하다. 16비트 번지 버스를 가진 마이크로 프로세서가 32K 바이트 이하의 메모리만을 필요로 한다면, 나머지 32K 번지는 인터페이스 레지스터를 액세스하는 데 사용할 수 있다. 메모리 맵 입출력에 관한 특별한 구성은 그림 12-13의 번지 연결을 조금 변화시켜서 실현할 수 있다. 그림에서 번지용 11번 선은 메모리를 액세스하는 데 쓰지 않았다. 따라서 이 선을 써서 이 선이 1일 때 번지 버스는 메모리 워어드를 선택하고 0일 때는 인터페이스 레지스터를 선택하게 해서 메모리와 인터페이스를 구별하도록 할 수 있다. 이 새로운 조건을 만족시키기 위해서 그림 12-13의 RAM과 ROM에서 *CS* 1로 들어가는 각 선은 11번 번지선과 AND되어야 한다. 모든 인터페이스 장치의 칩 선택 입력은 그들에게 할당된 번지에 11번 선의 補數値를 추가해야 한다.

2. 分離型 入出力方法 (isolated I/O)

분리형 입출력 구조에서, 마이크로 프로세서는 번지 버스의 번지가 메모리 워어드用인가 인터페이스 레지스터用인가를 명시한다. 이것을 나타내기 위해 1개 또는 2개의 制御線이 마이크로 프로세서에 추가되어 있다. 예를 들어 마이크로 프로세서가 *M/IO* 라벨이 붙은 출력 제어선을 갖고 있을 수 있다. 번지 버스에 있는 번지는 *M/IO* = 1인 경우 메모리 워어드를 위한 것이고, *M/IO* = 0인 경우 인터페이스 레지스터를 위한 것이다. 이 제어선은 메모리 맵 入出力의 예에서 11번 선이 연결되는 것과 비슷한 방법으로 RAM과 ROM, 그리고 인터페이스 칩의 칩 선택 입력에 연결되어야 한다.

분리 入出力 조직에서는, 마이크로 프로세서는 별도의 입력 명령과 출력 명령어를 제공해야 하며 이들 명령의 각각은 번지와 관계가 있어야 한다. 마이크로 프로세서가 입력이나 출력 명령의 작동 코우드를 페치하여 해독할 때는 명령과 관련된 번지를 읽고, 번지 버스상에 그 번지를 실는다. 동시에 *M/IO* 제어선을 0으로 하여 외부 부품들로 하여금 이 번지는 메모리의 번지가 아니고 인터페이스를 위한 번지임을 알린다. 이리하여 페치 사이클이나 메모리 참조 집행 사이클 (memory-reference execute cycle) 중의 마이크로 프로세서는 리이드나 라이트 제어를 인에이블시키고 *M/IO* 선을 1로 세트시킨다. 입력이나 출력 명령을 집행할 동안 마이크로 프로세서는 리이드나 라이트 제어를 인에이블시키고 *M/IO* 선을 0으로 클리어한다.

分離型 入出力方法은 메모리 공간이 인터페이스 번지 지정으로서 영향을 받지 않도록 메모리와 I/O 번지를 분리한다. 이 분리 때문에 번지 버스로 지정하여 쓸 수 있는 전체 번지 공간은 인터페이스 번지 할당에 메모리 맵 I/O 방법처럼 영향을 받지 않는다.

並列式 周邊裝置 인터페이스(parallel peripheral interface)

병렬식 주변 장치 인터페이스는 LSI 부품으로서, 마이크로 프로세서와 주변 장치 사이에 2진 정보를 병렬로 제공하기 위한 통로를 제공한다. 인터페이스 칩은 정상적으로는 2개 이상의 I/O 포오트(port)와 1개의 인터페이스로 구성되어 있으며, 이 I/O 포오트들은 1개 이상의 외부 장치와 통신하고, 인터페이스는 마이크로 프로세서 버스 시스템과 통신하는 데 쓰인다. 대표적인 병렬식 주변 장치 인터페이스의 블록도가 그림 12-14에 나타나 있다. 이것은 2개의 포오트로 되어 있다. 각 포오트는 2개의 레지스터, 1개의 8비트 I/O 버스와, 한 쌍의 握手(handshake) 라벨이 붙은 線으로 구성되어 있다. **制御 레지스터에 貯藏된 情報는 포오트의 作動方式을 明示한다.** 포오트 데이터 레지스터(port data register)는 버스와 I/O 버스로, 또는 이들로부터 데이터 전송에 사용된다.

1. 각 制御線의 機能

인터페이스는 데이터 버스와 칩 선택과 리이드/라이트 제어를 써서 마이크로 프로세서와 통신한다. 인터페이스에 할당된 번지를 감지하기 위해 외부에 한 회로가 삽입되어야 하는데, 보통 AND 게이트로 한다. 이 회로는 인터페이스가 번지 버스에 의하여 선택될 경우 칩 선택 입력을 인에이블시킨다. 두 레지스터 선택 입력 *RS*1과 *RS*2는 보통 번지 버스의 하위 비트선들에 연결된다. 이 두 입력은 그림에 따른 표에 명시한 바와 같이(그림 12-14) 4개의 레지스터 중에서 하나를 선택한다.

선택된 레지스터의 내용을, *RD*(read) 입력이 인에이블될 때 데이터 버스를 통해서 마이크로 프로세서로 전송한다. 마이크로 프로세서는 *WR*(write) 입력이 인에이블될 때 데이터 버스를 통해서 선택된 레지스터에 한 바이트의 데이터를 로우드한다. 인터럽트 출력(interrupt output)은 마이크로 프로세서를 인터럽트하는 데 쓰이고, 리세트 입력(reset input)은 電源이 켜진 뒤에 인터페이스를 리세트하는 데 쓴다.

마이크로 프로세서는 인터페이스 제어 레지스터에 한 바이트를 전송해서 각 포오트를 초기 상태로 만든다. 시스템 初期化時에 제어 레지스터에 적절한 비트를 로우드함으로써 프로그램으로 포오트의 작동 방식을 정의할 수 있다. 포오트의 특성은 쓰이는 商用 장치에 따라 달라진다. 대부분의 경우 각 포오트는 입력 방식이나 출력 방식 상태로 설정할 수 있다. 이 일은 兩方向性 I/O 버스를 驅動하는 버스 버퍼(bus buffer)의 전송 방향을 명시하는 제어 레지스터 내의 비트들을 로우드함으로써 이루어진다. 포오트들은 여러 가지 작동 방식으로 작동시킬 수 있다. 대부분의 인터페이스 칩은 작동 방식에 따라 다음 세 가지로 분류한다.

2. 인터페이스 칩의 作動種類

1. 握手線들이 없는 직접 전송(direct transfer)

2. 握手 방법을 사용하는 전송
3. 인터럽트를 사용하는 握手 방식에 의한 전송

3. 直接傳送方式

I/O 버스에 접속된 주변 장치가 언제나 정보를 전송할 준비가 되어 있을 경우 인터페이스 작동은 직접 전송 방식을 쓴다. 握手用 線은 이 방법에서는 안 쓰며, 어떤 인터페이스 칩은, 이 악수용 선이 데이터 전송선으로 변환하는 프로그래밍 방식을 갖고 있는 것도 있다. 직접 전송은 입력 방식 또는 출력 방식으로 작동할 수 있다.

입력 방식에서 리이드 작동은 I/O 버스의 내용을 마이크로 프로세서 데이터 버스에 전송한다. 출력 방식에서는, 라이트 작동은 데이터 버스의 내용을 선택된 포오트의 데이터 레지스터로 전송한다. 이리하여 지금 받은 바이트를 I/O 버스에 공급한다. 직접 입력 또는 출력 전송은 만일 유효 데이터가 마이크로 프로세서 명령어를 집행하는 시간보다 긴 시간 동안 I/O 버스에 머무를 수 있을 때에 한해서 유용한 것이다. 만일 I/O 데이터가 짧은 시간 동안만 옳은 값을 유지한다면 인터페이스는 악수 방식으로 작동되어야 한다.

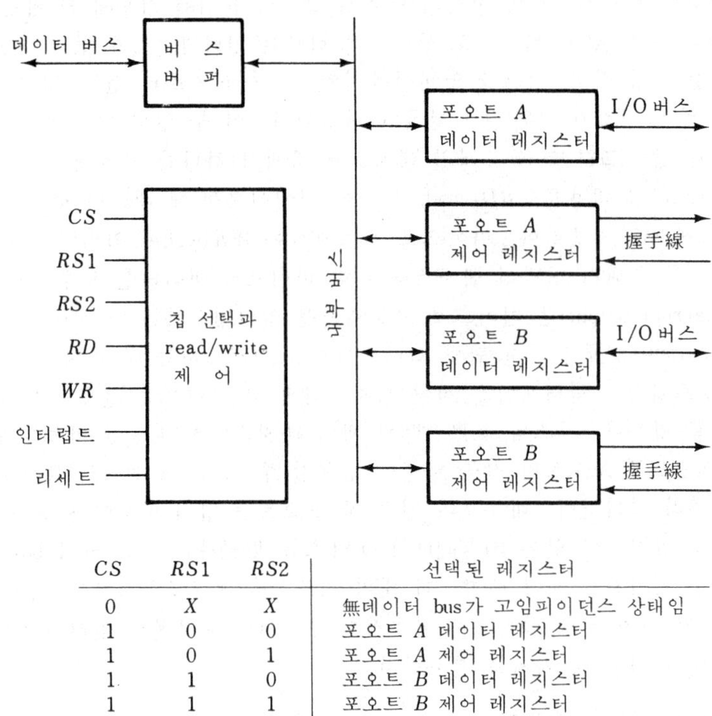

CS	RS1	RS2	선택된 레지스터
0	X	X	無데이터 bus가 고임피이던스 상태임
1	0	0	포오트 A 데이터 레지스터
1	0	1	포오트 A 제어 레지스터
1	1	0	포오트 B 데이터 레지스터
1	1	1	포오트 B 제어 레지스터

그림 12-14 병렬식 주변 장치 인터페이스 블록도

4. 握手(handshake) 方式

握手線은 두 장치가 공통 클럭을 사용하지 않고 非同期的으로 작동할 때 전송을 제어하는 데 쓴다. 악수 방식은 보통 쓰고 있는 절차에 있어서 인터페이스 칩에만 한정되어 쓰이는 것은 아니다. 출발 장치와 行先裝置(destination device) 사이에 연결된 두 악수선은 공통 버스를 통해서 전송 상태를 상대편에게 알려서 전송을 제어한다. 출발 장치는 유효한 정보가 버스에 실려졌을 때에 악수용 한 선을 통해서 행선 장치에 알려 준다. 行先點 장치는 버스에 있는 정보를 받아들였을 때 다른 악수선을 인에이블로 놓아 응답한다. 그림 12-14는 각 포오트에 2개의 악수선을 보여 준다. 하나는 출력선이고 다른 하나는 입력선이다. 이 線들은 기호로써 나타내는 것이 보통이지만 쓰이는 기호들은 상품마다 다르다. 이들 선을 표시하는 기호가 많기 때문에, 여기서 어떤 기호법을 채택하지는 않고 두 선을 入力이나 出力握手線 (input or output handshake line)이라 하자. 입력 악수선은 인터페이스 내에 있는 제어 레지스터의 한 비트를 정상적으로 세트한다. 이 비트를 플랙 비트(flag bit, 표시 비트)라 부르자.

이 플랙 비트는 제어 레지스터 내에 있으며 마이크로 프로세서는 이 플랙 비트를 읽어서 전송의 상태를 검사한다. 이 플랙 비트는 해당하는 데이터 레지스터와 관련된 리이드나 라이트 작동이 끝난 뒤에는 인터페이스에 의해서 자동적으로 클리어된다.

특수한 商用 인터페이스 칩에 대한 자세한 악수형 순차는 부품 사양과 함께 타이밍圖로 명시되어 있다. 실무에서 당하는 工程의 多樣性 때문에 악수형 방법을 특별한 방법에 대한 변동됨이 없이 일반적 용어로 설명하는 것이 더 좋을 것이다. 악수형에 의한 전송은 그 포오트가 출력 방법이냐 입력 방법이냐에 따라서 좌우된다.

출력 악수형 방식에서 마이크로 프로세서는 인터페이스 포오트의 데이터 레지스터 속에 한 바이트를 적는다. 그러면 인터페이스는 유효 바이트가 I/O 버스에 있다는 것을 외부 장치에 알리기 위해서 출력 악수형 線을 인에이블로 만든다. 외부 장치가 I/O 버스로부터 바이트를 받아들일 때 이 장치는 입력 악수선을 인에이블로 놓는다. 이것은 제어 레지스터의 표시 비트를 세트시킨다. 마이크로 프로세서는 전송이 끝났는지의 여부를 가리기 위해서 플랙 비트를 갖고 있는 레지스터를 읽는다. 플랙 비트가 1이면 마이크로 프로세서는 인터페이스 포오트의 데이터 레지스터에 새로운 바이트를 써 넣을 수 있다. 주어진 포오트에 데이터를 써 넣게 되면 출력 전송에 관련된 플랙 비트는 자동적으로 클리어된다. 이 과정이 다음 바이트를 출력하기 위해서 되풀이된다.

입력 악수 방식에서, 외부 장치는 I/O 버스에 한 바이트를 올려 놓고 인터페이스 입력선을 인에이블로 놓는다.

인터페이스는 자신의 데이터 레지스터로 이 바이트를 전송하고 제어 레지스터의 플랙 비트를 세트한다. 마이크로 프로세서는 입력 전송의 요청이 있는지의 여부를 알아

보기 위해서 플랙 비트를 가진 레지스터를 읽게 된다. 플랙 비트가 1이면 마이크로 프로세서는 포오트의 데이터 레지스터로부터 데이터를 읽고 플랙 비트를 클리어한다. 그러면 인터페이스는 출력 악수선을 통해서 I/O 버스에 연결된 외부 장치에게 이제 새로운 데이터가 받아들여질 수 있다는 것을 알린다. 일단 출력 장치에게 인터페이스가 준비되었음을 알리게 되면, 출력 장치는 입력 악수선을 다시 인에이블시킴으로써, 다음 바이트의 전송을 시동시킬 수 있다.

위에서 기술한 악수 방식에서, 마이크로 프로세서는 주기적으로 플랙 비트의 상태를 검사하기 위해 제어 레지스터를 읽어야 한다. 또한 마이크로 프로세서에 연결된 포오트의 數가 많아지면 전송의 요청을 알아 내기 위해 계속해서 그것들을 폴링(polling) 해야한다.

5. 인터럽트에 의한 握手方式

위 방법은 시간이 많이 걸리는 단점이 있다. 따라서 인터페이스가 인터럽트에 의해 작동을 시작하게 하면 이 단점을 극복할 수 있다. 그림 12-14에 있는 인터럽트 출력은 마이크로 프로세서에게 인터럽트를 요청하는 데 쓰인다. 대부분의 商用 제품은 각 포오트마다 별개의 인터럽트 線을 갖고 있다. 포오트 내의 플랙 비트가 세트될 때마다 인터럽트 신호가 발생하여 그 포오트에 대한 전송을 시작하도록 마이크로 프로세서에게 알린다. 마이크로 프로세서는 작동을 요구하는 포오트로부터의 인터럽트 신호에 응답하고, 인터페이스 포오트 데이터 레지스터로, 또는 인터페이스 포오트 데이터 레지스터로부터 한 바이트의 데이터를 전송한다.

直列通信 인터페이스

I/O 장치는 2진 정보를 직렬 혹은 병렬로 전송한다. 병렬 전송에서는, 데이터의 n비트가 동시에 전송될 수 있도록 각 정보 비트는 별개의 線을 사용한다. 예를 들어, 병렬 주변 장치는 16비트의 한 워어드를 병렬 주변 인터페이스의 두 8비트 버스를 통하여 모두 한꺼번에 전송할 수 있다. 직렬 전송에서는, 한 워어드의 비트는 1개의 선을 통해서 한 번에 한 비트씩 순차적으로 직렬로 전송한다.

1. 直列傳送과 並列傳送의 比較

병렬 전송은, 빠르기는 하지만 많은 線이 필요하기 때문에 거리가 가깝고, 속도가 중요시되는 곳에 사용한다. 직렬 전송은, 느리지만 오직 한 線만을 사용하기 때문에 비용이 싸진다. 전화선이나 다른 통신 중계물을 통해서 원격 단말 장치로부터 전송되는 2진 정보는 병렬식으로 할 경우 많은 회선의 사용으로 설비 비용이 비싸지기 때문에 직렬식으로 한다. 통신 단말 장치의 예로서 텔레타이프라이터, CRT 단말 장치, 원격 계산 장치 등이 있다.

2. 直列傳送時의 2 진 情報

단말 장치로부터 전송되어 오고가는 병렬 2진 정보는 2진 코우드化 문자(binary coded character)로 구성되어 있다. 문자는 영문 숫자 정보이거나 제어 문자를 나타낸다. 영문 숫자 문자는 원문(text)이라 불리우며 알파벳의 문자, 10진 숫자, 그리고 마침표, 쉼표, 더하기와 같은 여러 개의 圖的 기호를 포함한다. 제어 문자는 프린트의 지면 배정이나 전달되는 메시지의 구성 방식(format)을 명시하는 데 쓰인다. 각 문자 코우드에 할당된 비트의 數는 단말 장치에 따라서 5에서 8비트 사이로 되어 있다.

3. 直列通信 인터페이스 機能

그림 12-15는 직렬 통신 인터페이스의 블록도이다. 이것은 수신기와 송신기의 기능을 가지며 다양한 송신 방법으로 작동하도록 프로그래밍할 수 있다. 인터페이스는 제어 정보를 인터페이스 내의 제어 레지스터에 로우드함에 의해서 인터페이스를 특정

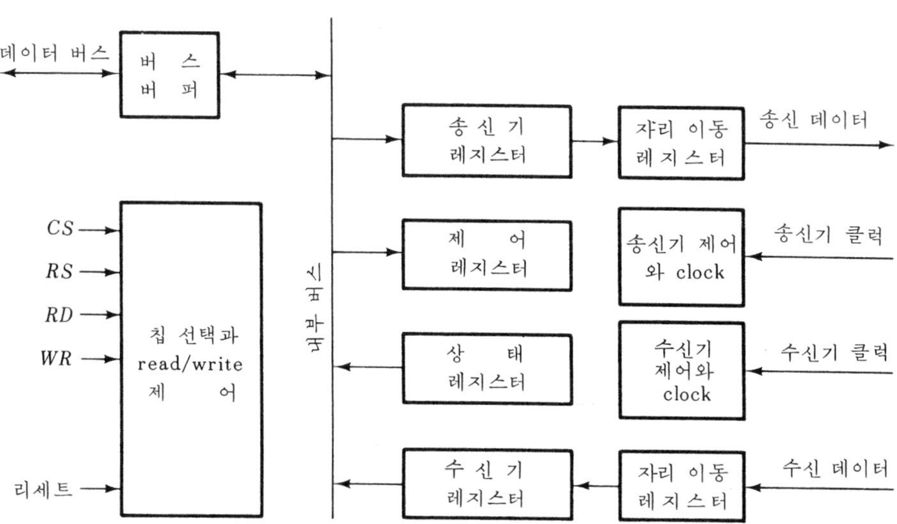

CS	*RS*	작 동	선택된 레지스터
0	*X*	*X*	없 음
1	0	*WR*	송신기 레지스터
1	1	*WR*	제어 레지스터
1	0	*RD*	수신기 레지스터
1	1	*RD*	상태 레지스터

그림 12-15 전형적인 직렬식 통신 인터페이스의 블록도

직렬 전송 방식으로 初期化한다. 송신 레지스터는 데이터 버스를 통해 마이크로 프로세서로부터 데이터 바이트를 받는다. 데이터 바이트를 직렬 전송하기 위해 자리 이동 레지스터 (shift register) 로 전송한다.

수신부에서는 또 다른 자리 이동 레지스터에 직렬 정보를 받아서, 완전한 한 데이터 바이트가 채워지면 그것을 수신기 레지스터로 전송한다. 마이크로 프로세서는 데이터 버스를 통하여 그 바이트를 읽기 위해 어떤 수신기 레지스터를 이용할 것인가 선택할 수 있다. 상태 레지스터의 비트들은 입력과 출력 플랙 비트(flag bit)를 세트하고 전송 동안에 발생될지 모르는 어떤 오류를 검사하는 데 사용된다. 마이크로 프로세서는 상태 레지스터를 읽어 플랙 비트의 상태를 검사하여 어떤 오류가 발생되었는가를 결정할 수 있다.

칩 선택선과 리이드/라이트 제어선은 마이크로 프로세서와 통신한다. 칩 선택 (CS) 입력은 인터페이스를 고르는 데 쓴다. 레지스터의 선택 (RS)은 RD (read)와 WR (write) 제어와 관계되어 있다. 2개의 레지스터는 라이트 작동 중 정보를 프로세서로부터 받아들이고, 다른 2개는 리이드 작동 중에 정보를 프로세서에 공급한다. 이리하여 블록도와 함께 있는 표에서와 같이 선택되는 레지스터는 RD와 WR의 함수가 된다.

4. 同期式과 非同期式

송신기와 수신기는 직렬 정보가 전송되는 비트 속도를 同期시키기 위하여 하나의 클럭 입력을 갖고 있다. 데이터 전송선은 遠隔受信器에 연결되고, 데이터 수신선은 원격 송신기로부터 나온다. 클럭이 원격 단말 장치에 연결되어 있으면, 전송은 同期的(synchronous)이라고 말하고, 클럭이 원격 단말 장치에 연결되어 있지 않으면, 전송은 非同期的(asynchronous)이라고 말한다.

송신의 동기 직렬 방식에 있어서, 區域用(local)과 원격용 송신기와 수신기는 공통 클럭을 공유한다. 송신기에서 클럭 펄스의 속도에 따라서 정해진 같은 시간 간격으로 비트를 보낸다. 수신기가 송신기와 공통 클럭을 공유하고 있기 때문에 같은 클럭 속도로 비트를 수신한다. 非同期 송신에서는 양편이 공통 클럭을 사용하지 않고 있다. 인터페이스 송신기와 수신기 클럭은 구역 내의 클럭 속도로 공급하며, 이것은 인터페이스가 부속되어 있는 원격 통신 단말의 전송 속도를 명시한다.

5. 直列通信傳送에서 文字構成

직렬 전송에 관련된 공통적인 문제는 연속적인 비트의 줄(string)에서 어떻게 문자를 구성하느냐 하는 점이다. 송신기와 수신기는 원격 단말 장치에서 각 문자를 구성하는 비트 數를 알 수 있도록 프로그래밍할 수 있다. 다음 문자를 구성하기 위해서 카운트(count)를 시작할 수 있도록 각 문자의 첫 번째 비트를 검사하는 문제가 아직 남아 있다. 직렬 전송에서 문자를 구성하는 방법은 전송 방법이 同期냐 非同期냐에 좌우된다.

6. sync 文字

同期式 직렬 전송에서는 sync 문자라 하는 한 통신 제어 문자를, 송신기와 수신기 사이에서 同期를 맞추기 위해 사용한다. 예를 들면, 最上位(most significant position)에 홀수 패리티(odd-parity) 비트를 가진 7비트 ASCII 코우드를 사용할 때, 할당된 sync 문자는 8비트 코우드 00010110을 쓴다. 전송기가 8비트 문자를 보내기 시작할 때 먼저 몇 개의 sync 문자를 보낸 다음 실질적인 데이터를 보낸다. 수신기에서 sync 문자인가를 조사하기 위해서 수신된 연속적인 초기의 비트 列을 검사한다. 즉, 각 펄스 때마다 수신한 마지막 8개의 비트를 검사하여 받은 문자가 sync 문자의 비트들과 일치하지 않을 때 수신기는 앞서의 最上位 비트를 버리고 한 비트를 더 받아들여서 새로이 구성한 8비트를 sync 문자와 비교한다. 이 작업은 sync 문자가 인지될 때까지 각 클럭 펄스와 비트를 수신한 다음에 되풀이된다. 일단 sync 문자가 발견되면, 그 때부터 수신기는 8비트씩 셈해서 문자를 구성한다. 즉, 8비트를 한 개의 문자로 받아들인다. 일반적으로 수신기는 첫 번째 sync 문자가 통신선의 잡음 신호에 의해 발생되지 않을지도 모른다는 의심을 배제하기 위해 2개의 연속적인 sync 문자를 검사하게 한다. 더 이상 송신할 문자가 없거나 쉴 경우 송신기는 sync 문자를 계속해서 보낸다. 수신기는 모든 sync 문자들을 통신선이 同期化된 조건으로서 인지하며 同期的 휴식 상태(idle state)에 들어가 있는 것이 된다. 이 경우 송신기 두 장치는 의미 없는 메시지를 통신하면서 동기 상태를 유지한다.

이제까지 記述한 표준적 절차를 보면 동기적 통신 인터페이스 내에 있는 송신기가 송신을 시작할 때나 마이크로 프로세서가 어떤 문자도 송수신 못하게 되어 있을 때 sync 문자를 보내게 설계한다. 동기적 통신 인터페이스 내의 수신기는 계속되는 8비트를 문자로 형성하며 sync 문자와 같은 어떤 문자 코우드로 식별할 수 있어야 한다. 이 수신기가 sync 문자를 인지하게 되면, 이 문자가 송신기와 同期(synchronism)를 유지하고 있음을 보인다. 그러나 sync 문자가 마이크로 프로세서에 보내지지는 않는다.

7. 스타아트 비트(start bit)와 스톱 비트(stop bit)

비동기 송신 동안에 문자를 형성하는 표준 절차는 각 문자에 적어도 2개의 추가 비트를 더 보내게 된다. 이 추가 비트를 스톱 비트와 스타아트 비트라 부른다. 예를 들어 8비트 문자 코우드를 사용하는 텔레타이프는 송신하는 각 문자마다 11개의 비트로 전송한다. 첫 번째 비트는 스타아트 비트이고, 마지막 2개의 비트는 스톱 비트이다. 이 단말 장치에서의 규정은, 더 이상 보낼 문자가 없을 때에는 1로 계속 남아 있게 만든다. 문자의 시작을 나타내는 스타아트 비트는 항상 0이다. 수신기는 線의 상태가 1에서 0으로 갈 때 스타아트 비트임을 검사할 수 있다. 수신기 내의 클럭은

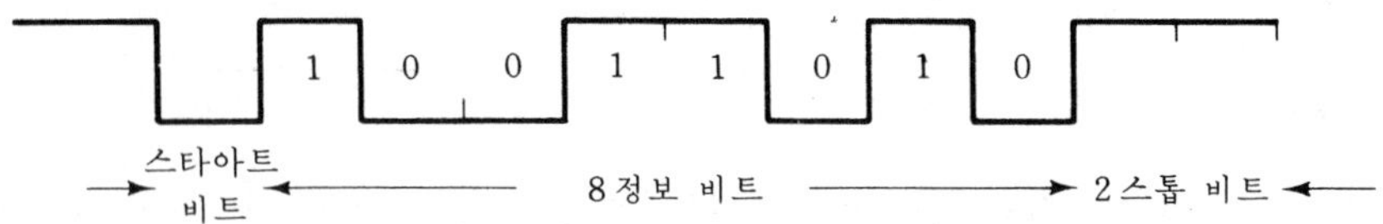

그림 12-16 문자의 비동기식 직렬 전송

전송 속도와 들어올 문자 비트의 數를 인지하고 있다. 문자의 8비트를 받아들인 후에 수신기는 항상 1 상태에 있는 2개의 스톱 비트를 조사한다. 통신선이 스톱(1 상태) 상태로 머무는 시간의 길이는 단말을 再同期化시키는데, 필요한 量의 시간에 따라 결정된다. 텔레타이프는 2개의 스톱 비트가 필요하다. 어떤 단말 장치에서는 1비트 또는 $1\frac{1}{2}$ 비트 시간 동안 전송선이 1 상태로 남아 있어서 스톱 비트를 나타내기도 한다. 이 線은 또 다른 문자가 송신될 때까지 1 상태로 머물러 있는다.

그림 12-16은 텔레타이프로부터 나오는 전형적인 문자의 11비트를 나타낸다. 2개의 스톱 비트가 전송된 후에는 새로운 문자의 시작 비트를 나타내기 위해서 통신선이 0으로 될 것이다. 선은, 바로 이어서 다음 문자가 뒤따르지 않으면 1 상태로 머무른다.

방금 기술한 바와 같이 표준 절차는, 非同期式 통신 인터페이스에서 송신기는 직렬 전송을 하기 전에 스타아트 비트와 스톱 비트를 삽입하는 것을 말한다. 수신기는 문자를 구성하기 위해서 스타아트와 스톱 비트를 인지해야 한다. 수신기는 또한 마이크로 프로세서에게 전송할 정보 비트를 분리해야 한다.

표준 기본 절차는 직렬 통신 인터페이스와 함께 짜여진다. 직렬 통신 인터페이스는 오직 非同期式, 또는 同期式 하나만이든지, 또는 同期式과 非同期式 둘 다 겸할 수 있다.

特別目的 인터페이스 部品(dedicated interface component)

직렬로 또는 병렬로 정보를 전송하는 인터페이스 부품 외에 특별 목적 인터페이스 응용에만 사용되는 인터페이스 칩이 있다. 그것들 중의 일부가 아래에 열거되어 있다.

플로피 디스크 制御器(floppy disk controller)

키이보오드와 디스플레이 인터페이스(keyboard and display interface)

優先順位 인터럽트 制御器(priority interrupt controller)

間隔 타이머(interval timer)

汎用 周邊裝置 인터페이스(universal peripheral interface)

플로피(floppy) 디스크 제어기는 플로피 디스크라 부르는 조그마한 磁氣 디스크 저장 장치를 제어하기 위해 설계된 인터페이스 칩이다. 키이보오드와 디스플레이 (display) 인터페이스는 키이의 누름을 감지하기 위해 키이 행렬을 훑어 보아 숫자나 영문 숫자 정보의 디스플레이를 驅動시키는 데 알맞은 인터페이스이다. **優先順位 인터럽트 制御器는** 우선 순위를 확립하여 마이크 프로세서에게 인터럽트벡터를 제공해서 인터럽트 처리를 쉽게 해준다. 간격 타이머는 주어진 시간 간격에 대하여 세어서 카운터가 지정된 數에 도달하면 마이크로 프로세서에게 인터럽트를 요청하도록 하는 프로그램 가능한 카운터 (programmable counter)이다.

汎用 주변 장치 인터페이스는 시스템 CPU에 부착된 I/O 프로세서 LSI 부품이다. 이 장치는 자신의 프로세서와 제어 논리, RAM, ROM을 가지고 있기 때문에 어떤 면에서는 마이크로 컴퓨터 칩과 비슷하다. 그것의 기능은 계산적인 절차보다는 I/O 장치의 작동을 처리하는 것이다. 汎用 주변 장치 인터페이스의 ROM 부분에 저장된 프로그램은 그 장치에 부착된 특정 장치를 처리하는 고정된 프로그램이다. 汎用 인터페이스 부품은 마이크로 프로세서 내에서 집행되는 프로그램으로 관장한다. 근본적으로 이것은 시스템 CPU와 그에 종속된 汎用 인터페이스 장치가 병렬로 작동하는 2개 프로세서 구성으로 볼 수 있다.

12-8 直接 메모리 액세스 (direct memory access, DMA)

磁氣 디스크, 磁氣 테이프, 그리고 시스템 메모리와 같은 대용량 저장 장치들 사이의 데이터 전송은 마이크로 프로세서를 통과하여 전송 작업을 하면 프로세서의 속도 때문에 종종 제한을 받게 된다. 전송 동안에 프로세서를 거치지 않고 주변 장치가 직접 메모리에 전송한다면 시스템은 좀더 효율적이 될 것이다. 이 전송 기법을 **DMA (direct memory access)**라 한다. DMA 전송 동안에 프로세서는 시스템 버스의 制御權을 더 이상 갖지 않기 때문에 아무 작업도 하지 않고 空轉 (idle)한다. DMA 제어기는 주변 장치와 메모리 사이에서 직접 전송을 담당하도록 버스 制御權을 인계받는다.

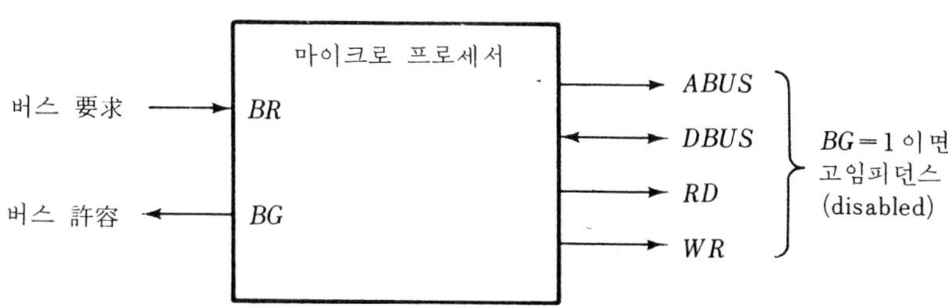

그림 12-17 DMA 전송에 관한 제어 신호

마이크로 프로세서는 여러 가지 방법에 의해 空轉 상태로 될 수 있다. 가장 일반적인 방법은 특별 제어 신호를 통해서 버스를 디제이블시키는 것이다. 그림 12-17은 DMA 전송을 위한 2개의 제어 신호를 나타낸다. **버스 要求**(**bus request**, *BR*) 입력은 1 상태로 하여 마이크로 프로세서에게 그의 버스를 디제이블시키도록 요구한다. 마이크로 프로세서는 현재 수행 중인 명령어를 끝마치고 *RD*(read)와 *WR*(write)를 포함해서 마이크로 프로세서 버스들을 高임피이던스 상태로 만든다. 이것이 행해지면 마이크로 프로세서는 버스 許容(bus granted) *BG* 출력을 1 상태로 놓는다. *BG*=1인 동안 마이크로 프로세서는 공전 상태가 되고 버스는 디제이블된다. 프로세서는 *BG*를 0으로 되돌리고 그의 버스를 인에이블시켜서 *BR*(**버스 要求**)을 **0으로 되돌린 後**에 그의 정상적인 작동으로 되돌아가게 된다. 때때로 *BR*을 호울드(hold) 명령(command)으로, *BG*를 호울드 認知(hold acknowledge)라고도 부른다.

BG=1이 되자마자 DMA 제어기는 메모리와 직접 통신하기 위해서 버스 시스템의 制御權을 가진다. 전송은 메모리 워어드의 全 블록 단위로 이루어지는데, 이 때에 CPU는 全 블록이 전송될 때까지 그의 작동을 연기한다. 전송은 마이크로 프로세서

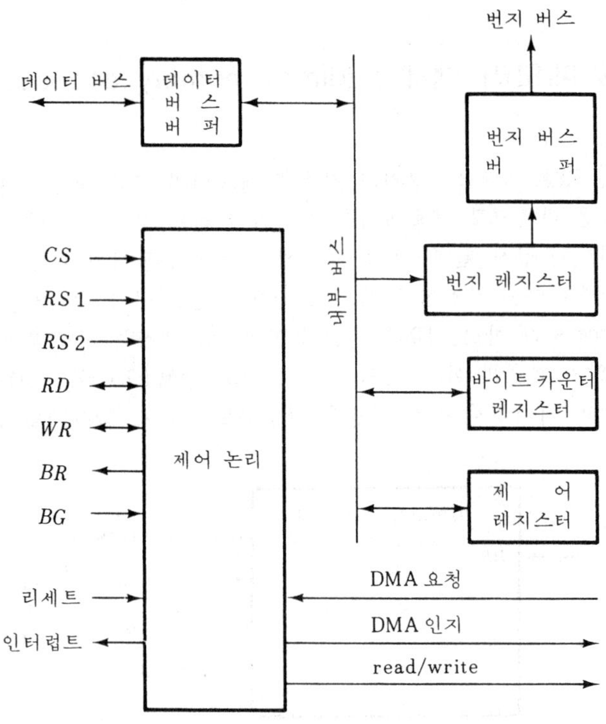

그림 12-18 DMA 제어기의 블록도

명령어 집행 중 한 번에 한 워어드씩 이루어질 수도 있다. 이러한 전송을 사이클 훔침 (cycle stealing)이라 한다.

프로세서는 DMA 제어기가 한 메모리 사이클을 훔치도록 하기 위해서 단지 한 메모리 사이클 동안 그의 작동을 연기할 뿐이다.

DMA 제어기는 마이크로 프로세서와 통신하기 위한 인터페이스의 보통 회로이면 된다. 그 밖에 번지 레지스터, 바이트 카운트 레지스터, 그리고 한 組의 番地線들로 구성되어 있다. **番地 레지스터**와 **番地線**은 시스템 RAM과 직접 통신하기 위해서 사용된다. **바이트 카운트 레지스터**는 전송될 바이트 數를 명시한다. 데이터 전송은 DMA의 제어하에 주변 장치와 메모리 사이에서 직접 일어난다.

그림 12-18은 전형적인 DMA 제어기를 나타내는 블록도이다. 이 장치는 데이터 버스와 제어선을 통해서 마이크로 프로세서와 통신한다. DMA의 레지스터들은 *CS* (chip select)와 *RS* (register select)를 인에이블시킴으로써 그의 번지선을 통해서 마이크로 프로세서가 선택한다. DMA 내의 *RD*와 *WR* 선들은 兩方向性이다. $BG=0$일 때, 마이크로 프로세서는 DMA 레지스터를 읽거나 여기에 쓰기 위해 데이터 버스를 통해서 DMA 레지스터와 통신한다. $BG=1$일 때 DMA는 번지 버스에 번지를 명시하고 *RD* 또는 *WR* 제어선을 사용해서 메모리와 직접 통신할 수 있다. DMA 제어기는 要求 (request)와 認知(acknowledge)線을 통해서 외부 주변 장치와 통신한다.

DMA 제어기는 ① 번지 레지스터 ② 바이트 카운트 레지스터 ③ 제어 레지스터 등 모두 3개의 레지스터를 가지고 있으며, 번지 레지스터는 메모리 내의 원하는 장소를 명시하는 16비트를 가지고 있다. 번지 레지스터는 프로그램 카운터처럼 DMA의 각 바이트 전송 후에 1 증가한다. **바이트 카운터 레지스터**는 전송할 바이트의 數를 갖고 있다. 이 레지스터는, 각 바이트 전송 후에는 1 감소되고 0이 될 때를 내부적으로 항상 조사한다. 제어 레지스터는 전송 방식, 즉 메모리에 넣을 것인가 (write) 또는 메모리에서 꺼내 올 것인가 (read)를 명시한다. DMA의 모든 레지스터들은 마이크로 프로세서로서는 I/O 인터페이스처럼 나타난다. 따라서 프로세서는 데이터 버스를 통해서 프로그램 제어하에서 DMA 레지스터에 적거나 읽을 수 있다.

DMA 제어기는 마이크로 프로세서에 의해 初期狀態가 設定된다. 그 이후에 작동을 시작하며 하나의 全 데이터 블록이 전송될 때까지 메모리와 주변 장치 사이에서 데이터 전송을 계속한다. 初期狀態 設定過程은, 특정 레지스터를 선택하기 위한 DMA 제어기 번지를 포함하고 있는 I/O 명령어로 구성된 프로그램에 의해서 행해진다. 마이크로 프로세서는 데이터 버스를 통해 다음 정보를 보내서 DMA 제어기를 초기 상태로 만든다.

DMA 制御器 初期狀態 設定

1. 데이터를 읽거나 저장할 메모리 블록의 시작 번지

2. 메모리 블록 내에 있는 바이트의 數인 바이트 카운트
3. 리이드나 라이트 전송을 명시할 제어 비트
4. DMA를 시동시키는 제어 비트

시작 번지는 DMA 제어기의 번지 레지스터에, 바이트 數는 바이트 카운트 레지스

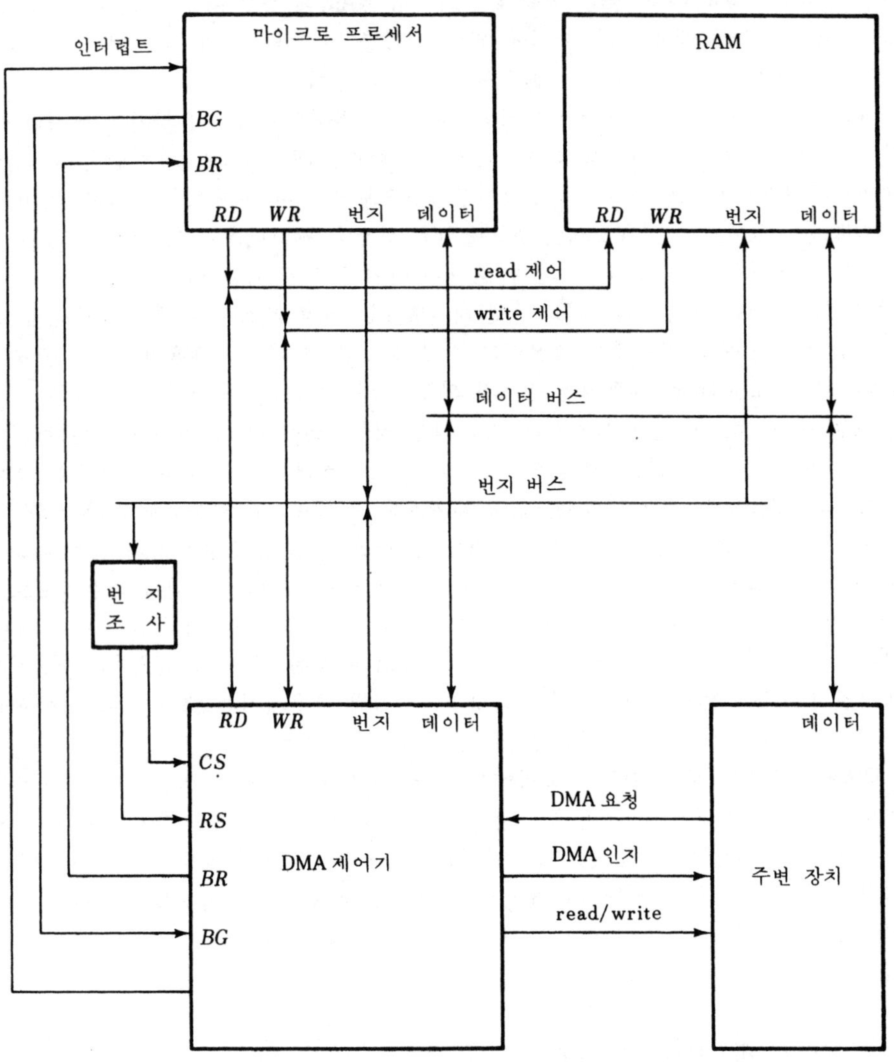

그림 12-19 마이크로 컴퓨터 시스템에서의 DMA 전송

터에, 제어 비트는 제어 레지스터에 각각 저장한다. 일단 DMA 제어기의 초기 상태가 설정되어지면 마이크로 프로세서는 인터럽트 신호를 받지 못했거나 혹은 몇 바이트가 전송되었는지 조사하고 싶지 않으면 DMA 제어기와 통신을 멈춘다.

마이크로 컴퓨터 시스템에서 다른 부품들 중 DMA 제어기의 위치가 **그림 12-19**에 나타나 있다. 마이크로 프로세서는 다른 어느 인터페이스 장치처럼 번지 버스와 데이터 버스를 통해서 DMA 제어기와 통신한다. DMA 제어기는 *CS*와 *RS* 線에 의해 작동하는 자신의 번지를 가지고 있다. 마이크로 프로세서는 데이터 버스를 통해서 DMA 장치를 초기 상태로 설정한다. 일단 DMA 장치가 스타아트 제어 비트를 받으면, DMA 장치는 주변 장치와 시스템 RAM 사이의 전송을 시작한다.

주변 장치가 DMA 요청을 보낼 때 DMA 제어기는 버스 요구(*BR*) 線을 작동시켜 프로세서에게 버스 制御權을 포기하도록 요청한다. 마이크로 프로세서는 그의 버스가 디제이블된 것을 *BG* 線을 인에이블시킴으로써 DMA 제어기에게 알린다. 그러면 DMA 제어기는 번지 버스에 그의 번지 레지스터의 현재 값을 올려 놓고 *RD*나 *WR* 신호를 시동시키고 주변 장치에게 DMA 인지 신호를 보낸다.

그러면 주변 장치는 데이터 버스에 데이터를 올려 놓거나(write), 데이터 버스로부터 데이터를 받는다(read). 이리하여 DMA 제어기는 리이드나 라이트 작동을 제어하고 메모리에 대한 번지를 공급한다. 그러면 주변 장치는 마이크로 프로세서가 순간적으로 디제이블된 동안에 데이터를 직접 두 장치간(주변 장치와 메모리 RAM)에 전송하기 위해서 데이터 버스를 통해서 RAM과 통신한다.

각 바이트가 전송될 때마다 DMA 제어기는 그의 번지 레지스터를 1 증가시키고, 바이트 카운트 레지스터를 1 감소시킨다. 바이트 카운트 레지스터가 0에 이르지 않았으면 제어기는 주변 장치에서 나오는 要求(request)線을 조사한다. 고속 주변 장치는 앞서의 전송이 일단 완료되자마자 이 線을 작동시킨다. 이리하여 두 번째 전송이 시작되며 이 과정은 全 블록이 전송될 때까지 계속된다. 주변 장치 속도가 보다 느릴 경우는 DMA 요구선은 약간 늦게 가동될 것이다. 이럴 경우에 DMA 제어기는 마이크로 프로세서가 그의 프로그램 수행을 계속할 수 있도록 버스 要求線을 클리어한다. 주변 장치가 전송을 새로 요청할 때 DMA 제어기는 다시 버스 制御權을 요청한다.

바이트 카운트 레지스터가 0에 이르면 DMA 제어기는 더 이상의 전송을 중단하고 버스 요구를 제거한다. 이 때도 인터럽트 요구선을 써서 마이크로 프로세서에게 전송 완료를 알린다. 마이크로 프로세서가 제어기 인터럽트에 반응할 때 프로세서는 바이트 카운터 레지스터의 내용을 읽는다. 이 레지스터 값이 0일 때는 모든 바이트가 전송되었다는 것을 나타낸다. 마이크로 프로세서가 이미 전송된 바이트 數를 조사하고자 할 때에는 언제든지 이 레지스터를 읽으면 된다.

한 DMA 제어기가 여러 개의 채널을 가질 수 있다. 이때 각 채널은 DMA 要求/認知(read request/acknowledge) 두 제어 신호를 가지며, 별개의 주변 장치에 연결된다. 또

각 채널은 그 DMA 제어기 내에 자신의 번지 레지스터와 바이트 카운트 레지스터를 갖고 있다. 각 채널 사이의 우선 순위가 높은 것이 낮은 것보다 먼저 서어비스되도록 우선 순위도 확립되어야 할 것이다.

DMA 전송은 많은 마이크로 컴퓨터 시스템 응용에서 대단히 유용하다. 이것은 플로피 디스크나 磁氣 테이프 카세트와 시스템 RAM 사이의 빠른 정보 전송을 위해서도 사용한다. 이것은 또한 CRT 화면이나 비데오 게임을 위해 사용하는 텔레비젼 화면을 가진 對話式 端末(interactive terminal) 시스템의 통신에서도 유용하다. 전형적으로 화면 디스플레이의 像(image)은 프로세서 제어하에서 조정 가능한 메모리에 들어 있다. 이 메모리의 내용은 DMA 전송을 써서 주기적으로 화면에 전송할 수 있다.

DMA에 관한 고차원 응용은 둘 이상의 프로세서의 네트 워어크를 형성하는 다중프로세서 시스템에 쓰인다. 프로세서들 사이의 통신은 모든 프로세서가 액세스할 수 있는 共有 메모리를 통해서 이루어진다. DMA는 네트 워어크에서 공유 메모리와 여러 프로세서 사이의 정보 전송에 편리한 방법이다.

참 고 문 헌

1. Peatman, J. B., *Microcomputer-Based Design*. New York: McGraw-Hill Book Co., 1977.
2. Klingman, E. K., *Microprocessor Systems Design*. Englewood Cliffs, N.J.: Prentice-Hall, Inc., 1977.
3. Hillburn, J. L., and P. N. Julich, *Microcomputers / Microprocessors: Hardware, Software, and Applications*. Englewood Cliffs, N.J.: Prentice-Hall, Inc., 1976.
4. Soucek, B., *Microprocessors and Microcomputers*. New York: John Wiley & Sons, 1976.
5. Osborn, A., *An Introduction to Microcomputers, Volume 1: Basic Concepts*. Berkeley, Calif.: Adam Osborn and Associates, 1976.
6. Osborn, A., *An Introduction to Microcomputers Volume 2: Some Real Products*. Berkeley, Calif.: Adam Osborn and Associates, 1977.
7. McGlynn, D. R., *Microprocessors Technology, Architecture and Applications*. New York: John Wiley & Sons, Inc., 1976.
8. *Intel 8080 Microcomputer Systems User's Manual*. Santa Clara, Calif.: Intel Corp., 1975.
9. Wakerly, J. F., "Microprocessor Input/Output Architecture." *Computer*, Vol. 10, No. 2 (February, 1977), pp 26–33.
10. Cosley, J., and S. Vasa, "Block Transfer with DMA Augments Microprocessor Efficiency." *Computer Design*, Vol. 16, No. 1 (January, 1977), pp 81–85.

연 습 문 제

12-1 RAM과 ROM의 차이점은 무엇인가? 마이크로 컴퓨터 시스템에서 각각 무슨 기능이 도움이 되는가?

12-2 대부분의 마이크로 프로세서에서 왜 번지 버스는 한 방향인데 비해 데이터 버스는 兩方向인가?

12-3 마이크로 프로세서는 전형적으로 4비트, 8비트, 16비트로 분류된다. 이 비트 數는 무엇을 의미하는가?

12-4 마이크로 프로세서가 16비트 데이터 버스와 12비트 번지 버스를 가지고 있다. 마이크로 프로세서에 연결될 수 있는 최대 메모리 용량은 얼마인가? 또 메모리에 얼마나 많은 바이트가 저장될 수 있는가?

12-5 마이크로 프로세서와 마이크로 컴퓨터 차이점은 무엇인가? 단일 칩 마이크로 컴퓨터와 마이크로 프로세서 칩의 차이점은 무엇인가?

12-6 별개의 입력과 출력 단자를 가지고 내부 버스 버퍼를 갖지 않은 8비트 LSI 구성 요소(메모리 또는 인터페이스)를 생각하자. 외부 3상태 버퍼를 써서, 구성 요소의 입력과 출력 단자가 兩方向 데이터 버스에 연결되는 방법을 보여라.

12-7 16비트 마이크로 프로세서가 16비트 번지나 16비트 데이터 워어드를 전송하는 데에 共有되는 1개의 16비트 버스를 갖고 있다. 마이크로 프로세서와 메모리 번지 입력 사이에 외부 번지 래치나 레지스터가 필요한 이유를 설명하라. 마이크로 프로세서와 메모리 사이의 통신을 위한 제어 신호의 가능한 집합을 성문화하라. 메모리 리이드와 메모리 라이트에 관한 전송 순서를 써라.

12-8 다음 각 명령어 수행 후에 누산기 A와 상태 비트 C(carry), S(sign), Z(zero), V(overflow)가 갖는 내용은 무엇인가? 각 경우에 A의 初期值는 $(72)_{16}$이다. 모든 상태 비트는, 산술적 또는 논리적 작동 후에는 영향을 받는다고 가정한다.

(a) ADD 即値 오퍼란드 $(C6)_{16}$

(b) ADD 即値 오퍼란드 $(1E)_{16}$

(c) AND 即値 오퍼란드 $(8D)_{16}$

(d) exclusive-OR A

12-9 각 명령어 바이트 數를 명시하고 표 12-2로부터 다음 명령어를 수행하는 레지스터 전송의 순서를 써라.

(a) STA AD16	직접 A를 저장하라	$M[AD16] \leftarrow A$
(b) ADD FG	레지스터를 통해 더하라	$A \leftarrow A + M[FG]$
(c) SUB B	A로부터 B를 빼라	$A \leftarrow A - B$
(d) INR A	A를 증가시켜라	$A \leftarrow A + 1$
(e) JC AD16	캐리 생길 때 점프	If$(C=1)$ then $(PC \leftarrow AD16)$

12-10 표 12-2에서 명령어가 차지하는 바이트 數를 명시하라.

12-11 표 12-2의 첫 명령어는 B의 내용을 A로 전송하는 무우브(move) 명령어이다. 레지스터 R1의 내용을 R2로 전송하는 동등한 명령어가 몇 개나 나오겠는가? R1과 R2는 A, B, C, D, E, F, G 중의 하나이다. 출발점 레지스터는 行先 레지스터와 같을 수 있다.

12-12 표 12-1은 각기 다른 번지 지정 기법을 가진 3개의 A에 더하라는 명령어를 가지고 있다. 다음 번지 지정 기법을 포함하도록 확장하라.
(a) 零-페이지(page) 번지 지정
(b) 상대적 번지 지정
(c) 인덱스 번지 지정
각 명령어를 처리하는 데 필요한 작동 순서를 써라.

12-13 명령어의 작동 코우드가 메모리 번지 $(7128)_{16}$에 저장되어 있다. 그 다음 바이트는 $(FB)_{16}$을 갖고 있다. 명령어가 다음 번지 지정 기법을 가질 경우 오퍼란드는 어디에 저장되어 있는가?
(a) 零-페이지(page) 번지 지정
(b) 現-페이지(page) 번지 지정
(c) 相對的 번지 지정

12-14 명령어가 制御型일 때(예를 들면, 無條件 점프) 간접 번지 지정 기법을 처리하는 데 필요한 메모리 전송 순서를 써라. 얼마나 많은 메모리 사이클이 필요한가?

12-15 어떤 마이크로 프로세서는 마이크로 프로세서 칩 내에 제한된 용량의 내부 레지스터 스택을 제공한다. 다른 것은 스택으로 사용하는 메모리에 액세스하는 스택 포인터 레지스터를 제공한다. 각 구조의 장단점을 논의하라.

12-16 산술 數式을 계산하는 데 있어서 스택을 사용하는 탁상용 전자 계산기에 익숙하다면, $3 \times 4 + 5 \times 6$을 계산할 때의 스택 작동을 설명하라.

12-17 서브루우틴 귀환 번지는 스택 대신에 인덱스 레지스터에 저장될 수 있다. 이 구조의 장단점을 논의하라.

12-18 스택의 꼭대기가 5A를 갖고 있고 그 아래 바이트는 14를 갖고 있다(모든 數는 16진수). 스택 포인터는 3A56을 갖고 있다. 메모리 번지 013F에 67AE번지를 가진 서브루우틴 호출 명령어가 있다. 다음에서 PC와 SP의 내용은 무엇인가?

(a) 호출 명령어가 수행되기 전

(b) 호출 명령어가 수행된 후

(c) 서브루우틴에서 귀환 후

(d) (c)의 명령어 바로 다음에 오는 두 번째 서브루우틴으로부터 귀환 명령어 수행 후

12-19 오직 1개의 스택 포인터를 가진 마이크로 프로세서에 관한 프로그램이 2개의 메모리 스택이 필요할 때 어떻게 프로그램을 유지시켜 나갈 것인가?

12-20 서브루우틴 호출과 인터럽트 요청 사이의 근본적인 차이점은 무엇인가? 둘 모두를 위해서 공통 메모리 스택을 사용하는 것이 가능한가?

12-21 마이크로 프로세서는 귀환 번지뿐만 아니라 인터럽트를 서어비스하는 동안 영향을 받을 프로세서 레지스터의 내용도 스택에 푸시(push)함에 의해 인터럽트 요청에 반응한다.

(a) 그림 12-5에서 내용이 스택에 푸시되어야 하는 레지스터를 써라.

(b) 이제 인터럽트 요청을 집행하는 데에 몇 메모리 사이클이 걸리는가?

12-22 표 12-4에 명시된 진리표를 갖는 4입력 우선 순위 인코우더(encoder) 회로를 그려라.

12-23 8입력 우선 순위 인코우더의 진리표를 작성하라.

12-24 표 12-4의 x와 y가 下位 바이트의 4번과 5번 비트일 때 16진수로 네 벡터 번지를 명시하라. 이 바이트의 다른 모든 비트는 0이다. 上位 바이트는 항상 FF이다.

12-25 (a) 2048바이트 용량의 메모리를 구성하는 데에 몇 개의 128×8 RAM칩이 필요한가?

(b) 2048바이트의 메모리에 접근하는 데 얼마나 많은 번지 버스 선이 사용되어야 하는가? 이 線 중 몇 線을 모든 칩들이 共有하는가?

(c) 칩 선택을 위해서 몇 線이 디코우드되어야 하는가? 디코우더의 크기를 명시하라.

12-26 마이크로 프로세서는 1024×1 용량의 RAM 칩들을 사용한다.

(a) 얼마나 많은 칩이 필요하며 이들의 번지 선들은 1024바이트의 메모리 용량을 제공하기 위해 어떻게 연결되어야 하는가?

(b) 16K 용량의 메모리를 제공하기 위해서 얼마나 많은 칩이 필요한가? 칩들이 번지 버스에 어떻게 연결되는지 말로 설명하라.

12-27 1024×8 비트의 ROM 칩이 4개의 선택 입력을 갖고 있으며 5〔V〕전원으로 작동한다. IC 패키지에 대해 몇 개의 핀(pin)이 필요한가? 블록도를 그리고, 모든 입력과 출력 단자에 라벨을 붙여라.

12-28 그림 12-13의 메모리 시스템을 4096바이트의 RAM과 4096바이트의 ROM으로 확장하라. 메모리 번지 맵을 만들고 얼마만한 크기의 디코우더가 필요한지 나타내어라.

12-29 마이크로 프로세서가 256×8의 RAM 칩과 1024×8의 ROM 칩을 사용하고 있다. 마이크로 컴퓨터 시스템은 2K RAM과 4K ROM, 그리고 각기 4개의 레지스터를 가진 4개의 인터페이스 장치를 필요로 한다. 메모리-맵 I/O 구조가 사용된다. 번지 버스의 최상위 두 비트는 RAM에 대해서는 00, ROM에 대해서는 01, 인터페이스 레지스터에 대해서는 10이 할당된다.

(a) 몇 개의 RAM과 ROM 칩이 필요한가?

(b) 시스템에 대한 메모리 번지 맵을 그려라.

(c) RAM, ROM, 인터페이스에 대해 16진수로 번지 범위를 주어라.

12-30 8비트 마이크로 프로세서가 16비트 번지 버스를 갖고 있다. 번지 버스의 처음 15線은 32K 바이트 메모리를 선택하는 데 쓰인다. 번지 버스의 나머지 한 線은 데이터 버스의 내용을 받을 레지스터를 선택하는 데 쓰인다. 이 구조는 총 256K 바이트의 메모리를 사용하기 위해 각 32K 바이트의 8 메모리 더미(bank)로 메모리 용량을 확장시키기 위해 어떻게 사용될 수 있는가를 설명하라.

12-31 그림 12-14의 인터페이스가 마이크로 프로세서의 번지 버스에 연결되어 있다. A 포오트의 데이터 레지스터는 16진 번지 $XXXC$로 선택된다(X는 어떤 數).

(a) 번지 선은 칩 선택(CS) 입력에 어떻게 연결되어야 하는가?

(b) 인터페이스의 다른 세 레지스터를 선택하는 16진 번지는 무엇인가?

12-32 병렬식 주변 장치 인터페이스에서 직접 전송과 握手(handshake)를 사용한 전송의 차이점은 무엇인가?

12-33 원거리 통신선을 통한 정보의 同期式 직렬 전송과 非同期式 직렬 전송의 차이점은 무엇인가?

12-34 한 데이터 버스와 번지 버스의 공통 집합에 많은 마이크로 프로세서의 연결 가능성을 생각해 보자. 마이크로 프로세서와 공통 메모리 사이의 정보의 전송을 어떻게 확립할 수 있는가?

13

디지털 集積回路
Digital Integrated Circuit

13-1 序 論

論理回路와 集積回路(IC)에 대해서는 앞에서 언급한 바 있으나, 본 장에서는 각 論理群에서 기본적인 회로를 제시하고, 전자 회로적으로 분석하여 동작의 이해를 깊이 하기로 하자.

論理群은 주로 能動素子로 구성되며 被動素子(*R*, *L*, *C*)는 보조 역할만 한다. 능동소자는 주로 트랜지스터(BJT* FET**)를 들 수 있으며, 본 장에서 記述하는 論理群을 素子에 따라 분류하면 다음과 같다.

다이오우드 : 다이오우드 논리 회로(Diode Logic)

트랜지스터 : DCTL (Direct Coupled Transistor Logic)
RTL (Resistor Transistor Logic)
DTL (Diode Transistor Logic)
HTL (High Threshold Logic)
I^2L (Integrated Injection Logic)
TTL (Transistor Transistor Logic)
ECL (Emitter Coupled Logic)

MOS FET : PMOS (P-Channel MOS)
NMOS (N-Channel MOS)
CMOS (Complementary MOS)

요즈음의 새로운 논리 설계에서 다이오우드 논리는 부분적으로 이용되고 있으나, DCTL, RTL, DTL은 거의 이용되지 않고 있다. RTL은 상업적으로 널리 이용되

* BJT : bipolar junction transistor
** FET : field effect transistor

었는데, 이 RTL을 이해하면 디지털 게이트의 기본적 동작 이해에 큰 도움이 되며, 차츰 DTL을 거쳐 TTL로 대체되었다. 사실 TTL은 DTL의 단점을 개선한 것에 불과하므로, RTL, DTL을 이해하면 TTL은 쉽게 이해할 수 있다.

각 集積回路 論理群에서 기본적인 회로는 NAND 또는 NOR 게이트이며, 이러한 기본 회로로써 복잡한 기능의 회로들을 구성할 수 있다. 예를 들면 RS 래치는 NAND 2개 또는 NOR 2개로써 상호 출력을 입력에 연결 구성하며, 主從 플립플롭은 약 10개의 게이트로 구성한다. 그리고 레지스터는 플립플롭과 기본 게이트 회로를 접속하여 구성한다.

기본 게이트의 논리는 2진 변수의 부울 함수로 정의되며, 2진수 0, 1은 전압 레벨 高(H), 低(L)로 나타내게 되고, 2진수 1과 高(H) 레벨이 대응될 때 正論理, 低(L) 레벨이 대응될 때 負論理라 한다. NAND 게이트 진리표로부터 **그림 13-1**과 같이 각 입력에 대한 출력을 전압 레벨로 표시하고 게이트의 특성을 생각한다. 負論理 NAND 게이트를 正論理로 생각하면 NOR가 된다.

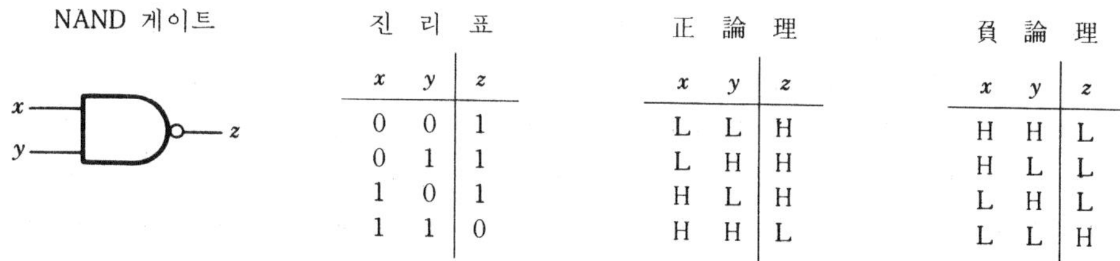

진리표

x	y	z
0	0	1
0	1	1
1	0	1
1	1	0

正論理

x	y	z
L	L	H
L	H	H
H	L	H
H	H	L

負論理

x	y	z
H	H	L
H	L	L
L	H	L
L	L	H

그림 13-1 NAND 게이트 입출 조건

각 論理群의 기본적 특성을 비교할 때 주로 다음과 같은 項을 생각한다.

1. 게이트의 출력이 정상 상태에서 무리 없이 구동할 수 있는 표준 부하수 : **팬아웃**(출력 分岐數). 여기에서 표준 부하란 같은 IC 족의 한 게이트의 입력이 유입되는 전류를 말한다.
2. 電源으로부터 게이트 자체에서 소모되는 전력 : **전력 소모량**
3. 신호 레벨이 변할 때 입력에서 출력으로 전달되는 데 걸리는 시간 : **전달 지연 시간**
4. 회로가 오동작하지 않는 범위에서 허용할 수 있는 잡음 전압 한계 : **잡음 마아진**

그 밖에 제작상 고려해야 할 점들은 다음과 같다.

논리 회로 제작상 고려할 사항

(a) 낮은 전원 전압과 단일 전원(전원 전압의 종류가 여러 가지가 아닐 것)
(b) 높은 입력 임피이던스
(c) 낮은 출력 임피이던스 및 큰 출력 전류

(d) 간편한 제조 공정 : 마스크 回數 감소

(e) 칩 면적 감소

(f) 대량 생산 및 신뢰도 향상에 의한 가격 저렴화

보통의 트랜지스터라함은 BJT (Bipolar Junction Transistor)를 말하며, npn 또는 pnp 형으로 구분되며, 베이스 내의 전류 반송자와 이미터, 컬렉터 내의 반송자가 각각 電子, 正孔으로 서로 다른 반송자가 전류에 기여하므로 2극(bipolar)이라 칭해진다. FET는 **n** 채널, **p** 채널로 구분되며, 각 채널의 주(主) 반송자만이 전류 흐름을 구성한다. 다음 절에서 다이오우드 및 BJT, FET의 특성을 간단히 記述하여 기본 게이트의 동작을 설명한다.

13-2 半導體 다이오우드 特性

p형과 n형 반도체가 접합될 때, 또는 반도체와 금속이 點接合될 때 한쪽 방향으로만 전류가 흐르는 특성이 나타난다. 즉 이상적으로 正電壓에서 零임피이던스, 負電壓에서 無限大 임피이던스 현상이 나타난다. 이 현상은 다이오우드에 걸리는 전압 극성에 따라 선택 통과시키는 스위칭 소자의 특성이 된다. 실제에는 내부 접합 전위에 의한 차단 전압($V_C \approx 0.6$[V])이 존재한다. 그러므로 애노우드-캐도우드간 전압이 0.6[V]보다 작으면 다이오우드는 차단되고, 전류는 거의 흐르지 않으며, 0.6[V]보다 클 때 正方向 바이어스되었다고 말하고 다이오우드가 도통하게 되며, 전류는 급격히 증가한다. 그러나 디지털 논리 전압은 대체로 $V_H = V_{CC}$, $V_L = 0$이므로 차단 전압은 거의 무시할 수 있다.

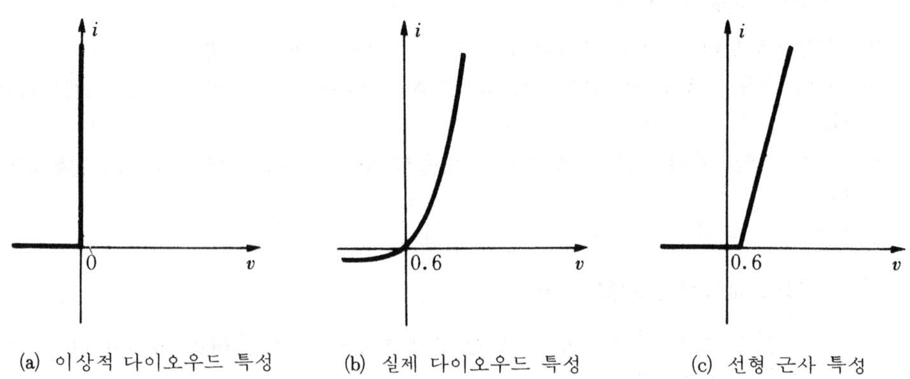

(a) 이상적 다이오우드 특성 (b) 실제 다이오우드 특성 (c) 선형 근사 특성

그림 13-2 다이오우드 전류-전압 특성

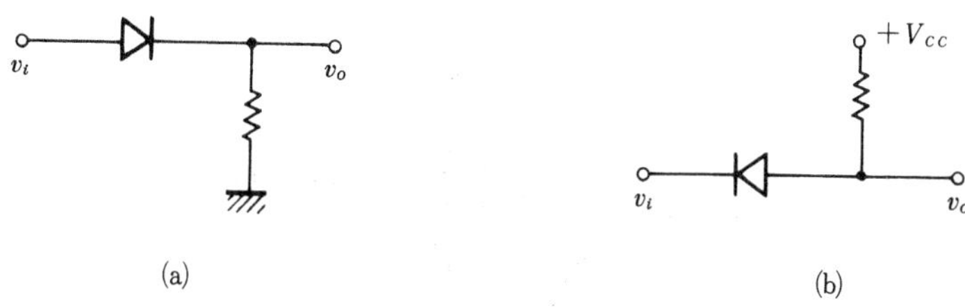

그림 13-3 다이오우드 스위치

그림 13-3(a)에서,

$$v_0 = \begin{cases} v_i - V_C \; ; \; v_i > V_C \leftarrow \text{다이오우드 스위치 ON} \\ 0 \qquad\quad ; \; v_i \leqq V_C \rightarrow \text{다이오우드 스위치 OFF} \end{cases}$$

그림 13-3(b)에서,

$$v_0 = \begin{cases} v_i + V_C \; ; \; v_i < V_{CC} - V_C \rightarrow \text{다이오우드 스위치 ON} \\ V_{CC} \qquad ; \; v_i \geqq V_{CC} - V_C \rightarrow \text{다이오우드 스위치 OFF} \end{cases}$$

기본 논리 회로 분석은 13-5 절에서 하기로 한다.

13-3 트랜지스터(BJT) 特性

트랜지스터는 npn 형 또는 pnp 형으로 나눌 수 있고, 게르마늄(Ge) 실리콘(Si) 등의 반도체로 만든다. 集積回路 제작에 이용되는 트랜지스터는 주로 실리콘 npn 형이다.

이미터 결합 npn 실리콘 트랜지스터의 특성 곡선(그림 13-4)으로부터 디지털 회로 분석에 필요한 기본적 데이터를 구해 보자.

그림 13-4(a)의 회로는 2개의 저항과 트랜지스터로 인버어터를 구성한 것이다. 이미터 전류는 $I_E = I_C + I_B$ 이며, 각 전류 방향을 正方向이라 가정하면, 이 방향이 npn 형 트랜지스터의 정상적 전류 방향이다. V_{CE}, V_{BE} 의 전압도 컬렉터 및 베이스가 이미터보다 正電壓을 가진다는 것을 의미한다. 베이스-이미터 특성은 베이스를 애노우드, 이미터를 캐도우드에 대응시킨 $p-n$ 접합 다이오우드와 같으며, V_{BE} 대 I_B 의 변화는 그림 13-4(b)에서 보는 바와 같이 다이오우드 특성 곡선과 같다. v_{BE} 가 0.6[V] 이하에서는 차단되어 전류가 거의 흐르지 않고, 0.6[V] 이상에서 전류가 급격히 증가한다. 이 v_{BE} 는 거의 0.8[V]를 넘지 않는다. 이때 컬렉터 전류는 베이스 전류에 비례하며, 비례 상수는 h_{FE} 이며 **직류 전류 이득** 변수이다. 그림 13-4(a)의 회로에서 보는 바와 같이 컬렉터-이미터가 단락되었다고 가정할 때($V_{CE} \approx 0$) I_C 는 最大値가 되므로,

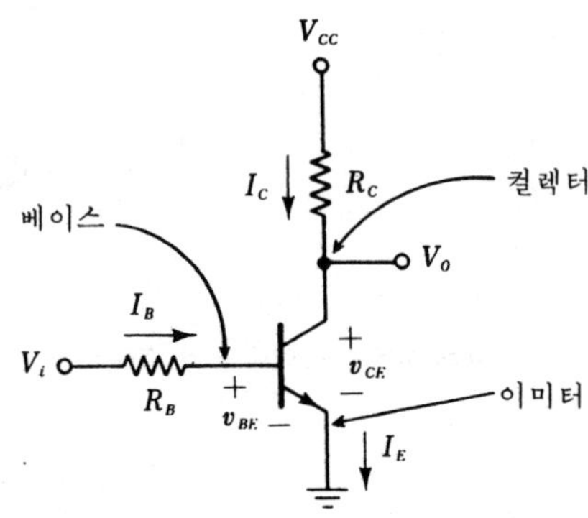

(a) 인버어터 회로

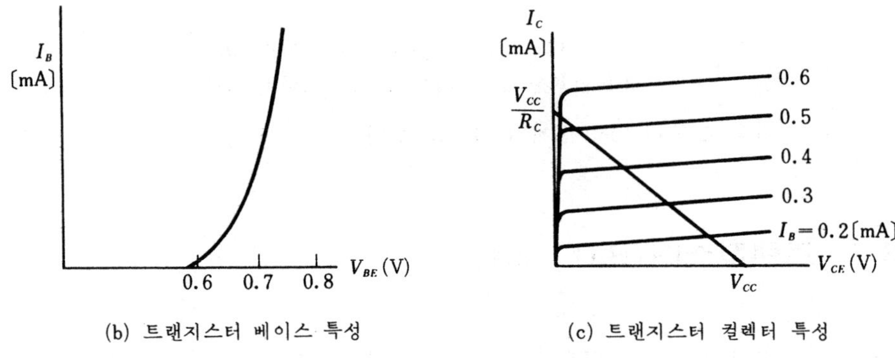

(b) 트랜지스터 베이스 특성

(c) 트랜지스터 컬렉터 특성

그림 13-4 실리콘 npn 트랜지스터 특성

$$I_C \leqq I_{CS} = \frac{V_{CC}}{R_C}$$

의 관계가 있다. 그러므로 I_B가 증가한다 하더라도 I_C가 더 이상 증가할 수 없으며, 이 때를 飽和(saturation)되었다고 한다. 컬렉터 전류와 베이스 전류와의 관계로 트랜지스터의 동작을 4개의 영역으로 나누며, 표 13-1에서 설명한다. h_{FE}는 트랜지스터 동작 영역에서 광범위하게 변하지만 대부분 平均値를 사용하며, 대체로 $h_{FE}=50$으로 본다. 포화 영역에서 컬렉터 전류는 최대로 흐르며, 표 13-1의 *에서 V_{CE}는 정확하게 '0'이 되는 것이 아니며 보통 0.2[V] 정도가 된다. 디지털 회로 분석에 필요한 기본적 데이터는 표 13-2에 주어진다. 차단 영역에서 $v_{BE}<0.6$[V]이며 $V_{CE}=V_{CC}$, 즉 全電壓이 컬렉터-이미터에 걸리므로 개방 회로가 되고, 각 전류는 무시할 수 있다. 포화 영역에서는 $v_{BE}>0.8$[V]로 베이스 전류가 충분히 커야 하며 $v_{CE}\approx 0.2$[V]가 되는데

표 13-1 트랜지스터 동작 영역

동작 영역	v_{BE}	v_{BC}	I_B	I_C	V_{CE}
飽和領域	+	+	$I_B > \frac{I_C}{h_{FE}}$	$I_C = I_{CS} = \frac{V_{CC}}{R_C}$	* 0
活性領域	+	−	$I_B = \frac{I_C}{h_{FE}}$	$0 < I_C < I_{CS}$	$V_{CC} - I_C R_C$
遮斷領域	−	−	$I_B = 0$	$I_C = 0$	V_{CC}
逆活性領域	−	+	—	$I_C < 0$	—

보통 零으로 가정하여 단락 회로로 본다. 따라서 0.6~0.7[V]를 기준 전압으로 베이스 전압을 조정함으로써 트랜지스터 스위치를 ON-OFF시킬 수 있다. 그림 13-4(a)의 인버어터 회로를 설명하면 대표적인 값들은 다음과 같다.

$$\left.\begin{matrix} R_C = 1[\text{k}\Omega] & R_B = 22[\text{k}\Omega] & h_{FE} = 50 \\ V_{CC} = 5[\text{V}] & V_H = 5[\text{V}] & V_L = 0.2[\text{V}] \end{matrix}\right\}$$

$V_i = V_L = 0.2[\text{V}]$일 때 $v_{BE} < 0.6[\text{V}]$를 만족하며 트랜지스터는 차단되어 컬렉터 −이미터간이 개방되므로 $V_o = V_H = 5[\text{V}]$가 된다.

$V_i = V_H = 5[\text{V}]$일 경우 $v_{BE} > 0.6[\text{V}]$가 되고 이것을 $v_{BE} \approx 0.7[\text{V}]$로 가정하면,

$$I_B = \frac{V_i - V_{BE}}{R_B} = \frac{5 - 0.7}{22 \times 10^3} = 0.195[\text{mA}]$$

최대 컬렉터 전류 I_{CS}는,

$$I_{CS} = \frac{V_{CC} - v_{CE}}{R_C} = \frac{5 - 0.2}{1[\text{k}\Omega]} = 4.8[\text{mA}]$$

두 전류를 비교해 보면,

$$0.195 = I_B \geq \frac{I_{CS}}{h_{FE}} = \frac{4.8}{50} = 0.096[\text{mA}]$$

의 관계가 있으므로 포화 상태에 있다. 그러므로, 출력 전압 $v_O = v_{CE} = 0.2[\text{V}] = V_L$이

표 13-2 기본적 데이터

동작 영역	v_{BE}	v_{CE}	전류 관계
차단 영역	<0.6	V_{CC}	$I_B = I_C = 0$
활성 영역	0.6~0.7	>0.8	$I_C = h_{FE} I_B$
포화 영역	0.7~0.8	≈ 0.2	$I_B > I_{CS}/h_{FE}$

되어서, 이 회로가 인버어터로 동작함을 알 수 있다.

이제까지 설명한 내용은 앞으로 계속 회로 분석에 이용될 것이다.

13-4 電界效果 트랜지스터(FET, field effect transistor) 特性

전계 효과 트랜지스터는 2가지로 크게 분류할 수 있다. 接合型(JFET, junction FET)와 절연 게이트型(IGFET, insulated gate FET) 또는 MOSFET, metal oxide silicon FET) 이다. JFFT는 그림 13-5에서 보는 바와 같이 p-n 접합에서 발생하는 空乏層의 폭이 접합 양단에 걸리는 전압에 비례한다는 사실로써 명명되었다. 즉, 게이트 전압을 제어하여 電子(n형) 또는 正孔(p형)이 흐를 수 있는 도통로(channel)의 폭을 변화시킨다. 그러나 JFET는 주로 線型 회로에 이용되며, MOSFET는 集積回路 제작시에 많이 이용된다. MOSFET는 BJT보다 제조 공정이 쉽고 마스크 回數도 적으며 칩 면적이 작기 때문에 고밀도 集積回路에 사용할 수 있는 利點이 있다.

그림 13-6은 MOSFET의 기본 구조를 나타낸 것이며, *p*채널과 *n*채널은 모든 것이 반대로 대응되기 때문에 *p*채널에 대해서만 설명한다. *p*채널 MOSFET는 n형 실리콘 基板에 p형으로 짙게 도우핑된 소오스와 드레인이 형성되어 있으며, 이 두 p형 부분 사이의 영역이 채널 역할을 한다. 게이트는 절연체인 SiO_2에 의해 채널과 절연 분리된 금속판으로 되어 있고, 게이트와 基板간의 전압에 의해 유도 전계가 생겨, 기판으로부터 p형 반송자(正孔)를 유기시켜 채널을 형성하게 되며, 게이트 전압의 변화에 따른 搬送子 수의 변화가 채널의 폭을 변화시키고 傳導度를 변화시킨다. 이 상태에 소오스와 드레인 사이에 전압이 걸리면 전류가 흐른다. 채널을 형성하여 전류를 흘릴 수 있는 한계의 게이트 전압을 임계 전압 V_T(약-2〔V〕)이라 한다.

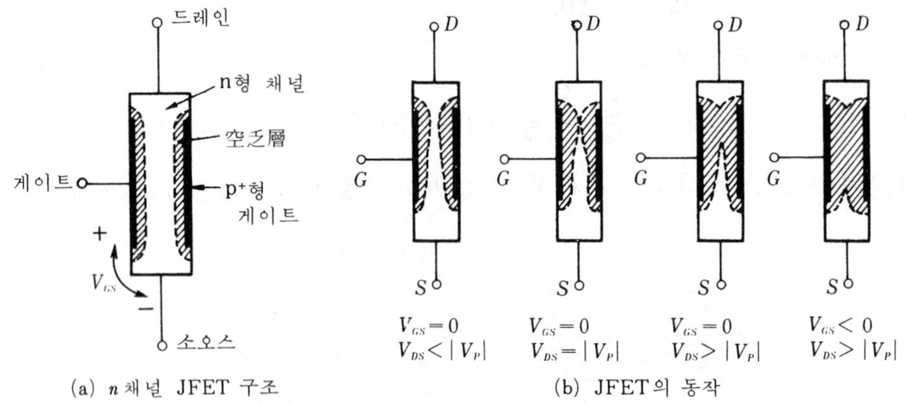

그림 13-5 JFET의 구조와 동작

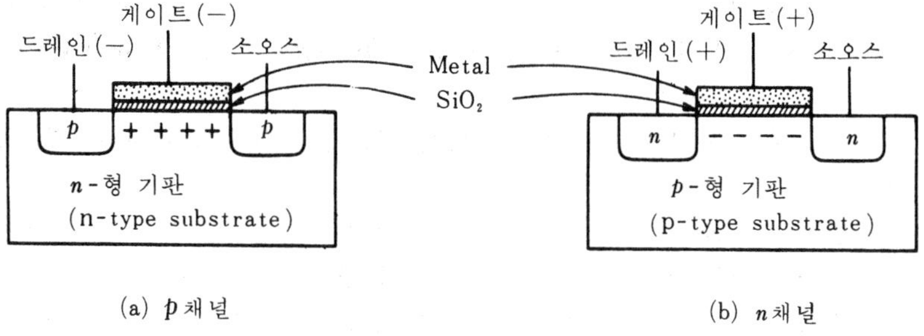

그림 13-6 MOSFET의 기본 구조(增加型)

형　태		p채널	n채널
JFET		D G S	D G S
MOS FET	增加型	D G S sub	D G S sub
	空乏型	D G S sub D G S	D G S sub D G S

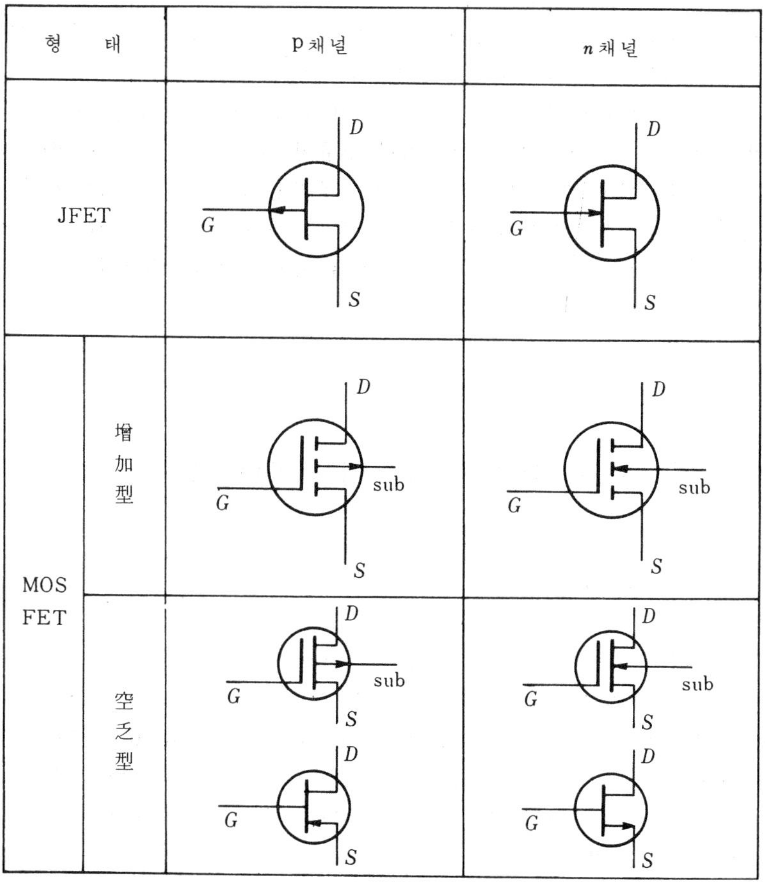

그림 13-7 FET의 圖表記號

MOS 구조에 따라 4가지 기본 형태로 나누는데, 유기되는 搬送子에 따라 p형, n형으로, 또한 동작 방법에 따라 **增加型**(enhancement type)과 **空乏型**(depletion type)으로 나눈다. 약간의 채널을 미리 형성하여 게이트 전압이 걸리지 않아도 도전 상태가 되며, 역바이어스를 걸어야만 채널이 차단되는 형태를 空乏型이라 하며, 게이트 전압이 걸릴 때만 도통되는 형태를 增加型이라 한다.

$V_G > V_T$일 때 개방 회로가 되며, $V_G \ll V_T$일 때 단락 회로가 되므로 전압 제어 전자 스위치 역할을 할 수 있으며, V_T는 제조 공정에서 변화시킬 수 있다.

MOSFET의 도적 기호는 그림 13-7에 나타나 있다. 基板의 화살표 방향에 따라 n, p형을 구별하고, 기판 표시를 생략하여 전류 방향에 따라 표시하기도 한다. 채널의 연결 상태에 따라 증가형, 공핍형을 구별하고, 게이트와 채널의 연결 상태에 따라 JFET와 MOSFET를 구별한다.

p 채널은 $V_{GS}<0$일 때 도통되고 pnp형 트랜지스터에, n 채널은 $V_{GS}>0$일 때 도통되므로 npn형 트랜지스터에 대응시켜 생각함으로써 쉽게 이해할 수 있다. 소오스와 드레인은 대칭적 구조를 갖기 때문에 실제적으로 반드시 구별해야 할 필요는 없다. 다만 채널이 형성되었을 때 걸리는 전압의 방향에 따라 전류가 흐르므로 FET를 **單極**(unipolar)이라고 말한다. 또, MOS의 장점은 게이트에 영구적인 고정 바이어스를 걸어 줌으로써 저항 역할을 하며, 채널 길이와 폭의 변화, 고정 바이어스의 크기에 의해 제조 과정에서 저항치를 결정할 수 있다. 기본적 디지털 회로 분석은 13-10節에서 하기로 하자.

13-5 다이오우드 및 트랜지스터 論理回路

다이오우드 논리 회로

다이오우드에서는 位相反轉이 없으므로 인버어터 회로는 없다고 본다. 그림 13-8(a)에서 $V_A=V_H$, $V_B=V_H$일 경우 全전압이 V_H이므로 $V_Y=V_H$가 되지만, A, B 둘 중의 한 쪽에 V_L이 걸리면 다이오우드가 도통하게 되어 $V_Y=V_L+0.6\approx V_L$로 AND 특성이 나타난다. 다이오우드 논리 회로는 부분적으로 간단히 이용하고 있으나, 출력 전류가 작고 位相反轉이 없기 때문에 트랜지스터 회로를 부가하여 사용되는 수가 많다. 또 하나의 단점은 입력 전압의 크기가 V_H, V_L 등의 디지털 전압 레벨이 아닐 경우 출력에도 그대로 영향을 미친다. 예를 들면 그림 13-8(a)의 경우 $V_H=V_{CC}=5$[V], $V_L=0$일 때 $V_A=V_H$, $V_B=2$[V]이면 $V_Y=2.6$[V]가 되므로 H, L 판정이 어렵게 된다.

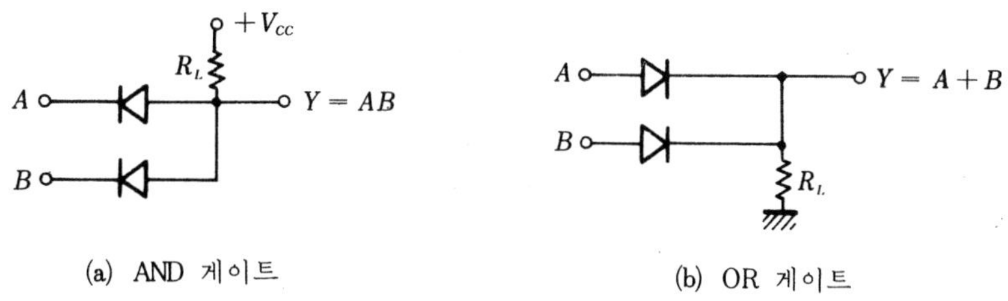

그림 13-8 다이오우드 논리 회로

直結 트랜지스터 論理回路(DCTL)

DCTL의 기본 회로는 그림 13-9에 표시하였다. 각 트랜지스터의 V_{BE}에 차단 전압보다 높은 전압이 걸리면 도통되고, 낮은 전압이 걸리면 차단되는 아주 간단한 회로로서 소자가 적게 들며, 칩 면적이 작다. 그러나 飽和-차단 영역에서 동작하지 못할 경우 출력에 H, L 판정이 어려운 전압이 나타날 수도 있으며, 스위칭 속도의 한계가 있다. 더 큰 단점은 전류 hogging 현상이다. 이 현상은 논리 회로 입력에 연결된 각 트랜지스터들의 특성에 의해 포화에 필요한 입력 베이스 전류가 약간씩 틀리기 때문에 생기는 현상이다. 이 현상을 줄이기 위해 베이스와 단자 사이에 저항을 삽입한다.

抵抗-트랜지스터 論理回路(RTL)

RTL의 기본 회로인 NOR 게이트를 그림 13-10에 나타낸다. 만약 어느 한 입력에 높은 전압이 인가되면, 그 트랜지스터는 飽和되고, $v_{CE} \approx 0.2$[V]가 되어서 출력은 V_L로 된다. 전 입력에 차단 전압보다 낮은 전압이 걸리면, 각 트랜지스터는 차단되

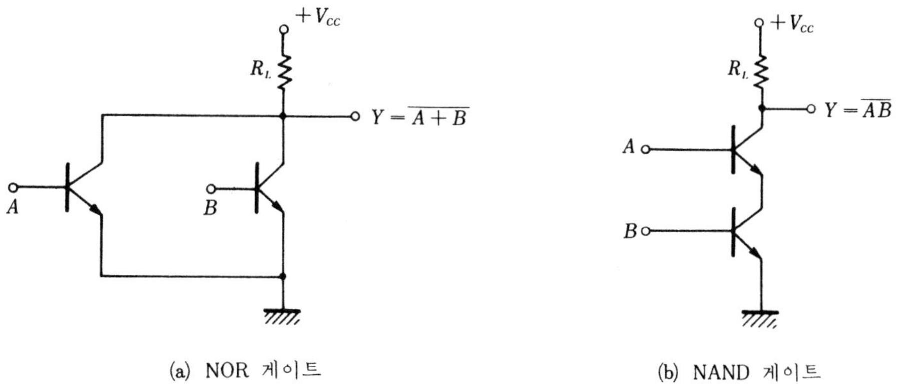

그림 13-9 DCTL 기본 논리 게이트

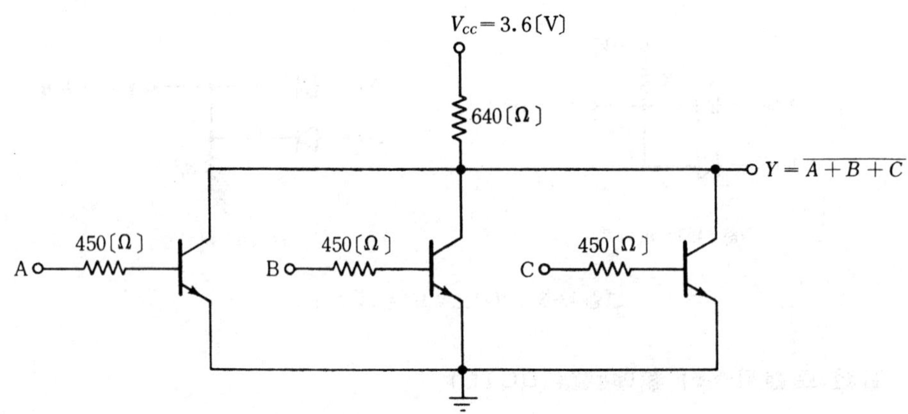

그림 13-10 RTL 기본 논리 게이트(NOR)

고 출력은 V_H가 된다.

DCTL에 비해 잡음 마아진이 크고, 전류 hogging 현상은 향상되었으나, 속도가 감소하고 칩 면적이 커진다. 팬아우트는 전원에 연결된 저항에 의해 결정되며, 게이트의 평균 전력 소모는 약 12[mW]이고, 전달 지연은 평균 25[ns]이다.

다이오우드-트랜지스터 論理回路(DTL)

다이오우드 논리 회로에다 트랜지스터로 전류 증폭 및 位相反轉시킨 형태로 생각하면 이해하기가 쉽다. 기본적인 게이트 회로인 NAND 게이트를 그림 13-11에 나타낸다. Q_1베이스에 0.7[V] 이상 걸려야 포화되므로 p점에서는 약 2[V]정도 되고, 입력에는 2.6[V] 이상의 전압을 H로 인정하므로 잡음 마아진이 커진다. DTL에서는 전류 hogging 현상이 없어지고, 팬아우트는 증가, 칩 면적은 크게 감소한다. 잡음 마아진을

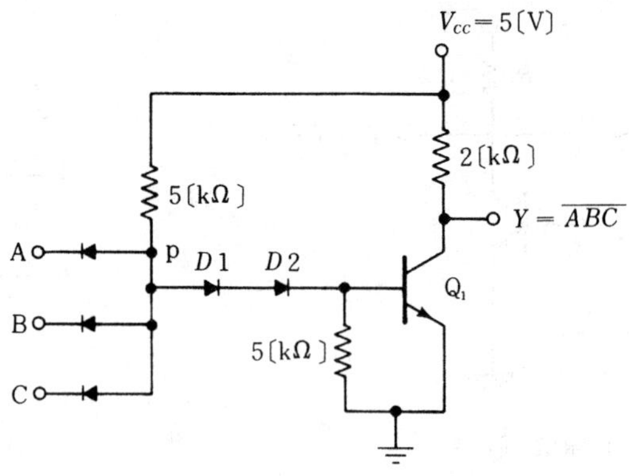

그림 13-11 DTL 기본 논리 게이트(NAND)

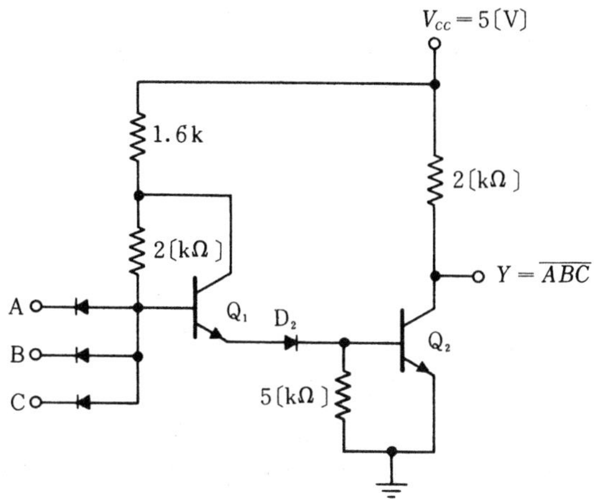

그림 13-12 수정된 DTL 게이트(NAND)

크게 하고 출력 전류를 크게 하기 위해, 출력 트랜지스터 베이스에 다시 트랜지스터로 구동하는, 약간 수정된 DTL을 그림 13-12에 나타낸다.

高臨界 論理回路(HTL)

모우터 제어, 고전압 스위칭, ON-OFF 제어 등 가끔 잡음이 많은 신호에 대해 디지털 회로가 동작을 해야 할 경우가 있다. 이런 경우에 적합하도록 DTL을 약간 변경시켜 나온 HTL을 그림 13-13에 나타낸다. 즉, 수정된 DTL의 Q_2 베이스에 연결

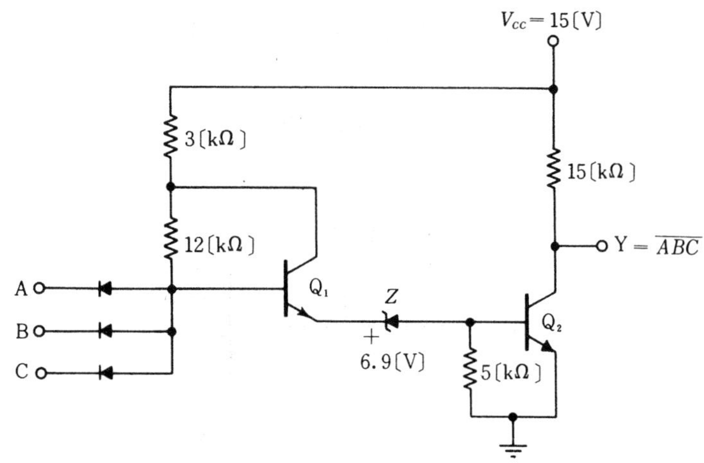

그림 13-13 HTL 기본 원리 게이트(NAND)

된 다이오우드를 제너 다이오우드 Z로 대치한 것이다. 그러므로 出力端 트랜지스터가 포화되기 위해서는 다이오우드 차단 전압, 2개의 트랜지스터 차단 전압, 제너 전압을 합한 크기 이상이 입력에 인가되어야 하므로 잡음 마아진을 크게 높일 수 있다.

13-6 I²L

I²L은 MTL (merged transistor logic)이라고도 하며, 가장 최근에 商業的으로 소개된 論理群이다. 최대 장점이 高集積度로서, 많은 회로를 한 칩에 넣어 복잡한 디지털 기능을 가진 LSI (전자 시계, A/D, D/A 변환기, RAM, 마이크로 프로세서 등) 제작에 쓰이며, SSI에는 별로 유용하지 않다. I²L의 기본 게이트는 RTL의 작동과 유사하지만, 다음과 같은 차이가 있다.

1. RTL에서의 베이스 저항이 제거된다.
2. RTL에서의 컬렉터 저항이 負荷 pnp 트랜지스터로 대치된다.
3. RTL에서의 여러 개 트랜지스터를 다중 컬렉터 트랜지스터로 만든다.

기본적인 I²L 게이트의 회로는 **그림 13-14**에 나타낸다. 다른 論理群과는 다르게 I²L 기본 게이트의 작동은 하나로 떼어서 분석할 수 없고, 여러 게이트의 상호 접속으로 나타내어야 한다. **그림 13-15**에서 여러 개의 게이트로 형성된 논리 회로를 I²L로 설계한 예를 나타낸다.

I²L의 장점은 속도-電力곱이 1〔pJ〕밖에 되지 않으며, MOS보다 더 高密度로 제작이 가능하고 제조 공정이 무척 쉬우며 마스크 회수도 감소된다. 그러나 입출력단에 버퍼(완충기)를 달지 않고는 다른 論理群과 연결 사용할 수 없다.

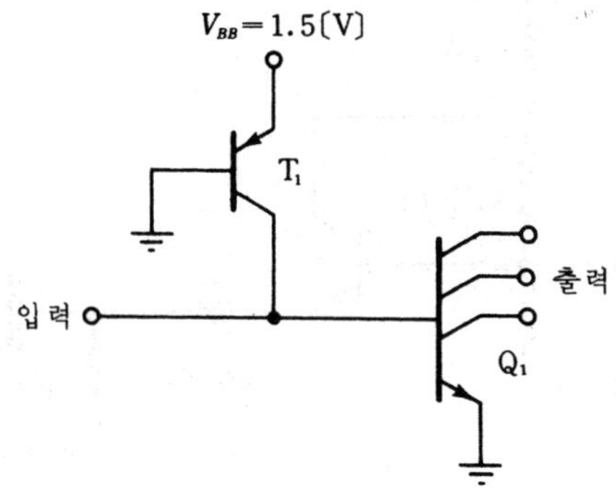

그림 13-14 I²L 기본 게이트 회로

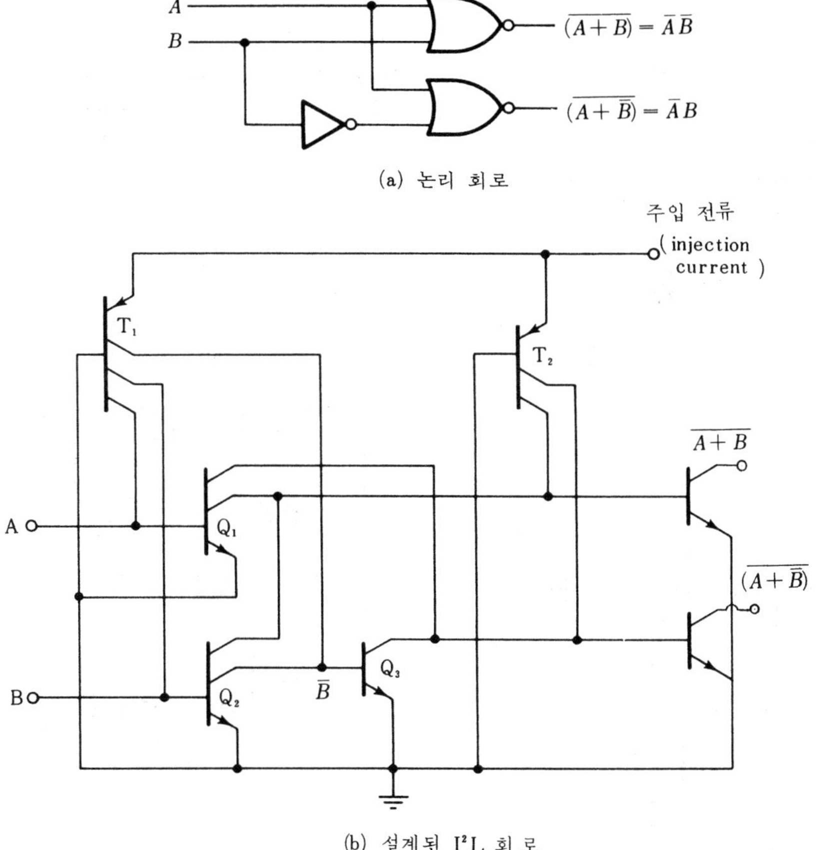

그림 13-15 I^2L 로 설계된 논리 회로의 예

13-7 TTL

DTL에 비해 전력 소모를 감소시키고 동작 속도를 향상시킨 TTL은 DTL의 入力端 다이오우드를 트랜지스터로 대치시킨 것으로서, 그 구상 과정을 **그림 13-16**에 표시하였다. TTL의 기술이 점점 발달함에 따라 여러 가지 개선점들이 추가되어 가장 많이 사용되는 디지털 집적 회로가 되었다. TTL 게이트 5가지 종류의 특성들을 **표 13-3**에서 비교하였다. TTL의 종류는 회로에 사용되는 저항치와 사용되는 트랜지스터 종류에 의하여 구분되며, 저전력 쇼트키 (LS) 형태가 가장 각광을 받는 것이 되었다.

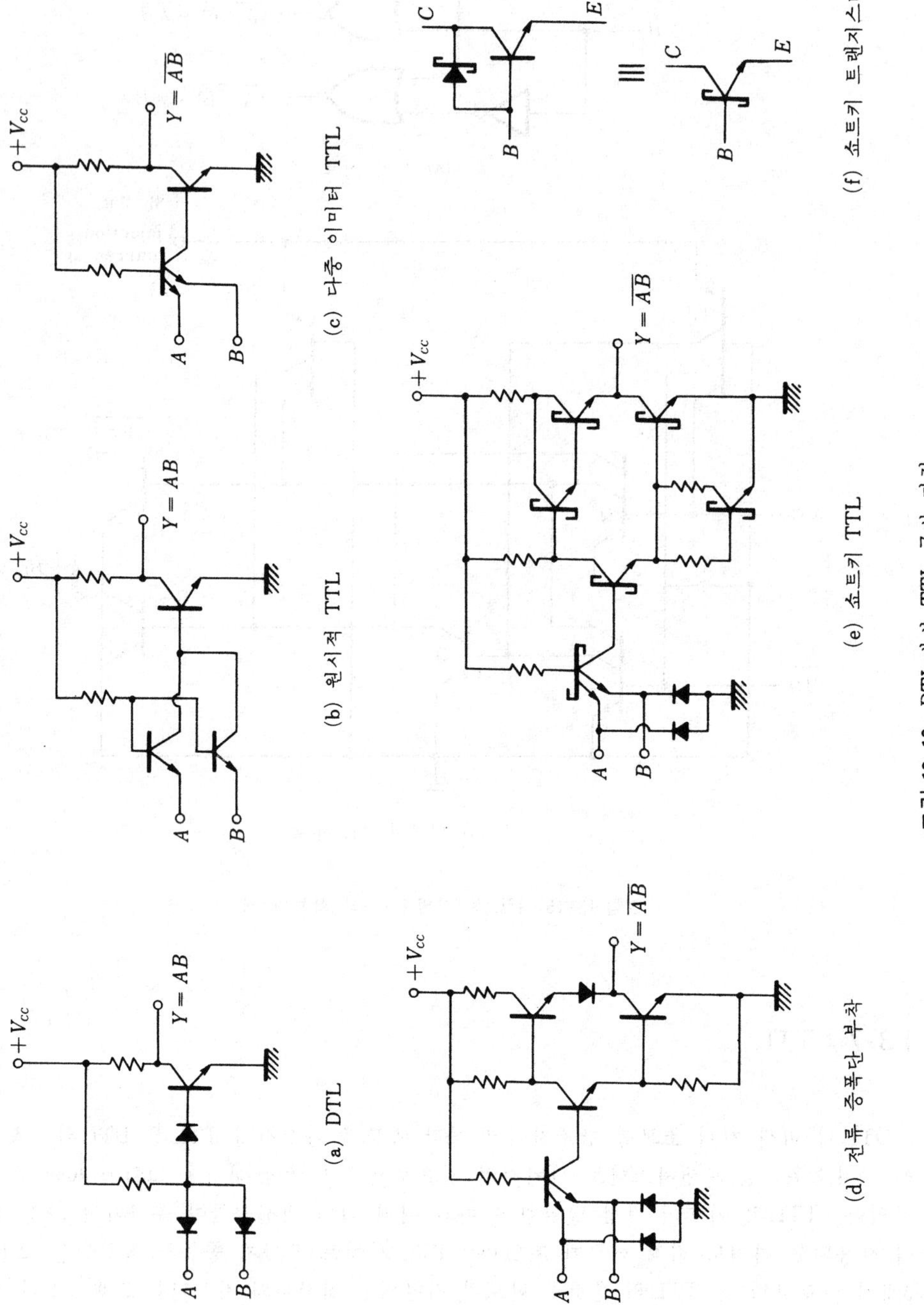

그림 13-16 DTL에서 TTL 구상 과정

표 13-3 TTL 종류와 특성

종 류	게 이 트			플립플롭
	전달 지연 시간〔ns〕	게이트당 소모 전력〔mW〕	속도-전력 곱〔pJ〕	클럭 입력 주파수〔MHz〕
S : 쇼트키 TTL	3	19	57	dc～125
H : 고속 TTL	6	22	132	dc～50
LS : 저전력 쇼트키 TTL	9.5	2	19	dc～45
— : 표준 TTL	10	10	100	dc～35
L : 저전력 TTL	33	1	33	dc～3

보통의 논리 회로에는 속도-전력곱이라는 상수가 있는데, 이것은 그 論理群이 주어진 전력에서의 속도, 또는 주어진 속도에서의 전력을 계산하는 데 쓰인다. 빠른 속도와 적은 전력 소모가 논리 회로 설계의 최대 과제이므로 속도-전력곱이 작을수록 좋은 논리 회로라 볼 수 있다.

標準 TTL의 포화 영역에서의 동작을 포화시키지 않음으로써 전하량 축적을 없애고, 속도를 증가시킬 수 있는 방법이 ECL과 쇼트키 트랜지스터 논리(STTL)이다. ECL은 트랜지스터를 활성 영역에서 동작하게 하는 것이며, STTL은 쇼트키 접합에는 전하가 축적될 수 없다는 원리를 이용하는 것이다. 즉 포화 영역에서 베이스에 축적되는 전하를 컬렉터-베이스간의 쇼트키 다이오우드를 통하여 계속 소모시킨다.

기본 게이트의 동작 원리는 DTL과 비슷하기 때문에 설명을 생략한다.

TTL의 원리로써 LSI 설계시 이용되는 논리인 EFL(emitter function logic)도 있다 I^2L에서와 마찬가지로 集積度가 높으며 낮은 전원 전압에서 동작 가능하고 전력 소모뿐 아니라 전달 지연 시간도 작다. 출력단에 다중 이미터를 이용하여 wired-OR를 가능하게 하며 플립플롭과 같은 여러 게이트의 복합 회로를 동시에 설계하는 데 용이하다.

13-8 TTL의 出力端

TTL의 출력단은 3가지 경우로 나눌 수 있다.

1. 컬렉터 개방 출력
2. 토템포울 출력
3. 3-상태 출력

컬렉터 개방(open collector) 출력은 그림 13-17(a)에서 보는 바와 같이 칩 내부에서

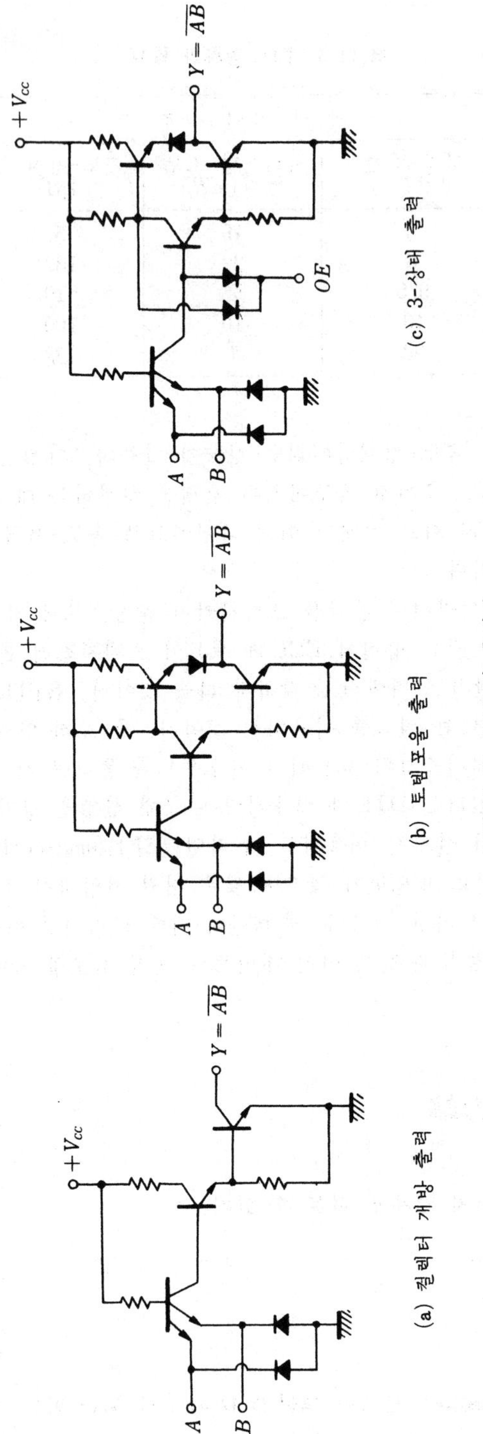

그림 13-17 TTL의 출력단

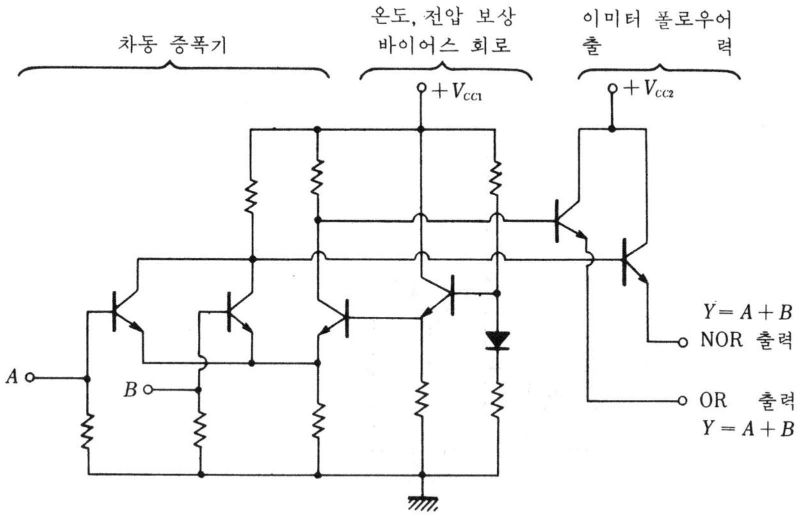

(a) ECL 기본 게이트

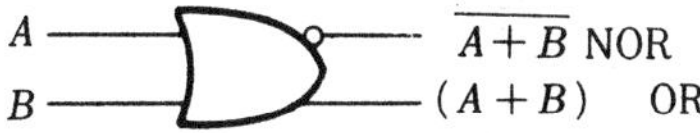

(b) 논리 기호

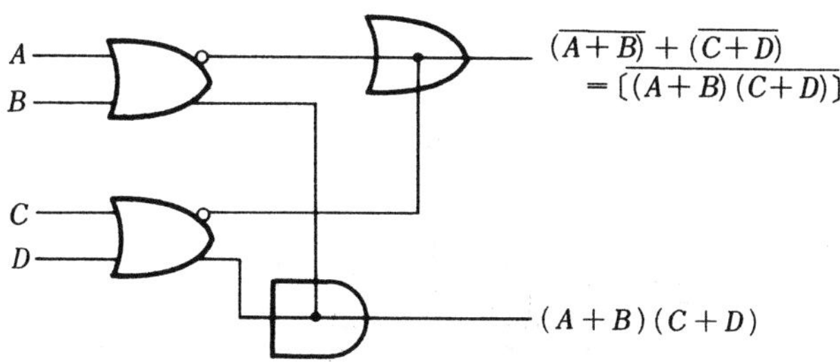

(c) 게이트간 연결

그림 13-18 ECL의 기본 게이트 회로와 기호

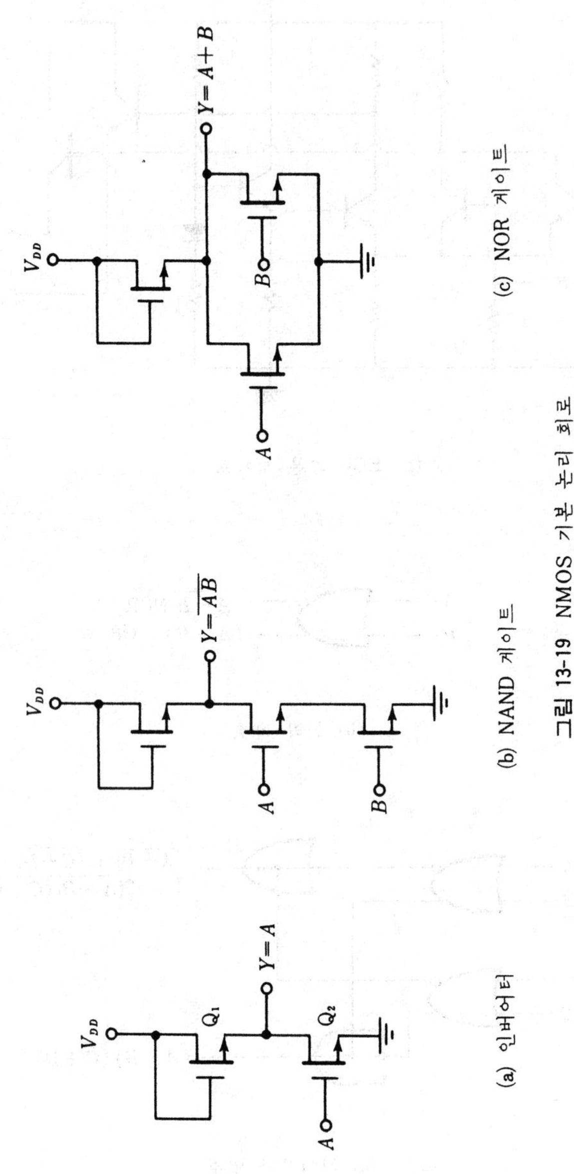

(a) 인버터

(b) NAND 게이트

(c) NOR 게이트

그림 13-19 NMOS 기본 논리 회로

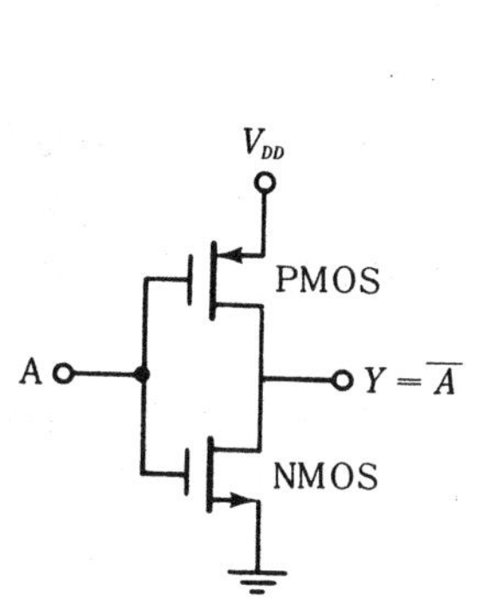

(a) 인버어터

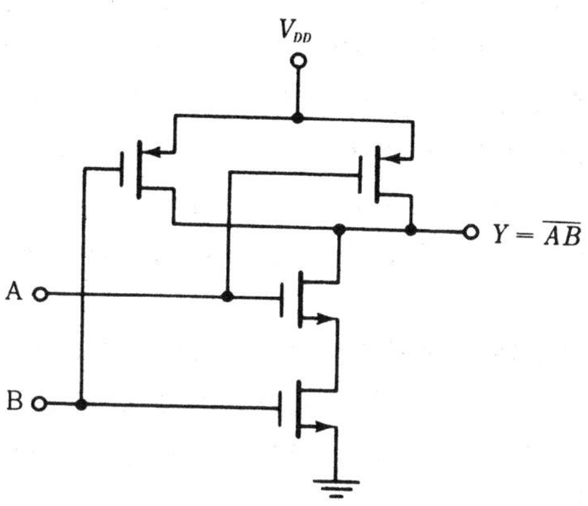

(b) NAND 게이트

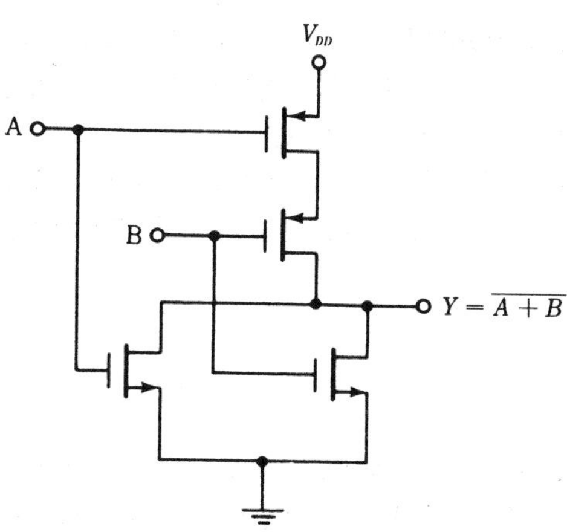

(c) NOR 게이트

그림 13-20 CMOS 기본 논리 회로

電源에 연결되는 트랜지스터가 없고, 출력 트랜지스터의 컬렉터가 그대로 출력 핀에 연결 되어 있다. 출력단 트랜지스터가 포화되면 싱크 전류를 받아들일 수 있으나, 차단되면 개방 회로, 즉 무한대 임피이던스를 나타낸다. 하나의 게이트로 사용할 때는 푸울-업 저항을 달아야 하며, 여러 게이트를 사용할 때는 wired-AND가 가능하다. 또 출력단에서 전원 전압이 다른 논리 회로와 연결할 때에도 이용된다.

토템포울(totem-pole) 출력은 **그림 13-17**(b)에서 보는 바와 같이 출력이 *'H'* 이면 소오스 전류를 흘려 내고, *'L'* 이면 싱크 전류를 받아들인다. 단일 게이트를 사용할 때는 대부분 토템포울 출력단 집적 회로를 사용하며 출력 논리 전압폭은 전압 전원 크기와 같다.

3-상태(three-state) 출력은 **그림 13-17**(c)에서 보는 바와 같이 제어 신호에 의하여 토템포울 출력과 같거나, 아니면 출력단 트랜지스터를 모두 차단하여 무한대 임피이던스, 즉 개방 회로를 만들 수 있다. 이 방법의 출력단은 주로 데이터 버스를 형성할 때 사용된다.

13-9 ECL

ECL은 差動 증폭기의 원리를 이용하여 트랜지스터를 활성 영역에서 동작하게 함으로써 전달 속도를 극히 빠르게 할 수 있으며 동시에 컴플리멘터리 출력을 나타낼 수 있고, wired-OR 또는 wired-AND가 가능하며 팬아우트가 크다는 장점이 있다. 그러나 출력 논리 전압폭이 좁고 2개의 전원 전압이 필요하며 잡음 감응도나 전력 소모 면에서는 모든 論理群 중에서 가장 나쁘다.

그림 13-18(a)에서 원리를 설명할 수 있는 기본 회로가 주어지며, (b)에서는 논리 기호를 나타내고, (c)에서 여러 게이트간의 연결 상태를 표시한다.

13-10 MOS

*n*채널 MOS 논리(NMOS)의 기본 게이트 회로를 **그림 13-19**에 나타낸다. 트랜지스터 논리의 원리와 같으므로 회로 설명은 생략한다. 트랜지스터는 전류 제어인 데 반해 MOS는 **전압 제어**이므로 입력단 저항이 없어지며, 고정 바이어스 MOS는 그 자체를 저항으로 사용할 수 있기 때문에 칩 면적이 극히 작게 들므로 고밀도 집적 회로 설계가 용이하다. 자체 내의 전력 소모가 적고, 입력 임피이던스가 크므로 팬아우트가 굉장히 크며, 마스크 회수가 감소되어 제조 공정이 간단하다. 그러나 출력 전류가 작고 속도는 많이 떨어지는 편이다. PMOS는 모든 변수 및 상태를 반대로 생각하면 되므

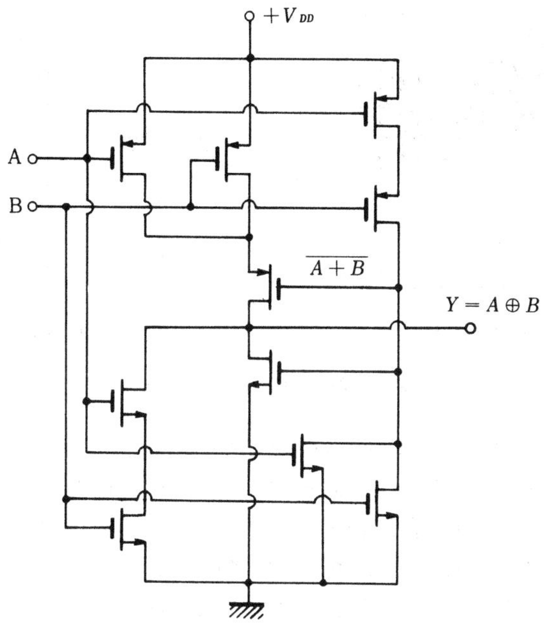

그림 13-21 CMOS, exclusive-OR 게이트 회로

로 설명을 생략한다.

n채널과 p채널 MOS를 한 기판에 동시에 제조할 수 있는 점을 이용하여, NMOS, PMOS를 동시에 이용,논리 회로를 구성한 것이 CMOS이다. 전원측에 PMOS를, 접지측에 NMOS를 씀으로써 하나의 신호에 대해 둘 중의 하나는 차단되므로 자체 전력 소모를 극소화시켰다. 그리고 CMOS의 큰 장점 중의 하나는 허용 전원 전압 범위 (3 ~ 18[V])가 넓다. 그림 13-20에서 CMOS 기본 논리 회로를 나타내고, 그림 13-21에서는 T.I. (Texas Instrument Inc.)에서 설계된 CMOS EOR 게이트의 회로를 나타낸다.

13-11 기타 MOS 利用 論理回路

여러 가지 MOS 이용 논리 회로가 있으나 여기서는 FAMOS (floating gate avalanche injection MOS)와 CCD (charge coupled device)를 설명한다.

FAMOS는 소오스와 드레인 사이에 게이트를 절연 물질 내부에 부유 폴리 실리콘 게이트로 만든 것이다. 소오스와 드레인 사이에 일정 시간 이상 높은 전압을 걸어 주

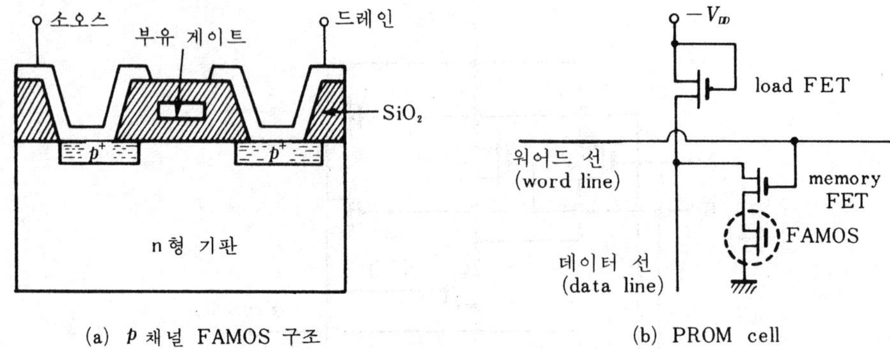

(a) p 채널 FAMOS 구조 (b) PROM cell

그림 13-22 FAMOS와 PROM 회로

면 부유 게이트에 전하가 축적되고, 이후에 전압을 낮추어도 주위의 절연 물질에 의하여 축적된 전하가 흘러 나가지 않도록 함으로써 고정 바이어스된 MOS 역할을 하게 한다. 게이트에 축적된 전하량을 없애는 방법은 강한 전계를 걸거나, 강한 자외선을 일정 시간 이상 걸면 된다. 이것은 주로 PROM에 이용되는데, PROM writer에서 평소보다 높은 전원 전압으로 기억시키는 것은 부유 게이트에 전하를 축적시키는 과정이며, 데이터에 따라 축적되는 곳도 있고 그렇지 않은 곳도 있다. 그림 13-22(a)에서 p채널 FAMOS 구조를 나타내고 (b)에서 PROM의 1비트 회로를 나타낸다. 번지에 의하여 워어드 라인이 선택되고 데이터가 1일 때 데이터 라인이 L이 되어 FAMOS에 전하가 축적되며, 데이터가 0일 때 데이터 라인이 H로 되어 전하가 축적되지 않음으로써 FAMOS가 영구히 개방 회로가 되게 한다. 기억된 데이터를 읽을 때에는 워어드 라인만 선택되면 데이터를 읽어 낼 수 있다.

CCD는 소오스와 드레인 사이의 채널 위에 1,000개 정도의 많은 게이트를 만들어서 고밀도 시프트 레지스터 역할을 하게 만든 것이다. 그림 13-23에서 p채널 CCD의

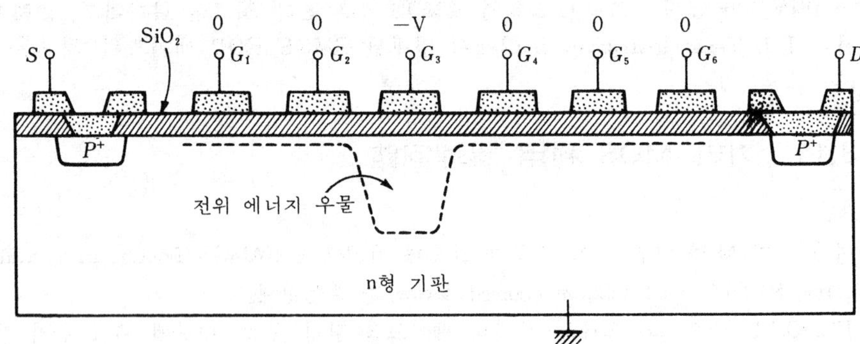

그림 13-23 p채널 CCD의 구조

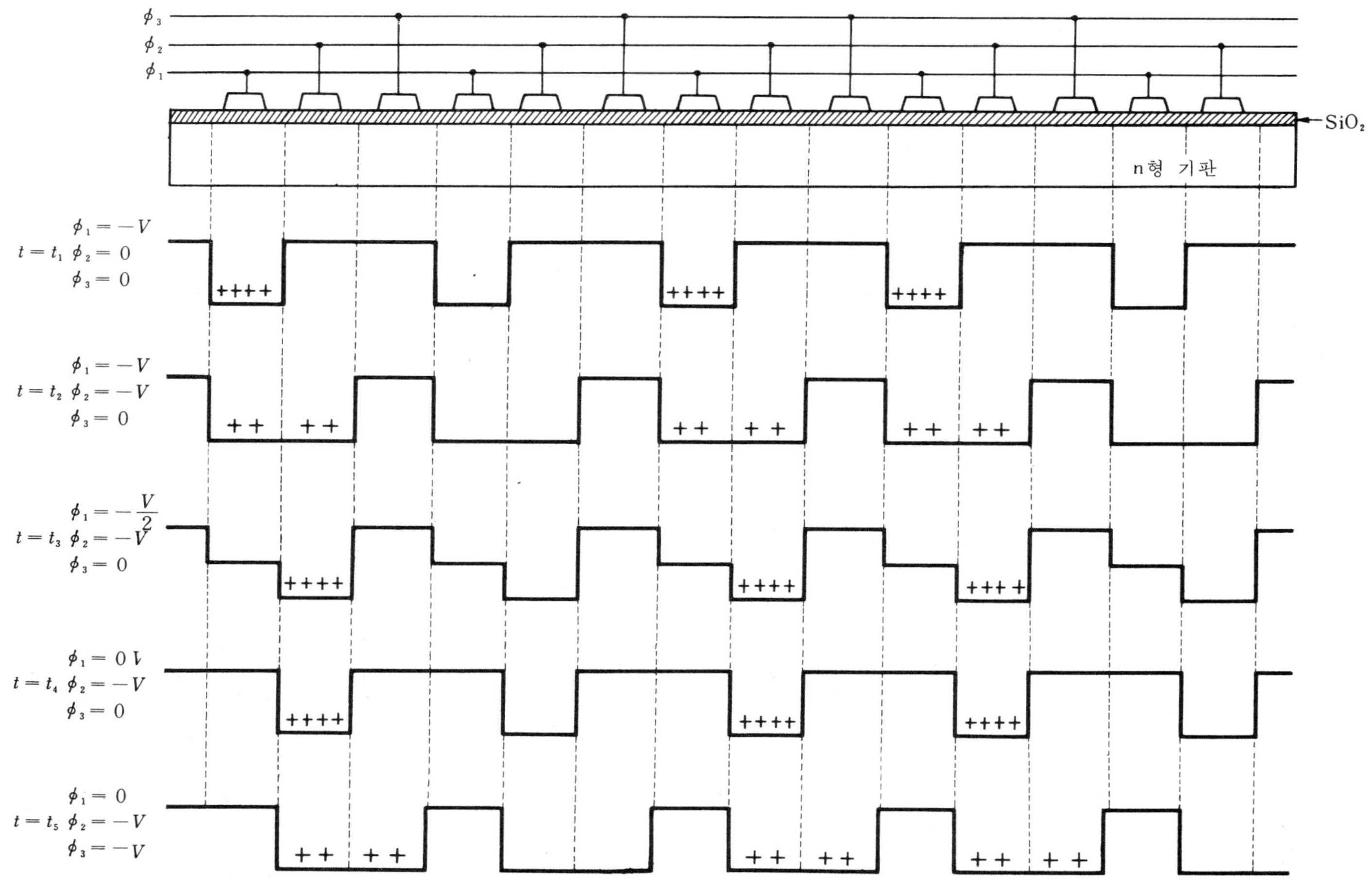

그림 13-24 전위 에너지 장벽에 의한 전하 이동

구조를 나타낸다. 게이트 전극에 주위보다 낮은 전압이 걸리면 **전위 에너지 우물** (**potential energy well**)이 형성되어 주위의 正孔이 모이며, 이후 全게이트에 같은 전압을 걸어도 전위 에너지 장벽이 같은 레벨이 되므로 정공이 움직이지 않는다. 다음 게이트에 낮은 전압을 걸면 축적된 正孔이 다음 게이트 아래로 움직이게 되고 같은 과정을 되풀이함으로써 시프트 레지스터 역할을 한다. **그림 13-24**에서 전위 에너지 장벽을 비교하여 전하들이 이동되는 원리가 그림에 설명되어 있다.

그 밖의 MOS를 이용하는 이름들이 많으나 여기서는 그것들의 뜻만 소개한다.

1. HMOS : MC68000에 이용된 것으로 고밀도 NMOS를 말하며 채널 길이를 많이 축소시켜 속도-전력곱을 NMOS의 $\frac{1}{4}$로 감소시킨 효율 좋은 MOS 중의 하나이다.
2. MNOS : EAROM(electrically alterable ROM) 등에 이용되는 방법으로 이산화실리콘 절연체와 금속 사이에 유전율이 좋은 질소 화합물을 넣어, 게이트에 제어 신호를 펄스 형태로 인가해도 일정 시간 제어 신호를 유지하게 하는 것이다.
3. DMOS : 소오스와 드레인 부분 생성시 같은 마스크 윈도우로 두 번 확산시키는 제조 공정 방법의 하나로 드리프트 영역의 길이를 줄인다.
4. VMOS : 단면을 V자 형태의 홈을 파고 양쪽에 소오스와 드레인을 만듦으로써 같은 표면 면적에 더 고밀도로 만들 수 있으며, 평면 MOS와 같은 면적으로 만들면 전류를 2배 가량 더 흘릴 수 있는 능력이 있게 된다.
5. SOS : 많은 MOSFET를 한 기판 위에 제조하면, 기판도 도체이므로 회로의 각 부분간에 부유 용량이 발생하여 동작 속도가 늦어진다. 이 점을 개선하기 위하여 사파이어 같은 절연 물질 위에 필요한 부분에만 칩을 만들어 동작 속도를 증가시키고, 더 고밀도로 제작할 수 있다.

13-12 여러 論理群의 比較

本節에서는 참고로 각 論理群들을 비교하는 도표들을 나열하고 설명한다.

마아킹을 분류, 설명하고 각 會社別 표준 마아킹을 구분하여 표시하면 아래와 같다.

① 회사 고유 기호
② 동작 온도 범위(군사용, 민생용, 산업용 등)
③ 분류(*LS*, *L*, *S*, *H* 등)
④ 기능별 번호
⑤ 개선 순위(동작 전원 전압 개선 등)

⑥ 패키지 형태(DIP, flat 등등)
⑦ 회로 기능(디지털, 아날로그, 리니어 등).

TTL 각 제조 회사별 시리이즈

T. I. :	SN ①	74 ②	LS ③	00 ④	A ⑤	J ⑥
Motorola :	MC ①	74 ②	S ③	91 ④	A ⑤	P ⑥
Fairchild :	F ①	9310 ④	D ②	C ⑥		
N. S. :	DM ①	74 ②	L ③	195 ④	A ⑤	N ⑥
Philips :	FJ ①	H ⑦	13 ④	1 ②		
Siemens :	FL ①	H ⑦	29 ④	1 ②	U ⑥	
Signetics :	N74 ②	S ③	00 ④	F ⑥		
Fujitsu :	MB ①	4 ③	00 ④	M ②,⑥		
Hitachi :	HD ①	25 ②	48 ④	P ⑥		
NEC :	μP ①	B ⑦	2000 ④	D ②,⑥		
Mltsubishi :	M ①	5 ②	32 ③	90 ④	P ⑥	
Toshiba :	TD ①	34 ⑦	00 ④	A ⑤	P ②,⑥	

CMOS의 각 회사별 시리즈는 대체로 마아킹 순서가 비슷하기 때문에 하나를 예로 들고, 각 회사 고유 부호만 나타낸다.

CD	40	70	A	F
①	⑦	④	⑤	②,⑥

N. S., Teledyne : MM
RCA : CD
Harris : HD
Motorola : MC 1
T. I. : TP
Fairchild : F 3

표 13-4 集積回路 論理群의 比較

조항 \ 논리군	RTL	DTL	HTL	TTL	ECL	MOS	CMOS
正論理 기본 게이트	NOR	NAND	NAND	NAND	OR-NOR	NAND	NOR or NAND
최소 팬아웃트	5	8	10	10	25	20	> 50
게이트당 소모 전력〔mW〕	12	8	55	10	40	1	0.01
잡음 감응도	nominal	good	excellent	very good	good	nominal	very good
전달 지연 시간〔ns〕	12	30	90	10	2	100	50
플립플롭 동작 최대 주파수〔MHz〕	8	12	4	15	60	2	10
기능상 분류	high	fairly high	nominal	very high	high	low	very high

Solid State Scientific : SCL
Solitron : CM

표 13-4에서 集積回路 論理群들을 여러 가지 조항으로 나누어서 비교를 하였다. 일반적으로 가장 많이 쓰이는 것이 TTL이며, 속도가 가장 빠른 것은 ECL, 전력 소모가 가장 작은 것이 CMOS이다. 동작 주파수와 전력 소모의 관계를 그래프로 표시한 것이 그림 13-25이다.

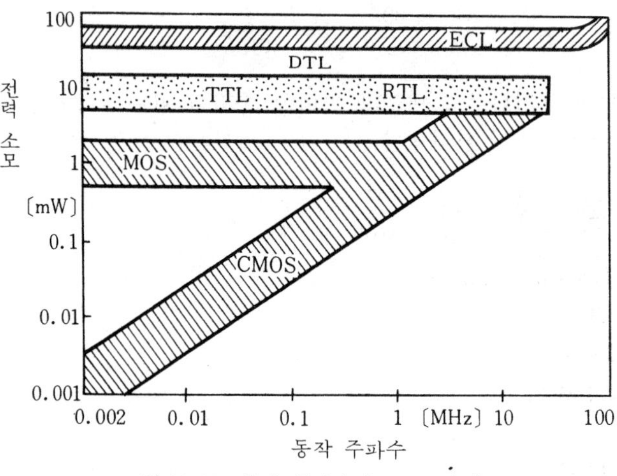

그림 13-25 동작 주파수와 소모 전력

13-13 CMOS IC를 使用한 EOR 게이트 設計 例

EOR 논리를 실현하는 데는 여러 가지 等價回路들이 있으나, T. I.에서는 **그림 13-26** (a)의 등가 회로를 이용했다. **그림 13-21**의 회로와 같으나 동작 설명을 위하여 **그림 13-26(b)**로 고쳐 그린다. **그림 13-26(b)**의 회로에서 보면, 앞에서 설명한 바와 같이 우측 반쪽은 NOR 게이트임을 알 수 있으므로 좌측 반쪽의 회로만 동작 설명한다.

논리 회로의 출력이 1이 된다는 것은 출력 단자가 電源측으로 도통로가 열리지만 接地측으로는 폐쇄됨을 말하며, 출력 0는 그 반대 현상이다. 양측 도통로가 동시에 열리면 논리 회로 내부에 큰 전류가 흘러 燒失되며, 동시에 폐쇄되면 高抵抗(high impedance) 상태가 되므로 동시에 같은 현상이 나타나서는 안 된다. 그림의 회로에서 보면 A신호는 Q_1, Q_4, B신호는 Q_2, Q_6, $\overline{A+B}$ 신호는 Q_3, Q_5에 걸리므로 각각 둘 중의 하나가 도통될 것이다. Q_1, Q_2, Q_3와 같은 p채널은 게이트에 L이 걸릴 때 도통되며, Q_4, Q_5, Q_6와 같은 n채널은 H일 때 도통됨을 상기하면서, 그림 (d)의 등가 스위치 회로를 그려 보면, 그림 (c)의 진리표에 따라 출력이 나올 수 있음을 바로 이해할 수 있다.

1. $A=0,\ B=0,\ \overline{A+B}=1$일 때
   - $A=0$ → Q_1 : 도통, Q_4 : 차단
   - $B=0$ → Q_2 : 도통, Q_6 : 차단
   - $\overline{A+B}=1$ → Q_3 : 차단, Q_5 : 도통
   - 출력 Y는 Q_5를 통하여 接地에 연결 → $Y=0$
2. $A=0,\ B=1,\ \overline{A+B}=0$일 때
   - $A=0$ → Q_1 : 도통, Q_4 : 차단
   - $B=1$ → Q_2 : 차단, Q_6 : 도통
   - $\overline{A+B}=0$ → Q_3 : 도통, Q_5 : 차단
   - 출력 Y는 Q_1, Q_3를 통하여 電源에 연결 → $Y=1$
3. $A=1,\ B=0,\ \overline{A+B}=0$일 때
   - $A=1$ → Q_1 : 차단, Q_4 : 도통
   - $B=0$ → Q_2 : 도통, Q_6 : 차단
   - $\overline{A+B}=0$ → Q_3 : 도통, Q_5 : 차단
   - 출력 Y는 Q_2, Q_3를 통하여 電源에 연결 → $Y=1$
4. $A=1,\ B=1,\ \overline{A+B}=1$일 때
   - $A=1$ → Q_1 : 차단, Q_4 : 도통
   - $B=1$ → Q_2 : 차단, Q_6 : 도통
   - $\overline{A+B}=0$ → Q_3 : 도통, Q_5 : 차단
   - 출력 Y는 Q_4, Q_6를 통하여 接地에 연결 → $Y=0$

상기 설명에서 보는 바와 같이 출력 Y는 EOR 진리표와 같음을 알 수 있다.

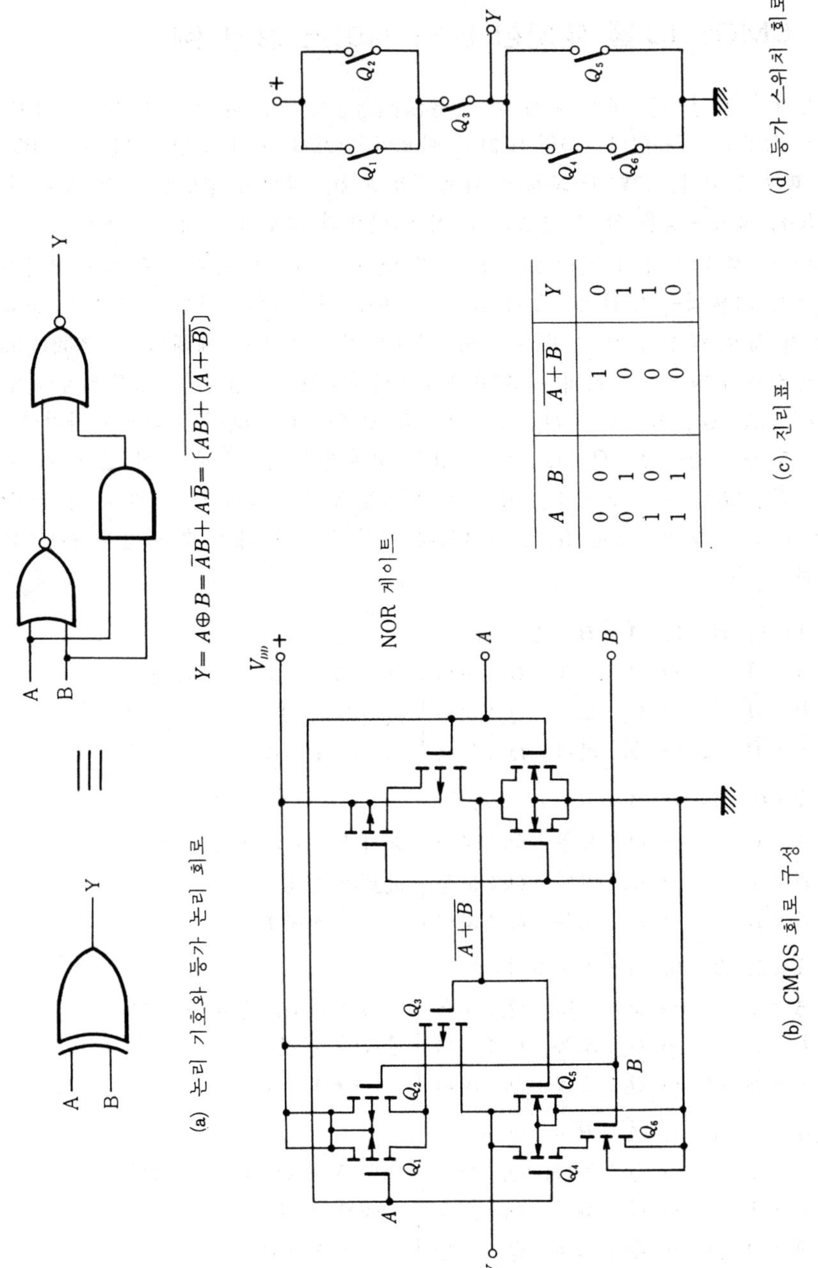

(a) 논리 기호와 등가 논리 회로

(b) CMOS 회로 구성

A	B	$\overline{A+B}$	Y
0	0	1	0
0	1	0	1
1	0	0	1
1	1	0	0

(c) 진리표

(d) 등가 스위치 회로

그림 13-26 CMOS EOR 게이트 설계

참 고 문 헌

1. Taub, H., and D. Schilling, *Digital Integrated Electronics*. New York: McGraw-Hill Book Co., 1977.
2. Grinich, V. H., and H. G. Jackson, *Introduction to Integrated Circuits*. New York: McGraw-Hill BookCo., 1975.
3. Morris, R. L., and J. R. Miller, Eds., *Designing with TTL Integrated Circuits*. New York: McGraw-Hill Book Co., 1971.
4. Garret, L. S., "Integrated-Circuit Digital Logic Families." *IEEE Spectrum* (October, November, December, 1970).
5. De Falco, J. A., "Comparison and Uses of TTL Circuits." *Computer Design* (February, 1972).
6. Blood, W. R. Jr., *MECL System Design Handbook*. Phoenix, Ariz.: Motorola Semiconductor Products Inc., 1972.
7. *Data Book Series SSD-203B: COS/MOS Digital Integrated Circuits*, Somerville, N.J.: RCA Solid State Division, 1974.

연 습 문 제

13-1 (a) RTL 게이트에서 5개의 팬아우트를 얻기 위한 *H*레벨 출력 전압은?
(b) $h_{FE}=20$일 때 RTL의 트랜지스터를 포화시키기 위한 최저 입력 전압은?
(c) (a), (b)의 결과를 이용하여, 입력이 *H*, 팬아우트가 5일 때 RTL 게이트의 잡음 마아진을 구하라.

13-2 그림 13-11에서 全入力이 *H*일 때 DTL 게이트의 출력 트랜지스터가 포화됨을 증명하라(단, $h_{FE}=20$이라 가정한다).

13-3 그림 13-11의 DTL 게이트 출력 *Y*를 *N*개의 다른 게이트의 입력에 연결한다. $h_{FE}=20$이며 출력단 트랜지스터는 포화되었고, 그것의 베이스 전류를 0.44〔mA〕라고 가정한다.
(a) 2〔kΩ〕 저항에 흐르는 전류는?

(b) 출력 단자에 연결된 각 입력 단자로부터 흘러나오는 전류를 구하라.
(c) 출력단 트랜지스터에 흐르는 총 컬렉터 전류를 N의 함수로 나타내어라.
(d) 트랜지스터를 포화 상태로 유지시키기 위한 N의 값을 구하라.
(e) 게이트의 팬아웃트는 얼마인가?

13-4 2 × 4 디코우더를 구성하기 위한 I^2L 게이트들의 연결도를 그려라.

13-5 그림 13-27과 같은 회로의 컬렉터 개방 출력 TTL 게이트의 全入力을 3〔V〕로 한다.
(a) 모든 트랜지스터의 베이스, 컬렉터, 이미터 전압을 결정하라.
(b) 이 트랜지스터가 포화되기 위한 Q_2의 h_{FE} 최소값을 구하라.
(c) Q_3의 베이스 전류를 구하라.
(d) Q_3의 최저 h_{FE}가 6.18이라 가정할 때, Q_3가 확실히 포화되기 위한 허용 최대 컬렉터 전류는 얼마인가?
(e) Q_3를 확실히 포화시키기 위한 R_L의 최저값은?

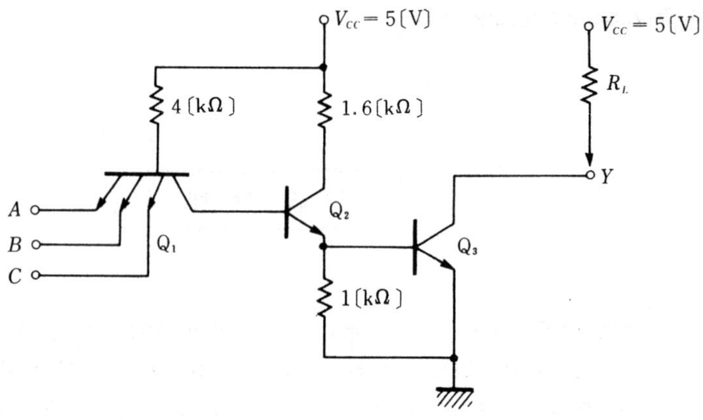

그림 13-27

3-6 (a) 2개의 컬렉터 개방 TTL 게이트의 실제 출력 단자들을 외부 저항을 통하여 V_{CC}에 연결시키면, 두 출력 단자의 실선 연결이 AND 기능을 가짐을 증명하라.
(b) 2개의 컬렉터 개방 TTL 인버어터는 출력 단자와 실선 연결하면 NOR 기능을 가짐을 증명하라.

13-7 그림 13-28과 같은 토템포울 출력 TTL은 실선 연결 논리 (wired logic)가 불가능하다. 그 불가능한 이유를 알기 위해 2개의 게이트 출력 단자를 연결하고, 한 게이트의 출력을 H상태로 다른 게이트의 출력을 L상태로 있도록 구성한다.

이 때 부하 전류(그림의 포화 트랜지스터 Q_4의 베이스 전류와 컬렉터 전류의 합)가 약 32〔mA〕임을 증명하라. 그리고, 이 값을 H상태에서의 적정 부하 전류인 0.4〔mA〕와 비교해 보아라.

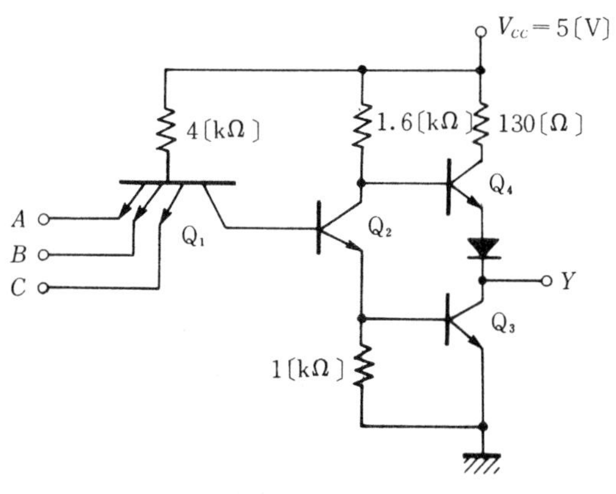

그림 13-28

13-8 그림 13-29와 같은 3-상태 TTL 게이트에서 아래의 조건일 때, 동작이 차단된 트랜지스터와 도통된 트랜지스터들의 목록을 작성하라(단, Q_1과 Q_6는 베이스-이미터, 베이스-컬렉터 접합들에 대한 상태를 따로 표시하라).

(a) $C : L,\ A : L$

(b) $C : L,\ A : H$

(c) $C : H$

각각의 경우에 대하여 출력의 상태는 무엇인가?

13-9 ECL 게이트의 잡음 마아진을 계산하라.

13-10 2개의 ECL 게이트 NOR 출력을 사용하여, 실선 연결하고 저항을 통하여 음 전원에 연결하면 실선 연결이 OR 기능을 가짐을 증명하라.

13-11 MOSFET는 兩方向性이다. 즉 소오스와 드레인 사이에는 어느 쪽으로 전류를 흘리든 관계 없다. 이런 성질을 이용하여, 6개의 MOSFET로써 아래와 같은 부울 함수를 구현하는 회로를 구성하라.

$$Y = (AB + CD + AED + CED)'$$

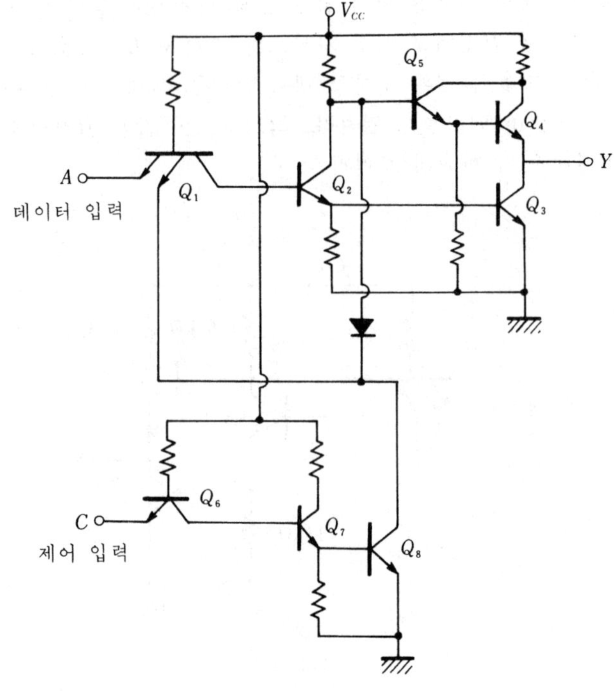

그림 13-29

13-12 (a) CMOS 논리 4-입력 NAND 게이트의 회로를 그려 보라.
(b) 4-입력 NOR 게이트의 회로를 그려 보라.

찾아보기

〔영 문 부〕

〔한 글 부〕

부 록

연습문제에 대한 해답

1 장

1-1. 0, 1, 2, 10, 11, 12, 20, 21, 22, 100, 101, 102, 110, 111, 112, 120, 121, 122, 200, 201.

1-2. (a) 1313, 102210
(b) 223.0, 11314.52
(c) 1304, 336313
(d) 331, 13706

1-3. $(100021.1111\ldots)_3$; $(3322.2)_4$; $(505.333\ldots)_7$; $(372.4)_8$; $(FA.8)_{16}$.

1-4. 1100.0001; 10011100010000; 1010100001.0011101; 11111001110.

1-5. 2.53125; 46.3125; 117.75; 109.875

1-6.

10 진	2 진	8 진	16 진
225.225	11100001.001110011	341.16314	E1.399
215.75	11010111.110	327.6	D7.C
403.9843	110010011.111111	623.77	193.FC
10949.8125	10101011000101.1101	25305.64	2AC5.D

1-7. (a) 73.375
(b) 151
(c) 78.5
(d) 580
(e) 0.62037
(f) 35
(g) 8.333
(h) 260

1-8. 1의 보수 : 0101010; 1000111; 1111110; 01111; 11111.
2의 보수 : 0101011; 1001000; 1111111; 10000; 00000.

1-9. 9의 보수 : 86420; 90099; 09909; 89999; 99999.
10의 보수 : 86421; 90100; 09910; 90000; 00000.

1-10. $(175)_{11}$.

1-14. (a) 6개 가능 테이블
(b) 4개 가능 테이블

1-15. (a) 1000 0110 0010 0000
(b) 1011 1001 0101 0011
(c) 1110 1100 0010 0000
(d) 1000011 0101100

1-17. 0000, 0001, 0010, 0011, 0100, 0101, 0110, 0111, 1011, 1100, 1101, 1110.

1-18. 00001, 01110, 01101, 01011, 01000, 10110, 10101, 10011, 10000, 11111.

1-20 000, 001, 010, 101, 110, 111 은 각각 0, 1, 2, 3, 4, 5에 대응

1-21. Two bits for suit, four bits for number, J = 1011, Q = 1100, K = 1101.

1-23. (a) 0000 0000 0000 0001 0010 0111
(b) 0000 0000 0000 0010 1001 0101
(c) 1110 0111 1110 1000 1111 0101

1-24. (a) BCD 코우드로 597
(b) excess-3 코우드로 264
(c) 표 1-2의 2421 코우드에 적당치 않음
(d) alphanumeric으로 FG

1-25. 00100000001 + 10000011010 = 10100011011.

1-26. L = (A + B) · C.

2 장

2-1. 닫힘, 結合法則, 交換法則, 配分法則 ; +에 대한 恒等元은 2; ·에 대한 恒等元은 0; 逆元은 성립하지 않음.

2-2. 가설 5를 제외하고는 모든 가설은 만족된다. 단, 보수는 없다.

2-5. (a) x
(b) x
(c) y
(d) $z(x + y)$
(e) 0
(f) $y(x + w)$

2-6. (a) $A'B' + B(A + C)$
(b) $BC + AC'$
(c) $A + CD$
(d) $A + B'CD$

2-7. (a) 1
(b) $B'D' + A(D' + BC')$
(c) 1
(d) $(A' + B)(C + D)$

2-11. (b) $F = (x' + y')' + (x + y)' + (y + z')'$ 는 오직 OR와 NOT 연산자를 가진다.
(c) $F = [(xy)' \cdot (x'y')' \cdot (y'z)']'$ 는 오직 AND와 NOT 연산자를 가진다.

2-12. (a) $T_1 = A'(B' + C')$
(b) $T_2 = A + BC = T_1'$

2-13. (a) $\Sigma(1, 3, 5, 7, 9, 11, 13, 15) = \Pi(0, 2, 4, 6, 8, 10, 12, 14)$
(b) $\Sigma(1, 3, 5, 9, 12, 13, 14) = \Pi(0, 2, 4, 6, 7, 8, 10, 11, 15)$
(c) $\Sigma(0, 1, 2, 8, 10, 12, 13, 14, 15) = \Pi(3, 4, 5, 6, 7, 9, 11)$
(d) $\Sigma(0, 1, 3, 7) = \Pi(2, 4, 5, 6)$
(e) $\Sigma(0, 1, 2, 3, 4, 5, 6, 7)$, 맥스터엄은 없다.
(f) $\Sigma(3, 5, 6, 7) = \Pi(0, 1, 2, 4)$

2-14. (a) $\Pi(0, 2, 4, 5, 6)$
(b) $\Pi(1, 3, 4, 5, 7, 8, 9, 10, 12, 15)$
(c) $\Sigma(1, 2, 4, 5)$
(d) $\Sigma(5, 7, 8, 9, 10, 11, 13, 14, 15)$

2-18. $F = x \oplus y = x'y + xy'$; ($F$의 쌍대) $= (x' + y)(x + y') = xy + x'y' = F'$.

2-20. $F = xy + xz + yz$.

3 장

3-1. (a) y
(b) $ABD + ABC + BCD$
(c) $BCD + A'BD'$
(d) $wx + w'x'y$

3-2. (a) $xy + x'z'$
(b) $C' + A'B$
(c) $a' + bc$
(d) $xy + xz + yz$

3-3. (a) $D + B'C$
(b) $BD + B'D' + A'B$ or $BD + B'D' + A'D'$

(c) $\text{l}n' + k'm'n$
(d) $B'D' + A'BD + ABC'$
(e) $xy' + x'z + wx'y$

3-4. (a) $A'B'D' + B'C'D' + AD'E$
(b) $DE + A'B'C + B'C'E'$
(c) $BDE' + B'CD' + B'D'E' + A'B'D' + CDE'$

3-5. (a) $F_1 = \Pi(0, 3, 5, 6)$; $F_2 = \Pi(0, 1, 2, 4)$
(b) $F_1 = x'y'z + x'yz' + xy'z' + xyz$; $F_2 = xy + xz + yz$
(c) $F_1 = (x + y + z)(x + y' + z')(x' + y + z')(x' + y' + z)$;
$F_2 = (x + y)(x + z)(y + z)$

3-6. (a) y
(b) $(B + C')(A + B)(A + C + D)$
(c) $(w + z')(x' + z')$

3-7. (a) $z' + xy = (x + z')(y + z')$
(b) $C'D + A'B'CD' + ABCD' = (A + B' + D)(A' + B + D)(C + D)(C' + D')$
(c) $A'C' + AD' + B'D' = (A' + D')(C' + D')(A + B' + C')$
(d) $B'D' + A'CD' + A'BD = (A' + B')(B + D')(B' + C + D)$
(e) $w'z' + vw'x + v'wz = (v' + w')(w' + z)(w + x + z')(v + w + z')$

3-8. (a)

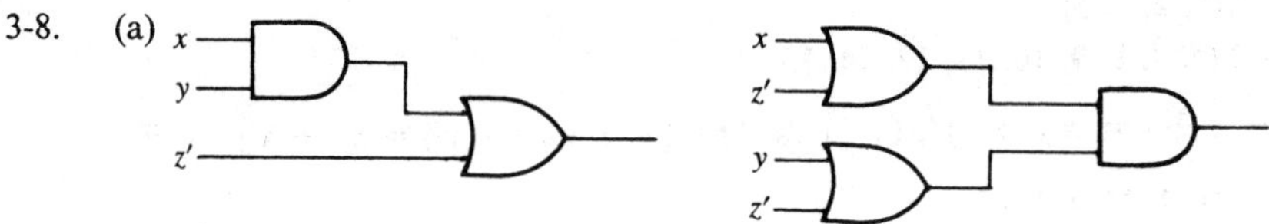

3-9. (a) $F_1 = A + D'E' + CD' = (A'D + A'C'E)'$
(b) $F_2 = A'B' + C'D' + B'C' = (BD + BC + AC)'$

3-11. (a) $F = BD + D'(AB'C' + A'B'C)$

3-12. (a) $(A' + B' + C')(A + B' + C + D')(A + B + C' + D')$
(b) $(C + D)(C' + D')(A + B)(A' + B')$

3-13. AND-AND → AND, AND-NAND → NAND, NOR-NAND → OR, NOR-AND → NOR, OR-OR → OR, OR-NOR → NOR, NAND-NOR → AND, NAND-OR → NAND.

3-15. (a) $F = 1$
(b) $F = CD' + B'D' + ABC'D$

3-16. (a) $F = A'C + B'D'$; $A'(C + D')(B' + C)$
(b) $x'z' + w'z$; $(w' + z')(x' + z)$

(c) $AC + CE' + A'C'D$; $(A' + C)(C + D)(A + C' + D')$
or $AC + CD' + A'C'E$; $(A' + C)(C + E)(A + C' + E')$

(d) $A'B + B'E'$; $(A' + B')(B + E')$

3-17. (a) $B'(A + C' + D')$

(b) $A'D + ABC'$

(c) $B'D + B'C + CD$

3-18. $F = x'y + xz$ (4개의 NAND 게이트가 필요);

$F = (x' + z)(x + y)$ (4개의 NOR 게이트가 필요)

3-19. $d = ABC'DE + AB'CDE' + ABCD'E$.

3-20. $B'D'(A' + C) + BD(A' + C')$; $[B' + D(A' + C')]\,[B + D'(A' + C)]$;
$[D' + B(A' + C')]\,[D + B'(A' + C)]$.

3-21. $f \cdot g = x'yz' + w'y'z + wxy'z'$.

3-24. (a) $F = A'CEF'G'$

(b) $F = ABCDEFG + A'CEF'G' + BC'D'EF$

(c) $F = A'B'C'DEF' + A'BC'D'E + CE'F + A'BD'EF$

4 장

4-1. 입 력: a, b, c, d.
출 력: $F = abc + abd + bcd + acd + a'b'c' + a'c'd' + a'b'd' + b'c'd'$; $F = \Pi(3, 5, 6, 9, 10, 12)$ (더 이상 간소화할 수 없다).

4-2. 입 력: A_3, A_2, A_1.
출 력: B_6 to B_1; $B_1 = A_1$; $B_2 = 0$; $B_3 = A_1'A_2$; $B_4 = A_1(A_2A_3' + A_2'A_3)$; $B_5 = A_3(A_1 + A_2')$; $B_6 = A_2A_3$.

4-3. 출 력: w, x, y, z; $w = a_0a_1b_0b_1$; $x = a_1a_0'b_1 + a_1b_1b_0'$
$y = a_1b_0b_1' + a_0a_1'b_1 + a_0b_0'b_1 + a_0'a_1b_0$; $z = a_0b_0$.

4-4. 출 력: x, y, z; $x = a_1b_1 + a_1a_0b_0 + b_1b_0a_0$;
$y = a_1'a_0'b_1 + a_1'b_1b_0' + a_1'a_0b_1'b_0 + a_1b_1'b_0' + a_1a_0'b_1' + a_1a_0b_1b_0$.
$z = a_0b_0' + a_0'b_0$.

4-5. 입 력: A, B, C, D.
출 력: w, x, y, z; $w = A'B'C'$; $x = BC' + B'C$; $y = C$; $z = D'$.

4-6. 입 력: A, B, C, D.
출 력: $F_4F_3F_2F_1$; $F_1 = D$; $F_2 = CD' + C'D$; $F_3 = (C + D)B' + BC'D'$; $F_4 = (B + C + D)A' + AB'C'D'$.

4-7. 입 력 : $F_8F_4F_2F_1$.
출 력 : $\underbrace{S_8S_4S_2S_1}_{10^1}$ $\underbrace{L_8L_4L_2L_1}_{10^0}$;
$L_2 = L_8 = S_8 = 0$; $L_1 = L_4 = F_1$; $S_1 = F_2$; $S_2 = F_4$;
$S_4 = F_8$.

4-8. 입 력 : A, B, C, D.
출 력 : $F = AB + AC$.

4-11. 입 력 : A, B, C, D.
출 력 : w, x, y, z; $w = AB + AC'D'$; $x = B'C + B'C + B'D + BC'D'$;
$y = CD' + C'D$; $z = D$.

4-12. 입 력 : A, B, C, D.
출 력 : w, x, y, z; $w = A$; $x = A'C + BCD + A'B + A'D$
$y = AC'D' + A'C'D + ACD + A'CD'$ or $y = AC'D'$
$+ B'C'D + ACD + B'CD'$; $z = D$.

4-13. 입 력 : w, x, y, z.
출 력 : $\underbrace{E}_{10^1}$ $\underbrace{ABCD}_{10^0}$; $E = wx + wy$; $A = wx'y'$;
$B = w'x + xy$; $C = w'y + wxy'$; $D = z$.

4-14. 입 력 : A, B, C, D (오류 입력 비트 조합에 대해서는 아무것도 표시하지 않음)
출 력 : $a = A'C + A'BD + B'C'D' + AB'C'$
$b = A'B' + A'C'D' + A'CD + AB'C'$
$c = A'B + A'D + B'C'D' + AB'C'$
$d = A'CD' + A'B'C + B'C'D' + AB'C' + A'BC'D$
$e = A'CD' + B'C'D'$
$f = A'BC' + A'C'D' + A'BD' + AB'C'$
$g = A'CD' + A'B'C + A'BC' + AB'C'$
(모두 21개의 NAND 게이트)

4-15. 전가산기 회로

4-16. 전가산기 회로

4-19.

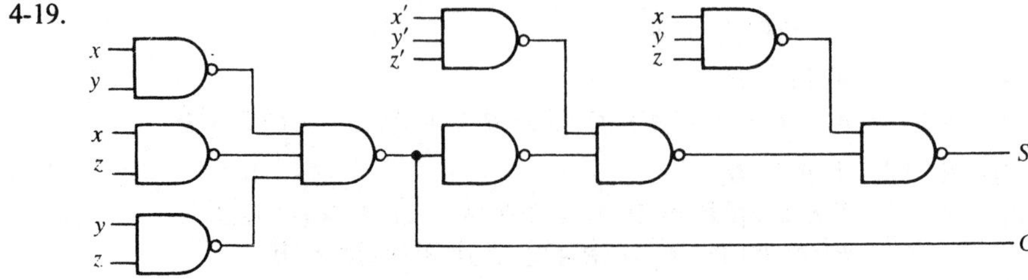

4-20. $F = ABC' + A'B + B' = A' + B' + C'$ (2개의 NOR 게이트)

4-21. (a) 전가산기, F_1은 합, F_2는 캐리
(b) $F = A'B'C' + A'BC + AB'C + ABC'$

4-28. 입력 변수 : A, B, C, D 출력 변수 : w, x, y, z.
$w = A, x = A \oplus B, y = x \oplus C, z = y \oplus D$.

4-29. $C = x \oplus y \oplus z \oplus P$ (3개의 exclusive-OR 게이트).

4-30.

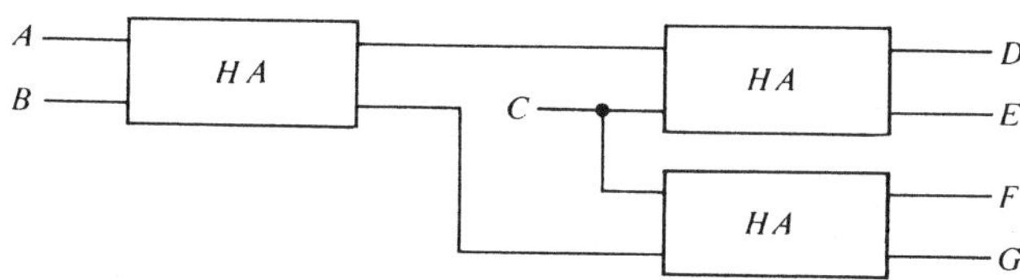

4-31. $F = (A \oplus B)(C \oplus D)$.

5 장

5-1. B=1101을 제외하고 **그림 5-2**와 동일함.

5-3. exclusive-OR 게이트는 V=1일 때 B의 1의 보수 형태로 사용된다.
2의 보수는 입력 캐리로 1=V를 더함에 의해서 얻어진다.

5-4. $C_5 = G_4 + P_4G_3 + P_4P_3G_2 + P_4P_3P_2G_1 + P_4P_3P_2P_1C_1$.

5-5. (b) $C_4 = (G_3'P_3' + G_3'G_2'P_2' + G_3'G_2'G_1'P_1' + G_3'G_2'G_1'C_1')'$

5-6. (c) $C_4 = (P_3' + G_3'P_2' + G_3'G_2'P_1' + G_3'G_2'G_1'C_1')'$

5-7. (a) 60 ns
(b) 120 ns

5-9. 312.

5-10. 입력 : x_8, x_4, x_2, x_1; 출력 : y_8, y_4, y_2, y_1.
$y_1 = x_1', y_2 = x_2, y_4 = x_2 \oplus x_4, y_8 = (x_2 + x_4 + x_8)'$.

5-15. 모두 10개의 AND 게이트는 민터엄 m_0에서 m_9까지와 동일한 4개의 입력을 요함.

5-17. $F_1(x, y, z) = \Sigma(0, 1, 6)$.
$F_2'(x, y, z) = \Sigma(4, 5)$ (NOR gate를 사용한다).
$F_3(x, y, z) = \Sigma(0, 1, 6, 7) = F_1 + m_7$.

5-22. 입력 : $D_0D_1D_2D_3$; 출력 : x, y, E. 입력의 첨자 번호가 높을수록 우선 순위가 높다.
$x = D_2 + D_3,\ \ y = D_3 + D_1D_2',\ \ E = D_0 + D_1 + D_2 + D_3$.

5-23. $F(C, A, B, D) = \Sigma(0, 1, 2, 4, 5, 9, 15)$, I_0에서 I_7까지$= C', 1, C', 0, C', C', 0, C$.

5-29. (a) 1024×5
(b) 256×8
(c) 1024×2

6 장

6-4.

Q	J	K'	$Q(t+1) = JQ' + K'Q$
0	0	0	0
0	0	1	0
0	1	0	1
0	1	1	1
1	0	0	0
1	0	1	1
1	1	0	0
1	1	1	1

6-5.

Q	SD	R	$Q(t+1) = S + R'Q$
0	0	0	0
0	0	1	0
0	1	0	1
0	1	1	1
1	0	0	1
1	0	1	0
1	1	0	1
1	1	1	1

6-7. 게이트의 출력:

	1	2	3	4	5	6	7	8	9	
(a)	1	1	0	1	1	0	0	1	1	
(b)	0	1	1	0	1	1	0	1	0	
(c)	1	1	1	0	0	1	1	0	1	
(d)	1	0	0	1	1	1	1	0	0	
(e)	1	1	0	1	1	0	0	1	1	
(f)	1	1	0	1	1	1	0	1	0	$CP = 1$
	1	1	0	1	1	0	0	1	1	$CP = 0$

6-10.

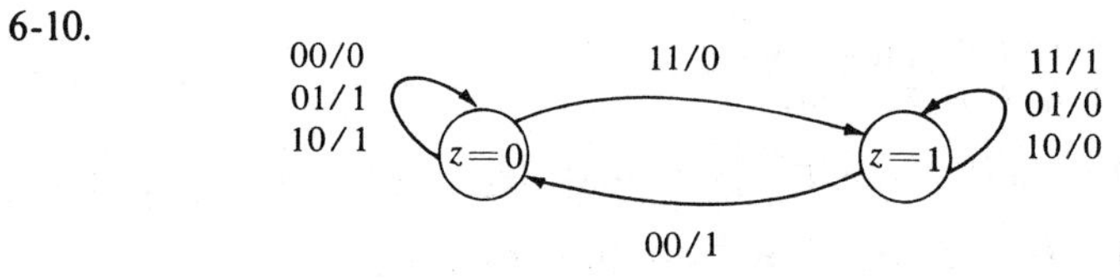

6-11. $x = 1$; 2진 순서는: 1, 8, 4, 2, 9, 12, 6, 11, 5, 10, 13, 14, 15, 7, 3.
$x = 0$; 2진 순서는: 0, 8, 12, 14, 7, 11, 13, 6, 3, 9, 4, 10, 5, 2, 1.

6-12. 반복되어지는 순서를 가진 카운트: 00, 01, 10.

6-13.

P.S.		다음 상태								출력 z			
		$xy = 00$		$xy = 01$		$xy = 10$		$xy = 11$		$xy = 00$	$xy = 01$	$xy = 10$	$xy = 11$
A	B	A	B	A	B	A	B	A	B				
0	0	1	0	0	0	1	1	0	1	0	0	0	0
0	1	0	1	0	1	1	0	1	1	1	0	0	0
1	0	1	0	1	0	0	0	1	0	0	0	0	1
1	1	1	0	1	0	1	0	1	0	1	0	0	1

$$A(t+1) = xB + y'B'A' + yA + x'A; \quad B(t+1) = xA'B' + x'A'B + yA'B$$

6-14.

현 상태	다음 상태 0	다음 상태 1	출력 0	출력 1
a	f	b	0	0
b	d	a	0	0
d	g	a	1	0
f	f	b	1	1
g	g	d	0	1

6-15.

상 태:	a	f	b	c	e	d	g	h	g	g	h	a
입 력:	0	1	1	1	0	0	1	0	0	1	1	
출 력:	0	1	0	0	0	1	1	1	0	1	0	

6-16.

상 태:	a	f	b	a	b	d	g	d	g	g	d	a
입 력:	0	1	1	1	0	0	1	0	0	1	1	
출 력:	0	1	0	0	0	1	1	1	0	1	0	

6-18.

J	K'	$Q(t+1)$
0	0	0
0	1	$Q(t)$
1	0	$Q'(t)$
1	1	1

$Q(t)$	$Q(t+1)$	J	K'
0	0	0	X
0	1	1	X
1	0	X	0
1	1	X	1

6-19.

SD	R	$Q(t+1)$
0	0	$Q(t)$
0	1	0
1	0	1
1	1	1

$Q(t)$	$Q(t+1)$	SD	R	
0	0	0	X	
0	1	1	X	
1	0	0	1	
1	1	X	0	either
		1	X	

6-20. (a) $TA = A + B'x$; $TB = A + BC'x + BCx' + B'C'x'$;
$TC = Ax + Cx + A'B'C'x'$
(b) $SA = A'B'x$; $RA = A$; $SB = A + C'x'$; $RB = BC'x + Cx'$;
$SC = A'B'x' + Ax$; $RC = A'x$
(c) $JA = B'x$, $KA = 1$; $JB = A + C'x'$, $KB = C'x + Cx'$;
$JC = A'B'x' + Ax$, $KC = x$; $y = A'x$

6-21. $(A = 2^3, B = 2^2, C = 2^1, D = 2^0)$; $TA = (D + C + B)x$;
$TB = (D + C)x$; $TC = Dx$; $TD = 0$.

6-22. $JA = x$, $KA = x'$; $JB = Ax'$, $KB = 1$; $JC = Bx + Ax$, $KC = Bx'$.

6-23. $\begin{bmatrix} 2 & 4 & 2 & 1 \\ A & B & C & D \end{bmatrix}$; $TA = BCD + A'B$; $TB = CD + A'B$; $TC = D + A'B$;
$TD = 1$.

6-24. (a) $JA = B$, $KA = 1$; $JB = A'$, $KB = 1$
(b) $JA = BC$, $JB = C$, $JC = A'$
$KA = 1$, $KB = C$, $KC = 1$
(c) $JA = BC$, $JB = C$, $JC = B' + A'$
$KA = B$, $KB = A + C$, $KC = 1$

6-25. $SA = BC'$ $SB = B'C$ $SC = B'$

$RA = BC$ $RB = AB$ $RC = B$

6-26. $TA = A \oplus B$; $TB = B \oplus C$; $TC = AC + A'B'C'$

6-27. $JQ_8 = Q_1Q_2Q_4$ $JQ_4 = Q_1Q_2$ $JQ_2 = Q_8'Q_1$ $JQ_1 = 1$
$KQ_8 = Q_1$ $KQ_4 = Q_1Q_2$ $KQ_2 = Q_1$ $KQ_1 = 1$

6-28. $JA = B'$ $JB = A + C$ $JC = A'B$
$KA = 1$ $KB = 1$ $KC = 1$

6-29. $DA = A'B'C + ACD + AC'D'$ $DC = B$
$DB = A'C + CD' + A'B$ $DD = D'$

6-31. $JA = yC + xy$ $JB = xAC$ $JC = x'B + yAB'$
$KA = x' + y'B'$ $KB = A'C + x'C + yC'$ $KC = A'B' + xB + y'B'$

6-32. (a) $A(t + 1) = AB'C'x' + A'BC'x + A'BCx + AB'C'x + AB'Cx$.
$B(t + 1) = A'BC'x' + A'B'Cx$.
$C(t + 1) = A'B'Cx' + A'BC'x' + A'BCx' + AB'C'x' + AB'Cx'$.
$d(A, B, C, x) = \Sigma(0, 1, 12, 13, 14, 15)$ (리던던시인 경우)

7 장

7-1. NAND 게이트 사용.

7-2. (a) CP에 연결된 인버어터를 버퍼 게이트로 바꾼다.
(b) 하강 모서리에서 작동하는 플립플롭을 쓴다.

7-6. $A(t+1) = AB' + Bx'$; $B(t+1) = x$.

7-9. A = 0010, 0001, 1000, 1100; Q = 1, 1, 1, 0.

7-10. $D = x \oplus y \oplus Q; JQ = x'y; KQ = (x' + y)'$

7-13. 200 ns; 5 MHz.

7-14. 10개의 플립플롭이 보수화한다.

7-17. 1010 → 1011 → 0100 　　1110 → 1111 → 0000
1100 → 1101 ↗ 　　자기 시동

7-18. 000 → 001 → 010 → 011 → 100
101 ↑ 110 ↻ 111 ↻ 　　자기 시동 불가

7-21. $JQ_1 = KQ_1 = 1$.
$JQ_2 = KQ_2 = Q_1Q_8$.
$JQ_4 = KQ_4 = Q_1Q_2$.
$JQ_8 = Q_1Q_2Q_4$; $KQ_8 = Q_1$.

7-30. (a)

사용 안 되는 상태(10진수로)	2	4	5	6	9	10	11	13
다음 상태(10진수로)	9	10	2	11	4	13	5	6

(b) 2 → 9 → 4 → 8 　　8은 옳은 상태
10 → 13 → 6 → 11 → 5 → 0 　　0은 옳은 상태

7-32. (a) 13, 32
(b) 32, 768

7-35. (a) 16
(b) 8, 16
(c) 16
(d) 16 + 255k 여기서 k는 워어드에 저장되는 1의 갯수

8 장

8-3. 순차 입력 x와 자리 이동 제어 P를 가진 오른쪽 자리 이동 레지스터

8-5. (a) (1) $B \leftarrow A$; (2) $A \leftarrow B$; (3) $C \leftarrow D$; (4) $BUS \leftarrow B$
(b) (1) 01000; (2) 10010; (3) 00110

8-7.

	작 동	번지 MUX	데이터 MUX	행선 디코우더
(a)	write	10	11	—
(b)	read	11	—	10

8-9. 0에서 8까지 2진 상태로 셈하는 mod-9 카운터

8-12. S: $A \leftarrow$ shr A, $B \leftarrow$ shr B, $B_n \leftarrow A_1$, $A_n \leftarrow A_1$.

8-14. FR은 BR의 내용을 AR의 내용만큼 연속으로 더함으로써 BR과 AR의 곱하기를 행한다. 곱하기는 $S=1$일 때 시작하고 $D=1$일 때 끝난다.

8-16. (a) 000000
(b) 011000 (24)
(c) 000011 (3)
(d) 100011 (−29)
(e) 001110 (14)
(f) 010001 (17)
(g) 101111 (−17)
(h) 000101 (5)

8-18. (1) (a) 합이 127보다 크므로 오우버플로우
(b) $C_8=1$, $C_9=0$
(c) 부호는 음
(d) $C_8 \oplus C_9 = 1$이므로 오우버플로우
(e) 부호가 바뀌므로 오우버플로우

8-23. $(1-2^{-26}) \times 2^{255}$ and 2^{-256}.

8-24. $(10^5-1) \times 10^{99}$ and 10^{-95}.

8-25.

	계 수	지 수
(a)	0 111111000000	1 000111
(b)	0 011111100000	1 000010
(c)	0 000111111000	1 000001

8-26. (a) $A \leftarrow A \oplus B$ with $B = 10110100$
(b) $A \leftarrow A \vee B$ with $B = 00100100$ or 11111101

8-27. $A \leftarrow A \wedge \overline{B}$.

8-28. (a) 8
(b) 16
(c) 65,536
(d) 8,388,607

8-31. q_4t_3: $MAR \leftarrow PC$
q_4t_4: $MBR \leftarrow M$, $PC \leftarrow PC + 1$
q_4t_5: $R \leftarrow MBR$, $T \leftarrow 0$

9 장

9-2. 각각에 대해 4개의 선택선이 필요.

9-4. (a) 64 × 8 RAM
(b) 6
(c) 8
(d) 각각 2×1의 멀티플렉서가 8개

9-7. (c)

s_1	s_0	Y_i
0	0	B_i'
0	1	B_i
1	0	1
1	1	0

9-8. $s_2s_1s_0C_{in}$ = 0000 0001 0010 0011 0100 0101 0110 0111.

F = 0000 0001 B $B+1$ $\bar{B}$ $\bar{B}+1$ 1111 0000.

9-9. (a) $F = B + \bar{A}$ B 더하기 A의 1의 보수
(b) $F = B + \bar{A} + 1$ B 더하기 A의 2의 보수
(c) $F = \overline{A + B} - 1$ $(A+B)$의 1의 보수 빼기 1
(d) $F = \overline{A + B}$ $(A+B)$의 1의 보수
(e) $F = \bar{A}$ A의 1의 보수
(f) $F = \bar{A} + 1$ A의 2의 보수
(g) $F = \bar{A} - 1$ A의 1의 보수 빼기 1
(h) $F = \bar{A}$ A의 1의 보수

9-10. $X_i = A_i$; $Y_i = s'B_i$; $C_{in} = s$.

9-11. $(B-A)$의 2의 보수와 $A<B$일 때 일어나는 빌림이 발생함.

9-12. $X_i = A_i(s_1' + s_0)$; $Y_i = B_is_1's_0' + B_i's_1$.

9-13. $X_i = A_i(s_1' + s_0) + A_i's_1s_0'$; $Y_i = B_is_1 + B_i's_1's_0$.

9-16. 표 9-4에서 OR와 AND 선택 변수가 바뀐 것과 같다.

9-17. Let $x = s_2s_1's_0'$, $y = s_2s_1s_0'$.

$$X_i = x'A_i + A_iB_i + yB_i;\ Y_i = B_is_0 + B_i's_1y';\ Z_i = s_2'C_i.$$

9-18. (a) $E = 1$ if F = all 1's
(b) $C = 1$ if $A > B$
(c) $A > B$ if $C = 1$ $A \leqslant B$ if $C = 0$
$A \geqslant B$ if $C = 1$ or $E = 1$ $A = B$ if $E = 1$
$A < B$ if $C = 0$ and $E = 0$ $A \neq B$ if $E = 0$

9-24. $R5 \leftarrow R1 + R2$ $R6 \leftarrow$ crc $R6$
$R5 \leftarrow$ crc $R5$ $R5 \leftarrow R5 + R6$
$R6 \leftarrow R3 + R4$ $R5 \leftarrow$ crc $R5$

9-26. $JA_i = KA_i = B_iK_i'p_{10} + B_i'K_ip_{10}$; $K_{i+1} = A_i'B_i + A_i'K_i + B_iK_i$.
여기서 K_i는 입력 빌림이고 K_{i+1}은 출력 빌림이다.

9-27. $JA_i = B_i'p_{11} + p_{12} + B_i'p_{13}$; $KA_i = p_{11} + B_ip_{12} + B_i'p_{13}$.

9-28. $JA_i = KA_i = E_i$; $E_{i+1} = E_iA_i'$; $E_1 = p_{14}$.

10 장

10-4. $A=B$이면 $(-A)+(+B)$의 계산은 음수 0을 발생시킨다.
그러므로 $A \geqslant B$이고 $A=0$이면 A_s를 클리어함으로써 음수 0을 피할 수 있다.

10-8. $JB_s = KB_s = y$; $JA_s = KA_s = z$; $JE = LC_{out}$; $KE = LC'_{out} + w$.

10-9. $DT_0 = 9'_mT_0 + P_zT_3$; $DT_1 = q_mT_0$; $DT_2 = T_1 + P_z'T_3$; $DT_3 = T_2$.

10-12. (a) 0　표 10-2와 같음.
1　$A \leftarrow A + \overline{B} + 1$, $S \leftarrow C_n$, $E \leftarrow C_{n+1}$, go to 3
2　$A \leftarrow A + B$, $S \leftarrow C_n$, $E \leftarrow C_{n+1}$
3　If ($E = 1$) then (go to 6)
4　If ($S = 1$) then (go to 7)
5　$V \leftarrow 0$, go to 0
6　If ($S = 1$) then (go to 5)
7　$V \leftarrow 1$, go to 0

10-13. 26개의 0을 가진 마이크로 명령.

10-14. 1　$R1 \leftarrow R1$, $C \leftarrow 0$
2　If ($S = 1$) then (go to 4)
3　$R1 \leftarrow$ crc $R1$, go to 8
4　$R1 \leftarrow$ shl $R1$
5　$R1 \leftarrow R1$
6　If ($S = 1$) then(go to 8)
7　$R1 \leftarrow 0$
8　다음 루우틴이 여기서 시작함.

10-19. $2t(1 + k)$.

10-20. $TG_1 = q_m + T_0'$; $TG_2 = T_1 + P_zT_3$.

10-21. k의 2의 보수.

10-22. $(r^n - 1)(r^n - 1) < (r^{2n} - 1)$ for $r \geqslant 2$.

10-23. $JG_1 = q_sT_0 + S'T_2 + T_4 + T_6$;　$KG_1 = 1$
$JG_2 = q_aT_0 + T_1 + E'T_5$;　$KG_2 = ST_2 + T_3 + T_7$
$JG_3 = ST_2$;　$KG_3 = ET_5 + T_7$

10-25. T_0: $x = 1$, if ($q_m = 1$) then (go to T_1) else (go to T_0)
T_1: $P \leftarrow 0$, go to T_2
T_2: If ($A = 0$) then (go to T_0) else (go to T_3)
T_3: $P \leftarrow P + B$, $A \leftarrow A - 1$, go to T_2

10-26. (b) $JG_1 = (x + z)T_0 + T_2$; $KG_1 = 1$
$JG_2 = (y + z)T_0 + T_1$; $KG_2 = T_3$

11 장

11-3. (a) CLE
SPA
CME
SHR

(b) CLE
SHL
overflow if $E \neq A_{16}$

11-5. (a)

위 치	
1	SKI
2	BUN 1
3	INP

(b)

위 치	
5	SKO
6	BUN 5
7	OUT

11-6. 두 수의 부호가 같을 경우 오우버플로우가 발생한다.
그러나 결과의 부호는 다르다.

11-7. (b) A의 값 $= (0011)_{16} = (17)_{10}$

11-8.

	PC	*MAR*	*B*	*A*	*I*
AND	022	083	B8F2	A832	0
BUN	083	021	5083	A937	5

11-9.

	E	*A*	*B*	*PC*
CLA	1	0000	6800	022
CLE	0	A937	6400	022
CMA	1	56C8	6200	022
SHR	1	D49B	6080	022
SNA	1	A937	6008	023

11-10. 11 μs.

11-11. (a) Fq_1t_2: $A \leftarrow A + B$, $E \leftarrow$ 캐리
Fq_1t_3E: $A \leftarrow A + 1$
(c) 음수 0과 양수 0을 찾아야 함.

11-12.

ORA	Fq_8t_1:	$B \leftarrow M$
	Fq_8t_2:	$A \leftarrow A \vee B$
SWP	$Fq_{10}t_1$:	$B \leftarrow M$
	$Fq_{10}t_2$:	$A \leftarrow B$, $B \leftarrow A$
	$Fq_{10}t_3$:	$M \leftarrow B$
SUB	$Fq_{11}t_1$:	$B \leftarrow M$, $A \leftarrow \bar{A}$
	$Fq_{11}t_2$:	$A \leftarrow A + 1$
	$Fq_{11}t_3$:	$A \leftarrow A + B$
BSA	$q_{12}t_3$:	$A \leftarrow PC$, $PC \leftarrow B(AD)$
BPA	$q_{13}A'_{16}t_3$:	$PC \leftarrow B(AD)$

11-13. (b)

명 령 :	AND	ADD	STO	ISZ	BSB	BUN	REG	I/O
시 간 (μs):	6	6	5	7	5	4	4	4

11-14. SBA는 여러 방법으로 할 수 있다.

(a) 문제 9-25에 나타난 과정을 사용.

(b) A와 B를 바꾸고 보수를 취하고 더한다.

(c) 문제 9-29와 같이 B의 2의 보수를 취함.

ADM q_9t_3: $MAR \leftarrow B(AD)$

q_9t_4: $B \leftarrow M$

q_9t_5: $A \leftarrow B, \quad B \leftarrow A$

q_9t_6: $A \leftarrow A + B$

q_9t_7: $A \leftarrow B, \quad B \leftarrow A$

q_9t_8: $M \leftarrow B, \quad G \leftarrow 0$

11-17. $JE = e_2 + Ca_2 + A_1a_5 + A_{16}a_6.$

$KE = e_1 + e_2 + C'a_2 + A'_1a_5 + A'_{16}a_6.$

11-19. 12개의 IC가 필요.

12 장

12-3. 데이터 버스의 폭

12-4. 4096 워어드, 8192 바이트.

12-8.

	A	C	S	Z	V
(a)	38	1	0	0	0
(b)	90	0	1	0	1
(c)	00	0	0	1	0
(d)	00	0	0	1	0

12-9. (a) $IR \leftarrow M[PC], PC \leftarrow PC + 1$

$AR(H) \leftarrow M[PC], PC \leftarrow PC + 1$

$AR(L) \leftarrow M[PC], PC \leftarrow PC + 1$

$M[AR] \leftarrow A$

(b) $IR \leftarrow M[PC], PC \leftarrow PC + 1$

$T \leftarrow M[FG]$

$A \leftarrow A + T$

(c) $IR \leftarrow M[PC], PC \leftarrow PC + 1$

$T \leftarrow B$

$A \leftarrow A + \bar{T} + 1$

(d) $IR \leftarrow M[PC], PC \leftarrow PC + 1$

$A \leftarrow A + 1$

(e) $IR \leftarrow M[PC], PC \leftarrow PC + 1$

If $(C = 0)$ then $(PC \leftarrow PC + 2$, 페치하러 간다)

$AR(H) \leftarrow M[PC], PC \leftarrow PC + 1$

$AR(L) \leftarrow M[PC], PC \leftarrow PC + 1$

$PC \leftarrow AR$

12-11. 49.

12-12. (b) 상대적: 2바이트 명령, $A \leftarrow M[PC + AD8]$.

$IR \leftarrow M[PC], PC \leftarrow PC + 1$

$AR(L) \leftarrow M[PC], AR(H) \leftarrow 0, PC \leftarrow PC + 1$

$AR \leftarrow PC + AR$

$T \leftarrow M[AR]$

$A \leftarrow A + T$

12-13 (a) 00FB
(b) 71FB
(c) 7124

12-14. 5 메모리 사이클

12-18.

	PC	SP	Stack
(a)	013F	3A56	5A, 14
(b)	67AE	3A58	42, 01, 5A, 14
(c)	0142	3A56	5A, 14
(d)	145A	3A54	—

12-21. (a) PC, A, B, C, D, E, F, G, 상태 레지스터
(b) 10 메모리 사이클

12-22. $x = I_0'I_1'; y = I_0'I_1 + I_0'I_2'; R = I_0 + I_1 + I_2 + I_3$.

12-24. FF00, FF08, FF10, FF18.

12-25. (a) 16
(b) 11, 7
(c) 4, 4 × 16

12-26. (a) 8
(b) 8 칩씩 16 군이므로 128 칩. 각 군은 4×16 디코우더로 선택

12-27. 24 단말기

12-28. 5×32 디코우더와 32 개의 RAM 칩, 3×8 디코우더와 8 개의 ROM 칩. $\overline{CS2}$를 선 13에 이용. 번지 범위는 RAM에 대해서는 0000-0FFF; ROM에 대해서는 1000-1FFF

12-29. (a) 8, 4
(c) RAM: 0000–07FF; ROM: 4000–4FFF; 인터 페이스: 8000-800F

13 장

13-1. (a) 1.05 V
(b) 0.82 V
(c) 0.23 V

13-2. $I_B = 0.44$ mA, $I_{CS} = 2.4$ mA

13-3. (a) 2.4 mA
(b) 0.82 mA
(c) $2.4 + 0.82N$
(d) 7.8
(e) 7

13-5. (b) 3.53
(c) 2.585 mA
(d) 16 mA
(e) 300 Ω

13-9. 0.3 V.

디지털 논리와 컴퓨터 설계

인　　쇄 / 2017년 1월 20일
발　　행 / 2017년 1월 25일
저　　자 / 황 희 륭
펴 낸 이 / 정 창 희
펴 낸 곳 / 동일출판사
주　　소 / 서울시 강서구 곰달래로31길7 (2층)
대표전화 / (02) 2608-8250
팩　　스 / (02) 2608-8265
등록번호 / 제109-90-92166호
값 / 25,000원

ISBN 978-89-381-0790-9-93560